AF293815

# DIE PHYSIK DER HOCHPOLYMEREN

HERAUSGEGEBEN
VON

## H. A. STUART

FRÜHER DIREKTOR DES PHYSIKALISCHEN INSTITUTS
DER TECHNISCHEN HOCHSCHULE DRESDEN,
Z. Z. GASTPROFESSOR AN DER UNIVERSITÄT MAINZ

ZWEITER BAND

## DAS MAKROMOLEKÜL IN LÖSUNGEN

SPRINGER-VERLAG
BERLIN · GÖTTINGEN · HEIDELBERG
1953

# DAS MAKROMOLEKÜL IN LÖSUNGEN

BEARBEITET
VON

H. BUCHHOLZ-MEISENHEIMER, R. M. FUOSS
J. HENGSTENBERG, W. JOST, J. JUILFS, G. KORTÜM
O. KRATKY, A. MÜNSTER, A. PETERLIN, G. POROD
G. SCHRAMM, G. V. SCHULZ, U. P. STRAUSS, H. A. STUART

MIT 323 TEXTABBILDUNGEN

SPRINGER-VERLAG

BERLIN · GÖTTINGEN · HEIDELBERG

1953

ISBN 978-3-642-92611-2    ISBN 978-3-642-92610-5 (eBook)
DOI 10.1007/978-3-642-92610-5



BRÜHLSCHE UNIVERSITÄTSDRUCKEREI GIESSEN

# Vorwort des Herausgebers zum zweiten Band.

Band II der „Physik der Hochpolymeren" mit dem Titel „Das Makromolekül in Lösungen" ist in zwei Teile gegliedert. Der erste Teil behandelt die allgemeinen Eigenschaften von Lösungen mit Makromolekülen. Diese beruhen auf der Wechselwirkung zwischen den einzelnen Komponenten und können bekanntlich mit der Konstitution der beteiligten Moleküle, der Konzentration und der Temperatur in außerordentlich mannigfacher und breiter Weise variieren. Will man diese Vielfalt von Eigenschaften, z. B. bei Spinnlösungen, weichgemachten Kunststoffen, Lacken usw. auch nur einigermaßen verstehen und überblicken, so muß man erst einmal die allgemeinen Zusammenhänge herausarbeiten, was zunächst ein näheres Studium der Eigenschaften verdünnter Lösungen voraussetzt. Das ist die praktische Bedeutung von allgemeinen Untersuchungen des gelösten Zustandes. Eine weitere, mehr wissenschaftliche liegt darin, daß man die Grundeigenschaften der Makromoleküle selbst meist nur im gelösten Zustand untersuchen kann.

Es ist vergeblich, tiefer in die Eigenschaften von hochpolymeren Mischsystemen eindringen zu wollen, wenn man nicht die Möglichkeiten der Thermodynamik optimal ausnutzt und deren Ergebnisse gleichzeitig molekular zu interpretieren versucht. Um das Verständnis der einzelnen Kapitel zu erleichtern, wurde eine Betrachtung der GIBBSschen Thermodynamik vorangestellt unter besonderer Berücksichtigung der in diesem und den folgenden Bänden behandelten Probleme der Löslichkeit, Phasenumwandlungen, Mischungseffekte und Grenzflächenerscheinungen. Ein weiteres Kapitel ist der statistischen Thermodynamik hochmolekularer Lösungen gewidmet. Ferner werden im ersten Teil die kinetischen und Transporterscheinungen sowie die allgemeinen Gesetze der Viscosität und der Lichtzerstreuung in Mehrkomponentensystemen behandelt.

Der zweite Teil ist denjenigen Methoden gewidmet, die besonders zur Bestimmung der Konstitution von Makromolekülen entwickelt worden sind, wobei die Methoden für Faden- und Kornmoleküle möglichst auseinandergehalten werden. Die auch bei kleinen Molekülen brauchbaren Methoden sind bereits in Band I behandelt worden. Da die für Kornmoleküle geeigneten Methoden auf der Kontinuumstheorie beruhen, lassen sie sich auch auf Kolloidteilchen in Lösungen sowie auf korpuskulare Proteine übertragen.

Im Hinblick auf ihre steigende Bedeutung wurde den Polyelektrolyten ein eigenes Kapitel gewidmet. Ebenso erschien es wichtig, in einem besonderen Kapitel die charakteristischen Merkmale von Proteinen wenigstens kurz zu behandeln.

Besonderer Dank gebührt Herrn Dr. O. FUCHS, der auch bei diesem Bande die ganze Korrektur kritisch mitgelesen hat.

Hannover, im Dezember 1952.  H. A. STUART.

# Mitarbeiter des zweiten Bandes.


Dr. H. Buchholz-Meisenheimer, Redaktion „Angewandte Chemie", Heidelberg.

Professor Dr. R. M. Fuoss, Department of Chemistry, Yale University.

Dr. J. Hengstenberg, Leiter der Physikalischen Laboratorien der Badischen Anilin- und Sodafabrik, Ludwigshafen.

Professor Dr. W. Jost, Direktor des Physikalisch-Chemischen Instituts der Technischen Hochschule Darmstadt.

Dr. habil. J. Juilfs, Leiter der Physikalischen Abteilung der Textilforschungsanstalt, Krefeld.

Professor Dr. G. Kortüm, Direktor des Physikalisch-Chemischen Instituts der Universität Tübingen.

Professor Dr. O. Kratky, Vorstand des Instituts für theoretische und physikalische Chemie der Universität Graz.

Privatdozent Dr. A. Münster, Leiter des Metall-Laboratoriums der Metallgesellschaft A.G., Frankfurt a. M.

Professor Dr. A. Peterlin, Direktor des Physikalischen Institutes „Josef Stefan". Ljubljana, Jugoslawien.

Dozent Dr. G. Porod, Physikalisch-Chemisches Institut der Universität Graz.

Professor Dr. G. Schramm, Abteilung Virusforschung des Max Planck-Instituts für Biochemie, Tübingen.

Professor Dr. G. V. Schulz, Direktor des Physikalisch-Chemischen Instituts der Universität Mainz.

Dr. U. P. Strauss, School of Chemistry, Rutgers University, New Brunswick, New Jersey.

Professor Dr. H. A. Stuart, früher Direktor des Physikalischen Instituts der Technischen Hochschule Dresden, z. Z. Gastprofessor an der Universität Mainz.

# Inhaltsverzeichnis.

Erster Teil.

**Allgemeine Eigenschaften von Lösungen mit Makromolekülen.**

Erstes Kapitel:

**Thermodynamische Betrachtungen.**

Von G. Kortüm und H. Buchholz-Meisenheimer.

Mit 18 Textabbildungen.

Zweites Kapitel:

## Statistische Thermodynamik hochmolekularer Lösungen.

Von ARNOLD MÜNSTER.

Mit 50 Textabbildungen.

### Drittes Kapitel:

### Löslichkeit und Quellung.

Von ARNOLD MÜNSTER.

Mit 47 Textabbildungen.



### Viertes Kapitel:

### Kinetische und Transporterscheinungen.

Von W. JOST.

Mit 11 Textabbildungen.



### Fünftes Kapitel:

### Viscosität.

Von A. PETERLIN.

Mit 26 Textabbildungen.

## Sechstes Kapitel:

## Lichtzerstreuung in Mischungen und Lösungen von Makromolekülen.

### Einfach- und Mehrfachstreuung.

### Von A. Peterlin.



## Zweiter Teil.

## Besondere Methoden zur Bestimmung der Konstitution von Makromolekülen und Kolloidteilchen in Lösungen und Suspensionen.

### Einleitung.

### Von H. A. Stuart.

### Mit 4 Textabbildungen.



## Siebentes Kapitel:

### Osmotischer Druck.

### Von G. V. Schulz.

### Mit 21 Textabbildungen.

Achtes Kapitel:

### Sedimentation und Diffusion von Makromolekülen.

Von J. Hengstenberg.

Mit 52 Textabbildungen.

Neuntes Kapitel:

**Lichtzerstreuung an Lösungen mit Kornmolekülen und Kolloidteilchen.**

Von H. A. STUART.

Mit 7 Textabbildungen.



Zehntes Kapitel:

**Röntgenkleinwinkelstreuung von makromolekularen Lösungen.**

Von O. KRATKY und G. POROD.

Mit 9 Textabbildungen.



Elftes Kapitel:

**Viscosität und Form.**

Von A. PETERLIN.

Mit 16 Textabbildungen.

Zwölftes Kapitel:
**Künstliche Doppelbrechung.**
Von A. PETERLIN und H. A. STUART.
Mit 10 Textabbildungen.



Dreizehntes Kapitel:
**Dielektrische Dispersion und Relaxation bei Lösungen mit Makromolekülen.**
Von H. A. STUART und J. JUILFS.
Mit 7 Textabbildungen.



Vierzehntes Kapitel:
**Über die Form und innere Beweglichkeit von Fadenmolekülen in Lösung.**
Von H. A. STUART.
Mit 7 Textabbildungen.

Fünfzehntes Kapitel:

## Polyelectrolytes.
By ULRICH P. STRAUSS and RAYMOND M. FUOSS.

With 7 figures.



Sechzehntes Kapitel:

## Größe und Form von Proteinmolekülen.
Von G. SCHRAMM.

Mit 8 Textabbildungen.

# Zusammenstellung der am häufigsten benutzten Formelzeichen.

Die Seitenzahl gibt an, wo die betr. Größe eingeführt wird.

$a_1, a_2, a_3$ Hauptachsen(Halbachsen)des Teilchenellipsoides

$A_m$ Vorzugslänge des Fadenelements nach KUHN

$\alpha$ mittlere optische Polarisierbarkeit

$\alpha_1, \alpha_2, \alpha_3$ Hauptpolarisierbarkeiten, optische

$\bar{\alpha}_1, \bar{\alpha}_2, \bar{\alpha}_3$ Hauptpolarisierbarkeiten, elektrostatische

$B$ bzw. $B^*$ zweiter Virialkoeffizient der Lösung 64 u. 65

$B$ Formzähigkeitskonstante 674

$c_g$ Gewichtskonzentration, meist in g/cm³

$c_v$ Volumenkonzentration

$\chi$ empirische Konstante nach HUGGINS 151

$d_k$ Durchmesser der dem Molekülknäuel äquivalenten Kugel 547

$D$ Diffusionskonstante 259

$D_r$ Rotationsdiffusionskonstante 538

$\delta$ Verlustwinkel

$\delta^2$ optische Anisotropie

$\vartheta$ Winkel zwischen Einfalls- und Beobachtungsrichtung bei Streuvorgängen

$e$ elektrisches Elementarquantum

$\varepsilon$ Dielektrizitätskonstante

$\eta$ Viscosität

$\eta_l$ Viscosität des reinen Lösungsmittels

$\eta_r$ relative Viscosität

$$[\eta] = \lim_{\substack{c \to 0 \\ q \to 0}} \left( \frac{(\eta - \eta_l)}{\eta_l} \cdot \frac{1}{c_g} \right) 291$$
Viscositätszahl (intrinsic viscosity)

$F$ inneres elektrisches Feld

$F$ freie Energie nach HELMHOLTZ, pro Mol

$g$ statistisches Gewicht

$G$ freie Enthalpie oder freie Energie nach GIBBS, (free energy) pro Mol

$H$ Enthalpie, Wärmeinhalt (heat content), pro Mol

$J$ Intensität

$k$ BOLTZMANNsche Konstante

$l'$ wahre Länge des Grundmoleküls (Grundeinheit) bzw. Abstand der Kettendrehstellen

$l_R$ Röntgenlänge des Grundmoleküls

$l'$ effektive Länge des Grundmoleküls 545

$L_{max} = P\, l_R$ Länge der gestreckten Kette

$\Lambda$ hydrodynamischer Widerstandskoeffizient des Grundmoleküls 546

$\bar{h}^2$ mittleres Längenquadrat (Abstandsquadrat der Endpunkte)

$\sqrt{\bar{h}^2}$ mittlere Länge (root mean square separation)

$\lambda$ Wellenlänge im Medium

$\lambda_0$ Wellenlänge im Vakuum

$m_p$ Massenanteil 726

$\bar{M}_w$ Gewichtsmittel oder -durchschnitt des Molekulargewichtes

$\bar{M}_n$ Zahlenmittelwert des Molekulargewichtes

$\bar{M}_v$ viscosimetrisches Mittel des Molekulargewichtes 359

$\bar{M}_z$ Z-Mittelwert 360 u. 426

$M_{gr}$ Molekulargewicht des Grundmoleküls (Grundeinheit)

$\mu$ chemisches Potential

$\mu$ festes elektrisches Moment

$\mu_1, \mu_2, \mu_3$ Hauptwerte der Permeabilität

$\mu$ Beweglichkeit

$n_1$ Molzahlen

$N$ Zahl der Moleküle

$N$cm³ Zahl der Korpuskeln pro cm³

$N_L$ LOSCHMIDTsche Zahl

$\nu = c/\lambda$ Frequenz in Hz

$\omega = 2\pi\nu$ Kreisfrequenz

$[\omega]$ Orientierungszahl

$\Omega$ Zahl der Realisierungsmöglichkeiten, thermodynamische Wahrscheinlichkeit 12

$p$ Druck

$p$ Achsenverhältnis beim Rotationsellipsoid

$P$ Polymerisationsgrad

$P$ Permeationskonstante 268

$\Pi$ osmotischer Druck

$q$ Geschwindigkeitsgefälle

$q$ Verkürzungsgrad eines Fadenmoleküls

$q$ Aktivierungsenergie 257

$Q$ Knäuelungsgrad

$Q^*$ Zustandssumme des Gesamtsystems (partition function) 84

$\varrho$ Dichte

$\varrho_l$ Dichte des reinen Lösungsmittels

$\varrho_T$ Dichte des Teilchens

$s$ Zahl der monomeren Reste pro Fadenelement

$s$ Sedimentationskonstante

$S$ Entropie

$S$ Löslichkeit 268

$t$ Temperatur in ° C

$T$ absolute Temperatur

$\tau$ Schubspannung

$\tau$ Relaxationszeit

$u$ Wechselwirkung zweier Moleküle als Funktion des Abstandes und der Orientierung

$U$ innere Energie eines Systems pro Mol

$v$ Volumen des Moleküls oder Einzelteilchens

$v_0$ Volumen des Fadenelements

$V$ Volumen

$\Delta V$ Volumenelement

$V^*$ Verzweigungsgrad 665

$w$ Wechselwirkungsenergie zweier Moleküle in kondensierten Phasen (temperaturabhängiger Mittelwert)

$W$ dasselbe pro Mol

$W$ Wahrscheinlichkeit 83

$z$ Koordinationszahl 96

$Z$ Zahl der Fadenelemente im Fadenmolekül

$Z^*$ Zustandssumme oder Verteilungsfunktion des Moleküls 87

$x_i$ Konzentration in Molenbrüchen

$$x_i^* = \frac{V_i\, n_i}{\Sigma\, \overline{V}_i\, n_i}$$ Volumenbruch vgl. auch 117

$\varphi = 1/\eta$ Fluidität

$$\varphi = \frac{n_2\, \overline{V}_2}{n_1\, \overline{V}_1}$$ Volumenverhältnis 378

$\varphi$ Phasenwinkel

Erster Teil.

# Allgemeine Eigenschaften von Lösungen mit Makromolekülen.

Erstes Kapitel.

## Thermodynamische Betrachtungen.

Von

G. Kortüm und H. Buchholz-Meisenheimer.

Mit 18 Textabbildungen.

Man unterscheidet in der Behandlung thermodynamischer Probleme bekanntlich zwei verschiedene Richtungen, eine Thermodynamik der Kreisprozesse, die im wesentlichen auf Namen wie Carnot, Raoult, van't Hoff, Helmholtz, Nernst u. a. zurückgeht, und eine Thermodynamik der charakteristischen Zustandsfunktionen, die sich hauptsächlich an die Namen Gibbs und Planck knüpft. Dieses Nebeneinander verschiedener, historisch bedingter Richtungen hat dazu geführt, daß die Entwicklung der Thermodynamik in einzelnen Sprachgebieten einen recht verschiedenen Verlauf genommen hat. Im angelsächsischen Sprachgebiet hat das bekannte und didaktisch so erfolgreiche Buch von Lewis und Randall die Gibbssche Thermodynamik sehr bald einem weiten Kreis von Wissenschaftlern und Technikern zugänglich gemacht, so daß sie heute allgemein verwendet wird. In Deutschland hat sich die Gibbssche Thermodynamik trotz der Übersetzung des Lewis-Randallschen Buches ins Deutsche bis heute nicht allgemein durchgesetzt, was letzten Endes einen sehr empfindlichen Nachteil bedeutet, da die Thermodynamik der Zustandsfunktionen, der chemischen Potentiale und der Aktivitäten zwar dem Anfänger größere Schwierigkeiten bieten mag als der anschaulichere Weg über die Kreisprozesse, ihn dafür aber reichlich entschädigt, denn er gelangt sehr viel rascher zu dem tieferen Einblick in die Zusammenhänge thermodynamischer Gesetzmäßigkeiten, der für ihre erfolgreiche Anwendung unerläßlich ist. Gerade im Hinblick auf diese verschiedenartige Entwicklung erscheint es nicht überflüssig, die Grundlagen der Gibbsschen Thermodynamik in kurzer, aber möglichst übersichtlicher Form diesem Band voranzustellen, wobei die im Zusammenhang dieses Handbuches vor allem interessierenden Fragen wie Löslichkeit, Phasenumwandlungen, Mischungseffekte usw. besonders berücksichtigt werden sollen.

Nach einem einleitenden Abschnitt, der die Grundprinzipien behandelt, wurde der Stoff in der sonst nicht gebräuchlichen, zuerst von GUGGENHEIM benutzten Weise gegliedert, daß in einzelnen Abschnitten Einkomponentensysteme, nicht reaktionsfähige und reaktionsfähige Mehr-Komponentensysteme nacheinander untersucht werden. Auf diese Weise kommt der systematische Aufbau der GIBBSschen Thermodynamik beim Fortschreiten vom Einfachen zum Schwierigeren klar zum Ausdruck, weil man stets in der Lage ist, auf die schon abgeleiteten Gesetze zurückzugreifen und so die Zusammenhänge leicht zu übersehen.

## A. Erster und zweiter Hauptsatz. Grundgleichungen.

### § 1. Die Aufgabe der Thermodynamik.

Die Thermodynamik stellt formelmäßige Beziehungen her zwischen den *makroskopischen* Eigenschaften der Materie (Kompressibilität, Ausdehnungsvermögen, Löslichkeit, Wärmeinhalt usw.). Sie vermag grundsätzlich nichts auszusagen über den molekularen Aufbau der Stoffe. Erst mit Hilfe der *Statistik*, die die Verteilung der Moleküle auf ihre möglichen Zustände ermittelt (als Beispiel sei die Geschwindigkeitsverteilung der Moleküle in einem Gas angeführt), wird der Zusammenhang zwischen den molekularen Eigenschaften der Materie und der Thermodynamik hergestellt.

Die Thermodynamik geht aus von den als Naturgrundgesetze anerkannten „*Hauptsätzen*". Sie arbeitet mit einer Zahl charakteristischer Größen, die ausschließlich vom *Zustand* des betrachteten Systems abhängen und die deshalb als *Zustandsfunktionen* (Volumen, Energie, Entropie usw.) bezeichnet werden. Die Größe der Zustandsfunktionen hängt von den sog. *Zustandsvariablen* ab, zu denen Druck, Temperatur, chemische Zusammensetzung u. a. gehören[1]. Die Thermodynamik befaßt sich im wesentlichen mit *Gleichgewichtszuständen*. Ihre Hauptbedeutung für den Chemiker liegt in der Berechnung von Gleichgewichten (chemischen Gleichgewichten und Phasengleichgewichten) und in der Voraussage über die Richtung der Gleichgewichtsverschiebung bei einer Änderung der Zustandsvariablen. Die Thermodynamik kann dagegen keine Aussagen machen über den zeitlichen Verlauf von Veränderungen; mit Hilfe thermodynamischer Methoden kann man z. B. feststellen, daß ein System nicht im chemischen Gleichgewicht ist, man kann aber nicht angeben, mit welcher Geschwindigkeit es sich dem Gleichgewichtszustand nähert.

---

[1] Es ist zu beachten, daß es keine scharfe Trennung in Zustandsfunktionen einerseits und Zustandsvariable andererseits gibt. Stellt man das Volumen $V$ eines Gases als Funktion des Druckes $p$ und der Temperatur $T$ dar, so ist $V$ die Zustandsfunktion und $p$ und $T$ sind die Zustandsvariablen. Stellt man die innere Energie $U$ eines Gases als Funktion des Volumens und der Temperatur dar, so ist $U$ die Zustandsfunktion und $V$ und $T$ sind die Zustandsvariablen. Das Volumen tritt also einmal als Zustandsfunktion, das andere Mal als Zustandsvariable auf.

## § 2. Gleichgewichtszustand, Zustandsvariable, Zustandsfunktionen.

Ein System, das durch wirkliche oder auch nur gedachte Wände gegen seine Umgebung abgegrenzt ist, befindet sich im Gleichgewicht, wenn ohne äußere Einwirkung keine auch noch so langsame Änderung seiner makroskopischen Eigenschaften stattfindet. Die Zustandsfunktionen sind im Gleichgewichtszustand eindeutig festgelegt. Wird der Gleichgewichtszustand durch Änderung einer Zustandsvariablen gestört, so muß das System nach Aufhebung der Störung in seinen ursprünglichen Zustand zurückkehren, die Zustandsfunktionen müssen wieder ihren alten Wert annehmen. Wir betrachten als Beispiel die abgegrenzte Menge eines idealen Gases. Im Gleichgewicht hat das Volumen bei gegebener Temperatur und gegebenem Druck eine bestimmte Größe, das Volumen ist demnach eine eindeutige Funktion der Zustandsvariablen Druck $p$ und Temperatur $T$. Wird der Druck vorübergehend geändert, so nimmt nach Wiederherstellung des ursprünglichen Drucks das Volumen seinen alten Wert an. Man kann also das Volumen $V$ wiedergeben durch

$$V = f(p, T). \qquad (\mathrm{I}, 1)$$

Bei einer infinitesimalen Änderung von $p$ um $dp$ und von $T$ um $dT$ ändert sich das Volumen um $dV$. Da $V$ eine eindeutige Funktion von $p$ und $T$ ist, ist $dV$ ein vollständiges *Differential* und gegeben durch

$$dV = \left(\frac{\partial V}{\partial p}\right)_T dp + \left(\frac{\partial V}{\partial T}\right)_p dT, \qquad (\mathrm{I}, 2)$$

wobei $\left(\dfrac{\partial V}{\partial p}\right)_T$ und $\left(\dfrac{\partial V}{\partial T}\right)_p$ die *partiellen Differentialquotienten* des Volumens nach dem Druck und nach der Temperatur sind. Man nennt $(\partial V/\partial p)_T$ die *Volumenänderung mit dem Druck* bei konstanter Temperatur und $(\partial V/\partial T)_p$ die *Volumenänderung mit der Temperatur* bei konstantem Druck (die *Partial*änderung wird durch $\partial$ angedeutet). Stellt man ganz allgemein eine Zustandsfunktion $X$ in Abhängigkeit von den Variablen $x, y, z \ldots$ dar, so kann jede infinitesimale Änderung von $X$ als vollständiges Differential wiedergegeben werden durch

$$dX = \left(\frac{\partial X}{\partial x}\right)_{y, z \ldots} dx + \left(\frac{\partial X}{\partial y}\right)_{x, z \ldots} dy + \left(\frac{\partial X}{\partial z}\right)_{x, y \ldots} dz + \cdots. \qquad (\mathrm{I}, 3)$$

Bildet man die zweiten Differentialquotienten nach den verschiedenen Variablen, so ist die Reihenfolge der Differentiation vertauschbar:

$$\frac{\partial \left(\dfrac{\partial X}{\partial x}\right)}{\partial y} = \frac{\partial \left(\dfrac{\partial X}{\partial y}\right)}{\partial x} \quad \text{oder} \quad \frac{\partial^2 X}{\partial x \partial y} = \frac{\partial^2 X}{\partial y \partial x}. \qquad (\mathrm{I}, 4)$$

Von diesem Schwarzschen Satz wird häufig Gebrauch gemacht.

## § 3. Thermische Zustandsgleichung.

### (Das Volumen als Zustandsfunktion).

Die einfachste bekannte Zustandsfunktion ist das Volumen eines reinen homogenen Stoffes, das durch Druck und Temperatur eindeutig festgelegt ist. Bei Mehrstoffsystemen tritt als weitere Zustandsvariable die Zusammensetzung hinzu. Die Beziehung $V = f(p, T)$ für reine Stoffe bzw. $V = f(p, T, n_1, n_2 \ldots)$ für zusammengesetzte Systeme nennt man die „*thermische Zustandsgleichung*".

Mit Hilfe der partiellen Differentialquotienten aus Gl. (I, 2) werden die *Kompressibilität* $\chi$ und der *thermische Ausdehnungskoeffizient* $\alpha$ eines reinen Stoffes (bezogen auf das Volumen $V_0$ bei 760 mm Druck bzw. bei 0° C) definiert entsprechend:

$$\chi \equiv -\frac{1}{V_0}\left(\frac{\partial V}{\partial p}\right)_T \tag{I, 5}$$

$$\alpha \equiv \frac{1}{V_0}\left(\frac{\partial V}{\partial T}\right)_p. \tag{I, 6}$$

Bezieht man nicht auf das Volumen $V_0$, sondern auf das jeweils gerade vorhandene Volumen $V$, so lauten die Definitionsgleichungen entsprechend

$$\chi' \equiv -\frac{1}{V}\left(\frac{\partial V}{\partial p}\right)_T \tag{I, 5a}$$

$$\alpha' \equiv \frac{1}{V}\left(\frac{\partial V}{\partial T}\right)_p. \tag{I, 6a}$$

Bei kondensierten Stoffen sind $\chi$ und $\chi'$ bzw. $\alpha$ und $\alpha'$ nur wenig verschieden, bei Gasen kann der Unterschied beträchtlich werden.

Aus der Regel von der Vertauschbarkeit der Differentiationsfolge erhält man eine Beziehung zwischen der Druckabhängigkeit des thermischen Ausdehnungskoeffizienten und der Temperaturabhängigkeit der Kompressibilität:

$$\frac{\partial^2 V}{\partial T \partial p} = \frac{\partial^2 V}{\partial p \partial T} \quad \text{oder} \quad \frac{\partial \alpha}{\partial p} = -\frac{\partial \chi}{\partial T}. \tag{I, 7}$$

Für die Temperaturabhängigkeit des Drucks $(\partial p/\partial T)_V$ ergibt sich aus Gl. (I,2), wenn man $dV = 0$ setzt, d. h. wenn man Druck und Temperatur gleichzeitig so ändert, daß das Volumen konstant bleibt:

$$\left(\frac{\partial p}{\partial T}\right)_V = -\frac{\left(\frac{\partial V}{\partial T}\right)_p}{\left(\frac{\partial V}{\partial p}\right)_T} = \frac{\alpha}{\chi} = \beta p_0. \tag{I, 8}$$

$\beta \equiv \frac{1}{p_0}\left(\frac{\partial p}{\partial T}\right)_V$ wird als *Spannungskoeffizient* des reinen Stoffes bezeichnet.

Die auf $n$ Mole bezogene thermische Zustandsgleichung eines idealen Gases ist das vereinigte Gesetz von BOYLE-MARIOTTE und GAY-LUSSAC:

$$pV = n\,RT \qquad (I, 9)$$

mit $R \equiv \dfrac{p_0 V_0}{T_0}$.

Für die Koeffizienten $\alpha$ und $\chi$ eines idealen Gases ergibt sich aus (I, 9)

$$\alpha = \frac{1}{V_0}\,\frac{n\,R}{p} \qquad (I, 10) \quad ; \qquad \chi = \frac{1}{V_0}\,\frac{n\,RT}{p^2}\,. \qquad (I, 11)$$

Das ideale Gasgesetz ist ein Grenzgesetz, das von realen Gasen nur bei hohen Temperaturen und kleinen Drucken angenähert befolgt wird. Das Produkt $pV$ ist also in Wirklichkeit keine Konstante (bei konstanter Temperatur). Es kann in einer Reihenentwicklung als Funktion steigender Potenzen von $p$ dargestellt werden

$$pV = RT + Bp + Cp^2 + Dp^3 + \cdots. \qquad (I, 12)$$

Die Konstanten $B, C, D \ldots$ nennt man die Virialkoeffizienten des betreffenden Gases, die ihrerseits wieder von der Temperatur abhängen und experimentell bestimmt werden müssen.

Die von VAN DER WAALS aufgestellte Zustandsgleichung realer Gase

$$\left(p + \frac{a}{V^2}\right)(V - b) = RT \qquad (I, 13)$$

kann in

$$pV = RT + Bp = RT + \left(b - \frac{a}{RT}\right) p \qquad (I, 14)$$

umgeformt werden, sie ist also ein Sonderfall der Gl. (I, 12) mit Abbruch nach dem zweiten Glied der Reihe. Sie stellt deshalb nur eine Näherungsgleichung für nicht zu hohe Drucke dar.

$a$ ist ein Maß für die Anziehungskräfte der Molekeln untereinander, $b$ ein Maß für ihr Eigenvolumen, beide Konstanten lassen sich aus den kritischen Daten des betreffenden Gases ermitteln[1]:

$$a = 3\,p_k\,V_k^2 = \frac{9}{8}\,RT_k\,V_k = \frac{27\,R^2 T_k^2}{64\,p_k} \;;\; b = \frac{V_k}{3} = \frac{RT_k}{8\,p_k}\;;$$
$$R = \frac{8}{3}\,\frac{p_k V_k}{T_k}\,. \qquad (I, 15)$$

Eine bessere und praktisch viel verwendete Näherung für den zweiten Virialkoeffizienten $B$ eines Gases hat WOHL[2] angegeben:

$$B = \frac{RT_k}{p_k}\left(0{,}197 - \frac{0{,}012\,T}{T_k} - \frac{0{,}400\,T_k}{T} - \frac{0{,}146\,T_k^{3,27}}{T^{3,27}}\right). \qquad (I, 16)$$

---

[1] Es wird häufig nicht beachtet, daß man wegen des Näherungscharakters der Gleichung recht verschiedene Werte für $a$ und $b$ erhält, je nachdem man die Konstanten aus den experimentellen Werten von $p_k$ und $T_k$, $p_k$ und $V_k$ oder $V_k$ und $T_k$ berechnet. Die tabellierten Werte sind gewöhnlich aus $p_k$ und $T_k$ berechnet, die experimentell besser zugänglich sind als $V_k$.

[2] WOHL, K.: Z. physik. Chem. B 2, 77 (1929). Über weitere gebräuchliche Zustandsgleichungen realer Gase vgl. z. B. O. REDLICH u. J. N. S. KWONG: Chem. Rev. 44, 233 (1949).

Setzt man diesen in (I, 14) ein, so kann man das Volumen realer Gase $V = \dfrac{\mathrm{R}\,T}{p} + B$ mit guter Näherung für einen ziemlich großen Druck- und Temperaturbereich mit Hilfe der kritischen Daten $p_k$ und $T_k$ ermitteln.

Die VAN DER WAALSsche Gleichung (I, 13) war ursprünglich für Gase abgeleitet worden. Die Isothermen haben nach ihr im Zweiphasengebiet einen S-förmigen Verlauf, der bei den wahren Isothermen durch die Horizontale ersetzt wird. Jedoch werden sowohl im reinen flüssigen wie im reinen gasförmigen Gebiet die Isothermen durch die VAN DER WAALSsche Gleichung recht gut wiedergegeben, wobei allerdings in der Regel etwas verschiedene Konstanten $a$ und $b$ verwendet werden müssen. Man kann daraus schließen, daß zwischen dem flüssigen und dem dampfförmigen Zustand kein prinzipieller Unterschied besteht.

## § 4. Extensive und intensive Eigenschaften;
## partielle molare Größen; mittlere molare Größen.

Alle Eigenschaften, deren Zahlenwert von der Menge eines Systems abhängt, nennt man *extensive Eigenschaften* (Masse, Volumen, innere Energie usw.). Sind mehrere Phasen vorhanden, so kann man den Wert einer extensiven Eigenschaft für das ganze System durch Summierung ihrer Werte für die einzelnen Phasen erhalten.

Eigenschaften wie die Dichte, die Temperatur, der Druck, die von der Menge einer Phase unabhängig sind, nennt man *intensive Eigenschaften.*

Mischt man $n_1$ und $n_2$ Mole zweier Stoffe mit den Molekulargewichten $M_1$ und $M_2$ miteinander, so gilt für die Masse $M$ der Mischung $M = n_1 M_1 + n_2 M_2$. Das Volumen idealer Gase ist analog gegeben durch

$$V = n_1 V_{01} + n_2 V_{02} + \cdots + n_i V_{0i}, \tag{I, 17}$$

wenn $V_{01}$, $V_{02} \ldots V_{0i}$ die Molvolumina der reinen Gase bei gleichem Druck und gleicher Temperatur sind (die molaren Zustandsgrößen reiner Stoffe werden durch den Index 0 gekennzeichnet). Gl. (I,17) läßt sich auch auf eine Reihe von Flüssigkeitsgemischen (scg. *ideale Mischungen*) anwenden. Abgesehen von ähnlichen Spezialfällen verhalten sich das Volumen und alle anderen extensiven Eigenschaften keineswegs additiv. (Löst man z. B. $MgSO_4$ in Wasser, so ist bei kleinen Konzentrationen das Volumen der Lösung sogar kleiner als das des reinen Wassers allein!). Um auch dann noch eine Gl. (I, 17) entsprechende Form für das Gesamtvolumen zu erhalten, muß man den Begriff des *partiellen Molvolumens* einführen. Stellt man $dV$ bei konstanten $p$ und $T$ als vollständiges Differential der veränderlichen Molzahlen $n_1, n_2 \ldots n_i$ dar, so hat man

$$dV = \left(\frac{\partial V}{\partial n_1}\right)_{n_2, n_3 \ldots} dn_1 + \left(\frac{\partial V}{\partial n_2}\right)_{n_1, n_3 \ldots} dn_2 + \cdots + \left(\frac{\partial V}{\partial n_i}\right)_{n_1, n_2 \ldots n_{i-1}} dn_i \ . \tag{I, 18}$$

Die partiellen Ableitungen $(\partial V/\partial n_1)$, $(\partial V/\partial n_2) \ldots$ sind nur von dem Mengenverhältnis der Mischungskomponenten, nicht aber von der gesamten Menge der Mischung abhängig. Sie stellen also intensive Größen dar. Denkt man sich nun eine Mischung vom Volumen $V$ hergestellt, indem man die Komponenten in infinitesimalen Mengen derart zusammengibt, daß das Molzahlverhältnis in der Mischung immer konstant gleich dem Molzahlverhältnis in der endgültigen Mischung ist, so ändern sich $(\partial V/\partial n_1)$, $(\partial V/\partial n_2) \ldots$ während des ganzen Mischungsvorganges nicht. Integration von (18) liefert dann

$$V = n_1 V_1 + n_2 V_2 + \cdots + n_i V_i = \sum_1^i n_i V_i, \qquad (\text{I, 19})$$

wenn man

$$V_i \equiv \left( \frac{\partial V}{\partial n_i} \right)_{p, T, n_1 \ldots n_{i-1}} \qquad (\text{I, 20})$$

setzt. $V_i$ nennt man das *partielle Molvolumen* des Stoffes $i$, das für konstante Zusammensetzung der Mischung einen bestimmten Wert hat und seinen Wert nur ändert, wenn das Molzahlverhältnis der Komponenten ein anderes wird. Man könnte also $V_i$ experimentell bestimmen, indem man die Volumenänderung bei Zugabe von 1 Mol des Stoffes $i$ zu einer so großen Menge der Mischung mißt, daß sich die Konzentration sämtlicher übrigen Bestandteile praktisch nicht ändert.

Aus (19) folgt nach den Regeln der Differentiation für eine Volumenänderung $dV$ bei konstantem $p$ und $T$:

$$dV = n_1 \, dV_1 + V_1 \, dn_1 + n_2 \, dV_2 + V_2 \, dn_2 + \cdots + n_i \, dV_i + V_i \, dn_i.$$

Zieht man hiervon Gl. (I, 18) nach Einsetzen der Identität $(\partial V/\partial n_i)$ $\equiv V_i$ ab, so erhält man die wichtige, als GIBBS-DUHEMsche Gleichung bekannte Beziehung

$$n_1 \, dV_1 + n_2 \, dV_2 + \cdots + n_i \, dV_i = \sum_1^i n_i \, dV_i = 0. \qquad (\text{I, 21})$$

Eine analoge Ableitung gilt für jede beliebige *extensive* Eigenschaft $Z$, so daß man ganz allgemein die GIBBS-DUHEMschen Gleichungen *bei konstantem Druck und konstanter Temperatur* schreiben kann

$$n_1 \, dZ_1 + n_2 \, dZ_2 + \cdots + n_i \, dZ_i = \sum_1^i n_i \, dZ_i = 0, \qquad (\text{I, 22})$$

wobei $Z_1, Z_2 \ldots Z_i$ die partiellen Molgrößen der Eigenschaft $Z$ sind. Unter Einführung der *Molenbrüche*

$$x_1 \equiv \frac{n_1}{\sum\limits_1^i n_i} \; ; \quad x_2 \equiv \frac{n_2}{\sum\limits_1^i n_i} \; ; \; \ldots x_i \equiv \frac{n_i}{\sum\limits_1^i n_i} \qquad (\text{I, 23})$$

läßt sich (I, 22) in der Form schreiben

$$x_1 \frac{\partial Z_1}{\partial x_j} + x_2 \frac{\partial Z_2}{\partial x_j} + \cdots + x_i \frac{\partial Z_i}{\partial x_j} = 0, \qquad (\text{I, 24})$$

wobei noch anzugeben ist, auf Kosten welchen Bestandteiles der Mischung die Änderung von $x_j$ gehen soll. Bei Zweistoffsystemen ist dies natürlich immer die andere Komponente. Für solche ergibt sich aus (I,24)

$$x_1 \frac{\partial Z_1}{\partial x_1} = - x_2 \frac{\partial Z_2}{\partial x_1} \, . \tag{I, 25}$$

Trägt man demnach $Z_1$ und $Z_2$ gegen $x_1$ auf, so müssen die *Steigungen* der Kurven stets entgegengesetztes Vorzeichen haben, $Z_1$ und $Z_2$ ändern sich in entgegengesetzter Richtung. In Abb. I, 1 ist diese Forderung für $Z = V$ am Beispiel von Äthanol-Wasser-Mischungen dargestellt. Die Kurven geben nicht die partiellen Molvolumina $V_1$ und $V_2$ selbst, sondern die Differenzen $V_1 - V_{01}$ und $V_2 - V_{02}$ wieder, wobei $V_{01}$ und $V_{02}$ die Molvolumina der reinen Stoffe sind. Die gestrichelte Kurve entspricht der „molaren Volumenänderung" $\Delta V/(n_1 + n_2)$, die beim Mischen von $x_1$ Molen von Stoff 1 mit $x_2$ Molen von Stoff 2 auftritt und die gegeben ist durch

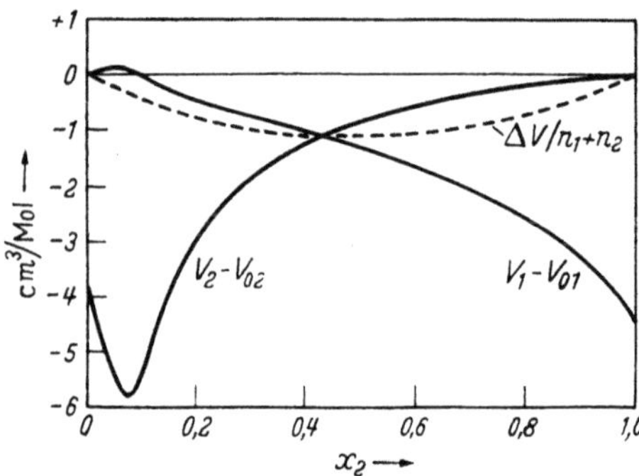


Abb. 1, 1. Änderungen der partiellen Molvolumina und des Gesamtvolumens im System Äthanol—Wasser.

$$\Delta \overline{V} \equiv \frac{\Delta V}{n_1 + n_2} = x_1 (V_1 - V_{01}) + x_2 (V_2 - V_{02}) \, .$$

Häufig benutzt man statt des partiellen Molvolumens $V_i$ das der Messung leichter zugängliche *scheinbare* Molvolumen $\varphi_i$. Im Fall einer binären Lösung ($n_1$ Mole Lösungsmittel, $n_2$ Mole gelöster Stoff) ist das scheinbare Molvolumen des gelösten Stoffes definiert durch

$$\varphi_2 \equiv \frac{V - n_1 V_{01}}{n_2} \, .$$

Den Zusammenhang zwischen partiellem und scheinbarem Molvolumen erhält man durch Differentiation der Gleichung nach $n_2$:

$$V_2 = \varphi_2 + n_2 \frac{\partial \varphi_2}{\partial n_2} \, .$$

Den partiellen molaren Größen $Z_i$ kommt keine eigentliche physikalische Bedeutung zu (man ersieht das ohne weiteres daraus, daß es negative partielle Molvolumina gibt, und negative Volumina sind physikalisch sinnlos), es sind reine Rechengrößen. Die $Z_i$ weichen in der Regel von den $Z_{0i}$ ab, weil die zwischenmolekularen Kräfte in den Gemischen und in den reinen Stoffen verschieden sind.

Wie schon aus Abb. I, 1 hervorgeht, ist es häufig vorteilhaft, mit *mittleren molaren Größen* (angedeutet durch einen Querstrich) zu rechnen. Die mittlere molare extensive Eigenschaft $\overline{Z}$ ist allgemein definiert durch

$$\overline{Z} = \sum_1^i x_i Z_i. \tag{I, 26}$$

Ändert man z. B. den Molenbruch $x_i$ jeweils auf Kosten von $x_1$, indem man alle übrigen Molenbrüche konstant hält, so daß $d\,x_i = -\,d\,x_1$, so ergibt sich aus (I, 26) und (I, 24)

$$\frac{\partial \overline{Z}}{\partial x_i} = Z_i - Z_1\,. \qquad\qquad (I, 27)$$

Setzt man die aus (I, 27) sich ergebenden Werte

$$Z_2 = Z_1 + \partial \overline{Z}/\partial x_2,\; Z_3 = Z_1 + \partial \overline{Z}/\partial x_3,\; \ldots Z_i = Z_1 + \partial \overline{Z}/\partial x_i$$

in (I, 26) ein, so erhält man, da nach (I, 23) $\Sigma\, x_i = 1$:

$$\overline{Z} = Z_1 \sum_1^i x_i + \sum_2^i x_i \frac{\partial \overline{Z}}{\partial x_i} = Z_1 + \sum_2^i x_i \frac{\partial \overline{Z}}{\partial x_i}\,.$$

Ändert man die einzelnen Molenbrüche nicht jeweils auf Kosten von $x_1$, sondern auf Kosten von $x_j$, so wird allgemein

$$Z_j = \overline{Z} - \sum_{\substack{i=1 \\ i \neq j}}^i x_i \frac{\partial \overline{Z}}{\partial x_i}\,. \qquad\qquad (I, 28)$$

Für $i = 2$ (binäres System) folgt aus (I, 28) mit $x_1 = 1 - x_2$:

$$Z_1 = \overline{Z} - x_2 \frac{\partial \overline{Z}}{\partial x_2}\;;\quad Z_2 = \overline{Z} + (1 - x_2)\frac{\partial \overline{Z}}{\partial x_2}\,. \qquad (I, 29)$$

Man benutzt diese Gleichungen, um die partiellen molaren Größen $Z_1$ und $Z_2$ eines binären Systems aus derselben graphischen Darstellung abzulesen. Trägt man die gemessene mittlere molare Größe $\overline{Z}$ (also z. B. das mittlere Molvolumen $\overline{V}$) als Funktion von $x_2$ auf (vgl. Abb. I, 2) und zieht in einem beliebigen Punkt $P$ der Kurve die Tangente und die Parallele zur Abszisse, so ist $\partial \overline{Z}/\partial x_2$ $= CE/EP$ und damit nach (I, 29)

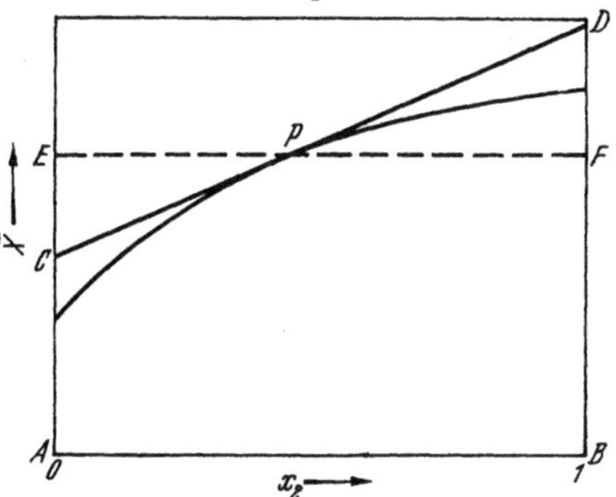



Abb. I, 2. Beziehung zwischen mittleren und partiellen molaren Größen.

$CE = x_2 \dfrac{\partial \overline{Z}}{\partial x_2} = \overline{Z} - Z_1$. Da $AE = \overline{Z}$ an der Stelle $P$, folgt, daß der Ordinatenabschnitt $CA$ der Tangente unmittelbar die partielle molare Größe $Z_1$ für die Mischphase des Punktes $P$ darstellt. In analoger Weise ergibt sich $BD = Z_2$ für den gleichen Punkt $P$.

Für $i = 3$ (ternäres System) ergibt sich aus (I, 28)

$$Z_1 = \overline{Z} - x_2 \frac{\partial \overline{Z}}{\partial x_2} - x_3 \frac{\partial \overline{Z}}{\partial x_3}$$

$$Z_2 = \overline{Z} - x_1 \frac{\partial \overline{Z}}{\partial x_1} - x_3 \frac{\partial \overline{Z}}{\partial x_3} \qquad\qquad (I, 30)$$

$$Z_3 = \overline{Z} - x_1 \frac{\partial \overline{Z}}{\partial x_1} - x_2 \frac{\partial \overline{Z}}{\partial x_2}\,.$$

Dabei bedeutet (z. B. für die erste dieser Gleichungen) $\partial \overline{Z}/\partial x_2$, daß $x_2$ sich auf Kosten von $x_1$ ändern soll bei konstantem $x_3$, und entsprechend $\partial \overline{Z}/\partial x_3$, daß $x_3$ sich ebenfalls auf Kosten von $x_1$ ändern soll bei konstantem $x_2$ usw.

Bei ternären Systemen benutzt man zur graphischen Darstellung der Zusammensetzung in der Regel die von GIBBS eingeführten *Dreieckskoordinaten* (vgl. Abb. I, 3). Man trägt die Molenbrüche der drei binären Systeme auf den Seiten des Dreiecks auf. Die Zusammensetzung jeder beliebigen ternären Mischung ist dann durch einen Punkt innerhalb des Dreiecks gegeben. Die zugehörigen drei Molenbrüche werden entweder durch die von $P$ auf die Dreiecksseiten gefällten Lote dargestellt, wobei die Höhe des gleichseitigen Dreiecks als Einheit benutzt wird, oder durch die Abschnitte der durch $P$ gezcgenen Parallelen zu den Dreiecksseiten, wobei die Seitenlänge des Dreiecks als Einheit dient. Charakteristisch für diese Darstellungsart ist es, daß eine von einer Ecke

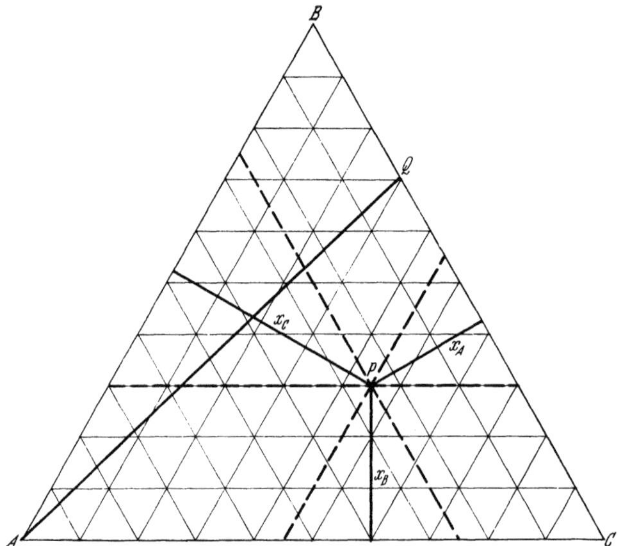



Abb. I, 3. GIBBSsche Dreieckskoordinaten zur Darstellung der Zusammensetzung ternärer Systeme.

ausgehende Gerade die Gegenseite und alle Parallelen zu ihr im gleichen Verhältnis teilt. So ist z. B. die Gerade $A\,Q$ in Abb. I, 3 der geometrische Ort für alle Gemische, für die das Verhältnis $x_B/x_C$ konstant gleich 3/7 ist.

Trägt man die mittlere molare Eigenschaft $\overline{Z}$ senkrecht zur Ebene der Dreieckskoordinaten für jede Zusammensetzung der Mischung auf, so erhält man eine Fläche, die $\overline{Z}$ als Funktion der Zusammensetzung der ternären Phase darstellt. Eine an einen Punkt $P$ dieser Fläche gelegte Tangentialebene erzeugt dann auf den in $A$, $B$ und $C$ errichteten Loten drei Ordinatenabschnitte, die wiederum die partiellen molaren Eigenschaften $Z_1$, $Z_2$, $Z_3$ für den Punkt $P$ angeben.

## § 5. Der erste Hauptsatz.

Unter der inneren Energie $U$ eines Systems versteht man die Energie, die das System ohne Berücksichtigung einer äußeren potentiellen oder kinetischen Energie besitzt. Bezeichnet man die einem System zugeführte Arbeit mit $A$, die zugeführte Wärme mit $Q$ (die dem betrachteten System *zugeführte* Arbeit und Wärme soll *immer positives* Vorzeichen, die vom System *geleistete* Arbeit und *abgegebene* Wärme *immer negatives* Vorzeichen haben), so kann man das Prinzip von der Erhaltung der Energie durch folgende einfache Gleichung ausdrücken:

$$\Delta U = A + Q. \tag{I, 31}$$

In Worten formuliert: *Die von einem System mit seiner Umgebung ausgetauschte Summe von Arbeit und Wärme ist gleich der Änderung der inneren Energie des Systems.*

$U$ ist eine Zustandsfunktion, eine infinitesimale Änderung $dU$ kann daher als vollständiges Differential geschrieben werden. Infinitesimale Änderungen von $A$ und $Q$ sind dagegen keine vollständigen Differentiale, denn $A$ und $Q$ sind keine eindeutigen Funktionen der Zustandsänderung, sondern sie hängen vom Weg ab, auf dem die Zustandsänderung erfolgt. (Beispiel: Bei der Ausdehnung eines idealen Gases in ein Vakuum ist $dT = 0$, $A = 0$, $Q = 0$, $\Delta U = 0$ [vgl. § 10]). Denselben Endzustand kann man erreichen, wenn man das Gas sich gegen einen Gegendruck ausdehnen läßt, es leistet Arbeit und kühlt sich infolgedessen ab. Damit es wieder seine ursprüngliche Temperatur annimmt, muß ihm Wärme zugeführt werden, $A$ hat demnach einen endlichen negativen, $Q$ einen endlichen positiven Wert, dagegen ist $A + Q = 0$, weil ja $\Delta U$ nicht vom Weg abhängt und wieder Null sein muß). Schreibt man daher (I,31) für eine infinitesimale Zustandsänderung, so hat man[1]

$$dU = \delta A + \delta Q. \tag{I, 32}$$

## § 6. Natürliche und reversible Prozesse.
### Entropie und zweiter Hauptsatz.

Alle in der Natur stattfindenden Prozesse laufen „spontan" in Richtung auf ein Gleichgewicht bzw. in Richtung auf einen stabilen Zustand des betreffenden Systems ab. Führt man einen Prozeß bei „*während dem Gleichgewicht*" durch, so nennt man ihn reversibel (Beispiel: Ausdehnung eines Gases gegen einen äußeren Druck, der laufend so verändert wird, daß er immer um $dp \to 0$ kleiner als der Gasdruck ist.) Streng reversible Prozesse kommen in der Natur nicht vor. Aber durch eine kleine Änderung der Bedingungen (im obigen Beispiel etwa eine dauernde endliche Erhöhung oder Erniedrigung des äußeren Drucks) gehen reversible in irreversible Prozesse über.

---

[1] $\delta$ soll im folgenden immer andeuten, daß es sich um eine infinitesimale Änderung handelt, die kein vollständiges Differential ist.

Es erhebt sich nun die Frage, ob es eine Zustandsfunktion gibt, die auszusagen vermag, ob und in welcher Richtung ein spontaner Prozeß innerhalb eines Systems stattfindet. Eine solche Zustandsfunktion würde somit als Maß für die *Stabilität* des Systems dienen können. Die innere Energie $U$ ist offenbar dafür nicht geeignet, denn es gibt spontane Prozesse, bei denen $U$ sich nicht ändert (Ausdehnung eines idealen Gases in ein Vakuum), bei denen $U$ zunimmt und bei denen $U$ abnimmt (chemische Reaktionen mit endothermer bzw. exothermer Wärmetönung). Auch der bei irreversiblen Prozessen stets auftretende Arbeitsverlust eines Systems, d. h. der Verlust an Fähigkeit, mechanische oder eine ihr äquivalente Arbeit zu leisten, ist nur bei isothermen Prozessen ein Maß für die Stabilitätsänderung des Systems, bei nicht isothermen Prozessen hängt auch die maximal gewinnbare Arbeit noch vom Weg der Zustandsänderung ab.

Von CLAUSIUS wurde die *Entropie* als Stabilitätsmaß eines Systems eingeführt. Die Entropie ist eine Zustandsfunktion. Sie wird anschaulich, wenn man sie mit der *Zustandswahrscheinlichkeit* des Systems verknüpft. Die Statistik zeigt, daß der Zustand maximaler Stabilität auch der Zustand größter Wahrscheinlichkeit ist, den jedes System einzunehmen sucht. Die Wahrscheinlichkeit ist um so größer, je größer die Zahl der Anordnungsmöglichkeiten der Bausteine des Systems (Moleküle, Atome) ist oder anders ausgedrückt, je größer der *Unordnungszustand* des Systems ist[1].

Ein Maß für die Zahl der Anordnungsmöglichkeiten ist die sog. „thermodynamische Wahrscheinlichkeit" $\Omega$, die stets eine sehr große Zahl ist. BOLTZMANN leitete folgende Beziehung zwischen der Entropie $S$ und $\Omega$ ab:

$$S = \mathrm{k} \ln \Omega, \qquad (\mathrm{I}, 33)$$

worin $\mathrm{k} = \mathrm{R}/\mathrm{N}_L$ (Gaskonstante dividiert durch LOSCHMIDTsche Zahl) ist. Da nach dem Gesagten das statistische Gewicht am größten für den Zustand maximaler Stabilität ist, so entspricht diesem Zustand nach (I,33) auch ein maximaler Entropiewert. Je ungeordneter ein System ist, um so größer ist seine Entropie und um so stabiler ist sein Zustand.

*Bei spontanen Prozessen nimmt* die Stabilität und damit *die Entropie eines abgeschlossenen Systems zu.*

Einige einfache Beispiele machen dies sofort deutlich: In einem Gemisch zweier Gase besitzt derjenige Zustand das größte statistische Gewicht und damit den höchsten Unordnungsgrad und die größte Wahrscheinlichkeit, bei dem die Moleküle völlig regellos verteilt sind. Dieser Zustand wird deshalb spontan eingenommen, d. h. zwei reine Gase diffundieren „von selbst" ineinander, bis völlig gleichmäßige Verteilung erreicht ist. Die zugehörige Entropiezunahme ist die später zu berechnende Mischungsentropie.

---

[1] Die Zahl der Anordnungsmöglichkeiten von z. B. drei Molekeln in drei bestimmten Punkten eines Raumes ist 6, die Zahl der Anordnungsmöglichkeiten der drei Molekeln auf einer bestimmten Geraden ist eindimensional unendlich, die Zahl der Anordnungsmöglichkeiten bei regelloser Verteilung der Molekeln ist dreidimensional unendlich; d. h. der Zustand regelloser Verteilung ist am wahrscheinlichsten.

Eine in einem DEWAR-Becher befindliche, d. h. mit ihrer Umgebung nicht in Wärmeaustausch stehende, unter ihren Erstarrungspunkt unterkühlte Flüssigkeit kristallisiert beim Impfen spontan solange, bis die freiwerdende Kristallisationswärme das ganze System auf die Schmelztemperatur erwärmt hat, dann befindet es sich im Gleichgewicht, und der Prozeß ist zu Ende. Dieser Gleichgewichtszustand ist, gegenüber dem Ausgangszustand, der Zustand größerer Wahrscheinlichkeit, größerer Unordnung[1] und damit größerer Entropie. Gelänge es umgekehrt, den Stoff über den Schmelzpunkt hinaus zu überhitzen, so würde spontan der umgekehrte Prozeß ablaufen, es würde ein Teil der Kristalle schmelzen, bis die verbrauchte Schmelzwärme das System auf die Schmelztemperatur abgekühlt hat. Sowohl die unterkühlte Flüssigkeit wie der überhitzte Kristall besitzen eine geringere Entropie als das fest-flüssige Gleichgewichtsgemisch mit der dazwischenliegenden Temperatur.

Statistisch gesehen ist derjenige Zustand eines Systems am wahrscheinlichsten, bei dem sich die aus kinetischer Energie der Molekeln bestehende Wärme gleichmäßig über das ganze System verteilt hat. Dem entspricht die Beobachtung, daß stets ein spontaner Wärmeausgleich stattfindet, solange in einem System Temperaturunterschiede vorhanden sind. Ein solcher Wärmeausgleich ist danach stets mit einer Entropiezunahme des Systems verbunden.

In vielen Fällen lassen sich die thermodynamischen Wahrscheinlichkeiten $\Omega$ von Gleichgewichtszuständen aus der Statistik berechnen, so daß dann die zugehörigen (absoluten) Entropiewerte nach Gleichung (I,33) unmittelbar zugänglich sind. Auch gewisse *Entropieänderungen*, z. B. Mischungsentropien idealer und zuweilen auch nichtidealer Mischungen, lassen sich statistisch ermitteln. Wenn dies nicht der Fall ist, so ist man darauf angewiesen, die Entropieänderungen eines Systems mit Hilfe der später abzuleitenden GIBBS-HELMHOLTZschen Gleichung aus Messungen von Änderungen der Enthalpie und der Freien Enthalpie zu berechnen (vgl. S. 17). Nur bei *reversiblen Prozessen* besteht prinzipiell die Möglichkeit, die Entropieänderung eines Systems aus der *mit der Umgebung reversibel ausgetauschten Wärme* zu ermitteln. Wie aus dem bekannten CARNOTschen Kreisprozeß leicht abzuleiten ist, gilt für die Entropieänderung des betrachteten Systems beim reversiblen Übergang von einem Anfangszustand $a$ in einen Endzustand $e$

$$\Delta S = \int_{a}^{e} \frac{\delta Q_{rev}}{T}. \qquad (I, 34)$$

Mit Hilfe dieser Gleichung läßt sich z. B. sofort die Entropieabnahme berechnen, die ein Stoff beim Übergang vom flüssigen in den festen Zustand erleidet. Erfolgt dieser Prozeß beim Schmelzpunkt, d. h. bei „während dem Gleichgewicht", indem man dem System Wärme entzieht, so handelt es sich nach der Definition von S. 11 um einen reversiblen Vorgang bei konstanter Temperatur; die Entropieabnahme pro Mol des Stoffes ist daher nach (I, 34) einfach gegeben durch die negative molare Schmelzwärme, dividiert durch die absolute Schmelztemperatur. Daraus ergibt

---

[1] Es erscheint zunächst paradox, daß der Unordnungsgrad bei teilweiser Kristallisation zunimmt, obwohl der Kristall doch der Flüssigkeit gegenüber eine hohe Ordnung besitzt. Man muß jedoch bedenken, daß bei diesem Prozeß die Temperatur des ganzen Systems steigt; die durch die vermehrte Temperaturbewegung erhöhte Unordnung überwiegt dabei die Ordnungszunahme durch die teilweise Kristallisation.

sich auch die Dimension der Entropie zu cal/Grad. Da es sich um einen reversiblen Prozeß handelt, nimmt die Entropie der Umgebung infolge der aufgenommenen Kristallisationswärme um den gleichen Betrag zu, die *Änderung der Gesamtentropie* (System + Umgebung) *ist deshalb allgemein bei reversiblen Prozessen gleich Null*.

Erfolgt die Kristallisation irreversibel, d. h. nicht bei der Schmelztemperatur unter „währendem Gleichgewicht", wie bei der oben erwähnten unterkühlten Flüssigkeit, so nimmt die Entropie des Systems zu, wie wir sahen, ohne daß sich die Entropie der Umgebung ändert. Das bedeutet, *daß allgemein bei irreversiblen Prozessen die Gesamtentropie stets anwächst*.

Bei irreversiblen Prozessen ist deshalb auch eine evtl. mit der Umgebung ausgetauschte Wärme, dividiert durch $T$, kein Maß mehr für die Entropieänderung des Systems, vielmehr ist letztere, wie ebenfalls aus dem oben erwähnten Beispiel hervorgeht, stets größer als $\delta Q/T$. Für irreversible Prozesse gilt daher anstatt von (I, 34)

$$\Delta S > \int_a^e \frac{\delta\,Q_{irrev}}{T}\;. \qquad\qquad (\mathrm{I,\,34a})$$

Die Gleichungen (I,34) und (I,34a) sind der mathematische Ausdruck für den *zweiten Hauptsatz* der Wärmetheorie, der sich auf verschiedene Weise formulieren läßt: „Bei allen irreversiblen Vorgängen nimmt die Gesamtentropie stets zu". „Die Entropie der Welt strebt einem Maximum zu" (CLAUSIUS).

## § 7. Einführung weiterer Zustandsfunktionen (Enthalpie, Freie Energie, Freie Enthalpie); Chemisches Potential; Fundamentalgleichungen; GIBBS-DUHEMsche Gleichung; GIBBS-HELMHOLTZsche Beziehung.

Wie schon einleitend gesagt wurde, befaßt sich die Thermodynamik vorwiegend mit Gleichgewichtszuständen und mit Änderungen bei währendem Gleichgewicht, also mit reversiblen „Zustandsänderungen". Für eine *reversible* Zustandsänderung eines Systems und unter der Voraussetzung, daß mit der Umgebung nur *Volumenarbeit* ausgetauscht wird ($\delta A = -\,p\,dV$), kann man (I, 32) mit Hilfe von (I, 34) umformen in

$$dU = -\,p\,dV + T\,dS. \qquad\qquad (\mathrm{I,\,35})$$

Da man in der Regel Zustandsänderungen bei konstantem Druck statt bei konstantem Volumen durchführt, und da es aus praktischen Gründen angenehmer ist, $T$ anstelle von $S$ als unabhängige Variable zu haben, hat es sich als zweckmäßig erwiesen, eine Reihe neuer *thermodynamischer* Zustandsfunktionen einzuführen, die folgendermaßen definiert sind:

Enthalpie (Wärmeinhalt) $H \equiv U + pV$ $\qquad$ (I, 36)

Freie Energie (nach HELMHOLTZ) $F \equiv U - TS$ $\qquad$ (I, 37)

Freie Enthalpie (auch freie Energie
nach GIBBS genannt) $G \equiv H - TS$ . $\qquad$ (I, 38)

Für infinitesimale Änderungen erhält man daraus mit (I, 35), ferner mit $d\,(pV) = pdV + Vdp$ und $d\,(TS) = SdT + TdS$

$$dH = Vdp + TdS \qquad (I, 39)$$
$$dF = - pdV - SdT \qquad (I, 40)$$
$$dG = Vdp - SdT\ . \qquad (I, 41)$$

Um die Abhängigkeit der thermodynamischen Funktionen von der chemischen Zusammensetzung zu erfahren, muß man jede Phase des Systems gesondert betrachten (denn z. B. die innere Energie eines etwa aus Wasser und Dampf bestehenden Systems ändert sich verschieden, wenn man einmal ein Mol $H_2O$ in Dampfform, das andere Mal in flüssiger Form bei Gleichgewichtstemperatur und Gleichgewichtsdruck des Systems zugibt). Für alle extensiven Eigenschaften, zu denen auch $H$, $F$ und $G$ gehören, erhält man nach (§ 4) die insgesamt stattfindende Änderung durch Addition der Änderungen in den einzelnen Phasen. Die folgenden Gleichungen gelten für eine einzelne Phase. Man kann $dU$, wenn man $U$ als Funktion der *charakteristischen Variablen* $S$, $V$ und der Molzahlen $n$ ausdrückt, darstellen durch

$$dU = \left(\frac{\partial U}{\partial V}\right)_{S,n} dV + \left(\frac{\partial U}{\partial S}\right)_{V,n} dS + \left(\frac{\partial U}{\partial n_1}\right)_{S,V,n_1\ldots n_i} dn_1 + \cdots + \left(\frac{\partial U}{\partial n_i}\right)_{S,V,n_1\ldots n_{i-1}} dn_i \ . \quad (I,42)$$

Setzt man zur Abkürzung $\mu_i \equiv \left(\dfrac{\partial U}{\partial n_i}\right)_{S,V,n_1\ldots n_{i-1}}$,

so hat man unter Berücksichtigung von Gleichung (I, 35)[1]

$$dU = - pdV + TdS + \sum_1^i \mu_i\, d\,n_i. \qquad (I, 43)$$

Die entsprechenden Beziehungen für $dH$, $dF$ und $dG$ lauten unter Benutzung von (I, 39) bis (I, 41):

$$dH = Vdp + TdS + \sum_1^i \mu_i\, dn_i \qquad (I, 44)$$

$$dF = - pdV - SdT + \sum_1^i \mu_i\, dn_i \qquad (I, 45)$$

$$dG = Vdp - SdT + \sum_1^i \mu_i\, dn_i, \qquad (I, 46)$$

---

[1] Für $dU$ kann man bei konstanten $n$ schreiben $dU = \left(\dfrac{\partial U}{\partial V}\right)_S dV + \left(\dfrac{\partial U}{\partial S}\right)_V dS$. Koeffizientenvergleich mit (I, 35) zeigt, daß $(\partial U/\partial V)_{S,n} = - p$ und $(\partial U/\partial S)_{V,n} = T$ ist.

wobei das *chemische Potential* $\mu_i$ definiert ist durch

$$\mu_i \equiv \left(\frac{\partial U}{\partial n_i}\right)_{S,\,V,\,n_1\ldots n_{i-1}} = \left(\frac{\partial H}{\partial n_i}\right)_{S,\,p,\,n_1\ldots n_{i-1}} =$$
$$= \left(\frac{\partial F}{\partial n_i}\right)_{V,\,T,\,n_1\ldots n_{i-1}} = \left(\frac{\partial G}{\partial n_i}\right)_{p,\,T,\,n_1\ldots n_{i-1}}. \tag{I, 47}$$

Das chemische Potential ist eine partielle molare Größe. Die Wiedergabe als $(\partial U/\partial n_i)_{S,\,V,\,n_{i-1}}$ bzw. $(\partial H/\partial n_i)_{p,\,S,\,n_{i-1}}$ ist abstrakt, denn die Änderung der Masse einer Phase unter Konstanthaltung der Entropie entspricht keinem einfachen physikalischen Vorgang. Dagegen ist $\mu_i$ in der Form $(\partial F/\partial n_i)_{V,\,T,\,n_1\ldots n_{i-1}}$ bzw. $(\partial G/\partial n_i)_{p,\,T,\,n_1\ldots n_{i-1}}$ eine sehr wichtige thermodynamische Größe, die bei allen Gleichgewichtsformulierungen eine entscheidende Rolle spielt. Der Name ,,chemisches Potential‘‘ erklärt sich auf folgende Weise: Damit in einem abgeschlossenen System spontane Vorgänge ablaufen können, müssen gewisse ,,Potentialunterschiede‘‘ vorhanden sein. Besitzt ein Stoff in zwei Phasen verschiedene ,,chemische Potentiale‘‘, so wird solange ein Stoffaustausch zwischen den Phasen stattfinden, bis das chemische Potential überall gleich geworden ist (Gleichheit des chemischen Potentials ist, wie wir später sehen werden, eine notwendige Gleichgewichtsbedingung für die Koexistenz zweier Phasen desselben Stoffes).

Aus (I, 43) und (I, 44) bis (I, 46) ergeben sich unmittelbar folgende häufig benutzte Ausdrücke:

$$S = -\left(\frac{\partial F}{\partial T}\right)_{V,\,n} = -\left(\frac{\partial G}{\partial T}\right)_{p,\,n} \tag{I, 48}$$

$$V = \left(\frac{\partial H}{\partial p}\right)_{S,\,n} = \left(\frac{\partial G}{\partial p}\right)_{T,\,n} \tag{I, 49}$$

$$p = -\left(\frac{\partial U}{\partial V}\right)_{S,\,n} = -\left(\frac{\partial F}{\partial V}\right)_{T,\,n}. \tag{I, 50}$$

Bei konstantem $p$ und $T$ liefert (I, 46)

$$(dG)_{p,\,T} = \mu_1\,dn_1 + \mu_2\,dn_2 + \cdots + \mu_i\,dn_i. \tag{I, 51}$$

Mit Hilfe der in § 4 am Beispiel des Volumens ausführlich dargestellten Überlegungen ergibt sich aus (I, 51)

$$G = \sum_1^i \mu_i\,n_i, \tag{I, 52}$$

und aus (I, 51) und (I, 52) zusammen die spezielle, Gleichung (I, 21) entsprechende GIBBS-DUHEMsche Gleichung *bei konstantem $p$ und $T$;*

$$n_1\,d\mu_1 + n_2\,d\mu_2 + \cdots + n_i\,d\mu_i = \sum_1^i n_i\,d\mu_i = 0$$

oder unter Umrechnung auf Molenbrüche

$$x_1\,\frac{\partial \mu_1}{\partial x_j} + x_2\,\frac{\partial \mu_2}{\partial x_j} + \cdots + x_i\,\frac{\partial \mu_i}{\partial x_j} = 0. \tag{I, 53}$$

Die GIBBS-DUHEMsche Gleichung *bei variablem p und T* erhält man, wenn man unter Benutzung von (I, 52) und (I, 46) schreibt

$$d G = \Sigma \, \mu_i \, d n_i + \Sigma \, n_i \, d \mu_i = V \, d p - S \, d T + \Sigma \, \mu_i \, d n_i,$$

woraus sich ergibt

$$S \, d T - V \, d p + \sum_1^i n_i \, d \mu_i = 0. \tag{I, 54}$$

Alle für extensive Eigenschaften eines Systems abgeleiteten Gleichungen gelten in analoger Weise für die *partiellen molaren Größen*. So entsprechen z. B. den Gleichungen (I,41), (I,48) und (I,49) die Beziehungen

$$d \mu_i = V_i \, d p - S_i \, d T \tag{I, 55}$$

$$\left( \frac{\partial \mu_i}{\partial T} \right)_p = - \, S_{i \, (p)} \tag{I, 56}$$

$$\left( \frac{\partial \mu_i}{\partial p} \right)_T = V_i. \tag{I, 57}$$

Besondere Bedeutung besitzt die Definitionsgleichung (I, 38) für die freie Enthalpie, die sich mittels (I, 48) in der Form schreiben läßt

$$H = G - T \left( \frac{\partial G}{\partial T} \right)_{p, \, n} \tag{I, 58}$$

und somit eine Beziehung zwischen Enthalpie und freier Enthalpie herstellt. Für eine endliche *isotherme Zustandsänderung* gilt entsprechend

$$\Delta H = \Delta G - T \frac{\partial \Delta G}{\partial T} = \Delta G + T \, \Delta S. \tag{I, 59}$$

(I, 58) und (I, 59) können leicht umgeformt werden in

$$\frac{\partial \, (G/T)}{\partial T} = - \, \frac{H}{T^2} \tag{I, 58a}$$

$$\frac{\partial \, (\Delta G/T)}{\partial T} = - \, \frac{\Delta H}{T^2} \, . \tag{I, 59a}$$

In partiellen Molgrößen geschrieben lauten die Gleichungen (I, 58) und (I, 58a)

$$H_i = \mu_i - T \left( \frac{\partial \mu_i}{\partial T} \right)_p \tag{I, 60}$$

$$\frac{\partial \, (\mu_i/T)}{\partial T} = - \, \frac{H_i}{T^2} \, . \tag{I, 61}$$

Die Gleichungen (I,58) bis (I,61) stellen die wichtige GIBBS-HELMHOLTzsche Beziehung in verschiedener Form dar.

## § 8. Allgemeine Gleichgewichtsbedingungen; Phasengleichgewicht und Phasengesetz; chemisches Gleichgewicht.

Wie schon gesagt wurde, laufen spontane Prozesse in einem System nur ab, wenn das System nicht in Gleichgewicht ist, während reversible Zustandsänderungen nur bei währendem Gleichgewicht erfolgen können. Ist demnach bei einer infinitesimalen Änderung $dS = \dfrac{\delta Q}{T}$ (Gleichung (I,34) erfüllt, so ist damit eine ausreichende Gleichgewichtsbedingung für das System gegeben. Ausgehend von dieser Forderung kann man Gleichgewichtsbedingungen formulieren, die für praktische Zwecke besser geeignet sind.

Wir betrachten eine isotherme Zustandsänderung ($dT = 0$). Dann gilt nach Gleichung (I, 34) bzw. (I, 34a)

$$d\,(TS) = \delta Q \quad \text{bei reversiblem Ablauf,}$$
$$d\,(TS) > \delta Q \quad \text{bei spontanem Ablauf.} \tag{I, 62}$$

Ferner gilt nach dem ersten Hauptsatz und unter Benutzung der Definitionsgleichung (I, 37)

$$\delta Q = dU - \delta A = dF - d\,(TS) - \delta A.$$

Setzt man dies in (I, 62) ein, so wird für isotherme Zustandsänderungen

$$(dF)_T = \delta A \quad \text{bei reversiblem Ablauf,}$$
$$(dF)_T < \delta A \quad \text{bei spontanem Ablauf.} \tag{I, 63}$$

Schließen wir chemische Reaktionen innerhalb des betrachteten Systems zunächst aus, so daß $\delta A = -\,p\,dV$, und führen die Zustandsänderung außerdem isochor aus ($dV = 0$), so wird aus (I, 63) für *isotherme isochore* Zustandsänderungen

$$(dF)_{V,T} = 0 \quad \text{bei reversiblem Ablauf,}$$
$$(dF)_{V,T} < 0 \quad \text{bei spontanem Ablauf.} \tag{I, 64}$$

Eine analoge Überlegung führt ausgehend von (I, 38) und (I, 36) für *isotherme isobare* Zustandsänderungen zu

$$(dG)_{p,T} = 0 \quad \text{bei reversiblem Ablauf,}$$
$$(dG)_{p,T} < 0 \quad \text{bei spontanem Ablauf.} \tag{I, 65}$$

Da für die genannten Zustandsänderungen nach (I, 45) und (I, 46) $dF = dG = \Sigma\,\mu_i\,dn_i$, lautet die Gleichgewichtsbedingung

$$\sum_1^i \mu_i\,dn_i = 0,$$

woraus mit (I, 43) und (I, 44) auch folgt

$$(dU)_{V,S} = 0; \quad (dH)_{p,S} = 0. \tag{I, 66}$$

Besteht das System aus mehreren Phasen ('Phase, "Phase usw.), so lautet die Gleichgewichtsbedingung

$$\sum_1^i \mu_i' \, dn_i' + \sum_1^i \mu_i'' \, dn_i'' + \cdots = 0. \qquad (\mathrm{I}, 67)$$

Bei einem Übergang von $dn_i$ Molen eines Stoffes $i$ aus der 'Phase in die "Phase ist $dn_i' = - \, dn_i''$. Da außer $n_i'$ und $n_i''$ alle $n$ konstant bleiben, liefert (I, 67) folgende Bedingung für das „*Phasengleichgewicht*":

$$\mu_i' \, dn_i' - \mu_i'' \, dn_i'' = 0$$

oder

$$\mu_i' = \mu_i''. \qquad (\mathrm{I}, 68)$$

*Man erhält also das wichtige Ergebnis, daß bei Phasengleichgewicht das chemische Potential eines jeden Stoffes in jeder Phase denselben Wert haben muß.*

Drückt man die chemischen Potentiale noch mittels (I, 28) durch die mittlere freie molare Enthalpie $\overline{G}$ aus, so kann man die Gleichgewichtsbedingung z. B. für ein binäres System nach (I, 29) auch in der Form schreiben

$$\left( G - x_2 \, \frac{\partial \overline{G}}{\partial x_2} \right)'_{p,\,T} = \left( \overline{G} - x_2 \, \frac{\partial \overline{G}}{\partial x_2} \right)''_{p,\,T}$$
$$\left( \overline{G} + (1 - x_2) \, \frac{\partial \overline{G}}{\partial x_2} \right)'_{p,\,T} = \left( \overline{G} + (1 - x_2) \, \frac{\partial \overline{G}}{\partial x_2} \right)''_{p,\,T}. \qquad (\mathrm{I}, 69)$$

Subtraktion beider Gleichungen liefert die einfachere Bedingung

$$\left( \frac{\partial \overline{G}}{\partial x_2} \right)'_{p,\,T} = \left( \frac{\partial \overline{G}}{\partial x_2} \right)''_{p,\,T}. \qquad (\mathrm{I}, 70)$$

Mit Hilfe der Bedingung (I, 68) kann man das GIBBSsche *Phasengesetz* ableiten. In einem System, das aus $K$ *unabhängigen*[1] Komponenten

---

[1] Ein System, das z. B. aus beliebigen Mengen $NH_3$ und HCl zusammengesetzt wird, besteht innerhalb eines gewissen Temperatur- und Druckbereichs aus festem $NH_4Cl$ und einer Gasphase, die nebeneinander $NH_4Cl$, $NH_3$ und HCl enthält. Insgesamt sind also 3 Molekülarten vorhanden. Trotzdem ist die Zahl der unabhängigen Komponenten gleich 2, denn das System läßt sich aus $NH_3$ und HCl vollständig aufbauen. Geht man jedoch von reinem festen $NH_4Cl$ aus und läßt es z. T. verdampfen, so läßt sich das Gesamtsystem aus einer Komponente, nämlich $NH_4Cl$ aufbauen (das Mengenverhältnis von $NH_3$ zu HCl ist in beiden Phasen 1, und die sich zersetzende Menge $NH_4Cl$ ist durch $p$ und $T$ festgelegt), in diesem Fall ist also die Zahl der unabhängigen Komponenten gleich 1. Allgemein ist die Zahl der unabhängigen Komponenten gleich der Gesamtzahl der Komponenten vermindert um die Zahl der unabhängigen Reaktionsgleichungen zwischen ihnen. Dabei ist vorausgesetzt, daß unter den vorliegenden Bedingungen von Druck und Temperatur die betreffenden chemischen Gleichgewichte sich auch wirklich einstellen. Zum Beispiel besitzt das System $H_2$, $O_2$, $H_2O$ bei tiefen Temperaturen in Abwesenheit eines Katalysators drei unabhängige Komponenten, bei höheren Temperaturen bzw. Anwesenheit eines Katalysators dagegen nur zwei. Assoziate, wie sie in flüssigen Phasen häufig auftreten, sind keine unabhängigen Komponenten im Sinne des Phasengesetzes, da zu jedem Assoziat auch eine Gleichgewichtsbedingung gehört. Dagegen sind (irreversible) Polymerisate verschiedener Länge als unabhängige Komponenten zu betrachten.

und aus $Ph$ Phasen besteht, ist der Zustand jeder Phase durch die Variablen $p$, $T$, $x_1$, $x_2 \ldots x_K$ eindeutig festgelegt, wenn wir von speziellen Zustandsvariablen wie Oberfläche, Ladung usw. absehen können. Für jede Phase gilt $\Sigma\, x_K = 1$, d. h. es müssen jeweils nur $K - 1$ Molenbrüche zur Bestimmung der Zusammensetzung angegeben werden. Insgesamt besitzt also das System einschließlich $p$ und $T$ eine Zahl von $Ph\,(K - 1) + 2$ Bestimmungsgrößen. Da nun für den Übergang des Stoffes 1 aus der 'Phase in alle übrigen Phasen nach (I, 68) folgende Bedingungsgleichungen gelten: $\mu_1' = \mu_1''$; $\mu_1' = \mu_1'''$; $\mu_1' = \mu_1''''$ usw.[1], und da analoge Gleichungen auch für andere Komponenten gelten, so gibt es insgesamt $K\,(Ph - 1)$ solcher Bedingungsgleichungen. Das bedeutet, daß nur über

$$F \equiv Ph\,(K - 1) + 2 - K\,(Ph - 1) = K - Ph + 2 \qquad (\mathrm{I},71)$$

Bestimmungsgrößen oder „*Freiheitsgrade*" frei verfügt werden kann. Gleichung (I, 71) ist die allgemeine Form des GIBBSschen Phasengesetzes.

Kann in dem System eine *chemische Reaktion* ablaufen nach dem allgemeinen Schema

$$v_A\, A + v_B\, B + \cdots \;\rightarrow\; v_C\, C + v_D\, D + \cdots, \qquad (\mathrm{I},72)$$

und bezeichnet man die Anzahl der Formelumsätze mit $\lambda$ (sog. Reaktionslaufzahl), so entspricht einem infinitesimalen Umsatz $d\lambda$ eine Änderung der Molzahlen der Reaktionsteilnehmer um

$$d\,n_A = -\,v_A\,d\lambda; \quad d\,n_B = -\,v_B\,d\lambda; \quad d\,n_C = +\,v_C\,d\lambda; \quad d\,n_D = +\,v_D\,d\lambda. \quad (\mathrm{I},73)$$

Damit wird nach (I, 64) und (I, 65)

$$\begin{aligned}
(d\,F)_{V,T} &= (d\,G)_{p,T} = \Sigma\, v_i\, \mu_i\, d\lambda = 0 \quad &&\text{bei reversiblem Ablauf}\\
(d\,F)_{V,T} &= (d\,G)_{p,T} = \Sigma\, v_i\, \mu_i\, d\lambda < 0 \quad &&\text{bei spontanem Ablauf.}
\end{aligned} \qquad (\mathrm{I},74)$$

Die Bedingung, daß *chemisches Gleichgewicht* herrscht, lautet demnach mit (I, 66)

$$\Sigma\, v_i\, \mu_i\, d\lambda = 0 \;\text{ oder }\; v_A\, \mu_A + v_B\, \mu_B + \cdots = v_C\, \mu_C + v_D\, \mu_D + \cdots \quad (\mathrm{I},75)$$

## § 9. Stabilitätsbedingungen.

Außer den bisher besprochenen Gleichgewichtsbedingungen erster Ordnung hat GIBBS Gleichgewichtskriterien höherer Ordnung in die Thermodynamik eingeführt, die für die Stabilität von Phasen gegenüber der Bildung neuer Phasen mit anderen Eigenschaften Bedeutung besitzen. Phasen, die gegenüber unendlich benachbarten Zuständen stabil, gegenüber der Entstehung ganz neuer Phasen mit völlig anderen Eigenschaften dagegen instabil sind, bezeichnet man als *metastabil*. Beispiele sind etwa eine unterkühlte Flüssigkeit oder eine übersättigte Lösung, die z. B. gegenüber kleinen Druck- oder Temperaturänderungen stabil sind, aber beim „Impfen" in einen völlig verschiedenen Zustand

---

[1] Bei Gleichgewicht muß demnach jeder Stoff in jeder Phase vorhanden sein, wenn unter Umständen auch in sehr kleiner Menge.

übergehen. Phasen, die gegenüber unendlich benachbarten Zuständen instabil sind, sind nicht existenzfähig. Man bezeichnet solche (denkbaren) Phasen als *labil*.

Wir leiten zunächst die *Stabilitätsbedingungen* für eine *reine homogene Phase* ab. Enthalpie und Entropie der stabilen Phase seien durch $H$ und $S$ dargestellt. Wir denken uns eine infinitesimale Zustandsänderung in der Weise, daß bei konstantem Druck die eine Hälfte der Phase die Entropie $\frac{1}{2}(S + \delta S)$, die andere Hälfte die Entropie $\frac{1}{2}(S - \delta S)$ annehme, so daß die Gesamtentropie konstant bleibt. Dann wird die Enthalpie der beiden Hälften, wenn man sie in eine TAYLORsche Reihe entwickelt und Glieder höherer Ordnung vernachlässigt

bzw.
$$\frac{1}{2}\left[H + \frac{\partial H}{\partial S}\,\delta S + \frac{1}{2}\frac{\partial^2 H}{\partial S^2}\,(\delta S)^2\right]$$
$$\frac{1}{2}\left[H - \frac{\partial H}{\partial S}\,\delta S + \frac{1}{2}\frac{\partial^2 H}{\partial S^2}\,(\delta S)^2\right].$$

Die Gesamtenthalpie hat sich demnach geändert um

$$\Delta^2 H = \frac{1}{2}\left(\frac{\partial^2 H}{\partial S^2}\right)_p (\delta S)^2 . \tag{I, 76}$$

Da nun nach (I, 66) für gegebenes $p$ und $S$ die Enthalpie im stabilen Gleichgewicht einen Minimalwert besitzt, muß die betrachtete Änderung eine Zunahme der Enthalpie verursacht haben, d. h. der Ausdruck (I, 76) muß *positiv* sein. Die Bedingung für eine stabile Phase lautet demnach

$$\left(\frac{\partial^2 H}{\partial S^2}\right)_p > 0 , \tag{I, 77}$$

was sich mit (I, 39) wegen $(\partial H/\partial S)_p = T$ auch in der Form schreiben läßt

$$\left(\frac{\partial S}{\partial T}\right)_p > 0 . \tag{I, 78}$$

*Die Entropie einer reinen stabilen Phase muß mit steigender Temperatur stets zunehmen.* Mittels (I, 48) läßt sich (I, 78) auch umformen in

$$\left(\frac{\partial^2 G}{\partial T^2}\right)_p < 0 . \tag{I, 79}$$

Eine vollkommen analoge Überlegung ergibt für eine isotherme infinitesimale Zustandsänderung, bei der die eine Hälfte der Phase das Volumen $\frac{1}{2}(V + \delta V)$, die andere Hälfte das Volumen $\frac{1}{2}(V - \delta V)$ annimmt, die Stabilitätsbedingung

$$\left(\frac{\partial^2 F}{\partial V^2}\right)_T > 0 , \tag{I, 80}$$

was unter Benutzung von (I, 50) auch in der Form geschrieben werden kann

$$\left(\frac{\partial V}{\partial p}\right)_T < 0 . \tag{I, 81}$$

*Das Volumen einer stabilen Phase nimmt mit steigendem Druck stets ab.*
Mit Hilfe von (I, 49) läßt sich dies umformen in

$$\left(\frac{\partial^2 G}{\partial p^2}\right)_T < 0 \,. \tag{I, 82}$$

(I, 79) und (I, 82) bedeuten, daß die *Krümmung* jeder $G, T$-Kurve bei
konstantem $p$ und jeder $G, p$-Kurve bei konstantem $T$ konkav gegenüber der $T$- bzw. der $p$-Achse sein muß. Ändert man $p$ und $T$ gleichzeitig, so läßt sich zeigen, daß auch jeder beliebige vertikale Schnitt
durch die als Funktion von $T$ und $p$ aufgetragene *G-Fläche* eine Kurve
mit konkaver Krümmung gegen die $p, T$-Ebene ergeben muß. Analytisch läßt sich diese Bedingung ausdrücken durch

$$\left(\frac{\partial^2 G}{\partial T^2}\right)_p \cdot \left(\frac{\partial^2 G}{\partial p^2}\right)_T - \left(\frac{\partial^2 G}{\partial p \partial T}\right)^2 > 0 \,. \tag{I, 83}$$

In Determinantenform geschrieben lauten somit die *Stabilitätsbedingungen für eine reine homogene Phase*

$$\begin{vmatrix} \dfrac{\partial^2 G}{\partial T^2} & \dfrac{\partial^2 G}{\partial T \partial p} \\[2ex] \dfrac{\partial^2 G}{\partial p \partial T} & \dfrac{\partial^2 G}{\partial p^2} \end{vmatrix} > 0\,; \quad \frac{\partial^2 G}{\partial T^2} < 0\,; \quad \frac{\partial^2 G}{\partial p^2} < 0 \,. \tag{I, 84}$$

Bei *Mehrstoffsystemen* ist weiter die Bedingung aufzusuchen, daß
nicht eine Phase bei konstantem $p$ und $T$ in zwei oder mehr Phasen

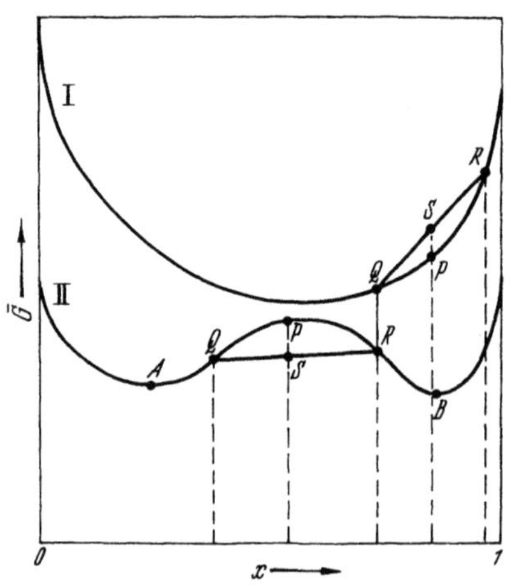


Abb. I. 4. Zur Ableitung der
Stabilitätsbedingungen für binäre Systeme.

anderer Zusammensetzung zerfällt.
Trägt man die mittlere molare freie
Enthalpie nach (I, 26) $\bar{G} = x_1 \mu_1 +
+ x_2 \mu_2$ eines binären Systems in
Abhängigkeit von $x$ auf, so sind
prinzipiell die beiden Fälle I und II
der Abb. I, 4 möglich. Es sei angenommen, daß die homogene Phase
der Zusammensetzung $P$ instabil sei
und in die koexistenten Phasen der
Zusammensetzung $Q$ und $R$ zerfalle.
Die mittlere freie Enthalpie der letzteren wird dann durch den Punkt $S$,
ihr Molzahlverhältnis durch das
Streckenverhältnis $SQ/SR$ dargestellt (sog. Hebelgesetz). $S$ liegt oberhalb oder unterhalb von $P$, je nachdem die $\bar{G}$-Kurve bei $P$ konvex oder
konkav gegen die $x$-Achse ist. Da
nun nach (I, 65) die freie Enthalpie
im stabilen Gleichgewicht ein Minimum besitzen muß, kann ein Zerfall
in zwei andere Phasen nur eintreten, wenn $S$ unterhalb von $P$ liegt,
wenn also die $\bar{G}$-Kurve konkav gegen die $x$-Achse ist (Fall II). Für eine

im ganzen Mischungsbereich stabile Phase gilt danach die Bedingung

$$\left(\frac{\partial^2 \overline{G}}{\partial x^2}\right)_{p,\,T} > 0. \tag{I, 85}$$

Im Falle der Kurve II ist die Phase im konkaven Teil der Kurve instabil und zerfällt in die koexistenten Phasen $A$ und $B$ mit *gemeinsamer Tangente*. Für diese koexistenten Phasen gilt nämlich nach (I, 68) $\mu_1' = \mu_1''$ und $\mu_2' = \mu_2''$, und damit auch Gl. (I, 69) und (I, 70). Letztere bedeutet gleiche Neigung der Tangente in den Punkten $A$ und $B$, erstere gleiche Ordinatenabschnitte dieser Tangente. Der Übergang zwischen metastabil und instabil findet an den Wendepunkten $Q$ und $R$ der $\overline{G}$-Kurve statt, wo $(\partial^2 \overline{G}/\partial x^2) = 0$. Zwischen $A$ und $Q$ bzw. $B$ und $R$ ist die Phase metastabil, zwischen $Q$ und $R$ dagegen nicht existenzfähig.

Diese Überlegungen lassen sich ohne weiteres auf Drei- und Mehrstoffsysteme übertragen. Stellt man $\overline{G} = x_1 \mu_1 + x_2 \mu_2 + (1 - x_1 - x_2) \mu_3$ im räumlichen Diagramm als Funktion von $x_1$ und $x_2$ bei konstantem $p$ und $T$ dar, so erhält man eine *Zustandsfläche*, aus deren Eigenschaften man die Stabilitätsbedingungen ablesen kann (vgl. Abb. I, 5). Ist die Phase im gesamten Mischungsbereich stabil, so muß eine Berührungsebene in jedem Punkt der Fläche *ganz* unterhalb derselben liegen, die $\overline{G}$-Fläche ist überall konvex-konvex gegen die $x_1\,x_2$-Ebene. Analytisch bedeutet dies in Analogie zu (I, 84)

$$\begin{vmatrix} \dfrac{\partial^2 \overline{G}}{\partial x_1^2} & \dfrac{\partial^2 \overline{G}}{\partial x_1 \partial x_2} \\[3mm] \dfrac{\partial^2 \overline{G}}{\partial x_2 \partial x_1} & \dfrac{\partial^2 \overline{G}}{\partial x_2^2} \end{vmatrix} > 0; \quad \frac{\partial^2 \overline{G}}{\partial x_1^2} > 0; \quad \frac{\partial^2 \overline{G}}{\partial x_2^2} > 0. \tag{I, 86}$$

Besitzt die $\overline{G}$-Fläche konkave Teile (Falten), so bedeutet dies metastabile und labile Zustände. Es tritt Zerfall in zwei Phasen auf, etwa in zwei flüssige oder eine flüssige und eine dampfförmige Phase, deren Zusammensetzung durch die Berührungspunkte einer gemeinsamen Tangentialebene gegeben sind, für die analog zu (I, 69) und (I, 70) gilt:

$$\left(\overline{G} - x_1 \frac{\partial \overline{G}}{\partial x_1} - x_2 \frac{\partial G}{\partial x_2}\right)' = \left(\overline{G} - x_1 \frac{\partial \overline{G}}{\partial x_1} - x_2 \frac{\partial \overline{G}}{\partial x_2}\right)'' \tag{I, 87}$$

$$\left(\frac{\partial \overline{G}}{\partial x_1}\right)'_{p,\,T} = \left(\frac{\partial \overline{G}}{\partial x_1}\right)''_{p,\,T}; \quad \left(\frac{\partial \overline{G}}{\partial x_2}\right)'_{p,\,T} = \left(\frac{\partial \overline{G}}{\partial x_2}\right)''_{p,\,T}. \tag{I, 88}$$

Rollt man die Doppelberührungsebene auf der $\overline{G}$-Fläche ab, so liegen die zusammengehörigen Punkte auf der sog. *Konnodalkurve* (in Abb. I, 5 der Kurve $PCQ$), die metastabiles und stabiles Gebiet voneinander trennt. Je zwei zusammengehörige Berührungspunkte werden durch eine „Konnode" verbunden. Fallen sie zusammen, so entsteht ein „kritischer Faltenpunkt" $C$, bei dem die Phase wieder homogen wird.

Die Grenze zwischen metastabilem und labilem Gebiet bildet die sog. „*Spinodalkurve*" (in Abb. I, 5 die Kurve $QCR$), für sie gilt anstelle von (I, 86)

$$\left(\frac{\partial_2 \overline{G}}{\partial x_1{}^2}\right) \cdot \left(\frac{\partial^2 \overline{G}}{\partial x_2{}^2}\right) - \left(\frac{\partial^2 \overline{G}}{\partial x_1 \partial x_2}\right)^2 = 0; \quad \frac{\partial^2 \overline{G}}{\partial x_1{}^2} > 0; \quad \frac{\partial^2 \overline{G}}{\partial x_2{}^2} > 0 \, . \quad \text{(I, 89)}$$

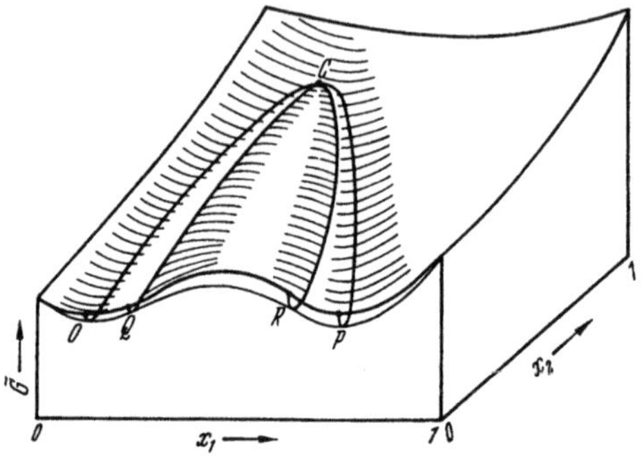

Abb. I, 5.   Zustandsfläche eines Dreistoffsystems mit Mischungslücke ($p$ und $T$ konstant).

Im kritischen Punkt $C$ fallen Konnodal- und Spinodalkurve zusammen. Gl. (I, 89) ist deshalb gleichzeitig eine Bedingung für das Auftreten eines kritischen Mischungspunktes.

## § 10. Allgemeine Koexistenzgleichung für das Zweiphasengleichgewicht.

Trägt man etwa die mittlere molare freie Enthalpie eines binären Systems für zwei koexistente Phasen als Funktion von $T$ und $x$ bei konstantem $p$ auf, so erhält man zwei räumliche Zustandsflächen, die sich gegenseitig durchdringen. Das Koexistenzgebiet der beiden Phasen ist nach dem vorangehenden Abschnitt wieder durch die Konnodalkurve festgelegt, die durch Abrollen einer Doppelberührungsebene auf den beiden $\overline{G}$-Flächen erzeugt wird. Die Differentialgleichung dieser Kurve gibt daher die Bedingungen an, unter denen das Phasengleichgewicht bei Änderungen von $T$ und $x$ erhalten bleibt (Änderungen bei währendem Gleichgewicht). Allgemein bezeichnet man die Differentialgleichung, die zusammengehörige Änderungen der Variablen $T$, $p$, $x$ bei aufrecht erhaltenem Gleichgewicht festlegt, als *Koexistenzgleichung* der beiden Phasen.

Zur Ableitung der Koexistenzgleichung geht man von der Gleichgewichtsbedingung (I, 68) aus, die, soll das Gleichgewicht erhalten bleiben, natürlich auch für den neuen benachbarten Zustand gültig bleiben muß. Außerdem herrscht bei jedem Gleichgewichtszustand im gesamten System gleiche Temperatur und gleicher Druck. Damit folgt als Bedingung des „währenden Gleichgewichts" für die koexistenten Phasen ′ und ″ bei Änderung der Zustandsvariablen

$$d\,T' = d\,T'' = d\,T; \quad dp' = dp'' = dp; \quad d\mu_i' = d\mu_i'' = d\mu_i. \quad \text{(I, 90)}$$

Ferner gilt für jede Phase die GIBBS-DUHEMsche Gl. (I, 54), die wir unter Benutzung mittlerer molarer Größen in der Form schreiben können

$$\sum_1^i x_i' \, d\mu_i = \overline{V}' \, dp - \overline{S}' \, dT$$

$$\sum_1^i x_i'' \, d\mu_i = \overline{V}'' \, dp - \overline{S}'' \, dT \, . \qquad (I, 91)$$

Führt man mittels (I, 26) und (I, 28) die mittlere molare freie Enthalpie

$$\overline{G} = \sum_1^i x_i \, \mu_i = \mu_j + \sum_{\substack{i=1 \\ i \neq j}}^i x_i \frac{\partial \overline{G}}{\partial x_i} \qquad (I, 92)$$

ein, so daß

$$\sum_1^i x_i \, d\mu_i = d\mu_j + \sum_{\substack{i=1 \\ i \neq j}}^i x_i \, d\left(\frac{\partial \overline{G}}{\partial x_i}\right), \qquad (I, 93)$$

und setzt dies in (I, 91) ein, so lauten die Koexistenzbedingungen unter Berücksichtigung von (I, 70)

$$\sum_{\substack{i=1 \\ i \neq j}}^i x_i' \, d\left(\frac{\partial \overline{G}}{\partial x_i}\right) + d\mu_j = \overline{V}' \, dp - \overline{S}' \, dT$$

$$\sum_{\substack{i=1 \\ i \neq j}}^i x_i'' d\left(\frac{\partial \overline{G}}{\partial x_i}\right) + d\mu_j = \overline{V}'' \, dp - \overline{S}'' \, dT. \qquad (I, 94)$$

Subtraktion der beiden Gleichungen ergibt

$$\sum_{\substack{i=1 \\ i \neq j}}^i (x_i'' - x_i') \, d\left(\frac{\partial \overline{G}}{\partial x_i}\right) = (\overline{V}'' - \overline{V}') \, dp - (\overline{S}'' - \overline{S}') \, dT \, . \qquad (I, 95)$$

Die Entwicklung des vollständigen Differentials $d\left(\dfrac{\partial \overline{G}}{\partial x_i}\right)$ liefert unter Benutzung von (I, 48) und (I, 49)

$$d\left(\frac{\partial \overline{G}}{\partial x_i}\right) = \left(\frac{\partial \overline{V}}{\partial x_i}\right) dp - \left(\frac{\partial S}{\partial x_i}\right) dT + \sum_{\substack{k=1 \\ k \neq i}}^{k=i} \left(\frac{\partial^2 \overline{G}}{\partial x_i \, \partial x_k}\right) d x_k \, . \qquad (I, 96)$$

Setzt man dies in (I, 95) ein, so folgt schließlich

$$\left[\overline{V}'' - \overline{V}' - \sum_{\substack{i=1 \\ i \neq j}}^i (x_i'' - x_i') \frac{\partial \overline{V}}{\partial x_i}\right] dp - \left[\overline{S}'' - \overline{S}' - \sum_{\substack{i=1 \\ i \neq j}}^i (x_i'' - x_i') \frac{\partial \overline{S}}{\partial x_i}\right] dT$$

$$= (x_1'' - x_1') \cdot \sum_{\substack{k=1 \\ k \neq j}}^{k=i} \left(\frac{\partial^2 \overline{G}}{\partial x_1 \, \partial x_k}\right) d x_k + (x_2'' - x_2') \cdot \sum_{\substack{k=1 \\ k \neq j}}^{k=i} \left(\frac{\partial_2 \overline{G}}{\partial x_2 \, \partial x_k}\right) d x_k + \cdots$$

$$+ (x_i'' - x_i') \cdot \sum_{\substack{k=1 \\ k \neq j}}^{k=i} \left(\frac{\partial_2 \overline{G}}{\partial x_i \, \partial x_k}\right) dx_k \equiv \sum_{\substack{i=1 \\ i \neq j}}^{i=i} \cdot \sum_{\substack{k=1 \\ k \neq j}}^{k=i} (x_i'' - x_i') \left(\frac{\partial^2 \overline{G}}{\partial x_i \, \partial x_k}\right) dx_k \, . \qquad (I, 97)$$

(I, 97) entspricht zwei Gleichungen, indem man wahlweise für $(\partial \overline{V}/\partial x_i)$, $(\partial \overline{S}/\partial x_i)$ und $(\partial^2 \overline{G}/\partial x_i \, \partial x_k)$ einmal die Werte der einen Phase und einmal die Werte der anderen Phase einsetzen kann. Aus dieser allgemeinen Koexistenzgleichung lassen sich sämtliche Beziehungen ableiten, die zwischen $dp$, $dT$ und den $dx$ in beiden Phasen bei währendem Gleichgewicht bestehen. Für binäre Systeme geht (I, 97) über in

$$\left[\overline{V}'' - \overline{V}' - (x'' - x')\left(\frac{\partial \overline{V}}{\partial x}\right)'\right] dp - \left[\overline{S}'' - \overline{S}' - (x'' - x')\left(\frac{\partial \overline{S}}{\partial x}\right)'\right] dT$$

$$= (x'' - x')\left(\frac{\partial^2 \overline{G}}{\partial x^2} \, dx\right)' \tag{I, 98a}$$

bzw.

$$\left[\overline{V}'' - \overline{V}' - (x'' - x')\left(\frac{\partial \overline{V}}{\partial x}\right)''\right] dp - \left[\overline{S}'' - \overline{S}' - (x'' - x')\left(\frac{\partial \overline{S}}{\partial x}\right)''\right] dT$$

$$= (x'' - x')\left(\frac{\partial^2 \overline{G}}{\partial x^2} \, dx\right)'' . \tag{I, 98b}$$

# B. Systeme, die aus einer Komponente bestehen.

## § 11. Abhängigkeit der inneren Energie, der Enthalpie und der Entropie reiner homogener Stoffe von Temperatur und Druck (bzw. Volumen).

Erwärmt man einen Stoff bei konstantem Volumen, so ist nach Gl. (I, 35) die zugeführte Wärme $\delta Q = T\, dS$ mit der Änderung der inneren Energie identisch, während bei konstantem Druck nach (I, 39) $\delta Q$ die Enthalpieänderung darstellt. Man erhält somit die einfachen Beziehungen

$$(dU)_V = T\, dS = \delta Q \tag{I, 99}$$

$$(dH)_p = T\, dS = \delta Q, \tag{I, 100}$$

die unmittelbar anschaulich machen, daß sich durch Einführung der Enthalpie die Zustandsänderungen bei konstantem Druck ebenso einfach formulieren lassen wie die Zustandsänderungen bei konstantem Volumen mit Hilfe der inneren Energie.

Definiert man die *Molwärmen* $C_{V_{0i}}$ und $C_{p_{0i}}$ eines reinen homogenen Stoffes $i$ als die Wärmemengen, die notwendig sind, um ein Mol des Stoffes bei konstantem Volumen bzw. bei konstantem Druck um $1°$ zu erwärmen, so ist

$$C_{V_{0i}} = \left(\frac{\partial (Q/n)}{\partial T}\right)_V = \left(\frac{\partial U_{0i}}{\partial T}\right)_V \tag{I, 101}$$

$$C_{p_{0i}} = \left(\frac{\partial (Q/n)}{\partial T}\right)_p = \left(\frac{\partial H_{0i}}{\partial T}\right)_p . \tag{I, 102}$$

wenn das System aus $n$ Molen des Stoffes $i$ besteht.

Aus (I, 101) und (I, 102) ergibt sich für die Energie- bzw. Enthalpieänderung des gesamten Systems bei konstantem $V$ bzw. $p$

$$(d\,U)_V = n\,C_{V_{0i}}\,d\,T = C_V\,d\,T \qquad (\text{I, 103})$$

$$(d\,H)_p = n\,C_{p_{0i}}\,d\,T = C_p\,d\,T. \qquad (\text{I, 104})$$

$C_V$ und $C_p$ bezeichnet man als die *Wärmekapazität* des Systems bei konstantem Volumen bzw. konstantem Druck. $C_V$ und $C_p$ sind verschieden, weil man beim Erwärmen bei konstantem Druck zusätzlich Wärme verbraucht, um Volumenarbeit zu leisten. Die Änderung von $U$ und $H$ zwischen $T_1$ und $T_2$ ergibt sich durch Integration zu

$$(U_2 - U_1)_V = \int_{T_1}^{T_2} C_V\,d\,T \qquad (\text{I, 105})$$

$$(H_2 - H_1)_p = \int_{T_1}^{T_2} C_p\,d\,T \qquad (\text{I, 106})$$

Um die Integrale auswerten zu können, muß die Temperaturabhängigkeit von $C_V$ und $C_p$ bekannt sein.

Mit (I, 99) und (I, 100) erhält man aus (I, 103) und (I, 104) für die *Temperaturabhängigkeit der Entropie*

$$\left(\frac{\partial S}{\partial T}\right)_V = \frac{C_V}{T} \quad \text{oder} \quad \left(\frac{\partial S_{0i}}{\partial T}\right)_V = \frac{C_{V_{0i}}}{T} \qquad (\text{I, 107})$$

$$\left(\frac{\partial S}{\partial T}\right)_p = \frac{C_p}{T} \quad \text{oder} \quad \left(\frac{\partial S_{0i}}{\partial T}\right)_p = \frac{C_{p_{0i}}}{T}. \qquad (\text{I, 108})$$

Um den *Zusammenhang zwischen* $C_p$ und $C_V$ zu *ermitteln*, geht man von $dH = V\,dp + T\,dS$ (Gl. I, 39) aus. Schreibt man $dH$ als vollständiges Differential, so hat man

$$T\,d\,S = \left(\frac{\partial H}{\partial p}\right)_T dp + \left(\frac{\partial H}{\partial T}\right)_p d\,T - V\,dp. \qquad (\text{I, 109})$$

Division mit $d\,T$ bei konstantem $V$ und Einsetzen von (I, 107) und (I, 104) liefert

$$C_p - C_V = \left[V - \left(\frac{\partial H}{\partial p}\right)_T\right]\left(\frac{\partial p}{\partial T}\right)_V. \qquad (\text{I, 110})$$

Das experimentell schwer zugängliche $(\partial H/\partial p)_T$ (sog. isothermer Drosseleffekt) läßt sich folgendermaßen auf andere Meßgrößen zurückführen: aus Gl. (I, 38) erhält man $\left(\dfrac{\partial H}{\partial p}\right)_T = \left(\dfrac{\partial G}{\partial p}\right)_T + T\left(\dfrac{\partial S}{\partial p}\right)_T.$

Nach dem SCHWARZschen Satz ergibt sich aus (I, 41)

$$\left(\frac{\partial S}{\partial p}\right)_T = -\left(\frac{\partial V}{\partial T}\right)_p, \qquad (\text{I, 111})$$

so daß man mit (I, 49) erhält[1]

$$\left(\frac{\partial H}{\partial p}\right)_T = V - T\left(\frac{\partial V}{\partial T}\right)_p . \qquad (\text{I, } 112)$$

Unter Berücksichtigung von (I, 6) und (I, 8) wird schließlich aus (I, 110):

$$C_p - C_V = T\,\frac{V_0\,\alpha^2}{\chi} . \qquad (\text{I, } 113)$$

Die Gleichung enthält nur noch Größen, die experimentell leicht bestimmt werden können. Dadurch wird $C_V$ über das stets sehr viel leichter meßbare $C_p$ zugänglich.

Die Änderung von $U$, $H$ und $S$ bei einer beliebigen Änderung von Druck, Temperatur und Volumen erhält man, wenn man $dU$, $dH$ und $dS$ als vollständige Differentiale formuliert und die Gl. (I, 103), (I, 104), (I, 108) und (I, 111) einsetzt:

$$dU = \left(\frac{\partial U}{\partial V}\right)_T dV + \left(\frac{\partial U}{\partial T}\right)_V dT = \left(\frac{\partial U}{\partial V}\right)_T dV + C_V\,dT \qquad (\text{I, } 114)$$

$$dH = \left(\frac{\partial H}{\partial p}\right)_T dp + \left(\frac{\partial H}{\partial T}\right)_p dT = \left(\frac{\partial H}{\partial p}\right)_T dp + C_p\,dT \qquad (\text{I, } 115)$$

$$dS = \left(\frac{\partial S}{\partial p}\right)_T dp + \left(\frac{\partial S}{\partial T}\right)_p dT = -\left(\frac{\partial V}{\partial T}\right)_p dp + \frac{C_p}{T}\,dT . \qquad (\text{I,} 116)$$

Für *ideale Gase* ergibt sich die *Entropieänderung* aus (I, 116) unter Berücksichtigung von (I, 104) und (I, 9) zu[2]

$$dS = n_i\,C_{p_{0i}}\,d\ln T - n_i\,\mathrm{R}\,d\ln p . \qquad (\text{I, } 117)$$

Analog kann man ableiten

$$dS = n_i\,C_{V_{0i}}\,d\ln T + n_i\,\mathrm{R}\,d\ln V . \qquad (\text{I, } 118)$$

(I, 112) und (I, 9) liefern für den „*isothermen Drosseleffekt*" $(\partial H/\partial p)_T$ und den „*inneren Druck*" $(\partial U/\partial V)_T$ idealer Gase

$$\left(\frac{\partial H}{\partial p}\right)_T = 0\,;\quad \left(\frac{\partial U}{\partial V}\right)_T = 0 . \qquad (\text{I, } 119)$$

In Worten lautet dieses GAY-LUSSACsche Gesetz:

---

[1] Eine analoge Ableitung ergibt für die Volumenabhängigkeit der Entropie bzw. inneren Energie

$$\left(\frac{\partial S}{\partial V}\right)_T = \left(\frac{\partial p}{\partial T}\right)_V \qquad (\text{I, } 111\text{a})$$

$$\left(\frac{\partial U}{\partial V}\right)_T = T\left(\frac{\partial p}{\partial T}\right)_V - p . \qquad (\text{I, } 112\text{a})$$

$(\partial U/\partial V)_T$ wird als „innerer Druck" bezeichnet; dieser ist im Geltungsbereich der VAN DER WAALSschen Gleichung mit dem „Kohäsionsdruck" $\frac{a}{V^2}$ identisch.

[2] Für (I, 116), (I, 117) und (I, 118) ist natürlich Voraussetzung, daß die Zustandsänderung des Systems reversibel erfolgt.

Innere Energie und Enthalpie idealer Gase hängen allein von der Temperatur ab. Für die Differenz von $C_p$ und $C_V$ liefern (I, 110), (I, 119) und (I, 9)

$$C_p - C_V = n\,\mathrm{R}. \qquad \text{(I, 120)}$$

Bei einer reversiblen *isothermen* Volumenänderung wird Volumenarbeit und Wärme mit der Umgebung ausgetauscht. Mit Hilfe von (I, 32) und (I, 114) kann man schreiben

$$dU = \left(\frac{\partial U}{\partial V}\right)_T dV = -\,p\,dV + \delta Q. \qquad \text{(I, 121)}$$

Die mit der Umgebung ausgetauschte Wärme ist gleich der äußeren *und* inneren Kompressionsarbeit

$$\left[p + \left(\frac{\partial U}{\partial V}\right)_T\right] dV = \delta Q. \qquad \text{(I, 122)}$$

Bei reversiblen *adiabatischen* Vorgängen ergibt sich aus (I, 32) und (I, 114) mit $\delta Q = 0$

$$C_V\,dT = -\left[p + \left(\frac{\partial U}{\partial V}\right)_T\right] dV, \qquad \text{(I, 123)}$$

was sich mittels (I, 112a) auch in der Form schreiben läßt

$$C_V\,dT = -\,T\left(\frac{\partial p}{\partial T}\right)_V dV, \qquad \text{(I, 123a)}$$

worin wieder nur experimentell leicht zugängliche Größen vorkommen. In analoger Weise erhält man aus (I, 115) und (I, 111a)

$$C_p\,dT = \left[V - \left(\frac{\partial H}{\partial p}\right)_T\right] dp = T\left(\frac{\partial V}{\partial T}\right)_p dp. \qquad \text{(I, 124)}$$

## § 12. Fugazitäten.

Bezeichnet man das chemische Potential eines reinen *idealen* Gases bei gegebenem $p$ und $T$ mit $\mu_{0i}$, so ist die Änderung dieses Potentials bei Änderung des Drucks um $dp$ und bei konstantem $T$ nach (I, 57) gegeben durch

$$d\mu_{0i} = V_{0i}\,dp\,. \qquad \text{(I, 125)}$$

Integration zwischen den Grenzen $p = 1$ und $p$ führt mit (I, 9) zu

$$(\mu_{0i})_{id} = (^1\mu_{0i})_{id} + \mathrm{R}T\ln p. \qquad \text{(I, 126)}$$

$(^1\mu_{0i})_{id}$ nennt man das *Standardpotential* bei 1 Atm. Druck, es ist nur noch von der Temperatur abhängig.

Um auch für *reale* Gase, für die (I, 9) nicht gilt, eine zu (I, 125) in der Form analoge Gleichung zu erhalten, führte Lewis anstelle des Druckes $p$ einen *korrigierten Druck* $p^*$ ein, den er als *Fugazität* bezeichnete. Diese wird mit dem Druck identisch, wenn letzterer so gering wird, daß das Gas in den idealen Zustand übergeht, d. h. die Fugazitäten sind durch die (für alle Temperaturen gültige) Beziehung definiert

$$\lim_{p \to 0} \frac{p^*}{p} = 1 \,. \tag{I, 127}$$

Damit erhält man für reale Gase die zu (I, 126) analoge Gleichung

$$(\mu_{0i})_{real} = (^1\mu_{0i})_{id} + RT \ln p^* \,. \tag{I, 128}$$

Dabei ist $(^1\mu_{0i})_{id}$ wieder das Standardpotential, das der Stoff $i$ haben würde, wenn er sich bei der gegebenen Temperatur und 1 Atm. Druck ideal verhielte; dieser Standardzustand ist demnach keineswegs immer realisierbar.

In der Fugazität $p^*$ ist die gesamte Korrektur enthalten, die gegenüber Gl. (I, 126) auf Grund des nichtidealen Verhaltens des Gases notwendig ist.

Die Differenz der chemischen Potentiale $(\mu_{0i})_{real}$ und $(\mu_{0i})_{id}$ ergibt sich aus (I, 126), (I, 125) und (I, 128) zu

$$(\mu_{0i})_{real} - (\mu_{0i})_{id} = RT \ln \frac{p^*}{p} = \int_0^p (V_{0i\,real} - V_{0i\,id})\, dp, \tag{I, 129}$$

da definitionsgemäß bei $p = 0$ Fugazität und Druck identisch werden. Setzt man noch $V_{0i\,id} = RT/p$, so wird

$$\ln p^* = \ln p + \frac{1}{RT} \int_0^p \left( V_{0i\,real} - \frac{RT}{p} \right) dp \,. \tag{I, 130}$$

Ist $V_{0i\,real}$ als Funktion von $p$, d. h. die thermische Zustandsgleichung des realen Gases bekannt, so lassen sich die Fugazitäten nach (I, 130) mittels graphischer oder numerischer Integration ermitteln.

Stellt man das Molvolumen $V_{0i\,real}$ durch die Reihenentwicklung (I, 12) dar und bricht nach dem zweiten Glied ab, so wird

$$\ln p^* = \ln p + \frac{1}{RT} \int_0^p B\, dp = \ln p + \frac{Bp}{RT} \,. \tag{I, 131}$$

Diese Gleichung wird häufig zur näherungsweisen Berechnung der Fugazitäten verwendet. Dies gilt auch für Gasgemische, indem man in erster Näherung das partielle Molvolumen $V_i$ dem Molvolumen $V_{0i}$ der reinen Komponente bei gleichem Gesamtdruck gleichsetzt. Die zweiten Varialkoeffizienten $B$ werden nach (I, 14) aus den Konstanten der VAN DER WAALSschen Gleichung oder besser nach (I, 16) aus den kritischen Daten der Gase berechnet.

Der Begriff „Fugazität" wird nicht nur für Gasphasen, sondern allgemein für beliebige Phasen verwendet. Die Fugazität des reinen kondensierten Stoffes ist definitionsgemäß gleich der Fugazität der mit ihm im Gleichgewicht befindlichen Gasphase.

## § 13. Phasengleichgewicht und Phasenumwandlung.

Befinden sich zwei Phasen eines reinen Stoffes im Gleichgewicht, so ist nach (I, 68)

$$\mu'_{0i} = \mu''_{0i}.$$

Nach dem Phasengesetz (I, 71) ist die Anzahl der Freiheitsgrade in einem Einstoffsystem mit zwei Phasen gleich 1. Ändert man demnach den Druck unter Aufrechterhaltung des Gleichgewichts zwischen beiden Phasen, so muß sich auch die Temperatur ändern, und umgekehrt. Zu jeder Temperatur gehört also ein bestimmter Gleichgewichtsdruck, der bei Gleichgewicht zwischen zwei festen Phasen als Umwandlungsdruck, bei Gleichgewicht zwischen fester und flüssiger Phase als Schmelzdruck, bei Gleichgewicht zwischen fester und gasförmiger Phase als Sublimationsdruck, bei Gleichgewicht zwischen flüssiger und Gasphase als Sättigungsdampfdruck bezeichnet wird.

Erhöht man bei konstantem $T$ den Druck dauernd über den Gleichgewichtsdruck, so verschwindet die eine Phase vollständig, erniedrigt man ihn dauernd unter den Gleichgewichtsdruck, so verschwindet die andere Phase. Gleichgewicht zwischen beiden Phasen bleibt somit nur erhalten, wenn man gleichzeitig Temperatur und äußeren Druck in der durch die $T$-Abhängigkeit des Gleichgewichtsdrucks vorgeschriebenen Weise variiert. Die Bedingung für die Aufrechterhaltung des Gleichgewichts lautet nach (I, 90)

$$d\mu'_{0i} = d\mu''_{0i}. \tag{I, 132}$$

Schreibt man die $d\mu$ als vollständige Differentiale

$$\left(\frac{\partial \mu'_{0i}}{\partial T}\right)_p dT + \left(\frac{\partial \mu'_{0i}}{\partial p}\right)_T dp = \left(\frac{\partial \mu''_{0i}}{\partial T}\right)_p dT + \left(\frac{\partial \mu''_{0i}}{\partial p}\right)_T dp \tag{I, 133}$$

und berücksichtigt Gl. (I, 56) und (I, 57), so erhält man

$$(S''_{0i} - S'_{0i})\, dT = (V''_{0i} - V'_{0i})\, dp \tag{I, 134}$$

oder

$$\frac{dp_s}{dT} = \frac{\Delta S}{\Delta V},$$

wobei $p_s$ den Sättigungs- oder Gleichgewichtsdruck bedeutet.

$\Delta S$ ist die Entropieänderung, $\Delta V$ die Volumenänderung bei Überführung eines Moles des Stoffes $i$ bei konstantem Gleichgewichtsdruck und konstanter Temperatur aus der ′ Phase in die ″ Phase. Für $T\Delta S$ kann man nach (I, 100) schreiben

$$T\Delta S = \Delta H = H''_{0i} - H'_{0i}. \tag{I, 135}$$

$\Delta S$ und $\Delta H$ sind die molare *Schmelzentropie* und die molare *Schmelzwärme*, die *Verdampfungsentropie* und die *Verdampfungswärme*, die *Sublimationsentropie* und die *Sublimationswärme*, die *Umwandlungsentropie* und die *Umwandlungswärme* bei *konstantem Druck*, je nachdem, was für eine Phasenumwandlung stattfindet (fest-flüssig, flüssig-dampf-förmig, fest-dampfförmig, Umwandlung von einer allotropen Modifikation in eine andere). Auch die *Adsorption* kann man als ein Gleichgewicht zwischen zwei Phasen auffassen, der adsorbierten Phase und der Gasphase; in diesem Fall sind $\Delta S$ die *Adsorptionsentropie* und $\Delta H$ die *Adsorptionswärme*.

Einsetzen von (I, 135) in (I, 134) liefert die bekannte CLAUSIUS-CLAPEYRONsche Beziehung

$$\frac{dp_s}{dT} = \frac{\Delta H}{T \cdot \Delta V}. \tag{I, 136}$$

Da beim Verdampfen $\Delta H$ und $\Delta V$ stets positiv sind, steigt $p$ mit wachsendem $T$. Beim Schmelzen ist $\Delta H$ auch immer positiv, aber $\Delta V$ kann gelegentlich auch negativ sein, wie beim Übergang von Eis in Wasser, so daß der Schmelzpunkt von Eis durch Druckerhöhung herabgesetzt wird. Ist $\Delta V$ klein (Schmelzen, allotrope Umwandlung), so muß der Druck sehr stark erhöht werden, um die Umwandlungstemperatur um nur 1° zu verschieben (bei etwa 140 Atmosphären schmilzt Eis bei — 1° C). Nimmt man beim Verdampfen, beim Sublimieren oder bei der Adsorption an, daß die Gasphase sich ideal verhält, daß also Gl. (I, 9) anwendbar ist, und vernachlässigt man das Volumen der kondensierten Phase gegen das der Gasphase, so geht (I, 136) über in

$$\frac{d\ln p_s}{dT} = \frac{\Delta H}{\mathrm{R}T^2}, \tag{I, 137}$$

wobei jetzt $\Delta H$ die Verdampfungs-, Sublimations- oder Adsorptionswärme bedeutet. Sieht man $\Delta H$ in erster Näherung innerhalb kleiner Temperaturbereiche als $T$-unabhängig an bzw. ersetzt man es durch einen konstanten Mittelwert, so liefert die Integration von (I, 137)

$$\ln p_s = -\frac{\Delta H}{\mathrm{R}T} + J, \tag{I, 138}$$

worin $J$ die Integrationskonstante darstellt. Die Gleichung verlangt, daß $\ln p$ oder $\log p$ gegen $1/T$ aufgetragen eine Gerade liefert, deren Steigung durch $-\Delta H/\mathrm{R}$ bzw. $-\Delta H/2,3\,\mathrm{R}$ gegeben ist. Bei höherer Temperatur in der Nähe des kritischen Punktes versagen natürlich Gl. (I, 137) und (I, 138), da dann das Volumen der kondensierten Phase nicht mehr gegen das Volumen der Gasphase vernachlässigt werden darf, und weil der Dampf auch nicht mehr näherungsweise dem idealen Gasgesetz gehorcht. In solchen Fällen muß die exakte Gl. (I, 136) verwendet werden, wobei $\Delta H$, $V_{0i}''$ und $V_{0i}'$ als Temperaturfunktionen empirisch ermittelt werden müssen.

*Die Temperaturabhängigkeit der Verdampfungswärme* ergibt sich aus

$$\left(\frac{\partial \Delta H}{\partial T}\right)_p = \left(\frac{\partial H_{0i}''}{\partial T}\right)_p - \left(\frac{\partial H_{0i}'}{\partial T}\right)_p$$

mit (I, 102) zu

$$\left(\frac{\partial \Delta H}{\partial T}\right)_p = C_{p0i}^{D} - C_{p0i}^{Fl}. \tag{I, 139}$$

Ganz korrekt ist Gl. (I, 139) nicht, weil man die Verdampfungstemperatur bei *konstantem* Druck gar nicht verändern kann (vgl. S. 31), so daß $(\partial \Delta H/\partial T)_p$ eine Fiktion ist. Der Ausdruck für die $T$-Abhängigkeit von $\Delta H$ bei variablem Sättigungsdruck unterscheidet sich von (I, 139) durch ein Korrekturglied, das bei Dampfdrucken unter 1 Atm. gewöhnlich vernachlässigt werden kann.

Will man die Verdampfungswärmen verschiedener Stoffe miteinander vergleichen, so hat das nur dann Sinn, wenn die Flüssigkeiten sich in vergleichbaren Zuständen befinden. Dies ist für eine Reihe sog. „normaler Flüssigkeiten", die weder in der kondensierten noch in der dampfförmigen Phase merklich assoziiert sind, beim Siedepunkt $T_s$ unter Atmosphärendruck angenähert der Fall. Für derartige Stoffe ist die Verdampfungsentropie beim Siedepunkt

$$\frac{\Delta H_S}{T_S} \cong \text{const.} \qquad (I, 140)$$

(PICTET-TROUTONsche Regel), wobei die Konstante im Durchschnitt den Wert 21 cal/Grad besitzt.

$\Delta H$ bezeichnet man als *äußere* molare *Verdampfungswärme* bei konstantem Druck. Sie setzt sich nach $\delta Q = dH - V dp = dU + p dV$ aus der Zunahme der inneren Energie und der vom System bei der Verdampfung abgegebenen äußeren Arbeit zusammen. Für die äußere Arbeit gilt bei konstantem $p$ pro Mol: $A = - p \int\limits_{V_{Fl}}^{V_D} dV = - p\,(V_D - V_{Fl})$. Vernachlässigt man wieder das Flüssigkeitsvolumen gegenüber dem Dampfvolumen und nimmt man ideales Verhalten der Gasphase an, so ist $A \simeq - RT$. Zwischen der äußeren und der *inneren* Verdampfungswärme (bei konstantem Volumen) besteht daher die Beziehung

$$\Delta H = \Delta U - A \cong \Delta U + RT. \qquad (I, 141)$$

Für Stoffe, die bei Zimmertemperatur sieden, ist $\Delta H \simeq 6000$ cal, $A \simeq - 600$ cal. Die innere Verdampfungswärme, die experimentell nicht unmittelbar zugänglich ist, stellt ein Maß für die molekularen Anziehungskräfte in der Flüssigkeit dar, die bei der Verdampfung überwunden werden müssen.

# C. Systeme, die aus mehreren, nicht miteinander reagierenden Komponenten bestehen.

## § 14. Mischungs-, Lösungs- und Verdünnungswärmen, partielle Molwärmen.

Unter Mischungswärme versteht man die Wärmemenge, die bei einem isothermen Mischungsvorgang innerhalb eines Systems mit dessen Umgebung ausgetauscht wird. Diese Wärmemenge ist nach $\delta Q = dH - V dp$ [vgl. Gl. (I, 39)] bei konstantem Druck gegeben durch

$$\Delta H = H_{nach} - H_{vor}\,, \qquad (I, 142)$$

wobei $H_{nach}$ die Enthalpie der Mischung, $H_{vor}$ die Enthalpie der reinen Bestandteile ist (da man Mischungen kondensierter Stoffe fast ausschließlich bei konstantem Druck herstellt, beschränken wir uns auf die Betrachtung der Enthalpieänderung). Mischt man $n_1$ Mole einer Komponente 1 mit $n_2$ Molen einer Komponente 2, so ist $H_{vor} = n_1 H_{01} + n_2 H_{02}$. Die Enthalpie der Mischung kann man analog Gl. (I, 20) durch die partiellen molaren Enthalpiewerte $H_1 = (\partial H/\partial n_1)_{p,T}$ und $H_2 = (\partial H/\partial n_2)_{p,T}$ darstellen entsprechend

$$H_{nach} = n_1 H_1 + n_2 H_2. \qquad (I, 143)$$

Für die Mischungswärme erhält man somit

$$\Delta H = n_1 (H_1 - H_{01}) + n_2 (H_2 - H_{02}) \qquad (I, 144)$$

oder bezogen auf ein Mol der Mischung (vgl. S. 8)

$$\Delta \overline{H} \equiv \frac{\Delta H}{n_1 + n_2} = x_1 (H_1 - H_{01}) + x_2 (H_2 - H_{02}). \qquad (I, 145)$$

Man bezeichnet $\Delta \overline{H}$ als *integrale Mischungswärme*, sie kann sowohl positiv wie negativ sein und ist eine Folge der Nichtadditivität der molaren Enthalpien beim Mischungsvorgang[1]. In Abb. I, 6 ist als Beispiel die integrale Mischungswärme von $H_2O$ und $H_2SO_4$ in Abhängigkeit vom Molenbruch dargestellt. Analoge Gleichungen erhält man natürlich für Mehrstoffgemische.

Die partielle Differentiation von (I, 144) nach $n_1$ bzw. $n_2$ liefert die *differentiellen Mischungswärmen*[2]

$$\left(\frac{\partial \Delta H}{\partial n_1}\right)_{n_2} = H_1 - H_{01};$$

$$\left(\frac{\partial \Delta H}{\partial n_2}\right)_{n_1} = H_2 - H_{02}. \qquad (I, 146)$$

Sie sind für das System $H_2O$—$H_2SO_4$ ebenfalls in Abb. I, 6 eingetragen. Die Abb. I, 6 ent-

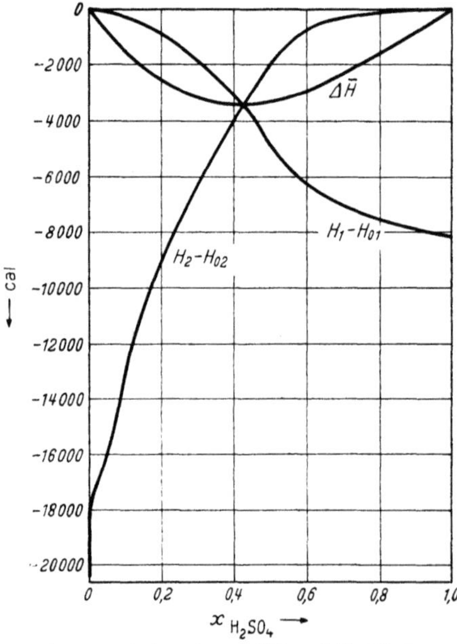


Abb. I, 6. Integrale und differentielle Mischungswärmen des Systems $H_2O$—$H_2SO_4$ bei 18° C als Funktion des Molenbruchs.

---

[1] Zur Methodik der Messung integraler Mischungswärmen vgl. z. B. H. Tompa: J. Chem. Physics **16**, 292 (1948); J. H. van der Waals u. J. J. Hermans: Rec. Trav. Chim. Pays-Bas **69**, 49 (1950); P. Ohlmeyer: Z. Naturforsch. **1**, 30 (1946); F. C. Howard u. J. L. Culbertson: J. Amer. Chem. Soc. **72**, 1185 (1950); G. Dreesen: Diss. Tübingen 1952; W. P. White: The modern Calorimeter. New York 1947.

[2] Es ist $(\partial \Delta H/\partial n_1)_{n_2} = H_1 - H_{01} + n_1 (\partial H_1/\partial n_1)_{n_2} + n_2 (\partial H/\partial n_1)_{n_2}$. Die letzten beiden Glieder ergeben nach der Gibbs-Duhemschen Gleichung (I, 22) zusammen Null. Davon wird bei Differentiationen im folgenden noch mehrfach Gebrauch gemacht.

spricht vollkommen der Abb. I, 1. Auch hier schneiden sich die drei Kurven im Extrempunkt der $\Delta \bar{H}$, $x$-Kurve[1]. Praktisch erhält man nach (I, 144) die differentiellen Mischungswärmen, indem man die experimentell bei konstantem $n_2$ bzw. $n_1$ gemessenen Mischungswärmen gegen $n_1$ bzw. $n_2$ aufträgt und die Steigung der Kurven an jedem einzelnen Punkt graphisch ermittelt. Man kann nach Gl. (I, 29) auch so vorgehen, daß man die integrale Mischungswärme (pro Mol Mischung) gegen den Molenbruch aufträgt; die Tangente in jedem Punkt der Kurve liefert die differentiellen Mischungswärmen als Ordinatenabschnitte (vgl. Abb. I, 2).

Mischungen, bei denen der reine Bestandteil 1 sich in großem Überschuß befindet, bezeichnet man als *Lösungen* und entsprechend die Komponente 1 als Lösungsmittel, die Komponente 2 als gelösten Stoff. Die durch Gl. (I, 146) definierten partiellen Differentiale werden in solchen Fällen auch *differentielle Verdünnungswärme* $(H_1 - H_{01})$ bzw. *differentielle Lösungswärme* $(H_2 - H_{02})$ genannt. Beide lassen sich aus der gleichen graphischen Darstellung ablesen, wenn man die auf 1 Mol gelösten Stoff bezogene Mischungswärme[2] $\Delta H/n_2$ gegen das Verhältnis $n_1/n_2$ aufträgt.

Aus (I, 144) folgt $\dfrac{\Delta H}{n_2} = \dfrac{n_1}{n_2}\,(H_1 - H_{01}) + (H_2 - H_{02}),$ \hfill (I, 147)

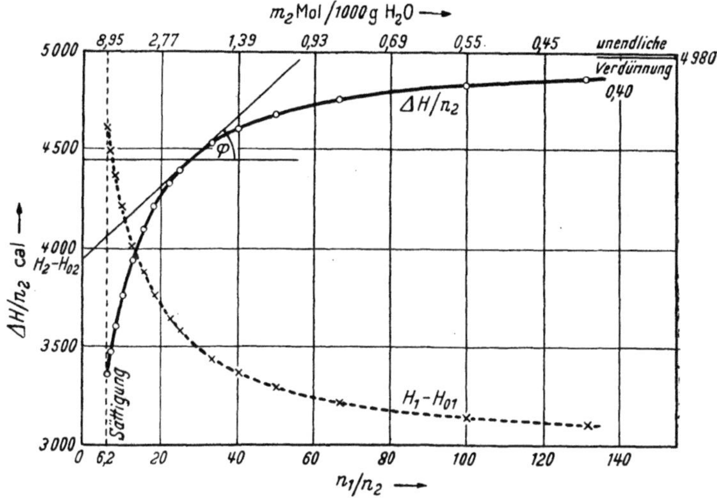


Abb. I, 7. Graphische Ermittlung der differentiellen Lösungs- und Verdünnungswärme im System H$_2$O (1)—KJ (2) bei 25° C.

so daß die Neigung der Kurve in jedem Punkt die differentielle Verdünnungswärme $(H_1 - H_{01})$, und der Ordinatenabschnitt der Tangente die zugehörige Lösungswärme $(H_2 - H_{02})$ liefert. In Abb. I, 7 ist dies am Beispiel des Systems H$_2$O(1)–KJ(2) bei 25° C dargestellt.

---

[1] Aus Gl.(I,145) ergibt sich für $\dfrac{\partial \Delta \bar{H}}{\partial x_1} = 0$ die Beziehung $(H_1 - H_{01}) = (H_2 - H_{02})$ $= \Delta \bar{H}$.

[2] Diese wird auch als *integrale Lösungswärme* bezeichnet.

Die Kurve setzt bei dem kleinstmöglichen Verhältnis $n_1/n_2 = 6{,}20$ ein, das der gesättigten Lösung entspricht. Die Tangente an dem beliebig herausgegriffenen Punkt $n_1/n_2 = 27{,}8$ entsprechend einer 2 molaren Lösung schneidet die Ordinate bei 3950 cal; das ist demnach die differentielle Lösungswärme von KJ in einer 2 molaren KJ-Lösung. Die Neigung der Tangente $\dfrac{4450 - 3950}{27{,}8} = 18$ cal/Mol liefert die zugehörige differentielle Verdünnungswärme. Bei sehr hoher Verdünnung nähert sich die Kurve einem Grenzwert, der als *erste Lösungswärme* $(H_2\,\infty - H_{02})$ bezeichnet wird. Dann ist die Neigung der Tangente und damit $(H_1 - H_{01})$ gleich Null, während $(H_2 - H_{02})$ einen maximalen Wert annimmt und mit der ersten Lösungswärme identisch wird; sie entspricht der Wärmetönung, wenn man 1 Mol des Stoffes 2 zu unendlicher Verdünnung auflöst.

Differentielle Verdünnungswärmen lassen sich auch aus der Temperaturabhängigkeit des osmotischen Druckes bestimmen (vgl. § 58 c u. 60 c).

Es ist ganz allgemein möglich, die partiellen molaren Größen der einen Komponente aus denen der anderen zu ermitteln. Aus der GIBBS-DUHEMschen Beziehung (I,22) $n_1\,dH_1 + n_2\,dH_2 = 0$ und aus (I,146) folgt

$$n_1\,d\,(H_1 - H_{01}) + n_2\,d\,(H_2 - H_{02}) = 0\,. \qquad (I,\,148)$$

Die Integration liefert

$$\int d\,(H_1 - H_{01}) = -\int \frac{n_2}{n_1}\,d\,(H_2 - H_{02})\,. \qquad (I,\,149)$$

Trägt man also $n_2/n_1$ gegen $(H_2 - H_{02})$ als Abszisse auf, so ergibt die Fläche unter der Kurve zwischen 0 und $(H_2 - H_{02})$ unmittelbar den Wert $-(H_1 - H_{01})$ für das zugehörige $n_2/n_1$.

Die *Wärmekapazität einer homogenen Mischung* ist bei konstantem Druck entsprechend Gl. (I, 104) und (I, 143) bzw. allgemein $H = \Sigma\, n_i\, H_i$ gegeben durch

$$C_p = \left(\frac{\partial H}{\partial T}\right)_p = n_1\left(\frac{dH_1}{dT}\right)_{p,n} + n_2\left(\frac{\partial H_2}{\partial T}\right)_{p,n} + \cdots + n_i\left(\frac{\partial H}{\partial T}\right)_{p,n}\!. \qquad (I,\,150)$$

Aus

$$\frac{\partial^2 H}{\partial n_i\,\partial T} = \frac{\partial^2 H}{\partial T\,\partial n_i}$$

folgt

$$\left(\frac{\partial H_i}{\partial T}\right)_{p,n} = \left(\frac{\partial C_p}{\partial n_i}\right)_{T,\,p,\,n_1\ldots n_{i-1}} \equiv C_{p_i} \qquad (I,\,151)$$

und damit

$$C_p = \Sigma\, n_i\, C_{p_i}\,. \qquad (I,\,152)$$

Dabei verstehen wir jetzt unter $C_{p_i}$ — im Gegensatz zur Molwärme $C_{p_{0i}}$ des reinen Stoffes — die *partielle Molwärme* des Stoffes $i$ in der Mischung.

Praktisch benutzt man an Stelle der partiellen Molwärmen häufig die scheinbaren Molwärmen $C_{p_i}^*$, die analog zu den scheinbaren Volumina (vgl. S. 8) für binäre Systeme definiert sind durch die Gleichung:

$$C_p = n_1\, C_{p_{01}} + n_2\, C_{p_2}^*\,. \qquad (I,\,153)$$

Zwischen $C_{p_2}$ und $C_{p_2}^*$ besteht die Beziehung

$$C_{p_2} = C_{p_2}^* + n_2\,\frac{\partial C_{p_2}^*}{\partial n_2}\,. \qquad (I,\,154)$$

Man kann die partiellen Molwärmen auch (analog dem S. 35 für die differentiellen Mischungswärmen beschriebenen Verfahren) dadurch bestimmen, daß man die gemessene Wärmekapazität des Systems bei konstantem $n_1$ und variierendem $n_2$ gegen $n_2$ aufträgt. Die Steigung der Kurve in jedem Punkt liefert nach $C_p = n_1 C_{p_1} + n_2 C_{p_2}$ das zugehörige $C_{p_2}$, mit dessen Hilfe man dann auch $C_{p_1}$ berechnen kann. In Abb. I, 8 ist für das System $H_2O-NaCl$ die gesamte Wärmekapazität $C_p$, sowie

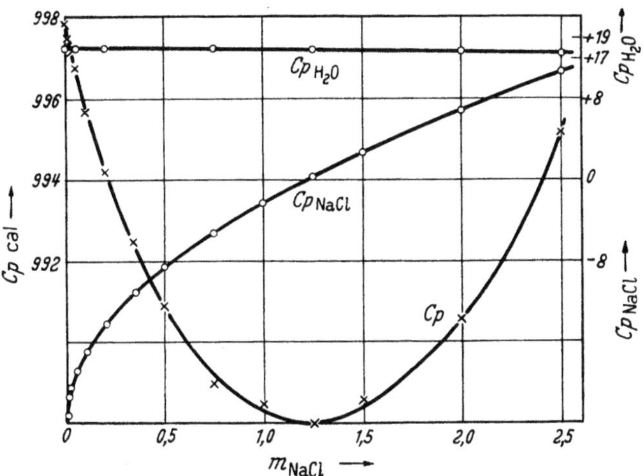


Abb. I, 8. Wärmekapazität und partielle Molwärme des Systems 1000 g $H_2O$ + $n_2$ Mol NaCl als Funktion der molaren Konzentration $m$ Mol NaCl/1000 g $H_2O$.

$C_{p\,H_2O}$ und $C_{p\,NaCl}$ in Abhängigkeit von der molaren Konzentration des NaCl dargestellt. Man sieht, daß die partiellen Molwärmen des gelösten Salzes stark konzentrationsabhängig sind. Die negativen Werte in verdünnten Lösungen zeigen auch hier wieder, daß den partiellen molaren Größen keine physikalische Bedeutung zukommt.

*Die Temperaturabhängigkeit* der *differentiellen Mischungs- bzw. Lösungswärmen* erhält man aus (I, 151) und (I, 104) zu

$$\frac{\partial (H_2 - H_{02})}{\partial T} = C_{p_2} - C_{p_{02}}\,.\tag{I, 155}$$

Die Temperaturabhängigkeit der *integralen Lösungswärme* ergibt sich aus (I, 147) zu

$$\frac{1}{n_2}\frac{\partial \Delta H}{\partial T} = \frac{n_1}{n_2}C_{p_1} + C_{p_2} - \frac{n_1}{n_2}C_{p_{01}} - C_{p_{02}}.\tag{I, 156}$$

Mit $C_p = n_1 C_{p_1} + n_2 C_{p_2}$ und (I, 153) kann man (I, 156) umformen in

$$\frac{1}{n_2}\frac{\partial \Delta H}{\partial T} = C_{p_2}^* - C_{p_{02}},\tag{I, 157}$$

wobei $C_{p_2}^*$ die leicht bestimmbare scheinbare Molwärme des gelösten Stoffes bedeutet.

## § 15. Mischungen idealer und realer Gase.

Beim Mischen verdünnter (idealer) Gase verhalten sich die Volumina additiv:

$$V = n_1\, V_{01} + n_2\, V_{02} + \cdots + n_i\, V_{0i} = \Sigma\, n_i\, V_{0i}\,. \qquad \text{(I, 158)}$$

Unter *Partialdruck* versteht man den Druck, den das betreffende Gas hätte, wenn es allein in dem Gesamtvolumen vorhanden wäre. Für ideale Gase ist demnach $p_i = \dfrac{n_i\, \mathrm{R}T}{V}$ . Mit $V_{01} = V_{02} = \cdots = V_{0i} = \dfrac{\mathrm{R}T}{p}$ erhält man daher aus (I, 158) das DALTON*sche Gesetz*

$$V = \Sigma\, n_i\, \frac{\mathrm{R}T}{p} \quad \text{oder} \quad p = \Sigma\, \frac{n_i\, \mathrm{R}T}{V} = \Sigma\, p_i\,. \qquad \text{(I, 159)}$$

Die Summe der Partialdrucke verdünnter Gase ist gleich dem gemessenen Gesamtdruck der Mischung. Ferner ergibt sich folgende einfache Beziehung

$$\frac{p_i}{p} = \frac{n_i\, \mathrm{R}T/V}{\Sigma\, n_i\, \mathrm{R}T/V} = \frac{n_i}{\Sigma\, n_i} \equiv y_i\,, \qquad \text{(I, 160)}$$

wenn wir mit $y_i$ den Molenbruch der Komponente $i$ in der Gasphase bezeichnen.

Da ein Mischungsvorgang im allgemeinen irreversibel verläuft, muß die Entropie des Gesamtsystems dabei zunehmen und entsprechend die freie Enthalpie bzw. Energie abnehmen. Zur Ermittlung der freien Enthalpieänderung führt man eine differentielle Menge einer reinen Komponente in eine Mischphase gegebener Zusammensetzung über, und zwar auf *reversiblem* Wege, und rechnet auf 1 Mol der Komponente um. Dann erhält man offenbar die Änderung des chemischen Potentials dieser Komponente

$$\mu_i - \mu_{0i}\,.$$

Zur reversiblen Überführung der reinen Komponente in die Mischung läßt man sie durch eine „halbdurchlässige Membran" in die Mischung übergehen. Damit dieser Übergang reversibel stattfindet, muß der Druck des reinen Gases $i$ gleich dem Partialdruck $p_i$ in der Mischphase sein. Man muß deshalb zunächst das reine Gas vom Ausgangsdruck $p$, der gleich dem Gesamtdruck der Mischung sei, auf den Druck $p_i$ reversibel und isotherm expandieren. Dabei ändert sich das chemische Potential nach (I, 126) und (I, 160) um

$$(\mu_{0i})_{p_i} - (\mu_{0i})_p = \mathrm{R}\,T \ln \frac{p_i}{p} = \mathrm{R}\,T \ln y_i\,. \qquad \text{(I, 161)}$$

Die Mischung selbst findet beim Gleichgewichtsdruck $p_i$, d. h. reversibel statt, so daß das chemische Potential konstant bleibt. Die Gesamtänderung des chemischen Potentials beim Übergang von einem Mol des reinen Stoffes $i$ vom Druck $p$ in die Mischphase vom Gesamtdruck $p$ und Partialdruck $p_i$ ist daher bereits durch (I, 161) gegeben. Bezeichnen wir nun das chemische Potential in der Mischung mit $\mu_i$, so gilt nach (I, 161) für jede Komponente $i$

$$\mu_i = \mu_{0i} + \mathrm{R}\,T \ln \frac{p_i}{p} = \mu_{0i} + \mathrm{R}\,T \ln y_i\,. \qquad \text{(I, 162)}$$

Bezieht man die chemischen Potentiale auf die durch (I, 126) definierten, vom Druck unabhängigen Standardpotentiale $^1\mu_{0i}$, so geht (I, 162) über in

$$\mu_i = {}^1\mu_{0i} + \mathrm{R}\,T \ln p_i \, . \qquad (\mathrm{I},\,163)$$

Das chemische Potential der Komponente $i$ in der Mischung ist also gleich dem chemischen Potential der reinen Komponente beim Druck $p_i$. Die *freie Enthalpie des Gesamtgemisches* ergibt sich nach (I, 52) zu

$$G = \Sigma\, n_i\,\mu_i = \Sigma\, n_i\,\mu_{0i} + \mathrm{R}\,T\,\Sigma\, n_i \ln y_i \, , \qquad (\mathrm{I},\,164)$$

die *freie Enthalpie pro Mol Mischung* nach (I, 26) zu

$$\overline{G} \equiv \frac{G}{\Sigma\, n_i} = \Sigma\, y_i\,\mu_i = \Sigma\, y_i\,\mu_{0i} + \mathrm{R}\,T\,\Sigma\, y_i \ln y_i \, , \qquad (\mathrm{I},\,164\mathrm{a})$$

die *freie Mischungsenthalpie* zu

$$\varDelta\,\overline{G} = \mathrm{R}\,T\,\Sigma\, y_i \ln y_i \, . \qquad (\mathrm{I},\,164\mathrm{b})$$

Die *partielle molare Mischungsentropie*[1] ergibt sich aus (I, 162) und (I, 56) zu

$$S_i - S_{0i} = -\,\mathrm{R} \ln y_i \, , \qquad (\mathrm{I},\,165)$$

die *Mischungsentropie pro Mol Mischung* aus (I, 26) zu

$$\varDelta\,\overline{S} = -\,\mathrm{R}\,\Sigma\, y_i \ln y_i \, . \qquad (\mathrm{I},\,166)$$

Da die $y_i$ stets zwischen 0 und 1 variieren, nimmt also die Entropie beim Mischen stets zu, entsprechend dem irreversiblen Vorgang.

Für die *partielle molare Mischungsenthalpie* erhalten wir aus (I, 162), (I, 165), (I, 60) und (I, 56)

$$H_i - H_{0i} = (\mu_i - \mu_{0i}) + T\,(S_i - S_{0i}) = \mathrm{R}\,T \ln y_i - \mathrm{R}\,T \ln y_i = 0 \qquad (\mathrm{I},\,167)$$

und damit auch für die *Mischungsenthalpie pro Mol Mischung*

$$\varDelta\,\overline{H} = 0 \, . \qquad (\mathrm{I},\,168)$$

Die Vermischung idealer Gase findet ohne Wärmeeffekte statt. Die partiellen molaren Größen $U_i$, $H_i$, $C_{V_i}$ und $C_{p_i}$ sind deshalb mit den molaren Größen $U_{0i}$, $H_{0i}$, $C_{V_{0i}}$ und $C_{p_{0i}}$ identisch.

Bei *realen Gasen* treten zusätzliche Mischungseffekte auf, die auf die zwischenmolekularen Wechselwirkungskräfte zurückzuführen sind. Man berücksichtigt sie nach S. 29 durch Einführung der Fugazitäten an Stelle der Drucke und schreibt für das chemische Potential der Komponente $i$, bezogen auf den idealen Standardzustand, an Stelle von (I, 163)

$$\mu_i = {}^1\mu_{0i} + \mathrm{R}\,T \ln p_i^* \, , \qquad (\mathrm{I},\,169)$$

wobei die Fugazität $p_i^*$ durch (I,130) bzw. (I 131) gegeben ist, d. h. man begnügt sich in der Regel damit, das partielle Molvolumen $V_i$ der Komponente $i$ dem Molvolumen $V_{0i}$ der reinen Komponente gleichzusetzen, was bei nicht zu hohen Drucken eine genügende Näherung darstellt.

---

[1] Partielle Mischungsentropien bzw. differentielle Verdünnungsentropien lassen sich auch aus der Temperaturabhängigkeit des osmotischen Druckes bestimmen (vgl. § 58 c und § 60 c).

## § 16. Kondensierte Mischphasen; Aktivitäten und Aktivitätskoeffizienten.

Während man bei Gasgemischen den idealisierten Zustand der reinen Komponente (in der Regel bei 1 Atm. Druck) als Bezugs- und Standardzustand und das zugehörige chemische Potential als Standardpotential definiert [Gl. (I, 162), (I, 163) und (I, 169)] benutzt man bei kondensierten Mischphasen meistens den *realen* reinen Zustand der betreffenden Komponente als Standardzustand, da im wesentlichen nur die Änderungen des chemischen Potentials von Interesse sind, die beim Übergang des reinen Stoffes in eine kondensierte Mischphase auftreten. Wir bezeichnen dieses Standardpotential wieder mit $\mu_{0i}$, es hängt ausschließlich von Druck und Temperatur ab.

Wie die Erfahrung zeigt, kann man auch bei kondensierten Mischphasen zwischen *idealen* und *realen* Mischungen unterscheiden, analog wie bei Gasmischungen. Ideale Mischungen sind dadurch charakterisiert, daß die zwischenmolekulare Wechselwirkungsenergie der Molekeln (potentielle Energie) identisch ist, unabhängig davon, ob gleichartige oder verschiedenartige Molekeln benachbart sind. In diesem Fall läßt sich das chemische Potential einer Komponenten $i$ der Mischung in der zu (I, 162) analogen Form

$$\mu_i = \mu_{0i} + R\,T \ln x_i \qquad\qquad (I, 170)$$

schreiben, wobei $x_i$ den Molenbruch in der flüssigen Mischphase bedeutet. Daraus folgt unmittelbar, daß alle aus $\mu_i$ ableitbaren partiellen molaren Größen sowie die thermodynamischen Mischungseffekte sich in den Gl. (I, 164) bis (I, 168) entsprechender Form darstellen lassen, also wie bei idealen Gasgemischen.

Bei *nichtidealen* kondensierten Mischungen geht man in gleicher Weise vor, wie bei realen Gasgemischen, indem man die *Form* der Gleichung für das chemische Potential in idealen Mischungen beibehält und an Stelle der Molenbrüche $x_i$ Hilfsvariable

$$a_i \equiv x_i\,f_i \qquad\qquad (I, 171)$$

einführt, die man als *Aktivität* des Stoffes $i$ in der Mischung bezeichnet. Den Korrekturfaktor $f_i$ nennt man den *Aktivitätskoeffizienten,* er enthält sämtliche durch das nichtideale Verhalten der Mischung bedingte Abweichungen von den idealen Gesetzen und muß in der Regel experimentell ermittelt werden[1]. Er ist eine Funktion von Druck, Temperatur und Zusammensetzung der Mischung. Damit ergibt sich für das chemische Potential der Komponente $i$ in einer nichtidealen kondensierten Mischphase (bei gegebenem $p$ und $T$):

$$\mu_i = \mu_{0i} + R\,T \ln a_i = \mu_{0i} + R\,T \ln x_i + R\,T \ln f_i\,. \qquad (I, 172)$$

Aus dem chemischen Potential ergeben sich mittels der früher abgeleiteten Beziehungen alle übrigen partiellen molaren Größen. Auf

---

[1] Dafür stehen verschiedene Methoden zur Verfügung, auf die wir später zurückkommen.

diese Weise erhält man die Temperatur- und Druckabhängigkeit der Aktivität bzw. — da $x_i$ von $p$ und $T$ unabhängig ist — der Aktivitätskoeffizienten. Mit (I, 57) wird

$$\left(\frac{\partial \ln f_i}{\partial p}\right)_{T,\,n} = \frac{V_i - V_{oi}}{RT}\;; \qquad (I, 173)$$

mit (I, 61)

$$\left(\frac{\partial \ln f_i}{\partial T}\right)_{p,\,n} = -\,\frac{H_i - H_{oi}}{RT^2}\,. \qquad (I, 174)$$

Die *freie Mischungsenthalpie* ergibt sich an Stelle von (I, 164 b) zu

$$\Delta \overline{G} = RT\,\Sigma\,x_i \ln x_i + RT\,\Sigma\,x_i \ln f_i = \Delta\,\overline{G}_{id} + RT\,\Sigma\,x_i \ln f_i. \qquad (I, 175)$$

Den Ausdruck

$$\Delta\,\overline{G} - \Delta\,\overline{G}_{id} \equiv \Delta\,\overline{G}_e = RT\,\Sigma\,x_i \ln f_i \qquad (I, 176)$$

bezeichnet man häufig als *Zusatzwert* (excess term) der freien Mischungsenthalpie, er gibt die Abweichungen der freien Mischungsenthalpie von ihrem Idealwert an. Entsprechend gilt für die *Mischungsentropie* an Stelle von (I, 166)

$$\Delta \overline{S} = -\,\frac{\partial \overline{G}}{\partial T} = -\,R\,\Sigma\,x_i \ln x_i - R\,\Sigma\,x_i \ln f_i - RT\,\Sigma\,x_i \frac{\partial \ln f_i}{\partial T}\,, \qquad (I, 177)$$

und für den zugehörigen *Zusatzwert*

$$\Delta \overline{S}_e \equiv \Delta \overline{S} - \Delta \overline{S}_{id} = -\,R\,\Sigma\,x_i \ln f_i - RT\,\Sigma\,x_i \frac{\partial \ln f_i}{\partial T}\,. \qquad (I, 178)$$

Aus der GIBBS-HELMHOLTZschen Gleichung (I, 59a) folgt dann unmittelbar

$$\Delta \overline{H} = -\,T^2\,\frac{\partial(\Delta\,\overline{G}/T)}{\partial T} = -\,RT^2\,\Sigma\,x_i \frac{\partial \ln f_i}{\partial T} = \Delta\,\overline{G}_e + T\,\Delta\,\overline{S}_e\,. \qquad (I, 179)$$

Mittels der GIBBS-DUHEMschen Gleichung (I, 53) ergibt sich aus (I, 172) folgende Beziehung zwischen den Aktivitäten der verschiedenen Mischungskomponenten

$$\Sigma\,x_i\,d\ln a_i = 0\,. \qquad (I, 180)$$

Für *binäre Mischphasen* läßt sich dies in der Form schreiben

$$d\ln a_1 = -\,\frac{x_2}{x_1}\,d\ln a_2 \qquad (I, 181)$$

oder unter Benutzung von (I, 171)

$$d\ln x_1 + d\ln f_1 = -\,\frac{x_2}{x_1}\,d\ln x_2 - \frac{x_2}{x_1}\,d\ln f_2\,. \qquad (I, 181a)$$

Da für binäre Mischungen $x_1 + x_2 = 1$ und $dx_1 + dx_2 = 0$, vereinfacht sich (I, 181a) zu

$$d\ln f_1 = -\,\frac{x_2}{x_1}\,d\ln f_2\,. \qquad (I, 181\,b)$$

Mit Hilfe dieser Beziehung lassen sich durch (meist graphische) Integration die Aktivitätskoeffizienten der einen Komponente aus denen der anderen Komponente berechnen, was häufig von großer praktischer

Bedeutung ist. Trägt man z. B. das experimentell ermittelte $\log f_2$ gegen $\dfrac{x_2}{x_1}$ als Ordinate auf, so stellt die Fläche unter der Kurve zwischen zweien ihrer Punkte die Differenz $\log f_1' - \log f_1''$ dar:

$$\log \frac{f_1'}{f_1''} = - \int_{x_2''}^{x_2'} \frac{x_2}{x_1}\, d\log f_2 . \qquad (\text{I, }182)$$

Setzt man die untere Grenze gleich Null (unendlich verdünnte Lösung der Komponente 2 im Lösungsmittel[1], so ist definitionsgemäß[1] $f_2 = 1$ und $\log f_2 = 0$, d. h. die $\log f_2,\ \dfrac{x_2}{x_1}$-Kurve beginnt im Koordinatenursprung. Da für das reine Lösungsmittel, das den Standardzustand darstellt, auch $f_1 = 1$ und $\log f_1 = 0$, geht (I, 182) über in

$$\log f_1 = - \int_{0}^{x_2} \frac{x_2}{x_1}\, d\log f_2 . \qquad (\text{I, }182a)$$

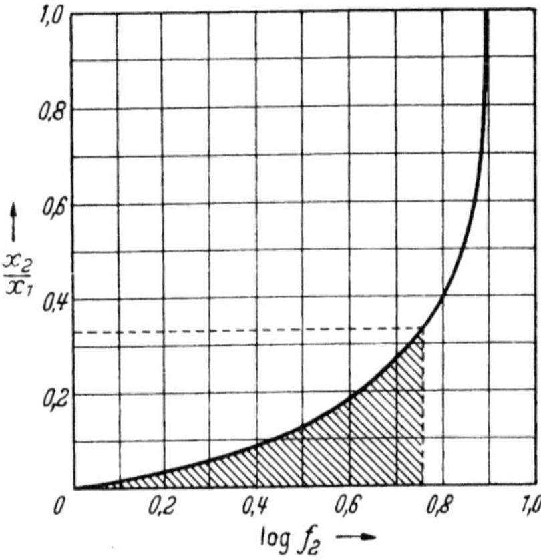



Abb. I, 9. Graphische Methode zur Bestimmung von Aktivitätskoeffizienten des Lösungsmittels (Hg) aus denen des gelösten Stoffes (Tl).

Die vom Koordinatenursprung aus gemessene Fläche unter der Kurve gibt also unmittelbar den Wert $-\log f_1$ für jedes Verhältnis $\dfrac{x_2}{x_1}$ an. In Abbildung I, 9 ist eine solche graphische Integration am Beispiel einer Lösung von Thallium (2) in Quecksilber (1) dargestellt. Die schraffierte Fläche zwischen $\dfrac{x_2}{x_1} = 0$ und $\dfrac{x_2}{x_1} = 0,333$ (entsprechend $x_2 = 0,25$) umfaßt etwa 8 Flächeneinheiten der Größe $0,1 \cdot 0,1$, so daß $\log f_1 = - 0,08$ bzw. $f_1 = 0\,83$ für $x_2 = 0,25$ bzw. $x_1 = 0,75$. Die Aktivitätskoeffizienten $f_2$ des Thalliums sind hier aus EMK-Messungen direkt zugänglich.

## § 17. Systematik der Mischphasen.

Um das sehr umfangreiche und verwickelte Gebiet der flüssigen Mischphasen einigermaßen ordnen und übersehen zu können, hat man verschiedene Mischungstypen festgelegt, die durch bestimmte Grenzwerte der chemischen Potentiale und ihrer Temperatur- und Konzentrationsabhängigkeit charakterisiert sind, und die man mehr oder weniger verwirklicht in der Natur vorfindet. Auf diese Weise gelangt man zu einer zwar formalen, aber praktisch brauchbaren Einteilung der

---

[1] Für „Lösungen" wird die unendlich verdünnte Lösung als Bezugszustand benutzt (vgl. S. 45).

Mischphasen, die die Übersichtlichkeit und rechnerische Behandlung der zahlreichen Einzelfälle wesentlich erleichtert. Wir beschränken die folgenden Betrachtungen auf *binäre* Gemische.

## a) Ideale Mischungen.

Ideale Mischungen sind nach S. 40 dadurch definiert, daß im gesamten Mischungsbereich die Aktivitäten $a_i$ mit den Molenbrüchen $x_i$ identisch sind, es gelten daher außer Gl. (I, 170) die den Gl. (I, 164) bis (I, 168) analogen Beziehungen für die partiellen molaren Größen bzw. die thermodynamischen Mischungseffekte, die nochmals zusammengestellt seien:

$$\mu_1 = \mu_{01} + RT \ln x_1 \; ; \quad \mu_2 = \mu_{02} + RT \ln x_2 \qquad (I, 183)$$

$$S_1 = S_{01} - R \ln x_1 \; ; \quad S_2 = S_{02} - R \ln x_2 \qquad (I, 184)$$

$$V_1 = V_{01} \; ; \quad V_2 = V_{02} \qquad (I, 185)$$

$$H_1 = H_{01} \; ; \quad H_2 = H_{02} \qquad (I, 186)$$

$$C_{p_1} = C_{p_{01}} \; ; \quad C_{p_2} = C_{p_{02}} \qquad (I, 187)$$

$$\Delta \bar{G} = RT \left[ x_1 \ln x_1 + x_2 \ln x_2 \right] \qquad (I, 188)$$

$$\Delta \bar{S} = - R \left[ x_1 \ln x_1 + x_2 \ln x_2 \right] \qquad (I, 189)$$

$$\Delta \bar{H} = 0 \; ; \quad \Delta \bar{V} = 0 \qquad (I, 190)$$

In Abb. I, 10 sind die Mischungseffekte $\Delta \bar{H}$, $\Delta \bar{G}$, $\Delta \bar{S}$ sowie die Differenzen $\Delta \mu_1$, $\Delta \mu_2$, $\Delta S_1$ und $\Delta S_2$ als Funktion von $x_2$ dargestellt. Die Kurven verlaufen spiegelsymmetrisch zur Ordinate bei $x = 0,5$ und schneiden sich dort in einem Punkt.

Für das während Gleichgewicht zwischen einer idealen flüssigen Mischphase und ihrem Dampf gilt nach (I, 68) und (I, 132)

$$\mu_1' = \mu_1'' \; ; \quad \mu_2' = \mu_2'' \; ;$$
$$d\mu_1' = d\mu_1'' \; ; \quad d\mu_2' = d\mu_2'' \; ,$$

worin mit ′ die flüssige, mit ″ die dampfförmige Phase bezeichnet sei. Setzt man den Ausdruck (I, 170) für das chemische Potential ein, so gilt z. B. für die Komponente 2

$$d\mu_{02}'' + d\,(RT \ln x_2'') = d\mu_{02}' + d\,(RT \ln x_2') \qquad (I, 191)$$

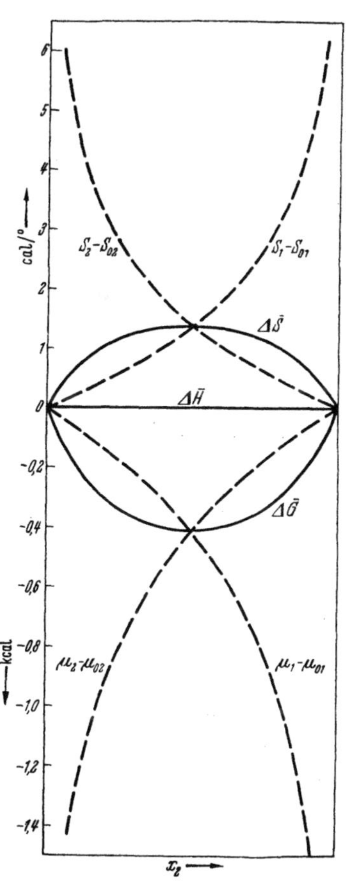



Abb. I, 10. Thermodynamische Mischungseffekte idealer binärer Gemische.

Für konstante Temperatur folgt mittels (I, 57)

$$V''_{02}\, dp + \mathrm{R}T \left(\frac{\partial \ln x''_2}{\partial p}\right)_T dp = V'_{02}\, dp + \mathrm{R}T \left(\frac{\partial \ln x'_2}{\partial p}\right)_T dp \qquad \text{(I, 192)}$$

Setzt man voraus, daß auch die Dampfphase sich ideal verhält, so daß $V''_{02} = \mathrm{R}T/p$, und vernachlässigt man das Molvolumen $V'_{02}$ der reinen Flüssigkeit gegenüber dem Molvolumen $V''_{02}$ des Dampfes, so wird aus (I, 192)

$$\int_1^{x'_2} d\ln x'_2 - \int_1^{x''_2} d\ln x''_2 = \int_{p_{02}}^{p} \frac{dp}{p} \quad \text{oder} \quad \ln x'_2 - \ln \frac{p_2}{p} = \ln \frac{p}{p_{02}} \qquad \text{(I,193)}$$

Darin bedeutet $p_2$ den Partialdruck der Komponente 2 über der flüssigen Mischphase, $p_{02}$ den Dampfdruck der reinen Komponente 2 bei gleicher Temperatur. Eine analoge Überlegung gilt für die Komponente 1, wir haben demnach die folgenden Beziehungen

$$p_1 = x'_1\, p_{01}\,;\quad p_2 = x'_2\, p_{02}\,. \qquad \text{(I, 194)}$$

Das ist das RAOULTsche Gesetz für ideale Mischphasen.
Wie die Ableitung zeigt, ist der Molenbruch $x$ in der flüssigen Phase nach dem Molekularzustand des Dampfes zu berechnen, da $V''$ nach dem Gasgesetz durch $\mathrm{R}T/p$ ersetzt wurde.

Bei höheren Drucken kann man $V'_{02}$ nicht mehr gegenüber $V''_{02}$ vernachlässigen, und außerdem wird sich der Dampf im allgemeinen nicht mehr ideal verhalten. Macht man nach (I, 12) den Ansatz (vgl. S. 5)

$$V''_2 \cong V''_{02} = \frac{\mathrm{R}T}{p} + B_2\,,$$

so ergibt sich als Bedingungsgleichung für das Dampfdruckgleichgewicht der idealen Mischung an Stelle von (I, 192)

$$\mathrm{R}T \int_1^{x'_2} d\ln x'_2 = \mathrm{R}T \int_1^{x''_2} d\ln x''_2 + \mathrm{R}T \int_{p_{02}}^{p} \frac{dp}{p} + \int_{p_{02}}^{p} (B_2 - V'_{02})\, dp \qquad \text{(I, 195)}$$

oder

$$\ln x'_2 = \ln \frac{x''_2\, p}{p_{02}} + \frac{(B_2 - V'_{02})\,(p - p_{02})}{\mathrm{R}T}\,,$$

wenn man $V'_{02}$ als druckunabhängig, d. h. praktisch inkompressibel betrachtet. Damit lautet das RAOULTsche Gesetz an Stelle von (I, 194)

$$p_1 = x'_1\, p_{01} \cdot \exp\left[-\frac{(B_1 - V'_{01})\,(p - p_{01})}{\mathrm{R}T}\right]$$

$$p_2 = x'_2\, p_{02} \cdot \exp\left[-\frac{(B_2 - V'_{02})\,(p - p_{02})}{\mathrm{R}T}\right]. \qquad \text{(I, 196)}$$

Schreibt man andererseits das RAOULTsche Gesetz unter Benutzung der Fugazitäten in der Form

$$p_1^* = x_1' \, p_{01}^* \; ; \quad p_2^* = x_2' \, p_{02}^* \,, \tag{I, 194a}$$

so folgt mit dieser Näherung

$$\frac{p_1^*}{p_{01}^*} = \frac{p_1}{p_{01}} \cdot \exp\left[\frac{(V_{01}' - B_1)\,(p_{01} - p)}{RT}\right] ;$$

$$\frac{p_2^*}{p_{02}^*} = \frac{p_2}{p_{02}} \cdot \exp\left[\frac{(V_{02}' - B_2)\,(p_{02} - p)}{RT}\right] . \tag{I, 197}$$

### b) Ideale verdünnte Lösungen.

Das chemische Potential von nichtidealen Mischungen ist durch Gl. (I, 172) gegeben. Die Abweichungen von den Gesetzen der idealen Mischung lassen sich formal durch die Aktivitätskoeffizienten und ihre Ableitungen nach den verschiedenen Variablen ausdrücken. Eine analoge Ableitung wie auf S. 44 ergibt für den Dampfdruck jeder Komponente $i$ an Stelle von (I, 194)

$$p_i = p_{0i} \, x_i \, f_i = p_{0i} \, a_i \,, \tag{I, 198}$$

was bei nichtidealem Dampf entsprechend auch für die Fugazitäten gilt. Der Standardzustand ist wieder die reine flüssige Komponente $i$ bei gleichem $T$ und $p$. (I, 198) zeigt, daß die Aktivitätskoeffizienten aus Dampfdruckmessungen experimentell zugänglich sind.

Die Normierung der Aktivität führt bei Stoffen, die unter diesen Bedingungen in reinem Zustand fest oder gasförmig sind, zu Schwierigkeiten, da $p_{0i}$ bzw. $p_{0i}^*$ dann nicht meßbar ist. Man wählt in solchen Fällen (und häufig allgemein bei „Lösungen" für den gelösten Stoff) zwar den gleichen Standardzustand, schreibt ihm aber die Eigenschaften zu, die der Stoff in unendlich verdünnter Lösung besitzen würde, wovon schon S. 42 Gebrauch gemacht wurde.

Damit erhält man für das chemische Potential

$$\mu_i = \mu_{0i} + RT \ln x_i f_i$$
$$= \mu_{\infty i} + RT \ln x_i f_{i\infty} \,, \tag{I, 199}$$

und $f_{i\infty}$ ist definiert durch

$$\lim_{x_i \to 0} f_{i\infty} = 1 \,. \tag{I, 200}$$

Das Verhältnis

$$\frac{f_i}{f_{i\infty}} = \exp\left(\frac{\mu_{\infty i} - \mu_{0i}}{RT}\right) \tag{I, 201}$$

ist für gegebenes $p$ und $T$ eine Konstante.

Man übersieht den Unterschied zwischen $f_i$ und $f_{i\infty}$ unmittelbar am Dampfdruckdiagramm einer binären nichtidealen Mischung. In Abb. I, 11 ist dieses

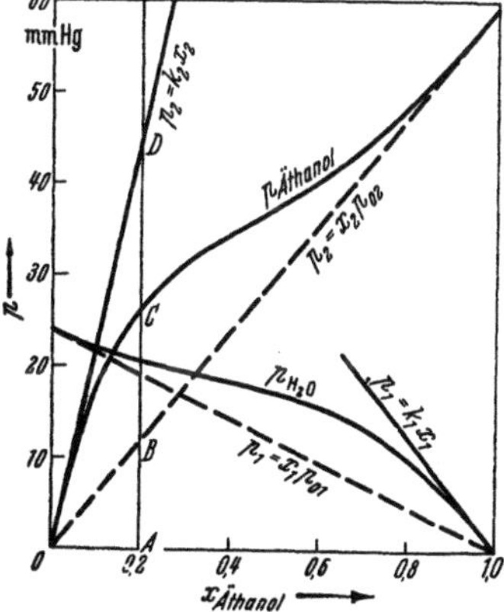


Abb. I, 11. Dampfdruckdiagramm des Systems Wasser—Äthanol bei 25° C.

Diagramm für das System Wasser—Äthanol bei 25° C dargestellt. Die ausgezogenen Kurven stellen die gemessenen Partialdrucke dar, die gestrichelten Geraden die RAOULTschen Geraden nach Gl. (I, 194), in die die Kurven für $x_1 \to 1$ bzw. $x_2 \to 1$ asymptotisch einmünden. Das folgt zwangsläufig aus der GIBBS-DUHEMschen Gleichung (I, 181 b), denn es ist

$$\lim_{x_2 \to 1} \frac{\partial \ln f_2}{\partial x_2} = \lim_{x_2 \to 1} \left( - \frac{x_1}{x_2} \frac{\partial \ln f_1}{\partial x_2} \right) = 0 \,. \qquad (I, 202)$$

Setzt man den Wert für $f$ aus (I, 198) ein, so wird mit $\lim\limits_{x_i \to 1} p_i = p_{0i}$

$$\lim_{x_2 \to 1} \frac{\partial p_2}{\partial x_2} = p_{02} \quad \text{bzw.} \quad \lim_{x_2 \to 0} \frac{\partial p_1}{\partial x_2} = - p_{01} \,. \qquad (I, 203)$$

Über die Anfangsneigung der Partialdruckkurven $\lim\limits_{x_2 \to 0} \dfrac{\partial p_2}{\partial x_2}$ und $\lim\limits_{x_2 \to 1} \dfrac{\partial p_1}{\partial x_2}$ läßt sich thermodynamisch nichts aussagen[1], man kann jedoch mit Hilfe der Statistik zeigen, daß diese Neigungen endlich sein müssen, d. h. es gilt für sehr verdünnte Lösungen

$$\lim_{x_2 \to 0} \frac{\partial p_2}{\partial x_2} = k_2 \;; \quad \lim_{x_2 \to 1} \frac{\partial p_1}{\partial x_2} = - k_1 \,. \qquad (I, 204)$$

Das Grenzgebiet, in dem diese Gleichungen erfüllt sind, nennt man das Gebiet der *idealen verdünnten Lösungen*, in ihm gilt nach (I, 204) das HENRYsche Gesetz

$$p_2 = k_2 \, x_2 \;; \quad p_1 = k_1 \, x_1 \,, \qquad (I, 205)$$

falls der gelöste Stoff in Dampf und Lösung das gleiche Molgewicht besitzt, also weder Assoziationen noch Dissoziationen auftreten.

In Abb. I, 11 stellt $OB$ die RAOULTsche Gerade, $OD$ die HENRYsche Gerade für Äthanol (2) in verdünnter wäßriger Lösung dar. Die Aktivitätskoeffizienten z. B. bei $x_2 = 0{,}2$ ergeben sich aus den Ordinatenabschnitten der Partialdruckkurve des Äthanols zu

$$f_2 = \frac{p_2}{x_2 \, p_{02}} = \frac{A\,C}{A\,B} = 2{,}3$$

$$f_{2\infty} = \frac{p_2}{x_2 \, k_2} = \frac{A\,C}{A\,D} = 0{,}6 \,,$$

indem man, wieder unter Beibehaltung der Form des HENRYschen Gesetzes und unter Einführung von $f_{2\infty}$, an Stelle von (I, 205) schreibt

$$p_2 = k_2 \, x_2 \, f_{2\infty} \;; \quad p_1 = k_1 \, x_1 \, f_{1\infty} \,. \qquad (I, 206)$$

Aus (I, 206) und (I, 198) folgt für das Verhältnis der beiden durch verschiedene Bezugszustände definierten Aktivitätskoeffizienten

$$\frac{f_2}{f_{2\infty}} = \frac{k_2}{p_{02}} \;; \quad \frac{f_1}{f_{1\infty}} = \frac{k_1}{p_{01}} \,. \qquad (I, 207)$$

---

[1] Vgl. dazu R. HAASE u. A. MÜNSTER: Z. physik. Chem. **194**, 253 (1950).

Man kann leicht zeigen, daß in dem Konzentrationsbereich, in dem für den „gelösten Stoff" 2 das HENRYsche Gesetz gilt, für das „Lösungsmittel" 1 das RAOULTsche Gesetz gelten muß und umgekehrt.

Aus (I, 205) bis (I, 207) folgen weiter die für *ideale verdünnte Lösungen* allgemein gültigen Bedingungsgleichungen

$$\lim_{x_2 \to 0} f_{2\infty} = 1 \; ; \quad \lim_{x_2 \to 0} f_2 = \frac{k_2}{p_{02}} \; ; \quad \lim_{x_2 \to 0} f_1 = 1 \; . \qquad (I, 208)$$

Unter Berücksichtigung dieser Bedingungen lassen sich wieder sämtliche thermodynamischen Zustandsgrößen aus dem chemischen Potential (I, 199) in üblicher Weise ableiten. Wir stellen sie im folgenden zusammen:

$$\lim_{x_2 \to 0}(V_2 - V_{2\infty}) = 0 \; ; \lim_{x_2 \to 0}(V_2 - V_{02}) = RT\,\frac{\partial \ln k_2}{\partial p}; \lim_{x_2 \to 0}(V_1 - V_{01}) = 0 \quad (I, 209)$$

$$\lim_{x_2 \to 0}(S_2 - S_{2\infty}) = - R \ln x_2 \; ;$$

$$\lim_{x_2 \to 0}(S_1 - S_{01}) = - R \ln(1 - x_2) \cong R\, x_2 \; . \qquad (I, 210)$$

$$\lim_{x_2 \to 0}(H_2 - H_{2\infty}) = 0 \; ; \lim_{x_2 \to 0}(H_2 - H_{02}) = - RT^2\,\frac{\partial \ln(k_2/p_{02})}{\partial T} \; ;$$

$$\lim_{x_2 \to 0}(H_1 - H_{01}) = 0 \; . \qquad (I, 211)$$

Aus (I, 209) erhält man für die Druckabhängigkeit der HENRYschen Konstanten

$$\left(\frac{\partial \ln k_2}{\partial p}\right)_T = \frac{V_{2\infty} - V_{02}}{RT} \; , \qquad (I, 212)$$

aus (I, 211) ihre Temperaturabhängigkeit zu

$$\left(\frac{\partial \ln k_2}{\partial T}\right)_p = \frac{\partial \ln p_{02}}{\partial T} - \frac{H_{2\infty} - H_{02}}{RT^2} = \frac{\Delta H - (H_{2\infty} - H_{02})}{RT^2} \; , \qquad (I, 213)$$

wenn man nach der CLAUSIUS-CLAPEYRONschen Gleichung (I, 137) mit $\Delta H$ die Verdampfungswärme des reinen Stoffes 2 bezeichnet. $(H_{2\infty} - H_{02})$ ist die S. 36 erwähnte differentielle *erste* Lösungswärme.

### c) Athermische Mischungen.

Die für ideale Mischungen abgeleiteten Gl. (I, 183) bis (I, 190) sind vom Standpunkt der statistischen Mechanik aus gesehen nur dann erfüllt, wenn die Mischungspartner annähernd gleiche Größe und gleiche Gestalt besitzen, also z. B. kugelsymmetrisch und von gleichem Radius sind. Unterscheiden sich die beiden stark in Größe oder Form, so läßt sich zeigen, daß selbst wenn die Bedingungen (I, 185) und (I, 186) bzw. (I, 190) erfüllt sind, die Partner sich also ohne Änderung von Volumen und Enthalpie mischen, doch Abweichungen von der idealen Mischungsentropie $\Delta \overline{S}$ nach (I, 189) und damit nach HELMHOLTZ-GIBBS auch von der freien idealen Mischungsenthalpie $\Delta \overline{G}$ nach (I, 188) auftreten, die wir als „Zusatzeffekte" $\Delta \overline{S}_e$ bzw. $\Delta \overline{G}_e$ bezeichnen, und die sich natürlich auch in allen von $G$ bzw. $S$ abhängigen thermodynamischen Größen bemerkbar machen. Zum Unterschied von idealen Mischungen bezeichnet man solche Systeme, für die $\Delta \overline{H} = 0$ und $\Delta \overline{S}_e \neq 0$, als *athermische Mischungen*; ist gleichzeitig auch $\Delta \overline{V} = 0$, so spricht man auch von halbidealen Mischungen. Allgemein muß man erwarten, daß die chemischen Potentiale in athermischen Mischungen sich durch den Ansatz

$$\mu_i = \mu_{0i} + \mathrm{R}T \left( \ln x_i + C\,(x_i) \right) \tag{I, 214}$$

darstellen lassen, worin $C\,(x_i)$ von $p$ und $T$ unabhängig ist.

Die statistische Behandlung solcher Mischungen geht von der Annahme aus, daß die Moleküle je nach ihrer Größe einen oder mehrere Punkte eines quasikristallinen Gitters besetzen, das sich zwar nur über kleine Bereiche erstreckt, aber doch genügend ausgedehnt ist, daß man die Diskontinuitäten vernachlässigen kann. Die statistische Ermittlung der Zustandsfunktionen besteht dann nur darin, die Zahl der verschiedenen Besetzungsmöglichkeiten der Gitterpunkte zu berechnen, wofür verschiedene Methoden entwickelt worden sind[1]. Man kann die Abweichungen von den Gesetzen idealer binärer Mischungen mit guter Näherung durch Formeln beschreiben, in die nur ein einziger neuer Parameter eingeht, nämlich das Verhältnis der beiden Molvolumina

$$r \equiv \frac{V_{02}}{V_{01}} \, . \tag{I, 215}$$

Definiert man die den Molenbrüchen analogen *Volumenbrüche* durch

$$\overset{*}{x}_1 \equiv \frac{n_1 \, V_{01}}{n_1 \, V_{01} + n_2 \, V_{02}} \; ; \quad \overset{*}{x}_2 \equiv \frac{n_2 \, V_{02}}{n_1 \, V_{01} + n_2 \, V_{02}} \tag{I, 216}$$

und führt darin das Verhältnis $r$ ein, so erhält man

$$\overset{*}{x}_1 = \frac{x_1}{1 + (r - 1)\, x_2} \; ; \quad \overset{*}{x}_2 = \frac{r\, x_2}{1 + (r - 1)\, x_2} \, . \tag{I, 217}$$

Die statistische Rechnung[2] liefert dann in erster Näherung für die chemischen Potentiale

$$\mu_1 = \mu_{01} + \mathrm{R}T \left[ \ln \overset{*}{x}_1 + \left( 1 - \frac{1}{r} \right) \overset{*}{x}_2 \right]$$

$$\mu_2 = \mu_{02} + \mathrm{R}T \left[ \ln \overset{*}{x}{}^1 - (r - 1)\, \overset{*}{x}_2 \right], \tag{I, 218}$$

woraus sich mittels (I, 172) und (I, 198) die zugehörigen Ausdrücke für die Aktivitätskoeffizienten und die Partialdrucke bzw. Fugazitäten ergeben:

$$\ln f_1 = \ln \frac{\overset{*}{x}_1}{x_1} + \left( 1 - \frac{1}{r} \right) \overset{*}{x}_2 \; ; \quad \ln f_2 = \frac{\overset{*}{x}_2}{x_2} - (r - 1)\, \overset{*}{x}_1$$

$$\overset{*}{p}_1 = \overset{*}{p}_{01}\, \overset{*}{x}_1 \cdot \exp \left[ \left( 1 - \frac{1}{r} \right) \overset{*}{x}_2 \right] ; \quad \overset{*}{p}_2 = \overset{*}{p}_{02}\, \overset{*}{x}_2 \cdot \exp \left[ -(r - 1)\, \overset{*}{x}_1 \right]. \tag{I, 219}$$

---

[1] Ausführliche Literaturangaben z. B. bei A. Münster: Z. Naturforsch. **3a**, 158 (1948); J. H. Hildebrand u. R. L. Scott: The solubility of Nonelectrolytes, 3. Aufl. New York 1950. E. A. Guggenheim: Mixtures, London, 1952.

[2] Flory, P. J.: J. Chem. Phys. **9**, 660 (1941); **10**, 51 (1942).

(I, 219) geht für $r = 1$ wieder in das RAOULTsche Gesetz (I, 194) über. Es treten demnach Abweichungen vom RAOULTschen Gesetz auf, wenn sich die Mischungspartner in ihrer Größe stark unterscheiden, auch wenn $\Delta \bar{H} = 0$. Für die zugehörige Mischungsentropie ergibt sich an Stelle von (I, 189)

$$\Delta \bar{S} = - \frac{\Delta \bar{G}}{T} = - R \left[ x_1 \ln \overset{*}{x}_1 + x_2 \ln \overset{*}{x}_2 \right] . \tag{I, 220}$$

Sie ist stets größer als der entsprechende Idealwert. Eine strengere Rechnung[1] berücksichtigt weiterhin die Koordinationszahl des quasi-kristallinen Gitters und führt zu etwas komplizierteren, im übrigen aber ähnlichen Ausdrücken für die Mischungseffekte. Sie wurden an einer Reihe neuerer Messungen[2] geprüft und ergaben im allgemeinen befriedigende Übereinstimmung zwischen Theorie und Experiment.

### d) Reguläre Mischungen.

Während bei athermischen Mischungen keine Mischungswärme beobachtet wird, dagegen die Mischungsentropie stets größer ist als der entsprechende Idealwert, kann man umgekehrt einen Mischungstyp definieren, bei dem die Mischungsentropie ideal ist, dagegen eine *von T unabhängige Mischungswärme* auftritt. In solchen, von HILDEBRAND[3] als *regulär* bezeichneten Mischungen muß offenbar vollkommen statistische Unordnung herrschen, dagegen bedeutet das Auftreten einer Mischungswärme, daß die potentielle Wechselwirkungsenergie $W_{11}$, $W_{22}$ und $W_{12}$ benachbarter Molekülpaare nicht mehr identisch ist. Aus den Überlegungen des letzten Abschnitts folgt außerdem, daß die Volumina der Komponenten annähernd gleich und additiv sein müssen.

Für reguläre Mischungen gilt nach GIBBS-HELMHOLTZ

$$\Delta \mu_i = \Delta H_i - T \Delta S_{i\,id}$$

Mittels (I, 172) und (I, 189) folgt

$$RT \ln x_i f_i = \Delta H_i + RT \ln x_i$$

oder

$$\ln f_1 = \frac{H_1 - H_{01}}{RT}; \quad \ln f_2 = \frac{H_2 - H_{02}}{RT} . \tag{I, 221}$$

$\Delta H_i$ ist definitionsgemäß lediglich eine Funktion von $x$. Diese Funktion wurde von HERZFELD und HEITLER[4] ebenfalls mit Hilfe des Gittermodells der Mischung statistisch abgeleitet. Es ergibt sich für die integrale Mischungswärme

$$\Delta \bar{H} = x_1 (H_1 - H_{01}) + x_2 (H_2 - H_{02}) = - (W_{11} + W_{22} - 2 W_{12}) x_1 x_2 . \tag{I, 222}$$

---

[1] GUGGENHEIM, E. A.: Proc. Roy. Soc. (Lond.) A **183**, 203, 213 (1944).

[2] Vgl. z. B. H. TOMPA: J. Chem. Phys. **16**, 292 (1948); Trans. Faraday Soc. **45**, 101 (1949); VAN DER WAALS, J. H., u. J. J. HERMANNS: Rec. Trav. chim. Pays-Bas **69**, 949, 971 (1950).

[3] HILDEBRAND, J. H.: J. Amer. Chem. Soc. **51**, 66 (1929).

[4] HERZFELD, K. F., u. W. HEITLER: Z. Elektrochem. **31**, 536 (1925).

$\Delta\overline{H}$ verläuft [wie $\Delta\overline{G}$ und $\Delta\overline{S}$ in idealen Mischungen (Abb. I, 10)] spiegelsymmetrisch zur Ordinate bei $x = 0{,}5$ und nimmt dort seinen maximalen Wert

$$\Delta\overline{H}_{max} = \frac{1}{2}\,W_{12} - \frac{1}{4}\,W_{11} - \frac{1}{4}\,W_{22}$$

an. Setzt man dies in (I, 222) ein, so wird

$$\Delta\overline{H} = 4\,x_1\,x_2\,\Delta\overline{H}_{max}\,. \tag{I, 223}$$

Mittels (I, 146) erhält man die differentiellen Mischungswärmen

$$H_1 - H_{01} = 4\,\Delta\overline{H}_{max}\,x_2{}^2\,;\quad H_2 - H_{02} = 4\,\Delta\overline{H}_{max}\,x_1{}^2\,. \tag{I, 224}$$

Setzt man dies in (I, 221) ein, so erhält man für die Aktivitätskoeffizienten:

$$\ln f_1 = \frac{4\,\Delta\overline{H}_{max}}{RT}\,x_2{}^2\,;\quad \ln f_2 = \frac{4\,\Delta\overline{H}_{max}}{RT}\,x_1{}^2\,. \tag{I, 225}$$

Alle übrigen thermodynamischen Funktionen ergeben sich aus (I, 225):

$$\mu_1 = \mu_{01} + RT\ln x_1 + 4\,\Delta\overline{H}_{max}\,x_2{}^2\,;\; \mu_2 = \mu_{02} + RT\ln x_2 + 4\,\Delta\overline{H}_{max}\,x_1{}^2 \tag{I, 226}$$

$$p_1^* = p_{01}^*\,x_1\cdot\exp\left(\frac{4\,\Delta\overline{H}_{max}\,x_2{}^2}{RT}\right)\,;\; p_2^* = p_{02}^*\,x_2\cdot\exp\left(\frac{4\,\Delta\overline{H}_{max}\,x_1{}^2}{RT}\right) \tag{I, 227}$$

$$\Delta\overline{G}_e = 4\,\Delta\overline{H}_{max}\,[x_1\,x_2{}^2 + x_2\,x_1{}^2] = 4\,\Delta\overline{H}_{max}\,x_1\,x_2 = \Delta\overline{H}\,. \tag{I, 228}$$

Für sehr verdünnte Lösungen geht (I, 227) über in

$$\lim_{x_1\to 0} p_1^* = p_{01}^*\,x_1\exp\left(\frac{4\,\Delta\overline{H}_{max}}{RT}\right) \equiv k_1\,x_1 \tag{I, 229}$$

$$\lim_{x_2\to 0} p_2^* = p_{02}^*\,x_2\exp\left(\frac{4\,\Delta\overline{H}_{max}}{RT}\right) \equiv k_2\,x_2\,,$$

was mit dem HENRYschen Gesetz (I, 205) identisch ist. In regulären verdünnten Lösungen ist die HENRYsche Konstante durch die maximale integrale Mischungswärme festgelegt.

Experimentell hat sich gezeigt, daß der Typus der regulären Mischung zwar in vielen Fällen angenähert verwirklicht ist, daß aber im Gegensatz zum Fall idealer Mischungen kein Beispiel bekannt ist, das den Definitionsgleichungen (I, 223) bis (I. 225) innerhalb der Meßgenauigkeit der üblichen kalorimetrischen Methoden gehorcht. Zwar findet man häufig den durch (I, 223) geforderten, zur $x$-Achse symmetrischen Verlauf der integralen Mischungswärme, dagegen verhält sich die Mischungsentropie niemals ideal, sondern weist stets mehr oder weniger große Zusatzeffekte auf.

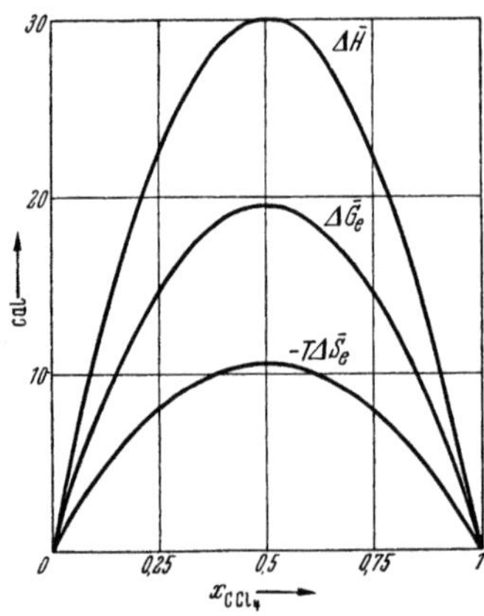


Abb. I, 12. Thermodynamische Mischungseffekte $\Delta G_e$, $\Delta\overline{H}$ und $\Delta\overline{S}_e$ des Systems Benzol—Tetrachlorkohlenstoff bei 25° C.

Eines der bestuntersuchten Beispiele[1], das die Bedingungen der regulären Mischung annähernd erfüllt, ist das System $C_6H_6-CCl_4$. In Abb. I, 12 sind die auf Grund sehr exakter Fugazitätsmessungen bei verschiedenen Temperaturen ermittelten Zusatzeffekte $\Delta \bar{G}_e$, $\Delta \bar{H}$ und $\Delta \bar{S}_e$ bei 25° C als Funktion von $x$ wiedergegeben. Obwohl die geforderte Symmetrie vorhanden ist, fallen die Kurven für $\Delta \bar{G}_e$ und $\Delta \bar{H}$ nicht zusammen, wie es Gl. (I, 228) verlangt, sondern es existiert eine beträchtliche Zusatzentropie, für die natürlich die Beziehung $\Delta \bar{H} = \Delta \bar{G}_e + T \Delta \bar{S}_e$ gilt.

Wie die statistische Theorie zeigt[2], ist die thermodynamisch definierte „reguläre Mischung" ein Spezialfall der sog. *„streng regulären Mischung"*, deren Eigenschaften sich auf Grund der eingangs erwähnten Eigenschaften aus dem Gittermodell der Flüssigkeit ableiten lassen. Für den Fall, daß die durch (I, 222) definierte molare Wechselwirkungsenergie $W_{11} + W_{22} - 2 W_{12} \equiv W \ll RT$, erhält man wieder die Gl. (I, 223) und (I, 228), andernfalls liefert die Rechnung eine Zusatzentropie $\Delta \bar{S}_e$, die stets negativ ist, unabhängig vom Vorzeichen der Mischungswärme, was bedeutet, daß in der Mischung infolge der verschiedenen potentiellen Energien $W_{11}$, $W_{22}$, $W_{12}$ solche Konfigurationen bevorzugt sind, bei denen entweder gleiche Molekeln benachbart sind (Assoziation) oder verschiedene Molekeln benachbart sind (Solvatation), was in jedem Fall eine zusätzliche Ordnung gegenüber der statistisch ungeordneten idealen Mischung und damit eine negative Zusatzentropie bedeutet. Auch dieser Typus der „streng regulären Mischung" kommt in Wirklichkeit nicht vor und ist deshalb als ein Grenzfall anzusehen.

### e) Irreguläre Mischungen.

Während in athermischen und regulären Mischungen die Aktivitätskoeffizienten nach (I, 219) und (I, 225) durch physikalisch definierte Größen ausgedrückt werden können, ist dies bei den sonstigen nichtidealen Mischungen nicht ohne weiteres der Fall, sondern man ist im allgemeinen auf die empirische Bestimmung der $f$-Werte angewiesen und kann lediglich versuchen, diese in bestimmten Fällen auf charakteristische Eigenschaften der Molekeln (Orientierungseffekte durch Dipolmomente, Verbindungsbildung, Solvatation usw.) zurückzuführen. Tatsächlich gelingt es zuweilen, die Aktivitätskoeffizienten auf diese Weise physikalisch zu interpretieren, wie etwa in dem System $CHCl_3-(CH_3)_2CO$, in dem eine bevorzugte Orientierung zwischen den verschiedenen Mischungskomponenten auf Grund von Wasserstoffbrückenbindungen auftritt, die man auch als stöchiometrische Verbindungsbildung auffassen kann. Ebenso ließen sich die Aktivitätskoeffizienten in Mischungen von Alkoholen mit indifferenten Flüssigkeiten wie $CCl_4$ oder Hexan auf Grund der spektroskopisch nachgewiesenen stöchiometrischen Ketten-

---

[1] SCATCHARD, G., S. E. WOOD u. J. M. MOCHEL: J. Amer. Chem. Soc. **62**, 712 (1940).

[2] Vgl. z. B. A. MÜNSTER: Z. Elektrochem. **54**, 443 (1950) und dieser Band, S. 81 ff.

4*

assoziation der Alkohole mit Hilfe der zugehörigen Gleichgewichtskonstanten darstellen[1]. Dagegen ist eine generelle Deutung der (meist unsymmetrischen) thermodynamischen Zusatzeffekte $\Delta \bar{G}_e$, $\Delta \bar{S}_e$ und $\Delta \bar{H}$ bei irregulären Mischungen auch auf statistischem Wege nicht möglich gewesen.

## § 18. Näherungsgleichungen für Aktivitätskoeffizienten in binären flüssigen Gemischen.

Experimentell ermittelt man die Aktivitätskoeffizienten binärer Flüssigkeitsgemische gewöhnlich nach (I, 198) aus den Partialdrucken und den Drucken der reinen Komponenten bei der Temperatur des Systems[2]. Die Genauigkeit und thermodynamische Konsistenz der experimentellen Werte kann man nachprüfen, indem man feststellt, ob sie der GIBBS-DUHEMschen Gleichung (I, 181a) genügen, die man zu diesem Zweck unter Benutzung von (I, 198) in der von DUHEM und MARGULES angegebenen Form schreibt

$$x_1\, d \ln p_1 + x_2\, d \ln p_2 = 0 \qquad\qquad (I, 230)$$

oder

$$x_1\, \frac{\partial \ln p_1}{\partial x_1} = -\, x_2\, \frac{\partial \ln p_2}{\partial x_1} = x_2\, \frac{\partial \ln p_2}{\partial x_2}\,.$$

Das Verfahren ist mühsam, und man hat deshalb versucht, Näherungsgleichungen für die Aktivitätskoeffizienten aufzustellen, um derartige Nachprüfungen zu erleichtern. Außerdem gewinnt man den Vorteil, daß es bei Systemen, die von idealen Mischungen nicht zu stark abweichen, möglich wird, aus wenigen Meßpunkten die Aktivitätskoeffizienten über den gesamten Konzentrationsbereich zu interpolieren und in vielen Fällen auch zu extrapolieren. Als Meßpunkt genügt häufig sogar ein sog. *azeotroper Punkt*, in dem die Molenbrüche $x$ und $y$ zusammenfallen, Dampf und Flüssigkeit also gleiche Zusammensetzung haben (vgl. S. 58). Für derartige Gemische lassen sich deshalb oft mit guter Näherung allein aus der Zusammensetzung im azeotropen Punkt die gesamten $\log f$, $x$-Kurven ermitteln. Daneben gibt es Methoden, um aus der *Gesamtdruckkurve* mit Hilfe solcher Näherungsgleichungen die Aktivitätskoeffizienten und Partialdrucke zu berechnen. Man umgeht dadurch die experimentell nicht immer ganz einfachen Partialdruckmessungen. Man muß sich jedoch immer darüber klar sein, daß alle Näherungsverfahren nur Werte liefern, die je nach dem vorliegenden System unter Umständen erheblich von den wahren Werten abweichen können.

Man benutzt zur analytischen Darstellung der $\log f, x$-Kurven in der Regel geeignete Reihenentwicklungen nach fortschreitenden Potenzen

---

[1] MECKE, R.: Z. Elektrochem. **52**, 107 (1948). — EUCKEN, A.: Z. Elektrochem. **52**, 255 (1948).

[2] Man benutzt teils statische, teils dynamische Meßmethoden. Vgl. dazu z. B. G. KORTÜM, D. MÖGLING u. F. WOERNER: Chem. Ing. Techn. **21**, 453 (1950); G. DREESEN: Diss. Tübingen 1952.

der Molenbrüche $x$, wobei diese Ansätze natürlich stets der GIBBS-DUHEMschen Gleichung (I, 181 a) genügen müssen, damit sie thermodynamisch widerspruchsfrei sind. Dazu gehört, daß $\ln f$ nur nach *positiven* Potenzen von $x$ entwickelt werden darf, da Glieder mit negativen Exponenten von $x$ für $\partial \ln f / \partial x$ ebenfalls Potenzen mit negativen Exponenten liefern würden, die für $x \to 0$ unendlich werden müßten, während die Neigung der $\ln f$, $x$-Kurven nur endlich oder Null sein kann. Da ferner die GIBBS-DUHEMsche Gleichung (I, 181 a) streng nur für konstantes $p$ und $T$ gilt, die $f$-Werte als Funktion von $x$ jedoch entweder bei konstanter Temperatur und variablem Druck (Dampfdruckdiagramm) oder bei konstantem Druck und variabler Temperatur (Siedediagramm) ermittelt wurden, müssen sie eigentlich auf konstantes $p$ und $T$ korrigiert werden. Bei isothermen Messungen ist eine Korrektur jedoch wegen der geringen Druckabhängigkeit der partiellen molaren Größen in kondensierten Phasen nicht notwendig, bei isobaren Messungen kann man die Korrektur innerhalb der Meßgenauigkeit vernachlässigen, solange die Temperaturdifferenzen der Siedepunkte nicht allzu groß sind (etwa 30°C), bei größeren Differenzen muß sie mittels (I, 174) aus den differentiellen Mischungswärmen ermittelt werden. Sind diese nicht verfügbar, so kommt man meistens auch mit Näherungen aus, z. B. mit der Annahme, daß $\log f$ der absoluten Temperatur umgekehrt proportional ist:

$$T \log f = \text{const.} \tag{I, 231}$$

Die von MARGULES[1] zuerst angegebene und noch heute viel benutzte Reihenentwicklung lautet in einer neueren symmetrischen Form[2]

$$\log f_1 = (2\,B - A)\,x_2{}^2 + 2\,(A - B)\,x_2{}^3 \tag{I, 232}$$
$$\log f_2 = (2\,A - B)\,x_1{}^2 + 2\,(B - A)\,x_1{}^3.$$

In besonders einfachen Fällen wird $A = B$, und man erhält die sog. *vereinfachten* MARGULESschen *Gleichungen*

$$\log f_1 = A\,x_2{}^2 \; ; \quad \log f_2 = A\,x_1{}^2 \,. \tag{I, 233}$$

Die $\log f$, $x$-Kurven sind dann einfache Parabeln mit dem jeweiligen Nullpunkt als Ursprung. Die Gleichungen (I, 233) sind mit (I, 225) identisch, wenn man $A = \dfrac{4\,\varDelta \overline{H}_{max}}{4{,}574\,T}$ setzt, d. h. sie gelten streng für „reguläre Mischungen". Die Konstanten $A$ und $B$ ergeben sich durch die Endwerte der $\log f$, $x$-Kurven, denn es ist

$$\log f_{1(x_2 \to 1)} = A \; ; \quad \log f_{2(x_1 \to 1)} = B \,. \tag{1, 234}$$

Ferner gilt für $x_1 = x_2 = 0{,}5$

$$\log f_{1(x=0,5)} = \frac{B}{4}; \quad \log f_{2(x=0,5)} = \frac{A}{4} \,. \tag{I, 235}$$

Die Kurve mit dem höheren Endwert muß also bei $x = 0{,}5$ unterhalb der

[1] MARGULES, M.: Sitzgsber. Akad. Wiss. Wien, Math.-naturwiss. Kl. **104**, 1243 (1895).
[2] CARLSON, H. C., u. A. P. COLBURN: Ind. Engng. Chem. **34**, 581 (1942).

Kurve mit dem niedrigeren Endwert liegen, wenn der MARGULESsche Ansatz die Messungen wiedergeben soll.

Ähnlich leistungsfähig ist ein Ansatz von VAN LAAR[1], der auf der VAN DER WAALSschen Zustandsgleichung basiert und in einer ähnlich symmetrischen Form lautet:

$$\log f_1 = \frac{A\,x_2{}^2}{\left(x_2 + \dfrac{A}{B}\,x_1\right)^2} = \frac{A}{\left(1 + \dfrac{A x_1}{B x_2}\right)^2} \tag{I, 236}$$

$$\log f_2 = \frac{B\,x_1{}^2}{\left(x_1 + \dfrac{B}{A}\,x_2\right)^2} = \frac{B}{\left(1 + \dfrac{B x_2}{A x_1}\right)^2}\,.$$

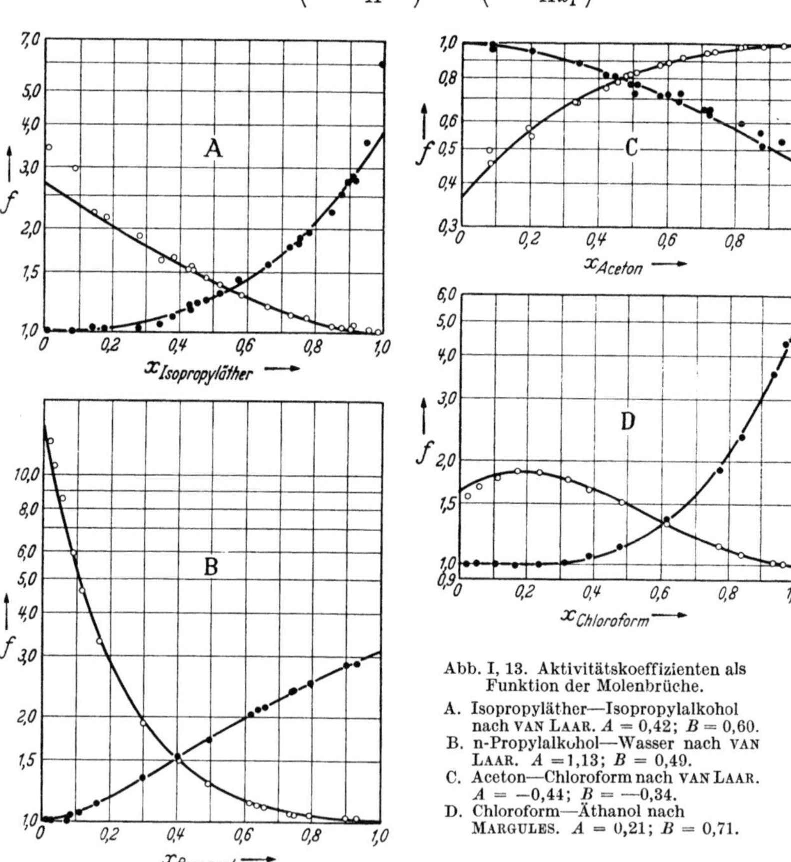


Abb. I, 13. Aktivitätskoeffizienten als Funktion der Molenbrüche.

A. Isopropyläther—Isopropylalkohol nach VAN LAAR. $A = 0{,}42$; $B = 0{,}60$.
B. n-Propylalkohol—Wasser nach VAN LAAR. $A = 1{,}13$; $B = 0{,}49$.
C. Aceton—Chloroform nach VAN LAAR. $A = -0{,}44$; $B = -0{,}34$.
D. Chloroform—Äthanol nach MARGULES. $A = 0{,}21$; $B = 0{,}71$.

Für $A = B$ gehen auch diese Gleichungen in (I, 233) über; ebenso gelten die Beziehungen (I, 234). Sowohl (I, 232) wie (I, 236) genügen der GIBBS-DUHEMschen Gleichung (I, 181b) und bewähren sich im allgemeinen gut zur Wiedergabe und Interpolation gemessener Werte. Als Beispiel sind in Abb. I, 13

---

[1] VAN LAAR, J. J.: Z. physik. Chem. **72**, 723 (1910); **83**, 599 (1913).

die nach (I, 232) bzw. (I, 236) berechneten Aktivitätskoeffizienten (ausgezogene Kurven) zusammen mit den gemessenen Werten für einige binäre Systeme dargestellt (in halblogarithmischen Koordinaten)[1]. Es treten teils positive, teils negative Abweichungen vom RAOULTschen Gesetz auf; im System $CHCl_3 - C_6H_5OH$ auch ein Maximum bzw. Minimum, die nach (I, 181 b) stets zusammen beim gleichen $x$ beobachtet werden müssen. Ein charakteristischer Unterschied zwischen den Ansätzen (I, 232) und (I, 236) besteht darin, daß die VAN LAARschen Gleichungen keine Extremwerte und keinen Vorzeichenwechsel in $\log f$ ergeben können, während die MARGULESschen Gleichungen auch solche Beobachtungen wiederzugeben vermögen.

· Für Mischungen, deren Komponenten sich stark im Molvolumen unterscheiden, haben sich folgende Ansätze bewährt[2]

$$\log f_1 = A \left( \frac{2 B V_{01}}{A V_{02}} - 1 \right) \overset{*}{x_2}{}^2 - 2 A \left( \frac{B V_{01}}{A V_{02}} - 1 \right) \overset{*}{x_2}{}^3 \qquad (I, 237)$$

$$\log f_2 = B \left( \frac{2 A V_{02}}{B V_{01}} - 1 \right) \overset{*}{x_1}{}^2 - 2 B \left( \frac{A V_{02}}{B V_{01}} - 1 \right) \overset{*}{x_1}{}^3 ,$$

wobei die $\overset{*}{x}$ die Volumenbrüche darstellen. Für $V_{01} = V_{02}$ gehen sie in (I, 232) für $V_{01}/V_{02} = A/B$ in (I, 236) über. Auch hier gelten die Beziehungen (I, 234) zur Ermittlung von $A$ und $B$.

Gehorcht der Dampf dem idealen Gasgesetz, so ist nach (I, 160) $p_1 = py_1$ und $p_2 = py_2$, wenn $y$ wieder den Molenbruch der Dampfphase bezeichnet. Damit ergibt sich für die Aktivitätskoeffizienten nach (I, 198)

$$f_1 = \frac{p_1}{p_{01} x_1} = \frac{p}{p_{01}} \frac{y_1}{x_1}; \quad f_2 = \frac{p_2}{p_{02} x_2} = \frac{p}{p_{02}} \frac{y_2}{x_2} . \qquad (I, 238)$$

Besitzt das System einen *azeotropen Punkt*, bei dem $x_i = y_i$, so wird durch Vereinigung von (I, 233) und (I, 238)

$$\log \frac{p_{az}}{p_{01}} = A\, x^2_{2\,az} ; \quad \log \frac{p_{az}}{p_{02}} = A\, x^2_{1\,az} . \qquad (I, 239)$$

Die Konstante $A$ kann in diesem Fall allein aus dem Gesamtdruck $p_{az}$ und der Zusammensetzung $x_{az}$ ermittelt werden, so daß aus diesen Daten die ganze $\log f, x$-Kurve zugänglich ist. Statt in (I, 233) kann man die durch (I, 238) gegebenen Aktivitätskoeffizienten beim azeotropen Punkt auch in die 2-konstantigen Formeln (I, 232) oder (I 236) einsetzen und erhält dann die *beiden* Konstanten $A$ und $B$ allein aus Gesamtdruck und Zusammensetzung beim azeotropen Punkt.

Die hier angegebenen Ansätze sind in neuerer Zeit von mehreren Autoren[3] verallgemeinert und unter Einführung zusätzlicher Glieder erweitert worden, so daß sie sich dann auch auf Systeme anwenden lassen, die größere Abweichungen vom RAOULTschen Gesetz zeigen. Von den gleichen Autoren sind entsprechende Reihenentwicklungen auch für ternäre Systeme angegeben worden.

[1] CARLSON, H. C., u. A. P. COLBURN: Ind. Engng. Chem. **34**, 581 (1942).
[2] SCATCHARD, G., u. W. J. HAMER: J. Amer. Chem. Soc. **57**, 1805 (1935).
[3] WOHL, K.: Trans. Amer. Inst. Chem. Eng. **42**, 215 (1946). — BENEDICT, M., u. Mitarb.: Trans. Amer. Inst. Chem. Eng. **41**, 371 (1945). — REDLICH, O., u. A. T. KISTER: Ind. Engng. Chem. **40**, 345 (1948).

## § 19. Dampf-Flüssigkeitsgleichgewichte binärer Systeme.

Für das Verteilungsgleichgewicht der beiden Komponenten eines binären Systems auf eine flüssige 'Phase und eine dampfförmige "Phase gilt nach der Gleichgewichtsbedingung (I, 68) $\mu_1' = \mu_1''$ und $\mu_2' = \mu_2''$. Mittels (I, 172) kann man dies umformen in

$$\frac{a_1''}{a_1'} = \exp\left(-\frac{\mu_{01}'' - \mu_{01}'}{\mathrm{R}T}\right) = C_1 \; ; \quad \frac{a_2''}{a_2'} = \exp\left(-\frac{\mu_{02}'' - \mu_{02}'}{\mathrm{R}T}\right) = C_2 \; . \quad \text{(I, 240)}$$

Das Aktivitätsverhältnis jeder Komponente in den beiden Phasen ist bei gegebener Temperatur eine Konstante. Die Druck- und Temperaturabhängigkeit dieses Verhältnisses ergibt sich aus der Bedingung (I, 126) für währendes Gleichgewicht $d\mu_1' = d\mu_1''$ und $d\mu_2' = d\mu_2''$ mittels der Gleichungen (I, 172), (I, 57) und (I, 61) zu

$$V_{01}'' \, dp + \mathrm{R}T \, (d\ln a_1'')_T = V_{01}' \, dp + \mathrm{R}T \, (d\ln a_1')_T$$

oder
$$\qquad\qquad\qquad\qquad\qquad\qquad\qquad\qquad\qquad\qquad\qquad\qquad\quad \text{(I, 241)}$$

$$\left(\frac{\partial\ln (a_1''/a_1')}{\partial p}\right)_T = -\frac{V_{01}'' - V_{01}'}{\mathrm{R}T} \quad \text{bzw.} \quad \left(\frac{\partial\ln (a_2''/a_2')}{\partial p}\right)_T = -\frac{V_{02}'' - V_{02}'}{\mathrm{R}T} \; ;$$

$$-\frac{H_{01}''}{T^2} \, dT + \mathrm{R} \, (d\ln a_1'')_p = -\frac{H_{01}'}{T^2} \, dT + \mathrm{R} \, (d\ln a_1')_p$$

oder

$$\left(\frac{\partial\ln (a_1''/a_1')}{\partial T}\right)_p = \frac{H_{01}'' - H_{01}'}{\mathrm{R}T^2} \quad \text{bzw.} \quad \left(\frac{\partial\ln (a_2''/a_2')}{\partial T}\right)_p = \frac{H_{02}'' - H_{02}'}{\mathrm{R}T^2} \; . \quad \text{(I, 242)}$$

Die Integration von (I, 241) zwischen den Grenzen $a_1 = 1$ und $a_1$ bzw. den zugehörigen Drucken $p_{01}$ und $p$ liefert, falls man das ideale Gasgesetz als gültig annimmt $\left(a_1'' = x_1'' = \dfrac{p_1}{p}\right)$ und $V_{01}'$ gegenüber $V_{01}''$ vernachlässigt (analog wie auf S. 32), unmittelbar die Gleichung (I, 198):

$$p_1 = p_{01} \, a_1' = p_{01} \, x_1 \, f_1 \quad \text{bzw.} \quad p_2 = p_{02} \, a_2' = p_{02} \, x_2 \, f_2 \, , \quad \text{(I, 243)}$$

mit deren Hilfe die Aktivitätskoeffizienten aus Dampfdruckmessungen zugänglich sind.

Die Integration von (I, 242) zwischen den Grenzen $a_1 = 1$ und $a_1$ und den zugehörigen Siedetemperaturen $T_{01}$ und $T$ liefert, wenn man die molare Verdampfungswärme $H_{01}'' - H_{01}' = \Delta H_{01}$ der reinen Komponente als genügend $T$-unabhängig ansehen kann,

$$\ln \frac{a''}{a_1'} = \frac{\Delta H_{01}}{\mathrm{R}} \left(\frac{T - T_{01}}{T \, T_{01}}\right) \quad \text{bzw.} \quad \ln \frac{a''}{a_2'} = \frac{\Delta H_{02}}{\mathrm{R}} \left(\frac{T - T_{02}}{T \, T_{02}}\right) . \quad \text{(I, 244)}$$

Bei idealen Gasgemischen ($f_1 = f_2 = 1$) stellt Gleichung (I, 243) wieder das RAOULTsche Gesetz dar, bei nichtidealen Gemischen gibt sie den Verlauf der Partialdruckkurven als Funktion von $x$, und da $p_1 + p_2 = p$, auch den Gesamtdruck $p$ als Funktion von $x$ wieder (*Dampfdruckdiagramm*, vgl. Abb. I, 10).

Bei idealen Gemischen kann man in (I, 244) die Aktivitäten durch die Molenbrüche $x$ bzw. $y$ ersetzen und damit die $Tx$- bzw. $Ty$-Kurve vollständig berechnen. Erstere wird als *Siedekurve*, letztere als

*Kondensationskurve* bezeichnet, d. h. man erhält das *Siedediagramm* des Gemisches. Hat man bei nichtidealen Gemischen letzteres experimentell ermittelt, so kann man umgekehrt daraus ebenfalls die Aktivitätskoeffizienten berechnen (vgl. S. 62).

Insgesamt hat man zur graphischen Darstellung des Dampf-Flüssigkeitsgleichgewichts die fünf Variablen $p$, $V$, $T$, $x$ und $y$ zur Verfügung[1], insgesamt also $\binom{5}{2} = 10$ Möglichkeiten, die Abhängigkeit je zweier Variabler voneinander im ebenen Diagramm darzustellen. Praktisch wichtig ist außer dem schon erwähnten Dampfdruck- ($px$- bzw. $py$-) Diagramm und dem Siede- ($Tx$- bzw. $Ty$-) Diagramm noch das sog. *Gleichgewichts*diagramm, in dem der Molenbruch $y$ der Dampfphase gegen den Molenbruch $x$ der flüssigen Phase aufgetragen wird.

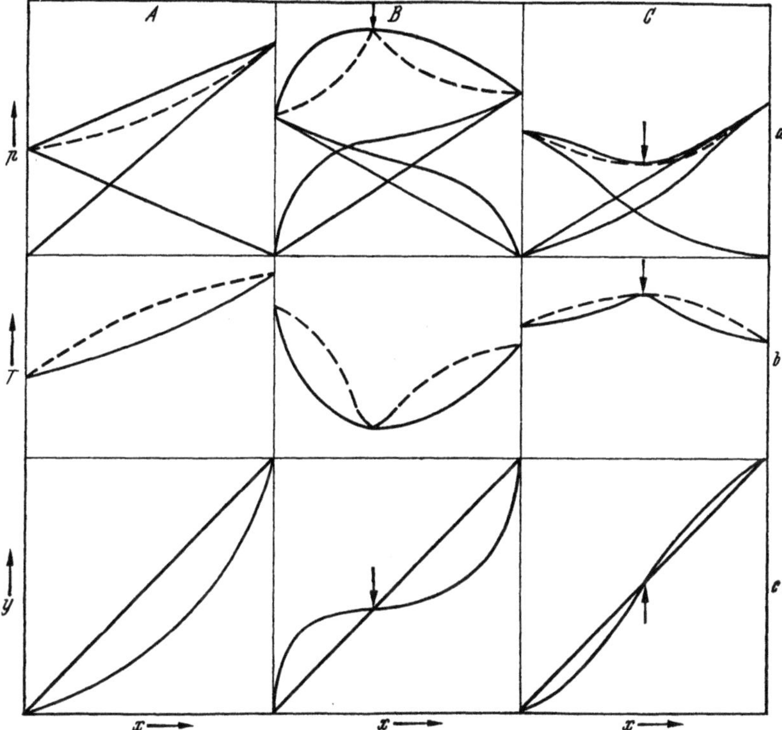

Abb. I, 14. Dampfdruckdiagramm, Siedediagramm und Gleichgewichtsdiagramm eines idealen und zweier nichtidealer binärer Gemische mit positiven bzw. negativen Abweichungen vom RAOULTschen Gesetz (schematisch).

In Abb. I, 14 sind diese gebräuchlichen graphischen Darstellungen für ein ideales ($A$) und für zwei nichtideale ($B$ und $C$) binäre Mischungen

---

[1] Um die Volumenvariable von der Stoffmenge unabhängig zu machen, bezieht man sie jeweils auf 1 Mol Mischung, d. h. man benutzt das durch (I, 26) definierte *mittlere* Molvolumen $V$, das ebenso wie die übrigen Variablen eine *intensive* Eigenschaft darstellt (vgl. S. 8).

schematisch wiedergegeben. In $(B)$ ist der Dampfdruck der beiden Komponenten größer als dem RAOULTschen Gesetz entspricht ($f_1$ und $f_2$ größer als 1; *positive* Abweichungen), in $(C)$ dagegen kleiner, als dem RAOULTschen Gesetz entspricht ($f_1$ und $f_2$ kleiner als 1; *negative* Abweichungen). Der Fall $(B)$ ist wesentlich häufiger als der Fall $(C)$. $a$ gibt das Dampfdruckdiagramm wieder. Die gestrichelten Kurven geben $p$ bzw. $T$ als Funktion von $y$, die ausgezogenen Kurven als Funktion von $x$ an. Im Dampfdruckdiagramm sind außer dem Gesamtdruck auch die Partialdrucke der beiden Komponenten eingetragen.

Aus $(A, a)$ entnimmt man, daß die RAOULTschen Geraden sich zu einem linear von $x$ abhängigen Gesamtdruck zusammensetzen nach

$$ p = p_1 + p_2 = p_{01}\, x_1 + p_{02}\, x_2 = p_{02} + (p_{01} - p_{02})\, x_1 . \qquad (\mathrm{I}, 245) $$

Dagegen ist $p$ in Abhängigkeit von $y$ keine lineare Funktion mehr; mit $x_1 = \dfrac{p y_1}{p_{01}}$ erhält man

$$ p = \frac{p_{01}\, p_{02}}{p_{01} - (p_{01} - p_{02}) y_1} . \qquad (\mathrm{I}, 246) $$

Aus $(A, c)$ ergibt sich besonders anschaulich, daß der Dampf stets an der flüchtigeren Komponente angereichert ist. Ideale Gemische, die dem RAOULTschen Gesetz gehorchen und außerdem die Bedingungen (I, 190) erfüllen, sind relativ selten. Eine neuere Zusammenstellung solcher Gemische, für die dies mit guter Näherung zutrifft, geben EBERT und TSCHAMLER[1].

Sind die Abweichungen vom RAOULTschen Gesetz genügend groß und liegen die Dampfdrucke $p_{01}$ und $p_{02}$ bzw. die Siedetemperaturen $T_{01}$ und $T_{02}$ der reinen Komponenten nicht sehr weit auseinander, so erhält man ein Dampfdruckmaximum und Siedepunktsminimum bzw. ein Dampfdruckminimum und Siedepunktsmaximum, wie es in $(B)$ und $(C)$ dargestellt ist. Bei diesen Extrempunkten ist die Zusammensetzung von Flüssigkeit und Dampf identisch: *azeotrope* Punkte. Die zugehörigen Gleichgewichtskurven schneiden deshalb bei der gleichen Zusammensetzung die 45°-Gerade. Azeotrope Gemische sind außerordentlich häufig[2], sie lassen sich durch fraktionierte Destillation nicht in die Komponenten trennen. Für solche technisch wichtigen Trennungen hat man besondere Verfahren (azeotrope und extraktive Destillation) entwickelt[3].

## § 20. Gleichgewichte
## zwischen Lösungen und reinen Phasen des gelösten Stoffes.

Wie schon erwähnt wurde, verlangt die Gleichheit des chemischen Potentials in sämtlichen Phasen bei Gleichgewicht des Systems, daß jeder Stoff in jeder Phase in endlicher, wenn auch unter Umständen

---

[1] EBERT, L., u. H. TSCHAMLER: Mh. Chem. **80**, 473 (1949).

[2] Tabellen solcher Gemische bei L. H. HORSLEY: Analyt. Chemistry **19**, 508 (1947); **21**, 831 (1949).

[3] Vgl. G. KORTÜM: Chem. Ztg. **74**, 151, 165 (1950); G. KORTÜM u. H. BUCHHOLZ-MEISENHEIMER: Die Theorie der Destillation und Extraktion von Flüssigkeiten. Heidelberg 1952.

sehr geringer Menge vorhanden ist. Ist jedoch ein Stoff in einer Phase nicht nachweisbar oder ändert er die Eigenschaften dieser Phase nicht merklich, so kann man praktisch doch von Gleichgewichten zwischen *reinen* Phasen und Mischphasen sprechen.

### a) Abhängigkeit des Dampfdrucks einer reinen Flüssigkeit vom Gesamtdruck.

Die Flüssigkeit $i$ ist hier die reine Phase (in der sich das Fremdgas praktisch nicht lösen soll), und die Gasphase ist die „Lösung" des Flüssigkeitsdampfes in einem Fremdgas. Bei Erhöhung der Fremdgaskonzentration und damit des Gesamtdrucks $p$ muß für die Änderung des chemischen Potentials $\mu_i$ in beiden Phasen gelten (bei konstantem $T$):

$$d\mu'_{0i} = \frac{\partial \mu'_{0i}}{\partial p}\, dp = d\mu''_i .$$

Mit (I, 57) und (I, 163) erhält man daraus:

$$V'_{0i}\, dp = \mathrm{R}T\, d\ln p_i \, . \tag{I, 247}$$

Bei einer Änderung des Gesamtdrucks von $p_A$ auf $p_E$ ändert sich der Dampfdruck der Flüssigkeit von $p_{iA}$ nach $p_{iE}$. Durch Integration von (I, 247) erhält man

$$V'_{0i}\,(p_E - p_A) = \mathrm{R}T \ln \frac{p_{iE}}{p_{iA}} \, . \tag{I, 248}$$

Der Dampfdruck der Flüssigkeit nimmt mit dem Gesamtdruck zu. Da $V'_{0i}\, \Delta p$ wegen des kleinen Molvolumens von kondensierten Stoffen klein ist gegenüber $\mathrm{R}T$, ist auch $\ln (p_{iE}/p_{iA})$ klein. Entwickelt man in eine Reihe und bricht nach dem zweiten Glied ab, so wird $\ln (p_{iE}/p_{iA}) \cong \dfrac{p_{iE} - p_{iA}}{p_{iA}}$; dann geht (I, 248) über in

$$p_{iE} = p_{iA} + p_{iA}\, \frac{V'_{0i}\,(p_E - p_A)}{\mathrm{R}T} \, . \tag{I, 249}$$

Der Sättigungsdruck der Flüssigkeit steigt in erster Näherung proportional zum Gesamtdruck an. Dies ist jedoch nur erfüllt, sofern zwischen den Dampfmolekülen und den Fremdgasmolekülen keine merklichen Attraktionskräfte auftreten.

### b) Das Henry-Daltonsche Gesetz.

Handelt es sich um eine schwerflüchtige Flüssigkeit, deren Dampfdruck man vernachlässigen kann, und ein Gas $i$, das sich zum Teil in der Flüssigkeit löst, so ist bei Erhöhung des Gasdrucks $p_i$ die Änderung des chemischen Potentials des Gases gegeben durch

$$d\mu'_i = d\mu''_i .$$

Liegt das Gas in der Flüssigkeit in idealer verdünnter Lösung vor, so erhält man aus (I, 199), (I, 200) und (I, 163), da $\mu_{i\infty}$ in der kondensiertenPhase als praktisch druckunabhängig angesehen werden kann

$$R T \, d \ln x_i = R T \, d \ln p_i \, , \qquad (\text{I, 250})$$

oder integriert

$$p_i = k_i \, x_i \, .$$

Die Konzentration des in der Flüssigkeit gelösten Gases ist seinem Druck proportional. Dasselbe HENRY-DALTONsche Gesetz fanden wir schon S. 46 von anderen Überlegungen ausgehend. Das HENRY-DALTONsche Gesetz ist ein Grenzgesetz, das streng nur gilt, solange Gasphase und Lösung sich ideal verhalten.

### c) Löslichkeit fester Stoffe.

Ist der feste Stoff $i$ eine reine ''Phase, die im Gleichgewicht mit der gesättigten Lösung steht, so gilt bei konstantem Druck und konstanter Temperatur nach (I, 68) und (I, 199)

$$\mu_{0i}'' = \mu_i' = \mu_{i\infty}' + R T \ln a_{i\infty} \, , \qquad (\text{I, 251})$$

indem man hier zweckmäßig die Aktivität auf die unendlich verdünnte Lösung als Bezugzustand normiert.

Die *Sättigungsaktivität* $a_{i\infty} = x_i f_{i\infty}$ des gelösten Stoffes bleibt konstant, solange der feste Bodenkörper vorhanden ist; chemisch indifferente Zusätze zu der Lösung haben keinen Einfluß auf $a_i$. Das gilt aber keineswegs für $x_i$. Wird z. B. $f_i$ durch einen Zusatz erniedrigt, so muß $x_i$ zunehmen. Der Aktivitätskoeffizient eines in Wasser gelösten Salzes wird durch Zusatz eines anderen Salzes stets erniedrigt, so daß seine Löslichkeit zunimmt (Einsalzeffekte). Umgekehrt wird die Löslichkeit von Nichtelektrolyten durch Zusatz von Salzen in der Regel herabgesetzt (Aussalzeffekt).

Die *Temperaturabhängigkeit* der Sättigungsaktivität ergibt sich aus

$$d\mu_{0i}'' = d\mu_i' \text{ oder } d \, \frac{\mu_{0i}''}{T} = d \, \frac{\mu_i'}{T} \text{ mit (I, 61) zu}$$

$$\cdots \frac{H_{0i}''}{T^2} \, dT = - \frac{H_{i\infty}'}{T^2} \, dT + R \, d \ln a_{i\infty} \, , \qquad (\text{I, 252})$$

wobei $H_{i\infty}'$ die molare Enthalpie des Stoffes $i$ in ideal verdünnter Lösung und $H_{0i}'$ die molare Enthalpie des festen Stoffes ist. Es folgt

$$\frac{d \ln a_{i\infty}}{dT} = \frac{H_{i\infty}' - H_{0i}''}{R T^2} \, . \qquad (\text{I, 253})$$

$(H_{i\infty}' - H_{0i}'')$ ist die „*erste Lösungswärme*" (vgl. S. 36), die man bei Lösen des Stoffes $i$ in einer sehr großen Flüssigkeitsmenge erhält. Integration führt zu

$$\ln a_{i\infty} = - \frac{H_{i\infty}' - H_{0i}''}{R T} + C \text{ oder } a_{i\infty} = \exp\left[ - \frac{H_{i\infty}' - H_{0i}''}{R T} + C \right], \quad (\text{I, 254})$$

wenn man die erste Lösungswärme in erster Näherung als temperaturunabhängig ansieht.

Die Sättigungsaktivität hängt exponentiell von der Temperatur ab; $\log a_{i\infty}$ gegen $1/T$ aufgetragen, ergibt eine Gerade, aus deren Neigung man die erste Lösungswärme in analoger Weise ermitteln kann wie aus (I, 132) die Verdampfungswärme eines reinen Stoffes.

Die praktisch wichtigere *Temperaturabhängigkeit* des *Sättigungsmolenbruchs*, d. h. der *Löslichkeit* des festen Stoffes ergibt sich aus (I, 252), indem man $d \ln a_{i\infty}$ als vollständiges Differential schreibt:

$$\left(\frac{\partial \ln a_{i\infty}}{\partial T}\right)_{x_i} dT + \left(\frac{\partial \ln a_{i\infty}}{\partial x_i}\right)_T d x_i$$

$$= \left[\left(\frac{\partial \ln a_{i\infty}}{\partial T}\right)_{x_i} + \left(\frac{\partial \ln a_{i\infty}}{\partial x_i}\right)_T \frac{dx_i}{dT}\right] dT . \qquad \text{(I, 255)}$$

Da nach (I, 174)

$$\left(\frac{\partial \ln a_{i\infty}}{\partial T}\right)_{x_i} = \left(\frac{\partial \ln f_{i\infty}}{\partial T}\right)_{x_i} = - \frac{H_i' - H_{i\infty}'}{RT^2} , \qquad \text{(I, 256)}$$

folgt aus (I, 252), (I, 255) und (I, 256)

$$\left(\frac{\partial \ln a_{i\infty}}{\partial x_i}\right)_T \frac{dx_i}{dT} = \frac{H_{i\infty}' - H_{0i}''}{RT^2} + \frac{H_i' - H_{i\infty}'}{RT^2} = \frac{H_i' - H_{0i}''}{RT^2}$$

oder

$$\frac{dx_i}{dT} = \frac{H_i' - H_{0i}''}{RT^2 \, (\partial \ln a_{i\infty}/\partial x_i)_T} . \qquad \text{(I, 257)}$$

$(H_i' - H_{0i}'')$ ist [im Gegensatz zu $(H_{i\infty}' - H_{0i}'')$ in (I, 253)] die differentielle Lösungswärme bei der *Sättigungskonzentration*, die man auch als „letzte Lösungswärme" bezeichnet. (I, 257) läßt sich nicht unmittelbar integrieren, da die Variablen $T$ und $x_i$ nicht ohne weiteres getrennt werden können, man muß vielmehr $(\partial \ln a_{i\infty}/\partial x_i)_T$ gesondert bestimmen. Gl. (I 257) läßt sich auch unmittelbar aus der Koexistenzgleichung (I, 98) ableiten.

## § 21.  Gleichgewichte zwischen Lösungen und reinen Phasen des Lösungsmittels.

### a) Dampfdruckerniedrigung.

Löst man einen Stoff 2, der praktisch keinen Dampfdruck hat, in einem Lösungsmittel 1, so gilt bei genügend kleinen Konzentrationen $x_2$ das RAOULTsche Gesetz (I, 194):

$$p_1 = x_1 p_{01} = (1 - x_2) p_{01} .$$

Bei genügend kleinen Konzentrationen $x_2$ ist demnach die Dampfdruckerniedrigung $\Delta p_1$ des Lösungsmittels unabhängig von der Natur des gelösten Stoffes, dessen Molenbruch proportional:

$$p_{01} - p_1 = \Delta p_1 = x_2 p_{01} . \qquad \text{(I, 258)}$$

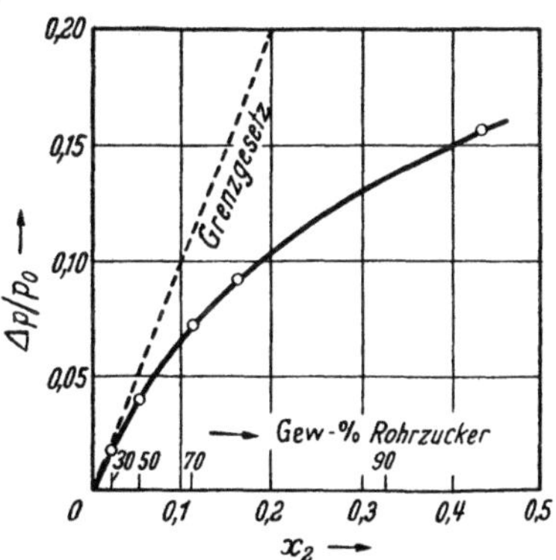


Abb. I, 15. Relative Dampfdruckerniedrigung wäßriger Rohrzuckerlösungen bei 40° C.

In Abb. I, 15 ist die relative Dampfdruckerniedrigung wäßriger Rohrzuckerlösungen gegen den Molenbruch des Rohrzuckers aufgetragen. Man sieht, daß das RAOULTsche Gesetz ein Grenzgesetz für kleine Konzentrationen ist, denn die theoretische Gerade ist die Grenztangente an die experimentelle Kurve, wie auch schon aus Abb. I, 11 hervorging.

### b) Siedepunktserhöhung und Gefrierpunktserniedrigung.

Ändert man die Konzentration des gelösten Stoffes (der selbst wieder praktisch keinen Dampfdruck haben möge) bei konstantem Dampfdruck der Lösung, so muß sich zur Erhaltung des Gleichgewichtes zwischen flüssiger und dampfförmiger Phase gleichzeitig die Temperatur ändern. Wir können demnach die Abhängigkeit des Siedepunktes der Lösung von der Aktivität des gelösten Stoffes ohne weitere Rechnung aus dem S. 56 behandelten Dampf-Flüssigkeitsgleichgewicht und seiner $T$-Abhängigkeit ablesen. Aus Gl. (I, 242) folgt für $a_1'' = 1$ (reine Dampfphase des Lösungsmittels)

$$\left(\frac{\partial \ln a_1}{\partial T}\right)_p = -\frac{H_{01}'' - H_{01}'}{RT^2} \, , \qquad (I, 259)$$

worin $H_{01}'' - H_{01}'$ die Verdampfungswärme des reinen Lösungsmittels bedeutet.

Durch Integration zwischen den Grenzen $T_0$ und $T$ (Siedepunkt des reinen Lösungsmittels und Siedepunkt der Lösung) bzw. den Grenzen $a_1 = 1$ und $a_1$ erhält man analog zu (I, 244)

$$\ln a_1 = -\frac{\Delta H_{01}\,(T - T_0)}{RT \cdot T_0} \, . \qquad (I, 260)$$

Dabei ist angenommen, daß $\Delta H_{01}$ zwischen $T$ und $T_0$ konstant ist. Aus der Gleichung kann man die Aktivität des Lösungsmittels mit Hilfe einfacher Siedepunktsmessungen ermitteln.

Die Gleichung ist aus zwei Gründen inkorrekt: Erstens wegen der Vernachlässigung der $T$-Abhängigkeit von $\Delta H_{01}$ und zweitens, weil $a_1$ nicht nur eine Funktion von $x_1$, sondern auch von $T$ ist. Bei Berücksichtigung dieser beiden Faktoren kann man eine Gleichung ableiten, aus der man $a_1$ auch in konzentrierten Lösungen berechnen kann. Mittels (I, 133) und (I, 174) erhält man

$$(\ln a_1)_{T_0} = \frac{(H_1 - H_{01}) - (\Delta H_{01})_{T_0}}{RT \cdot T_0}\,\Delta T - \frac{C_{p_{01}}^{D} - C_{p_{01}}^{Fl}}{2\,RT \cdot T_0}\,(\Delta T)^2 \quad (I, 260\,a)$$

Für ideale Lösungen ist $a_1 = x_1 = 1 - x_2$. Für sehr verdünnte Lösungen ($x_2 \ll 1$) kann man näherungsweise $\ln (1 - x_2) \cong - x_2$ setzen; außerdem ist $T_0 \cdot T \cong T_0^2$. Damit geht (I, 260) über in

$$T - T_0 \equiv \Delta T = x_2 \frac{RT_0^2}{\Delta H_{01}} \, . \qquad (I, 261)$$

Die Siedepunktserhöhung ist in sehr verdünnten Lösungen dem Molenbruch des gelösten Stoffes proportional und von dessen Natur unabhängig (VAN'T HOFF).

Rechnet man (I, 261) auf kg-Molaritäten um ($m_2$ = Mol gelöster Stoff pro 1000 g Lösungsmittel), so kann man die Gleichung umformen in

$$\Delta T = m_2 \frac{R T_0^2 M_1}{1000 \cdot \Delta H_{01}} \equiv m_2 E_s \,. \qquad (I,\ 262)$$

Man bezeichnet die Konstante $E_s$ als *molare Siedepunktserhöhung* des betreffenden Lösungsmittels.

Eine analoge Ableitung liefert für die *molare Gefrierpunktserniedrigung* $E_g$

$$T - T_0 \equiv \Delta T = - x_2 \frac{R T_0^2}{\Delta H_{01}} \text{ oder } \Delta T = - m_2 \frac{R T_0^2 \cdot M_1}{1000 \cdot \Delta H_{01}} \equiv m_2 E_g, \qquad (I,\ 263)$$

was bis auf das Vorzeichen mit (I, 262) übereinstimmt ($H_{01}$ = Schmelzwärme des Lösungsmittels).

Da sowohl die Siedepunktserhöhung wie die Gefrierpunktserniedrigung der *Teilchenzahl* des gelösten Stoffes proportional ist, muß bei gelösten Elektrolyten der Dissoziationsgrad berücksichtigt werden, also z. B. bei binären *Salzen* $2\,m_2$ statt $m_2$ eingesetzt werden.

Die Abweichungen von den Grenzgesetzen (I, 262) und (I, 263) für ideale verdünnte Lösungen beginnen hier schon bei sehr kleinen Konzentrationen, da Elektrolytlösungen sich wegen der COULOMBschen Ionenwechselwirkung auch bei großer Verdünnung noch nicht innerhalb der Meßgenauigkeit der Methoden ideal verhalten.

### c) Osmotischer Druck.

Trennt man das reine Lösungsmittel und die reine Lösung durch eine „*halb-durchlässige Membran*", die nur für das *Lösungsmittel* durchlässig ist, so hat man nebeneinander eine reine flüssige 'Phase und eine flüssige "Mischphase. Das Lösungsmittel dringt solange durch die Membran in die Lösung ein, bis das chemische Potential des Lösungsmittels innen und außen gleich ist. Dabei entsteht eine Druckdifferenz $\Pi$, die als *osmotischer Druck* bezeichnet wird ($p_0 + \Pi = p$, wobei $p_0$ der äußere Druck ist), d. h. im Gleichgewicht stehen die beiden Phasen unter verschiedenem Druck. Die Gleichgewichtsbedingung lautet demnach

$$(\mu_{01}')_{p_0} = (\mu_1'')_p = (\mu_{01}'' + R T \ln a_1)_p \,. \qquad (I,\ 264)$$

Unter Berücksichtigung der Druckabhängigkeit des chemischen Potentials nach (I, 57) kann man dies in der Form schreiben

$$(\mu_{01}')_{p_0} = (\mu_{01}'' + R T \ln a_1)_{p_0} + \int_{p_0}^{p} V_{01}'' \, dp + R T \int_{p_0}^{p} \frac{\partial \ln f_1}{\partial p} \, dp \,,$$

woraus mit (I, 173) folgt

$$(- R T \ln a_1)_{p_0} = \int_{p_0}^{p} V_1'' \, dp \,, \qquad (I,\ 265)$$

worin $V_1''$ das partielle Molvolumen des Lösungsmittels in der Lösung darstellt. Nimmt man dieses als druckunabhängig an, was für kondensierte Phasen stets zulässig ist, so folgt

$$(- R T \ln a_1)_{p_0} = V_1'' \Pi \,. \qquad (I,\ 266)$$

Mit Hilfe von (I, 266) läßt sich ebenso wie mittels (I, 260) die Aktivität des Lösungsmittels aus direkt gemessenen Größen ermitteln.

Im Fall binärer idealer verdünnter Lösungen setzen wir wieder

$$\ln a_1 = \ln x_1 = \ln (1 - x_2) \cong - x_2$$

und erhalten so aus (I, 266)

$$\Pi = \frac{RT}{V_1} x_2 \cong \frac{RT}{V_{01}} x_2 , \qquad (I, 267)$$

wenn man nach (I, 209) das partielle Molvolumen durch das Molvolumen des reinen Lösungsmittels ersetzt. Der osmotische Druck idealer verdünnter Lösungen ist dem Molenbruch des gelösten Stoffes proportional und ist von der chemischen Natur desselben unabhängig. Auch der osmotische Druck hängt demnach nur von der Teilchenzahl des gelösten Stoffes ab.

(I, 267) ist wie (I, 262) und (I, 263) für Molekulargewichtsbestimmungen des gelösten Stoffes geeignet. Die osmotischen Effekte sind relativ groß im Vergleich zu den entsprechenden ebullioskopischen oder kryoskopischen Effekten. In Lösungen *hochmolekularer* Stoffe ist die experimentell erreichbare Konzentration, d. h. die für die Meßeffekte maßgebende Zahl der Teilchen so klein, daß vorläufig nur die osmotische Methode genügend genaue Werte liefert.

Schreibt man (I, 267) in der Form

$$\Pi V_{01} (n_1 + n_2) = n_2\, RT$$

und vernachlässigt für genügend verdünnte Lösungen $n_2$ gegenüber $n_1$, so wird im Grenzfall mit $n_1\, V_{01} = V$ (Gesamtvolumen der Lösung)

$$\Pi V = n_2\, RT \quad \text{oder} \quad \frac{\Pi}{RT} = c\ \text{Mol/l} , \qquad (I, 268a)$$

oder wenn wir die Gewichtskonzentration $c_g$ einführen

$$\Pi = \frac{RT}{M} c_g . \qquad (I, 268\,b)$$

Das ist das VAN'T HOFFsche Gesetz des osmotischen Drucks idealer verdünnter Lösungen, das in der Form mit dem idealen Gasgesetz (I, 150) identisch ist.

Bei Makromolekülen, insbesondere fadenförmigen, sind in dem der Messung noch zugänglichen Konzentrationsbereich die Abweichungen vom VAN'T HOFFschen Gesetz schon beträchtlich. Man pflegt dann den osmotischen Druck bzw. den *reduzierten osmotischen Druck* $\Pi/c_g$ durch eine Reihenentwicklung

$$\frac{\Pi}{c_g} = \frac{RT}{M} + B^* c_g + C^* c_g^2 + \cdots \qquad (I, 269b)$$

darzustellen, wo $B^*$ und $C^*$ den *zweiten* und *dritten Virialkoeffizienten der*

*Lösung* bedeuten. (Wegen der thermodynamischen Begründung dieser Darstellung, vgl. § 29.) Häufig werden die Virialkoeffizienten etwas anders definiert, nämlich durch die schon in Band I eingeführte Gleichung

$$\frac{\Pi}{c_g} = \mathrm{R}T\left(\frac{I}{M} + Bc_g + Cc_g{}^2 + \cdots\right). \tag{I, 269b}$$

Es ist also $B^* = B\mathrm{R}T$. $\tag{I, 269c}$

## § 22. Gleichgewichte zwischen flüssigen Mischphasen.

### a) Mischungslücken.

Vom molekulartheoretischen Standpunkt aus kann man die in Abb. I, 14b zum Ausdruck kommenden positiven Abweichungen vom RAOULTschen Gesetz dadurch deuten, daß die zwischenmolekularen Anziehungskräfte zwischen gleichartigen Molekülen größer sind als zwischen den verschiedenartigen, diese werden also gewissermaßen gemeinsam aus der flüssigen Phase verdrängt, d. h. der Dampfdruck steigt über den RAOULTschen Wert. Bei negativen Abweichungen vom RAOULTschen Gesetz nach Abb. I, 14c ist es umgekehrt, die potentielle Energie zwischen ungleichen Partnern ist geringer als die zwischen gleichen Partnern, die Partialdrucke sind kleiner, als dem RAOULTschen Gesetz entspricht.

In dem in Abb. I, 16 wiedergegebenen Dampfdruckdiagramm des Systems Äthanol–Heptan sind die positiven Abweichungen vom RAOULTschen Gesetz so groß, daß die Partialdruckkurven im mittleren Bereich von $x$ bereits annähernd horizontal verlaufen. Man übersieht

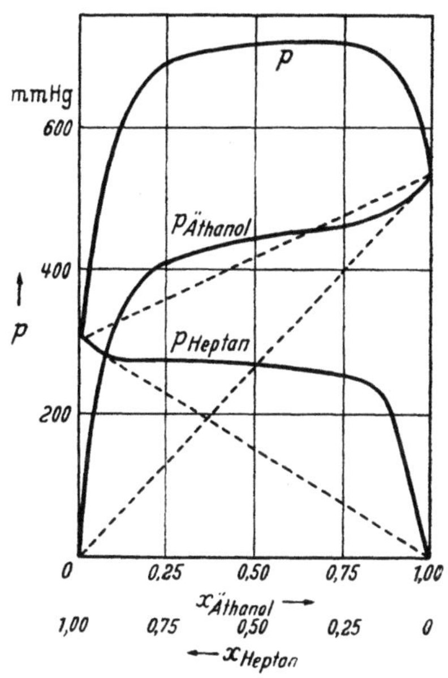


Abb. I, 16. Dampfdruckdiagramm des Systems Äthanol—Heptan bei 70° C.

leicht, daß bei weiterer Erhöhung der Partialdrucke dieses horizontale Stück in ein ~-förmiges übergehen müßte, was bedeuten würde, daß zum gleichen Partialdruck drei flüssige Gemische verschiedener Zusammensetzung gehören würden. Für das mittlere Stück dieser ~-förmigen Partialdruckkurve würde gelten $\partial p_i/\partial x_i < 0$. Das ist nach (I, 198) bzw. (I, 172) gleichbedeutend mit $\partial a_i/\partial x_i < 0$ bzw. $\partial \mu_i/\partial x_i < 0$. Dies widerspricht aber der Stabilitätsbedingung (I, 85), denn ersetzt man die mittlere molare freie Enthalpie $\bar{G}$ durch die freie Gesamtenthalpie $G$ und den Molenbruch $x_i$ durch die Molzahl $n_i$, so gilt

$(\partial^2 G/\partial n_i{}^2) > 0$ oder mit (I, 47) $\partial \mu_i/\partial n_i > 0$. Das chemische Potential einer Komponente $i$ muß in stabilen Phasen mit zunehmender Molzahl und in binären Mischungen deshalb auch mit zunehmendem Molenbruch stets zunehmen. Das bedeutet, daß das $\sim$-förmige Stück der Kurve durch eine Parallele zur Abszisse zu ersetzen ist, d. h. das System Äthanol—Heptan zerfällt bei niedrigeren Temperaturen in *zwei* flüssige Mischphasen, es tritt eine *Mischungslücke* auf, die mit abnehmender Temperatur größer wird. Es gibt also nicht drei, sondern nur zwei koexistente flüssige Mischphasen, die die gleichen Partialdrucke und damit den gleichen Gesamtdruck besitzen. Die Temperatur, bei der der Zerfall in zwei flüssige Phasen eintritt, bei der also die Partialdruck-kurven einen horizontalen Wendepunkt besitzen, wird als *kritische* Mischungstemperatur bezeichnet.

Die *Bedingungen des kritischen Entmischungspunktes* ergeben sich am einfachsten, wenn man nicht die Partialdrucke, sondern die daraus ableitbaren chemischen Potentiale bzw. Aktivitäten als Funktion des Molenbruchs aufträgt. Nach (I, 172) und (I, 198) bzw. (I, 243) ist analog zu (I, 175)

$$\mu_i = \mu_{0i} + \mathrm{R}T \ln x_i\, f_i = \mu_{0i} + \mathrm{R}T \ln \frac{p_i}{p_{0i}} = {}^1\mu_{0i} + \mathrm{R}T \ln p_i \,. \qquad \text{(I, 270)}$$

Da am kritischen Punkt $p_i$ einen horizontalen Wendepunkt besitzt, gilt dies auch für $\mu_i$ bzw. $a_i$, d. h. für den kritischen Punkt muß gelten

$$\frac{\partial \mu_i}{\partial x_i} = 0 \quad \text{und} \quad \frac{\partial^2 \mu_i}{\partial x_i{}^2} = 0, \qquad \text{(I, 271)}$$

oder mit (I, 270)

$$\frac{\partial \ln f_i}{\partial x_i} = -\frac{1}{x_i} \quad \text{und} \quad \frac{\partial^2 \ln f_i}{\partial x_i{}^2} = \frac{1}{x_i{}^2} \,. \qquad \text{(I, 271a)}$$

Ob bei gegebenem $p$ und $T$ Entmischung eintritt, hängt also von den Neigungen der $\log f\,x$-Kurven ab. Aus (I, 271a) folgt als Bedingung für den Zerfall in zwei flüssige Phasen

$$\frac{\partial \ln (f_2/f_1)}{\partial x_2} = -\frac{1}{x_2} - \frac{1}{x_1} < 0 \,. \qquad \text{(I, 272)}$$

Lassen sich die $\log f, x$-Kurven z. B. durch die vereinfachte MARGULES-sche Gleichung (I, 233) darstellen, so liefert (I, 272)

$$\frac{\partial \log (f_2/f_1)}{\partial x_2} = -2\,A < 0 \quad \text{oder} \quad A > 0 \,. \qquad \text{(I, 273)}$$

Entmischung ist daher nur möglich, wenn die Konstante $A$ positiv ist. Da nach (I, 225) und (I, 233) für reguläre Mischungen

$$A = \frac{4\,\Delta H_{max}}{4{,}574\,T} \,, \qquad \text{(I, 274)}$$

bedeutet dies, daß die integrale Mischungswärme $\Delta \overline{H}$ positiv (endotherm) sein muß. Dieses Ergebnis läßt sich verallgemeinern. d. h. Entmischungs-erscheinungen sind stets mit *endothermen Mischungswärmen* verknüpft.

Für die Aktivität der Komponente $i$ in einer binären regulären Mischung folgt aus (I, 172) und (I, 233)

$$\log a_i = \log x_i + \log f_i = \log x_i + A\,(1 - x_i)^2$$

oder

$$a_i = x_i \cdot 10^{A\,(1 - x_i)^2} \ . \tag{I, 275}$$

Trägt man $a_i$ als Funktion von $x_i$ für verschiedene positive Werte von $A$ als Parameter auf, so erhält man die Kurven der Abb. I, 17. Man sieht, daß für $A < 0{,}87$ die Aktivität monoton mit $x$ ansteigt. Oberhalb dieses Wertes erhält man wieder $\sim$-förmige Kurven, die den Zerfall in zwei Phasen anzeigen. Dem Wert $A = 0{,}87$ entspricht der kritische Entmischungspunkt, die $a, x$-Kurve besitzt einen horizontalen Wendepunkt. Die zugehörigen Bedingungen lauten nach (I, 271a), (I, 233) und (I, 274)

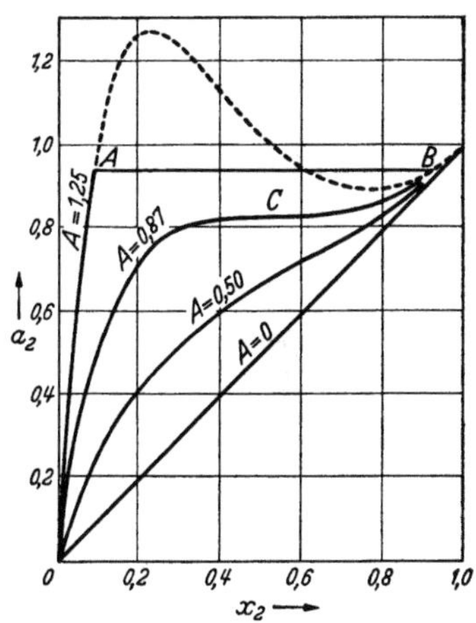


Abb. I, 17. $a_i$, $x_i$-Kurven in regulären Mischungen für verschiedene Werte des Parameters $A$.

$$\frac{8\,\Delta \bar{H}_{max}}{\mathrm{R}T}\,x_2 = \frac{1}{x_1} \ ; \quad \frac{8\,\Delta \bar{H}_{max}}{\mathrm{R}T} = \frac{1}{x_1^{\,2}} \ . \tag{1 276}$$

Durch Division der beiden Gleichungen erhält man

$$x_{2\,krit} = \frac{1}{2}\,; \quad T_{krit} = \frac{2\,\Delta \bar{H}_{max}}{\mathrm{R}} \ . \tag{I, 277}$$

Bei regulären Mischungen tritt der Zerfall beim Molenbruch 0,5 ein, wenn von oben her kommend die kritische Mischungstemperatur erreicht wird, die sich aus der zugehörigen integralen Mischungswärme berechnen läßt.

Wie die Erfahrung zeigt, sind die Bedingungen (I, 277) niemals streng erfüllt, was bedeutet, daß es „reguläre Mischungen" in Wirklichkeit nicht gibt, jedoch bleiben die Gleichungen vielfach angenähert gültig, wenn man $A \cdot T$ bzw. $\Delta \bar{H}_{max}$ nicht als Konstante, sondern als Temperaturfunktion betrachtet. Die Entmischung setzt dann tatsächlich etwa bei $x = 0{,}5$ ein, und zwar bei einer um so höheren Temperatur, je größer die integrale Mischungswärme ist. Letzteres gilt auch allgemein für irreguläre Mischungen.

Die gegenseitige Löslichkeit beschränkt mischbarer Flüssigkeiten, d. h. die Sättigungsmolenbrüche als Funktion der Temperatur bezeichnet man als *Löslichkeitskurve*; sie besteht aus zwei Ästen, die sich im kritischen Mischungspunkt zusammenschließen. Oberhalb dieser Kurve ist die Mischphase homogen, unterhalb (im schraffierten Bereich der Abb. I, 18) zerfällt sie in zwei koexistente flüssige Phasen. Bei regulären, beschränkt mischbaren Systemen würde die Löslichkeitskurve symmetrisch zur $x$-Achse verlaufen, was in Wirklichkeit niemals streng zutrifft. Als Beispiel ist in Abb. I, 18 das Löslichkeitsdiagramm des Systems $CS_2-(CH_3)_2CO$ dargestellt.

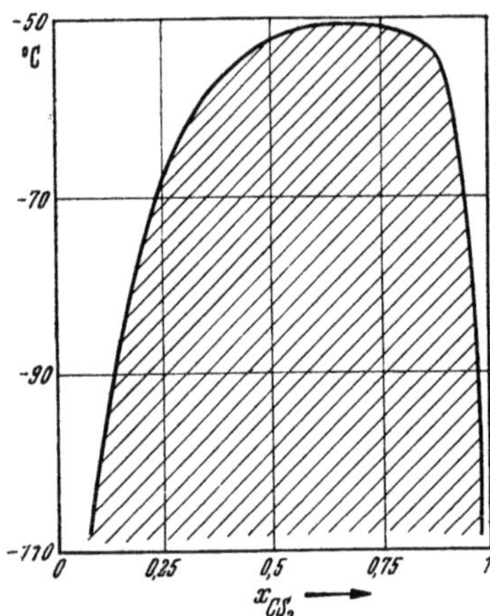


Abb. I, 18. Löslichkeitsdiagramm des Systems Schwefelkohlenstoff—Aceton.

Treten in den $\Delta\bar{H}$, $x$-Kurven irregulärer Systeme starke Unsymmetrien oder sogar Vorzeichenwechsel auf, so kann auch der Fall vorkommen, daß die gegenseitige Löslichkeit der beiden Flüssigkeiten mit steigendem $T$ abnimmt, und daß ein *unterer* kritischer Entmischungspunkt auftritt (Beispiel: Triäthylamin-Wasser). Auch daß beim gleichen Stoffpaar ein oberer *und* ein unterer kritischer Entmischungspunkt beobachtet wird (Nicotin—Wasser), kommt gelegentlich vor. In solchen Fällen muß man annehmen, daß die $\Delta\bar{H}$ sehr temperaturabhängig sind in dem Sinn, daß sie mit sinkender Temperatur beträchtlich abnehmen.

### b) Nernstscher Verteilungssatz.

Für die Verteilung eines gelösten Stoffes 3 auf zwei miteinander nicht mischbare Lösungsmittel[1] gilt bei konstantem Druck und konstanter Temperatur auf Grund der Gleichgewichtsbedingung (I, 68) und mit (I, 199), d. h. mit den unendlich verdünnten Lösungen als Bezugszuständen

$$\mu_{3\infty}' + RT \ln a_3' = \mu_{3\infty}'' + RT \ln a_3''. \tag{I, 278}$$

Daraus erhält man analog zu (I, 240)

$$\ln \frac{a''}{a_3'} = -\frac{\mu_{3\infty}'' - \mu_{3\infty}'}{RT}$$

oder

$$\frac{a_3''}{a_3'} = \exp\left(-\frac{\mu_{3\infty}'' - \mu_{3\infty}'}{RT}\right) = C. \tag{I, 279}$$

Bei genügend verdünnten Lösungen kann man $a = x$ setzen, woraus sich ergibt

$$\frac{x_3''}{x_3'} = C \tag{I, 280}$$

Das Aktivitätsverhältnis und bei genügender Verdünnung das Molenbruch-(oder Konzentrations-)verhältnis des Stoffes 3 in den beiden Phasen ist bei gegebenen äußeren Bedingungen konstant, also unabhängig von der absoluten Menge des gelösten Stoffes (Nernstscher Verteilungssatz).

---

[1] Streng genommen gibt es auf Grund von (I, 68) keine vollständige Unmischbarkeit, doch können die beiden Äste der Löslichkeitskurve praktisch mit den Ordinaten zusammenfallen, wie etwa im System Hexan — Wasser.

Größere Abweichungen von (I, 280) treten auch bei verdünnten Lösungen auf, wenn der molekulare Zustand des gelösten Stoffes in den beiden Phasen nicht gleich ist, wenn also Assoziation oder Dissoziation stattfindet.

Bei konzentrierten Lösungen ist zu beachten, daß die beiden miteinander nicht mischbaren Lösungsmittel häufig durch Zusatz des gelösten Stoffes erheblich ineinander löslich werden, so daß die Verhältnisse sich dann völlig ändern.

Die *Temperaturabhängigkeit* von $C$ ergibt sich analog wie Gleichung (I, 242) aus

$$ d\,\frac{\mu_3'}{T} = d\,\frac{\mu_3''}{T} $$

zu

$$ \frac{\partial \ln C}{\partial T} = \frac{H_{3\infty}'' - H_{3\infty}'}{\mathrm{R}T^2} , \tag{I, 281} $$

wobei $H_{3\infty}'' - H_{3\infty}'$ die experimentell leicht zugängliche Differenz der „ersten Lösungswärmen" des Stoffes 3 in den beiden reinen Lösungsmitteln ist (vgl. S. 36).

### c) Membran-Gleichgewichte nach Donnan[1].

Unter „Membrangleichgewicht" versteht man das isotherme Gleichgewicht zwischen zwei flüssigen Mischphasen, die durch eine Membran voneinander getrennt sind, die für einzelne der Komponenten durchlässig, für andere dagegen undurchlässig ist. Das oben besprochene osmotische Gleichgewicht, bei dem die Membran ausschließlich für das Lösungsmittel durchlässig war, ist also ein Spezialfall der Membrangleichgewichte.

Allgemein lautet wieder die Gleichgewichtsbedingung nach (I, 68), daß für jede *von der Membran durchgelassene* Molekül- oder Ionensorte das chemische Potential auf beiden Seiten gleich sein muß. Bezeichnen wir elektrisch neutrale Moleküle mit dem Index $u, s, r \ldots$, Ionen mit dem Index $i, j, k \ldots$, so gilt demnach

$$ \mu_u' = \mu_u'' \; ; \quad \mu_i' = \mu_i'' . \tag{I, 282} $$

Während das chemische Potential eines Neutralmoleküls durch (I, 199) gegeben ist, hängt dasjenige eines Ions der Ladung $z_i e_0$ noch vom elektrischen Ladungszustand der betreffenden Phase ab, weswegen man es auch als „*elektrochemisches Potential*" der betreffenden Ionensorte bezeichnet. Ist das elektrische Potential einer Phase gegeben durch $\psi$, so erhält man für das elektrochemische Potential einer Ionensorte $i$ unter Benutzung der unendlich verdünnten Lösung als Bezugszustand

$$ \mu_i = \mu_{i\infty} + \mathrm{R}T \ln x_i f_{i\infty} + z_i \mathrm{F} \psi , \tag{I, 283} $$

wobei $\mathrm{F} = \mathrm{N}_L\, e_0 = 96\,500$ Coulomb die Faraday-Konstante bedeutet.

---

[1] Donnan, F. G., u. E. A. Guggenheim: Z. physik. Chem. **162**, 346 (1932); **168**, 369 (1934); vgl. auch E. A. Guggenheim: Thermodynamics, Amsterdam 1949; G. Kortüm: Lehrbuch der Elektrochemie, Wiesbaden 1948.

Ist die Membran, wie vorausgesetzt, nicht für sämtliche Komponenten der Mischung durchlässig, so werden die Phasendrucke nach S. 63 im allgemeinen verschieden sein. Dann muß man die Druckabhängigkeit der chemischen Potentiale nach (I, 57) berücksichtigen und erhält unter Vernachlässigung der Kompressibilität der Mischungen aus (I, 199):

$$\mu_u = (\mu_{0u})_{p \to 0} + V_{0u}\, p + RT \ln x_u\, f_u\ . \qquad (I, 284)$$

Setzt man dies in (I, 282) ein, so ergibt sich als Gleichgewichtsbedingung[1]

$$p' - p'' = \frac{RT}{V_{0u}} \ln \frac{x_u'' f_u''}{x_u' f_u'}\ . \qquad (I, 285)$$

Für zwei Neutralmoleküle $u$ und $s$, die beide von der Membran durchgelassen werden, gilt nach (I, 285), indem man $p' - p''$ aus den beiden zugehörigen Gleichungen eliminiert

$$\frac{1}{V_{0u}} \ln \frac{x_u'' f_u''}{x_u' f_u'} = \frac{1}{V_{0s}} \ln \frac{x_s'' f_s''}{x_s' f_s'} \qquad (I, 286)$$

oder

$$\frac{x_s' f_s'}{(x_u' f_u')^r} = \frac{x_s'' f_s''}{(x_u'' f_u'')^r} \quad \text{bzw.} \quad \frac{a_s'}{(a_u')^r} = \frac{a_s''}{(a_u'')^r}\ , \qquad (I, 286\,a)$$

wenn man mit $r$ das Verhältnis $V_{0s}/V_{0u}$ bezeichnet. Handelt es sich um ideale Mischungen, so gilt entsprechend

$$\frac{x_s'}{(x_u')^r} = \frac{x_s''}{(x_u'')^r}\ . \qquad (I, 287)$$

Eine vollkommen analoge Rechnung liefert, ausgehend von (I, 283), für das Membrangleichgewicht einer Ionensorte $i$, die von der Membran durchgelassen wird, die Gl. (I, 285) entsprechende Bedingung

$$RT \ln \frac{x_i'' f_{i\infty}''}{x_i' f_{i\infty}'} + z_i\, F\, (\psi'' - \psi') = (p' - p'')\, V_{i\infty}\ , \qquad (I, 288)$$

wobei nach (I, 199) die unendlich verdünnte Lösung als Bezugszustand benutzt ist. Die an der Membran auftretende elektrische Potentialdifferenz $\psi'' - \psi'$ (das sog. Membranpotential) ist nur dann definiert und aus (I, 288) berechenbar, wenn man die individuellen Ionenaktivitätskoeffizienten $f_{i\infty}$ kennt. Das ist nur dann der Fall, wenn die Lösungen so verdünnt sind in bezug auf die Ionen, daß die DEBYE-HÜCKELschen Grenzgesetze noch gültig sind[2], andernfalls ist Gl. (I, 288) ohne physikalische Bedeutung. Dagegen läßt sich der $(\psi'' - \psi')$ enthaltende Term stets eliminieren, wenn man (I, 288) auf mehrere Ionensorten anwendet, die zusammen eine elektrisch neutrale Kombination (z. B. ein Salz) bilden. Zerfällt ein Elektrolyt in $v = v_+ + v_-$ Ionen, so daß $v_+ z_+ + v_- z_- = 0$, so ist die *mittlere* Ionenaktivität des Elektrolyten definiert durch

$$a_\pm = x_\pm\, f_\pm = \sqrt[v]{x_+^{v_+} \cdot x_-^{v_-}} \cdot \sqrt[v]{f_{+\infty}^{v_+} \cdot f_{-\infty}^{v_-}}\ . \qquad (I, 289)$$

---

[1] Selbstverständlich sind auch die Aktivitätskoeffizienten $f_u$ nach (I,173) druckabhängig, $f_u'$ und $f_u''$ sind demnach die Werte bei den betreffenden Phasendrucken.

[2] Vgl. dazu z. B. G. KORTÜM: Lehrbuch der Elektrochemie. Wiesbaden 1948

Dann ergibt sich für das Membrangleichgewicht des Elektrolyten nach (I, 288) und (I, 289)

$$RT \ln \frac{(x''_+)^{\nu} \cdot (x''_-)^{\nu} - (f''_{\pm\infty})^{\nu}}{(x'_+)^{\nu} \cdot (x'_-)^{\nu} - (f'_{\pm\infty})^{\nu}} = (p' - p'') \, V_{\pm\infty}, \qquad (I, 290)$$

da die elektrischen Terme sich gegenseitig aufheben.

$V_{\pm\infty} \equiv \nu_+ \, V_{+\infty} + \nu_- \, V_{-\infty}$ ist das partielle Molvolumen des Elektrolyten bei unendlicher Verdünnung. Versteht man unter $u$ das Lösungsmittel, so lautet die Bedingung für das Membrangleichgewicht eines vollständig dissoziierten Elektrolyten[1], wenn man $p' - p''$ aus (I, 290) und (I, 285) eliminiert:

$$\frac{1}{V_{\pm\infty}} \ln \frac{(x''_+)^{\nu} + (x''_-)^{\nu} - (f''_{\pm\infty})^{\nu}}{(x'_+)^{\nu} + (x'_-)^{\nu} - (f'_{\pm\infty})^{\nu}} = \frac{1}{V_{0u}} \ln \frac{x''_u f''_u}{x'_u f'_u}$$

oder

$$\frac{(x''_+)^{\nu} + (x''_-)^{\nu} - (f''_{\pm\infty})^{\nu}}{(x''_u f''_u)^r} = \frac{(x'_+)^{\nu} + (x'_-)^{\nu} - (f'_{\pm\infty})^{\nu}}{(x'_u f'_u)^r}, \qquad (I, 291)$$

wobei $r \equiv V_{\pm\infty}/V_{0u}$ gesetzt ist. Handelt es sich um genügend verdünnte Lösungen, so daß $a_u = 1$ gesetzt werden kann, so wird einfacher

$$(x''_+)^{\nu} + (x''_-)^{\nu} - (f''_{\pm\infty})^{\nu} = (x'_+)^{\nu} + (x'_-)^{\nu} - (f'_{\pm\infty})^{\nu}$$

oder nach (I, 289)

$$a''_\pm = a'_\pm . \qquad (I, 292)$$

Im Gleichgewicht ist die *mittlere* Aktivität des Elektrolyten in beiden Phasen gleich groß, während die Einzelionenaktivitäten durchaus verschieden sein können, wenn noch weitere Ionen vorhanden sind, die von der Membran nicht durchgelassen werden.

# D. Systeme, die chemisch miteinander reagierende Komponenten enthalten.

## § 23. Reaktionen zwischen reinen Phasen, in verdünnten Gasen oder idealen Lösungen.

### a) Die „Wärmetönungen" $\Delta U$ und $\Delta H$.

Die pro Formelumsatz einer chemischen Reaktion stattfindenden Änderungen werden im folgenden durch $\Delta$ angedeutet. Unter Benutzung der in (I, 73) eingeführten „Reaktionslaufzahl" $\lambda$ als Variable schreiben wir deshalb die sog. „*Reaktionseffekte*" in der Form

$$\left(\frac{\partial S}{\partial \lambda}\right)_{p,\,T} = \Delta S \; ; \quad \left(\frac{\partial G}{\partial \lambda}\right)_{p,\,T} = \Delta G \; ; \quad \left(\frac{\partial F}{\partial \lambda}\right)_{V,\,T} = \Delta F \; ; \quad \left(\frac{\partial V}{\partial \lambda}\right)_{p,\,T} = \Delta V \; ;$$

$$\left(\frac{\partial U}{\partial \lambda}\right)_{V,\,T} = \Delta U \; ; \quad \left(\frac{\partial H}{\partial \lambda}\right)_{p,\,T} = \Delta H . \qquad (I, 293)$$

---

[1] Bei schwachen Elektrolyten ist außerdem das Dissoziationsgleichgewicht zu berücksichtigen (vgl. G. KORTÜM: Lehrbuch der Elektrochemie, S. 344 ff. Wiesbaden 1948).

Bei Reaktionen zwischen reinen Phasen, in verdünnten Gasen oder idealen verdünnten Lösungen sind die partiellen molaren Größen $U_i$ und $H_i$ unabhängig von der Konzentration und mit $U_{0i}$ und $H_{0i}$ bzw. $U_{\infty i}$ und $H_{\infty i}$ identisch (vgl. S. 39). Man erhält danach für $\Delta U$ und $\Delta H$ bei Reaktionen zwischen reinen Phasen und in verdünnten Gasen

$$\Delta U = \Sigma\, \nu_i\, U_{0i} \quad \text{und} \quad \Delta H = \Sigma\, \nu_i\, H_{0i}\,, \qquad (\text{I, 294})$$

bei Reaktionen in idealen verdünnten Lösungen

$$\Delta U = \Sigma\, \nu_i\, U_{\infty i} \quad \text{und} \quad \Delta H = \Sigma\, \nu_i\, H_{\infty i}\,. \qquad (\text{I, 295})$$

$\Delta U$ und $\Delta H$ sind in diesen Fällen konzentrationsunabhängig, man bezeichnet sie als die *Wärmetönung* der Reaktion bei konstantem Volumen bzw. bei konstantem Druck. Sie gibt die Wärmemenge an, die bei vollkommen irreversibler Führung der Reaktion (ohne Gewinn von „Nutzarbeit", s. S. 75) mit der Umgebung ausgetauscht wird.

Sind $\Delta U$ und $\Delta H$ positiv, so muß man Wärme aus der Umgebung zuführen, damit die Temperatur während der Reaktion konstant bleibt (endotherme Reaktion); bei negativem $\Delta U$ und $\Delta H$ dagegen wird Wärme frei (exotherme Reaktion). $\Delta U$ und $\Delta H$ kann man unmittelbar experimentell messen (Calorimetrie).

Die *Differenz zwischen $\Delta H$ und $\Delta U$* erhält man aus

$$(d\,H)_p = d\,U + p\,d\,V = \left(\frac{\partial U}{\partial \lambda}\right)_{V,T} d\,\lambda + \left(\frac{\partial U}{\partial V}\right)_{\lambda,\,T} d\,V + p\,d\,V$$

unter Benutzung der Definitionsgleichungen (I, 293) zu

$$\Delta H = \Delta U + \left[\left(\frac{\partial U}{\partial V}\right)_{\lambda,\,T} + p\right] \Delta V\,. \qquad (\text{I, 296})$$

Bei Reaktion zwischen reinen kondensierten Stoffen ist $\Delta V$ sehr klein, so daß $\Delta U \cong \Delta H$ wird. Bei Reaktionen in verdünnten Gasen ist nach (I, 119) $(\partial U/\partial V)_T = 0$, so daß (I, 296) übergeht in

$$\Delta H - \Delta U = \Sigma\, \nu_{i\,Gas}\, \mathrm{R}T\,. \qquad (\text{I, 297})$$

### b) Der Hesssche Satz; Bildungswärmen chemischer Verbindungen; Standardwerte.

Da $\Delta U$ und $\Delta H$ Änderungen von Zustandsfunktionen sind, hängt ihr Wert nicht vom Reaktions*weg* ab. Läßt man also ein System einmal direkt und einmal über verschiedene Zwischenstufen vom Zustand I in den Zustand II übergehen, so sind die Wärmetönungen auf beiden Wegen gleich groß (Hessscher Satz). Mit Hilfe dieses Satzes kann man Wärmetönungen von Reaktionen berechnen, die nicht unmittelbar experimentell gemessen werden können. So läßt sich z. B. die Hydrierwärme von Äthylen zu Äthan, d. h. die Wärmetönung der Reaktion

$$\mathrm{C_2H_4 + H_2 \rightarrow C_2H_6}$$

bei 25° C aus den Verbrennungswärmen der Reaktionspartner ermitteln.

Mit Hilfe von Verbrennungswärmen und des Hessschen Satzes kann man ferner die meist nicht direkt meßbare Wärmetönung berechnen, die bei der Bildung einer chemischen Verbindung aus ihren Elementen auftreten würde. Aus diesen *Bildungswärmen* oder *Bildungsenthalpien* kann man, wieder mit Hilfe des HESSschen Satzes, die Wärmetönungen beliebiger Reaktionen ermitteln.

Da Wärmetönungen einerseits stark temperaturabhängig sein können (vgl. folgenden Abschnitt) und andererseits bei Reaktionen in Mischphasen von deren Zusammensetzung abhängen (vgl. S. 75), setzt man zur exakten Definition der Bildungswärme fest, daß alle Reaktionsteilnehmer in bestimmten *Standardzuständen* vorliegen sollen. Als solche wählt man bei Gasen den Zustand des idealen Gases, bei festen und flüssigen Stoffen gewöhnlich den Zustand der reinen Phase bei 1 Atm. Druck und 25° C.

Da es bei thermodynamischen Berechnungen nicht auf die Absolutwerte der Zustandsfunktionen, sondern nur auf ihre Differenzen ankommt, setzt man fest, daß die Enthalpie der *Elemente* in ihren *Standardzuständen* gleich Null sein soll. Dann ist die Bildungsenthalpie einer *Verbindung* auch gleich ihrem Wärmeinhalt.

Die Bildungsenthalpie $\Delta H_0$ von Kohlenoxyd aus festem Graphit und Sauerstoff läßt sich so aus den Verbrennungswärmen berechnen:

$$\text{I} \quad C_{\text{fest}} + O_2 \rightarrow CO_2 \ ; \ \Delta H^{\text{I}} = -\ 94{,}3 \ \text{kcal (meßbar)}$$

$$\text{II} \quad CO + \tfrac{1}{2} O_2 \rightarrow CO_2 \ ; \ \Delta H^{\text{II}} = -\ 67{,}6 \ \text{kcal (meßbar)}$$

$$\text{III} \quad C_{\text{fest}} + \tfrac{1}{2} O_2 \rightarrow CO \ ; \ \Delta H^{\text{III}} \ \text{nicht meßbar.}$$

Es folgt $\Delta H^{\text{III}} = \Delta H^{\text{I}} - \Delta H^{\text{II}} = -\ 26{,}7 \ \text{kcal}$ .

Die Standard-Bildungsenthalpien $\Delta H_0$ zahlreicher Stoffe sind tabelliert, aus ihnen lassen sich die Wärmetönungen beliebiger Reaktionen unter Standardbedingungen berechnen.

### c) Temperaturabhängigkeit der Wärmetönung (KIRCHHOFFscher Satz).

Mit Hilfe des SCHWARZschen Satzes

$$\frac{\partial^2 U}{\partial \lambda\, \partial T} = \frac{\partial^2 U}{\partial T\, \partial \lambda} \quad \text{bzw.} \quad \frac{\partial^2 H}{\partial \lambda\, \partial T} = \frac{\partial^2 H}{\partial T\, \partial \lambda}$$

erhält man unter Berücksichtigung der Definition der Wärmekapazitäten $C_V$ und $C_p$ nach (I, 103) und (I, 104):

$$\frac{\partial \Delta U}{\partial T} = \frac{\partial C_V}{\partial \lambda} \equiv \Delta C_V \quad \text{und} \quad \frac{\partial \Delta H}{\partial T} = \frac{\partial C_p}{\partial \lambda} \equiv \Delta C_p . \qquad \text{(I, 298)}$$

$\Delta C_V$ und $\Delta C_p$ sind die Änderungen der Wärmekapazität des Systems pro Formelumsatz bei konstanter Temperatur und konstantem Volumen bzw. konstantem Druck (KIRCHHOFF). Durch Integration von (I, 298) lassen sich Wärmetönungen von einer Temperatur auf eine andere umrechnen:

$$(\Delta U)_{T_2} = (\Delta U)_{T_1} + \int_{T_1}^{T_2} \Delta C_V \, dT \quad \text{bzw.} \quad (\Delta H)_{T_2} = (\Delta H)_{T_1} + \int_{T_1}^{T_2} \Delta C_p \, dT . \qquad \text{(I, 299)}$$

Damit man die Gleichung auswerten kann, müssen $\Delta C_V$ und $\Delta C_p$ als Funktion von $T$ zwischen $T_1$ und $T_2$ bekannt sein.

Bei den hier behandelten einfachen Systemen, bei denen sich die Wärmekapazität des Systems additiv aus den Molwärmen der reinen Stoffe zusammensetzt, sind $\Delta C_V$ und $\Delta C_p$ gegeben durch

$$\Delta C_V = \Sigma\, \nu_i\, C_{V_{0i}} \quad \text{und} \quad \Delta C_p = \Sigma\, \nu_i\, C_{p_{0i}} \,.\,^{[1]} \qquad \text{(I, 300)}$$

## § 24. Reaktionen in Mischphasen.

Die „Reaktionseffekte" in Mischphasen unterscheiden sich von denen zwischen reinen Phasen bzw. in idealen Gasen oder idealen verdünnten Lösungen, weil die partiellen Größen $U_i$, $H_i$, $V_i$, $C_{p_i}$ usw. nicht mehr mit $U_{0i}$, $H_{0i}$, $V_{0i}$, $C_{p_{0i}}$ identisch sind. Man kann daher alle Gleichungen des vorangehenden Abschnitts unverändert übernehmen, wenn man an Stelle der molaren Größen für reine Stoffe die partiellen molaren Größen einführt. So gilt für die Wärmetönungen bei konstanter Temperatur:

$$\Delta U = \Sigma\, \nu_i\, U_i \quad \text{und} \quad \Delta H = \Sigma\, \nu_i\, H_i, \qquad \text{(I, 301)}$$

für die Temperaturabhängigkeit der Wärmetönung

$$\frac{\partial \Delta U}{\partial T} = \Sigma\, \nu_i\, C_{V_i} \quad \text{bzw.} \quad \frac{\partial \Delta H}{\partial T} = \Sigma\, \nu_i\, C_{p_i} \,. \qquad \text{(I, 302)}$$

Es ist zu beachten, daß zur Ermittlung einer definierten Wärmetönung nur ein differentieller Umsatz stattfinden darf, der auf molaren Umsatz umzurechnen ist, weil die partiellen molaren Größen $U_i$ und $H_i$ konzentrationsabhängig sind. Das bedeutet, daß $\Delta U$ und $\Delta H$ in Mischungen verschiedener Zusammensetzung verschiedene Werte haben. Zum Vergleich verschiedener Wärmetönungen muß man sie daher wieder auf bestimmte *Standardzustände* $\Delta H_0$ (z. B. auf die Reaktion zwischen reinen Phasen oder in unendlich verdünnter Lösung bei 25° C) umrechnen.

### a) Reaktionsentropie und Reaktionsarbeit.

Um Aussagen über die Reaktionsentropie $\Delta S$ und die maximale Nutzarbeit (Reaktionsarbeit) $\Delta G$ bzw. $\Delta F$ einer Reaktion machen zu können, müssen wir einen reversiblen chemischen Reaktionsverlauf betrachten, der sich nach S. 75 in manchen Fällen auch praktisch weitgehend verwirklichen läßt. Für eine reversibel bei konstantem $p$ und $T$ ablaufende Reaktion läßt sich die GIBBS-HELMHOLTZsche Gleichung (I, 59) bei Berücksichtigung von (I, 34) umformen in

$$\Delta H = \Delta G + \Delta Q_{rev\,p} \,. \qquad \text{(I, 303)}$$

Bei konstantem $V$ und $T$ gilt analog

$$\Delta U = \Delta F + \Delta Q_{rev\,V} \,. \qquad \text{(I, 304)}$$

Die Gleichungen besagen, daß die bei vollkommen irreversiblem Ablauf einer Reaktion auftretenden Wärmetönungen $\Delta U$ und $\Delta H$ (s. S. 72)

---

[1] Bei idealen verdünnten Lösungen muß an Stelle von $C_{V_{0i}}$ und $C_{p_{0i}}$ die partielle molare Wärmekapazität bei unendlicher Verdünnung $C_{V_{\infty i}}$ bzw. $C_{p_{\infty i}}$ verwendet werden.

sich bei reversibler Führung in zwei Anteile aufspalten, von denen der eine in Form von (elektrischer) Nutzarbeit auftritt (sog. Reaktionsarbeit), während der andere stets in Form von Wärme mit der Umgebung ausgetauscht wird.

Da nach (I, 65) $(dG)_{p,\,T} < 0$ sein muß, damit eine spontane chemische Reaktion abläuft, liegt der günstigste Fall zur Gewinnung von Reaktionsarbeit nach (I, 303) offenbar dann vor, wenn $\Delta H$ stark negativ (exotherme Reaktion) und $\Delta Q_{rev\,p}$ (oder $\Delta S_p$) möglichst positiv ist, wenn also die Entropie *des Systems* bei der Reaktion zunimmt. In diesem Fall wird nicht nur die gesamte Wärmetönung $\Delta H$ in Form nutzbarer Arbeit abgegeben, sondern es wird auch noch Wärme der Umgebung in Arbeit umgewandelt. Bei niedrigen Temperaturen ist meist das Glied $\Delta H$ ausschlaggebend, bei hohen Temperaturen jedoch kann auch das Glied $\Delta Q_{rev} = T\Delta S_p$ das Vorzeichen von $\Delta G$ bestimmen.

Auch $\Delta G$ und $\Delta S$ setzen sich ebenso wie $\Delta H$, $\Delta U$ usw. aus den zugehörigen *partiellen* molaren Größen der Reaktionsteilnehmer zusammen. In Mischphasen sind sie daher ebenfalls konzentrationsabhängig, und die Zusammensetzung darf sich während der Reaktion nicht ändern (infinitesimaler Umsatz), damit sie eindeutig gegeben sind. Aber im Gegensatz zu den übrigen Reaktionseffekten ändern sich $\Delta G$ und $\Delta S$ auch bei Reaktionen in idealen Gasen oder idealen verdünnten Lösungen mit der Konzentration, weil die chemischen Potentiale $\mu_i$ auch in idealen Mischungen von der Zusammensetzung abhängen [vgl. Gl. (I, 162) und (I, 170)]. Es ist deshalb üblich, auch die Reaktionsarbeit analog wie die Wärmetönung für bestimmte Standardzustände der Reaktionsteilnehmer anzugeben. Solche *Standard-Reaktionsarbeiten* $\Delta G_0$ stellen die Änderung der freien Enthalpie des Systems pro Formelumsatz dar für den Fall, daß sämtliche Reaktionsteilnehmer sich in ihren Standardzuständen befinden. Für Gase ist dies nach Gl. (I, 128) bzw. (I, 169) der ideale Zustand bei 1 Atm. Druck (und gewöhnlich 25° C), bei kondensierten Stoffen nach Gl. (I, 172) der reale reine Zustand der Aktivität $a_i = 1$ bzw. nach Gl. (I, 199) der Zustand $a_{i\infty} = 1$, aber mit den Eigenschaften, den der Stoff in unendlich verdünnter Lösung besitzen würde (in der Regel ebenfalls bei 25° C). Diese Standardreaktionsarbeiten sind für die S. 73 erwähnten *Bildungsreaktionen* der Verbindungen aus ihren Elementen ebenfalls tabelliert, man ermittelt sie — analog wie die Standardbildungsenthalpien — aus gemessenen Reaktionsarbeiten unter der Annahme, daß die freien Enthalpien der Elemente in ihren Standardzuständen gleich Null sind. Da es bei thermodynamischen Berechnungen nur auf *Differenz*werte der Zustandsfunktionen ankommt, ist die Kenntnis der absoluten Werte der freien Enthalpie nicht notwendig. Zur Ermittlung von Standardreaktionsarbeiten stehen folgende Methoden zur Verfügung:

a) Messung elektromotorischer Kräfte von reversiblen galvanischen Elementen;

b) Bestimmung der Gleichgewichtskonstanten (vgl. folgenden Abschnitt);

c) Berechnung nach der Gibbs-Helmholtzschen Gleichung aus Standardreaktionswärmen und -reaktionsentropien.

Aus Reaktionswärme und Reaktionsarbeit unter Standardbedingungen ergibt sich nach der Gibbs-Helmholtzschen Gleichung auch die *Standardreaktionsentropie*

$$\Delta H_0 = \Delta G_0 + T\,\Delta S_0\,. \qquad (\text{I, } 305)$$

Bei reversibel in einem galvanischen Element ablaufenden Reaktionen kann sie auch nach (I, 48) aus der Temperaturabhängigkeit der Reaktionsarbeit ermittelt werden:

$$\Delta S_0 = -\frac{\partial\,(\Delta G_0)}{\partial T}\,. \qquad (\text{I, } 306)$$

Der wichtigste Weg zur Gewinnung der Standardreaktionsentropien führt jedoch über die Ermittlung der *Absolutwerte* der Entropien der Reaktionsteilnehmer, die auf Grund des Nernstschen Wärmesatzes (im Gegensatz zu den Absolutwerten der übrigen Zustandsfunktionen) aus thermischen Messungen zugänglich werden. Durch Integration von (I, 108) zwischen den Grenzen 0 und $T$ ergibt sich

$$S_{0i_{(T)}} = S_{0i_{(T=0)}} + \int_0^T \frac{C_{p_{0i}}}{T}\,dT\,. \qquad (\text{I, } 307)$$

Nach dem Nernstschen Wärmesatz in der von Planck angegebenen Form kann man die Entropie sog. idealer fester Stoffe $S_{0i(T=0)}$ beim absoluten Nullpunkt gleich Null setzen, was im statistischen Sinn nach (I, 33) bedeutet, daß es für die Bausteine eines idealen Kristalls nur eine einzige Anordnungsmöglichkeit gibt, so daß die thermodynamische Wahrscheinlichkeit $\Omega = 1$ und damit $S_{(T=0)} = 0$ werden muß. Damit vereinfacht sich (I, 307) zu

$$S_{0i_{(T)}} = \int_0^T \frac{C_{p_{0i}}}{T}\,dT\,, \qquad (1, 307a)$$

so daß zur Berechnung von Absolutentropien lediglich die Kenntnis der Molwärmen als Funktion von $T$ bis in die Nähe der absoluten Temperatur notwendig ist. Diese lassen sich teils messen, teils aus dem Debyeschen Gesetz berechnen.

Bei Gasen ist außerdem die Druckabhängigkeit der Entropie nach (I, 111) zu berücksichtigen, so daß man statt (I, 307a) erhält

$$S_{0i_{(T)}} = \int_0^T \frac{C_{p_{0i}}}{T}\,dT - \int_1^p \left(\frac{\partial V_{0i}}{\partial T}\right)_p dp\,. \qquad (\text{I, } 307\,\text{b})$$

Mittels dieser Gleichungen lassen sich die Standardwerte der Absolutentropien für alle Stoffe berechnen, wobei unter Umständen noch die Umwandlungsentropien nach (I, 135) zu berücksichtigen sind, falls der betreffende Stoff zwischen 0 und der betreffenden Temperatur eine Phasenumwandlung erleidet. Außerdem kann man die Entropien von

*Gasen* auch unmittelbar statistisch aus den Energieverteilungsfunktionen errechnen, so daß mehrere Wege zur Verfügung stehen, um zu den Absolutentropien zu gelangen.

Aus den Absolutentropien unter Standardbedingungen ergeben sich unmittelbar die Standardreaktionsentropien nach

$$\varDelta S_0 = \varSigma\, v_i\, S_{0i}\,, \tag{I, 308}$$

so daß man nun umgekehrt Gl. (I, 305) dazu benutzen kann, die Standardreaktionsarbeiten aus den zugehörigen Wärmetönungen und Reaktionsentropien zu ermitteln. Auch die $S_{0i}$-Werte zahlreicher Stoffe sind tabelliert (gewöhnlich für 25° C).

### b) Gleichgewichtskonstante und Massenwirkungsgesetz.

Aus $\mu_i = \mu_{0i} + \mathrm{R}T \ln a_i$ [Gl. (I, 172)], aus $(\varDelta G)_{p,\,T} = \varSigma\, v_i \mu_i$ [Gl (I, 74)] und aus der Gleichgewichtsbedingung (I, 75) $(\varDelta G)_{p,\,T} = 0$ folgt für die Reaktionsarbeit

$$\varDelta G = \varDelta G_0 + \mathrm{R}T\, \varSigma\, v_i \ln [a_i] = 0\,. \tag{I, 309}$$

wenn $[a_i]$ die *Gleichgewichtsaktivitäten*, (d. h. die Aktivitäten nach Erreichen des Gleichgewichts) bedeuten. Bei konstanter Temperatur und konstantem Druck erhält man daraus (weil $\mu_{0i} =$ konstant):

$$\varSigma\, v_i \ln [a_i] \equiv \ln K\,. \tag{I, 310}$$

$K$ wird als *thermodynamische Gleichgewichtskonstante* der Reaktion bezeichnet, die nur von $T$ und $p$ abhängt. Für das Reaktionsschema (I, 72)

$$v_A\, A + v_B\, B + \cdots \leftrightarrows v_C\, C + v_D\, D + \cdots$$

folgt aus (I, 310)

$$K = \frac{[a_C]^{v_C}\, [a_D]^{v_D}\cdots}{[a_A]^{v_A}\, [a_B]^{v_B}\cdots}\,. \tag{I, 311}$$

Gl. (I, 311) ist das *Massenwirkungs*gesetz in exakt thermodynamischer Form.

Wir schreiben im folgenden die Ausgangsstoffe einer Reaktion stets auf die linke Seite des Reaktionsschemas und die zugehörigen Gleichgewichtsaktivitäten in den Nenner von $K$. Je größer $K$, um so größer ist nach dieser Definition die Ausbeute.

Bei Gasreaktionen treten in (I, 311) an Stelle der Aktivitäten $[a]$ die Gleichgewichtsfugazitäten $[p^*]$ (s. S. 29):

$$K_{(p)} = \frac{[\overset{*}{p}_C]^{v_C}\, [\overset{*}{p}_D]^{v_D}\cdots}{[\overset{*}{p}_A]^{v_A}\, [\overset{*}{p}_B]^{v_B}\cdots}\,. \tag{I, 312}$$

Für ideale verdünnte Lösungen bzw. ideale Gasgemische gehen (I, 311) bzw. (I, 312) über in

$$K = \frac{[x_C]^{v_C}\, [x_D]^{v_D}\cdots}{[x_A]^{v_A}\, [x_B]^{v_B}\cdots} \tag{I, 311a}$$

bzw.

$$K_{(p)} = \frac{[p_C]^{v_C}\, [p_D]^{v_D}\cdots}{[p_A]^{v_A}\, [p_B]^{v_B}\cdots}\,. \tag{I, 312a}$$

Liegt ein Reaktionsteilnehmer in reiner Phase vor, handelt es sich also um eine heterogene Reaktion (z. B. Reaktion eines Gases mit einem reinen festen Stoff), so ist für reine feste und flüssige Komponenten $\mu_i = \mu_{0i}$ und infolgedessen $a_i = 1$. Das bedeutet, daß solche Stoffe im Massenwirkungsquotienten nicht erscheinen.

Beispiele:

$$FeO + CO \rightleftarrows Fe + CO_2 \; ; \quad K = \frac{[p^*_{CO_2}]}{[p^*_{CO}]} \, .$$

$$CaCO_3 \rightleftarrows CaO + CO_2 \; ; \quad K = [p^*_{CO_2}] .$$

Gibt man die Konzentration in einem idealen Gasgemisch nach (I, 160) durch die Molenbrüche $y$ an $\left( y_i = \dfrac{p_i}{p} \right)$, so erhält man aus (I, 312a)

$$K_{(y)} = K_{(p)} \cdot p^{-\varSigma \nu_i}, \tag{I, 313}$$

wobei in $-\varSigma \nu_i$ die Äquivalenzzahlen der entstehenden Stoffe positiv, der verschwindenden Stoffe negativ zu rechnen sind. Ist $\varSigma \nu_i = 0$, so ist $K_{(y)} = K_{(p)}$. Vereinigung von (I, 309) und (I, 310) ergibt

$$\varDelta G_0 = - \, RT \ln K \, . \tag{I, 314}$$

Die Gleichgewichtskonstante $K$ ist somit ein unmittelbares Maß für die Standardreaktionsarbeit. Die Reaktionsarbeit in einer Mischphase ergibt sich danach mit $\varDelta G = \varSigma \nu_i \mu_i$ und mit $\mu_i = \mu_{0i} + RT \ln a_i$ zu

$$\varDelta G = - \, RT \ln K + \varSigma \nu_i \, RT \ln a_i \tag{I, 315}$$

oder mit (I, 311) zu

$$\varDelta G = - \, RT \ln \frac{[a_C]^{\nu_C} [a_D]^{\nu_D} \cdots}{[a_A]^{\nu_A} [a_B]^{\nu_B} \cdots} + RT \ln \frac{a_C^{\nu_C} a_D^{\nu_D} \cdots}{a_A^{\nu_A} a_B^{\nu_B} \cdots} \tag{I, 316}$$

Die Gleichung wird als VAN'T HOFFsche *Reaktionsisotherme* bezeichnet. Darin bedeuten die $[a]$ die Gleichgewichtsaktivitäten und die $a$ die jeweils vorhandenen Aktivitäten in dem reagierenden System.

Beispiel einer sog. „gekoppelten" Reaktion in homogener wäßriger Phase ist die Dissoziation einer schwachen Säure und die „Eigendissoziation" des Wassers:

$$HA + H_2O \rightleftarrows H_3O^+ + A^- \quad \text{und} \quad H_2O + H_2O \rightleftarrows H_3O^+ + OH^- .$$

Die Gleichgewichtskonstanten für diese Reaktionen sind nach (I, 311) gegeben durch:

$$K_{HA} = \frac{[a_{H_3O^+}][a_{A^-}]}{[a_{HA}]} \quad \text{und} \quad K_{H_2O} = [a_{H_3O^+}] \, [a_{OH^-}], \tag{I, 317}$$

wenn man die Aktivität des in großem Überschuß vorhandenen Wassers mit 1 einsetzt. Die Konstanten sind über $[a_{H_3O^+}]$ miteinander gekoppelt, so daß man für (I 317) schreiben kann

$$\frac{[a_{HA}] \, [a_{OH^-}]}{[a_{A^-}]} = \frac{K_{H_2O}}{K_{HA}} \equiv K_{Hyd} \, . \tag{I 318}$$

Offenbar ist $K_{Hyd}$ die Gleichgewichtskonstante der Reaktion $A^- + H_2O \leftrightarrows HA + OH^-$, die man als *Hydrolyse* des Anions $A^-$ bezeichnet, und die sich aus den beiden obigen Dissoziationsreaktionen zusammensetzt.

### c) Temperatur- und Druckabhängigkeit der Gleichgewichtskonstanten.

Die Temperaturabhängigkeit der Gleichgewichtskonstanten ergibt sich aus (I, 314) und (I, 59a) zu

$$\left(\frac{\partial \ln K}{\partial T}\right)_p = \frac{\Delta H_0}{\mathrm{R}T^2}. \qquad (\text{I, } 319)$$

$\Delta H_0$ ist die Standardwärmetönung der Reaktion. Gl. (I, 319) wird als VAN'T HOFFsche *Reaktionsisobare* bezeichnet. Analog kann man die VAN'T HOFFsche *Reaktionsisochore* ableiten:

$$\left(\frac{\partial \ln K}{\partial T}\right)_V = \frac{\Delta U_0}{\mathrm{R}T^2}. \qquad (\text{I, } 320)$$

Sieht man für kleine Temperaturbereiche $\Delta H_0$ als praktisch temperaturunabhängig an, so erhält man durch Integration von (I, 319)

$$\log K_{T_2} - \log K_{T_1} = -\frac{\Delta H_0}{2{,}30 \cdot \mathrm{R}}\left(\frac{T_2 - T_1}{T_1 T_2}\right). \qquad (\text{I, } 321)$$

Man kann also bei Kenntnis von $\Delta H_0$ die Gleichgewichtskonstante $K$ von einer Temperatur auf eine andere umrechnen. Umgekehrt erhält man aus zwei bei verschiedenen Temperaturen gemessenen $K$-Werten die Standardwärmetönung der Reaktion.

Um aus (I, 319) eine für beliebig große Temperaturbereiche gültige Gleichung zu gewinnen, muß man $\Delta H_0$ nach der KIRCHHOFFschen Gleichung (I 299) als Temperaturfunktion einführen.

Die *Druckabhängigkeit* der Gleichgewichtskonstanten ergibt sich aus (I, 314) mit (I, 49) zu

$$\left(\frac{\partial \ln K}{\partial p}\right)_T = -\frac{\Delta V_0}{\mathrm{R}T}. \qquad (\text{I, } 322)$$

In kondensierten Phasen kann sie meist vernachlässigt werden, weil die $\Delta V_0$-Werte klein sind. In Gasphasen spielt sie eine Rolle, wenn die Molzahl sich bei der Reaktion ändert.

Für Reaktionen in idealen Gasen erhält man aus (I, 322) und (I, 313)

$$\frac{\partial \ln K_{(y)}}{\partial p} = -\frac{\Delta V_0}{\mathrm{R}T} = \frac{\partial \ln K_{(p)}}{\partial p} - \frac{\Sigma r_i}{p}. \qquad (\text{I, } 313)$$

Da nach (I, 9) $\dfrac{\Sigma r_i}{p} = \dfrac{\Delta V_0}{\mathrm{R}T}$ ist, ergibt sich

$$\frac{\partial \ln K_{(p)}}{\partial p} = 0. \qquad (\text{I, } 323)$$

$K_{(p)}$ ist im Gegensatz zu $K_{(y)}$ druckunabhängig.

## Zusammenfassende Darstellungen zu Kapitel I.

BOLAM, T. R. The Donnan Equilibria. Bell. London, 1932.

EUCKEN, A.: Physikalische, Chemische und Technische Thermodynamik. In MÜLLER-POUILLETS Lehrbuch der Physik, Bd. III, 1. 11. Aufl. 1926.

— Lehrbuch der chemischen Physik. Bd. II, 1. Leipzig 1943.

GLASSTONE, S.: Thermodynamics for Chemists. New York 1947.

GUGGENHEIM, E. A.: Thermodynamics. Amsterdam 1949.

— Mixtures, London 1952.

HOLLECK, L.: Thermodynamik und ihre rechnerische Anwendung. Berlin 1950.

KORTÜM, G.: Einführung in die Chemische Thermodynamik. Göttingen 1949.

— u. H. BUCHHOLZ-MEISENHEIMER: Die Theorie der Destillation und Extraktion von Flüssigkeiten, Heidelberg 1952.

LANGE, E.: Chemische Thermodynamik. Stuttgart 1949.

LEWIS, G. N., u. M. RANDALL: Thermodynamik, übersetzt von O. REDLICH. Wien 1927.

MACDOUGALL, F. H.: Thermodynamics and Chemistry. New York 1939.

PAUL, M. A.: Principles of Chemical Thermodynamics. New York 1951.

PLANCK, M.: Vorlesungen über Thermodynamik, 9. Aufl. Berlin 1930.

SCHMIDT, E.: Einführung in die technische Thermodynamik, 3. Aufl. Berlin 1945.

SCHOTTKY, W., H. ULICH u. C. WAGNER: Thermodynamik. Berlin 1929.

Zweites Kapitel.

# Statistische Thermodynamik hochmolekularer Lösungen.

Von

Arnold Münster.

Mit 50 Textabbildungen.

## § 25. Einige Grundbegriffe der statistischen Thermodynamik.

### a) Wesen und Aufgabe der statistischen Theorie.

Die thermodynamische Theorie, wie sie in Kapitel I entwickelt wurde, liefert eine große Zahl von Beziehungen zwischen den verschiedenen makroskopischen Zustandsgrößen. Sie zeigt weiter, daß sich alle thermodynamischen Eigenschaften eines gegebenen Systems aus der Kenntnis gewisser Funktionen der Zustandsvariablen, der thermodynamischen Potentiale, ableiten lassen. Diese Betrachtungsweise hat einmal den Vorzug, daß ihre Ergebnisse ein Höchstmaß an Sicherheit besitzen, da sie rein mathematische Deduktionen aus den Hauptsätzen sind, welche die Ergebnisse zahlloser Experimente zusammenfassen. Zum anderen sind die Aussagen der Thermodynamik allgemein gültig, d. h. sie lassen sich auf jedes beliebige System, ein Gas, einen Kristall, eine Lösung, ein Gel oder was immer, anwenden. Indessen wird gerade diese Allgemeingültigkeit nur dadurch ermöglicht, daß man von vorneherein auf ein Verständnis der individuellen Eigenschaften konkreter Systeme verzichtet. Wir wissen etwa aus den Experimenten, daß niedrigmolekulare und hochmolekulare Lösungen sich sehr charakteristisch in ihren Eigenschaften unterscheiden. Wenn die experimentellen Daten ausreichen, können wir damit zwar die thermodynamischen Potentiale konstruieren und daraus weitere Folgerungen ableiten. Von einem wirklichen Verständnis kann aber erst die Rede sein, wenn wir wissen, inwiefern die erwähnten Unterschiede durch die Größe und Struktur der gelösten Moleküle bedingt sind. Wenn wir diese Zusammenhänge kennen, dürfen wir dann umgekehrt die experimentellen Ergebnisse benutzen, um daraus Schlüsse auf die Eigenschaften der Moleküle, insbesondere ihre Größe, Gestalt und energetische Wechselwirkung, zu ziehen. Diese Kenntnisse geben dann dem Chemiker wertvolle Hinweise, in welche Richtung er seine Synthesen lenken muß, um Stoffe von bestimmten

Eigenschaften zu erhalten. Die Erforschung der Zusammenhänge zwischen Molekülstruktur und thermodynamischen Eigenschaften ist daher nicht nur von wissenschaftlichem Interesse, sondern auch von eminenter praktischer Bedeutung. Formal stellt diese Aufgabe sich dar als Berechnung der thermodynamischen Potentiale aus den Eigenschaften der das System aufbauenden Moleküle. Die Lösung dieser Aufgabe ist Gegenstand eines besonderen Zweiges der physikalischen Chemie, der statistischen Thermodynamik[1].

Wenn wir unser System, etwa eine Lösung, als ein mechanisches System aus Atomen oder Molekülen betrachten, so müßte uns im Prinzip die Lösung der SCHRÖDINGER-Gleichung des Systems alle gewünschten Auskünfte liefern. Sehen wir ab von den mathematischen Schwierigkeiten eines solchen Problems, so benötigen wir allein zur Aufstellung der SCHRÖDINGER-Gleichung derart ins einzelne gehende Kenntnisse über das System, wie wir sie praktisch nie besitzen können[2]. Tatsächlich sind die Kenntnisse, die wir voraussetzen können, vom Standpunkt der Quantenmechanik äußerst fragmentarisch. Sie beschränken sich gewöhnlich auf einige makroskopische Zustandsgrößen, wie die innere Energie, das Volumen, die Molzahlen u. dgl. Um diese Lücke auszufüllen, geht man so vor, daß man alle Quantenzustände betrachtet, die überhaupt mit unseren fragmentarischen Kenntnissen vereinbar sind, und dann Mittelwerte der interessierenden Größen, etwa der Energie, berechnet. Solche Mittelwerte haben folgenden Sinn: Wenn wir uns z. B. die gleiche Lösung unter gleichen Bedingungen sehr oft nebeneinander aufgebaut denken und messen bei jeder die innere Energie, so bekommen wir im Mittel den eben definierten Wert. Glücklicherweise sind größere Abweichungen von diesen Mittelwerten im allgemeinen äußerst unwahrscheinlich, so daß wir die Eigenschaften der Lösung gut durch solche Mittelwerte beschreiben können. Bei der mathematischen Durchführung dieser Gedanken treten gewisse Größen auf, die zunächst nur eine formale Bedeutung haben. Man kann aber zeigen, daß diese Größen den Gleichungen der Thermodynamik gehorchen und daher mit den entsprechenden thermodynamischen Größen, wie Temperatur, Entropie, freie Energie usw., identifiziert werden dürfen. Da andererseits die erwähnten Größen sich mit Hilfe unserer statistischen Beziehungen aus den Eigenschaften der Moleküle (z. B. im Falle eines idealen Gases aus den Quantenzuständen der einzelnen Moleküle) berechnen lassen, haben wir damit unmittelbar den gesuchten Zusammenhang zwischen thermodynamischen Funktionen und molekularen Eigenschaften.

---

[1] Die primäre Aufgabe der statistischen Thermodynamik ist die Begründung der Hauptsätze der Thermodynamik aus der Mechanik. Wir können darauf im Rahmen dieser Darstellung nicht näher eingehen und verweisen auf die spezielle Literatur.

[2] Diese Unkenntnis ist scharf zu unterscheiden von der durch die HEISENBERGsche Unbestimmtheitsrelation verursachten. Letztere bedingt den statistischen Charakter der Quantenmechanik im Gegensatz zur klassischen Mechanik. Die statistische Thermodynamik ist dagegen eine Statistik über die selbst nur statistischen Aussagen der Quantenmechanik.

### b) Verteilungsfunktion und freie Energie nach Helmholtz.

Wir wollen nun die etwas abstrakten Darlegungen des vorhergehenden Abschnittes durch ein konkretes Beispiel veranschaulichen, das uns zugleich die Grundlage für alle weiteren Untersuchungen liefert. Wir denken uns also ein beliebiges System, etwa wieder eine Lösung, in ein Volumen $V$ eingeschlossen und dieses in einen sehr großen Thermostaten der Temperatur $T$ gebracht. Die gleiche Anordnung denken wir uns in sehr vielen Exemplaren nebeneinander aufgebaut. Weil zwischen Thermostat und Lösung Energie (Wärme) übergehen kann, wird die Energie der letzteren dauernd kleinen Schwankungen unterliegen. Für den Thermostaten können wir dieselben wegen seiner Größe vernachlässigen und somit seine Energie als konstant annehmen. Die Energieschwankungen der Lösung sind allerdings, wenn dieselbe makroskopische Dimensionen hat, praktisch unbeobachtbar klein, und die Erfahrung zeigt, daß wir eine konstante mittlere Energie $\bar{E}$ messen können, die mit der inneren Energie $U$ unserer thermodynamischen Funktionen identisch ist. Wir wissen also über unsere Lösung,

1. daß sie sich in einem Volumen $V$ befindet,
2. daß sie eine mittlere Energie $\bar{E}$ besitzt,
3. daß sie eine gewisse Zusammensetzung hat, die wir durch die Molekülzahlen $N_i$ ausdrücken.

Wir stellen uns jetzt vor, daß wir genügend feine Messungen ausführen könnten, um die Schwankungen der Energie tatsächlich zu beobachten. Dann können wir nach der Wahrscheinlichkeit fragen, daß ein herausgegriffenes System den Energie-Eigenwert $E_l$ besitzt. Es läßt sich zeigen[1], daß diese Wahrscheinlichkeit (gemittelt über alle mit den Bedingungen vereinbaren Verteilungen) gegeben ist durch den Ausdruck

$$W = g_l \, e^{\frac{\psi - E_l}{\Theta}}, \qquad (\text{II}, 1)$$

wo $g_l$ der Entartungsgrad, d. h. die Zahl der zum Eigenwert $E_l$ gehörigen linear unabhängigen Eigenfunktionen ist. $\psi$ und $\Theta$ sind die vorhin erwähnten formalen Parameter. Die Summe aller Wahrscheinlichkeiten muß naturgemäß Eins sein. Daher erhält man aus Gl. (II, 1) durch Summierung über alle Eigenwerte

$$e^{-\frac{\psi}{\Theta}} = \sum_l g_l \, e^{-\frac{E_l}{\Theta}}. \qquad (\text{II}, 2)$$

Weiter findet man, daß $\Theta$ bis auf einen Faktor, der durch die Einheit der Temperaturskala festgelegt wird, gleich der Temperatur des Thermostaten ist. Der Faktor ist die bekannte Boltzmannsche Konstante k, so daß wir haben

$$\Theta = kT. \qquad (\text{II}, 3)$$

Schließlich ergibt sich, daß die Größe $\psi$ identisch ist mit der freien Energie nach Helmholtz des Systems. Die auf der rechten Seite der

---

[1] Siehe z. B. Münster, A.: Proc. Cambridge Phil. Soc. **46**, 319 (1950).

Gl. (II, 2) stehende Funktion ist von fundamentaler Bedeutung für die statistische Thermodynamik. Man nennt sie die *Verteilungsfunktion (partition function)* oder *Zustandssumme* des *Systems* und bezeichnet sie durch das Symbol $Q^*$. Damit haben wir den einfachen Zusammenhang

$$F = - kT \ln Q^* \tag{II, 4}$$

mit

$$Q^* = \sum_l g_l \, e^{-\frac{E_l}{kT}} . \tag{II, 5}$$

Diese beiden Beziehungen bilden für uns die Grundlage aller weiteren Untersuchungen. Sie zeigen, daß die Aufgabe der Bestimmung der freien Energie nach HELMHOLTZ aus den Eigenschaften der das System aufbauenden Moleküle formal dadurch gelöst wird, daß man die Verteilungsfunktion des Systems berechnet.

Für den Mittelwert irgendeiner Größe $u$, die vom Quantenzustand des Systems abhängt, bekommen wir aus Gl. (II, 1)

$$\bar{u} = \sum_l u_l g_l \, e^{\frac{\psi - E_l}{\Theta}} . \tag{II, 6}$$

Im besonderen ist daher die mittlere Energie

$$\bar{E} = \sum_l E_l g_l \, e^{\frac{\psi - E_l}{\Theta}} , \tag{II, 7}$$

oder mit Benutzung von Gl. (II, 3) und (II, 5)

$$\bar{E} = kT^2 \, \frac{\partial \ln Q^*}{\partial T} . \tag{II, 8}$$

Wie Gl. (II, 4) zeigt, ist diese Beziehung das statistische Analogon der thermodynamischen Gleichung

$$\frac{U}{T^2} = - \frac{\partial (F/T)}{\partial T} . \tag{II, 9}$$

### c) Die große Verteilungsfunktion.

Im vorhergehenden Abschnitt haben wir angenommen, daß unser System mit seiner Umgebung nur Energie austauschen kann. Es gibt aber Probleme, bei denen man notwendig auch einen Austausch von Materie in Betracht ziehen muß. Das für uns wichtigste Beispiel bietet die *Theorie* der *Lichtstreuung* hochmolekularer Lösungen, bei der es auf die Berechnung der örtlichen *Konzentrationsschwankungen* ankommt (vgl. Bd. I, Kapitel VI und Bd. II, Kapitel V). Die Grundlage dazu bildet eine Verallgemeinerung unserer früheren Betrachtung, der wir uns jetzt zuwenden. Wir denken uns eine Lösung aus $m$ Komponenten von bekannter Zusammensetzung. In dieser Lösung grenzen wir in Gedanken ein Volumen $V$ ab, das unser System darstellt. Das Volumen der Restlösung, die wir das Reservoir nennen wollen, muß (wie in dem früheren Beispiel der Thermostat) sehr groß gegen $V$ sein. Ein so definiertes

System kann nun mit seiner Umgebung sowohl Energie wie Materie austauschen; Energie und Zusammensetzung des Reservoirs bleiben dabei praktisch konstant. Wir können nun nach der Wahrscheinlichkeit fragen, daß unser System die Molekülzahlen $N_1$, $N_2$, ..., $N_m$ enthält und den Energie-Eigenwert $E_l$ besitzt. Für diese Wahrscheinlichkeit ergibt sich[1,2]

$$W_{Gr} = g_l\, e^{\dfrac{\Omega + \mu_1^* N_1 + \cdots + \mu_m^* N_m - E_l}{\Theta}} \,. \tag{II, 10}$$

Der Parameter $\Omega$ ergibt sich wieder aus der Bedingung, daß die Summe aller Wahrscheinlichkeiten Eins sein muß. Es gilt daher

$$e^{-\dfrac{\Omega}{\Theta}} = \sum_{N_1} \cdots \sum_{N_m} e^{\dfrac{\mu_1^* N_1 + \cdots \mu_m^* N_m}{\Theta}} \cdot Q^* \,, \tag{II, 11}$$

wo $Q^*$ durch Gl. (II, 5) gegeben ist. Den auf der rechten Seite der Gl. (II, 11) stehenden Ausdruck nennt man die *große Verteilungsfunktion (grand partition function)*[3]. Sie wird gewöhnlich durch das Symbol $\Xi$ bezeichnet. Die Untersuchung der thermodynamischen Bedeutung der in Gl. (II, 10) auftretenden Parameter (auf die wir hier nicht eingehen können) ergibt, daß $\Theta$ wieder durch Gl. (II, 3) gegeben ist. Die $\mu^*$ sind die auf das Molekül bezogenen chemischen Potentiale der Komponenten ($\mu_i^* N_L = \mu_i$), während $\Omega$ gleich dem negativen Wert der Größe $pV$ ist. Wir können also schreiben

$$pV = \mathrm{k}T \ln \Xi \tag{II, 12}$$

mit

$$\Xi = \sum_{N_1} \cdots \sum_{N_m} e^{\dfrac{\mu_1^* N_1 + \cdots + \mu_m^* N_m}{\mathrm{k}T}} Q^*. \tag{II, 13}$$

Die Analogie dieser Beziehungen zu den Gl. (II, 4) und (II, 5) ist ohne weiteres ersichtlich.

Die Methode der großen Verteilungsfunktion bietet infolge ihrer größeren Allgemeinheit häufig erhebliche Vorteile gegenüber der Methode des Abschnitts b; sie spielt daher eine sehr bedeutsame Rolle in der modernen Theorie. Wir wollen darauf hier nicht näher eingehen, sondern nur noch kurz zeigen, wie man mit Hilfe dieser Methode die Schwankungen der Molekülzahlen innerhalb des Volumens $V$ berechnen kann. Die interessierende Größe ist das sog. relative mittlere Schwankungsquadrat, welches etwa für die Komponente $i$ durch den Ausdruck

$$\frac{\overline{(N_i - \overline{N}_i)^2}}{\overline{N}_i^2} \tag{II, 14}$$

definiert ist. Dabei sind die Mittelwerte nach der Formel

[1] Münster, A.: Proc. Cambridge Phil. Soc. **46**, 319 (1950).
[2] Becker, R.: Z. physik. Chem. **196**, 181 (1950).
[3] Fowler, R. H.: Proc. Cambridge Phil. Soc. **34**, 382 (1938).

$$\overline{u} = \sum_{N_1} \cdots \sum_{N_m} \left[ \sum_l u_l\, g_l\, e^{\dfrac{\Omega + \mu_1^* N_1 + \cdots + \mu_m^* N_m - E_l}{\Theta}} \right] \qquad \text{(II, 15)}$$

zu bilden. Wir schreiben jetzt (II, 11) in der Form

$$\sum_{N_1} \cdots \sum_{N_m} e^{\dfrac{\Omega + \mu_1^* N_1 + \cdots + \mu_m^* N_m}{\Theta}} \cdot Q^* = 1. \qquad \text{(II, 16)}$$

Differenzieren wir beide Seiten nach $\mu_i^*$, so folgt

$$\sum_{N_1} \cdots \sum_{N_m} \left( \frac{\partial \Omega}{\partial \mu_i^*} + N_i \right) e^{\dfrac{\Omega + \mu_1^* N_1 + \cdots + \mu_m^* N_m}{\Theta}} \cdot Q^* = 0 . \qquad \text{(II, 17)}$$

Die linke Seite stellt aber nach Gl. (II, 15) einfach den Mittelwert des in der Klammer stehenden Ausdruckes dar. Wir erhalten somit

$$\overline{N}_i = - \frac{\partial \Omega}{\partial \mu_i^*} . \qquad \text{(II, 18)}$$

Durch nochmalige Differentiation von Gl. (II, 17) nach $\mu_i^*$ ergibt sich mit Benutzung von Gl. (II, 18)

$$\sum_{N_1} \cdots \sum_{N_m} \left[ \frac{\partial^2 \Omega}{\partial \mu_i^{*\,2}} + \frac{(N_i - \overline{N}_i)^2}{\Theta} \right] e^{\dfrac{\Omega + \mu_1^* N_1 + \cdots + \mu_m^* N_m}{\Theta}} \cdot Q^* = 0 . \qquad \text{(II, 19)}$$

Daraus folgt

$$\overline{(N_i - \overline{N}_i)^2} = - \Theta\, \frac{\partial^2 \Omega}{\partial \mu_i^*} . \qquad \text{(II, 20)}$$

Es ergibt sich somit für das relative mittlere Schwankungsquadrat

$$\frac{\overline{(N_i - \overline{N}_i)^2}}{\overline{N}_i^2} = \frac{k\,T}{\overline{N}_i^2}\, \frac{\partial \overline{N}_i}{\partial \mu_i^*} . \qquad \text{(II, 21)}$$

## § 26. Statistik unabhängiger Teilchen.

Die explizite Berechnung der Verteilungsfunktion $Q^*$ ist im allgemeinen nur dann durchführbar, wenn es gelingt, dieselbe in mehrere Faktoren zu zerlegen, oder, wie man gewöhnlich sagt, zu separieren.

Wir betrachten zunächst als einfachstes Beispiel ein System aus $N$ unabhängigen linearen harmonischen Oszillatoren. Der Ausdruck unabhängig soll besagen, daß die Oszillatoren Energie austauschen können, daß aber der Beitrag der Wechselwirkungsenergie zur Gesamtenergie vernachlässigt werden kann. Bekanntlich kann man die Wärmeschwingungen eines idealen Kristalls in erster Näherung durch ein solches System von harmonischen Oszillatoren darstellen[1]. Die Eigenwerte $E_l$ haben dann die Form

$$E_l = N_1\, \varepsilon_1 + N_2\, \varepsilon_2 + \cdots + N_i\, \varepsilon_i + \cdots, \qquad \text{(II, 22)}$$

---

[1] Für einen Kristall aus $N$ Atomen benötigt man $3\,N$ Oszillatoren, weil jedes Atom drei Freiheitsgrade hat.

wo die $\varepsilon_i$ die Eigenwerte eines einzelnen Oszillators[1] bezeichnen und die $N_i$ die Zahlen der Oszillatoren, die sich jeweils in dem Quantenzustand $i$ befinden. Da die Eigenwerte des linearen harmonischen Oszillators nicht entartet sind[1], ist der Entartungsgrad des Eigenwertes Gl. (II, 22) einfach gleich der Zahl der Vertauschungsmöglichkeiten der $N$ Oszillatoren, wobei Vertauschungen unter solchen Oszillatoren, welche den gleichen Eigenwert haben, nicht gezählt werden dürfen. Nach bekannten Regeln der Kombinationsrechnung ist somit

$$g_l = \frac{N!}{\prod\limits_i N_i!} \cdot \qquad (II, 23)$$

Wir definieren jetzt eine neue Funktion

$$Z^* = \sum_i e^{-\frac{\varepsilon_i}{kT}}, \qquad (II, 24)$$

die wir allgemein die *Verteilungsfunktion* oder *Zustandssumme* pro *Molekül* nennen wollen; dabei sind hier unter Molekülen die Oszillatoren zu verstehen. Dann findet man durch einfaches Ausmultiplizieren, daß

$$Q^* = \sum_l g_l e^{-\frac{E_l}{kT}} = Z^{*N} \qquad (II, 25)$$

ist. Damit haben wir die gewünschte Separation der Verteilungsfunktion $Q^*$ erreicht. $Z^*$ läßt sich in unserem Falle sehr einfach berechnen. Es ist nämlich[1]

$$\varepsilon_i = (v + \tfrac{1}{2})\, h\, \nu \qquad (v = 0, 1, 2, \ldots), \qquad (II, 26)$$

wo $v$ die Quantenzahl, $\nu$ die Frequenz des Oszillators und $h$ das PLANCK-sche Wirkungsquantum ist. Damit wird $Z^*$ eine geometrische Reihe, die sich geschlossen aufsummieren läßt, und wir bekommen

$$Z^* = \frac{e^{-\frac{h\nu}{2kT}}}{1 - e^{-\frac{h\nu}{kT}}} \cdot \qquad (II, 27)$$

Es wird dann

$$F = \tfrac{1}{2} N h \nu + N\, kT \ln \left(1 - e^{-\frac{h\nu}{kT}}\right). \qquad (II, 28)$$

Alles weitere läßt sich daraus nach den Formeln der Thermodynamik berechnen.

Von besonderem Interesse ist die Frage nach der mittleren Zahl der Oszillatoren, die sich im Quantenzustand $j$ befinden. Nennen wir diese Größe $N_j$, so liefert die allgemeine Gl. (II, 6) zunächst

$$\overline{N}_j = \frac{\sum\limits_l N_j g_l e^{-\frac{E_l}{kT}}}{\sum\limits_l g_l e^{-\frac{E_l}{kT}}} \cdot \qquad (II, 29)$$

---

[1] EUCKEN, A.: Lehrbuch der chemischen Physik, Bd. I, III. Aufl. 1949.

Setzen wir zur Abkürzung

$$y_j \equiv e^{-\frac{\varepsilon_j}{kT}} , \qquad (\text{II, } 30)$$

so kann Gl. (II, 5) mit Beachtung von (II, 22) geschrieben werden

$$Q^* = \sum_l g_l \, \Pi_i \, y_i^{Ni} . \qquad (\text{II, } 31)$$

Damit läßt sich (II, 29) auf die Form

$$\overline{N}_j = y_j \, \frac{\partial \ln Q^*}{\partial y_j} \qquad (\text{II, } 32)$$

bringen, wie man durch Ausführung der Differentiation leicht verifiziert. Setzen wir jetzt für $Q^*$ den Wert aus Gl. (II, 25) ein, so bekommen wir

$$\overline{N}_j = N y_j \frac{\partial \ln Z^*}{\partial y_j} , \qquad (\text{II, } 33)$$

und das ergibt

$$\frac{\overline{N}_j}{N} = \frac{e^{\frac{\varepsilon_j}{kT}}}{\sum_i e^{\frac{\varepsilon_i}{kT}}} . \qquad (\text{II, } 34)$$

Diese Gleichung stellt das berühmte MAXWELL-BOLTZMANNsche *Gesetz* der *Energieverteilung* dar. Aus unserer Ableitung ergibt sich klar, daß für dieses Gesetz Unabhängigkeit der Oszillatoren in dem oben erläuterten Sinne vorausgesetzt wird.

Als nächstes Beispiel betrachten wir ein ideales Gas, dessen Moleküle wir der Einfachheit halber zunächst als Massenpunkte annehmen wollen. Diese sollen wieder unabhängig voneinander sein, in dem Sinne, daß sie zwar (durch Stöße) Energie austauschen können, daß aber die Wechselwirkungsenergie keinen nennenswerten Beitrag zur Gesamtenergie liefert. Wir können indessen die obigen Rechnungen nicht einfach übernehmen, weil jetzt ein sehr wichtiger neuer Gesichtspunkt beachtet werden muß. Bei der Ableitung der Gl. (II, 23) hatten wir stillschweigend vorausgesetzt, daß wir die einzelnen Oszillatoren individuell unterscheiden können. Diese Annahme ist gerechtfertigt, weil wir uns die einzelnen Oszillatoren stets an bestimmten Stellen lokalisiert denken können. Bei einem Gase sind aber die Moleküle nicht mehr lokalisiert, sondern jedem steht das ganze Volumen $V$ zur Verfügung. Fassen wir etwa zwei bestimmte Moleküle ins Auge, so können wir sie naturgemäß zunächst individuell unterscheiden. Die beiden Moleküle mögen jetzt zusammenstoßen und wieder nach irgendwelchen Richtungen $a$ und $b$ auseinanderfliegen. Wir können dann prinzipiell keine Aussage darüber machen, ob das Molekül 1 oder 2 in der Richtung $a$ davonfliegt. Dazu müßten wir nämlich während des Stoßes Orts- und Impulsmessungen mit größerer Genauigkeit machen, als sie die HEISENBERGsche *Unbestimmtheitsrelation* zuläßt. Die Unterscheidbarkeit der Teilchen ist also schon nach dem ersten Zusammenstoß verlorengegangen. Wir müssen daher alle Überlegungen so durchführen, daß die Resultate durch eine Vertauschung gleicher Teilchen nicht beeinflußt werden. Denn diese ist, wie wir gesehen haben, physikalisch nicht definierbar und darf daher auch zu keinem beobachtbaren Resultat führen.

Die strenge Verfolgung dieses Gedankens führt zu den speziellen Formen der Quantenstatistik, der BOSE-EINSTEIN-*Statistik* und der FERMI-DIRAC-*Statistik*. Unter gewissen Bedingungen, die wir hier nicht näher erörtern können, gehen beide in eine gemeinsame Grenzform, die sog. halbklassische Statistik, über. Die erwähnten Bedingungen sind bei allen Anwendungen, die für uns in Betracht kommen, stets erfüllt. Die entsprechenden Formeln lassen sich auch ohne die strenge Rechnung leicht plausibel machen.

Wir gehen dabei aus von der Tatsache, daß bei unseren Problemen die Eigenwerte der Gl. (II, 1) so dicht liegen, daß wir sie praktisch als ein Kontinuum betrachten und daher die Summierung durch eine Integration ersetzen dürfen.

Um das Integral richtig formulieren zu können, brauchen wir einige Begriffe aus der klassischen Mechanik. Zunächst verstehen wir unter der Zahl $f$ der Freiheitsgrade eines Systems die Zahl der unabhängigen Koordinaten, die notwendig sind, um die räumliche Lage des Systems eindeutig zu beschreiben. So hat z. B. ein System aus zwei frei beweglichen Massenpunkten sechs Freiheitsgrade; sind aber die beiden Massenpunkte zu einer starren Hantel verbunden, so existiert eine Gleichung zwischen den Koordinaten, welche den Abstand der beiden Massenpunkte festlegt. Es sind daher nur noch fünf Koordinaten unabhängig und wir haben jetzt fünf Freiheitsgrade. Die Koordinaten müssen nicht notwendig cartesische Koordinaten sein, es können z. B. Polarkoordinaten oder sonstige Koordinaten sein. Wenn die spezielle Wahl der Koordinaten offen gelassen wird, spricht man von generalisierten Koordinaten $q_i$. Als generalisierte Geschwindigkeiten $\dot{q}_i$ bezeichnet man die Ableitungen der generalisierten Koordinaten nach der Zeit, also

$$\dot{q}_i = \frac{d q_i}{d t}, \qquad \text{(II, 35)}$$

und als generalisierte Impulse $p_i$ die Ableitungen der kinetischen Energie $E_{kin}$ nach den generalisierten Geschwindigkeiten, d. h.

$$p_i = \frac{\partial E_{kin}}{\partial \dot{q}_i}. \qquad \text{(II, 36)}$$

Man überzeugt sich leicht, daß diese Definitionen, wenn man für die $q_i$ rechtwinkelige cartesische Koordinaten einsetzt, auf die bekannten Formeln der elementaren Mechanik führen. Das Produkt aus einer generalisierten Koordinate $q_i$ und dem dazu „konjugierten" Impuls hat stets die physikalische Dimension einer Wirkung (= Energie × Zeit). Der mechanische Zustand eines Systems von $f$ Freiheitsgraden wird dann klassisch durch Angabe von $f$ generalisierten Koordinaten und $f$ dazu konjugierten generalisierten Impulsen beschrieben. Schreiben wir jetzt die Energie in der Form $E(q, p)$, d. h. als Funktion der generalisierten Koordinaten und Impulse an, so liefert die Integration von $\exp\left(-E/kT\right)$ über alle zulässigen Werte der Koordinaten und Impulse das klassische Analogon der Verteilungsfunktion. Dieser Ausdruck kann aber nach den Ergebnissen der Quantenmechanik auch als Näherung nicht korrekt sein. Zunächst ist nämlich nach der HEISENBERG-schen Unbestimmtheitsrelation das Produkt aus der Unschärfe einer Koordinate $\Delta q_i$ und der Unschärfe des dazu konjugierten Impulses $\Delta p_i$

$$\Delta q_i \cdot \Delta p_i \approx h, \qquad \text{(II, 37)}$$

d. h. innerhalb dieser Grenzen hat eine Unterscheidung verschiedener Zustände keinen Sinn. Jeder linear unabhängigen Eigenfunktion des Systems entspricht gerade ein Gebiet $h^f$ der generalisierten Koordinaten und Impulse. Wir müssen daher das erwähnte Integral noch durch $h^f$ dividieren. Weiter müssen alle Zustände, die durch Vertauschung gleicher Teilchen auseinander hervorgehen, nach unseren obigen Überlegungen als ein Zustand betrachtet werden. Wir müssen daher das Integral auch noch durch die Zahl der möglichen Vertauschungen, d. h. durch $N!$ dividieren.

Bezeichnen wir nun das Produkt der Differentiale aller Koordinaten und Impulse mit $d\omega$, so bekommen wir als sog. halbklassische Näherung der Verteilungsfunktion

$$Q^* = \frac{1}{N!\, h^f} \int e^{-\frac{E(q,p)}{kT}}\, d\omega . \tag{II, 38}$$

Sind mehrere Molekülarten anwesend, so haben wir entsprechend

$$Q^* = \frac{1}{\underset{m}{\Pi}\, N_m!\, h^f} \int e^{-\frac{E(q,p)}{kT}}\, d\omega . \tag{II, 38a}$$

Für ein ideales Gas aus Massenpunkten der Masse $m$ ist nun bekanntlich

$$E = \sum_{i=1}^{N} \frac{1}{2m}\, (p_{ix}^2 + p_{iy}^2 + p_{iz}^2) , \tag{II, 39}$$

wo $p_{ix}$, $p_{iy}$ und $p_{iz}$ die Impulskomponenten des $i$-ten Moleküls in bezug auf rechtwinklige cartesische Koordinaten sind. Die Energie hängt also nicht von den Koordinaten ab (d. h. wir haben nur kinetische Energie); die Integration über die $3\,N$ Koordinaten liefert daher einfach $V^N$. Das Integral über die Impulse läßt sich wegen Gl. (II, 39) nach den $3\,N$ cartesischen Impulskomponenten separieren. Es ergibt also einfach ein Produkt aus $3\,N$ Integralen der Form

$$\int_{-\infty}^{+\infty} e^{-\frac{p^2}{2m\,kT}}\, dp = \sqrt{2\,\pi\,m\,kT} . \tag{II, 40}$$

Wir erhalten somit (wegen $f = 3\,N$)

$$Q^* = \left[ \frac{(2\,\pi\,m\,kT)^{\frac{3}{2}}\, V}{h^3} \right]^N \Big/ N! \tag{II, 41}$$

Definieren wir wieder die Verteilungsfunktion des Einzelmoleküls durch die Gleichung

$$Z^* = \frac{1}{h^3} \int\int\int\int\int\int e^{-\frac{1}{2m\,kT}(p_x^2 + p_y^2 + p_z^2)}\, dp_x\, dp_y\, dp_z\, dx\, dy\, dz$$
$$= \frac{(2\,\pi\,m\,kT)^{\frac{3}{2}}\, V}{h^3} , \tag{II, 42}$$

so können wir (II, 41) auch schreiben

$$Q^* = \frac{Z^{*N}}{N!} \tag{II, 43}$$

Diese Gleichung unterscheidet sich von Gl. (II, 25) nur durch den Faktor $1/N!$, der von der Nichtunterscheidbarkeit herrührt. Um einen bequemen Ausdruck für die freie Energie nach HELMHOLTZ zu erhalten, benutzen wir die STIRLINGsche Formel

$$\ln N! = N \ln N - N, \qquad \text{(für } N \gg 1) \qquad \text{(II, 44)}$$

deren Voraussetzung hier immer erfüllt ist. Dann folgt mit Gl. (II, 4)

$$F = - kT N [\ln Z^* - \ln N + 1] \qquad \text{(II, 45)}$$

oder mit Gl. (II, 42)

$$F = kT N \left[ \ln \frac{N}{V} - 1 - \frac{3}{2} \ln \left( \frac{2 \pi m\, kT}{h^2} \right) \right]. \qquad \text{(II, 46)}$$

Nach der thermodynamischen Formel

$$p = - \left( \frac{\partial F}{\partial V} \right)_{T, N} \qquad \text{(II, 47)}$$

folgt dann

$$pV = N\, kT, \qquad \text{(II, 48)}$$

die Zustandsgleichung des idealen Gases. Mit Gl. (II, 9) bekommen wir aus (II, 46) für die innere Energie

$$U = \tfrac{3}{2} N\, kT \qquad \text{(II, 49)}$$

und daraus

$$\left( \frac{\partial U}{\partial V} \right)_{T, N} = 0, \qquad \text{(II, 50)}$$

die zweite Definitionsgleichung des idealen Gases.

Mit Hilfe der Gleichungen, die uns jetzt zur Verfügung stehen, können wir versuchen, das Wesen der Entropie, die in der Thermodynamik rein formal als mathematische Funktion eingeführt wird, auch anschaulich zu verstehen. Wir betrachten dazu ein System aus zwei durch ein Ventil verbundenen Gasflaschen 1 und 2, deren Volumina $V_1$ und $V_2$ seien. Das Ventil sei zunächst geschlossen. Bei gleichem Druck und gleicher Temperatur sei 1 mit Helium (Index 1), 2 mit Neon (Index 2) gefüllt. Mit Hilfe der Formel

$$\left( \frac{\partial F}{\partial T} \right)_{V, N} = - S \qquad \text{(II, 51)}$$

können wir dann aus (II, 46) ohne weiteres die Entropie des Systems berechnen. Wir bekommen

$$\begin{aligned} S_{geschl} = {} & k\, N_1 \left[\ln V_1 - \ln N_1 + 1 + \varphi_1 (T)\right] \\ & + k\, N_2 \left[\ln V_2 - \ln N_2 + 1 + \varphi_2 (T)\right], \end{aligned} \qquad \text{(II, 52)}$$

wo $\varphi_1 (T)$ und $\varphi_2 (T)$ Temperaturfunktionen sind, deren explizite Gestalt uns hier nicht interessiert. Jetzt öffnen wir das Ventil und lassen die Gase sich durch Diffusion vermischen. Nach Einstellung des Gleichgewichtes ist die Entropie gegeben durch

$$\begin{aligned} S_{geöff} = {} & k\, N_1 \left[\ln (V_1 + V_2) - \ln N_1 + 1 + \varphi_1 (T)\right] \\ & + k\, N_2 \left[\ln (V_1 + V_2) - \ln N_2 + 1 + \varphi_2 (T)\right]. \end{aligned} \qquad \text{(II, 53)}$$

Vergleichen wir dies mit (II, 52) und bilden die Differenz beider Ausdrücke, so finden wir, daß durch das Öffnen des Ventils die Entropie um den Betrag

$$\Delta S = k\left[ N_1 \ln \frac{V_1 + V_2}{V_1} + N_2 \ln \frac{V_1 + V_2}{V_2} \right], \qquad (II, 54)$$

den man die Mischungsentropie nennt, zugenommen hat. Unsere Ableitung läßt nun sofort die Ursache dieser Entropiezunahme erkennen. Sie rührt nämlich daher, daß bei geöffnetem Ventil in der Verteilungsfunktion die Koordinaten jeder Molekülsorte über das Volumen $V_1 + V_2$ zu integrieren sind, während bei geschlossenem Ventil die Koordinaten der He-Atome nur über das Volumen $V_1$, die der Ne-Atome nur über das Volumen $V_2$ integriert werden. Das heißt mit anderen Worten, daß bei geöffnetem Ventil die Zahl der molekularen Realisierungsmöglichkeiten des makroskopischen (thermodynamischen) Zustandes größer ist als bei geschlossenem Ventil. Was wir hier an einem speziellen Beispiel gezeigt haben, gilt nun ganz allgemein: Von zwei Zuständen gleicher Energie hat derjenige die größere Entropie, der durch die größere Zahl von molekularen Konfigurationen realisiert wird.

Quantenmechanisch ist die Zahl dieser *Realisierungsmöglichkeiten* gleich der Zahl $\Omega$ der zum Energieintervall $E$ bis $E + \delta E$ gehörigen linear unabhängigen Eigenfunktionen. Konstruieren wir den klassischen $2f$-dimensionalen „Phasenraum" der $q_i$ und $p_i$ und messen darin das Hypervolumen in Einheiten $h^f$, so ist in der halbklassischen Näherung $\Omega$ gleich dem Hypervolumen zwischen den beiden Energie-Hyperflächen $E$ und $E + \delta E$. Zwischen dieser Größe und der Entropie besteht dann die Beziehung

$$S = k \ln \Omega . \qquad (II, 55)$$

Die bekannte Boltzmannsche Entropieformel ist eine Approximation der strengeren Gl. (II, 55).

Als wichtige Folgerung ergibt sich daraus, daß die Entropie unmittelbar ein Maß der molekularen Ordnung ist. Von zwei Zuständen gleicher Energie hat derjenige mit der größeren molekularen Ordnung die kleinere Entropie. Wir wollen uns das zunächst an einem makroskopischen Beispiel klarmachen. Dazu denken wir uns einen Zylinder mit beweglichen Kolben, in dem Inneren des Zylinders sollen sich Streichhölzer befinden. Die ganze Anordnung soll dauernd geschüttelt werden, damit sich jede Verteilung einstellen kann (Ersatz für die thermische Bewegung!). Wenn wir den Kolben sehr weit hereinschieben, werden schließlich

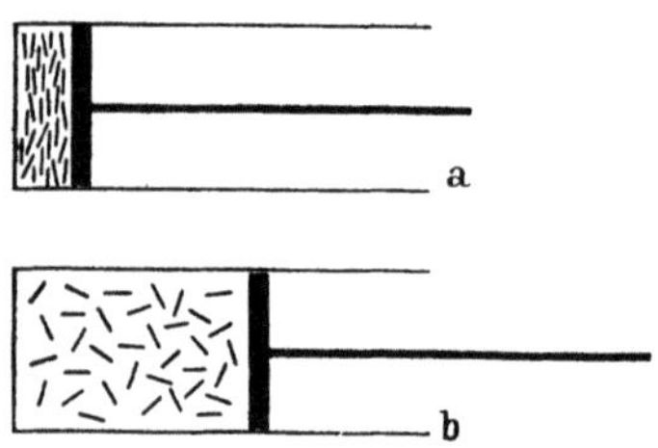

Abb. II, 1.  Zur Erklärung der Entropie.

die Streichhölzer weitgehend parallel liegen wie in einer Streichholzschachtel (Abb. II, 1a). Wir haben also eine hohe Ordnung. Ziehen wir den Kolben ein Stück heraus, so wird dadurch nach den obigen Überlegungen die Entropie vergrößert; gleichzeitig werden die Streichhölzer nicht nur in der räumlichen Verteilung, sondern vor allem auch im Hinblick auf die Orientierung ein völliges Durcheinander zeigen (Abb. II, 1b). Nehmen wir statt der Streichhölzer Kugeln, so bleibt nur eine Zunahme der Unordnung im Hinblick auf die Schwerpunktsverteilung; die Zunahme der Entropie ist daher in diesem Falle wesentlich kleiner. Sie wird umgekehrt vergrößert, wenn wir den Streichhölzern bei gleicher Dicke die doppelte Länge geben.

Damit haben wir bereits ein qualitatives Verständnis für eine der auffallendsten Eigenschaften hochmolekularer Lösungen, ihre *abnorm hohe Verdünnungsentropie*, gewonnen. Wenn wir eine hochmolekulare Lösung verdünnen, tun wir etwas ganz ähnliches, wie wenn wir bei unserem Modell den Kolben herausziehen. Wir werden daher eine *Entropiezunahme* bekommen, die um so *größer sein wird,* je *anisotroper* die *Molekülgestalt* ist. Die höchsten Werte der Verdünnungsentropie sind daher für starre gestreckte Fadenmoleküle zu erwarten, die niedrigsten für kugelförmige Moleküle. Wir werden das Ergebnis dieser qualitativen Überlegungen später durch exakte Rechnungen bestätigen. Allerdings haben wir in Lösungen insofern komplizierte Verhältnisse, als auch im Lösungsmittel derartige Effekte auftreten können. Wir wissen z. B., daß im reinen Benzol die Moleküle weitgehend parallel orientiert sind. Geben wir jetzt Benzol zu einer benzolischen Kautschuklösung, so wird die Ordnung der Benzolmoleküle durch die Kautschukmoleküle erheblich gestört. Die Zerstörung der Ordnung des reinen Lösungsmittels ergibt abermals eine zusätzliche Verdünnungsentropie. Derartige Effekte können durchaus von der gleichen Größenordnung sein wie diejenigen, welche durch die hochpolymeren Moleküle als solche verursacht werden. Diese Tatsache ist früher oft nicht genügend beachtet worden.

Wir kehren jetzt wieder zur Betrachtung der idealen Gase zurück und wollen noch kurz erörtern, wie die Verhältnisse bei mehratomigen Molekülen liegen. Auch hier läßt sich die Verteilungsfunktion des Systems stets nach den Koordinaten der Einzelmoleküle separieren. Die Energie eines Einzelmoleküls läßt sich zerlegen in einen Anteil, der von der Schwerpunktstranslation herrührt, und einen weiteren, der von den Koordinaten und Impulsen der sog. inneren Freiheitsgrade (Rotation, Schwingung, Elektronenhülle, Kernspin) abhängt. Man kann daher stets die Verteilungsfunktion der Schwerpunktstranslation $Z_{tr}^{*}$ abseparieren, so daß wir allgemein haben

$$Q^{*} = Q_{tr}^{*} \cdot Q_{i}^{*} \qquad \text{(II, 56)}$$

mit

$$Q_{tr}^{*} = \frac{Z_{tr}^{*N}}{N!} \qquad \text{(II, 57)}$$

und

$$Q_{i}^{*} = Z_{i}^{*N} \qquad \text{(II, 58)}$$

oder für das Einzelmolekül

$$Z^{*} = Z_{tr}^{*} \cdot Z_{i}^{*}. \qquad \text{(II, 59)}$$

Die Verteilungsfunktion der Schwerpunktstranslation des Einzelmoleküls $Z_{tr}^{*}$ hat die gleiche Gestalt wie im Falle der Massenpunkte $Z^{*}$. $Z_{i}^{*}$, die Verteilungsfunktion der inneren Freiheitsgrade des Einzelmoleküls, ist vom Volumen unabhängig; wir erhalten daher auch hier wieder die

Gl. (II, 48) und (II, 50). Da aber $Z_i^*$ von der Temperatur abhängt, bekommen wir jetzt mit Gl. (II, 8) für die innere Energie

$$U = \frac{3}{2}\, N\,\mathrm{k}\,T + N\,\mathrm{k}\,T^2 \frac{\partial \ln Z_i^*}{\partial T}\,. \qquad (\text{II, } 60)$$

Die spezifische Wärme wird daher entscheidend durch die Verteilungsfunktion der inneren Freiheitsgrade beeinflußt. Umgekehrt kann man aus Messungen der spezifischen Wärme oft bedeutsame Schlüsse auf die inneren Freiheitsgrade bzw. die Struktur der Moleküle ziehen. Eine wesentliche Rolle spielt dabei die Tatsache daß man häufig $Z_i^*$ noch weiter nach den einzelnen inneren Freiheitsgraden separieren kann, daß man diese Funktion somit als Produkt der Verteilungsfunktionen der äußeren und inneren Rotationen und der Schwingungen darstellen kann[1]. Einige Angaben darüber finden sich in Bd. I § 27 dieses Werkes. Für eine ausführlichere Diskussion müssen wir auf die speziellen Lehrbücher und Monographien verweisen.

## § 27. Statistik von Systemen gekoppelter Teilchen.

Die vollständige Separation der Verteilungsfunktion nach den Koordinaten der Einzelmoleküle läßt sich nur für die beiden Fälle des idealen Gases und des idealen Kristalls durchführen. Im allgemeinen haben wir in der Energiefunktion stets einen Term der von der zwischenmolekularen Wechselwirkung herrührt und in sehr komplizierter Weise von den Koordinaten sämtlicher Moleküle abhängt. Wir nennen diesen Term die potentielle Energie des Gesamtsystems $E_{p,t}$. Andererseits ist die kinetische Energie der Schwerpunktstranslation stets als Summe von Quadraten der generalisierten Impulse darstellbar, so daß dieser Anteil der Verteilungsfunktion sich nach den Einzelmolekülen separieren läßt. Wenn $E_{pot}$ nur von den Schwerpunktskoordinaten der Moleküle abhängt, können wir auch zunächst die vollständige Verteilungsfunktion der inneren Freiheitsgrade abseparieren und diese dann weiter nach Einzelmolekülen separieren. Das ist aber keineswegs immer der Fall (z. B. dann nicht, wenn Orientierungseffekte auftreten). Wir wollen daher, um uns nicht festzulegen, unter $E_i$ nur denjenigen Teil der Energie der inneren Freiheitsgrade verstehen, der sich als Summe von Termen, die nur von den betreffenden Koordinaten und Impulsen der Einzelmoleküle abhängen, darstellen läßt. Wir können dann schreiben

$$E = E_i + E_{kin} + E_{pot}\,. \qquad (\text{II, } 61)$$

Fassen wir jetzt alle nach Einzelmolekülen separierbaren Anteile der Verteilungsfunktion und den Faktor $h^f$ zusammen, so können wir allgemein schreiben

$$Q^* = \frac{1}{\prod\limits_{m} N_m!}\, \prod\limits_{m} [f_m\,(T)]^{N_m} \int e^{-\frac{E_{pot}}{\mathrm{k}T}}\, d\tau\,, \qquad (\text{II, } 62)$$

---

[1] Die Verteilungsfunktionen der Schwingungen lassen sich häufig mit hinreichender Genauigkeit durch Gl. (II, 27) darstellen.

wo $d\,\tau$ das Produkt der Differentiale aller Koordinaten, von denen $E_{pot}$ abhängt, bedeutet. Die $f_m\,(T)$ nennen wir kurz die Verteilungsfunktionen der inneren und kinetischen Energie. Wenden wir auf die Fakultätenausdrücke die STIRLINGsche Formel Gl. (II. 44) an, so bekommen wir aus (II, 62) mit (II. 4) für die freie Energie nach HELMHOLTZ

$$F = -\,\mathrm{k}\,T\left\{ \sum_m N_m \left[\ln \frac{f_m\,(T)}{N_m} + 1\right] + \ln B\,(T) \right\}, \qquad \text{(II, 63)}$$

wo

$$B\,(T) = \int e^{-\frac{E_{pot}}{\mathrm{k}\,T}}\,d\tau \qquad \text{(II, 64)}$$

als Verteilungsfunktion der potentiellen Energie des Gesamtsystems bezeichnet wird. Die Ermittlung dieser Funktion bildet den Kern des Problems in der statistischen Theorie nicht separierbarer (kooperativer) Systeme. Es ist ohne weiteres klar, daß die direkte Berechnung des multiplen Integrals $B\,(T)$ ein praktisch unlösbares Problem darstellt. Man kann zwar u. U. durch rein mathematische Umformungen noch ein Stück weiter kommen. Ein Beispiel dafür bietet die aus der Gastheorie bekannte sog. URSELL-Transformation[1], die eine strenge Begründung für die Virialform der Zustandsgleichung ermöglicht und weiter, wie zuerst J. E. MAYER[2] gezeigt hat, zu einer allgemeinen Theorie der Kondensation führt[3]. Eine Verallgemeinerung dieser Methode für beliebige Systeme ist von McMILLAN und MAYER[4] entwickelt worden[5]. Sie führt u. a. zu der für uns sehr wichtigen Folgerung, daß der osmotische Druck von Nichtelektrolyten sich stets durch eine Entwicklung nach ganzen Potenzen der Konzentration darstellen läßt. Die Koeffizienten dieser Entwicklung (verallgemeinerte cluster-Integrale) sind aber Größen, deren exakte Berechnung als Funktionen der Temperatur und der molekularen Parameter wieder praktisch undurchführbar ist. Wenn man daher zu expliziten, experimentell nachprüfbaren Formeln gelangen will, gibt es vorläufig keinen anderen Weg als zunächst unter Benutzung anderweitiger experimenteller und theoretischer Ergebnisse das mathematische Problem zu vereinfachen. Diese Vereinfachung kann z. B. darin bestehen, daß man bei der Berechnung von $B\,(T)$ nur gewisse Konfigurationen des Systems berücksichtigt, die nach anderweitigen Ergebnissen den Hauptbeitrag dazu liefern. So betrachtet man in der Theorie der Fehlordnung der Kristalle von vornherein nur Verteilungen der Kristallbausteine auf Gitterplätze und Zwischengitterplätze, ohne sich um die Möglichkeit kontinuierlicher Ortsveränderung zu kümmern. Man konstruiert also von vornherein ein bestimmtes

---

[1] URSELL, H. D.: Proc. Cambridge Phil. Soc. **23**, 685 (1927).

[2] MAYER, J. E.: J. Chem. Phys. **5**, 67 (1937).

[3] Vgl. die zusammenfassende Darstellung in J. E. MAYER u. M. GOEPPERT-MAYER: Statistical Mechanics. New York 1948.

[4] McMILLAN, W. G., u. J. E. MAYER: J. Chem. Phys. **13**, 276 (1945).

[5] Eine kurze Darstellung der für die hier behandelten Probleme wichtigen Teile der McMILLAN-MAYERschen Theorie findet sich bei A. MÜNSTER: Z. Elektrochem. **56**, 525 (1952).

Modell des betrachteten Systems und wendet darauf die Methoden der statistischen Thermodynamik an. Dieses Verfahren ist zwar zunächst ein Notbehelf, hat aber doch einen bemerkenswerten Vorteil. Die thermodynamischen Eigenschaften kondensierter Systeme, zumal der flüssigen Gemische, beruhen nämlich stets auf der Überlagerung einer mehr oder weniger großen Zahl von Elementareffekten. Mit Hilfe geeigneter Modelle lassen sich die letzteren rein herauspräparieren. Durch Vergleich mit den experimentellen Daten kommt man auf diesem Wege zu ziemlich zuverlässigen Aussagen darüber, welche Elementareffekte für das Zustandekommen der beobachteten thermodynamischen Eigenschaften tatsächlich wesentlich sind. Wir werden dafür noch zahlreiche Beispiele kennenlernen.

Wir wollen nun direkt zu unserem eigentlichen Thema, der statistischen Behandlung flüssiger Gemische, übergehen. Die experimentelle Grundlage für die Konstruktion eines geeigneten Modells bilden vor allem die Ergebnisse der Röntgenanalyse der Flüssigkeiten, wie sie zuerst von PRINS[1] und DEBYE[2] durchgeführt wurde. Diese Untersuchungen sowie Modellversuche von STUART[3] zeigen, daß auch in Flüssigkeiten in kleinsten Bezirken eine kristalline Ordnung herrscht. Während sich aber diese Ordnung im (idealen) Kristall über beliebig weite Entfernungen erstreckt, ist sie in der Flüssigkeit in größerem Abstand von einem herausgegriffenen Molekül gewissermaßen „verwackelt"; wir haben daher nur eine *Nahordnung* im Gegensatz zu der *Fernordnung* der Kristalle. Erstere genügt aber, um die räumliche Zuordnung benachbarter Moleküle sinnvoll durch eine *mittlere Koordinationszahl z* zu

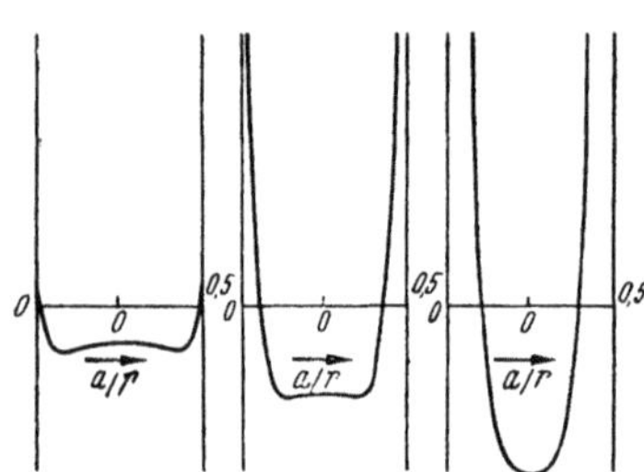


Abb. II, 2.
Potential eines Flüssigkeitsteilchens nach LENNARD-JONES und DEVONSHIRE.

beschreiben. Diese gibt also die Zahl unmittelbar benachbarter Moleküle, von denen im Mittel ein herausgegriffenes Molekül umgeben ist. Da für die dichteste Kugelpackung $z = 12$ ist, muß allgemein $z \leq 12$ sein. Andererseits sind Werte $z < 4$ zwar nicht unmöglich, aber doch recht unwahrscheinlich.

Das zweite für uns wesentliche Ergebnis ist theoretischer Natur. LENNARD-JONES und DEVONSHIRE[4] haben das Potential berechnet, in dem sich ein herausgegriffenes Flüssigkeitsteilchen unter dem Einfluß seiner Nachbarn bewegt. Sie fanden, daß dieses Potential annähernd „kastenförmig" ist (s. Abb. II, 2). Das bedeutet, daß die Moleküle sich in einem kleinen Volumen $v$ annähernd frei bewegen können, während sie an der Grenze dieses Volumens durch


[1] PRINS, J. A.: Physica 6, 315 (1926).
[2] DEBYE, P.: Phys. Z. 31, 384 (1930).
[3] STUART, H. A., u. H. REHAAG: Phys. Z. 38, 1027 (1937). — STUART, H. A.: Naturwiss. 31, 123 (1943). — Vgl. dazu auch die Ausführungen in Bd. I, § 37a und die Abb. 101 und 146.
[4] LENNARD-JONES, J., u. A. DEVONSHIRE: Proc. Roy. Soc. Lond. A 163, 53 (1937); 165, 1 (1938).

starke Abstoßungskräfte zurückgetrieben werden. Auf dieser Grundlage haben LENNARD-JONES und DEVONSHIRE eine Theorie der reinen Flüssigkeiten entwickelt. Der Sinn dieser Näherung ist kürzlich von KIRKWOOD[1] aufgeklärt worden. Wir können aber hier darauf nicht näher eingehen.

Das Integral (II, 64) bedeutet nun nichts anderes als eine Summierung des Ausdruckes exp $[-E_{pot}/kT]$ über alle möglichen Konfigurationen der Moleküle. Wir können das jetzt in folgender Weise durchführen[2]: Wir verteilen zunächst die Moleküle irgendwie auf die Plätze eines gedachten Gitters. Die potentielle Energie dieser Konfiguration sei $W$. Dann führen wir jedes Molekül über das Volumen $v$. Da die potentielle Energie jetzt konstant bleibt, liefert das einfach einen Faktor $v^N$, so daß wir ein Glied $v^N \exp(-W/kT)$ erhalten. An den Grenzen von $v$ wird $E_{pot}$ plötzlich so groß, daß der Integrand praktisch verschwindet; derartige Konfigurationen tragen daher zu $B(T)$ nichts bei und können vernachlässigt werden. Jetzt stellen wir durch Vertauschung der Moleküle eine andere Besetzung der Gitterplätze her und führen wieder alle Moleküle durch ihre „freien Volumina". Auf den Gitterplätzen haben wir wieder dieselbe Energie $W$, weil ja alle anwesenden Moleküle untereinander gleich sind. Die freien Volumina liefern wieder den gleichen Faktor $v^N$, so daß wir insgesamt wieder $v^N \exp(-W/kT)$ bekommen. Die Zahl derartiger Summanden ist offenbar einfach gleich der Zahl der Vertauschungen von $N$ Molekülen, d. h. gleich $N!$ Wir bekommen also für eine reine Flüssigkeit

$$B(T) = N! \, v^N e^{-\frac{W}{kT}}. \tag{II, 65}$$

Allerdings ist dieses Ergebnis praktisch ziemlich wertlos, da für die thermodynamischen Eigenschaften einer reinen Flüssigkeit die Abhängigkeit der Größen $v$ und $W$ von $T$ und $V$ bzw. $p$ entscheidend ist. Das Rechenverfahren läßt sich aber unmittelbar auf flüssige Gemische übertragen, bei denen in erster Linie die Abhängigkeit der thermodynamischen Eigenschaften von der Konzentration interessiert. Diese wird auf dem oben angedeuteten Wege explizit erhalten. Für flüssige Gemische ist daher die Methode, die man gewöhnlich als das Gittermodell der Lösung bezeichnet, außerordentlich fruchtbar. Tatsächlich sind die meisten Ergebnisse, die sich mit experimentellen Daten vergleichen lassen, auf diesem Wege erhalten worden. Wir werden daher zunächst die Theorie auf der Basis des Gittermodells entwickeln. In § 31 werden wir es dann kritisch diskutieren und uns mit den Theorien, welche seine Benutzung vermeiden, beschäftigen.

## § 28. Theorie der niedrigmolekularen flüssigen Gemische.

### a) Die ideale Lösung.

Wir wenden jetzt die Methode des Gittermodells auf eine flüssige Mischung an, die aus $N_1$ Molekülen der Sorte 1 (Lösungsmittel) und $N_2$ Molekülen der Sorte 2 (gelöster Stoff) besteht. Der Einfachheit halber

---

[1] KIRKWOOD, J. G.: J. Chem. Phys. **18**, 380 (1950).
[2] GUGGENHEIM, E. A.: Proc. Roy. Soc. Lond. A **135**, 181 (1932).

wollen wir von jetzt ab unter „Konfigurationen" nur noch die verschiedenen Verteilungen der Moleküle auf die Gitterplätze verstehen. Um möglichst einfache Verhältnisse zu haben, machen wir die folgenden Annahmen:

1. Alle Moleküle sind annähernd Kugeln von gleicher Größe, die je einen Gitterplatz besetzen.

2. Alle Konfigurationen besitzen die gleiche Energie $E_0'$.

3. Die mittlere Koordinationszahl, die freien Volumina und die Verteilungsfunktionen der inneren und kinetischen Energie besitzen für alle Konfigurationen den gleichen Wert.

Die Berechnung von $B\,(T)$ reduziert sich damit auf eine einfache Abzählung der Konfigurationen. Da jedes Molekül einen Gitterplatz besetzt, ist diese Zahl wieder einfach gleich der Zahl der Vertauschungen von $N_1 + N_2$ Molekülen. Es wird daher

$$B(T) = e^{-\frac{E_0'}{kT}} (N_1 + N_2)!\, v_1{}^{N_1} v_2{}^{N_2}. \qquad \text{(II, 66)}$$

Wir bezeichnen nun die auf den idealen Gaszustand bezogene Wechselwirkungsenergie zwischen zwei Molekülen der Sorte 1 mit $w_{11}$, die zwischen zwei Molekülen der Sorte 2 mit $w_{22}$, die zwischen einem Molekül der Sorte 1 und einem Molekül der Sorte 2 mit $w_{12}$. Wir können dann, wie wir unten genauer sehen werden, setzen

$$E_0' = \frac{z}{2}\,(w_{11}\,N_1 + w_{22}\,N_2), \qquad \text{(II, 67)}$$

wo $z$ die mittlere Koordinationszahl ist. Wenden wir nun auf Gl. (II, 66) die STIRLINGsche Formel Gl. (II, 44) an, so bekommen wir für die freie Energie nach HELMHOLTZ

$$F = kT\left[ N_1 \ln \frac{N_1}{N_1 + N_2} + N_2 \ln \frac{N_2}{N_1 + N_2} + \frac{z}{2}\,\frac{w_{11}\,N_1 + w_{22}\,N_2}{kT} \right.$$
$$\left. - N_1 \ln v_1 f_1\,(T) - N_2 \ln v_2 f_2\,(T) \right]. \qquad \text{(II, 68)}$$

Für kondensierte Phasen können wir näherungsweise die freie Energie nach HELMHOLTZ mit der freien Energie nach GIBBS identifizieren. Als Normalzustand wählen wir die reinen Substanzen 1 und 2 bei gleicher Temperatur und gleichem Druck. Für diese können wir setzen

$$G_1 \approx F_1 = -kTN_1\left[\ln v_1 f_1\,(T) - \frac{z}{2}\,\frac{w_{11}}{kT}\right]$$
$$G_2 \approx F_2 = -kTN_2\left[\ln v_2 f_2\,(T) - \frac{z}{2}\,\frac{w_{22}}{kT}\right]. \qquad \text{(II, 69)}$$

Die freie Energie der Mischung ist dann

$$\Delta G = G - G_1 - G_2, \qquad \text{(II, 70)}$$

und wir bekommen aus Gl. (II, 68), (II, 69) und (II, 70)

$$\Delta G = kT\left[ N_1 \ln \frac{N_1}{N_1 + N_2} + N_2 \ln \frac{N_2}{N_1 + N_2} \right]. \qquad \text{(II, 71)}$$

Daraus folgt nach den Formeln der Thermodynamik

$$\Delta \mu_1 = \mathrm{R}T \ln (1 - x_2) \tag{II, 72}$$

$$\Delta s_1 = - \mathrm{R} \ln (1 - x_2) \tag{II, 73}$$

$$\Delta h_1 = 0 \,. \tag{II, 74}$$

Der Vergleich mit den Formeln Kapitel I, § 17 zeigt, daß unser System eine ideale Lösung darstellt. Die Ableitung läßt erkennen, daß die Gültigkeit der Formeln an sehr spezielle Voraussetzungen gebunden ist. Wir werden daher in der Natur ideale Lösungen nur relativ selten antreffen. Solche Systeme sind z. B. Benzol—Toluol und Äthylenbromid—Propylenbromid. Die eigentliche Bedeutung der Theorie der idealen Lösung liegt einmal in der Beziehung zu den universellen Grenzgesetzen für unendliche Verdünnung[1] (vgl. Kapitel I, § 17), andererseits darin, daß die Eigenschaften realer Lösungen sich in übersichtlicher Weise als Abweichungen vom Verhalten der idealen Lösung beschreiben lassen. Unsere weitere Aufgabe besteht daher in der schrittweisen Erweiterung des Modells der idealen Lösung.

Es ist allgemein üblich. die obige Annahme 3 stets beizubehalten. Dies ist sicher häufig nicht streng richtig. Vor allem verzichtet man damit auf die Möglichkeit. die oft nicht unbeträchtlichen Volumenänderungen beim Vermischen zu beschreiben. Auf der anderen Seite ist es aber fraglich, ob im Rahmen des Gittermodells derartige Verfeinerungen überhaupt viel Sinn haben. Bei hochmolekularen Lösungen hat sich gezeigt. daß in dem besonders wichtigen Gebiet der Messungen des osmotischen Druckes das Mischungsvolumen noch praktisch additiv ist. so daß hier ein wesentliches Bedenken gegen die Annahme 3 fortfällt. Wir werden sie daher im folgenden ebenfalls durchweg benutzen. Die Gl. (II, 63) schreiben wir dann für binäre Systeme zweckmäßig in der Form

$$F = - \mathrm{k}T \left\{ N_1 \left[ \ln \frac{v_1 f_1(T)}{N_1} + 1 \right] + N_2 \left[ \ln \frac{v_2 f_2(T)}{N_2} + 1 \right] + \ln B^*(T) \right\} \tag{II,75}$$

mit

$$B^*(T) = \Sigma\, e^{-\frac{E^*}{\mathrm{k}T}} \,, \tag{II, 76}$$

wo $E^*$ die potentielle Energie einer Konfiguration ist.

### b) Die streng reguläre Lösung.

Bevor wir an die Erweiterung des Modells der idealen Lösung gehen, wollen wir zunächst die dort eingeführte Annahme 2 über die Energie der Konfigurationen etwas genauer analysieren. Wir setzen von jetzt ab stets voraus, daß eine energetische Wechselwirkung nur zwischen unmittelbar benachbarten Molekülen stattfindet, was für Nichtelektrolyte eine gute Näherung darstellt. Ferner nehmen wir zunächst an, daß alle Potentiale

---

[1] HAASE, R., u. A. MÜNSTER: Z. phys. Chem. **194**, 253 (1950).

der zwischenmolekularen Wechselwirkung kugelsymmetrisch sind, daß also keine bevorzugten Orientierungen existieren. Die Energie einer gegebenen Konfiguration, die wir allgemein mit $E^*$ bezeichnen, hängt dann nur von den Zahlen unmittelbar benachbarter 1—1—, 1—2— und 2—2— Paare ab, welche in dieser Konfiguration vorkommen. Bezeichnen wir diese Paar-Zahlen mit $zX_{11}$, $zX_{12}$ und $zX_{22}$, so ist die Energie einer bestimmten Konfiguration

$$E^* = z\,(X_{11}\,w_{11} + X_{12}\,w_{12} + X_{22}\,w_{22})\,. \tag{II, 77}$$

Diese Formel ist für die weitere Rechnung unzweckmäßig, weil die $X_{ij}$ nicht voneinander unabhängig sind. Es gilt nämlich

$$N_1 = 2\,X_{11} + X_{12}, \qquad N_2 = 2\,X_{22} + X_{12}\,. \tag{II, 78}$$

Wir können somit zwei der genannten Größen eliminieren und damit gleichzeitig erreichen, daß in den experimentell prüfbaren Formeln (unter den obigen Voraussetzungen) nur noch ein Energieparameter auftritt. Die genauere Definition desselben hängt in erster Linie von der Wahl des Bezugsniveaus ab. Setzen wir, wie vorher,

$$E_0' = \frac{z}{2}\,(w_{11}\,N_1 + w_{22}\,N_2) \tag{II, 79}$$

und definieren einen Parameter

$$w' = w_{12} - \frac{1}{2}\,(w_{11} + w_{22})\,, \tag{II, 80}$$

so wird

$$E^* = E_0' + z\,X_{12}\,w'\,. \tag{II, 81}$$

Wir können aber auch ansetzen

$$E_0 = \frac{z}{2}\,(N_1 - N_2)\,w_{11} + z\,N_2\,w_{12} \tag{II, 82}$$

und einen Energieparameter

$$w = w_{11} + w_{22} - 2\,w_{12} \tag{II, 83}$$

definieren. Dann erhalten wir

$$E^* = E_0 + z\,X_{22}\,w = E_0' + E_s\,. \tag{II, 84}$$

Die Größen $E_0$ und $E_0'$ stellen jeweils die Energie eines Normalzustandes im Sinne der Thermodynamik (s. Kapitel I) dar; wir könnten sie einfach gleich Null setzen, da sie in den experimentell prüfbaren Formeln nicht mehr vorkommen. Da in Gl. (II 81) für $X_{12} = 0$ $E^* = E_0'$ wird, stellen hier die reinen Komponenten den Normalzustand dar. In Gl. (II. 84) ist $E^* = E_0$ für $X_{22} = 0$. Das bedeutet. daß hier der Normalzustand die unendlich verdünnte Lösung ist. Zwischen diesen verschiedenen Größen bestehen die Beziehungen

$$E_0 = E_0' - \frac{z}{2}\,w\,N_2 \tag{II, 85}$$

und

$$w = -\,2\,w'\,. \tag{II, 86}$$

Schließlich wird noch, zumal in der englischen Literatur, ein Energieparameter verwendet, der durch

$$w'' = z \, w' \qquad (II, 87)$$

definiert ist. Man kommt zu dieser Größe durch die Betrachtung eines Prozesses, bei dem aus je $z$ 1—1- und 2—2-Paaren $2z$ 1—2-Paare entstehen; dabei ist die Änderung der potentiellen Energie $2w''$. Die Definitionen der Energieparameter müssen beim Vergleich der von verschiedenen Autoren erhaltenen Formeln sorgfältig beachtet werden.

Die in Gl. (II. 81) und (II. 84) auftretenden Größen $X_{12}$ bzw. $X_{22}$ sind nun offenbar nicht für alle Konfigurationen gleich. Die bei der Definition des Modells der idealen Lösung eingeführte Annahme 2 besagt daher, daß wir $w = w' = 0$ setzen. Aus Gl. (II, 80) bzw. (II, 83) erhalten wir dann als präzisere Formulierung der Annahme 2 die Bedingung

$$w_{12} = \frac{1}{2} \, (w_{11} + w_{22}) \, . \qquad (II, 88)$$

Die nächstliegende Erweiterung des Modells der idealen Lösung besteht offenbar darin, daß wir die Annahme 2 und damit die Bedingung (II. 88) fallen lassen, die in den weitaus meisten Fällen sicherlich nicht einmal näherungsweise erfüllt sind. Das bedeutet, daß wir jetzt den Ausdruck

$$B^* \, (T) = \underset{Alle \ Konfigurationen}{\Sigma} e^{-\frac{E^*}{kT}} \qquad (II, 89)$$

berechnen müssen, wobei Annahme 1 und die am Beginn dieses Abschnittes eingeführten Voraussetzungen weiter gültig bleiben. Das in dieser Weise definierte Modell wird als streng reguläre Lösung[1] bezeichnet.

Die exakte Berechnung der durch Gl. (II, 89) definierten Funktion $B^* \, (T)$ ist mathematisch ein äußerst schwieriges Problem, dessen Lösung bisher nicht gelungen ist. Dagegen sind verschiedene Näherungsverfahren zur Berechnung von (II, 89) entwickelt worden [2-5], welche im wesentlichen die gleichen Resultate liefern; diese können daher als zuverlässig betrachtet werden. Wir wollen hier auf die Einzelheiten der Rechnung nicht eingehen, sondern nur die für uns wesentlichen Ergebnisse kurz besprechen.

Zunächst wollen wir uns die physikalische Bedeutung des Modells der streng regulären Lösung noch etwas klarer machen. Die molekulare Struktur einer idealen Lösung ist durch völlige Unordnung charakterisiert. Alle Konfigurationen sind gleich wahrscheinlich und kommen gleich häufig vor. Wenn wir aber berücksichtigen, daß Konfigurationen, die durch Vertauschung gleichartiger Moleküle auseinander hervorgehen,

[1] FOWLER, R. H., u. E. A. GUGGENHEIM: Statistical Thermodynamics. Cambridge 1949.
[2] RUSHBROOKE, G. S.: Proc. Roy. Soc. Lond. A **166**, 296 (1938).
[3] KIRKWOOD, J. G.: J. Phys. Chem. **43**, 97 (1939).
[4] FUCHS, K.: Proc. Roy. Soc. Lond. A **179**, 340 (1942).
[5] MÜNSTER, A.: Z. physik. Chem. **195**, 67 (1950).

physikalisch nicht unterscheidbar sind, so ergibt sich, daß fast nur Konfigurationen vorkommen, bei denen beide Molekülarten gleichmäßig über das zur Verfügung stehende Volumen verteilt sind. Unter diesen Bedingungen ist die mittlere Zahl der 1—2-Paare gegeben durch den Ausdruck

$$z\,\bar{X}_{12} = \frac{z\,N_1\,N_2}{N_1 + N_2}\,.$$

(II, 90)

Größere Abweichungen von diesem Wert sind äußerst unwahrscheinlich und kommen praktisch nicht vor. Im Falle der streng regulären Lösung sind aber nicht mehr alle Konfigurationen gleich wahrscheinlich. Wenn $w > 0$ ist, sind Konfigurationen begünstigt, bei denen die Zahl der 1—2-Paare größer ist als nach Gl. (II, 90). Jedes gelöste Molekül hat also das Bestreben, sich mit einer Hülle von Lösungsmittel-Molekülen zu umgeben. Man spricht dann häufig von *Solvatation*. Wenn dagegen $w < 0$ ist, liegen die Verhältnisse umgekehrt. Die mittlere Zahl der 1—2-Paare wird gegenüber dem Wert der Gl. (II, 90) verkleinert. Das heißt mit anderen Worten, daß sich die gelösten Moleküle zu kleineren oder größeren Gruppen zusammenlagern. Diese Erscheinung wird als *Assoziation* bezeichnet. Durch Messung der Lichtabsorption usw. lassen sich Solvatation und Assoziation häufig direkt nachweisen. Solche Untersuchungen sind u. a. von SCHEIBE[1], MECKE[2] und PRIGOGINE[3] durchgeführt worden. Die physikalische Bedeutung der streng regulären Lösung besteht also darin, daß dieses Modell die Einflüsse von Solvatation und Assoziation sozusagen rein herauspräpariert.

Die Theorie führt nun zu dem Ergebnis, daß hier die Gl. (II, 90) zu ersetzen ist durch die Formel

$$(N_1 - \bar{X}_{12})\,(N_2 - \bar{X}_{12}) = \bar{X}_{12}^2\,e^{-\frac{w}{kT}}\,.$$

(II, 91)

Mit Benutzung von Gl. (II, 78) kann diese Beziehung auch in der Form

$$\frac{\bar{X}_{12}^2}{4\,\bar{X}_{11}\,\bar{X}_{22}} = e^{-\frac{2w'}{kT}}$$

(II, 91a)

geschrieben werden. Wir können nun einen Platzwechsel, bei dem zwei 1—2-Paare entstehen und je ein 1—1- und 2—2-Paar verschwinden, symbolisch schreiben

$$(11) + (22) \rightarrow 2\,(12)\,.$$

Fassen wir dies als Gleichung einer chemischen Reaktion auf, so stellt Gl. (II, 91) bzw. (II, 91a) das Massenwirkungsgesetz für diese dar. Sie wird deshalb als quasi-chemische Gleichung bezeichnet.

Die Analogie zum MWG führt uns noch zu einer wichtigen Bemerkung. Vom Standpunkt der Thermodynamik müßte im Zähler des Exponenten in Gl. (II, 91) eine Größe stehen, die den Charakter einer freien Energie besitzt und somit von der Temperatur abhängt. Tatsächlich ist unsere bisherige Interpretation der Größen $w$ und $w'$ zu einfach und, streng genommen, in dem eben erwähnten Sinne

[1] SCHEIBE, G., u. D. BRÜCK: Z. Elektrochem. **54**, 403 (1950).
[2] MECKE, R.: Z. Elektrochem. **52**, 269 (1948); **53**, 241 (1949).
[3] PRIGOGINE, I.: Mém. Acad. belg. **20**, fasc. 2 (1943).

zu modifizieren, worauf besonders GUGGENHEIM[1, 2] hingewiesen hat (vgl. auch [3]). Aus den bereits erwähnten Untersuchungen von McMILLAN und MAYER[4] geht hervor, daß ein derartiger Energieparameter einen Mittelwert über alle Konfigurationen[5] des Gesamtsystems darstellt und damit notwendig von der Temperatur abhängt. Es ist wahrscheinlich nicht möglich, diese Zusammenhänge im Rahmen des Gittermodells sinnvoll zu formulieren, da man hier von vornherein nur bestimmte Konfigurationen in Betracht zieht. Wir werden sie daher im folgenden nicht weiter berücksichtigen, müssen uns aber bewußt bleiben, daß hier eine prinzipielle Grenze für die Gültigkeit unserer Betrachtungsweise liegt.

Die Lösung der quasi-chemischen Gleichung lautet

$$\overline{X}_{12} = \frac{N_1 N_2}{N_1 + N_2} \frac{2}{\beta + 1} \tag{II, 92}$$

mit

$$\beta = [1 + 4 N_1 N_2 (e^{\frac{2w'}{kT}} - 1) / (N_1 + N_2)^2]^{\frac{1}{2}} . \tag{II, 93}$$

Um zu den thermodynamischen Funktionen zu gelangen, setzen wir

$$B^*(T) = \sum e^{-\frac{E^*}{kT}} = e^{-\frac{\overline{\overline{E}}}{kT}} (N_1 + N_2)\,! \tag{II, 94}$$

mit

$$\overline{\overline{E}} = T \int_0^{1/T} \overline{E}\, d(1/T) \tag{II, 95}$$

und

$$\overline{E} = E_0' + z\,\overline{X}_{12}\, w' . \tag{II, 96}$$

Die Auswertung des Integrals in Gl. (II, 95) ist etwas umständlich, läßt sich aber elementar durchführen. Die weitere Rechnung benutzt dann die Gl. (II, 75) und die bekannten Formeln der Thermodynamik. Für die Einzelheiten und die Endformeln verweisen wir auf FOWLER-GUGGENHEIM[6].

Die Theorie führt zu dem Ergebnis, daß die streng reguläre Lösung eine positive oder negative Mischungswärme sowie unter gewissen Voraussetzungen in der Verdampfungskurve einen azeotropen Punkt besitzt. Bei positiver Mischungswärme tritt Entmischung auf, deren kritische Temperatur sich aus der Theorie berechnen läßt. Die außerordentlich mühsame Berechnung der gesamten Entmischungskurve ist von FUCHS[7] durchgeführt worden. Insoweit gibt das Modell der streng regulären Lösung eine Reihe von typischen Eigenschaften realer Lösungen zum mindesten qualitativ wieder. Auch die Aussage, daß die freie Energie der Mischung $\Delta G$ symmetrisch in Bezug auf die Komponenten verläuft, stimmt in zahlreichen Fällen wenigstens annähernd mit der Erfahrung überein[8].

[1] GUGGENHEIM, E. A.: Trans. Faraday Soc. 44, 1007 (1948).

[2] GUGGENHEIM, E. A.: Nuovo cimento Ser. IX, 6 (Suppl.) Nr. 2 (1949).

[3] RUSHBROOKE, G. S.: Trans. Faraday Soc. 36, 1055 (1940).

[4] McMILLAN, W. G., u. J. E. MAYER: J. Chem. Phys. 13, 276 (1945).

[5] Der Ausdruck „Konfigurationen" ist hier in dem allgemeinen Sinne gebraucht und bezeichnet nicht nur Verteilungen auf die Gitterplätze.

[6] FOWLER, R. H., u. E. A. GUGGENHEIM: Statistical Thermodynamics. Cambridge 1949.

[7] FUCHS, K.: Proc. Roy. Soc. Lond. A 179, 340 (1942).

[8] HAASE, R.: Z. physik. Chem. 194, 217 (1950).

Ein völlig anderes Bild ergibt sich jedoch, wenn man die Mischungsentropie betrachtet. Aus der Theorie folgt, daß für die Zusatzterme der totalen und der beiden partiellen Mischungsentropien unter allen Umständen (d. h. unabhängig vom Vorzeichen der Mischungswärme) gilt

$$\Delta S^E < 0 \,, \quad \Delta s_1^E > 0 \,, \quad \Delta s_2^E < 0. \tag{II, 97}$$

Die beiden letzten Beziehungen gelten für die verdünnte Lösung von 2 in 1. Die erste Beziehung läßt sich auch ohne Rechnung anschaulich verstehen. Da sowohl Solvatation wie Assoziation gegenüber der idealen Lösung eine zusätzliche Ordnung bedeuten, muß nach der allgemeinen statistischen Deutung der Entropie (s. § 26) die resultierende Mischungsentropie in jedem Falle kleiner als die der idealen Lösung sein. Ferner ergibt sich, daß

$$\lim_{x_2 \to 0} \Delta s_2^E = 0 \,. \tag{II, 98}$$

Ein Blick auf das experimentelle Material zeigt nun, daß nicht nur die einzelnen Zusatzentropien ein von (II, 97) verschiedenes Vorzeichen haben können, sondern daß darüber hinaus gerade die Vorzeichenkombination (II, 97) überhaupt nicht angetroffen wird. Auch Gl. (II, 98) ist durchweg bei realen Gemischen nicht erfüllt. Tab. 1 (nach MÜNSTER[1]) veranschaulicht dies an einigen aus der Literatur[2-7] entnommenen Bei-

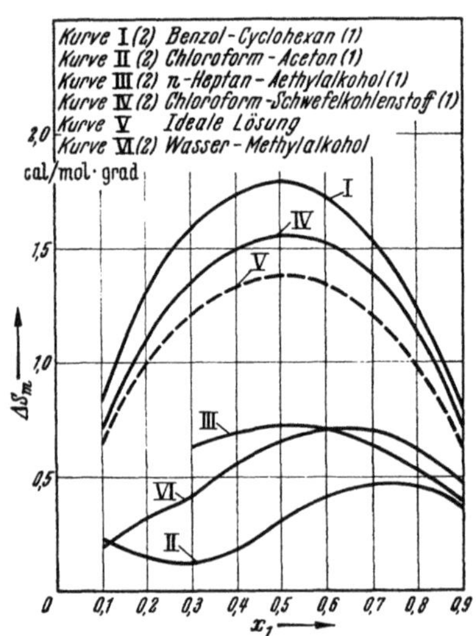


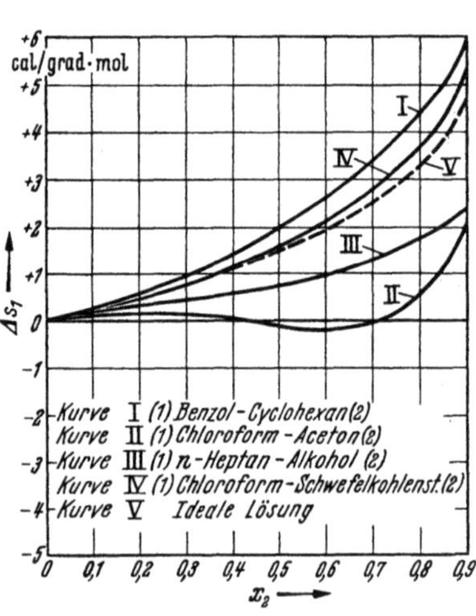


Abb. II, 3. Mischungsentropie binärer flüssiger Gemische.

Abb. II, 4. Verdünnungsentropie binärer flüssiger Gemische.


[1] MÜNSTER, A.: Z. physik. Chem. **195**, 67 (1950).
[2] KIREJEW, V.: Acta physicochim. USSR **13**, 531 (1940).
[3] SCATCHARD, G., S. E. WOOD u. J. M. MOCHEL: J. Amer. Chem. Soc. **62**, 712 (1940).
[4] GOLLER, H., u. E. WICKE: Angew. Chem. B **19**, 117 (1947).
[5] SCATCHARD, G., S. E. WOOD u. J. M. MOCHEL: J. Amer. Chem. Soc. **61**, 3206 (1939).
[6] SCATCHARD, G., S. E. WOOD u. J. M. MOCHEL: J. Amer. Chem. Soc. **68**, 1957 (1946).
[7] WOOD, S. E.: J. Amer. Chem. Soc. **68**, 1963 (1946).

spielen. In Abb. II, 3 u. II, 4 (nach MÜNSTER[1]) sind die Funktionen $\Delta S$ und $\Delta s_1$ für einige binäre Gemische (mit Einschluß der idealen Lösung) dargestellt.

Tabelle II, 1. *Thermodynamische Eigenschaften binärer flüssiger Gemische.*
Nach MÜNSTER. [Aus Z. physik. Chem. **195**, 67 (1950).]

|  | Reguläre Lösung | Streng reguläre Lösung | Benzol-Cyclohexan | Chloroform-Aceton |
|---|---|---|---|---|
| $\Delta S_m^E$ | 0 | negativ | positiv | negativ |
| $\Delta H_m$ | positiv oder negativ, symmetr. | positiv oder negativ, symmetr. | positiv, symmetr. | negativ, unsymm. |
| $(\Delta s_2^E)_{x_2=0}$ | 0 | 0 | positiv | negativ |
| $\Delta s_1^E$ | 0 | positiv | positiv | negativ |

|  | n-Heptan-Äthylalkohol | Chloroform-Schwefelkohlenstoff | Benzol-Tetrachlorkohlenstoff |
|---|---|---|---|
| $\Delta S_m^E$ | negativ | positiv | positiv |
| $\Delta H_m$ | positiv, symmetr. | positiv, symmetr. | positiv, symmetr. |
| $(\Delta s_2^E)_{x_2=0}$ | negativ | positiv | positiv |
| $\Delta s_1^E$ | negativ | negativ | teils positiv, teils negativ |

|  | Benzol-Schwefelkohlenstoff | Wasser-Methylalkohol | Wasser-Äthylalkohol |
|---|---|---|---|
| $\Delta S_m^E$ | positiv | negativ | — |
| $\Delta H_m$ | positiv | negativ, unsymm. | negativ |
| $(\Delta s_2^E)_{x_2=0}$ | positiv | negativ | negativ |
| $\Delta s_1^E$ | teils negativ, teils positiv | negativ | — |

|  | Cyclohexan-Tetrachlorkohlenstoff | Benzol-Methylalkohol | Cyclohexan-Methylalkohol |
|---|---|---|---|
| $\Delta S_m^E$ | positiv | teils positiv, teils negativ | teils positiv, teils negativ |
| $\Delta H_m$ | positiv | positiv | positiv |
| $(\Delta s_2^E)_{x_2=0}$ | positiv | positiv | positiv |
| $\Delta s_1^E$ | — | — | — |

Wir sehen somit, daß das Modell der streng regulären Lösung bei genauerer Prüfung an Hand der Mischungsentropie völlig versagt. Die durch dieses Modell dargestellten Effekte sind zwar sicherlich vorhanden. Wir müssen aber schließen, daß es noch weitere Effekte gibt, die für die thermodynamischen Eigenschaften mindestens ebenso wichtig sind, aber im Modell der streng regulären Lösung nicht erfaßt werden. Das heißt mit anderen Worten, daß die einfachen Begriffe Solvatation und Assoziation nicht ausreichen, um die thermodynamischen Eigenschaften flüssiger Gemische zu verstehen.

---

[1] MÜNSTER, A.: Z. Elektrochem. **54**, 443 (1950).

### c) Orientierungseffekte[1].

Die Frage, in welcher Richtung das Modell der streng regulären Lösung erweitert werden muß, um zu Übereinstimmung mit der Erfahrung zu gelangen, ist von MÜNSTER[2] diskutiert worden. Er kommt zu dem Ergebnis, daß in erster Linie die gegenseitige Orientierung der Moleküle zu berücksichtigen ist. Tatsächlich ist die Annahme eines kugelsymmetrischen zwischenmolekularen Potentials häufig schon völlig unzutreffend, wenn die Anisotropie der Molekülgestalt noch keine nennenswerte Rolle spielt, wie bei $CH_3OH$ oder $CCl_3H$. Allgemein werden sich bevorzugte Orientierungen ausbilden, wenn die Wechselwirkung stark in bestimmten polaren Gruppen (CO, $NH_2$, OH usw.) lokalisiert ist, und das trifft in sehr vielen Fällen zu. Solche Orientierungen bedeuten eine zusätzliche Ordnung, die sich in der Mischungsentropie ausdrücken muß. Tatsächlich haben in neuerer Zeit verschiedene Autoren[3, 4, 5], den Orientierungseffekt im Zusammenhang mit ihren experimentellen Ergebnissen qualitativ diskutiert. Die Frage, ob die dadurch bedingten Beiträge zur Mischungsentropie ausreichen, um die experimentellen Daten zu erklären, kann jedoch erst auf der Grundlage einer quantitativen Theorie beantwortet werden. Wir wollen dieselbe in ihren Grundzügen und Ergebnissen kurz skizzieren, da das Problem auch bei hochmolekularen Lösungen eine bedeutsame Rolle spielt.

Um in die Mannigfaltigkeit der Orientierungserscheinungen eine gewisse Ordnung zu bringen, ist es zweckmäßig, daß wir zunächst verdünnte Lösungen betrachten und gewisse Grenzfälle unterscheiden. Wir können dann folgende Typen unterscheiden[6]:

a) 2—2-Kopplung. Die gelösten Moleküle orientieren sich untereinander.

b) 1—2-Kopplung. Die Moleküle des Lösungsmittels werden durch die gelösten Moleküle orientiert, während im reinen Lösungsmittel freie Rotation herrscht.

c) 1—1-Kopplung. Im reinen Lösungsmittel herrscht *kooperative Orientierung*, welche durch die gelösten Moleküle gestört wird.

Bei realen Lösungen wird man es meistens mit einer Überlagerung der verschiedenen Typen zu tun haben. Immerhin scheint es einige Systeme zu geben, die den angeführten Grenzfällen ziemlich nahe kommen. Der Fall a ist für hochmolekulare Lösungen behandelt worden[7] mit dem Ergebnis, daß in sehr verdünnten Lösungen (wenn wir das Resultat auf niedrigmolekulare Gemische übertragen) die Gesetze der streng regulären Lösung gelten, während bei höheren Konzentrationen Abweichungen auftreten.

---

[1] Zusammenfassende Darstellung bei MÜNSTER, A.: Z. Elektrochem. **54**, 443 (1950).

[2] MÜNSTER, A.: Z. physik. Chem. **195**, 67 (1950).

[3] GOLLER, H., u. E. WICKE: Angew. Chem. B **19**, 117 (1947).

[4] SCATCHARD, G., S. E. WOOD u. J. M. MOCHEL: J. Phys. Chem. **43**, 119 (1939).

[5] WOOD, S. E.: J. Chem. Phys. **15**, 348 (1947).

[6] MÜNSTER, A.: Naturwiss. **35**, 343 (1948).

[7] MÜNSTER, A.: Kolloid-Z. **110**, 200 (1948).

Im Falle b haben wir durch die Orientierung der Moleküle des Lösungsmittels eine zusätzliche Ordnung. Es wird daher auch hier $\Delta S^E < 0$ sein. Wenn aber bei höheren Konzentrationen die gelösten Moleküle assoziieren, wird das einzelne infolge der Abschirmung weniger Moleküle des Lösungsmittels orientieren können. Beim Verdünnen werden diese Assoziate zerfallen, es werden mehr Moleküle des Lösungsmittels orientiert und die Ordnung nimmt zu. Wir können daher erwarten, daß im Gegensatz zur streng regulären Lösung hier $\Delta s_1^E < 0$ sein wird. Ein derartiger Fall scheint bei dem System Chloroform—Aceton vorzuliegen. Auf Grund der Molekülstruktur und des Wertes der TROUTON-HILDEBRAND-Konstanten für Chloroform $(21,7)$[1] dürfen wir annehmen, daß im reinen Chloroform nur geringe kooperative Orientierung vorliegt. Andererseits zeigen sowohl Messungen der Absorption[2], wie der magnetischen Suszeptibilität[3], daß zwischen Chloroform- und Acetonmolekülen eine starke, in bestimmten Molekülbezirken lokalisierte Wechselwirkung besteht. Nach EUCKEN[4] kann man annehmen, daß das ziemlich locker gebundene H-Atom des Chloroforms[5] mit der CO-Gruppe des Acetons eine Wasserstoffbrücke bildet. In diesem Sinne ist also die Orientierung der Chloroformmoleküle zu verstehen.

Die statistische Theorie der 1—2-Kopplung ist von MÜNSTER[6] entwickelt worden. Das Modell der streng regulären Lösung wird in der Weise erweitert, daß ein Molekül des Lösungsmittels in der reinen Phase $p$ energetisch gleichwertige Orientierungen einnehmen kann, während in der Lösung für diejenigen Moleküle, die einem gelösten Molekül unmittelbar benachbart sind, eine Orientierung durch eine Energie $w_{or}$ (pro Molekül) bevorzugt ist. Die Rechnung führt zu dem Ergebnis, daß für hinreichend großes $w_{or}$ in der Tat

$$\Delta S^E < 0\,, \quad \Delta s_1^E < 0\,, \quad \lim_{x_2 \to 0} \Delta s_2^E < 0 \qquad \text{(II, 99)}$$

ist, was mit den experimentellen Ergebnissen für Chloroform—Aceton[7] übereinstimmt. Die Abb. II, 5 und II, 6 zeigen den quantitativen Vergleich zwischen Theorie und Experiment. Dabei ist $z = 4$, $p = 8$, $w_{or} N_L = -1685$ cal/Mol gesetzt worden. In Anbetracht des ziemlich primitiven Modells kann die Übereinstimmung als befriedigend bezeichnet werden. Für $w_{or} = 0$ gehen die abgeleiteten Formeln in die entsprechenden Gleichungen für die streng reguläre Lösung über, die in den Abbildungen als Kurve II gezeichnet sind. Man sieht daraus anschaulich den enormen Einfluß, den Orientierungseffekte auf die thermodynamischen Eigenschaften der Lösungen ausüben können.


[1] HILDEBRAND, J. H.: J. Chem. Phys. 7, 233 (1939).
[2] BRIEGLEB, G.: Zwischenmolekulare Kräfte und Molekülstruktur. Stuttgart 1937.
[3] SÉGUIN, M.: C. r. Acad. Sci. (Paris) 244, 928 (1947).
[4] EUCKEN, A.: Lehrbuch der chemischen Physik, Bd. II, 2. Leipzig 1944.
[5] WICKE, E.: Erg. exakt. Naturwiss. 20, 49 (1942).
[6] MÜNSTER, A.: Trans. Faraday Soc. 46, 165 (1950).
[7] KIREJEW, V.: Acta physicochim. USSR 13, 531 (1940).

Der Fall c läßt sich gut an benzolischen Lösungen erläutern. Wir wissen aus Röntgendaten[1, 2], daß im reinen flüssigen Benzol die Ringebenen in kleinsten Bezirken parallel liegen. Die Orientierung eines herausgegriffenen Moleküls wird durch die seiner nächsten Nachbarn bestimmt, und diese Beeinflussung setzt sich durch die ganze Lösung fort. Wir haben es daher mit einem typischen *kooperativen Effekt* zu tun. Infolge der Störung durch die thermische Bewegung kann sich aber nur eine Nahordnung ausbilden; zwischen den Orientierungen zweier weit

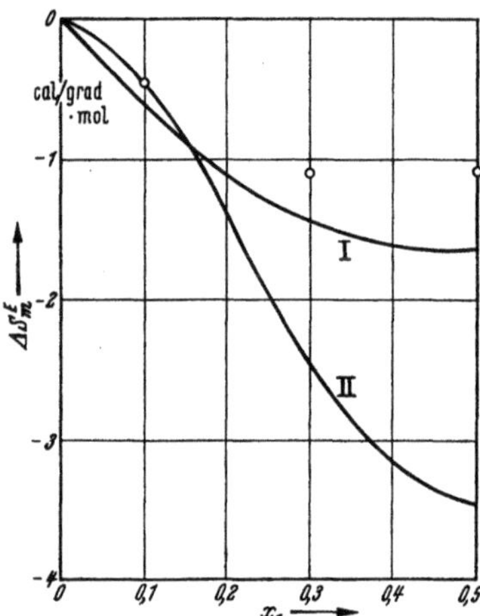

Abb. II, 5.   Zusatzterm der Mischungsentropie des Systems Chloroform—Aceton. Kreise: Experimentelle Werte. Kurve I: berechnet nach der Theorie der 1—2-Kopplung, Kurve II: berechnet nach der Theorie der streng regulären Lösung.

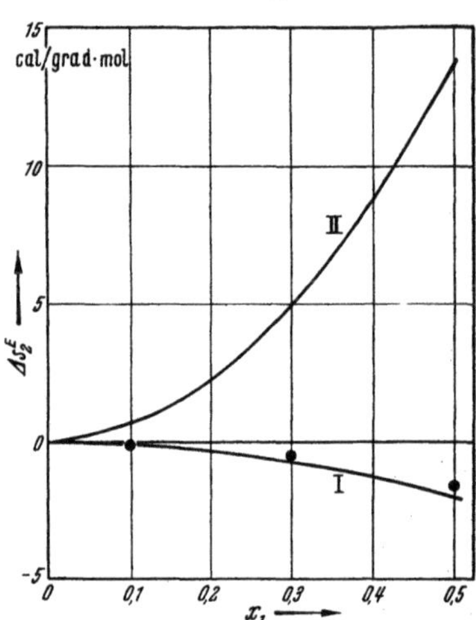

Abb. II, 6. Zusatzterm der Verdünnungsentropie des Systems Chloroform—Aceton. Kreise: Experimentelle Werte. Kurve I: berechnet nach der Theorie der 1—2-Kopplung, Kurve II: berechnet nach der Theorie der streng regulären Lösung.

voneinander entfernter Moleküle besteht kein merklicher Zusammenhang mehr. Befindet sich nun zwischen zwei Benzolmolekülen ein Fremdmolekül, das selbst keine richtenden Kräfte ausüben möge, so ist die direkte Kopplung an dieser Stelle unterbrochen; die richtenden Kräfte, die auf diese beiden Benzolmoleküle wirken, sind erheblich schwächer, und sie können sich leichter unabhängig voneinander orientieren. In solchen Fällen ist die durch den Mischungsvorgang erzeugte Unordnung noch größer als bei der idealen Lösung  denn sie betrifft nicht nur die räumliche Verteilung der Molekülschwerpunkte (die in der Theorie der idealen Lösung allein berücksichtigt wird), sondern darüber hinaus noch die Orientierungsordnung des reinen Lösungsmittels, die durch den Mischungsvorgang mehr oder weniger zerstört wird. Wir müssen daher erwarten, daß dann ein positiver Zusatzterm zur totalen Mischungsentropie auftritt, wie er nach Tab. 1 in den Systemen Benzol—Cyclohexan, Benzol—Tetrachlorkohlenstoff, Benzol—Schwefelkohlenstoff tatsächlich gefunden wird.

---

[1] KATZOFF, S.: J. Chem. Phys. **2**, 841 (1934).
[2] PIERCE, W. C.: J. Chem. Phys. **5**, 717 (1937).

Die Theorie der 1−1-Kopplung ist ebenfalls von MÜNSTER[1] entwickelt worden. Es wird dabei angenommen, daß die Moleküle des Lösungsmittels zwei Orientierungen $\alpha$ und $\beta$ annehmen können. Die gleichsinnige Orientierung zweier benachbarter Moleküle (beide $\alpha$- oder beide $\beta$-orientiert) sei durch eine Energie $w_{or}$ bevorzugt. Die Aufgabe besteht also einmal darin, die mittlere Zahl parallel orientierter 1−1-Paare zu berechnen. Dafür erhält man näherungsweise

$$\overline{X}_{11} = \frac{1}{2}\,\overline{X}_{12}\,\frac{N_1}{N_2}\,\frac{1}{1 + e^{w_{or}/kT}}\;. \tag{II, 100}$$

Der Wert von $\overline{X}_{12}$ darf nun aber nicht etwa aus Gl. (II. 92) entnommen werden. Es ergibt sich nämlich, daß der Orientierungseffekt seinerseits die Verteilung der Molekülschwerpunkte beeinflußt und daß hier eine verallgemeinerte Form der quasi-chemischen Gleichung

$$(N_1 - \overline{X}_{12})\,(N_2 - \overline{X}_{12}) = \frac{1}{2}\,\overline{X}_{12}^2\,(1 + e^{-\frac{w_{or}}{kT}})\,e^{-\frac{w}{kT}} \tag{II, 101}$$

gilt. Man sieht sofort, daß diese Beziehung für $w_{or} = 0$ in Gl. (II, 91) übergeht. Die Berechnung der thermodynamischen Funktionen zeigt, daß hier

$$\Delta S^E > 0\,,\quad \Delta s_1^E > 0\,,\quad \Delta s_2^E > 0 \tag{II, 102}$$

sowie

$$\lim_{x_2 \to 0} \Delta s_2^E > 0 \tag{II, 103}$$

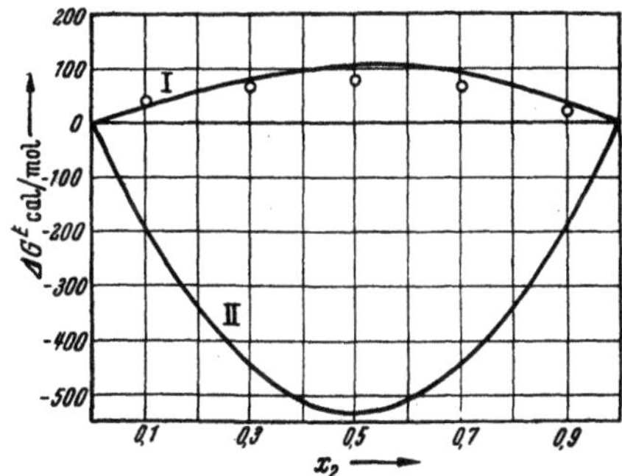

Abb. II, 7. Zusatzterm der freien Energie der Mischung für das System Benzol—Cyclohexan. Kreise: Experimentelle Werte. Kurve I: berechnet nach der Theorie der 1—1-Kopplung, Kurve II: berechnet nach der Theorie der streng regulären Lösung.

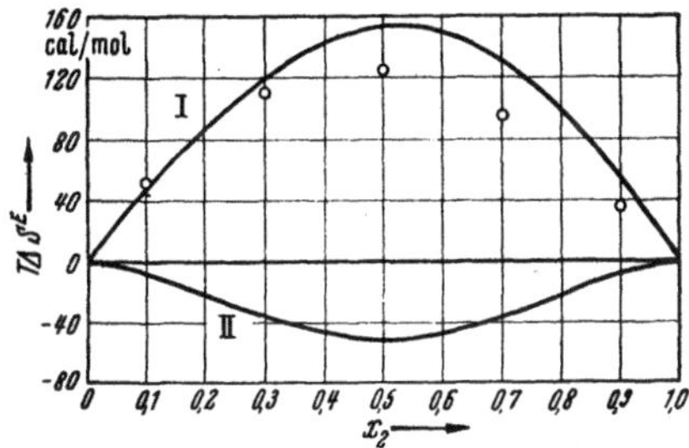

Abb. II, 8. Zusatzterm der Mischungsentropie für das System Benzol—Cyclohexan. Kreise: Experimentelle Werte. Kurve I: berechnet nach der Theorie der 1—1-Kopplung, Kurve II: berechnet nach der Theorie der streng regulären Lösung.

ist. Alle diese Eigenschaften werden bei dem System Benzol—Cyclohexan[2] gefunden. Der quantitative Vergleich zwischen der Theorie und den experimentellen Daten für das System Benzol—Cyclohexan ist in Abb. II,7 u. II,8 durchgeführt. Die Übereinstimmung kann als befriedigend bezeichnet werden. Für die Orientierungsenergie wurde der aus der

[1] MÜNSTER, A.: Z. physik. Chem. 196, 106 (1950).
[2] KIREJEW, V.: Acta physicochim. USSR 13, 531 (1940).

Mischungswärme errechnete Wert $w_{or} N_L = -879$ cal/Mol eingesetzt. Im Falle des Benzols haben wir darunter offenbar die Energiedifferenz zwischen den Konfigurationen I und II (sich berührende Ringebenen oder beide Ringe senkrecht aufeinander)

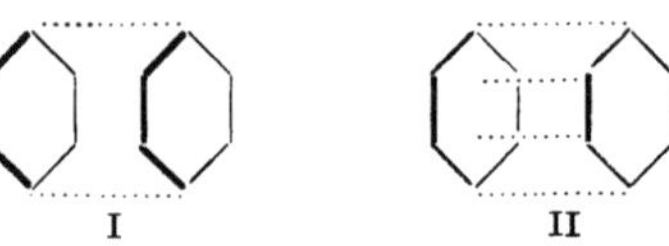

I           II

zu verstehen. Im Hinblick auf die quantenmechanischen Abschätzungen DE BOER's[1] erscheint dieser Wert nicht unvernünftig[2].

In neuester Zeit hat TOMPA[3] eine allgemeine Theorie der Orientierungseffekte in binären Gemischen entwickelt, welche die im vorstehenden näher diskutierten Beispiele als Spezialfälle enthält und darüber hinaus die Behandlung zahlreicher komplizierterer Probleme ermöglicht. Es ist aber (im Gegensatz zu den oben skizzierten Methoden) bisher nicht gelungen, das TOMPAsche Verfahren auf hochmolekulare Lösungen anzuwenden. Wir wollen uns deshalb mit diesem Hinweis begnügen.

## § 29. Die athermische Lösung[4].

### a) Vorbemerkungen.

Wir kommen nun zu unserem eigentlichen Thema, der statistischen Thermodynamik hochmolekularer Lösungen. Es ist seit langem bekannt, daß die thermodynamischen Eigenschaften hochmolekularer Lösungen sich in verschiedener Hinsicht sehr charakteristisch von denen niedrigmolekularer flüssiger Gemische unterscheiden. Einer der wichtigsten Unterschiede besteht in folgendem: Die Abweichungen von den für unendliche Verdünnung gültigen Grenzgesetzen (Kap. I, Abschn. C) sind bei niedrigmolekularen Lösungen bis zu Konzentrationen von etwa 1% im allgemeinen so gering, daß man diese Formeln ohne weiteres auf die experimentellen Daten etwa zur Berechnung des Molekulargewichtes anwenden kann. Dieses Verfahren ist besonders in der organischen Chemie allgemein üblich[5]. Dagegen fand schon 1914 CASPARI[6], daß der osmotische Druck einer 1%igen Lösung von Kautschuk in Benzol etwa doppelt so hoch ist wie man nach dem VAN'T HOFFschen Gesetz berechnet. In den folgenden Jahrzehnten wurden analoge Ergebnisse von zahlreichen

---

[1] DE BOER, W.: Trans. Faraday Soc. **32**, 10 (1936).

[2] Das in der S. 106, Zitat 1, erwähnten Arbeit angeführte numerische Resultat DE BOER's ist, wie eine Nachprüfung ergab, nicht korrekt wiedergegeben.

[3] TOMPA, H.: Vortrag auf dem „International Congress of Pure and Applied Chemistry", New York 1951. — Vgl. auch J. BARKER: J. Chem. Phys. **20**, 794 (1952).

[4] Zusammenfassende Darstellungen: MILLER, A. R.: The Theory of Solutions of High Polymers. Oxford 1948. — MÜNSTER, A.: Thermodynamik und Statistik hochmolekularer Lösungen. Kolloid-Z. **110**, 58 (1948).

[5] Zum Beispiel GATTERMANN-WIELAND: Die Praxis des organischen Chemikers.

[6] CASPARI, W. A.: J. Chem. Soc. London **105**, 2139 (1914).

anderen Forschern erhalten[1]. Damit war festgestellt, daß es sich hier um eine ganz allgemeine Erscheinung handelte, und es ergaben sich zwei Fragen:

a) Wie kann man aus den osmotischen Daten Molekulargewichte berechnen, wenn das VAN'T HOFFsche Gesetz versagt?

b) Inwiefern sind die fraglichen Erscheinungen durch die Struktur der hochpolymeren Moleküle bedingt?

Auf Grund der Darlegungen in Kap. I läßt sich die erste Frage dahin beantworten, daß man Messungen bei mehreren Konzentrationen ausführen und diese auf die Konzentration Null extrapolieren muß, da hier das VAN'T HOFFsche Gesetz als universelles Grenzgesetz gilt. Für die Art der Extrapolation können wir uns auf das schon in § 27 erwähnte Ergebnis von MCMILLAN und MAYER[2] stützen, daß sich der osmotische Druck von Nichtelektrolyten durch eine Entwicklung nach ganzen Potenzen der Konzentration darstellen läßt[3]. Wir können daher allgemein schreiben

$$\varPi = \frac{RT}{M_2}\, c_g + B^* \, c_g^2 + C^* \, c_g^3 + \cdots . \qquad (\text{II, } 104)$$

Sehr häufig kann man schon das dritte Glied der rechten Seite vernachlässigen und somit die Größe $\varPi/c_g$ linear extrapolieren. In dieser verkürzten Form ist Gl. (II, 104) bereits von WO. OSTWALD[4] angegeben und benutzt worden. Die Beantwortung der obigen Frage b läuft letzten Endes auf eine molekulartheoretische Berechnung des zweiten Virialkoeffizienten B* (und evtl. auch des dritten Koeffizienten C*) in Gl. (II, 104) hinaus. Man hat dies anfänglich an Hand anschaulicher Vorstellungen über Solvatation und innere Beweglichkeit der Fadenmoleküle versucht[5], die beide eine Erhöhung des osmotischen Druckes bewirken sollten. Während die erste Auffassung in gewissem Umfange richtig ist, wie wir später sehen werden, ist die zweite völlig unhaltbar. Die Vorstellung, daß die Teile eines beweglichen Fadenmoleküls als selbständige „kinetische Einheiten" wirken, ist später noch von K. H. MEYER[6] und POWELL, CLARK und EYRING[7] aufgegriffen worden. Der Nachweis, daß sie im Widerspruch zu den fundamentalen Prinzipien der statistischen Mechanik steht, ist zuerst von E. HÜCKEL[8] geführt worden. Weitere kritische Bemerkungen zu diesen älteren Versuchen, die sich im ganzen

---

[1] Eine Zusammenstellung der Literatur über ältere Messungen dieser Art findet sich bei M. ULMANN: Molekülgrößen-Bestimmungen hochpolymerer Naturstoffe. Dresden 1936.

[2] MCMILLAN, W. G., u. J. E. MAYER: J. Chem. Phys. 13, 276 (1945).

[3] Die von G. V. SCHULZ [Z. physik. Chem. A 160, 409 (1932)] angegebene Formel genügt dieser Bedingung nicht und ist daher theoretisch nicht haltbar. Dies ist bei den zahlreichen Molekulargewichten, die von STAUDINGER und seinen Mitarbeitern nach dieser Formel berechnet wurden, zu beachten.

[4] OSTWALD, WO.: Kolloid-Z. 49, 60 (1929).

[5] HALLER, W.: Kolloid-Z. 49, 74 (1929); 56, 257 (1931); 78, 341 (1937).

[6] MEYER, K. H.: Helvet. chim. Acta 23, 1063 (1940).

[7] POWELL, R. E., CH. R. CLARK u. H. EYRING: J. Chem. Phys. 9, 268 (1941).

[8] HÜCKEL, E.: Z. Elektrochem. 42, 753 (1936).

als unfruchtbarer Irrweg erwiesen haben, finden sich bei HUGGINS[1] und GEE[2].

Ein wirklicher Fortschritt wurde erst durch die Anwendung der exakten Methoden der statistischen Thermodynamik ermöglicht. Der Anstoß dazu kam von einer ganz anderen Seite. Im Zusammenhang mit Untersuchungen über die Theorie der idealen Lösung hatte GUGGEN-HEIM[3] darauf hingewiesen, daß Verschiedenheit der Molvolumina beider Komponenten Abweichungen vom RAOULTschen Gesetz bedingen könne. In einer historisch gewordenen Arbeit erbrachten dann FOWLER und RUSHBROOKE[4] 1937 den Nachweis, daß in einer athermischen Mischung von Monomeren und Dimeren (Hantelmolekülen) in der Tat, wenn auch geringe, Abweichungen von den Gesetzen der idealen Lösung auftreten. Obwohl damit bereits der Schlüssel zum Verständnis der thermodynamischen Eigenschaften hochmolekularer Lösungen gegeben war, dauerte es merkwürdigerweise noch einige Jahre, ehe die Anwendung auf dieses Problem erfolgte. 1941 erschienen die ersten vorläufigen Mitteilungen über hochmolekulare Lösungen von FLORY[5] und HUGGINS[6], 1942 die ausführlichen Arbeiten dieser Autoren[7, 8, 9]. 1943 erschienen die ersten ohne Kenntnis der amerikanischen Arbeiten ausgeführten Untersuchungen von MILLER[10] und MÜNSTER[11]. Auf die daran anschließende weitere Entwicklung brauchen wir hier nicht mehr einzugehen, da sie den wesentlichen Inhalt der folgenden Paragraphen bildet.

Wir wollen in diesem Paragraphen die Theorie der athermischen Lösung behandeln, d. h., vom Standpunkt der Thermodynamik (s. Kap.I, § 17), einer Lösung, die zwar verschwindende Verdünnungswärme, aber eine vom Idealwert abweichende Verdünnungsentropie besitzt. Eine athermische Lösung im strengen Sinne kann es in der Natur nicht geben. Man kennt auch nur ein System, das sich wenigstens angenähert athermisch verhält, nämlich das System Guttapercha—Toluol[12]. Trotzdem ist die Beschäftigung mit der Theorie der athermischen Lösung nicht eine formale Spielerei, sondern von grundlegender Bedeutung für das Verständnis der hochmolekularen Lösungen. Wenn wir ein Modell der athermischen Lösung konstruieren, tun wir ja nichts anderes als den Einfluß von Molekülgröße und Molekülgestalt rein herauszupräparieren. Diese Einflüsse sind aber immer vorhanden, und jede Theorie der Solvatation muß durch die Theorie der athermischen Lösung ergänzt werden, wie etwa die DEBYE-HÜCKELsche Theorie der starken Elektrolyte durch


[1] HUGGINS, M. L.: J. Phys. Chem. **46**, 151 (1942).
[2] GEE, G.: The Physical Chemistry of Rubber Solutions. Brit. Rubber Prod. Res. Ass. Publ. Nr. 40 (1943).
[3] GUGGENHEIM, E. A.: Trans. Faraday Soc. **33**, 151 (1937).
[4] FOWLER, R. H., u. G. S. RUSHBROOKE: Trans. Faraday Soc. **33**, 1272 (1937).
[5] FLORY, P. J.: J. Chem. Phys. **9**, 660 (1941).
[6] HUGGINS, M. L.: J. Chem. Phys. **9**, 440 (1941).
[7] HUGGINS, M. L.: J. Phys. Chem. **46**, 151 (1942).
[8] FLORY, P. J.: J. Chem. Phys. **10**, 51 (1942).
[9] HUGGINS, M. L.: Ann. N.Y. Acad. Sci. **43**, 1 (1942).
[10] MILLER, A. R.: Proc. Cambridge Phil. Soc. **39**, 54, 151 (1943).
[11] MÜNSTER, A.: Kolloid-Z. **105**, 1 (1943).
[12] WOLFF, E.: Helvet. chim. Acta **23**, 439 (1940).

die Theorie der idealen Lösung ergänzt wird. Darüber hinaus wird sich zeigen, daß gerade bei hochmolekularen Lösungen die genannten Faktoren von überragender Bedeutung sind, so daß sich schon auf dieser Grundlage viele Eigenschaften derselben verstehen lassen. Für weitere Betrachtungen genügt es oft, daß man die Solvatation in roher Näherung durch ein halbempirisches Zusatzglied berücksichtigt; wir werden in § 30 darauf näher eingehen.

Das Modell der athermischen Lösung entsteht formal aus dem der idealen Lösung dadurch, daß wir die erste der in § 28a gemachten Annahmen aufgeben. Dagegen setzen wir auch hier voraus, daß alle Konfigurationen die gleiche Energie besitzen und daß die mittlere Koordinationszahl, die freien Volumina und die Verteilungsfunktionen der inneren und kinetischen Energie für alle Konfigurationen gleich sind. Wir müssen aber noch angeben, in welcher Weise wir die unterschiedliche Molekülgröße im Rahmen des Gittermodells berücksichtigen. Nun bestehen die hochpolymeren Moleküle aus monomeren Bausteinen, welche, verglichen mit dem hochpolymeren Molekül, untereinander und mit den Lösungsmittelmolekülen praktisch gleiche Größe und Gestalt haben. Man geht daher so vor, daß man mit einem Molekül vom Polymerisationsgrad $P$ auch $P$ Gitterplätze besetzt, mit jedem Molekül des Lösungsmittels dagegen einen Gitterplatz. Das mathematische Problem besteht also darin, daß wir die Zahl der Konfigurationen bestimmen für den Fall, daß $N_1$ Moleküle je einen Gitterplatz, $N_2$ Moleküle je $P$ Gitterplätze besetzen. Die Einzelheiten des Problems hängen naturgemäß ab von der Gestalt und inneren Beweglichkeit[1], genauer von der durch diese bestimmten Biegsamkeit der hochpolymeren Moleküle. Eine exakte Lösung des erwähnten Problems ist bisher in keinem Fall möglich gewesen. Man hat aber eine ganze Reihe von Näherungsverfahren entwickelt, die für zahlreiche praktisch wichtige Fälle brauchbare Ergebnisse liefern. Die Ergebnisse dieser Rechnungen stimmen, soweit sie vergleichbar sind, auch untereinander gut überein und dürfen daher als zuverlässig betrachtet werden.

Die angewandten Methoden lassen sich in zwei Gruppen einteilen: In solche, die geschlossene Formeln für das ganze Konzentrationsgebiet ergeben, und in solche, welche das Ergebnis in Form einer Reihenentwicklung nach Potenzen der Konzentration liefern. Die letzteren lassen sich mit erträglichem Rechenaufwand nur für das Gebiet der verdünnten Lösungen auswerten, d. h. praktisch für das Gebiet der osmotischen Messungen.

### b) Die Theorie von FLORY und HUGGINS.

Wir wollen zunächst die von FLORY[2, 3] und HUGGINS[4-6] unabhängig voneinander entwickelte Theorie betrachten, die auch historisch

---

[1] Über die Begriffe „innere Beweglichkeit, Steifheit, Biegsamkeit, Gestrecktheit" usw. vgl. auch die Ausführungen im Kap. XIV „Form und Beweglichkeit von Fadenmolekülen".

[2] FLORY, P. J.: J. Chem. Phys. **9**, 660 (1941).

[3] FLORY, P. J.: J. Chem. Phys. **10**, 51 (1942).

[4] HUGGINS, M. L.: J. Phys. Chem. **46**, 151 (1942).

[5] HUGGINS, M. L.: J. Chem. Phys. **9**, 440 (1941).

[6] HUGGINS, M. L.: Ann. N.Y. Acad. Sci. **43**, 1 (1942).

am Anfang der Entwicklung steht. Diese Theorie ist zwar nur eine ziemlich rohe Näherung hat aber den großen Vorzug daß sie auf einem übersichtlichen Wege zu relativ einfachen geschlossenen Formeln für das gesamte Konzentrationsgebiet führt. Sie ist daher auch heute noch von großem Nutzen, z. B. für Betrachtungen über Löslichkeit, bei denen man von einfachen Ansätzen für die thermodynamischen Funktionen ausgehen muß, um die weitere Rechnung überhaupt durchführen zu können.

FLORY und HUGGINS bedienen sich der sog. filling-up-Methode, die bereits von BOLTZMANN in der Gastheorie und auch von FOWLER und RUSHBROOKE in ihrer grundlegenden Arbeit benutzt wurde. Das Prinzip dieser Methode besteht für unser Problem darin, daß man in das gedachte Gitter zunächst die gelösten Moleküle einzeln einfüllt. Dabei wird für jedes Molekül die Zahl der sich ergebenden Anordnungsmöglichkeiten berechnet. Die Moleküle des Lösungsmittels kommen zum Schluß auf die noch freien Gitterplätze. Die Zahl der Konfigurationen ist dann gleich dem Produkt über alle so berechneten Anordnungsmöglichkeiten.

Wir betrachten ein System aus $N_1$ monomeren Molekülen (Lösungsmittel) und $N_2$ Fadenmolekülen vom Polymerisationsgrad $P$. Das gedachte Gitter hat somit $N_1 + P N_2$ Plätze. Für den ersten Baustein des ersten Fadenmoleküls haben wir daher $N_1 + P N_2$ Anordnungsmöglichkeiten, für den zweiten $z$ und für den dritten und alle weiteren $y \leq z - 1$, wo $y$ von dem Grade der Biegsamkeit des Fadenmoleküls abhängt. Den Fall $y = z - 1$ wollen wir als ideale Biegsamkeit (complete flexibility) bezeichnen. Der erste Baustein des zweiten Moleküls hat $N_1 + P N_2 - P$ Plätze zur Verfügung, der zweite $z (1 - f_2)$, der dritte und alle folgenden $y (1 - f_2)$. Hier ist $f_2$ die Wahrscheinlichkeit, daß eine an sich dem Baustein zugänglicher Platz schon durch ein anderes Molekül besetzt ist. Allgemein gibt es bei dem Molekül $i + 1$ für den ersten Baustein $N_1 + P N_2 - i P$ Möglichkeiten für den zweiten $z (1 - f_{i+1})$, für den dritten und alle folgenden $y (1 - f_{i+1})$. Der Kunstgriff, der die Ableitung einer geschlossenen Formel ermöglicht, besteht nun darin, daß man allgemein setzt

$$f_{i+1} = \frac{i P}{N_1 + P N_2}. \qquad (\text{II, } 105)$$

Das heißt mit Worten: Die Wahrscheinlichkeit, unter den nächsten Nachbarn eines Bausteins einen Gitterplatz besetzt zu finden, ist gleich der Durchschnittswahrscheinlichkeit über die ganze Lösung. Diese Annahme kann aber allgemein nur bei höheren Konzentrationen näherungsweise zutreffen, in verdünnten Lösungen dagegen nur, wenn die Fadenmoleküle eine sehr große Steifheit besitzen. Dagegen ist in verdünnten Lösungen von Fadenmolekülen mit großer innerer Beweglichkeit (Biegsamkeit) die fragliche Wahrscheinlichkeit infolge der Verknäuelung der Moleküle größer als Gl. (II, 105) angibt. Diese Tatsache ist der Hauptgrund dafür, daß die FLORY-HUGGINS-Theorie, wie wir sehen werden, für verdünnte Lösungen versagt.

Für die weiteren Überlegungen ist es zweckmäßig, den sog. Kombinationsfaktor $g (N_1, N_2)$ einzuführen, der die Zahl der *unterscheidbaren* Konfigurationen angibt. Er lautet z. B. für die ideale Lösung

$$g\,(N_1,\,N_2)_{id} = \frac{(N_1+N_2)!}{N_1!\,N_2!}\,. \tag{II, 106}$$

Aus der Definition ergibt sich in Verbindung mit Gl. (II, 70), (II, 75) und (II, 76), daß für die athermische Lösung gilt

$$\Delta G = -\,kT \ln g\,(N_1,\,N_2)\,. \tag{II, 107}$$

Bilden wir nun das Produkt der Zahlen der Anordnungsmöglichkeiten über alle $i$ und beachten, daß asymptotisch

$$(x!)^r = x^{rx}\,e^{-rx} \tag{II, 108}$$

ist, so folgt nach Division durch $N_1!\,N_2!$

$$g\,(N_1,\,N_2) = \frac{\left(\dfrac{N_1}{P}+N_2\right)!\;N_1!\,(N_1+PN_2)^{\frac{P-1}{P}N_1}\,P^{N_2}\,z^{N_2}\,y^{(P-2)N_2}}{\left(\dfrac{N_1}{P}\right)!\;N_1^{\frac{P-1}{P}N_1}\,\exp\,[\,(P-1)N_2]\,\sigma^{N_2}}\,, \tag{II, 109}$$

wo $\sigma$ die *Symmetriezahl*[1] ist. Mit Hilfe der STIRLINGschen Formel Gl. (II, 44) erhalten wir daraus

$$\ln g\,(N_1,\,N_2) = (N_1+N_2)\ln\,(N_1+PN_2) - N_1 \ln N_1 \tag{II, 110}$$
$$-\,N_2 \ln N_2 + N_2 \ln\left(\frac{z}{\sigma}\right) + (P-2)\,N_2 \ln y - (P-1)\,N_2\,.$$

Die entsprechenden Ausdrücke für die reinen Komponenten ergeben sich, wenn man in (II 110) $N_1$ bzw. $N_2$ gleich Null setzt[2]. Mit Gl. (II, 107) folgt dann für die freie Energie der Mischung

$$\Delta G = kT\left[\,N_1 \ln\frac{N_1}{N_1+PN_2} + N_2 \ln\frac{PN_2}{N_1+PN_2}\right]. \tag{II, 111}$$

Wir führen jetzt die sog. Volumenbrüche (Grundmolenbrüche)

$$x_1^* = \frac{N_1}{N_1+PN_2}\,, \qquad x_2^* = \frac{PN_2}{N_1+PN_2} \tag{II, 112}$$

ein. Mit Benutzung dieser Größen erhalten wir aus Gl. (II, 111) für die chemischen Potentiale

$$\Delta\mu_1 = RT\left[\ln x_1^* + \left(1-\frac{1}{P}\right)x_2^*\right] \tag{II, 113}$$

$$\Delta\mu_2 = RT\,[\ln x_2^* - (P-1)\,x_1^*]\,. \tag{II, 114}$$

Für die Verdünnungsentropie ergibt sich

$$\Delta s_1 = -\,R\left[\ln x_1^* + \left(1-\frac{1}{P}\right)x_2^*\right]. \tag{II, 115}$$

---

[1] $\sigma$ gibt die Zahl der gleichwertigen, nicht unterscheidbaren Lagen an, in die das Molekül nacheinander durch eine Rotation überführt werden kann.

[2] Dabei muß aber die zusätzliche Annahme gemacht werden, daß $y$ von der Konzentration unabhängig ist, d. h. daß die Fadenmoleküle in der reinen polymeren Substanz und in der Lösung die gleiche innere Beweglichkeit besitzen. Vgl. dazu c) Gl. (II, 135).

Entwickeln wir den Logarithmus und brechen mit dem zweiten Gliede ab, so erhalten wir die für verdünnte Lösungen gültige Formel

$$\varDelta s_1 = \mathrm{R}\,\frac{x_2^*}{P}\left(1 + \frac{1}{2}\,P\,x_2^*\right).\qquad\text{(II, 116)}$$

In ähnlicher Weise erhalten wir für den osmotischen Druck aus Gl. (II,113)

$$\varPi = \frac{\mathrm{R}T}{V_1}\,\frac{x_2^*}{P}\left(1 + \frac{1}{2}\,P\,x_2^*\right).\qquad\text{(II, 117)}$$

In Abb. II, 9 sind nach Huggins[1] die Aktivitäten (relativen Dampfdrucke)

$$\frac{p_1}{p_{01}} = a_1 = \exp\left(\varDelta\,\mu_1/\mathrm{R}T\right),\quad \frac{p_2}{p_{02}} = a_2 = \exp\left(\varDelta\,\mu_2/\mathrm{R}T\right)\qquad\text{(II, 118)}$$

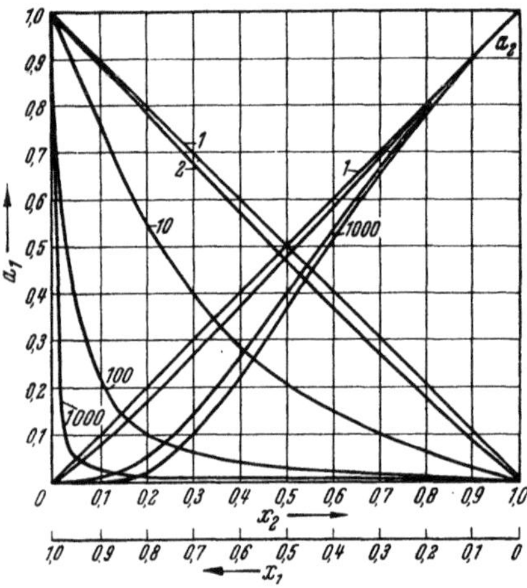


Abb. II, 9. Aktivitäten einer binären athermischen Lösung nach der Theorie von Flory-Huggins. (Zahlen bezeichnen die Polymerisationsgrade.)

als Funktionen der Molenbrüche dargestellt, wie sie sich aus Gl. (II, 113) und (II, 114) für verschiedene Werte von $P$ berechnen. Die enormen Abweichungen von den Gesetzen der idealen Lösung treten deutlich hervor.

Die Größen $x_1^*$ und $x_2^*$ sind zunächst im Rahmen des Gittermodells definiert und hier naturgemäß völlig eindeutig. Dies trifft aber, wie kürzlich Bawn und Mitarbeiter[2] betont haben, nicht mehr ohne weiteres zu, wenn man die obigen Formeln auf reale Lösungen anwendet. Man kann sich nämlich einmal an die formelmäßigen Definitionen Gl. (II, 112) halten[3]. Dann hängt $x_2^*$ mit den eingewogenen Mengen von Lösungsmittel und polymerer Substanz, $w_1$ und $w_2$, durch die Gleichung

$$x_2^* = \frac{w_2}{\dfrac{M_0}{M_1}\,w_1 + w_2}\qquad\text{(II, 119)}$$

zusammen, wo $M_0$ das Molekulargewicht des monomeren Bausteins des polymeren Moleküls, $M_1$ das des Lösungsmittels ist. Man kann sich aber auch auf den Standpunkt stellen, daß der Begriff des Volumenbruches das wesentliche ist und die Definition (II, 112) nur eine Konzession an das Gittermodell. In diesem Falle gilt

$$x_2^{*\prime} = \frac{w_2}{\dfrac{\varrho_2}{\varrho_1}\,w_1 + w_2}.\qquad\text{(II, 120)}$$

Man sieht, daß die beiden Definitionen nur dann zusammenfallen, wenn

$$\frac{M_0}{M_1} = \frac{\varrho_2}{\varrho_1}\qquad\text{(II, 121)}$$


[1] Huggins, M. L.: J. Phys. Chem. 46, 151 (1942).

[2] Bawn, C., R. Freeman u. A. Kamaliddin: Trans. Faraday Soc. 46, 677 (1950).

[3] Diese Definition wird neuerdings gelegentlich als „site fraction" bezeichnet.

ist. Das bedeutet, daß die monomeren Bausteine und die Moleküle des Lösungsmittels gleiche Größe haben müssen, wie es ja beim Gittermodell angenommen wird. Dies trifft zwar bei verschiedenen realen Systemen, wie Kautschuk—Benzol, Polystyrol—Toluol, Polystyrol—Methyläthylketon, mit einiger Annäherung zu, kann aber nicht allgemein vorausgesetzt werden. In solchen Fällen, wo (II, 121) nicht zutrifft, muß man sich also für eine der beiden Definitionen (II, 119) und (II, 120) entscheiden. In der amerikanischen Literatur wird meistens (II, 120) bevorzugt. Die Ergebnisse von BAWN und Mitarbeitern[1] deuten aber darauf hin, daß es bei der Anwendung der mit Hilfe des Gittermodells erhaltenen Formeln sinnvoller ist, (II, 119) zu verwenden. Diese Größe hat außerdem den Vorzug, unabhängig von der Temperatur zu sein. Wir werden daher im folgenden ebenfalls die Gl. (II, 119) zugrundelegen.

Für verdünnte Lösungen (d. h. im Gebiete der osmotischen Messungen) ist es üblich, als Konzentrationsmaß die Einheit g/cm³ oder g/l zu verwenden[2]; die so gemessene „Gewichtskonzentration" bezeichnen wir mit $c_g$. Die Umrechnung des Volumenbruches auf diese Größe gestaltet sich nun ebenfalls verschieden, je nachdem, ob man von (II, 119) oder (II, 120) ausgeht. Da die hier in Betracht kommenden Volumenbrüche von der Größenordnung $10^{-2} - 10^{-1}$ sind, können wir mit Rücksicht auf die überhaupt sinnvolle Genauigkeit für den Nenner der Gl. (II, 112) die Beziehung (II, 121) als gültig annehmen. In dieser Näherung können wir dann Gl. (II, 120) schreiben ($n_1$, $n_2$ = Molzahlen, $\varrho_2$ = Dichte des Polymeren)

$$ x_2^{*\prime} = \frac{V_2\,n_2}{V_1\,(n_1 + Pn_2)} = \frac{V_2}{M_2}\,c_g = \frac{1}{\varrho_2}\,c_g \, . \tag{II, 122} $$

Dies ist der in der amerikanischen Literatur gewöhnlich benutzte Zusammenhang. Dagegen erhält man aus (II, 119)

$$ x_2^{*} = \frac{V_1}{M_0}\,c_g \, . \tag{II, 123} $$

Diese Formel werden wir im folgenden benutzen. Man sieht leicht, daß unter der Bedingung (II, 121) die Gl. (II, 122) und (II, 123) identisch werden.

### c) Die Theorie von MILLER und GUGGENHEIM.

MILLER[3] benutzte in seinen ersten Arbeiten das BETHEsche Näherungsverfahren[4], das aus der Theorie der kooperativen Ordnungseffekte in Legierungen bekannt ist. Die Rechnung läßt sich aber explizit nur für sehr kurze Ketten (Dimere und Trimere) durchführen. Die Formeln für hochmolekulare Lösungen erhielt MILLER durch sinngemäße Extrapolation. Dieselben Gleichungen wurden von GUGGENHEIM[5] in strengerer Weise mit Hilfe von kinetischen Betrachtungen abgeleitet. In neuerer Zeit hat MILLER[6] eine vollständige statistische Ableitung angegeben, die im wesentlichen identisch ist mit der von VAN DER WAALS[7] benutzten. Wir wollen die letztere hier etwas ausführlicher erörtern.

Wir betrachten wieder ein System aus $N_1$ Molekülen, die je einen Gitterplatz besetzen, und aus $N_2$ Molekülen, die je $P$ Gitterplätze besetzen. Es wird vorausgesetzt, daß die polymeren Moleküle glatte oder verzweigte offene Ketten, aber keine geschlossenen Ringe sind. Die Zahl


[1] BAWN, C., R. FREEMAN u. A. KAMALIDDIN: Trans. Faraday Soc. **46**, 677 (1950).
[2] Gelegentlich wird auch g/100 cm³ benutzt.
[3] MILLER, A. R.: Proc. Cambridge Phil. Soc. **39**, 54, 151 (1943).
[4] BETHE, H.: Proc. Roy. Soc. Lond. A **150**, 552 (1935).
[5] GUGGENHEIM, E. A.: Proc. Roy. Soc. Lond. A **183**, 203 (1944).
[6] MILLER, A. R.: Kolloid-Z. **114**, 149 (1949).
[7] VAN DER WAALS, J. H.: Diss. Amsterdam 1950.

der nächsten Nachbarn eines polymeren Moleküls bezeichnen wir mit $zq$. Unter der genannten Voraussetzung gilt

$$zq = P(z-2) + 2 \, . \qquad\qquad \text{(II, 124)}$$

Den Kern der Theorie bildet die Berechnung der Wahrscheinlichkeit $W(AB)$, daß zwei benachbarte Gitterplätze von Molekülen der Sorte 1 besetzt sind. Die Anwesenheit der polymeren Moleküle hat nämlich zur Folge daß diese Wahrscheinlichkeit nicht mehr einfach gleich dem Produkt der Einzel-Wahrscheinlichkeiten ist; darin drückt sich unmittelbar der kooperative Charakter des Problems aus. Wir gehen aus von der Gesamtzahl von Paaren benachbarter Gitterplätze, die $z/2 (N_1 + PN_2)$ beträgt. Ein Teil dieser Paare ist von aufeinanderfolgenden Bausteinen polymerer Moleküle besetzt. Die Zahl dieser Paare ist $(P-1) N_2$. Die Zahl der Paare, die nicht von aufeinanderfolgenden Bausteinen polymerer Moleküle besetzt sind, ist daher

$$\frac{z}{2} (N_1 + PN_2) - (P-1) N_2 = \frac{z}{2} (N_1 + qN_2) \, , \qquad \text{(II, 125)}$$

wo $q$ durch Gl. (II, 124) definiert ist. Die Wahrscheinlichkeit, daß ein beliebig herausgegriffener Gitterplatz $A$ von einem Molekül der Sorte 1 (des Lösungsmittels) besetzt ist ist $N_1/(N_1 + PN_2)$. Wenn wir nun wissen, daß $A$ von einem Molekül des Lösungsmittels besetzt ist, so ist die Wahrscheinlichkeit, daß ein zu $A$ benachbarter Gitterplatz $B$ ebenfalls von einem Molekül des Lösungsmittels besetzt ist, größer als $N_1/(N_1 + PN_2)$. Wir wissen dann nämlich, daß $AB$ zu den Paaren von benachbarten Plätzen gehört, die nicht von einander folgenden Bausteinen polymerer Moleküle besetzt sind. Die fragliche Wahrscheinlichkeit ist daher größer als $N_1/(N_1 + PN_2)$ um einen Faktor, der gleich ist dem Verhältnis der Gesamtzahl der Paare zur Zahl der Paare, die nicht von einander folgenden Bausteinen polymerer Moleküle besetzt sind. Wir erhalten somit für die Wahrscheinlichkeit, daß zwei benachbarte Gitterplätze $A$ und $B$ von Molekülen des Lösungsmittels besetzt sind,

$$W(AB) = \frac{N_1}{N_1 + PN_2} \left( \frac{N_1}{N_1 + PN_2} \frac{N_1 + PN_2}{N_1 + qN_2} \right) = \frac{N_1}{N_1 + PN_2} \frac{N_1}{N_1 + qN_2} \, .$$
$$\text{(II, 126)}$$

Für die Wahrscheinlichkeit $W(P)$, daß eine Folge von $P$ benachbarten Gitterplätzen, die keine geschlossenen Ringe enthält, von Molekülen des Lösungsmittels besetzt ist, setzt Guggenheim[1] in Verallgemeinerung von Gl. (II, 126)

$$W(P) = \left( \frac{N_1}{N_1 + PN_2} \right)^P \left( \frac{N_1 + PN_2}{N_1 + qN_2} \right)^{P-1} = \frac{N_1}{N_1 + PN_2} \left( \frac{N_1}{N_1 + qN_2} \right)^{P-1} \, .$$
$$\text{(II, 127)}$$

Dieser Ausdruck ist allerdings keine strenge Folgerung aus Gl. (II, 126), sondern er schließt eine zusätzliche Näherung ein, wie van der Waals[2] ausführlich erörtert hat. Man kann indessen wohl annehmen, daß unter den oben erwähnten Voraussetzungen die Näherung recht gut ist.

---

[1] Guggenheim, E. A.: Proc. Roy. Soc. Lond. A **183**, 203 (1944).
[2] Van der Waals, J. H.: Diss. Amsterdam 1950.

Wir definieren nun eine Größe $\lambda$, die gleich ist der mittleren Zahl von Folgen benachbarter Gitterplätze auf denen ein polymeres Molekül untergebracht werden könnte, die aber in Wirklichkeit von Molekülen des Lösungsmittels besetzt sind. Diese Zahl ist gleich dem Produkt aus der Zahl der Anordnungsmöglichkeiten für ein polymeres Molekül in dem leeren Gitter $(N_1 + PN_2)\,\varrho$ und der Wahrscheinlichkeit, daß eine solche Folge von Molekülen des Lösungsmittels besetzt ist. Wir haben daher mit Gl. (II, 127)

$$\lambda = (N_1 + PN_2)\,\varrho\,\frac{N_1}{N_1 + PN_2}\left(\frac{N_1}{N_1 + qN_2}\right)^{P-1}. \tag{II, 128}$$

Die hier eingeführte Größe $\varrho$ ist die Zahl der Konfigurationen eines polymeren Moleküls, dessen erster Baustein in einem bestimmten Gitterplatz fixiert ist. Sie hängt im wesentlichen von der inneren Beweglichkeit der Fadenmoleküle ab; im Fall idealer Beweglichkeit gilt

$$\varrho_{id} = z\,(z-1)^{P-2}. \tag{II, 129}$$

Wir betrachten jetzt eine bestimmte Konfiguration eines Systems a aus $N_1$ Molekülen des Lösungsmittels und $N_2$ Fadenmolekülen. Wir wollen sie überführen in eine Konfiguration eines Systems b aus $N_1 - P$ Molekülen des Lösungsmittels und $N_2 + 1$ Fadenmolekülen. Dazu müssen wir eine der vorher betrachteten Folgen von $P$ Molekülen des Lösungsmittels durch ein polymeres Molekül ersetzen. Wenn wir die Ausgangskonfiguration des Systems a beliebig wählen, gibt es somit insgesamt $g\,(N_1\,N_2)\,\lambda$ Möglichkeiten, die Überführung vorzunehmen. Andererseits kann jede Konfiguration des Systems b auf $N_2 + 1$ verschiedene Weisen aus dem System a entstanden sein, da jedes der $N_2 + 1$ polymeren Moleküle die $P$ Moleküle des Lösungsmittels ersetzt haben kann. Es muß daher gelten

$$(N_2 + 1)\,g\,(N_1 - P, N_2 + 1) = g\,(N_1, N_2)\,\lambda. \tag{II, 130}$$

Aus Gl. (II, 128) und Gl. (II, 130) folgt

$$(N_2 + 1)\,g\,(N_1 - P, N_2 + 1)$$
$$= g\,(N_1, N_2)\,(N_1 + PN_2)\,\varrho\,\frac{N_1}{N_1 + PN_2}\left(\frac{N_1}{N_1 + qN_2}\right)^{P-1}. \tag{II, 131}$$

Da $N_1$ und $N_2$ sehr große Zahlen sind, können wir schreiben

$$\ln g\,(N_1 - P, N_2 + 1) - \ln g\,(N_1, N_2)$$
$$= \left(\frac{\partial \ln g\,(N_1, N_2)}{\partial N_2}\right)_{N_1} - P\left(\frac{\partial \ln g\,(N_1, N_2)}{\partial N_1}\right)_{N_2} = \left(\frac{\partial \ln g\,(N_1, N_2)}{\partial N_2}\right)_{N}, \tag{II, 132}$$

wo $N = N_1 + PN_2$ die Gesamtzahl der Gitterplätze ist. Aus (II 131) und (II, 132) erhalten wir (wenn 1 gegen $N_2$ vernachlässigt wird) die Differentialgleichung

$$\left(\frac{\partial \ln g\,(N_1, N_2)}{\partial N_2}\right)_{N} = -\ln N_2 + P\ln (N - PN_2)$$
$$- (P-1)\ln [N - (P-q)\,N_2] - \ln \varrho. \tag{II, 133}$$

Für $N_2 = 0$ ist $g(N_1, 0) = 1$. Die Integration der Gl. (II, 133) ergibt daher, wenn wir die STIRLINGsche Formel benutzen

$$\ln g(N_1, N_2) = -\ln N_2! - \ln \frac{(N - PN_2)!}{N!} + \frac{P-1}{P-q} \ln \frac{[N - (P - q)N_2]!}{N!}$$
$$+ N_2 \ln \varrho .$$

$$(II, 134)$$

Führen wir jetzt wieder $N_1$ an Stelle von $N$ ein, so folgt mit Gl. (II, 107) für die freie Energie der Mischung[1]

$$\Delta G = kT \left[ \ln N_1! - \frac{P-1}{P-q} \ln \frac{(N_1 + qN_2)!}{(qN_2)!} \right.$$
$$\left. + \frac{q-1}{P-q} \ln \frac{(N_1 + PN_2)!}{(PN_2)!} \right] .$$

$$(II, 135)$$

Daraus folgt mit Gl. (II, 124) für die chemischen Potentiale

$$\Delta \mu_1 = RT \left[ \ln N_1 - \frac{z}{2} \ln (N_1 + qN_2) + \left( \frac{z}{2} - 1 \right) \ln (N_1 + PN_2) \right] \quad (II, 136)$$

$$\Delta \mu_2 = RT \left[ \left( \frac{z}{2} - 1 \right) P \ln \frac{N_1 + PN_2}{N_2} - \frac{zq}{2} \ln \frac{N_1 + qN_2}{N_2} \right] .$$

$$(II, 137)$$

Die Gleichungen für die Aktivitäten (relativen Dampfdrucke) ergeben sich daraus in der einfachen Form

$$a_1 = \frac{p_1}{p_{01}} = \frac{N_1 (N_1 + PN_2)^{\frac{z}{2} - 1}}{(N_1 + qN_2)^{\frac{z}{2}}}$$

$$(II, 138)$$

$$a_2 = \frac{p_2}{p_{02}} = \frac{N_2 (N_1 + PN_2)^{\left( \frac{z}{2} - 1 \right) P}}{(N_1 + qN_2)^{\frac{zq}{2}}} .$$

$$(II, 139)$$

Die danach berechneten Kurven stimmen in ihrem allgemeinen Charakter völlig mit den in Abb. II, 9 gezeigten überein.

Für die Verdünnungsentropie ergibt sich, wenn wir wieder die durch Gl. (II, 112) definierten Volumenbrüche einführen,

$$\Delta s_1 = -R \left\{ \ln x_1^* - \frac{z}{2} \ln \left[ 1 - \frac{2 x_2^*}{z} \left( 1 - \frac{1}{P} \right) \right] \right\} .$$

$$(II, 140)$$

Eine ähnliche Formel hat auch HUGGINS[2] durch eine Verfeinerung seiner ursprünglichen Betrachtungsweise abgeleitet. Aus Gl. (II, 140) ergibt sich durch Reihenentwicklung die für verdünnte Lösungen gültige Formel

$$\Delta s_1 = R \frac{x_2^*}{P} \left( 1 + \frac{1}{2} \frac{z-2}{z} P x_2^* \right) .$$

$$(II, 141)$$

In ähnlicher Weise ergibt sich aus Gl. (II, 136) für den osmotischen Druck

$$\Pi = \frac{RT}{V_1} \frac{x_2^*}{P} \left( 1 + \frac{1}{2} \frac{z-2}{z} P x_2^* \right) .$$

$$(II, 142)$$

---

[1] Dabei ist angenommen, daß $\varrho$ für die reine polymere Substanz und die Lösung den gleichen Wert hat. Auch wenn dies nicht zutrifft, wird durch diese Annahme nur ein zu vernachlässigender Fehler in Gl. (II, 135) bedingt, wie MILLER [Kolloid-Z. **114**, 149 (1949)] gezeigt hat.

[2] HUGGINS, M. L.: Ann. N.Y. Acad. Sci. **43**, 1 (1942).

**d) Diskussion der Theorien von Flory-Huggins und Miller-Guggenheim.**

Der Zusammenhang zwischen den Theorien von Flory-Huggins und Miller-Guggenheim ist leicht zu übersehen. Aus den Formeln [z. B. Gl. (II, 117) und (II, 142)] erkennt man, daß die letztere asymptotisch in die erstere übergeht, wenn man $z \to \infty$ gehen läßt. In unserer Ableitung der Miller-Guggenheimschen Gleichungen würde sich dies so ausdrücken, daß die Wahrscheinlichkeit, $P$ aufeinanderfolgende Gitterplätze durch Moleküle des Lösungsmittels besetzt zu finden, einfach gleich dem Produkt der Einzelwahrscheinlichkeiten gesetzt wird. In Gl. (II, 127) würde somit der Korrekturfaktor $[(N_1 + PN_2)/(N_1+qN_2)]^{P-1}$ entfallen, da dann asymptotisch $q = P$ gilt. Die Theorie von Miller-Guggenheim stellt somit gegenüber der ursprünglichen Theorie von Flory-Huggins zweifellos eine Verfeinerung dar. Vom Standpunkt der experimentellen Ergebnisse betrachtet, ist der Fortschritt jedoch merkwürdigerweise nur ziemlich gering; beiden Theorien haften, wie wir sehen werden, die gleichen prinzipiellen Mängel an.

Da es, wie erwähnt, im strengen Sinne athermische Lösungen in der Natur nicht geben kann, müssen wir zunächst die Frage erörtern, wie sich die in Abschnitt b und c entwickelten Formeln überhaupt experimentell prüfen lassen. Im Prinzip kann man dazu zwar jede hochmolekulare Lösung benutzen, da jede allgemeinere Theorie die Theorie der athermischen Lösung notwendig in sich enthält. Da man es aber dann immer mit komplizierten Überlagerungen verschiedenartiger Effekte zu tun hat, ist es wünschenswert, zunächst die Theorie der athermischen Lösung für sich an experimentellen Daten zu prüfen. Das ist nun in der Tat auf verschiedene Weise möglich. Zunächst kann man von der Tatsache Gebrauch machen, daß sich in der freien Energie die Mischungswärme und die von dieser herrührenden Zusatzterme der Mischungsentropie häufig weitgehend kompensieren. Man kann also versuchen, die obigen Gleichungen unmittelbar auf Messungen des osmotischen Druckes und des Dampfdruckes anzuwenden. Obwohl dieses Verfahren ziemlich roh ist, liefert es manchmal wertvolle Hinweise. Für eine genauere Prüfung ist es im allgemeinen unerläßlich, neben der freien Energie der Verdünnung (osmotischer Druck und Dampfdruck) auch die Verdünnungswärme (entweder direkt kalorimetrisch oder aus der Temperaturabhängigkeit der freien Energie der Verdünnung) zu bestimmen. In den seltenen Fällen, in denen diese *praktisch* (d. h. innerhalb der Meßgenauigkeit) verschwindet, kann man die Theorie der athermischen Lösung direkt anwenden. Wenn die Verdünnungswärme klein ist (wie es bei Gemischen von Kohlenwasserstoffen meistens der Fall ist), kann man häufig annehmen, daß der entsprechende Beitrag zur Verdünnungsentropie vernachlässigt werden kann, d. h. mit anderen Worten, daß die energetische Wechselwirkung keine wesentlichen Abweichungen von der ungeordneten Verteilung bewirkt. In solchen Fällen kann man setzen

$$\Delta\mu_1 = \Delta h_1 - T\Delta s_{1_{ath}}, \tag{II, 143}$$

wo $\Delta s_{1_{ath}}$ die Verdünnungsentropie der athermischen Lösung ist. Eine gewisse Vorsicht ist jedoch mit Rücksicht auf Orientierungseffekte geboten, da hier die Verhältnisse etwas anders liegen können. Man sieht dies z. B. an dem Vergleich der Formeln für die streng reguläre Lösung und die 1—1-Kopplung[1]. Für verdünnte Lösungen ergibt sich schließlich noch eine weitere Möglichkeit, welche keine vollständige thermodynamische Analyse benötigt auf Grund der Tatsache daß der athermische Anteil der Größe $B^*$ in Gl. (II 104) eine sehr charakteristische Abhängigkeit vom Molekulargewicht zeigt.

Um zu einer möglichst exakten Prüfung der Grundlagen der Theorie zu gelangen, ist es zweckmäßig zunächst niedrigmolekulare Gemische von Molekülen verschiedener Größen zu betrachten. Der wesentliche Vorteil liegt darin, daß derartige Systeme in bezug auf ihre Struktur und auch die Reinheit und Einheitlichkeit der Substanzen besser definiert sind als hochmolekulare Lösungen. Die zu erwartenden Effekte sind allerdings, wie sich aus Abb. II, 9 ergibt, ziemlich klein, so daß hohe Ansprüche an die Meßgenauigkeit gestellt werden. Derartige Untersuchungen sind von K. H. MEYER und Mitarbeitern[2, 3] bereits vor der Entwicklung der Theorie durchgeführt worden und haben für diese erhebliche Bedeutung erlangt. In neuerer Zeit hat TOMPA[4] den Dampfdruck und mittels eines Kalorimeters auch die Mischungswärme des Systems Benzol—Diphenyl gemessen. Er konnte zeigen, daß hier Gl. (II, 143) anwendbar ist;

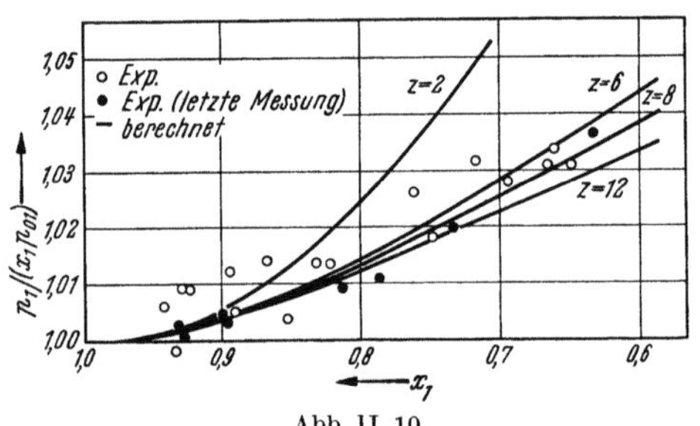


Abb. II, 10.
Dampfdrucke des Systems Benzol—Diphenyl. Kurven: berechnet nach der Theorie von MILLER-GUGGENHEIM.

da $\Delta h_1$ aus den Messungen bekannt war, ließ sich der quantitative Vergleich mit den Formeln des Abschnitts c ohne Schwierigkeit durchführen. Die Ergebnisse sind in Abb. II, 10 dargestellt. Es ist die Größe $p_1/p_{01} \cdot x_1$ gegen den Molenbruch des Benzols $x_1$ aufgetragen. Die Kurven sind nach Gl. (II 138) und (II, 143) für verschiedene Werte von $z$ berechnet. Der Wert $z = 2$ entspricht, wie man unmittelbar aus (II, 138) abliest, der idealen Lösung. Nach ORR[5] liegt für reines Benzol $z$ zwischen 6 und 8. Die Ergebnisse gestatten keine Entscheidung zwischen den Werten $z = 6$ $z = 8$ und $z = 12$. Dagegen liegt die Abweichung vom RAOULTschen Gesetz eindeutig außerhalb der Streuung der Meßpunkte und wird innerhalb der Meßgenauigkeit quantitativ durch die MILLER-GUGGENHEIMsche Theorie wiedergegeben.

VAN DER WAALS und J. J. HERMANS[6, 7] haben kalorimetrisch die Mischungswärme der Systeme n-Hexan—n-Hexadecan und n-Heptan—


[1] MÜNSTER, A.: Z. physik. Chem. **196**, 106 (1950).
[2] MEYER, K. H., u. K. LÜHDEMANN: Helvet. chim. Acta **18**, 307 (1935).
[3] BOISSONNAS, CH. G.: Helvet. chim. Acta **20**, 768 (1937).
[4] TOMPA, H.: J. Chem. Phys. **16**, 292 (1948).
[5] ORR, W. J. C.: Trans. Faraday Soc. **43**, 12 (1947).
[6] VAN DER WAALS, J. H.: Diss. Amsterdam 1950.
[7] VAN DER WAALS, J. H., u. J. J. HERMANS: Rec. Trav. chim. Pays-Bas **68**, 181 (1949).

n-Hexadecan bestimmt. Durch Kombination mit den Dampfdruck-
messurgen von BRÖNSTED und KOEFOED[1] konnten sie auf der Grundlage
der Gl. (II, 143) auch die Mischungsentropie berechnen. Um die Resultate mit der Theorie vergleichen zu können, muß diese zunächst für Gemische aus zwei polymeren Komponenten verallgemeinert werden. Wir
wollen darauf hier nicht näher eingehen. Da es sich um ein rein formales
Problem handelt, das an dem Wesen der Theorie nichts ändert, können
wir das Ergebnis der experimentellen Prüfung auch so diskutieren. Die

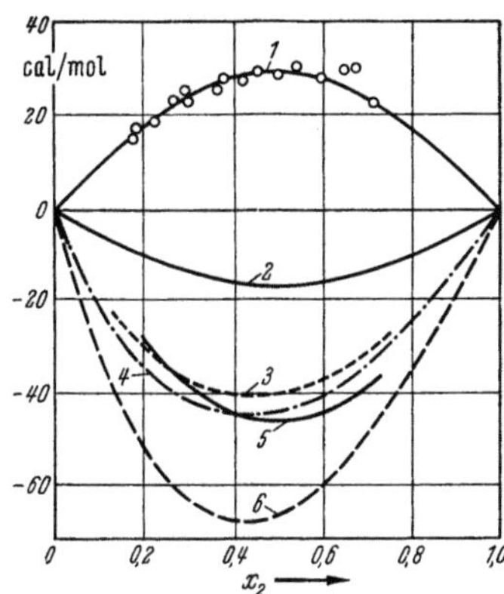


Abb. II, 11. Zusatzterme der thermodynamischen Funktionen für das System n-Hexan-
n-Hexadekan bei 20° C. Kreise und ausgezogene Kurven: Experimentelle Ergebnisse.
Kurve 1: $\Delta H_m$, Kurve 2: $\Delta G_m^E$, Kurve 5:
$-T\Delta S_m^E$. Gestrichelte Kurven: $-T\Delta S_m^E$,
berechnet nach der MILLER-GUGGENHEIMschen
Theorie; Kurve: 3: $P_1 = 4$, $P_2 = 9$, $z = 4$;
Kurve 4: $P_1 = 4$, $P_2 = 9$, $z = 8$; Kurve 6:
$P_1 = 6$, $P_2 = 16$, $z = 8$.

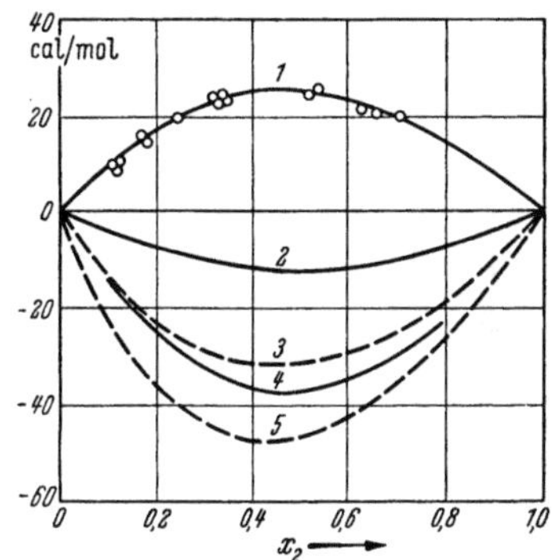


Abb. II, 12. Zusatzterme der thermodynamischen Funktionen für das System n-Heptan-
n-Hexadekan bei 20° C. Kreise und ausgezogene Kurven: Experimentelle Ergebnisse;
Kurve 1: $\Delta H_m$, Kurve 2: $\Delta G_m^E$, Kurve 4:
$-T\Delta S_m^E$. Gestrichelte Kurven: $-T\Delta S_m^E$,
berechnet nach der MILLER-GUGGENHEIMschen
Theorie: Kurve 3: $P_1 = 4,5$, $P_2 = 9$, $z = 8$;
Kurve 5: $P_1 = 7$, $P_2 = 16$, $z = 8$.

Wahl der in die Formeln einzusetzenden $P$-Werte erfordert einige Überlegung für die wir auf die Originalarbeiten verweisen. Die Resultate sind
in Abb. II, 11 und II, 12 dargestellt. Auch hier kann die Übereinstimmung
als befriedigend bezeichnet werden. Es muß allerdings erwähnt werden,
daß bei 50° C die Übereinstimmung bedeutend schlechter ist. Wahrscheinlich hängt dies damit zusammen, daß Gl. (II, 143) hier nicht mehr
gültig ist, doch sind die Einzelheiten noch nicht geklärt. VAN DER WAALS[2]
hat auch das System 2 2 4-Trimethylpentan-n-Hexadecan untersucht
und in analoger Weise mit der MILLER-GUGGENHEIMschen Theorie verglichen. Das Ergebnis ist in Abb. II, 13 dargestellt. Hier zeigt sich eine
klare Diskrepanz zwischen Theorie und Experiment; die experimentelle
Zusatzentropie ist wesentlich größer als die theoretische. VAN DER WAALS
weist darauf hin, daß das Molekül des 2 2 4-Trimethylpentans nahezu
kugelförmige Gestalt hat und daß hier möglicherweise ähnliche Orientierungseffekte auftreten wie in dem System Cyclohexan—Benzol.


[1] BRÖNSTED, J. N., u. J. KOEFOED: Danske Vidensk. Selsk. mat. fys. Medd.
22, 17 (1946).
[2] VAN DER WAALS, J. H.: Diss. Amsterdam 1950.

Diese Annahme erscheint in der Tat durchaus plausibel, so daß aus den genannten Messungen jedenfalls kein Argument gegen die MILLER-GUGGENHEIMsche Theorie abgeleitet werden kann.

Kürzlich haben EVERETT und PENNEY[1] den Dampfdruck der Systeme Diphenyl—Benzol, Diphenylmethan—Benzol und Dibenzyl—Benzol zwischen 25° und 75° C gemessen. Sie konnten die Ergebnisse von TOMPA[2] bestätigen und fanden allgemein gute Übereinstimmung mit der MILLER-GUGGENHEIMschen Theorie für $P = 2$ und $z = 6$. Im Falle Diphenyl—Benzol deuteten gewisse Ergebnisse auf sehr kleine, aber systematische Abweichungen hin, doch reichte die Meßgenauigkeit zu einer Klärung nicht aus.

Auf Grund der Ergebnisse an niedrigmolekularen Lösungen können wir zusammenfassend feststellen, daß die MILLER-GUGGENHEIMsche Theorie durch das Experiment bestätigt wird, wenn die Voraussetzungen, die sie über das Gittermodell als solches hinaus noch macht, erfüllt sind. Wir sind daher zu der Annahme berechtigt, daß dies nicht zutrifft, wenn wir größere Diskrepanzen finden. Auf der anderen Seite zeigen die Ergebnisse, in Übereinstimmung mit denen des § 28, daß es möglich ist, die thermodynamischen Eigenschaften flüssiger Gemische in brauchbarer Näherung mit Hilfe des Gittermodells zu beschreiben, so lange wir uns auf isotherm-isobare

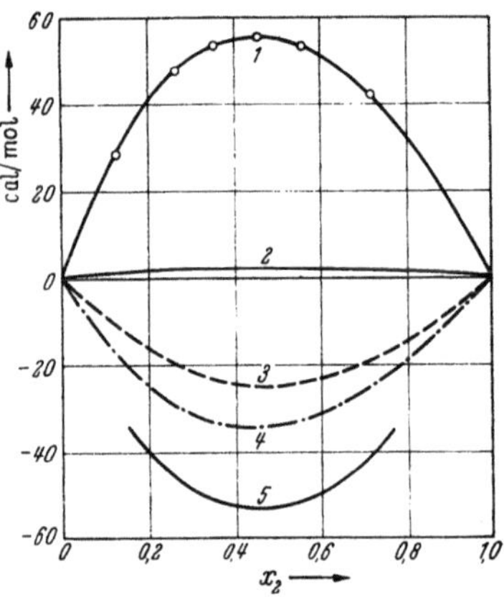

Abb. II, 13. Zusatzterme der thermodynamischen Funktionen für das System 2,2,4-Trimethylpentan—n-Hexadekan bei 20° C. Kreise und ausgezogene Kurven: Experimentelle Ergebnisse; Kurve 1: $\Delta H_m$. Kurve 2: $\Delta G_m^E$, Kurve 5: $-T\,\Delta S_m^E$. Gestrichelte Kurven: $-T\,\Delta S_m^E$, Kurve 3: nach der FLORY-HUGGINSschen Theorie für $V_2/V_1 = 1{,}77$; Kurve 4: nach der MILLER-GUGGENHEIMschen Theorie für $P_1 = 8$, $P_2 = 16$, $z = 8$.

Zustandsänderungen beschränken. Es ist daher nicht gerechtfertigt, Diskrepanzen zwischen Theorie und Experiment dem Gittermodell zuzuschreiben, so lange nicht die im Rahmen des Gittermodells gegebenen Erklärungsmöglichkeiten erschöpft sind.

Wir gehen nun zur Betrachtung der an hochmolekularen Lösungen erhaltenen experimentellen Ergebnisse über. Abb. II, 14 zeigt Dampfdruckmessungen an dem System Polystyrol—Benzol[3] zusammen mit der theoretischen Kurve nach Gl. (II, 138) (mit $z = 6$). Abb. II, 15 zeigt das gleiche für das System Kautschuk—Benzol[4, 5]; auch hier ist für die theoretische Kurve $z = 6$ gesetzt. Man sieht daraus, daß der Verlauf der freien Energie der Verdünnung über den ganzen Konzentrationsbereich


[1] EVERETT, D. H., u. M. F. PENNEY: Proc. Roy. Soc. Lond. A **212**, 164 (1952).
[2] TOMPA, H.: J. Chem. Phys. **16**, 292 (1948).
[3] BAUGHAN, E. C.: Trans. Faraday Soc. **44**, 495 (1948).
[4] GEE, G., u. L. R. G. TRELOAR: Trans. Faraday Soc. **38**, 147 (1942).
[5] GEE, G., u. W. J. C. ORR: Trans. Faraday Soc. **42**, 507 (1946).

im wesentlichen von der Theorie richtig wiedergegeben wird. Da die genannten Systeme aber nicht athermisch sind, darf man aus dieser Übereinstimmung nicht zu weitgehende Schlüsse ziehen. In Abb. II, 16

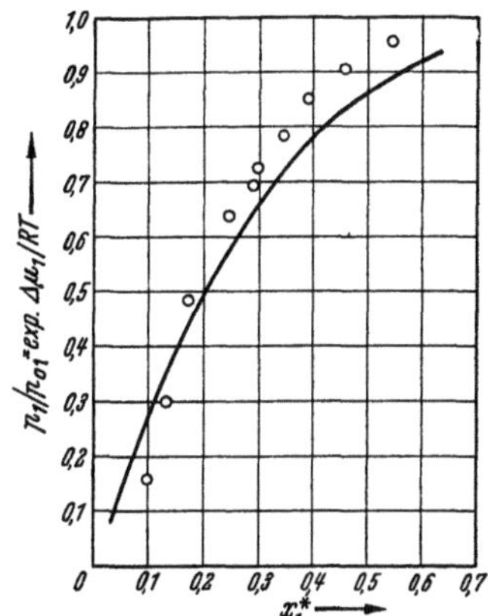

Abb. II, 14. Dampfdruck des Systems Polystyrol—Benzol. Kreise: experimentelle Werte, Kurve: berechnet nach Gl. (II, 138).

Abb. II, 15. Dampfdruck des Systems Kautschuk—Benzol. Kreise: experimentelle Werte, Kurve: berechnet nach Gl. (II, 138).

sind Messungen von BAWN und Mitarbeitern[1] an dem System Polystyrol—Toluol dargestellt. Nach den Ergebnissen der genannten Autoren ist in diesem Falle $\Delta h_1 = 0$, so daß eine unmittelbare quantitative

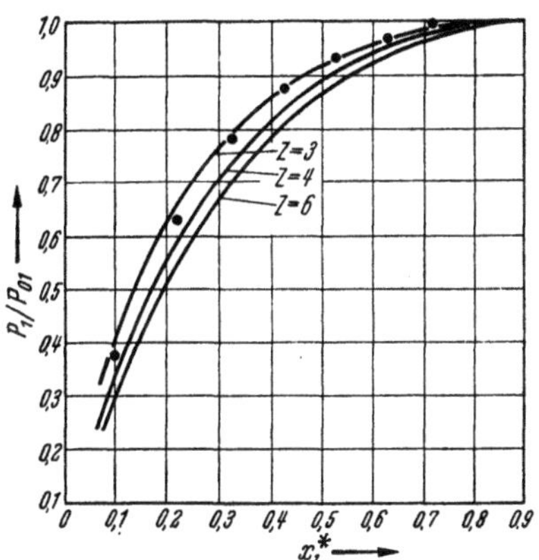


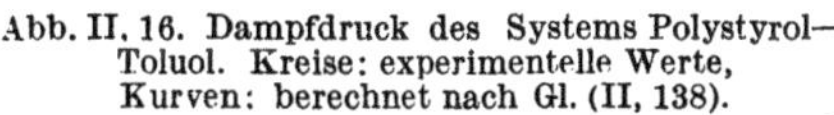

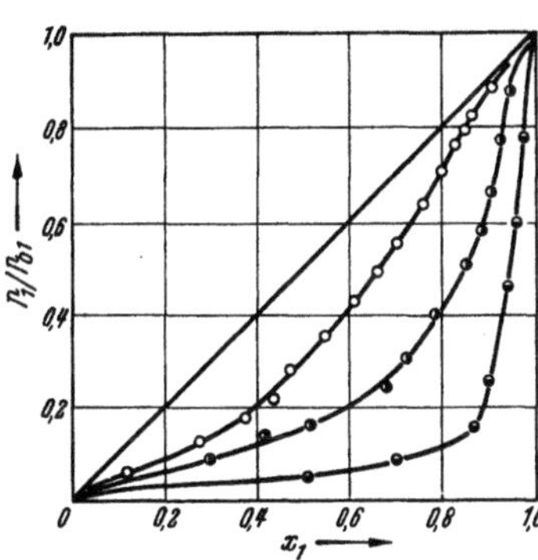

Abb. II, 16. Dampfdruck des Systems Polystyrol—Toluol. Kreise: experimentelle Werte, Kurven: berechnet nach Gl. (II, 138).

Abb. II, 17. Dampfdruckkurven des Systems Silicon—Benzol.

Prüfung der Gl. (II, 138) möglich ist. Die Abb. zeigt, daß gute Übereinstimmung erhalten wird, wenn man $z = 3$ setzt. Dieser Wert ist etwas befremdlich, aber doch nicht unmöglich[2]. Auffallenderweise findet man

---


[1] BAWN, C., R. FREEMAN u. A. KAMALIDDIN: Trans. Faraday Soc. 46, 677 (1950).
[2] HENDERS, H., u. R. GLOCKER: Z. Physik 119, 265 (1942).

ähnliches auch in anderen Fällen bei Polystyrollösungen (s. Abschn. f). Wir geben schließlich in Abb. II, 17 noch ein Beispiel aus dem Gebiet niedriger Polymerisationsgrade ($P = 13 - 180$). Es handelt sich um das System Silicon – Benzol[1]. Die Kurven sind rein empirisch; da aber hier der Molenbruch als unabhängige Variable gewählt ist (was bei den eigentlichen Hochpolymeren infolge der eigentümlichen Gestalt der Kurven keine über das ganze Konzentrationsgebiet brauchbare Darstellung liefert), tritt die qualitative Übereinstimmung mit der theoretischen Abb. II, 4 besonders schön hervor. TOMPA[2] hat die Systeme Polystyrol–Benzol und Polystyrol–Toluol bei niedrigen Polymerisationsgraden ($P = 17$ und $P = 32$) untersucht. In den bei verschiedenen Temperaturen ausgeführten Dampfdruckmessungen war die Verdünnungswärme, in Übereinstimmung mit dem oben erwähnten Ergebnis von BAWN und Mitarbeitern, praktisch nicht nachweisbar. Sie konnte aber mittels eines speziellen Kalorimeters gemessen werden. Auch hier wurde, soweit es sich um den athermischen Anteil handelt, die MILLER-GUGGENHEIMsche Theorie bestätigt.

Die bisher besprochenen experimentellen Ergebnisse geben uns noch keinen Einblick in die Verhältnisse, die in verdünnten Lösungen vorliegen. Dieses Gebiet ist von besonderem Interesse, da es nicht nur die Grundlage der Molekulargewichtsbestimmung bildet, sondern durch Untersuchungen der Lichtstreuung (s. Kap. IX u. XIV, sowie Bd. I, Kap. VI) auch unmittelbare Aussagen über die Molekülgestalt gestattet.

Wir wollen uns hier auf die Diskussion der Größe $B^*$ in Gl. (II, 104) beschränken, die experimentell durch Messung des osmotischen Druckes oder der Lichtstreuung (s. Kap. XIII) bei verschiedenen Konzentrationen bestimmt werden kann. Die MILLER-GUGGENHEIMsche Theorie liefert dafür bei Benutzung von Gl. (II, 123)

$$B^* = \frac{1}{2} \frac{\mathrm{R}TV_1}{M_0^2} \frac{z - 2}{z} \, . \qquad \text{(II, 144)}$$

Tab. II. 2 zeigt zunächst die Anwendung dieser Formel auf einige ältere osmotische Messungen[3−8].

Es sind die $z$-Werte angegeben, die man benötigt, um die Messungen durch Gl. (II, 104) und (II, 144) darzustellen. Das Ergebnis ist sehr merkwürdig. Es zeigt sich, daß (abgesehen von einer Ausnahme) $2 < z < 3$ gesetzt werden muß. In dieser Allgemeinheit ist das physikalisch sehr unwahrscheinlich; auch die im Vorhergehenden besprochenen Ergebnisse sprechen dagegen. Die Vernachlässigung der Ver-

[1] NEWING, M. J.: Trans. Faraday Soc. **46**, 613 (1950).
[2] TOMPA, H.: J. Polymer Sci. **8**, 51 (1952).
[3] WOLFF, E.: Helvet. chim. Acta **23**, 439 (1940).
[4] GEE, G., u. L. R. TRELOAR: Trans. Faraday Soc. **38**, 147 (1942).
[5] SCHULZ, G. V.: Z. physik. Chem. A **176**, 317 (1936).
[6] STAUDINGER, H., u. H. WARTH: J. prakt. Chem. **155**, 261 (1940).
[7] MEYER, K. H., E. WOLFF u. CH. G. BOISSONNAS: Helvet. chim. Acta **23**, 430 (1940).
[8] STAUDINGER, H., u. KL. FISCHER: J. prakt. Chem. **157**, 19 (1941).

dünnungswärme spielt hier keine Rolle. Sie ist bei verschiedenen der angeführten Systeme (Polystyrol–Toluol, Guttapercha–Tetrachlor-kohlenstoff, wahrscheinlich auch Polyvinylacetat–Aceton, Polymeth-

Tabelle II, 2. *Empirische Werte*
*der mittleren Koordinationszahl nach Gl. (II, 142).*
Nach MÜNSTER. [Aus Z. Naturforsch. 2a, 272 (1947).]

| System | $z$ |
|---|---|
| Polyäthylenoxyd—Wasser . . . . . . | 5,51 |
| Polystyrol—Toluol . . . . . . . | 2,28 |
| Polyvinylacetat—Aceton . . . . . . | 2,30 |
| Kautschuk—Toluol . . . . . . . . | 2,35 |
| Guttapercha—Toluol . . . . . . . . | 2,27 |
| Kautschuk—Benzol . . | 2,37 |
| Guttapercha—Tetrachlorkohlenstoff . | 2,59 |

acrylsäuremethylester–Aceton) negativ, so daß ihre Berücksichtigung den $z$-Wert noch weiter verkleinern würde. Das System Guttapercha–Toluol ist praktisch athermisch und bei den Kautschuklösungen kann man aus den Werten der Verdünnungswärmen abschätzen, daß ihre Berücksichtigung die $z$-Werte nicht wesentlich ändern würde. Damit wird es bereits wahrscheinlich daß im Gebiet der verdünnten Lösungen irgend etwas an der MILLER-GUGGENHEIMschen Theorie nicht in Ordnung ist. Diese Vermutung wird nun zur Gewißheit, wenn wir die Abhängigkeit der Größe $B^*$ vom Molekulargewicht betrachten. Nach Gl. (II, 144) ist $B^*$ vom Molekulargewicht unabhängig; das bedeutet, daß die $\Pi/c_g\,(c_g)$-Kurven einer polymerhomologen Reihe eine Schar von parallelen Geraden bilden müssen. Diese Aussage schien zunächst in Übereinstimmung mit den Ergebnissen älterer Messungen[1] zu sein. Man ist sogar soweit gegangen, daß man sie als Grundlage zur Auswertung osmotischer Messungen vorgeschlagen hat[2,3]. Daß die Unabhängigkeit der Größe $B^*$ vom Molekulargewicht keineswegs die Regel ist, hat zuerst G. V. SCHULZ[4] betont und MÜNSTER[5] theoretisch begründet. Tatsächlich findet man in der Literatur zahlreiche Beispiele, welche darauf hindeuten, daß $B^*$ innerhalb einer polymerhomologen Reihe mit wachsendem Molekulargewicht zunächst abnimmt und dann konstant wird[6-10] (vgl. auch § 99 cl und Tab. XIV, 2). Der sichere Nachweis des Effektes erfordert allerdings genaue Messungen an umfangreichen polymerhomologen Reihen. Solche Untersuchungen sind in neuerer Zeit an den Systemen Polystyrol–Toluol[11], Polystyrol–Buta-

---

[1] BUCHNER, E. H.. u. H. E. STEUTEL: Verh. Akad. Amsterdam **36**, 2 (1933).
[2] GEE, G.: Adv. Colloid Sci. **2**, 145 (1945).
[3] GUGGENHEIM, E. A. u. M. L. McGLASHAN Trans. Faraday Soc. **48**, 206 (1952).
[4] SCHULZ, G. V.: J. prakt. Chem. **161**, 147 (1942).
[5] MÜNSTER, A.: Z. Naturforsch. **2a**, 272 (1947).
[6] STAUDINGER, H., u. G. DAUMILLER: Liebigs Ann. **535**, 47 (1938).
[7] STEIN, R. S., u. P. DOTY: J. Amer. Chem. Soc. **68**, 158 (1946).
[8] BADGLEY, W. J., u. H. MARK: J. Phys. Colloid Chem. **51**, 58 (1947).
[9] JULLANDER, J.: Ark. Kemi **21 A**, Nr. 8 (1945).
[10] KUNST, E. D.: Diss. Groningen 1950.
[11] BAWN, C., R. FREEMAN u. A. KAMALIDDIN: Trans. Faraday Soc. **46**, 862 (1950).

non[1], Nitrocellulose—Aceton[2, 3] durchgeführt worden. Sie zeigen übereinstimmend, daß $B^*$ mit wachsendem Molekulargewicht zuerst sehr stark, dann langsam abnimmt. Für nicht zu niedrige Polymerisationsgrade läßt sich der Zusammenhang durch die von BAWN und Mitarbeitern[4] empirisch gefundene Gleichung

$$B^* = \frac{A}{M} + B_s^* \qquad \text{II, 145)}$$

darstellen, in der $A$ und $B_s^*$ vom Molekulargewicht unabhängig sind. Als Beispiele sind in Tab. II, 3 die experimentellen Daten für Polystyrol—Butanon[5], in Abb. II, 18 die für Polystyrol—Toluol[6] zusammengestellt[7]. Die

Tabelle II, 3. *Werte der Größe B für das System Polystyrol—Butanon aus Lichtstreuungsmessungen.*
Nach OUTER, CARR und ZIMM.
[Aus J. Chem. Phys. 18, 830 (1950).]

| Material | mittl. Mol.-Gew. | $\dfrac{B^*}{RT} \cdot 10^4$ cm³ g⁻² Mol |
|---|---|---|
| A-1 . . . . | 1 755 000 | 0,86 |
| B-2 . . . . | 1 610 000 | 0,81 |
| A-2 . . . . | 1 320 000 | 0,85 |
| (2-1-49)-2 . | 980 000 | 1,05 |
| A-3 . . . . | 940 000 | 0,89 |
| A-6 . . . | 507 000 | 0,92 |
| (2-1-49)-1 . | 318 000 | 1,15 |
| A-7 . . . . | 230 000 | 1,15 |
| 150-2 . . . | 123 000 | 1,7 |
| G-1 . . . | 117 000 | 1,9 |
| (2-1-49)-3 . | 114 000 | 1,6 |
| G-3 . . . . | 62 000 | 1,9 |
| H-1 . . . . | 23 700 | 2,3 |
| C-1 . . . . | 16 100 | 2,2 |
| H-3 . . . . | 14 600 | 2,4 |
| J-1 . . . . | 3 290 | 3,5 |
| J-3 . . . . | 2 460 | 4,3 |
| Dibenzyl . | 182 | 18 |

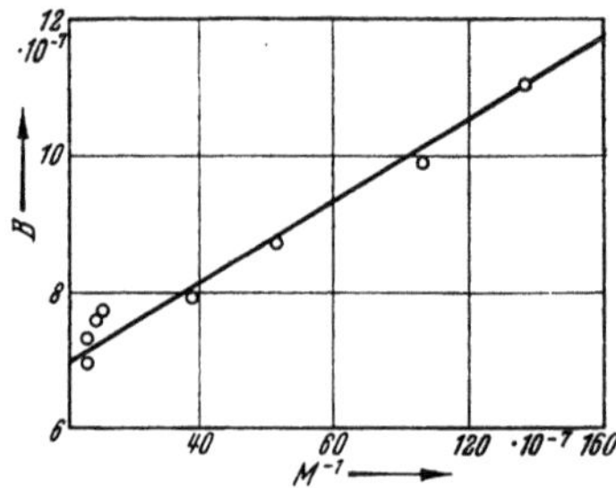


Abb. II, 18. Experimenteller Zusammenhang zwischen $B^*$ und $M$ für das System Polystyrol—Toluol[8].

nähere Diskussion zeigt, daß der Effekt nicht von der Solvatation herrühren kann, sondern bereits in der athermischen Lösung auftreten muß. In verdünnten hochmolekularen Lösungen versagt somit die MILLER-GUGGENHEIMsche Theorie (ebenso wie die Theorie von FLORY-HUGGINS) vollständig.

Wir wollen jetzt die Prüfung der Theorie noch dadurch verfeinern, daß wir die Verdünnungsentropie hochmolekularer Lösungen betrachten. Dabei beschränken wir uns an dieser Stelle auf Systeme, bei denen die


[1] OUTER, P., C. J. CARR u. B. H. ZIMM: J. Chem. Phys. 18, 830 (1950).
[2] MÜNSTER, A.: Z. physik. Chem. 197, 17 (1951).
[3] MÜNSTER, A.: J. Polymer Sci. 8, 633 (1952).
[4] BAWN, C., R. FREEMAN u. A. KAMALIDDIN: Trans. Faraday Soc. 46, 862 (1950).
[5] OUTER, P., C. J. CARR u. B. H. ZIMM: J. Chem. Phys. 18, 830 (1950).
[6] BAWN, C., R. FREEMAN u. A. KAMALIDDIN: Trans. Faraday Soc. 46, 862 (1950).
[7] Der Effekt tritt auch sehr deutlich in einer Reihe von drei Polystyrolfraktionen in Toluol und Methyläthylketon auf, die FRANK und MARK [J. Polymer. Sci. 6, 243 (1951)] durchgemessen haben. HENGSTENBERG [Makromol. Chem. 7, 236 (1952)] hat das System Polyvinylpyrrolidon—Wasser osmotisch und nach der Lichtstreuungsmethode untersucht. Diese osmotischen $B^*$-Werte sind praktisch vom Molekulargewicht unabhängig, während die durch Lichtstreuung bestimmten den auch sonst gefundenen Gang zeigen. Die Ursache dieser Diskrepanz ist noch nicht geklärt.
[8] $B^*$ in g⁻¹ cm⁴. Im Text wurde nachträglich die Bezeichnung $B$ in $B^*$ geändert.

thermischen Effekte relativ klein sind. Abb. II, 19 zeigt die experimentellen Daten und die nach Gl. (II, 140) (für $z = 6$) gezeichnete theoretische Kurve für das nahezu athermische System Kautschuk—Heptan[1].

Die Übereinstimmung ist ausgezeichnet. Etwas weniger günstig scheinen die Verhältnisse bei dem System Kautschuk—Toluol zu liegen, wo man $z = 4$ setzen muß. Es läßt sich auf Grund der experimentellen Daten nicht mit Sicherheit entscheiden, ob hier reelle Diskrepanzen zwischen Theorie und Experiment vorliegen. Ein völlig

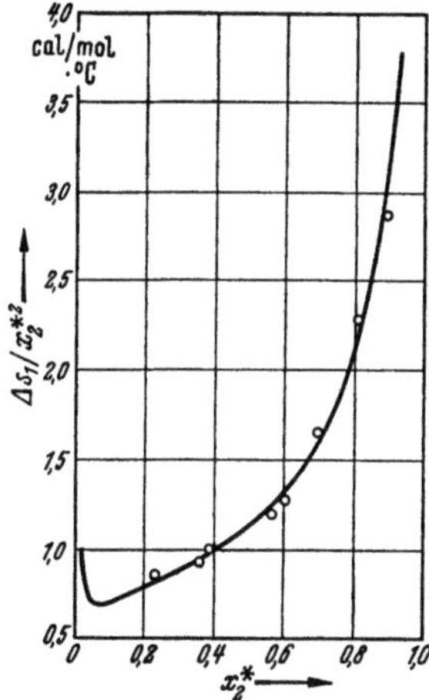

Abb. II, 19. Verdünnungsentropie des Systems Kautschuk—Heptan. Kreise: experimentelle Werte; Kurve: berechnet nach Gl. (II, 140).

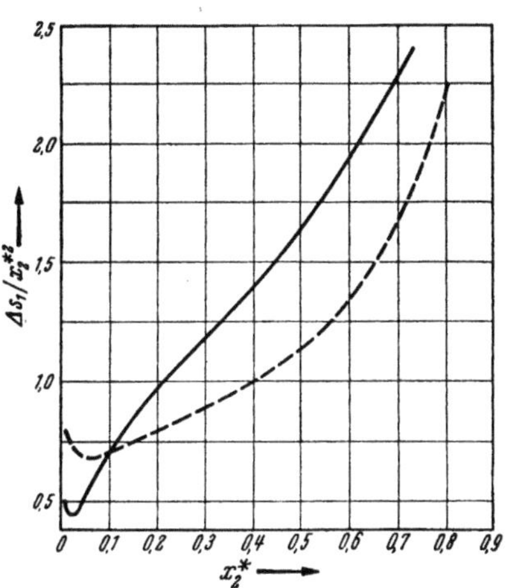

Abb. II, 20. Verdünnungsentropie des Systems Kautschuk—Benzol. Ausgezogene Kurve: experimentelle Ergebnisse, gestrichelte Kurve: berechnet nach Gl. (II, 140).

anderes Bild bietet jedoch das System Kautschuk—Benzol[2, 3], dessen Verdünnungsentropie zusammen mit der theoretischen Kurve (für $z = 6$) in Abb. II, 20 dargestellt ist. Man sieht, daß hier drei wesentliche Diskrepanzen auftreten: Bei höheren Konzentrationen wird zwar die Gestalt der experimentellen Kurve von der Theorie richtig wiedergegeben, die absoluten Beträge der theoretischen Verdünnungsentropie liegen jedoch erheblich zu niedrig. Bei einem Volumenbruch von etwa $x_2^* = 0{,}25$ zeigt die experimentelle Kurve im Gegensatz zur theoretischen einen Wendepunkt. Schließlich liefert die Theorie für verdünnte Lösungen zu hohe Werte der Verdünnungsentropie. Der Wendepunkt scheint sich auch bei den Systemen Polystyrol—Toluol[4] und Polyisobutylen—Cyclohexan[5] zu finden. Die erste der Diskrepanzen tritt in ähnlicher Form auch bei dem System Silicon—Benzol[6] auf, dessen Ver-

[1] FERRY, J., G. GEE u. L. R. G. TRELOAR: Trans. Faraday Soc. 41, 340 (1945).
[2] GEE, G., u. L. R. G. TRELOAR: Trans. Faraday Soc. 38, 147 (1942).
[3] GEE, G., u. W. J. C. ORR: Trans. Faraday Soc. 42, 507 (1946).
[4] SCHICK, M. J., P. DOTY u. B. H. ZIMM: J. Amer. Chem. Soc. 72, 530 (1950).
[5] DER MINASSIAN, L., u. M. MAGAT: J. Chim. phys. 48, 574 (1951).
[6] NEWING, M. J.: Trans. Faraday Soc. 46, 613 (1950).

dünnungsentropie in Abb. II. 21 dargestellt ist, während sie im System Kautschuk–Heptan nicht gefunden wird.

Diese Tatsachen machen es wahrscheinlich, daß hier die Wechselwirkung mit dem Lösungsmittel die entscheidende Rolle spielt und daß die Diskrepanz nicht durch die Theorie der athermischen Lösung selbst bedingt ist. Wir wollen daher erst in § 30 darauf eingehen. Dagegen zeigen die beiden anderen Abweichungen erneut, daß die Theorien von FLORY-HUGGINS und MILLER-GUGGENHEIM im Gebiet der verdünnten Lösungen offenbar in einem entscheidenden Punkte unrichtig sind. Dies

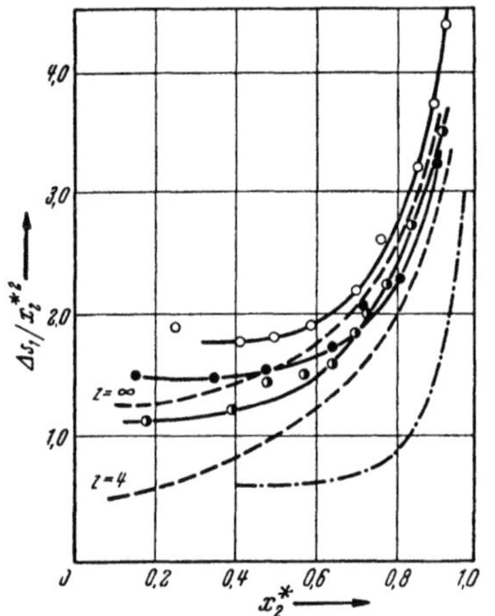

Abb II. 21. Verdünnungsentropie des Systems Silicon—Benzol. Kreise: experimentelle Werte (die verschiedenen Typen entsprechen verschiedenen Präparaten), gestrichelte Kurven: berechnet nach Gl. (II, 140). Die strichpunktierte Kurve entspricht der idealen Lösung.

Abb. II, 22.
Verdünnungsentropie der Systeme
Polyvinylacetat—Methyläthylketon (o)
und Polyvinylacetat—
1,2,3-Trichlorpropan (•).

wird nochmals eindrucksvoll bestätigt durch Messungen, die BROWNING und FERRY[1] an den Systemen Polyvinylacetat–Methyläthylketon und Polyvinylacetat–1,2,3-Trichlorpropan ausgeführt haben. In Abb. II, 22 ist die Verdünnungsentropie dieser Systeme, verglichen mit der von Kautschuk–Benzol und der theoretischen Kurve nach MILLER-GUGGEN-HEIM dargestellt.

Zusammenfassend können wir feststellen, daß die Theorien von FLORY-HUGGINS und MILLER-GUGGENHEIM für hochmolekulare Lösungen im Gebiet höherer Konzentrationen offenbar eine gute Näherung darstellen, soweit nicht Wechselwirkung mit dem Lösungsmittel in Betracht kommt, daß sie aber für verdünnte Lösungen völlig versagen.

Die Ursache dieses Versagens ist durch Überlegungen von FLORY[2], ORR[3], MILLER[4] und MÜNSTER[5] aufgeklärt worden. Um sie zu verstehen,


[1] BROWNING, G. V., u. J. D. FERRY: J. Chem. Phys. **17**, 1107 (1949).
[2] FLORY, P. J.: J. Chem. Phys. **13**, 453 (1945).
[3] ORR, W. J. C.: Trans. Faraday Soc. **43**, 12 (1947).
[4] MILLER, A. R.: Kolloid-Z. **114**, 149 (1949).
[5] MÜNSTER, A.: Makromol. Chem. **2**, 227 (1948).

müssen wir uns noch einmal an die Betrachtungen der Abschnitte b und c erinnern. Wir hatten schon bemerkt, daß die Einführung der Gl. (II, 105) die Annahme einschließt, daß die Moleküle des Lösungsmittels im Durchschnitt auch in kleinsten Bezirken gleichmäßig über das System verteilt sind. In etwas verfeinerter Form wird die gleiche Annahme auch durch den Übergang von Gl. (II, 126) zu Gl. (II, 127) eingeführt. Sie kann offenbar nur dann zutreffen, wenn etwa in der Umgebung eines Bausteines eines Fadenmoleküls entferntere Bausteine des gleichen Fadenmoleküls die lokale Konzentration der Bausteine nicht über den Durchschnitt erhöhen. Das heißt mit anderen Worten: Unsere Rechnungen schließen die Annahme ein, daß die Fadenmoleküle entweder im Mittel ziemlich gestreckt oder homogen ineinander verfilzt sind und ein isoliertes In-sich-Verknäueln nicht in nennenswertem Ausmaße vorkommt. Es ist leicht einzusehen, daß dieses Bild für höhere Konzentrationen eine brauchbare Näherung liefert. Wir wissen nun aber aus theoretischen Überlegungen (s. Bd. I, Kap. IV) und experimentellen Daten (Lichtstreuung, Viskosität usw., s. Kap. XIV), daß die Fadenmoleküle sich in verdünnten Lösungen mehr oder weniger stark verknäueln. Diese statistischen Knäuel werden sich im Mittel kaum überlappen. Wir haben daher in der Umgebung eines herausgegriffenen Bausteins eine über den Durchschnitt erhöhte Konzentration an Bausteinen, und damit ist eine wesentliche Voraussetzung unserer Rechnungen nicht mehr erfüllt.

Aus diesem Sachverhalt folgt zunächst, daß die Gl. (II, 124), die wir zur Ableitung der expliziten Formeln benutzt haben, jetzt nicht mehr erfüllt ist. Infolge der Verknäuelung wird nämlich im Mittel ein Teil der nächsten Nachbarn des Fadenmoleküls von Bausteinen der gleichen Kette besetzt sein. Von MILLER[1] wurde daher vorgeschlagen, die Benutzung der Gl. (II, 124) zu vermeiden und den Parameter $q$ bis zu den Endformeln mitzuführen. Man erhält dann für die Verdünnungsentropie

$$\Delta s_1 = - R \left[ \ln x_1^* - \frac{P-1}{P-q} \ln \left( 1 - \frac{P-q}{P} x_2^* \right) \right] \qquad (II, 146)$$

und für die Größe $B^*$

$$B^* = \frac{1}{2} \frac{RTV_1}{M_0^2} \frac{q}{P} . \qquad (II, 147)$$

Da durch die Verknäuelung der Wert von $q$ gegenüber dem der Gl. (II 124) verkleinert wird, stellt (II, 147) somit qualitativ eine Verbesserung gegenüber Gl. (II 144) dar. Es zeigt sich aber, daß bei der Übertragung der Rechnung auf Systeme mit mehreren polymeren Komponenten die der Gl. (II, 133) entsprechenden Differentialgleichungen nur unter der Voraussetzung der Gl. (II 124) integrabel sind. Dieser bereits von MILLER[1] bemerkte Sachverhalt ist von STAVERMAN[2] aufgeklärt worden. Er hat gezeigt, daß im Falle der Ringbildung die Gl. (II, 127) etwas modifiziert werden muß. Es gelingt in der Tat, die formale Inkonsistenz

---

[1] MILLER, A. R.: Kolloid-Z. 114, 149 (1949).
[2] STAVERMAN, A. J.: Rec. Trav. chim. Pays-Bas 69, 163 (1950).

auf diese Weise zu entfernen. Für die Verdünnungsentropie ergibt sich nach Entwicklung bis zum quadratischen Glied

$$\varDelta s_1 = \mathrm{R}\left\{\frac{x_2^*}{P} + \left[\frac{1}{2} - \frac{z(P-q)^2}{4\,P^2}\right] x_2^{*2}\right\}. \tag{II, 148}$$

Entsprechend gilt

$$B^* = \frac{1}{2}\,\frac{\mathrm{R}TV_1}{M_0^2}\left[1 - \frac{z(P-q)^2}{2\,P^2}\right]. \tag{II, 149}$$

Setzt man für $q$ den Wert aus Gl. (II, 124) ein, so gehen die vorstehenden Beziehungen in Gl. (II, 141) bzw. (II, 144) über. Die Verknäuelung der Moleküle bewirkt auch hier eine Verkleinerung von $\varDelta s_1$ und $B^*$. Dieses Ergebnis ist insofern wichtig, als es zeigt, daß die Abweichungen der hochmolekularen Lösungen von den Gesetzen der idealen Lösung nicht, wie man es früher (s. Abschn. a) versucht hat, durch die innere Beweglichkeit der Fadenmoleküle erklärt werden können; sie bewirkt im Gegenteil eine Verkleinerung der Abweichungen gegenüber starren gestreckten Fadenmolekülen. Dieser Satz wurde zuerst von Münster[1, 2] klar ausgesprochen.

Auf der anderen Seite stellen die Gl. (II, 148) und (II, 149) zweifellos noch keine befriedigende quantitative Lösung des Problems dar. Zunächst sind sie praktisch kaum anwendbar, da sich die Größe $q$ nicht messen und auch nicht theoretisch berechnen läßt. Auf der Grundlage einer von Orr[3] durchgeführten Überlegung hat van der Waals[4] die maximale Differenz zwischen den $B^*$-Werten für eine starre, gestreckte und eine ideal bewegliche unendlich lange Kette nach Gl. (II, 149) abgeschätzt. Er findet, daß durch die Verknäuelung $B^*$ maximal etwa auf die Hälfte des für starre, gestreckte Moleküle gültigen Wertes verkleinert werden kann. Ein Blick auf Tab. II, 3 zeigt sofort, daß diese Aussage unmittelbar durch das Experiment widerlegt wird. Wahrscheinlich hängt dies damit zusammen, daß, wie van der Waals[4] eingehend diskutiert hat, die Miller-Guggenheimsche Näherung für verknäuelte Moleküle von vornherein wesentlich schlechtere Ergebnisse erwarten läßt. Damit steht in Zusammenhang die Tatsache, daß es nicht möglich ist, die Theorie der Kornmoleküle (Kugeln, Zylinder, Ellipsoide usw.) nach dieser Methode zu behandeln[5].

Ein wichtiger Beitrag zur Klärung des Problems ist von Guggenheim und McGlashan[6] geliefert worden. Nach einer Methode, die im wesentlichen auf einer schon früher von Guggenheim[7] angegebenen Vereinfachung des Betheschen Näherungsverfahrens beruht, konnten sie das

[1] Münster, A.: Kolloid-Z. **105**, 1 (1943).

[2] Münster, A.: Z. Naturforsch. 1, 311 (1946).

[3] Orr, W. J. C.: Trans. Faraday Soc. **43**, 12 (1947).

[4] Van der Waals, J. H.: Diss. Amsterdam 1950.

[5] Erst kürzlich ist es Tompa [Trans. Faraday Soc. 48, 363 (1952)] gelungen, die Methode so zu modifizieren, daß sie auf Kornmoleküle anwendbar wird. Ob sich auf diese Weise auch das Problem der verknäuelten Fadenmoleküle behandeln läßt, ist noch nicht untersucht worden.

[6] Guggenheim, E. A., u. M. L. McGlashan: Proc. Roy. Soc. Lond. A **203**, 435 (1950).

[7] Guggenheim, E. A.: Trans. Faraday Soc. 41, 107 (1945).

Problem für Trimere von der Gestalt eines gleichseitigen Dreiecks und für Tetramere von der Gestalt eines Quadrates und eines Tetraeders explizit durchrechnen. Sie fanden, daß im ersten Falle die Werte der Verdünnungsentropie praktisch übereinstimmen mit denen, die man nach Gl. (II, 140) berechnet, während die FLORY-HUGGINSsche Theorie [Gl. (II, 115)] merklich zu hohe Werte liefert. In den beiden letzteren Fällen ergeben sich dagegen tatsächlich Werte, die auch kleiner sind als die aus Gl. (II, 140) berechneten. Allerdings sind die Effekte, wie es bei diesen Molekülgrößen nicht anders zu erwarten ist, außerordentlich klein. Die maximale Abweichung beträgt etwa 2,5% des nach Gl. (II, 140) berechneten Wertes, während der entsprechende Wert für die ideale Lösung um 23% kleiner ist. Das Ergebnis stützt aber unsere Erklärung für das Versagen der MILLER-GUGGENHEIMschen Theorie im Gebiet der verdünnten Lösungen. Auf der anderen Seite konnten weder die Formulierung von MILLER [Gl. (II, 146) und (II, 147)] noch die von STAVERMAN [Gl. (II, 148) und (II, 149)] bestätigt werden. Auch dies ist im Einklang mit den obigen Überlegungen. Die von GUGGENHEIM und McGLASHAN[1] angewandte Methode läßt sich naturgemäß nicht auf hochmolekulare Lösungen übertragen.

### e) Kornmoleküle.

Bisher haben wir nur hochpolymere Moleküle in Betracht gezogen, die nach dem Prinzip einer kettenförmigen Aneinanderlagerung der monomeren Bausteine gebaut sind. Tatsächlich trifft dies für die meisten künstlichen und eine Reihe von besonders wichtigen natürlichen Hochpolymeren (Kautschuk, Cellulose) zu, soweit die Stoffe überhaupt löslich sind. In der Gruppe der Eiweißkörper finden sich jedoch gerade unter den löslichen Stoffen zahlreiche Moleküle, die (zum mindesten äußerlich) nach einem ganz anderen Prinzip gebaut sind[2]. (Näheres im Kap. XVI, „Größe und Form von Proteinmolekülen".) Sie stellen kompakte Gebilde dar, deren Gestalt wir für unsere Zwecke durch einfache geometrische Modellkörper, wie Kugel, Zylinder, Ellipsoid usw. approximieren können. Wir fassen derartige Moleküle unter der Bezeichnung Kornmoleküle zusammen und wollen jetzt untersuchen, welche thermodynamischen Eigenschaften für ihre Lösungen zu erwarten sind.

Da in diesem besonderen Falle das Lösungsmittel im Vergleich zu den gelösten Molekülen praktisch als Kontinuum betrachtet werden kann, ist das Gittermodell hier nicht mehr von besonderem Nutzen. Tatsächlich sind auch die meisten Untersuchungen auf diesem Gebiete ganz oder teilweise ohne Benutzung des Gittermodells durchgeführt worden. Wir wollen es trotzdem hier als Ausgangspunkt wählen, um den Zusammenhang mit der Theorie der Fadenmoleküle, die wir im nächsten Abschnitt weiterführen, deutlicher hervortreten zu lassen.

Wir haben bereits erwähnt, daß die MILLER-GUGGENHEIMsche Methode in ihrer ursprünglichen Fassung auf das Problem der Korn-

---

[1] GUGGENHEIM, E. A., u. M. L. McGLASHAN: Proc. Roy. Soc. Lond. A **203**, 435 (1950).

[2] Vgl. dazu EDSALL, J. T.: Fortschr. chem. Forsch. **1**, 119 (1949).

moleküle nicht anwendbar ist. Das gleiche gilt für die Methode von
FLORY und HUGGINS in der speziellen Form des Abschnitts b. Das allgemeine Grundprinzip derselben, die Methode des filling-up, ist jedoch
für unser Problem sehr geeignet und auch verschiedentlich benutzt
worden. Wir wollen hier eine andere, von MÜNSTER[1] stammende Methode
benutzen, da wir dieselbe später nochmals an anderer Stelle benötigen.

Wir gehen aus von der früher (§ 28a) erwähnten Tatsache, daß man
im Falle der idealen Lösung die Zahl der Konfigurationen durch Abzählung der Vertauschungen zwischen den Molekülen bestimmen kann.

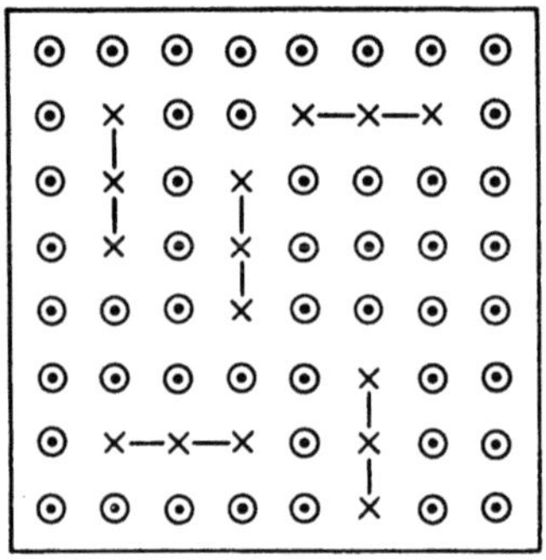

Abb. II, 23. Zweidimensionales Modell
einer athermischen Lösung ($P = 3$).

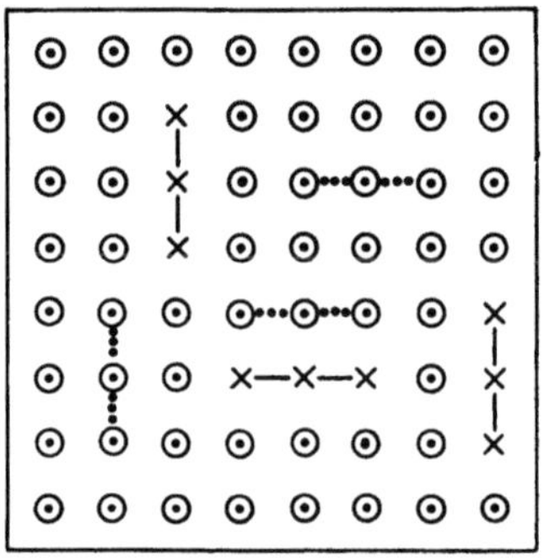

Abb. II, 24.
Reelle und virtuelle Moleküle.

Abb. II, 23 zeigt nun ein zweidimensionales Modell einer athermischen
Lösung (Fadenmoleküle mit $P = 3$). Man sieht sofort, daß hier das
erwähnte Rezept nicht anwendbar ist, da sich die Moleküle des Lösungsmittels und die Fadenmoleküle wegen ihrer verschiedenen Größe nicht
miteinander vertauschen lassen. Wir betrachten jetzt, wie schon früher,
Folgen von Lösungsmittelmolekülen, welche die gleiche Größe und
Gestalt wie die polymeren Moleküle besitzen; wir wollen sie virtuelle
Moleküle nennen. Abb. II, 24 zeigt dafür ein Beispiel. Man sieht daraus,
daß sich die virtuellen Moleküle ohne weiteres mit den reellen Fadenmolekülen vertauschen lassen. Wir dürfen daher jetzt wieder die gleiche
Betrachtung anwenden wie bei der idealen Lösung, wenn wir die Zahl
der Moleküle des Lösungsmittels $N_1$ durch die Zahl der virtuellen
Moleküle $\Lambda$ ersetzen. Damit ergibt sich für den Kombinationsfaktor

$$g\left(N_1, N_2\right) = \frac{(N_2 + \Lambda)!}{N_2! \, \Lambda!} \tag{II, 150}$$

Die Aufgabe besteht also jetzt in der Berechnung der Größe $\Lambda$. Die
Zahl der virtuellen Moleküle, die sich von einem bestimmten Gitterplatz
aus konstruieren lassen, ist einfach gleich der früher eingeführten
Größe $\varrho$. Für Gitterplätze, die an der Wand liegen, ist diese Zahl allerdings kleiner als $\varrho$, wie man aus Abb. II, 25 erkennt. Dieser Effekt

[1] MÜNSTER, A.: Kolloid-Z. 105, 1 (1943); Makromol. Chem. 2, 227 (1948);
Z. Naturforsch. 1, 311 (1946).

kann aber, im Einklang mit der Betrachtungsweise der Thermodynamik, vernachlässigt werden. Für reines Lösungsmittel ist daher

$$\Lambda = N \varrho \; . \tag{II, 151}$$

Wenn aber reelle polymere Moleküle vorhanden sind, so tritt etwas Ähnliches ein wie vorher an der Wand. Dieser Effekt ist in Abb. II, 26 dargestellt. Man sieht, daß sich ausgehend von dem Gitterplatz 1 nur $\varrho - 1$ virtuelle Moleküle konstruieren lassen, weil die Folge 1, 2, 3 durch das reelle Molekül $a$ blockiert ist. In einer Lösung ist die Zahl der

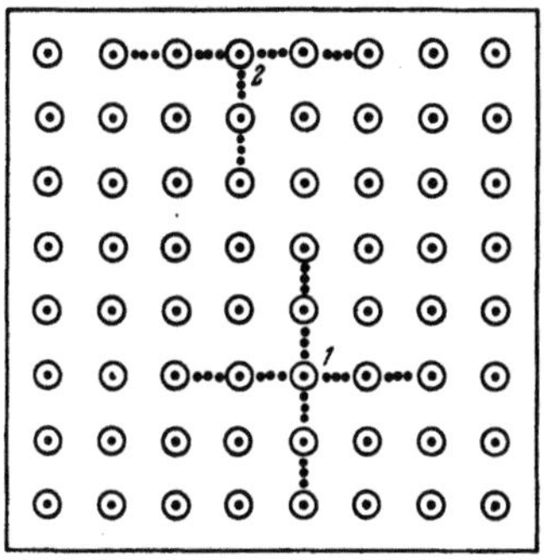

Abb. II, 25. Wandeffekt.

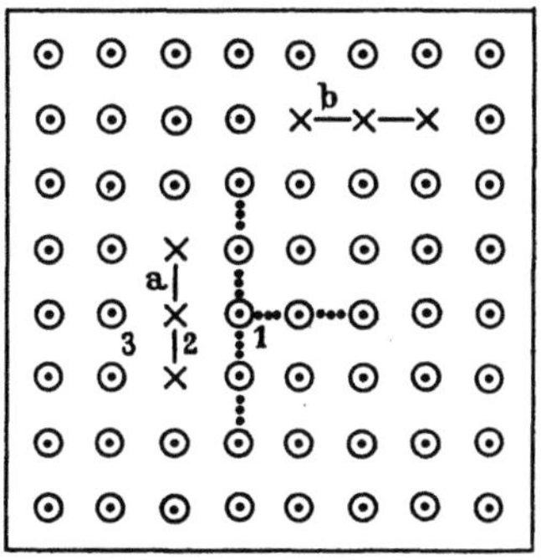

Abb. II, 26. Störungseffekt.

virtuellen Moleküle somit kleiner, als Gl. (II, 151) angibt. Zunächst fallen alle virtuellen Moleküle aus, die man, ausgehend von solchen Gitterplätzen, die von reellen polymeren Molekülen besetzt sind, konstruieren kann. Ihre Zahl ist $\varrho\, PN_2$. Ferner fällt in der Umgebung jedes polymeren Moleküls eine gewisse Zahl von virtuellen Molekülen aus durch den eben beschriebenen „Störungseffekt". Wenn wir solche Verdünnung voraussetzen, daß bei der überwiegenden Mehrzahl der Konfigurationen die Störungseffekte der einzelnen polymeren Moleküle sich nicht überlagern, so können wir setzen

$$\lambda = (N_1 + PN_2)\,\varrho - (1 + \alpha_P)\,\varrho\, PN_2 \; . \tag{II, 152}$$

Hier ist $\alpha_P\,\varrho\, PN_2$ die Zahl der virtuellen Moleküle, die durch den Störungseffekt ausfallen, und $\lambda$ ist identisch mit der in Abschnitt c so bezeichneten Größe. Unter den dort gemachten Voraussetzungen ist Gl. (II, 152) somit ein Näherungsausdruck der Gl. (II, 128) für verdünnte Lösungen. Diese Größe darf aber, wie VAN DER WAALS[1] betont hat, nicht mit der Größe $\Lambda$ in Gl. (II, 150) identifiziert werden. Man muß vielmehr, um $\Lambda$ zu erhalten, aus Symmetriegründen zu dem zweiten Term der rechten Seite von Gl. (II, 152) noch den Faktor ½ hinzufügen. Es handelt sich nämlich bei diesem Term physikalisch um die Wechselwirkung von je zwei Molekülen, die nicht unterscheidbar sind. Diese

---

[1] VAN DER WAALS, J. H.: Diss. Amsterdam 1950.

Nicht-Unterscheidbarkeit muß bei allen derartigen Problemen durch einen Symmetriefaktor berücksichtigt werden. Es ergibt sich somit

$$\Lambda = (N_1 + PN_2)\,\varrho - \tfrac{1}{2}\,(1 + \alpha_P)\,\varrho\,PN_2\,. \qquad \text{(II, 153)}$$

Man geht nun zweckmäßig so vor, daß man zunächst aus Gl. (II, 107) und (II, 150) mit Benutzung der STIRLINGschen Formel die freie Energie der Mischung berechnet. Man erhält dann

$$\Delta G = \mathrm{k}T \left[ \Lambda \ln \frac{\Lambda}{\Lambda + N_2} + N_2 \ln \frac{N_2}{\Lambda + N_2} \right]. \qquad \text{(II, 154)}$$

Mit der Abkürzung

$$\gamma^* = \frac{N_2}{\Lambda + N_2} \qquad \text{(II, 155)}$$

folgt dann für die freie Energie der Verdünnung

$$\Delta\mu_1 = \mathrm{R}T\,\frac{\partial \Lambda}{\partial N_1}\ln\,(1 - \gamma^*)\,. \qquad \text{(II, 156)}$$

Setzen wir hier (II, 153) ein und entwickeln den Logarithmus sowie den Nenner von $\gamma^*$, so erhalten wir schließlich, wenn wir den Volumenbruch einführen,

$$\Delta\mu_1 = -\,\mathrm{R}T\,\frac{x_2^*}{P}\left[ 1 + \frac{1}{2}\,(1 + \alpha_P)\,x_2^* \right]. \qquad \text{(II, 157)}$$

Damit haben wir eine für die verdünnte athermische Lösung universell gültige Formel gewonnen, in der sich die Größe $\alpha_P$ aus den Moleküleigenschaften berechnen läßt.

Die Methode der virtuellen Moleküle ist mathematisch etwas undurchsichtig, bietet aber den Vorteil einer sehr bequemen Formulierung des Kombinationsfaktors, die wir später in der Theorie der irregulären Lösung verwenden werden. Den strengen Beweis für die Korrektheit der Methode führt man am einfachsten indirekt, indem man zeigt, daß sie anderen, übersichtlicheren Methoden mathematisch äquivalent ist. Für die filling-up-Methode wurde dieser Beweis von MÜNSTER[1] gegeben; man kann auch auf diesem Wege die Gl. (II, 157) ableiten. Die Äquivalenz mit der MILLER-GUGGENHEIMschen Methode (innerhalb des Anwendungsbereiches derselben) wurde von VAN DER WAALS[2] nachgewiesen. Setzt man nämlich in Gl. (II, 130) die aus (II, 150) und (II, 153) folgenden Näherungsausdrücke für die Kombinationsfaktoren ein, so erhält man den Näherungsausdruck (II, 152) für $\lambda$.

Wir berechnen nun die Größe $\alpha_P$ für Kugelmoleküle vom Radius $r$. Da sich die Mittelpunkte zweier derartiger Moleküle nur bis auf einen Abstand $2r$ nähern können, fallen alle virtuellen Moleküle aus, deren Mittelpunkte innerhalb einer Kugelschale vom Radius $2r$ und der Dicke $r$ um das reelle Kugelmolekül liegen. Die Zahl der Gitterplätze pro Volumeneinheit ist $3\,P/4\,\pi r^3$. In der erwähnten Kugelschale liegen somit $7\,P$ Gitterplätze. Jeder derselben kann als Mittelpunkt für $z$ virtuelle Moleküle dienen. Es wird daher, da hier $\varrho = z$ ist,

$$\alpha_P = 7\,. \qquad \text{(II, 158)}$$

[1] MÜNSTER, A.: Kolloid-Z. **112**, 13 (1949).
[2] VAN DER WAALS, J. H.: Diss. Amsterdam 1950.

Setzen wir diesen Wert in Gl. (II, 157) ein, so folgt

$$\Delta\mu_1 = - \,\mathrm{R}T\,\frac{x_2^*}{P}\,[1 + 4\,x_2^*]\,. \tag{II, 159}$$

Für die Größe $B^*$ in der Formel für den osmotischen Druck folgt daraus

$$B^* = \frac{4\,\mathrm{R}T\,V_1}{M_0\,M}\,. \tag{II, 160}$$

Diese Gleichung ist nach verschiedenen Methoden von ZIMM[1], G. V. SCHULZ[2], HUGGINS[3, 4] und MÜNSTER[5] abgeleitet worden. Sie zeigt, daß bei Kugelmolekülen $B^*$ umgekehrt proportional dem Molekulargewicht ist. Diese Tatsache ist für unsere späteren Überlegungen von Bedeutung. HUGGINS[3, 4] hat auch höhere Näherungen berechnet. Wir geben hier noch ohne Beweis die Formel II. Näherung. Sie lautet

$$\Delta\mu_1 = - \,\mathrm{R}T\,\frac{x_2^*}{P}\,[1 + 4\,x_2^* + 10\,x_2^{*2}]\,. \tag{II, 161}[6]$$

Für anisotrope Kornmoleküle wird die Berechnung der Größe $\alpha_P$ bzw. $B^*$ sehr umständlich, unter Umständen auch mathematisch recht kompliziert. Da die Rechnungen selbst im Rahmen unserer Betrachtungen kein besonderes Interesse bieten, wollen wir uns auf die Wiedergabe und Diskussion der Resultate beschränken.

G. V. SCHULZ[7] hat die Rechnung durchgeführt für Zylinder, denen an beiden Enden eine halbkugelförmige Kappe aufgesetzt ist. Sein Resultat lautet, wenn wir das Achsenverhältnis mit $p$ bezeichnen,

$$\alpha_P = \frac{\pi}{2}\,\frac{(p-1)^2}{p-\frac{1}{3}} + 4\,\frac{p+\frac{1}{3}}{p-\frac{1}{3}} - 1 \tag{II, 162}$$

oder

$$B^* = \frac{1}{2}\,\frac{\mathrm{R}T\,V_1}{M_0\,M}\left[\frac{\pi}{2}\,\frac{(p-1)^2}{p-\frac{1}{3}} + 4\,\frac{p+\frac{1}{3}}{p-\frac{1}{3}}\right]\,. \tag{II, 163}$$

Für $p = 1$ gehen diese Formeln, wie es nach dem zugrunde gelegten Modell sein muß, in Gl. (II, 158) und (II, 160) über. Dagegen folgt für $p \gg 1$

$$B^* = 0{,}785\,\frac{\mathrm{R}T\,V_1\,p}{M_0\,M}\,. \tag{II, 163a}$$

Betrachten wir eine Reihe von stäbchenförmigen Molekülen, welche sich nur durch ihre Länge unterscheiden (also gleiche innere Struktur und gleichen Querschnitt besitzen), so ist $p \sim M$. In diesem Falle ist somit die Größe $B^*$ unabhängig vom Molekulargewicht. Dies Resultat ist in Übereinstimmung mit der für starre gestreckte Fadenmoleküle gültigen

---

[1] ZIMM, B. H.: J. Chem. Phys. **14**, 164 (1946).
[2] SCHULZ, G. V.: Z. Naturforsch. **2a**, 27 (1947).
[3] HUGGINS, M. L.: J. Chim. phys. **44**, 9 (1947).
[4] HUGGINS, M. L.: J. Phys. Colloid Chem. **52**, 248 (1948).
[5] MÜNSTER, A.: Makromol. Chem. **2**, 227 (1948).
[6] Die von TOMPA [Trans. Faraday Soc. **48**, 363 (1952)] nach seiner am Schluß von Abschnitt d erwähnten Methode abgeleitete Formel ergibt nach Reihenentwicklung für das kubische Glied den Zahlenfaktor 5.
[7] SCHULZ, G. V.: Z. Naturforsch. **2a**, 348 (1947).

Gl. (II, 144). Zimm[1] hat das Problem der Zylindermoleküle nach einer Methode, auf die wir in § 31 kurz eingehen werden, behandelt. Seine Formel lautet, wenn $d$ der Durchmesser und $l$ die Länge des Zylinders ist,

$$B^* = \frac{RT \, \pi \, N_L \, d \, l^2}{4 \, M^2} \; . \tag{II, 164}$$

Dabei ist $l/d = p \geq 10$ vorausgesetzt. Um dies Ergebnis mit dem von Schulz vergleichen zu können, müssen wir es mit Hilfe von Gl. (II, 121) umrechnen. Dann ergibt sich

$$B^* = \frac{RT \, V_1 \, p}{M_0 \, M} \; . \tag{II, 164a}$$

Diese Gleichung unterscheidet sich von (II, 163a) nur noch (allerdings nicht unbeträchtlich) im Zahlenfaktor. Verwendet man für niedrigere $p$-Werte die genauere Gl. (II, 163), so wird die Differenz zwischen den beiden Ergebnissen etwas verringert. Für $p = 10$ ist der Schulzsche $B^*$-Wert um etwa 15% kleiner als der nach Zimm berechnete.

Das gleiche Problem ist auch von Huggins[2] behandelt worden (vgl. § 31). Sein Resultat lautet, wenn wir es direkt in einer zum Vergleich geeigneten Form schreiben,

$$B^* = \frac{3 \, \alpha}{8 \, \pi} \cdot \frac{RT \, V_1 \, p}{M_0 \, M} \; . \tag{II, 165}$$

Auch hier ist $p \gg 1$ vorausgesetzt. Die Größe $\alpha$ ist ein Zahlenfaktor, der von der Packungsdichte abhängt. Für dichte Packung ist nach Huggins $\alpha = \sqrt{32}$, für einfache kubische Packung $\alpha = 8$. Der danach berechnete $B^*$-Wert liegt im ersten Falle etwas unterhalb des nach Schulz berechneten, im zweiten Falle nahe bei dem Zimmschen. Es hat danach den Anschein, daß die Resultate überhaupt eine Unsicherheit von der Größenordnung dieser Unterschiede besitzen.

Eine allgemeine, allerdings mathematisch sehr komplizierte Methode zur Berechnung von $B^*$ für Kornmoleküle hat Isihara[3,4] entwickelt. Die Anwendung auf das Problem der Zylindermoleküle ergab die exakte Formel, aus der die Zimmsche Gl. (II, 164) als Näherung für $p \gg 1$ hervorgeht. Sie lautet

$$B^* = \frac{RT \, V_1}{M_0 \, M} \left[ 1 + p \left( 1 + \frac{1}{2 \, p} \right) \left( 1 + \frac{\pi}{2 \, p} \right) \right] . \tag{II, 166}$$

Isihara hat nach seiner Methode ferner das Problem des Rotationsellipsoides behandelt. Definieren wir die Exzentrizität $\varepsilon$ durch

$$\varepsilon^2 = \frac{l^2 - d^2}{l^2} \; , \tag{II, 167}$$

so lautet die Formel für $B^*$

$$B^* = \frac{RT \, V_1}{M_0 \, M} \left[ 1 + \frac{3}{4} \left( 1 + \frac{1}{\sqrt{1 - \varepsilon^2}} \; \frac{\arcsin \varepsilon}{\varepsilon} \right) \left( 1 + \frac{1 - \varepsilon^2}{2 \, \varepsilon} \ln \frac{1 + \varepsilon}{1 - \varepsilon} \right) \right] \tag{II, 168}$$

[1] Zimm, B. H.: J. Chem. Phys. **14**, 164 (1946).
[2] Huggins, M. L.: J. Phys. Colloid Chem. **52**, 248 (1948).
[3] Isihara, A.: J. Chem. Phys. **18**, 1446 (1950).
[4] Isihara, A., u. T. Hayashida: J. Phys. Soc. Japan **6**, 40 (1951).

Für $\varepsilon \ll 1$ erhält man daraus durch Reihenentwicklung

$$B^* = \frac{4\,RT\,V_1}{M_0\,M}\left(1 + \frac{\varepsilon^4}{15} + \frac{37}{60}\,\varepsilon^6 + \cdots\right). \qquad (\text{II, 168a})$$

Die durch die Anisotropie der Kornmoleküle bedingten Abweichungen lassen sich übersichtlich durch eine Funktion $f(p)$ darstellen, indem wir setzen

$$B^* = \frac{4\,RT\,V_1}{M_0\,M}\,f(p). \qquad (\text{II, 169})$$

In Abb. II, 27 ist $f(p)$ für Zylinder und Rotationsellipsoide nach Gl. (II, 166) und (II, 168) dargestellt.

Für die experimentelle Prüfung der im Vorstehenden aufgeführten Formeln kommen praktisch nur Eiweißlösungen in Betracht. Auf der anderen Seite liegen aber gerade hier die Verhältnisse sehr problematisch. Zunächst enthalten Proteinlösungen fast stets niedrigmolekulare Elektrolyte (z. B. als Puffer); selbst wenn man von den Komplikationen des DONNAN-Effektes (s. § 22c, § 105 und § 112b) absieht, hat man es also mit wesentlich komplizierteren Systemen zu tun, als sie in der Theorie vorausgesetzt werden. Vor allem aber sind die Eiweißmoleküle selbst am isoelektrischen Punkte Träger hoher elektrischer Momente, bei anderen $p_H$-Werten Träger hoher elektrischer Ladungen. Es ist daher kaum zu bezweifeln, daß für die thermodynamischen Eigenschaften der Eiweißlösungen elektrostatische Wechselwirkungen eine wesentliche Rolle spielen. Es liegen auch keine experimentellen Daten

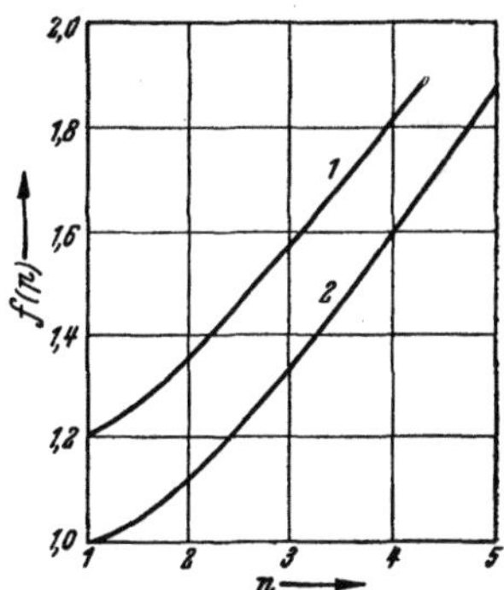

Abb. II, 27. Verlauf der Funktion $f(p)$ in Gl. (II, 169) für Zylinder (Kurve 1) und Rotationsellipsoide (Kurve 2) in Abhängigkeit vom Achsenverhältnis $p$.

über Verdünnungswärmen von Eiweißlösungen vor, so daß man sich auch von dieser Seite her kein Urteil über die Anwendbarkeit der Theorie bilden kann. EDSALL[1] kommt daher zu dem Schluß, daß gegenwärtig Theorie und Experiment noch nicht zueinander in Beziehung gesetzt werden können. Sicher ist wohl, daß man im günstigsten Falle eine qualitative, größenordnungsmäßige Bestätigung der Formeln erwarten kann und daß auf diesem Wege bestimmte molekulare Parameter der Eiweißkörper von fragwürdigem Wert sind.

Mit diesen Vorbehalten geben wir nun zwei Beispiele für die Anwendung der Theorie auf Messungen an Eiweißlösungen. Vor längerer Zeit hat ADAIR[2] den osmotischen Druck des Hämoglobins in wäßriger 0,1 molarer KCl-Lösung (mit geringen Zusätzen von Puffersubstanzen) gemessen (vgl. auch § 112b). Der DONNAN-Effekt wurde rechnerisch eliminiert und das Molukulargewicht zu 68000 bestimmt. Aus den angegebenen Daten erhält man als experimentellen Wert für $B^*$ $8,95 \cdot 10^{-7}$

[1] EDSALL, J. T.: Fortschr. chem. Forsch. 1, 119 (1949).
[2] ADAIR, G. S.: Proc. Roy. Soc. (Lond.) A 120, 573 (1928).

Atm. l²/g². Nimmt man an, daß das Molekül des Hämoglobins Kugel-gestalt besitzt (was nur sehr roh zutrifft) (s. § 114), so liefert Gl. (II, 160) als theoretischen Wert $B^* = 1,8 \cdot 10^{-7}$ Atm. l²/g². Man kann daraus jedoch höchstens mit einer gewissen Wahrscheinlichkeit schließen, daß (II, 160) unter den gemachten Voraussetzungen korrekt ist.

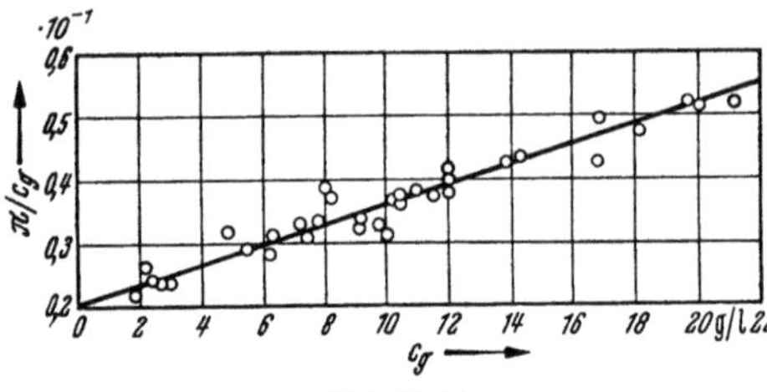

Abb. II, 28.
Osmotischer Druck von Lösungen des L-Myosins.

Als weiteres Beispiel zeigt Abb. II, 28 osmotische Messungen an L-Myosin, die von PORTZEHL[1] ausgeführt wurden. Als Molekulargewicht wurde daraus $M = 840\,000$ berechnet. Die Anwendung der SCHULZschen Gl. (II, 163) ergab für das Achsenverhältnis den Wert $p = 128$. Die entsprechenden, aus Sedimentation und Diffusion (mit Benutzung der Formeln für das Rotationsellipsoid) berechneten Werte sind $M = 858\,000$ und $p = 100$. Die Übereinstimmung ist so gut, wie man vernünftigerweise erwarten kann.

## f) Berücksichtigung der inneren Beweglichkeit der Fadenmoleküle.

Wir kehren jetzt wieder zur Betrachtung der Fadenmoleküle zurück und wollen zunächst das im vorhergehenden Abschnitt eingeführte Verfahren auf starre gestreckte Fadenmoleküle anwenden. Da für $P \gg 1$ die Sonderstellung der Endgruppen vernachlässigt werden darf, kann der Störungseffekt additiv aus den Anteilen der einzelnen Bausteine zusammengesetzt werden. Wir können daher hier die Größe $\alpha_P$ direkt berechnen.

Dazu fassen wir einen beliebigen Baustein $y$ ins Auge und haben nun zu über-legen, 1. von wieviel Gitterplätzen aus $y$ durch ein Fadenmolekül erreicht würde, 2. welcher Bruchteil von $\varrho$ bei gegebenem Gitterplatz $y$ erreichen würde. Da zwei von den $y$ benachbarten Gitterplätzen durch Bausteine des gleichen Fadenmoleküls besetzt sind, bleiben noch $z - 2$ freie benachbarte Gitterplätze. Von jedem der-selben ausgehend, würde ein Fadenmolekül den Baustein $y$ erreichen, und zwar mit seinem zweiten Baustein. Da für starre Moleküle $\varrho = z$ ist, fällt somit für jeden der $z - 2$ Gitterplätze der Bruchteil $1/z$ der virtuellen Moleküle aus. Sie liefern daher zu $\alpha_P$ den Beitrag $(z - 2)/z$. Da die Fadenmoleküle als starr und gestreckt vorausgesetzt werden, sind durch $y$ und je einen der $z - 2$ benachbarten Gitter-plätze eindeutig die Richtungen festgelegt, von welchen aus $y$ durch ein Faden-molekül erreicht werden kann. Es gibt daher auch nur $z - 2$ Gitterplätze, von denen aus $y$ durch ein Fadenmolekül mit dem dritten Baustein erreicht würde. Auch hier fällt wieder für jeden Gitterplatz der Bruchteil $1/z$ der virtuellen Moleküle aus, und wir erhalten wieder einen Summanden $(z - 2)/z$. Durch Fortsetzung dieses Verfahrens finden wir schließlich (wegen $P \gg 1$)

$$\alpha_P = \frac{z - 2}{z}(P - 1) \approx \frac{z - 2}{z}P . \tag{II, 170}$$

Setzen wir diesen Wert in Gl. (II, 157) ein, so erhalten wir für die Verdünnungsentropie Gl. (II, 141), die wir früher durch Reihenentwicklung

---

[1] PORTZEHL, H.: Z. Naturforsch. 5b, 75 (1950).

aus der Miller-Guggenheimschen Theorie abgeleitet hatten. Insoweit führen also beide Theorien zum gleichen Ergebnis.

Wir wollen jetzt versuchen, in gleicher Weise das Problem der Fadenmoleküle mit innerer Beweglichkeit zu behandeln. Im Rahmen der Flory-Hugginsschen Theorie hatten wir bereits auf S. 114 den Begriff der idealen Beweglichkeit bzw. Biegsamkeit definiert und als Maß der Biegsamkeit die Größe $y \leq z - 1$ eingeführt. Für die folgenden Überlegungen wollen wir eine andere Beschreibung einführen, die den Vorteil hat, daß sie sich leichter in Beziehung setzen läßt zur statistischen Theorie des einzelnen Fadenmoleküls (s. Bd. I, Kap. IV). Wir stellen also eine Biegsamkeit, die geringer ist als die ideale, in der Weise dar, daß wir das Fadenmolekül in starre Segmente von je $s$ Bausteinen zerlegen, die durch Gelenke mit idealer Beweglichkeit verbunden sind (vgl. dazu Bd. I, § 31). Ein Fadenmolekül vom Polymerisationsgrad $P$ enthält somit $P/s$ Segmente. Der Fall $s = 1$ entspricht der idealen Biegsamkeit, der Fall $s = P$ dem starren gestreckten Fadenmolekül. Die Länge eines so definierten Segmentes ist praktisch identisch mit der Vorzugslänge eines statistischen Fadenelementes nach Kuhn[1]. Sie kann daher unabhängig von den thermodynamischen Messungen, etwa durch Messung der Lichtstreuung (s. Kap. XIV) oder Viskosität (s. Kap. XI), bestimmt werden.

Das oben für starre gestreckte Fadenmoleküle beschriebene Abzählungsverfahren läßt sich nun ohne Schwierigkeit auch auf bewegliche Fadenmoleküle anwenden. Wir betrachten also wieder den Störungseffekt eines beliebigen Bausteins $y$. Mit Bausteinen des ersten Segmentes würden ihn nach der früheren Abzählung Fadenmoleküle von $(z-2)(s-1)$ Gitterplätzen aus erreichen. Für jeden dieser Gitterplätze fällt der Bruchteil $1/z$ der $\varrho$ virtuellen Moleküle aus. Um die Zahl der Gitterplätze zu erhalten, von denen aus $y$ mit Bausteinen des zweiten Segmentes erreicht würde, muß man überlegen, von wieviel Gitterplätzen aus der Anfang des zweiten Segmentes auf einen der vorher abgezählten Gitterplätze fällt. Da zwischen den Segmenten ideale Beweglichkeit angenommen wird, sind dies für jeden der erwähnten Gitterplätze $z-1$, insgesamt also $(z-2)$ $(s-1)(z-1)$ Gitterplätze. Für jeden derselben fällt der Bruchteil $1/z(z-1)$ von $\varrho$ virtuellen Molekülen aus. Für das dritte Segment erhält man analog $(z-2)$ $(s-1)(z-1)^2$ Gitterplätze und den Bruchteil $1/z(z-1)^2$. Dazu kommt noch jedesmal der Fall, daß der Endbaustein des ersten bzw. zweiten usw. Segmentes auf einen der $y$ direkt benachbarten Gitterplätze fällt, was $(z-2)(z-1)$ bzw. $(z-2)(z-1)^2$ Gitterplätze und die Bruchteile $1/z(z-1)$ bzw. $1/z(z-1)^2$ ergibt. Es wird somit

$$\alpha_P = \frac{z-2}{z}\left[(s-1) + s\sum_{i=1}^{P/s-1}\left(\frac{z-1}{z-1}\right)^i\right] = \frac{z-2}{z}(P-1). \tag{II, 171}$$

Der die Biegsamkeit charakterisierende Parameter $s$ verschwindet somit aus der Endformel und wir erhalten, wie schon vorher in den Theorien von Flory-Huggins und Miller-Guggenheim, das Resultat, daß die innere Beweglichkeit der Fadenmoleküle keinen Einfluß auf die thermodynamischen Eigenschaften hochmolekularer Lösungen hat.

Wir wissen bereits, daß dieses Ergebnis falsch ist, und es ist auch nicht schwer, in der vorstehenden Rechnung die Ursache des Fehlers

---

[1] Siehe z. B. W. Kuhn: Experientia (Basel) **1**, 1 (1945).

aufzudecken. Wir haben nämlich angenommen, daß der Störungseffekt sich additiv aus den Anteilen der einzelnen Bausteine zusammensetzt. Ein Blick auf Abb. II, 29 zeigt, daß man auf diese Weise viel zu
hohe Werte für $\alpha_P$ erhalten muß, weil sich die Störungseffekte der einzelnen Bausteine stark überlagern. Beispielsweise würden die für den
Gitterplatz 1 ausfallenden virtuellen Moleküle sowohl bei dem Baustein $y$ wie bei $q$ gezählt. Wir können diesem Sachverhalt zunächst formal dadurch Rechnung tragen, daß wir jeden Summanden in Gl. (II, 171) mit einem
Faktor $\varphi_i$ multiplizieren, der die Wahr-scheinlichkeit angibt, daß die betreffenden virtuellen Moleküle nicht durch an-dere Bausteine als den betrachteten zum
Verschwinden gebracht werden, d. h. daß keiner der zu dem betreffenden Term
gehörenden $(s - 1) + is$ Gitterplätze von einem anderen Baustein des gleichen Fadenmoleküls besetzt ist. Wir setzen also

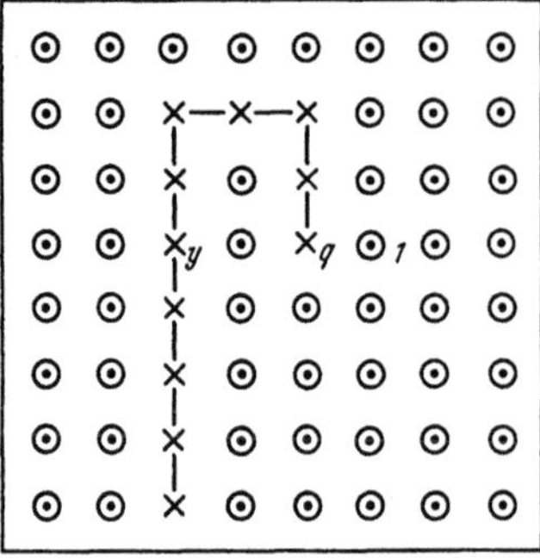

Abb. II, 29. Zur Theorie der Lösungen
beweglicher Fadenmoleküle.

$$\alpha_P = \frac{z - 2}{z} \left[ (s - 1) + s \sum_{i=1}^{P/s - 1} \varphi_i \right] . \tag{II, 172}$$

Eine direkte Berechnung der Koeffizienten $\varphi_i$ ist bisher nicht gelungen.
Wir müssen daher, um weiterzukommen, etwas allgemeinere Überlegungen anstellen.

Die in Abschnitt d erwähnten experimentellen Daten zeigen, daß für
hinreichend hohe Polymerisationsgrade $B^*$ mit $1/M$ abnimmt. Aus der
Theorie der Kornmoleküle wissen wir andererseits, daß ein solches Verhalten nur auftreten kann, wenn das Achsenverhältnis der Teilchen unabhängig vom Molekulargewicht ist. Für gestreckte Fadenmoleküle ist dies
offensichtlich unmöglich; wir müssen daher in allen derartigen Fällen das
statistische Knäuel als Molekülgestalt annehmen. Diese Auffassung wird
unabhängig auch durch Messungen der Lichtstreuung, der Viskosität,
der Diffusion usw. bestätigt (s. Kap. XIV). Es ist allerdings schwierig,
direkt zu beweisen, daß solche Knäuel sich in Lösung thermodynamisch
wie Kornmoleküle verhalten. Man kann aber die Formeln für Kornmoleküle auf osmotische Messungen an Fadenmolekülen anwenden und
daraus Moleküldimensionen berechnen. Findet man für diese Werte,
die in der Größenordnung der für das statistische Knäuel ermittelten
Dimensionen liegen, so darf man die obige Hypothese als bestätigt ansehen. Eine derartige Untersuchung ist von A. M. Benoit[1] durchgeführt
worden. Die Auswertung von osmotischen Messungen an Polystyrolen
mittels der (um ein Solvatationsglied erweiterten) Gl. (II, 160) ergab
für den Radius der „äquivalenten Kugel" Werte, die nahe bei den
aus Lichtstreuungsmessungen[2] bekannten linearen Knäueldimensionen

[1] Benoit, A. M.: J. Chim. phys. 47, 655 (1950).
[2] Vallet, G.: J. Chim. phys. 47, 649 (1950).

liegen. Für die Richtigkeit dieser Auffassung spricht auch die Tatsache, daß unendlich lange Fadenmoleküle von hinreichender innerer Beweglichkeit sich hydrodynamisch wie mit Lösungsmittel vollgesaugte Kugeln benehmen (vgl. dazu die Ausführungen in § 83[1]).

Auf Grund dieser Überlegungen führen wir zur Berechnung der $\varphi_i$ zwei Postulate ein:

1. Für endliche $s$ und beliebig wachsende Kettenlänge soll $\alpha_P$ einem endlichen Grenzwert $> 1$ zustreben.

2. Für die $\varphi_i$ soll allgemein gelten

$$\frac{\varphi_{i+1}}{\varphi_i} = \varphi(z) , \quad \varphi_1 = \varphi(z) , \tag{II, 173}$$

wo $\varphi(z)$ eine positive Größe ist, die nur von $z$ abhängt.

Das zweite Postulat läßt sich nur insofern rechtfertigen, als zwischen den $\varphi_i$ ein gesetzmäßiger Zusammenhang sicherlich bestehen muß. Die spezielle Form der Gl. (II, 173) kann aber vorläufig nicht direkt begründet werden.

Aus (II, 172) und (II, 173) folgt

$$\begin{aligned}
\alpha_P &= \frac{z-2}{z} \left\{ (s-1) + s \sum_{i=1}^{P/s-1} [\varphi(z)]^i \right\} \\
&= \frac{z-2}{z} \left[ s \frac{1 - [\varphi(z)]^{P/s}}{1 - \varphi(z)} - 1 \right] .
\end{aligned} \tag{II, 174}$$

Für $\varphi(z)$ ergibt sich aus den Postulaten die Beziehung

$$\frac{z}{2(z-1)} < \varphi(z) < 1 . \tag{II, 175}$$

Daraus folgt

$$0{,}5 < \varphi(z) < 1 . \tag{II, 176}$$

Diese Beziehung wird in einfacher Form durch

$$\varphi(z) = \frac{z-1}{z} \tag{II, 177}$$

erfüllt. Wir erhalten somit

$$\alpha_P = \frac{z-2}{z} \left\{ sz \left[ 1 - \left(\frac{z-1}{z}\right)^{P/s} \right] - 1 \right\} . \tag{II, 178}$$

Für $s = 1$ (ideale Biegsamkeit) ergibt sich daraus

$$\alpha_P = \frac{(z-2)(z-1)}{z} . \tag{II, 179}$$

Für $z = 10$ folgt daraus $\alpha_P = 7{,}2$, was nahezu mit dem für kugelförmige Moleküle gültigen Wert Gl. (II, 158) übereinstimmt. Für $P/s \gg 1$ nähert sich die Funktion Gl. (II, 178) asymptotisch dem Grenzwert

$$\lim_{P/s \to \infty} \alpha_P = \frac{z-2}{z} (sz - 1) , \tag{II, 180}$$

---

[1] DEBYE, P., u. A. M. BUECHE: J. Chem. Phys. **16**, 573 (1948).

der praktisch meistens schon für $P/s > 10$ erreicht wird. Für $z = 4$ und $s = 4$ erhält man wieder nahezu den für Kugelmoleküle gültigen Wert. Für weniger bewegliche Ketten (d. h. höhere $s$-Werte) erhält man höhere $\lim \alpha_P$-Werte, die denen für anisotrope Kornmoleküle (z. B. Zylinder oder Ellipsoide) entsprechen. Für $s = P$ (starre gestreckte Fadenmoleküle) geht Gl. (II, 178) in Gl. (II, 170) über. Diese Tatsache ist von besonderer Bedeutung, da man innerhalb einer polymerhomologen Reihe bei hohem $s$-Wert mit abnehmendem Molekulargewicht leicht in das Gebiet kommt, in dem von statistischer Verknäuelung keine Rede mehr sein kann und das Verhalten der Fadenmoleküle dem starrer Stäbchen immer ähnlicher wird.

Für den Wert der Größe $s$ sind, wie OUTER, CARR und ZIMM[1], PETERLIN[2] und andere ausführlich diskutiert haben, zwei Faktoren wesentlich: einmal das Potential der Drehungen um die Kettenbindungen, zweitens die energetische Wechselwirkung zwischen entfernteren Bausteinen der Kette (wenn sich diese infolge der Verknäuelung nähern) im Vergleich zu der Wechselwirkung mit den Molekülen des Lösungsmittels. Beide Faktoren bewirken, daß $s$ vom Lösungsmittel abhängt. Beide Effekte, und damit auch die Größe $s$, sind temperaturabhängig (vgl. dazu auch die Ausführungen in §§ 99 und 100). Nach den experimentellen Daten[1] ist diese Temperaturabhängigkeit aber so gering, daß es gerechtfertigt erscheint, für ein gegebenes System in dem üblichen Temperaturbereich osmotischer Messungen $s$ als Stoffkonstante zu betrachten. Nur unter dieser Voraussetzung kann das Problem innerhalb der Theorie der athermischen Lösung behandelt werden.

Aus Gl. (II, 157) und (II, 178) folgt für die freie Energie der Verdünnung

$$\Delta\mu_1 = -\,\mathrm{R}T\,\frac{x_2^*}{P}\left\{1 + \frac{1}{2}\left[1 + \frac{z-2}{z}\left(sz\left[1 - \left(\frac{z-1}{z}\right)^{P/s}\right] - 1\right)\right]x_2^*\right\}\quad (\mathrm{II}, 181)$$

und für die Verdünnungsentropie

$$\Delta s_1 = \mathrm{R}\,\frac{x_2^*}{P}\left\{1 + \frac{1}{2}\left[1 + \frac{z-2}{z}\left(sz\left[1 - \left(\frac{z-1}{z}\right)^{P/s}\right] - 1\right)\right]x_2^*\right\}. \quad (\mathrm{II}, 182)$$

Für die Größe $B^*$ der Gl. (II, 104) ergibt sich schließlich

$$B^* = \frac{1}{2}\,\frac{\mathrm{R}TV_1}{M_0 M}\left\{1 + \frac{z-2}{z}\left(sz\left[1 - \left(\frac{z-1}{z}\right)^{P/s}\right] - 1\right)\right\}. \quad (\mathrm{II}, 183)$$

Wenn $P/s \gg 1$ ist, können wir dafür schreiben

$$B^* = \frac{A}{M} \quad (\mathrm{II}, 183\mathrm{a})$$

mit

$$A = \frac{1}{2}\,\frac{\mathrm{R}TV_1}{M_0}\left[1 + \frac{z-2}{z}(sz - 1)\right]. \quad (\mathrm{II}, 183\mathrm{b})$$

---

[1] OUTER, P., C. J. CARR u. B. H. ZIMM: J. Chem. Phys. 18, 830 (1950).
[2] PETERLIN, A.: Les grosses Molécules en Solution, p. 70. Collège de France 1948 (s. ferner § 99).

Wenn wir (II, 183a) mit der empirischen Gl. (II, 145) vergleichen, so sehen wir, daß die in diesem Abschnitt entwickelte Theorie in der Tat den ersten Term von (II, 145) erklärt und daß der zweite nur von der Solvatation herrühren kann. Wir werden später sehen, daß zum mindesten in Lösungen mit negativer Verdünnungswärme (exotherme Systeme) die Solvatation keinen Beitrag zu dem ersten Term liefert, dieser also identisch mit dem durch (II, 183a) gegebenen ist. Wenn wir jetzt schon von dieser Erkenntnis Gebrauch machen, gewinnen wir die früher erwähnte weitere Prüfungsmöglichkeit für die obige Theorie der athermischen Lösung. Wir haben nur für eine polymerhomologe Reihe im Gebiet hinreichend hoher Polymerisationsgrade die experimentellen $B^*$-Werte gegen $1/M$ aufzutragen. Der Schnittpunkt dieser Geraden mit der Ordinate liefert unmittelbar $B_s^*$, während ihre Steigung nur von der athermischen Größe $A$ abhängt.

Wir geben jetzt einige Beispiele für die experimentelle Prüfung der Theorie. In Abschnitt d war erwähnt worden, daß man für das athermische System Guttapercha—Toluol[1] den Wert $z = 2{,}27$ benutzen muß, um die Messungen durch Gl. (II, 142) darzustellen. Auf Grund der Überlegungen von ORR[2] über die Packungsdichte in dem System Kautschuk—Benzol muß dieser Wert als äußerst unwahrscheinlich betrachtet werden. Man findet nun[3], daß sich die Messungen durch Gl. (II, 183) befriedigend wiedergeben lassen, wenn man $z = 4$ und $s = 26$ setzt. Eine unabhängige Bestimmung von $s$ liegt hier nicht vor. Der Wert scheint aber nicht unvernünftig zu sein, da nach BUNN[4] die Beweglichkeit des Guttaperchamoleküls infolge sterischer Behinderung geringer sein muß als die des Kautschukmoleküls. Für letzteres berechnen W. KUHN und H. KUHN[5] aus viskosimetrischen Daten $s = 3$, doch ist dieser Wert eher zu niedrig (vgl. dazu auch § 100b).

Als weiteres Beispiel betrachten wir die schon erwähnten osmotischen Messungen von BAWN und Mitarbeitern[6] an dem System Polystyrol—Toluol. Die Anwendung unserer Überlegung auf Abb. II, 18 zeigt zunächst, daß dieses System in Wirklichkeit nicht athermisch ist, wie es nach den Dampfdruckmessungen[7] den Anschein hatte. Dies ist im Einklang mit den ebenfalls schon besprochenen Ergebnissen von TOMPA[8], der die Verdünnungswärme nicht aus den Dampfdruckmessungen, sondern nur direkt calorimetrisch bestimmen konnte. Daß die thermischen Effekte äußerst klein sind, erkennt man auch daraus, daß die aus $B_s^*$ unter Verwendung von Gl. (II, 143) berechnete Verdünnungswärme ($-1{,}26 \cdot 10^{-3}$ cal/Mol bei 10 g/l) wenig mehr als ein Viertel der für Nitrocellulose—Aceton[9] gemessenen ($-4{,}5 \cdot 10^{-3}$ cal/Mol bei 10 g/l)

---


[1] WOLFF, E.: Helvet. chim. Acta **23**, 439 (1940).
[2] ORR, W. J. C.: Trans. Faraday Soc. **43**. 12 (1947).
[3] MÜNSTER, A.: Makromol. Chem. **4**, 113 (1949).
[4] BUNN, C. W.: Trans. Faraday Soc. **38**, 372 (1942).
[5] KUHN, W., u. H. KUHN: Helvet. chim. Acta **26**, 1394 (1943).
[6] BAWN, C., R. FREEMAN u. A. KAMALIDDIN: Trans. Faraday Soc. **46**, 862 (1950).
[7] BAWN. C., R. FREEMAN u. A. KAMALIDDIN: Trans. Faraday Soc. **46**, 677 (1950).
[8] TOMPA. H.: J. Polymer. Sci. **8**, 51 (1952).
[9] SCHULZ, G. V.: Z. physik. Chem. A **180**, 1 (1937); B **40**, 319 (1938).

beträgt. Für die Größe $s$ wurde aus Lichtstreuungsdaten von KUNST[1] $s = 59$ berechnet. Der empirische $A$-Wert ergibt dann mit Gl. (II, 183b) $z = 2,3$. Da sich die Daten von KUNST auf Polystyrol—Benzol beziehen,

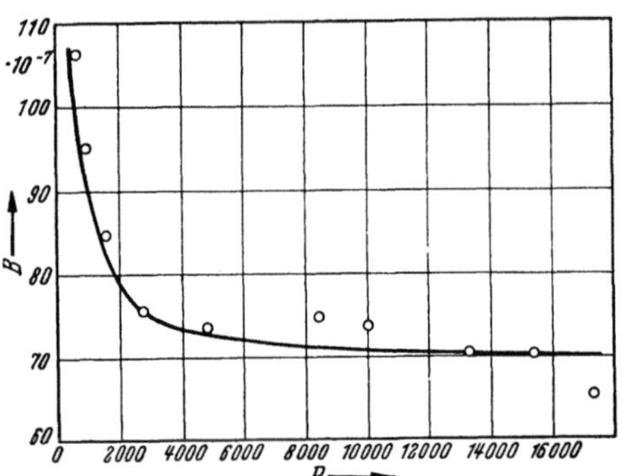

Abb. II, 30. Zusammenhang zwischen $B^*$ und $P$ für das System Polystyrol—Toluol. Kreise: experimentelle Werte. Kurve: berechnet nach Gl. (II, 183)[6].

mag der $s$-Wert zu hoch sein, so daß tatsächlich ein etwas höherer $z$-Wert resultieren würde. Es scheint aber, daß niedrige $z$-Werte ein Charakteristikum der Polystyrollösungen sind[2]. In Abb. II, 30 ist die Funktion $B^*(P)$ für die genannten Parameterwerte zusammen mit den experimentellen Daten dargestellt.

Schließlich wollen wir die Theorie noch auf die in Tab. II, 3 zusammengestellten Messungen von CARR, OUTER und ZIMM[3] an dem System Polystyrol—Butanon anwenden. Aus den experimentellen Daten findet man $B_s^*/RT = 0,788\,1 \cdot \mathrm{Mol/g^2}$, $s = 28$ und $z = 3$. Die mit diesen Parameterwerten gezeichnete Kurve ist in Abb. II, 31 dargestellt.

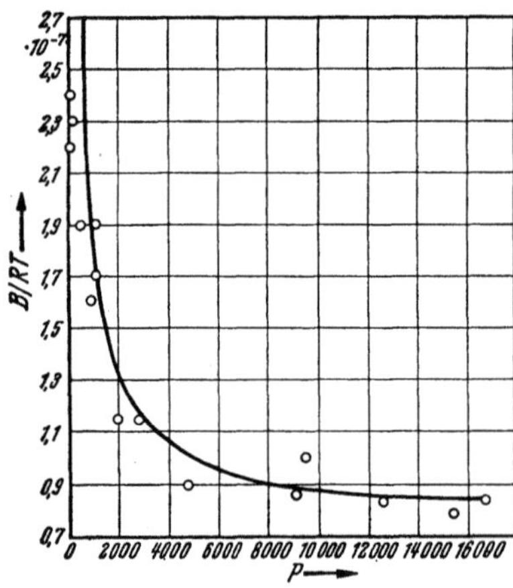

Abb. II, 31. Zusammenhang zwischen $B$ und $P$ für das System Polystyrol—Butanon. Kreise: experimentelle Werte. Kurve: berechnet nach Gl. (II, 183)[4].

Sie gibt die experimentellen Resultate befriedigend wieder. Weitere Beispiele für die Anwendung der Gl. (II, 182) und (II, 183) finden sich in § 30.

Die bisherigen Überlegungen dieses Abschnitts ergeben zwar für verdünnte Lösungen Übereinstimmung mit der Erfahrung. Sie tragen aber noch nicht der Tatsache Rechnung, daß in konzentrierten Lösungen die MILLER-GUGGENHEIMsche Theorie eine gute Näherung darstellt. Offenbar ist dieses Problem eng verknüpft mit dem Auftreten des Wendepunktes in der Kurve für die Verdünnungsentropie des Systems Kautschuk—Benzol (Abb. II, 20). Von

---

[1] KUNST, E. D.: Diss. Groningen 1950.

[2] Nach Modellbetrachtungen von TOMPA [J. Polymer. Sci. 8, 51 (1952)], erscheint dies nicht unvernünftig.

[3] OUTER, P., C. J. CARR u. B. H. ZIMM: J. Chem. Phys. 18, 830 (1950).

[4] In Abb. II, 30 und II, 31 ist $B^*$ in Atm. $l^2\,g^{-2}$ aufgetragen. Im Text wurde nachträglich die Bezeichnung $B$ in $B^*$ geändert.

MILLER[1] wurde bereits gezeigt, daß Gl. (II, 146) einen Wendepunkt liefert, wenn man $q$ als geeignete Funktion der Konzentration ansetzt[2]. Die eigentliche Schwierigkeit liegt jedoch darin, daß, wenn man (II, 146) als für verdünnte Lösungen gültig ansieht, die Größe $q$ nicht mehr die ihr in der MILLER-GUGGENHEIMschen Theorie zugeschriebene Bedeutung hat und daß es daher im Rahmen dieser Betrachtungsweise unmöglich ist, den Grenzwert von $q$ für verdünnte Lösungen zu bestimmen. Eine vollständige Lösung des Problems würde offenbar eine völlige Neuformulierung der Theorie erfordern, die bisher noch nicht gelungen ist. Die obigen Ergebnisse geben uns aber die Möglichkeit, eine wenigstens etwas befriedigendere Behandlung durchzuführen[3].

Dazu definieren wir eine Funktion des Volumenbruches

$$q^* = q^* (x_2^*) \qquad (\text{II, 184})$$

durch die Festsetzung, daß $zq^*$ jeweils den gleichen Wert haben soll wie die Zahl der nächsten Nachbarn eines Fadenmoleküls in einem gedachten MILLER-GUGGENHEIMschen System, welches bei gleichem Volumenbruch die gleiche Verdünnungsentropie hat wie das betrachtete System. Wir postulieren ferner, daß

$$q_{max}^* = \lim_{x_2^* \to 1} q^* = \frac{z-2}{z} P + \frac{2}{z} \qquad (\text{II, 185})$$

und

$$q_0^* = \lim_{x_2^* \to 0} q^* = 1 + \frac{z-2}{z} \left\{ sz \left[ 1 - \left( \frac{z-1}{z} \right)^{P/s} \right] - 1 \right\} \qquad (\text{II, 186})$$

ist. Für $q^*$ setzen wir an

$$\frac{q_{max}^* - q^*}{q_{max}^* - q_0^*} = e^{-a\,x_2^*}, \qquad (\text{II, 187})[4]$$

wo $a$ ein Zahlenfaktor ist. Für die Verdünnungsentropie gilt dann definitionsgemäß

$$\Delta s_1 = - \text{R} \left[ \ln x_1^* - \frac{P-1}{P-q^*} \ln \left( 1 - \frac{P-q^*}{P} x_2^* \right) \right]. \qquad (\text{II, 188})$$

Für $x_2^* \to 0$ geht diese Gleichung in Gl. (II, 182) über, für $x_2^* \to 1$ in Gl. (II, 140). Der physikalische Sinn des Verfahrens liegt darin, daß durch die Funktion $q^*(x_2^*)$ der allmähliche Übergang von den isolierten Knäueln zur quasihomogenen Verteilung beschrieben wird. In Abb. II 32 ist die Verdünnungsentropie nach Gl. (II, 187) und (II, 188) (mit $a = 3$) zusammen mit der experimentellen Kurve für Kautschuk—Benzol dar-

---

[1] Mil!er, A. R.: Kolloid-Z. **114**, 149 (1949).
[2] Die Form der verwendeten Funktion hat MILLER nicht angegeben.
[3] MÜNSTER, A.: Trans. Faraday Soc. **49** (1953) (im Druck).
[4] Nach (II, 187) wird der Grenzwert (II, 185) erst für $x_2^* \to \infty$ erreicht. Die Differenz zwischen diesem Wert und dem Wert für $x_2^* = 1$ beträgt aber im Falle Kautschuk—Benzol nur 0,1%.

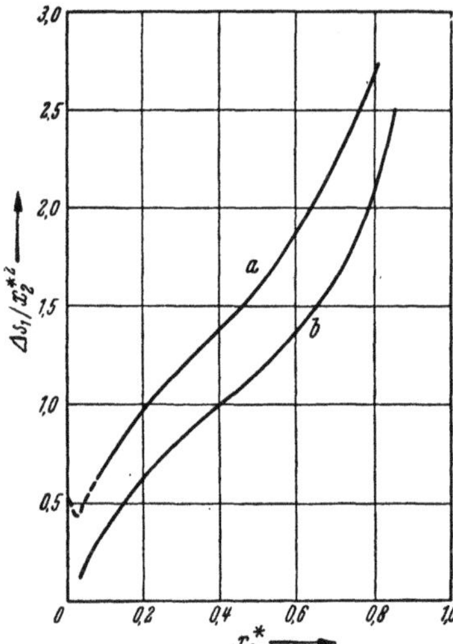



Abb. II, 32. Verdünnungsentropie des Systems Kautschuk—Benzol. Kurve a: experimentelle Ergebnisse, Kurve b: berechnet nach Gl. (II, 187) und (II, 188).

gestellt. Man sieht, daß hier auch in der theoretischen Kurve ein Wendepunkt auftritt und die beiden Kurven nahezu parallel verlaufen. In § 30 werden wir zeigen, daß diese letzte Differenz durch die Wechselwirkung mit dem Lösungsmittel quantitativ erklärt werden kann.

### g) Verzweigte Fadenmoleküle. Polymolekulare Systeme.

Wir wollen jetzt noch kurz auf zwei Fragen eingehen, die für das Studium der hochpolymeren Lösungen von erheblicher Bedeutung sind.

Bisher haben wir uns nicht um die Tatsache gekümmert, daß hochpolymere Fadenmoleküle häufig verzweigt sind. (Näheres über die verschiedenen Arten von Verzweigungen in § 101.) Solche Verzweigungen sind bei gewissen Produkten, wie den Polymerisaten des Butadiens, stets vorhanden. In anderen Fällen kann man sie in einigermaßen kontrollierbarer Menge erzeugen, z. B. bei Polystyrol durch Zusatz von Divinylbenzol bei der Polymerisation. Wir müssen daher fragen, ob die thermodynamischen Eigenschaften hochmolekularer Lösungen durch solche Verzweigungen beeinflußt werden. Nach den Definitionen der MILLER-GUGGENHEIMschen Theorie sollte man von vornherein annehmen, daß im Rahmen derselben ein solcher Einfluß nicht vorhanden ist. KUNST und MAGAT[1] haben zwar eine Erweiterung der Theorie versucht, welche einen geringen Einfluß der Verzweigungen ergibt. MATHOT[2] hat dann aber das Problem explizit für verzweigte Tetramere nach der BETHE-GUGGENHEIMschen Methode durchgerechnet und gefunden, daß man exakt das gleiche Resultat erhält wie im Falle der unverzweigten Kette. Nun wissen wir aber, daß für verdünnte Lösungen die MILLER-GUGGENHEIMsche Theorie nicht gültig ist, wenn die Fadenmoleküle innere Beweglichkeit besitzen. Es ist daher, wie schon MATHOT betont hat, theoretisch durchaus denkbar, daß hier der fragliche Einfluß auftritt. Dies wird noch wahrscheinlicher, wenn wir uns daran erinnern, daß hier die mittleren Dimensionen des statistischen Knäuels von entscheidender Bedeutung sind. STOCKMAYER und ZIMM[3] haben theoretisch gezeigt, wie diese Dimensionen bei konstantem Molekulargewicht durch Verzweigungen bestimmter Art geändert werden. Daß solche Zusammenhänge existieren, ist auch experimentell von THURMOND und ZIMM[4] gezeigt

---

[1] KUNST, E., u. M. MAGAT: C. r. Acad. Sci. (Paris) **227**, 902 (1948).
[2] MATHOT, V.: J. Chim. phys. **47**, 384 (1950).
[3] STOCKMAYER, W. H., u. B. H. ZIMM: J. Chem. Phys. **17**, 1301 (1949).
[4] THURMOND, C. D., u. B. H. ZIMM: J. Polymer Sci. **8**, 477 (1952).

worden. Es ist aber bisher nicht gelungen, diese Erkenntnisse in der statistischen Theorie der hochmolekularen Lösungen quantitativ zu formulieren. Da Verzweigungen den Effekt der Verknäuelung verstärken, sollte man qualitativ erwarten, daß sie den Wert der Größe $B^*$ in der Gleichung für den osmotischen Druck herabsetzen. Diese Vermutung wird durch eine experimentelle Untersuchung von DOTY, BROWNSTEIN und SCHLENER[1] in der Tat bestätigt. Es wurde der osmotische Druck von Polystyrolen, denen bei der Polymerisation verschiedene Mengen Divinylbenzol zugesetzt waren, in Toluol gemessen. Einige der Resultate sind in Abb. II, 33 dargestellt.

In allen bisherigen Überlegungen haben wir die hochmolekularen Lösungen als binäre Systeme behandelt, d. h. wir haben angenommen, daß alle polymeren Moleküle untereinander gleich sind. Diese Annahme ist aber in Lösungen, welche Fadenmoleküle enthalten, fast nie erfüllt; sie sind durchweg hinsichtlich ihres Molekulargewichtes uneinheitlich oder *polymolekular*[2], d. h. sie enthalten Ketten der verschiedensten Längen. Man muß daher,

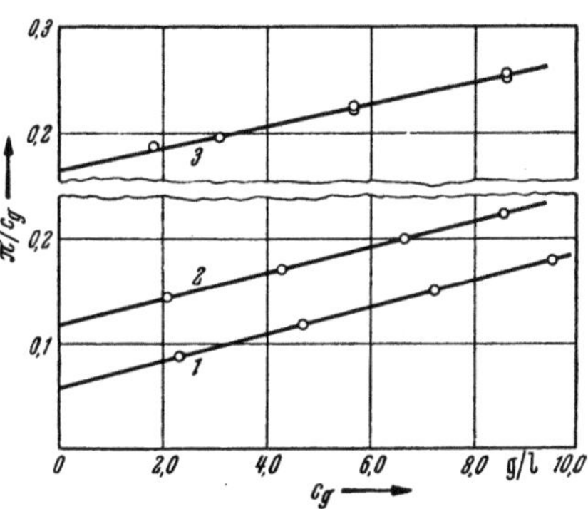


Abb. II, 33. Einfluß der Verzweigung auf den osmotischen Druck des Systems Polystyrol—Toluol (bei 20° C). Kurve 1: Polystyrol ohne Zusatz von Divinylbenzol polymerisiert. Kurve 2: mit 0,0025% Divinylbenzol polymerisiert, Kurve 3: mit 0,01% Divinylbenzol polymerisiert.

wenn man korrekt vorgehen will, die Theorie von vornherein für Systeme von beliebig vielen polymeren Komponenten entwickeln. Diese Rechnungen sind in der Tat für die verschiedenen vorher besprochenen Theorien durchgeführt worden[3-6]. Sie bieten jedoch, außer der erhöhten Umständlichkeit, methodisch nichts wesentlich Neues. Wir wollen uns daher auf die Wiedergabe der Ergebnisse beschränken. Dabei schließen wir den Fall der Entmischung, den wir in § 34 behandeln, hier aus. Es sind vor allem die folgenden Fragen von Bedeutung für uns:

1. Gelten in polymolekularen Systemen die gleichen Formeln wie in binären?

2. Wie sind gegebenenfalls die Mittelwerte der molekularen Parameter definiert?

3. Hängen die thermodynamischen Eigenschaften von den Einzelheiten der Verteilung ab?

---

[1] DOTY, P., M. BROWNSTEIN u. W. SCHLENER: J. Phys. Colloid Chem. **53**, 213 (1949).

[2] Über die Gründe, die Bezeichnung „polydispers" zu vermeiden, vgl. § 56.

[3] GUGGENHEIM, E. A.: Proc. Roy. Soc. (Lond.) A **183**, 203 (1944). — MILLER, A. R.: Kolloid-Z. **114**, 149 (1949). — VAN DER WAALS, J. H.: Diss. Amsterdam 1950.

[4] MÜNSTER, A.: Z. Naturforsch. **1**, 311 (1946).

[5] FLORY, P. J.: J. Chem. Phys. **12**, 114, 425 (1944).

[6] SCOTT, R. L., u. M. MAGAT: J. Chem. Phys. **13**, 172 (1945).

Die Rechnungen führen zu dem Ergebnis, daß in den Theorien von FLORY-HUGGINS und MILLER-GUGGENHEIM für Verdünnungsentropie und osmotischen Druck polymolekularer Lösungen die gleichen Formeln gelten wie im binären Fall, wenn man definiert

$$x_1^* = \frac{N_1}{N_1 + \sum_i P_i N_i} \quad , \quad x_2^* = \frac{\sum_i P_i N_i}{N_1 + \sum_i P_i N_i} \qquad (\text{II, } 189)$$

(wo $\sum_i$ die Summierung über alle Kettenlängen bedeutet) und $P$ ersetzt durch

$$\bar{P} = \frac{\sum_i P_i N_i}{\sum_i N_i} . \qquad (\text{II, } 190)$$

Das heißt mit anderen Worten, daß die thermodynamischen Eigenschaften der polymolekularen Lösung in den genannten Fällen nur von dem Zahlenmittel (number average) der Polymerisationsgrade abhängen. Unabhängig von allen speziellen Theorien gilt dies allgemein an der Grenze unendlicher Verdünnung. Das osmotische Molekulargewicht ist daher stets durch Gl. (II, 190) definiert.

Etwas komplizierter liegen die Verhältnisse für die in Abschnitt f entwickelte Theorie[1]. Hier gilt

$$B^* = \frac{1}{2} \frac{RTV_1}{M_0 \bar{M}} \sum_i \left\{ 1 + \frac{z-2}{z} \left( sz \left[ 1 - \left( \frac{z-1}{z} \right)^{P_i/s} \right] - 1 \right) \right\} f(P_i) , \qquad (\text{II, } 191)$$

wo $f(P_i)$ durch die Gleichung

$$N_i = f(P_i) \sum_i N_i \qquad (\text{II, } 192)$$

definiert ist, und das ist keineswegs identisch mit

$$B^{*\prime} = \frac{1}{2} \frac{RTV_1}{M_0 \bar{M}} \left\{ 1 + \frac{z-2}{z} \left( sz \left[ 1 - \left( \frac{z-1}{z} \right)^{\bar{P}/s} \right] - 1 \right) \right\} . \qquad (\text{II, } 191\text{a})$$

Praktisch ist der Unterschied allerdings nicht sehr wichtig, denn einmal spielt der fragliche Term überhaupt nur in einem relativ kleinen Bereich der Polymerisationsgrade eine Rolle, und dann ist der durch Benutzung von (II, 191a) eingeführte Fehler bei Verteilungen, wie sie in Fraktionen meistens vorliegen, wahrscheinlich immer zu vernachlässigen. Für eine GAUSSsche Verteilung beträgt er bei $\bar{P}/s = 2$ weniger als 0,1% des osmotischen Druckes[2].

Bei der Benutzung experimenteller Daten ist zu beachten, daß die Molekulargewichtsbestimmung durch Messung der Lichtstreuung nicht das Zahlenmittel, sondern das Gewichtsmittel

$$\bar{P}_w = \frac{\sum_i P_i^2 N_i}{\sum_i P_i N_i} \qquad (\text{II, } 193)$$

liefert. Dagegen ist die aus Lichtstreuungsmessungen ermittelte Größe $B^*$ identisch mit der, die man aus osmotischen Messungen erhält[3] (vgl. auch [4, 5, 6]).

---


[1] MÜNSTER, A.: Z. Naturforsch. 2a, 272 (1947).
[2] MÜNSTER, A.: Z. Naturforsch. 2a, 272 (1947).
[3] STOCKMAYER, W. H.: J. Chem. Phys. 18, 58 (1950).
[4] ZIMM, B. H.: J. Chem. Phys. 14, 146 (1946).
[5] BRINKMAN, H. C., u. J. J. HERMANS: J. Chem. Phys. 17, 574 (1949).
[6] KIRKWOOD, J. G., u. R. J. GOLDBERG: J. Chem. Phys. 18, 54 (1950).

## § 30. Irreguläre Lösungen.

### a) Der halbempirische Ansatz von HUGGINS.

Die Theorie der athermischen Lösung beruht, wie wir gesehen haben, auf der Voraussetzung, daß alle Konfigurationen die gleiche Energie besitzen, d. h., mit anderen Worten, daß keine Verdünnungswärme auftritt. Diese Annahme stellt eine sehr weitgehende Abstraktion dar; es ist daher höchstens erstaunlich, daß man mit Hilfe der Theorie der athermischen Lösung die Eigenschaften hochmolekularer Lösungen schon so weitgehend verstehen kann. Andererseits ist es aber klar, daß man, um quantitative Übereinstimmung zwischen Theorie und Experiment zu erzielen, im allgemeinen die Tatsache einer endlichen Verdünnungswärme berücksichtigen muß. Die gesamten Probleme der Löslichkeit lassen sich überhaupt nur unter dieser Voraussetzung diskutieren.

Die einfachste Methode, diesen Erfordernissen Rechnung zu tragen, besteht darin, daß man die für die athermische Lösung abgeleiteten Gleichungen um ein halbempirisches Zusatzglied erweitert. Dieser Weg ist von HUGGINS[1] beschritten worden und führt zu der Gleichung

$$\Delta\mu_1 = \mathrm{R}T\left[\ln x_1^* + \left(1 - \frac{1}{P}\right)x_2^* + \chi_1\, x_2^{*2}\right], \qquad (\mathrm{II}, 194)$$

wo $\chi_1$ die von HUGGINS eingeführte *halbempirische Konstante* ist[2, 3]. Diese Formulierung geht auf Überlegungen zurück, die VAN LAAR[4], SCATCHARD[5] und HILDEBRAND[6, 7] für niedrigmolekulare Lösungen angestellt haben. Sie besagt, daß sich die Verdünnungswärme in der Form

$$\Delta h_1 = V_1\, A_{12}\, x_2^{*2} \qquad (\mathrm{II}, 195)$$

darstellen läßt, wo $A_{12}$ eine Konstante ist. Im Anschluß an HILDEBRAND kann man noch einen Schritt weiter gehen und die Größe $A_{12}$ in Beziehung setzen zu den „*Kohäsions-Energiedichten*" $e_1$ und $e_2$ durch die Beziehung

$$A_{12} = (\sqrt{e_1} - \sqrt{e_2})^2. \qquad (\mathrm{II}, 196)$$

Dabei hängt $e_1$ mit der Verdampfungswärme der Flüssigkeit zusammen durch

$$e_1 = (L_1 - \mathrm{R}T)/V_1. \qquad (\mathrm{II}, 197)$$

Wir werden auf diese Deutung in § 33 noch einmal zurückkommen. Die Größe $\chi_1$ soll aber weiter noch einen temperaturunabhängigen Entropie-

---

[1] HUGGINS, M. L.: Ann. N.Y. Acad. Sci. **44**, 431 (1943).

[2] In der Literatur wird diese Größe nach dem Vorgang von HUGGINS gewöhnlich mit $\mu_1$ bezeichnet. Wir haben das obige Symbol gewählt, um Verwechslungen mit den chemischen Potentialen zu vermeiden.

[3] Über den Zusammenhang von $\chi$ mit dem zweiten Virialkoeffizienten $B^*$ s. z. B. § 116.

[4] VAN LAAR, J. J.: Z. physik. Chem. A **137**, 421 (1928).

[5] SCATCHARD, G.: Chem. Reviews **8**, 321 (1931).

[6] HILDEBRAND, J. H.: J. Amer. Chem. Soc. **57**, 866 (1935).

[7] HILDEBRAND, J. H.: Chem. Reviews **18**, 315 (1936).

Tabelle II, 4. *Werte der* HUGGINS*schen Größe* $\chi_1$.

| System | $\chi_1$ | Temperatur (° C) |
|---|---|---|
| Kautschuk—Benzol + 10% Äthanol | 0,26 | 25 |
| Kautschuk—Tetrachlorkohlenstoff | 0,28 | 15—20 |
| Kautschuk—Campher | 0,29 | 180 |
| Kautschuk—Cymol | 0,33 | 15—20 |
| Kautschuk—Cyclohexan | 0,33 | 6 |
| Kautschuk—Tetrachloräthan | 0,36 | 15—20 |
| Kautschuk—Chloroform | 0,37 | 15—20 |
| Kautschuk—Cumol | 0,38 | 15—20 |
| Kautschuk—Leichtbenzin | 0,43 | 25 |
| Kautschuk—s-Dichloräthylen | 0,43 | 15—20 |
| Kautschuk—Toluol | 0,43 | 27 |
| Kautschuk—Benzol | 0,44 | 25 |
| Kautschuk—Chlorbenzol | 0,44 | 7 |
| Kautschuk—Thiophen | 0,45 | 15—20 |
| Kautschuk—Schwefelkohlenstoff | 0,49 | 25 |
| Kautschuk—Amylacetat | 0,49 | 25 |
| Kautschuk—Benzol + 15% Methanol | 0,50 | 25 |
| Kautschuk—Äther | 0,51 | 15—20 |
| Kautschuk—s-Dichloräthan | 0,53 | 15—20 |
| Polyäthylenoxyd—Wasser | 0,45 | 27 |
| Polystyrol—Benzol | 0,2 | 5 |
| Polystyrol—Toluol | 0,44 | 27 |
| Polystyrol—Äthyllaurat | 0,47 | 25 |
| Polystyrol—n-Propyllaurat | 0,62 | 25 |
| Polystyrol—Isopropyllaurat | 0,71 | 25 |
| Polystyrol—n-Butyllaurat | 0,74 | 25 |
| Polystyrol—Isobutyllaurat | 0,85 | 25 |
| Polystyrol—Isoamyllaurat | 0,91 | 25 |
| Polyvinylchlorid—Tetrahydrofuran | 0,14 | 27 |
| Polyvinylchlorid—Dioxan | 0,52 | 27 |
| Polyvinylchlorid—Cyclohexanon | 0,25 | 48 |
| Polyvinylchlorid—Butanon-2 | 0,41 | 26 |
| Hydriertes Polyindol—Benzol | 0,6 | 5 |
| Mischpolymerisat von Polyvinylchlorid und Polyvinylacetat—Dioxan | 0,4 | 27 |
| Polyvinylchlorid—Tributylphosphat | 0,65 [1] | 53 |
| Polyvinylchlorid—Dibutylphthalat | 0,01 [1] | 53 |
| Polyvinylchlorid—Nitrobenzol | 0,29 [1] | 53 |
| Polyvinylchlorid—Trikresylphosphat | 0,38 [1] | 53 |
| Polyvinylchlorid—Chlorbenzol | 0,53 [1] | 53 |
| Polyvinylchlorid—Aceton | 0,60 [1] | 53 |
| Polyvinylchlorid—Butanol | 1,74 | 53 |
| Chloriertes Polyvinylchlorid—Dioxan | 0,37 | 27 |
| Guttapercha—Tetrachlorkohlenstoff | 0,28 | 27 |
| Guttapercha—Toluol | 0,36 | 27 |
| Guttapercha—Benzol | 0,52 | 25 |
| Balata—Toluol | 0,36 | 27 |
| Hydrokautschuk—Toluol | 0,45 | 27 |
| Cyclokautschuk—Toluol | 0,46 | 27 |
| Nitrocellulose—Cyclohexanon | 0,15 | 25 |
| Nitrocellulose—Aceton | 0,19 | 20 |
| Nitrocellulose—Aceton | 0,26 | 22 |
| Nitrocellulose—Aceton | 0,30 | 27 |
| Celluloseacetat—Tetrachloräthan | 0,29 | 24,4 |

[1] Zahlenwerte nach P. DOTY u. H. ZABLE: J. Polym. Sci. **1**, 90 (1946); dort sehr viele Werte für Polyvinylchlorid.

anteil enthalten. Für diesen ergibt die Miller-Guggenheimsche Theorie in erster Näherung $1/z$. Wir können also schreiben

$$\chi_1 = \chi_0 + \frac{V_1}{RT}(\sqrt{e_1} - \sqrt{e_2})^2 = \chi_0 + \frac{\beta}{RT}. \qquad (II, 198)$$

Obwohl die theoretischen Grundlagen der Gl. (II, 194) ziemlich brüchig sind, ist sie praktisch von außerordentlichem Nutzen, soweit es sich um Probleme handelt, die nur von der freien Energie der Verdünnung abhängen. Dies hat vor allem zwei Ursachen. Einmal kann man auf Grund dieser Gleichung ein sehr umfangreiches experimentelles Material wenigstens halbquantitativ darstellen und auch Voraussagen für nicht direkt gemessene Konzentrationen machen, wobei für jedes System nur die eine Konstante $\chi_1$ benötigt wird. Zum anderen ist Gl. (II, 194) die einzige einschlägige Formel, die mathematisch so einfach ist, daß man auch kompliziertere Löslichkeitsprobleme damit thermodynamisch exakt behandeln kann. Wir werden daher in Kapitel III noch weitgehenden Gebrauch davon machen. In Tab. II, 4 sind die $\chi_1$-Werte für eine größere Zahl von Systemen mit der zugehörigen Temperatur zusammengestellt; die meisten derselben sind der Arbeit von Huggins[1], einzelne der neueren Literatur entnommen.

Auf der anderen Seite darf jedoch nicht übersehen werden, daß Gl. (II, 194) bei genauerer quantitativer Prüfung nicht selten schon für die freie Energie der Verdünnung ziemlich schlechte Resultate liefert. Dies beruht auf verschiedenen Ursachen. Zunächst ist $\chi_1$, im Gegensatz zu der ursprünglichen Annahme von Huggins[2], in verdünnten Lösungen meistens vom Molekulargewicht abhängig. Dies ergibt sich bereits aus unseren Darlegungen in § 29d. Es wird bestätigt durch eine speziell im Hinblick auf die Eigenschaften der Größe $\chi_1$ durchgeführte Untersuchung von Doty und Mishuck[3] an Lösungen von Polyvinylchloriden. Die Temperaturabhängigkeit von $\chi_1$ läßt sich in gewissen Fällen durch Gl. (II, 198) darstellen; Abb. II, 34 zeigt dies an dem Beispiel der Polyvinylchloridlösungen.

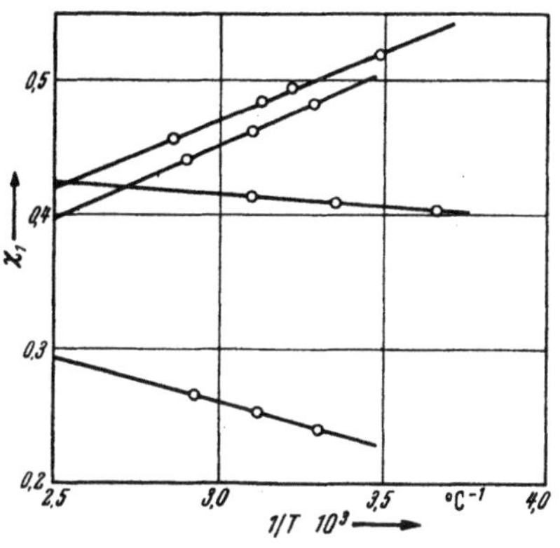


Abb. II. 34.
Temperaturabhängigkeit der Größe $\chi_1$ für Lösungen von Polyvinylchloriden.

Man kann dieses Verhalten aber zweifellos nicht als allgemein gültige Regel betrachten. Schließlich ist auch die Annahme, daß $\chi_1$ unabhängig von der Konzentration ist, häufig nur eine sehr rohe Näherung. Abb. II. 35 zeigt dies an dem Beispiel des Systems Kautschuk—Benzol[4].

[1] Huggins, M. L.: J. Amer. Chem. Soc. 64, 1712 (1942).
[2] Huggins, M. L.: Ind. Engng. Chem. 35, 216 (1943).
[3] Doty, P., u. E. Mishuck: J. Amer. Chem. Soc. 69, 1631 (1947).
[4] Gee, G.: J. Chem. Soc. 1947, 280.

Während somit die Anwendung der Gl. (II, 194) auf die freie Energie der Verdünnung selbst mit den im vorstehenden angedeuteten Einschränkungen gerechtfertigt ist, versagt sie völlig für die Berechnung der Verdünnungswärme und Verdünnungsentropie. Nach den Ergebnissen des § 29 und der folgenden Abschnitte dieses Paragraphen ist dies ohne weiteres verständlich. Da aber die thermodynamischen Eigenschaften nur über diese Größen mit feineren Einzelheiten der molekularen Struktur in Verbindung gebracht werden können, haben solche Diskussionen auf der Grundlage der Gl. (II, 194), obwohl sie häufiger versucht wurden, wenig Sinn.

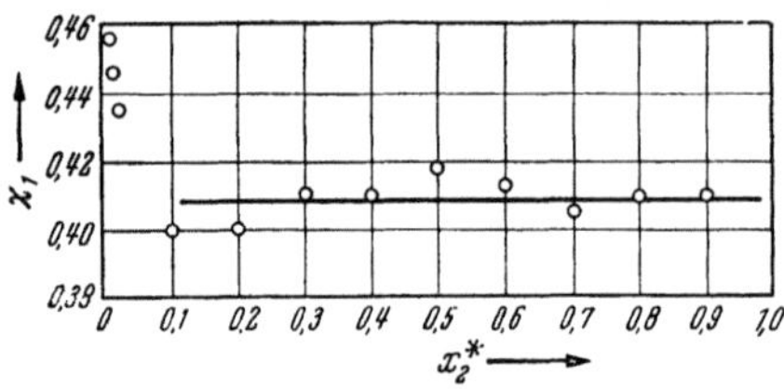

Abb. II, 35. Konzentrationsabhängigkeit der Größe $\chi_1$ für das System Kautschuk—Benzol.

## b) Die quasi-chemische Methode.

Wenn man die Resultate, die mit dem HUGGINSschen Ansatz Gl. (II, 194) erreicht werden, verbessern will, muß man offenbar auch hier die Methoden der statistischen Thermodynamik anwenden. Das bedeutet, daß wir jetzt bei der Berechnung der Funktion

$$B^*\,(T) = \Sigma\, e^{-\,E^*/kT} \qquad\qquad \text{(II, 199)}$$

die beiden ersten der in § 28a eingeführten Annahmen aufgeben und nur die dritte beibehalten. Wie immer nehmen wir an, daß eine energetische Wechselwirkung nur zwischen unmittelbar benachbarten Molekülen stattfindet. In diesem Abschnitt setzen wir auch voraus, daß keine bevorzugten Orientierungen existieren. Der Vergleich mit § 28b zeigt, daß ein so definiertes Modell das Analogon der streng regulären Lösung für polymere Systeme ist.

Auch hier wollen wir zunächst die den Gl. (II, 77) ff. entsprechenden Beziehungen für die Energieparameter anschreiben, die jetzt ohne weitere Erläuterung verständlich sind. Aus den obigen Definitionen folgt zunächst auch hier

$$E^* = z\,(X_{11}\,w_{11} + X_{12}\,w_{12} + X_{22}\,w_{22}). \qquad\qquad \text{(II, 200)}$$

Ferner gilt

$$N_1 = 2\,X_{11} + X_{12}$$
$$q\,N_2 = 2\,X_{22} + X_{12}, \qquad\qquad \text{(II, 201)}$$

wo $zq$ wieder die Zahl der nächsten Nachbarn eines polymeren Moleküls bezeichnet. Setzen wir

$$E_0' = \frac{z}{2}\,(w_{11}\,N_1 + q\,w_{22}\,N_2) \qquad\qquad \text{(II, 202)}$$

und

$$w' = w_{12} - \tfrac{1}{2}\,(w_{11} + w_{22}), \qquad\qquad \text{(II, 203)}$$

so folgt

$$E^* = E_0' + z\,X_{12}\,w'. \qquad\qquad \text{(II, 204)}$$

Mit

$$E_0 = \frac{z}{2} (N_1 - q N_2) w_{11} + z q N_2 w_{12} \qquad \text{(II, 205)}$$

und

$$w = w_{11} + w_{22} - 2 w_{12} \qquad \text{(II, 206)}$$

erhalten wir

$$E^* = E_0 + z X_{11} w . \qquad \text{(II, 207)}$$

Hier gilt für die Umrechnung der beiden Darstellungsweisen

$$E_0 = E_0' - \frac{z}{2} q w N_2 \qquad \text{(II, 208)}$$

und

$$w = - 2 w' . \qquad \text{(II, 209)}$$

Das durch Gl. (II, 199) gegebene Problem ist naturgemäß mathematisch noch schwieriger als das der streng regulären oder athermischen Lösung. Die Zahl der Arbeiten, die sich mit der Theorie der irregulären Lösung beschäftigen, ist daher verhältnismäßig gering. Die Methoden zeigen eine weitgehende Analogie zu denen, die wir schon von den früheren Problemen her kennen. Auch hier gibt es Näherungsverfahren, die geschlossene Formeln für das ganze Konzentrationsgebiet liefern und andere, bei denen man das Resultat in Form einer Reihenentwicklung nach Potenzen der Konzentration erhält. Die letzteren lassen sich wieder praktisch nur auf verdünnte Lösungen anwenden. Zum ersten Male wurde das Problem 1944 von ORR[1] gelöst, der das BETHEsche Näherungsverfahren benutzte. Das gleiche Ergebnis wurde von GUGGENHEIM[2] mittels der sog. quasi-chemischen Methode abgeleitet. Es läßt sich zeigen, daß die beiden Verfahren mathematisch äquivalent sind. Sie gehören zur ersten der oben erwähnten Gruppen. Zur zweiten gehört eine von ALFREY und DOTY[3] stammende Verallgemeinerung der filling-up-Methode, ferner ein von MÜNSTER[4] entwickeltes Verfahren, welches sich an die URSELLsche[5] Theorie der realen Gase anlehnt. Wir wollen uns hier auf die Darstellung der besonders übersichtlichen quasi-chemischen Methode beschränken. Auch hier wird vorausgesetzt, daß die polymeren Moleküle glatte oder verzweigte offene Ketten, aber keine geschlossenen Ringe bilden.

Zunächst schreiben wir die Verteilungsfunktion der potentiellen Energie in der nach Gl. (II, 204) ohne weiteres verständlichen Form

$$\frac{B^*(T)}{N_1! N_2!} = e^{-\frac{E_0'}{kT}} \sum_{X_{12}} g(N_1, N_2, X_{12}) e^{-z X_{12} w'/kT} . \qquad \text{(II, 210)}$$

Hier ist $g(N_1, N_2, X_{12})$ die Zahl der unterscheidbaren Konfigurationen mit $z X_{12}$ 1—2-Paaren. Nach einem in der statistischen Theorie häufig

---

[1] ORR, W. J. C.: Trans. Faraday Soc. 40, 320 (1944).
[2] GUGGENHEIM, E. A.: Proc. Roy. Soc. Lond. A 183, 213 (1944).
[3] ALFREY, T., u. P. DOTY: J. Chem. Phys. 13, 77 (1945).
[4] MÜNSTER, A.: Z. Naturforsch. 2a, 284 (1947).
[5] URSELL, H. D.: Proc. Cambridge Phil. Soc. 23, 685 (1927).

angewandten Verfahren ersetzen wir diese Summe durch ihren maximalen Term. Bezeichnen wir mit $\bar{X}_{12}$ den Wert von $X_{12}$ für diesen maximalen Term, so können wir schreiben

$$\frac{B^*(T)}{N_1! \, N_2!} = e^{-\frac{E_0'}{kT}} \, g\,(N_1, \, N_2, \, \bar{X}_{12})\, e^{-z\,\bar{X}_{12}\,w'/kT} \, . \qquad \text{(II, 211)}$$

Um die Funktion $g\,(N_1, \, N_2, \, \bar{X}_{12})$ zu bestimmen, formulieren wir drei Bedingungen, denen dieselbe genügen muß. Sie lauten:

1. $\ln g\,(N_1, \, N_2, \, X_{12})/(N_1 + N_2)$ muß homogen vom nullten Grade in $N_1$ und $N_2$ sein, damit bei gegebener Temperatur und Zusammensetzung die freie Energie des Systems proportional seiner Größe ist.

2. Für $w' = 0$ muß sich $\ln g\,(N_1, \, N_2, \, \bar{X}_{12})$ auf $\ln g\,(N_1, \, N_2)$, den Kombinationsfaktor der athermischen Lösung, reduzieren, damit die freie Energie in der Umgebung von $w' = 0$ eine stetige Funktion von $w'$ ist.

3. Der Wert von $X_{12}$, der $g\,(N_1, \, N_2, \, X_{12})\exp\,(-z\,X_{12}\,w'/kT)$ zu einem Maximum macht, muß der quasi-chemischen Gleichung

$$(N_1 - \bar{X}_{12})\,(q\,N_2 - \bar{X}_{\cdot2}) = \bar{X}_{12}^2 \, e^{\,2\,w'/kT} \qquad \text{(II, 212)}$$

genügen.

Gl. (II, 212) ist die Verallgemeinerung von Gl. (II, 91) für hochmolekulare Lösungen und geht für $q = 1$ in diese über. Für ihre nähere Diskussion verweisen wir auf § 28 b.

Im Falle $w' = 0$ hat (II, 212) die zu Gl. (II, 90) analoge Lösung

$$\bar{X}_{12}^* = \frac{q\,N_1\,N_2}{N_1 + q\,N_2} \quad , \quad 2\,\bar{X}_{11}^* = \frac{N_1^2}{N_1 + q\,N_2} \quad , \quad 2\,\bar{X}_{22}^* = \frac{(q\,N_2)^2}{N_1 + q\,N_2} \, . \qquad \text{(II, 213)}$$

Man kann nun leicht zeigen, daß alle oben aufgeführten Bedingungen erfüllt werden durch die Funktion

$$\ln g\,(N_1, \, N_2, \, \bar{X}_{12}) = \ln g\,(N_1, \, N_2) + \ln \frac{\left[\frac{z}{2}\,(N_1 - \bar{X}_{12}^*)\right]!}{\left[\frac{z}{2}\,(N_1 - \bar{X}_{12})\right]!}$$

$$+ \ln \frac{\left[\frac{z}{2}\,(q\,N_2 - \bar{X}_{12}^*)\right]!}{\left[\frac{z}{2}\,(q\,N_2 - \bar{X}_{12})\right]!} + \ln \frac{(z\,\bar{X}_{21}^*)!\; 2^{\,z\,\bar{X}_{12}}}{(z\,\bar{X}_{12})!\, 2^{\,z\,\bar{X}_{12}^*}} \, . \qquad \text{(II, 214)}$$

Insbesondere findet man durch Differentiation in der üblichen Weise, daß der Wert, der $g\,(N_1, \, N_2, \, X_{12})\exp\,(-z\,X_{12}\,w'/kT)$ nach Einsetzen von (II, 214) zu einem Maximum macht, der Gl. (II, 212) genügt. Die Lösung der quasi-chemischen Gleichung lautet hier

$$\bar{X}_{12} = \frac{q\,N_1\,N_2}{N_1 + q\,N_2}\;\frac{2}{\beta + 1} \, , \qquad \text{(II, 215)}$$

wo

$$\beta = \left[1 + \frac{4\,q\,N_1\,N_2\,(e^{\,2\,w'/kT} - 1)}{(N_1 + q\,N_2)^2}\right]^{1/2} \qquad \text{(II, 216)}$$

ist. Die freie Energie der Mischung ergibt sich aus

$$\varDelta G = -\,kT\left[\ln g\,(N_1, \, N_2, \, \bar{X}_{12}) - z\,\bar{X}_{12}\,w'/kT\right]. \qquad \text{(II, 217)}$$

Durch die Einführung der Funktion $g\,(N_1, N_2, \overline{X}_{12})$ vermeidet man hier somit die bei der in § 28 b angedeuteten Rechenweise erforderliche umständliche Integration. Aus Gl. (II, 214) bis (II, 217) erhält man in bekannter Weise für die freie Energie der Verdünnung

$$\Delta\mu_1 = \mathrm{R}T\left\{\ln x_1^* - \frac{z}{2}\ln\left[1 - \frac{2\,x_2^*}{z}\left(1 - \frac{1}{P}\right)\right]\right\}$$
$$+ \frac{1}{2}\,\mathrm{R}T\ln\frac{\beta+1-2\gamma_2}{(1-\gamma_2)(\beta+1)}\,, \tag{II, 218}$$

wo zur Abkürzung

$$\gamma_2 = \frac{q\,N_2}{N_1 + q\,N_2} \tag{II, 219}$$

gesetzt ist. Der erste Term von Gl. (II, 218) ist mit der entsprechenden Formel der MILLER-GUGGENHEIMschen Theorie identisch. Um die Verhältnisse in verdünnten Lösungen zu überblicken, ist es zweckmäßig, die sehr undurchsichtige Gl. (II, 218) nach Potenzen von $x_2^*$ und $W/\mathrm{R}T$ zu entwickeln[1]. Der Einfachheit halber setzen wir die letztere Größe als hinreichend klein voraus. Dann ergibt sich für den osmotischen Druck

$$\Pi = \frac{\mathrm{R}T}{V_1}\,\frac{x_2^*}{P}\left\{1 + \frac{1}{2}\,\frac{z-2}{z}\,P\left[1 + (z-2)\,W\left(1 - \frac{W}{\mathrm{R}T} - \frac{1}{4}\left(\frac{W}{\mathrm{R}T}\right)^2\right)\right]x_2^*\right\} \tag{II, 220}$$

Man sieht daraus, daß für positive Werte von $W$, d. h. für negative Verdünnungswärme, der osmotische Druck höher liegt als im athermischen Fall, für negative $W$, d. h. positive Verdünnungswärme, dagegen niedriger. Für die Verdünnungsentropie erhält man

$$\Delta s_1 = \mathrm{R}\,\frac{x_2^*}{P}\left\{1 + \frac{1}{2}\,\frac{z-2}{z}\,P\left[1 + (z-2)\,\frac{1}{2}\left(\frac{W}{\mathrm{R}T}\right)^2\right]x_2^*\right\}. \tag{II, 221}$$

Die Verdünnungsentropie ist somit stets größer als die der athermischen Lösung. Schließlich ergibt sich für die Verdünnungswärme

$$\Delta h_1 = - \frac{1}{2}\,\frac{z-2}{z}\,(z-2)\,W\left[1 - \frac{W}{\mathrm{R}T}\right]x_2^{*\,2}. \tag{II, 222}$$

### c) Experimentelle Prüfung der ORR-GUGGENHEIMschen Theorie.

Wenn wir die im vorhergehenden Abschnitt abgeleiteten Formeln mit den experimentellen Ergebnissen vergleichen, so ist das Ergebnis nicht sehr ermutigend. Betrachten wir zunächst das System Kautschuk—Benzol, das wir bereits in § 29 diskutiert haben. In Abb. II, 36 ist nach ORR[2] die theoretische freie Energie der Verdünnung für verschiedene Werte der Parameter, zusammen mit der experimentellen Kurve, dargestellt. Man sieht daraus, daß der höchste überhaupt mögliche Wert des Energieparameters etwa $W' = 500$ cal ist. Für höhere Werte müßte Entmischung eintreten. Man findet nun, daß innerhalb dieser Grenzen die von der ORR-GUGGENHEIMschen Theorie gelieferten Zusatzterme zur Verdünnungsentropie der athermischen Lösung bei höheren Konzentrationen praktisch überhaupt nicht ins Gewicht fallen.

---

[1] Es ist $W = wN_L$.
[2] ORR, W. J. C.: Trans. Faraday Soc. **40**, 320 (1944).

Im Gebiet der verdünnten Lösungen erhöhen sie die Verdünnungsentropie der athermischen Lösung um etwa 20%, aber dadurch wird
die Diskrepanz gegen die experimentellen Daten noch vergrößert, weil
hier schon die MILLER-GUGGENHEIMsche Theorie der athermischen
Lösung zu hohe Werte ergibt (vgl. Abb. II, 20). Andersartige Diskrepanzen treten in den Systemen Kautschuk-Chloroform[1] und Kau-

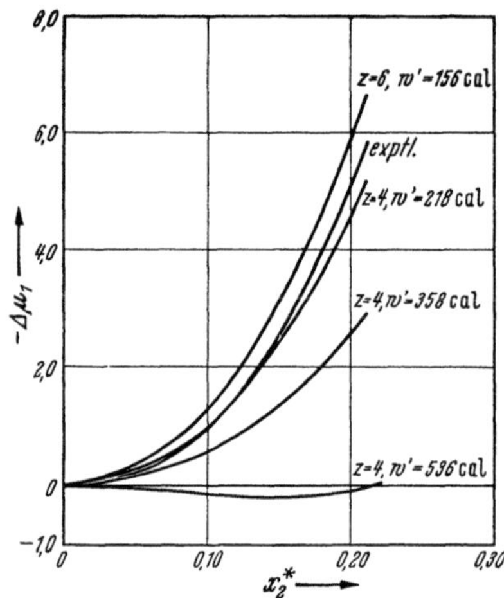


Abb. II, 36.
Freie Energie der Verdünnung
für das System Kautschuk—Benzol
nach ORR.

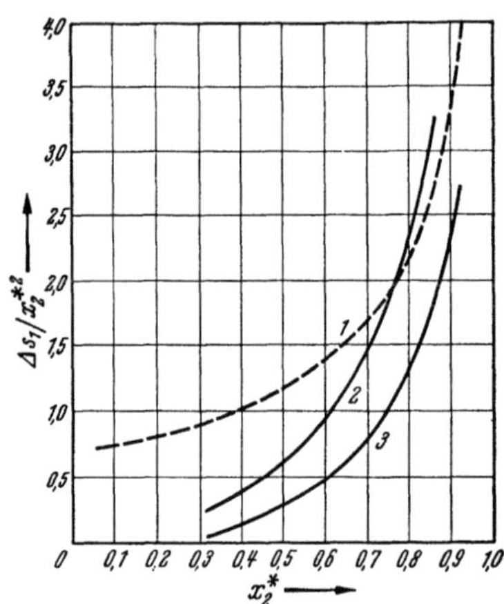


Abb. II, 37. Verdünnungsentropie der Systeme
Kautschuk—Tetrachlorkohlenstoff (Kurve 2)
und Kautschuk—Chloroform (Kurve 3) bei
35° C. Kurve 1 berechnet nach Gl. (II, 140).

tschuk—Tetrachlorkohlenstoff[1] auf. Ihre Verdünnungsentropie ist, zusammen mit einer theoretischen Kurve nach MILLER-GUGGENHEIM, in
Abb. II, 37 dargestellt. Man sieht, daß die experimentellen Werte hier
bis zu hohen Konzentrationen wesentlich niedriger als die der athermischen Lösung liegen. Die ORR-GUGGENHEIMsche Theorie muß daher auch
hier versagen. In dem ebenfalls schon früher erwähnten System Silicon—Benzol[2] (s. Abb. II, 21) liegen die Verhältnisse ähnlich wie bei
Kautschuk—Benzol. Im Gebiet der verdünnten Lösungen ist an den
Systemen Nitrocellulose—Aceton[3], Polystyrol—Toluol[4], Polystyrol—
Butanon[4], Polystyrol — Äthylacetat[4], Polyvinylacetat — 1, 2, 3-Trichlor-
propan[5], Polyvinylacetat — Methyläthylketon[5], Triacetylcellulose — Tetrachloräthan[6], Triacetylcellulose—Dioxan[7] sowie Polymethacrylsäuremethylester in verschiedenen Lösungsmitteln[8] gefunden worden, daß die
Verdünnungsentropie noch wesentlich kleiner ist als für Kautschuk—Ben-


[1] LENS: Rec. Trav. chim. Pays-Bas (Amsterd.) 51, 971 (1932).
[2] NEWING, M. J.: Trans. Faraday Soc. 46, 613 (1950).
[3] SCHULZ, G. V.: Z. physik. Chem. A 180, 1 (1937); B 40, 319 (1938).
[4] SCHICK, M. J., P. DOTY u. B. H. ZIMM: J. Amer. Chem. Soc. 72, 530 (1950).
[5] BROWNING, G. V., u. J. D. FERRY: J. Chem. Phys. 17, 1107 (1949).
[6] HAGGER, O., u. A. J. A. VAN DER WYK: Helvet. chim. Acta 23, 484 (1940).
[7] KUNZE, F.: Z. physik. Chem. 188, 90 (1941).
[8] SCHULZ, G. V., u. H. DOLL: Z. Elektrochem. 56, 248 (1952).

zol, z. T. in der Nähe der für die ideale Lösung gültigen Werte oder sogar noch unterhalb derselben. Einige der erwähnten Daten sind zur Veranschaulichung in Tab. II, 5 zusammengestellt[1]. In all diesen Fällen versagt die Theorie von ORR-GUGGENHEIM vollständig. Zum Teil ist dies naturgemäß dadurch bedingt, daß die in der ORR-GUGGENHEIMschen Formel enthaltene MILLER-GUGGENHEIMsche Theorie für verdünnte Lösungen nicht zutrifft. In dem Falle Polyvinylacetat–Methyläthylketon gelangt man in der Tat, wie wir später sehen werden, bereits zu Übereinstimmung mit der Erfahrung, wenn man das athermische Glied entsprechend der in § 29f entwickelten Theorie modifiziert. Bei den meisten anderen Beispielen sieht man aber leicht, daß man auf diese Weise nicht zum Ziele kommt und daß die Theorie der Wechselwirkung mit dem Lösungsmittel modifiziert werden muß. Im Grunde ist das keineswegs überraschend, da eben, wie erwähnt, die ORR-GUGGENHEIMsche Theorie nur eine Übertragung der Theorie der streng regulären Lösung auf polymere Systeme darstellt und die Wechselwirkung mit dem Lösungsmittel in beiden Fällen ganz gleichartig behandelt wird. In beiden Fällen ist offenbar die wesentliche Ursache der Diskrepanz, daß die Wechselwirkung mit dem Lösungsmittel zu stark schematisiert wird. Wir werden dieses Problem in den nächsten Abschnitten weiter verfolgen.

Zuvor müssen wir noch kurz auf eine Verfeinerung der ORR-GUGGENHEIMschen Theorie eingehen, die von TOMPA[2] durchgeführt wurde und in ganz anderer Richtung liegt. Wir haben bisher die Sonderstellung der Endgruppen in Fadenmolekülen völlig vernachlässigt. Offenbar ist dies bei Hochpolymeren im allgemeinen auch völlig unbedenklich. Bei niedrigmolekularen Ketten, z. B. Paraffinen, ist dies aber nicht mehr ohne weiteres zulässig. In der Tat scheint die einzige Erklärungsmöglichkeit für die endliche Mischungswärme normaler Paraffine in der Annahme zu liegen, daß Endgruppen und mittelständige Gruppen sich im Hinblick auf die energetische Wechselwirkung unterscheiden. Da das Verhältnis beider von der Kettenlänge abhängt, muß die

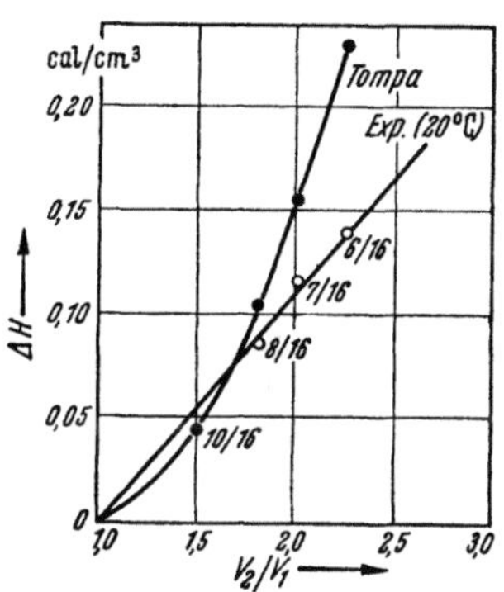



Abb. II, 38. Mischungswärmen (pro Kubikzentimeter Gemisch) gleicher Volumina zweier normaler Paraffine in Abhängigkeit vom Verhältnis der Molvolumina. (Die Zahlen beziehen sich auf die C-Atome der beiden Komponenten).

Mischungswärme verschiedener Systeme sich als Funktion des Verhältnisses der Molvolumina beider Komponenten darstellen lassen. Diese Darstellung zeigt Abb. II, 38; die TOMPAsche Theorie ist hier mit den Messungen von VAN DER WAALS[3] verglichen. Man sieht, daß zwischen beiden eine erhebliche Diskrepanz besteht. Die Ursache derselben liegt nach der ausführlichen Diskussion von VAN DER WAALS hier wahrscheinlich in dem Gittermodell selbst. Wir kommen auf diese Frage in § 31 zurück.

---

[1] Siehe S. 161.
[2] TOMPA, H.: Trans. Faraday Soc. **45**, 101 (1949).
[3] VAN DER WAALS, J. H.: Diss. Amsterdam 1950.

### d) Orientierungseffekte: 2—2-Kopplung.

Nach den Ausführungen im vorhergehenden Abschnitt und in § 28 c liegt es nahe, auch die ORR-GUGGENHEIMsche Theorie durch eine Berücksichtigung der Orientierungseffekte zu erweitern. Daß außerdem auch das athermische Glied modifiziert werden muß, ist nach den Ergebnissen des § 29 selbstverständlich. In bezug auf die Orientierungseffekte liegen die Verhältnisse in hochmolekularen Lösungen im allgemeinen mindestens ebenso kompliziert wie in niedrigmolekularen Systemen. Ob und inwieweit es möglich sein wird, dafür eine allgemeine Theorie zu entwickeln, ist z. Z. noch eine offene Frage. Wir werden uns daher auch hier auf eine Betrachtung der in § 28 c aufgeführten relativ einfachen Grenzfälle beschränken. Der eigentliche Zweck der folgenden Ausführungen besteht zunächst darin, zu zeigen, daß der Einfluß der Orientierungseffekte auf die thermodynamischen Funktionen, speziell die Verdünnungsentropie, von der gleichen Größenordnung ist wie die übrigen in hochmolekularen Lösungen auftretenden Effekte (was keineswegs selbstverständlich ist) und daher notwendig von der Theorie berücksichtigt werden muß. Zweitens soll gezeigt werden, daß man auf diesem Wege unter vernünftigen Annahmen über die auftretenden Parameter auch quantitativ zu befriedigender Übereinstimmung mit der Erfahrung gelangt.

In diesem Abschnitt wollen wir kurz auf einen Versuch eingehen, die in Abschnitt c erwähnten Ergebnisse für das System Triacetylcellulose—Tetrachloräthan[1] zu erklären[2]. Eine Analyse der Daten für die Verdünnungswärme zeigt, daß diese durch eine Formel mit kubischem Glied

$$\Delta h_1 = a\,x_2^{*2} + b\,x_2^{*3} \qquad (\text{II, 223})$$

dargestellt werden muß, wobei $a$ negativ, $b$ positiv ist. Wie wir im nächsten Abschnitt genauer sehen werden, kommt nun das quadratische Glied durch Wechselwirkung von je zwei Molekülen (Zweiergruppen), das kubische durch Wechselwirkung von je drei Molekülen (Dreiergruppen) zustande. Wählen wir nun als Bezugsniveau für die Energie die unendlich verdünnte Lösung (isolierte Fadenmoleküle), so folgt aus dem obigen Ergebnis, daß die Zweiergruppen energetisch höher, die Dreiergruppen tiefer liegen als das Bezugsniveau. Dies läßt sich in folgender Weise verstehen: Wir nehmen an (wie es bei dem erwähnten System

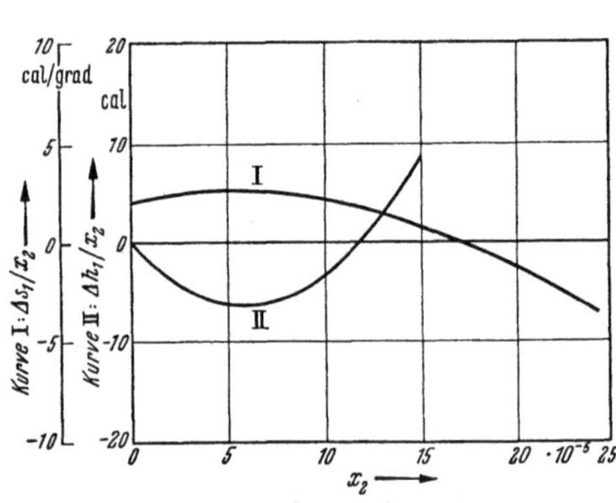


Abb. II, 39. Thermodynamische Funktionen für 2—2-Kopplung. Kurve I: $\dfrac{\Delta s_1}{x_2}$. Kurve II: $\dfrac{\Delta h_1}{x_2}$.

obigen Ergebnis, daß die Zweiergruppen energetisch höher, die Dreiergruppen tiefer liegen als das Bezugsniveau. Dies läßt sich in folgender Weise verstehen: Wir nehmen an (wie es bei dem erwähnten System

---

[1] HAGGER, O., u. A. J. A. VAN DER WYK: Helvet. chim. Acta **23**, 484 (1940).
[2] MÜNSTER, A.: Kolloid-Z. **110**, 200 (1948).

zutrifft), daß wir ein polares Lösungsmittel haben und die Fadenmoleküle sowohl polare wie unpolare Gruppen tragen. Dann kann es bei geeignetem Molekülbau eintreten, daß etwa bei Dreiergruppen alle unpolaren Gruppen sich innerhalb des Komplexes befinden und an der Außenseite nur polare Gruppen liegen. Solche Konfigurationen würden dann energetisch stark bevorzugt sein, also unterhalb des Bezugsniveaus liegen, während die Zweiergruppen höher liegen. Letzten Endes läuft dies also auf eine gegenseitige Orientierung der gelösten Moleküle hinaus, die wir früher als 2—2-Kopplung bezeichnet haben. Wir wollen auf die Einzelheiten der Rechnung nicht eingehen und zeigen nur in Abb. II, 39 das Ergebnis für die thermodynamischen Funktionen $\Delta s_1$ und $\Delta h_1$. Es entspricht qualitativ den experimentellen Ergebnissen für Triacetylcellulose—Tetrachloräthan.

### e) Orientierungseffekte: 1—2-Kopplung[1].

Wie aus Tab. II, 5 hervorgeht, hat das System Nitrocellulose—Aceton im Gebiet der verdünnten Lösungen eine praktisch ideale Verdünnungsentropie. Auf Grund der Ergebnisse des § 29 müssen wir daher annehmen, daß hier die Solvatation einen negativen Term zur Verdünnungsentropie beiträgt, der das athermische Glied praktisch kompensiert. Wir wissen nun aus § 28 c, daß ein solcher negativer Term empirisch bei dem System Chloroform—Aceton gefunden wird und sich durch die Theorie der 1—2-Kopplung nahezu quantitativ erklären läßt. Es liegt daher nahe, eine analoge Überlegung auch für das System Nitrocellulose—Aceton anzustellen. Da hier die Verdünnungswärme negativ ist, können wir zunächst schließen, daß die energetische Wechselwirkung zwischen den Nitrocellulose- und Acetonmolekülen stärker ist als die der Acetonmoleküle untereinander. Es dürfte sich dabei im wesentlichen um

Tabelle II, 5. *Verdünnungswärmen und Verdünnungsentropien verdünnter hochmolekularer Lösungen.*

| System | $\dfrac{c}{g}$ g/l | $\Delta h_1$ exp cal/Mol | $\Delta s_1$ exp cal/Grad Mol · $10^5$ | $\Delta s_1$ id cal/Grad Mol · $10^5$ |
|---|---|---|---|---|
| Acetylcellulose— | 6,9 | +0,006 | 2,64 | 3,30 |
| Tetrachloräthan | 14,9 | +0,015 | 7,59 | 7,26 |
| $\overline{M}_2 = 41800 \pm 2000$ | 36,8 | +0,155 | —0,99 | 17,82 |
| $T = 303°$ abs. | 73,2 | +0,440 | —12,2 | 36,29 |
| Nitrocellulose —Aceton | 10,0 | —0,0045 | 2,10 | 1,80 |
| $\overline{M}_2 = 82000$ | 19,8 | —0,0206 | 3,36 | 3,60 |
| $T = 300°$ abs. | 29,5 | —0,0393 | 5,06 | 5,40 |
| Polystyrol—Toluol | 9,9 | —0,005 | 2,40 | 2,65 |
| $\overline{M}_2 = 90000$ | 19,6 | —0,017 | 4,86 | 4,70 |
| $T = 200°$ abs. | 29,0 | —0,034 | 7,26 | 6,99 |
| Triacetylcellulose— | 2,36 | +0,0009 | 0,50 | 0,5 |
| Dioxan | 4,72 | +0,0012 | 1,2 | 1,1 |
| $\overline{M}_2 = 76000$ | 6,22 | —0,0008 | 2,3 | 1,4 |
| $T = 293°$ abs. | 9,43 | —0,0098 | 6,7 | 2,1 |
| | 13,88 | —0,0139 | 10,6 | 3,1 |
| | 18,85 | —0,0252 | 17,2 | 4,2 |

[1] Münster, A.: J. Chim. Phys. **49**, 128 (1952).

*Tabelle II, 5.* (Fortsetzung.)

| System | $\frac{c}{g/l}$ | $\Delta h_1$ exp cal/Mol | $\Delta s_1$ exp cal/GradMol $\cdot 10^5$ | $\Delta s_1$ id cal/GradMol $\cdot 10^5$ |
|---|---|---|---|---|
| Polyvinylacetat— | 4,02 | —0,00024 | 0,29 | 0,26 |
| Methyläthylketon | 8,08 | —0,0011 | 0,44 | 0,52 |
| $M_2 = 280000$ | 14,2 | —0,0029 | 1,88 | 0,91 |
| $T = 298°$ abs. | 20,5 | —0,0072 | 3,57 | 1,32 |
| | 29,0 | —0,018 | 5,1 | 1,87 |
| | 37,7 | —0,023 | 11,7 | 2,43 |
| | 46,6 | —0,030 | 19,5 | 3,00 |
| | 55,6 | —0,061 | 22,2 | 3,58 |
| | 64,8 | —0,071 | 30,0 | 4,17 |
| Polyvinylacetat— | 7,12 | —0,0023 | 0,73 | 2,38 |
| 1,2,3-Trichlorpropan | 10,7 | —0,0031 | 2,08 | 3,57 |
| $\overline{M}_2 = 62000$ | 14,3 | —0,0051 | 3,7 | 4,77 |
| $T = 303°$ abs. | 21,6 | —0,0157 | 7,0 | 7,20 |
| | 28,9 | —0,038 | 10,6 | 9,64 |
| | 36,3 | —0,073 | 13,9 | 12,1 |
| | 42,3 | —0,100 | 20,2 | 14,1 |
| Polymethacrylsäure-methylester—Chloroform $\overline{M}_2 = 128000$ $T = 304°$ abs. | 30 | —0,026 | 11,3 | 4,17 |
| Polymethacrylsäure-methylester—Benzol $\overline{M}_2 = 128000$ $T = 304°$ abs. | 30 | —0,006 | 11,3 | 4,17 |
| Polymethacrylsäure-methylester—Dioxan $\overline{M}_2 = 128000$ $T = 304°$ abs. | 30 | +0,014 | 14,7 | 3,98 |
| Polymethacrylsäure-methylester—Tetrahydrofuran $\overline{M}_2 = 128000$ $T = 304°$ abs. | 30 | +0,009 | 13,8 | 3,78 |
| Polymethacrylsäure-methylester—Toluol $\overline{M}_2 = 128000$ $T = 304°$ abs. | 30 | +0,0095 | 14,6 | 4,95 |
| Polymethacrylsäure-methylester—Diäthylketon $M_2 = 128000$ $T = 304°$ abs. | 30 | +0,019 | 16,4 | 4,95 |
| Polymethacrylsäure-methylester—Aceton $\overline{M}_2 = 128000$ $T = 304°$ abs. | 30 | +0,0095 | 9,8 | 3,38 |
| Polymethacrylsäure-methylester—m-Xylol $\overline{M}_2 = 128000$ $L = 304°$ abs. | 30 | +0,067 | 28,0 | 5,72 |

eine Wechselwirkung der $NO_2$- und CO-Dipole handeln. Die Wechselwirkung ist somit an einer bestimmten Stelle des Acetonmoleküls lokalisiert. Durch die Bindung an die Nitrocellulosemoleküle wird daher auch die Orientierung der Acetonmoleküle stärker fixiert, als es im reinen Aceton der Fall ist. Wir haben daher in der Mischung eine zusätzliche Ordnung im Hinblick auf die Orientierung und damit einen negativen Beitrag zur totalen Mischungsentropie. In konzentrierteren Lösungen wird ein Teil der $NO_2$-Gruppen durch Zusammenlagerung der Nitrocellulosemoleküle abgeschirmt. Mit zunehmender Verdünnung zerfallen diese Assoziate, es können daher zusätzlich Acetonmoleküle geordnet angelagert werden. Aus diesem Grunde ist auch ein negativer Term für die Verdünnungsentropie zu erwarten.

Um diese Überlegung quantitativ durchzuführen, erweitern wir das Modell der ORR-GUGGENHEIMschen Theorie durch die Annahme, daß die Moleküle des Lösungsmittels $p$ energetisch gleichwertige Orientierungen einnehmen können, während in der Lösung für solche, die einem polymeren Molekül benachbart sind, eine Orientierung durch eine Energie $w_{or}$ bevorzugt ist. Für die Energie einer Konfiguration können wir dann schreiben

$$E^* = E_0 + E_s + E_{or} \. \quad \text{(II, 224)}$$

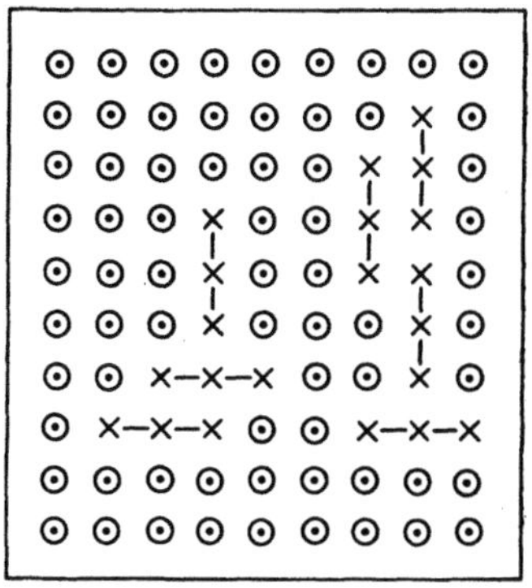

Hier ist $E_0$ die Energie der unendlich verdünnten Lösung ohne Orientierung,

Abb. II. 40.
Zur Erklärung des Schwarm-Begriffs.

$E_s$ die Zusatzenergie der Schwärme und $E_{or}$ die Orientierungsenergie. Von einem Schwarm (cluster) aus $r$ Molekülen wollen wir sprechen, wenn man von einem beliebigen Baustein eines der $r$ Moleküle zu einem beliebigen Baustein eines anderen der $r$ Moleküle auf dem Wege über benachbarte Gitterplätze gelangen kann, ohne ein Molekül des Lösungsmittels zu passieren. Abb. II. 40 zeigt dafür ein Beispiel. Bezeichnen wir für eine bestimmte Konfiguration die Zahl der Schwärme aus $r$ Molekülen mit $l_r$, so muß gelten

$$\sum_{r=1}^{N_2} r\, l_r = N_2 \. \quad \text{(II, 225)}$$

Ein Schwarm aus $r$ Molekülen kann selbst eine große Zahl von Konfigurationen einnehmen. Wir müssen daher für die Energie der Schwärme schreiben

$$E_s = \sum_r \left( \sum_{i_r=1}^{l_r} E_{i_r} \right) \. \quad \text{(II, 226)}$$

Hier ist $E_{i_r}$ die Energie des $i$-ten Schwarms aus $r$ Molekülen. Ein isoliertes polymeres Molekül hat $zq$ Moleküle des Lösungsmittels als nächste Nachbarn. Für ein Molekül, das zu einem Schwarm aus $r$ Molekülen gehört, ist diese Zahl kleiner. Wir bezeichnen ihren Mittelwert mit $zq_r$. Für die Orientierungsenergie können wir daher schreiben

$$E_{or} = \sum_r \left( \sum_{i_r} m_{i_r} r\, w_{or} \right). \tag{II, 227}$$

Hier ist $m_{i_r}$ die Zahl der Lösungsmittelmoleküle, die ein polymeres Molekül, das zu einem Schwarm aus $r$ Molekülen gehört, orientiert hat. Wir bezeichnen jetzt die Verteilungsfunktion der Orientierung für ein einzelnes polymeres Molekül in einem Schwarm aus $r$ Molekülen mit $\vartheta(zq_r)$. Die gesamte Verteilungsfunktion der Orientierung ist dann für gegebene Konfiguration, abgesehen von einem Faktor, den wir später berücksichtigen[1],

$$\Theta = p^{\;z\,q\,N_2 - \sum\limits_r (\sum\limits_1^{l_r} z\,q_r\, r)} \;\prod_r \prod_1^{l_r} [\vartheta\,(zq_r)]^r. \tag{II, 228}$$

Wir schreiben nun die Verteilungsfunktion der potentiellen Energie

$$B^*\,(T) = e^{-\frac{E_0}{kT}} (\Omega + \Psi). \tag{II, 229}$$

Hier ist

$$\Omega = \frac{(\Lambda + N_2)!\, N_1!}{\Lambda!}\, p^{\;N_1 - z\,q\,N_2} [\vartheta\,(zq)]^{N_2} \tag{II, 230}$$

und

$$\Psi = \sum \{ \Theta\, e^{-E_s/kT} - [\vartheta\,(zq)]^{N_2} \}. \tag{II, 231}$$

Die Summierung in Gl. (II, 231) ist über alle Konfigurationen zu erstrecken mit Einschluß von $p^{N_1 - z\,q\,N_2}$ Orientierungen.

Das statistische Gewicht eines Satzes der $l_r$ im Mittel über alle Konfigurationen der Schwärme sei $g_{l_r}$. Zu jedem $g_{l_r}$ gehört ein Ausdruck der Form

$$\sum \ldots \sum \{ \Theta\, e^{-\sum (\sum E_{l_r})/kT} - [\vartheta\,(zq)]^{N_2} \}. \tag{II, 232}$$

Die $\sum l_r$-fache Summierung ist über alle Konfigurationen der Schwärme zu erstrecken. Wir definieren jetzt

$$\Phi_1 = 1, \quad \Phi_r = \sum \left\{ \left[ \frac{p^{z\,(q - q_r)}\, \vartheta\,(zq_r)}{\vartheta\,(zq)} \right]^r e^{-E_r/kT} - 1 \right\}, \quad (r \geq 2), \tag{II, 233}$$

wo die Summe über alle Konfigurationen eines Schwarms aus $r$ Molekülen zu erstrecken ist. Dann wird aus (II, 232)[2]

$$[\vartheta\,(zq)]^{N_2} \prod_r \Phi_r^{l_r}. \tag{II, 234}$$

---

[1] Der noch hinzuzufügende Faktor ist $p^{N_1 - z\,q\,N_2}$ und wird in Gl. (II, 231) durch das Summierungszeichen berücksichtigt.

[2] Für die Einzelheiten dieser Umformung vgl. MÜNSTER, A.: Z. Naturforsch. 2a, 284 (1947).

Die Größe $g_{l_r}$ setzt sich aus zwei Faktoren zusammen: der Zahl der Herstellungsmöglichkeiten eines Satzes von $l_r$ Schwärmen

$$\frac{N_2!}{\Pi l_r! \, \Pi (r!)^{l_r}} \qquad\qquad (II, 235)$$

und der Zahl der Konfigurationen einer Lösung, welche einen festen Satz der $l_r$ an Schwärmen enthält. Bei der letzten Größe handelt es sich um das Problem einer athermischen Lösung von vielen Komponenten[1]. Wir führen hier die Näherung ein, daß wir die Schwärme ebenso behandeln wie die einfachen polymeren Moleküle. Wir haben dann eine athermische Lösung von $N_2 - \Sigma (r - 1) \, l_r$ polymeren Molekülen, und die Zahl der Konfigurationen ist

$$\frac{[A + N_2 - \Sigma (r - 1) \, l_r]! \, N_1!}{A!} \, p^{N_1 - z q N_2} \, . \qquad (II, 236)$$

Wenden wir die STIRLINGsche Formel an und vernachlässigen $\Sigma (r - 1) \, l_r$ in den Logarithmen, so wird der Faktor (II, 236)

$$\frac{(A + N_2)! \, N_1!}{A!} \, (A + N_2)^{-\Sigma (r-1) l_r} \, e^{\Sigma (r-1) l_r} \, p^{N_1 - z q N} \, . \qquad (II, 237)$$

Wir definieren jetzt neue Größen

$$\varkappa_r = \frac{N_2^r \, \Phi_r}{(A + N_2)^{r-1} \, r!} \, . \qquad\qquad (II, 238)$$

Ferner beachten wir, daß für verdünnte Lösungen

$$\frac{N_2! \, e^{\Sigma (r-1) l_r}}{N_2^{N_2}} \approx e^{-N_2} \qquad\qquad (II, 239)$$

gesetzt werden kann. Dann erhalten wir schließlich

$$B^*(T) = e^{-E_0/kT} \, \frac{(A + N_2)! \, N_1!}{A!} \, p^{N_1 - z q N_2} [\vartheta \, (zq)]^{N_2} e^{-N_2} \Sigma \Pi \frac{\varkappa_r^{l_r}}{l_r!} \, . \qquad (II, 240)$$

Die Berechnung des Faktors $(A + N_2) \, ! \, N_1 \, ! \, / A \, !$ erfolgt nach § 29f. Für die Funktion $\vartheta \, (zq)$ gilt

$$\vartheta \, (zq) = \sum_{m=0}^{zq} \frac{(zq)!}{m! \, (zq - m)!} \, e^{-\frac{m \, w_{or}}{kT}} (p - 1)^{zq - m} = \left[ e^{-\frac{w_{or}}{kT}} + p - 1 \right]^{zq} . \qquad (II, 241)$$

Die Berechnung des letzten Faktors der Gl. (II, 240) mit der Nebenbedingung (II, 225) ist ein rein mathematisches Problem, das sich nach den Methoden der Funktionentheorie lösen läßt. Für die Einzelheiten müssen wir auf die Originalarbeit[2] verweisen. Man erhält schließlich als erste Näherung

---

[1] PRIGOGINE, J., V. MATHOT u. A. DESMYTER: Bull. Soc. chim. Belg. **58,** 547 (1949).

[2] MÜNSTER, A.: J. Chim. Phys. **49,** 128 (1952).

$$\ln B^*(T) = - E_0/kT + \ln \frac{(A + N_2)!\, N_1!}{A!} + (N_1 - zq\, N_2)\ln p$$

$$+ N_2 \ln [e^{-\frac{w_{or}}{kT}} + p - 1]^{zq} \tag{II, 242}$$

$$+ \frac{1}{2}(z - 2)\left[\frac{p^2\, e^{-\frac{w}{kT}}}{\left(e^{-\frac{w_{or}}{kT}} + p - 1\right)^2} - 1\right]\frac{P^2\, N_2^2}{N_1 + P N_2}.$$

Die weitere Rechnung verläuft nach dem uns bekannten Schema. Es ergibt sich für die freie Energie der Verdünnung

$$\Delta \mu_1 = - RT\, \frac{x_2^*}{P}\left\{1 + \frac{1}{2}\left[1 + \alpha_P + (z - 2)\, P\left(1 - o\, e^{-\frac{W}{RT}}\right)\right] x_2^*\right\}, \tag{II, 243}$$

wo

$$\alpha_P = \frac{z - 2}{z}\left(sz\left[1 - \left(\frac{z - 1}{z}\right)^{P/s}\right] - 1\right) \tag{II, 244}$$

und

$$o = \frac{p^2}{\left(e^{-W_{or}/RT} + p - 1\right)^2} \tag{II, 245}$$

ist. Für die Verdünnungsentropie folgt daraus

$$\Delta s_1 = R\, \frac{x_2^*}{P}\left\{1 + \frac{1}{2}\left[1 + \alpha_P + \varphi(T)\right] x_2^*\right\}. \tag{II, 246}$$

Hier ist

$$\varphi(T) = (z - 2)\, P\left\{1 - \frac{p^2\, e^{-W/RT}}{\left(e^{-W_{or}/RT} + p - 1\right)^2}\right.$$

$$\left.\left[1 + \frac{W}{RT} - \frac{W_{or}}{RT}\, \frac{2\, e^{-W_{or}/RT}}{e^{-W_{or}/RT} + p - 1}\right]\right\}. \tag{II, 247}$$

Für die Verdünnungswärme ergibt sich schließlich

$$\Delta h_1 = - \frac{1}{2}(z - 2)\, \frac{p^2\, e^{-W/RT}}{\left(e^{-W_{or}/RT} + p - 1\right)^2}\left[W - W_{or}\, \frac{2\, e^{-W_{or}/RT}}{e^{-W_{or}/RT} + p - 1}\right] x_2^{*2}. \tag{II, 248}$$

Der Koeffizient $B^*$ in Gl. (II, 104) ist hier gegeben durch

$$B^* = \frac{1}{2}\, \frac{RT\, V_1}{M_0\, M}\left\{1 + \frac{z - 2}{z}\left(sz\left[1 - \left(\frac{z - 1}{z}\right)^{P/s}\right] - 1\right)\right.$$

$$\left. + (z - 2)\, P\left[1 - \frac{p^2\, e^{-W/RT}}{\left(e^{-W_{or}/RT} + p - 1\right)^2}\right]\right\}. \tag{II, 249}$$

Man sieht sofort, daß diese Beziehung für $P/s \gg 1$ in die empirische Gl. (II, 145) übergeht, die damit theoretisch begründet ist. Für $W_{or} = 0$ reduzieren sich die obigen Formeln auf eine schon früher entwickelte Theorie[1]; in dieser wird für die Solvatation das gleiche Modell wie in der ORR-GUGGENHEIMschen Theorie benutzt, sie unterscheidet sich aber von dieser in dem athermischen Gliede. Wie bereits erwähnt, führt bei dem System Polyvinylacetat—Methyläthylketon[2] schon diese vereinfachte Theorie zu Übereinstimmung mit der Erfahrung. Wir setzen also in unseren Formeln jetzt $W_{or} = 0$ und geben den Wert $z = 4$ vor. Aus der experimentellen Verdünnungswärme ergibt sich dann $W = 28,5$ cal. Abb. II, 41 zeigt, daß Gl. (II, 248) mit diesen Parameterwerten die experimentellen Daten sehr gut darstellt. Aus den viskosimetrischen Daten wurde nach der Methode von PETERLIN[3] der Wert $s = 28$ berechnet. Setzt man diese Parameterwerte in Gl. (II, 246) und (II, 247)

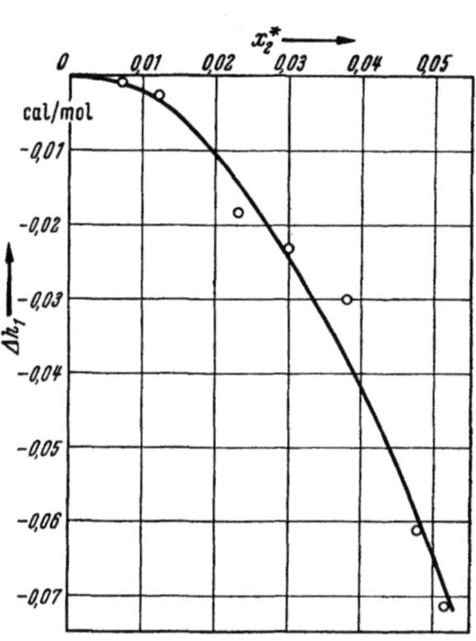

Abb. II, 41. Verdünnungswärme des Systems Polyvinylacetat—Methyläthylketon. Kreise: experimentelle Werte. Kurve: berechnet nach Gl. (II, 248) (für $W_{or} = 0$).

ein, so erhält man eine Kurve, die, wie Abb. II, 42 zeigt, in ausgezeichneter Übereinstimmung mit den experimentellen Ergebnissen ist.

Das vorstehende Beispiel ist aus zwei Gründen noch von allgemeinerem Interesse. Einmal konnten hier die in der Gleichung für die Verdünnungsentropie auftretenden Parameter unabhängig bestimmt werden. Dies zeigt, daß sie wirklich die ihnen zugeschriebene physikalische Bedeutung besitzen und die Übereinstimmung zwischen Theorie und Experiment nicht erst durch die freie Verfügung über die Parameter herbeigeführt wird. Zweitens zeigen die Einzelheiten der numerischen Auswertung,

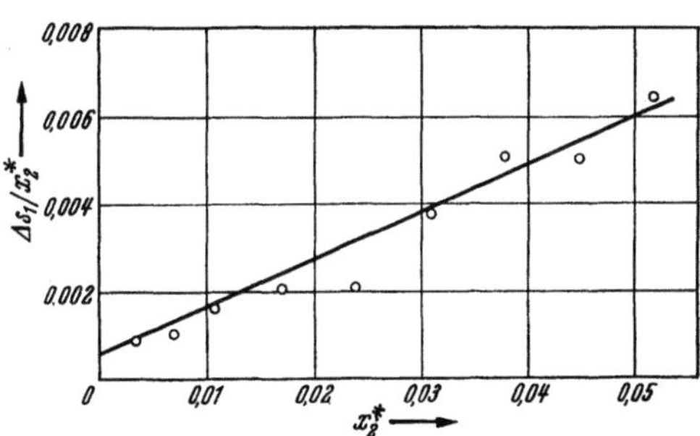

Abb. II, 42. Verdünnungsentropie des Systems Polyvinylacetat—Methyläthylketon. Kreise: experimentelle Werte. Kurve: berechnet nach Gl. (II. 246) u. (II,247), (für $W_{or}=0$).

[1] MÜNSTER, A.: Z. Naturforsch. 2a, 284 (1947). — Gl. (38) und die weiteren daraus abgeleiteten Formeln der vorgenannten Originalarbeit enthalten einen Rechenfehler. Die dortigen Schlußfolgerungen über die Abhängigkeit der Größe $B^*$ vom Molekulargewicht sind daher unrichtig.
[2] BROWNING, G. V., u. J. D. FERRY: J. Chem. Phys. 17, 1107 (1949).
[3] PETERLIN, A.: J. Polymer Sci. 5, 473 (1950).

daß man auch bei Systemen mit sehr kleinen thermischen Effekten (die Verdünnungswärme ist hier von der gleichen Größenordnung wie bei Kautschuk—Toluol[1]) sehr vorsichtig sein muß mit der Abschätzung des Beitrages, den sie zur Verdünnungsentropie liefern. Die Rechnung ergibt in unserem Falle

$$\frac{R}{2P}(1 + \alpha_P) = 0{,}0169 \text{ cal Mol}^{-1} \text{ grad}^{-1}$$

$$\frac{R}{2P} \varphi(T) = 0{,}0781 \text{ cal Mol}^{-1} \text{ grad}^{-1}.$$

Obwohl man das System Polyvinylacetat—Methyläthylketon in roher Klassifizierung als fast athermisch bezeichnen könnte, beträgt der Beitrag des Solvatationsgliedes zur Verdünnungsentropie mehr als das Vierfache des athermischen Gliedes!

Als weiteres Beispiel betrachten wir das System Nitrocellulose—Aceton, für das nach dem Früheren sicherlich $W_{or} \neq 0$ anzunehmen ist. Hier konnte nur der Wert von $s$ aus Viskositätsdaten[2] unabhängig bestimmt werden; es wurde dafür die Theorie von KIRKWOOD und RISEMAN[3] benutzt. Die übrigen Parameterwerte wurden durch Probieren ermittelt. Das Ergebnis ist

$$z = 4{,}5 \qquad p = 19{,}9 \qquad W = 945 \text{ cal/Mol} \qquad W_{or} = -2680 \text{ cal/Mol}.$$

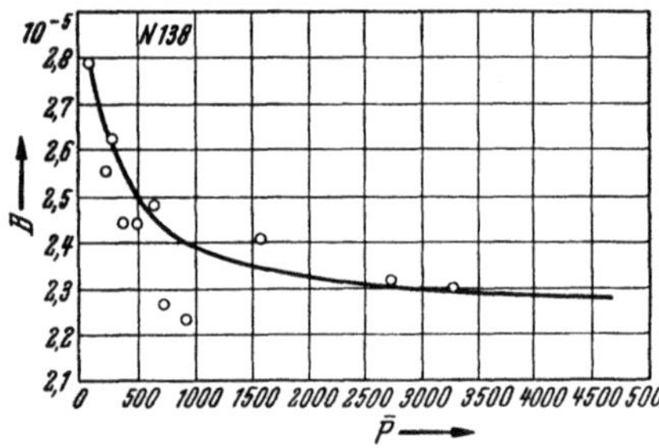


Abb. II.43. Zusammenhang zwischen $B^*$ und $P$ für das System Nitrocellulose—Aceton. Kreise: experimentelle Werte. Kurve: berechnet nach Gl.(II,249)[5].

Mit Ausnahme des Wertes für $p$ sind diese Zahlen physikalisch vernünftig. Der hohe $p$-Wert ist wahrscheinlich auf die starke Vereinfachung des Modells zurückzuführen. Die Annahme, daß im reinen Aceton alle Orientierungen energetisch gleichwertig sind, ist sicherlich nicht zutreffend. Abb. II, 43 zeigt die mit den obigen Parameterwerten nach Gl. (II, 249) berechnete Funktion $B^*(P)$ zusammen mit den experimentellen Daten von LANG und MÜNSTER[4]. In Anbetracht der experimentell nachgewiesenen Tatsache, daß die Fraktionen chemisch nicht völlig identisch sind (also keine polymerhomologe Reihe im strengen Sinne vorliegt), ist die Übereinstimmung befriedigend. Bemerkenswert ist, daß man hier das Gebiet erreicht, in dem die Voraussetzung $P/s \gg 1$ nicht mehr erfüllt ist und daher die Näherung Gl. (II, 145) nicht mehr gilt. Abb. II, 44 zeigt die experimentellen Werte für die Verdünnungsentropie nach G. V. SCHULZ[6] zusammen mit den theoretischen

---


[1] MEYER, K. H., E. WOLFF u. CH. G. BOISSONNAS: Helvet. chim. Acta **23**, 430 (1940).

[2] MÜNSTER, A.: Z. physik. Chem. **197**, 17 (1951); J. Polymer. Sci. 8, 633 (1952).

[3] KIRKWOOD, J. G., u. J. RISEMAN: J. Chem. Phys. **16**, 565 (1948).

[4] LANG, H., u. A. MÜNSTER: Naturwiss. **38**, 68 (1951).

[5] Im Text wurde nachträglich die Bezeichnung $B$ in $B^*$ geändert.

[6] SCHULZ, G. V.: Z. physik. Chem. A **180**, 1 (1937); B **40**, 319 (1938).

Kurven nach Gl. (II, 246) und (II, 247), nach Gl. (II, 182), (II, 141) und (II, 221) für $P = 293$. Man sieht, daß die experimentellen Daten durch die in diesem Abschnitt entwickelte Theorie quantitativ wiedergegeben werden, während alle übrigen Formeln völlig unbrauchbare Resultate liefern. Es ist bemerkenswert, daß sich die zeitlich weit auseinanderliegenden und an verschiedenen Stoffen ausgeführten Messungen von G. V. SCHULZ und MÜNSTER mit den gleichen Parameterwerten darstellen lassen.

Aus Gl. (II, 246) und (II, 247) folgt, daß bei höheren Polymerisationsgraden (etwa von $P = 700$ ab) das negative Glied überwiegt und damit die Verdünnungsentropie unter den Idealwert absinkt. Bei sehr niedrigen Polymerisationsgraden ist das Umgekehrte der Fall; für $P = 100$ erreicht der Zusatzterm der Verdünnungsentropie etwa die Hälfte des durch Gl. (II, 182) gegebenen Wertes. Diese Folgerungen sind bisher noch nicht experimentell geprüft worden.

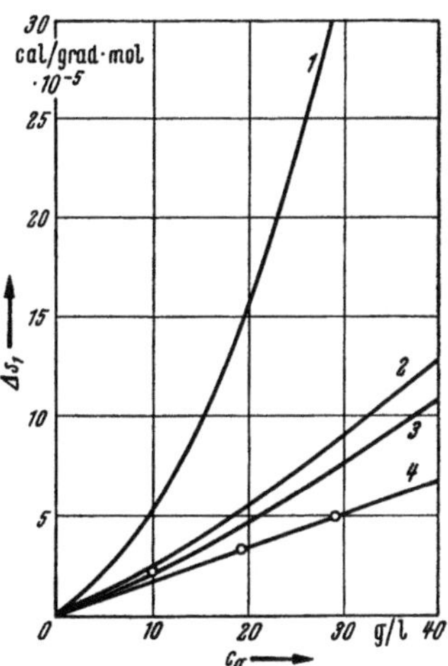


Abb. II, 44.   Verdünnungsentropie des Systems Nitrocellulose—Aceton. Kreise: experimentelle Werte. Kurven berechnet: 1 nach Gl. (II, 182), 2 nach Gl. (II, 141), 3 nach Gl. (II, 221) und 4 nach Gl. (II, 246) und (II, 247).

### f) Orientierungseffekte: 1—1-Kopplung [1].

In § 29f haben wir gesehen, daß in der Verdünnungsentropie des Systems Kautschuk—Benzol ein positiver Term auftritt, der weder durch die Theorie der athermischen Lösung noch durch die ORR-GUGGENHEIMsche Theorie erklärt werden kann. Es wurde bereits von GEE und Mitarbeiter [2] vermutet, daß dieser zusätzliche Entropieeffekt auf einer Störung der Orientierungsordnung der Benzolmoleküle durch die gelösten Kautschukmoleküle beruht. Zur Stützung dieser Hypothese wiesen sie darauf hin, daß dieser fragliche Entropieterm von der gleichen Größenordnung ist wie die Zusatzentropie des Systems Cyclohexan—Benzol. In § 28c haben wir gesehen, daß sich die letztere quantitativ durch den Orientierungseffekt der 1—1-Kopplung erklären läßt. Wir wollen daher versuchen, eine analoge Theorie für hochmolekulare Lösungen zu entwickeln.

Um die Rechnung durchzuführen, erweitern wir das Modell der ORR-GUGGENHEIMschen Theorie durch die Annahme, daß die Moleküle des Lösungsmittels zwei Orientierungen einnehmen können, die wir mit $\alpha$ und $\beta$ bezeichnen. Die gleichsinnige Orientierung zweier benachbarter Moleküle (beide $\alpha$- oder beide $\beta$-orientiert) soll durch eine Energie $w_{or}$ bevorzugt sein. Im Gegensatz zu früher bezeichnen wir in diesem Ab-

---


[1] MÜNSTER, A.: Trans. Faraday Soc. **49**, (1953) (im Druck).
[2] GEE, G., u. W. J. C. ORR: Trans. Faraday Soc. **42**, 507 (1946).

schnitt die Zahl der Paare unmittelbar benachbarter *gleichsinnig orientierter* Moleküle des Lösungsmittels mit $zX_{11}$.

Unsere erste Aufgabe ist die Berechnung des Mittelwertes von $X_{11}$ für das reine Lösungsmittel[1]. Wir bedienen uns dazu der Methode der großen Verteilungsfunktion in der speziellen Form des BETHESCHEN Näherungsverfahrens. Zunächst schreiben wir die potentielle Energie in der Form

$$E^* = E_{01} + zX_{11}\, w_{or} \,. \tag{II, 250}$$

Zur Abkürzung setzen wir

$$\xi_i = v_i f_i(T)\, e^{\,\mu_i^*/kT}$$
$$\eta_{or} = e^{\,-\,w_{or}/kT} \tag{II, 251}$$
$$\eta_{ij} = e^{\,-\,w_{ij}/kT} \,.$$

Dann lautet die große Verteilungsfunktion

$$\Xi = \sum_{N_1} \Big[\, \xi_1^{N_1} \sum_{X_{11}} g(N_1, X_{11})\, e^{-\dfrac{E_{01}}{kT}}\, \eta_{or}^{\,zX_{11}} \Big], \tag{II, 252}$$

wo $g(N_1, X_{11})$ die Zahl der Konfigurationen mit $zX_{11}$ gleichsinnig orientierten Molekülpaaren ist. Wir fassen nun in Gl. (II, 252) alle Terme mit $N_1 = \mathrm{const}$ zusammen und bezeichnen die Glieder dieser neuen Reihe mit $\Xi'$. Dann ist im thermodynamischen Gleichgewicht

$$\frac{\partial \ln \Xi'}{\partial N_1} = 0 \,. \tag{II, 253}$$

Den hierdurch bestimmten maximalen Term bezeichnen wir mit $\Xi'_{max}$. Die mittlere Zahl der gleichsinnig orientierten Molekülpaare ist dann

$$z\overline{X}_{11} = \eta_{or}\, \frac{\partial \ln \Xi'_{max}}{\partial \eta_{or}} \,. \tag{II, 254}$$

Das Wesen des BETHESCHEN Verfahrens besteht nun darin, daß die Funktion $\Xi'_{max}$ für eine repräsentative Gruppe aus einem Gitterplatz und seinen $z$ nächsten Nachbarn (die nicht untereinander nächste Nachbarn seien) in expliziter Form konstruiert wird. Dies Analogon von $\Xi'_{max}$, das auch „lokale Verteilungsfunktion" genannt wird, bezeichnen wir mit $G^*$. Es müssen dann die mit $\Xi'_{max}$ und $G^*$ gebildeten Mittelwerte für die Zahl gleichsinnig orientierter Molekülpaare sich wie die Paarzahlen des Gesamtsystems $zN_1/2$ und der repräsentativen Gruppe $z$ verhalten. Bei der Konstruktion von $G^*$ muß naturgemäß die Wechselwirkung mit dem Restsystem berücksichtigt werden. Dies geschieht durch einen zunächst unbestimmten sog. BETHE-Parameter $\varepsilon_1$. Derselbe wird dann wieder eliminiert mittels der sog. Äquivalenzbedingung. Diese besagt, daß die Wahrscheinlichkeit, ein Molekül etwa mit $\alpha$-Orientierung anzutreffen, für den zentralen Platz und einen Platz der Koordinationsschale gleich sein muß.

---

[1] MÜNSTER, A.: Z. physik. Chem. **196**, 106 (1950).

Die Funktion $G^*$ können wir aus zwei Summanden zusammensetzen, entsprechend den beiden Fällen, daß auf dem zentralen Platz $\alpha$- oder $\beta$-Orientierung vorliegt. Im ersteren Falle ist

$$G_\alpha^* = \xi_1 \sum_{m=0}^{z} \binom{z}{m} (\eta_{or}\, \varepsilon_1\, \xi_1)^m\, \xi_1^{z-m}, \qquad (\text{II, 255})$$

im zweiten

$$G_\beta^* = \xi_1 \sum_{m=0}^{z} \binom{z}{m} (\varepsilon_1\, \xi_1)^m\, (\eta_{or}\, \xi_1)^{z-m}. \qquad (\text{II, 256})$$

Der BETHE-Parameter $\varepsilon_1$ bezieht sich auf den Fall, daß ein Molekül der Koordinationsschale $\alpha$-Orientierung besitzt. Die lokale Verteilungsfunktion lautet somit

$$G^* = G_\alpha^* + G_\beta^* = \xi_1^{z+1}(1 + \eta_{or}\,\varepsilon_1)^z + \xi_1^{z+1}(\eta_{or} + \varepsilon_1)^z. \qquad (\text{II, 257})$$

Die Äquivalenzbedingung kann geschrieben werden

$$\frac{1}{z}\,\varepsilon_1\,\frac{\partial G^*}{\partial \varepsilon_1} = G_\alpha^*. \qquad (\text{II, 258})$$

Aus Gl. (II, 257) und (II, 258) folgt

$$\varepsilon_1 = \left(\frac{1 + \eta_{or}\,\varepsilon_1}{\eta_{or} + \varepsilon_1}\right)^{z-1}. \qquad (\text{II, 259})$$

In Abb. II, 45 ist der Zusammenhang zwischen $\varepsilon_1$ und $\eta_{or}$ nach Gl. (II.259) dargestellt. Für $\varepsilon_1 = 1$ bricht die Fernordnung zusammen und wir haben nur noch Nahordnung. Nach dem oben Ausgeführten ist nun

$$\overline{X}_{11} = \frac{1}{2}\,\frac{N_1}{z}\,\eta_{or}\,\frac{\partial \ln G^*}{\partial \eta_{or}} \qquad (\text{II, 260})$$

oder

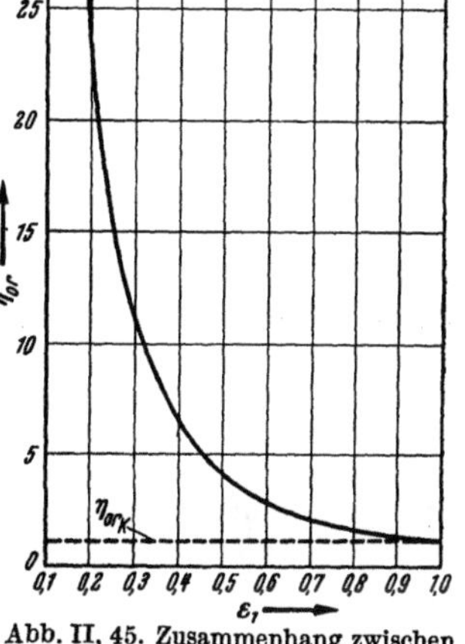

Abb. II, 45. Zusammenhang zwischen $\eta_{or}$ und $\varepsilon_1$ nach Gl. (II, 259). Der Wert $\eta_{or\,K}$ entspricht dem Zusammenbrechen der Fernordnung.

$$\overline{X}_{11} = \frac{1}{2}\,N_1\,\eta_{or}\,\frac{\varepsilon_1(1 + \eta_{or}\,\varepsilon_1)^{z-1} + (\eta_{or} + \varepsilon_1)^{z-1}}{(1 + \eta_{or}\,\varepsilon_1)^z + (\eta_{or} + \varepsilon_1)^z}. \qquad (\text{II, 261})$$

Es ergibt sich somit für den von der Orientierung herrührenden Zusatzterm der inneren Energie

$$U_{or} = z\,\overline{X}_{11}\,w_{or} = \frac{z}{2}\,N_1\,w_{or}\,\frac{\eta_{or}(\varepsilon_1^2 + 1)}{\eta_{or} + 2\varepsilon_1 + \eta_{or}\,\varepsilon_1^2}. \qquad (\text{II, 262})$$

Der entsprechende Zusatzterm der freien Energie nach HELMHOLTZ ergibt sich daraus nach

$$F_{or} - F_{or\,(T\to\infty)} = -T \int_\infty^T \frac{U_{or}}{T^2}\,dT = \mathrm{k}T \int_1^{\eta_{or}'} \frac{U_{or}}{w_{or}\,\eta_{or}'}\,d\eta_{or}', \qquad (\text{II, 263})$$

wo $\eta_{or}^{-1} = \eta_{or}'$ gesetzt ist. Im Falle des flüssigen Benzols kann nach dem Gang der spezifischen Wärmen $\varepsilon_1 = 1$ gesetzt werden. Dann ergibt sich

$$F_{or} = - N_1\, kT \ln \left[ 2 \left( \frac{1 + \eta_{or}}{2} \right)^{\frac{z}{2}} \right] \tag{II, 264}$$

oder nach Reihenentwicklung

$$F_{or} = N_1\, kT \left[ \frac{z}{4}\, \frac{w_{or}}{kT} - \frac{z}{16} \left( \frac{w_{or}}{kT} \right)^2 - \ln 2 \right] . \tag{II, 264a}$$

Die Rechnung für das System Kautschuk—Benzol folgt den gleichen Grundlinien, ist aber naturgemäß in den Einzelheiten viel komplizierter. Wir können sie deshalb hier nur in Umrissen andeuten. Physikalisch besteht der wesentliche Gesichtspunkt darin, daß die Bausteine des Polymeren sich in bezug auf die Orientierung der Moleküle des Lösungsmittels indifferent verhalten und daher die Kopplung unterbrechen. Die potentielle Energie einer Konfiguration ist jetzt

$$E^* = E_0' + z\, X_{12}\, w' + z\, X_{11}\, w_{or} . \tag{II, 265}$$

Die große Verteilungsfunktion schreiben wir in der Form

$$\Xi = \sum_{N_1} \sum_{N_2} \left[ \left( \frac{e}{N_1}\, \xi_1 \right)^{N_1} \left( \frac{e}{N_2}\, \xi_2 \right)^{N_2} B^*(T) \right] \tag{II, 266}$$

mit

$$B^*(T) = \Sigma\, e^{-\frac{E^*}{kT}} . \tag{II, 267}$$

Wir fassen jetzt in Gl. (II, 266) alle Terme zusammen, für die $N_1 + N_2 = $ const ist, und bezeichnen einen solchen Summanden mit $\Xi'$. Der maximale Term ist gegeben durch

$$\frac{\partial \ln \Xi'}{\partial (N_1 + N_2)} = 0 . \tag{II, 268}$$

Wir bezeichnen ihn wieder mit $\Xi'_{max}$. Es gilt nun für die mittleren Molekülzahlen

$$\overline{N}_i = \xi_i\, \frac{\partial \ln \Xi'_{max}}{\partial \xi_i} , \qquad (i = 1, 2) , \tag{II, 269}$$

für die mittlere Zahl der 1—2-Paare

$$z\, \overline{X}_{12} = \eta_{12}\, \frac{\partial \ln \Xi'_{max}}{\partial \eta_{12}} \tag{II, 270}$$

und für die mittlere Zahl gleichsinnig orientierter 1—1-Paare

$$z\, \overline{X}_{11} = \eta_{or}\, \frac{\partial \ln \Xi'_{max}}{\partial \eta_{or}} . \tag{II, 271}$$

Zur Konstruktion der lokalen Verteilungsfunktion benötigen wir hier zunächst zwei BETHE-Parameter, einen $\varepsilon_2$ für den Fall, daß ein Platz der Koordinationsschale von einem endständigen Baustein eines Fadenmoleküls besetzt ist, einen zweiten $\varepsilon_1$ für den Fall, daß ein Platz der Koordinationsschale von einem $\alpha$-orientierten Molekül des Lösungsmittels besetzt ist. Setzen wir wie vorher $\varepsilon_1 = 1$, so ergibt sich die lokale Verteilungsfunktion in der Form

$$G^* = \frac{P}{2}\, z\,(z - 1)\, \xi_2 \,(\varepsilon_2\, \eta_{22}\, \xi_2 + 2\, \eta_{12}\, \xi_1)^{z-2}$$
$$+ 2\, \xi_1 \,(\varepsilon_2\, \eta_{12}\, \xi_2 + \eta_{11}\, \eta_{or}\, \xi_1 + \eta_{11}\, \xi_1)^z \equiv G_2^* + G_1^* . \tag{II, 272}$$

Die zur Elimination von $\varepsilon_2$ dienende Äquivalenzbedingung lautet

$$\xi_2 \frac{\partial G_1^*}{\partial \xi_2} = \xi_1 \frac{\partial G_2^*}{\partial \xi_1} \, . \tag{II, 273}$$

Daraus folgt mit Gl. (II, 272)

$$\varepsilon_2 = \frac{\frac{1}{2} P (z-1)(z-2)(\varepsilon_2 \eta_{22} \xi_2 + 2 \eta_{12} \xi_1)^{z-3}}{[\varepsilon_2 \eta_{12} \xi_2 + \eta_{11}(1 + \eta_{or}) \xi_1]^{z-1}} \, . \tag{II, 274}$$

Aus der oben erwähnten Analogie von lokaler und großer Verteilungsfunktion ergibt sich für die Mittelwerte

$$\overline{N}_1 = \frac{\overline{N}_1 + P \overline{N}_2}{z+1} \qquad \xi_1 \frac{\partial \ln G^*}{\partial \xi_1} \tag{II, 275}$$

$$P\overline{N}_2 = \frac{\overline{N}_1 + P \overline{N}_2}{(P+zq)/P} \qquad \xi_2 \frac{\partial \ln G^*}{\partial \xi_2} \tag{II, 276}$$

$$z \overline{X}_{12} = \frac{1}{2} \frac{\overline{N}_1 + P \overline{N}_2}{z} \eta_{12} \frac{\partial \ln G^*}{\partial \eta_{12}} \tag{II, 277}$$

$$z \overline{X}_{11} = \frac{1}{2} \frac{\overline{N}_1 + P \overline{N}_2}{z} \eta_{or} \frac{\partial \ln G^*}{\partial \eta_{or}} \, . \tag{II, 278}$$

Aus Gl. (II, 275) bis (II, 277) folgt die verallgemeinerte quasi-chemische Gleichung

$$(\overline{N}_1 - \overline{X}_{12})(q \overline{N}_2 - \overline{X}_{12}) = \frac{1}{2} \overline{X}_{12}^2 \Big(1 + e^{-\frac{w_{or}}{kT}}\Big) e^{\frac{2w'}{kT}} \, . \tag{II, 279}$$

Aus (II, 278) leitet man ab

$$\overline{X}_{11} = \frac{1}{4} \frac{\overline{N}_1}{\overline{N}_2} \overline{X}_{12} \frac{\frac{1}{q}(2 \eta_{12} \xi_1 + \varepsilon_2 \eta_{22} \xi_2)}{[\eta_{11}(1 + \eta_{or}) \xi_1 + \varepsilon_2 \eta_{12} \xi_2]} \frac{\eta_{11} \eta_{or}}{\eta_{12}} \, . \tag{II, 280}$$

Der vorletzte Faktor der rechten Seite von Gl. (II, 280) hängt nur schwach von der Konzentration ab und kann daher durch den Grenzwert für $N_2 \to 0$ ersetzt werden. Dann wird

$$\overline{X}_{11} = \frac{1}{2} \frac{\overline{N}_1}{q \overline{N}_2} \overline{X}_{12} \frac{\eta_{or}}{1 + \eta_{or}} \, . \tag{II, 281}$$

Die Lösung der quasi-chemischen Gl. (II, 279) (s. u.) zeigt, daß der Ausdruck (II, 281) für $N_2 \to 0$ stetig in die für das reine Lösungsmittel gültige Gl. (II, 261) (mit $\varepsilon_1 = 1$) übergeht.

Die Lösung von Gl. (II, 279) kann wieder in der Form

$$\overline{X}_{12} = \frac{q \overline{N}_1 \overline{N}_2}{\overline{N}_1 + q \overline{N}_2} \frac{2}{\beta + 1} \tag{II, 282}$$

geschrieben werden, wo aber jetzt

$$\beta = \left\{ 1 + \frac{4 q \overline{N}_1 \overline{N}_2 [g(T) e^{\frac{2w'}{kT}} - 1]}{(\overline{N}_1 + q \overline{N}_2)^2} \right\}^{\frac{1}{2}} \tag{II, 283}$$

mit

$$g(T) = \frac{1}{2}(1 + \eta_{or}) \tag{II, 284}$$

ist. Es ist dann

$$\ln B^*(T) = -\frac{E_0'}{kT} + \ln \frac{(A+N_2)!\,N_1!}{A!} + N_1 \ln 2$$

$$-\frac{zw'}{k}\int\limits_0^{1/T} \bar{X}_{12}\, d\,(1/T) - \frac{zw_{or}}{k}\int\limits_0^{1/T} \bar{X}_{11}\, d\,(1/T)\,. \qquad \text{(II, 285)}$$

Die Integrationen führt man zweckmäßig über Reihenentwicklungen aus. Die weitere Rechnung ist umständlich, aber elementar. Man erhält schließlich für die Verdünnungsentropie

$$\frac{\varDelta s_1}{R} = \frac{\varDelta s_{1\,ath}}{R} + \frac{z}{4}\,(\zeta^2 + 2\,\zeta\zeta_{or} + \zeta_{or}^2)\,\gamma_2^2$$

$$-\frac{z}{8}\,(8\,\zeta^2 + 10\,\zeta\zeta_{or} + 3\,\zeta_{or}^2)\,\gamma_2^3\,, \qquad \text{(II, 286)}$$

wo zur Abkürzung

$$\zeta = \frac{W}{RT}\,, \qquad \zeta_{or} = \frac{W_{or}}{RT} \qquad \text{(II, 287)}$$

gesetzt ist, $\gamma_2$ durch Gl. (II, 219) und $\varDelta s_{1\,ath}$ durch Gl. (II, 187) und (II, 188) gegeben ist. In Abb. II, 46 ist die nach Gl. (II, 286) gezeichnete Kurve zusammen mit den experimentellen Daten dargestellt. Dabei wurden die folgenden Werte der Parameter benutzt:

$$z = 6, \quad W = 525 \text{ cal/Mol},$$
$$W_{or} = -\,800 \text{ cal/Mol}.$$

Man sieht, daß jetzt die experimentellen Daten quantitativ von der Theorie wiedergegeben werden. Besonders bemerkenswert ist die Tatsache, daß der Wert für $W_{or}$ praktisch der gleiche ist wie bei dem System Cyclohexan—Benzol. Dies spricht einmal dafür, daß die vorstehende Erklärung der Zusatzentropie korrekt ist und zeigt zum anderen wieder, daß die Parameter des Gittermodells eine reale physikalische Bedeutung haben.

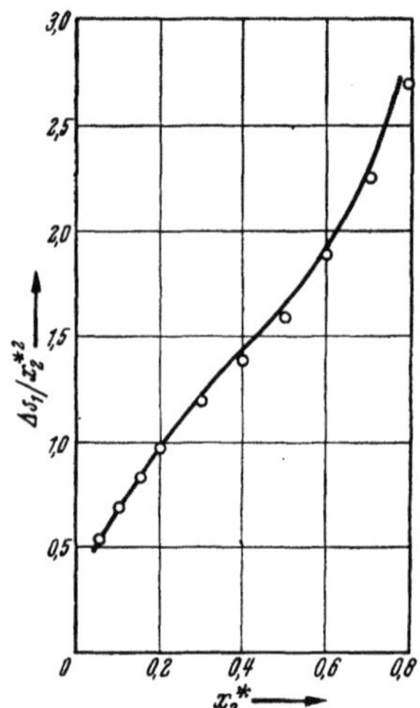

Abb. II, 46. Verdünnungsentropie des Systems Kautschuk—Benzol. Kreise: experimentelle Werte. Kurve: berechnet nach Gl. (II, 286).

## g) Verzweigte Fadenmoleküle. Polymolekulare Systeme.

In der ORR-GUGGENHEIMschen Theorie wird, wie erwähnt, vorausgesetzt, daß die Fadenmoleküle glatte oder verzweigte Ketten sind. Danach sollte also die Wechselwirkung mit dem Lösungsmittel durch Verzweigungen nicht beeinflußt werden. Es ist jedoch sehr wahrscheinlich, daß im Zusammenhang mit der Verknäuelung der Fadenmoleküle ein solcher Einfluß existiert. Theoretische Untersuchungen scheinen aber bisher darüber nicht ausgeführt worden zu sein. MAGAT[1] hat darauf hingewiesen, daß dieser Gesichtspunkt möglicherweise für die Erklärung der Ergebnisse von DOTY und Mitarbeitern[2] von Bedeutung ist.

GUGGENHEIM[3] hat die quasi-chemische Methode auch für Systeme von beliebig vielen Komponenten formuliert. Das betreffende Gleichungssystem läßt sich aber nur in nullter Näherung explizit lösen (d. h. schon Terme der Ordnung $(w/kT)^2$ werden vernachlässigt). In dieser Näherung ist die Verdünnungsentropie gleich der der athermischen Lösung. In der Formel für die freie Energie der Verdünnung tritt keine Abhängigkeit von der Verteilung der Kettenlängen auf.

MÜNSTER[4] hat die Größen $B^*$ und $C^*$ für den allgemeinen Fall einer polymolekularen irregulären Lösung berechnet. Danach ist eine Abhängigkeit von der Verteilung der Kettenlängen im Prinzip möglich. Sie verschwindet für die Größe $B^*$ bei negativer Verdünnungswärme im Falle starrer gestreckter Fadenmoleküle. Weitere Auswertungen der sehr komplizierten Formeln sind bisher nicht durchgeführt worden.

An experimentellen Daten liegt eine Angabe von G. V. SCHULZ[5] vor, nach der zwei Nitrocellulosen von verschiedener Polymolekularität, aber gleichem mittlerem Molekulargewicht, in Aceton den gleichen Verlauf des osmotischen Druckes zeigen.

### h) Gemischte Lösungsmittel.

Systeme, welche außer dem Polymeren zwei niedrigmolekulare Komponenten enthalten, bieten sowohl vom praktischen wie vom theoretischen Standpunkt aus besonderes Interesse. Da hier jedoch das Problem der Löslichkeit im Vordergrund steht, wollen wir ihre ausführliche Behandlung auf Kap. III verschieben. In diesem Abschnitt wollen wir nur einen speziellen Effekt erörtern, der in unmittelbarem Zusammenhang mit den Themen steht, die wir vorher behandelt haben.

DOBRY[6] und GEE[7] haben experimentell gefunden, daß man den Wert der Größe $B^*$ in Gl. (II, 104) auf einen praktisch zu vernachlässigenden Betrag erniedrigen kann, wenn man der hochmolekularen Lösung eine gewisse Menge eines Nichtlösungsmittels zusetzt. Die praktische Bedeutung des Effektes liegt darin, daß für eine solche Lösung bei einer bestimmten Temperatur auch im Gebiet niedriger endlicher Konzentrationen praktisch das VAN'T HOFFsche Gesetz gilt und man daher aus *einer* osmotischen Messung das Molekulargewicht berechnen kann. DEBYE[8] fand später, daß der gleiche Effekt (wie zu

---

[1] MAGAT, M.: Diskussionsbemerkung auf der Tagung für Makromolekulare Physik, Paris, November 1948.

[2] DOTY, P., M. BROWNSTEIN u. W. SCHLENER: J. Phys. Colloid Chem. **53**, 213 (1949).

[3] GUGGENHEIM, E. A.: Proc. Roy. Soc. Lond. A **183**, 213 (1944).

[4] MÜNSTER, A.: Z. Naturforsch. **3a**, 158 (1948).

[5] SCHULZ, G. V.: Z. physik. Chem. A **176**, 317 (1936).

[6] DOBRY, A.: J. Chim. phys. **36**, 102 (1939).

[7] GEE, G.: Trans. Faraday Soc. **36**, 1171 (1940).

[8] DEBYE, P.: J. Phys. Colloid Chem. **51**, 18 (1947).

erwarten) auch bei der Lichtstreuung (gemessen an dem System Polystyrol–Benzol + 22,5% Methanol) auftritt.

Eine strenge Theorie des Effektes würde eine entsprechende Verallgemeinerung der in diesem Paragraphen entwickelten Theorien erfordern. Da aber hier nur die freie Energie der Verdünnung eine Rolle spielt, können wir erwarten, daß sich eine halbquantitative Behandlung bereits im Rahmen der FLORY-HUGGINSschen Theorie durchführen läßt. Das ist in der Tat der Fall, wie zuerst von GEE[1] und später exakter von SCOTT[2] gezeigt wurde. Wir schließen uns im folgenden an die letztere Darstellung an.

Unsere erste Aufgabe besteht darin, die chemischen Potentiale der Komponenten eines solchen Systems anzugeben. Wir bezeichnen mit dem Index 1 das Lösungsmittel, mit 2 das Nichtlösungsmittel und mit 3 die polymere Komponente. Die athermischen Glieder ergeben sich durch einfache Verallgemeinerung der Ableitung in § 29 b. Um die dem HUGGINSschen Ansatz (Abschnitt a) entsprechenden Zusatzglieder zu finden, kann man ausgehen von einem Ansatz, den SCATCHARD[3] für die Mischungswärme ternärer Systeme gegeben hat. Er lautet für die partiellen molaren Wärmeinhalte

$$\Delta h_1 = V_1 \left[ A_{12}\, x_2^{*2} + A_{13}\, x_3^{*2} + (A_{12} + A_{13} - A_{23})\, x_2^*\, x_3^* \right]$$
$$\Delta h_2 = V_2 \left[ A_{12}\, x_1^{*2} + A_{23}\, x_3^{*2} + (A_{12} + A_{23} - A_{13})\, x_1^*\, x_3^* \right] \quad \text{(II, 288)}$$
$$\Delta h_3 = V_3 \left[ A_{13}\, x_1^{*2} + A_{23}\, x_2^{*2} + (A_{13} + A_{23} - A_{12})\, x_1^*\, x_2^* \right],$$

wo $A_{ij}$ die in Gl. (II, 195) auftretenden Größen für die entsprechenden binären Systeme sind. Wir können daher schreiben (für $V_1 = V_2 \equiv V_0$)

$$\Delta \mu_1 = \mathrm{R}T \left[ \ln x_1^* + \left(1 - \frac{1}{P}\right) x_3^* + \chi_{12}\, x_2^{*2} + \chi_{13}\, x_3^{*2} + (\chi_{12} + \chi_{13} - \chi_{23})\, x_2^*\, x_3^* \right]$$
$$\text{(II, 289)}$$

$$\Delta \mu_2 = \mathrm{R}T \left[ \ln x_2^* + \left(1 - \frac{1}{P}\right) x_3^* + \chi_{12}\, x_1^{*2} + \chi_{23}\, x_3^{*2} + (\chi_{12} + \chi_{23} - \chi_{13})\, x_1^*\, x_3^* \right]$$
$$\text{(II, 290)}$$

$$\Delta \mu_3 = \mathrm{R}T \left[ \ln x_3^* - (P - 1)(x_1^* + x_2^*) + P \chi_{13}\, x_1^{*2} + P \chi_{23}\, x_2^{*2} \right.$$
$$\left. + P(\chi_{13} + \chi_{23} - \chi_{12})\, x_1^*\, x_2^* \right]. \quad \text{(II, 291)}$$

Hier ist

$$\chi_{12} = \frac{V_0\, A_{12}}{\mathrm{R}T} \tag{II, 292}$$

$$\chi_{13} = \chi_0 + \frac{V_0\, A_{13}}{\mathrm{R}T} \tag{II, 293}$$

$$\chi_{23} = \chi_0 + \frac{V_0\, A_{23}}{\mathrm{R}T}. \tag{II, 294}$$

$\chi_0$ ist die in Abschnitt a eingeführte Entropiegröße.

[1] GEE, G.: Trans. Faraday Soc. 40, 463 (1944).
[2] SCOTT, R. L.: J. Chem. Phys. 17, 268 (1949).
[3] SCATCHARD, G.: Trans. Faraday Soc. 33, 160 (1937).

Wir betrachten jetzt das osmotische Gleichgewicht. Dabei haben wir zu beachten, daß die hochpolymeren Moleküle die Membran nicht durchdringen können und somit nur in einer der beiden Phasen vorkommen. Die Gleichgewichtsbedingungen lauten daher (wenn wir die Lösungsmittelseite durch einen, die hochmolekulare Lösung durch zwei Striche kennzeichnen[1])

$$\Delta\mu_1' = \Delta\mu_1'' \, , \quad \Delta\mu_2' = \Delta\mu_2'' \qquad (II, 295)$$

oder nach Einsetzen von Gl. (II, 289) und (II, 290),

$$\ln x_1^{*\prime} + \chi_{12}\, x_2^{*\prime 2} = \ln x_1^{*\prime\prime} + \left(1 - \frac{1}{P}\right) x_3^* + \chi_{12}\, x_2^{*\prime\prime 2} + \chi_{13}\, x_3^{*2}$$
$$+ (\chi_{12} + \chi_{13} - \chi_{23})\, x_2^{*\prime\prime}\, x_3^* + \frac{\Pi V_0}{\mathrm{R}T} \qquad (II, 296)$$

$$\ln x_2^{*\prime} + \chi_{12}\, x_1^{*\prime 2} = \ln x_2^{*\prime\prime} + \left(1 - \frac{1}{P}\right) x_3^* + \chi_{12}\, x_1^{*\prime\prime 2} + \chi_{23}\, x_3^{*2}$$
$$+ (\chi_{12} + \chi_{23} - \chi_{13})\, x_1^{*\prime\prime}\, x_3^* + \frac{\Pi V_0}{\mathrm{R}T} \, . \qquad (II, 297)$$

Schon in diesem einfachen Falle ist es unmöglich, einen exakten analytischen Ausdruck für $\Pi$ anzugeben. Wohl aber läßt sich die Lösung in Form einer Entwicklung nach Potenzen von $x_3^*$ darstellen, was für unsere Zwecke völlig ausreicht. Dazu führen wir eine neue Größe $\varepsilon$ ein durch die Gleichungen

$$\frac{x_1^{*\prime\prime}}{x_1^{*\prime\prime} + x_2^{*\prime\prime}} = \frac{x_1^{*\prime\prime}}{1 - x_3^*} = x_1^{*\prime} + \varepsilon \qquad (II, 298)$$

$$\frac{x_2^{*\prime\prime}}{x_1^{*\prime\prime} + x_2^{*\prime\prime}} = \frac{x_2^{*\prime\prime}}{1 - x_3^*} = x_2^{*\prime} - \varepsilon \, . \qquad (II, 299)$$

$\varepsilon$ ist somit ein Maß für den Unterschied des Verhältnisses der niedrigmolekularen Komponenten in den beiden Phasen. Mit Hilfe dieser Größe können wir $x_1^{*\prime\prime}$ und $x_2^{*\prime\prime}$ in Gl. (II, 296) und (II, 297) eliminieren. Es ergibt sich

$$\frac{\Pi V_0}{\mathrm{R}T} + \left(1 - \frac{1}{P}\right) x_3^* + \ln(1 - x_3^*) + \ln\left(1 + \frac{\varepsilon}{x_1^{*\prime}}\right)$$
$$+ \chi_{12}\left[(x_2^{*\prime} - \varepsilon)^2 (1 - x_3^*)^2 - x_2^{*\prime 2}\right] + \chi_{13}\, x_3^{*2} \qquad (II, 300)$$
$$+ (\chi_{12} + \chi_{13} - \chi_{23})(x_2^{*\prime} - \varepsilon)(1 - x_3^*)\, x_3^* = 0 \, ,$$

$$\frac{\Pi V_0}{\mathrm{R}T} + \left(1 - \frac{1}{P}\right) x_3^* + \ln(1 - x_3^*) + \ln\left(1 - \frac{\varepsilon}{x_2^{*\prime}}\right)$$
$$+ \chi_{12}\left[(x_1^{*\prime} + \varepsilon)^2 (1 - x_3^*)^2 - x_1^{*\prime 2}\right] + \chi_{23}\, x_3^{*2} \qquad (II, 301)$$
$$+ (\chi_{12} + \chi_{23} - \chi_{13})(x_1^{*\prime} + \varepsilon)(1 - x_3^*)\, x_3^* = 0 \, .$$

---

[1] Der Einfachheit halber lassen wir den Doppelstrich bei $x_3^*$ weg.

Diese Gleichungen entwickeln wir nun zunächst nach Potenzen von $x_3^*$ und $\varepsilon$. Da, wie wir sehen werden, $\varepsilon$ selbst sich als eine mit dem linearen Gliede beginnende Entwicklung nach Potenzen von $x_3^*$ darstellen läßt, können wir die vorher erwähnte Entwicklung mit den Gliedern $x_3^{*2}$, $x_3^* \varepsilon$ und $\varepsilon^2$ abbrechen. Wir erhalten dann

$$\frac{\Pi V_0}{RT} + \left[ (\chi_{12} + \chi_{13} - \chi_{23})\, x_2^{*\prime} - 2\, \chi_{12}\, x_2^{*\prime 2} - \frac{1}{P} \right] x_3^* \qquad \text{(II, 302)}$$
$$+ \left[ \frac{1}{x_1^{*\prime}} - 2\, \chi_{12}\, x_2^{*\prime} \right] \varepsilon + \left[ \chi_{13}\, x_1^{*\prime} + \chi_{23}\, x_2^{*\prime} - \chi_{12}\, x_1^{*\prime}\, x_2^{*\prime} - \frac{1}{2} \right] x_3^{*2}$$
$$+ \left[ 4\, \chi_{12}\, x_2^{*\prime} - (\chi_{12} + \chi_{13} - \chi_{23}) \right] x_3^* \varepsilon + \left[ \chi_{12} - \frac{1}{2\, x_1^{*\prime 2}} \right] \varepsilon^2 = 0$$

$$\frac{\Pi V_0}{RT} + \left[ (\chi_{12} + \chi_{23} - \chi_{13})\, x_1^{*\prime} - 2\, \chi_{12}\, x_1^{*\prime 2} - \frac{1}{P} \right] x_3^* \qquad \text{(II, 303)}$$
$$- \left[ \frac{1}{x_2^{*\prime}} - 2\, \chi_{12}\, x_1^{*\prime} \right] \varepsilon + \left[ \chi_{13}\, x_1^{*\prime} + \chi_{23}\, x_2^{*\prime} - \chi_{12}\, x_1^{*\prime}\, x_2^{*\prime} - \frac{1}{2} \right] x_3^{*2}$$
$$- \left[ 4\, \chi_{12}\, x_1^{*\prime} - (\chi_{12} + \chi_{23} - \chi_{13}) \right] x_3^* \varepsilon + \left[ \chi_{12} - \frac{1}{2\, x_2^{*\prime 2}} \right] \varepsilon^2 = 0 \, .$$

Wir multiplizieren jetzt Gl. (II, 302) mit $x_1^{*\prime}$, Gl. (II, 303) mit $x_2^{*\prime}$ und addieren die beiden Gleichungen. Dann hebt sich der Term mit $\varepsilon$ heraus und wir bekommen (mit Berücksichtigung von $x_1^{*\prime} + x_2^{*\prime} = 1$)

$$\frac{\Pi V_0}{RT} - \frac{x_3^*}{P} + \left[ \chi_{13}\, x_1^{*\prime} + \chi_{23}\, x_2^{*\prime} - \chi_{12}\, x_1^{*\prime}\, x_2^{*\prime} - \frac{1}{2} \right] x_3^{*2}$$
$$- \left[ \chi_{13} - \chi_{23} + \chi_{12}\, (x_1^{*\prime} - x_2^{*\prime}) \right] x_3^* \varepsilon \qquad \text{(II, 304)}$$
$$+ \left[ \chi_{12} - \frac{1}{2\, x_1^{*\prime}\, x_2^{*\prime}} \right] \varepsilon^2 = 0 \, .$$

In dieser Gleichung haben wir jetzt noch $\varepsilon$ zu eliminieren. Die dazu notwendige Beziehung zwischen $\varepsilon$ und $x_3^*$ erhalten wir, indem wir Gl. (II, 303) von (II, 302) subtrahieren. Nach einfacher Umformung ergibt sich dann näherungsweise

$$\varepsilon = - \frac{\left[ \chi_{13} - \chi_{23} + \chi_{12}\, (x_1^{*\prime} - x_2^{*\prime}) \right] x_1^{*\prime}\, x_2^{*\prime}}{1 - 2\, \chi_{12}\, x_1^{*\prime}\, x_2^{*\prime}}\, x_3^* \, . \qquad \text{(II, 305)}$$

Setzen wir diesen Ausdruck in Gl. (II, 304) ein, so folgt schließlich

$$\Pi = \frac{RT}{V_0}\, \frac{x_3^*}{P} \left[ 1 + \frac{1 - 2\, \chi_{13}\, x_1^{*\prime} - 2\, \chi_{23}\, x_2^{*\prime} + C\, x_1^{*\prime}\, x_2^{*\prime}}{2\, (1 - 2\, \chi_{12}\, x_1^{*\prime}\, x_2^{*\prime})}\, P\, x_3^* \right] \qquad \text{(II, 306)}$$

mit

$$C = 2\, \chi_{12}\, \chi_{13} + 2\, \chi_{12}\, \chi_{23} + 2\, \chi_{13}\, \chi_{23} - \chi_{12}^2 - \chi_{13}^2 - \chi_{23}^2 \, . \qquad \text{(II, 307)}$$

Aus Gl. (II, 306) folgt, daß die Größe $B^*$ in Gl. (II, 104) in der Tat verschwindet, wenn die Gleichung

$$1 - 2\, \chi_{13}\, x_1^{*\prime} - 2\, \chi_{23}\, (1 - x_1^{*\prime}) + C\, x_1^{*\prime}\, (1 - x_1^{*\prime}) = 0 \qquad \text{(II, 308)}$$

eine zwischen 0 und 1 liegende positive reelle Wurzel hat. Das ist im allgemeinen der Fall, wenn $\chi_{13} < 0{,}5$ und $\chi_{23} > 0{,}5$ (oder umgekehrt) ist.

Wie wir in Kap. III sehen werden, bedeutet dies, daß wir durch eine geeignete Mischung von Lösungsmittel und Nichtlösungsmittel $B^*$ zum Verschwinden bringen können.

Bei der praktischen Anwendung dieses Ergebnisses sind allerdings zwei Schwierigkeiten zu beachten. Einmal definiert nämlich Gl. (II, 308), wie in Kap. III gezeigt wird, gleichzeitig die Löslichkeitsgrenze für $P \to \infty$. Man arbeitet also in unmittelbarer Nähe des Fällungspunktes und kann Gl. (II, 308) nur angenähert erfüllen. Zweitens ist es fraglich, ob sich das Verteilungsgleichgewicht der beiden niedrigmolekularen Komponenten während einer osmotischen Messung wirklich einstellt, wenn das Verhältnis derselben auf beiden Seiten der Membran sehr verschieden ist. Letzteres trifft im allgemeinen zu, wie die aus Gl. (II, 298) und (II, 299) mit (II, 305) folgende Beziehung

$$\frac{x_1^{*\prime\prime}}{x_2^{*\prime\prime}} = \frac{x_1^{*\prime}}{x_2^{*\prime}} \left\{ 1 - \frac{[\chi_{13} - \chi_{23} + \chi_{12}(x_1^{*\prime} - x_2^{*\prime})]}{(1 - 2\,\chi_{12}\,x_1^{*\prime}\,x_2^{*\prime})}\,x_3^* \right\} \qquad (II, 309)$$

(bei der wieder höhere Potenzen von $x_3^*$ vernachlässigt sind) zeigt. Eine Diskussion dieser Schwierigkeit, auf die zuerst WALL[1] hingewiesen hat, findet sich bei GEE[2] und SCOTT[3].

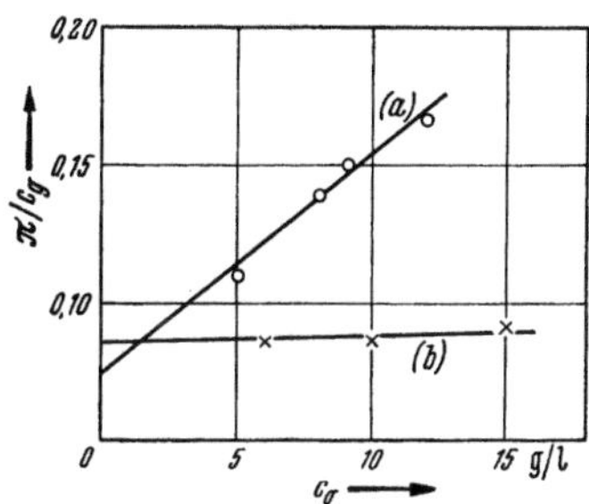

Abb. II, 47. Osmotischer Druck der Systeme Kautschuk—Benzol + 10% Äthylalkohol (Kurve a) und Kautschuk–Benzol + 15% Methylalkohol (Kurve b).

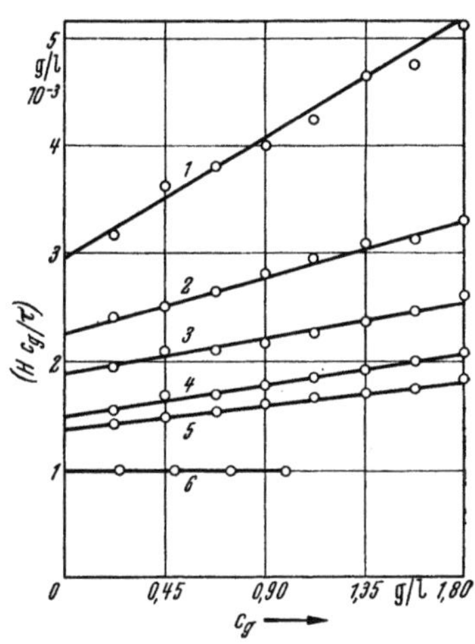

Abb. II, 48. Lichtstreuung des Systems Polystyrol—Benzol + Methylalkohol. Kurve 1: reines Benzol, Kurve 2: 7,5% CH$_3$OH, Kurve 3: 10% CH$_3$OH, Kurve 4: 12,5% CH$_3$OH Kurve 5: 15% CH$_3$OH, Kurve 6: 22,5% CH$_3$OH.

Das Auftreten des Effektes beim osmotischen Druck zeigt Abb. II, 47 nach Messungen von GEE[4]. Abb. II, 48 gibt ein Beispiel für den analogen Effekt bei der Lichtstreuung nach DEBYE[5].

Wie wir in Kap. III, § 35 und § 41 sehen werden, kann unter Umständen ein Gemisch zweier Nichtlösungsmittel als Lösungsmittel wirken. Ein


[1] WALL, F. T.: J. Amer. Chem. Soc. **66**, 446 (1944).
[2] GEE, G.: Trans. Faraday Soc. **40**, 463 (1944).
[3] SCOTT, R. L.: J. Chem. Phys. **17**, 268 (1949).
[4] GEE, G.: Trans. Faraday Soc. **36**, 1171 (1940).
[5] DEBYE, P.: J. Phys. Colloid Chem. **51**, 18 (1947).

derartiges System (Polystyrol–Aceton–Methylcyclohexan) ist von MARK und Mitarbeitern[1] eingehend untersucht worden. Sie fanden aus osmotischen Messungen, daß die Größe $B$ bei einer Zusammensetzung des Lösungsmittels von etwa 40 Vol.-% Aceton und 60 Vol.-% Methylcyclohexan ein Maximum durchläuft. An der gleichen Stelle hat die Viskositätszahl $[\eta]$ ein Maximum, die Lichtstreuung ein Minimum und die Asymmetrie der Lichtstreuung ein Maximum (vgl. auch Abb. XIV, 3).

## § 31. Die Problematik des Gittermodells.

### a) Diskussion des Gittermodells.

Bisher haben wir alle Überlegungen auf der Grundlage des Gittermodells durchgeführt, ohne diese Grundlage selbst genauer zu prüfen. Tatsächlich ist das Gittermodell nach den großen Anfangserfolgen der Theorie (also etwa seit der Mitte der vierziger Jahre) immer wieder scharf kritisiert worden[2,3,4]. Wir wollen daher zunächst seine Schwächen etwas eingehender besprechen und dann die Gründe dafür, daß wir es im Vorhergehenden verwendet haben, zusammenfassen. In den folgenden Abschnitten werden wir dann auf theoretische Ansätze eingehen, welche die Benutzung des Gittermodells vermeiden.

Eine strenge Prüfung des Gittermodells müßte von den exakten Theorien, wie sie von McMILLAN und MAYER[5] oder KIRKWOOD und BUFF[6] entwickelt wurden, ausgehen und zeigen, welche Näherungsannahmen man hier einführen muß, um das Gittermodell zu erhalten. Da wir die genauere Kenntnis der genannten Theorien hier nicht voraussetzen können, wollen wir einen etwas anderen Weg einschlagen. Wir stellen uns von vornherein auf den Standpunkt, daß sich die Struktur einer Lösung durch die *Begriffe* des Gittermodells hinreichend genau beschreiben läßt und diskutieren die speziellen Annahmen, welche das von uns verwendete Gittermodell über diese Begriffe macht.

Betrachten wir zunächst die mittlere Koordinationszahl $z$. Wir haben angenommen, daß diese Größe für die beiden reinen Komponenten und alle Konzentrationen der Lösung den gleichen Wert besitzt. Es ist kaum zu bezweifeln, daß diese Annahme in den weitaus meisten Fällen unzutreffend ist. Für das System Kautschuk–Benzol hat ORR[7] mit Benutzung von Röntgendaten und Molekülmodellen die Frage genauer diskutiert. Er findet, daß für Kautschuk angenähert $z = 4$, für Benzol $z = 6 - 8$ zu setzen ist. Vergleicht man nun etwa die nach Gl. (II, 140) für verschiedene $z$-Werte berechneten Kurven, so zeigt sich, daß der früher betrachtete Vergleich zwischen Experiment und Theorie durch diesen Gesichtspunkt nicht wesentlich beeinflußt wird. Der relativ


---

[1] PALIT, S. R., G. COLOMBO u. H. MARK: J. Polymer Sci. **6**, 295 (1951).
[2] FLORY, P. J.: J. Chem. Phys. **13**, 453 (1945).
[3] HUGGINS, M. L.: J. Phys. Colloid Chem. **52**, 248 (1948).
[4] HILDEBRAND, J. H.: J. Chem. Phys. **15**, 225 (1947).
[5] McMILLAN, W. G., u. J. E. MAYER: J. Chem. Phys. **13**, 276 (1945).
[6] KIRKWOOD, J. G., u. F. BUFF: J. Chem. Phys. **19**, 774 (1951).
[7] ORR, W. J. C.: Trans. Faraday Soc. **43**, 12 (1947).

geringe Einfluß der Koordinationszahl geht auch daraus hervor, daß die Diskrepanzen zwischen Theorie und Experiment für die FLORY-HUGGINS-Theorie im wesentlichen die gleichen sind wie für die MILLER-GUGGENHEIMsche Theorie.

Für die freien Volumina bzw. die damit verknüpften zwischenmolekularen Schwingungen wurde angenommen, daß sie für alle Konfigurationen gleich und auch von der Gesamtkonzentration unabhängig sind. Auch hier sieht man sofort, daß zum mindesten bei irregulären Lösungen beide Annahmen unzutreffend sein müssen. Eine nähere Untersuchung ist von MÜNSTER[1] mit Benutzung des EINSTEINschen Modells der PLANCKschen Oscillatoren, von PRIGOGINE und GARIKIAN[2] auf der Grundlage der Theorie von LENNARD-JONES und DEVONSHIRE[3] durchgeführt worden. In Abb. II, 49 ist der Zusatzterm der Mischungsentropie nach PRIGOGINE und GARIKIAN[2] zusammen mit der aus der Theorie der streng regulären Lösung berechneten Kurve dargestellt. Man sieht, daß der Beitrag der fraglichen Effekte sehr erheblich ist, daß aber Vorzeichen und Konzentrationsabhängigkeit der Zusatzentropie nicht beeinflußt werden.

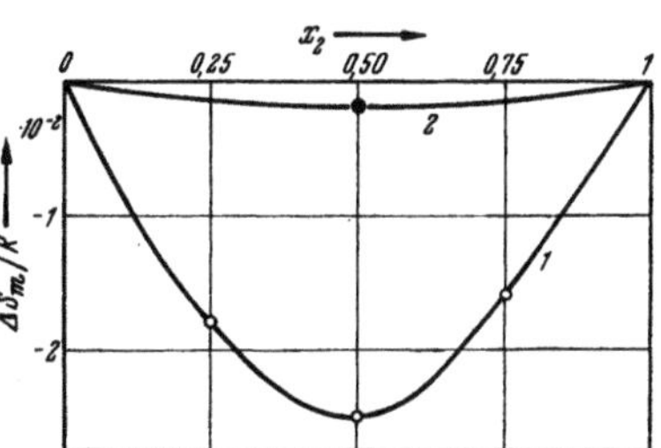

Abb. II, 49. Mischungsentropie bei Berücksichtigung der Konzentrationsabhängigkeit der freien Volumina (Kurve 1) verglichen mit der Mischungsentropie der streng regulären Lösung (Kurve 2).

Eine weitere einschränkende Voraussetzung des Gittermodells liegt in der Annahme annähernd gleicher Raumerfüllung der Moleküle bei niedrigmolekularen Lösungen. Für kugelförmige Moleküle besagt dies, daß das Verhältnis der Moleküldurchmesser zwischen 1 und 1,26 liegen muß[4]. Für kompliziertere und nicht vergleichbare Molekülgestalten (z. B. Methanol und Benzol) ist es kaum möglich, überhaupt noch eine präzise Aussage zu machen. Bei hochmolekularen Lösungen wird die Sachlage noch durch die zusätzliche Annahme kompliziert, daß eine Kette von $P$ Molekülen des Lösungsmittels, die durch VAN DER WAALSsche Kräfte zusammenhängen, räumlich äquivalent ist einer Kette von $P$ durch homöopolare Hauptvalenzbindung verknüpften Monomeren. Infolge des erheblichen Unterschiedes in den Gleichgewichtsabständen beider Bindungstypen kann diese Annahme nur ganz roh erfüllt sein.

Schließlich kommt in dem Gittermodell nicht zum Ausdruck, daß flüssige Phasen eine mehr oder weniger starke Fehlordnung besitzen, die von den Zustandsvariablen abhängt.

Teilweise in Zusammenhang mit diesen speziellen Bedenken stehen einige allgemeine Gesichtspunkte, die ebenfalls gegen das Gittermodell

---

[1] MÜNSTER, A.: Z. Naturforsch. 3a, 158 (1948).

[2] PRIGOGINE, I., u. G. GARIKIAN: Physica 16, 239 (1950).

[3] LENNARD-JONES, J., u. A. DEVONSHIRE: Proc. Roy. Soc. Lond. A 163, 53 (1937); 165, 1 (1938).

[4] FOWLER, R. H., u. E. A. GUGGENHEIM: Statistical Thermodynamics. Cambridge 1949.

sprechen. Zunächst ist die einzige Zustandsvariable, die ohne Einschränkung im Gittermodell erfaßt wird, die Konzentration. Bereits die Abhängigkeit der thermodynamischen Eigenschaften von der Temperatur kann nur in engen Bereichen dargestellt werden, und der Einfluß des Druckes bzw. des Volumens läßt sich überhaupt nicht erfassen.

Der künstliche Charakter des Gittermodells hat zur Folge, daß die physikalische Bedeutung, welche man den auftretenden Größen bei der Anwendung auf reale Systeme zuzuschreiben hat, keineswegs durchsichtig ist. Dies gilt in gewissem Maße bereits für den Polymerisationsgrad und, in Zusammenhang damit, für den sog. Volumenbruch (vgl. § 29a); noch schwieriger liegen die Verhältnisse bei den Energieparametern, die irgendwelche komplizierten temperaturabhängigen Mittelwerte darstellen und sich weder theoretisch berechnen, noch, unabhängig von den thermodynamischen Messungen, experimentell bestimmen lassen. Dabei entsteht naturgemäß das Bedenken, ob eine etwaige Übereinstimmung zwischen Theorie und Experiment nicht einfach auf die Einführung solcher „freien Parameter" zurückzuführen ist[1].

Aus den Darlegungen in den vorhergehenden Paragraphen ergibt sich, daß die durch das Gittermodell gestellten mathematischen Probleme noch keineswegs als gelöst zu betrachten sind. Insofern kann man also nicht sagen, daß die Möglichkeiten des Gittermodells erschöpft sind. Dagegen erscheint es wenig aussichtsreich, die oben erörterten Mängel des Gittermodells durch weitere Verfeinerung zu beseitigen, ohne seine wesentlichen Vorteile aufzugeben.

Damit kommen wir zu den Gründen, die uns veranlaßt haben, das Gittermodell zur Grundlage unserer Darstellung zu machen. Da es bisher nicht gelungen ist, das Gittermodell als ersten Schritt einer systematischen Approximation darzustellen, kann eine solche Begründung nicht rein theoretisch gegeben werden. Immerhin ist das Grundkonzept der Nahordnung flüssiger Phasen experimentell gesichert, und es ist wahrscheinlich, daß manche Schwächen, die dem Gittermodell anhaften, durch die Wahl des Normalzustandes wenigstens gemildert werden. Der entscheidende Gesichtspunkt ist aber der Vergleich mit den experimentellen Daten. Hier zeigt sich, daß man auf der Basis des Gittermodells nicht nur ein weitgehendes qualitatives Verständnis, sondern in einer Reihe von Fällen auch eine der gegenwärtigen Meßgenauigkeit etwa entsprechende quantitative Wiedergabe erzielen kann. Weiter findet man, daß die Parameter physikalisch besser definiert sind, als man theoretisch erwarten konnte. Die Werte der Energieparameter entsprechen etwa größenordnungsmäßig den Werten, die man für isolierte Moleküle schätzen würde. Eines der bemerkenswertesten Resultate in dieser Hinsicht ist der für die Systeme Cyclohexan—Benzol und Kautschuk—Benzol praktisch gleiche Wert der Größe $w_{or}$. Ein weiteres Argument ist die unabhängige Bestimmung der Parameter bei dem System Polyvinylacetat—Methyläthylketon (§ 30a). Ferner haben wir an einer Reihe von Beispielen gezeigt, daß die wirklich schwerwiegenden

---

[1] Van der Waals, J. H.: Vortrag auf dem International Congress of Pure and Applied Chemistry, New York 1951.

Diskrepanzen zwischen Theorie und Experiment sich weitgehend im Rahmen des Gittermodells erklären lassen und somit nicht diesem selbst zuzuschreiben sind. Als wesentlicher Gesichtspunkt kommt dann noch hinzu die Tatsache, daß bisher keine Methode existiert, welche das Gittermodell an Leistungsfähigkeit übertrifft oder auch nur erreicht. Die strenge Theorie, von der oben die Rede war, führt bei der Auswertung schon für die einfachsten Molekülmodelle (z. B. starre kugelförmige Moleküle ohne anziehende Kräfte) auf so schwierige mathematische Probleme, daß eine strenge Anwendung auf hochmolekulare Lösungen im Augenblick noch aussichtslos erscheint. Andererseits führen die Versuche, die wir in den folgenden Abschnitten besprechen werden, ebenfalls zusätzliche Annahmen und freie Parameter ein, die kaum weniger problematisch sind als das Gittermodell, ohne dessen Klarheit und Eleganz zu erreichen und ohne in solchem Umfange zu expliziten Formeln zu führen, die sich experimentell prüfen lassen. Man darf daher wohl schließen, daß das Grundziel der statistischen Thermodynamik, die Verknüpfung der thermodynamischen Eigenschaften eines Systems mit den Eigenschaften der dasselbe aufbauenden Moleküle, sich gegenwärtig für hochmolekulare Lösungen mit Hilfe des Gittermodells am besten erreichen läßt[1].

### b) Die Theorie von Zimm [2].

Die Grundlage der Zimmschen Arbeit bildet die schon erwähnte Theorie von McMillan und Mayer[3], welche eine strenge Ableitung der Gl. (II, 104) für den osmotischen Druck ermöglicht. Für den Koeffizienten $B^*$ liefert diese Theorie den Ausdruck

$$B^* = - \frac{RT N_L}{2 V M^2} \int g_2(i,j)\, d(ij) . \qquad \text{(II, 310)}$$

Die Symbole $i$ und $j$ bezeichnen sämtliche Koordinaten zweier gelöster Moleküle $i$ und $j$, das Symbol $d(ij)$ das Produkt der Differentiale dieser Koordinaten. Die Funktion $g_2(i,j)$ ist definiert durch die Gleichung

$$g_2(i,j) = F_2(i,j) - F_1(i)\, F_1(j) . \qquad \text{(II, 311)}$$

Die Funktionen $F_1$ und $F_2$ sind die sog. molekularen Verteilungsfunktionen (molecular distribution functions) für Einzelmoleküle und Paare von Molekülen. Für fluide Phasen (Gase und Flüssigkeiten) ist $F_1 = 1$. $F_2$ ist definiert durch die Festsetzung, daß

$$\left(\frac{N_2}{V}\right)^2 F_2(i,j)\, d(ij) \qquad \text{(II, 312)}$$

die Wahrscheinlichkeit darstellt, zwei Moleküle gleichzeitig bei den Koordinaten $i$ und $j$ im Volumenelement $d(ij)$ anzutreffen. Für sehr große Molekülabstände wird asymptotisch

$$\lim_{r_{12} \to \infty} F_2 = F_1 F_1 . \qquad \text{(II, 313)}$$

---

[1] Andererseits muß man aber, zumal bei niedrigmolekularen Systemen, stets mit der Möglichkeit rechnen, daß Diskrepanzen zwischen Theorie und Experiment im Gittermodell selbst ihre Ursache haben (vgl. S. 124, 159).

[2] Zimm, B. H.: J. Chem. Phys. **14**, 164 (1946).

[3] McMillan, W. G., u. J. E. Mayer: J. Chem. Phys. **13**, 276 (1945).

Die Funktion $g_2$ mißt also die Abweichung von völlig unabhängiger, ungeordneter Verteilung oder, mit anderen Worten, die Wechselwirkung der gelösten Moleküle. Die Funktionen $g_2$ bzw. $F_2$ hängen naturgemäß allgemein von der Konzentration ab. In Gl. (II, 310) ist jedoch (wie wir hier nicht näher begründen können) gemeint, daß dieselben für den Fall unendlicher Verdünnung zu nehmen sind. Das bedeutet, daß wir bei Berechnung von $B^*$ nach Gl. (II, 310) nur zwei gelöste Moleküle in der Lösung anzunehmen haben.

Wenn wir annehmen, daß die gelösten Moleküle in allen Dimensionen sehr groß gegen die Moleküle des Lösungsmittels sind (so daß letzteres als Kontinuum betrachtet werden kann) und weiter, daß der Wirkungsbereich der zwischenmolekularen Kräfte vernachlässigbar gegen die Dimensionen der gelösten Moleküle ist, so läßt sich die Form der Funktion $g_2$ einfach beschreiben: Sie muß verschwinden für solche Konfigurationen, bei denen sich die gelösten Moleküle gegenseitig durchdringen würden, während sie im übrigen einen konstanten Wert hat, der durch die Normierungsbedingung

$$\lim_{V \to \infty} \frac{1}{V^2} \int F_2\,(i,j)\, d\,(ij) = 1 \qquad (II, 314)$$

festgelegt ist. Die erwähnten Voraussetzungen sind bei der in § 29e besprochenen Theorie der Kornmoleküle zutreffend. Wir brauchen daher auf diesen Teil der ZIMMschen Theorie nicht nochmals einzugehen. Zur Behandlung der Lösungen beweglicher Fadenmoleküle benutzt ZIMM eine Umformung, welche $F_2$ nach Wechselwirkungen von zwei und mehr Segmenten entwickelt. Unter gewissen Annahmen erhält man mit Benutzung der empirischen Formeln für die sog. reguläre Lösung dann einen Ausdruck für $B^*$, welcher dem aus der FLORY-HUGGINS-Theorie abgeleiteten sehr ähnlich ist. Die möglichen Abweichungen von dieser einfachsten Formulierung werden an Hand der allgemeinen Formeln ausführlich erörtert, doch bleibt das Gesamtbild sehr vage. Mangels expliziter Formeln kann daher die ZIMMsche Theorie für Fadenmoleküle nur zur qualitativen Diskussion experimenteller Ergebnisse dienen.

### c) Die Theorie von HUGGINS.

Das von HUGGINS[1] zur Umgehung des Gittermodells benutzte Verfahren besteht in einer entsprechend allgemeineren Formulierung der schon früher (§ 29 b) besprochenen filling-up-Methode. Da man aber hier nicht eine der Gl. (II, 105) entsprechende Beziehung einführen kann, wird das Resultat in Form einer Reihenentwicklung nach Potenzen der Konzentration erhalten. Die Mischungsentropie wird in der Form

$$\Delta S = \sum_{i=1}^{N_2} S_i - k \ln N_2 ! \qquad (II, 315)$$

angesetzt, wo $S_i$ der beim Einfüllen des $i$-ten Moleküls hinzukommende Term ist. Für diese Größen wird jetzt gesetzt

$$S_i = k \ln (V_i / \alpha\, v_2) , \qquad (II, 316)$$

---

[1] HUGGINS, M. L.: J. Phys. Colloid Chem. **52**, 248 (1948).

wo $V_i$ das dem $i$-ten Molekül zur Verfügung stehende Volumen, $v_2$ das Eigenvolumen eines gelösten Moleküls und $\alpha$ ein Zahlenfaktor ist. Es ist nun

$$V_1 = V \tag{II, 317}$$

$$V_2 = V - k_2 v_2 \tag{II, 318}$$

$$V_3 = V - 2\,k_2\,v_2 + \frac{k_3\,v_2^2}{V - k_2 v_2} \tag{II, 319}$$

$$\text{usw.,}$$

wo die Größen $k_2$, $k_3$ usw. von der Molekülgestalt abhängige Konstanten sind. Führt man den Volumenbruch ein durch die Definition

$$x_2^* = v_2\,N_2/V\,, \tag{II, 320}$$

so kann man allgemein schreiben

$$V_i = V\,d_i \tag{II, 321}$$

mit

$$d_i = \sum_{j=1}^{i} (-1)^{j+1}\,c_{ij}\,x_2^{*\,j-1}\big/N_2^{\,j-1}\,. \tag{II, 322}$$

Setzen wir

$$P = v_2/v_1\,, \tag{II, 323}$$

wo $v_1$ das Eigenvolumen eines Moleküls des Lösungsmittels ist, so geht die Definition (II, 320) in die frühere Gl. (II, 112) über. Die in (II, 322) auftretenden Größen $c_{ij}$ lassen sich nicht auf eine übersichtliche mathematische Form bringen, aber für kleine $i$ explizit angeben.

Aus Gl. (II, 315), (II, 316) und (II, 321) folgt für die Verdünnungsentropie

$$\varDelta s_1 = \mathrm{R}\left[ N_2\left(\frac{\partial \ln V}{\partial N_1}\right)_{N_2} + \sum_{i=1}^{N_2}\left(\frac{\partial \ln d_i}{\partial N_1}\right)_{N_2} \right]. \tag{II, 324}$$

Für den ersten Term erhält man

$$N_2\left(\frac{\partial \ln V}{\partial N_1}\right)_{N_2} = \frac{x_2^*}{P}\,. \tag{II, 325}$$

Der zweite Term kann geschrieben werden

$$\sum_{i=1}^{N_2}\left(\frac{\partial \ln d_i}{\partial N_1}\right)_{N_2} = -\,\frac{x_2^{*2}}{PN_2}\,\Sigma\left(\frac{\partial \ln d_i}{\partial x_2^*}\right)_{N_2}\,. \tag{II, 326}$$

Der wesentliche Kunstgriff besteht jetzt darin, daß die Differentialquotienten der rechten Seite von (II, 326) als Entwicklungen nach Potenzen von $x_2^*$ dargestellt werden. Es wird also gesetzt

$$-\left(\frac{\partial \ln d_i}{\partial x_2^*}\right)_{N_2} = \frac{a\,i}{N_2} + \frac{b\,i^2}{N_2^2}\,x_2^* + \frac{c\,i^3}{N_2^3}\,x_2^{*2} + \cdots \tag{II, 327}$$

Die ersten Koeffizienten lassen sich nach dem früheren leicht explizit angeben. Es ist

$$\begin{aligned} a &= k_2 \\ b &= k_2^2 - k_3 \end{aligned} \tag{II, 328}$$

$$\text{usw.}$$

Führt man nun die Summierung in (II, 326) aus und setzt das Resultat sowie den Ausdruck (II, 325) in (II, 324) ein, so folgt

$$\Delta s_1 = R\,\frac{x_2^*}{P}\,[1 + K_2\,x_2^* + K_3\,x_2^{*2} + \cdots\cdots]\,, \qquad (II, 329)$$

wo

$$\begin{aligned} K_2 &= \tfrac{1}{2}\,k_2 \\ K_3 &= \tfrac{1}{3}\,(k_2^2 - k_3) \end{aligned} \qquad (II, 330)$$

usw.

ist. Die Berechnung der Größen $k_2$, $k_3$ usw. ist von HUGGINS für Kugelmoleküle und zylindrische Stäbchen durchgeführt worden. Die bereits in § 29e angegebenen Resultate stimmen mit den nach anderen Methoden erhaltenen im wesentlichen überein.

In neuester Zeit hat HUGGINS[1] seine Theorie auch auf Lösungen von Fadenmolekülen mit innerer Beweglichkeit ausgedehnt, nähere Einzelheiten liegen aber noch nicht vor.

### d) Die Theorie von FLORY-KRIGBAUM.

Während die in den beiden vorhergehenden Abschnitten besprochenen Ansätze explizite Formeln bisher nur für Kornmoleküle ergeben haben, greift eine in den letzten Jahren von FLORY und Mitarbeiter[2, 3] entwickelte Theorie unmittelbar das Problem der Fadenmoleküle mit innerer Beweglichkeit an. Um das Wesentliche der FLORYschen Überlegungen zu verstehen, gehen wir zweckmäßig von Gl. (II, 310) aus, die wir mit Benutzung von (II, 311) und der Tatsache, daß für fluide Phasen $F_1 = 1$ ist, schreiben können

$$B^* = \frac{R T\,N_L}{2\,V\,M^2} \int [1 - F_2\,(i,j)]\,d\,(i\,j)\,. \qquad (II, 331)$$

Der Einfachheit halber nehmen wir an, daß $F_2$ über alle relativen Orientierungen der beiden Moleküle gemittelt worden ist. Die so definierte Funktion ist dann die bekannte radiale Verteilungsfunktion, und wir haben nur noch über den Molekülabstand $r_{ij}$ zu integrieren. Es ist also

$$B^* = \frac{R T\,N_L}{2\,V\,M^2} \int [1 - F_2\,(r_{ij})]\,4\,\pi\,r_{ij}^2\,d\,r_{ij}\,. \qquad (II, 332)$$

Nun gilt, wie McMILLAN und MAYER[4] gezeigt haben

$$F_2 = e^{-\frac{w_2}{kT}}\,, \qquad (II, 333)$$

wo $w_2$ die über alle Konfigurationen gemittelte Wechselwirkungsenergie zweier Moleküle als Funktion ihres Abstandes ist. Wir haben früher

---

[1] HUGGINS, M. L.: Vortrag auf dem International Congress of Pure and Applied Chemistry, New York 1951.

[2] FLORY, P. J.: J. Chem. Phys. 17, 1347 (1949).

[3] FLORY, P. J., u. W. R. KRIGBAUM: J. Chem. Phys. 18, 1086 (1950).

[4] McMILLAN, W. G., u. J. E. MAYER: J. Chem. Phys. 13, 276 (1945).

(§ 28 b, § 30 b) gesehen, daß man eine entsprechende Größe im Rahmen des Gittermodells als freie Energie der Bildung eines Molekülpaares auffassen kann, wenn man letztere als chemische Reaktion schreibt.

Den Ausgangspunkt der FLORYschen Theorie bildet die schon früher (§ 29 d) erörterte Tatsache, daß die wesentliche Schwäche der älteren Theorien in der Annahme liegt, daß die lokale Konzentration von Bausteinen der Fadenmoleküle in der Umgebung eines herausgegriffenen Bausteins gleich der Durchschnittskonzentration über die ganze Lösung ist. Statt dessen wird jetzt angenommen, daß das einzelne Fadenmolekül ein lockerer kugelförmiger Knäuel mit einer GAUSSschen Dichteverteilung um den Schwerpunkt ist. Bis zu einem gewissen Grade können diese Knäuel sich gegenseitig durchdringen. Die zweite wesentliche Annahme FLORYS besagt nun, daß für dieses Durchdringen die Größe $w_2$ in Gl. (II, 333) mit einer makroskopischen freien Energie der Mischung für hochmolekulare Lösungen identifiziert werden darf. Schließlich wird noch angenommen, daß in dem Bereich der Knäuel die Formeln der alten FLORY-HUGGINS-Theorie anwendbar sind.

Diese Grundgedanken werden nun in folgender Weise rechnerisch durchgeführt. Innerhalb der Knäuel wird das Gittermodell benutzt, und es wird angenommen, daß ein Fadenmolekül aus $P$ Segmenten besteht, von denen jedes einen Gitterplatz mit dem Volumen $v_2$ besetzt. Für die Zahl der Segmente pro Volumeneinheit wird gesetzt

$$\varrho_i = P_i \, (\beta_i^2/\pi)^{\frac{3}{2}} \, e^{-\beta_i^2 \, s_i^2}, \qquad (II, 334)$$

wo

$$\beta = 3/\alpha \, a \, Z^{\frac{1}{2}} \qquad (II, 335)$$

ist. $s_i$ bezeichnet den Abstand des betrachteten Volumenelementes vom Schwerpunkt des Moleküls $i$. Die Größe $\alpha$ stellt die Modifikation der Dichteverteilung (und auch des mittleren Abstandes der Kettenenden) durch den sog. „Volumeneffekt" (s. Kap. XIV § 1) und die Wechselwirkung mit dem Lösungsmittel dar[1]. Die Mischungsentropie wird in der Form

$$\Delta S = - \, \mathrm{k} \, [N_1 \ln (1 - x_2^*) - (\psi_1 - \tfrac{1}{2}) \, N_1 \, x_2^* \qquad (II, 336)$$

angesetzt, wo $\psi_1$ eine für das System charakteristische Konstante bedeutet. Wir betrachten jetzt ein Volumenelement $\delta V$, in welchem die Dichte $\varrho_i$ der Segmente als konstant betrachtet werden kann. Innerhalb dieses Gebietes ist dann der Volumenbruch des Polymeren $v_2 \, \varrho_i$, während die Zahl der Moleküle des Lösungsmittels $(1 - \varrho_i \, v_2) \, \delta V/v_1$ ist. Die interessierende Größe ist zunächst die Änderung der Mischungsentropie innerhalb des Volumenelementes $\delta V$, wenn durch Annäherung eines zweiten Fadenmoleküls $j$ auf den Schwerpunktsabstand $r_{ij}$ Segmente des letzteren in $\delta V$ auftreten. Durch Einsetzen der obigen Ausdrücke in (II, 336) und Differenzbildung ergibt sich

$$\delta(\Delta S) = - \, (\mathrm{k} \, \delta V/v_1) \, \{(1 - \varrho_i \, v_2 - \varrho_j \, v_2) \ln (1 - \varrho_i \, v_2 - \varrho_j \, v_2)$$
$$- \, (1 - \varrho_i \, v_2) \ln (1 - \varrho_i \, v_2) - (\psi_1 - \tfrac{1}{2}) \, [(1 - \varrho_i \, v_2 - \varrho_j \, v_2)$$
$$(\varrho_i \, v_2 + \varrho_j \, v_2) - (1 - \varrho_i \, v_2) \, \varrho_i \, v_2 - (1 - \varrho_j \, v_2) \varrho_j \, v_2]\}. \qquad (II, 337)$$

---

[1] FLORY, P. J.: J. Chem. Phys. **17**, 303 (1949).

Durch Entwicklung der Logarithmen und Vernachlässigung höherer Terme in $\varrho\, v_2$ wird daraus

$$\delta\,(\varDelta S) = -\,2\,\mathrm{k}\,\psi_1\,(v_2^2/v_1)\,\varrho_i\,\varrho_j\,\delta V\;. \tag{II, 338}$$

Die entsprechende Änderung der freien Energie der Mischung wird durch Zufügung eines Termes für die Mischungswärme gewonnen. Dieser wird in der Form

$$\delta\,(\varDelta H) = -\,2\,\mathrm{k}T\,\varkappa_1\,(v_2^2/v_1)\,\varrho_i\,\varrho_j\,\delta V \tag{II, 339}$$

angesetzt, wo $\varkappa_1$ eine (bis auf den Entropieterm) dem HUGGINSschen $\chi_1$ analoge Größe ist. Der Beitrag des Volumenelementes $\delta V$ zu $w_2$ ist somit

$$w_2^{\delta V} = \delta\,(\varDelta H) - T\,\delta\,(\varDelta S) = 2\,\mathrm{k}T\,\varrho_i\,\varrho_j\,(v_2^2/v_1)\,(\psi_1 - \varkappa_1)\,\delta V\;. \tag{II, 340}$$

Um $w_2$ zu erhalten, müssen wir diesen Ausdruck über das gesamte Volumen bei konstantem $r_{ij}$ integrieren. Das Resultat lautet

$$w_2 = 2\,\mathrm{k}T\,\big[(\beta^2/2\,\pi)^{3/2}\,P^2\,(v_2^2/v_1)\,(\psi_1 - \varkappa_1)\big]\,e^{-\frac{1}{2}\beta^2 r_{ij}^2}\;. \tag{II, 341}$$

Die Berechnung von $B^*$ erfordert nun noch eine weitere Integration über $r_{ij}$, die für einen größeren Bereich von FLORY graphisch durchgeführt worden ist. Für einen kleinen Bereich kann eine Integration durch Reihenentwicklung benutzt werden. Das Endergebnis läßt sich in der Form

$$B^* = \frac{RT\,V_2^2}{V_1\,M^2}\,(\psi_1 - \varkappa_1)\,\varPhi\,(J\,\xi^3) \tag{II, 342}$$

schreiben. Das Argument der Funktion $\varPhi$ ist durch die Gleichung

$$J\,\xi^3 = 2\,(\alpha^2 - 1) \tag{II, 343}$$

mit dem früher eingeführten Parameter $\alpha$ verknüpft. Die Funktion selbst ist in der FLORYschen Arbeit graphisch dargestellt. Für $\alpha$ hat FLORY[1] schon früher die Beziehung

$$\alpha^5 - \alpha^3 = 2\,C_M\,(\psi_1 - \varkappa_1)\,M^{\frac{1}{2}} \tag{II, 344}$$

abgeleitet, wo

$$C_M = \frac{3^3\,V_2^2}{2^{5/2}\,\pi^{3/2}\,M^2\,V_1}\left(\frac{M}{z\,a^2\,N_L^{2/3}}\right)^{3/2} \tag{II, 345}$$

ist. Die Größe $B^*$ hängt somit über $\alpha$ bzw. $\varPhi\,(J\,\xi^3)$ vom Molekulargewicht ab, und zwar wird sie mit wachsendem Molekulargewicht kleiner.

Für den Koeffizienten $C^*$ der Gl. (II, 104) berechnet FLORY aus dem Modell starrer Kugeln

$$C^* = \frac{5}{8}\,\frac{B^2\,M}{RT}\;. \tag{II, 346}$$

Wir haben also für den osmotischen Druck

$$\frac{\varPi}{c_g} = \frac{RT}{M} + B^*\,c_g + \frac{5}{8}\,\frac{B^*\,M}{RT}\,c_g^2 \equiv \frac{RT}{M}\left(1 + B\,c_g + \frac{5}{8}\,B^2\,c_g^2\right). \tag{II, 347}$$

---

[1] FLORY, P. J.: J. Chem. Phys. **17**, 303 (1949).

Die genauere experimentelle Prüfung der FLORY-KRIGBAUMschen Theorie stößt auf große Schwierigkeiten, da sich die Formeln für die Verdünnungswärme und die Verdünnungsentropie nicht explizit darstellen lassen. Wir müssen uns daher auf die Diskussion des osmotischen Druckes beschränken, die, wie schon erwähnt, nur ziemlich summarische Aussagen ermöglicht. Betrachten wir zunächst Gl. (II, 342), so sehen wir, daß hier drei freie Parameter auftreten, nämlich $\psi_1$, $\varkappa_1$ und $\alpha$. Von diesen kann $\alpha$ nach der von FLORY[1] entwickelten Theorie im Prinzip aus Viscositätsmessungen bestimmt werden[2]. Im Falle positiver Mischungswärme läßt sich $\varkappa_1$ durch die kritische Temperatur der Entmischung (s. Kap. III) nach der Formel

$$T_k = \frac{\varkappa_1\, T}{\psi_1} \qquad \text{(II, 348)}$$

eliminieren. In diesem günstigsten Falle könnte dann $\psi_1$ mittels Gl. (II, 344) und (II, 345) bestimmt werden[3], doch sind solche Werte erst in einem Falle[4] publiziert worden, ohne daß daraus $B^*$ berechnet wäre[5]. Der Absolutwert von $B^*$ bietet daher bisher keine Prüfungsmöglichkeit für die Theorie. Über die Abhängigkeit der Größe $B^*$ vom Molekulargewicht läßt sich, wie erwähnt, qualitativ aussagen, daß $B^*$ mit wachsendem Molekulargewicht abnimmt. Das ist, wie wir wissen, in Übereinstimmung mit den experimentellen Daten. Es ist jedoch bisher nicht untersucht worden, ob die sehr charakteristische Form dieser Funktion von der FLORY-KRIGBAUMschen Theorie wiedergegeben werden kann. Es bleibt also gegenwärtig nur die Prüfung von Gl. (II, 346) als einzige Möglichkeit. FLORY und Mitarbeiter[6] haben dies in der Weise durchgeführt, daß sie die experimentellen Daten in ein $\log (\Pi/c_g)$ – $\log c_g$-Diagramm eingetragen haben; auf Transparentpapier wurde in dem gleichen Maßstab $\log [1 + B\, c_g + \tfrac{5}{8} B^2\, c_g^2]$ als Funktion von $\log (B\, c_g)$ aufgetragen. Die beiden

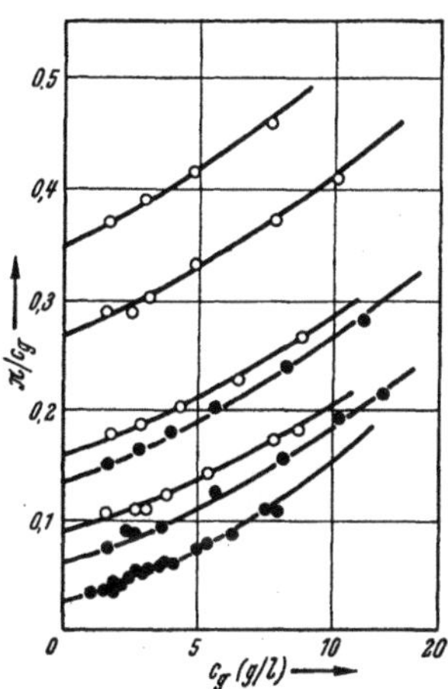

Abb. II, 50. Osmotischer Druck des Systems Polystyrol–Toluol Kreise: experimentelle Werte. Kurve: berechnet nach Gl. (II, 347).

Blätter wurden übereinandergelegt und parallel zu den Koordinatenachsen solange verschoben, bis beste Anpassung erreicht war. Aus den Verschiebungen ergibt sich nach Gl. (II, 347) unmittelbar $RT/M$ und $B$. Die mit diesen Parameter- werten nach Gl. (II, 347) gezeichneten Kurven passen sich in der Tat den Meßpunkten sehr gut an, wie Abb. II, 50[7] am

---


[1] FLORY, P. J.: J. Chem. Phys. **17**, 303 (1949).
[2] Fox, T. G., u. P. J. FLORY: J. Phys. Colloid Chem. **53**, 197 (1949).
[3] FLORY, P. J., u. T. G. Fox: J. Polymer Sci. **5**, 745 (1950).
[4] WAGNER, H. L., u. P. J. FLORY: J. Amer. Chem. Soc. **74**, 195 (1952).
[5] Die Unsicherheit des $\psi_1$-Wertes wird mit $\pm$ 60% angegeben.
[6] Fox, T. G., P. J. FLORY u. A. M. BUECHE: J. Amer. Chem. Soc. **73**, 285 (1951).
[7] FLORY, P. J., u. W. R. KRIGBAUM: Ann. Rev. Phys. Chem. **2**, 383 (1951).

Beispiel der Messungen von BAWN und Mitarbeitern[1] sowie unveröffentlichter Messungen von MARK und FRANK an dem System Polystyrol–Toluol zeigt.

Dieses Ergebnis besagt jedoch nicht allzu viel, wenn man bedenkt, daß die experimentelle Bestimmung von $C^*$ bzw. $C$ hart an der Grenze der osmotischen Meßgenauigkeit liegt. In den meisten Fällen ist es vorläufig zum mindesten zweifelhaft, ob diese Größen im Gebiet der osmotischen Messungen überhaupt schon einen nennenswerten Beitrag liefern[2,3]. Bevor diese Frage theoretisch und experimentell besser geklärt ist, erscheint es nicht gerechtfertigt, Gl. (II, 347) als allgemeine Grundlage der osmotischen Molekulargewichtsbestimmung zu benutzen. Die Frage der experimentellen Bestätigung der FLORY-KRIGBAUMschen Theorie muß somit vorläufig noch als offen betrachtet werden.

Vom theoretischen Standpunkt aus ist es klar, daß die Darstellung der Fadenmoleküle als kugelförmige Knäuel mit GAUSSscher Dichteverteilung nur für hohe Molekulargewichte bei hinreichender innerer Beweglichkeit eine vernünftige Näherung darstellt. Für Nitrocellulose-Aceton beispielsweise enthält ein KUHNsches Fadenelement etwa 50 monomere Bausteine (s. Tab. XIV, 3); für $P < 500$ ist die obige Betrachtungsweise daher sicher völlig unzutreffend, während ihre Anwendbarkeit bis etwa $P = 1000$ zweifelhaft ist. Sehen wir davon ab, so sind die drei oben erwähnten Grundannahmen der FLORY-KRIGBAUMschen Theorie zwar nicht unplausibel, aber doch nur Näherungen. Ihre Problematik liegt darin, daß die Natur dieser Näherungen ziemlich dunkel bleibt[3]. Nimmt man noch die wenig klare Bedeutung der Parameter $\psi_1$ und $\varkappa_1$ hinzu, so kann man jedenfalls im gegenwärtigen Stadium noch kaum von einem nennenswerten Fortschritt gegenüber dem Gittermodell sprechen. Die eigentliche Bedeutung der FLORY-KRIGBAUMschen Theorie scheint uns vorläufig darin zu liegen, daß sie eine Reihe von neuen und interessanten Gesichtspunkten in die Diskussion einführt.

Zum Schluß erwähnen wir noch einige Arbeiten, die vielleicht für die künftige Entwicklung der Theorie von Bedeutung werden können. ISIHARA[4] hat die Größe $B^*$ für Hantelmoleküle berechnet unter den in der Theorie der Kornmoleküle üblichen Voraussetzungen. ICHIMURA[5] hat versucht, die ZIMMschen Rechnungen im Hinblick auf die Wechselwirkung mit dem Lösungsmittel zu erweitern. ISIHARA[6] und GRIMLEY[7] haben das Problem biegsamer Fadenmoleküle behandelt. Sie kommen zu dem Ergebnis, daß für sehr hohe Polymerisationsgrade $B^* \sim M^{-\frac{1}{2}}$ ist. Die weitere Entwicklung dieser Ansätze bleibt abzuwarten.

[1] BAWN, C., R. FREEMAN u. A. KAMALIDDIN: Trans. Faraday Soc. 46, 862 (1950).

[2] Es ist verschiedentlich versucht worden [BOYER, R. T., u. R. S. SPENCER: J. Polymer. Sci. 5, 375 (1950). — DOTY, P. M., u. R. F. STEINER: J. Polymer. Sci. 5, 383 (1950)], eine „kritische Konzentration" zu definieren, oberhalb deren $C^*$ bzw. $C$ einen wesentlichen Beitrag zum osmotischen Druck liefert.

[3] Vgl. dazu CLEVERDON, D., u. D. LAKER: Chem. Ind. 1951, 272.

[4] ISIHARA, A.: J. Chem. Phys. 19, 397 (1951).

[5] ICHIMURA, H.: J. Chem. Phys. 19, 516 (1951).

[6] ISIHARA, A., u. M. TODA: J. Polymer Sci. 7, 277 (1951).

[7] GRIMLEY, T. B.: Proc. Roy. Soc. Lond. A 212, 339 (1952).

### e) Wert und Grenzen der Theorie.

Die Ausführungen dieses Kapitels haben gezeigt, daß die statistische Theorie der hochmolekularen Lösungen in den letzten zwölf Jahren mit außerordentlicher Intensität bearbeitet worden ist. Die Frage, welchen Wert diese Bemühungen nun schließlich für unsere Naturerkenntnis und ihre praktische Anwendung, die Technik, gehabt haben, ist daher berechtigt. Eine Antwort auf diese Frage läßt sich am leichtesten geben, wenn wir uns an den Stand der Erkenntnis vor 1940 erinnern. Es gab damals auf der einen Seite schon ein umfangreiches experimentelles Material über die thermodynamischen Eigenschaften hochmolekularer Lösungen; andererseits waren auch die Vorstellungen über den chemischen Bau der Makromoleküle schon ziemlich weit entwickelt. Aber das verbindende Glied zwischen diesen Kenntnissen fehlte vollständig. Auf die Frage, wie die Eigenschaften der Lösungen durch die Eigenschaften der Makromoleküle bedingt werden, gab es keine exakt begründete Antwort, sondern nur mehr oder weniger phantastische Spekulationen. Wenn wir demgegenüber heute den fraglichen Zusammenhang weitgehend verstehen, in einer Reihe von Fällen auch quantitativ beschreiben können, so ist dies eine Folge der anhaltenden Bemühungen um die theoretische Durchdringung des Problems mit den exakten Methoden der statistischen Thermodynamik. Sicherlich sind die Rechnungen für Modelle durchgeführt worden, welche gegenüber der Wirklichkeit weitgehend vereinfacht sind. Dieser Gesichtspunkt muß beim Vergleich zwischen Theorie und Experiment stets beachtet werden. Auf der anderen Seite ermöglicht die quantitative Untersuchung relativ einfacher Modelle eine zuverlässige Abschätzung, welche Beiträge einzelne Elementareffekte zu den makroskopischen thermodynamischen Eigenschaften liefern können. Zweifellos sind wir von einer endgültigen Lösung des Problems noch recht weit entfernt. Es ist auch begreiflich, daß die gegenwärtige Situation, in der die Unzulänglichkeiten der bisherigen Methoden klar erkannt werden und neue Wege sich noch nicht deutlich abzeichnen, von den auf diesem Gebiet arbeitenden Forschern als recht unbehaglich empfunden wird. Man sollte aber nicht vergessen, in welchem Umfange die bisherigen theoretischen Arbeiten uns grundlegende Erkenntnisse über die hochmolekularen Lösungen vermittelt haben, und weiter, daß die Durcharbeitung der in den älteren Ansätzen liegenden Möglichkeiten eine notwendige Voraussetzung für das Auffinden neuer Wege ist. Man darf hier wohl an ähnliche Entwicklungen auf anderen Gebieten der Physik erinnern. So bedeutete die VAN DER WAALSsche Zustandsgleichung[1] oder das BOHRsche Atommodell in ähnlicher Weise eine erste Formulierung neuer grundlegender Erkenntnisse, wie man es von den etwa bis 1946 erschienene Arbeiten über die Theorie der hochmolekularen Lösungen sagen kann. Auf allen Gebieten hat sich die Unzulänglichkeit der ersten Formulierungen nach relativ kurzer Zeit herausgestellt. Wir wissen aber auch, daß das jahrzehnte-

---

[1] Dieser Vergleich wurde von Herrn Prof. H. MARK in einer privaten Diskussion über die gegenwärtige Situation gebraucht.

lange Bemühen um die Zustandsgleichung der realen Gase oder die auf der Grundlage der BOHR-SOMMERFELDschen Theorie durchgeführten Untersuchungen eine notwendige Voraussetzung für die Entwicklung der URSELL-MAYERschen Theorie bzw. der Quantenmechanik waren. Und zumal der Chemiker wird zugeben, daß für viele Zwecke die VAN DER WAALSsche Zustandsgleichung oder das BOHRsche Atommodell auch heute noch von größtem praktischem Nutzen sind. Unter diesen Gesichtspunkten wird man nicht nur den älteren Arbeiten gerecht werden, sondern auch in der gegenwärtigen Situation ein notwendiges Stadium der Entwicklung erkennen.

Drittes Kapitel.

# Löslichkeit und Quellung.

Von

Arnold Münster.

Mit 47 Textabbildungen.

## § 32. Vorbemerkungen.

In Kap. II haben wir gesehen, wie man die thermodynamischen Funktionen hochmolekularer Lösungen nach den Methoden der statistischen Thermodynamik berechnen kann. Dabei haben wir nur Anwendungen auf die thermodynamisch einfachen Probleme des Dampfdruckgleichgewichtes und des osmotischen Gleichgewichtes betrachtet. Wir wollen uns jetzt mit Fragen beschäftigen, die schon vom Standpunkt der Thermodynamik wesentlich komplizierter sind. Es wird daher nützlich sein, wenn wir zunächst einige allgemeine Bemerkungen über das Thema dieses Kapitels machen.

Im Gebiete der niedrigmolekularen Substanzen denkt man bei dem Wort „Löslichkeit" zunächst an das Gleichgewicht zwischen einer flüssigen Lösung und einem einheitlichen kristallinen Bodenkörper. Gerade diese Frage spielt bei den Hochpolymeren nur eine verhältnismäßig geringe Rolle; die meisten Hochpolymeren sind nämlich ganz oder wenigstens teilweise amorph, so daß die Gleichgewichtsphasen stets beide Komponenten enthalten. Das Problem steht daher den Erscheinungen viel näher, die wir bei Mischung und Entmischung flüssiger Phasen beobachten. Rein phänomenologisch zeigen sich allerdings sehr charakteristische Unterschiede, die wir zunächst hier einfach als empirische Tatsachen anführen. Zunächst findet man, daß in den meisten Fällen hochpolymere Stoffe, qualitativ gesprochen, entweder beliebig löslich oder praktisch unlöslich sind[1]. Mit anderen Worten heißt dies, daß bei Zufügen einer niedrigmolekularen Flüssigkeit entweder das System stets homogen bleibt oder aber die eine Gleichgewichtsphase aus der praktisch reinen Flüssigkeit besteht. In zahlreichen Fällen hat man in dem gleichen System oberhalb einer gewissen Temperatur $T_k$ das erste, unterhalb das zweite Verhalten. Besonders typisch für die Hochpolymeren ist die sog. *Quellung*. Man versteht darunter die Erscheinung, daß hochpolymere Stoffe große Mengen niedrigmolekularer Flüssigkeiten aufnehmen können, ohne ihren Zusammenhalt und ihre Form zu verlieren. Solche Phasen werden gewöhnlich *Gele* genannt. Die physikalischen Ursachen dieser Erscheinung können jedoch sehr verschieden sein. Zunächst hat jede konzentrierte hochmolekulare Lösung mehr oder weniger Gelcharakter. Gelangt man durch weiteres Zufügen von Flüssigkeit zu einer

---

[1] Über die Kriterien für gute und schlechte Lösungsmittel vgl. S. 251.

homogenen Lösung, so spricht man von *unbegrenzter Quellung*. Die Auflösung des primär gebildeten Gels verläuft jedoch häufig viel langsamer als die Gelbildung selbst. Selbst bei sehr kleinen Proben muß man unter Umständen Tage bis zur völligen Homogenisierung warten. Man hat daher sozusagen pseudo-heterogene Systeme. Im einzelnen scheint die Geschwindigkeit des Auflösungsprozesses in erster Linie von der Temperatur und dem Molekulargewicht abzuhängen. Häufig kommt der Prozeß jedoch zum völligen Stillstand, wenn eine gewisse Menge Flüssigkeit von dem Hochpolymeren aufgenommen worden ist. Man spricht dann von *begrenzter Quellung*. Im einzelnen kommen dafür wieder verschiedene Ursachen in Betracht. Zunächst kann es sich um Entmischung eines binären oder ternären Systems handeln, wie wir sie von niedrigmolekularen flüssigen Gemischen her kennen. Dann kann die vollständige Auflösung aber auch dadurch verhindert werden, daß die Fadenmoleküle nicht isoliert sind, sondern ein durch Hauptvalenzbindungen verknüpftes Netzwerk bilden. Für diese Erscheinung gibt es bei den niedrigmolekularen Substanzen kein Analogon, obwohl sie naturgemäß thermodynamisch in gleicher Weise beschrieben werden kann wie die übrigen heterogenen Systeme.

Die Löslichkeitseigenschaften der Hochpolymeren sind auch praktisch von außerordentlicher Bedeutung. Sie bilden nicht nur die Grundlage der wichtigsten Methoden zur Fraktionierung der Hochpolymeren nach der Kettenlänge, sondern spielen auch für die Probleme der Weichmachung und der Treibstoffestigkeit (oder allgemeiner gesprochen der Quellungsresistenz) eine entscheidende Rolle. Es existiert daher auf diesem Gebiete ein sehr umfangreiches empirisches Material. Das Ziel der folgenden Ausführungen besteht indessen nicht in einer Zusammenstellung dieses Materials (das ohnehin zu einem erheblichen Teil bisher nicht allgemein zugänglich ist). Es soll vielmehr versucht werden, zu zeigen, inwieweit wir heute in der Lage sind, die Löslichkeitseigenschaften der Hochpolymeren zu verstehen und damit dem Praktiker die Mittel an die Hand zu geben, nicht nur das vorhandene Material zu überblicken, sondern auch in gewissem Umfange Voraussagen zu machen und neue Experimente sinnvoll anzulegen.

Es ist ohne weiteres klar, daß man die komplizierten Gleichungen der Thermodynamik für heterogene Systeme nur dann mit erträglichem Aufwand lösen kann, wenn man von relativ einfachen Ansätzen für die thermodynamischen Funktionen ausgeht. Die meisten Untersuchungen über Löslichkeit beschränken sich daher auf die Verwendung der um das Solvatationsglied erweiterten FLORY-HUGGINS-Theorie (Kap. II, § 30a). Da es bei den Problemen der Löslichkeit nur auf die chemischen Potentiale bzw. die molare freie Energie der Mischung ankommt, fallen die früher diskutierten Unzulänglichkeiten dieser Theorie hier nicht so schwer ins Gewicht. Dies gilt um so mehr, als das experimentelle Material über Löslichkeit der Hochpolymeren zum großen Teil nur qualitativen oder halbquantitativen Charakter besitzt. Die Aufgabe der Theorie besteht daher hier zunächst in einer allgemeinen Übersicht über die auftretenden Erscheinungen, die ebenfalls halbquantitativen Charakter tragen wird.

## § 33. Entmischung binärer Systeme.

Wir nehmen zunächst an, daß der hochpolymere Stoff amorph ist und einheitliche Kettenlänge besitzt. Unter diesen Voraussetzungen ist das Problem der Löslichkeit formal identisch mit dem der Mischbarkeit zweier Flüssigkeiten, wie es z. B. von dem System Phenol—Wasser her bekannt ist. Zur Darstellung der Verhältnisse benutzt man gewöhnlich ein Temperatur-Konzentrationsdiagramm, in welches die Werte eingetragen werden, bei denen das System heterogen wird. Eine solche „Entmischungskurve" besitzt bei niedrigmolekularen Systemen gewöhnlich einen nicht stark unsymmetrischen Charakter. Ein Beispiel dafür zeigt Abb. III, 1.

Der Punkt des Diagramms, in dem die beiden koexistierenden Phasen identisch werden, wird als kritischer Punkt bezeichnet, die zugehörige

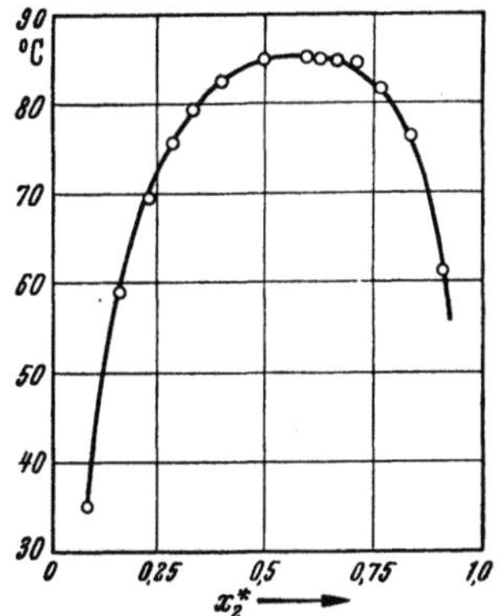

Abb. III, 1. Entmischungsdiagramm des Systems Perfluoromethylcyclohexan(1)—Benzol(2).

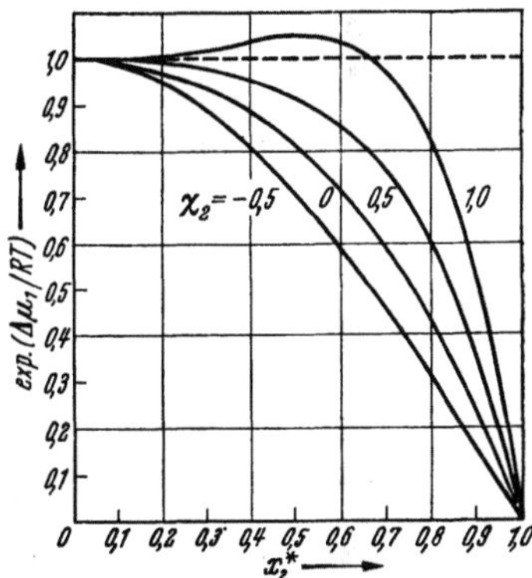


Abb. III, 2. Aktivität des Lösungsmittels nach HUGGINS.

Temperatur als kritische Temperatur $T_k$, die zugehörige Konzentration als kritische Konzentration. Die Entmischung hochmolekularer Lösungen bietet, wie erwähnt, schon rein äußerlich ein anderes Bild dadurch, daß hier nicht zwei Flüssigkeiten vergleichbarer Konzentrationen miteinander im Gleichgewicht stehen, sondern eine extrem verdünnte Lösung, die oft von reinem Lösungsmittel praktisch nicht zu unterscheiden ist, und ein stark gequollenes Gel. Die Entmischungskurven sind hier also extrem unsymmetrisch. Zur theoretischen Untersuchung der Verhältnisse gehen wir zunächst aus von der FLORY-HUGGINSschen Gleichung

$$\frac{\Delta\mu_1}{RT} = \ln a_1 = \ln(1 - x_2^*) + \left(1 - \frac{1}{P}\right) x_2^* + \chi_1 x_2^{*2}. \qquad \text{(III, 1)}$$

In Abb. III, 2 ist der Zusammenhang zwischen der Aktivität des Lösungsmittels und dem Volumbruch des hochpolymeren Stoffes nach Gl. (III, 1) für verschiedene Werte des Parameters $\chi_1$ dargestellt. Dabei ist angenommen, daß die Ketten unendliche Länge besitzen. Man sieht,

13*

daß für $\chi_1 > 0{,}5$ eine positive Steigung auftritt. Die thermodynamische Stabilitätsbedingung verlangt aber

$$\frac{\partial \Delta\mu_1}{\partial x_2^*} < 0 \; . \tag{III, 2}$$

Im Gebiete der positiven Steigung ist die Lösung daher instabil und es muß Entmischung in zwei Phasen auftreten. Der Wert $\chi_1 = 0{,}5$ entspricht dem kritischen Punkt. Um die allgemeinen, auch für endliche Kettenlängen gültigen Formeln zu erhalten, müssen wir die thermodynamischen Gleichungen für den kritischen Punkt

$$\frac{\partial \Delta\mu_1}{\partial x_2^*} = 0 \; , \qquad \frac{\partial^2 \Delta\mu_1}{\partial x_2^{*2}} = 0 \tag{III, 3}$$

auf Gl. (III, 1) anwenden. Dann ergibt sich durch Elimination von $x_2^*$ für den kritischen Wert von $\chi_1$ [1]

$$\chi_{1k} = \frac{1}{2}\left(1 + \sqrt{\frac{1}{P}}\,\right)^2 \; . \tag{III, 4}$$

Diese Beziehung ist naturgemäß ihrem Wesen nach eine implizite Gleichung für die kritische Temperatur. Wir bringen sie daher mit Benutzung von (II, 198) auf die Form

$$T_k = \frac{\beta}{R} \Big/ \left[\frac{1}{2}\left(1 + 1/\sqrt{P}\,\right)^2 - \chi_0\right] \; . \tag{III, 5}$$

Entsprechend erhalten wir durch Elimination von $\chi_1$ für die kritische Konzentration

$$x_{2k}^* = \frac{1}{1 + \sqrt{P}} \; . \tag{III, 6}$$

Setzen wir $\chi_0 = 1/z$, so bekommen wir durch Entwicklung der Nenner die näherungsweise gültigen Formen

$$T_k = \frac{2\beta}{R}\left(1 + \frac{2}{z} - \frac{2}{\sqrt{P}}\right) \tag{III, 5a}$$

und

$$x_{2k}^* = \frac{1}{\sqrt{P}} \; . \tag{III, 6a}$$

Für die um ein in $x_2^*$ quadratisches Solvatationsglied erweiterte MILLER-GUGGENHEIMsche Theorie läßt sich die oben angedeutete Rechnung nur näherungsweise durchführen. Es ergibt sich [2]

$$T_k = -\frac{3W}{R}\left[1 - \frac{z}{z-2}\left(\frac{2 - 8/z^2}{P}\right)^{1/2}\right] \tag{III, 7}$$

und

$$x_{2k}^* = \frac{1}{\sqrt{P}}\,\frac{1}{\sqrt{(2 - 8/z^2)}} \; , \tag{III, 8}$$

[1] FLORY, P. J.: J. Chem. Phys. **12**, 425 (1944).
[2] MÜNSTER, A.: J. Polymer. Sci. **5**, 333 (1950).

was praktisch mit den obigen Formeln übereinstimmt. Durch Anwendung eines Kunstgriffes ist es GUGGENHEIM[1] gelungen, auf einem etwas anderen Wege die exakten Formeln für die ORR-GUGGENHEIMsche Theorie abzuleiten. Er benutzt als Konzentrationsmaß die von uns in Kap. II § 30b eingeführte Größe

$$\gamma_2 = \frac{q\,N_2}{N_1 + q\,N_2} \qquad\qquad (\text{III, 9})$$

und geht aus von der Bedingung

$$\frac{1}{RT}\,\frac{\partial \Delta\mu_2}{\partial \gamma_2} = 0\;. \qquad\qquad (\text{III, 10})$$

Die Ausrechnung liefert eine in $\gamma_2$ quadratische Gleichung. Die beiden reellen Wurzeln derselben entsprechen, wie man aus Abb. III, 2 sieht[2], zwei instabilen Zuständen[3]. Der kritische Punkt ist dadurch gegeben, daß die beiden reellen Wurzeln in eine zusammenfallen. Es ergibt sich auf diese Weise

$$e^{-\frac{W}{RT_k}} = \frac{1}{2}\left\{1 + ab + \left[(a^2 - 1)(b^2 - 1)\right]^{\frac{1}{2}}\right\} \qquad (\text{III, 11})$$

mit

$$a = 1 + \frac{2}{(z - 2)\,P}\,, \qquad\qquad (\text{III, 12})$$

$$b = \frac{z}{z - 2} \qquad\qquad (\text{III, 13})$$

und

$$\frac{\gamma_{2k}}{1 - \gamma_{2k}} = \left(\frac{a^2 - 1}{b^2 - 1}\right)^{\frac{1}{2}}\;. \qquad\qquad (\text{III, 14})$$

Diese Gleichung läßt sich auf die übersichtlichere Form bringen

$$\left(\frac{PN_2}{N_1}\right)_k = \frac{1}{\dfrac{z - 2}{z}\,P + \dfrac{2}{z}}\;\sqrt{\frac{(z - 2)\,P + 1}{z - 1}}\,, \qquad (\text{III, 15})$$

und das ist näherungsweise

$$x^*_{2k} = \frac{1}{\sqrt{P}}\;\frac{1}{\sqrt{1 - 3/z + 2/z^2}}\;. \qquad\qquad (\text{III, 15a})$$

Dies Ergebnis stimmt, bis auf einen Zahlenfaktor, mit (III, 6a) und (III, 8) überein. Entsprechend läßt sich auch (III, 11) durch zweimalige Entwicklung auf eine Form bringen, die in ihrer wesentlichen Eigenschaft, dem Auftreten des Termes $-1/\sqrt{P}$, mit (III, 5a) und (III, 7) übereinstimmt. Wegen der Unzulänglichkeit aller den obigen Formeln zugrunde liegenden Theorien (s. Kap. II) wird man den Unterschieden

---

[1] GUGGENHEIM, E. A.: Proc. Roy. Soc. (Lond.) A **183**, 213 (1944).

[2] Dort sind die Kurven für $a_1$ dargestellt; die für $a_2$ zeigen jedoch einen analogen Verlauf.

[3] Für Systeme ohne Mischungslücke existieren solche Wurzeln nicht. (Sie müssen, um physikalische Bedeutung zu haben, zwischen 0 und 1 liegen.)

in den Zahlenfaktoren kaum eine ernsthafte physikalische Bedeutung zuschreiben können und sich von vornherein auf einen qualitativen Vergleich zwischen Theorie und Experiment bzw. eine halbquantitative Prüfung des Zusammenhanges zwischen $T_k$ bzw. $x_{2k}^*$ und $P$ beschränken. Dafür sind aber die Unterschiede der verschiedenen Formeln ziemlich bedeutungslos.

GEE[1] hat in die Rechnung einen komplizierteren Ansatz für die Verdünnungswärme eingeführt. Wesentliche Fortschritte scheinen dadurch nicht erzielt worden zu sein.

Fassen wir noch einmal zusammen, so bestehen die wesentlichen Aussagen der Theorie darin, daß einmal die kritischen Volumenbrüche allgemein etwa in der Größenordnung 0,1—0,01 liegen (entsprechend den Polymerisationsgraden $10^2-10^4$) und weiter darin, daß sowohl $T_k$ wie $x_{2k}^*$ linear von $1/\sqrt{P}$ abhängen. In Abb. III, 3 sind Entmischungskurven von Polystyrol ($P = 600$) in einer Reihe organischer Lösungs-

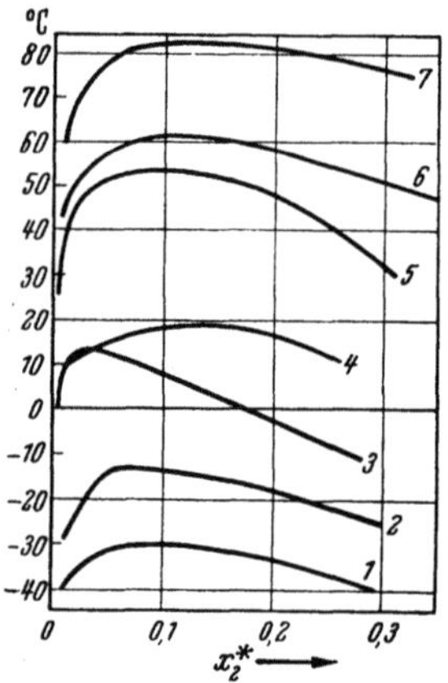

Abb. III, 3. Entmischungskurven von Polystyrol in verschiedenen Lösungsmitteln. Kurve 1: Äthylacetat, Kurve 2: Oxalsäurediäthylester, Kurve 3: Vinylacetat, Kurve 4: Malonsäurediäthylester, Kurve 5: Methylacetat, Kurve 6: Bernsteinsäuredimethylester, Kurve 7: Octylen.

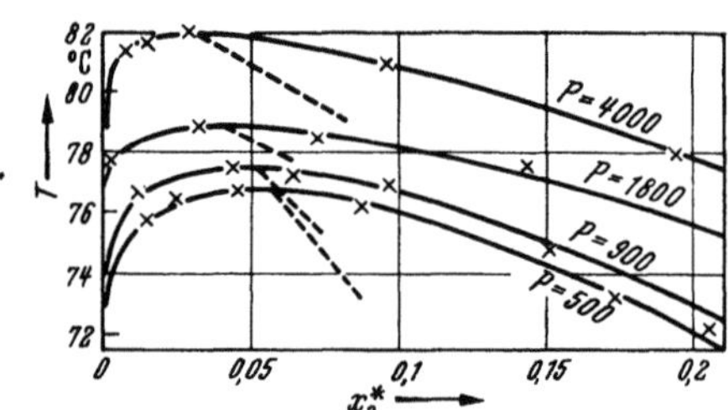

Abb. III, 4. Entmischungskurven des Systems Polymethacrylsäuremethylester—Propylalkohol.

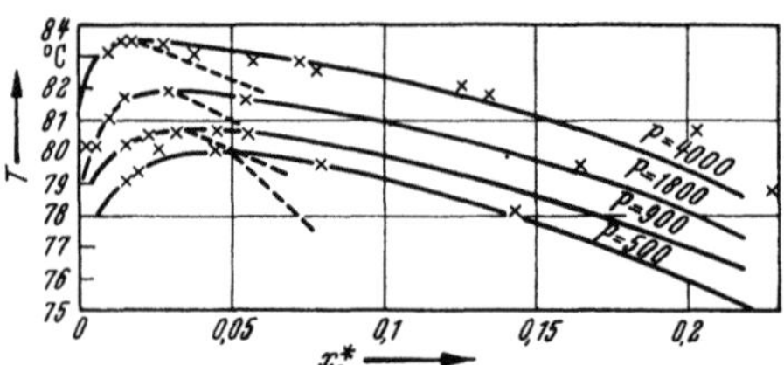

Abb. III, 5. Entmischungskurven des Systems Polymethacrylsäuremethylester—Butylalkohol.

mittel nach JENCKEL und KELLER[2] dargestellt. Abb. III, 4 und 5 zeigen als weitere Beispiele Entmischungskurven von Polymethacrylsäuremethylester in n-Propylalkohol und n-Butylalkohol nach JENCKEL und GORKE[3, 4]. Man sieht daraus, daß der auffallendste Zug der experimentellen Ergebnisse, nämlich der extrem asymmetrische Charakter

<hr>


[1] GEE, G.: Trans. Faraday Soc. 38, 276 (1942).
[2] JENCKEL, E., u. G. KELLER: Z. Naturforsch. 5a, 317 (1950).
[3] JENCKEL, E., u. K. GORKE: Z. Naturforsch. 5a, 556 (1950).
[4] Die Berechnung der kritischen Konzentration in dieser Arbeit enthält einen Rechenfehler (freundl. Privatmitteilung von Herrn Prof. JENCKEL).

der Entmischungskurven, zum wenigsten qualitativ richtig von der Theorie wiedergegeben wird.

Die Abhängigkeit der kritischen Temperatur und der kritischen Konzentration vom Polymerisationsgrad zeigt Abb. III, 6 für Polystyrolfraktionen in Octadecylalkohol. Die viskosimetrisch bestimmten Molekulargewichte liegen zwischen 150000 und 31000. In Tab. III, 1[1] sind die kritischen Daten für vier Fraktionen von Polymethacrylsäuremethylester in verschiedenen Lösungsmitteln zusammengestellt. In allen Fällen findet man, zunächst in qualitativer Übereinstimmung mit der Theorie, daß mit zunehmendem Molekulargewicht die kritische Temperatur schwach ansteigt und die kritische Konzentration sich zu niedrigeren Werten verschiebt. Für den quantitativen Vergleich ist zu beachten, daß beiden erwähnten Experimenten Fraktionierung und Molekulargewichtsbestimmung wahrscheinlich noch nicht den hierfür notwendigen Anforderungen genügen[2]. Es hat aber den Anschein, daß in erster Näherung sowohl $T_k$ wie $x_{2k}^*$ tatsächlich linear von $1/\sqrt{P}$ abhängen, wie es die obigen Gleichungen verlangen. Dagegen kommt in den Experimenten klar ein spezifischer Einfluß des Lösungsmittels zum Ausdruck, dessen formale Darstellung durch verschiedene $z$-Werte[1] zweifellos unbefriedigend ist. Da wir bereits in Kap. II eingehend erörtert haben, daß hier allgemein eine Schwäche der älteren Theorien liegt, wollen wir uns jetzt mit diesem Hinweis begnügen.

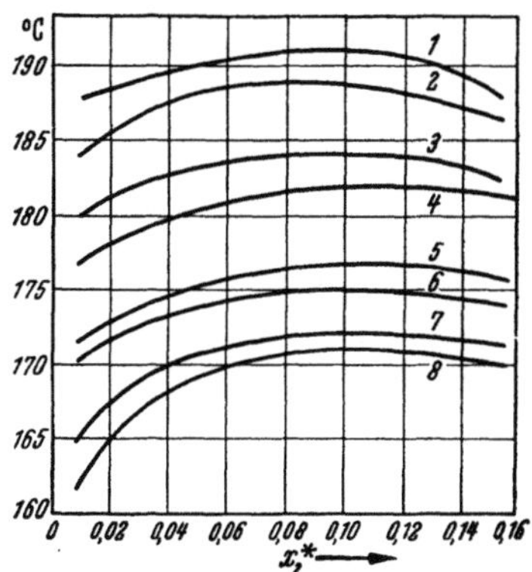



Abb. III, 6. Entmischungskurven des Systems Polystyrol—Octadecylalkohol. Die Zahlen bezeichnen verschiedene Fraktionen.

Tabelle III, 1. *Kritische Daten für Lösungen von Polymethacrylsäuremethylester. Nach* JENCKEL *und* GORKE [Aus Z. Naturforsch. 5a, 556 (1950)].

| Fraktion | p-Cymol | | Butylalkohol | | Propylalkohol | | Chloroform | | Toluol | |
|---|---|---|---|---|---|---|---|---|---|---|
| | $x_{2k}^*$ | $t_k^0$ (°C) | $x_{2k}^*$ | $t_k^0$ (°C) | $x_{2k}^*$ | $t_k^0$ (°C) | $x_{2k}^*$ | $t_k^0$ (°C) | $x_{2k}^*$ | $t_k^0$ (°C) |
| I | 0,050 | 140,5 | 0,021 | 83,5 | 0,031 | 82,1 | 0,120 | —39,5 | 0,065 | —47,8 |
| II | 0,060 | 133,6 | 0,029 | 81,9 | 0,040 | 78,9 | 0,130 | —40,5 | — | — |
| III | 0,064 | 129,3 | 0,034 | 80,7 | 0,051 | 77,5 | — | — | — | — |
| IV | 0,075 | 127,0 | 0,050 | 80,1 | 0,057 | 76,8 | 0,135 | —42,0 | — | — |

Dagegen muß ein anderer Punkt noch kurz erwähnt werden. Wie die experimentellen Daten zeigen, liegt die kritische Konzentration in einem Gebiet, in welchem die Formeln von FLORY-HUGGINS und MILLER-GUGGENHEIM, zumal im Hinblick auf die Abhängigkeit der thermodynamischen Funktionen vom Molekulargewicht, völlig versagen (s. Kap. II § 29d). Wie erklärt es sich, daß diese Theorien die Abhängigkeit der kritischen Daten vom Molekulargewicht doch offenbar im

---

[1] JENCKEL, E., u. K. GORKE: Z. Naturforsch. 5a, 556 (1950).

[2] Freundliche Privatmitteilung von Herrn Prof. JENCKEL.

wesentlichen richtig darstellen? Eine strenge Antwort auf diese Frage läßt sich nur im Rahmen einer allgemeinen Theorie der Phasenumwandlungen geben, auf die wir hier nicht eingehen können. Das Wesentliche läßt sich aber verstehen, wenn wir beachten, daß unsere in Kap. II entwickelten Formeln für den osmotischen Druck zwar im homogenen Gebiet bei den hier in Betracht kommenden Konzentrationen gültig sind, daß es aber unmöglich ist, mit diesen Formeln die Erscheinungen der Entmischung überhaupt darzustellen. Dies beruht letzten Endes darauf, daß die erwähnten Formeln, wie wir verschiedentlich gesehen haben, die Wechselwirkung von je zwei oder (wenn ein kubisches Glied berücksichtigt wird) von je drei gelösten Molekülen beschreiben. Die Entmischung kommt aber durch das Auftreten von viel größeren Molekülgruppen zustande. Es ist daher plausibel, daß die für den osmotischen Druck wichtigen Probleme der Größe $B^*$ in Gl. (II, 104) hier keine Rolle spielen, daß vielmehr (wenn wir die Entwicklung fortgesetzt denken) viel höhere Koeffizienten hier entscheidend sind. Dafür liefern aber die älteren Theorien, wie die Erfahrung zeigt, eine brauchbare Näherung.

Nach der Diskussion des kritischen Punktes wäre der nächste Schritt der theoretischen Untersuchung die vollständige Berechnung der Entmischungskurve, d. h. der Binodalkurve, aus den Gleichgewichtsbedingungen

$$\mu_{1\,\alpha} = \mu_{1\,\beta} \tag{III, 16}$$

$$\mu_{2\,\alpha} = \mu_{2\,\beta}\,, \tag{III, 17}$$

wo $\alpha$ und $\beta$ die beiden Phasen bezeichnen. Diese Aufgabe ist schon für binäre Systeme analytisch nicht lösbar, da sie auf transzendente Gleichungen mit mehreren Unbekannten führt. Nun zeigen aber die oben besprochenen theoretischen und experimentellen Ergebnisse, daß in einiger Entfernung vom kritischen Punkt die eine der beiden Phasen praktisch aus reinem Lösungsmittel besteht. Aus Gl. (III, 6), (III, 8) oder (III, 15) folgt übereinstimmend, daß dies streng als asymptotisches Grenzgesetz für unendlich lange Ketten gilt. Hier liegt somit der kritische Punkt auf der Ordinate. BRÖNSTED und VOLQVARTZ[1], die ein sehr hochmolekulares Polystyrol in verschiedenen Lösungsmitteln untersucht haben, konnten tatsächlich in der einen Phase keine Spur des Hochpolymeren nachweisen. Von GEE[2] wurde daher vorgeschlagen, das erwähnte Grenzgesetz als Näherung auch für endliche Polymerisationsgrade einzuführen. Damit entfällt die Gleichgewichtsbedingung (III, 17), während sich (III, 16) auf die einfache Formel

$$\Delta \mu_1 = 0 \tag{III, 18}$$

reduziert. In dieser Näherung ist somit die Löslichkeitsgrenze durch das Verschwinden des osmotischen Druckes gegeben. Mit Hilfe der um ein einfaches Solvatationsglied erweiterten MILLER-GUGGENHEIMschen Theorie erhält man dann als Gleichung der Binodalkurve[3]

$$T_E = \frac{3}{2}\,\frac{z-2}{z}\,\frac{W}{R}\,x_2^{*\,2}\left\{\ln\left(1-x_2^*\right) - \frac{z}{2}\ln\left[1 - \frac{2\,x_2^*}{z}\left(1 - \frac{1}{P}\right)\right]\right\}^{-1},$$

$$\tag{III, 19}$$

---


[1] BRÖNSTED, J. N., u. K. VOLQVARTZ: Trans. Faraday Soc. 35. 576 (1939).
[2] GEE, G.: Quart. Rev. Chem. Soc. 1, 265 (1947).
[3] MÜNSTER, A.: J. Polymer. Sci. 5, 333 (1950).

wo $T_E$ die Entmischungstemperatur für die betreffende Konzentration bezeichnet. In Abb. III, 7 sind zwei nach Gl. (III, 19) (für $z = 4$ und $z = \infty$) berechnete Kurven dargestellt. Zum Vergleich zeigt Abb. III, 8 Entmischungskurven von Polystyrol in verschiedenen Laurinsäureestern[1], Abb. III, 9 Entmischungskurven von Polystyrolfraktionen in Octadecylalkohol[2, 3]. Man sieht, daß die für $z = \infty$ (FLORY-HUGGINS-sche Theorie) gezeichnete Kurve den experimentellen Verlauf in großen Zügen richtig wiedergibt, während sich merkwürdigerweise keine Stütze für den charakteristischen Verlauf der Kurve II (welche der genaueren MILLER-GUGGENHEIMschen Theorie entspricht) findet.

Für manche Überlegungen ist es zweckmäßig, Gl. (III, 19) in einer anderen Form

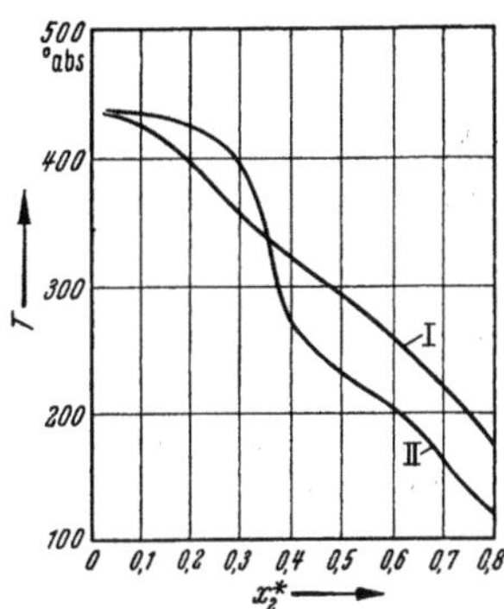

Abb. III, 7. Theoretische Entmischungskurven nach Gl. (III, 19). Kurve I: $z = \infty$, Kurve II: $z = 4$.

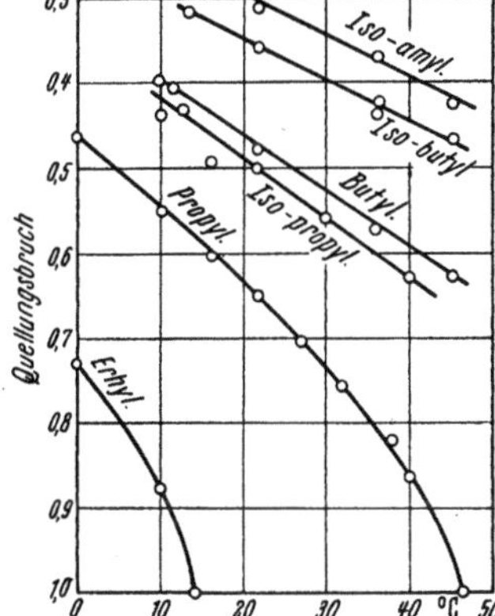

Abb. III, 8. Entmischungskurven von Polystyrol in verschiedenen Laurinsäureestern.

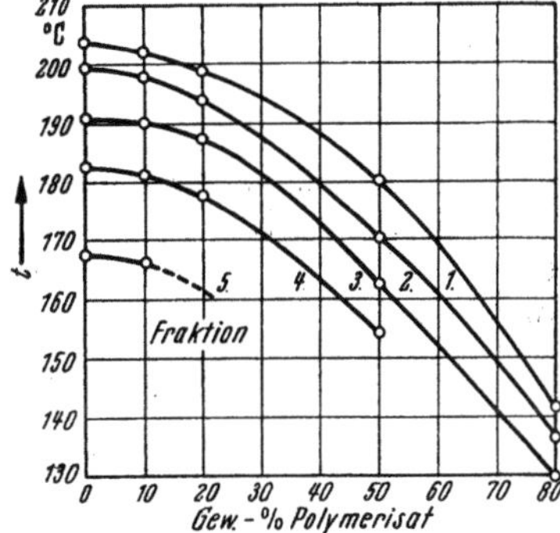

Abb. III, 9. Entmischungskurven von Polystyrolfraktionen in Octadecylalkohol.

zu schreiben. Wir definieren den Quellungsgrad des Hochpolymeren durch die Gleichung

$$Q = 1/x_2^* - 1 = \frac{x_1^*}{x_2^*} \,. \tag{III, 20}$$

Dann ergibt sich

$$\ln\,(1 + 1/Q) + \frac{z}{2}\ln\left[1 - \frac{2}{z}\Big/(Q + 1)\right] + \frac{3}{2}\,\frac{z-2}{z}\,\frac{W}{RT}\Big/(Q + 1)^2 = 0 \,. \tag{III, 21}$$

---

[1] BRÖNSTED, J. N., u. K. VOLQVARTZ: Trans. Faraday Soc. **35**, 576 (1939).

[2] JENCKEL, E.: Z. Naturforsch. **3a**, 290 (1948).

[3] Die im Hinblick auf die kritische Konzentration zwischen den von E. JENCKEL u. G. KELLER [Z. Naturforsch. **5a**, 317 (1950)] und E. JENCKEL [Z. Naturforsch. **3a**, 290 (1948)] ausgeführten Messungen bestehende Diskrepanz konnte noch nicht aufgeklärt werden.

Für geringe Quellungsgrade folgt daraus näherungsweise

$$Q = \left(1 - \frac{2}{z}\right)^{\frac{z}{2}} \exp\left(\frac{3}{2} \frac{z-2}{z} \frac{W}{RT}\right). \qquad \text{(III, 22)}$$

Einen ähnlichen Ausdruck haben BRÖNSTED und VOLQVARTZ[1] empirisch gefunden. Aus Gl. (III, 21) folgt, daß der Quellungsgrad in einiger Entfernung vom kritischen Punkt unabhängig vom Polymerisationsgrad ist. Auch diese Aussage ist von BRÖNSTED und VOLQVARTZ[1] experimentell bestätigt worden.

Es bleibt jetzt noch die Frage zu erörtern, inwieweit sich Löslichkeitseigenschaften der Hochpolymeren a priori voraussagen lassen. Eine formale Möglichkeit dafür bietet Gl. (II, 198). Allerdings bewegen wir uns hier theoretisch schon auf einem sehr unsicheren Boden. Man darf nicht etwa quantitative Resultate erwarten und muß auch gelegentlich mit einem völligen Versagen rechnen. Der Nutzen von in den meisten Fällen brauchbaren qualitativen Hinweisen scheint uns aber für den Praktiker doch so groß zu sein, daß wir den erwähnten Formalismus etwas eingehender besprechen wollen. Wir gehen aus von der Definitionsgleichung für den Energieparameter $W$ Gl. (II, 206), die wir nochmals anschreiben in der Form

$$W = W_{11} - 2\,W_{12} + W_{22}. \qquad \text{(III, 23)}$$

Wir setzen nun

$$W_{12} = \sqrt{W_{11}\,W_{22}}. \qquad \text{(III, 24)}$$

Damit führen wir also die für das Folgende grundlegende Hypothese ein, daß die Wechselwirkungsenergie zwischen zwei ungleichen Molekülen gleich ist dem geometrischen Mittel der beiden Wechselwirkungsenergien zwischen gleichen Molekülen. Damit wird dann

$$|W| = \left(\sqrt{|W_{11}|} - \sqrt{|W_{22}|}\right)^2. \qquad \text{(III, 25)}$$

Wir können jetzt $W_{11}$ und $W_{22}$ durch die molaren Kohäsionsenergien $E_{11}$ und $E_{22}$ ausdrücken gemäß

$$E_{11} = \frac{z}{2}\,|W_{22}|, \qquad E_{22} = \frac{1}{2}\,(z-2)\,P\,|W_{22}|. \qquad \text{(III, 26)}$$

$E_{11}$ hängt mit der molaren Verdampfungswärme des Lösungsmittels $L_1$ zusammen durch die Gleichung

$$E_{11} = L_1 - RT. \qquad \text{(III, 27)}$$

Wir erhalten somit

$$|W| = \left(\sqrt{\frac{2\,E_{11}}{z}} - \sqrt{\frac{2\,E_{22}}{(z-2)\,P}}\,\right)^2$$
$$\approx K'\,V_1\left(\sqrt{e_1} - \sqrt{e_2}\right)^2, \qquad \text{(III, 28)}$$

wo $K'$ ein Zahlenfaktor ist und $e_1$ bzw. $e_2$ die Kohäsionsenergiedichten bezeichnen. Mit einem neuen Faktor $K$ können wir dann direkt für die Verdünnungswärme schreiben

$$\Delta h_1 = K V_1 \left(\sqrt{e_1} - \sqrt{e_2}\right)^2 x_2^{*\,2} \equiv K V_1\,(\Delta e)^2\,x_2^{*\,2}. \qquad \text{(III, 29)}$$

<hr>

[1] BRÖNSTED, J. N., u. K. VOLQVARTZ: Trans. Faraday Soc. **35**, 576 (1939).

Tabelle III, 2.
*Dipolmomente, Molvolumina und Kohäsionsenergiedichten von Lösungsmitteln.*
Nach MAGAT [Aus J. Chim. phys. **46**, 344 (1949)].

| Lösungsmittel | $\mu$ Dipolmoment in Debye | $V_1$ Molvolumen | $\sqrt{e_1}$ |
|---|---|---|---|
| Neopentan | 0 | 122 | 6,3 |
| n-Butan | 0 | 101,36 | 6,64 |
| Isopentan | 0 | 117 | 6,75 |
| Isobuten | 0 | 92,5 | 6,78 |
| Butadien | 0 | 87,8 | 6,83 |
| n-Pentan | 0 | 116,09 | 7,02 |
| n-Hexan | 0 | 131,56 | 7,25 |
| n-Heptan | 0 | 147,47 | 7,43 |
| Äthyläther | 1,13 | 104,72 | 7,70 |
| n-Oktan | 0 | 163,59 | 7,80 |
| Cyclopentan | 0 | 94,72 | 8,22 |
| Cyclohexan | 0 | 108,74 | 8,25 |
| Tetrachlorkohlenstoff | 0 | 97,10 | 8,62 |
| Äthylchlorid | 2,0 | 71,16 | 8,67 |
| Äthylbenzol | 0 | 123,08 | 8,75 |
| p-Xylol | 0 | 123,92 | 8,81 |
| Methylpropylketon | 2,8 | 107,42 | 8,92 |
| Toluol | 0 | 106,85 | 8,94 |
| Äthylacetat | 0 | 98,48 | 9,08 |
| Styrol | 0 | 115,4 | 9,20 |
| Benzol | 0 | 89,3 | 9,21 |
| Essigsäure | 0,65 | 57,55 | 9,24 |
| Dichloräthylen | 0 | 76,3 | 9,27 |
| Äthylmethylketon | 0 | 89,6 | 9,3 |
| Chloroform | 1,00 | 80,68 | 9,40 |
| Tetrachloräthan | 1,36 | 106,35 | 9,44 |
| Nitrobenzol | 4,19 | 102,7 | 9,58 |
| Heptylalkohol | 1,70 | 140,6 | 9,65 |
| Äthylformiat | 1,92 | 79,11 | 9,65 |
| Chlorbenzol | 1,70 | 101,8 | 9,70 |
| Acetonitril | 3,98 | 78,59 | 9,75 |
| Acetaldehyd | 2,72 | 56,93 | 9,84 |
| Aceton | 2,95 | 73,98 | 9,89 |
| Cyclohexanon | 2,75 | 103,72 | 9,92 |
| Hexylalkohol | 1,64 | 125,16 | 9,97 |
| Dichlormethan | 1,63 | 64,50 | 10,04 |
| Schwefelkohlenstoff | 0 | 60,64 | 10,1 |
| Methylchlorid | 1,86 | 62,6 | 10,2 |
| Dioxan | 0,43 | 85,9 | 10,15 |
| Chlorcyan | | 52 | 10,25 |
| n-Pentanol | 1,65 | 108,66 | 10,55 |
| Pyridin | 2,22 | 80,89 | 10,87 |
| n-Butanol | 1,59 | 91,99 | 11,25 |
| Cyanwasserstoffsäure | 3,03 | 39,55 | 11,36 |
| n-Propanol | 1,64 | 75,0 | 11,92 |
| Ammoniak | 1,46 | 28,2 | 12,23 |
| Nitromethan | 3,17 | 53,96 | 12,70 |
| Äthanol | 1,70 | 58,68 | 12,80 |
| Kresol | 1,57 | 108 | 13,3 |
| Ameisensäure | 1,19 | 37,92 | 13,5 |
| Phenol | 1,50 | 77,9 | 14,5 |
| Methanol | 1,69 | 40,7 | 14,48 |
| Wasser | 1,83 | 18,07 | 23,41 |

Da $e_2$ nicht aus der Verdampfungswärme bestimmt werden kann, muß man entweder auf osmotische Messungen oder auf das Quellungsgleichgewicht zurückgreifen. Im letzteren Falle kann man Gl. (III, 18) schreiben

$$T\,\Delta s_1 = \Delta h_1\,.\qquad\qquad\text{(III, 30)}$$

Setzt man

$$\varphi = T\,\Delta s_1/x_2^{*2}\,,\qquad\qquad\text{(III, 31)}$$

so folgt mit (III, 29)

$$\sqrt{\frac{\varphi}{V_1}} = \sqrt{K}\left(\sqrt{e_1} - \sqrt{e_2}\right).\qquad\qquad\text{(III, 32)}$$

Die Auftragung von $(\varphi/V_1)^{\frac{1}{2}}$ gegen $e_1^{\frac{1}{2}}$ für eine Reihe von Lösungsmitteln liefert daher unmittelbar $K$ und $e_2$. In § 38 werden wir auf die experimentelle Ermittlung von $e_2$ nochmals zurückkommen. In Tab.III,2[1] sind die Werte von $V_1$, $\sqrt{e_1}$ und des Dipolmomentes für eine größere Zahl gebräuchlicher Lösungsmittel zusammengestellt. Tab. III, 3[1] enthält die $\sqrt{e_2}$-Werte für einige Hochpolymere. Für unpolare Hochpolymere und Lösungsmittel kann man $K = 1$ setzen, während für polare Systeme $K > 1$ ist.[2]

Tabelle III, 3. *Kohäsionsenergiedichten hochpolymerer Stoffe.* Nach MAGAT. [Aus J. Chim. phys. **46**, 344 (1949)].

|  | $\sqrt{e_2}$ |
|---|---|
| Polyäthylen | 7,9 |
| Kautschuk | 7,90 |
| Polyisobutylen | 8,05 |
| Neopren GN | 8,2 |
| Buna S | 8,60 |
| Polybutadien | 8,6 |
| Polystyrol | 8,6—8,7 |
| Thiokol RD | 9,0 |
| Neopren | 9,2 |
| Thiokol F | 9,4 |
| Thiokol FA | 9,4 |
| Silicone | 9,4[3] |
| Buna N | 9,5 |
| Polyvinylchlorid | 9,7 |
| Polymethacrylsäuremethylester | 10,2[3] |
| Dinitrocellulose: | |
| „Poudre CP1" | 10,56 |
| 11,4% N | 10,72 |
| Celluloseacetat | 10,9 |
| Nylon | 14,5[3] |
| Polyvinylalkohol | 23,4[3] |

Aus diesen Überlegungen folgt zunächst in Verbindung mit Gl. (II,198) und (III, 4), daß die Löslichkeit um so besser ist, je kleiner $\Delta e$ ist. Das ist letzten Endes wieder der alte Erfahrungssatz: Similia similibus

---

[1] MAGAT, M.: J. Chim. phys. **46**, 344 (1949).
[2] Diese Feststellung besitzt naturgemäß im wesentlichen empirischen Charakter.
[3] Geschätzt.

solvuntur. Tab. III, 2 zeigt nun weiter, daß es eine große Zahl von organischen Flüssigkeiten mit $\sqrt{e_1}$-Werten zwischen 8 und 10 gibt. Hochpolymere, deren $\sqrt{e_2}$-Wert in diesen Bereich fällt, sollten daher zahlreiche Lösungsmittel besitzen, während es für solche mit höheren $\sqrt{e_2}$-Werten nur relativ wenige geben sollte. Das trifft tatsächlich zu, wie man aus Tab. III, 3 sieht. So sind Kautschuk $\left(\sqrt{e_2} = 7{,}9\right)$, Polystyrol $\left(\sqrt{e_2} = 8{,}7\right)$, Polyvinylchlorid $\left(\sqrt{e_2} = 9{,}7\right)$ in zahlreichen organischen Flüssigkeiten löslich. Dagegen sind schon für Acetylcellulose $\left(\sqrt{e_2} = 10{,}9\right)$ die Lösungsmittel recht dünn gesät, für Nylon $\left(\sqrt{e_2} = 14{,}5\right.$ geschätzt) gibt es schließlich nur noch ganz wenige, für Teflon $\left(\sqrt{e_2}\right.$ unbekannt) keine. Für gegebene Temperatur kann man auf Grund von (II, 198) und (III, 4) einen kritischen Wert von $\Delta e$ angeben, oberhalb dessen keine homogene Lösung möglich ist. Es gilt dafür

$$(\Delta e)_k^2 = \frac{RT}{KV_1}\left[\frac{1}{2}\left(1 + 1/\sqrt{P}\right)\right]^2 - \frac{1}{z}. \qquad \text{(III, 33)}$$

Solche Werte sind von MAGAT[1] abgeschätzt und mit empirischen Werten verglichen worden. Tab. III, 4 zeigt, daß die Übereinstimmung befriedigend ist.

Tabelle III, 4. *Kritische Werte der Größe $\Delta e$.*
Nach MAGAT [aus J. Chim. phys. **46**, 344 (1949)].

| Polymeres | $(\Delta e_k)$ theoretisch | $(\Delta e_k)$ experimentell | |
|---|---|---|---|
| Kautschuk . . . . | 1,2 | —1,2 | +1,4 |
| Buna S . . . . . | 1,2 | —1,2 | +1,4 |
| Polystyrol . . . . | 1,2 | —1,35 | +1,55 |
| Neopren . . . . . | 1,2 | ±0,4 | |
| Polyvinylchlorid . | < 1,2[2] | ±0,46 | |
| Celluloseacetat . . | < 1,2 | —0,85 | +1,8 |
| Dinitrocellulose . . | < 1,2 | —1,3 | +2,0 |
| Nylon . . . . . . | < 1,2[2] | ±0,5 | |

Auf der anderen Seite kann die oben eingeführte Hypothese des geometrischen Mittels nur für den Fall überwiegender Dispersionskräfte eine sinnvolle Näherung darstellen. Tatsächlich findet man gerade bei stark polaren Stoffen gelegentlich ein völliges Versagen der Theorie. So ist, wie MAGAT[1] bemerkt hat, Äthylacetat $\left(\sqrt{e_1} = 9{,}08\right)$ ein Lösungsmittel für Nitrocellulose $\left(\sqrt{e_2} = 10{,}7\right)$, während Benzol $\left(\sqrt{e_1} = 9{,}21\right)$ keines ist, obwohl die $V_1$-Werte nicht sehr verschieden sind. In solchen Fällen ist daher Vorsicht geboten! Von DUCLAUX[3] wird die Theorie der Kohäsionsenergiedichten aus diesem Grunde völlig verworfen, was

---

[1] MAGAT, M.: J. Chim. phys. **46**, 344 (1949).
[2] $K > 1$.
[3] DUCLAUX, J.: J. Chim. phys. **47**, 2 (1950).

unseres Erachtens etwas zu weit geht. Zum Schluß schreiben wir
Gl. (III, 22) mit Benutzung der Kohäsionsenergiedichten nochmals an.
Es gilt dann

$$Q = A \exp\left[-KV_1\left(\sqrt{e_1} - \sqrt{e_2}\right)^2/RT\right], \qquad \text{(III, 34)}$$

wo $A$ eine Konstante ist. In dieser Form kann die Beziehung zur Abschätzung der Quellungsresistenz von Nutzen sein.

## § 34. Das Problem des uneinheitlichen Polymerisationsgrades.

Bisher haben wir vorausgesetzt, daß alle Fadenmoleküle des hochpolymeren Stoffes die gleiche Länge besitzen. In Wirklichkeit sind aber
auch fraktionierte Produkte stets noch in gewissem Ausmaß uneinheitlich. Wir müssen daher jetzt untersuchen, ob und inwieweit unsere
Ergebnisse modifiziert werden, wenn wir die Polymolekularität[1] berücksichtigen. Wie bereits früher (s. Kap. II § 29g) erwähnt, läßt sich
sowohl die Theorie von FLORY-HUGGINS wie die von MILLER-GUGGEN-
HEIM ohne Schwierigkeit für polymolekulare Lösungen verallgemeinern.
Es liegt daher nahe, in die Formeln für den kritischen Punkt [Gl. (III, 3)]
einfach die betreffenden Ausdrücke für die freie Energie der Verdünnung
einzusetzen. Dieser Weg ist von verschiedenen Autoren[2, 3] beschritten
worden. Man erhält dann für die kritische Konzentration die gleichen
Formeln wie früher (§ 33), nur ist der Polymerisationsgrad $P$ zu ersetzen
durch das Zahlenmittel der Polymerisationsgrade

$$\overline{P} = \frac{\sum\limits_j P_j N_j}{\sum\limits_j N_j}. \qquad \text{(III, 35)}$$

Die Richtigkeit dieser Ergebnisse hat zuerst STOCKMAYER[4] angezweifelt.
Das Problem ist aber erst durch die gründlichen Untersuchungen von
TOMPA[5, 6] vollständig geklärt worden.

Der wesentliche Fehler der älteren Arbeiten besteht darin, daß der
Punkt im Phasendiagramm, der für die Lösung eines gegebenen Polymeren die äußerste Grenze, d. h. die höchstmögliche Temperatur des
heterogenen Gebietes darstellt, mit dem kritischen Punkt oder Faltenpunkt im Sinne der Thermodynamik identifiziert wird. Für ein System
von zwei Polymeren in einem Lösungsmittel sind die Verhältnisse in
Abb. III, 10[6] dargestellt. Die Kurven sind die Binodalen für verschiedene Temperaturen (bzw. $\chi_1$-Werte), die innerhalb der Kurven liegenden
Geraden die Konnoden. Die Kreise bezeichnen die kritischen Punkte
oder Faltenpunkte, in denen jeweils zwei koexistierende Phasen identisch

---

[1] Über die Unterscheidung von Polymolekularität und Polydispersität vgl. die Ausführungen in § 56.
[2] SCOTT, R. L.: J. Chem. Phys. **13**, 178 (1945).
[3] MÜNSTER, A.: J. Polymer Sci. **5**, 333 (1950).
[4] STOCKMAYER, W. H.: J. Chem. Phys. **17**, 588 (1949).
[5] TOMPA, H.: J. Chem. Phys. **17**, 1003 (1949).
[6] TOMPA, H.: Trans. Faraday Soc. **46**, 970 (1950).

werden. Alle Lösungen, bei denen die beiden Polymeren im gleichen Verhältnis gemischt sind (d. h. alle Lösungen des gleichen polymolekularen Stoffes), liegen auf der Geraden $SP$. Die höchste Temperatur, bei der das System heterogen werden kann, entspricht der Binodalen, für welche die Gerade $SP$ Tangente ist. Die entsprechende Phase wird durch den Berührungspunkt $F'$ dargestellt. Man sieht, daß dieser Punkt im allgemeinen *kein* Faltenpunkt ist, sondern mit einer zweiten Phase $F''$ im Gleichgewicht steht. Für polymolekulare Lösungen von $r$ verschiedenen Kettenlängen werden die entsprechenden Verhältnisse durch ein $r$-dimensionales Tetraeder und $(r-1)$-dimensionale Binodal-Hyperflächen geometrisch dargestellt.

Wir wollen nun auf Grund dieser Überlegungen den Minimalwert von $\chi_1$ berechnen, bei dem Entmischung eintritt. Dazu gehen wir aus von den chemischen Potentialen in der Form

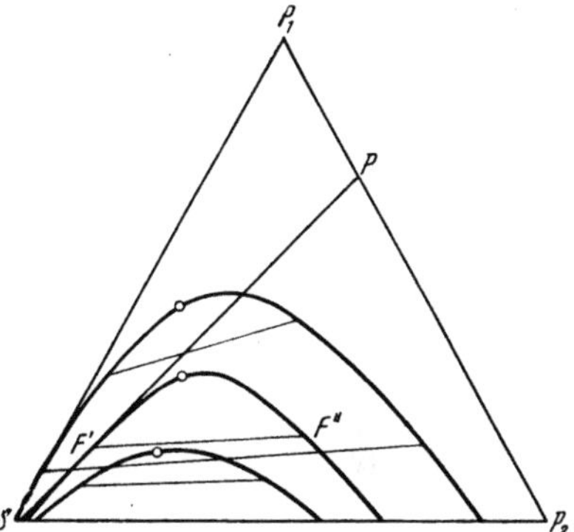

Abb. III, 10. Entmischungsdiagramm eines ternären Systems aus zwei polymerhomologen Polymeren $P_1$ und $P_2$ und einem Lösungsmittel $S$. Die Kreise bezeichnen die kritischen Punkte. Der Punkt $F'$ entspricht der höchsten Temperatur, bei der das System heterogen werden kann.

$$\frac{\Delta\mu_1}{RT} = \ln x_1^* + \sum_j (1 - 1/P_j)\, x_{2_j}^* + \chi_1 (1 - x_1^*)^2 \qquad \text{(III, 36)}$$

$$\frac{\Delta\mu_{2_j}}{RT} = \ln x_{2_j}^* + \sum_j (P_j - 1)\, x_{2_j}^* + P_j\, \chi_1\, x_1^{*2}\,. \qquad \text{(III, 37)}$$

Wir betrachten zunächst zwei koexistierende Phasen auf der Binodalhyperfläche, die wir durch die Indizes $\alpha$ und $\beta$ unterscheiden. Die Gleichgewichtsbedingungen lauten

$$\Delta\mu_{1_\alpha} = \Delta\mu_{1_\beta} \qquad \text{(III, 38)}$$

$$\Delta\mu_{2_{j_\alpha}} = \Delta\mu_{2_{j_\beta}} \quad (1 \leqq j \leqq r)\,. \qquad \text{(III, 39)}$$

Setzen wir die Ausdrücke (III, 36) und (III, 37) ein, so erhalten wir als Gleichungen der Binodal-Hyperfläche

$$\ln x_{1_\alpha}^* + \sum_j (1 - 1/P_j)\, x_{2_{j_\alpha}}^* + \chi_1 (1 - x_{1_\alpha}^*)^2$$

$$= \ln x_{1_\beta}^* + \sum_j (1 - 1/P_j)\, x_{2_{j_\beta}}^* + \chi_1 (1 - x_{1_\beta}^*)^2 \qquad \text{(III, 40)}$$

$$\frac{1}{P_j} \ln x_{2_{j_\alpha}}^* + \sum_j (1 - 1/P_j)\, x_{2_{j_\alpha}}^* + \chi_1\, x_{1_\alpha}^*$$

$$= \frac{1}{P_j} \ln x_{2_{j_\beta}}^* + \sum_j (1 - 1/P_j)\, x_{2_{j_\beta}}^* + \chi_1\, x_{1_\beta}^* \quad (1 \leqq j \leqq r)\,. \;\text{(III, 41)}$$

Denken wir uns die Zusammensetzung beider Phasen um sehr kleine Beträge in solcher Weise geändert, daß auch die neuen Phasen miteinander im Gleichgewicht sind, so müssen die Variationen $\delta x^*_{1_\alpha}$, $\delta x^*_{1_\beta}$, $\delta x^*_{2_{j\alpha}}$, $\delta x^*_{2_{j\beta}}$ einem Gleichungssystem genügen, welches durch Variation der Gl. (III, 40), (III, 41) erhalten wird. Das ergibt

$$\frac{\delta x^*_{1_\alpha}}{x^*_{1_\alpha}} + \sum_j (1 - 1/P_j)\, \delta x^*_{2_{j\alpha}} - 2\,\chi_1\,(1 - x^*_{1_\alpha})\, \delta x^*_{1_\alpha}$$
$$= \frac{\delta x^*_{1_\beta}}{x^*_{1_\beta}} + \sum_j (1 - 1/P_j)\, \delta x^*_{2_{j\beta}} - 2\,\chi_1\,(1 - x^*_{1_\beta})\, \delta x^*_{1_\beta} \qquad \text{(III, 42)}$$

$$\frac{1}{P_j}\, \frac{\delta x^*_{2_{j\alpha}}}{x^*_{2_{j\alpha}}} + \sum_j (1 - 1/P_j)\, \delta x^*_{2_{j\alpha}} + 2\,\chi_1\, x^*_{1_\alpha}\, \delta x^*_{1_\alpha}$$
$$= \frac{1}{P_j}\, \frac{\delta x^*_{2_{j\beta}}}{x^*_{2_{j\beta}}} + \sum_j (1 - 1/P_j)\, \delta x^*_{2_{j\beta}} + 2\,\chi_1\, x^*_{1_\beta}\, \delta x^*_{1_\beta}\,. \qquad \text{(III, 43)}$$

Im Punkte $F'$ der Abb. III, 10 bewegen wir uns aber gleichzeitig auf der Tangente $SP$. Das Verhältnis der polymeren Komponenten muß also bei der Variation konstant bleiben. Es gilt also etwa

$$\frac{x^*_{2_{j\alpha}} + \delta x^*_{2_{j\alpha}}}{x^*_{2_{k\alpha}} + \delta x^*_{2_{k\alpha}}} = \frac{x^*_{2_{j\alpha}}}{x^*_{2_{k\alpha}}} \qquad \text{(III, 44)}$$

oder allgemein

$$\delta x^*_{2_{j\alpha}} = c\, x^*_{2_{j\alpha}}\,, \qquad \text{(III, 45)}$$

wo $c$ eine Konstante ist. Setzen wir dies in Gl. (III, 42) und (III, 43) ein und berücksichtigen, daß

$$\delta x^*_1 = - \sum_j \delta x^*_{2_j} \qquad \text{(III, 46)}$$

ist, so folgt

$$c\left\{\sum_j (1 - 1/P_j)\, x^*_{2_{j\alpha}} + \left[2\,\chi_1\,(1 - x^*_{1_\alpha}) - 1/x^*_{1_\alpha}\right](1 - x^*_{1_\alpha})\right\}$$
$$= \sum_j \left[(1 - 1/P_j) + 2\,\chi_1\,(1 - x^*_{1_\beta}) - 1/x^*_{1_\beta}\right] \delta x^*_{2_{j\beta}} \qquad \text{(III, 47)}$$

$$c\left\{1/P_j + \sum_j (1 - 1/P_j)\, x^*_{2_{j\alpha}} - 2\,\chi_1\, x^*_{1_\alpha}\,(1 - x^*_{1_\alpha})\right\}$$
$$= \frac{\delta x^*_{2_{j\beta}}}{P_j\, x^*_{2_{j\beta}}} + \sum_j \left[(1 - 1/P_j) - 2\,\chi_1\, x^*_{1_\beta}\right] \delta x^*_{2_{j\beta}}\,. \qquad \text{(III, 48)}$$

Das vorstehende Gleichungssystem können wir als $r + 1$ homogene lineare Gleichungen für die $r + 1$ Unbekannten $\delta x^*_{2_{j\beta}}$ und $c$ auffassen. Dasselbe ist bekanntlich nur lösbar, wenn die Determinante der Koeffizienten verschwindet. Die Berechnung derselben läßt sich mit Benutzung des Zerlegungssatzes der Determinantentheorie durchführen und ergibt, nach Kürzen durch

$$1 - (2\,\chi_1 - 1/x^*_{1_\beta}) \sum_j (1 - 1/P_j)\, x^*_{2_{j\beta}}\,,$$

die Beziehung

$$(x^*_{1\alpha} - x^*_{1\beta})\,(2\,\chi_1 - 1/x^*_{1\alpha})\,(1 - x^*_{1\alpha}) - \sum_j \frac{x^*_{2j\beta} - x^*_{2j\alpha}}{P_j} = 0\,. \qquad \text{(III, 49)}$$

Zur Beschreibung der Polymolekularität führen wir hier eine Größe ein, die sich von der „Massenverteilungsfunktion" (s. § 36) nur durch einen konstanten Faktor unterscheidet und definiert ist durch

$$x_j = \frac{x^*_{2j\alpha}}{1 - x^*_{1\alpha}}\,. \qquad \text{(III, 50)}$$

Ferner subtrahieren wir Gl. (III, 41) von (III, 40) und schreiben das Resultat in der Form

$$x^*_{2j\beta} = x^*_{2j\alpha} \cdot Y^{P_j}\,, \qquad \text{(III, 51)}$$

wo

$$\ln Y = 2\,\chi_1\,(x^*_{1\alpha} - x^*_{1\beta}) - \ln \frac{x^*_{1\alpha}}{x^*_{1\beta}} \qquad \text{(III, 52)}$$

ist. Mit den vorstehenden Beziehungen können wir $x^*_{2j\alpha}$ und $x^*_{2j\beta}$ aus (III, 40) und (III, 49) eliminieren. Aus (III, 36) wird dann

$$\ln \frac{x^*_{1\alpha}}{x^*_{1\beta}} - (x^*_{1\alpha} - x^*_{1\beta}) + (1 - x^*_{1\alpha}) \sum_j \frac{x_j}{P_j}\,(Y^{P_j} - 1)$$
$$- \chi_1\,(x^*_{1\alpha} - x^*_{1\beta})\,(2 - x^*_{1\alpha} - x^*_{1\beta}) = 0\,. \qquad \text{(III, 53)}$$

Aus (III, 49) wird

$$(x^*_{1\alpha} - x^*_{1\beta})\,(2\,\chi_1 - 1/x^*_{1\alpha}) - \sum_j \frac{x_j}{P_j}\,(Y^{P_j} - 1) = 0\,. \qquad \text{(III, 54)}$$

Schließlich können wir noch (III, 51) schreiben

$$(1 - x^*_{1\alpha}) \sum_j x_j\,Y^{P_j} = 1 - x^*_{1\beta}\,. \qquad \text{(III, 55)}$$

Die Gl. (III, 53), (III, 54) und (III, 55) bestimmen $\chi_1$, $x^*_{1\alpha}$ und $x^*_{1\beta}$, wenn die $x_j$ (d. h. die Verteilung der Kettenlängen) gegeben sind. Der betreffende $\chi_1$-Wert ist der niedrigste, bei dem das System heterogen werden kann. Wir bezeichnen ihn mit $\chi_{1n}$. Die obigen Gleichungen lassen sich im allgemeinen nur numerisch lösen. In Abb. III, 11 ist das Ergebnis für ein Gemisch von Ketten der Polymerisationsgrade

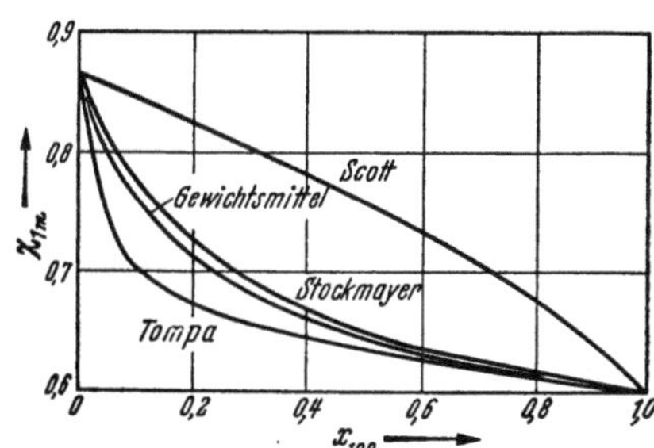



Abb. III 11. Zur TOMPAschen Theorie der Entmischung (s. Text).

10 und 100 dargestellt. Die nächste Kurve ergibt sich, wenn man in Gl. (III, 4) das Gewichtsmittel der Polymerisationsgrade

$$\overline{P}_w = \frac{\sum\limits_j P_j^2 N_j}{\sum\limits_j P_j N_j} \qquad \text{(III, 56)}$$

einsetzt. Die folgende Kurve entspricht der von STOCKMAYER[1] angegebenen Formel und die oberste schließlich den älteren Resultaten[2, 3], nach denen in Gl. (III, 4) das Zahlenmittel der Polymerisationsgrade eingesetzt wurde. Man sieht, daß die letztere Methode bei sehr uneinheitlichen Produkten völlig falsche Resultate liefert. Für völlig einheitliche Produkte ist naturgemäß $\chi_{1_m}$ identisch mit $\chi_{1_k}$ und somit $x^*_{1_\alpha} = x^*_{1_\beta}$. Für sehr gut fraktionierte Produkte ist $x^*_{1_\alpha}$ nur wenig von $x^*_{1_\beta}$ verschieden. Man kann dann die Gl. (III, 53), (III, 54) und (III, 55) nach Potenzen von $x^*_{1_\alpha} - x^*_{1_\beta} = \varepsilon$ entwickeln und die höheren Glieder vernachlässigen. Unter diesen Voraussetzungen erhält man als analytische Näherungslösung

$$\varepsilon = \frac{3\,(\overline{P}_z - \overline{P}_w)}{\overline{P}_w^{\frac{1}{2}}\left(1 + \overline{P}_w^{\frac{1}{2}}\right)^2} \tag{III, 57}$$

und

$$\chi_{1m} = \tfrac{1}{2}\left(1 + \overline{P}_w^{-\frac{1}{2}}\right)^2 - \frac{(\overline{P}_z - \overline{P}_w)^2}{4\,\overline{P}_w^{5/2}} \tag{III, 58}$$

Hier ist

$$\overline{P}_z = \frac{\sum\limits_j P_j^3 N_j}{\sum\limits_j P_j^2 N_j} \tag{III, 59}$$

das sog. $z$-Mittel der Polymerisationsgrade, welches bei Messungen mit der Ultrazentrifuge erhalten wird (s. § 66). Da der zweite Term in Gl. (III, 58) nur ein Korrekturglied darstellt, erhält man eine gute Näherung, wenn man in den früheren Formeln $P$ durch das Gewichtsmittel $\overline{P}_w$ ersetzt.

Es ist leicht einzusehen, daß die vorstehenden Überlegungen von außerordentlicher Bedeutung sind für die Interpretation der in § 33 besprochenen experimentellen Ergebnisse. Eine Auswertung auf dieser Grundlage und damit eine unmittelbare experimentelle Prüfung der TOMPAschen Theorie liegt jedoch bisher nicht vor. Eine allerdings nicht ganz exakte Möglichkeit zur Prüfung der Theorie[4] bieten dagegen Versuche von GAVORET und MAGAT[5, 6]. Diese Autoren haben die Menge Äthylalkohol bestimmt, die man zu Lösungen von GR—S[7] in Toluol bis zum Erscheinen der ersten Trübung hinzugeben muß. Es wurden zunächst sehr scharfe Fraktionen untersucht und die erforderliche Alkoholmenge als Funktion des Molekulargewichtes gemessen. Mit Hilfe einer derartigen Kurve konnte dann für aus zwei Fraktionen in bekanntem Verhältnis gemischte Produkte ein ,,experimentelles äquivalentes Molekulargewicht'' bestimmt werden. Diese Werte sind in Tab. III, 5 verglichen mit dem Zahlenmittel $\overline{M}_n$, dem Gewichtsmittel $\overline{M}_w$ und dem

---


[1] STOCKMAYER, W. H.: J. Chem. Phys. **17**, 588 (1949).

[2] SCOTT, R. L.: J. Chem. Phys. **13**, 178 (1945).

[3] MÜNSTER, A.: J. Polymer. Sci. **5**, 333 (1950).

[4] TOMPA, H.: Trans. Faraday Soc. **46**, 970 (1950).

[5] GAVORET, G., u. M. MAGAT: J. Chim. phys. **46**, 355 (1949).

[6] GAVORET, G., u. M. MAGAT: J. Chem. Phys. **17**, 999 (1949).

[7] Mischpolymerisat aus 75% Butadien und 25% Styrol.

von Tompa[1] berechneten Wert $\overline{M}_{ber}$. Letzterer ist in der Weise bestimmt worden, daß zunächst $\chi_{1_m}$ berechnet und dann aus Gl. (III, 4) das Molekulargewicht eines einheitlichen Polymeren mit dem gleichen Wert für $\chi_{1_k}$ ermittelt wurde. Die Darstellung eines binären Flüssigkeitsgemisches als einheitliche Flüssigkeit mit irgendwie gemittelten Eigenschaften ist allerdings nicht ganz unbedenklich. Auch entspricht die Benutzung einer fixen Standardkonzentration $(1 - x_1) = 10^{-2}$ nicht den Voraussetzungen der Theorie. Nimmt man noch die sonstigen Schwächen der Theorie hinzu, so kann man die Übereinstimmung als einigermaßen befriedigend bezeichnen. Vor allem ergibt sich eindeutig, daß man völlig unbrauchbare Resultate erhält, wenn man in Gl. (III, 4) $P$ durch $\overset{-}{P}_n$ ersetzt.

Tabelle III, 5. *Experimentelle Prüfung der* Tompa*schen Theorie der Entmischung.* Nach Tompa. [Aus Trans. Faraday Soc. **46**, 970 (1950).]

| Molekulargew. der Fraktionen $\cdot 10^{-3}$ | Gew.-% | Exp. äquival. Molekulargew. | $\overline{M}_n$ | $\overline{M}_w$ | $\overline{M}_{ber}$ |
|---|---|---|---|---|---|
| 20 | 90,38 | 30 ± 1 | 21,5 | 25,3 | 28 |
| 75 | 9,62 | — | — | — | — |
| 1 | 11,6 | 250 ± 35 | 8,3 | 194,6 | 196,7 |
| 220 | 88,4 | — | — | — | — |
| 1 | 54,0 | 170 ± 15 | 1,85 | 101,7 | 125 |
| 220 | 46,0 | — | — | — | — |
| 1 | 86,85 | 125 ± 10 | 1,15 | 29,8 | 74 |
| 220 | 13,15 | — | — | — | — |

## § 35. Entmischung ternärer Lösungen.

Wir wollen jetzt den Fall betrachten, daß das Lösungsmittel ein Gemisch aus zwei niedrigmolekularen Flüssigkeiten ist. Bei einheitlichen Polymeren haben wir es dann mit ternären Systemen zu tun. Die rechnerischen Schwierigkeiten sind hier noch wesentlich größer als im binären Fall. Man hat sich daher lange Zeit damit begnügt, das Lösungsmittel als einheitliche Flüssigkeit mit Eigenschaften, die aus denen der Komponenten gemittelt sind, zu betrachten[2, 3]. Das ist aber sicher unzulässig, wenn das Flüssigkeitsgemisch in den beiden koexistierenden Phasen wesentlich verschiedene Zusammensetzung hat, wie es in den meisten Fällen zutrifft. Gee[4, 5] hat als erster eine korrektere Behandlung versucht. Eine allgemeine Theorie ist aber erst in den letzten Jahren von Scott[6] und Tompa[7] entwickelt worden. Beide Autoren gehen aus von der Flory-Huggins-Theorie und setzen somit den hochpolymeren Stoff als einheitlich voraus. Um aber die Rechnung durchführen zu können,

[1] Tompa, H.: Trans. Faraday Soc. **46**, 970 (1950).
[2] Scott, R. L., u. M. Magat: J. Chem. Phys. **13**, 172 (1945).
[3] Schulz, G. V., u. B. Jirgenson: Z. phys. Chem. B **46**, 105 (1940).
[4] Gee, G.: Trans. Faraday Soc. **40**, 463 (1944).
[5] Gee, G.: Trans. Faraday Soc. **40**, 468 (1944).
[6] Scott, R. L.: J. Chem. Phys. **17**, 268 (1949).
[7] Tompa, H.: Trans. Faraday Soc. **45**, 1142 (1949).

muß man noch weitere Vereinfachungen einführen. Scott nimmt an, daß die Ketten unendlich lang sind und somit eine Phase frei von dem Polymeren ist. Tompa erreicht die gewünschte Vereinfachung dadurch, daß er spezielle Annahmen über die energetische Wechselwirkung macht. Insofern ergänzen sich die beiden Untersuchungen in gewissem Sinne. Wir wollen hier zunächst an Hand der Scottschen Arbeit einen Überblick über die wichtigsten Erscheinungen geben und zum Schluß kurz den Einfluß der endlichen Kettenlänge erörtern.

Für ein System aus zwei Phasen und drei Komponenten lauten die Gleichgewichtsbedingungen

$$\Delta\mu_{1_\alpha} = \Delta\mu_{1_\beta}\,, \quad \Delta\mu_{2_\alpha} = \Delta\mu_{2_\beta}\,, \quad \Delta\mu_{3_\alpha} = \Delta\mu_{3_\beta}\,. \tag{III, 60}$$

Unter der von Scott gemachten Voraussetzung unendlich langer Ketten entfällt die letzte dieser Gleichungen. Im Gegensatz zu dem binären Fall ist es aber auch dann nicht möglich, die Gleichung der Binodalkurve in analytischer Form anzugeben. Man kann lediglich für Spezialfälle die Gl. (III, 60) numerisch lösen und dann die entsprechenden Diagramme zeichnen. Solche Lösungen sind von Scott[1], Tompa[2] und Münster[3] durchgeführt worden. Dagegen ist es Scott[1] gelungen, die Gleichungen für den Faltenpunkt analytisch zu lösen. Die Diskussion dieser Lösungen gibt eine Übersicht über die wesentlichen Fälle, die in ternären Systemen auftreten können. Wie in Kap. I gezeigt worden ist, lauten die Gleichungen für den Faltenpunkt eines ternären Systems:

$$D \equiv \begin{vmatrix} \dfrac{\partial^2 G}{\partial N_1^2} & \dfrac{\partial^2 G}{\partial N_1 \partial N_2} \\[2ex] \dfrac{\partial^2 G}{\partial N_1 \partial N_2} & \dfrac{\partial^2 G}{\partial N_2^2} \end{vmatrix} = 0 \tag{III, 61}$$

$$\begin{vmatrix} \dfrac{\partial^2 G}{\partial N_1^2} & \dfrac{\partial^2 G}{\partial N_1 \partial N_2} \\[2ex] \dfrac{\partial D}{\partial N_1} & \dfrac{\partial D}{\partial N_2} \end{vmatrix} = 0\,. \tag{III, 62}$$

Setzt man hier die Ausdrücke aus Kap. II § 30h ein, so erhält man die beiden Gleichungen

$$x_1^* + x_2^* - 2\,[\chi_{12}\,x_1^*\,x_2^* + P\,\chi_{13}\,x_1^*\,x_3^* + P\,\chi_{23}\,x_2^*\,x_3^*] \\ + CP\,x_1^*\,x_2^*\,x_3^* = 0 \tag{III, 63}$$

und

$$P\,x_3^{*2}\{[1 - 2\,\chi_{13}\,x_1^*]\,[1 - x_1^*\,(\chi_{13} + \chi_{12} - \chi_{23})] \\ + [1 - 2\,\chi_{23}\,x_2^*]\,[1 - x_2^*\,(\chi_{23} + \chi_{12} - \chi_{13})]\} \\ - (1 - 2\,\chi_{12}\,x_1^*\,x_2^*)^2 + x_3^*\,[\chi_{12}\,(x_1^{*2} + 4\,x_1^*\,x_2^* + x_2^{*2}) \tag{III, 64} \\ + \chi_{13}\,(x_1^{*2} - x_2^{*2}) + \chi_{23}\,(x_2^{*2} - x_1^{*2}) - 2\,(x_1^* + x_2^*) - 1] = 0\,,$$

[1] Scott, R. L.: J. Chem. Phys. **17**, 268 (1949).
[2] Tompa, H.: Trans. Faraday Soc. **45**, 1142 (1949).
[3] Münster, A.: J. Polymer Sci. **5**, 333 (1950).

wo

$$C = 2\,\chi_{12}\,\chi_{13} + 2\,\chi_{12}\,\chi_{23} + 2\,\chi_{13}\,\chi_{23} - \chi_{12}^2 - \chi_{13}^2 - \chi_{23}^2 \qquad \text{(III, 65)}$$

ist. Wenn in Gl. (II, 292) bis (II, 294)

$$A_{ij} = \left(\sqrt{e_i} - \sqrt{e_j}\right)^2 \qquad \text{(III, 66)}$$

ist, so wird einfach

$$C = 4\,\chi_0\,\chi_{12}\,, \qquad \text{(III, 67)}$$

wo $\chi_0$ die in Kap. II § 30a eingeführte Größe ist (näherungsweise gleich $1/z$). In diesem Falle ist somit $C$ notwendig positiv. Negative $C$ sind daher nur zu erwarten, wenn die Theorie der Kohäsionsenergiedichten versagt, d. h. in erster Linie bei stark polaren Substanzen.

Die Gl. (III, 63) und (III, 64) haben maximal zwölf Lösungen, von denen jedoch nur wenige physikalische Bedeutung besitzen; wir beschränken unsere Diskussion auf die letzteren, d. h. auf Lösungen, die reell sind und innerhalb des Zustandsdiagramms liegen. Unter der Voraussetzung $P \to \infty$ sind dann die wichtigsten Fälle gegeben durch die Wurzeln der Gleichungen

$$1 - 2\,\chi_{13}\,x_1^* - 2\,\chi_{23}\,x_2^* + C\,x_1^*\,x_2^* = 0 \qquad \text{(III, 68)}$$

und

$$x_3^* = 0\,. \qquad \text{(III, 69)}$$

Wir wollen nun die hier möglichen Fälle im einzelnen betrachten.

1. Beide Flüssigkeiten sind für sich Lösungsmittel, es ist also

$$\chi_{13} < \frac{1}{2}\,, \qquad \chi_{23} < \frac{1}{2}\,. \qquad \text{(III, 70)}$$

Wenn $C$ positiv ist, existieren keine Wurzeln. Wir haben in allen Richtungen vollständige Mischbarkeit; das System ist stets homogen. Wenn $C$ negativ ist, haben die reinen Flüssigkeiten bereits eine Mischungslücke. Es tritt dann auch im ternären System ein heterogenes Gebiet auf. Wir wollen auf diesen nicht sehr häufigen Fall nicht näher eingehen.

2. Die Komponente 1 ist ein Lösungsmittel, die Komponente 2 ein Nichtlösungsmittel. Es ist also

$$\chi_{13} < \frac{1}{2}\,, \qquad \chi_{23} > \frac{1}{2}\,. \qquad \text{(III, 71)}$$

Diese Art von Systemen wird zur Fraktionierung der Hochpolymeren nach der Kettenlänge benutzt (s. § 36).

Im allgemeinen existiert eine und nur eine Wurzel, die näherungsweise dem Trübungspunkt einer sehr verdünnten Lösung entspricht. Kompliziertere Verhältnisse können auftreten, wenn die beiden niedrigmolekularen Flüssigkeiten eine Mischungslücke besitzen. Wir wollen aber darauf nicht näher eingehen.

3. Beide Flüssigkeiten sind Nichtlösungsmittel. In diesem Falle ist

$$\chi_{13} > \frac{1}{2}\,, \qquad \chi_{23} > \frac{1}{2}\,. \qquad \text{(III, 72)}$$

Für positive $C$ existieren unter der Voraussetzung

$$\chi_{13} + \chi_{23} - 1 < \chi_{12} < 2 \qquad \text{(III, 73)}$$

zwei Wurzeln, andernfalls existiert keine Wurzel.

Im ersten Falle zerfällt das heterogene Gebiet in zwei Teilgebiete, die durch eine Zone vollständiger Mischbarkeit getrennt sind. Das bedeutet, daß ein Gemisch aus zwei Nichtlösungsmitteln, von denen jedes

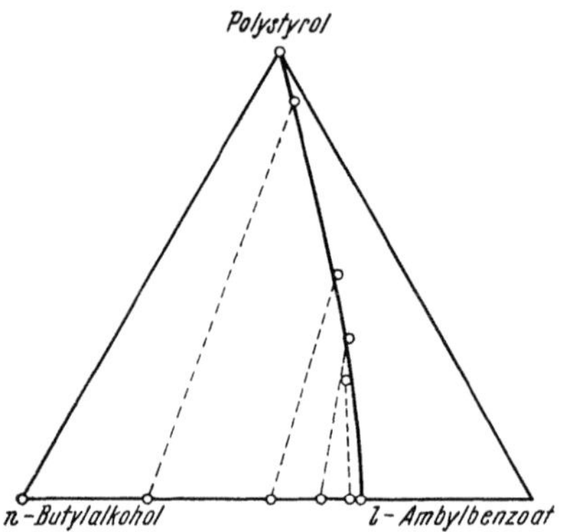


Abb. III, 12.
Experimentelles Entmischungsdiagramm
nach BRÖNSTED und VOLQVARTZ.

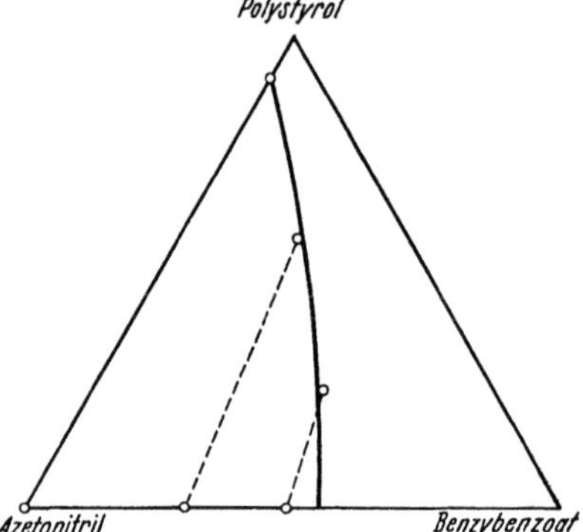


Abb. III, 13.
Experimentelles Entmischungsdiagramm
nach BRÖNSTED und VOLQVARTZ.

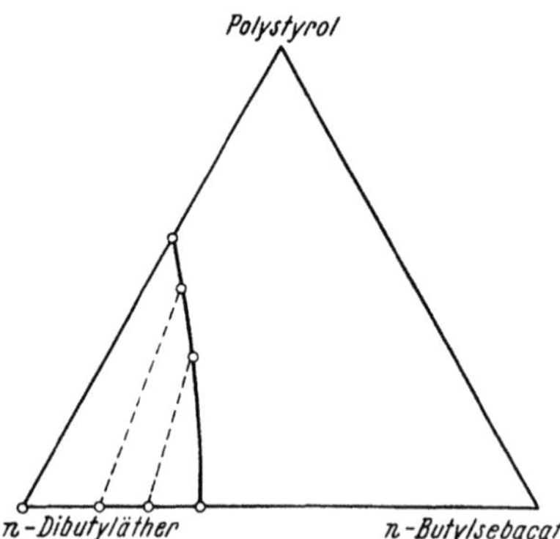


Abb. III, 14.
Experimentelles Entmischungsdiagramm
nach BRÖNSTED und VOLQVARTZ.

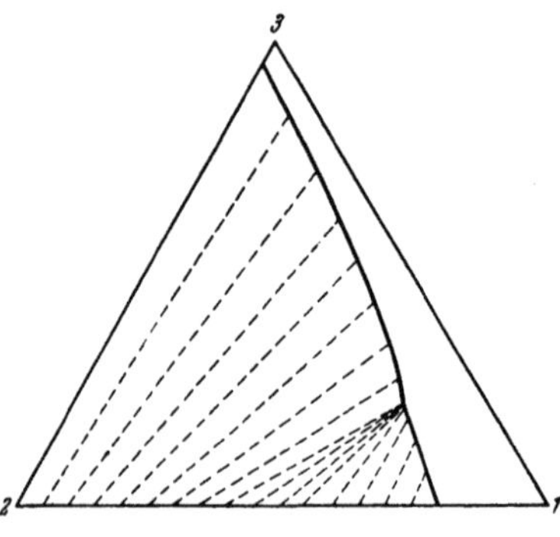


Abb. III, 15.
Theoretisches Entmischungsdiagramm
nach SCOTT.

nur mehr oder weniger stark quellend wirkt, als Lösungsmittel wirken und den hochpolymeren Stoff vollständig auflösen kann (vgl. auch § 41 a). Diese wichtige Aussage der Theorie wird, wie wir sehen werden, durch eine ganze Reihe von experimentellen Erfahrungen bestätigt.

In Abb. III, 12—14 sind einige experimentelle Diagramme zum obigen Fall 2 nach BRÖNSTED und VOLQVARTZ[1] dargestellt. Abb. III, 15 und 16

---

[1] BRÖNSTED, J. N., u. K. VOLQVARTZ: Trans. Faraday Soc. **36**, 619 (1940).

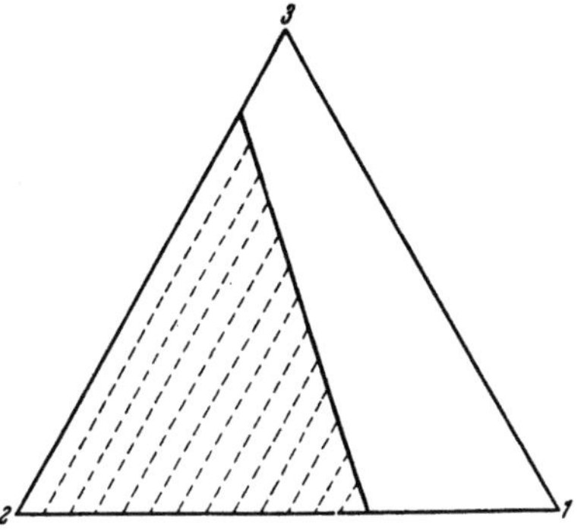


Abb. III, 16.
Theoretisches Entmischungsdiagramm
nach SCOTT.

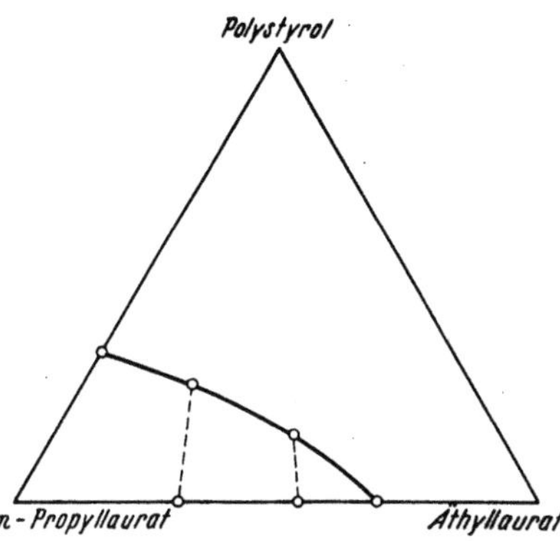


Abb. III, 17.
Experimentelles Entmischungsdiagramm
nach BRÖNSTED und VOLQVARTZ.

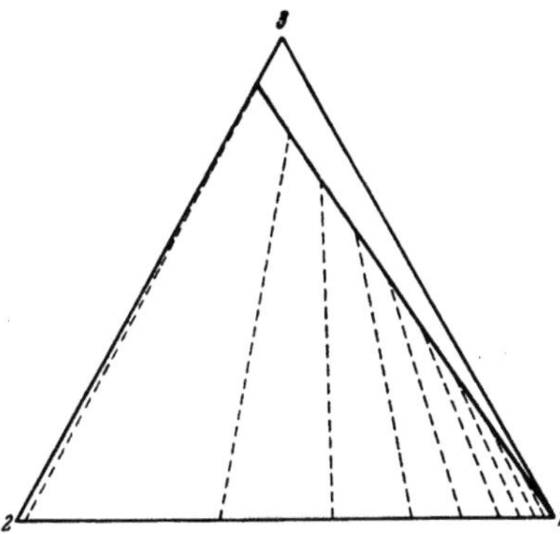


Abb. III, 18.
Theoretisches Entmischungsdiagramm
nach MÜNSTER.

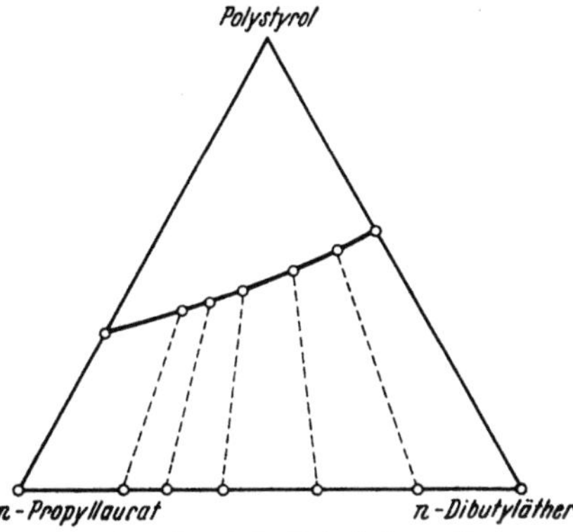


Abb. III, 19. Experimentelles Entmischungsdiagramm
nach BRÖNSTED und VOLQVARTZ.
Das Diagramm enthält keinen Faltenpunkt.

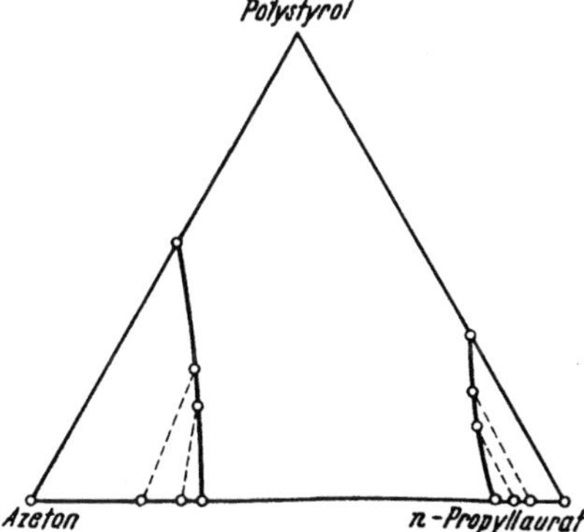


Abb. III, 20. Experimentelles Entmischungsdiagramm nach BRÖNSTED und VOLQVARTZ. Das Diagramm enthält zwei Faltenpunkte; das Gemisch
zweier Nichtlösungsmittel wirkt als Lösungsmittel.

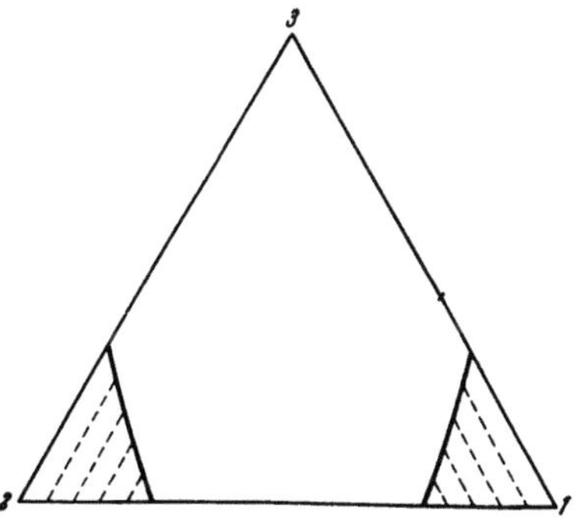


Abb. III, 21.
Theoretisches Entmischungsdiagramm
nach SCOTT mit 2 Faltenpunkten.

zeigen entsprechende theoretische Diagramme nach Scott[1]. Abb. III, 17 gibt ein weiteres Beispiel zu Fall 2, das aber dadurch auffällt, daß sich das homogene Gebiet nach oben verbreitert. Ein theoretisches Diagramm dazu nach Münster[2] ist in Abb. III, 18 dargestellt. Abb. III, 19 zeigt ein experimentelles Beispiel zu Fall 3, in welchem kein Faltenpunkt auftritt. Abb. III, 20 zeigt den Fall, daß zwei heterogene Gebiete durch eine Zone vollständiger Mischbarkeit getrennt sind. Abb. III, 21 gibt das theoretische Diagramm für den gleichen Fall nach Scott[1].

In Tab. III, 6 sind schließlich noch Beispiele dafür, daß ein Gemisch aus zwei Nichtlösungsmitteln als Lösungsmittel wirkt, zusammengestellt[3, 4, 5, 6], vgl. dann § 41a. Auf die nähere Untersuchung eines solchen Systems durch Mark und Mitarbeiter[6] wurde bereits in Kap. II, § 30h hingewiesen. Es bleibt jetzt noch die Frage zu erörtern, in welchem Sinne die Zustandsdiagramme durch die Tatsache, daß $P$ endlich ist, modifiziert werden.

Diese Frage ist bereits von G. V. Schulz und Jirgenson[7] auf Grund ihrer experimentellen Ergebnisse an dem System Polystyrol—Benzol—Methanol richtig beantwortet worden. Die theoretische Klärung ist aber erst Scott[1] (mit Hilfe von Entwicklungen nach Potenzen von $1/P$) und dann exakter (allerdings unter speziellen Annahmen über die Wechselwirkungsenergien) Tompa[8] gelungen.

Tabelle III, 6. *Gemische von Nichtlösungsmitteln, die als Lösungsmittel wirken.*

| Hochpolymerer Stoff | Nichtlösungsmittel 1 | Nichtlösungsmittel 2 |
|---|---|---|
| Neopren GN | Äthyläther | Äthylacetat |
| | Hexan | Methylacetat |
| | Hexan | Aceton |
| Buna S | Pentan | Äthylacetat |
| | Pentan | Methylacetat |
| Buna N | Toluol | Äthylcyanoacetat |
| | Toluol | Dimethylmalonat |
| | Paracymol | Äthylcyanoacetat |
| | Paracymol | Dimethylmalonat |
| Nitrocellulose | Äthylalkohol | Äthyläther |
| Glyptal | n-Butylacetat | Äthylalkohol |
| Polystyrol | Aceton | n-Propyllaurat |
| | Aceton | Methylcyclohexan |
| Polyvinylchlorid[9] | Schwefelkohlen-stoff | Aceton |
| 6,6-Nylon | Phenol[10] | Wasser |
| Terylen | Phenol | Tetrachloräthan |


[1] Scott, R. L.: J. Chem. Phys. **17**, 268 (1949).
[2] Münster, A.: J. Polymer Sci. **5**, 333 (1950).
[3] Gee, G.: Trans. Faraday Soc. **40**, 468 (1944).
[4] Mardles: J. Soc. Chem. Ind. **42**, 127 (1923).
[5] Palit, S. R.: J. Indian Chem. Soc. **19**, 253 (1942).
[6] Palit, S. R., G. Colombo u. H. Mark: J. Polymer Sci. **6**, 295 (1951).
[7] Schulz, G. V., u. B. Jirgenson: Z. phys. Chem. B **46**, 105 (1940).
[8] Tompa, H.: Trans. Faraday Soc. **45**, 1142 (1949).
[9] Corbière, C., P. Terra u. R. Paris: J. Polymer Sci. **8**, 101 (1952).
[10] Nur bei Zimmertemperatur nicht lösend (vgl. § 41).

Es zeigt sich, daß bei endlicher Kettenlänge der Faltenpunkt und schließlich das ganze heterogene Gebiet von der Verbindungslinie Lösungsmittel—Nichtlösungsmittel weg in das Innere des Diagramms wandert. Das heißt mit anderen Worten, daß der polymere Stoff mehr und mehr in beiden Phasen auftritt.

In der Literatur wird häufig eine besondere Gruppe von Phasentrennungen hochmolekularer Systeme unter dem von BUNGENBERG DE JONG[1] eingeführten Namen *Koazervation* zusammengefaßt. Das Gemeinsame derselben soll darin bestehen, daß hier fast reines Lösungsmittel mit einer sehr verdünnten Lösung im Gleichgewicht steht. Diese Erscheinung ist zuerst an Elektrolyten (Proteinlösungen) beobachtet und studiert worden. Sie findet sich aber auch bei Nichtelektrolyten, z. B. bei dem System Acetylcellulose—Chloroform—Äthylalkohol[2]. Es handelt sich dabei jedoch nicht um eine Erscheinung eigener Art, die eine spezielle Erklärung erforderte. Vielmehr lassen sich, wie BAMFORD und TOMPA[3] gezeigt haben, alle wesentlichen Züge der Koazervation im Rahmen der uns bekannten Theorie der Entmischung binärer und ternärer Systeme verstehen. Wir wollen deshalb an dieser Stelle nicht näher darauf eingehen.

## § 36. Theorie der fraktionierten Fällung.

Die wichtigste Anwendung der ternären Systeme ist die Zerlegung polymolekularer Produkte in einheitlichere Fraktionen durch fraktionierte Fällung. Die ausführliche Besprechung dieser Methode findet sich an einer anderen Stelle dieses Bandes (Kap. XVII). Hier wollen wir nur die Grundlagen, soweit sie in die Theorie der Löslichkeit gehören, kurz besprechen.

Die in § 35 behandelten Theorien von SCOTT[4] und TOMPA[5] bieten offenbar keine Möglichkeit, die fraktionierte Fällung zu verstehen. Die erstere scheidet von vornherein aus, da sie nur für unendlich lange Ketten gilt. Bei der TOMPAschen Näherung ist es, abgesehen von den Schwierigkeiten, die überhaupt einer Verallgemeinerung im Wege stehen, fraglich, ob die speziellen Voraussetzungen über die energetische Wechselwirkung hier in Kauf genommen werden können. Die vollständige Lösung des Problems würde eine Berechnung der $r$-dimensionalen Binodal-Hyperfläche aus den Gleichungen

$$\Delta\mu_{1_\alpha} = \Delta\mu_{1_\beta}\,,$$
$$\Delta\mu_{2_\alpha} = \Delta\mu_{2_\beta}\,, \qquad\qquad \text{(III, 74)}$$
$$\Delta\mu_{3_{j_\alpha}} = \Delta\mu_{3_{j_\beta}} \qquad (1 \leqq j \leqq r)$$

[1] BUNGENBERG DE JONG, H. G., u. H. R. KRUYT: Kolloid-Z. **50**, 39 (1930). — BUNGENBERG DE JONG, H. G.: Kolloid-Z. **79**, 223, 334 (1937); **80**, 221, 350 (1937).

[2] DOBRY, A.: J. Chim. phys. **35**, 387 (1938); **42**, 92, 109 (1945). — GAVORET, G, u. J. DUCLAUX: J. Chim. phys. **41**, 45 (1944). — DUCLAUX, J.: Cah. physique **13**, 1 (1943). — DERVICHIAN, D. G.: Research **2**, 210 (1949).

[3] BAMFORD, C. H., u. H. TOMPA: Trans. Faraday Soc. **46**, 310 (1950).

[4] SCOTT, R. L.: J. Chem. Phys. **17**, 268 (1949).

[5] TOMPA, H.: Trans. Faraday Soc. **45**, 1142 (1949).

erfordern. Diese Aufgabe ist praktisch wohl unlösbar. Überraschenderweise lassen sich aber bereits einige bemerkenswerte Folgerungen ableiten, wenn man lediglich die Gleichgewichtsbedingungen für die Fadenmoleküle diskutiert[1, 2]. Wir gehen aus von dem Ansatz (vgl. [2])

$$\Delta\mu_{3_j} = RT \left\{ \ln x^*_{3_j} + \frac{z-2}{z} P_j x^*_3 \right.$$
$$\left. - (z-2) \frac{P_j}{2} \frac{E_{33}}{RT} + \frac{z-2}{z} P_j \left( \frac{E_{33}}{RT} x^*_3 + \frac{1}{2} \frac{E_{23}}{RT} x^*_3 \right) \right\}. \qquad \text{(III, 75)}$$

Hier ist

$$x^*_{3_j} = \frac{P_j N_{3j}}{N_1 + N_2 + \Sigma P_j N_{3j}}, \qquad x^*_3 = \sum_j x^*_{3_j}, \qquad \text{(III, 76)}$$

und der Index 2 bezieht sich auf das Fällungsmittel. Setzen wir dies in die letzte der Gl. (III, 74) ein, so folgt

$$\frac{x^*_{3_j\alpha}}{x^*_{3_j\beta}} = \exp \left\{ \frac{z-2}{z} P_j \left[ \left( 1 + \frac{E_{33}}{RT} \right) (x^*_{3\beta} - x^*_{3\alpha}) - \frac{1}{2} \frac{E_{23}}{RT} x^*_{2\alpha} \left( 1 - \frac{x^*_{2\beta}}{x^*_{2\alpha}} \right) \right] \right\}.$$
$$\text{(III, 77)}$$

Verstehen wir unter $\beta$ die Fällung, so können wir in erster Näherung $x^*_{3\alpha}$ gegen $x^*_{3\beta}$ vernachlässigen. Da sich ferner das Fällungsmittel in $\alpha$ (der überstehenden Lösung) anreichert (vgl. die Diagramme in § 35), können wir zur ersten Orientierung auch $x^*_{2\beta}/x^*_{2\alpha}$ gegen 1 vernachlässigen.

Wir führen jetzt die Häufigkeitsverteilungsfunktion der Polymerisationsgrade ein durch die Gleichung

$$N_{3_j} = N_3 f(P_j). \qquad \text{(III, 78)}$$

Mit Hilfe der Beziehung[3]

$$\frac{f(P)_\beta}{f(P)_\alpha} = \frac{N_{3\alpha} f(P)_\beta}{N_3 f(P) - N_{1\beta} f(P)_\beta} \qquad \text{(III, 79)}$$

erhalten wir dann aus (III, 77)

$$\text{(III, 80)}$$
$$N_{3\beta} f(P)_\beta = \frac{N_3 f(P)}{\varphi^{-1} \exp \left\{ \frac{z-2}{z} P \left[ \left( 1 + \frac{E_{33}}{RT} \right) x^*_{3\beta} - \frac{1}{2} \frac{E_{23}}{RT} x^*_{2\alpha} \right] \right\} + 1},$$

wo

$$\varphi = V_\beta / V_\alpha \qquad \text{(III, 81)}$$

das *Volumenverhältnis* der beiden Phasen ist. Wir führen jetzt die Abkürzungen

$$g = \frac{z-2}{z} \left( 1 + \frac{E_{33}}{RT} \right), \qquad h = \frac{1}{2} \frac{z-2}{z} \frac{E_{23}}{RT} \qquad \text{(III, 82)}$$

sowie

$$\delta = g\, x^*_{3\beta} - h\, x^*_{2\alpha} \qquad \text{(III, 83)}$$

---

[1] SCOTT, R. L., u. M. MAGAT: Phys. **13**, 172 (1945).
[2] MÜNSTER, A.: J. Polymer. Sci. **5**, 333 (1950).
[3] Den Index $j$ lassen wir von jetzt ab weg.

ein. Die Masse der Fadenmoleküle mit Polymerisationsgraden zwischen $P$ und $P + dP$, die in 1 g des Stoffes enthalten ist, sei

$$dm = \psi\,(P)\,dP\,, \qquad\qquad (\text{III, 84})$$

wo

$$\psi\,(P) = \frac{P}{\overline{P}}\,f\,(P) \qquad\qquad (\text{III, 85})$$

die sog. Massenverteilungsfunktion ist. Für Fraktionierungsprobleme ist es zweckmäßig, die Massenverteilungsfunktion der Fällung auf 1 g der Ausgangssubstanz zu beziehen. Die in dieser Weise normierte Funktion bezeichnen wir mit $\psi^*\,(P)$. Führen wir die im Vorstehenden definierten Größen in Gl. (III, 80) ein, so folgt

$$\psi^*\,(P) = \psi\,(P)\,\frac{1}{\varphi^{-1}\,e^{\delta P} + 1}\,. \qquad\qquad (\text{III, 86})$$

Diese Gleichung bildet die Grundlage für die Theorie der fraktionierten Fällung. Nach der Definition Gl. (III, 83) kann die Größe $\delta$ sowohl positiv wie negativ sein. Wir nehmen zunächst an, daß $\delta$ negativ ist. Dann gilt

$$\delta < 0 \qquad
\begin{aligned}
&\text{für } P \to \infty \quad \frac{\psi^*\,(P)}{\psi\,(P)} \to 1\\[2mm]
&\text{für } P \to 0 \quad\; \frac{\psi^*\,(P)}{\psi\,(P)} \to \frac{\varphi}{1 + \varphi}\,.
\end{aligned}
\qquad (\text{III, 87a})$$

Die längsten Ketten fallen also praktisch quantitativ aus; dagegen sind kaum kurze Ketten in der Fällung enthalten, wenn das Volumen der Fällung hinreichend klein gegen das der überstehenden Lösung ist. Man sieht ohne weiteres, daß damit die Möglichkeit einer Aufteilung in Fraktionen von verschiedenem mittleren Molekulargewicht gegeben ist. Tatsächlich ist Gl. (III, 86) mit negativem $\delta$ schon vor längerer Zeit von G. V. Schulz [1, 2] auf Grund einer vereinfachten Überlegung und später in strengerer Weise von Scott [3] abgeleitet und von beiden Autoren als Ausgangspunkt für die Theorie der fraktionierten Fällung benutzt worden.

Wenn aber $\delta$ positiv ist, haben wir ganz andere Verhältnisse. Dann gilt nämlich

$$\delta > 0 \qquad
\begin{aligned}
&\text{für } P \to \infty \quad \frac{\psi^*\,(P)}{\psi\,(P)} \to 0\\[2mm]
&\text{für } P \to 0 \quad\; \frac{\psi^*\,(P)}{\psi\,(P)} \to \frac{\varphi}{1 + \varphi}\,.
\end{aligned}
\qquad (\text{III, 87b})$$

Hier fallen somit die kurzen Ketten zuerst aus *(Umkehrfraktionierung)*. Sie werden aber keineswegs quantitativ gefällt, sondern sind auch in den folgenden Fraktionen in beträchtlicher Menge enthalten. Das hat zur Folge, daß unter diesen Bedingungen die ersten Fraktionen sich nur

---

[1] Schulz, G. V.: Z. physik. Chem. B **46**, 137 (1940).
[2] Schulz, G. V.: Z. physik. Chem. B **47**, 155 (1940).
[3] Scott, R. L.: J. Chem. Phys. **13**, 178 (1945).

relativ wenig in ihrem mittleren Polymerisationsgrad unterscheiden. Man kann ferner zeigen, daß mit zunehmender Verdünnung der Lösung schließlich $\delta$ unter allen Umständen negativ werden muß. Man würde dann also beobachten, daß im Falle positiver $\delta$-Werte der mittlere Polymerisationsgrad der Fraktionen zuerst ansteigt und dann wieder abnimmt. Die genauere Diskussion[1] zeigt, daß unter gewissen Umständen auch zwei Maxima der Polymerisationsgrade auftreten können.

In Abb. III, 22 ist die Massenverteilungsfunktion der ersten Fällung für negatives $\delta$ (Kurve II) und positives $\delta$ (Kurve III) dargestellt. Kurve I gibt die Massenverteilungsfunktion des Ausgangsproduktes. Abb. III, 23 zeigt eine Fraktionierung, bei der die $\delta$-Werte anfänglich positiv sind. Kurve I gibt wieder das Ausgangsprodukt. Man sieht, daß alle Produkte außerordentlich uneinheitlich sind und daß man unter diesen Bedingungen keine scharfen Fraktionen erhalten kann. In Tab. III, 7 sind die zugehörigen Werte der Parameter und die mittleren Polymerisationsgrade zusammengestellt.

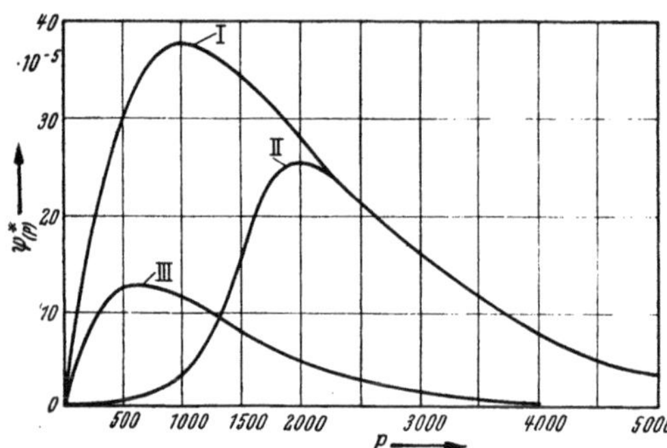

Abb. III, 22. Massenverteilungsfunktion der ersten Fraktion für normale Fällung ($\delta < 0$) (Kurve II) und umgekehrte Fällung ($\delta > 0$) (Kurve III). Kurve I: Massenverteilungsfunktion des Ausgangsproduktes.

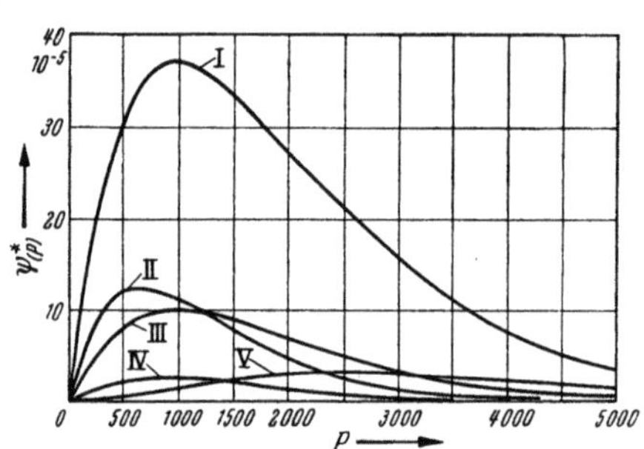

Abb. III, 23. Massenverteilungsfunktion aufeinanderfolgender Fraktionen bei umgekehrter Fällung ($\delta > 0$) (Kurve II—V). Kurve I: Massenverteilungsfunktion des Ausgangsproduktes.

Tabelle III, 7. *Berechneter Verlauf einer Fraktionierung bei umgekehrter Fällung.* (Die Zahlen gehören zu dem in Abb. III, 23 dargestellten Beispiel.) Nach MÜNSTER. [Aus J. Polymer Sci. 5, 333 (1950).]

| | $\delta$ | $\varphi$ | $\bar{P}$ |
|---|---|---|---|
| Ausgangsprodukt | — | — | 1073 |
| Fraktion 1 .... | $8 \cdot 10^{-4}$ | 1 | 665 |
| Fraktion 2 .... | $4 \cdot 10^{-4}$ | 1 | 945 |
| Fraktion 3 .... | $8 \cdot 10^{-4}$ | $5 \cdot 10^{-1}$ | 779 |
| Fraktion 4 .... | $-5 \cdot 10^{-4}$ | $1 \cdot 10^{-1}$ | 1760 |
| Fraktion 5 .... | $-4 \cdot 10^{-3}$ | $1 \cdot 10^{-2}$ | 1890 |
| Fraktion 6 .... | — | — | 560 |

[1] MÜNSTER, A.: J. Polymer Sci. 5, 333 (1950).

Ob positive $\delta$-Werte in Wirklichkeit auftreten, kann vorläufig nur das Experiment entscheiden, da wir die Binodal-Hyperfläche nicht kennen. Die für diesen Fall zu erwartenden Erscheinungen sind nun tatsächlich von MOREY und TAMBLYN [1,2] und MARK [3] an Lösungen von Celluloseacetobutyraten, von MÜNSTER [4] an Lösungen von Cellulosetriacetaten beobachtet worden.

Tabelle III, 8. *Fraktionierung einer 5%igen Lösung von Celluloseacetobutyrat in Eisessig durch Fällen mit Isopropyläther.*

(MOREY und TAMBLYN geben keine Molekulargewichte, sondern nur die in der Tabelle aufgeführten Viskositäten an.) [Aus J. Phys. Colloid Chem. 51, 721 (1947).]

| Fraktion Nr. | $(\eta)_{c\,=\,0.25}$ | Fraktion Nr. | $(\eta)_{c\,=\,0.25}$ | Fraktion Nr. | $(\eta)_{c\,=\,0.25}$ |
|---|---|---|---|---|---|
| 1. . . . | 1,63 | 6. . . . | 2,67 | 11. . . | 1,17 |
| 2. . . . | 1,78 | 7. . . . | 2,21 | 12. . . | 0,95 |
| 3. . . . | 1,58 | 8. . . . | 1,93 | 13. . . | 0,69 |
| 4. . . . | 1,48 | 9. . . . | 1,71 | | |
| 5. . . . | 2,06 | 10. . . . | 1,34 | | |

Tab. III, 8 [5] und Tab. III, 9 [4] geben zwei Beispiele aus den experimentellen Daten. Dieselben entsprechen in allen Einzelheiten der theoretischen Erwartung. Trotzdem reicht das experimentelle Material zweifellos zu einer endgültigen Klärung des Problems noch nicht aus.

Tabelle III, 9. *Fraktionierung einer 1%igen Lösung von Fichtenzellstofftriacetat in Tetrachloräthan durch Fällen mit Petroläther.*

Nach MÜNSTER. [Aus J. Polymer Sci. 5, 333 (1950).]

| Fraktion | $P$ | Fraktion | $P$ |
|---|---|---|---|
| A 396/1 a | 353 | A 396/1 d | 341 |
| A 396/1 b | 397 | A 396/1 e | 336 |
| A 396/1 c | 390 | A 396/1 f | 235 |

## § 37. Statistische Theorie vernetzter Systeme.

Hochpolymere Stoffe mit vernetzter Struktur können, wenn von chemischen Eingriffen abgesehen wird, nur begrenzte Quellung zeigen, und zwar muß hier allgemein das Gel im Gleichgewicht mit der reinen Flüssigkeit stehen. Die Gleichgewichtsbedingung lautet daher, wenn beide Phasen unter gleichem Druck stehen,

$$\Delta\mu_1 = 0 . \tag{III, 88}$$

Aus § 33 wissen wir, daß bei Verwendung der in Kap. II entwickelten Entropieausdrücke diese Gleichung nur für bestimmte Flüssigkeiten

<hr>

[1] MOREY, D. R., u. J. W. TAMBLYN: J. Phys. Chem. 50, 12 (1946).
[2] MOREY, D. R., u. J. W. TAMBLYN: J. Phys. Colloid Chem. 51, 721 (1947).
[3] Nature of the Chemical Components of Wood, TAPPI Monograph Series Nr. 6, p. 87. New York 1948.
[4] MÜNSTER, A.: J. Polymer Sci. 5, 333 (1950).
[5] MOREY, D. R., u. J. W. TAMBLYN: J. Phys. Colloid Chem. 51, 721 (1947).

(Nichtlösungsmittel) und auch dann nur als Grenzgesetz für $P \to \infty$ erfüllt sein kann. Damit sie, wie es hier gefordert wird, auch für endliche Kettenlängen streng und allgemein gilt, muß daher für Netzwerke ein zusätzlicher Entropieeffekt angenommen werden. Die Ursache desselben ist leicht zu verstehen. In dem ungequollenen Netzwerk behalten die Kettenteile (bei nicht zu dichter Vernetzung) ihre innere Beweglichkeit und sind daher aus statistischen Gründen im Mittel mehr oder weniger verknäult. Die bei der Quellung auftretende Volumenzunahme bewirkt infolge der Verknüpfung der Ketten zwangsläufig eine Streckung derselben. Dadurch wird die Zahl der möglichen Anordnungen und damit auch die Entropie vermindert.

Der fragliche Effekt ist zum ersten Male von FLORY und REHNER[1] berechnet worden. Später haben KUHN und Mitarbeiter[2] sowie J. J. HERMANS[3] eine Formel abgeleitet, die gegenüber der FLORY-REHNERschen Gleichung ein zusätzliches Glied enthält und eine nicht unbeträchtlich höhere Verdünnungsentropie liefert.

Neuerdings hat FLORY[4] die Theorie in allgemeinerer Form entwickelt und erhält jetzt das fragliche Glied mit einem Faktor $1/f$, wo $f$ die Zahl der an einer Verknüpfungsstelle zusammentreffenden Ketten bezeichnet. Eine eindeutige Entscheidung zwischen diesen Formeln ist bisher nicht möglich gewesen. Wir werden unserer Darstellung die neuere FLORYsche Theorie zugrunde legen.

Wir betrachten den folgenden Kreisprozeß:

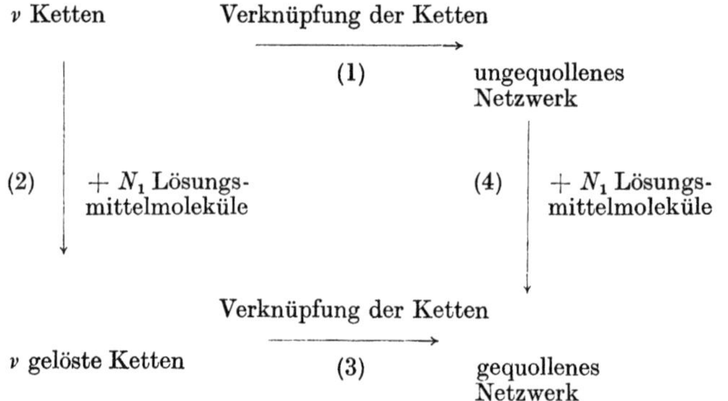


Das ganze System sei athermisch. Wir wollen die Entropieänderung bei dem Teilprozeß (4) $\Delta S_Q$ berechnen. Dafür gilt

$$\Delta S_Q = S_2 + S_3 - S_1 , \qquad\qquad (\text{III}, 89)$$

wo sich die Indizes auf die Teilprozesse beziehen. Die Verknüpfung der Ketten besteht darin, daß in $2\,\nu/f$ Knüpfstellen je $f$ Kettenenden verknüpft werden. Es wird angenommen, daß die Verteilung der Abstände

[1] FLORY, P. J., u. J. REHNER: J. Chem. Phys. 11, 512, 521 (1943).
[2] KUHN, W., R. PASTERNAK u. H. KUHN: Helvet. chim. Acta 30, 1705 (1947).
[3] HERMANS, J. J.: Trans. Faraday Soc. 43, 591 (1947).
[4] FLORY, P. J.: J. Chem. Phys. 18, 108 (1950).

der Kettenenden einer Kette bei diesem Prozeß nicht geändert wird. Die Bildung einer Knüpfstelle erfordert, daß zu einem gegebenen Kettenende sich $f - 1$ weitere Kettenenden im gleichen Volumenelement $\Delta\tau$ finden. Für die Wahrscheinlichkeit, daß dies zutrifft, schreiben wir

$$(2\,\nu\,\Delta\tau/V)^{f-1}\,.$$

Nach dem Schema der filling-up-Methode gilt entsprechend für die Wahrscheinlichkeit der zweiten Knüpfstelle

$$[(2\,\nu - f)\,\Delta\tau/V]^{f-1}\,.$$

Die Wahrscheinlichkeit, daß alle Kettenenden in Knüpfstellen angeordnet sind, ist daher

$$(f\,\Delta\tau/V)^{2\,\nu\,(f-1)/f}\;[(2\,\nu/f)!]^{f-1}\,.$$

Diese Wahrscheinlichkeit ist gleich dem Bruchteil, auf den die Zahl der Realisierungsmöglichkeiten durch die Vernetzung vermindert wird. Wir können sie daher nach Gl. (II, 55) mit der Entropieänderung des Teilprozesses (1) verknüpfen. Mit Benutzung der STIRLINGschen Formel Gl. (II, 44) erhalten wir dann

$$S_1 = [2\,\mathrm{k}\,\nu\,(f - 1)/f]\ln(2\,\nu\,\Delta\tau/Ve)\,. \tag{III, 90}$$

Für die Entropieänderung des Teilprozesses (2) erhalten wir unmittelbar aus der FLORY-HUGGINS-Theorie [Gl. (II, 111)]

$$S_2 = -\,\mathrm{k}\,[N_1 \ln(1 - x_2^*) + \nu \ln x_2^*]\,. \tag{III, 91}$$

Wir nehmen an, daß die Verteilung der Abstände der Kettenenden auch durch die Zufügung des Lösungsmittels nicht geändert wird. Bei sehr starken Verdünnungen ist diese Annahme allerdings, wie wir aus Kap. II wissen, sicher nicht mehr zutreffend. Den Teilprozeß (3) zerlegen wir in zwei Schritte. Der erste besteht darin, daß die wahrscheinlichste Verteilung der Abstände der Kettenenden um einen Faktor $\alpha = 1/x_2^{*\,1/3}$ aufgeweitet wird. Der zweite Schritt besteht in einer zu (1) analogen Verknüpfung der Kettenenden. Für die Zahl der Ketten, deren Enden im ursprünglichen Zustand einen Abstand zwischen $r_i$ und $r_i + dr_i$ haben, können wir schreiben

$$\nu_i\,dr_i = \nu W(r_i)\,dr_i \tag{III, 92}$$

mit

$$W(r_i) = \big(\beta/\pi^{\frac{1}{2}}\big)^3\,4\,\pi\,r_i^2\,e^{-\beta^2\,r_i^2}\,. \tag{III, 93}$$

Nach der Aufweitung (die einfach eine Koordinatentransformation darstellt) gilt

$$\nu_i'\,dr_i = \nu W(r_i/\alpha)\,dr_i/\alpha\,. \tag{III, 94}$$

Für die Entropieänderung bei dem ersten Schritt setzen wir näherungsweise

$$S_{31} = \mathrm{k}\ln\left\{\Pi\,[W(r_i)/W(r_i/\alpha)]^{\nu_i'}\right\}\,. \tag{III, 95}$$

Die resultierende Summierung läßt sich als Integral approximieren und ergibt dann mit (III, 93) und (III, 94)

$$S_{31} = -\frac{3}{2}\,\mathrm{k}\,\nu\left(x_2^{*\,-\frac{2}{3}} - 1\right) - \mathrm{k}\,\nu\,\ln x_2^* . \qquad \text{(III, 96)}$$

Für den zweiten Schritt von Teilprozeß (3), die Verknüpfung der Ketten, gilt wieder Gl. (III, 90), in der nur $V$ durch $V' = V/x_2$ zu ersetzen ist. Damit wird

$$S_3 = 2\,\mathrm{k}\,\nu\,[(f-1)/f]\,\ln\,(2\,\nu\,\varDelta\tau/V'e)$$

$$-\frac{3}{2}\,\mathrm{k}\,\nu\left(x_2^{*\,-\frac{2}{3}} - 1\right) - \mathrm{k}\,\nu\,\ln x_2^* . \qquad \text{(III, 97)}$$

Durch Einsetzen von (III, 90), (III, 91) und (III, 97) in (III, 89) folgt schließlich

$$\varDelta S_Q = -\,\mathrm{k}\left[N_1 \ln\,(1 - x_2^*) + \frac{3\,\nu}{2}\left(x_2^{*\,-\frac{2}{3}} - 1\right) + (2\,\nu/f)\,\ln x_2^*\right]. \qquad \text{(III, 98)}$$

Die freie Energie der Quellung erhalten wir daraus, in Analogie zu der früheren Erweiterung der Flory-Huggins-Theorie (Kap. II, § 30a), indem wir zu $-\,T\varDelta S_Q$ noch einen Term

$$\varDelta H_Q = \chi_1\,\mathrm{k}T\,N_1\,x_2^* \qquad \text{(III, 99)}$$

hinzufügen. Durch Differentiation nach $N_1$ ergibt sich dann für die freie Energie der Verdünnung

$$\varDelta\mu_1 = \mathrm{R}T\left[\ln\,(1 - x_2^*) + x_2^*\,(1 - 2/P_c\,f) + x_2^{*\,\frac{1}{3}}/P_c + \chi_1\,x_2^{*2}\right]. \qquad \text{(III, 100)}$$

Hier ist $P_c$ der Polymerisationsgrad einer zwischen zwei Verknüpfungsstellen liegenden Kette. Es gilt somit

$$x_2^* = \frac{P_c\,\nu}{N_1 + P_c\,\nu} . \qquad \text{(III, 101)}$$

In Analogie zu (II, 122) können wir setzen

$$P_c = \frac{M_c}{\varrho_2\,V_1} , \qquad \text{(III, 102)}$$

wo $M_c$ das Molekulargewicht einer zwischen zwei Verknüpfungsstellen liegenden Kette ist. $P_c$ oder $M_c$ stellen ein Maß für die Dichte der Vernetzung dar; sie sind um so größer, je kleiner die letztere ist. Wenn eine Probe des trockenen ungedehnten Hochpolymeren die Länge $l_0$ hat, so tritt bei Quellung und gleichzeitiger Dehnung auf die Endlänge $l$ an die Stelle von (III, 100), wie leicht einzusehen, die Beziehung

$$\varDelta\mu_1 = \mathrm{R}T\left[\ln\,(1 - x_2^*) + x_2^*\left(1 - \frac{2\,\varrho_2\,V_1}{M_c\,f}\right) + \frac{\varrho_2\,V_1}{M_c}\,\frac{l_0}{l} + \chi_1\,x_2^{*2}\right].$$
$$\text{(III, 103)}$$

Für die elastische Spannung gilt unter diesen Bedingungen (wie hier ohne Beweis angegeben sei)

$$\tau = \varrho_2\,q\,\mathrm{R}T\left(\frac{l}{l_0} - \frac{l_0^2}{l^2\,x_2^*}\right)\Big/ M_c . \qquad \text{(III, 104)}$$

Dagegen erhält man durch Elimination von $M_c$ mittels Gl. (III, 88) und (III, 100) für starke Quellung die Näherungsformel

$$\tau = \frac{\mathrm{R}T}{V_1}\left(\frac{l^2}{l_0^2} - \frac{l_0}{l}\right)(1 - 2\,\chi_1)\,\frac{x_2^{*\,5/3}}{2}\,. \qquad \text{(III, 105)}$$

Auf einige von FLORY diskutierte Verfeinerungen gehen wir hier nicht ein.

## § 38. Die maximale Quellung[1].

Die in § 37 skizzierte Theorie führt zu der Folgerung, daß vernetzte hochpolymere Systeme sich stets nur mit einer begrenzten Menge einer niedrigmolekularen Flüssigkeit unter Aufquellen homogen mischen können. Wenn dieser maximale Quellungsgrad erreicht ist, wird das System heterogen, und zwar steht das gequollene Gel im Gleichgewicht mit der reinen Flüssigkeit. Dieses Verhalten, das eine unmittelbare Folge der durch die Vernetzung bedingten zusätzlichen Entropieeffekte ist, wird durch Abbildung III, 24, die einer Arbeit von SCOTT und MAGAT[2] entnommen ist, veranschaulicht. Die gestrichelt gezeichneten Kurventeile entsprechen instabilen bzw. metastabilen Zuständen. Die maximale Quellung ist durch den Schnitt mit der Nullinie gegeben. Man sieht, daß dieselbe mit zunehmender Vernetzung abnimmt. Führen wir auch hier wieder

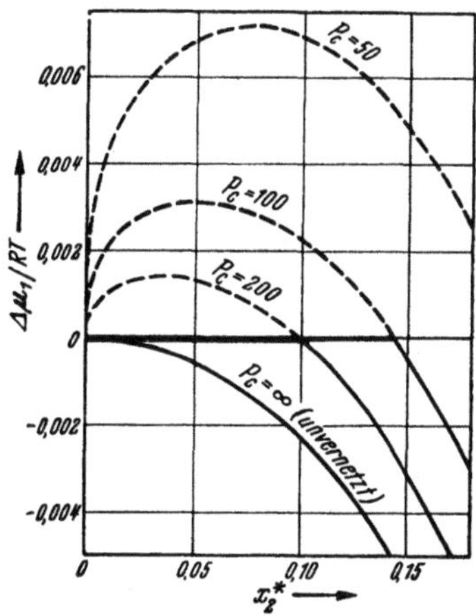


Abb. III, 24. Freie Energie der Verdünnung für die Quellung vernetzter Systeme nach Gl. (III,103) (vgl. Fußnote [1]).

den durch Gl. (III, 20) definierten Quellungsgrad $Q$ ein, so folgt aus Gl. (III, 88), (III, 100) und (III, 102) für den maximalen Quellungsgrad:

$$\ln(1 + 1/Q_{max}) - (Q_{max} + 1)^{-1} - \chi_1(Q_{max} + 1)^{-2} = \frac{\varrho_2\,V_1}{M_c}(Q_{max} + 1)^{-\frac{1}{3}}\,. \qquad \text{(III, 106)}$$

In Abb. III, 25 ist der Zusammenhang zwischen $Q_{max}$, $\chi_1$ und $M_c$ nach Gl. (III, 106) dargestellt. Führen wir wieder die Kohäsionsenergiedichten ein, so können wir setzen

$$\chi_1 = \chi_0 + \frac{KV_1(\sqrt{e_1} - \sqrt{e_2})^2}{\mathrm{R}T}\,. \qquad \text{(III, 107)}$$

Man sieht dann leicht aus Gl. (III, 106), daß die Auftragung von $Q_{max}$ gegen $(KV_1)^{\frac{1}{2}}\left(\sqrt{e_1} - \sqrt{e_2}\right)$ für nicht zu große $Q_{max}$ annähernd eine

---

[1] Im folgenden werden wir den Term $2/P_c f$ in Gl. (III, 100) vernachlässigen, was bei nicht zu hohen Vernetzungsgraden zulässig ist. Gl. (III, 100) geht dann in die ältere Formel von FLORY u. REHNER [J. Chem. Phys. 11, 512, 521 (1943)] über, welche den meisten Diskussionen experimenteller Resultate zugrunde liegt.

[2] SCOTT, R. L., u. M. MAGAT: J. Polymer Sci. 4, 555 (1949).

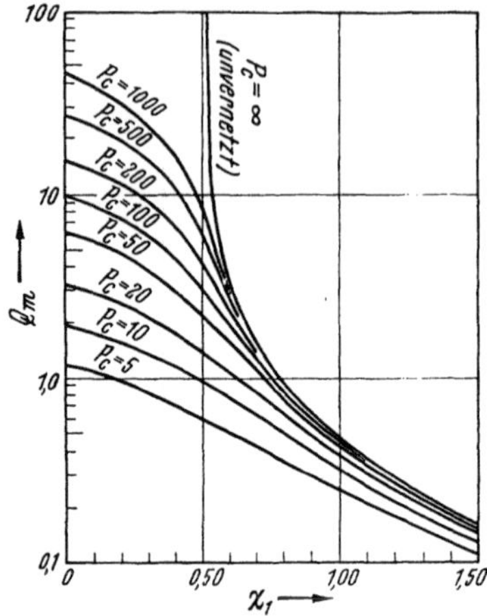



Abb. III, 25. Maximaler Quellungsgrad vernetzter Systeme nach Gl. (III, 106)[1].

Gausssche Fehlerkurve liefert. Für das Maximum derselben, das wir mit $Q^*_{max}$ bezeichnen, gilt $e_1 = e_2$. Tragen wir daher

$$\left[ \frac{1}{K V_1} \ln \frac{Q^*_{max}}{Q_{max}} \right]^{\frac{1}{2}}$$

gegen $e_1^{1/2}$ auf, so ergibt sich angenähert eine Gerade, deren Schnittpunkt mit der Abszisse die direkt nicht zugängliche Größe $e_2^{1/2}$ liefert. Dieses Verfahren ist insofern einfacher als das in § 33 beschriebene, als es nicht die Kenntnis der Verdünnungsentropie voraussetzt.

Die Quellung von vulkanisiertem Kautschuk in zahlreichen organischen Flüssigkeiten ist von Whitby und Mitarbeitern[2] untersucht worden. Diese Messungen sind von Gee[3] mittels der Theorie der Kohäsionsenergiedichten, und zwar nach der in § 33 beschriebenen Methode, ausgewertet worden. Für die Verdünnungsentropie wurden dabei die an dem System Kautschuk—Benzol gemessenen Werte[4] bis zu einem Volumenbruch $x_1^* \approx 0{,}6$ benutzt, für höhere Quellungsgrade wurden die Werte aus plausiblen Überlegungen geschätzt. Dies Verfahren ist naturgemäß außerordentlich roh; auch die aus den Ver-

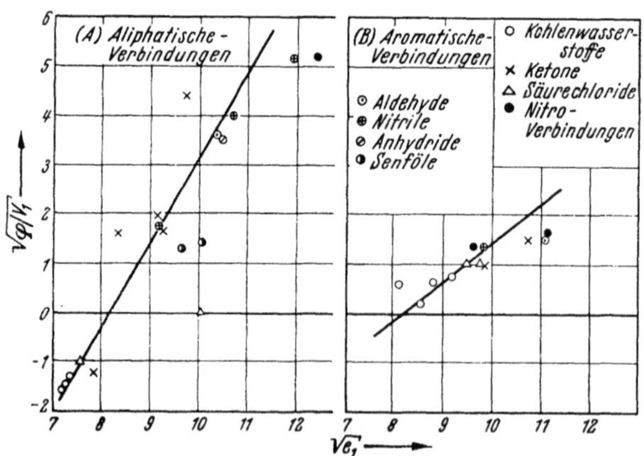



Abb. III, 26. Bestimmung der Kohäsionsenergiedichte für vulkanisierten Kautschuk nach dem in § 33 beschriebenen Verfahren.

dampfungswärmen nach Gl. (III, 27) berechneten Werte für die $\sqrt{e_1}$ sind recht ungenau. Trotzdem dürfte das sich ergebende Bild in großen


[1] Bezeichnung nachträglich im Text von $Q_m$ auf $Q_{max}$ geändert.
[2] Whitby, G. S., A. B. A. Evans u. D. S. Pasternak: Trans. Faraday Soc. 38, 269 (1942).
[3] Gee, G.: Trans. Faraday Soc. 38, 418 (1942).
[4] Gee, G., u. L. R. G. Treloar: Trans. Faraday Soc. 38, 147 (1942).

Zügen zutreffen. Abb. III, 26 zeigt die Ergebnisse für aliphatische und aromatische Flüssigkeiten. In beiden Fällen ergibt sich $\sqrt{e_2} = 8{,}15$. Dagegen sind die $K$-Werte verschieden; für aliphatische Verbindungen gilt $K = 3{,}0$, für aromatische $K = 0{,}65$. Stark assoziierende Flüssigkeiten, wie Alkohole und Säuren, wurden in beiden Fällen ausgeschlossen. Trotzdem sind die Streuungen, wie kaum anders zu erwarten, sehr erheblich.

Tabelle III, 10. *Zusammensetzung der in Abb. III, 28 benutzten Kautschukmischungen.* Nach GEE. [Aus Trans. Inst. Rubber Ind. 18, 266 (1943).]

| Material | Gewichtsteile in der Mischung | | | | |
|---|---|---|---|---|---|
| | 1 | 2 | 3 | 4 | 5 |
| Smoked sheet | 100 | 100 | 100 | 100 | 100 |
| Schwefel | 3,5 | 3 | 3 | 3 | 3 |
| Zinkoxyd | 6 | 5 | 5 | 100 | 18 |
| Stearinsäure | 0,5 | 3 | 3 | 2,5 | 1,5 |
| Mercaptobenzthiazol | 0,5 | 1 | 1 | — | 1 |
| Ruß | — | 45 | 100 | — | — |
| Nonox S | — | 1,5 | 1,5 | 1 | 1 |
| Kiefernteer | — | 1 | 2 | — | 3,5 |
| Tetramethyltiuramdisulfid | — | — | 0,1 | 1 | — |
| Magnesiumcarbonat | — | — | — | 50 | 42 |
| Mineralöl | — | — | — | 5 | — |
| Magnesiumoxyd | — | — | — | — | 4 |
| Lithopone | — | — | — | — | 64 |
| Rotes Oxyd | — | — | — | — | 14 |
| Paraffin | — | — | — | — | 1,5 |
| Summe | 110,5 | 159,5 | 215,6 | 262,5 | 253,5 |

Vulkanisierungsdauer 30 min bei 2,8 kg/cm² Dampfdruck.

Tabelle III, 11. *Zusammensetzung der in Abb. III, 29—32 benutzten synthetischen Kautschukmischungen.* Nach GEE. [Aus Trans. Inst. Rubber Ind. 18, 266 (1943).]

| | Neopren GN | Neopren GN | Thiokol F | Thiokol RD | Thiokol FA | Buna N | Buna S |
|---|---|---|---|---|---|---|---|
| Synthetischer Kautschuk | 100 | 100 | 100 | 100 | 100 | 100 | 100 |
| Diorthotolylguanidin | 0,5 | 1 | — | — | — | — | — |
| Magnesiumoxyd | 4 | 10 | — | — | — | — | — |
| Ruß | — | 35 | 60 | 60 | 60 | 50 | 55 |
| Kreide | — | 100 | — | — | — | — | — |
| Nonox S | 2 | 2 | — | — | — | — | — |
| Stearinsäure | 0,25 | 0,25 | 0,5 | 1 | 0,5 | 1 | 1 |
| Zinkoxyd | 1 | 5 | 10 | 5 | 10 | 5 | 5 |
| Diphenylguanidin | — | — | 0,1 | — | 0,1 | — | — |
| Mercaptobenzthiazol | — | — | 0,35 | 1 | 0,35 | 1 | 1 |
| Dibutylphthalat | — | — | — | 20 | — | 40 | — |
| Agerite powder | — | — | — | 1 | — | — | — |
| Schwefel | — | — | — | 1,5 | — | 2 | 2 |
| Teer | — | — | — | — | — | — | 5 |
| Summe | 107,8 | 253,3 | 171 | 189,5 | 171 | 199 | 169 |
| Vulkanisierungsdauer (min) | 30 | 30 | 50 | 15 | 50 | 45 | 45 |
| Dampfdruck kg/cm² | 2,8 | 2,8 | 3,5 | 2,1 | 3,5 | 2,8 | 2,8 |

GEE[1] hat wenig später selbst ähnliche Messungen an verschiedenen natürlichen und synthetischen Kautschuksorten durchgeführt und nach der in diesem Paragraphen beschriebenen Methode ausgewertet. Um eine möglichst konkrete Vorstellung von den verwendeten Materialien zu geben, sind die betreffenden Mischungen in Tab. III, 10 für Natur-

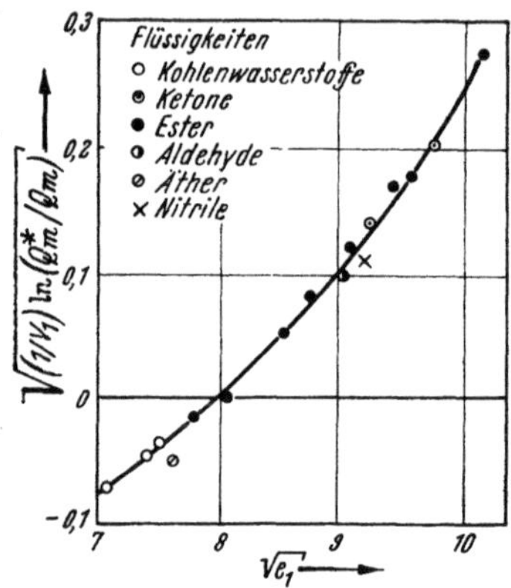

Abb. III, 27. Bestimmung der Kohäsionsenergiedichte für vulkanisierten Kautschuk nach dem in § 7 beschriebenen Verfahren[2].

kautschuk, in Tab. III, 11 für synthetische Kautschuksorten zusammengestellt.

Abb. III, 27 zeigt als Beispiel die Ermittlung von $\sqrt{e_2}$ für vulkanisierten Naturkautschuk.

Die benutzten Flüssigkeiten sind mit ihren $\sqrt{e_1}$-Werten in Tab. III, 12 zusammengestellt. Es ergibt sich $\sqrt{e_2} = 7{,}98$, in guter Übereinstimmung mit dem früher (s. o.) bestimmten Wert.

Tab. III, 13 gibt die nach diesem Verfahren für die verschiedenen Kautschuksorten ermittelten $\sqrt{e_2}$-Werte.

Abb. III, 28 zeigt den maximalen Quellungsgrad als Funktion von $V_1^{\frac{1}{2}}\left[\sqrt{e_1} - 7{,}98\right]$ für Naturkautschuk. Die experimentellen

Tabelle III, 12. *Kohäsionsenergiedichten der in Abb. III, 27 benutzten Quellungsmittel.* Nach GEE. [Aus Trans. Inst. Rubber Ind. 18, 266 (1943).]

| Flüssigkeiten | $\sqrt{e_1}$ (cal/cm³)$^{1/2}$ |
|---|---|
| n-Pentan . . . . . . . | 7,07 |
| n-Hexan . . . . . . . . | 7,40 |
| n-Heptan . . . . . . . | 7,50 |
| Äthyläther . . . . . . . | 7,60 |
| Isobutyl—n-Butyrat[3] . . | 7,78 |
| n-Butyl—n-Butyrat[3] . . | 8,06 |
| n-Butylacetat . . . . . . | 8,53 |
| n-Propylacetat . . . . | 8,75 |
| Äthylacetat . . . . . . | 9,08 |
| Äthylformiat . . . . . . | 9,43 |
| Methylacetat . . . . . . | 9,58 |
| Methylformiat . . . . . | 10,16 |
| Diisopropylketon . . . . | 8,08 |
| Äthylmethylketon . . . | 9,22 |
| Aceton . . . . . . . . . | 9,77 |
| Butyraldehyd . . . . . . | 9,00 |
| n-Capronitril . . . . . . | 9,19 |
| Propionitril . . . . . . . | 10,68 |
| Acetonitril . . . . . . . | 11,89 |

Tabelle III, 13. *Kohäsionsenergiedichten von Kautschukvulkanisaten.* Nach GEE. [Aus Trans. Inst. Rubber Ind. 18, 266 (1943).]

| | $\sqrt{e_2}$ (cal/cm³)$^{1/2}$ |
|---|---|
| Naturkautschuk . . . . | 8,0 |
| Buna S . . . . . . . . . | 8,1 |
| Neopren GN . . . . . . | 8,2 |
| Thiokol RD . . . . . . | 9,0 |
| Thiokol F . . . . . . . | 9,4 |
| Thiokol FA . . . . . . | 9,4 |
| Buna N . . . . . . . . . | 9,4 |

[1] GEE, G.: Trans. Inst. Rubber Ind. 18, 266 (1943).
[2] Bezeichnung nachträglich im Text von $Q_m$ auf $Q_{max}$ geändert.
[3] Geschätzt aus Werten anderer Ester, da keine geeigneten Dampfdruckdaten erhältlich waren.

Werte sind nur für die Mischung Nr. 1 eingetragen, liegen aber für die übrigen ähnlich.

Abb. III, 29 zeigt das gleiche für Buna S, Abb. III, 30 für Thiokol FA, Abb. III, 31 für Buna N und Abb. III, 32 für Thiokol RD. Man sieht

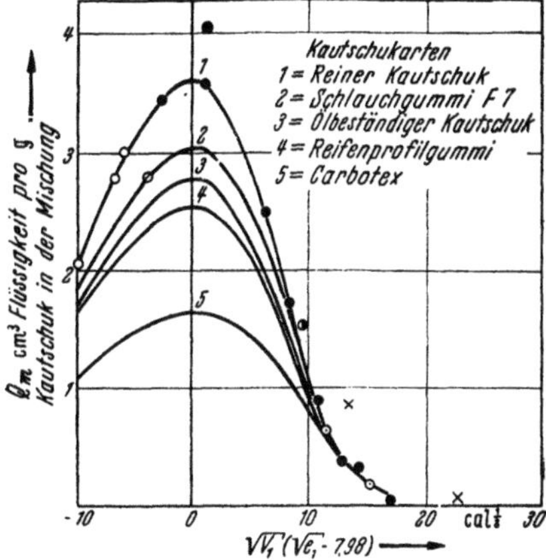


Abb. III, 28. Maximaler Quellungsgrad von Naturkautschukvulkanisaten in Abhängigkeit von der Kohäsionsenergiedichte des Quellungsmittels (Bezeichnungen wie in Abb. III, 27)[1].

Abb. III, 29. Maximaler Quellungsgrad von Buna S in Abhängigkeit von der Kohäsionsenergiedichte des Quellungsmittels (Bezeichnungen wie in Abb. III, 27)[1].

daraus, daß für Naturkautschuk und Buna S die Theorie recht gut erfüllt ist, während bei Buna N und zumal Thiokol RD sehr erhebliche Abweichungen auftreten, so daß man verschiedene Kurven für die verschiedenen Klassen von Flüssigkeiten zeichnen kann.

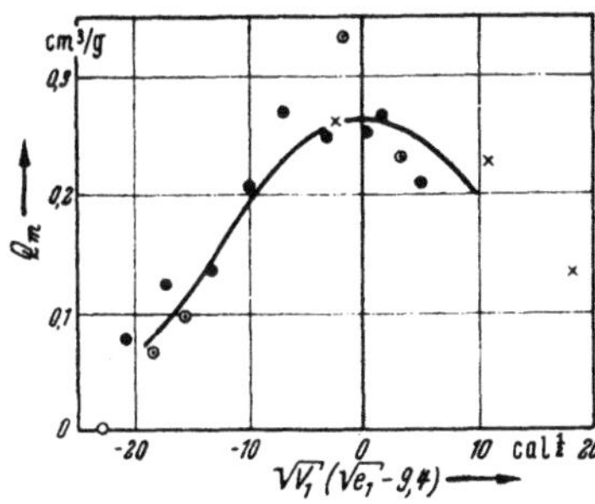


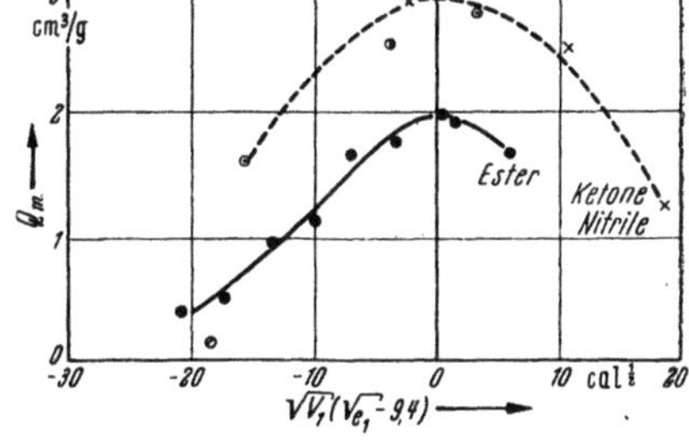


Abb. III, 30. Maximaler Quellungsgrad von Thiokol FA in Abhängigkeit von der Kohäsionsenergiedichte des Quellungsmittels (Bezeichnungen wie in Abb. III, 27)[1].

Abb. III, 31. Maximaler Quellungsgrad von Buna N in Abhängigkeit von der Kohäsionsenergiedichte des Quellungsmittels (Bezeichnungen wie in Abb. III, 27)[1].

BOYER und SPENCER[2] haben analoge Untersuchungen an mit Divinylbenzol vernetztem Polystyrol durchgeführt. Abb. III, 33 zeigt die Bestimmung von $\sqrt{e_2}$ nach der GEEschen Methode. Die Streuungen sind

---


[1] Bezeichnung nachträglich im Text von $Q_m$ auf $Q_{max}$ geändert.
[2] BOYER, R. F., u. R. S. SPENCER: J. Polymer Sci. 3, 97 (1948).

recht erheblich, obwohl stärker polare Flüssigkeiten ausgeschlossen wurden. Man erhält etwa $\sqrt{e_2} \approx 8{,}65-9{,}05$. Nach Gl. (III, 107) sollte die Auftragung von $\chi_1$ als Funktion von $\sqrt{e_1}$ eine Parabel ergeben.

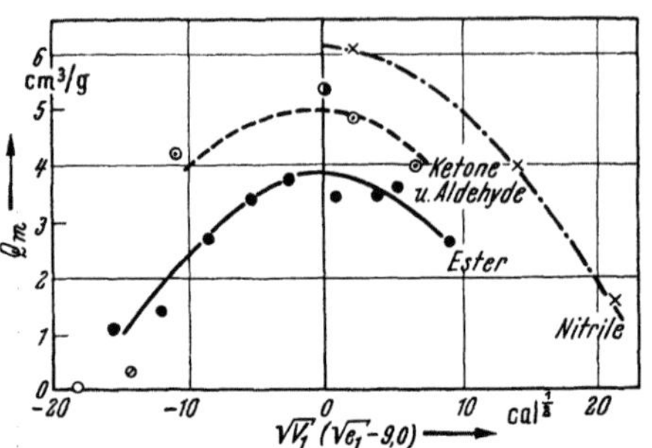


Abb. III, 32. Maximaler Quellungsgrad von Thiokol RD in Abhängigkeit von der Kohäsionsenergiedichte des Quellungsmittels (Bezeichnungen wie in Abb. III, 27)[1].

Abb. III, 34 zeigt, daß dies nur der Fall ist, wenn man eine solche Kurvenschar benutzt, deren einzelne Kurven sich offenbar noch nicht einmal bestimmten Verbindungsklassen zuordnen lassen. Schließlich geben BOYER und SPENCER[2] noch zwei Tabellen, von denen die eine $\sqrt{e_1}$-Werte von $8{,}54-10{,}00$ bei nahezu konstantem $Q_{max}$, die andere $Q_{max}$-Werte von $1{,}08-21{,}99$ bei praktisch konstantem $\sqrt{e_1}$ zeigt.

SCOTT und MAGAT[3] haben ebenfalls die maximale Quellung von Vulkanisaten aus natürlichem und synthetischem Kautschuk in organischen Flüssigkeiten bestimmt und daraus nach Gl. (III, 106) die Größe $M_c$ berechnet. Die Werte für die $\sqrt{e_1}$ wurden aus Verdampfungswärmen entnommen, die $\sqrt{e_2}$ nach dem Prinzip der kleinsten Fehlerquadrate bestimmt. Die auf diese Weise errechneten $M_c$-Werte streuen um $50-100\%$. Die Unterschiede der wirklichen $M_c$-Werte für die einzelnen Vulkanisate scheinen etwa von der gleichen Größenordnung zu sein. Die Autoren bilden aus den mit verschiedenen Flüssigkeiten erhaltenen Daten Mittelwerte. Unter den geschilderten Umständen erscheint es aber fraglich, ob dieselben physikalische Bedeutung besitzen.

Im Hinblick auf die Anwendung der Theorie der Kohäsionsenergiedichten seien hier schließlich noch die Quellungs-



Abb. III, 33. Bestimmung der Kohäsionsenergiedichte für mit Divinylbenzol vernetztes Polystyrol[1].


[1] Bezeichnung nachträglich im Text von $Q_m$ auf $Q_{max}$ geändert.
[2] BOYER, R. F., u. R. S. SPENCER: J. Polymer Sci. 3, 97 (1948).
[3] SCOTT, R. L., u. M. MAGAT: J. Polymer Sci. 4, 555 (1949).

messungen von RICHARDS[1] an Polyäthylenen erwähnt, obwohl es sich dabei nicht um einen vernetzten, sondern um einen teilweise kristallinen Stoff handelt (s. § 40). Gl. (III, 34) erweist sich auch hier als anwendbar. Man benötigt jedoch verschiedene Glockenkurven für die verschiedenen Verbindungsklassen (aliphatische, aromatische usw.).

Überblicken wir nochmals das im Vorstehenden diskutierte experimentelle Material, so können wir zusammenfassend feststellen, daß die Methode der Kohäsionsenergiedichten sicherlich weder eine allgemein gültige physikalische Theorie noch ein allgemein anwendbarer empirischer Formalismus ist. Dieses Resultat kann mit Rücksicht auf die recht primitiven theoretischen Grundlagen kaum überraschen. Es erscheint im Gegenteil eher verwunderlich, daß man das Quellungsverhalten der Hochpolymeren doch in solchem Umfang auf diese Weise beschreiben kann. Man muß daher, obwohl in solchen Fällen immer die Gefahr eines Mißbrauches naheliegt, doch sagen, daß die Methode der Kohäsionsenergiedichten

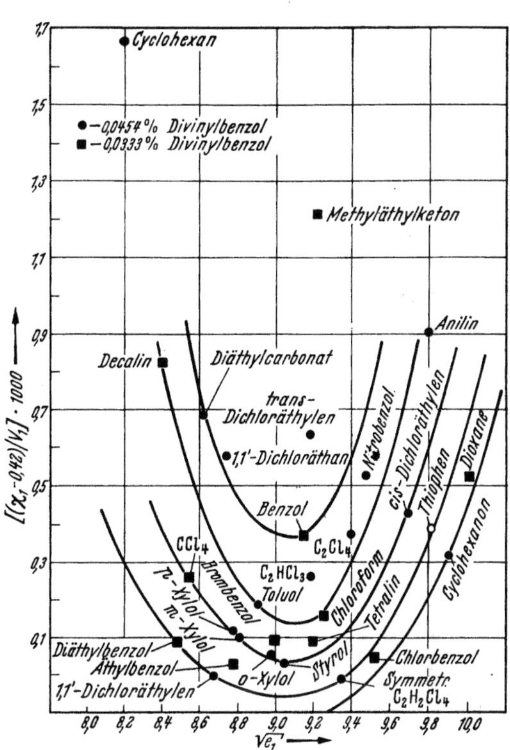



Abb. III, 34. Zusammenhang zwischen $\chi_1$ und $\sqrt{e_1}$ für mit Divinylbenzol vernetztes Polystyrol.

für den Praktiker ein außerordentlich nützliches Hilfsmittel darstellt, wenn sie mit Vorsicht und Kritik gehandhabt wird. Wenn man stark polare Substanzen ausschließt, bietet sie immerhin die Möglichkeit, über Löslichkeit und Quellung von Hochpolymeren zum wenigsten qualitativ einigermaßen zuverlässige Voraussagen zu machen, denen man innerhalb der gleichen Verbindungsklasse nicht selten sogar halbquantitativen Charakter geben kann. Wenn es uns somit verfehlt erscheint, die Methode in Bausch und Bogen abzulehnen, so muß man sich auf der anderen Seite darüber klar sein, daß die betreffenden Zahlen keine exakt definierten physikalischen Größen (wie etwa die thermodynamischen Funktionen) sind, sondern sich eher mit den in der Technik vielfach verwendeten praktischen Kennziffern in Parallele setzen lassen.

---

[1] RICHARDS, R. B.: Trans. Faraday Soc. 42, 20 (1946).

In diesem Sinne erscheint die Verwendung derselben jedoch durchaus gerechtfertigt.

Eine Prüfung der Gl. (III, 106) im Hinblick auf die Abhängigkeit des maximalen Quellungsgrades vom Vernetzungsgrad ist von GEE[1] an vulkanisiertem Naturkautschuk durchgeführt worden. Die dazu notwendige unabhängige Bestimmung von $M_c$ wurde durch Auswertung von Spannungsmessungen mittels Gl. (III, 104) ermöglicht. Die Resultate sind in Abb. III, 35 für gute, in Abb. III, 36 für schlechte Quellungsmittel dargestellt.

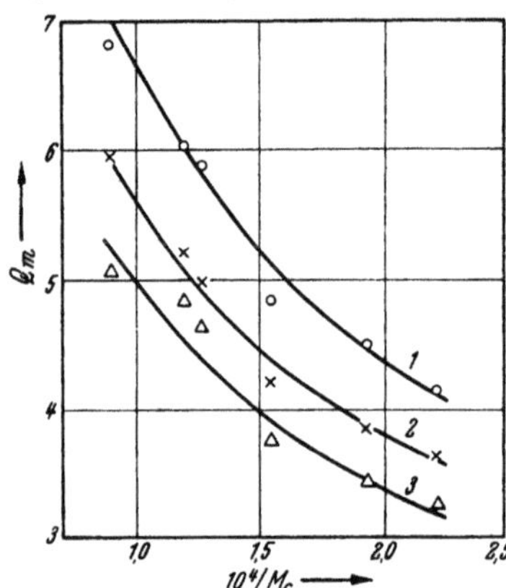

Abb III, 35. Abhängigkeit des maximalen Quellungsgrades von dem Vernetzungsgrad für vulkanisierten Naturkautschuk und gute Quellungsmittel[2].

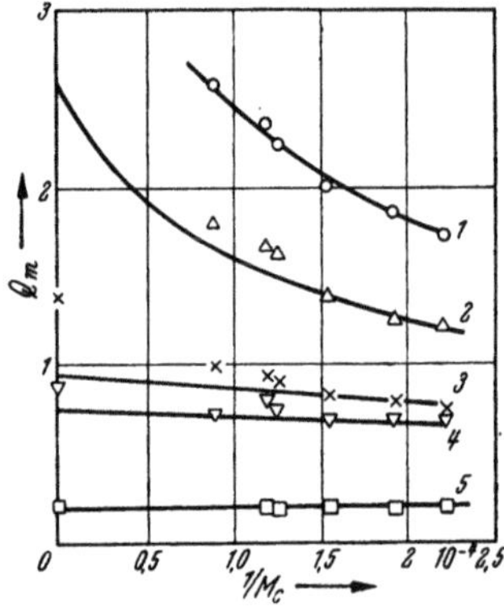

Abb. III, 36. Abhängigkeit des maximalen Quellungsgrades von dem Vernetzungsgrad für vulkanisierten Naturkautschuk und schlechte Quellungsmittel[2].

Im ersteren Falle ist die Übereinstimmung durchaus befriedigend. Dagegen scheinen bei schlechten Quellungsmitteln systematische Abweichungen aufzutreten. Ähnliche Ergebnisse haben BOYER und SPENCER[3] für mit Divinylbenzol vernetztes Polystyrol erhalten.

Die Temperaturabhängigkeit des Quellungsgleichgewichts ist für mit Divinylbenzol vernetztes Polystyrol von BOYER und SPENCER[3] untersucht worden. Sie fanden für Toluol und Methyläthylketon eine schwache Entquellung mit steigender Temperatur, was qualitativ der theoretischen Erwartung entspricht. Dagegen wurde bei dem schlechten Quellungsmittel Cyclohexan ein Aufquellen mit steigender Temperatur beobachtet. Im Rahmen der in § 37 entwickelten FLORYschen Theorie läßt sich dies nur durch die Annahme eines negativen Wertes für $\chi_0$ in Gl. (III, 107) formal deuten. Diese Annahme selbst ist aber vom Standpunkt der erwähnten Theorie völlig unverständlich. Man muß daher schließen, daß diese Theorie für schlechte Quellungsmittel jedenfalls versagt. In neuester Zeit haben JENCKEL und COSSMANN[4] eine umfangreiche Untersuchung über die Temperaturabhängigkeit des Quellungs-

---

[1] GEE, G.: Trans. Faraday Soc. **42 B**, 33 (1946).
[2] Bezeichnung nachträglich im Text von $Q_m$ auf $Q_{max}$ geändert.
[3] BOYER, R. F., u. R. S. SPENCER: J. Polymer Sci. **3**, 97 (1948).
[4] JENCKEL, E., u. G. COSSMANN: Kolloid-Z. **127**, 83 (1952).

gleichgewichtes an mit Divinylbenzol vernetzten Polystyrolen und an mit Maleinsäurediallylester vernetzten Polymethacrylsäureestern durchgeführt. In beiden Fällen wurde auch hier für gute Quellungsmittel Entquellung mit steigender Temperatur beobachtet. Bei schlechten Quellungsmitteln fanden die Autoren zunächst in Übereinstimmung mit

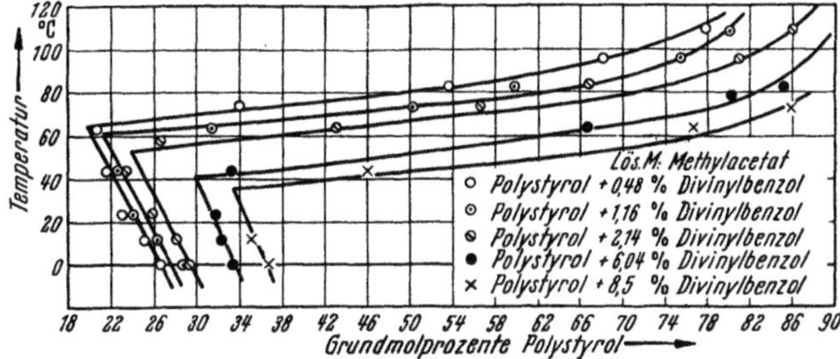


Abb. III, 37. Maximaler Quellungsgrad von mit Divinylbenzol vernetztem Polystyrol in Methylacetat[2].

dem erwähnten Befund von BOYER und SPENCER[1] ein Aufquellen mit steigender Temperatur. Bei weiterer Erhöhung der Temperatur setzte jedoch plötzlich äußerst starke Entquellung ein. In Abb. III, 37 und Abb. III, 38 sind Beispiele für beide Kurventypen dargestellt. Auch hier versagt die FLORYsche Theorie völlig für schlechte Quellungsmittel. Es existiert auch noch keine qualitative befriedigende Erklärung für die Kurven der Abb. III, 38. Die quantitative Prüfung der Theorie[3] führt

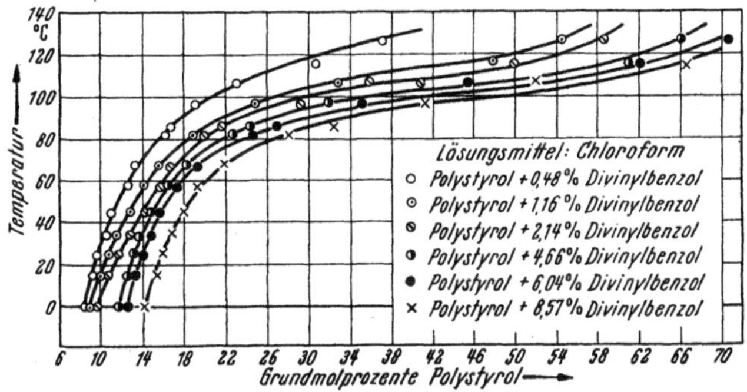


Abb. III, 38. Maximaler Quellungsgrad von mit Divinylbenzol vernetztem Polystyrol in Chloroform[2].

zu dem Ergebnis, daß die experimentellen Daten für Polymethacrylsäureester und gute Quellungsmittel sich gut darstellen lassen; auch bei schlechten Quellungsmitteln erhält man für das Gebiet der Entquellung mit steigender Temperatur noch brauchbare Resultate. Dagegen versagt die Theorie allgemein völlig im Falle des Polystyrols.

---

[1] BOYER, R. F., u. R. S. SPENCER: J. Polymer Sci. **3**, 97 (1948).
[2] Bezeichnung nachträglich im Text von $Q_m$ auf $Q_{max}$ geändert.
[3] JENCKEL und COSSMANN legen ihrer Rechnung die Formel von KUHN und Mitarbeitern [Helvet. chim. Acta **30**, 1705 (1947)] zugrunde.

Zum Schluß wollen wir noch kurz auf den Zusammenhang zwischen Quellung und elastischen Eigenschaften eingehen. Die Gl. (III, 105) ist von FLORY[1] an dem System Butylkautschuk (vulkanisiert) — Cyclohexan geprüft worden. Die Ergebnisse sind in Abb. III, 39 dargestellt und zeigen eine ausgezeichnete Übereinstimmung zwischen Theorie und Experiment. GEE[2] hat die Abhängigkeit der maximalen Quellung von der Dehnung an Vulkanisaten von Naturkautschuk untersucht und die Daten mittels Gl. (III, 103) ausgewertet. Abb. III, 40 zeigt die Ergebnisse für gute Quellungsmittel, Abbildung III, 41 die für schlechte Quellungsmittel.

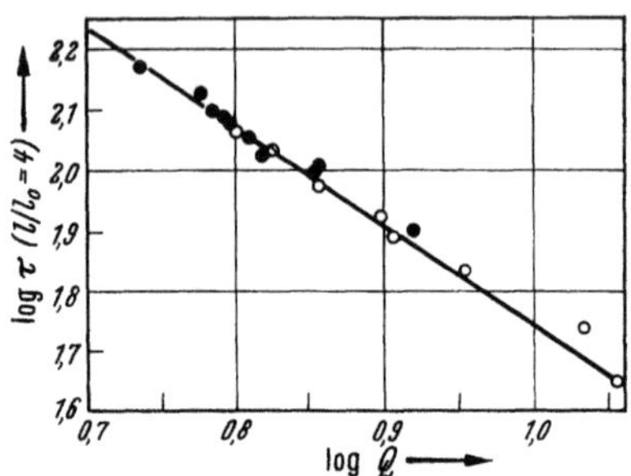

Abb. III, 39. Zusammenhang zwischen elastischer Spannung und Quellungsgrad für Butylkautschuk—Cyclohexan; Kurve berechnet nach Gl. (III, 105).

Im ersten Falle ist die Übereinstimmung nicht unbefriedigend, dagegen versagt die Theorie auch hier für schlechte Quellungsmittel. In einer ausführlichen Diskussion kommt GEE zu dem Schluß, daß die Konzentrationsabhängigkeit der freien Energie der Verdünnung für schlechte Quellungsmittel durch Gl. (III, 100) nicht richtig dargestellt wird. Für das System Butylkautschuk—Xylol ist Gl. (III, 103) von FLORY und REHNER[4] bestätigt worden.

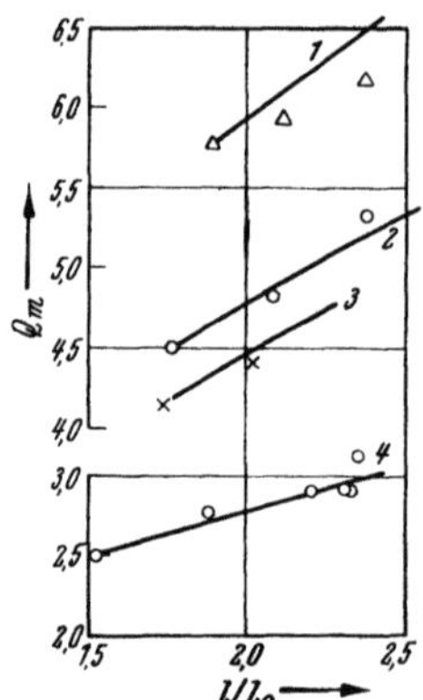

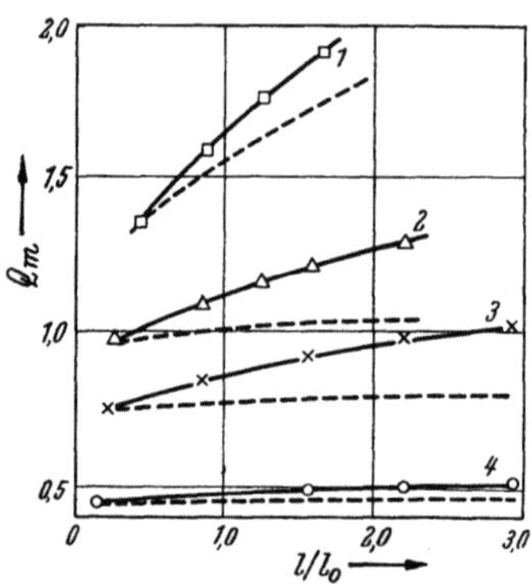

Abb. III, 40. Abhängigkeit der maximalen Quellung vom Dehnungsgrad für vulkanisierten Naturkautschuk in guten Quellungsmitteln[3].

Abb. III, 41. Abhängigkeit der maximalen Quellung vom Dehnungsgrad für vulkanisierten Naturkautschuk in schlechten Quellungsmitteln[3].

Der durch Gl. (III, 104) gegebene lineare Zusammenhang zwischen $\tau$ und $1/M_c$ ist von SCOTT und MAGAT[5] an Vulkanisaten von natürlichem und synthetischem Kautschuk gefunden worden.

[1] FLORY, P. J.: Chem. Reviews 35, 51 (1944).
[2] GEE, G.: Trans. Faraday Soc. 42 B, 33 (1946).
[3] Bezeichnung nachträglich im Text von $Q_m$ auf $Q_{max}$ geändert.
[4] FLORY, P. J., u. J. REHNER: J. Chem. Phys. 12, 412 (1944).
[5] SCOTT, R. L., u. M. MAGAT: J. Polymer Sci. 4, 555 (1949).

## § 39. Quellungsdruck;
## Verdünnungswärme und Verdünnungsentropie der Quellung.

Aus der Definition des Quellungsgleichgewichtes folgt, daß ein vernetztes Gel vom Quellungsgrade $Q < Q_{max}$ nur dann mit dem reinen Quellungsmittel im Gleichgewicht stehen kann, wenn es sich unter höherem Druck als letzteres befindet. Dieser Überdruck wird üblicherweise als Quellungsdruck $\Pi_Q$ bezeichnet. Vom Standpunkt der Thermodynamik ist der Quellungsdruck völlig identisch mit dem osmotischen Druck. Ein Unterschied besteht lediglich im Hinblick auf den molekularen Mechanismus, indem hier die Funktion der semipermeablen Membran durch das Netzwerk selbst übernommen wird. Der Quellungsdruck ist von POSNJAK[1] direkt gemessen worden, doch ist diese Methode, wie neuerdings wieder BREITENBACH und FRANK[2] gefunden haben, zu ungenau, um als Unterlage für quantitative Diskussionen dienen zu können. Man zieht daher heute die von BOYER[3] angegebene „Entquellungsmethode" vor, welche darauf beruht, daß die Aktivität der Gleichgewichtsflüssigkeit durch einen gelösten hochmolekularen Stoff erniedrigt wird, welcher in das Netzwerk nicht eindringen kann.

Aus dem Gesagten folgt, daß der Quellungsdruck $\Pi_Q$ mit der freien Energie der Verdünnung des Gels zusammenhängt durch die Gleichung

$$\Pi_Q \, V_1 = - \, \varDelta \mu_1 \, . \tag{III, 108}$$

Durch Messung der Temperaturabhängigkeit des Quellungsdruckes kann man daher, analog wie beim osmotischen Druck, Verdünnungswärme und Verdünnungsentropie des Gels für den gesamten Konzentrationsbereich ermitteln. Solche Messungen sind von BREITENBACH und FRANK[2] an mit Benzol gequollenen vernetzten Polystyrolen durchgeführt worden. Die Autoren haben ferner aus Messungen des Elastizitätsmoduls an gequollenen Gelen $M_c$ bestimmt und daraus nach Gl. (III, 100) den „Netzanteil" der Verdünnungsentropie berechnet. Der restliche Anteil entspricht der FLORY-HUGGINS-Theorie für unvernetzte Hochpolymere. Die experimentelle Differenz zwischen Verdünnungsentropie und „Netzanteil" liegt jedoch wesentlich unter den Werten, die man aus der FLORY-HUGGINS-Theorie berechnet. Da für die Messungen sehr stark gequollene Systeme verwendet wurden, bedeutet dies nur eine Bestätigung der bereits in Kap. II besprochenen Ergebnisse.

Verdünnungswärmen für den Punkt der maximalen Quellung hat GEE[4] aus der Temperaturabhängigkeit des Quellungsgleichgewichtes bei Vulkanisaten von Naturkautschuk bestimmt. Durch Vergleich mit calorimetrischen Daten ergab sich, daß $\varDelta h_1/x_2^{*2}$ in allen Fällen von der Konzentration abhängt.

Eine ausführliche theoretische Analyse der zahlreichen Diskrepanzen zwischen Theorie und Experiment, denen wir auf dem Gebiet der

---


[1] POSNJAK, E.: Kolloid-Beih. **12**, 417 (1912).
[2] BREITENBACH, J. W., u. H. P. FRANK: Mh. Chem. **79**, 531 (1948).
[3] BOYER, R. T.: J. Chem. Phys. **13**, 363 (1945).
[4] GEE, G.: Trans. Faraday Soc. **42** B, 33 (1946).

Quellung vernetzter Systeme begegnet sind, ist bisher noch nicht durchgeführt worden. Es ist aber kaum zu bezweifeln, daß dieselben zu einem wesentlichen Teil bedingt sind durch die Unzulänglichkeit der FLORY-HUGGINS-Theorie für unvernetzte Systeme, die als wesentliches Element in alle bisher über die Quellung vernetzter Systeme entwickelten Theorien eingeht. Wir können daher insoweit auf die ausführliche Diskussion in Kap. II verweisen. Ob darüber hinaus noch spezielle neue Gesichtspunkte für Netzwerke zu berücksichtigen sind, läßt sich z. Z. noch nicht beurteilen.

## § 40. Löslichkeit und Quellung von kristallinen Hochpolymeren.

Bisher haben wir in diesem Kapitel stets vorausgesetzt, daß der hochpolymere Stoff amorph ist. Die Röntgendiagramme zeigen jedoch, daß diese Voraussetzung bei zahlreichen Stoffen, unter denen sich eine Reihe von technisch besonders wichtigen Produkten (z. B. Cellulose, Polyäthylen, Nylon, Polychlorotrifluoroäthylen, Polyvinylchlorid) befinden, nicht erfüllt ist. Allerdings sind diese Stoffe nicht mit den Kristallen niedrigmolekularer Verbindungen zu vergleichen. Sie enthalten vielmehr (abgesehen von gewissen Proteinen) stets einen mehr oder weniger großen Anteil von amorpher Substanz. Die Abschätzung der Größe der kristallinen Bezirke, z. B. aus der Verbreiterung der Röntgenlinien, führt zu der Folgerung, daß diese häufig kürzer sind als die betreffenden Fadenmoleküle selbst. Man muß daher annehmen, daß ein Fadenmolekül durch mehrere kristalline und amorphe Bezirke hindurchgehen kann (sog. Fransenmicellen). Näheres in Bd. III.

Es ist leicht einzusehen, daß unter diesen Bedingungen Löslichkeitseigenschaften zu erwarten sind, die sich beträchtlich von denen der amorphen Hochpolymeren unterscheiden. Einmal tritt jetzt in der Energiebilanz als neue Größe die Schmelzwärme auf, die für kristallisierte hochpolymere Fadenmoleküle um Größenordnungen höher liegt als für niedrigmolekulare organische Verbindungen. Zum anderen spielt jetzt auch die Schmelzentropie infolge der inneren Beweglichkeit der Fadenmoleküle eine viel individuellere und oft entscheidende Rolle. So ist, wie HUGGINS[1] bemerkt hat, die unerwartet hohe Löslichkeit kristalliner Paraffine (z. B. $C_{60}H_{122}$) nur durch den Entropieeffekt zu erklären.

Die theoretische Behandlung der Löslichkeit kristalliner Hochpolymerer stößt jedoch auf erhebliche Schwierigkeiten, vor allem begrifflicher Art. Es ist nämlich bisher nicht möglich gewesen, eindeutig die Frage zu beantworten, wie die kristallisierten Hochpolymeren vom Standpunkt der thermodynamischen Phasenlehre zu behandeln sind[2]. Auf der einen Seite lassen sich kristalliner und amorpher Anteil überhaupt nicht streng als „Phasen" voneinander abgrenzen und trennen. Das gleiche Molekül kann beiden Zuständen angehören und es ist, zum wenigsten in verschiedenen Fällen, wahrscheinlich, daß der Übergang nicht diskontinuierlich, sondern in Form eines kontinuierlichen Ordnungs-

---

[1] HUGGINS, M. L.: J. Amer. Chem. Soc. **64**, 1712 (1942).
[2] RICHARDS, R. B.: Trans. Faraday Soc. **42**, 10 (1946).

spektrums erfolgt[1]. Als weitere Komplikation kommt hinzu, daß für Systeme von molekularen Dimensionen, wie sie ja diese „Micellen" darstellen, Phasenumwandlungen im Sinne der Thermodynamik überhaupt nicht definierbar sind[2]. Schließlich wird auch hier die Polymolekularität eine bedeutsame Rolle spielen. Obwohl die genannten Gründe dafür sprechen, die teilweise kristallisierten Hochpolymeren als einzige Phase von intermediärem Ordnungszustand zu betrachten, zeigt andererseits die Erfahrung, daß man die experimentellen Ergebnisse über Löslichkeit und Quellung übersichtlich darstellen kann, wenn man diese Stoffe als zweiphasige Systeme auffaßt. Das Problem der Kristallisation in Hochpolymeren ist von FRITH und TUCKETT[3] sowie RICHARDS[4] behandelt worden. Über Löslichkeit und Quellung liegt nur eine Untersuchung von FLORY[5, 6] vor. Es scheint, daß diese Theorie wesentliche Züge der experimentellen Erfahrung qualitativ richtig wiedergibt. Da jedoch die Erforschung des Gebietes erst in den Anfängen steht, wollen wir auf eine eingehendere Darstellung der theoretischen Ansätze hier verzichten und zunächst einige experimentelle Ergebnisse besprechen. Zum Schluß werden wir diese dann kurz mit den Folgerungen aus der FLORYschen Theorie vergleichen.

Zunächst müssen wir einige Begriffe kurz erläutern, die wir im folgenden verwenden. Als Löslichkeitskurve bezeichnen wir die Auftragung der Temperatur als Funktion der Konzentration, bei der das System homogen wird. Dabei betrachten wir als Kriterium die Homogenität gegen sichtbares Licht und Röntgenstrahlen. Wir stellen uns also damit auf den Standpunkt, daß die kristallisierte hochpolymere Substanz ein zweiphasiges System darstellt. Das „Schmelzen" der kristallinen Bezirke erfolgt stets über ein mehr oder weniger großes Temperaturintervall. Man bezeichnet jedoch üblicherweise als „Schmelzpunkt" die Temperatur, bei der die letzten kristallinen Bezirke verschwinden und die

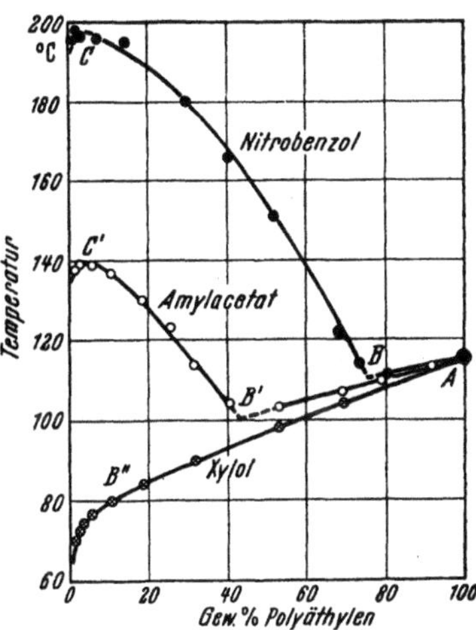


Abb. III, 42. Löslichkeitskurven der Systeme Polyäthylen—Nitrobenzol, Polyäthylen—Amylacetat und Polyäthylen—Xylol.

Substanz völlig amorph wird. In diesem Sinne beginnt die Löslichkeitskurve auf der Seite des reinen Polymeren stets im Schmelzpunkt.

Abb. III, 42[7] zeigt Löslichkeitskurven des Polyäthylens für zwei schlechte Lösungsmittel (Nitrobenzol und Amylacetat) und ein gutes


[1] Fester Zustand der hochpolymeren Substanzen, Sonderheft der Kolloid-Z. 120.
[2] MÜNSTER, A.: Z. Naturforsch. 6a, 139 (1951).
[3] FRITH, E. M., u. R. F. TUCKETT: Trans. Faraday Soc. 40, 251 (1944).
[4] RICHARDS, R. B.: Trans. Faraday Soc. 41, 127 (1945).
[5] FLORY, P. J.: J. Chem. Phys. 15, 684 (1947).
[6] FLORY, P. J.: J. Chem. Phys. 17, 223 (1949).
[7] RICHARDS, R. B.: Trans. Faraday Soc. 42, 10 (1946).

(Xylol). Die letztere zeigt einen wesentlich einfacheren Verlauf als die beiden anderen. Wir können sie von unserem Standpunkt in der Weise interpretieren, daß der amorphe Anteil gelöst und dadurch die Aktivität des Lösungsmittels erniedrigt wird. Daraus folgt dann nach bekannten Ableitungen der Thermodynamik eine Erniedrigung des Schmelzpunktes der kristallisierten Phase, welche durch die Löslichkeitskurve dargestellt wird. Die Abscheidung der zweiten Phase erfolgt hier bei langsamer Abkühlung gewöhnlich in der Weise, daß das Gesamtsystem geliert. Die mit Flüssigkeit getränkten amorphen Bezirke bilden ein lockeres Netzwerk, welches durch die kristallinen Bereiche verknüpft wird. (Der Begriff der „Fransenmicelle" ist zuerst an dem Beispiel der Gelatine, welche ebenfalls eine derartige Struktur besitzt, entwickelt worden[1].)

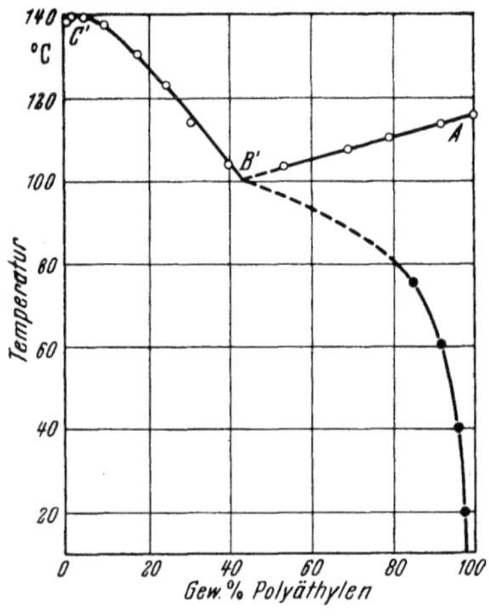



Abb. III, 43. Dreiphasengleichgewicht im System Polyäthylen—Amylacetat.

Im Falle der schlechten Lösungsmittel überlagert sich dem „Schmelzgleichgewicht" ein zweites Gleichgewicht, welches völlig der in § 33 und 34 behandelten Entmischung binärer Systeme entspricht. Das bedeutet also, daß in einem Temperaturgebiet, in welchem die Kristallite geschmolzen sind, die Lösung (die nicht mehr im Gleichgewicht mit dem Kristall steht) sich in zwei flüssige Phasen entmischt. Die betreffenden Kurvenäste ($BC$ und $B'C'$) zeigen in der Tat völlig den gleichen Verlauf, wie wir ihn von den amorphen Polymeren kennen; es tritt daher in diesem Falle auch ein kritischer Punkt auf. In den Schnittpunkten der beiden Kurvenäste ($B$ bzw. $B'$) befinden sich zwei flüssige Phasen (von denen eine praktisch reines Lösungsmittel ist) mit dem kristallinen Anteil im Gleichgewicht. Dieses Dreiphasengleichgewicht ist aber nicht auf die erwähnten Punkte beschränkt, sondern tritt bei tieferer Temperatur über ein ganzes Gebiet auf. Kühlen wir etwa das den rechts gelegenen Kurvenästen entsprechende Gel weiter ab, so tritt eine neue flüssige Phase auf, die an der Oberfläche „ausgeschwitzt" wird. Man hat also hier eine Art „Quellungsgleichgewicht" zwischen dem in unserer Terminologie zweiphasigen Gel und fast reinem Lösungsmittel.

Abb. III, 43[1] zeigt diese Erscheinung für das System Polyäthylen—Amylacetat. Das Dreiphasengebiet kann naturgemäß auch durch Abkühlung des Gleichgewichtes zweier flüssiger Phasen erreicht werden. In diesem Falle verwandelt sich die konzentriertere Lösung infolge Bildung von kristallinen Micellen in ein weißliches, nur wenig gequollenes Gel. Das Dreiphasengebiet tritt auch bei guten Lösungsmitteln unter-

[1] Gerngross, O., K. Hermann u. W. Abitz: Biochem. Z. 228, 409 (1930).

halb der Löslichkeitskurve auf. In Abb. III, 44[1] sind die erwähnten Phasenbeziehungen schematisch (nicht maßstäblich) dargestellt. Man sieht daraus sofort die Problematik der von uns verwendeten Begriffsbildung. Die Koexistenz von drei Phasen mit zwei Freiheitsgraden, wie sie die Diagramme zeigen, ist nämlich für ein binäres System nach der Phasenregel unmöglich. Bei Berücksichtigung der Polymolekularität würde dieser Widerspruch allerdings verschwinden. Es erscheint aber vorläufig fraglich, ob die Erklärung wirklich in dieser Richtung zu suchen ist.

Die Abhängigkeit der Löslichkeitskurve vom Molekulargewicht ist in Abb. III, 45[1] für das System Polyäthylen—Nitrobenzol, in Abb. III, 46[1] für das System Polyäthylen—Xylol dargestellt.

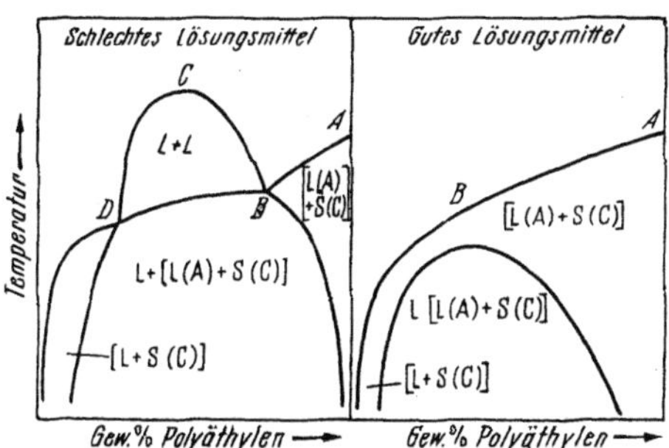


Abb. III, 44. Schematische Löslichkeitsdiagramme für kristallisierte Hochpolymere. Es bedeutet L eine echte Flüssigkeit oder eine kautschukähnliche amorphe Phase, L(A) den amorphen Anteil eines kristallinen Hochpolymeren, S(C) die kristallinen Bezirke desselben. Eckige Klammern deuten an, daß die betreffenden Phasen sich nicht mechanisch trennen lassen. A bezeichnet den „Schmelzpunkt“, C den kritischen Punkt für schlechte Lösungsmittel.

Die Kurven für die Erniedrigung des Schmelzpunktes verlaufen praktisch parallel; mit zunehmendem Molekulargewicht nimmt die Löslichkeit ab. Die Kurvenäste, welche die Entmischung in zwei flüssige Phasen darstellen, zeigen qualitativ das der in § 33 entwickelten Theorie entsprechende Verhalten. Die kritische Temperatur scheint einem end-

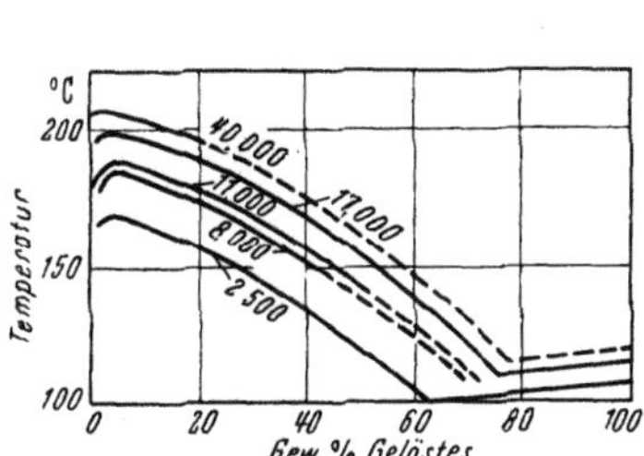


Abb. III, 45. Abhängigkeit der Löslichkeitskurve vom Molekulargewicht für das System Polyäthylen—Nitrobenzol.

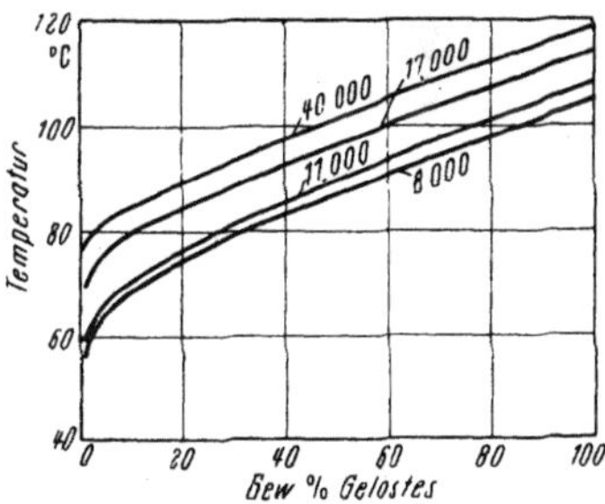


Abb. III, 46. Abhängigkeit der Löslichkeitskurve vom Molekulargewicht für das System Polyäthylen—Xylol.

lichen Grenzwert zuzustreben, und die kritische Konzentration nimmt proportional zu $1/\sqrt{P}$ ab. Die Absolutwerte der letzteren liegen jedoch wesentlich höher, als der Gl. (III, 6) entspricht.

Van Amerongen[2] hat die Löslichkeit von Guttapercha, Kautschukhydrochlorid und Nylon in verschiedenen Lösungsmitteln, allerdings nur


[1] Richards, R. B.: Trans. Faraday Soc. 42, 10 (1946).
[2] Van Amerongen, G. J.: J. Polymer Sci. 6, 471 (1951).

im Gebiet relativ verdünnter Lösungen bzw. stark gequollener Gele, untersucht. Wesentlich neue Gesichtspunkte wurden dabei nicht aufgefunden; die Ergebnisse fügen sich gut in das von RICHARDS[1] entwickelte Bild ein. Das gleiche gilt für eine Untersuchung, die BUECHE[2] über die Löslichkeit von Polychlorotrifluoroäthylen ausgeführt hat.

Die FLORYsche Theorie basiert vor allem auf der Voraussetzung, daß zwischen kristallinen und amorphen Gebieten ein scharfer (diskontinuierlicher) Unterschied besteht. Bezeichnen wir die „Schmelztemperatur" des reinen Polymeren mit $T_s^0$, die im gequollenen Polymeren mit $T_s$, so ergibt sich

$$\frac{1}{T_s} - \frac{1}{T_s^0} = \frac{R}{h_s}\left[\frac{V_2'}{V_1}\, x_1^* - \frac{V_2'(\sqrt{e_1} - \sqrt{e_2})^2}{RT_s}\, x_1^{*2}\right]. \qquad \text{(III, 109)}$$

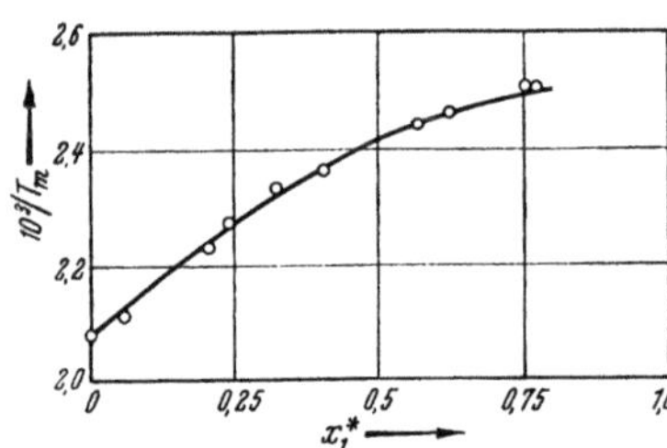

Abb. III, 47. Löslichkeit von Polychloro-trifluoroäthylen in Toluol. Kurve berechnet nach Gl. (III, 109).

Hier ist $h_s$ die „Schmelzwärme" pro Grundmol des Polymeren, $V_2'$ das Grundmolvolumen und $V_1$ das Molvolumen des Lösungsmittels. Die Ergebnisse von BUECHE[2] zeigen eine gute Übereinstimmung mit Gl. (III, 109). Ein Beispiel dafür gibt Abb. III, 47.

Die Kurve ist nach Gl. (III, 109) berechnet. Eine Auswertung der FLORYschen Theorie, welche für Polychlorotrifluoroäthylen auf Grund der Kohäsionsenergiedichte und des Molvolumens einer Flüssigkeit Voraussagen ermöglicht, ob und bei welcher Temperatur dieselbe als Lösungsmittel wirkt, hat HALL[3] durchgeführt.

Für die Löslichkeit und Quellung der Cellulose spielen Faktoren eine entscheidende Rolle, deren Erörterung über den Rahmen dieses Kapitels hinausgeht; dazu gehören insbesondere chemische Reaktionen und die Biostruktur der Faser. Wir müssen daher für diese Probleme auf die Spezialliteratur[4] verweisen. Erwähnt sei jedoch in diesem Zusammenhang eine Arbeit über Löslichkeit und Quellung von Faser-Nitrocellulose[5], deren Ergebnisse manche Beziehungen zu den in diesem Kapitel behandelten Fragen zeigen.

## § 41. Modellbetrachtungen zur Deutung von Löslichkeiten[6].

In den vorhergehenden Paragraphen sind die thermodynamischen Theorien zur Erklärung von Löslichkeitseigenschaften bei Hochpolymeren näher besprochen und vor allem auch die am meisten beachtete Theorie der Kohäsionsenergiedichte einer kritischen Würdigung unter-

[1] RICHARDS, R. B.: Trans. Faraday Soc. **42**, 10 (1946).
[2] BUECHE, A. M.: J. Amer. Chem. Soc. **74**, 65 (1952).
[3] HALL, H. T.: J. Amer. Chem. Soc. **74**, 68 (1952).
[4] Zum Beispiel E. OTT (Herausgeber): Cellulose and Cellulose Derivatives. New York: Interscience Publ. 1943.
[5] MOORE, W. R.: J. Polymer Sci. **5**, 91 (1950).
[6] Verfaßt von H. A. STUART.

zogen worden. Diese Theorie ist ursprünglich für den Idealfall dipolloser, kugeliger und kleiner Moleküle entwickelt worden, wo es berechtigt ist, die Wechselwirkungsenergie zweier ungleicher Moleküle (1) und (2) dem geometrischen Mittel der beiden Wechselwirkungsenergien zwischen den Paaren (1)–(1) und (2)–(2) gleichzusetzen. In Wirklichkeit treten aber wegen der verschiedenen Anordnungsmöglichkeiten benachbarter Atomgruppen in den reinen Komponenten und in der Mischung ganz verschiedene Konfigurationen mit anderen Wechselwirkungsenergien auf. Es ist daher unmöglich, ohne Kenntnis der bevorzugten Konstellationen aus der Kohäsionsenergiedichte z. B. von Benzol und von gesättigten Kohlenwasserstoffketten diejenige des Polystyrols oder aus den Energiewerten für Polystyrol und Benzol die Verdünnungswärme für das System Polystyrol–Benzol zu berechnen. Wenn trotzdem die Theorie der Kohäsionsenergiedichte bei dipollosen Systemen im großen ganzen durch die Erfahrung bestätigt wird, so heißt das, daß bei den allgemeinen Anziehungskräften des Dispersionseffektes dieser sterische Einfluß im allgemeinen von untergeordneter Bedeutung ist bzw. sich in seiner Gesamtwirkung häufig herausmittelt.

Bei Dipolkräften, wo die Wechselwirkungsenergie entscheidend von der gegenseitigen Orientierung und der durch die sterischen Verhältnisse bedingten Entfernung der polaren Gruppen abhängt, ist es von vornherein sinnwidrig, die Theorie der Kohäsionsenergiedichte anzuwenden. Das gilt verstärkt für Wasserstoffbrücken, die nur bei geeigneten sterischen Verhältnissen auftreten können. Diese einschränkenden Konfigurationsbedingungen müßten also noch durch Entropiebetrachtungen berücksichtigt werden.

Das grundsätzliche Versagen der Theorie bei Dipolstoffen erkennt man auch daran, daß negative Mischungswärmen, die theoretisch [vgl. Gl. (III, 27)] unmöglich sind, hier durchaus keine Ausnahme darstellen (Beispiele sind die Systeme Chloroform–Aceton oder Äthylbenzol–Chloroform).

Beachtet man, daß bei kristallinen Hochpolymeren die Verhältnisse noch komplizierter werden, so versteht man, daß wir von einer wirklich brauchbaren, allgemeineren Theorie der Löslichkeit von Hochpolymeren noch sehr weit entfernt sind. So ist es bei der praktischen Bearbeitung von Löslichkeitsfragen wichtig, noch andere heuristische Gesichtspunkte als Hilfsmittel zur Verfügung zu haben. Es ist der Zweck dieses Paragraphen, zu zeigen, wie man an Hand einer Betrachtung der zwischenmolekularen Kräfte und der sterischen Bedingungen sehr viele sonst unverständliche Beobachtungen erklären und zu bestimmten Voraussagen über die Löslichkeit gelangen kann. Wir werden dabei vor allem die Wirkung von Mischsystemen und die Abhängigkeit von der chemischen Konstitution und der Molekülsymmetrie betrachten sowie einige Beispiele diskutieren.

### a) Lösungsmittelgemische.

Schon auf S. 175 ff u. 211 ff sind die thermodynamischen Gründe für die bekannte Erscheinung, daß ein Gemisch zweier niedermolekularer

Flüssigkeiten, die beide allein den hochpolymeren Stoff nicht zu lösen vermögen, diesen in vielen Fällen vollständig löst (vgl. Tab. III, 6), besprochen worden. Ferner ist dort darauf hingewiesen worden, daß eine Mischung aus zwei Flüssigkeiten, deren Kohäsionsenergiedichten sehr verschieden sind, einen hochpolymeren Stoff eher zu lösen vermag, wenn dessen Kohäsionsenergiedichte zwischen den Werten der beiden Komponenten liegt[1]. Neben dieser „Bruttowirkung" der zwischenmolekularen Kräfte können bei Dipolstoffen noch ganz spezifische Wirkungen auftreten. Die vielleicht wichtigste und viel zu wenig beachtete ist die *entassoziierende Wirkung* der einen Lösungsmittelkomponente auf die andere. Ein Beispiel ist das von MARK[2] und Mitarbeitern untersuchte Polystyrol mit Molekulargewichten über 100000 im Gemisch Aceton—Methylcyclohexan, dessen Wirkung sich modellmäßig folgendermaßen deuten läßt. Wie dielektrische Messungen zeigen, neigt Aceton besonders stark zur Bildung von Doppelmolekülen. Diese Komplexe mit ihren vier nach außen stehenden $CH_3$-Gruppen haben also paraffinartigen Charakter und sind daher für Polystyrol kein Lösungsmittel. Offenbar wirkt das zugesetzte Methylcyclohexan, das allein auch nicht löst, auf das Aceton stark entassoziierend, so daß jetzt die C=O-Gruppe des Acetons gegenüber der Phenylgruppe voll zur Geltung kommt. Cyclohexanon, das übrigens dieselbe Kohäsionsenergiedichte wie Aceton besitzt, ist wie auch Methyläthylketon bereits allein ein Lösungsmittel für Polystyrol. Bei beiden Lösungsmitteln ist offenbar die Assoziation viel geringer.

Auf einer Entkoppelung der zwischenmolekularen Kräfte bei der einen Komponente beruht auch die Löslichkeit von 6,6-Nylon in Phenol-Wasser, indem durch das Wasser das bei Zimmertemperatur feste Phenol geschmolzen wird, beim Lösungsvorgang also keine Schmelzwärme mehr zu überwinden ist. Man erkennt die Richtigkeit dieser Vorstellung daran, daß Phenol oberhalb seines Schmelzpunktes schon ohne Wasser ein gutes Lösungsmittel ist.

Bei Kettenmolekülen mit zwei charakteristischen polaren Gruppen ist es ferner möglich, daß jede (polare) Komponente des Lösungsmittelgemisches mit nur einer der beiden Gruppen in spezifischer Weise in Wechselwirkung tritt. So wird eine teilweise nitrierte Cellulose von einem Alkohol-Äther-Gemisch leichter gelöst als von den einzelnen Komponenten. Die spezifische Wirkung des Alkohols erkennt man auch am folgenden. Völlig nitrierte Cellulose ist in Aceton löslich, während bei teilweiser Nitrierung die Löslichkeit erst dann wieder gut wird, wenn dem Aceton Alkohol zugesetzt wird, der offensichtlich die Wasserstoffbrücken der kristallinen Bereiche auflockert (vgl. auch die Ausführungen in Abschnitt d2). Eine derartige „selektive Solvatation" hängt natürlich

---

[1] Die Erklärung liegt darin: Der große Unterschied der Kohäsionsenergiedichte bedeutet eine große (positive) Mischungswärme der beiden Flüssigkeiten (1) und (3), also relativ geringe Anziehungskräfte zwischen den Molekülen beider Komponenten. Liegt der Energiewert für den zu lösenden hochpolymeren Körper (2) dazwischen, so haben wir eine Bevorzugung der Anziehungskräfte (1, 2) und (3, 2) gegenüber (1, 3).

[2] PALIT, S., H. MARK u. G. COLOMBO: J. Polymer Sci. **6**, 295 (1951).

nicht nur von den Kräften, sondern auch von den sterischen Verhältnissen ab, so daß auch hier die gegenseitigen Anordnungsmöglichkeiten, d. h. die Entropie, die Löslichkeit entscheidend beeinflussen können.

Einen weiteren Hinweis auf die mögliche Wirkungsweise von Lösungsmittelgemischen, vor allem gegenüber kristallisierenden Hochpolymeren, erhält man, wenn man sich überlegt, wie man von der Lösung ausgehend die Kristallisationsneigung herabsetzen kann. Dazu sind selektiv am Fadenmolekül (2) adsorbierte und genügend sperrige Moleküle (1) erforderlich. Ist die Wechselwirkung des dann noch verbleibenden Restmoleküls von (1) mit den Molekülen eines anderen nichtmolekularen Partners (3) größer als mit den nicht an der Adsorption beteiligten Molekülen von (1), so stellt die Mischung (1)—(3) ein besseres Lösungsmittel als die Komponente (1) allein dar. Gut solvatisierende, leicht quellende Moleküle wirken also nur dann ohne eine zweite Komponente lösend, wenn ihre „Schwänze" mit den eigenen, an der Solvatation nicht beteiligten Molekülen noch gut mischbar sind. Das ist *eine* Erklärung für die Beobachtung, daß eine Kombination zweier Quellmittel lösend wirken kann (s. weiter unten).

In vielen Fällen kann man ein Lösungsmittelgemisch durch ein *bifunktionelles Lösungsmittel* ersetzen. So hat z. B. Äthoxyäthanol $C_2H_5OCH_2CH_2OH$ gegenüber Cellulosederivaten wie Nitrocellulosen dieselbe Wirkung wie eine Mischung aus einem Alkohol und einem Äther. Ein bifunktioneller Stoff ist natürlich nur solange ein Lösungsmittel, als die sterischen Verhältnisse eine Einwirkung beider „aktiver" Gruppen zulassen.

Vor kurzem haben CORBIÈRE, TERRA und PARIS[1] im Rahmen einer Untersuchung über die Löslichkeit von Polyvinylchlorid in verschiedenen Flüssigkeiten auf folgende, praktisch bedeutsame, aber theoretisch noch nicht geklärte Beobachtung hingewiesen. Preßt man den hochpolymeren Stoff in Pastillenform, so lassen sich die verschiedenen Flüssigkeiten nach ihrer Wirksamkeit in drei Gruppen unterteilen: 1. Völlig unwirksame Flüssigkeiten, wie gesättigte Kohlenwasserstoffe. 2. Flüssigkeiten, in denen die Substanz ohne zu quellen zerfällt, z. B. Schwefelkohlenstoff, Perchloräthylen. 3. Quellende bzw. lösende Flüssigkeiten wie Ketone. Die Erfahrung zeigt nun, daß Mischungen aus (2) und (3) wie $CS_2$ und Aceton oder $C_2Cl_4$ und Aceton gute Löser sind. Während die solvatisierende und damit den Verband der Fadenmoleküle lockernde Wirkung der polaren Moleküle der Gruppe (3) feststeht, ist die spezifische Wirkung der unpolaren Moleküle nicht ganz klar. In der Kombination $CS_2 — (CH_3)_2CO$ (aber nicht für sich allein) scheint auch die unpolare Komponente eine zusätzliche solvatisierende Wirkung auszuüben. Für die Kombination $C_2Cl_4—(CH_3)_2CO$ trifft das nicht zu. Hier wirkt möglicherweise das $C_2Cl_4$ entassoziierend auf das Aceton, indem die Wechselwirkung zwischen den beiden Partnern bzw. zwischen den $CH_3$-Gruppen und dem $C_2Cl_4$ relativ groß ist.

---

[1] CORBIÈRE, J., P. TERRA u. R. PARIS: J. Polymer Sci. 8, 101 (1952).

16*

### b) Die Löslichkeit von Mischpolymerisaten.

Im allgemeinen sind Mischpolymerisate, vor allem kristalline, leichter löslich als die einheitlichen Komponenten. Der Grund ist im allgemeinen in zwei Umständen, die meist zusammenwirken, zu suchen. Einmal wird durch die statistische Verteilung der beiden verschiedenen monomeren Reste entlang der Kette die Kristallisation und damit auch die Schmelzwärme verringert[1]. Ein Beispiel sind die im Methylalkohol löslichen Mischpolymerisate aus Hexamethylendiamin, Adipinsäure und Caprolaktam oder von 6,6- und 6,10- oder 10,10-Nylon[2]. Im ersteren Beispiel ist die Zahl der $C=O$- und $N-H$-Bindungen genau dieselbe wie bei den reinen Polymerisaten (6,6-Nylon und Polyaminocapronsäure). Hier handelt es sich also ausschließlich um eine Herabsetzung der Zahl der sich absättigenden $N-H \cdots O=C$-Bindungen. Im zweiten Falle wird außerdem noch die Gesamtzahl der polaren Gruppen sowie der „Paraffinanteil" der Moleküle variiert. Bei kristallisierenden Hochpolymeren ist die Wirkung der Variation der Wechselwirkung mit dem Lösungsmittel infolge der Änderung der Gruppen in der Kette von derjenigen der Änderung der Schmelzenergie nicht zu trennen.

So hat man eine praktische Möglichkeit, schwer lösliche Stoffe durch einpolymerisierte Zusätze, die die Eigenschaften des Produktes sonst nicht wesentlich herabsetzen, in löslichere und leichter verarbeitbare Formen zu bringen. Beispiele sind die Mischpolymerisate aus Polyvinylchlorid mit wenigen Prozent Polyvinylacetat („Vinylite VYHH") oder mit Vinylisobutyläther („Vinoflex MP 400"), sowie Polyacrylnitril mit den verschiedensten Monomeren[3].

Als Mischpolymerisate können wir auch Cellulosederivate, die ja nie völlig substituiert sind, auffassen. Jedenfalls werden mit diesem Bilde einige Eigentümlichkeiten bei der Lösung von Cellulosederivaten verständlicher (vgl. Abschnitt d).

### c) Löslichkeit und Ordnungszustand.

Erfahrungsgemäß sind geordnete hochpolymere Körper[4], insbesondere verstreckte hochpolymere Körper, schwerer löslich als weniger geordnete. Im allgemeinen bezieht sich dieser Unterschied weniger auf das thermodynamische Gleichgewicht als auf die Lösungsgeschwindigkeit. Das ist sicher der Fall, wenn ein Polyvinylalkoholfaden im gedehnten Zustande unter geeigneten Versuchsbedingungen im Gegensatz

---

[1] Das erkennt man häufig auch an der verminderten Festigkeit oder dem herabgesetzten Fadenziehvermögen. Vgl. z. B. J. H. BREWSTER: J. Amer. Chem. Soc. **73**, 306 (1951).

[2] CAROTHERS, s. Collected Papers of W. H. CAROTHERS on High Polymeric, ferner W. O. BAKER u. C. S. FULLER: J. Amer. Chem. Soc. **64**, 2399 (1942).

[3] Nähere Angaben bei CALVIN E. SCHILDKNECHT: Vinyl and Related Polymers. New York 1952.

[4] So ist z. B. Polyvinylalkohol auch im kristallinen Zustande wasserlöslich. Doch verläuft die Quellung und anschließende Lösung um so schneller, je geringer der kristalline Anteil ist.

zum unbelasteten Faden praktisch unlöslich erscheint[1] oder wenn ein normal aus Düsen gezogenes Polystyrol im Vergleich zu einem faserigen Material viel schwerer löslich ist[2].

Die Löslichkeitsunterschiede der nativen, also hochorientierten, gegenüber der regenerierten Cellulose[3, 4] dürften dagegen mit auf der Verschiebung des Lösungsgleichgewichtes infolge der höheren inneren Energie des geordneten Systems beruhen. Eine experimentelle Prüfung wäre sehr interessant, stößt aber auf die Schwierigkeit, daß die gelöste Cellulose als wirklich molekular dispers verteilt nachgewiesen werden müßte.

Sehr aufschlußreich sind die Versuche von JENCKEL und GORKE[5], die gezeigt haben, daß hochmolekulare amorphe Stoffe wie Polystyrol unterhalb der Einfriertemperatur, also im Glaszustande eine überraschend große exotherme Lösungswärme besitzen. Dieser Effekt rührt daher, daß im eingefrorenen Zustande die Packung der Moleküle lockerer ist, als sie im Gleichgewichtszustande wäre. Löst man also den Körper unterhalb der Einfriertemperatur auf, so gewinnt man einen Energiebetrag, die *Einfrierwärme*, die dem Übergang aus dem eingefrorenen Zustand in den Gleichgewichtszustand der Schmelze entspricht.

Bei der Quellung liegen die Verhältnisse analog. Der Quellungsgrad hängt sicher vom Verhältnis kristallin-amorph ab. Bei anomal amorphen Körpern wird sich eine Kristallisation und damit von dieser Seite her eine Art Gleichgewichtsquellung einstellen. Ist der Körper besonders kristallin, so wird die Quellung kleiner ausfallen, als diesem „Gleichgewicht" entspricht.

### d) Löslichkeit, chemische Konstitution und Molekülsymmetrie.

#### 1. Synthetische Hochpolymere.

*Polyäthylen.* Der symmetrische Bau des Moleküls ohne Seitengruppen zusammen mit dem Fehlen polarer Gruppen, von deren Wirksamkeit ja stets noch eine regelmäßige Anordnung der Dipole entlang der Kette abhängt, führen zu einer besonders starken Kristallisation. Da die Wirkung auch starker Dipole auf gesättigte Kohlenwasserstoffe relativ gering ist (untergeordneter Induktionseffekt), ist es verständlich, daß es keine Flüssigkeiten gibt, die in der Kälte, also weit unterhalb des Schmelzpunktes kristallines Polyäthylen völlig zu lösen vermögen[6]. Die Faustregel „similia similibus solventur" trifft hier erst auf geschmolzenes Polyäthylen zu.

*Polytetrafluoräthylen.* Dieses Molekül ist ebenso symmetrisch wie ein unverzweigtes Polyäthylen gebaut, doch sind die Dispersionskräfte zwischen den Fluoratomen natürlich noch größer als zwischen den

---

[1] Demonstrationsversuch von H. MARK.
[2] SCHULZ, G. V.: Mündliche Mitteilung.
[3] STAUDINGER, H., u. A. W. SOHN: J. prakt. Chem. **155**, 177 (1940).
[4] LIESER, T.: Cellulosechemie **18**, 122 (1940).
[5] JENKEL, E., u. K. GORKE: Z. Naturforsch. **7a**, 630 (1952).
[6] Die Löslichkeit wird natürlich besser, wenn durch stärkere Verzweigung die Kristallisation zurückgedrängt wird.

H-Atomen des Polyäthylens. So erhalten wir eine besonders große Schmelzwärme, also extreme Unlöslichkeit. Schmelzpunkt 320°.

*Polytrifluorchloräthylen.* Die Löslichkeitsverhältnisse dieses wertvollen Stoffes sind neuerdings von BUECHE[1] untersucht worden, vgl. S. 240.

Das trifluorierte Produkt erweicht wesentlich früher als Polytetrafluoräthylen, nämlich je nach dem Polymerisationsgrade zwischen 200 und 300° C. Die Packung ist also bei dem unsymmetrisch substituierten Polymerisat unvollkommener, die Aussichten, ein Lösungsmittel zu finden, daher günstiger. Tatsächlich sind, und zwar offenbar unter dem Gesichtspunkt, daß niedermolekulare Flüssigkeiten mit ähnlichem Bau noch am ehesten lösend wirken[2], zahlreiche F- und Cl-haltige Verbindungen (z. B. 1,2,3-Trifluorpentachlorpropan oder o-Chlorbenzotrifluorid[3]) gefunden worden, welche das Polymerisat oberhalb 100° C gut lösen. Da in erster Linie die Dispersionskräfte wirksam sein dürften, wird man auch erwarten, daß dem F- und Cl-Atom sterisch gleichwertige Substituenten wie H- bzw. $CH_3-$ eine ähnliche spezifische Wirkung zeigen. Tatsächlich sind Xylole oder Mesithylen gute Quell- bzw. Lösungsmittel[4].

*Polyamide.* Wegen der starken $N-H\cdots O{=}C$-Brücken haben wir hohe Schmelzenergien bzw. -temperaturen und starke Kristallisation, wodurch die Löslichkeit entsprechend gering wird. Als Löser kommen nur H-Brücken sprengende Flüssigkeiten, wie Kresol, Ameisensäure, Schwefelsäure bzw. Mischungen von Wasser—Phenol in Frage. Schwer verständlich ist die Wirkung von Perchloräthylen für 6,6-Nylon als Lösungsmittel. Verringert man die H-Brückenbildung im Hochpolymeren, sei es durch Methylierung am N-Atom[5] oder durch Mischpolymerisation, so steigt die Löslichkeit entsprechend an.

Bei der Frage nach der Löslichkeit von Kettenmolekülen mit streng geordnet eingebauten Dipolen oder Wasserstoffbrückenpartnern ist zu beachten, daß die relativ große Schmelzwärme durch einen entsprechenden höheren Entropiegewinn kompensiert wird[6], der davon herrührt, daß in solchen Gittern die Molekülketten nicht nur parallel liegen, sondern mit ihren polaren Gruppen nach einem ganz bestimmten Muster gegenseitig geordnet sind.

*Polystyrol.* Wegen der starken Dispersionskräfte zwischen Benzolringen sind Benzol und nicht zu stark aliphatische Derivate gute Löser. Enthalten die Moleküle des Lösungsmittels noch kräftige Dipole, so

---

[1] BUECHE, A. M.: J. Amer. Chem. Soc. **74**, 65 (1952).

[2] Bei hochsymmetrischen Fadenmolekülen gelingt das allerdings nicht; so ist Polyäthylen in niederen gesättigten normalen Kohlenwasserstoffen unlöslich. Entsprechendes gilt für Polytetrafluoräthylen.

[3] DBP. 834753 (Farbwerke Hoechst), DBP. 851853 (Intern. Gen. Electric Co. New York).

[4] Vgl. z. B. HALL: J. Amer. Chem. Soc. **74**, 68 (1952).

[5] BAKER, W. O., u. C. S. FULLER: J. Amer. Chem. Soc. **65**, 1120 (1943).

[6] Der Schmelzpunkt ist durch das Verhältnis der Energie- zur Entropieänderung festgelegt, $T = \dfrac{\Delta U}{\Delta S}$ bzw. $T = \dfrac{\Delta H}{\Delta S}$ .

kommt noch der die Wirkung fördernde Induktionseffekt hinzu. Daher ist auch Cyclohexanon ein gutes Lösungsmittel. Über den Unterschied zwischen Aceton, Methyläthylketon und Cyclohexanon als Lösungsmittel vgl. auch die Ausführungen im Abschnitt a.

*Polyvinylalkohol.* Es kommen nur H-Brücken bildende Lösungsmittel in Frage, die genügend OH-Gruppen des Fadenmoleküls binden können, also Wasser oder Glycerin-Wasser. Die ungleich leichtere Löslichkeit von Polyvinylalkohol gegenüber der Cellulose, obwohl beide dasselbe Verhältnis von OH-Gruppen zu C-Atomen besitzen, hat wohl zwei Ursachen. Einmal ist die gegenseitige Absättigung der OH-Brücken verschiedener Moleküle beim Polyvinylalkohol, wo auch mit dem Nebeneinanderbestehen von d- und l-Konfigurationen zu rechnen ist, viel geringer (s. Abschnitt 2), also auch aus diesem Grunde die Schmelzwärme kleiner. Ferner ist wegen der größeren Biegsamkeit der Ketten der Entropiegewinn beim Lösen von Polyvinylalkohol größer.

*Polyvinylchlorid.* Ein gutes Lösungsmittel ist Cyclohexanon. Das „schlechte" Lösungsmittel Trikresylphosphat löst erst bei etwa 140°, d. h. offenbar erst, wenn die kristallinen Bereiche aufgeschmolzen sind, über die Löslichkeit in Mischungen s. S. 243.

*Polyacrynitril.* Eine eingehende Diskussion der Wirkung einer großen Zahl von Flüssigkeiten findet sich bei HOUTZ[1].

*Polymethylenoxyd und Polyäthylenoxyd.* Bekanntlich ist die letztere Substanz im Gegensatz zu Polyäthylen und Polymethylenoxyd in Wasser löslich, obwohl sie der chemischen Konstitution nach paraffinartiger als Polymethylenoxyd ist. Eine Modellbetrachtung mit Hilfe von Kalottenmodellen lehrt nun, daß eine Wasserstoffbrückenbildung mit den Wassermolekülen an allen O-Atomen aus räumlichen Gründen zwar beim Polyäthylenoxyd, aber kaum mehr beim Polyoxymethylen möglich ist. Wie weit daneben noch Unterschiede in der Schmelzenergie eine Rolle spielen, eine Möglichkeit, die auch STAUDINGER[2] diskutiert, ist nicht bekannt.

### 2. Cellulose und Cellulosederivate[3].

Die durch zwischenmolekulare Wasserstoffbrücken besonders stabilisierte Cellulose kann erst in Lösung gebracht werden, wenn man durch chemischen Aufschluß lösliche Komplexe gewinnt, wie das z. B. mit Kupferammoniumhydroxyd $Cu(NH_3)_4(OH)_2$ in alkalischer Lösung, NaOH oder $NH_4OH$ der Fall ist.

Über den Unterschied der Löslichkeiten von Cellulose und Stärke ist viel diskutiert worden. Er beruht zweifellos auf der räumlichen Anordnung der OH-Gruppen. Bei der Cellulose sitzen diese alle an den Seiten der Kettenringe, so daß die Cellulosekette zwei hydrophile und

---

[1] HOUTZ: Textile Res. J. **20**, 786 (1950).

[2] STAUDINGER, H.: Organische Kolloidchemie, S. 85. Braunschweig 1950.

[3] Die folgenden Betrachtungen über die Löslichkeit von Cellulosederivaten sind im wesentlichen Referaten von M. COENEN und O. FUCHS (Makromolekulares Kolloquium in Mainz vom 17. 5. 1951) entnommen.

zwei hydrophobe „Flächen" besitzt[1]. So ist es möglich, daß benachbarte Ketten sich durch gegenseitige abgesättigte Wasserstoffbrücken besonders gut festhalten und so sehr stabile, unlösliche Gitterbereiche bilden. Anders bei der Stärke, wo die OH-Gruppen nach verschiedenen Richtungen zeigen. Es bilden sich daher viel mehr Wasserstoffbrücken innerhalb ein und desselben Moleküls, die nach FREUDENBERG und BOPPEL[2] zu einer Spiralform des Moleküls führen können. Eine andere Auffassung vertreten STAUDINGER und HUSEMANN[3], die auf Grund von viscosimetrischen Messungen und Endgruppenbestimmungen bei der Stärke verzweigte, aber noch fadenförmige Moleküle annehmen. Beide Modelle liefern freie OH-Gruppen, die mit den Wassermolekülen in Wechselwirkung treten können und so eine Löslichkeit ergeben.

Wir betrachten nun an Hand der Tab. III, 14 den Einfluß der Substituenten bei gleichem Substitutionsgrad auf die Löslichkeit.

Tabelle III, 14.

*Löslichkeit von Celluloseäthern gleichen Substitutionsgrades in verschiedenen Lösungsmitteln.*

Nach OTT (High Polymers, Vol. V, Cellulose).

| Produkt | Löslichkeit in | |
|---|---|---|
| | Wasser | Äthanol |
| Methylcellulose . . | löslich, kalt | Quellung |
| Äthylcellulose. . . | Quellung | löslich |
| Butylcellulose . . | unlöslich | leicht löslich |
| Benzylcellulose . . | unlöslich | unlöslich |

Unsubstituierte Cellulose ist in Wasser wegen der starken zwischenmolekularen H-Brückenbildung unlöslich. Diese Brücken sind stärker als die H-Brücken in Wasser. Wird ein Teil der OH-Gruppen durch $OCH_3$ ersetzt, so werden infolge der gestörten Gitterordnung OH-Gruppen freigelegt, an die sich die Wassermoleküle anlagern können. Außerdem gehen Wassermoleküle auch an die Äthersauerstoffatome, so daß die Substanz in Lösung geht. Wird die $CH_3$-Gruppe durch $C_2H_5$ und größere Reste ersetzt, so können offenbar aus sterischen Gründen die $H_2O$-Moleküle nicht mehr so gut an die OH-Gruppen bzw. an das Äther-O-Atom herankommen, wir beobachten nur noch eine Quellung bzw. Unlöslichkeit.

In Äthylalkohol ist Methylcellulose nur quellbar. Dafür sind zwei Gründe denkbar, indem einmal der Alkohol im Gegensatz zum Wasser, wohl aus sterischen Gründen, nicht genügend OH-Gruppen zu besetzen vermag und außerdem die noch vorhandenen H-Brücken nicht sprengen kann. Damit wird verständlich, daß eine genügend stark methylierte Cellulose in Äthylalkohol löslich wird (s. Tab. III, 16).

Bei Äthyl-, Butylcellulose usw. wirken offenbar die größeren Substituenten so kristallisationshemmend, daß die Zahl der unabgesättigten

---

[1] Näheres z. B. bei P. H. HERMANS: Physics and Chemistry of Cellulose Fibres, p. 11 ff. Elsevier Publ. Comp. 1949.

[2] FREUDENBERG, K., u. H. BOPPEL: Ber. dtsch. chem. Ges. **71**, 815 (1938); **73**, 609 (1940).

[3] Vgl. H. STAUDINGER: Organische Kolloidchemie, S. 120 u. 196. Braunschweig 1950.

OH-Gruppen in der Kette ansteigt, also Alkoholmoleküle an diese herankommen und schließlich, da außerdem die Dispersionskräfte wirksam werden, eine Löslichkeit resultiert. Die in diesem Bilde unerwartete Unlöslichkeit in der Benzylcellulose ist wohl so zu verstehen, daß die Phenylreste benachbarter Ketten wegen der starken Dispersionskräfte fester gebunden sind und durch Alkohol noch nicht getrennt werden können. Ist diese Betrachtung richtig, so müßte Nitrobenzol ein Lösungsmittel sein.

Interessant ist auch der Einfluß des Äthylierungsgrades auf die Löslichkeit (s. Tab. III, 15). Ist dieser sehr klein, so haben wir sehr viele Brücken zwischen den Celluloseketten, die durch das Wasser nicht überwunden werden können. Bei stärkerer Äthylierung wird die Zahl der zwischenmolekularen Brücken kleiner und die Substanz löslich. Bei noch stärkerer Äthylierung wird die Zahl der freien von den Wassermolekülen zu besetzenden OH-Gruppe wiederum zu klein; dazu kommt die oben erwähnte sterische Wirkung der $C_2H_5$-Gruppen. Die Löslichkeit in Alkohol ist bereits oben erklärt worden.

Die in der nächsten Tab. III, 16 dargestellte Abhängigkeit des Grenzsubstitutionsgrades von der Größe des Alkylrestes ist ebenfalls leicht zu verstehen, wenn man beachtet, daß die Zahl der zwischenmolekularen Brücken um so größer, die Kristallisation also um so ausgeprägter ist, je geringer der Substitutionsgrad und je kleiner die Alkylgruppe ist. Außerdem wächst die Dispersionsenergie zwischen dem Äthylalkohol und den Substituenten mit deren Länge.

Tabelle III, 15. *Einfluß des Äthylierungsgrades auf die Löslichkeit.*

| Äthylierungsgrad | Löslichkeit |
|---|---|
| 0,5—0,7 . . | unlöslich in Wasser |
| 0,8—1,3 . . | löslich in kaltem Wasser |
| 1,4—1,8 . . | Quellung in Alkohol |
| 1,8—2,2 . . | löslich in Alkohol, unlöslich in Wasser |

Tabelle III, 16. *Grenzsubstitutionsgrad für Alkohollöslichkeit für verschiedene Substituenten.*

| Substanz | Grenzsubstitutionsgrad für Alkohollöslichkeit |
|---|---|
| Methylcellulose . | 2,6—2,7 |
| Äthylcellulose . . | 2,0—2,2 |
| Propylcellulose . . | 1,5—1,7 |

Die nächste Tab. III, 17 zeigt die Löslichkeit von Benzyläthern in Abhängigkeit vom Benzylierungsgrade. Es ist verständlich, daß mit abnehmendem Benzylierungsgrade die Zahl der in sich abgesättigten OH-Brücken wächst und somit die Wechselwirkungsenergie mit den Benzolmolekülen für eine Lösung nicht ausreicht. Beim Chlorbenzol liegen wegen seines polaren Charakters und der Wirkung am Äthersauerstoff die Verhältnisse etwas günstiger. Beim Nitrobenzol kommt besonders die Wechselwirkungsenergie zwischen der $NO_2$-Gruppe und dem Benzylrest hinzu, die auch bei kleinem Benzylierungsgrade eine gute Löslichkeit ergibt. $CH_2Cl_2$ ist, wie schon seine bessere Löslichkeit in Wasser vermuten läßt, den restlichen OH-Gruppen gegenüber viel wirksamer als Benzol; dafür fehlt aber die spezifische Wirkung der stark polaren $NO_2$-Gruppe gegenüber dem Phenylrest. Beim Methylglykolacetat greifen die OH-Gruppen an den freien OH-Gruppen der Ketten und am Äther-O-Atom an, der übrige Molekülteil am Benzylrest. Bei zu kleinem Benzylierungsgrade sinkt wie beim $CH_2Cl_2$ wegen der großen OH-Brückenzahl die Löslichkeit wieder ab. Bei Butylacetat reichen die vom Lösungsmittel ausgehenden Kräfte nicht aus, um die starken Kräfte zwischen den Benzylresten zu überwinden. Außerdem kann sich das Molekül nicht an die OH-Gruppen anlagern. Die Löslichkeit ist daher durchweg schlecht.

Tabelle III, 17.

*Löslichkeit von Cellulosebenzyläther in Abhängigkeit vom Benzylierungsgrad.*

1 bedeutet klar löslich, viscos fließend, 2 trübe gelöst, viscos fließend, 3 klare Gelatinierung, 4 trübe gelatinierend, 5 schwach gequollen bis unlöslich.

| | Lösungsmittel | | | | | |
|---|---|---|---|---|---|---|
| Benzylierungsgrad | Benzol | Chlor-benzol | Nitro-benzol | Methylen-chlorid | Methylgly-kolacetat | Butyl-acetat |
| 2,1 . . . . . . . | 1 | 1 | 1 | 1 | 1 | 3 |
| 2,0 . . . . . . | 3 | 1 | 1 | 1 | 1 | 3 |
| 1,9 . . . . . . | 4 | 1—2 | 1 | 1—2 | 1—2 | 4 |
| 1,85 . . . . . | 4 | 2—4 | 1—2 | 2—3 | 2—3 | 4 |
| 1,65 . . . . . | 4—5 | 4 | 2 | 2—3 | 2—3 | 5 |

Schließlich betrachten wir in Tab. III, 18 noch die Verhältnisse bei zwei verschiedenen Substituenten in einem Molekül. Hier fällt zunächst die nur mittlere Löslichkeit von Produkt Nr. 1 in Aceton, aber sehr gute in Benzol auf. Die Ursache ist wohl wieder die gleiche wie bei der Löslichkeit der Benzylcellulose in Alkohol, nämlich die starke Bindung der Phenylreste aneinander. Dazu kommt, daß Aceton in sich sehr stark

Tabelle III, 18. *Löslichkeit von Cellulosederivaten in Abhängigkeit von der Konstitution der Substituenten.*

1 leicht löslich, 8 unlöslich. (B.G. = Benzylierungsgrad.)

| Prod.-Nr. | B.G. | Substitution | Löslichkeit in | | |
|---|---|---|---|---|---|
| | | | Aceton | Butylacetat | Benzol |
| 1 | 2,2 | — | 3 | 5 | 1 |
| 2 | 2,2 | 0,8 Phenylisocyanat | 1 | 1 | 1 |
| 3 | 1,7 | 1,3 Phenylisocyanat | 1 | 1 | 6 |
| 4 | 1,7 | 1,3 Dodecylisocyanat | 8 | 5 | 1 |
| 5 | 1,7 | 1,3 Cyclohexylisocyanat | 1 | 1 | 1 |
| 6 | 2,2 | 0,6—0,8 Diketen | 1 | 1 | 1 |
| 7 | 1,7 | 0,9—1,1 Diketen | 1 | 2 | 8 |

assoziiert ist und so ein geringeres Lösungsvermögen besitzt, als wenn es nicht assoziiert wäre. Beim Benzol jedoch ist auf Grund der gleichen Kräfte, die die Benzylreste zusammenhalten, eine gute Anlagerungsmöglichkeit an die Benzylreste gegeben, so daß es leicht löst. Beim Übergang von Nr. 1 nach Nr. 2 steigt die Acetonlöslichkeit, da nun CO—NH-Gruppen entstanden sind, an die sich das Aceton teils durch Dipolkräfte, teils durch H-Brücken anlagern kann; hiermit verbunden ist eine

Entassoziation des Acetons. Diese Anlagerungsfähigkeit gilt aber nur solange, wie die CONH-Gruppen noch zugänglich sind. Werden sie jedoch durch einen längeren Rest nach außen abgeschirmt, so fällt die Acetonlöslichkeit ab (s. Nr. 4). Beim Benzol liegen die Löslichkeitseigenschaften umgekehrt: je mehr CONH-Gruppen vorhanden sind, um so stärker sind diese unter sich assoziiert, so daß das Benzol nicht mehr angreifen kann (Übergang von Nr. 2 nach Nr. 3); hierzu kommt die verminderte Anzahl von Benzylresten in Nr. 3 gegenüber Nr. 2. Genau so, wie ein längerer Rest die Anlagerung von Aceton an CONH verhindern kann, kann er auch die Assoziation von CONH unter sich unterbinden. Deshalb ist Nr. 4 in Benzol leichter löslich als in Aceton und leichter löslich als Nr. 3, wo die Assoziation über CONH stärker wirksam ist. Für Nr. 5 müßte das gleiche gelten wie für Nr. 3; dies trifft zwar zu für Aceton, nicht jedoch für Benzol, ohne daß eine Erklärung hierfür gegeben werden kann. Zwischen Nr. 6 und Nr. 7 einerseits und Aceton andererseits liegen wieder Dipolkräfte vor, daher gute Löslichkeit. In Benzol ist die Löslichkeit von Nr. 7 sehr gering, da zum Unterschied von Nr. 6 die Zahl der Benzylreste abgenommen und die der polaren, unter sich assoziierten Gruppen zugenommen hat und außerdem mehr freie OH-Gruppen vorhanden sind. Die polaren Gruppen und die restlichen OH-Gruppen sind zwar zugänglich für Aceton, nicht aber für Benzol. Die Löslichkeitswerte in Butylacetat weisen einen ähnlichen Gang wie in Aceton auf, was in erster Linie durch die in beiden Fällen wirksame polare CO-Gruppe zu erklären ist.

### Schlußbemerkung.

Diese wenigen Beispiele[1] mögen zeigen, wie man durch molekulare Betrachtungen Aussagen über Löslichkeitseigenschaften erhalten kann. Da wir die zwischenmolekularen Kräfte auch heute noch nur sehr qualitativ übersehen, sind solche Modellbetrachtungen natürlich mit entsprechender Kritik anzuwenden. Sie gewinnen natürlich sehr an Zuverlässigkeit, wenn sie durch eingehende Untersuchungen der Mischungswärmen und -entropien ergänzt werden (vgl. dazu die thermodynamischen Betrachtungen von MÜNSTER am System Nitrocellulose—Aceton, Näheres in § 30e).

An dieser Stelle sei auch auf eine Arbeit von SCHULZ[2] hingewiesen, in welcher die verschiedenen bisher vorgeschlagenen experimentellen Kriterien für „gute und schlechte" Lösungsmittel einer vergleichenden Betrachtung unterzogen werden. Es zeigt sich, daß der zweite Virialkoeffizient ein besonders geeignetes Maß für die „Güte" eines Lösungsmittels ist. Andere Lösungseigenschaften, wie die Fällbarkeit, die Lösungs- oder Verdünnungswärme sind zur Definition der Güte nicht

---

[1] Über weitere Beobachtungen zur Löslichkeit und ihre Diskussion vgl. auch MOORE: J. Polymer Sci. **5**, 91 (1950) (Nitrocellulose); R. C. HOUTZ: Textile Res. J. **20**, 786 (1950) (Polyacrynitril); VOET: J. Colloid Sci. **53**, 597 (1949); SPURLIN, H. M.: J. Polymer Sci. **3**, 715, (1948); E. OTT: Cellulose and Cellulose Derivatives, New York 1943.

[2] SCHULZ, G. V.: Angew. Chemie **64**, 553 (1952).

geeignet. Auffallenderweise ist die Viscositätszahl dem zweiten Virialkoeffizienten so weitgehend symbat (wenigstens bei Polystyrolen und Polymethylacrylsäuremethylestern), daß sie ebenfalls als ein praktisch brauchbares Gütemaß angesehen werden kann[1], vgl. auch Kap. V, S. 29 ff.

## Zusammenfassende Darstellungen zu den Kapiteln II und III.

### A. Allgemeine statistische Thermodynamik.

FOWLER, R. H., u. E. A. GUGGENHEIM: Statistical Thermodynamics. Cambridge 1949.
MAYER, J. E., u. M. GOEPPERT-MAYER: Statistical Mechanics. New York 1948.
MÜNSTER, A.: Lehrbuch der statistischen Thermodynamik. Erscheint demnächst.

### B. Thermodynamik der hochmolekularen Lösungen usw.

GEE, G.: Equilibrium Properties of High Polymer Solutions and Gels. J. Chem. Soc. 1947, 280.
— Some Thermodynamic Properties of High Polymers and their Interpretation. Quart. Rev. Chem. Soc. 1, 265 (1947).
GUGGENHEIM, E. A.: Mixtures. Oxford 1952.
HILDEBRAND, J. H., u. R. L. SCOTT: The Solubility of Nonelectrolytes. 3rd Ed. New York 1950.
MARK, H., u. A. V. TOBOLSKY: Physical Chemistry of High Polymeric Systems. (High Polymers, Vol. II.) New York 1950.
MEYER-MARK: Makromolekulare Chemie. 3. Aufl. Erscheint demnächst.
MILLER, A. R.: The Theory of Solutions of High Polymers. Oxford 1948.
MÜNSTER, A.: Quellung. Kolloid-Z. 120, 141 (1951).
— Thermodynamik und Statistik hochmolekularer Lösungen. Kolloid-Z. 110, 58 (1948); 111, 190 (1948).
SCHILDKNECHT, CALVIN E.: Vinyl and Related Polymers. New York 1952.
ZIMMERMANN, H. K., JUN.: Experimental Determination of Solubilities. Chem. Rev. 51, 1 (1952).

---

[1] SCHULZ, G. V., u. H. DOLL: Z. El. Chemie 56, 248 (1952).

### Viertes Kapitel

# Kinetische und Transporterscheinungen.

Von

**W. JOST.**

Mit 11 Textabbildungen.

## A. Kinetische Erscheinungen.

### § 42. Reaktionsgeschwindigkeit, Aktivierungsenergie.

Die kinetische Gastheorie behandelt die Gasmoleküle als Partikeln, die eine Wechselwirkung nur über kurze Abstände aufeinander ausüben (etwa wie starre elastische Kugeln, wie Punktzentren, die sich mit einer Kraft proportional $r^{-\nu}$ abstoßen usw.). Die Gasmoleküle üben auf die Wand einen Druck (als Folge von Stößen) aus, gegeben durch

$$p = \tfrac{1}{3} N_{\mathrm{cm}^3}\, m\, \overline{w^2}\,, \qquad (\text{IV, 1})$$

$N_{\mathrm{cm}^3} =$ Zahl der Moleküle je Kubikzentimeter, $m =$ Masse des Einzelmoleküls, $\overline{w^2} =$ Mittelwert des Quadrats der Geschwindigkeit;

$$N_L\, m\, \overline{w^2}/2 = M\, \overline{w^2}/2 = \frac{3}{2}\,\mathrm{R}T\;;$$

$$\overline{w^2} = \frac{3\,\mathrm{R}T}{M}\,,\ \sqrt{\overline{w^2}} = 15\,800 \sqrt{\frac{T}{M}}\ \mathrm{cm\ sec^{-1}}\,, \qquad (\text{IV, 2})$$

$N_L =$ LOSCHMIDTsche Zahl, $M =$ Molmasse („Molekulargewicht"), $\mathrm{R} =$ Gaskonstante.

Die Zahl der Stöße von Molekülen der Konzentration $N_{\mathrm{cm}^3}$ auf 1 cm² Wand je Sekunde ist

$$N_{\mathrm{cm}^3}\, \overline{w}/4 \qquad (\text{IV, 3})$$

mit

$$\overline{w} = 14\,500 \sqrt{\frac{T}{M}}\ \mathrm{cm\ sec^{-1}}\;; \qquad (\text{IV, 4})$$

es ist also die mittlere Geschwindigkeit $\overline{w}$ kleiner als $\sqrt{\overline{w^2}}$.

Als Folge der Zusammenstöße der Gasmoleküle stellt sich eine stationäre Geschwindigkeitsverteilung ein, gegeben durch

$$\frac{dN}{N} = 4\,\pi \left(\frac{m}{2\,\pi\,\mathrm{k}T}\right)^{3/2} \exp\left(-\frac{m\,w^2}{2\,\mathrm{k}T}\right) w^2\, dw \qquad (\text{IV, 5})$$

(MAXWELLsches *Verteilungsgesetz*). Hier ist $dN/N$ der Bruchteil der Moleküle mit Geschwindigkeiten zwischen $w$ und $w + dw$, $\mathrm{k} = \mathrm{R}/N_L$ = BOLTZMANNsche Konstante.

Moleküle 1 (Radius $r_1$, unter der Annahme des Modells starrer elastischer Kugeln), welche sich gegen ruhende Moleküle 2 ($r_2$) der Konzentration $N_2$ bewegen, erleiden im Mittel einen Zusammenstoß nach einer freien Weglänge $\Lambda'$

$$\Lambda' = 1/\pi\, N_2\, (r_1 + r_2)^2 \ . \qquad (IV, 6)$$

Bewegen sich die getroffenen Moleküle 2 mit ihrer thermischen Geschwindigkeit, so wird die freie Weglänge des Moleküls 1

$$\Lambda = 1 \bigg/ \bigg[ \pi\, N_2\, (r_1 + r_2)^2 \, \sqrt{\frac{m_1 + m_2}{m_1}} \, \bigg] \ . \qquad (IV, 7)$$

Falls $N_1$ Moleküle 1 neben $N_2$ Molekülen 2 im cm³ vorhanden sind, so ist die freie Weglänge eines Moleküls 1

$$\Lambda = 1 \bigg/ \bigg[ \pi \, \bigg\{ (2\,r_1)^2\, N_1\, \sqrt{2} + N_2\, (r_1 + r_2)^2 \, \sqrt{\frac{m_1 + m_2}{m_1}} \bigg\} \bigg] , \qquad (IV, 8)$$

und falls nur Moleküle 1 vorhanden sind

$$\Lambda = 1/ \sqrt{2}\ \pi\, N_1\, (2\,r_1)^2 \ . \qquad (IV, 9)$$

Die Zahl der Zusammenstöße eines Moleküls 1 mit Molekülen 2 der Konzentration 1 Mol/Liter je Sekunde und Kubikzentimeter wird (Geschwindigkeit durch $\Lambda$)

$$Z_{12} = 5{,}18 \cdot 10^{10} \, (r_1 + r_2)^2 \, \sqrt{\frac{M_1 + M_2}{M_1\, M_2}} \, \sqrt{\frac{T}{T_0}} \ , \quad T_0 = 298°\,\mathrm{K} \ , \qquad (IV, 10)$$

$r_1$ und $r_2$ sind in *Ångström* auszudrücken, $M_1$, $M_2$ sind die chemischen Molekulargewichte.

Im Bereich der klassischen statistischen Mechanik gilt der Gleichverteilungssatz, nach dem die mittlere kinetische Energie je Freiheitsgrad $\mathrm{k}T/2$ beträgt, also für ein einatomiges Gasmolekül $3\,\mathrm{k}T/2$; entsprechend sind die spezifischen Wärmen $c_v$ von $N_L$ einatomigen Gasatomen $3\,\mathrm{k}\,N_L/2 = 3\,\mathrm{R}/2 = 2{,}98$ cal/grad Mol. Dazu kommt für jeden Rotationsfreiheitsgrad mehratomiger Moleküle ein Beitrag $\mathrm{k}T/2$, also $\mathrm{R}/2$ in der spezifischen Wärme. Bei Schwingungen kommt dazu je Freiheitsgrad ein Beitrag potentieller Energie von $\mathrm{k}T/2$, sofern diese dem Quadrat der entsprechenden Koordinate proportional ist (wie die eines harmonischen Oszillators). Es wird dann die Energie eines dreidimensionalen Oscillators $3\,\mathrm{k}T$, entsprechend $c_v$ von $N_L$ harmonischen Oscillatoren $= 3\,\mathrm{R} = 5{,}96$ cal/Mol, DULONG-PETITsches Gesetz.

Für die Energieverteilung gilt (Energie zwischen $\varepsilon$ und $\varepsilon + d\varepsilon$)

$$\frac{dN}{N} \sim \exp\left(-\,\varepsilon/\mathrm{k}T\right) d\varepsilon \ , \qquad (IV, 11)$$

wobei $\varepsilon$ die (potentielle und kinetische) Energie eines Moleküls ist, MAXWELL-BOLTZMANNsches *Gesetz*. Insbesondere gilt für den Bruchteil von Molekülen mit Energie $\geqq \varepsilon$

$$\frac{dN}{N} \approx \exp\left(-\,\varepsilon/\mathrm{k}T\right) \ . \qquad (IV, 12)$$

Dieser Ausdruck gilt keineswegs streng, wesentliche Abweichungen treten insbesondere auf, wenn die betrachtete Energie über eine größere Zahl von Freiheitsgraden verteilt ist (für ein System aus $\nu$ harmonischen Oszillatoren tritt z. B. näherungsweise ein Zusatzfaktor $\left(\dfrac{\varepsilon}{kT}\right)^{\nu-1} \cdot \left(\dfrac{1}{(\nu-1)!}\right)$ auf, der stark von 1 abweichen kann).

Die Zahl der Zusammenstöße von Molekülen 1 mit Molekülen 2 ist unabhängig von der Anwesenheit weiterer Moleküle; streng, solange wir verdünnte Gase betrachten, annäherungsweise auch noch, wenn die Konzentration der dritten Komponenten nicht mehr klein ist. In Näherung darf man daher Stoßzahlen von Molekülen 1 mit Molekülen 2 in einer Lösung so berechnen, als wäre das Lösungsmittel nicht anwesend[1].

Die Geschwindigkeit bimolekularer Reaktionen wird annähernd gleich Stoßzahl mal Ausbeutefaktor [Gl. IV, 12)] und evtl. einem sterischen Faktor[2] $f < 1$

$$v \approx f \cdot Z\, c_1\, c_2 \exp\left(-E/RT\right) ; \qquad (IV, 13)$$

$c_1$, $c_2$ Konzentrationen in Mol/Liter.

Wo Faktoren $f > 1$ auftreten, sind diese nicht als sterische Faktoren zu bezeichnen, sondern durch eine positive *Aktivierungsentropie* bedingt (vgl. S. 258).

Die Geschwindigkeiten *nicht* zusammengesetzter Reaktionen I. und II. Ordnung[3] sind empirisch gegeben durch

$$v_{\mathrm{I}} - \frac{dN}{dt} = k_{\mathrm{I}}\,N \qquad v_{\mathrm{II}} - \frac{dN_{\mathrm{I}}}{dt} = k_{\mathrm{II}}\,N_{\mathrm{I}}\,N_{\mathrm{II}} , \qquad (IV, 14)$$

wobei $N$, $N_I$, $N_{II}$ Konzentrationen sind.

Im Falle eines chemischen Gleichgewichtes, etwa

$$\text{a) } A \rightleftarrows B \quad \text{oder b) } A + B \rightleftarrows C \qquad (IV, 15)$$

liefert die Thermodynamik:

$$\text{a) } \frac{c_A}{c_B} = K_{\mathrm{I}} \quad \text{bzw. b) } \frac{c_A\, c_B}{c_C} = K_{\mathrm{II}} , \qquad (IV, 16)$$

„Massenwirkungsgesetz", $c_A\, c_B$ usw. Konzentrationen von $A$, $B$ usw. Entsprechen die chemischen Reaktionen dem einfachen Mechanismus

---

[1] Vgl. hierzu R. H. FOWLER u. N. B. SLATER: Trans. Faraday Soc. **34**, 81 (1938); J. FRANCK u. E. RABINOWITSCH: Trans. Faraday Soc. **30**, 120 (1934); E. RABINOWITSCH: Trans. Faraday Soc. **33**, 1225 (1937); **34**, 113 (1938).

[2] So genannt, weil er in einfachen Fällen den Bruchteil räumlich günstig orientierter Stöße angibt.

[3] Wir bezeichnen eine Reaktion, deren Geschwindigkeit proportional einem Ausdruck I., II. usw. Grades der Konzentration(en) ist, als Reaktion I., II. usw. Ordnung. Eine Reaktion, an der ein, zwei usw. Moleküle beteiligt sind, heißt monomolekulare, bimolekulare usw. Reaktion. Die Unterscheidung der Begriffe „Molekularität" und „Ordnung" einer Reaktion ist deshalb erforderlich, weil eine $n$-molekulare Reaktion nicht immer nach einem Zeitgesetz der $N$-ten Ordnung verläuft. Beispiel: Monomolekulare Reaktionen von Gasen verlaufen bei hinreichend niedrigen Drucken nach der II. Ordnung.

von (IV, 15), so sind die Geschwindigkeiten

a) $v' = k' c_A$ , $v'' = k'' c_B$ ,          b) $v' = \varkappa' c_A c_B$, $v'' = \varkappa'' c_C$,

$\quad v = v' - v'' = k' c_A - k'' c_B$ ;          $v = v' - v'' = \varkappa' c_A c_B - \varkappa'' c_C$ ;

$$(IV, 17)$$

dabei ist die Geschwindigkeit der Reaktion von links nach rechts durch einen Strich, der von rechts nach links durch zwei Striche gekennzeichnet; die resultierende Geschwindigkeit $v$ ist die Differenz der Geschwindigkeiten von Reaktion und Rückreaktion. Im Gleichgewicht müssen beide gleich, die resultierende Geschwindigkeit gleich Null werden, also

a) $0 = k' c_A - k'' c_B$ ;      $\dfrac{c_A}{c_B} = \dfrac{k''}{k'}$ ;

b) $0 = \varkappa' c_A c_B - \varkappa'' c_C$ ;      $\dfrac{c_A c_B}{c_C} = \dfrac{\varkappa''}{\varkappa'}$ .

$$(IV, 18)$$

Vergleich mit der thermodynamischen Formel (IV, 16) und der weiteren thermodynamischen Beziehung (VAN'T HOFFsche Gleichung)

$$\frac{d \log K}{d T} = Q/\mathrm{R}T^2 , \qquad (IV, 19)$$

$Q =$ Reaktionswärme, führt zu den Beziehungen

$$K_\mathrm{I} = \frac{k''}{k'} \quad \text{bzw.} \quad K_\mathrm{II} = \frac{\varkappa''}{\varkappa'} \qquad (IV, 20)$$

und

$$\frac{d \log K}{d T} = \frac{Q}{\mathrm{R}T^2} = \frac{d \log k''}{d T} - \frac{d \log k'}{d T} , \qquad (IV, 21)$$

und analoge Beziehungen für $\varkappa$. Bis (IV, 21) sind die Beziehungen streng. Man kann auch noch folgende (nicht übliche) weitere streng gültige Beziehung anschreiben

$$\frac{d \log k}{d T} = \frac{q}{\mathrm{R}T^2} + f(T) \qquad (IV, 22)$$

mit individuellen Werten von $q$ und

$$q'' - q' = Q , \qquad (IV, 23)$$

wobei aber die weitere Temperaturfunktion $f(T)$ für $k''$ und $k'$ dieselbe sein muß. Gewöhnlich gibt man nur die nicht streng begründbare, aber mit dem vorangehenden verträgliche Beziehung

$$\frac{d \log k}{d T} = \frac{q}{\mathrm{R}T^2} \qquad (IV, 24)$$

und nennt $q$ die „*Aktivierungswärme*" der Reaktion, wobei nach (IV, 23) die Differenz der Aktivierungswärmen für Reaktion und Rückreaktion gleich der Reaktionswärme sein muß. Die naheliegende Gl. (IV, 24) wurde zuerst von ARRHENIUS angegeben. Physikalischen Sinn haben diese Beziehungen nur, wenn sie auf Elementarreaktionen angewandt werden, d. h. solche Reaktionen, deren kinetisches Gesetz wirklich der

Umsetzungsgleichung entspricht. Im allgemeinen ist damit zu rechnen, daß tatsächlich beobachtete Reaktionen aus einer Folge von Elementarreaktionen zusammengesetzt sind und daß dann die Anwendung der vorstehenden Beziehungen ihren Sinn verliert.

Wo die Anwendung statthaft ist, kann weiterhin gezeigt werden (TOLMAN[1]), daß angenähert

$$q/N_L \approx \bar{\varepsilon}_{react} - \bar{\varepsilon}_{ges} \,.$$ (IV, 25)

In Gl. (IV, 25) ist $q$ die „Aktivierungsenergie", $\bar{\varepsilon}_{react}$ ist die mittlere Energie der reagierenden Moleküle, $\varepsilon_{ges}$ ist die mittlere Energie aller Moleküle. Die meisten beobachteten Reaktionen sind zusammengesetzter Natur. In gewissen Grenzen läßt sich dann häufig auch noch die Brutto-Reaktionsgeschwindigkeit darstellen durch

$$v = k\, N_1^{\nu_1} N_2^{\nu_2} \cdots$$ (IV, 26)

und man kann eine „scheinbare Aktivierungsenergie" definieren

$$\tilde{q} = \mathrm{R}T^2 \frac{d\log k}{dT}\,.$$ (IV, 27)

Eine so ermittelte „Aktivierungsenergie" hat aber primär nicht mehr Bedeutung, als durch (IV, 27) ausgedrückt wird, d. h. sie ist im Grunde nur eine spezielle Form, den Temperaturkoeffizienten der Reaktionsgeschwindigkeit in einem begrenzten Variationsgebiet darzustellen. Will man weitergehende Schlüsse ziehen, so muß dem eine Analyse des Reaktionsmechanismus vorangehen. Bei bekannten Reaktionsmechanismen läßt sich $q$ durch die wahren Aktivierungswärmen der Teilreaktionen ausdrücken.

Wir bringen ein Beispiel zum Beleg dafür, daß die aus Gl. (IV, 27) berechnete Aktivierungsenergie bereits in relativ einfachen Fällen nicht mit der kritischen Mindestenergie identisch zu sein braucht, welche in einem Molekül zur Reaktion vorhanden sein muß. Der Zerfall des Stickstoffpentoxyds, $N_2O_5$, verläuft über ein weites Gebiet nach einem Gesetz der I. Ordnung; aus der Temperaturabhängigkeit der Geschwindigkeitskonstante folgt nach (IV, 27) $q \approx 24\,700$ cal/Mol. Zur Deutung der geringen Druckabhängigkeit der Reaktion[2] ist Berücksichtigung sämtlicher 15 Schwingungsfreiheitsgrade des Moleküls erforderlich. Das gibt nach S. 255 für die Geschwindigkeitskonstante einen Ausdruck

$$k = k_0 \exp\left(-E/\mathrm{R}T\right) \cdot (E/\mathrm{R}T)^{\nu-1}\,(1/[\nu-1]!)\,, \quad \nu = 15,$$ (IV, 28)

wo $E$ die kritische Mindestenergie für die Reaktion ist. Man erhält aus (IV, 28) für $q$

$$q = \mathrm{R}T^2 \frac{d\log k}{dT} = E - [\nu-1]\,\mathrm{R}T$$ (IV, 29)

und

$$E = q + 14\,\mathrm{R}T = 33\,000 \text{ cal/Mol für } T = 300^\circ\,\mathrm{K}\,.$$ (IV, 30)

---

[1] TOLMAN, R. C.: Statistical Mechanics and its Applications in Physics and Chemistry. New York 1928.

[2] Druckabhängigkeit muß auch bei monomolekularen Reaktionen bei hinreichender Erniedrigung des Druckes auftreten, weil dann die Nachlieferung der zur Aktivierung notwendigen Energie durch Stöße eine Rolle spielt.

Das Molekül muß also, um zerfallen zu können, eine Energie $E$ besitzen, die um fast 50% über der nach (IV, 27) berechneten „Aktivierungsenergie" $\tilde{q}$ liegt.

Bereits der einfache Stoßzahlansatz (IV, 13) liefert ein von $E$ verschiedenes $\tilde{q}$.

Eine Absolutberechnung von Reaktionsgeschwindigkeiten ist grundsätzlich nach der Methode des Übergangszustandes möglich. Diese besteht aus zwei Schritten. Die Konfiguration des reagierenden Systems ist durch geeignete Normalkoordinaten zu beschreiben und die Energie ist als Funktion der in Frage kommenden Koordinaten nach den Methoden der Quantenmechanik zu berechnen. Dabei entspricht die Reaktion dem Übergang über ein Aktivierungs„gebirge", die Höhe des zu überschreitenden Sattelpunktes stellt die Aktivierungsenergie[1] der betrachteten Elementarreaktion dar. Der zweite Teil der Aufgabe besteht darin, die Konzentration der Systeme auf der Höhe des Sattelpunktes, d. h. der aktivierten Komplexe, zu berechnen und die Geschwindigkeit, mit der sie die Paßhöhe durchqueren. Dies geschieht nach den Methoden der statistischen Mechanik. Man kann das Resultat in eine „quasi-thermodynamische" Form kleiden, indem man eine Gleichgewichtskonstante $K^*$ definiert, und hat beispielsweise für die Geschwindigkeit einer bimolekularen Reaktion von Molekülen 1 und 2:

$$v = K^* \, c_1 \, c_2 \, \frac{\mathrm{k}T}{\mathrm{h}} \,, \qquad \qquad \text{(IV, 31)}$$

wo h die PLANCKsche Konstante ist und $\mathrm{k}T/\mathrm{h}$ einen universellen Frequenzfaktor darstellt ($\sim 6 \cdot 10^{12}\ \mathrm{sec}^{-1}$ für $300°$ K).

Die Gleichgewichtskonstante $K^*$ läßt sich schreiben

$$K^* = \exp\left(- \varDelta G^*/\mathrm{R}T\right) = \exp\left(- \varDelta H^*/\mathrm{R}T\right) \exp\left(\varDelta S^*/\mathrm{R}\right), \quad \text{(IV, 32)}$$

wobei $\varDelta G^* = \varDelta H^* - T\varDelta S^*$ die (GIBBSsche) freie Energie der Aktivierung[2], $\varDelta H^*$ entsprechend die Aktivierungsenthalpie, $\varDelta S^*$ die Aktivierungsentropie darstellen. Extrem große oder extrem kleine Aktivierungsentropien sind verantwortlich für abnorm große oder kleine temperaturunabhängige Faktoren in dem empirischen Ausdruck für die Geschwindigkeitskonstante der chemischen Reaktion

$$k = f \cdot Z \exp\left(- Q/\mathrm{R}T\right) . \qquad \qquad \text{(IV, 33)}$$

Statt $\varDelta G^*$ bzw. $\varDelta H^*$ und $\varDelta S^*$ liefert die statistische Theorie die analogen Ausdrücke, welche die „Verteilungsfunktionen" (Zustandssummen) enthalten.

Die Polymerisation von Butadien in der Gasphase erfolgt z. B. um einen Faktor $10^{-5}$ langsamer, als man nach der Formel (IV, 13) aus Stoßzahl und BOLTZMANN-Faktor berechnen würde. Sofern man an der Interpretation als einfacher bimolekularer Reaktion festhält, führt das zu folgenden Aussagen für die Aktivierungsentropie. Der Faktor $\exp\left(\varDelta S^*/\mathrm{R}\right)$

---

[1] Unter Beachtung der Bemerkungen von S. 257.
[2] Freie Enthalpie.

muß $\sim 10^{-5}$ sein, d. h. $\Delta S^*/R \approx -2{,}3 \cdot 5$ entsprechend $\Delta S^* \approx -23$ cal/grad, also eine beträchtliche negative Aktivierungsentropie. Das bedeutet, daß der aktivierte Komplex viel weniger Realisierungsmöglichkeiten zuläßt als das System zweier getrennter Moleküle. Im Bild des sterischen Faktors würde man sagen: nur Stöße mit ganz spezieller, günstiger Orientierung der Partner können zur Reaktion führen; das wäre bei etwa jedem $10^5$ ten Stoß der Fall. Die Überlegungen verlieren ihren Sinn, wenn man nicht mehr eine glatte bimolekulare Assoziation annimmt, sondern Reaktionsketten diskutiert. Die obigen Begriffe sind dann nur auf die Einzelschritte einer Kette anzuwenden.

## § 43. Transportphänomene, Platzwechselprozesse.

### a) Gase.

In einem Gas mit ungleichmäßiger Verteilung des Impulses (der Geschwindigkeit), der Energie (der Temperatur), der Konzentration verursachen die Stöße der Moleküle einen Ausgleich der entsprechenden Größen:

des Impulses (innere Reibung),
der Energie (Wärmeleitung),
der Konzentration (Diffusion).

Alle diese Vorgänge sind von der Molekülgeschwindigkeit und freien Weglänge abhängig und durch einfache Beziehungen miteinander verknüpft.

Es gilt für die Konstante $\eta$ der inneren Reibung

$$\eta = f_\eta \, M \, \overline{w} \, c \, \Lambda \,, \qquad\qquad \text{(IV, 34)}$$

$f_\eta$ Zahlenfaktor der Größenordnung 1, $M$ Molekularmasse („-gewicht"), $c$ = molare Konzentration, $\Lambda$ freie Weglänge.

Für die Wärmeleitung $\lambda$ gilt

$$\lambda = f_\lambda \, \eta \, \frac{c_v}{M} \,, \qquad\qquad \text{(IV, 35)}$$

wobei $c_v$ spezifische Wärme bei konstantem Volumen, $f_\lambda$ ein anderer Zahlenfaktor der Größenordnung 1 ist; und schließlich für die Diffusion (Diffusionskoeffizient $D$)

$$D = f_D \, \overline{w} \, \Lambda \,, \qquad\qquad \text{(IV, 36)}$$

wobei $f_D$ ein dritter Zahlenfaktor der Größenordnung 1 ist.

Der einfache Ausdruck (IV, 36) für die Diffusionskonstante gilt nur für die Selbstdiffusion (z. B. von Isotopen geringen Massenunterschiedes gegeneinander), wobei der Faktor $f_D$ noch nach der strengen ENSKOG-CHAPMANschen Theorie zu berechnen wäre (vgl. CHAPMAN-COWLING[1]). Diese Theorie geht übrigens nicht von dem Begriff der freien Weglänge aus.

---

[1] CHAPMAN, S., u. T. G. COWLING: Mathematical Theory of non-uniform Gases. Cambridge: University Press 1939.

Für den Koeffizienten $D_{12}$ der wechselseitigen Diffusion zweier Gase liefert die strenge Theorie verschiedene Ausdrücke, je nach dem zugrundegelegten Modell. Zum Beispiel wird für starre elastische Kugeln (Durchmesser $\sigma_1$, $\sigma_2$, Massen $m_1$, $m_2$) in erster Näherung erhalten

$$D_{12} = \frac{3}{8\,(N_1 + N_2)\left(\dfrac{\sigma_1 + \sigma_2}{2}\right)^2} \left\{\frac{\mathrm{k}\,T\,(m_1 + m_2)}{m_1\,m_2}\right\}^{1/2} . \qquad \text{(IV, 37).}$$

Die innere Reibung eines idealen Gases ist vom Druck unabhängig, da in Gl. (IV, 34) die Konzentration $c$ dem Druck proportional, die freie Weglänge $\Lambda$ dem Druck umgekehrt proportional ist. Division von (IV, 36) durch (IV, 34) liefert

$$D = \eta \cdot \frac{f_D}{f_\eta} \cdot \frac{1}{\varrho} \,, \quad \varrho = M c \,, \qquad \text{(IV, 38)}$$

d. h. der Diffusionskoeffizient ist der Viscosität proportional, der Proportionalitätsfaktor hat die Form: Zahlenfaktor/Dichte.

Bei Flüssigkeiten gilt bekanntlich (in der Näherung, in der das STOKESsche Gesetz die Beweglichkeit der gelösten Teilchen beschreibt)

$$D = \frac{\mathrm{k}T}{6\,\pi\,\eta\,r} \,, \qquad \text{(IV, 39)}$$

$r = $ Radius des gelösten Teilchens[1].

Hier ist also der Diffusionskoeffizient der Viscosität umgekehrt proportional. Eine vollkommene Theorie (welche bisher noch fehlt) müßte daher beim Übergang von idealen über reale Gase zu Flüssigkeiten eine kontinuierliche Umkehr der Abhängigkeit des Diffusionskoeffizienten von der Viscosität liefern.

### b) Diffusion in kondensierten Phasen.

Diffusion in kondensierten Phasen ist praktisch immer mit Fehlern im regulären Gitteraufbau verknüpft[2].

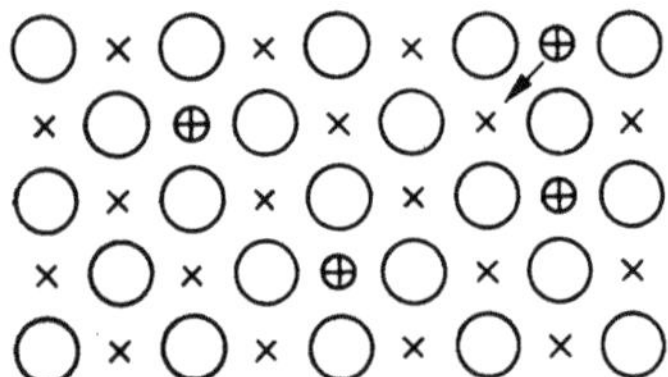

Abb. IV, 1. Diffusion von Wasserstoff-atomen auf Zwischengitterplätzen im Palladium-Gitter. Gitter der Palladiumatome (○), schematisie t, zweidimensional; Zwischengitterplätze (×), von denen ein Teil durch Protonen (⊕) ersetzt ist.

In einfachen Fällen, wie z. B. bei der Diffusion von Wasserstoff (in Form von Protonen und Elektronen) durch Palladium, Abb. IV, 1, (was als Analogon zur Diffusion durch Hochpolymere gelten kann), besetzen die Protonen ein Teilgitter sehr unvollständig (etwa das flächenzentrierte Gitter, das das Gitter der Palladiumatome zum Steinsalz- oder zum Zinkblendegitter ergänzen würde). In der Nachbarschaft

---

[1] Bei der Ableitung von (IV, 39) ist von der NERNST-EINSTEINschen Beziehung Gebrauch gemacht: $D = u\,\mathrm{k}T$, $u$ Beweglichkeit (= Geschwindigkeit unter der Kraft 1).

[2] Man hat für die Diffusion fester Stoffe auch cyclischen Austausch von zwei oder mehr Partikeln diskutiert [C. ZENER: Acta crystallogr. **3**, 346 (1950); F. SEITZ: Acta crystallogr. **3**, 355 (1950)]. Wo eine experimentelle Prüfung oder überzeugende Rechnung möglich war, fiel die Entscheidung immer zugunsten eines Fehlstellenmechanismus aus.

jedes Protons befinden sich daher analoge, unbesetzte Gitterplätze, auf die sich das Teilchen unter Überwindung eines Potentialberges der Höhe $U$ (pro Mol) bewegen kann. In Verallgemeinerung der elementaren gaskinetischen Formel (IV, 36) erhalten wir daher

$$D \approx \tfrac{1}{3} \, w \, d \exp \left( - \, U/\mathrm{R}T \right) \text{ cm}^2 \text{ sec}^{-1} \, . \qquad \text{(IV, 40)}$$

Der Gitterabstand $d$ (oder eine damit vergleichbare Größe) spielt hier die Rolle der freien Weglänge; der BOLTZMANN-Faktor trägt der Tatsache Rechnung, daß nur ein Bruchteil energiereicher Teilchen wandern kann. In anderen Fällen, z. B. Diffusion von Gold in Palladium, Abb. IV, 2,

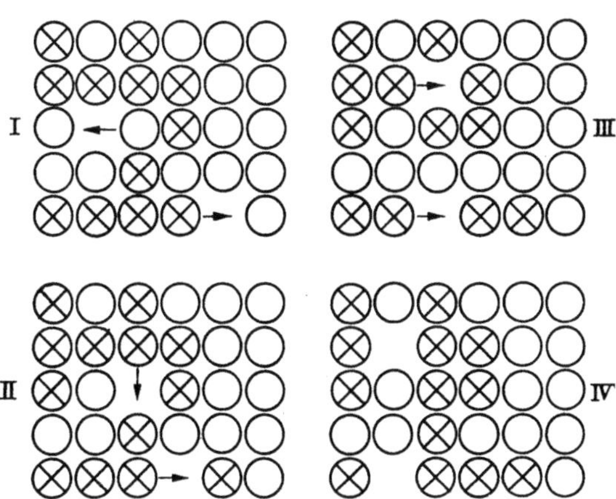

Abb. IV, 2.  Wechselseitige Diffusion von Gold ($\otimes$) und Palladium ($\bigcirc$), schematisiert, zweidimensional, unter Mitwirkung von Leerstellen.

muß man eine Fehlordnung der Partikeln des Grundgitters selbst annehmen, etwa Leerstellen im Gitter unter Anbau neuer Gitterteilchen außerhalb des ursprünglichen Kristalles, verbunden mit einem Energieaufwand $E$ (pro Mol Leerstellen). Der Bruchteil leerer Plätze wäre dann in diesem Falle annähernd

$$\sim \exp \left( - \, E/\mathrm{R}T \right) , \qquad \text{(IV, 41)}$$

und als Diffusionskoeffizient ergäbe sich, immer in der gleichen elementaren Annäherung,

$$D \approx \tfrac{1}{3} \, w \, d \exp \left( - \, [E + U]/\mathrm{R}T \right) . \qquad \text{(IV, 42)}$$

Übrigens kann man statt der mittleren thermischen Geschwindigkeit $\overline{w}$ im obigen Fall auch schreiben $v d$, wo $v$ die Frequenz einer Gitterschwingung ist, und erhält so

$$D \approx \tfrac{1}{3} \, v \, d^2 \exp \left( - \, [E + U]/\mathrm{R}T \right) . \qquad \text{(IV, 43)}$$

Dem entspricht die Modellvorstellung, daß ein hinreichend energiereiches Teilchen in der Nachbarschaft einer Fehlstelle während der Zeit einer Gitterschwingung (oder der Hälfte davon) gerade einmal seinen Platz wechselt.

Übrigens läßt Gl. (IV, 43) wieder erkennen, daß eine empirisch bestimmte Aktivierungsenergie $Q$:

$$Q = \mathrm{R}T^2 \frac{d \log D}{d\,T} \qquad\qquad (IV, 44)$$

keine einfache Bedeutung zu haben braucht; es wäre ja $Q = E + U$, und davon entspricht nur der Anteil $U$ einer direkten „Aktivierungsenergie".

Bei Flüssigkeiten ist das Modell eines fehlgeordneten Gitters, Abb. IV, 3, Abb. IV, 4, von Anfang gegeben, indem hier nie eine ideale Gitteranordnung vorliegen kann (sonst hätte man einen Kristall), sondern lediglich eine Nahordnung der Nachbarteilchen in bezug auf ein herausgegriffenes Teilchen. Eine annähernde Behandlung der Fehlordnung in einer Flüssig-

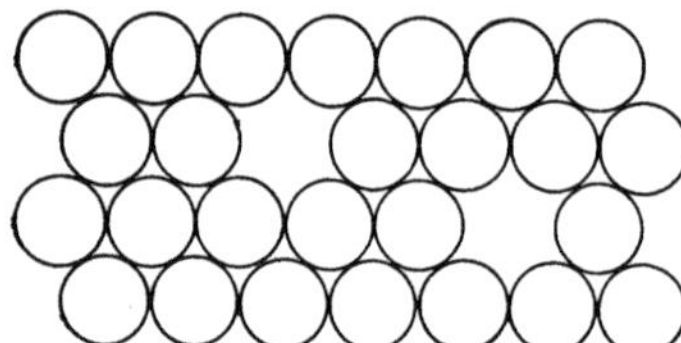

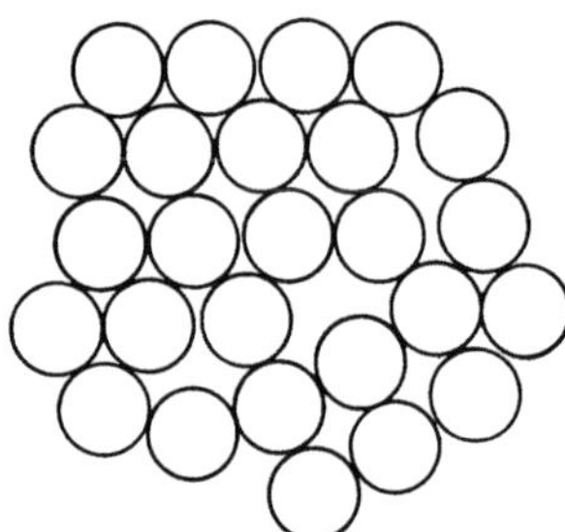

Abb. IV, 3.
Fehlgeordnetes Kristallgitter mit Löcherbildung (SCHOTTKY-Fehlordnung), schematisch.

Abb. IV, 4. Flüssigkeitsstruktur, schematisch. Die in Abb. IV, 3 noch vorhandene *Fernordnung* ist verlorengegangen. Es bleibt nur noch eine *Nahordnung* erhalten, womit sich automatisch Lücken ergeben. Diese Lücken werden hier aber vielfach kleiner sein als ein einzelnes Teilchen.

keit, gegenüber einem idealen Gitter mit Fernordnung, ist von zwei Ausgangspunkten her möglich. Die gröbste Methode geht von der Flüssigkeit als Kontinuum aus und berücksichtigt das Auftreten kugelförmiger Bläschen verschiedener Größe (FÜRTH[1]). Unter geeigneten Voraussetzungen läßt sich die Zahl dieser Bläschen und die Verteilungsfunktion (auf die verschiedenen Größen) berechnen. Die mittlere Größe der Löcher ist dadurch gegeben, daß die freie Oberflächenenergie, $4\,\pi\,\sigma\,r^2$, etwa gleich k$T$ wird d. h.. für $T \approx 500°$ K und $\sigma = 80$ dyn/cm erhält man einen mittleren Radius von etwas unter dem Radius der Flüssigkeitsmoleküle (vgl. hierzu auch die Diskussion bei FRENKEL[2]).

Das Kristallgittermodell führt zu ähnlichen Ergebnissen. Würde man ein ideales Gitter, d. h. Fernordnung zugrundelegen, so ergäbe sich die Lochbildungsenergie gerade gleich der Verdampfungswärme[3]. Es erfordert nämlich die doppelte Verdampfungswärme, ein Teilchen aus dem Innern einer homöopolaren Flüssigkeit ins Unendliche zu bringen; beim Zusammenlagern der entfernten Teilchen wird dann gerade noch einmal die Verdampfungswärme gewonnen. Eine Substanz, die bei etwa 500° K siedet, würde, bei Anwendung der TROUTONschen Regel, also

---

[1] FÜRTH, R.: Proc. Cambridge Phil. Soc. **37**, 252, 276, 281 (1941).
[2] I. FRENKEL: Kinetic Theory of Liquids. Oxford: University Press 1946.
[3] Zur Diskussion vgl. W. JOST: Diffusion. New York: Academic Press 1952.

eine Lochbildungsarbeit von $\approx 11$ kcal/Mol erwarten lassen. Dieser Wert ist, wie Vergleich mit empirischen Werten (aus Viscosität und Diffusion) zeigt, zu hoch. Man muß die Bildung von Löchern annehmen, die kleiner sind als ein Flüssigkeitsmolekül[1].

Bei Berücksichtigung der Nahordnung ergibt sich das Auftreten von Lücken, die kleiner als die Flüssigkeitsmoleküle sind, automatisch (Abb. IV, 4).

Im Einklang mit diesen Überlegungen ist — von Sonderfällen abgesehen — das Volumen von Flüssigkeiten größer als das von Kristallen, z. B. um etwa 10% beim Schmelzpunkt.

Aus dem Vorangehenden ist ersichtlich, daß der Diffusionskoeffizient in Flüssigkeiten von ähnlicher Form sein muß wie bei Kristallen

$$D \approx v\, d^2 \exp\left(- Q/\mathrm{R}T\right), \qquad \text{(IV, 45)}$$

wie auch von der Erfahrung bestätigt wird. Für $d$ ist dabei sinngemäß ein Wert, vergleichbar mit dem Abstand benachbarter Partikel, aber etwas kleiner als dieser, einzusetzen.

### c) Platzwechsel unter dem Einfluß äußerer Kräfte.

#### 1. Ionenleitung.

Behandlung des Platzwechsels unter dem Einfluß äußerer Kräfte läßt uns u. a. elektrolytische Leitung und Fluidität verstehen. Der größeren Durchsichtigkeit des Modells wegen betrachten wir zunächst die Ionenleitung an Hand von Abb. IV, 5, die gleicherweise für einen Kristall wie für eine Flüssigkeit gelten kann. Ein bewegliches Teilchen — das ist ein solches in der Nachbarschaft eines Loches, bei Kristallen gegebenenfalls auch eines im Zwischengitterraum — ist hier durch eine Kugel in einer Potentialmulde gekennzeichnet, die durch einen Berg der Höhe $u$ (erg pro Einzelteilchen bzw. $U$

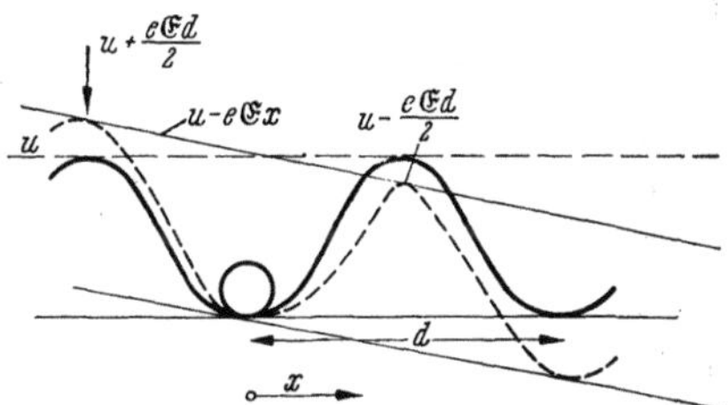

Abb. IV, 5. Potentialverlauf für ein geladenes Teilchen im Gitter, schematisch. —— Verlauf ohne äußeres Feld, - - - Verlauf im äußeren Feld.

cal/$N_L$ Teilchen) von den nächsten äquivalenten Lagen getrennt ist. Die Geschwindigkeit des Überganges über diesen Potentialberg ist dann proportional mit $\exp\left(- u/kT\right)$, und ein entsprechender Faktor tritt im Diffusionskoeffizienten auf. Nehmen wir nun an, das Teilchen sei geladen und trage die Ladung $+ e$, und ferner wirke in der $x$-Richtung ein elektrisches Feld $\mathfrak{E}$. Das hat für das geladene Teilchen ein zusätzliches Potential $- e\mathfrak{E}x$ zur Folge; die gesamte potentielle Energie ist gegen den ursprünglichen Zustand (ausgezogene Kurve) verändert, und zwar geht sie in die gestrichelte Kurve über, wenn wir den

---

[1] Vgl. R. E. Powell, W. E. Rosevaere u. H. Eyring: Ind. Eng. Chem. 33, 430 (1941); J. appl. Physics 12, 669 (1941); S. Glasstone, K. J. Laidler u. H. Eyring: The Theory of Rate processes. New York – London 1941.

Nullpunkt der $x$-Koordinate und damit des elektrischen Potentials in die Ruhelage des Teilchens bringen. Der Potentialberg bei $x = d/2$ ist dann um $e\,\mathfrak{E}d/2$ erniedrigt, der bei $x = -\,d/2$ um den gleichen Betrag erhöht. Betrachten wir nun eine Gesamtheit solcher Teilchen, so sind deren Übergänge in Richtung der $+\,x$- und der $-\,x$-Richtung nicht mehr gleich häufig. Vielmehr werden die Übergänge in der $+\,x$-Richtung (denen der Strom $J_+$ proportional ist)

$$J_+ \sim \exp\left[-\left(u - \frac{e\,\mathfrak{E}d}{2}\right)\Big/kT\right]$$

und

$$J_- \sim \exp\left[-\left(u + \frac{e\,\mathfrak{E}d}{2}\right)\Big/kT\right]. \qquad\qquad \text{(IV, 46)}$$

Uns interessiert der resultierende Strom $J = J_+ - J_-$. Für diesen erhalten wir mit der Voraussetzung[1]

$$\frac{e\,\mathfrak{E}d}{2} \ll kT \;,\; \exp(x) = 1 + x + \cdots$$

$$J = J_+ - J_- \sim \exp\left(-\,u/kT\right)\left[\exp\left(+\,e\,\mathfrak{E}d/2\,kT\right) - \exp\left(-\,e\,\mathfrak{E}d/2\,kT\right)\right]$$

$$= \exp\left(-\,u/kT\right)\left[1 + \frac{e\,\mathfrak{E}d}{2\,kT} + \cdots - \left\{1 - \frac{e\,\mathfrak{E}d}{2\,kT} \pm \cdots\right\}\right]$$

$$\approx \exp\left(-\,u/kT\right)\frac{e\,\mathfrak{E}d}{kT}\;. \qquad\qquad \text{(IV, 47)}$$

Bezeichnen wir den leicht berechenbaren, aber hier noch nicht eingeführten Proportionalitätsfaktor mit $\varphi$, so erhalten wir

$$J = \varphi\,\frac{e\,\mathfrak{E}d}{kT}\,\exp\left(-\,u/kT\right) = \sigma\,\mathfrak{E}\;, \qquad\qquad \text{(IV, 48)}$$

$$\sigma = \varphi\,\frac{e\,d}{kT}\,\exp\left(-\,u/kT\right)\;, \qquad\qquad \text{(IV, 49)}$$

wo $\sigma$ die elektrische Leitfähigkeit ist. Der Proportionalitätsfaktor enthält die Zahl der „fehlgeordneten" Teilchen im Kubikzentimeter, also etwa $N_{\text{cm}^3}\exp\left(-\,E/RT\right)$, wenn $E$ die Fehlordnungsenergie oder Lochbildungsenergie (je nach dem zugrundegelegten Modell) ist, die Häufigkeit der Übergänge fehlgeordneter Teilchen mit genügender Aktivierungsenergie, etwa gleich $\nu$, der Schwingungsfrequenz der Teilchen, und schließlich die je Teilchen transportierte Ladung, also im obigen Falle $e$, so daß insgesamt folgt

$$\sigma = N_{\text{cm}^3}\,\frac{e^2\,d\,\nu}{kT}\,\exp\left(-\,[E + U]/RT\right), \quad U = N_L\,u. \qquad \text{(IV, 50)}$$

Analog hätte man für den Diffusionskoeffizienten erhalten

$$D = \nu\,d\,\exp\left(-\,[E + U]/RT\right). \qquad\qquad \text{(IV, 51)}$$

---

[1] Diese Voraussetzung ist bei normalerweise vorkommenden Feldstärken erfüllt. $kT$ entspricht einigen Hundertsteln Elektronenvolt; diese Größenordnung erreicht $e\mathfrak{E}d/2$ mit $d/2 \approx 10^{-8}$ cm erst bei Feldstärken der Größenordnung $10^6$ V/cm.

Die Leitfähigkeit läßt sich auffassen als Produkt aus drei Faktoren, nämlich

    1. Zahl der geladenen Teilchen je Kubikzentimeter ($N_{cm^3}$),

    2. Ladung je Teilchen ($e$),

    3. mittlere Beweglichkeit des Teilchens im elektrischen Feld $1 : e\,\mathfrak{U}$, wobei $\mathfrak{U}$ die Beweglichkeit unter der Wirkung der Kraft 1 dyn ist, also

$$\sigma = N_{cm^3}\, e \cdot e \cdot \mathfrak{U} \ . \tag{IV, 52}$$

Vergleich von (IV, 52) mit (IV, 50) liefert

$$\mathfrak{U} = \frac{v\,d}{kT} \exp\left(-\,[E + U]/kT\right), \tag{IV, 53}$$

und Vergleich von (IV, 53) mit (IV, 51) zeigt, daß

$$D = \mathfrak{U}\,kT \ ; \tag{IV, 54}$$

das ist die ganz allgemein gültige NERNST-EINSTEINsche Beziehung, welche Diffusionskoeffizient mit Beweglichkeit verknüpft.

## 2. Viscosität.

Hätte man im obigen Bild als zusätzliche Kraft statt des elektrischen Feldes eine Schubspannung eingeführt, so wäre für die „Fluidität" (gleich dem reziproken der Viscosität) ein analoger Ausdruck wie für die elektrische Leitfähigkeit erhalten worden; für die Viscosität ergibt sich damit eine Temperaturabhängigkeit wie $\exp\,(+\,Q/RT)$, in angenäherter Übereinstimmung mit den Beobachtungen (Näheres in Kap. V, § 47). Darüber hinaus liefert die Theorie, die im wesentlichen auf EYRING und Mitarbeiter zurückgeht, auch die bekannte reziproke Beziehung zwischen Diffusion und Viscosität von Flüssigkeiten

$$D \sim \frac{1}{\eta} \ ; \tag{IV, 55}$$

diese geht für den speziellen Fall, daß die gelösten Teilchen als Kugeln vom Radius $r$ betrachtet werden dürfen, der groß ist gegenüber dem Radius der Flüssigkeitsteilchen, in die STOKESsche Formel (IV, 56) über.

Setzt man die Gültigkeit der STOKESschen Formel voraus — die sich aber nur begründen läßt für diffundierende Moleküle, die groß sind gegenüber denen des Lösungsmittels —, so folgt aus (IV, 45) und

$$D = \frac{kT}{6\,\pi\,\eta\,r} \tag{IV, 56}$$

ohne weiteres ein Ausdruck für die Viscosität mit der richtigen Temperaturabhängigkeit. Die EYRINGsche Theorie liefert auch, wenn die obigen Voraussetzungen nicht erfüllt sind, mit anderen Zahlenwerten eine analoge Beziehung zwischen $D$ und $\eta$.

Die experimentell gefundene „Aktivierungsenergie" für die Viscosität von Flüssigkeiten ist wesentlich kleiner als die Verdampfungsenergie, welche ja die untere Grenze für $Q$ darstellen sollte, sofern in der Flüssigkeit Löcher von Molekülgröße verantwortlich wären. ROSEVAERE,

Powell und Eyring finden z. B. empirisch für den Quotienten Verdampfungsenergie durch freie Energie der Aktivierung (in dem Sinne, wie diese Größe nach der Theorie des Übergangszustandes auftritt) im Mittel etwa 2,45. In Anbetracht der Kleinheit des Wertes für die empirische Aktivierungsenergie kann darin nur eine Schwellenenergie $U$ von noch wesentlich kleinerem Betrag enthalten sein. Also müßte man wohl annehmen, daß bei Flüssigkeiten $U$ in erster Näherung vernachlässigbar ist und die Aktivierungsenergie im wesentlichen die der Lochbildung ist. Damit steht die folgende qualitative (und z. T. quantitative) Erfahrung im Einklang. Die meisten Flüssigkeiten zeigen eine starke Druckabhängigkeit der Viscosität in dem Sinne, daß Druckerhöhung die Viscosität heraufsetzt.

Bereits 1913 schlug Batschinski[1] für die Viscosität eine Beziehung vor

$$\eta = \frac{c}{V - V_0},\qquad\text{(IV, 57)}$$

wo $c$ eine Konstante, $V$ das tatsächliche spezifische Volumen der Flüssigkeit und $V_0$ eine zweite Konstante von der Dimension eines Volumens ist, die man etwa mit einem Volumen der löcherfrei gedachten Flüssigkeit (annähernd gleich Volumen des festen Stoffes) identifizieren könnte. Gl. (IV, 57) gibt dann die Änderung der Viscosität mit der Volumenänderung der Flüssigkeit wieder, einerlei ob diese durch Temperatur- oder Druckänderung hervorgerufen ist. Die physikalische Aussage von (IV, 57) wäre dann einfach, daß die Viscosität einer Flüssigkeit umgekehrt proportional ist dem Volumen der in ihr enthaltenen Löcher. Gl. (IV, 57) kann als konsistent mit den Ergebnissen der Platzwechseltheorie angesehen werden, solange die Schwellenenergie $U$ gegenüber der mittleren Lochbildungsenergie $E$ vernachlässigbar ist.

# B. Permeation.

## § 44. Theorie der Diffusion und Permeation.

Unter Permeation versteht man im allgemeinen den Durchgang von Gasen durch feste Membranen. Dieser Durchgang kann durch Poren und feine Kanäle erfolgen. In diesem Fall ist die Durchlässigkeit der Membran gegen verschiedene Gase meist relativ unspezifisch — es sei denn, daß man zu Gasmolekülen solcher Größe übergeht, deren Dimensionen mit dem Porendurchmesser vergleichbar werden — und zudem wenig temperaturabhängig. Dieses Strömen durch Poren und Kanäle soll im folgenden unberücksichtigt bleiben.

Daneben gibt es eine wahre Diffusion von Gasen durch feste Membranen. Diese ist meist spezifisch — Palladium hat eine große Durchlässigkeit für Wasserstoff, im Vergleich dazu vernachlässigbar kleine

[1] Batschinski, A. J.: Z. physik. Chem. 84, 643 (1913). Für eine Diskussion dieser Beziehung vgl. I. Frenkel: zit. S. 262; Glasstone, Laidler u. Eyring: zit. S. 263.

Durchlässigkeit für andere Gase – und zudem ausgesprochen temperaturabhängig[1].

Die Diffusion von Gasen ist in keinerlei Weise von der von Flüssigkeiten oder festen Stoffen durch Membranen ausgezeichnet. Die folgenden Überlegungen gelten daher, auch wenn Gase im Vordergrund stehen, unabhängig davon, in welchem Aggregatzustand die diffundierende Substanz außerhalb der Membran vorliegt.

Der *Diffusionsstrom* $J$ durch eine Fläche der Größe 1 cm², senkrecht zum Gradienten der Konzentration, ist gegeben durch

$$J = - D \frac{\partial c}{\partial x} , \qquad\qquad (IV, 58)$$

wobei die $x$-Koordinate senkrecht zu dem betrachteten Flächenelement angenommen ist, $c$ die Konzentration bedeutet und der *Diffusionskoeffizient* $D$ (Dimension [Länge]²/[Zeit], üblicherweise cm² sec⁻¹) durch Gl. (IV, 58) definiert ist. Der Diffusionsstrom $J$ wird gemessen als die pro Zeiteinheit durch die Bezugsfläche (der Größe 1) normal hindurchtretende Substanzmenge[2]. Die Mengeneinheit braucht nicht festgelegt zu werden, sie muß nur die gleiche sein, in der die Konzentration $c$ gemessen wird (Dimension von $J$: [Menge] / [Zeit] [Länge]²; mit der Dimension von $c$: [Menge] / [Länge]³ folgt die angegebene Dimension von $D$).

Auch für die Diffusion innerhalb einer Membran ist Gl. (IV, 58) maßgebend, und im stationären Zustand der Permeation kann man beispielsweise eine der drei in Gl. (IV, 58) eingehenden Größen berechnen, wenn die beiden anderen direkt gemessen sind. Das Problem bei der Permeation besteht aber meistens darin, den Diffusionsstrom auf andere Weise zu gewinnen, da das in Gl. (IV, 58) eingehende Konzentrationsgefälle meist nicht direkt gemessen wird. Zu seiner experimentellen Bestimmung müßte man die Konzentration an zwei Stellen in geringem Abstand $\delta$ in Richtung der Flächennormalen bestimmen. Statt dessen bestimmt

---

[1] Die Diffusion nimmt meistens mit der Temperatur stark zu. Für die Permeation ist aber neben der Diffusion auch noch die Löslichkeit maßgebend, die mit der Temperatur zu- oder abnehmen kann. Infolgedessen sind sichere, allgemeine Aussagen über die Temperaturabhängigkeit der Permeation nicht möglich (vgl. S. 279).

[2] Die in Gl. (IV, 58) im obigen Zusammenhang steckende Annahme, daß der Diffusionsstrom antiparallel dem Konzentrationsgradienten sei, ist nicht allgemein erfüllt; bei anisotropen Substanzen fällt, außer in den Richtungen der Hauptdiffusionskoeffizienten, der Diffusionsstrom im allgemeinen nicht mit der negativen Richtung des Konzentrationsgradienten zusammen (vgl. hierzu W. JOST: Diffusion und chemische Reaktion in festen Stoffen. Dresden: Theodor Steinkopff 1937; W. JOST: Diffusion. New York: Academic Press 1952). Bei der Betrachtung der Diffusion durch Membranen, deren Dicke klein ist gegenüber ihrer Ausdehnung, erübrigt es sich im allgemeinen, eine evtl. vorhandene Anisotropie zu berücksichtigen, solange die Membran homogen ist. Man kann dann lediglich bei verschiedenen Membranen aus dem gleichen Material, aber bei verschiedenen Orientierungen der ausgezeichneten Richtungen gegenüber der Membranebene, verschiedene Diffusionsgeschwindigkeiten finden. Bei einer gereckten Faser oder einem gereckten Band wird man z. B. damit rechnen müssen, daß der Diffusionskoeffizient in der Reckrichtung verschieden ist von dem in der dazu senkrechten Richtung.

man meistens die *Löslichkeit* $S$ des diffundierenden Gases als Funktion des Druckes

$$c = Sp\,, \qquad\qquad (IV, 59)$$

$c$ gelöste Menge je Kubikzentimeter, $p$ Gasdruck, z. B. in mm Hg. Herrschen zu beiden Seiten der Membran der Dicke $\delta$ die Drucke $p_1$ und $p_2$ $(< p_1)$, so ist das mittlere Konzentrationsgefälle in der Membran bei eingestelltem Gleichgewicht

$$\frac{\Delta c}{\Delta x} = \frac{c_2 - c_1}{\delta} = \frac{S}{\delta}\,(p_2 - p_1)\,, \qquad\qquad (IV, 60)$$

also der Diffusionsstrom, mit Gl. (IV, 58),

$$J = D\,S\,(p_1 - p_2)/\delta\,. \qquad\qquad (IV, 61)$$

Man kann nun eine Größe $P$ definieren so, daß

$$P = D \cdot S \qquad\qquad (IV, 62)$$

und

$$J = P\,\Delta p/\delta\,, \qquad\qquad (IV, 63)$$

wobei $P$ die „*Permeabilität*" oder „*Permeationskonstante*" ist. Im Gegensatz zum Diffusionskoeffizienten, der von der Konzentrationseinheit unabhängig war, hängt $P$ von den gewählten Maßeinheiten ab. $P$ ist gleich dem Diffusionsstrom, wenn $\Delta p$ und $\delta$ je gleich 1 sind. BARRER[1] definiert z. B. $P$ als den Diffusionsstrom eines Gases (gemessen in Kubikzentimetern Gas je Sekunde, unter Normalbedingungen), wenn $\Delta p$ und $\delta$ bzw. die Werte 1 cm Hg und 1 mm haben.

Es ist nicht selbstverständlich, daß der Diffusionsstrom durch (IV, 63) gegeben ist, während (IV, 58) allgemein gültig ist. Beim Übergang von (IV, 58) zu (IV, 63) werden nämlich die folgenden Voraussetzungen gemacht:

a) Es wird angenommen, daß die Gaskonzentration in der Membran an beiden Seiten denjenigen Wert hat, den sie im *Gleichgewicht* mit dem Gas vorgegebenen Druckes annehmen würde. Damit wird vorausgesetzt, daß die Einstellungsgeschwindigkeit des Gleichgewichts Gas/Gaslösung in der Membran groß ist gegenüber der Diffusionsgeschwindigkeit.

Das ist häufig, aber nicht immer der Fall. Beim Durchgang von Gasen durch Metalle kann z. B. der Übergang Gas/Metall geschwindigkeitsbestimmend werden. Da jedenfalls die Geschwindigkeit des Phasenüberganges endlich ist, die Diffusionsgeschwindigkeit (proportional $1/\delta$) also mit abnehmender Membrandicke beliebig ansteigt, muß es eine untere Grenze für die Membrandicke geben, unterhalb deren die Geschwindigkeit des Phasenüberganges maßgebend wird. Es empfiehlt sich daher, sich bei Verwendung kleiner Membrandicken zu überzeugen, daß wirklich das Gleichgewicht Gas/(Gas gelöst in der Membran) eingestellt ist.

---

[1] BARRER, R. M.: Diffusion in and through Solids. Cambridge: University Press 1941.

b) In Gl. (IV, 60) und den folgenden ist das lokale Konzentrationsgefälle $dc/dx$ ersetzt durch den Mittelwert $\Delta c/\delta$. Das ist nur im stationären Zustand, auf den wir uns gegenwärtig beziehen, und auch nur dann statthaft, wenn der Diffusionskoeffizient, unabhängig von der Konzentration, innerhalb der gesamten Membran den gleichen Wert hat.

Bei der Definition des Diffusionskoeffizienten nach (IV, 58) pflegt man meist anzunehmen, daß $D$ konzentrationsunabhängig, eine Konstante sei. Das braucht aber keineswegs der Fall zu sein. Im stationären Zustand muß der Diffusionsstrom innerhalb der ganzen Membran konstant sein, also auch

$$D \, \frac{dc}{dx} = \text{const} . \qquad\qquad (\text{IV}, 64)$$

$D$ und $dc/dx$ für sich können aber von Ort zu Ort variieren, jedoch so, daß das Produkt konstant bleibt. Falls man $dc/dx$ lokal bestimmen könnte, könnte man aus dem bruttomäßig bestimmten Diffusionsstrom $D$ als Funktion des Ortes (und der Konzentration) ermitteln. Der Fall konzentrations- (oder auch orts-) abhängiger Diffusionskoeffizienten läßt sich theoretisch behandeln (vgl. S. 273).

Die Diskussion bisher setzte stationären Zustand voraus. Stellt man aber an einer Membran ein Druckgefälle eines Gases her, so braucht es eine gewisse Zeit, bis ein stationärer Zustand eingestellt ist. Will man über die Einstellungsgeschwindigkeit des stationären Zustandes etwas aussagen, so muß man den Fall instationärer Diffusion behandeln. Die Betrachtung dieses Falles liefert uns zudem eine Möglichkeit, aus der Messung des Gasdurchganges durch eine Membran nicht nur $P$, sondern auch $D$ und $S$ einzeln zu ermitteln (DAYNES[1], BARRER[2]).

Die lokale Änderung der Konzentration in einem Volumenelement wird erhalten als Überschuß der in ein Volumenelement einströmenden Substanzmenge über die aus dem Element ausströmende Substanzmenge, d. h. im Falle eindimensionaler Diffusion zu

$$\frac{\partial c}{\partial t} = - \frac{\partial}{\partial x}(J) = \frac{\partial}{\partial x}\left(D \, \frac{\partial c}{\partial x}\right), \qquad\qquad (\text{IV}, 65)$$

und der letztere Ausdruck geht nur im Falle konzentrations- (und orts-) unabhängiger Diffusionskoeffizienten in die gewöhnlich angeschriebene Gleichung über

$$\frac{\partial c}{\partial t} = D \, \frac{\partial^2 c}{\partial x^2} . \qquad\qquad (\text{IV}, 66)$$

Diese Gleichung ist für die verschiedensten Rand- und Anfangsbedingungen integriert worden[3].

---

[1] DAYNES, H.: Proc. Roy. Soc. (Lond.) A **97**, 286 (1920).

[2] BARRER, R. M.: Trans. Faraday Soc. **35**, 628 (1939); s. a. S. 272, Anm. 2.

[3] Vgl. hierzu R. FÜRTH: In AUERBACH-HORT, Handbuch der physikalischen und technischen Mechanik, Bd. III. Leipzig 1931; FRANK-MISES: Die Differential- und Integralgleichungen der Mechanik und Physik, Bd. II. Braunschweig 1935; R. M. BARRER: Diffusion in and through Solids. Cambridge: University Press 1941; CARSLAW-JAEGER: Conduction of Heat in Solids. Oxford: Clarendon Press 1947; W. JOST: Diffusion. New York 1952.

Wir geben hier nur für zwei wichtige Fälle Lösungen an:

1. *Gasaufnahme* oder *Abgabe* einer *Platte*, eines *Zylinders*, einer *Kugel*.

Diffusion aus einer unendlich ausgedehnten Platte der Dicke $h$, wenn die Konzentration an ihren Grenzflächen auf Null gehalten wird.

Anfangs- und Randbedingungen:

$$c = c_0 \text{ für } 0 < x < h \text{ bei } t = 0 ,$$
$$c = 0 \text{ für } x = 0 \text{ und } x = h \text{ und } t > 0 ;$$

dabei wird die $x$-Achse senkrecht zur Begrenzung angenommen sowie vorausgesetzt, daß zunächst die gleichmäßige Konzentration $c_0$ der gelösten Substanz innerhalb der Platte eingestellt wurde. Es gilt dann:

$$c = \frac{4\,c_0}{\pi} \sum_{\nu=0}^{\infty} \frac{1}{2\nu+1} \sin \frac{(2\nu+1)\,\pi\,x}{h} \exp\left[-\left(\frac{(2\nu+1)\,\pi}{h}\right)^2 D\,t\right] . \qquad \text{(IV, 67)}$$

Die Lösung (IV, 67) läßt sich auch leicht den umgekehrten Bedingungen anpassen, Diffusion in eine Platte: Konzentration in der Platte zunächst Null, von $t = 0$ ab wird zu beiden Seiten die Konzentration $c_0 > 0$ aufrecht erhalten:

Anfangs- und Randbedingungen:

$$c = 0 \text{ für } 0 < x < h \text{ und } t = 0 ,$$
$$c = c_0 \text{ für } x = 0 \text{ und } x = h \text{ und } t > 0 .$$

Es gilt dann

$$c = c_0 \left\{ 1 - \frac{4}{\pi} \sum_{\nu=0}^{\infty} \frac{1}{2\nu+1} \sin \frac{(2\nu+1)\,\pi\,x}{h} \exp\left[-\left(\frac{(2\nu+1)\,\pi}{h}\right)^2 D\,t\right] \right\} .$$
$$\text{(IV, 68)}$$

Wenn, wie meistens, nicht die lokale Konzentrationsverteilung in der Platte gemessen wird, sondern nur die mittlere Konzentration, etwa aus der aufgenommenen oder abgegebenen Gasmenge, so gelten die Beziehungen

$$\bar{c} = \frac{1}{h} \int_0^h c\,d x = \frac{8\,c_0}{\pi^2} \sum_{\nu=0}^{\infty} \frac{1}{(2\nu+1)^2} \exp\left[-\left(\frac{(2\nu+1)\,\pi}{h}\right)^2 D\,t\right] , \qquad \text{(IV, 69)}$$

Diffusion aus einer Platte, und

$$\bar{c} = c_0 \left\{ 1 - \frac{8}{\pi^2} \sum_{\nu=0}^{\infty} \frac{1}{(2\nu+1)^2} \exp\left[-\left(\frac{(2\nu+1)\,\pi}{h}\right)^2 D\,t\right] \right\} \qquad \text{(IV, 70)}$$

Diffusion in eine Platte.

Eine praktisch nützliche, besonders einfache Form erhält man für den Quotienten

$$\frac{\bar{c} - c_e}{c_a - c_e} = \frac{8}{\pi^2} \sum_{\nu=0}^{\infty} \frac{1}{(2\nu+1)^2} \exp\left[-\left(\frac{(2\nu+1)\,\pi}{h}\right)^2 D\,t\right] , \qquad \text{(IV, 71)}$$

gültig für Diffusion in eine oder aus einer Platte; dabei ist $\bar{c}$ die mittlere Konzentration, $c_a$ die Ausgangskonzentration (für $t = 0$) und $c_e$ die Endkonzentration (für $t \to \infty$). Für hinreichend große $t$ genügt das erste Glied der Reihe

$$\frac{\bar{c} - c_e}{c_a - c_e} = \frac{8}{\pi^2} \exp\left(-\,t/\tau\right), \quad \tau = h^2/\pi^2\,D , \qquad \text{(IV, 72)}$$

(vgl. Dünwald und Wagner[1]), also

$$\log \frac{\bar{c} - c_e}{c_a - c_e} \approx \text{const} - t/\tau \, . \tag{IV, 73}$$

Statt der obigen Lösungen mit einer Fourier-Reihe kann man auch in eine Reihe von Fehlerintegralen entwickeln, wie es in diesem Falle zuerst Stefan getan hatte. Für die Randbedingungen

$$c = c_0 \ \text{für} \ 0 < x < h \ \text{und} \ t = 0 \, ,$$
$$c = 0 \ \text{für} \ x = 0 \ \text{und} \ x = h \ \text{bei} \ t > 0$$

erhält man beispielsweise

$$c = \frac{c_0}{2} \sum_{-\infty}^{+\infty} \left\{ \left[ \Phi\left(\frac{(2n+1)h - x}{2\sqrt{Dt}}\right) - \Phi\left(\frac{2nh - x}{2\sqrt{Dt}}\right) \right] - \left[ \Phi\left(\frac{2nh - x}{2\sqrt{Dt}}\right) - \Phi\left(\frac{(2n-1)h - x}{2\sqrt{Dt}}\right) \right] \right\} . \tag{IV, 74}$$

Dabei ist das Fehlerintegral $\Phi$ definiert durch

$$\Phi(x) = \frac{2}{\sqrt{\pi}} \int_0^x e^{-\xi^2} d\xi \, . \tag{IV, 75}$$

Für die obigen speziellen Lösungen vgl. z. B. W. Jost[2], für die Methode allgemein A. Sommerfeld[3].

Für Diffusion in und aus Zylinder und Kugel geben wir nur die Gl. (IV, 71) und (IV, 72) entsprechenden einfachen Ausdrücke für die mittleren relativen Konzentrationen an; es gilt:

$$\frac{\bar{c} - c_e}{c_a - c_e} = \sum_1^\infty \frac{4}{\xi_\nu^2} \exp\left[ - \frac{\xi_\nu^2 Dt}{r_0^2} \right] , \tag{IV, 76}$$

Diffusion in oder aus Zylinder.
Dabei ist $r_0$ der Radius, $\bar{c}$, $c_a$ und $c_\nu$ sind mittlere und (beliebige) Anfangs- und Endkonzentrationen im Zylinder, und die $\xi_\nu$ haben die Zahlenwerte:

$$\xi_\nu = 2{,}405; \ 5{,}520; \ 8{,}654; \ 11{,}792; \ 14{,}931; \ 18{,}071 \ldots$$

(Nullstellen der Bessel-Funktion 0-ter Ordnung).

Wieder gilt für hinreichend große $t$

$$\frac{\bar{c} - c_e}{c_a - c_e} \approx \frac{4}{(2{,}405)^2} \exp\left(- t/\tau\right) , \ \tau = r_0^2/(2{,}405)^2 D \, . \tag{IV, 77}$$

Entsprechend für eine Kugel

$$\frac{\bar{c} - c_e}{c_a - c_e} = \frac{6}{\pi^2} \sum_1^\infty \frac{1}{\nu^2} \exp\left[- \nu^2 \pi^2 D t/r_0^2\right] \approx \frac{6}{\pi^2} \exp\left(- t/\tau\right) , \ \tau = r_0^2/\pi^2 D \, , \tag{IV, 78}$$

für Diffusion in oder aus Kugel vom Radius $r_0$.

---

[1] Dünwald, H., u. C. Wagner: Z. physikal. Chem. B **24**, 53 (1934).
[2] Jost, W.: Diffusion. New York 1952.
[3] Sommerfeld, A.: Vorlesungen über theoretische Physik, Bd. VI. Wiesbaden: Dieterich 1948.

## 2. Einstellung des *stationären Zustandes* beim Gasdurchgang durch eine Platte.

Mißt man die durch eine Membran hindurchtretende Gasmenge, wenn eine konstante Druckdifferenz angelegt wird und ein stationärer Zustand eingestellt ist, so findet man ein lineares Ansteigen mit der Zeit (Abb. IV, 6). Ist jedoch der stationäre Zustand noch nicht eingestellt, wird beispielsweise an eine Platte, die noch kein Gas gelöst enthält, plötzlich auf die eine Seite ein endlicher Gasdruck gegeben, während auf der anderen Seite das Gas abgepumpt wird, so erhält man einen Gasdurchgang wie

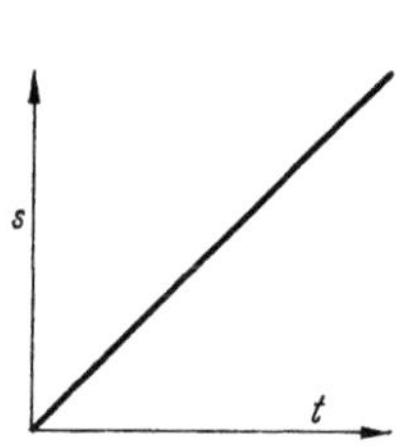

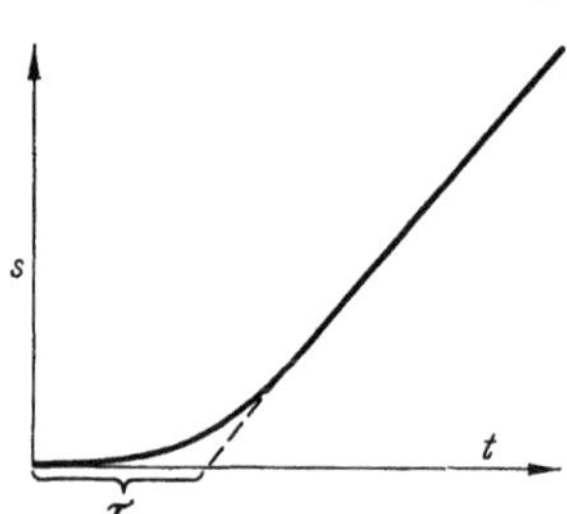

Abb. IV, 6. Substanzmenge $s$, welche unter vorgegebenen Bedingungen durch eine Membran hindurchtritt, als Funktion der Zeit $t$. Linearer Zusammenhang im stationären Zustand.

Abb. IV, 7. Analog zu Abb. IV, 6. Hier ist jedoch der Kurvenverlauf vor Einstellung des stationären Zustandes mit berücksichtigt. Die so definierte „Induktionsperiode" $\tau$ (Gl. IV, 79), (IV, 80) erlaubt, aus einer solchen Messung neben der Permeationskonstante $P$ auch die Löslichkeit $S$ und den Diffusionskoeffizienten $D$ getrennt zu ermitteln.

in Abb. IV, 7. Erst nach einiger Zeit erhält man einen linearen Anstieg der durchgetretenen Gasmenge mit der Zeit. Extrapoliert man dieses lineare Stück bis zum Schnitt mit der Abszissenachse, so kann man dadurch eine Induktionszeit $\tau$ definieren. Diesen Abschnitt $\tau$ kann man aus Gl. (IV, 66) unter Berücksichtigung der Anfangs- und Randbedingungen berechnen. Wählen wir speziell $c = c_0$ für $0 < x < \delta$ und $t = 0$, und $c = 0$ für $x = 0$ und $c = c_1$ für $x = \delta$ und $t > 0$, so erhalten wir für die Induktionsperiode $\tau$, wenn der Gasaustritt bei $x = 0$ gemessen wird

$$\tau = \delta^2 / 6\,D - c_0\,h^2 / 2\,D\,c_1\,, \qquad (IV, 79)$$

was sich für $c_0 = 0$ vereinfacht zu

$$\tau = \delta^2 / 6\,D\,. \qquad (IV, 80)$$

Man erhält also aus einer Permeationsmessung nicht nur $P = D \cdot S$, sondern auch $D$ getrennt, und somit auch die Löslichkeit $S$.

Für das Grundsätzliche der Methoden vgl. Daynes[1], Barrer[2], Jaeger[3], Jost[4], für praktische Messungen Barrer[2, 5].

[1] Daynes, H.: Proc. Roy. Soc. (Lond.) A **97**, 286 (1920).

[2] Barrer, R. M.: Trans. Faraday Soc. **35**, 628 (1939); Philosophic. Mag. **28**, 148 (1939); **35**, 802 (1944); Trans. Faraday Soc. **36**, 1235 (1940).

[3] Jaeger, J. C.: Trans. Faraday Soc. **42**, 651 (1946).

[4] Jost, W.: Diffusion. New York 1952.

[5] Barrer, R. M.: Diffusion in and through Solids. — Barrer, R. M., u. G. Skirrow: J. Polymer. Sci. **3**, 549 (1948). — Barrer, R. M.: Kolloid-Z. **120**, 177 (1951).

Wenn der Diffusionskoeffizient konzentrationsabhängig ist oder vom Orte abhängt (z. B. wegen variabler Zusammensetzung oder Vorbehandlung der Membran), so muß man von Gl. (IV, 65) ausgehen. Zur Behandlung der resultierenden Diffusionsprobleme bei stationärer Diffusion (d. h. hier stationärer Permeation) sowie bei nichtstationärer Permeation gibt es eine Reihe von Methoden, die hier nur erwähnt werden sollen (vgl. BOLTZMANN[1], MATANO[2], MEHL[3], BARRER[4], JOST[5]).

Auch der Fall der Diffusion in mehreren Phasen ist einer quantitativen mathematischen Behandlung zugänglich. Für nichtstationäre Diffusion in zwei unendlich ausgedehnten Phasen wurden vom Verfasser Lösungen angegeben[6, 5].

Stationäre Diffusion durch mehrere Schichten verschiedener Zusammensetzung und damit

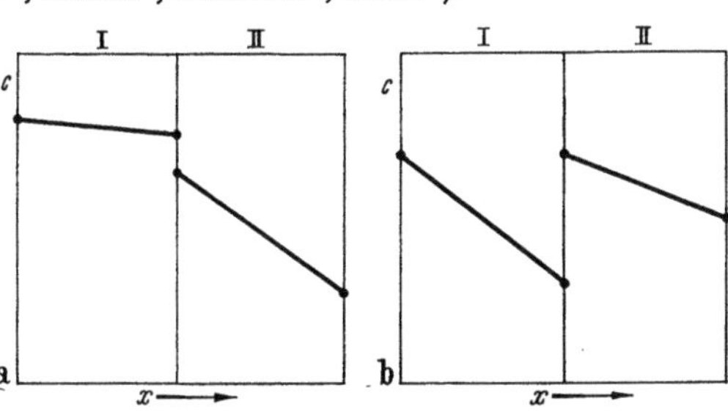

Abb. IV, 8. Diffusion durch eine aus zwei Schichten I und II zusammengesetzte Platte. Im Falle der Abb. a ist die Löslichkeit $S_{II}$ kleiner als $S_I$, im Falle b größer als $S_I$; der Konzentrationssprung an der Grenze I/II hat daher im Falle b das umgekehrte Vorzeichen wie im Falle a.

verschiedener Löslichkeit und Diffusionsgeschwindigkeit läßt sich ebenfalls behandeln. Wir betrachten den Fall zweier Schichten I und II, der Dicken $\delta_I$ und $\delta_{II}$, mit Löslichkeiten $S_I$ und $S_{II}$, Diffusionskoeffizienten $D_I$ und $D_{II}$ (Abb. IV, 8).

In diesem Falle werden an der Grenzfläche I/II sowohl $c$ als auch $\partial c/\partial x$ unstetig sein, aus Gründen der Kontinuität muß aber der Diffusionsstrom $J$ stetig bleiben,

$$J = - D_I \frac{dc_I}{dx} = - D_{II} \frac{dc_{II}}{dx}, \qquad (IV, 81)$$

wobei wir gerade Differentiationszeichen schreiben dürfen, da wir den stationären, d. h. zeitunabhängigen Zustand betrachten. Nehmen wir an der äußeren Grenzfläche von I den Gasdruck $p_1$, an der von II den Gasdruck $p_2$ an, so gilt insbesondere, wenn $p_{12}$ der (zunächst unbekannte) Gasdruck[7] an der Grenzfläche I/II ist,

$$J = - D_I S_I \frac{p_{12} - p_1}{\delta_I} = - D_{II} S_{II} \frac{p_2 - p_{12}}{\delta_{II}} ; \text{ d. h. } P_I \frac{p_{12} - p_1}{\delta_I}$$

$$= P_{II} \frac{p_2 - p_{12}}{\delta_{II}} \text{ mit } P \text{ gemäß Gl. (IV, 62)} . \qquad (IV, 82)$$

---

[1] BOLTZMANN, L.: Wiedemanns Ann. **53**, 959 (1894).

[2] MATANO, C.: Jap. J. Physics 8, 109 (1933); Proc. Phys. Math. Soc. Japan **15**, 405 (1933).

[3] MEHL, R. F.: Metals Technol. Techn. Publ. **1943**, 1658.

[4] BARRER, R. M.: Proc. Phys. Soc. **58**, 321 (1946).

[5] JOST, W.: Z. Physik **127**, 163 (1950); Diffusion, New York 1952.

[6] JOST, W.: Diffusion und chemische Reaktion. Dresden: Theodor Steinkopff 1937; Diffusion. New York 1952.

[7] Hierbei ist ideales Verhalten der Gasphase vorausgesetzt; andernfalls müßte statt des Drucks die Fugazität bzw. absolute Aktivität stehen.

Da alle anderen Größen bekannt sind, kann man hieraus $p_{12}$ berechnen zu

$$p_{12} = [p_2\, P_{II}/\delta_{II} + p_1\, P_I/\delta_I]/[P_I/\delta_I + P_{II}/\delta_{II}], \qquad \text{(IV, 83)}$$

und man sieht, daß mit der früheren Definition für die Permeabilität das Endresultat nur von den beiden Permeabilitäten, nicht von weiteren Größen explizit abhängt.

Wenn keine idealen Lösungen (bzw. Mischungen) vorliegen, ist immer damit zu rechnen, daß der Diffusionskoeffizient konzentrations- (und damit orts-) abhängig ist. Dabei empfiehlt es sich häufig, nicht nur formal einen konzentrationsabhängigen Diffusionskoeffizienten zu schreiben, sondern die Gleichungen so anzusetzen, daß die Einflüsse von Nichtidealität der Mischung und von einer evtl. Konzentrationsabhängigkeit der Beweglichkeit $\mathfrak{U}$ getrennt erscheinen. Es läßt sich zeigen (vgl. etwa ONSAGER[1], C. WAGNER[2], GLASSTONE, LAIDLER und EYRING[3], W. JOST[4]), daß dem der folgende Ansatz Rechnung trägt:

$$J = \mathfrak{K} \cdot \mathfrak{U} \cdot c\,, \qquad \text{(IV, 84)}$$

der zunächst nur die triviale Aussage enthält: Diffusionsstrom (den wir immer nur in Richtung der $x$-Achse betrachten wollen) gleich Konzentration der Teilchen mal deren mittlerer Geschwindigkeit; und diese ist wieder definitionsgemäß gleich Kraft ($\mathfrak{K}$) mal Beweglichkeit ($\mathfrak{U}$) für ein Einzelteilchen. Für die Kraft im Konzentrationsgefälle einer nicht-idealen Mischung muß man nun setzen (wie man z. B. erkennt, wenn man die Stationaritätsbedingung bei der Einwirkung äußerer Kräfte ableitet)

$$\mathfrak{K} = -\frac{1}{N_L}\frac{\partial \mu}{\partial x}\,, \qquad \text{(IV, 85)}$$

wenn $\mu$ das chemische Potential (bezogen auf ein Mol) ist. Aus (IV, 84) und (IV, 85) erhält man z. B. für ideale Mischung

$$J = -\,\mathfrak{U}\,kT\,\frac{\partial c}{\partial x}\,; \qquad \text{(IV, 86)}$$

Vergleich mit dem I. FICKschen Gesetz $J = -\,D\,\dfrac{\partial c}{\partial x}$ liefert die NERNST-EINSTEINsche Beziehung

$$D = \mathfrak{U}\,kT\,. \qquad \text{(IV, 87)}$$

Weiter erhalten wir allgemein

$$\frac{\partial c}{\partial t} = -\frac{\partial J}{\partial x} = \frac{1}{N_L}\frac{\partial}{\partial x}\left[c\,\mathfrak{U}\,\frac{\partial \mu}{\partial x}\right]. \qquad \text{(IV, 88)}$$

Wir wollen hier nur den Fall behandeln: $\mathfrak{U}$ unabhängig von $c$ und $x$, d. h. Abweichungen sollen nur durch Abweichungen von der Idealität der Mischung bedingt sein; dann können wir statt (IV, 88) schreiben

$$\frac{\partial c}{\partial t} = \frac{\mathfrak{U}}{N_L}\frac{\partial}{\partial x}\left[c\,\frac{\partial \mu}{\partial x}\right]. \qquad \text{(IV, 89)}$$

---

[1] ONSAGER, L.: Phys. Rev. **37**, 405 (1931).
[2] WAGNER, C.: Z. physik. Chem. **B 11**, 139 (1930).
[3] GLASSTONE, LAIDLER u. EYRING: Zit. S. 263.
[4] JOST, W.: Zit. S. 273, Zit. 6.

Nun benutzen wir die thermodynamische Beziehung (Definition des Aktivitätskoeffizienten $\gamma$):

$$d\,\mu = \mathrm{R}T\,d\log\gamma c \qquad (\text{IV, }90)$$

und erhalten

$$\frac{\partial c}{\partial t} = \mathfrak{U}\,\mathrm{k}T\,\frac{\partial}{\partial x}\left[c\,\frac{\partial\log\gamma c}{\partial x}\right] = D_0\left[1 + \frac{d\log\gamma}{d\log c}\right]\frac{\partial c}{\partial x}\,. \qquad (\text{IV, }91)$$

In diesem Falle ist also einfach der Diffusionskoeffizient $D$ ersetzt worden durch das Produkt von $D_0 = \mathfrak{U}\,\mathrm{k}T$ , nämlich dem konstanten Diffusionskoeffizienten, wie er in idealer Mischung gelten würde, mit einem „thermodynamischen" Korrekturfaktor $\left[1 + \dfrac{d\log\gamma}{d\log c}\right]$, der aus rein thermodynamischen Messungen entnommen werden kann (z. B. der Dampfdrucke von Gasgemischen).

## § 45. Meßmethoden der Permeation und Ergebnisse.

Üblicherweise führt man Permeationsmessungen im stationären Zustand aus. Zu beiden Seiten einer Membran bekannter Dimensionen befindet sich ein Gas bei zwei bekannten Drucken. Die von der Seite höheren nach der niederen Druckes übertretende Gasmenge wird als Funktion der Zeit gemessen. Das kann z. B. durch Druckmessung geschehen, wenn auf der Niederdruckseite zunächst Hochvakuum eingestellt und dann, nach Einstellen des stationären Zustandes, der Anstieg bis zu einem bestimmten Druck verfolgt wird, der immer noch ver-

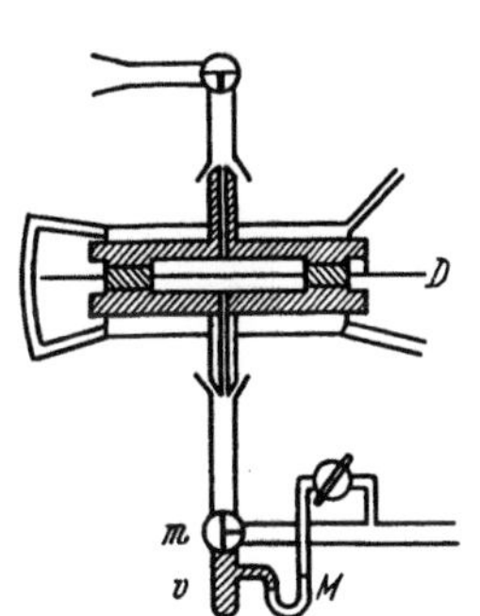

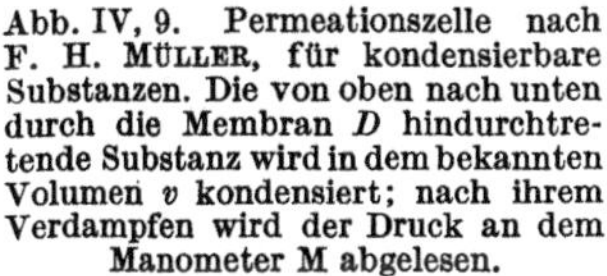



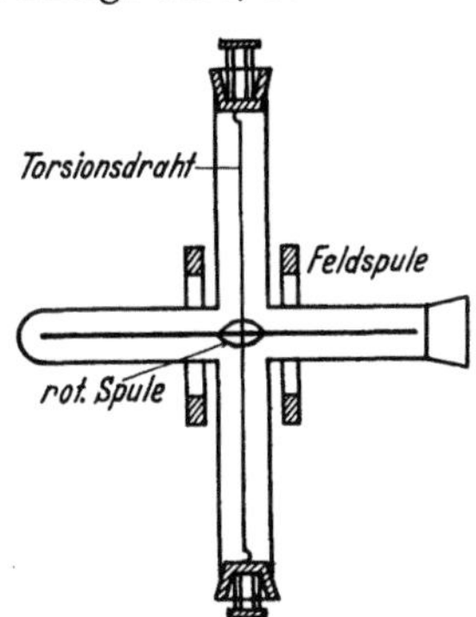



Abb. IV, 9. Permeationszelle nach F. H. MÜLLER, für kondensierbare Substanzen. Die von oben nach unten durch die Membran $D$ hindurchtretende Substanz wird in dem bekannten Volumen $v$ kondensiert; nach ihrem Verdampfen wird der Druck an dem Manometer M abgelesen.

Abb. IV, 10. Apparatur nach VIEWEG und GAST zur automatischen Registrierung der Permeation. Ein Waagebalken wird von einem Torsionsdraht gehalten. An einem Ende des Balkens befindet sich ein Absorptionsmittel für die permeierende Substanz, z. B. $P_2O_5$ für Wasserdampf. Durch eine mit dem Waagebalken verbundene Spule und eine Feldspule wird das Waagegleichgewicht eingestellt und die absorbierte Menge registriert.

nachlässigbar klein gegenüber dem auf der Seite höheren Druckes sein muß. Man kann auch die Strömung im stationären Zustand messen, indem man den Druckabfall an einer Kapillaren, einer Stauscheibe usw. mißt, je nach den Versuchsbedingungen. Handelt es sich nur um Relativmessungen, so brauchen die Dimensionen der Membran nicht bekannt zu sein.

F. H. Müller[1] gibt eine Methode an, nach der bei kondensierbaren Substanzen bei sehr kurzen Versuchsdauern gemessen werden kann (Abb. IV, 9); für absorbierbare Gase haben Vieweg und Gast[2] eine elektrische Torsionswaage entwickelt zur automatischen Registrierung (Abb. IV, 10). Für eine Übersicht bis 1937 vgl. Manegold[3].

Tabelle IV, 1. *Permeationskonstanten[4] nach* Barrer[5] *(ausgewählte Werte).*

| System | Temp. °C | $P \cdot 10^6$ |
|---|---|---|
| He-,,Neopren" (roh, unvulkanisiert) . . . . . . . | 21,6 | 0,0039 |
| He-Kautschuk (2% Schwefel, 5 min vulkanisiert) | 19,2 | 0,0051 |
| H$_2$-,,Neopren" (vulkanisiertes Handels-Polychloro- | 17,5 | 0,0085 |
| pren) . . . . . . . . . . . . . . . . . | 26,9 | 0,0128 |
| H$_2$-Styrol-Butadien-Polymerisat . . . . . . . . | 19,9 | 0,0084 |
| N$_2$-,,Neopren" . . . . . . . . . . . . . . . . | 27,1 | 0,00137 |
| N$_2$-Styrol-Butadien-Polymerisat . . . . . . . . | 20,0 | 0,0029 |
| | 64,2 | 0,0161 |
| A-,,Neopren" (vulkanisiertes Handels-Polychloro- | | |
| pren) . . . . . . . . . . . . . . . . . | 36,1 | 0,0068 |
| A-Styrol-Butadien-Polymerisat . . . . . . . . | 19,5 | 0,0109 |

Tabelle IV, 2. *Löslichkeiten S, Permeationskonstanten P, Diffusionskoeffizienten D für vulkanisierten Kautschuk bei 25° C nach* Barrer[5].

| Gas | Löslichkeit $S$ (cm³/cm³ Kautschuk pro Atm. Druck) | Permeationsskonstante $P$ | Diffusionskonstante $D$ (cm²/sec⁻¹) |
|---|---|---|---|
| H$_2$ . . | 0,040 | $0,045 \cdot 10^{-6}$ | $0,85 \cdot 10^{-5}$ |
| O$_2$ . . | 0,070 | $0,020 \cdot 10^{-6}$ | $0,21 \cdot 10^{-5}$ |
| N$_2$ . . | 0,035 | $0,0071 \cdot 10^{-6}$ | $0,15 \cdot 10^{-5}$ |
| CO$_2$ . | 0,90 | $0,132 \cdot 10^{-6}$ | $0,11 \cdot 10^{-5}$ |

Tabelle IV, 3.
*Löslichkeit S von Gasen in organischen Polymeren, ausgewählte Werte nach* Barrer[5].

| Polymer | Gas | Temp. | Löslichkeit $S$ (cm³/cm³ Polymer pro Atm. Druck) | $\log_{10} S = A + \dfrac{Q}{2,303\,\mathrm{R}T}$ |
|---|---|---|---|---|
| Butadien-Acrylnitril-Mischpolymer | H$_2$ | 0 / 20 | 0,040 / 0,037 | $\log_{10} S = -1,80 + \dfrac{500}{4,60\,T}$ |
| Butadien-Methyl-Methacrylat-Mischpolymer | H$_2$ | 39,5 | 0,084 | $\log_{10} S = -2,45 + \dfrac{2000}{4,60\,T}$ |
| Butadien-Methyl-Methacrylat-Mischpolymer | A | 20,0 | 0,134 | $\log_{10} S = -1,95 + \dfrac{1450}{4,60\,T}$ |
| Butadien-Polystyrol-Mischpolymer | N$_2$ | 20,0 | 0,094 | $\log_{10} S = -1,87 + \dfrac{1000}{4,60\,T}$ |

---

[1] Müller, F. H.: Physikal. Z. **42**, 48 (1941); Kolloid-Z. **100**, 355 (1942). — Müller, F. H., u. C. H. Fischer: Naturwiss. **30**, 604 (1942).

[2] Vieweg, R., u. T. H. Gast: Kunststoffe **34**, 117 (1944).

[3] Manegold, E.: Kolloid-Z. **82**, 26, 135, 261 (1938); **83**, 146, 299 (1938).

[4] Kubikzentimeter Gas pro Sekunde bei 1 mm Membrandicke und 1 cm Hg Druckdifferenz.

[5] Barrer, R. M.: Trans. Faraday Soc. **35**, 628 (1939).

**Tabelle IV, 4.** *Diffusionskonstanten $D = D_0 \exp(-Q/RT)$ $cm^2$ $sec^{-1}$ nach* BARRER.[1]

| | Temp. ° C | $D$ $cm^2/sec^{-1} \cdot 10^5$ | $D_0$ $cm^2/sec^{-1}$ | $Q$ kcal/Mol |
|---|---|---|---|---|
| $H_2$-„Neopren" (vulkanisiert) . . . . | 0,0 | 0,037 | 9,0 | 9,25 |
| | 17,0 | 0,103 | | |
| A-„Neopren" (vulkanisiert) . . . . | 36,1 | 0,033 | 54,6 | 11,7 |
| $N_2$-„Neopren" (vulkanisiert) . . . . | 27,1 | 0,019 | 79 | 11,9 |
| $H_2$-„Chloropren"-Polymerisat . . . | 31,8 | 0,33 | 39,4 | 9,9 |
| $H_2$-Butadien-Acrylnitril-Misch-<br>polymerisat . . . . . . . . . | 0 | 0,061 | 54,4 | 8,7 |
| | 20,0 | 0,177 | | |
| $N_2$-Butadien-Acrylnitril-Misch-<br>polymerisat . . . . . . | 17 | 0,0066 | 28,1 | 11,5 |
| $N_2$-Butadien-Methyl-Methacrylat-<br>Mischpolymerisat . . . . . . . | 39,5 | 0,041 | 38 | 11,5 |
| A-Butadien-Styrol-Misch-<br>polymerisat . . . . . . . . | 19,5 | 0,038 | 1,84 | 9,0 |

**Tabelle IV, 5.** *Aktivierungsenergien für die Diffusion in elastischen und starren Membranen nach* BARRER[2].

| Gas | $Q$ (Neopren) kcal/Mol BARRER | $Q$ ($SiO_2$ Glas) kcal/Mol BARRER | $Q$ (Heulandit) kcal/Mol TISELIUS | $Q$ (Cellulose-verbindungen) kcal/Mol DE BOER u. FAST |
|---|---|---|---|---|
| He . | 8,00 | 5,6 | — | — |
| $H_2$ . | 9,25 | 10,0 | — | 7,60 bis 5,60 |
| $N_2$ . | 11,90 | 26,0 | — | — |
| A . . | 11,70 | 32,0 | — | — |
| $H_2O$ | 6,90 | — | 5,40 ($\perp$ zur 201-Fläche)<br>($\perp$ zur 001-Fläche) | — |

**Tabelle IV, 6.** *Diffusion in Gas-Polymer-Systemen.*
Mittlere freie Weglängen, berechnet mittels verschiedener Formeln für den Diffusionskoeffizienten nach BARRER[2].
$$D = D_0 \exp(-Q/RT).$$

| System | $D_0$ $cm^2/sec^{-1}$ | $Q$ (cal/Mol) | $D_0 = \frac{1}{6} d^2$ | $D_0 = \frac{1}{6} \times \frac{1}{2,72 \cdot \frac{Q}{RT}} d^2$ | $D_0 = 2,72 \times \frac{kT}{h} \frac{f^*}{f} d^2$ |
|---|---|---|---|---|---|
| $H_2$-Butadien-<br>Acrylnitril-Misch-<br>polymerisat . . | 56 | 8700 | $d = 1160$ Å | $d = 480$ Å | $d\sqrt{\frac{f^*}{f}} = 182$ Å |
| $N_2$-Butadien-<br>Acrylnitril-Misch-<br>polymerisat . . | 28 | 11500 | 820 | 316 | 130 |
| $H_2$-„Neopren" . . | 9,4 | 9250 | 476 | 204 | 74 |
| A-„Neopren" . . . | 55 | 11700 | 1150 | 410 | 185 |
| $H_2$-„Neopren" . . | 78 | 11900 | 1370 | 490 | 215 |
| $N_2$-Butadien-<br>Methyl-Meth-<br>acrylat-Misch-<br>polymerisat . . | 37 | 11500 | 946 | 350 | 150 |

[1] BARRER, R. M.: Trans. Faraday Soc. **35**, 628 (1939).
[2] BARRER, R. M.: Trans. Faraday Soc. **35**, 644 (1939).

Zahlenwerte von Permeabilitäten, Diffusionskonstanten und Löslichkeiten für verschiedene Gase und Membranen sind in den vorstehenden Tab. IV, 1—6 und Abb. IV, 11 enthalten.

Weitere Apparaturen zur Messung der Diffusion und Permeation sind von Doty, Aiken und Mark[1] sowie von Amerongen[2] angegeben worden. Fehlerquellen bei Permeationsmessungen haben vor allem Korvezee und Mol[3] diskutiert.

Die ausgeprägte Abhängigkeit des Diffusionskoeffizienten von der Molekülgröße geht aus den folgenden Messungen von Kuhn, Suhr und Ryffel[4] hervor. Es wurde die Diffusion der folgenden Substanzen in gequollenem und elastisch-festem Kautschuk untersucht:

1. Phenol . . . . . . . . . . . . . . . . . Molekulargewicht = 98
2. Carotin . . . . . . . . . . . . . . . 536
3. p,p'-Azophenol-distearat . . . . . . . 746
4. Farbstoff der Formel $C_{70}H_{94}O_6N_4$ . . 1086
5. „ „ „ $C_{70}H_{94}O_5N_6$ . . 1098
6. „ „ „ $C_{82}H_{102}O_6N_4$ . . 1238
7. „ „ „ $C_{82}H_{102}O_5N_6$ . . 1250

Die Diffusion wurde in schwach vulkanisiertem Kautschuk gemessen, der in Benzol bei 20° C auf das Fünffache seines Volumens gequollen war. Carotin ergab einen Diffusionskoeffizienten von $2 \cdot 10^{-6}$ cm² sec⁻¹ bei 20° C, was bemerkenswert hoch für eine Substanz dieses Molekulargewichtes ist (Diffusionskoeffizienten in wäßrigen Lösungen liegen bei $\sim 10^{-5}$ cm² sec⁻¹). Für die Substanz Nr. 3 war der Diffusionskoeffizient nur noch $\sim 2 \cdot 10^{-7}$ cm² sec⁻¹, für 4. und 5. etwa $10^{-8}$ und für 6. und 7. nur etwa $10^{-9}$ cm² sec⁻¹. Offenbar nehmen Maschen in der Netzstruktur des Kautschuks, welche den größeren Molekülen den Durchtritt gestatten, entsprechend schnell in ihrer Konzentration ab. Diese Messungen geben also einen gewissen Einblick in die Feinheiten der Vernetzung.

In lösungsmittelfreiem Kautschuk war die Diffusionsgeschwindigkeit wesentlich geringer. Es wurde gefunden: für Phenol bei 20° C $D \approx 10^{-8}$ cm² sec⁻¹, während für die Stoffe 4. und 7. die Diffusionskoeffizienten bereits unter $10^{-12}$ cm² sec⁻¹ lagen.

Eine Anisotropie der Diffusion von Farbstoffen in Cellulosefasern hat Frey-Wyssling[5] festgestellt.

Barrer[6] hat versucht, Schwellenenergien zu berechnen, die von Molekülen verschiedener Gase zu überwinden sind, wenn sie durch ein zweidimensionales Gitter von Methanmolekülen hindurchtreten. Außer bei Helium ergeben sich dabei so große Energien, daß ein Durchtritt nur zu verstehen ist, wenn die Nachbarmoleküle elastisch ausweichen. Unter beiderlei Annahmen berechnete Energien sind in der folgenden Tab. IV, 7 zusammengestellt.

[1] Doty, P. M., W. H. Aiken u. H. Mark: Ind. Eng. Chem. 38, 788 (1946); Ind. Eng. Chem. Analyt. Ed. 16, 686 (1949).
[2] Van Amerongen, G. J.: J. Appl. Phys. 17, 972 (1946).
[3] Korvezee, A. E., u. E. A. J. Mol: J. Polymer Sci. 2, 372 (1947).
[4] Kuhn, W., H. Suhr u. K. Ryffel: Helvet. phys. Acta 14, 497 (1941).
[5] Frey-Wyssling, A.: J. Polymer Sci. 2, 314 (1947).
[6] Barrer, R. M.: Trans. Faraday Soc. 35, 644 (1939).

In Abb. IV, 11 sind von DOTY, AIKEN und MARK[1] gemessene Permeabilitäten, von Wasser durch Polyvinylchlorid, zusammengestellt, zusammen mit Löslichkeiten und Diffusionskoeffizienten[1a]. Die Abbildung läßt erkennen, wie die verschiedenen Temperaturabhängigkeiten von $D$ und $S$ in der resultierenden Temperaturabhängigkeit von $P$ zusammenwirken.

Tabelle IV, 7. *Schwellenenergien für den Durchtritt von Gasmolekülen durch ein elastisches zweidimensionales Methangitter nach* BARRER[2].

| Gas | $E$ (cal/Mol) für starres Gitter | $E$ (cal/Mol) für elastisches Gitter |
|---|---|---|
| He . | 140 | 140 |
| $H_2$ . | 9 700 | 600 |
| A . . | 26 500 | 1 650 |
| $CH_4$ . | 44 200 | 2 250 |

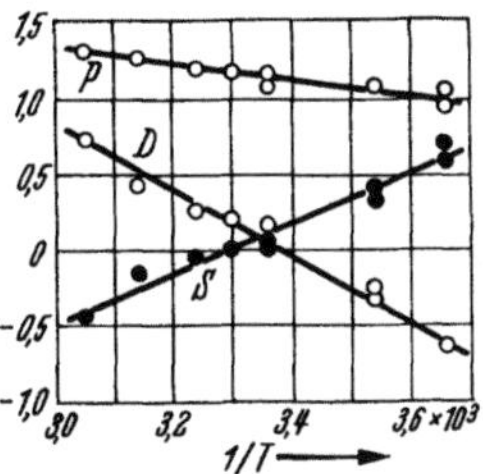
Abb. IV, 11. Permeation von Wasser durch Polyvinylchlorid, nach DOTY, AIKEN und MARK[1]. Neben der Permeabilität $P$ wurden Löslichkeit $S$ und Diffusionskoeffizient $D$ bei verschiedenen Temperaturen getrennt ermittelt.

Weitere Untersuchungen an hochpolymeren Stoffen zeigen, daß eine Kristallisation die Temperaturabhängigkeit, d. h. die Aktivierungsenergie der Permeation stark erhöht.

Angaben über die Permeation, Diffusion und Löslichkeit von Gasen in kautschukartigen Stoffen finden sich bei AMERONGEN[3], SAGER[4] und REITLINGER[5]. Über die Diffusion von Halogenmethanen vgl. PARK[6].

## Zusammenfassende Darstellungen zu Kapitel IV.


BARRER, R. M.: Diffusion in and through Solids. Cambridge: University Press 1941.
— Diffusion in Elastomers. Kolloid-Z. **120**, 177 (1951).
CHAPMAN, S., u. T. G. COWLING: Mathematical Theory of non-uniform Gases. Cambridge: University Press 1939.
GLASSTONE, S., K. J. LAIDLER u. H. EYRING, The Theory of Rate Processes. New York-London 1941.
JOST, W.: Diffusion. New York: Academic Press 1952.
— Diffusion und chemische Reaktion. Dresden: Theodor Steinkopff 1937.
FRENKEL: Kinetic Theory of Liquids. Oxford: University Press 1946.
WIRTZ, K.: Platzwechselprozesse in Flüssigkeiten. Z. Naturforsch. **3a**, 672 (1948)


---

[1] DOTY, P., AIKEN u. H. MARK: Zit. S. 278.
[1a] Weitere Angaben über die Wasserdurchläßlichkeit von Membranen bei DOTY: Chem. Phys. **14**, 244 (1946); H. ROELIG: Kunststoffe **16**, 26 (1940); H. BECK: Kunststoffe **31**, 263 (1941); STREET u. EBERT: Rubber, Chem. Techn. **14**, 211 (1941); KORVEZEE u. MOL: J. Polymer Sci. **2**, 371 (1947).
[2] BARRER, R. M.: Trans. Faraday Soc. **35**, 644 (1939).
[3] VAN AMERONGEN, G. J.: J. Polymer Sci. **2**, 381 (1947), ebenda **5**, 307 (1950).
[4] SAGER, T. P.: J. Res. Nat. Bur. of Standards **19**, 181 (1937); **25**, 399 (1940).
[5] REITLINGER, S. A.: Rubber, Chem. Technol. **19**, 385 (1946).
[6] PARK, G. S.: Trans. Faraday Soc. **46**, 689 (1950).

Fünftes Kapitel.

# Viscosität.

### Von

### A. Peterlin.

Mit 26 Textabbildungen.

## § 46. Allgemeine Betrachtungen.

In NEWTON*schen Flüssigkeiten* besteht Proportionalität zwischen *Schubspannung* $\tau$ und Deformationsgeschwindigkeit, d. h. *Geschwindigkeitsgefälle q*

$$\tau = \eta \cdot q .\qquad (V, 1)$$

So verhalten sich die meisten niedermolekularen reinen Flüssigkeiten, Gemische und Schmelzen und viele kolloidale Lösungen, besonders im Bereiche kleiner Konzentrationen, hoher Temperaturen und niedriger Drucke. Der Proportionalitätsfaktor $\eta$, die *dynamische Viscosität*, ist eine wichtige Materialkonstante, die bei jedem Stoff noch stark von Druck und Temperatur abhängt[1]. Sie wächst mit steigendem Druck und fallender Temperatur.

Bei räumlich konstantem Geschwindigkeitsgefälle ist die im Kubikzentimeter je Sekunde in Wärme verwandelte mechanische Energie gleich

$$\eta \cdot q^2 = \textit{dissipierte Leistung} \text{ im cm}^3 ,\qquad (V, 2)$$

was man auch umgekehrt zur Definition der Viscosität verwenden kann.

Zur Messung der Viscosität bedient man sich vornehmlich des einfachen Kapillarviscosimeters und des umständlicheren Zylinderviscosimeters. Das letztere hat den Vorteil, daß bei ihm das Gefälle praktisch konstant ist im Gegensatz zum ersteren, wo alle Werte von Null bis zum Maximalgefälle auftreten. Bequem ist ferner das Kugelfallviscosimeter, das allerdings empirisch geeicht werden muß[2].

Kann man die Strömung als stationär betrachten, die Anlauferscheinungen und die kinetische Energie der strömenden Flüssigkeit

---

[1] Aus der Definitionsgleichung (V, 1) ergibt sich die Maßeinheit

$$1 \text{ Poise} = \frac{1 \text{ Dyn/cm}^2}{1 \text{ sec}^{-1}} = 1 \text{ cm}^{-1} \text{ g sec}^{-1}$$

bzw. die häufig benötigte abgeleitete Einheit 1 cP = 0,01 Poise.

[2] Eine sehr ausführliche Zusammenstellung der Meßgeräte bei W. PHILIPPOFF: Viscosität der Kolloide, Dresden—Leipzig 1942; ferner W. MESKAT: Technische Rheologie, Springer-Verlag (im Druck).

vernachlässigen, dann muß der hydrostatische Überdruck auf den End-
flächen eines längs der runden Kapillare herausgeschnittenen koaxialen
Zylinders den Scherkräften auf den Mantelflächen das Gleichgewicht
halten

$$\pi r^2 \cdot \Delta p = 2 \pi r l \cdot \tau \,.$$ (V, 3a)

Daraus ergibt sich ein linearer Verlauf des Geschwindigkeitsgefälles mit
dem Radius

$$q = \frac{r \cdot \Delta p}{2 \eta l}$$

mit dem Maximalwert am Kapillarenrande $r = R$

$$q_{max} = \frac{R \cdot \Delta p}{2 \eta l} \,,$$ (V, 3b)

die sekundliche Durchflußmenge

$$Q = \frac{1}{\eta} \cdot \frac{\pi R^4}{8 l} \cdot \Delta p$$ (V, 4)

und daraus die Viscosität

$$\eta = \frac{\pi R^4 \cdot \Delta p}{8 l Q} \,.$$ (V, 5)

Beim Zylinderviscosimeter ist das Drehmoment der Schubspannung
auf jeder Zylinderfläche konstant und gleich dem Drehmoment auf dem
Innen- bzw. Außenzylinder

$$M = r \cdot 2 \pi r h \cdot \tau = \text{const.}$$ (V, 6)

Daraus ergibt sich das bei kleinem Zylinderabstand $(r_1 \sim r_2)$ fast konstante Geschwindigkeitsgefälle

$$q = \frac{M}{2 \pi r^2 h \cdot \eta} = \frac{1}{r^2} \cdot \frac{v_1 - v_2}{\dfrac{1}{r_2} - \dfrac{1}{r_1}} = \frac{v_1 - v_2}{r_1 - r_2} \left( 1 - \frac{2 r - r_1 - r_2}{r_1} - \cdots \right)$$

und die Geschwindigkeit

$$v = \frac{\dfrac{v_1 - v_2}{r} + \dfrac{v_2}{r_1} - \dfrac{v_1}{r_2}}{\dfrac{1}{r_1} - \dfrac{1}{r_2}}$$

mit $r_1$, $v_1$, $r_2$, $v_2$ Radius und Umfangsgeschwindigkeit des Innen- und
Außenzylinders. Die Viscosität wird dann

$$\eta = \frac{M}{2 \pi h} \cdot \frac{\dfrac{1}{r_2} - \dfrac{1}{r_1}}{v_1 - v_2} \,.$$ (V, 7)

Bei allen Viscositätsmessungen ist zu beachten, daß bei sehr großem
Geschwindigkeitsgefälle die dissipierte Leistung eine merkliche Erwärmung hervorrufen kann, was zu einem Absinken von $\eta$ führt[1]. Der

---

[1] PHILIPPOFF, W.: Phys. Z. **43**, 373 (1942). — HAAG, A. C.: J. Appl. Mech. **11** A,
72 (1944). — WELTMAN, R. N., u. P. W. KUHNS: J. Coll. Sci. **7**, 218 (1952). —
JONES, S. P., u. J. K. TYSON: J. Coll. Sci. **7**, 272 (1952).

störende Effekt tritt eher bei der Zylinderapparatur als bei der Kapillare auf. Eine weitere Meßgrenze bildet die bei höheren Geschwindigkeiten und Radien bzw. Zylinderabständen einsetzende Turbulenz.

Im allgemeinen ist jedoch das Verhältnis zwischen der Schubspannung und dem Gefälle nicht konstant *(nicht-*NEWTON*sche Flüssigkeiten)*. Ein solches Verhalten zeigen fast alle hochmolekularen Lösungen, Schmelzen, und die meisten Suspensionen insbesondere bei hoher Konzentration. Auch da kann man noch immer ganz formell eine Viscosität bzw. *Fluidität* $\varphi = 1/\eta$ durch die Definitionsgleichung (V, 1) einführen, doch hängt sie nun wesentlich vom Gefälle bzw. von der Schubspannung ab.

Die Messung in der Kapillare läßt sich verhältnismäßig einfach auswerten[1]. Aus Gl. (V, 1 und 3a) hat man die allgemeine Beziehung

$$\tau = \frac{r \cdot \Delta p}{2\,l}\,,$$

die am Kapillarenrand für die maximale Schubspannung

$$\tau_m = \frac{R \cdot \Delta p}{2\,l} \qquad\qquad (V, 8)$$

ergibt. Die sekundliche Ausflußmenge $Q$ berechnet sich unter Berücksichtigung der Randbedingungen nach Integration per partes zu

$$Q = \int_0^R v \cdot 2\pi\, r\, dr = -\int_0^R \pi\, r^2 \cdot \frac{dv}{dr}\, dr = \pi \left(\frac{2\,l}{\Delta p}\right)^3 \cdot \int_0^{\tau_m} \frac{\tau^3}{\eta}\, d\tau\,.$$

Führt man die reduzierte Durchflußmenge *(maximales Geschwindigkeitsgefälle[2])*

$$Q' = \frac{4}{\pi}\, \frac{Q}{R^3} \qquad\qquad (V, 9)$$

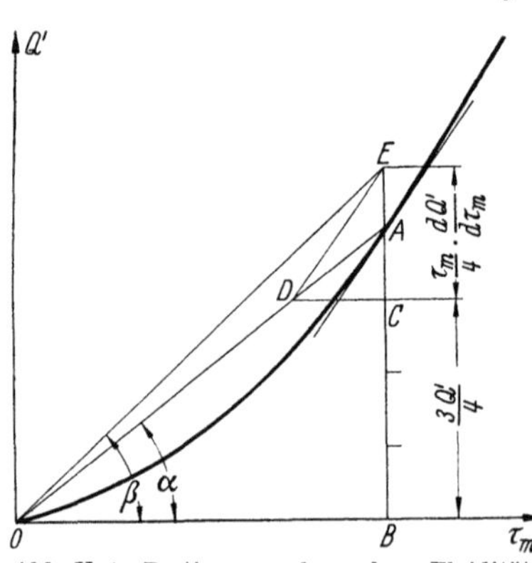


Abb. V, 1. Bestimmung der wahren Fluidität $\varphi = 1/\eta = tg\,\beta$ aus der Fließkurve $Q'(\tau_m)$.

ein, dann ergibt sich die Fluidität als

$$\varphi = \frac{1}{\eta} = \frac{3}{4}\, \frac{Q'}{\tau_m} + \frac{1}{4}\, \frac{dQ'}{d\tau_m}\,. \qquad (V, 10)$$

Trägt man also die reduzierte Durchflußmenge $Q'$ gegen $\tau_m$ auf (Abb. V, 1), so gibt tg $\beta$ die Fluidität. Da im allgemeinen der Winkel $\beta$ nur wenig von $\alpha$ abweicht, so gibt die Kurve $Q'$ selber schon eine ziemlich gute Vorstellung vom Fließverhalten, so daß die Umrechnung nach Gl. (V, 10) nicht immer notwendig wird.

---

[1] HERZOG, R. O., u. K. WEISSENBERG: Kolloid-Z. **46**, 277 (1928). — PHILIPPOFF, W.: Kolloid-Z. **75**, 142 (1936).

[2] Die Große $Q'$ gibt im Falle $\eta =$ konst gerade den Maximalwert des Geschwindigkeitsgefälles am Kapillarenrand, Gl. (V, 3b), im allgemeinen Falle der Strukturviscosität dagegen einen etwas geringeren Wert.

Häufig trägt man $\log Q'$ gegen $\log \tau_m$ auf, um größere Gebiete zu erfassen[1]. In dieser Darstellung hat die Fließkurve am Anfang und am Ende einen geraden Teil mit 45°-Neigung, d. h. bei extrem kleiner und extrem großer Beanspruchung hat man es mit NEWTONschem Fließen zu tun[2]. Im Zwischengebiet spricht man von *Strukturviscosität*. Im allgemeinen sind ganze Teile der vollständigen Fließkurve der Messung unzugänglich. Charakteristische Materialgrößen der nicht-NEWTONschen Flüssigkeit sind der Anfangswert $\operatorname{tg} \alpha_0 = \operatorname{tg} \beta_0 = 1/\eta_0$, d. h. die Viscosität für verschwindendes Gefälle, die asymptotische Viscosität $\eta_\infty$ und das Schubspannungsintervall, in dem der Übergang von $\eta_0$ zu $\eta_\infty$ stattfindet[3]. Normale strukturviscose Flüssigkeiten, z. B. konzentrierte Lösungen von linearen Hochpolymeren, haben $\eta_0 > \eta_\infty$, sie werden um so leichtflüssiger, je stärker man sie beansprucht.

Manche kolloide Lösungen fließen überhaupt nicht, wenn die Scherspannung nicht einen gewissen Minimalbetrag $\tau_0$ erreicht hat (endliche *Fließfestigkeit*). Bei solchen Flüssigkeiten ist die Fluidität zuerst Null bis $\tau = \tau_0$, beginnt dann mit einem endlichen Wert $1/\eta_0$ und zeigt dann in der Regel eine Strukturviskosität in Abhängigkeit von $(\tau - \tau_0)$.

Alle nicht-NEWTONschen Flüssigkeiten zeigen bei Wechselbeanspruchung *Relaxationserscheinungen*, d. h. sie folgen nicht sogleich einer Änderung der äußeren Kraft. Auch nach Abschalten der Scherspannung bleibt noch eine endliche Deformation, die langsam abklingt. Man hat eine Reihe von Modellen aufgestellt und sie auch molekular deuten können, die das Verhalten eines solchen *e'astoviscosen Körpers* beschreiben (Näheres in Band IV). Bei extrem hohen Frequenzen müßten eigentlich auch die normalen Flüssigkeiten derartige Erscheinungen zeigen, doch sind diese Gebiete mit den verfügbaren Meßmitteln meist nicht zu erreichen.

## A. Niedermolekulare Flüssigkeiten.

### § 47. Einfache Systeme.

Reine niedermolekulare Flüssigkeiten zeigen alle einen starken Abfall der Viscosität mit steigender Temperatur, der sich bei sehr vielen normalen Flüssigkeiten durch die einfache Formel[4]

$$\eta = A \, e^{B/T} \qquad\qquad (V, 11)$$

bzw.

$$\log \eta = a + b/T$$

---

[1] PHILIPPOFF, W.: Viskosität der Kolloide. Dresden-Leipzig 1942.

[2] Die logarithmische Auftragung ist in dem Sinne irreführend, daß sie bei kleinen Werten von $L$ den wahren Charakter des Zusammenhanges zwischen $Q'$ und $\tau_m$ stark verwischt. Jede Funktion, die im Grenzfalle $\tau = 0$ zur Proportionalität zwischen beiden Größen führt, ergibt den Anfangsteil mit 45° Neigung ohne Rücksicht darauf, ob $\eta$ eine gerade oder gemischte Funktion von $\tau$ oder $q$ ist.

[3] Vgl. dazu § 52, Abschnitt Strukturviscosität.

[4] Diese Formel wurde erstmals von J. DE GUZMAN: Ann. Soc. Exper. Fis. Quim. **11**, 353 (1913), vorgeschlagen. Eine Zusammenstellung der späteren Neuentdeckungen und der verschiedenen Abarten findet man bei R. H. EWELL: J. Appl. Phys. **9**, 252 (1938).

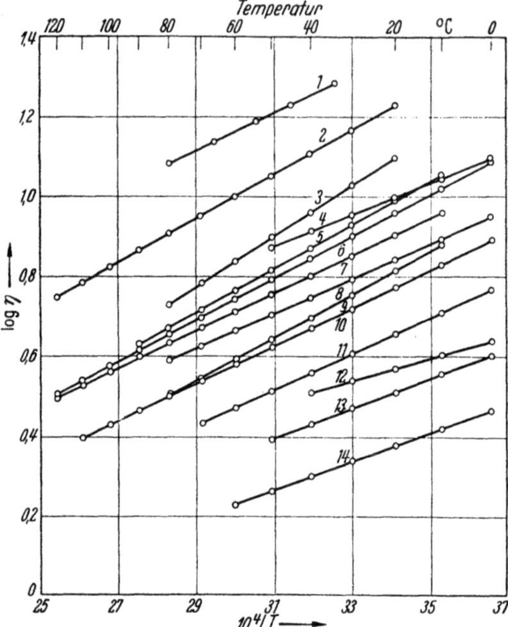



Abb. V, 2. Temperaturabhängigkeit der Viscosität für „normale" Flüssigkeiten: 1 Phosphor, 2 Äthylendibromid, 3 Dioxan, 4 Brom, 5 Tetrachlorkohlenstoff, 6 Essigsäureanhydrid, 7 Chlorbenzol, 8 Isopropyljodid, 9 Benzol, 10 Toluol, 11 Äthylacetat, 12 Schwefelkohlenstoff, 13 Aceton, 14 Diäthyläther [aus Ewell: J. Appl. Phys. 9, 252 (1938)].

erfassen läßt (Abb. V, 2). Die leicht zu Assoziation neigenden Stoffe, insbesondere solche mit Wasserstoffbrücken, wie z. B. Wasser, Alkohol, organische Säuren, ferner die Gläser, lassen keine so einfache Darstellung zu. Bei ihnen fällt die Viscosität mit wachsender Temperatur langsamer ab und steigt mit Annäherung an die Verfestigungstemperatur beträchtlich steiler an (Abb. V, 3).

Es wurden sehr viele Abarten der Gl. (V, 11) vorgeschlagen, mit verschiedenen Potenzen der Temperatur und des Volumens ($T^{1/2}$, $T$, $T^{3/2}$, $V^{-1}$, $V^{-1/2}$, $V^{-2/3}$ usw.) in der Konstante $A$ und mit Faktoren $1/V$, $1/T^n$ bzw. Summanden $CT$ im Exponenten, die auch kompliziertere Stoffe und größere Temperatur- und Viscositätsintervalle erfassen lassen. Je mehr freie Konstanten man einführt, eine desto bessere Anpassung an die Experimente kann natürlich erzielt werden.

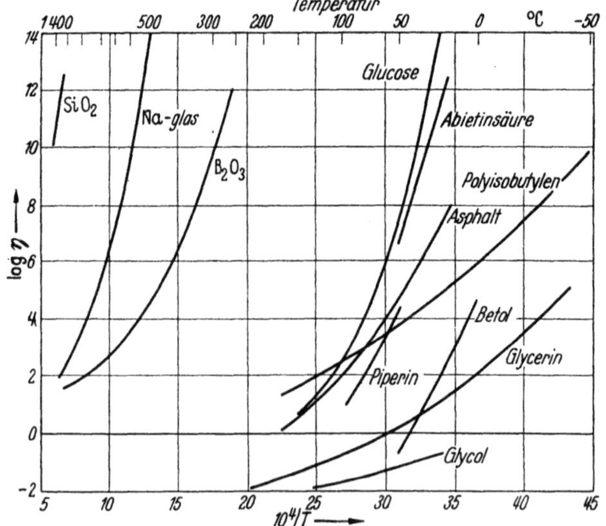



Abb. V, 3. Temperaturabhängigkeit der Viscosität für „anomale" Flüssigkeiten [aus Ewell: J. Appl. Phys. 9, 252 (1938)].

Mit der Temperatur ändert sich die Dichte bzw. das Molvolumen $V$. Durch erhöhten Druck kann die Volumenänderung und damit auch weitgehend die Viscositätsänderung rückgängig gemacht werden. Beim Auftragen der Fluidität $\varphi = 1/\eta$ über $V$ als Abszisse erhält man im allgemeinen fast gerade Isothermen, die sich nicht besonders stark von den Isobaren unterscheiden, so daß man für die Viscosität den Ansatz[1]

$$\eta = \frac{A}{V - b} \qquad (V, 12)$$

machen kann. Auch da gibt es eine Reihe von Vorschlägen für die Viscositätsformel, die sich in speziellen Fällen gut bewähren, z. B.[2]

$$\eta = A \left( \frac{V}{V - b} \right)^n$$

und[3]

$$\eta = \frac{A \sqrt{T}}{V - b}$$

Der Krümmung der Isobaren und dem Abstand der Isothermen entspricht noch besser der Ansatz von VAN DER WAALS[4], MacLeod[5] und VAN WIJK und SEEDER[6]

$$\eta = \frac{A \sqrt{T}}{V (V - b)} \cdot e^{B'/T} \ . \qquad (V, 13)$$

Die Abweichungen vom linearen Verlauf, die bei großen Dichten und hohen Temperaturen, d. h. unter hohem Druck auftreten, werden durch die letzten Gleichungen auch nicht erfaßt, obwohl die mitunter um Größenordnungen erhöhte Viscosität unter Druck und das schließlich eintretende Erstarren mancher Flüssigkeiten, z. B. von Ölen, wenigstens qualitativ richtig wiedergegeben wird[7]. Immerhin scheinen sie dem Wesen des Problems weit besser zu entsprechen als die Gleichungen der ersten Gruppe. So ist z. B. bei Pentan (Abb. V, 4) die Viscositätsabnahme beim Übergang von 30° zu 75° C bei Atmosphärendruck nur zu 15% der Temperaturerhöhung und zu 85% der Dichteabnahme zuzuschreiben.

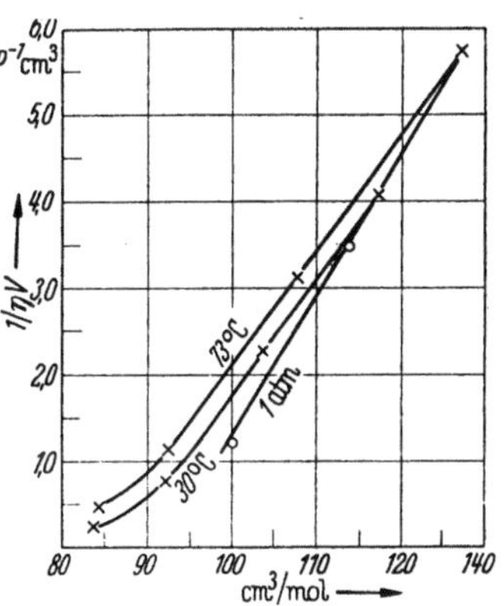


Abb. V, 4. Volumenabhängigkeit der Viscosität für Pentan [aus VAN WIJK u. SEEDER: Physica 4, 1073 (1937).


[1] BATSCHINSKI, A. J.: Z. phys. Chem. 84, 643 (1913).
[2] MacLeod, D. B.: Trans. Faraday Soc. 19, 6 (1923).
[3] HERZOG, R. O., u. KUDAR: Z. Phys. 80, 217 (1933); 83, 28 (1933).
[4] VAN DER WAALS, J. D.: Proc. Acad. Amsterdam 21, 743 (1918/19).
[5] MacLeod, D. B.: Trans. Faraday Soc. 32, 875 (1936).
[6] VAN WIJK, W. R., u. W. A. SEEDER: Physica 4, 1073 (1937); 6, 129 (1939).
[7] BINGHAM, E. C., H. E. ADAMS u. G. R. McCAUSLIN: J. Amer. Chem. Soc. 63, 466 (1941) nehmen zur Fluidität noch ein Glied $-B/\varphi$ zu und ersetzen ferner $\varphi$ durch $\varphi + D$, um die bei hohen Drucken bis zu 12000 Atm. und bei 30° C und 75° C gemessenen Viscositäten sehr genau wiederzugeben.

Die angeführten Viscositätsgleichungen sind in verschiedenen Abarten einigemale neu aufgestellt wie auch theoretisch gedeutet und begründet worden[1].

Das Wesentliche aller kinematischen Theorien soll kurz angegeben werden. In der Flüssigkeit ist die Dichte so groß, daß jeder Transport durch freie Bewegung der Moleküle über längere Strecken ausgeschlossen ist. Nur die recht kleinen zwischenmolekularen Räume können sich infolge von statistischen Schwankungen von Zeit zu Zeit so aufweiten, daß eine Abwanderung des Moleküls möglich ist. Das geschieht um so leichter, je größer der unbesetzte Raum in der Flüssigkeit ist. Die Beweglichkeit ist somit dem freien Volumen $(V - b)$ direkt proportional, wie es Gl. (V, 12) entspricht. Bei höchsten Drucken werden auch die Moleküle selber ein wenig deformiert, das tatsächlich von den Molekülen eingenommene Volumen $b$ nimmt ab und kann nicht mehr als Konstante angesehen werden (vgl. Abb. V, 4).

Die Viscosität von einfachen Flüssigkeiten, z. B. von Metallen beim Schmelzpunkt kann noch einfacher abgeleitet werden. Man nimmt nach ANDRADE[2] an, daß die Atome noch ungefähr mit der Frequenz schwingen, die dem festen Körper beim Schmelzpunkte entspricht, und daß bei jedem Stoß mit dem Nachbaratom der Impuls ausgetauscht wird. Man erhält somit den Ansatz

$$\eta_s = 5{,}1 \cdot 10^{-4}\ \frac{\sqrt{M\,T_s}}{\sqrt[3]{V^2}}, \qquad\qquad (V, 14)$$

der die nahe bei 0,02 Poise liegenden Schmelzviscositäten von vielen Metallen, z. B. Hg, Pb, Cu, Sb, Bi gut wiedergibt, während er bei anderen komplizierteren Substanzen selbstverständlich völlig versagen muß.

Die Temperaturabhängigkeit verlangt ein tieferes Eingehen in den Transportmechanismus (vgl. dazu auch Kap. IV, § 43). Man kann annehmen, daß ein die Schubspannung erzeugender Impulstransport nur bei jenen Zusammenstößen erfolgen kann, wo beide Stoßpartner eine genügend feste Bindung eingehen (Bindungsenergie $- E$)[3]. Da ihre Zahl proportional zu $e^{E/RT}$ ist, erhält man unmittelbar die Gl. (V, 11). Man kann mit dieser Vorstellung auch die Volumenabhängigkeit ungefähr verstehen, denn die Zahl der Zusammenstöße wächst mit kleiner werdendem freiem Volumen.

Die eigentliche *Platzwechseltheorie*[4] dagegen, die mit dem von EYRING[5] eingeführten Begriff der Aktivierungsenergie arbeitet, berechnet den unter dem Einfluß der Schubspannung erzwungenen Molekülstrom. Das Molekül befindet sich in einem Kasten, den wir der Einfachheit halber als kubisch mit der Kantenlänge $l$ voraussetzen. Bei dem Geschwindigkeitsgefälle $q$ ist die Relativgeschwindigkeit zweier anliegender Molekülschichten gleich $ql$. Will ein Molekül in

---

[1] Vgl. die kritische Zusammenstellung bei F. M. JAEGER: II. Rep. Visc., Akad. Amsterdam 1938, 29 ff.; ferner W. PHILIPPOFF: Viscosität der Kolloide, S. 199 ff. Dresden—Leipzig 1942.

[2] DA C. ANDRADE, E. N.: Philosophic. Mag. 17, 487 (1934).

[3] DA C. ANDRADE, E. N.: Philosophic. Mag. 17, 689 (1934).

[4] Vgl. z. B. den zusammenfassenden Bericht von K. WIRTZ: Z. Naturforsch. 3 a, 672 (1948); C. TRUESDELL: Z. Phys. 131, 273 (1925).

[5] EYRING, H.: J. Chem. Phys. 4, 283 (1936).

die Nachbarlage überspringen, so muß es die Aktivierungsenergie $\varepsilon$ zur Verfügung haben, um den trennenden Potentialberg erklimmen zu können. Beim Sprunge in der Strömungsrichtung hilft ihm die Schubspannung, die auf das Teilchen mit der Kraft $\tau \cdot l^2$ einwirkt und auf der halben Sprungstrecke die Arbeit $\tau l^3/2$ leistet. Die Sprünge in der entgegengesetzten Richtung werden um das gleiche gehemmt. So ergibt sich ein Überschuß der Sprünge in der Strömungsrichtung

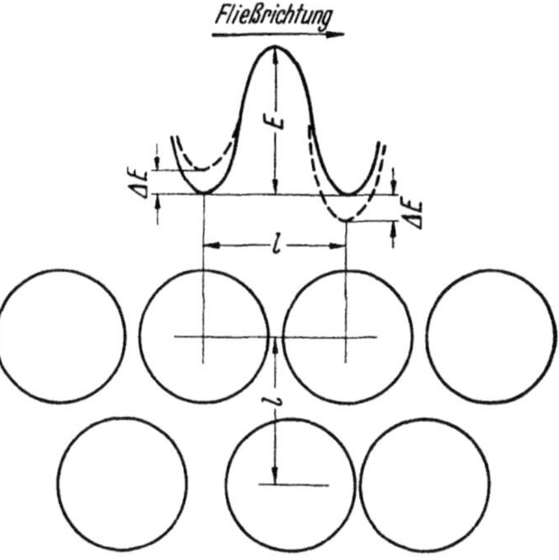


Abb. V, 5. Änderung der Aktivierungsenergie $\varepsilon$ durch die Strömung.

$$j = \overrightarrow{j} - \overleftarrow{j} = \frac{j_0}{6}\left(e^{(-\varepsilon + l^3\,\tau/2)/kT} - e^{(-\varepsilon - l^3\,\tau/2)/kT}\right) =$$
$$= \frac{j_0}{3}\, e^{-\varepsilon/kT} \cdot \sinh \frac{\tau l^3}{2\,kT} \,. \tag{V, 15}$$

Ein jedes Teilchen und somit die ganze Schicht bewegt sich in der Stromrichtung mit der Geschwindigkeit $jl = ql$, woraus man die Fluidität als

$$\varphi = \frac{1}{\eta} = \frac{q}{\tau} = \frac{j_0 \cdot l^3}{6\,kT}\, e^{-\varepsilon/kT} \cdot \frac{\sinh \beta\tau}{\beta\tau} \tag{V, 16}$$

mit $\beta = l^3/2\,kT$ berechnet.

Bei genügend kleiner Schubspannung $\tau l^3 \ll 2\,kT$ kann sinh durch das Argument ersetzt werden und man bekommt

$$\eta_0 = \frac{6\,kT}{j_0\,l^3} \cdot e^{\varepsilon/kT} \,. \tag{V, 17}$$

Die Viscosität enthält den Exponentialausdruck in $T$, wie es Gl. (V, 11) entspricht, mit

$$B \cdot R = N_L \cdot \varepsilon = E \,.$$

Die Aktivierungsenergie $\varepsilon$ mißt die Arbeit, die gegen die Nachbarmoleküle beim Sprung zu leisten ist, plus die Arbeit zur Bildung einer entsprechend großen Lücke, in die das Molekül überspringen kann. Da die letztere auch vom äußeren Druck $p$ abhängt, enthält $\varepsilon$ auch ein zu $p$ proportionales additives Glied, das den Einfluß des äußeren Drucks berücksichtigt, $\varepsilon_p = \varepsilon + \alpha p$, wo $\alpha$ ungefähr gleich $l^3$ zu setzen wäre. Der Zusammenhang mit der Dichte ist scheinbar sehr dürftig, nur durch $l^3$ im Nenner und $\varepsilon_p$ im Exponent angedeutet.

Daß bei Flüssigkeiten wie Pentan fast die ganze Temperaturabhängigkeit nur eine Folge der Dichteänderung ist, wird durch diese Darstellung nicht erfaßt. Doch kann sehr einfach gezeigt werden, daß die Zahl der Löcher und somit die Sprungzahl $j_0$ dem freien Volumen proportional ist, womit dann Gl. (V, 17) dem Experiment weit besser gerecht wird.

Eyring und Mitarbeiter[1,2] deuteten die Aktivierungsenergie $\varepsilon$ als Verdampfungswärme für das Lochvolumen. Sie bekommen Übereinstimmung mit der Erfahrung, wenn sie für ziemlich kugelige Moleküle annehmen, daß die Lücke bei einer Reihe von niedrigen aliphatischen Verbindungen (Pentan, Äther, Aceton) ein Drittel und bei $CS_2$ nur ein Viertel des Molekülvolumens einnimmt[3]. Diese Deutung der Aktivierungsenergie für die Viscosität ist nicht besonders überzeugend, da nach dem bei Gl. (V, 13) Gesagten die reine Temperaturabhängigkeit wesentlich geringer ist, als es Gl. (V, 11) und (V, 17) entspricht (vgl. auch Kap. IV, § 43c). In diesem Zusammenhange sei erwähnt, daß schon Friend[4] bei der Deutung der Experimente an verschiedenen aliphatischen und aromatischen Kohlenwasserstoffen und Derivaten wie auch an Brom die Viscositätsformel

$$\eta = A\, e^{\,L/4\,\mathrm{R}T} \qquad\qquad (V, 18)$$

mit $L =$ molare Verdampfungswärme, vorgeschlagen hat, was genau dem Eyringschen Befunde entspricht. Wegen des Zusammenhanges zwischen der Verdampfungswärme und dem Dampfdruck kann man die Viscosität auch als Funktion des letzteren ausdrücken bzw. aus der Zustandsgleichung berechnen[5]. Die Temperatur und Druckabhängigkeit der Verdampfungswärme legt es nahe, auch $B$ noch als Funktion von $T$ und $V$ zu betrachten.

Grunberg und Nissan[6] deuten $E$ als Kohäsionsenergie und finden tatsächlich einen engen Zusammenhang zwischen $BR$ und der molaren Oberflächenenergie. Tragen sie $\log E$ für verschiedene Dichten über $\log(1/r)$ auf, so erhalten sie Gerade, die bei polaren Flüssigkeiten ungefähr eine Neigung 3 (bei Methylchlorid z. B. 2,96), bei unpolaren Flüssigkeiten ungefähr 6 (bei n-Pentan 5,52 und bei $CCl_4$ 6,03) besitzen. Daraus ergibt sich für die Kohäsionsenergie im ersten Falle eine Proportionalität mit $1/r^3$, im zweiten mit $1/r^6$, wie es den üblichen Vorstellungen von den zwischenmolekularen Kräften entspricht.

Van der Waals[7] nimmt als $-\varepsilon$ die mittlere potentielle Energie beim Zusammenstoß, berücksichtigt also eigentlich die Dichte am Ort des Stoßes. Das entspricht weitgehend der lokalen Dichte, die später von van Wijk und Seeder eingeführt wurde.

Eine sehr leistungsfähige und dabei recht einfache Theorie der Viscosität von Flüssigkeiten ist die von van Wijk und Seeder[8], die eine sinngemäße Weiterführung der Enskogschen[9] Betrachtungen bedeutet. Die Impulsübertragung der Stöße soll allein für die Viscosität verantwortlich sein. Die Zahl der Zusammenstöße in jeder zum Geschwindigkeitsgradienten senkrechten Fläche ist proportional der Zahl der Moleküle in der Schicht, d. h. der mittleren Dichte $n$ der Moleküle, und der Zahl $nK$ der Nachbarn, mit denen das Molekül zum Stoß kommen kann, d. h. der Dichte der Nachbarn auf der Wirkungsfläche des

---


[1] Eyring, H.: J. Chem. Phys. 4, 283 (1936).

[2] Ewell, R. H., u. H. Eyring: J. Chem. Phys. 5, 726 (1937). — Ewell, R. H.: J. Appl. Phys. 9, 252 (1938). — Frisch, D., H. Eyring u. J. F. Kincaid: J. Appl. Phys. 11, 75 (1940). — Eglusstone, S., Laidler, S. K., u. H. Eyring: The Theory of Rate Processes, New York 1941.

[3] Vgl. auch die Zusammenstellung von $\eta$ und Verdampfungswärme für 67 Flüssigkeiten bei E. Brumer: J. Chem. Phys. 17, 346 (1949).

[4] Friend, J. N.: Trans. Faraday Soc. 31, 542 (1935).

[5] Es ist $\log \eta$ ungefähr eine lineare Funktion von $\log p_T$. Vergl.: MacLeod, D. B.: Trans. Faraday Soc. 41, 771 (1945). — Thomas, L. H.: J. Chem. Soc. (1948) 1345, 1349. — Nederbragt, G. W., u. J. W. M. Boelhouwer: Physica 13, 305 (1947).

[6] Grunberg, L., u. A. H. Nissan: Nature (Lond.) 154, 146 (1944).

[7] Van der Waals, J. D.: Proc. Acad. Amsterdam 21, 743 (1918/19).

[8] Van Wijk, W. R., u. W. A. Seeder: Physica 4, 1073 (1937); 6, 129 (1939).

[9] Enskog, D.: Ark. Mat. Astr. Fys. 64, 16 (1921).

Moleküls (lokale Dichte). Die erste Zahl ist umgekehrt proportional dem Volumen

$$n \sim \frac{1}{V},$$

während in der zweiten der Faktor $K$ die wegen der Nahordnung, d. h. wegen der zwischenmolekularen Kräfte und der Form der Moleküle eintretende Änderung der Dichte der Stoßpunkte mißt. Für kugelförmige Moleküle ohne energetische Wechselwirkung gilt

$$K = \frac{V}{V-b},$$

wo $b$ das bei der dichtesten Packung eingenommene Volumen bedeutet. Kräfte zwischen den Molekülen liefern einen Zusatzfaktor

$$K = \frac{V}{V-b} \, e^{B'/T},$$

wo $B'$ noch eine Funktion der Temperatur und des Volumens sein kann, die um so größere Werte besitzt, je stärker die zwischenmolekularen Kräfte und je größer die Abweichungen von der Kugelform sind. Somit lautet die Viscositätsgleichung:

bzw.

$$\eta = A \cdot n \cdot nK = \frac{A}{V(V-b)}, \qquad (V, 19)$$

$$\eta = \frac{A}{V(V-b)} \, e^{B'/T}. \qquad (V, 20)$$

Je größer $B'$, desto größer der direkte Temperatureinfluß und desto größer der Unterschied in der Neigung der Isothermen für die Fluidität beim Auftragen über $V$ als Abszisse. In Tab. V, 1 sind die experimentell bestimmten $b$, $B' \cdot R$ zusammen mit den molaren Schmelzwärmen für einige typische Flüssigkeiten eingetragen. Die Wasserstoffbrücken in Methylalkohol ergeben eine sehr starke wahre Temperaturabhängigkeit, d. h. die durch diese erzwungene Nahordnung ändert sich stark mit der Temperatur.

Tabelle V, 1. *Parameter der Viscositätsgleichung (V, 20) für einige einfache Moleküle.*

| | $b$ cm³/Mol | $V_{fest}$ cm³/Mol | $B' \cdot R$ cal/Mol | Schmelzwärme cal/Mol |
|---|---|---|---|---|
| n-Pentan ....... | 86 | 87 | 200 | 2000 |
| Quecksilber ..... | 12 | 14 | 50 | 560 |
| Schwefelkohlenstoff . | 45 | 49 | 200 | 1350 |
| Methylalkohol .... | 29 | 34 | 1600 | 757 |

Vergleicht man die beiden Darstellungsarten Gl. (V, 11) und (V, 13) und die entsprechenden theoretischen Deutungen, so ergibt sich im ersten Falle eine Beziehung zwischen der Verdampfungswärme $L$ und der Aktivierungsenergie $B \cdot R$ für das viscose Fließen und im zweiten eine weit weniger enge Verknüpfung zwischen der Schmelzwärme und der Nahordnungsenergie $B' \cdot R$. Da die letztere Theorie der Viscosität viel durchsichtiger, erweiterungsfähiger (s. weiter unten) und den Experimenten besser angepaßt zu sein scheint, hat man die wahre Temperaturabhängigkeit in der Weise zu deuten, daß bei steigender Temperatur die Überreste der Nahordnung langsam abgebaut werden. Diese Deutung wird auch durch den Verlauf der spezifischen Wärme der Flüssigkeit gestützt.

## § 48. Lösungen und Mischungen.

Es interessieren hier einerseits verdünnte Lösungen und andererseits binäre oder auch mehrkomponentige Mischungen im ganzen Mischbarkeitsintervall.

*Binäre Systeme* zeigen eine große Mannigfaltigkeit. Die Viscosität der Mischung kann für alle Mischungsverhältnisse innerhalb der Grenzwerte, die jeder Komponente allein entsprechen, liegen oder sie kann größer (Kurve mit Maximum) oder kleiner (Kurve mit Minimum) werden. Auch im ersten Falle ist die Viscosität in der Regel keine lineare Funktion der Konzentration[1]. Noch mehr, es gibt keine Beziehung von der Form

$$f(\eta) = x_1 f(\eta_1) + (1 - x_1) f(\eta_2) \qquad (V, 21)$$

mit $\eta_1$, $\eta_2$ die Viscositäten der reinen Komponenten, $f(\eta)$ eine noch beliebige Funktion der Viscosität, z. B. $\eta$ selbst, $\log \eta$, $1/\eta$ usw., die für alle binären Mischungen gelten würde. Man begnügt sich mit verschiedenen Ansätzen, z. B. mit dem von MacLeod[2]

$$\eta = x_1 \cdot \frac{V_1 - b_1}{V - b} \cdot \eta_1 + x_2 \cdot \frac{V_2 - b_2}{V - b} \cdot \eta_2 , \qquad (V, 22)$$

die für gewisse Flüssigkeitsgemische ziemlich gute Dienste leisten.

Als Beispiele für die drei Typen von Mischungen seien erwähnt Äthyläther—Schwefelkohlenstoff, Wasser—Äthylalkohol, Anilin—o-Nitrophenol. Im zweiten Falle ist anzunehmen, daß bei gewissem, noch von der Temperatur abhängigem Konzentrationsverhältnis die Bildung von Molekülkomplexen aus beiden Bestandteilen besonders begünstigt wird. Die größeren kinetischen Einheiten bzw. die verstärkten intermolekularen Bindungen führen zu einer Erhöhung der Viscosität und der Dichte. Der Effekt fällt mit steigender Temperatur ab, wie es bei der Assoziation zu erwarten ist, und verschiebt sich dabei zur Seite der zäheren Komponenten. Wenn dabei sogar eine Verbindung auftritt, so kann es zu ganz enormen Viscositätserhöhungen kommen, wie z. B. im System Allylthiocarbimid—Diäthylamin[3], wo bei gleicher Molzahl beider Komponenten bei 25° C eine mehrtausendfache und bei 35° C immer noch eine fast 300fache Erhöhung der Viscosität auftritt. Die Viscositätserniedrigung in der dritten Gruppe beruht auf einer Auflockerung der Nahstruktur durch die Fremdmoleküle, die sich auch durch entsprechende Volumenvergrößerung bemerkbar macht.

---

[1] Es ist günstig, die Konzentration in Molenbrüchen anzugeben: $x_1 = v_1/(v_1 + v_2)$, $x_2 = 1 - x_1$.

[2] MacLeod, D. B.: Trans. Faraday Soc. **20**, 349 (1924); **19**, 17 (1923). Weitere Mischungsformeln bei S. Gerf u. G. Zadkov: J. techn. Phys. (russ.) **10**, 725 (1940); **11**, 801 (1941); L. Grunberg u. A. H. Nissan: Nature (Lond.) **164**, 4175 (1949); F. W. Lima: J. Chem. Phys. **19**, 137 (1951); R. Linke: Z. phys. Chem. A **188**, 17 (1941); M. u. K. Roegiers: Viscosität normaler Flüssigkeiten, Gent 1945; K. E. Spells: Trans. Faraday Soc. **32**, 530 (1936).

[3] Kurnakov, N., u. S. Zechuzny: Z. phys. Chem. **83**, 481 (1913).

Überwiegt bei weitem eine Komponente, dann spricht man gewöhnlich von *Lösungen*. Man vergleicht die Viscosität $\eta$ der Lösung mit der des reinen Lösungsmittel $\eta_l$ und definiert das Verhältnis beider

$$\eta_r = \frac{\eta}{\eta_l} \qquad (V, 23)$$

als *relative Viscosität*. Bei den meisten Lösungen, z. B. den so oft untersuchten Zuckerlösungen steigt sie sehr schnell mit der Konzentration, und zwar umso mehr, je niedriger die Temperatur ist. Doch gibt es Fälle, wo die relative Viscosität zuerst unter 1 absinkt und erst bei höheren Konzentrationen wieder zu steigen anfängt. Auch bei den Elektrolyten, wo die elektrischen Kräfte und die Solvatation der Ionen eine große Rolle spielen, steigt sie meistens stark an (HCl in $H_2O$), doch kommt bei kleineren Konzentrationen und niedrigen Temperaturen auch ein Absinken unter den Wert 1 vor ($KNO_3$ in $H_2O$ unterhalb 30° C).

Bei sehr kleinen Konzentrationen ist die *spezifische Viscosität*

$$\eta_{sp} = \eta_r - 1 = \frac{\eta - \eta_l}{\eta_l} \qquad (V, 24)$$

der Konzentration proportional. Trägt man sie gegen die Konzentration auf, so erhält man in der Regel gekrümmte Kurven, die bei $c_g = 0$ ein gerades Stück besitzen. Die Neigung dieser Geraden ist die von STAUDINGER eingeführte *Viscositätszahl* (intrinsic viscosity)[1]

$$[\eta] = \lim \left(\frac{\eta_{sp}}{c_g}\right)_{c_g \to 0} = \left(\frac{\eta - \eta_l}{\eta_l} \frac{1}{c_g}\right)_{c_g \to 0} \qquad (V, 25)$$

eine charakteristische Materialkonstante des Systems Lösungsmittel—Gelöstes, die noch von der Temperatur, doch nicht vom Geschwindigkeitsgefälle abhängt, da die echten niedermolekularen Lösungen keine Strukturviscosität zeigen. Die hier gegebene Definition der Viscositätszahl ist mit der häufig vorkommenden

$$[\eta] = \lim \left(\frac{\ln \eta_r}{c_g}\right)_{c_g \to 0} \qquad (V, 26)$$

identisch, wie man sich leicht durch Entwickeln des natürlichen Logarithmus in eine Reihe nach Potenzen von $\eta_{sp}/c_g$ und den Grenzübergang zu $c_g \to 0$ überzeugt.

Die Dimension von $[\eta]$ wird durch die Konzentrationsangabe bestimmt. Wenn nicht anders vermerkt, geben wir im folgenden überall die Konzentration in Gramm des Gelösten je Kubikzentimeter der Lösung, so daß $[\eta]$ in cm³/g gemessen wird. Die für theoretische Betrachtungen manchmal benötigte Volumenkonzentration liefert ein dimensionsloses $[\eta]_v$

$$[\eta]_v = \varrho_2 [\eta] \, ,$$

wo für $\varrho_2$ die Dichte des Gelösten in der Lösung einzusetzen ist.

Die Viscositätszahl wurde besonders oft an verschiedenen Zuckern gemessen. Für Rohrzucker liegen die Werte zwischen 4,1 bei 0° C und

---

[1] Sehr oft wird in der deutschsprachigen Literatur für die Viscositätszahl das Symbol $Z_\eta$ gebraucht.

2,3 bei 100° C. Bei den binären Systemen ergeben diejenigen der zweiten Gruppe positive, der dritten negative Viscositätszahlen, während bei der ersten Gruppe die Komponente mit der kleineren Viscosität einen negativen, die zähere einen positiven Wert ergibt. Eine Reihe von Meßwerten an ausgewählten Blättchenmolekülen in verschiedenen Lösungsmitteln und bei verschiedenen Temperaturen haben STUART und KUSS[1] veröffentlicht (Tab. V, 2). Aus dem gewonnenen Material ist Folgendes zu entnehmen. Die Viscositätszahl $[\eta]_n$ ist durchweg sehr klein und mitunter sogar negativ. Mit wachsender Temperatur nehmen die meisten Werte stark ab, doch zeigen einige auch einen Anstieg.

Die hydrodynamische Theorie[2], wie sie EINSTEIN[3] eingeführt hat, verlangt Werte von 2,5 an und eine weitgehende Temperaturunabhängigkeit. Sie scheidet daher bei der Deutung der Verhältnisse bei niedermolekularen Lösungen völlig aus. Man muß eine direkte molekulare Betrachtung anstellen, denn aus den Unregelmäßigkeiten in den Meßwerten, die gar nicht parallel mit den Molekülabmessungen gehen, ist auf eine von Fall zu Fall ganz verschiedene Wechselwirkung zwischen dem gelösten Molekül und seiner Umgebung zu schließen, die je nach den Verhältnissen zu einer statistischen Schwarmbildung, einer Solvatation, einer stöchiometrischen Assoziation (Molekülverbindung) oder auch zu einer Gleitung führt.

Tabelle V, 2. *Viscositätszahl von Blättchenmolekülen nach* KUSS *und* STUART.

| | Nitrobenzol | | | Benzol | Xylol | | Dioxan |
|---|---|---|---|---|---|---|---|
| | 20° C | 50° C | 100° C | 20° C | 20° C | 50° C | 20° C |
| 1,3,5-Trichlorbenzol . . . | 1,28 | —0,33 | —0,35 | | | | |
| 1,3,5-Trinitrobenzol . . . | 2,70 | 3,00 | 1,68 | | | | |
| 1,3,5-Trimethylbenzol . . . | —0,97 | —0,91 | —1,0 | | | | |
| Diphenyl . . . . . . . . | 0,40 | 0,31 | 0,13 | 1,26 | 1,52 | 1,36 | 1,04 |
| Anthracen . . . . . . . . | 1,55 | 0,99 | 0,41 | | 2,13 | 2,08 | |
| Phenantren . . . . . . . | 0,95 | 0,76 | 0,51 | 1,91 | 2,05 | 1,97[4] | 1,86 |

Eine befriedigende Theorie ist von STUART[5] durch sinngemäße Anwendung der kinetischen Theorie von VAN WIJK und SEEDER[6] aufgestellt worden. Die Impulsübertragung hängt von der lokalen Dichte an der Wirkungsfläche der einzelnen Moleküle ab. Diese ist nun für eine jede Molekülart in der Mischung verschieden. Sind im Kubikzentimeter $n_1$ Moleküle der ersten (Lösungsmittelmoleküle) und $n_2$ der zweiten Art (gelöste Moleküle) vorhanden, dann ist $K_{11}n_1$ die lokale Dichte der Lösungsmittelmoleküle und $K_{12}n_2$ der gelösten Moleküle um ein Lösungsmittelmolekül, $K_{21}n_1$ und $K_{22}n_2$ die lokalen Dichten um ein gelöstes Molekül, und die Viscosität

$$\eta = a_{11}K_{11}n_1^2 + (a_{12}K_{12} + a_{21}K_{21})n_1 n_2 + a_{22}K_{22}n_2^2 . \tag{V, 27}$$

[1] KUSS, E., u. H. A. STUART: Z. Naturforsch. 3a, 204 (1948). — MUKATIS, H.: Diss. Dresden 1941.
[2] Vgl. Kapitel XI, Viscosität und Form.
[3] EINSTEIN, A.: Ann. Physik 19, 289 (1906); 34, 598 (1911).
[4] Bei 40° C.
[5] STUART, H. A.: Z. Naturforsch. 3a, 196 (1948).
[6] VAN WIJK, W. R., u. W. A. SEEDER: Physica 4, 1073 (1938); 6, 129 (1939).

In die Faktoren $K$ gehen das freie Volumen der Mischung und die Wechselwirkungsenergie zwischen den Molekülen ein

$$K_{11} = \frac{V_{12}}{V_{12} - b_{12}}\, e^{B'_{11}/T}\,, \quad K_{22} = \frac{V_{12}}{V_{12} - b_{12}}\, e^{B'_{22}/T}\,,$$

$$K_{12} = K_{21} = \frac{V_{12}}{V_{12} - b_{12}}\, e^{B'_{12}/T}\,.$$

Das freie Volumen ist noch konzentrationsabhängig, so daß die $K$ keine Konstanten des Systems 12 darstellen. Durch Einführen der Gewichtskonzentration
des Gelösten erhält man die Mischungsformel

$$\eta = (1-c)^2\, \eta_{11} + 2c(1-c)\, \eta_{12} + c^2\, \eta_{22} \tag{V, 28}$$

mit

$$\eta_{11} = \left(\frac{N_L \varrho}{M_1}\right)^2 a_{11} K_{11}$$

$$\eta_{12} = \left(\frac{N_L \varrho}{M_1}\right)\left(\frac{N_L \varrho}{M_2}\right) a_{12} K_{12}$$

$$\eta_{22} = \left(\frac{N_L \varrho}{M_2}\right)^2 a_{22} K_{22}\,.$$

Für kleine Konzentrationen ist $c^2$ gegenüber $c$ zu vernachlässigen, so daß man die
Viscositätszahl als

$$[\eta] = 2\left(\frac{\eta_{12}}{\eta_{11}} - 1\right) = 2\left(\frac{M_1}{M_2}\cdot\frac{a_{12}}{a_{11}}\, e^{(B'_{12} - B'_{11})/T} - 1\right) \tag{V, 29}$$

berechnet. Ein großer Vorzug dieses Ergebnisses liegt gerade darin, daß es für die
Lösung von Lösungsmittelmolekülen, d. h. für die reine Flüssigkeit $[\eta] = 0$ liefert,
was der hydrodynamischen Theorie nicht gelingen kann. Ferner besagen negative
Werte nur, daß die *Wechselwirkungsviscosität* $\eta_{12}$ kleiner als die Viscosität des
Lösungsmittels ist. Da die ganze Temperaturabhängigkeit im Exponentialausdruck
steckt, müßte man sowohl bei positiven wie negativen $[\eta]$ eine Abnahme mit
wachsender Temperatur erwarten, falls einem größeren $\eta$ auch ein größeres $B'$
entspricht, was sehr gut mit den experimentellen Befunden übereinstimmt.
Ausnahmen wie z. B. Trinitrobenzol in Nitrobenzol, wo die Eigenviscosität
beim Übergang von 20° C zu 50° C um 10% steigt, um dann bis 100° C
auf zwei Drittel des Anfangswertes zu fallen, könnten wahrscheinlich auf Meßfehler
zurückgeführt werden. Eine Vorstellung von der Größe der experimentell bestimmten Wechselwirkungsviscositäten im Grenzfalle $c = 0$ gibt Tab. V, 3, wo
die Temperaturabhängigkeit und die sich daraus ergebende Wechselwirkungsenergie $B'_{12} R$ für verdünnte Lösungen in Nitrobenzol eingetragen sind. Für die
Wechselwirkungsenergie $B_{11} R$ des Lösungsmittels ist 830 cal/Mol gesetzt worden,
ein Wert, der sich aus dem von van Wijk und Seeder angegebenen Volumen
$b = 95$ cm³/Mol errechnet.

Tabelle V, 3. *Wechselwirkungsviscositäten* $\eta_{12}$ *in Nitrobenzol und die entsprechenden
Wechselwirkungsenergien nach* Kuss *und* Stuart.

| | 20° C | 50° C | 100° C | $B'_{12}$ R in cal/Mol |
|---|---|---|---|---|
| 1,3,5-Trichlorbenzol . | 2,7 cP | 0,85 cP | 0,5 cP | 1700[1] |
| 1,3,5-Trinitrobenzol . | 3,4 | 2,2 | 0,9 | 1200[1] |
| 1,3,5-Trimethylbenzol. | 1,5 | 1,0 | 0,5 | 1250[1] |
| Diphenyl . . . . . . | 2,8 | 1,7 | 0,9 | 1250 |
| Anthracen. . . . . . | 3,9 | 2,0 | 0,9 | 1900 |
| Phenanthren . . . . | 3,1 | 1,8 | 0,9 | 1300 |
| Nitrobenzol . . . . . | 2,0 | 1,2 | 0,7 | 830 |

[1] Werte berechnet aus $\eta_{20°\,C}$ und $\eta_{100°\,C}$.

Die Gl. (V, 27) stellt eine ganz allgemeine, von jeder speziellen Deutung der Größen $\eta_{11}$, $\eta_{12}$ und $\eta_{22}$ freie Beziehung für die Viscosität von Mischungen dar und schließt die öfter vorgeschlagenen linearen Mischungsformeln als physikalisch nicht genügend allgemein begründet aus. Andererseits reicht sie wegen der noch freigelassenen Konzentrationsabhängigkeit der Teilviscositäten nicht zur Vorausberechnung der Viscosität von Gemischen aus, mit Ausnahme von solchen Fällen, wo wegen ähnlicher Form und Kräfteverteilung in den Molekülen beider Komponenten sich das freie Volumen kaum mit der Konzentration ändert und deshalb eine weitgehende Additivität der Viscositätsbeiträge zu erwarten ist. Solche Fälle sind besonders von WOLF und Mitarbeitern[1] untersucht worden. Doch finden auch sie in den meisten Fällen Abweichungen von der Linearität, die an Hand von Gl. (V, 27) selbstverständlich sind. Liegen die Meßwerte oberhalb der geraden Verbindungslinie der Viscositäten der Bestandteile, so sprechen sie von einer inneren Verfestigung, liegen sie unterhalb, von einer inneren Schmierung in der Mischung. Beide Begriffe haben nach dem eben Gesagten keine richtige Begründung.

Die Lösungen von Elektrolyten nehmen insofern eine Sonderstellung ein, als bei ihnen die spezifische Viscosität bei kleiner Konzentration nicht dieser selbst, sondern der Quadratwurzel proportional ist. Bei solchen Lösungen kann man deshalb keine Eigenviscosität definieren, der Quotient $\eta_{sp}/c$ wird bei $c = 0$ unendlich. Dieses eigenartige Verhalten ist auf elektrostatische Kräfte zwischen den gelösten Ionen zurückzuführen, deren Wechselwirkung dem gegenseitigen Abstand umgekehrt proportional ist. Man hat also im Konzentrationsverlauf der spezifischen Viscosität ein Mittel zur Aufdeckung einer evtl. vorhandenen elektrolytischen Dissoziation in verdünnten Lösungen. Zum praktischen Gebrauch ist allerdings die Methode gegenüber der Leitfähigkeitsmessung zu unempfindlich.

# B. Hochmolekulare Systeme.

## § 49. Schmelzen.

Die Viscosität von hochmolekularen Schmelzen[2] zeigt bei Fadenmolekülen innerhalb einer polymeren Reihe eine verhältnismäßig einfache Abhängigkeit von Molekulargewicht und Temperatur, wenn man nur die ganz kurzen Anfangsglieder außer acht läßt, bei denen der Fadencharakter noch nicht genügend ausgebildet ist. In erster Näherung ist der Temperatureinfluß für alle Glieder einer Reihe durch die Gl. (V,11) mit konstantem $B$ gegeben. Das ist nach der Platzwechseltheorie in dem Sinne zu deuten, daß die kinetische Einheit beim viscosen Fließen von

---

[1] RÖSSLER, H., K. L. WOLF u. H. HARMS: Z. phys. Chem. B 41, 321 (1938). — HARMS, H.: Z. phys. Chem. B 44, 14 (1939).

[2] In Anbetracht der häufig recht großen Viscositäten von Schmelzen, $\eta$ geht oft bis zu $10^8$ P, hat man bei der Messung sehr große Druckunterschiede und Schubspannungen anzuwenden. Der hohe Druck vermindert das Volumen des Prüflings und erhöht daher nicht unerheblich die Viscosität, die große Schubspannung dagegen führt bei strukturviscosen Stoffen, wie es die hochmolekularen Schmelzen alle sind, zu einer Verminderung der Viscosität. Es ist bisher noch nicht genau untersucht worden, inwieweit dadurch die Meßergebnisse gefälscht werden. Man hat deshalb ganz entschieden den Eindruck, daß die ermittelten Viscositätswerte noch stark apparativ bedingt sind und auf die eigentlichen Materialkonstanten erst umgerechnet werden müßten.

der Kettenlänge unabhängig ist und allein von der Struktur der Kette,
d. h. von der Form und Größe der Grundmoleküle und von deren Beweglichkeit, d. h. von den Bindungen an die Umgebung abhängt. Da sich
letztere mit der Temperatur und dem Volumen ändern kann, ist $B$ noch
eine Funktion der Temperatur und des Volumens, wie es auch bei niedermolekularen Flüssigkeiten der Fall ist (s. § 47).

Würde man noch die bisher nichtgemessene Druckabhängigkeit berücksichtigen, so müßte man in Analogie mit den niedermolekularen Flüssigkeiten das freie Volumen $V - b$ als Maß für die lokale Dichte einführen.
Der größere Teil der Temperaturabhängigkeit wäre somit auf die Dichteänderung zurückgeführt und es bliebe ein wesentlich kleinerer $B'$-Wert
übrig, den man mit der Schmelzwärme vergleichen sollte.

Enorm ist dagegen der Einfluß der Kettenlänge auf den Absolutwert
der Viscosität. Je länger das Molekül, desto mehr Bedingungen sind
jedem Fadenelement auferlegt. Das beeinflußt wesentlich die Sprungwahrscheinlichkeit $j_0$, da nur die Sprünge erlaubt sind, die mit den
Bindungen verträglich sind, denn das Segment kann beim Platzwechsel
nicht den Molekülverband verlassen.
Durch diese Einschränkungen wird
das Fließen wesentlich erschwert. In
der Ableitung der Fluidität hat man
diese verminderte Sprungwahrscheinlichkeit durch eine Entropieerhöhung
zu berücksichtigen, die im allgemeinen
einer nicht im voraus zu bestimmenden Potenz der Kettengliederzahl proportional sein muß, um die Experimente richtig wiederzugeben.

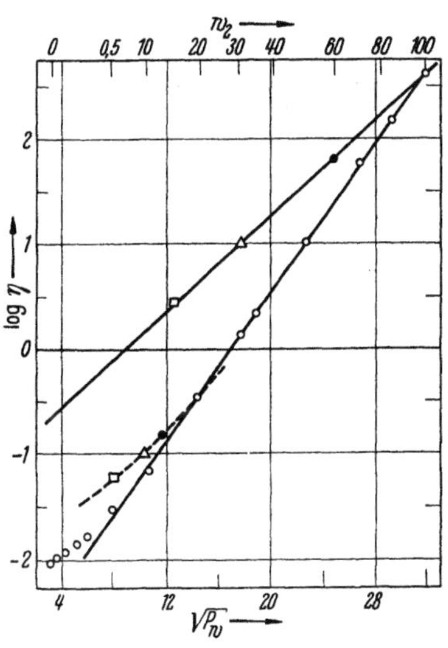

An linearen Polyestern des Dekamethylenglykols mit Adpinisäure, für
die das Molekulargewicht und die
Polydispersität aus Endgruppenbestimmungen[1] besonders sorgfältig ermittelt wurden, findet FLORY[2] die
Beziehung

$$\log \eta = -\,6{,}40 + \frac{1897}{T} + 0{,}1764\,\sqrt{N_w}$$

$$(V, 30)$$

mit dem Gewichtsmittelwert der Zahl
der Kettenatome $N$

$$N_w = \Sigma\,w_i \cdot N_i = \frac{\Sigma\,n_i\,N_i^2}{\Sigma\,n_i\,N_i},$$

Abb. V, 6. Viscosität des Polydekamethylglykoladipates nach FLORY: J. Amer. Chem.
Soc. 62, 1057 (1940); J. Phys. Chem. 46,
870 (1942). (o) Schmelze bei 109° C, obere
Gerade: Lösungen der Fraktion $N_w = 1017$
in Diäthylsuccinat, gestrichelte Kurve:
20%ige Lösungen der Fraktionen $N_w = 162$,
320, 611, 1017. Abscisse ist $\sqrt{N_w}$.

---

[1] Auf Grund seiner Theorie der Polykondensation findet FLORY die Beziehung
$$M_w = 2\,M_n - 142$$
zwischen dem benötigten Gewichts- und dem aus der Endgruppenbestimmung
gemessenen Zahlmittelwert seiner Fraktionen. Aus der gleichen Anzahl der
Hydroxyl- und Carboxylgruppen schließt er ferner, daß seine Moleküle einfache
Ketten ohne Verzweigungen sind.

[2] FLORY, P. J.: J. Amer. Chem. Soc. 62, 1057 (1940).

wo $w_1$ den Massenanteil der Komponente $N_1$ bedeutet. Die Gl. (V, 30) bewährt sich gut in einem Bereich, wo sich die Viscosität um das 3000fache und die Kettengliederzahl um das 40fache ändern (Abb. V, 6). Die Meßtemperaturen liegen vom Schmelzpunkt bei 74° C bis ungefähr 130° C. In der Nähe des Schmelzpunktes gilt die angeschriebene Temperaturabhängigkeit nicht mehr. Desgleichen tritt bei den niedrigsten Gliedern ein zu langsamer Abfall der Viscosität auf. Sieht man von diesen Ausnahmen ab, dann gilt Gl. (V, 30) auch für beliebige polydisperse Schmelzen, falls man nur den richtigen Gewichtsmittelwert einsetzt[1].

Aus der Temperaturabhängigkeit kann man nach der Platzwechseltheorie die Aktivierungsenergie zu $2{,}30 \cdot 1897 \cdot R = 8700$ cal/Mol berechnen. Nimmt man in Analogie zu den Verhältnissen bei den niedermolekularen Flüssigkeiten an, daß für die Lochbildung nur ein Viertel der auf das Lochvolumen entfallenden Verdampfungsenergie nötig ist, dann entspricht der Verdampfungswärme von 35000 cal/Mol gerade ein Kettenstück mit 15 bis 20 Gliedern, das also die dynamische Einheit für das viscose Fließen von geschmolzenen Polyestern darstellen würde. Das Versagen von Gl. (V, 30) bei ganz kurzen Ketten verlangt, daß sich der Sprungmechanismus merklich ändert, wenn die dynamische Einheit mit der Länge des ganzen Moleküls vergleichbar wird, d. h. gerade bei den Anfangsgliedern der polymeren Reihe.

Die Konstanten $A$, $B$, $C$ der Viscositätsgleichung

$$\log \eta = A + B/T + C\sqrt{N} \qquad (V, 31)$$

ändern sich nur unwesentlich, wenn man die Adipinsäure durch die analoge Sebacin- oder Bernsteinsäure und das Dekamethylglykol durch Äthylenglykol ersetzt. Auch Schmelzen von verzweigten Polyestern[2] gehorchen der gleichen Beziehung. Ein ähnliches Verhalten ist von MOONEY[3] und SMALL WOOD[4] an Kautschuk, von KETELAAR und DE VRIES[5] an cis- und trans-Poly-1,2-Dichloräthan von ÜBERREITER, ORTHMANN[6] und MAIBAUER, MYERS[7] an Polyäthylen gefunden worden.

Auch Dimethylsiloxane zeigen bei 25° C die gleiche Abhängigkeit der kinematischen Viscosität vom Molekulargewicht (Zahlmittelwert)

$$\log \eta_{25° \text{C}} = -1{,}00 + 0{,}0123 \sqrt{M_n}$$

in einem Bereiche für $M_n$ von 2500 bis über 160000[8], während unterhalb $M = 2500$ die Viscosität steiler mit $M$ ansteigt. Verschiedene Siloxane, die teilweise noch aromatische Gruppen enthalten, ergeben nach HURD[9] die übliche Temperaturabhängigkeit nach Gl. (V, 30) und teilweise sogar eine lineare Beziehung zur Zahl der Kettenatome.

[1] Dieses Ergebnis bedeutet, daß nicht $\eta$, sondern $(\log \eta)^2$ eine additive Funktion des Molekulargewichtes ist.

[2] SCHAEFGEN, J. F., u. P. J. FLORY: J. Amer. Chem. Soc. 70, 2709 (1948).

[3] MOONEY, M.: Physics 7, 413 (1936).

[4] SMALLWOOD, H. M.: J. Appl. Phys. 8, 505 (1937).

[5] KETELAAR, J. A. A., u. L. DE VRIES: Rec. Trav. Chim. 66, 732 (1947).

[6] ÜBERREITER, K., u. H. J. ORTHMANN: Kolloid-Z. 126, 140 (1952).

[7] MAIBAUER, A. E., u. C. S. MYERS: Trans. Electr. Chem. Soc. 90, 341 (1946).

[8] BARRY, A. J.: J. Appl. Phys. 17, 1020 (1946).

[9] HURD, CH. B.: J. Amer. Chem. Soc. 68, 364 (1946).

Geht man jedoch zu anderen polymeren Reihen über, so tritt $\log M$ auf, d. h. die Viscosität ist proportional einer festen Potenz des Molekulargewichtes. Für geschmolzenes Polystyrol finden Fox und Flory[1] bei 217° C (Abb. V, 7a)

$$\log \eta_{217°\,\mathrm{C}} = -13,40 + 3,40 \log M_w . \qquad (V, 32)$$

Doch gilt diese Beziehung nur oberhalb $M = 50000$ und muß für kleinere Molekulargewichte durch

$$\log \eta_{217°\,\mathrm{C}} = -8,44 + 2,34 \log M_w$$

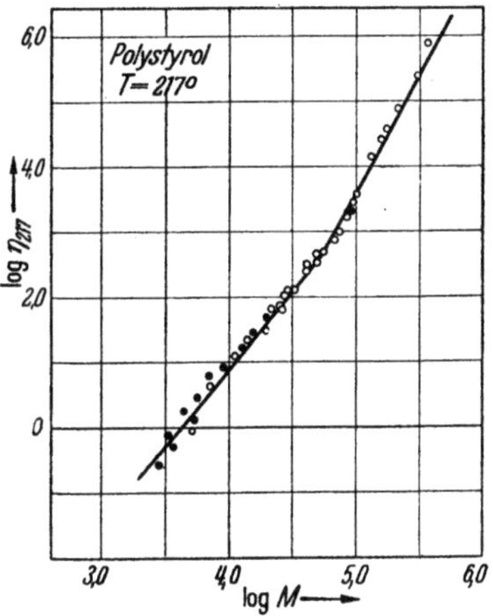


Abb. V, 7 a. Schmelzviscosität von Polystyrol bei 217° C nach Fox und Flory: J. Amer. Chem. Soc. 70, 2384 (1948).

ersetzt werden. Bei niedrigeren Temperaturen ändert sich in der ersten Gleichung das additive Glied, bei der zweiten wird dazu noch die Abhängigkeit vom Molekulargewicht wesentlich komplizierter. Dieser Knick in der Viscositätskurve ist eine Folge der Dichteänderung. Das Molvolumen fällt mit wachsendem $M$ ab

$$V = a + b/M$$

und erreicht bei $M = 30000$ praktisch den Grenzwert für unendlich lange Ketten. Kurz oberhalb dieses Molekulargewichtes liegt auch der Knick in der Viscositätskurve. Die kleinere Dichte bei niedrigerem $M$ ist so zu verstehen, daß die Kettenendpunkte als Störstellen empfunden werden, die eine sperrigere Struktur der Schmelze, d. h. ein größeres freies Volumen zur Folge haben. Der Effekt auf die Dichte ist der Zahl der Endpunkte, also $1/M$, proportional. Die Aufweitung der Struktur erleichtert den Platzwechsel bzw. erniedrigt die Stoßzahl, was eine kleinere Viscosität ergibt. Sobald jedoch die Dichte ihren Grenzwert erreicht, bleibt auch das freie Volumen unverändert. Man kann dadurch zwar die Verschiedenheit des Viscositätsverlaufes in beiden Gebieten verstehen, doch bleibt der Knick selber unerklärt. Man würde eher einen langsamen asymptotischen Übergang erwarten. — Spencer und Dillon[2] finden bei festem Molekulargewicht $M = 360000$ einen Knick in der Temperaturkurve bei 200° C. Oberhalb des Knickes ist die Neigung, d. h. die Aktivierungsenergie geringer, es muß also wegen erhöhter Beweglichkeit der Kettenatome die Fließeinheit kleiner geworden sein.

---

[1] Fox, T. C., u. P. J. Flory: J. Amer. Chem. Soc. 70, 2384 (1948). — Foote, N. M.: Ind. Engng. Chem. 36, 244 (1944). — Jenckel, E., u. K. Überreiter: Z. phys. Chem. A 182, 361 (1938). — Nasson, H. K.: J. Appl. Phys. 16, 338 (1945). — Scheele, W., M. Alfeis u. I. Friedrich: Kolloid-Z. 108, 44 (1944). — Weith, A. J., V. H. Turkington u. I. Allen: Ind. Engng. Chem. 32, 1301 (1940).

[2] Spencer, R. S., u. R. E. Dillon: J. Colloid Sci. 4, 241 (1949).

Ein ähnliches Bild zeigt Polyisobutylen[1], bei dem der Knick ungefähr bei $M = 17000$ liegt, wo auch die Dichte praktisch den Grenzwert für unendlich lange Ketten erreicht. Oberhalb des Knicks gilt bis zum höchsten untersuchten Molekulargewicht von 1480000 (Abb. V, 7 b)

$$\log \eta = -15,85 + \frac{5,6 \cdot 10^5}{T^2} + 3,40 \log M_w \qquad (V, 33)$$

und unterhalb bis zu $M = 500$

$$\log \eta = -6,55 + 5,6 \cdot 10^5 \left(\frac{1}{T^2} - \frac{1}{490^2}\right) e^{-163/M} + 1,75 \log M .$$

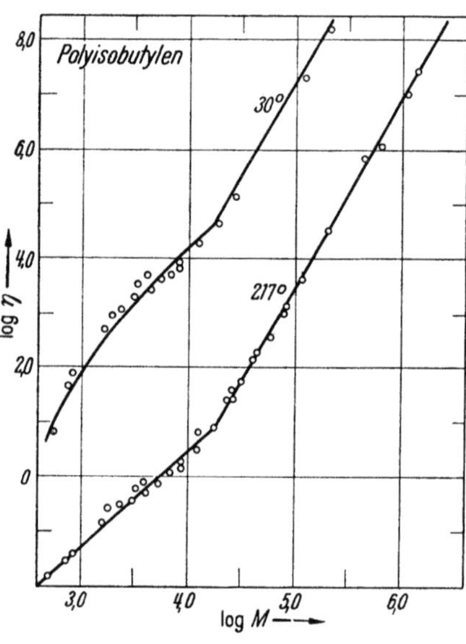


Abb. V,7 b.

Schmelzviscositäten von Polyisobutylen bei 30° C und 217° C nach Fox und Flory: J. Amer. Chem. Soc. 70, 2384 (1948); J. Phys. Colloid Chem. 55, 221 (1951).

Die Temperaturen gehen von 217° C bei den höchsten bis $-40°$ C bei den niedrigsten Fraktionen. Auffallend ist das Glied mit $1/T^2$, das nach der Platzwechseltheorie eine mit $1/T$ abnehmende Aktivierungsenergie fordert, ferner der Exponentialausdruck mit $1/M$. In der ersten Gleichung ist der Gewichtsmittelwert $M_w$, in der zweiten eine nicht näher angegebene Kombination von $M_w$ und $M_n$ einzusetzen. Während die erste Gleichung das ganze Gebiet befriedigend beschreibt, gibt die zweite die Experimente nur für $M > 2000$ einigermaßen gut wieder — schon da sind die Abweichungen bei kleinen Temperaturen über 25% —, während sie für $M < 2000$ und $T < -10°$ C völlig versagt.

Es ist hier am Platze, die Viscositätsformeln von Doolittle[2] zu erwähnen. Es ist ihm gelungen die Viscositäten von ziemlich niedermolekularen n-Paraffinen ($M = 100-900$), Estern und Ketonen durch Berücksichtigung des freien Volumens (s. § 47, Gl. V, 19 und 20) mit einer beachtenswerten Genauigkeit wiederzugeben und dabei auch die Abhängigkeit vom Molekulargewicht richtig zu erfassen. Er leitet aus sehr ausgedehnten Messungen[3] die empirische Gleichung

$$\log \eta = C \cdot \frac{V}{V-b} \cdot e^{-K/M_w^{1/4}} + A \qquad (V, 34)$$

---

[1] Fox, T. C., u. P. J. Flory: J. Amer. Chem. Soc. 70, 2384 (1948); J. Phys. Colloid Chem. 55, 221 (1951). — Andrews, R. D., N. Hofman-Bang u. A. V. Tobolsky: J. Colloid Sci. 3, 669 (1948). — Ferry, J. D., u. C. S. Parks: Physics 6, 356 (1935). — Mason, W. P.: J. Colloid Sci. 3, 147 (1948). — Mason, W. P., W. O. Baker, M. J. McSkimin u. J. H. Heiss: Physic. Rev. 73, 1074 (1948).

[2] Doolittle, A. K.: J. Appl. Physics 22, 1031, 1471 (1951); 23, 236, 418 (1952).

[3] Doolittle, A. K., u. R. H. Peterson: J. Am. Chem. Soc. 73, 2145 (1951).

ab, die sich mit Erfolg auch auf richtige makromolekulare Schmelzen und konzentrierte Lösungen, so z. B. auf die von FLORY gemessenen Polyester, Polystyrole und Polyisobutylene anwenden läßt. Die Wiedergabe der Meßwerte in den letzten drei Fällen steht gar nicht hinter der nach Gl. (V, 30—33) zurück.

Man sieht aus Gl. (V, 34), daß der ganze Temperatureinfluß nur durch die Änderung des freien Volumens in Erscheinung tritt, wodurch der Deutung der Konstanten $B$ in Gl. (V, 31) als Aktivierungsenergie des viscosen Fließens ziemlich stark der Boden entzogen wird.

Mißt man bei festgehaltener Temperatur, dann kann man oft in einer ganzen polymeren Reihe, von den niedrigsten Gliedern ausgenommen, das relative freie Volumen $(V - b)/V$ als konstant betrachten und man müßte beim Auftragen von $\log \eta$ über den Exponentialausdruck in Gl. (V, 34) gerade Linien erhalten. Das ist wirklich der Fall, wenn man für $K$ die in der Tabelle (V, 4) angeführten Werte wählt.

Tabelle V, 4.

| | M | T | K |
|---|---|---|---|
| n-Paraffine . . . . . . . . . . | 100—900 | 100° C | 6,7 |
| n-Essigsäureester . . . . . . | 88—312 | 50° C | 10,8 |
| Polyester . . . . . . . . . . | 738—20 850 | 109° C | 25,0 |
| Polystyrol . . . . . . . . . | 14 000—400 000 | 217° C | 35,0 |
| Polyisobutylen . . . . . . . | 3 500—1 800 000 | 217° C | 22,0 |

## § 50. Unpolare Lösungen.

### a) Viscositätszahl.

Die charakteristische Konstante verdünnter Lösungen, die Viscositätszahl, muß bei hochmolekularen Lösungen bei genügender Verdünnung und bei einem so kleinen Gradienten gemessen werden[1], daß man es mit Sicherheit noch nicht mit Strukturviscosität zu tun hat

$$[\eta] = \left(\frac{\eta_{sp}}{c_g}\right)_{c_g \to 0,\, q \to 0}. \tag{V, 35}$$

Mißt man die Konzentration in Gramm des Gelösten je Kubikzentimeter der Lösung, dann ist bei hochmolekularen Lösungen $[\eta]$ immer beträchtlich größer als 1 cm³/g.

Lösungen mit kompakten Teilchen — Kornmoleküle, wie man sie bei vielen Proteinen und Kohlehydraten findet — wie auch die Suspensionen zeichnen sich durch eine verhältnismäßig kleine Viscositätszahl aus. Um Anschluß an die hydrodynamische Theorie zu finden, die bei derartigen Lösungen wohl begründet ist, da die Abmessungen der gelösten Teilchen so groß gegenüber den Molekülen des Lösungsmittels sind, daß man die molekulare Struktur des letzteren ruhig vernachlässigen darf, führt man meist die Volumenkonzentration an, so daß die Viscositätszahl dimensionslos wird. Modellversuche an Suspensionen

---

[1] Das wird bei Messungen im Kapillarviscosimeter oft nicht genügend beachtet.

kugelförmiger Teilchen — Mastix[1], Schwefelsole[2], Pilzsporen, Hefe, Glaskügelchen[3, 4] —, deren Durchmesser um $10^{-3}$ cm liegen, ergeben Werte zwischen 2,25 und 2,9 in guter Übereinstimmung mit dem EINSTEINschen Wert 2,5. An länglichen Proteinen, deren Abmessungen aus der Sedimentation bzw. Diffusion bestimmt worden sind, findet POLSON[5] einen quadratischen Zusammenhang zwischen der Viscositätszahl und dem Achsenverhältnis $p$ (Abb. V, 8)

$$[\eta] = 4{,}0 + 0{,}098 \cdot p^2 . \qquad (V, 36)$$

Die Extrapolation auf das Achsenverhältnis 1 — kugelförmige Teilchen gibt den Wert 4,1 anstatt des hydrodynamischen 2,5. Der Unterschied kann nicht auf Solvatation oder Quellung zurückgeführt werden, da die Abmessungen festliegen. Man könnte nur versuchen, die einzelnen Werte, die man aus der Sedimentation berechnet hat, etwas abzuändern, da der Gestrecktheitsfaktor für die Diffusion nur sehr wenig vom Achsenverhältnis abhängt und deshalb auch keine besonders genaue Bestimmung desselben zuläßt. An nicht näher bestimmten Teilchen von Graphit-, Kaolin- und Glimmersuspensionen in verschiedenen nichtwäßrigen Flüssigkeiten wurden von MARDLES[6] Viscositätszahlen von 2,5 bis 10 gemessen. An Tabakmosaikvirus in Wasser finden SCHACHMAN und KAUZMAN[7] je nach der Präparation (Zusatz von

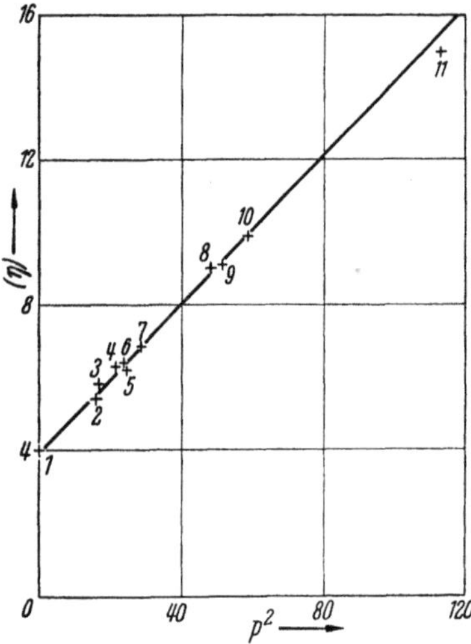

Abb. V, 8. Viscositätszahl von ziemlich kugeligen Proteinen nach POLSON: Kolloid-Z. 88, 51 (1939), in Abhängigkeit vom Quadrat des Achsenverhältnisses: 1 Pentaerythrit, Sucrose, 2 Hämoglobin, 3 Ovalbumin, 4 Amandin, 5 Homarus Hämocyanin, 6 Serumalbumin, 7 Helix pomatia Hämocyanin, 8 Octopus Hämocyanin, 9 Serumglobulin, 10 Thyroglobulin, 11 Gliadin.

sekundärem Natriumphosphat) Werte für $\eta_{sp}/c_q$ zwischen 38 und 103 cm³/g. Die Extrapolation auf unendliche Verdünnung ergibt bei 0,01 n-Phosphatlösung den Minimalwert 28 cm³/g, der sehr gut mit dem aus der Theorie für starre Stäbchen berechneten Wert 25 cm³/g übereinstimmt, wenn man für die Länge und Dicke die elektronenmikroskopisch gewonnenen Werte 280 und 15,2 m$\mu$ einsetzt. Auch Modellversuche an länglichen Teilchen[8, 4] ergeben Werte, die sich mitunter recht gut durch die Theorie verstehen lassen[9]. Bei den meisten Proteinen findet man eine starke

[1] BANCELIN, M.: Chem. Rev. 152, 158 (1911).

[2] ODEON, S.: Nova Acta R. Soc. Sci. Upsala 3 (1913).

[3] EIRICH, F., M. BUNZL u. H. MARGARETHA: Kolloid-Z. 74, 276 (1936).

[4] EIRICH, F., u. J. SVERAK: Trans. Faraday Soc. 42 B, 57 (1946).

[5] POLSON, A.: Kolloid-Z. 88, 51 (1939).

[6] MARDLES, E. W. J.: Trans. Faraday Soc. 36, 1007 (1940).

[7] SCHACHMAN, H. K., u. W. J. KAUZMAN: J. Phys. Colloid Chem. 53, 150 (1949). — LAUFFER, M. A.: J. of Biol. Chem. 52, 248 (1948).

[8] EIRICH, F., M. BUNZL u. H. MARGARETHA: Kolloid-Z. 75, 20 (1936).

[9] Vgl. dazu Kap. XI, Viscosität und Form.

Abhängigkeit der Viscositätszahl vom $p_H$ der Lösung, die durch Quellung bzw. Solvatation und wahre Strukturänderung der Teilchen erklärt werden kann (vgl. Kap. XV). Bei sehr verdünnten Lösungen der Thymonucleinsäure[1] (20 bis 2,5 · $10^{-5}$ g/cm³) fällt die spezifische Viscosität um fast ein Viertel, wenn man von $p_H = 6,60$ zu $p_H = 3,70$ übergeht. Da die Lösungen genügend verdünnt sind, muß der ganze Effekt dem Einzelteilchen zugeschrieben werden.

Eine weit größere Mannigfaltigkeit findet man bei Fadenmolekülen, wo ein sehr ausgeprägter Zusammenhang zwischen der Viscositätszahl und dem Molekulargewicht innerhalb einer polymeren Reihe besteht. Wegen der Proportionalität zwischen Molekulargewicht und Polymerisationsgrad $P$ bzw. der Zahl der Kettenatome $N$ kann die Viscosität für jedes System Polymer–Lösungsmittel als Funktion einer von diesen drei Größen dargestellt werden. Es ist das große Verdienst STAUDINGERs, diesen Zusammenhang in seiner ganzen Tragweite entdeckt und seine Brauchbarkeit zur Molekulargewichtsbestimmung in langjähriger systematischer Arbeit zuerst an ziemlich niedermolekularen Paraffinderivaten und dann an immer höhermolekularen Substanzen eindeutig nachgewiesen zu haben. Das umfangreiche von ihm gewonnene Material lieferte einen klaren Beweis für den makromolekularen Charakter vieler Natur- und Kunststoffe und legte so den Grundstein für die gesamte makromolekulare Forschung. Nach STAUDINGER[2] bestimmt die Zahl der Kettenglieder in der Hauptkette $N_H$ die Viscosität

$$[\eta] = K' \cdot N_H + I\,, \qquad\qquad (V, 37)$$

wo die Inkremente $I$ den eventuellen Einfluß der Endgruppen und von Seitenketten berücksichtigen sollen. Der Wert der Konstanten $K'$ ist bei jeder polymeren Reihe noch lösungsmittelabhängig[3]. Für Paraffine und Paraffinderivate in Benzol und Tetrachlorkohlenstoff bei 20° C gilt $K' = 0,093$ und $0,108$. Begnügt man sich mit der Genauigkeit, wie sie aus der Tab. V, 5 zu ersehen ist, dann ist in den meisten Fällen bei unverzweigten Ketten ohne Doppelbindung der Beitrag der Endgruppeninkremente $I$ zu vernachlässigen, so daß STAUDINGER die Beziehung

$$[\eta] = K' \cdot N = K \cdot M \qquad\qquad (V, 38)$$

direkt als allgemeines Viscositätsgesetz für unverzweigte Fadenmoleküle betrachtet[4]. Die Anwendbarkeit dieser Beziehung ist an die Bedingung

---

[1] SCHWANDER, H.: Helvet. chim. Acta **32**, 2510 (1949).

[2] STAUDINGER, H.: Die hochmolekularen organischen Verbindungen. Berlin 1932. — Makromolekulare Chemie und Biologie. Basel 1947. — BIER, G.: Makromolekulare Chem. **6**, 104 (1951).

[3] STAUDINGER deutet $K'$ als ein direktes Maß der Moleküllänge, was gewiß nicht zulässig ist.

[4] Um die Frage, ob Gl. (V, 37) oder (V, 38) das eigentliche Viscositätsgesetz darstellt, ist ganz unnötig sehr viel gestritten worden. Es gibt kaum Meßreihen, die bis zu den niedrigsten Gliedern, d. h. bis zu den Monomeren gehen würden. In der Regel gilt dann die lineare Beziehung nicht mehr, man hat es eher mit einer Krümmung der Viscositätskurve zu tun, die evtl. hier durch ein etwa quadratisches Stück besser als durch ein lineares dargestellt werden könnte. Die negativen Werte, die bei Monomeren häufig auftreten, verlangen sehr deutlich ein nichtverschwindendes, negatives Inkrement.

geknüpft, daß die Viscosität des Gelösten merklich größer als die des Lösungsmittels ist, d. h. das gelöste Molekül muß so groß sein, daß man es nicht mehr mit dem einfachen Mechanismus der niedermolekularen Lösungen (§ 48) zu tun hat.

Tabelle V, 5. *Viscositätszahlen bei kürzeren Fadenmolekülen.*

| | $N_H$ | Viscositätszahl $[\eta]$ in cm³/g | |
| --- | --- | --- | --- |
| | | beobachtet in $C_6H_6$ | berechnet mit $K' = 0{,}093$ |
| Cetylamin . . . . . . . . . . . | 17 | 1,51 | 1,58 |
| Methylcetyläther . . . . . . . . | 18 | 1,56 | 1,58 |
| n-Heptakosan . . . . . . . . . . | 27 | 2,64 | 2,51 |
| Dimyristylamin . . . . . . . . . | 29 | 2,78 | 2,70 |
| Laurinsäurecetylester . . . . . . | 29 | 2,71 | 2,70 |
| n-Pentatriakontan . . . . . . . . | 35 | 3,40 | 3,26 |
| Dicetyladipinat . . . . . . . . . | 40 | 3,68 | 3,72 |
| Dicetylthapsiat . . . . . . . . . | 50 | 4,55 | 4,65 |

Immerhin hat man den Eindruck, daß Gl. (V, 37) in der Regel die Meßwerte besser wiederzugeben gestattet. Die Größen $K'$ und $I$ sind spezifische, in der Regel noch temperaturabhängige Konstanten der einzelnen polymeren Reihe im gegebenen Lösungsmittel. So finden MEYER und VAN DER WYK[1] für normale Paraffine in Tetrachlorkohlenstoff bei 25° C

$$[\eta] = 14{,}55 \cdot 10^{-3} M - 1{,}598 ,$$

und ähnliche Beziehungen sind auch von STAUDINGER für einfache Paraffinderivate vorgeschlagen worden. Die lineare Beziehung gilt nicht mehr genau bei den niedrigsten Gliedern, wo die Viscositätszahl langsamer abfällt und mitunter auch negativ wird. Doppelbindungen[2] ergeben bei gleicher Kettengliederzahl in den cis-Verbindungen einen niederen und in den trans-Verbindungen einen größeren Wert als für normale Ketten. Konjugierte Doppelbindungen erhöhen die Viscosität ganz beträchtlich. Einzelne Seitenketten[3] ergeben mitunter keinen Zusatzbeitrag, so daß z. B. die Ester des Oktadekan(1,12)diols mit einer Seitenkette von 6 $CH_2$-Gruppen das gleiche $[\eta]$ liefern wie die Ester des Dodekandiols. Längere Seitenketten führen jedoch zu endlichen Inkrementen, so z. B. die zwei Seitenketten $C_{16}H_{33}$ der Dicetylmalonsäureester zu $I = 0{,}6$ in Benzol und zu 1,05 in $CCl_4$, während eine einzige Kette bei der Cetylmalonsäure ungefähr die Hälfte (0,31 bzw. 0,44) davon ergibt. Variiert man die Länge der eingebauten Seitenketten, so findet man keinen linearen Zusammenhang zwischen der Länge und dem Inkrement, obwohl der Gang ziemlich unabhängig von $N_H$ ist (Abb. V, 9).

[1] MEYER, K. H., u. A. v. D. WYK: Helvet. chim. Acta 18, 1067 (1935); Kolloid-Z. 76, 278 (1936).

[2] STAUDINGER, H., u. A. STEINHOFER: Liebigs Ann. 517, 54 (1935). —BIER, G.: Makromol. Chem. 4, 41 (1949).

[3] STAUDINGER, H., G. BIER u. G. LORENTZ: Makromol. Chem. 3, 251 (1949).

Nach BIER [1] ist für die Viscositätszahl von Molekülen mit Seitenketten der Ansatz

$$[\eta] = \frac{K}{M}\,(M_H^2 + M_S^2 + M_H \cdot M_S) + A$$

gut zu verwenden, wo $M_H$ und $M_S$ das Molekulargewicht der Haupt- und der Seitenkette bedeuten.

Bei den eigentlichen Makromolekülen sind die Verhältnisse wesentlich komplizierter. Man hat es hier nie mit einheitlichen, monodispersen Stoffen zu tun, so daß die Frage nach der Molekulargewichtsverteilung praktisch zum Kernproblem wird (vgl. dazu die Ausführungen in den § 56, 57, 115—117). Dazu kommt, daß auch die einzelnen Fraktionen desselben Ausgangspräparates eine mit dem Molekulargewicht veränderliche chemische Konstitution besitzen können, vor allem kann der Anteil an verzweigten Molekülen einen systematischen Gang aufweisen (vgl. dann § 57 b). Ein sehr großer Teil des älteren Beobachtungsmaterials genügt den Anforderungen an Einheitlichkeit und Definiertheit in keiner Weise, so daß seine Auswertung sehr viel Verwirrung angestiftet hat. Es ist auch unumgänglich notwendig, an möglichst einheitlichen Fraktionen von sorgfältig hergestellten Präparaten möglichst viele verschiedene Effekte zu untersuchen. Ein Vergleich von Viscositätsmessungen z. B. mit Sedimentations- und anderen Messungen an Präparaten anderer Herkunft ist fast wertlos. Durch Kombination von Beobachtungen an verschiedenen Präparaten kann man jede aktuelle Theorie experimentell „bestätigen".

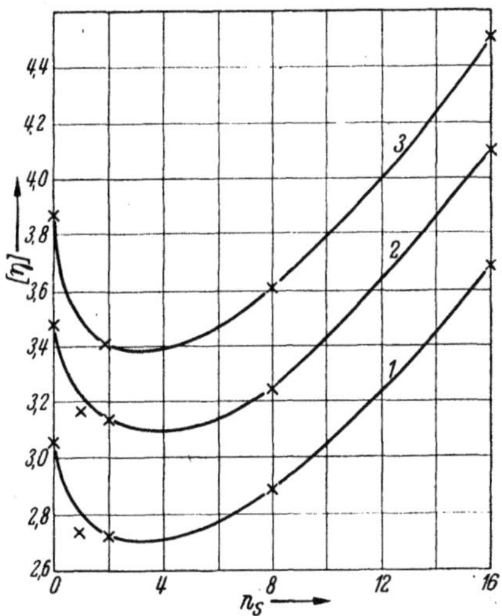

Abb. V, 9. Viscositätszahl (1) der Distearylester, (2) der Dicetylester und (3) der Ditetradecylester der RR-substituierten Malonsäure nach STAUDINGER, BIER, LORENTZ: Makromol. Chem. 3, 251 (1949). Die Gliederzahl in den Seitenketten $R$ ist $n_s$.

Die Viscositätszahl innerhalb einer polymerhomologen Reihe kann in den meisten Fällen durch ein Potenzgesetz [2]

$$[\eta] = K \cdot M^a \qquad\qquad (V, 39)$$

dargestellt werden. Trägt man $[\eta]$ und $M$ im logarithmischen Maß auf, so ergeben sich Gerade, deren Neigung den Exponenten bestimmt. Das

---

[1] BIER, G.: Makromol. Chem. 4, 124 (1949).

[2] Ein solches Gesetz wurde wohl zuerst von H. MARK in seinem Buche „Der feste Körper", Leipzig 1938, S. 103, vorgeschlagen. Es hat sich allgemein durchgesetzt, nachdem R. R. HOUWINK, J. prakt. Chem. 157, 15 (1940), seine Brauchbarkeit zur Darstellung der Meßreihen von H. STAUDINGER und K. WARTH, J. prakt. Chem. 155, 261 (1940) an Polyvinylacetat, Polyvinylalkohol und Polymethylmethacrylat erwiesen hat.

lineare STAUDINGERsche Gesetz ohne das Zusatzglied $I$ verlangt eine Neigung von 45°. Ein merklich von Null verschiedenes Inkrement führt besonders bei den Anfangsgliedern zu einer Krümmung, die Viscositätskurve nähert sich erst für große $M$ asymptotisch der Geraden. Die meisten untersuchten Systeme ergeben Exponenten zwischen 0,5 und 1,0 mit ausgesprochener Häufung zwischen 0,66 und 0,80, wie das aus der Zusammenstellung der Konstanten der Viscositätsgleichung (V, 39) in Tab. V, 6 klar zu sehen ist. Bei Gültigkeit von Gl. (V, 39) ist der *viscosimetrische Mittelwert* $\overline{M}_v$ durch die Beziehung

$$\overline{M}_v = \left[ \frac{\Sigma\, c_{gi}\, M_i^a}{\Sigma\, c_{gi}} \right]^{1/a} = \left[ \frac{\Sigma\, n_i\, M_i^{a+1}}{\Sigma\, n_i\, M_i} \right]^{1/a} \tag{V, 40}$$

bestimmt, die man bei polymolekularen Lösungen der Berechnung zugrundelegen muß. Nur beim linearen STAUDINGERschen Gesetz ist der viscosimetrische gleich dem Gewichtsmittelwert (vgl. § 56).

Tab. V, 6 enthält die Angaben des Lösungsmittels, der Meßtemperatur, der Größen $K$ und $a$, des durch Gl. (V, 42) definierten Konzentrationskoeffizienten $k'$ sowie das Molekulargewichtsintervall und das Inkrement $I$ nach Gl. (V, 37). Da $M$ vorwiegend aus osmotischen Messungen bzw. aus den Endgruppen bestimmt wurde, ist überall der Zahlenmittelwert $M_n$ angegeben.

Verhältnismäßig wenige Systeme gehorchen genau dem linearen STAUDINGERschen Gesetz (Gl. V, 37 oder 38) im ganzen Meßbereich. Besonders hervorzuheben sind die sorgfältigst gemessenen Polyester mit relativ kleinen Molekulargewichten. Bei den Polyphthalaten ist das Bild nicht ganz so einfach; hier scheint bei unfraktionierten Präparaten doch ein etwas langsamerer Anstieg mit $M$ vorhanden zu sein, der oberhalb $M = 14000$ wieder in das lineare Gesetz übergeht. Polyamide, Polyvinylderivate und vermutlich auch die Polyester bei höheren Molekulargewichten haben durchweg Exponenten kleiner als Eins.

Eine zuverlässige Prüfung des Viscositätsgesetzes ist natürlich nur bei genügend einheitlichen Fraktionen möglich. Viele Meßreihen genügen dieser Anforderung nicht. Bei den Nitrocellulosen, für die nach der Tabelle das STAUDINGERsche Gesetz gelten soll, gibt es auch Meßreihen, die weder durch Gl. (V, 37) noch durch Gl. (V, 38) zu beschreiben sind[1].

Während man nun bei vielen Systemen, insbesondere bei den Cellulosederivaten, den Eindruck hat, daß die Darstellung durch das Potenzgesetz einen etwas künstlichen Charakter besitzt und nur als bequeme Interpolationsformel dient, die unter Umständen durch andere Funktionen ohne eine Einbuße an der Wiedergabegenauigkeit ersetzt werden könnte, gibt es andererseits polymere Reihen, z. B. die Polyisobutylene, Naturkautschuk, GRS-Kopolymere, Polystyrole, Polymethacrylate, bei denen das Potenzgesetz über so große Gebiete und so genau

---

[1] MOSIMANN, H.: Helv. Chim. Acta **26**, 369 (1943); BADGER, R. M., u. R. H. BLAKER: J. Phys. Colloid Chem. **53**, 1056 (1949); MÜNSTER, A.: Z. Phys. Chem. **197**, 17 (1951).

Tabelle V, 6[1]. *Die Konstanten des Viscositätsgesetzes für Fadenmoleküle, bezogen auf Konzentrationen in $g/cm^3$.*

| Hochpolymere Substanz | Lösungsmittel | $t\,^\circ C$ | $K \cdot 10^2$ | $a$ | $I$ | $k'$ | $M_n \cdot 10^{-3}$ | Zitat |
|---|---|---|---|---|---|---|---|---|
| Cellulose | Cuprammonium | 25° | 0,65 | 0,70 | | | 460—1760[2] | 1 |
| Cellulose-acetat | Aceton[3] | 25° | 0,165 | 1,0 | | | | 2 |
| | | | 0,254 | 1,0 | | | 11—130 | 3 |
| | | | 1,49 | 0,82 | | | 31—390 | 4 |
| | | | 8,9 | 0,67 | | 0,70 | 25—126 | 5,6 |
| | | | 0,897 | 0,90 | | | 12—115 | 6 |
| | Methyl-Glycol[4] | 20° | 6,2 | 0,71 | | | 22—74 | 7 |
| Cellulose-acetat-butyrat | Aceton | 25° | 1,37 | 0,83 | | | 12—210 | 8 |
| | Essigsäure | | 1,46 | 0,83 | | | | |
| | Pyridin | | 1,33 | 0,83 | | | | |
| Nitro-cellulose | Aceton | 27° | 0,82 | 1,0[5] | | 0,32 | 17—396 | 9 |
| | | | 1,02 | 1,0[6] | | | | |
| | | 20° | 0,805 | 1,0 | —24,3 | | 6—613 | 10[7] |
| Amylose | Äthylendiamin | 25° | | 1,3 | | | 8—90 | 11 |
| Amylose-acetat | Chloroform | 25° | | 1,5 | | | 45—90 | 11 |
| Pektinsäure | 0,155 nNaCl-Lsg. | 25° | 0,014 | 1,34 | | 0,41 | 3—71 | 12 |
| Polyäthylen | Dekalin[8] | 70° | 0,387 | 0,738 | | | 4—38 | 13 |
| | Xylol[9] | 75° | 1,35 | 0,63 | | 0,58—1,02 | 13—76 | 14 |
| Polyiso-butylen | Diisobutylen | 20° | 3,60 | 0,64 | | | 5,6—2200 | 15 |
| | CCl$_4$ | 30° | 2,9 | 0,68 | | | 5,6—2200 | 16 |
| | Cyclohexan | 30° | 2,65 | 0,69 | | | | |
| | Toluol | 90° | 1,26 | 0,72 | | | | |
| | | 60° | 1,35 | 0,71 | | | | |
| | | 50° | 2,0 | 0,68 | | | | |
| | | 30° | 2,0 | 0,67 | | | | |
| | | 15° | 2,4 | 0.65 | | | | |
| | | 0° | 4,0 | 0,60 | | | | |
| | | 20° | 2,6 | 0,64 | | | | 17 |

---

[1] Ältere Messungen, die meistens nach der STAUDINGERschen Regel ausgewertet wurden, siehe bei STAUDINGER (Die hochmolekularen organischen Verbindungen. Berlin 1932) und W. PHILIPPOFF (Viscosität der Kolloide. Dresden—Leipzig 1942).

[2] Die Fraktion $M = 1\,840\,000$ zeigt ein um 20% zu kleines $[\eta]$ und fällt ganz aus der Reihe aus.

[3] Die nach verschiedenen Formeln berechneten Viscositätszahlen wie auch die zugrundegelegten Meßwerte unterscheiden sich bis zu 50%.

[4] Wahrscheinlich Methylcellulose.

[5] Hydrolytisch abgebaut.

[6] Oxydativ abgebaut.

[7] Nachträgliche Molekulargewichtsbestimmungen mit der Ultrazentrifuge von H. MOSIMANN, Helvet. chim. Acta **26**, 369 (1943) ergeben einen S-förmigen Verlauf der Viscositätszahl mit $M$.

[8] Unfraktionierte Muster.

[9] Unfraktionierte Muster mit stark (1 zu 3) schwankendem Verzweigungsgrad.

*Tabelle V, 6.* (Fortsetzung.)

| Hochpolymere Substanz | Lösungsmittel | $t\,^\circ$C | $K\cdot10^2$ | $a$ | $I$ | $k'$ | $M_n\cdot10^{-3}$ | Zitat |
|---|---|---|---|---|---|---|---|---|
| Polyiso-butylen | Benzol | 60° | 2,6 | 0,66 | | | | |
| | | 40° | 4,3 | 0,60 | | | | |
| | | 30° | 6,1 | 0,56 | | | | |
| | | 25° | 8,3 | 0,53 | | | | |
| Polybutadien | Toluol | | 72,5 | 0,45[1] | | | 35—1000 | 18 |
| | | | 26,4 | 0,55[1] | | | | |
| | | | 10,6 | 0,63[1] | | | | |
| | | | 80,0 | 0,5 | | | 50—440 | 19 |
| | | 25° | 11,0 | 0,62 | | | 70—400 | 17 |
| Natur-kautschuk | Toluol | 25° | 5,02 | 0,67 | | | 40—1500 | 20 |
| Neopren | Toluol | 25° | 5,0 | 0,615 | | | 40—750 | 19 |
| GRS-Kopolymer | Toluol | 30° | 5,4 | 0,66 | | | 25—920 | 21 |
| | | 30° | 5,4 | 0,66 | | | 12—1650 | 22 |
| | | 25° | 5,25 | 0,67 | | | 25—400 | 19 |
| Buna N | Toluol | 25° | 4,9 | 0,64 | | | 25—380 | 19 |
| | Aceton | 25° | 5,0 | 0,64 | | | 25—100 | |
| | Chloroform | 25° | 5,4 | 0,68 | | | | |
| | Benzol | 25° | 1,3 | 0,55 | | | | |
| Polystyrol[1a] | Toluol | 20° | 0,087 | 0,97 | | | 75—1000 | 23 |
| | | 25° | 4,40 | 0,65[2] | | | 5—23 | 24 |
| | | | 2,92 | 0,65 | | | | |
| | | | 1,7 | 0,69 | | | | 25 |
| | | 30°-40° | 1,6 | 0,70 | | 0,42 | 550—2050 | 26 |
| | | | 0,66 | 0,80 | | 0,33 | 110—340 | |
| | | | 0,04 | 1,10 | | 0,21 | 110—170 | |
| | | 30° | 3,7 | 0,62 | | 0,38 | 200—1800 | 27 |
| | Methyliso-propylketon | 20° | 0,77 | 0,73 | | | 75—1000 | 23 |
| | Methyl-äthylketon | 40° | 7,0 | 0,53 | | 0,54 | 200—1800 | 27 |
| | | | | 0,58[3] | | | 3—1780 | 25 |
| | Butanon | 25° | 3,9 | 0,58 | | | 2,5—1755 | 25 |
| | | 40° | 7,0 | 0,53 | | 0,54 | 200—1800 | 26 |
| | Benzol | 25° | 0,355 | 1,0 | 1,0 | | 0,3—3 | 28 |
| | | | 0,97 | 0,74[2] | | | 70—1270 | 29 |
| | | | 0,754 | 0,783[2] | | | 50—800 | |
| | | 30° | 0,98 | 0,73[2] | | | | |
| | | | | 0,69—0,75 | | | 44—400 | 30 |
| | | | 1,12 | 0,73 | | | 74—1800 | 31 |
| | | | 1,54 | 0,73[2] | | | | 32 |
| | | | 2,27 | 0,72[2] | | | 1—10 | 33 |
| | | | 4,17 | 0,60 | | | | |
| | | | 4,37 | 0,66[2] | | | 1—1800 | 33,34 24,32 |

[1] Polymerisiert bei 50°, 5°, —20° bis zum 65%igen Umsatz. Bei nur 30% Umsatz stellt sich der übliche Exponent 0,64—0,67 ein.

[1a] Weitere Daten s. CRAGG und Mitarbeiter, J. Amer. Chem. Soc. **74**, 1977 (1952).

[2] Unfraktionierte Muster.

[3] Gültig für $M_w$.

*Tabelle V, 6.* (Fortsetzung.)

| Hochpolymere Substanz | Lösungsmittel | $t\,°\mathrm{C}$ | $K \cdot 10^2$ | $a$ | $I$ | $k'$ | $M_n \cdot 10^{-3}$ | Zitat |
|---|---|---|---|---|---|---|---|---|
| Polystyrol | Benzol | | 2,7 | 0,66 | | | | |
| | | | 0,142-0,068 | 0,95[1] | | | 142—552 | 35 |
| | | 38° | | 0,85 | | | | 36 |
| | Dichloräthan | 25° | 2,1 | 0,66 | | | 3—1780 | 25 |
| | Tetralin | 20° | 0,17 | 1,0 | 3,4 | | 0,4—5 | 37 |
| | | | 0,070 | 1,0[2] | | | | 38 |
| | | 60° | 0,16 | 1,0 | 1,9 | | 0,4—5 | 37 |
| Polymethylmethacrylat | Benzol | 25° | 0,73 | 0,76[3] | | | 70—1300 | 39 |
| | | | 2,34 | 0,685[4] | | | 56—980 | |
| | | 27° | | 0,79 | | | 25—7440 | 40 |
| | Chloroform | 20° | 0,49 | 0,82 | | | 56—980 | 39 |
| | | | 0,33 | 0,85 | | 0,24—0,36 | 13,5—600 | 39,41 |
| | | | 0,40 | 0,80[2] | | | | 42 |
| | | 25° | 0,30 | 0,80 | | | | 43 |
| | | 27° | | 0,79 | | | 25—7440 | 40 |
| | Aceton | 27° | | 0,73 | | | | |
| Polymethacrylsäure | Methanol | 26° | 24,2 | 0,51 | | 0,41 | 4—280 | 44 |
| | 0,002 nHCl | 30° | 6,6 | 0,50 | | | | 45 |
| Polyvinylchlorid | Cyclohexanon | 20° | 1,16 | 0,85 | | 0,52 | | 46 |
| | | 25° | 0,7 | 1,0 | | | 28—102 | 46a |
| Polyvinylalkohol | Wasser | 50° | 5,9 | 0,67 | | | 44—110 | 46b |
| Polyvinylacetat | Aceton | 50° | 2,8 | 0,67[3] | | | 77—850 | 46c |
| | | 25° | 1,88 | 0,69[1] | | | 40—550 | 47 |
| | | | 1,76 | 0,68 | | | 70—1700 | |
| | | | | 0,63[2] | | 0,33 | 61—850 | 47,48 |
| | | | 7,02 | 0,62[2] | | | | |
| | | | 1,26[2] | 0,75 | | | 45—420 | 49 |
| | | | 0,99 | 0,75 | | | | |
| | 2-Chloräthylen | | 2,0 | 0,63 | | 0,36 | 61—850 | 47,48 |
| Polyaminocapronsäure | m-Kresol konz. | | 0,73 | 1,0 | 3,0[5] | | 1,3—20,6 | 50,51 |
| | Schwefelsäure | 20° | 12,0 | 0,67 | | | 0,4—5 | 52 |
| | 40% Schwefelsäure | | 24,0 | 0,51 | | | | |
| Polychlorbenzoylaminocapronsäure | m-Kresol | | 0,76 | 1,0 | | | 1,7—15 | 51 |

[1] Je uneinheitlicher die Fraktion, desto größer $K$ und kleiner $a$.
[2] Unfraktionierte Muster
[3] Mittelscharfe Fraktionen.
[4] Sehr scharfe Fraktionen.
[5] Das Inkrement verschwindet bei den Methylestern der Säure (*51*).

Tabelle V, 6. (Fortsetzung.)

| Hochpolymere Substanz | Lösungsmittel | $t^\circ$ C | $K \cdot 10^2$ | $a$ | $I$ | $k'$ | $M_n \cdot 10^{-3}$ | Zitat |
|---|---|---|---|---|---|---|---|---|
| Polyiod-benzoyl-amino-capron-säure | m-Kresol | | 0,68 | 1,0 | 1,5 | | 1,6—11 | 51 |
| Polycapro-lactam-stearat | konz. Schwe-felsäure | 25° | 16,3 | 0,764 | | | 2—13,3 | 53 |
| Polycapro-lactam-sebacat | | | 4,2 | 0,794 | | | 2—22,6 | |
| Poly-capro-lactam-cyclohexa-non-tetra-propionat[1] | | | 5,5 | 0,736 | | | 2,4—25 | |
| Poly-capro-lactam-di-cyclohexa-non-octa-propionat[2] | | | 1,35 | 0,857 | | | 4,2—25,7 | |
| Polyhexa-methylen-adipamid (6,6-Nylon) | 90% Ameisen-säure | 25° | 11,0 | 0,72 | | | 6,5—26 | 54 |
| Polyoxy-dekan-säure | Benzol<br>Tetrachlor-äthan | 25° | 0,57<br>0,64 | 1,0<br>1,0 | 2,5<br>5,0 | | 5—13<br>5,6—25,2 | 55<br>56 |
| Polyoxy-dekansäure-methylester[3] | Benzol | | 0,62 | 1,0 | —0,08 | | 0,7—2,4 | 55 |
| Polyoxy-undekan-säure | Benzol<br>Chloroform | 25° | 0,61<br>0,67 | 1,0<br>1,0 | 6,0 | 0,40 | 1,3—18,5<br>0,2—12,6 | 57,58<br>59 |
| Polydeka-methylen-adipat[4] | Diäthyl-succinat<br>Chlorbenzol | 79°<br>25°<br>79° | 0,197<br>0,335<br>0,294 | 1,0<br>1,0<br>1,0 | 6,7<br>9,4<br>5,1 | | 0,89—15 | 60 |
| Polylevo-2,3-butandiyl-o-phthalat | Chloroform | 25° | 0,192 | 1,0[5] | 1,76 | | 0,48—2,4 | 61 |

[1] Vierfache Kette.

[2] Achtfache Kette.

[3] Die Werte $K$ und $I$ sind berechnet aus den Meßergebnissen bei niedermolekularen Estern ($M = 400$—900), wie sie bei STAUDINGER und BERNDT (55) in Tabelle 4, S. 30 angeführt werden.

[4] Die Fraktionen sind stark uneinheitlich, was aus der Relation $M_w \sim 2\,M_n$ zu ersehen ist. Die Werte $K$ und $I$ gelten für $M_w$.

[5] Oberhalb von $M = 2410$ wächst $[\eta]$ langsamer als linear mit $M$, um dann von 14000 weiter wieder einer linearen Beziehung zu folgen.

*Tabelle V, 6.* (Fortsetzung.)

| Hochpolymere Substanz | Lösungsmittel | $t\,^{\circ}C$ | $K \cdot 10^2$ | $a$ | $I$ | $k'$ | $M_n \cdot 10^{-3}$ | Zitat |
|---|---|---|---|---|---|---|---|---|
| Polyoxy-äthylen-glykol | CCl$_4$ | 20° | 0,081 | 1,0 | 2,7 | | 0,8—8 | 62 |
| | | 30° | 0,069 | 1,0 | 2,3 | | | |
| | | 40° | 0,049 | 1,0 | 1,7 | | | |
| | Dioxan | 20° | 0,136 | 1,0 | 2,8 | | | |
| | | 30° | 0,123 | 1,0 | 2,6 | | | |
| | | 40° | 0,117 | 1,0 | 2,1 | | | |
| Polydime-thylsiloxan | Toluol | 25° | 2,0 | 0,66 | | | 2—150 | 63 |
| | | | 0,070 | 1,12 | | | 0,46—1,0 | |


*1* GRALÉN, N., u. T. SVEDBERG: Nature (Lond.) **152**, 625 (1943).

*2* KRAEMER, E. O.: Ind. Engng. Chem. **30**, 1200 (1938).

*3* SOOKNE, A. M., u. M. HARRIS: Ind. Engng. Chem. **37**, 477 (1945).

*4* BADGLEY, W. J. B.: Polymer. Bull. **1**, 17 (1945); BADGLEY, W. J. B., u. H. MARK: J. Phys. Colloid Chem. **51**, 58 (1947).

*5* BARTOVICS, A., u. H. MARK: J. Amer. Chem. Soc. **65**, 1901 (1943).

*6* PHILIPP, H. J., u. C. F. BJORK: J. Polymer Sci. **6**, 549 (1951).

*7* HERZOG, R. O., u. A. DERIPASKO: Cellulosechem. **13**, 25 (1932).

*8* TAMBLIN, J. W., D. R. MOREY u. R. H. WAGNER: Ind. Engng. Chem. **37**, 573 (1945).

*9* HUSEMAN, E., u. G. V. SCHULZ: Z. phys. Chem. B **52**, 1 (1942).

*10* FIVIAN, W.: Diss. Bern 1939.

*11* FASTER, J. F., u. R. M. HIXON: J. Amer. Chem. Soc. **66**, 557 (1944).

*12* OWENS, M. S., H. LOTZKAR, T. H. SCHULTZ u. W. D. MACLAY: J. Amer. Chem. Soc. **68**, 1628 (1946).

*13* HOPFF, H., S. GOEBEL u. R. KERN: Makromol. Chem. **4**, 240 (1949).

*14* HARRIS, I.: J. Polymer. Sci. **8**, 353 (1952).

*15* FLORY, P. J.: J. Amer. Chem. Soc. **65**, 372 (1943).

*16* FOX, T. G., u. P. J. FLORY: J. Phys. Colloid Chem. **53**, 197 (1949).

*17* SCOTT, R. L., W. C. CARTER u. M. MAGAT: J. Amer. Chem. Soc. **71**, 220 (1949).

*18* JOHNSSEN, B. L., u. R. D. WOLFANGEL: Ind. Engng. Chem. **41**, 1680 (1949).

*19* HUGGINS, M. L.: Ind. Engng. Chem. **35**, 980 (1943); nach Messungen von H. STAUDINGER u. KL. FISCHER: J. prakt. Chem. **157**, 158 (1941).

*20* CARTER, W. C., R. L. SCOTT u. M. MAGAT: J. Amer. Chem. Soc. **68**, 1480 (1946).

*21* FRENCH, D. M., u. R. H. EWART: Ind. Engng. Chem. **39**, 165 (1947).

*22* YANKO, J. A.: J. Polymer Sci. **3**, 576 (1948).

*23* HENGSTENBERG, J., u. G. V. SCHULZ: Makromol. Chem. **2**, 5 (1948).; SCHULZ, G. V., u. A. DINGLINGER: J. prakt. Chem. **158**, 160 (1940); Z. phys. Chem. (B) **43**, 47 (1939).

*24* BAMFORD, C. H., u. M. J. S. DEWAR: Proc. Royal Soc. (Lond.) A **192**, 309, 329 (1938).

*25* OUTER, P., C. I. CARR u. B. H. ZIMM: J. Chem. Phys. **18**, 830 (1950).

*26* ALFREY, T., A. BARTOVICS u. H. MARK: J. Amer. Chem. Soc. **65**, 2319 (1943).

*27* GOLDBERG, A. I., W. P. HOHENSTEIN u. H. MARK: J. Polymer Sci. **2**, 503 (1947).

*28* KEMP, A. R., u. H. PETERS: Ind. Engng. Chem. **33**, 1263 (1941); **34**, 1097 (1942).

*29* EWART, R. H., u. H. C. TINGEY: Meeting Amer. Chem. Soc., Atlantic City 1947.

*30* WALES, M., J. W. W. WILLIAMS, J. O. THOMPSON u. R. H. EWART: J. Phys. Chem. **52**, 983 (1948).

*31* BAWN, C. E. H., R. FREEMAN u. A. KAMARIDIN: Trans. Faraday Soc. **46**, 1107 (1950).

*32* MATHESON, M. S.: J. Amer. Chem. Soc. **73**, 1651 (1951).

*33* PEPPER, D. C.: J. Polymer Sci. **7**, 347 (1951).

34 GREGG, R. A., u. F. R. MAYO: J. Amer. Chem. Soc. 70, 2373 (1948).
35 FRANK, H. P., u. J. W. BREITENBACH: J. Polymer Sci. 6, 609 (1951).
36 BUECHE, A. M.: J. Amer. Chem. Soc. 71, 1452 (1949).
37 STAUDINGER, H.: Die hochmolekularen organischen Verbindungen. Berlin 1932.
38 SCHULZ, G. V., u. E. HUSEMANN: Z. phys. Chem. B 34, 187 (1936).
39 BAXENDALE, J. H., S. BYWATER u. M. G. EVANS: J. Polymer Sci. 1, 237 (1946).
40 SCHULZ, G. V., u. G. MEYERHOFF: Z. Elektrochem. 56, 904 (1952).
41 SCHULZ, G. V., u. A. DINGLINGER: J. prakt. Chem. 155, 15 (1940).
42 BAYSAL, B., u. A. V. TOBOLSKY: J. Polymer Sci. 9, 171 (1952).
43 BISCHOFF, J., u. V. DESREUX: Bull. Soc. chim. Belg. (im Druck).
44 WIEDERHORN, N. M., u. A. R. BROWN: J. Polymer Sci. 8, 651 (1952).
45 KATCHALSKY, A., u. H. EISENBERG: J. Polymer Sci. 6, 145 (1951).
46 BREITENBACH, J. W.: Kolloid-Z. 127, 1 (1952).
46a MEAD, D. J., u. R. M. FUOSS: J. Amer. Chem. Soc. 64, 277 (1942).
46b STAUDINGER, H., u. K. WARTH: J. prakt. Chem. 155, 261 (1940).
47 WAGNER, R. H.: J. Polymer Sci. 2, 21 (1947).
48 ROBERTSON, R. E., R. McINTOSH u. W. E. CRUMMIT: Canad. J. Res. B 24, 193 (1946).
49 DIALER, K., u. W. STABENTHEIMER: Makromol. Chem. 2, 271 (1948).
50 STAUDINGER, H., u. H. JÖRDER: J. prakt. Chem. 160, 185 (1941).
51 STAUDINGER, H., u. H. SCHNELL: Makromol. Chem. 1, 44 (1947).
52 MATTHES, A.: J. prakt. Chem. 162, 245 (1943).
53 SCHAEFGEN, J. F., u. P. J. FLORY: J. Amer. Chem. Soc. 70, 2709 (1948).
54 TAYLOR, G. B.: J. Amer. Chem. Soc. 69, 635 (1947).
55 STAUDINGER, H., u. FR. BERNDT: Makromol. Chem. 1, 22 (1947).
56 KRAEMER, E. O., u. F. J. VAN NATTA: J. phys. Chem. 36, 3175 (1932).
57 STAUDINGER, H., u. O. NUSS: J. prakt. Chem. 157, 284 (1941).
58 STAUDINGER, H., u. FR. BERNDT: Makromol. Chem. 1, 36 (1947).
59 BAKER, W. O., C. S. FULLER u. J. H. HEISS: J. Amer. Chem. Soc. 63, 3316 (1941).
60 FLORY, P. J., u. P. B. STICKNEY: J. Amer. Chem. Soc. 62, 3032 (1940).
61 WATSON, R. W., u. N. H. GRACE: Canad. J. Res. B 26, 783 (1948).
62 FORDYCE, R., u. H. HIBBERT: J. Amer. Chem. Soc. 61, 1912 (1939).
63 BARRY, A. J.: J. Appl. Phys. 17, 1020 (1946).

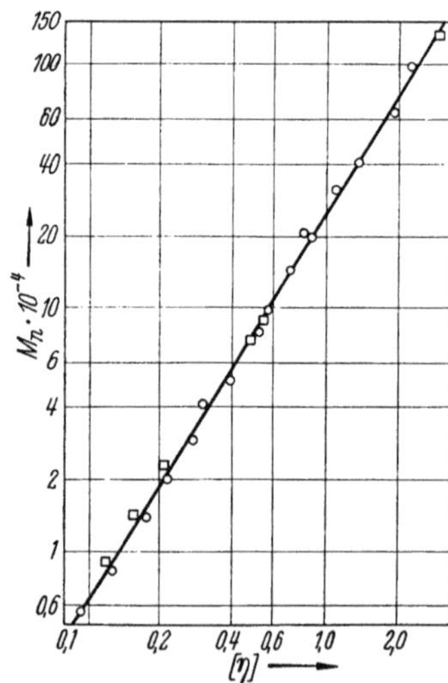


Abb. V, 10. Viscositätszahl von Polyisobutylen in CCl₄ nach FOX und FLORY: J. Phys. Chem. 53, 197 (1949).

erfüllt ist, daß man an eine wirkliche, durch die Natur der Fadenmoleküle bedingte Gesetzmäßigkeit und nicht nur an eine beschränkt gültige Interpolationsformel denken muß (Abb. V, 10). Bezeichnend ist, daß der Exponent in diesen Fällen ganz nahe an 0,67 liegt. Die kürzeren Meßreihen dagegen, wo das Molekulargewichtsverhältnis zwischen der niedrigsten und der höchstmolekularen Fraktion unterhalb 10 bis 20 liegt, sind sehr wenig überzeugend, denn man kann für diese immer auch andere Interpolationsgesetze aufstellen, die genau so gut oder noch besser die Meßwerte wiedergeben. In diesem Zusammenhange ist hervorzuheben, daß die doppelt-logarithmische Darstellungsweise besonders im Bereiche großer Molekulargewichte recht unempfindlich wird und über ziemliche Abweichungen wegzutäuschen pflegt.

Schwer zu verstehen sind die ganz großen Exponenten 1,5 bei den Amylosen und 1,34 bei der Pektinsäure, obwohl im letzten Falle wegen des polaren Charakters die elektrostatischen Kräfte die Verhältnisse gegenüber ungeladenen Fadenmolekülen wesentlich abändern können (vgl. § 51). Die Werte zwischen 0,5 und 1,0 wie auch diejenigen, die ganz wenig über 1,0 liegen, lassen im Prinzip eine befriedigende Erklärung zu (Näheres in Kap. XI). Beim Vergleich von Fraktionen mit verschieden weit getriebener Homogenisierung findet man in der Regel einen um so größeren Exponenten und kleineres $K$, je einheitlicher die Fraktion ist. So gilt für gut fraktioniertes Polyvinylacetat $1{,}76 \cdot 10^{-2} \cdot M^{0{,}68}$ im Gegensatz zu $7{,}02 \cdot 10^{-2} \cdot M^{0{,}62}$ für unfraktionierte Lösungen. Die ganz kleinen Exponenten bei den Polybutadienen in Toluol, die JOHNSSEN und WOLFANGEL[1] bei verschiedenen Temperaturen und sehr hohem Umsatzgrad (es wurde fast die ganze Masse polymerisiert) polymerisiert haben, deuten auf Verzweigungen hin[2]. Je kleiner der Konversionsgrad und je niedriger die Herstelltemperatur, desto größer der Exponent. Demgegenüber finden SCHAEFGEN und FLORY[3], daß Verzweigungen nur unwesentlich den Exponenten und die Konstante $K$ beeinflussen.

Einige Systeme, die in allerletzter Zeit mit großer Genauigkeit gemessen wurden, so z. B. die Nitrocellulosen[4] und Acetylcellulosen[5] in Aceton, Polyvinylchloride in Cyclohexanon[6], Polyester der $\omega$-Hydroxyundekansäure in Benzol und Chloroform[7], lassen sich jedoch gar nicht durch ein Potenzgesetz erfassen bzw. man müßte den Exponenten beim Übergang zu größeren Molekulargewichten langsam abnehmen lassen (Abb. V, 11). Dieses Verhalten ist sehr gut im Einklange mit der Theorie des halbdurchlässigen statistischen Knäuels und müßte bei Allgemeingültigkeit derselben bei allen hochpolymeren Lösungen gefunden werden, so daß das Potenzgesetz nur eine beschränkte Gültigkeit in einem verhältnismäßig engen Molekulargewichtsintervall haben sollte. Daß dem

---

[1] JOHNSSEN, B. L., u. R. D. WOLFANGEL: Ind. Engng. Chem. **41**, 1680 (1949).

[2] Eine andere Deutung für die verschiedenen Werte des Exponenten $a$ bei Polystyrolen hat SCHULZ [Makromol. Chem. **3**, 146 (1949)] vorgeschlagen. Nach ihm soll der Platzbedarf der Phenylreste die Steifheit der Kette wesentlich beeinflussen. Die Anlagerung eines neuen Grundmoleküls an eine in Polymerisation befindliche Kette kann in zwei stereoisomeren Formen erfolgen, einer l- und einer d-Anlagerung. Eine l-d-Kette mit Kopf-Schwanz-Anlagerung wird das Normale sein. Sie ist verhältnismäßig steif und wird nicht wesentlich gestört durch gelegentliche Kopf-Kopf- oder Schwanz-Schwanz-Anlagerungen, da diese keine erhöhte Raumbeanspruchung aufweisen. Tritt jedoch eine l-l- oder d-d-Stelle auf, so muß die Kette dort einen scharfen Knick haben, um für die Phenylreste Platz zu schaffen, es resultiert ein stärker geknäueltes Molekül (vgl. dazu Kap. XIV, § 100 b2).

[3] SCHAEFGEN, J. F., u. P. J. FLORY: J. Amer. Chem. Soc. **70**, 2709 (1948).

[4] MOSIMANN, H.: Helv. chim. Acta **26**, 369 (1943); FIVIAN, W.: Dissertation Bern 1939; BADGER, R. M., u. R. H. BLAKER: J. Phys. Colloid Chem. **53**, 1056 (1949); MÜNSTER, A.: Z. phys. Chem. **197**, 17 (1951); J. Polymer Sci. **8**, 633 (1952).

[5] BADGLEY, W. J., u. H. MARK: J. Phys. Colloid Chem. **51**, 58 (1947).

[6] HENGSTENBERG, J.: Angew. Chem. **62**, 26 (1950); vgl. auch STAUDINGER, H., u. J. SCHNEIDERS: Liebigs Ann. **541**, 181 (1939).

[7] BATZER, H.: Makromol. Chem. **5**, 5 (1950).

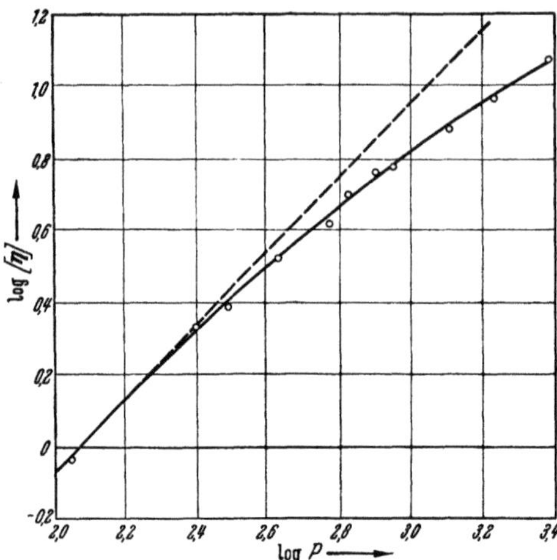

Abb. V, 11. Viscositätszahl der Nitrocellulose $N^{100}$ nach MÜNSTER: Z. phys. Chem. **197**, 17 (1951).

nicht so ist, muß als ein schwerer Einwand gegen diese Theorie wenigstens bei den oben erwähnten Systemen mit festem Exponenten gedeutet werden (vgl. auch Kap. XI).

Eine sehr bequeme Darstellungsart ist das Auftragen von $M/[\eta]$ über $\sqrt{M}$, die unabhängig WILSON[1] aus rein empirischen Gründen und PETERLIN[2] aus seiner Theorie der hydrodynamischen Wechselwirkung im statistischen Knäuel vorgeschlagen haben. Man erhält gerade Linien (Abb. V, 12) in allen Fällen, wo $[\eta]$ mit der Methode des halbdurchlässigen Knäuels beschrieben werden kann, so z. B. bei vielen Cellulosen, Polystyrolen, Polyvinylchlorid, Polymethacrylonitril, Amyloseacetat. Man kann dann die Viscositätszahl als

$$[\eta] = \frac{A\,M}{1 + B\,\sqrt{M}} \qquad (V, 41)$$

darstellen. Für Polymethacrylnitril[3] bewährt sich diese Gleichung mit $A = (0{,}794 \pm 0{,}062) \cdot 10^{-2}\ \mathrm{cm^3/g}$ und $B = (2{,}79 \pm 0{,}45) \cdot 10^{-2}$ für $M_n = 90\,000$ bis $950\,000$. Bei Gültigkeit des Potenzgesetzes mit $a < 1/2\,(>1/2)$ erhält man noch oben (unten) konvexe Kurven. Bei dieser Art der Auftragung findet man nun in einigen Fällen, z. B. bei den Nitro- und

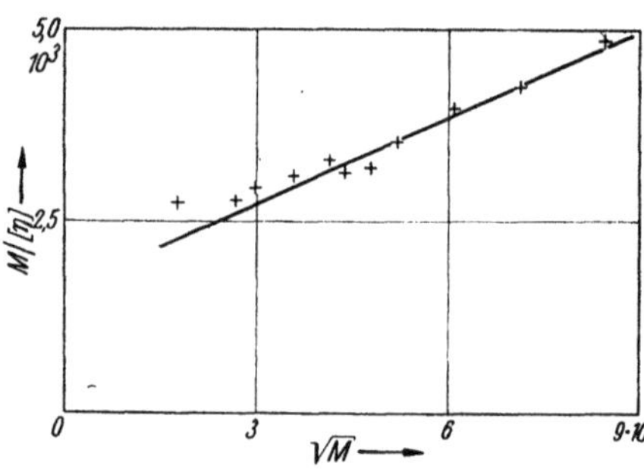

Abb. V, 12. $M/[\eta]$ als Funktion von $\sqrt{M}$ für die Nitrocellulose aus Abb. V, 11.

Acetylcellulosen[4], bei Polyvinylchlorid[5], daß die Meßwerte bei den kleinsten Molekulargewichten zu hoch zu liegen kommen, was eine Folge des mehr als linearen Anstieges der Viscosität bei ganz kurzen Ketten ist[6]. Eine einfache Deutung findet dieses Verhalten im Modell des statistischen Knäuels, der bei den ganz kurzen Ketten noch nicht genügend ausgebildet ist, so daß die Moleküle hier eher fast geraden Stäbchen ähneln.


[1] WILSON, J. N.: J. Chem. Phys. **17**, 219 (1949).
[2] PETERLIN, A.: Int. Kongr. „Les grosses molécules en solution", S. 70, Paris 1948; J. Polymer Sci. **5**, 473 (1950); Diss. Acad. Ljubljana (3 A), 1, 39 (1950).
[3] WILSON, J. N.: J. Chem. Phys. **17**, 219 (1949).
[4] Siehe Anm. 4 und 5, S. 311.
[5] STAUDINGER, H., u. J. SCHNEIDERS: Liebigs Ann. **541**, 181 (1939).
[6] PETERLIN, A.: J. Chim. Phys. **47**, 669 (1950); J. Polymer Sci. **8**, 621 (1952).

Aus der großen Mannigfaltigkeit der Viscositätskurven kann man ungefähr folgendes Bild aufstellen. Geht man vom Monomeren aus, so hat man zuerst einen mehr als proportionalen Anstieg mit dem Polymerisationsgrad, der bald über ein mehr oder wenig ausgedehntes lineares Gebiet in den Bereich des Potenzgesetzes mit ständig fallendem Exponenten übergeht[1] (Abb. V, 13). Die einzelnen Teile dieser S-Kurve können recht verschiedene Ausdehnungen haben. Der lineare Teil kann entweder das Bild so beherrschen, daß man im ganzen Meßbereich von

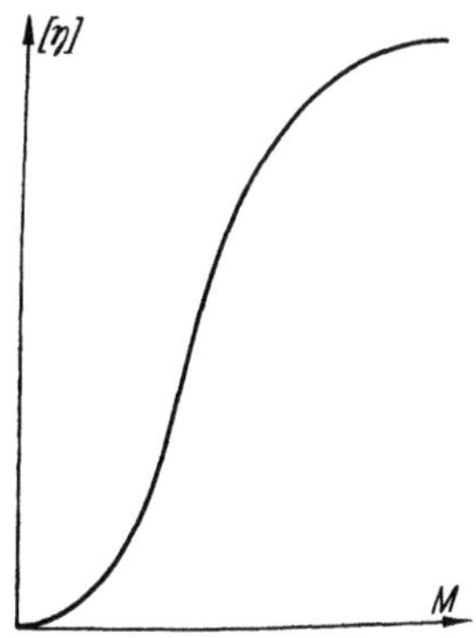

Abb. V, 13.
Allgemeine Form der Viscositätskurve nach OSTWALD: Kolloid-Z. **106**, 1 (1944).

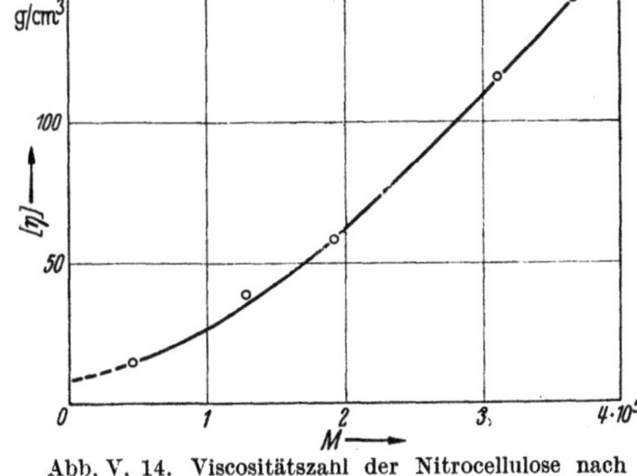

Abb. V, 14. Viscositätszahl der Nitrocellulose nach HUSEMANN und SCHULZ: Z. phys. Chem. B **52**, 1 (1942).

einem einheitlichen Gesetz sprechen darf, oder er kann auch ganz fehlen. Die Unterschiede zwischen den einzelnen Polymeren sind so groß, daß dieses einheitliche Bild in der Regel kaum zu erkennen ist und man eher dazu neigen wird, verschiedene Viscositätstypen einzuführen. Das sind einerseits Systeme mit überwiegender linearer Viscositätsfunktion, die entweder an der niedermolekularen Seite ein fast quadratisches Anfangsstück oder an der hochmolekularen Ansätze eines Überganges zum Potenzengesetz mit $a < 1$ zeigen, ferner Systeme mit konstantem, von 1 verschiedenem Exponenten und zuletzt Systeme mit gut ausgebildeten größeren Teilen der S-Kurve. In die erste Gruppe fallen z. B. die Nitrocellulosen von HUSEMAN und SCHULZ[2] (Abb. V, 14), in die zweite die Polyisobutylene von FOX und FLORY[3] (Abb. V, 10) und in die dritte die Polyaminocapronsäuren von STAUDINGER und JÖRDER[4] (Abb. V, 15), die allerdings nur den kleinen Bereich in Molekulargewichten zwischen 4700 und 9200 ausfüllen.

Die Viscositätszahl ist stark von der *Temperatur* und dem *Lösungsmittel* abhängig. In Tab. V, 7 sind Werte von $[\eta]$ für ein Polybutylen bei 25° C in verschiedenen Lösungsmitteln zusammengestellt. Der

[1] OSTWALD, WO.: Kolloid-Z. **106**, 1 (1944); SADRON, CH.: Mém. Serv. Chim. Etat **30**, 92 (1943); Proc. Int.-Congr. Rheology, Scheveningen, Holland, **1**, 62 (1948).
[2] HUSEMAN, E., u. G. V. SCHULZ: Z. phys. Chem. B **52**, 1 (1942).
[3] FOX, T. G., u. P. J. FLORY: J. Phys. Colloid Chem. **53**, 197 (1949).
[4] STAUDINGER, H., u. H. JÖRDER: J. prakt. Chem. **160**, 185 (1941).

Unterschied zwischen dem schlechten Lösungsmittel Isoamylbutyrat und dem guten n-Octan ist recht beachtlich. Im ersten Falle ist man gerade am Entmischungspunkt, die Lösung trübt sich beim Stehenlassen. Die starken Kräfte zwischen den Lösungsmittelmolekülen im Vergleich zu den Kräften zwischen ihnen und dem gelösten Polybutylen drängt die Moleküle des letzteren auf einen kleinen Raum zusammen, wobei sie schließlich aus der Lösung herausfallen (vgl. dazu § 99 c 1).

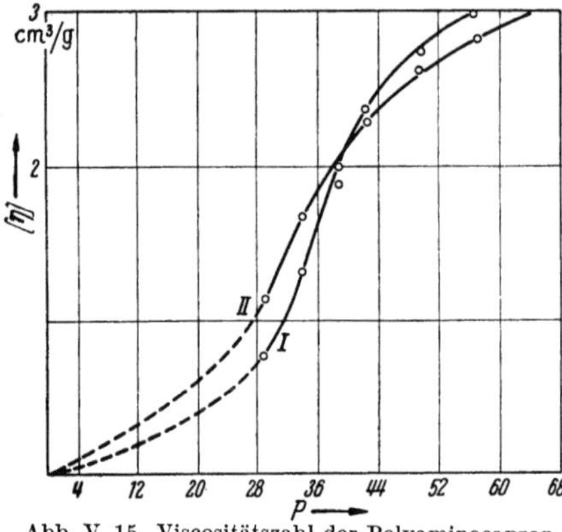

Abb. V, 15. Viscositätszahl der Polyaminocapronsäure nach STAUDINGER und JÖRDER: J. prakt. Chem. **160**, 185 (1941).

In der Potenzdarstellung ergeben bei gleicher Temperatur die guten Lösungsmittel größere Exponenten als die schlechten, z. B. für Polystyrol in Toluol 0,62 und für das schlechte Lösungsmittel Methyläthylketon nur 0,53.

In den guten Lösungsmitteln fällt die Viscositätszahl von Fadenmolekülen mit steigender Temperatur (Abb. V. 16), was so gedeutet wird, daß durch Temperaturerhöhung infolge der verminderten Solvatation und der leichteren Überwindung der Potentialschwellen die Rotations-

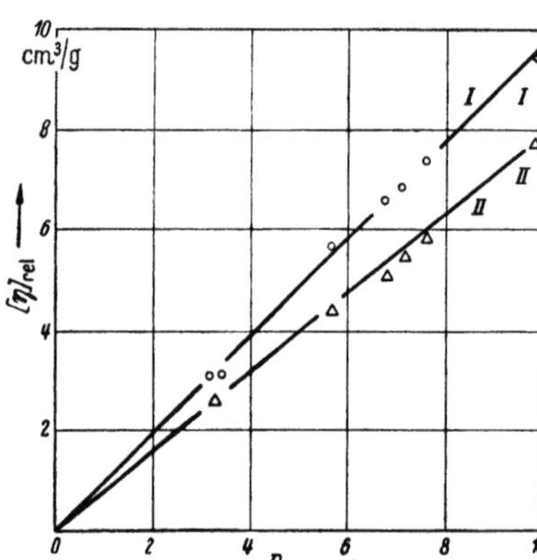

Abb. V, 16. Temperaturabhängigkeit der Viscositätszahl des Polystyrols in Tetralin nach STAUDINGER (Die hochmolekularen Verbindungen. Berlin 1932): I bei 20° C, II bei 60° C.

Tabelle V, 7.
*Die Abhängigkeit der Viscositätszahl beim Polybutylen $M = 1\,650\,000$ vom Lösungsmittel nach* EVANS *und* YOUNG[1].

| Lösungsmittel | $[\eta]$ in cm³/g |
|---|---|
| Isoamylbutyrat . . . . . | 45 |
| Isoamylcaproat . . . . . | 92 |
| Benzol . . . . . . . . | 117 |
| Toluol . . . . . . . . . | 167 |
| Xylol . . . . . . . . . | 205 |
| n-Propylbenzol . . . . . | 207 |
| Mesitylen . . . . . . . | 207 |
| Cymol . . . . . . . . . | 218 |
| Amylbenzol . . . . . . | 218 |
| n-Hexan . . . . . . . . | 223 |
| n-Heptan . . . . . . . | 226 |
| n-Octan . . . . . . . . | 233 |

behinderung und damit auch der mittlere Abstand der Molekülendpunkte kleiner wird. Das gilt z. B. nach einer Zusammenstellung bei PHILIPPOFF[2]

---

[1] EVANS, H. C., u. D. W. YOUNG: Ind. Engng. Chem. **34**, 461 (1942); **39**, 1676 (1947) geben nur die Werte für $\eta_{sp}/c$ bei $c = 0,01$ g/cm³ an, aus denen $[\eta]$ in Tab. V, 7 ausgerechnet wurde.

[2] PHILIPPOFF, W.: Z. Naturforsch. **3** b, 151 (1948).

für verschiedene Nitrocellulosen in Butylacetat, für Acetylcellulose in m-Kresol, Methylacetat, Aceton, Eisessig, Pyridin, Dioxan und Chloroform, für normale Paraffine in $CCl_4$, Polystyrol in Benzol, für verschiedene Seifen in Wasser usw. Die Fluiditätszahl $1/[\eta]$ nimmt dabei je Grad um 0,2 bis 1,5% zu. In schlechten Lösungsmitteln spielt die kritische Temperatur, bei der die Entmischung, d. h. teilweise Koagulation eintritt, eine wesentliche Rolle. Bei $T_k$ ist die Viscositätszahl einer bestimmten Fraktion ziemlich unabhängig von Lösungsmittel und Temperatur, z. B. für Polyisobutylen $M = 1\,260\,000$, ungefähr gleich 150 cm³/g bei $T = 25° - 60°$ C in $CCl_4$, Cyclohexan und Diisobutylen mit Aceton als Fällungsmittel. Steigt nun die Temperatur, so wird das Eindringen der Lösungsmittelmoleküle in den Knäuel begünstigt, der Knäuel wird aufgeweitet, die Viscositätszahl steigt an. Dieses Verhalten wurde von FLORY[1] an Polyisobutylen in verschiedenen Lösungsmitteln untersucht. In den schlechten Lösungsmitteln Benzol, Äthylbenzol, Toluol wächst die Viscositätszahl stark mit der Temperatur (Abb. V, 17). Der Anstieg ist am größten bei der kritischen Temperatur, wird dann langsamer, um schließlich in eine Abnahme überzugehen. Das schlechte Lösungsmittel hat sich durch Temperaturerhöhung in ein gutes verwandelt. So haben die oben genannten schlechten Lösungsmittel ihre kritische Temperatur bei 24° C, −23° C und −12° C, während sie bei den „guten" Lösungsmitteln Diisobutylen, n-Heptan, Triptan mit negativem Temperaturkoeffizienten der Viscositätszahl so tief liegt, daß sie meßtechnisch bis jetzt nicht erfaßt wurde[1a].

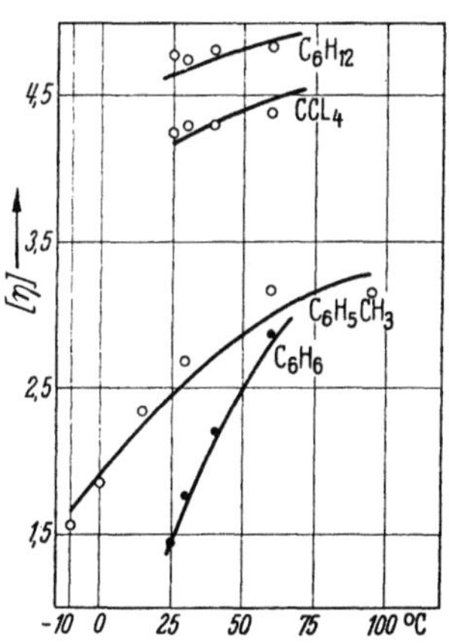


Abb. V, 17.
Temperaturabhängigkeit des Polyisobutylens $M = 1\,260\,000$ in schlechten Lösungsmitteln nach FOX und FLORY: J. Phys. Colloid Chem. **53**, 197 (1949). Die ausgezogenen Kurven entsprechen der FOX-FLORYschen Theorie des aufgeweiteten, undurchlässigen Knäuels.

JENCKEL und REHAGE[2] untersuchen die Temperaturabhängigkeit eines unfraktionierten Polystyrols mit dem mittleren Molekulargewicht 44000 in Toluol, Oxalsäure- und Malonsäurediäthylester. Sie finden in den ersten zwei eine Abnahme, im letzten Lösungsmittel eine Zunahme der Viscositätszahl. Die Absolutbeträge fallen in der angeführten Reihenfolge in gleichem Sinne wie das Lösungsvermögen ab.

Aus Tab. V, 6 ist zu entnehmen, daß bei den schlechten Lösungsmitteln Benzol und Toluol mit wachsender Temperatur auch der Exponent $a$ und die Konstante $K$ ansteigen, daß also die Erhöhung der Viscositätszahl bei den höchstmolekularen Fraktionen am größten ist.

---

[1] Fox, T. G., u. P. J. FLORY: J. Amer. Chem. Soc. **73**, 1909 (1951).

[1a] Vgl. SCHULZ und DOLL: Z. El. Chemie **56**, 248 (1952).

[2] JENCKEL, E., u. G. REHAGE: Makromol. Chem. **6**, 243 (1951). Vgl. auch L. H. CRAGG u. J. E. SIMKINS: Canad. J. Res. B **27**, 961 (1949).

### b) Konzentrationsabhängigkeit.

Bei kleiner Konzentration kann man die spezifische Viscosität in eine
Reihe nach steigenden Potenzen der Konzentration entwickeln

$$\eta_{sp} = [\eta] \cdot c_g + B \cdot c_g^2 + C \cdot c_g^3 + \cdots , \qquad (V, 41)$$

wo der erste Koeffizient, die Viscositätszahl, den Einfluß des einzelnen
Teilchens, der zweite $B$ die erste Wechselwirkung derselben mißt. Nach
Huggins[1] bekommt man für $B$ den Ausdruck

$$B = k' \, [\eta]^2 ,$$

wenn man bei der theoretischen Berechnung der Viscositätszahl
annimmt, daß sich jedes einzelne gelöste Molekül in einem Medium
bewegt, dessen Viscosität wegen der Anwesenheit aller übrigen gelösten
Moleküle zwischen dem Wert $\eta_l$ des reinen Lösungsmittels und $\eta$ der
Lösung liegt

$$\eta_l \, (1 - k') + \eta \cdot k'.$$

Man hat dann

$$\eta_{sp} = [\eta] \cdot c_g + k' \cdot [\eta]^2 \cdot c_g^2 + \cdots . \qquad (V, 42)$$

Die Werte $k'$ sind in Tab. V, 6 eingetragen. Sie liegen häufig, vorwiegend bei
Fadenmolekülen in guten Lösungsmitteln, in der Nähe des von Huggins abgeleiteten
Wertes 0,38 und gehen ziemlich parallel der Hugginsschen empirischen Konstanten $\chi$, doch sind beträchtliche Abweichungen keine Ausnahme. Für kugelförmige Teilchen, wie bei Gluten und Glykogentriacetat[2], wird $k'$ fast 1, nach
der Theorie von Guth, Simha und Gold[3] für die Konzentrationsabhängigkeit
von Kugelsuspensionen[4]

$$\eta_{sp} = 2,5 \cdot c_v + 14,1 \cdot c_v^2 + \cdots \qquad (V, 43)$$

sogar 2,26. In der Brinkmanschen Formel[5] für Kugelsuspensionen

$$\eta_{sp} = \frac{5}{2} \, c_v + \frac{35}{8} \, c_v^2 + \frac{105}{16} \, c_v^3 + \cdots \qquad (V, 43\,a)$$

die aus sehr einleuchtenden Voraussetzungen abgeleitet wurde und die eine ziemlich
gute Wiedergabe der Meßwerte von Eilers[6] an Asphalt erlaubt, verlangt $k' = 0,7$.

Experimente mit Modellen[7] ergeben 1,3 bis 1,6, was auch der Theorie[8] von
Eirich und Riseman gut entspricht. Bei starren länglichen Teilchen findet man
noch größere Werte, bis 6 bei Stäbchen mit dem Achsenverhältnis 23[7]. Bei kolloidalen Lösungen scheinen die Seifen besonders hohe Werte, bis zu 10, zu besitzen,
so z. B. Hexanolaminoleat den großen Wert 3,29[2]. Bei Polyvinylacetaten[9] und


[1] Huggins, M. L.: J. Amer. Chem. Soc. **64**, 2716 (1942).
[2] Wissler, A.: Makromol. Chem. **3**, 5 (1949).
[3] Guth, E., u. R. Simha: Kolloid-Z. **74**, 266 (1936). — Guth, E., u. O. Gold:
Physic. Rev. **53**, 322 (1938).
[4] Für die Konzentrationsabhängigkeit der Viscosität von Kugelsuspensionen
vgl. noch Hatschek, E: Trans. Faraday Soc. **9**, 80 (1913); Norton, F. H., A. L.
Johnson u. W. G. Lawrence: J. Amer. Chem. Soc. **27**, 149 (1949); Robinson,
J. V.: J. Phys. Coll. Chem. **53**, 1042 (1949).
[5] Brinkman, H.: J. Chem. Phys. **20**, 571 (1952).
[6] Eilers, H.: Kolloid-Z. **97**, 313 (1941).
[7] Eirich, F., u. J. Sverak: Trans. Faraday Soc. **42** B, 57 (1946).
[8] Eirich, F., u. J. Riseman: J. Polymer Sci. **4**, 417 (1949).
[9] McCoury, T.: Diss. Brooklyn 1948.

Polystyrolen[1] dagegen ist $k'[\eta] = b$ eine Konstante, so daß die Konzentrationsabhängigkeit als

$$\frac{\eta_{sp}}{c_g} = [\eta]\,(1 + b\,c_g + \cdots)\qquad (V, 44)$$

dargestellt werden kann. Bei Polyvinylchlorid im Cyclohexanon[2] hat man

$$\frac{\eta_{sp}}{c_v} = [\eta] + c\,(0{,}64\,[\eta] - 23{,}6)\qquad (V, 44\,a)$$

Gegen die allgemeine Natur der Konstanten $k'$ sprechen auch Versuche an Mischungen von ziemlich verdünnten hochmolekularen Lösungen, für die man den Ansatz

$$\eta_{sp} = [\eta]_1\,c_1 + [\eta]_2\,c_2 + B_{11}\cdot c_1^2 + 2\,B_{12}\cdot c_1\cdot c_2 + B_{22}\cdot c_2^2\qquad (V, 45)$$

machen kann. Wäre $k'$ eine universelle Konstante, müßte man haben

$$B_{12}^2 = B_{11}\cdot B_{22}\,,$$

was jedoch nach Messungen von KRIEGBAUM und WALL[3] bei Mischungen von Kautschuk (1), Polystyrol (2), Äthylcellulose (3) und Polyäthylglykol (4) in Benzol nicht der Fall ist (Tab. V, 8).

Tabelle V, 8. *Wechselwirkungsglieder für die kinematische Viscosität nach* KRIEGBAUM *und* WALL[3].

| | |
|---|---|
| $B_{12} = 7{,}00 \pm 0{,}96,$ | $\sqrt{B_{11}\,B_{22}} = 5{,}46$ |
| $B_{13} = 4{,}41 \pm 0{,}37,$ | $\sqrt{B_{11}\,B_{33}} = 7{,}77$ |
| $B_{34} = 0{,}169 \pm 0{,}027,$ | $\sqrt{B_{33}\,B_{44}} = 0{,}175$ |

Es scheint die Konstante $k'$ neben $[\eta]$ eine weitere wichtige Größe zur Charakterisierung des Systems Lösungsmittel—Gelöstes zu sein, die um so größere Werte annimmt, je starrer und undurchdringlicher das Einzelteilchen ist und je mehr es von der Kugelgestalt abweicht. Die ausgesprochen kleinen Werte bei den Fadenmolekülen deuten auf die schwammige, weitgehend durchspülte und dabei ziemlich isotrope Struktur des statistischen Knäuels, den man recht begründet durch eine Kugel ersetzen kann. Bei der Koagulation werden die Knäuel kleiner, daher kompakter und undurchdringlicher, die $k'$-Werte liegen hier in der Regel zwischen 0,8 und 1,3[4].

Zur Bestimmung von $[\eta]$ und $k'$ trägt man gewöhnlich

$$\frac{\eta_{sp}}{c_g} = [\eta] + B\,c_g + C\,c_g^2 + \cdots\qquad (V, 46)$$

gegen $c_g$ auf. Der Ordinatenabschnitt gibt $[\eta]$, die Anfangsneigung $k'\,[\eta]^2$. Die in der Regel sehr große Neigung dieser Kurve und der verhältnismäßig kurze gerade Anfangsteil erschweren die Extrapolation zu $c = 0$. Besser gelingt das durch Auftragen von $\ln \eta_{rel}/c$ über $c$

[1] COLOMBO, G.: Diss. Brooklyn 1948.
[2] FOURNIER, M., X. THIENE u. J. HARDOUIN: Ind. Plastiques 2, 268 (1946).
[3] KRIEGBAUM, W. R., u. F. WALL: J. Polymer Sci. 5, 505 (1950).
[4] EIRICH, F., u. J. RISEMAN: J. Polymer Sci. 4, 417 (1949).

$$\frac{\ln \eta_{rel}}{c_g} = [\eta] + \left(B - \frac{[\eta]^2}{2}\right) c_g + \left(C - B[\eta] + \frac{[\eta]^2}{3}\right) c_g^2 + \cdots =$$
$$= [\eta] + \left(k' - \frac{1}{2}\right) [\eta]^2 \cdot c_g + \cdots \qquad (V, 47)$$

bzw. von $\eta_{sp}/c_g$ über $\eta_{sp}$

$$\frac{\eta_{sp}}{c_g} = [\eta] + \frac{B}{[\eta]} \cdot \eta_{sp} + 3\left(\frac{C}{[\eta]^2} - \frac{B^2}{[\eta]^3}\right)\eta_{sp}^2 + \cdots =$$
$$= [\eta] + k'[\eta] \cdot \eta_{sp} + \cdots. \qquad (V, 48)$$

In beiden Fällen gibt der Ordinatenabschnitt die Viscositätszahl, die Anfangsneigung im zweiten Falle direkt $k' \cdot [\eta]$, im ersten dagegen $(k' - {}^1/_2) \cdot [\eta]^1$. Welche von den drei Darstellungsarten im gegebenen Falle wirklich vorzuziehen ist, hängt jedoch wesentlich von der Größe der einzelnen Koeffizienten in Gl. (V, 41) ab, die man nicht im voraus kennt. Doch ist in jedem Falle möglich, durch eine der drei Methoden die Bestimmung von $[\eta]$ und $k'$ mit befriedigender Genauigkeit durchzuführen.

Noch besser ist es für die Ermittlung der Viscositätszahl, eine der bekannten, weiter unten angeführten und in speziellen Fällen geltenden Viscositätskonzentrationsformeln zu benutzen. Da eine Bindung auf bestimmte niedrige Konzentrationsgebiete in diesem Falle aufgehoben wird, können sogar technische Viscositätsdaten zur Errechnung der Viscositätszahl herangezogen werden.

Es gibt eine Reihe von Ansätzen für die Viscosität bei höheren Konzentrationen, von denen einige, die sich öfters bewährt haben, kurz angegeben werden sollen. Nach der ursprünglichen Formel von ARRHENIUS [2]

$$\ln \eta_{rel} = k c_g, \qquad (V, 49)$$

die sich in vielen Fällen gut anwenden läßt, müßten in Gl. (V, 47) alle Glieder mit $c_g$ fortfallen, es gilt also $k' = {}^1/_2$, und es bliebe nur $[\eta] = k$ übrig. Im allgemeinen ist jedoch log $\eta_{rel}/c_g$ nicht konstant, was ARRHENIUS später durch Einführung des frei verfügbaren Lösungsmittelvolumens zu berücksichtigen versuchte [2]

$$\ln \eta_{rel} = \frac{k c_g}{1 - (h + 1) c_g}, \qquad (V, 49a)$$

während STAUDINGER und HEUER [3] den Ansatz

$$\ln \frac{\eta_{sp}}{c_g} = \ln [\eta] + a c_g \qquad (V, 49b)$$

vorschlagen. Die Konstante des untersuchten Systems $a$ ist nach MARTIN [4] innerhalb einer polymeren Reihe bei gegebenem Lösungsmittel proportional der Viscositätszahl

$$a = k[\eta],$$

wo $k$ in erster Näherung mit dem HUGGINSschen $k'$ übereinstimmt. SCHULZ und BLASCHKE [5] verwenden bei ihren Messungen an Polymethylmethacrylaten, Polystyrolen, Polyisobutylenen Nitrocellulosen usw. die Formel

$$\eta_{sp} = \frac{[\eta] c_g}{1 - k'[\eta] c_g} = [\eta] c_g + k'[\eta]^2 \cdot c_g^2 + \cdots, \qquad (V, 50)$$


[1] ARRHENIUS, S. F.: Medd. Vetensk. Nobelinstitut 4, 13 (1916). Siehe z. B.
[2] ARRHENIUS, S. F.: Z. phys. Chem. 1, 285 (1887). VON KEREKJARTO, B.: Z. Naturforsch. 76, 94 (1952).
[3] STAUDINGER, H., u. W. HEUER: Z. phys. Chem. A 171, 129 (1934).
[4] MARTIN, A. F.: Amer. Chem. Soc. Meeting, Memphis 23, 4 (1942).
[5] SCHULZ, G. V., u. F. BLASCHKE: J. prakt. Chem. 158, 130 (1941). — SCHULZ, G. V., u. G. SING: J. prakt. Chem. 161, 161 (1943).

in die der HUGGINSsche Parameter $k'$ eingeht und die bis zu $\eta_{rel} = 10\text{—}12$ gut brauchbar ist und bei einmal bestimmten $k'$ des Systems eine sehr einfache Berechnung der Viscositätszahl gestattet

$$[\eta] = \frac{\eta_{sp}/c_g}{1 + k'\,\eta_{sp}}\ . \tag{V, 50a}$$

Bei Hexanolaminoleat gibt Gl. (V, 50) auch die richtige Grenzkonzentration für die Gelbildung, wenn man $\eta_{sp} = \infty$ setzt, d. h.

$$c_{gel} = \frac{1}{k'\,[\eta]} = 0{,}112\ \mathrm{g/cm^3}$$

in guter Übereinstimmung mit der Erfahrung.

In der technischen Praxis verwendet man häufig die gut bewährte empirische Formel von MARK-FIKENTSCHER[1]

$$\log \eta_r = \frac{75\,k^2\,c_g}{1 + 1{,}5\,kc_g} + k_c \tag{V, 51}$$

mit der Konstante $k$, die sehr allgemein zur technischen Charakterisierung des hochmolekularen Systemes dient. Es gilt

$$[\eta] = 0{,}2303\,k\ (75\,k + 1).$$

Zu einer ganz anderen Gruppe gehören die Gleichung von BAKER[2]

$$\eta_{rel} = \left(1 + \frac{[\eta]\,c_g}{n}\right)^{n} \tag{V, 52}$$

und die aus ihr abgeleiteten Ausdrücke von HESS und PHILIPPOFF[3] mit $n = 8$

$$\eta_{rel} = \left(1 + \frac{[\eta]\cdot c_g}{8}\right)^{8}, \tag{V, 52a}$$

von TAKEI und ERBRING[4]

$$\eta_{rel} = \left(1 + \frac{[\eta]\,c}{8\,(ac + 1/k)}\right)^{8}, \tag{V, 52b}$$

wo $a$ und $k$ ein Maß für die Gestrecktheit der gelösten Teilchen und die Solvatation sein sollen, von BREDÉE und DE BOOYS[5] für Kugelsuspensionen mit $n = 6$ und Berücksichtigung des verfügbaren Volumens des Lösungsmittels

$$\eta_{rel} = \left(1 + \frac{2{,}5\,c_v}{6\,(1-c_v)}\right)^{6}, \tag{V, 52c}$$

die sich für Suspensionen nichtsolvatisierter Teilchen in hochviscosen Ölen zu

$$\eta_{rel} = \left(1 + \frac{1{,}25\,c_v}{1-1{,}35\,c_v}\right)^{2} \tag{V, 52d}$$

spezialisieren ließ[6], während nach ROBINSON[7] für Kugelsuspensionen bis zu 50%iger Konzentration sogar die lineare Gleichung

$$\eta_{sp} = \frac{k\,c_v}{1-\alpha\,c_v} \tag{V, 53}$$

gilt. Besonders die Gl. (V, 52a) mit einer einzigen verfügbaren Konstante $[\eta]$ erlaubt eine sehr bequeme Bestimmung der Viscositätszahl aus Messungen bei relativ hohen Konzentrationen, wo die Effekte groß und deshalb mit großer Genauigkeit einfach zu messen sind.


[1] FIKENTSCHER, H., u. H. MARK: Kolloid-Z. **49**, 135 (1930).
[2] BAKER, F.: J. Chem. Soc. (Lond.) **103**, 1653 (1913).
[3] HESS, K., u. W. PHILIPPOFF: Ber. dtsch. chem. Ges. **70**, 639 (1937).
[4] TAKEI, M., u. H. ERBRING: Kolloid-Z. **95**, 322 (1941).
[5] BREDÉE, H. L., u. J. DE BOOYS: Kolloid-Z. **91**, 29 (1940); **99**, 171 (1942).
[6] EILERS, H.: Kolloid-Z. **97**, 313 (1941).
[7] ROBINSON, J. V.: J. Phys. Colloid Chem. **53**, 1042 (1949).

Viel schwieriger ist es, den ganzen Konzentrationsbereich bis zum reinen Gelösten zu erfassen. Doch gelten in einigen Fällen recht einfache Gesetzmäßigkeiten.

So findet FLORY[1] an Lösungen von Polydekamethylenadipaten in Diäthylsuccinat bei 79° C fast gerade Linien (Abb. V, 6), wenn er $\log \eta$ über der Quadratwurzel aus dem Gewichtsmittelwert der Kettengliederzahl des Systems $N_w$

$$N_w = N_1 + w_2 (N_2 - N_1) \sim w_2 N_2$$

mit $w_2$ = Gewichtsanteil des Gelösten, aufträgt. Man erhält

$$\log \eta = -2,96 + 0,1144 \cdot N_w^{1/2}$$
$$\sim -2,96 + 0,1144 (w_2 N_2)^{1/2} . \tag{V, 54}$$

Dieser Zusammenhang ist aus der Ähnlichkeit der Moleküle des Lösungsmittels und des Gelösten und aus dem großen Gültigkeitsbereich der Gl. (V, 30) gut zu verstehen. Bei kleineren Konzentrationen des hochmolekularen Bestandteiles, unterhalb von 20%, treten Abweichungen vom linearen Verlauf auf, die eine Ausdehnung in dem Bereich verdünnter Lösungen verbieten, ganz im Einklange mit dem Versagen der Gl. (V, 30) bei den niedrigsten Polyestern. Auch BESTUL, BELCHER, QUINN und BRYANT[2] finden an Lösungen des GRS-Kopolymers in $\alpha$-Methylnaphthalin die gleiche Beziehung

$$\log \eta = A + B \sqrt{c}$$

für die Anfangsviscosität ($q = 0$) in einem recht großen Konzentrationsbereiche, $c = 0,25\%$ bis 90%.

Ähnliches Verhalten finden auch SPENCER und WILLIAMS[3] an konzentrierten Polystyrollösungen in Isopropylbenzol, deren Temperatur-, Konzentrations- und Molekulargewichtsabhängigkeit durch den Ausdruck

$$\log \eta = -9,44 + 2,30 \left[0,0572 \sqrt{M} + \sqrt{w_2} (22,54 - 0,045 \sqrt{M} + 5000/T)\right]$$

im Bereiche von 25—100° C, 10—50% und $M = 86500$—$113500$ gut wiedergegeben wird. In Methyläthylketon ändern sich nur die numerischen Koeffizienten. Man hat bei diesen konzentrierten Lösungen sehr deutlich den Eindruck, daß der Fließmechanismus der gleiche wie bei den reinen Schmelzen ist und daß erst bei größeren Verdünnungen das Lösungsmittel, nachdem die gelösten Moleküle vollständig solvatisiert wurden, soweit frei wird, daß es selber am Fließen teilnehmen kann. Dieses Übergangsgebiet zu stark verdünnten Lösungen ist in der Regel sehr unübersichtlich.

Die starke Viscositätszunahme mit steigender Konzentration ist nicht nur auf steigende hydrodynamische Wechselwirkung, sondern in der Regel auf grobe mechanische oder geometrische Fließbehinderung zurückzuführen. Die langen Fadenmoleküle verknäueln sich gegeneinander und bilden ziemlich beständige intermolekulare Haftpunkte, die auch für die bald einsetzende Elastizität und das nicht-NEWTONsche Fließen verantwortlich zu machen sind. Eine quantitative Theorie im Übergangsgebiet steht noch aus. Bei höheren Konzentrationen wird dann das Fließen fast ausschließlich durch den Platzwechsel der Fadensegmente bedingt, und der Einfluß des Lösungsmittelanteiles zeigt sich

---

[1] FLORY, P. J.: J. Phys. Chem. **46**, 870 (1942).

[2] BESTUL, A., M. BELCHER, F. QUINN u. C. BRYANT: J. Phys. Chem. **56**, 432 (1952).

[3] SPENCER, R. S., u. J. L. WILLIAMS: J. Colloid Sci. **2**, 117 (1947).

eigentlich nur in der beträchtlichen Erhöhung der Sprungwahrscheinlichkeit. Bei Suspensionen von kompakten Teilchen, z. B. von Kornmolekülen oder von anorganischen, hydrophoben Partikeln, wird mit steigender Konzentration die Bewegungsmöglichkeit der Teilchen immer mehr gehemmt, bis sie endlich ganz unterbunden wird, die Lösung erstarrt zum Gel. Die Lösung fließt nicht unterhalb einer für das System und die Temperatur charakteristischen Grenzschubspannung, bei der erst durch ganz beträchtlichen Kraftaufwand eine Verschiebung erzwungen werden kann. Auch hier gibt es keine quantitative, strenge Theorie, obwohl man mit einigem Erfolg genau wie bei den konzentrierten Lösungen von Fadenmolekülen die Platzwechseltheorie anwenden kann.

## § 51. Hochmolekulare Elektrolyte[1].

Kolloide Teilchen in den Suspensionen, in Lösungen von Proteinen und Kohlenhydraten mit ziemlich kugelförmigen Molekülen (Gelatine, Casein, Gummi arabicum, Stärkesole), in Wasser bzw. in Lösungsmitteln mit großer Dielektrizitätskonstante sind in der Regel geladen und haben vorwiegend dieser Ladung ihre Stabilität zu verdanken. Durch Ionenzusatz, d. h. durch Änderung des $p_H$ der Lösung ändert sich die Ladung und oft auch die Struktur der suspendierten Teilchen. Gewöhnlich fällt die Viscosität beim Zufügen von Ionen stark ab, erreicht beim isoelektrischen Punkt, wo die Ladung der Teilchen verschwindet und die Koagulation einsetzt, ihr Minimum, um beim weiteren Ionenzusatz erneut zu steigen. Das Vorzeichen der Teilchenladung kehrt sich dabei um, wie es Messungen der Elektrophorese ganz eindeutig zeigen. Es ist noch ziemlich unentschieden, welcher Anteil der Viscositätsänderung auf die elektrostatischen Kräfte zwischen den Teilchen und welcher auf die Änderung der Struktur und der Abmessung der Teilchen zurückzuführen ist. Die von SMOLUCHOWSKI[2] entwickelte Theorie des elektroviscosen Effektes entspricht nicht den Experimenten, insbesondere vermag sie nicht das Ansteigen der spezifischen Viscosität mit der Wurzel aus der Teilchenkonzentration zu erklären, sondern verlangt einen linearen Anstieg. Das gelingt jedoch der DEBYE-HÜCKELschen Theorie der starken Elektrolyte[3], die ausdrücklich die Wechselwirkung der geladenen Teilchen berücksichtigt.

Ohne Fremdionenzusatz zeigt die Konzentrationskurve erst den steilen Anstieg mit $c^{1/2}$, der immer langsamer wird und über einen mehr oder weniger stark ausgeprägten Wendepunkt in die übliche Kurve ladungsfreier Lösungen übergeht (Abb. V, 18). Mit steigendem Salzzusatz verlaufen die Kurven immer flacher und es verschwindet beim isoelektrischen Punkt auch das mit $c^{1/2}$ proportionale Anfangsstück.

Besonders genau untersucht und auch weitgehend theoretisch geklärt sind die Lösungen von fadenförmigen Polyelektrolyten, z. B. der Polyacrylsäuren, Polyvinylpyridinpicrate, Polysulfonsäuren und ihrer

---

[1] Vgl. dazu auch Kap. XV, Polyelektrolyte.
[2] v. SMOLUCHOWSKI, M.: Kolloid-Z. 18, 190 (1916).
[3] Siehe z. B. FALKENHAGEN, H.: Elektrolyte. Leipzig 1932.

Salze[1]. Je größer der Dissoziationsgrad, desto größer $\eta_{sp}$. Beim Quotient $\eta_{sp}/c$ wird der Effekt um so ausgeprägter, je kleiner die Konzentration, je kleiner also die gegenseitige Störung der Einzelmoleküle. Auf der Seite der kleinen Dissoziationsgrade $\alpha$ decken sich die Kurven für verschiedene Konzentrationen. Die Variation von $\alpha$ bewirkt man bei

der schwachen Polymethacrylsäure durch Zusatz von Natriumhydroxyd. Bei ungefähr 80% iger Neutralisation erreicht die Viscosität ihr Maximum und fällt dann ein wenig ab, was auf die erhöhte Ionenkonzentration in der Lösung zurückzuführen ist. Es kann nämlich bei jedem Dissozia-

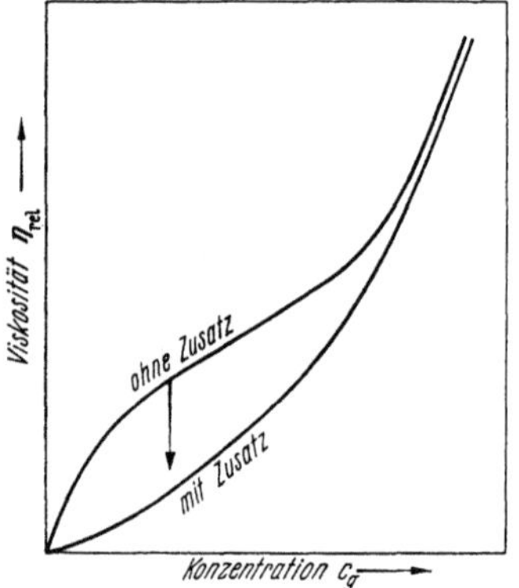

Abb. V, 18. Allgemeiner Verlauf der relativen Viscosität mit der Konzentration für hydrophyle Sole mit und ohne Elektrolytzusatz (aus PHILIPPOFF: Viscosität der Kolloide. Dresden-Leipzig 1942).

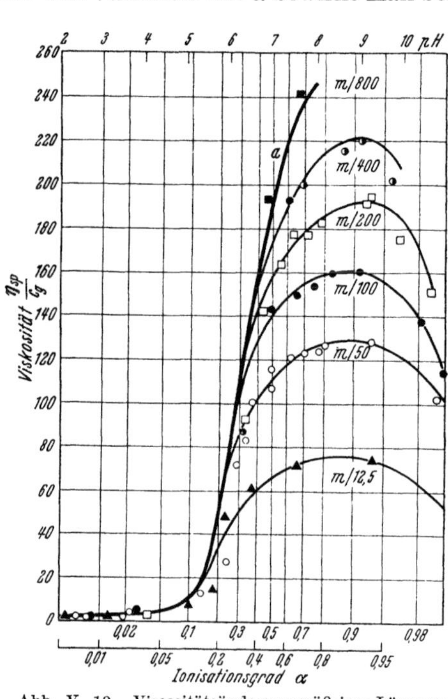


Abb. V, 19. Viscositätsänderung wäßriger Lösungen von Polymethylmethacrylsäure in Abhängigkeit von der Konzentration und dem Dissoziationsgrade $\alpha$ nach KATCHALSKY, KÜNZLE und KUHN: J. Polymer Sci. 5, 283 (1949).

tionsgrad die Viscosität durch Neutralsalzzusatz stark herabgesetzt werden. Änderungen der spezifischen Viscosität können bei konstanter Konzentration des Hochpolymeren bis zu hundert und noch mehr betragen.


[1] ATEN, A. H. W.: J. Chem. Phys. 16, 636 (1948). — DOBY, A.: Kolloid-Z. 125, 43 (1952). — FUOSS, R. M.: J. Polymer Sci. 3, 603 (1948). — FUOSS, R. M., u. C. I. CATHERS: J. Polymer Sci. 4, 97 (1949). — FUOSS, R. M., u. W. N. MACLAY: J. Polymer Sci. 6, 305 (1951). — FUOSS, R. M., u. H. SADEK: Science (Lancaster, Pa.) 110, 552 (1949). — FUOSS, R. M., u. U. P. STRAUSS: Ann. N.Y. Acad. Sci. 51, 836 (1949). — HERMANS, J. J., u. C. OVERBECK: Rec. Trav. chim. Pays-Bas 67, 761 (1948). — KATCHALSKY, A., O. KÜNZLE u. W. KUHN: J. Polymer Sci. 5, 283 (1949). — KERN, W.: Z. phys. Chem. A 181, 249, 283 (1938). — KIMBALL, G. E., M. CUTTER, H. SAMELSON: J. Phys. Chem. 56, 57 (1952). — KUHN, W., O. KÜNZLE u. A. KATCHALSKY: Helvet. chim. Acta 31 1994 (1948). — KUHN, W.: Z. angew. Physik 4, 108 (1952). — MARKOWITZ, H., u. C. E. KIMBALL: J. Colloid Sci. 5, 115 (1950). — OTH, A., u. P. DOTY: J. Phys. Chem. 56, 43 (1952). — STAUDINGER, H., u. E. TROMMSDORF: Liebigs Ann. 502, 201 (1933); Die hochmolekularen organischen Verbindungen, Berlin 1932.

Bei steigender Konzentration wird der Effekt geringer und beträgt bei konzentrierten Lösungen kaum einige Prozente. Die theoretische Deutung, die von Fuoss, Hermans, Katchalsky, Kuhn[1] gegeben wurde, geht von den Abstoßungskräften zwischen den geladenen Kettengliedern aus, die eine Streckung des Fadenmoleküls bewirken. Das maximal ionisierte Molekül ist fast gestreckt, sein Beitrag zur Viscosität ist wie bei einem starren Stäbchen weit größer als beim statistischen Knäuel, die spezifische Viscosität steigt in der polymeren Reihe proportional zum Quadrat des Achsenverhältnisses, d. h. wie $M^2$ an. Ist die Ionisierung geringer, so sind auch die elektrostatischen Abstoßungskräfte, die mit dem Quadrat der Ladung ansteigen, viel kleiner und reichen nicht mehr zur vollständigen Streckung des Moleküls, sondern bewirken nur noch eine Aufweitung des Knäuels, die entsprechende Viscositätserhöhung wird kleiner als bei totaler Ionisierung. Die schwache Säure im reinen Lösungsmittel ist nur teilweise ionisiert, die Abstoßungskräfte sind noch zu gering. Durch Salzzusatz wird ferner die Ionenkonzentration in der Lösung so weit erhöht, daß die Ladungen des Fadenmoleküls weitgehend durch Gegenionen abgeschirmt und ihre elektrostatische Abstoßung aufgehoben wird, das Molekül rollt sich zu einem normalen statistischen Knäuel zusammen, die Viscosität wächst mit $M^a$, wo der Exponent $a$ zwischen 1 und $^1/_2$ liegt. Bei einem Polymerisationsgrad von einigen Hundert bis Tausend lassen sich so Unterschiede in der spezifischen Viscosität zwischen dem gestreckten und zusammengerollten Fadenmolekül von einigen Hundert leicht verstehen. Mit wachsender Konzentration genügen schon die eigenen Gegenionen zur elektrostatischen Abschirmung, der Unterschied gegenüber Salzzusatz ist weit geringer und verschwindet vollständig bei sehr hoher Konzentration. Bei der Berechnung der elektrostatischen Abstoßungskräfte genügt vollkommen die Annahme einer über das ganze Knäuelvolumen verschmierten Molekülladung. Die Form des Knäuels ergibt sich im Gleichgewicht zwischen der thermischen Bewegung, der statistischen Rückstellkraft und der elektrostatischen Abstoßung.

Wie aus dem Erfolg der eben kurz skizzierten Theorie der Viscosität von Fadenelektrolyten, die alle wesentlichen Züge des Verhaltens dieser interessanten Lösungen befriedigend wiederzugeben vermag, zu entnehmen ist, beruht fast der ganze elektroviscose Effekt der Hochpolymeren auf ihrer Formänderung und nicht auf der elektrostatischen Wechselwirkung der geladenen Fadenmoleküle, die insbesondere den mit $c^{1/2}$ proportionalen Anstieg von $\eta_{sp}$ bei kleinen Konzentrationen und damit ein unendliches $[\eta]$ ergeben würde, während die Experimente eher einen konstanten Wert der Viscositätszahl erwarten lassen. In diesem Zusammenhange konnten Pals und Hermans[2] an wäßrigen Lösungen von Natriumpektinat mit Natriumchloridzusatz zeigen, daß man für $\eta_{sp}/c$ über $c$ gerade Linien erhält, wenn man bei fallender Konzentration des Pektinats durch Zusatz von NaCl die Ionenkonzentration konstant hält.

---

[1] Siehe Anm. 1, S. 322.
[2] Pals, D. T. F., u. J. J. Hermans: J. Polymer Sci. **3**, 897 (1948).

## § 52. Strukturviscosität.

Fast alle hochmolekularen Lösungen und Schmelzen[1] mit nicht-kugeligen Teilchen zeigen Strukturviscosität, d. h. das Verhältnis zwischen Schubspannung und dem Geschwindigkeitsgefälle $q$ fällt mit steigender Schubspannung bzw. $q$ ab. Die Flüssigkeit ist um so zäher, je weniger man sie beansprucht. Die Messungen z. B. in der Capillare ergeben nicht direkt das Verhältnis zwischen $\tau$ und $q$, sondern nur die zwei Größen, maximale Schubspannung $\tau_m$ an der Capillarenwand und die reduzierte Durchflußmenge $Q'$ (Geschwindigkeitsgefälle), aus denen man nach Gl. (V, 10) die Fluidität bzw. die Viscosität einfach berechnen kann. Wegen der in der Regel nur kleinen Unterschiede zwischen der wahren $\varphi = 1/\eta$ und der scheinbaren Fluidität $\varphi' = 1/\eta' = Q'/\tau_m$ genügt es meistens, einfach nur die letztere zu betrachten.

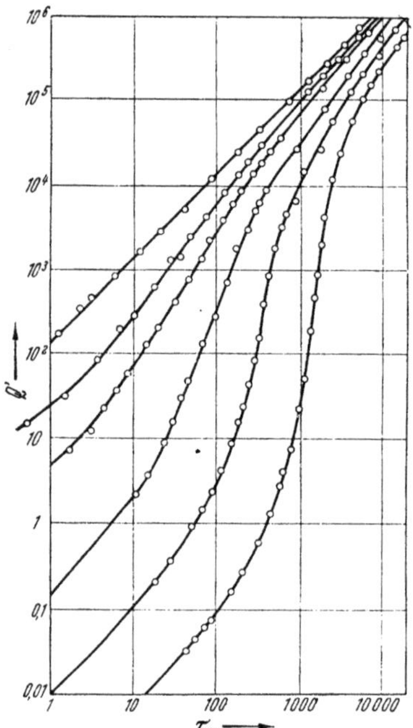

Abb. V, 20. Fließkurve von Nitrocelluloselösungen in Butylacetat für $c = 0$; 0,05; 0,1; 0,25; 0,5 u. 1,0 g/100 cm³, nach PHILIPPOFF und HESS: Z. phys. Chem. B **31**, 237 (1936).

Wegen des in der Regel sehr großen Intervalls, in dem die Strukturviscosität auftritt, ist es allgemein üblich, die Fließkurve im doppellogarithmischen Maß[2] aufzutragen, also log $Q'$ über log $\tau_m$ (Abb. V, 20). Die Differenz

$$\log Q' - \log \tau_m = \log \varphi' = -\log \eta'$$

gibt die scheinbare Viscosität bzw. Fluidität. Diese Auftragungsart läßt deutlich die NEWTONschen Gebiete auf beiden Enden der Fließkurve mit 45° Neigung erkennen. Die Grenzwerte $\eta_0$ und $\eta_\infty$ sind wichtige Materialkonstanten des untersuchten Systems, die allerdings nur selten beide der Messung zugänglich sind, da man in der Regel nur einen Teil der vollständigen Fließkurve wirklich beobachten kann.

Doch ist die logarithmische Darstellung in dem Sinne irreführend, als sie ein endliches Anfangsgebiet mit konstanter Viscosität $\eta_0$ vortäuscht, während die meisten Experimente eine lineare Abnahme

---

[1] Bei niedermolekularen Flüssigkeiten tritt bei extrem hohen Geschwindigkeitsgefällen eine scheinbare Strukturviscosität als Folge der bei der Strömung sich einstellenden Erwärmung auf. Die dissipierte Leistung erhöht merklich die Temperatur der strömenden Flüssigkeit und erniedrigt somit die Viscosität. Dieser Effekt, den W. PHILIPPOFF, Phys. Z. **43**, 373 (1942), experimentell und theoretisch erfaßte, tritt um so eher auf, je viscoser das Medium. Er spielt eine wichtige Rolle bei den technischen Schmierölen. Vgl. z. B. S. P. JONES, J. K. TYSON: J. Colloid Sci. **7**, 272 (1952); W. J. MORRIS, R. SCHNURMANN: Nature **167**, 312 (1951).

[2] PHILIPPOFF, W.: Viscosität der Kolloide. Dresden—Leipzig 1942.

derselben mit dem Gefälle ergeben. Die im linearen Maßstab aufgetragene scheinbare Fluidität (Abb. V, 21) läßt bei kleiner Schubspannung die Reihenentwicklung

$$\varphi' = \varphi_0 \, (1 + a\tau + b\tau^2 + \cdots) \qquad (V, 55)$$

zu, aus der die wahre Fluidität nach Gl. (V, 10) zu

$$\varphi = \varphi_0 \, \Big(1 + \frac{5}{4}\, a\tau + \frac{6}{4}\, b\tau^2 + \cdots \Big) \qquad (V, 56)$$

berechnet wird. Die Größe der einzelnen Koeffizienten ist noch recht unsicher, insbesondere steht die Frage offen, ob die ungeraden Potenzen wirklich bei allen Systemen auftreten. Da nämlich die Schubspannung bei Vorzeichenänderung des Geschwindigkeitsgefälles auch selber die Richtung umkehrt, müßte der Zusammenhang zwischen $q$ und $\tau$ eine ungerade Funktion sein, also die Fluidität nur gerade Potenzen enthalten. Tatsächlich finden DILLON und JOHNSTON[1] an verschiedenen Kautschuken, GREENBLATT und FENSON[2] an verschiedenen heterogenen Systemen, SCHREMP, FERRY, EVANS[3] an Polyisobu-

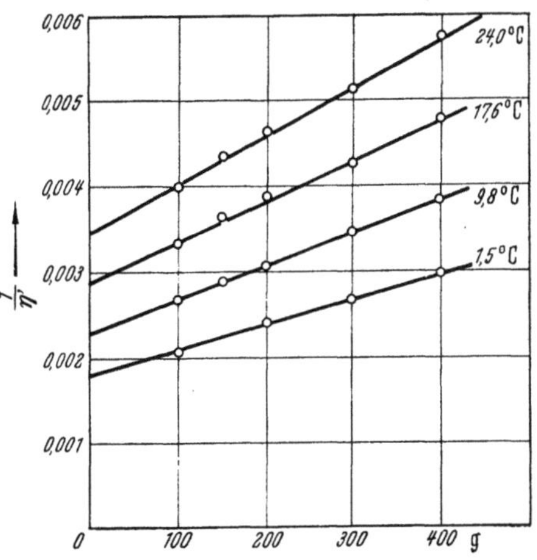



Abb. V, 21. Die scheinbare Fluidität einer Polystyrollösung in Xylol bei verschiedenen Temperaturen nach FERRY: J. Amer. Chem. Soc. 64, 1330 (1942). Die als Abszisse angegebene Belastung in Gramm ist proportional der maximalen Scherspannung.

tylen und Polystyrol in Tetralin eine derartige Abhängigkeit, die über große Gebiete im Einklang mit der Platzwechseltheorie Gl. (V, 16) als

$$\varphi' = \varphi_0 \cdot \frac{\sinh \beta\tau}{\beta\tau} = \varphi_0 \Big(1 + \frac{1}{6}\, (\beta\tau)^2 + \frac{1}{120}\, (\beta\tau)^4 + \cdots \Big) \qquad (V, 57)$$

geschrieben werden kann. Das in der Konstante

$$\beta = \frac{l^3}{2\,kT}$$

auftretende Fließvolumen $l^3$ erweist sich als bedeutend größer als das Volumen der kinetischen Einheit[4], durch die man die Temperaturabhängigkeit der Viscosität beschreibt, was bestimmt ein sehr störender Schönheitsfehler der Platzwechseltheorie ist. Auch ist bei den Polyisobutylenen und Polystyrolen die Konstante $\beta$ praktisch temperaturunabhängig und fällt ab mit der Konzentration, dagegen steigt $\varphi_0$ stark mit der Temperatur.


[1] DILLON, J. H., u. N. J. JOHNSTON: J. Appl. Phys. 4, 225 (1933).
[2] GREENBLATT, J. H., u. D. FENSON: Ind. Engng. Chem. 39, 1037 (1947).
[3] SCHREMP, F. W., J. D. FERRY u. W. W. EVANS: J. Appl. Phys. 22, 711 (1951).
[4] EYRING, H., S. GLASSTONE u. K. J. LAIDLER: Theory of Rate Processes. New York 1941.

Doch scheint Gl. (V, 57) eher eine Ausnahme zu sein. Von den vielen, ziemlich ähnlich verlaufenden Fließkurven[1] sind zwar nur wenige bis zur Aufstellung einer analytischen Beziehung analysiert worden, doch scheinen sie in der Regel ein anfänglich lineares Absinken von $\eta$ zu zeigen, so daß die Reihe Gl. (V, 56) ein von Null verschiedenes $a$ enthalten muß (Abb. V, 22a und b)[2].

Die Messungen von TRELOAR und SAUNDERS[3] an mastiziertem Kautschuk und von FERRY[4] an konzentrierten Polystyrollösungen in Xylol lassen nicht eine Darstellung nach Gl. (V, 57) zu und verlangen ganz ausgesprochen ein lineares Glied (Abb. V, 23). An geschmolzenem Polystyrol mit $M = 300\,000$ finden SPENCER und DILLON[5] die Beziehungen

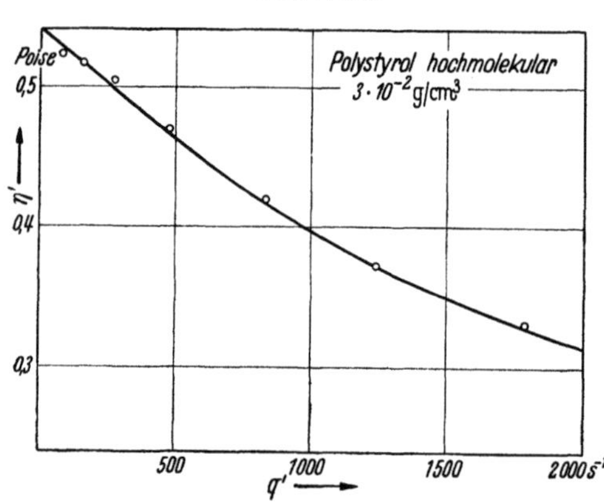

Abb. V, 22a.

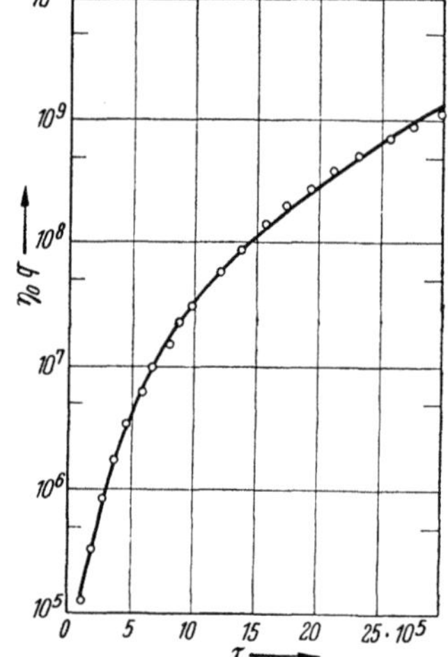

Abb. V, 22b.

Abb. V, 22a u. b. Scheinbare Viscosität einer Polystyrol- und Nitrocelluloselösung in Abhängigkeit vom mittleren Gefälle $q'$ nach SCHMIDLI, Diss. Zürich 1952.

Abb. V, 23. Strukturviscosität von geschmolzenem Polystyrol $M = 360\,000$ nach SPENCER und DILLON: J. Coll. Sci. **3**, 163 (1948); **4**, 241 (1949). Die ausgezogene Kurve entspricht der Gl. (V, 48b).

---

[1] Eine Übersicht über die älteren Messungen der Fließkurve siehe bei PHILIPPOFF, Viscosität der Kolloide. Dresden—Leipzig 1942.

[2] Das hochmolekulare Polystyrol (Abb. V, 22a) ist noch von K. H. BERNEIS, Diss. Bern 1952, bei extrem kleinem Geschwindigkeitsgefälle $q = 0,1$ bis $1,1$ sec$^{-1}$ gemessen worden. Die ermittelte Viscosität 0,544 Poise stimmt genau mit dem extrapolierten Wert in der Abbildung (Ordinatenabschnitt) überein.

[3] TRELOAR, L. R. G., u. D. W. SAUNDERS: Trans. Inst. Rubber Ind. 24, 92 (1948).

[4] FERRY, J. D.: J. Amer. Chem. Soc. **64**, 1330 (1942).

[5] SPENCER, R. S., u. R. E. DILLON: J. Colloid Sci. **3**, 163 (1948); **4**, 241 (1949).

$$\frac{\varphi'}{\varphi_0} = \frac{\eta_0}{\eta'} = e^{3,08 \cdot 10^{-6} \cdot \tau}, \qquad \tau \leqq 10^{-2} \text{ dyn/cm}^2 \qquad (V, 58\,a)$$

$$= 10 \cdot e^{1,07 \cdot 10^{-6} \cdot \tau} \quad 1,2 < \tau < 3,0 \cdot 10^{-2} \text{ dyn/cm}^2$$

$$= 1 + 7,404 \cdot 10^{-13} \cdot \tau^{2,268} \qquad (V, 58\,b)$$

$$= 1 + k\tau + \frac{(k\tau)^2}{2!} + \frac{(k\tau)^3}{3!} + \frac{(k\tau)^4}{4!} \qquad (V, 58\,c)$$

mit $k \sim 0,356 \cdot 10^{-5}$ cm²/dyn, die für alle Temperaturen zwischen 165° C und 250° C gelten. Fast die ganze Temperaturabhängigkeit liegt im $\varphi_0$, das von $4,72 \cdot 10^4$ bis $9,40 \cdot 10^9$ variiert. Die Koeffizienten in der Reihenentwicklung, die auch das lineare Glied enthält, sind praktisch temperaturunabhängig, $k$ ändert

sich mit $M = 162\,000$ bis $1\,100\,000$ ziemlich unregelmäßig von 0,335 bis 0,386. Die Meßpunkte für niedrigere Molekulargewichte fallen fast auf die gleichen Kurven. Bei den Polystyrolen von FERRY scheint dagegen $k/M$ ungefähr konstant zu sein. Es ändert sich von 0,664 bis $1,47 \cdot 10^{-11}$ für $M = 86\,000$ bis $710\,000$. Lösungsmittelzusatz erhöht wesentlich die Konstante $k$ (Abb. V, 24). Methylpolysiloxane zeigen nach CURRIE und SMITH[1] eine scheinbare Viscosität, die besonders bei den leichtflüssigeren Fraktionen auf ein Fehlen des linearen Gliedes schließen ließen, während die zäheren oberhalb $\eta_0 = 125$ P ein solches Glied sicher enthalten. BESTUL und BELCHER[2]

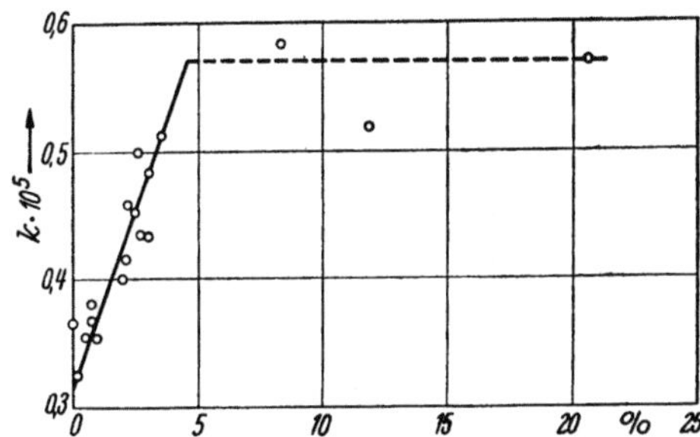

Abb. V, 24. Die Abhängigkeit der Konstante k aus Gl. (V, 48c) vom Lösungsmittelzusatz (in Prozent) für Polystyrol $M = 360\,000$ nach SPENCER und DILLON: J. Colloid Sci. 3, 163 (1948); 4, 241 (1949).

finden für Lösungen von GRS-Kopolymeren in o-Dichlorbenzol bei 37,8° C für $q = 60$ bis $100\,000$ s⁻¹ die Beziehung

$$\frac{1}{\eta} = \frac{1}{\eta_0} + aq. \qquad (V, 59)$$

Ein ähnliches Verhalten finden HALL und FUOSS[3] an reinem und gelöstem Polystyrol und Polyvinylpyridin, DE WIND[4] an Celluloseacetat in Aceton, Fox, Fox und FLORY[5] an verdünnten Lösungen von Polyisobutylen in Diisobutylen. SCHMIDLI[6] und ÄSCHLIMANN[7] an Polystyrol und Nitrocellulose in Aceton bzw. Butylacetat, STRAUSS und FUOSS[8] an wäßrigen Lösungen von Poly-4-vinyl-N-n-butylpyridiumbromid, ALEXANDER[9] an Polymethacrylsäuren.

Ein Potenzgesetz
$$\varphi = A\,\tau^n \qquad (V, 60)$$

ist von OSTWALD und DE WAELE[10] für höhere Schubspannungen vor-

---


[1] CURRIE, C. C., u. B. F. SMITH: Ind. Engng. Chem. 42, 2457 (1950).

[2] BESTUL, A. B., u. H. V. BELCHER: J. Colloid Sci. 5, 303 (1950).

[3] HALL, H. T., u. R. M. FUOSS: Science (Lancaster, Pa.) 112, 424 (1950).

[4] DE WIND, G.: Diss. Groningen 1951.

[5] FOX, T. G., J. C. FOX u. P. J. FLORY: J. Amer. Chem. Soc. 73, 1902 (1951).

[6] SCHMIDLI, B.: Diss. Zürich 1952.

[7] ÄSCHLIMANN, H.: Diss. Bern 1952.

[8] STRAUSS, U. P., u. R. M. FUOSS: J. Polymer Sci. 8, 593 (1952).

[9] ALEXANDER, P.: J. Polymer Sci. 8, 446 (1952); ALEXANDER, P., u. M. FOX: Nature 169, 572 (1952).

[10] OSTWALD, Wo.: Z. phys. Chem. 111, 62 (1924); Kolloid-Z. 36, 49 (1925); 47, 176 (1929). — DE WAELE, A.: J. Oil Colour. Chem. Assoc. 6, 33 (1923); Kolloid-Z. 36, 332 (1925).

geschlagen und von SCHEELE und Mitarbeitern[1] auf viele Systeme (Kunstharze mit und ohne Weichmacherzusatz, Lösungen) mit Erfolg angewandt worden. Der Exponent fällt in der Regel mit steigender Temperatur, doch scheint auch ein Maximum vorhanden zu sein. Bei $\eta_0$ und $\eta_\infty$ versagt die Gl. (V, 60).

Der Übergang zur Grenzviscosität bei sehr hohem Gefälle kann ziemlich gut durch die empirische Gleichung von WILLIAMSON[2]

$$\eta = \eta_\infty + \frac{a}{b+q} = \frac{\eta_0 + \eta_\infty\, q/b}{1 + q/b} \qquad (V, 61)$$

miterfaßt werden, die mit den drei Konstanten $\eta_\infty$, $b$ und $a/b = \eta_0 - \eta_\infty$ die gesamte Fließkurve wiederzugeben gestattet (Abb. V, 22a u. b). Die Konstante $b$ gibt gerade das Gefälle an, bei dem die Viscosität auf die Hälfte, d. h. auf den Wert $(\eta_0 + \eta_\infty)/2$ gesunken ist. Selbstverständlich kann diese Gleichung nur „normale" Fließkurven wiedergeben, nicht solche mit fast knickartigen Übergängen, wie z. B. bei konzentriertem Na-Oleat in Wasser[3], oder mit ungewöhnlich flachen, fast geraden Übergangsstücken, wie bei verschiedenen Stärken[4]. Interessiert nur die Umgebung von $\eta_\infty$, dann vereinfacht sich Gl. (V, 61) zum bekannten BINGHAMschen Ansatz[5]

$$\eta = \eta_\infty + \frac{a}{q}, \qquad (V, 62)$$

der allerdings bei Anwendung auf kleine $q$ das Verhalten einer Flüssigkeit mit Fließfestigkeit $\tau_0 = a$ wiedergibt.

Besonders aufschlußreich ist der Zusammenhang zwischen der Strukturviscosität und Konzentration. Proportionalität mit $c$ bedeutet einen Effekt des Einzelteilchens, während eine quadratische Abhängigkeit nur durch die Wechselwirkung der gelösten Moleküle zu erklären ist. Die Lage ist noch heute experimentell nicht einwandfrei geklärt, es fehlt an genügend genauen Messungen im Bereiche sehr kleiner Konzentrationen. Wie im Kap. XI näher dargelegt wird, ist eine Abhängigkeit der Viscositätszahl vom Gradienten nur bei genügend formbeständigen Molekülen zu erwarten, während sie bei den ganz weichen prinzipiell ausbleiben muß. Die Lage ist daher bei den einzelnen Systemen je nach Lösungsmittel, Temperatur, Molekülart und Molekulargewicht verschieden. Allerdings ist der Effekt des Einzelteilchens nach der Theorie immer proportional dem Quadrat des Geschwindigkeitsgefälles, Gl. (V, 57), so daß eine Strukturviscosität nach Gl. (V, 55) schon bedeuten würde, daß es bei dem betreffendem System nur einen Effekt der Wechselwirkung gibt.

So findet DE WIND[6] an zwei Cellulosenitraten mit $M = 130000$ und 96000 in Aceton bei 25° C, daß die einzelnen Koeffizienten $\varphi_0 a$,

---

[1] SCHEELE, W.: Z. Naturforsch. 4a, 433 (1949). — SCHEELE, W., L. STEINKE u. J. AVISIERS: Kolloid-Z. 94, 294 (1948). — SCHEELE, W., u. T. TIMM: Kolloid-Z. 121, 140, 144 (1951); vgl. auch C. MACK: J. Appl. Phys. 19, 1082 (1948); 20, 225 (1949); J. Colloid Sci. 4, 343 (1949).

[2] WILLIAMSON, R. V.: Ind. Engng. Chem. 21, 1108 (1929).

[3] PHILIPPOFF, W., u. K. HESS: Ber. dtsch. chem. Ges. 70, 1808 (1937).

[4] PHILIPPOFF, W.: Ber. dtsch. chem. Ges. 71, 841 (1938).

[5] BINGHAM, E. C.: Bur. Standards Sci. Papers 278, 309 (1916).

[6] DE WIND, G.: Diss. Groningen 1951.

$\varphi_0 b$ usw. in Gl. (V, 55) proportional mit dem Quadrat der Konzentration sind, daß also in verdünnter Lösung die Strukturviscosität verschwindet. Das würde besagen, daß die ganze Erscheinung nicht die Folge einer eventuellen Orientierung oder Formänderung des Einzelteilchens, sondern nur durch die Wechselwirkung der Teilchen bedingt ist. Demgegenüber finden Fox, Fox und FLORY[1] an Polyisobutylen mit $M = 1460000$ und 460000 in Diisobutylen, Cyclohexan, Tetrachlorkohlenstoff, n-Heptan, Toluol und Benzol bei 40° C, daß $\log \eta_{sp}$ linear mit dem maximalen Geschwindigkeitsgefälle $q_m$ absinkt (Abbildung V, 25), wobei die Neigung im untersuchten Intervall von $\eta_r = 1,2$ bis 1,9 von der Konzentration unabhängig und proportional dem Quadrat der Viscositätszahl ist

$$\log \eta_{sp} = \log c\,[\eta] - \alpha\,[\eta]^2\,q_m . \tag{V, 63}$$

Der Proportionalitätsfaktor scheint für beide Fraktionen der gleiche zu sein. Bei $M = 15000000$ ist der Abfall am Anfang steiler und geht dann allmählich in die Kurve nach Gl. (V, 63) über. Dieses Ergebnis besagt bei Umrechnung auf $[\eta]$, daß die Strukturviscosität von der Konzentration unabhängig und daher eine Folge des Verhaltens des Einzelmoleküls ist.

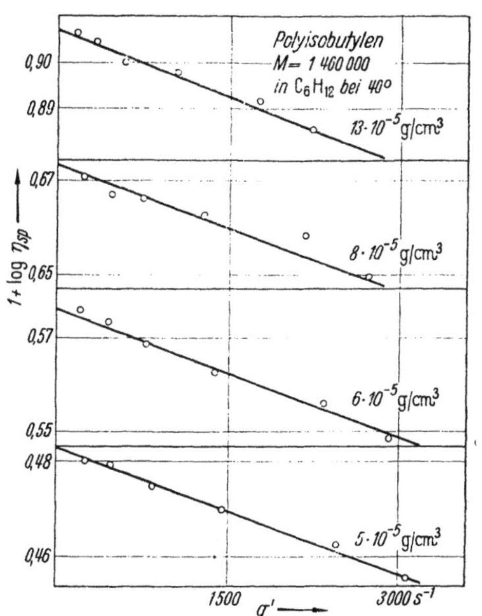


Abb. V, 25. Strukturviscosität von Polyisobutylen in Cyclohexan bei verschiedenen Konzentrationen nach FOX, FOX u. FLORY: J. Amer. Chem. Soc. **73**, 1902 (1951).

Wie im Kapitel XI dargelegt wird, gibt es heute keine Theorie, die einen derartigen Effekt wiedergeben könnte, insbesondere den zu $q$ proportionalen Abfall des Viscositätsbeitrages des Einzelteilchens. Ein ähnliches Verhalten zeigen auch die hochverdünnten Lösungen der Thymonucleinsäure[2,3], wo auch noch bei der Konzentration von $2,5 \cdot 10^{-5}$ g/cm³ der Abfall der Viscosität mit dem Gefälle so stark ist, daß aus den bis zu $q = 400$ sec⁻¹ gemessenen Werten eine sichere Extrapolation auf $[\eta]_{q=0}$ nicht möglich ist. Der geschätzte Wert 4000 cm³/g läßt jedoch auf ein Riesenmolekül schließen, ähnlich der schweren Polybutylenfraktion von FLORY[4].

---


[1] Fox, T. G., J. C. Fox u. P. J. FLORY: J. Amer. Chem. Soc. **73**, 1902 (1951).

[2] SCHWANDER, H.: Helvet. chim. Acta **32**, 2510 (1949).

[3] VALLET, G., u. M. SCHWANDER: Helvet. chim. Acta **32**, 2508 (1949).

[4] BERNEIS, H. K.: Diss. Bern 1952, findet in seinem Horizontalviscosimeter für eine Lösung mit $c = 13,88 \cdot 10^{-5}$ g/cm³ bei $q = 6$—23 sec⁻¹ $\eta_{sp}/c = 4180$ cm³/g im Vergleich zu 2450 cm³/g bei 554 sec⁻¹ im OSTWALDschen Viscosimeter.

Die einfachste, leider unzureichende Erklärung der Strukturviscosität gibt die Platzwechseltheorie mit Gl. (V, 16) bzw. (V, 57), die jedoch nur in einzelnen Fällen die Experimente richtig wiedergeben kann. Es sind insbesondere das fehlende lineare Glied in der Reihenentwicklung Gl. (V, 55) und das große Fließvolumen im Gegensatz zu der verhältnismäßig kleinen kinetischen Einheit, die aus $E = L/4$ bestimmt wird, die als Mängel dieser Theorie auftreten. Etwas besser scheint die Vorstellung der intermolekularen Verknäuelungen den Tatsachen zu entsprechen[1]. Mit wachsender Konzentration wächst die Wahrscheinlichkeit, daß ein Molekül mit seinen Nachbarn in Berührung kommt und daß dabei eine Haftstelle mit der mittleren Lebensdauer $\vartheta = 1/\lambda$ entsteht. Die Zahl der so gebildeten Haftstellen ist $k_1 \cdot c^2$, der durch den thermischen Abbau — $n/\vartheta$ in der ruhenden Lösung das Gleichgewicht gehalten wird. Bei der Strömung gleiten die einzelnen Flüssigkeitsschichten aneinander, was die Wahrscheinlichkeit einer Berührung zwischen verschiedenen Molekülen erhöht und somit $k_2 \cdot c^2 \cdot q$ neue Haftstellen liefert. Andererseits werden dabei auch um so mehr Haftstellen zerrissen, je größer das Gefälle und die Zahl der vorhandenen Haftstellen, was eine Abnahme — $k_3 \cdot n \cdot q$ bewirkt. Im Gleichgewicht hat man

$$k_1 c^2 + k_2 c^2 q = n/\vartheta + k_3 n q$$

und daraus die Zahl der Haftstellen

$$n = \frac{k_1 + k_2 q}{\lambda + k_3 q} \cdot c^2 . \tag{V, 64}$$

Für die Zerstörung jeder Haftstelle muß die Arbeit $F$ aufgebracht werden, so daß die gesamte dissipierte Leistung

$$\eta_l \cdot q^2 + k_3 n q \cdot F = \tau q$$

und die Schubspannung

$$\tau = \eta_l \left(1 + k_3 \cdot \frac{n F}{\eta_l q}\right) \cdot q$$

wird. Daraus berechnet sich die Viscosität der Lösung zu

$$\frac{\tau}{q} = \eta = \eta_l \left(1 + \frac{k_3 F}{\eta_l q} \cdot c^2 \cdot \frac{k_1 + k_2 q}{\lambda + k_3 q}\right) \tag{V, 65}$$

bzw. unter Vernachlässigung der spontanen Bildungsgeschwindigkeit $k_1$

$$\eta = \eta_l \left(1 + \frac{a}{b + q}\right) = \eta_l \frac{a + b + q}{b + q} = \eta_l \left(1 + \frac{a}{b} - \frac{a}{b^2} q - \cdots\right) =$$

$$= \eta_0 - \frac{k_2 k_3^2 F}{\lambda^2} \cdot c^2 q - \cdots \tag{V, 66}$$

mit nichtverschwindendem linearem Glied, das dem Quadrate der Konzentration proportional ist. Das Ergebnis deckt sich mit der empirischen Gl. (V, 61) und den Experimenten von DE WIND[2]. Doch versagt dieser Ansatz bei höheren Konzentrationen. Nimmt man z. B. die Meßwerte von SCHMIDLI[3] an Nitrocellulose und Polystyrol, so bleibt weder $b = \lambda/k_3$ noch $\eta_0 \, b/(a + b)$ konstant und $\eta_0 - \eta_l$ wächst schneller als proportional zu $c^2$ an.

SPENCER[4] versucht die Platzwechseltheorie in der Weise zu erweitern, daß er die Entropieänderung bei der Orientierung des Fließvolumens in der Strömung einführt. Der aktivierte Zustand soll durch eine hohe Ordnung charakterisiert sein, also durch einen stark positiven Entropiewert. Die Scherkräfte orientieren das Volumen und verkleinern dadurch die benötigte Entropieerhöhung um $\Delta S = -W/T$,

[1] HERMANS, J. J.: Kolloid-Z. 106, 95 (1944). — PETER, S.: Kolloid-Z. 114, 44 (1949).

[2] DE WIND, G.: Diss. Groningen 1951.

[3] SCHMIDLI, B.: Diss. Zürich 1952.

[4] SPENCER, R. S.: J. Polymer Sci. 5, 591 (1950).

wo $W$ die Arbeit der Scherkräfte bei der Orientierung bedeutet, die man sich ähnlich vorzustellen hat wie bei der Dehnung von hochelastischen Substanzen. Aus der Verknüpfung zwischen der Scherspannung $\tau$ und der Deformation $\sigma$ [1]

$$\tau = G \cdot \sigma \; \frac{L^{-1}\left(\sqrt{1+\sigma^2}/K\right)}{3\sqrt{1+\sigma^2}/K} , \qquad (V, 67)$$

wo $G$ den Elastizitätsmodul, $K$ die maximale Dehnung und $L^{-1}$ die inverse LANGE-VINsche Funktion bedeuten, bekommt man für die Arbeit je Kubikzentimeter

$$\int_0^\sigma \tau \, d\tau = G \cdot \frac{K^2}{3} \, \Lambda\left(\frac{\sqrt{1+\sigma^2}}{K}\right) - \Lambda\left(\frac{1}{K}\right) = G \cdot F\left(K, \tau/G\right)$$

mit

$$\Lambda(x) = \int_0^x L^{-1}(u) \, du = x L^{-1}(x) - \ln \frac{\sinh L^{-1}(x)}{L^{-1}(x)} .$$

Führt man nun diesen Wert in Gl. (V, 16) ein und berücksichtigt, daß für die üblichen Fließvolumina $l^3 \, \tau/2 \, kT$ immer nahe an Null ist, dann bekommt man

$$\log \varphi = \log \varphi_0 + \frac{0{,}435 \, nVG}{RT} \cdot F\left(K, \tau/G\right) . \qquad (V, 68)$$

Trägt man also $\log \varphi$ über die Fließfunktion $F$ auf, so müßte man gerade Linien erhalten. Wählt man für natürlichen Kautschuk $K = 8$ und $G = 10^5$ dyn/cm², so gilt das tatsächlich für die Messungen von TRE-LOAR und SAUNDERS[2] bei 140° und 50° C in einem Fluiditätsbereich von $10^{-6}$ bis $3 \cdot 10^{-5}$ $P^{-1}$ und bei Polystyrol von SPENCER und DILLON[3] mit $K = 5$, $G = 1{,}5 \cdot 10^5$ dyn/cm² für $\varphi'_{rel} = 2$ bis 100 (Abb. V, 26). Das Gesamtvolumen $nV$ bedeutet dabei wohl nicht die Fließeinheit, sondern das ganze Gebiet, in dem eine gewisse Ordnung erreicht werden muß, wenn es zu einem Platzwechsel kommen soll Es ergibt sich für Kautschuk und Polystyrol zu etwa 30000 cm³/Mol, enthält also ungefähr 70 Fließeinheiten.

MOREY[4] leitet aus der Vorstellung einer endlichen Lebensdauer des aktivierten Zustandes und einer sehr festen Bindung an den Gleichgewichtszustand folgenden Ausdruck für die Viscosität ab

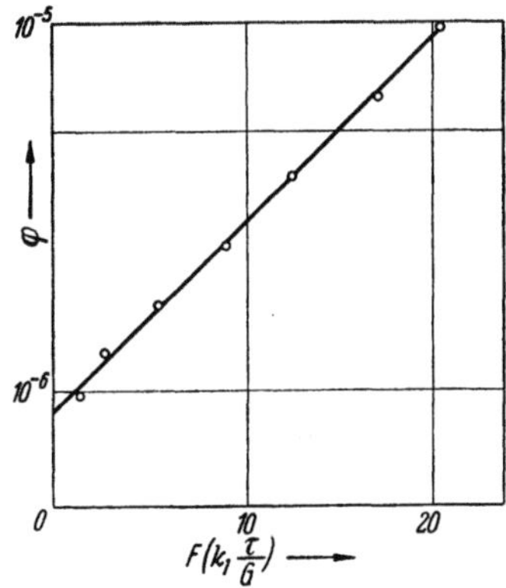


Abb. V, 26. Scheinbare Fluidität von Kautschuk [TRELOAR u. SAUNDERS: Trans. Inst. Rubber Ind. 24, 92 (1948)] bei 140° C über der Fließfunktion von SPENCER: J. Polymer Sci. 5, 591 (1950).

$$\eta = \frac{A}{T^{2{,}3}} \, e - 1.9 \cdot 10^8 \, \tau \, V^{2/3} , \qquad (V, 69)$$

wo $A$ noch ein wenig vom Volumen abhängt, der bei niedriger Temperaturen befriedigend die Messung an Polyisobutylen[5], Polyvinylacetat[6] und an geschmolzenem Polystyrol[3, 7] wiederzugeben vermag.


[1] GUTH, E., u. H. M. JAMES: J. Chem. Phys. 11, 455 (1943).

[2] TRELOAR, L. R. G., u. D. W. SAUNDERS: Trans. Inst. Rubber Ind. 24, 92 (1948).

[3] SPENCER, R. S., u. R. E. DILLON: J. Colloid Sci. 3, 163 (1948); 4, 241 (1949).

[4] MOREY, D. E.: J. Phys. Colloid Chem. 53, 569 (1949).

[5] Siehe Anm. 1, S. 329.

[6] SCHEELE, W., M. ALFEIS u. LA HAYE: Kolloid-Z. 103, 5 (1943).

[7] BUCHDALL, R.: J. Colloid Sci. 3, 93 (1948).

Kornmoleküle, z. B. dreidimensionale Polymerisate wie Phenolharze[1], zeigen trotz sehr hoher Zähigkeit weder allein noch mit Zusätzen eine Strukturviscosität, die demnach vorwiegend durch die intermolekularen Verknüpfungen und ihre Zerstörung in der Strömung bedingt zu sein scheint. Immerhin könnte man auch bei ihnen einen Abfall der Viscosität bei extremen Schubspannungen erwarten, da ein solches Verhalten von den Theorien des flüssigen Zustandes für alle Flüssigkeiten verlangt wird[2].

## Zusammenfassende Darstellungen zu Kapitel V.

ALEXANDER, P. A., u. I. P. JOHNSON: Colloid Science, Bd. I, Kap. 13. Oxford 1949.
ALFREY, T.: Mechanical Behaviour of High Polymers. New York 1948.
BONDI, A.: Rate process theory of flow. J. Chem. Physics 14, 591 (1946).
EIRICH, F.: Viscosity and the Nature of Substances of High Molecular Weight in Solution. Rep. on Progr. in Physics 7 (1941).
EWART, R. H.: Significance of Viscosity Measurements on Dilute Solutions of High Polymers. Scientific Progress in the Field of Rubber and Synthetic Elastomers, Bd. II.
FISCHER, E. K.: Colloidal Dispersions. Kap. 5. New York-London 1950.
GOODEVE, C. F.: The Viscosity of Non-Newtonian Fluids. Phys. Soc. Rep. 5 (1938).
GLASSTONE, S. G., K. J. LAIDLER u. H. EYRING: Theory of Rate Processes. New York 1941.
KRUYT, H. R.: Colloid Science. Bd. II, Kap. 4 (J. J. HERMANS), Kap. 6 (R. HOUWINK), Kap. 7 (J. TH. G. OVERBECK, H. G. BUNGENBERG DE JONG). New York, Amsterdam 1949.
KUHN, W., H. KUHN u. P. BUCHNER: Hydrodynamisches Verhalten von Makromolekülen in Lösung. Erg. exakt. Naturwiss. 25, 1 (1951).
MARK, H., u. A. V. TOBOLSKY: Physical Chemistry of High Polymeric Systems, Kap. 9. New York-London 1950.
MEYER, K. H.: Natural and Synthetic High Polymers, Kap. I (C. WEISSENBERG, A. J. A. VAN DER WYK). New York 1950.
MEYER, K. H., u. H. MARK: Makromolekulare Chemie, Abschnitt K (K. H. MEYER, A. J. A. VAN DER WYK, K. WEISSENBERG). Leipzig 1950.
NISSAN, A. H., L. W. CLARK u. A. W. NASH: Viscosity and Constitution. J. Inst. Petrol. 26, 155—211 (1940).
PHILIPPOFF, W.: Viskosität der Kolloide. Dresden-Leipzig 1942.
— Viskosität der Kolloide. Z. Naturforsch. 3b, 151 (1948).
I. and II. Report on Viscosity. Amsterdam 1938.
ROEGIERS, M. u. K: Viskosität normaler Flüssigkeiten. Gent 1945.
STAUDINGER, H.: Die hochmolekularen organischen Verbindungen. Berlin 1932
— Organische Kolloidchemie. 3. Aufl. Braunschweig 1950.
— Makromolekulare Chemie und Biologie. Kap. 12, 13, 14. Basel 1947.
TOBOLSKI. A., R. E. POWELL u. H. EYRING: Elasto-Viscous Properties of Matter. In R. E. BURK u. O. GRUMMITT: The Chemistry of Large Molecules. New York 1943.
TRAUTZ, M.: Zweiphasendiagramme der inneren Reibung. Kolloid-Z. 100, 405—424 (1942).
WIRTZ, K.: Platzwechselprozesse in Flüssigkeiten. Z. Naturforsch. 3a, 672 (1948).

---

[1] DIENES, G. J.: J. Colloid Sci. 4, 257 (1949).
[2] GRUNBERG, L., u. A. M. NISSAN: Nature (Lond.) 156, 241 (1946).

Sechstes Kapitel.

# Lichtzerstreuung in Mischungen und Lösungen von Makromolekülen. Einfachstreuung und Mehrfachstreuung.

Von

**A. Peterlin.**

## § 53. Allgemeine Betrachtungen.

Bei einfallendem unpolarisiertem Licht der Intensität $J_0$ streut das optisch isotrope Einzelmolekül mit der Polarisierbarkeit $\alpha$ in der Richtung $\vartheta$ zum einfallenden Strahl mit der Intensität $J(\vartheta)$

$$\frac{J(\vartheta)}{J_0} = \frac{16\,\pi^4}{\lambda_0{}^4\,R^2} \cdot \frac{1 + \cos^2 \vartheta}{2} \cdot \alpha^2 \,, \qquad (VI, 1)$$

wobei $R$ den Abstand des Beobachters vom Molekül und $\lambda_0$ die Lichtwellenlänge im Vacuum bedeuten (s. Bd. I, § 45). Bei $N_{\text{cm}^3}$ Molekülen in der Volumeneinheit kann die Streuintensität vom kleinen Volumen $V$ einfach gleich

$$\frac{J(\vartheta)}{J_0} = N_{\text{cm}^3} \cdot V \cdot \frac{16\,\pi^4}{\lambda_0{}^4\,R^2} \cdot \frac{1 + \cos^2 \vartheta}{2} \cdot \alpha^2 \qquad (VI, 2)$$

und die Trübung

$$\tau = N_{\text{cm}^3} \cdot \frac{128\,\pi^5}{3\,\lambda_0{}^4} \cdot \alpha^2 \qquad (VI, 2\,a)$$

gesetzt werden, wenn zwischen den an den einzelnen Molekülen gestreuten Lichtwellen keine festen Phasenbeziehungen bestehen, wie das z. B. in nicht zu komprimierten Gasen der Fall ist. Bei nicht isotroper Polarisierbarkeit ist

$$\frac{1 + \cos^2 \vartheta}{2} \cdot \alpha^2 \qquad (VI, 3)$$

durch den Mittelwert für alle möglichen Orientierungen des Moleküls zu ersetzen[1]

$$\frac{1}{30}\left[(4\,\alpha_1^2 + 2\,\alpha_1\,\alpha_2 + 9\,\alpha_2^2) + (2\,\alpha_1^2 + 6\,\alpha_1\,\alpha_2 + 7\,\alpha_2^2)\cos^2 \vartheta\right]. \qquad (VI, 3\,a)$$

---

[1] Dabei ist der Einfachheit halber für die Polarisierbarkeit des Moleküls Rotationssymmetrie angenommen worden $\alpha_1$, $\alpha_2 = \alpha_3$.

Hat man es mit Teilchen zu tun, deren Abmessungen nicht mehr gegen die Wellenlänge des Lichtes zu vernachlässigen sind (Makromoleküle, mikroskopische Teilchen), so hat man die Winkelabhängigkeit der Streuintensität durch eine kompliziertere Funktion $f(\vartheta)$ zu beschreiben (vgl. Kap. IX Lichtzerstreuung am Einzelteilchen oder Bd. I, § 54). Die Streuung selber kann bei kleinen Teilchen als Folge der im Teilchen induzierten Dipole (Polarisierbarkeit $\alpha$) und evtl. auch höherer elektrischer und magnetischer Momente (s. § 74), bei größeren Teilchen dagegen meist bequemer als Folge der Beugung, Brechung und Spiegelung aufgefaßt werden. Die letztgenannten Effekte werden sinngemäß erst dann eingeführt, wenn die Abmessungen der Teilchen größer als die Wellenlänge des angewandten Lichtes geworden sind.

Fragt man sich nun nach der Streuung in der Materie, so tritt die gegenseitige Anordnung der Teilchen bzw. der Moleküle als wesentlicher mitbestimmender Faktor auf. Sind die Teilchen ganz regellos im Raume verteilt, wie das z. B. in einem nicht zu komprimierten Gase oder in einem verdünnten Aerosol der Fall ist, dann gibt es keine festen Phasenbeziehungen zwischen den an den einzelnen Teilchen gestreuten Lichtwellen — das Streulicht von den verschiedenen Teilchen ist im Mittel inkohärent — und man kann für ein hinreichend kleines Volumen die Streuintensität als Summe der Intensitäten des von den einzelnen Teilchen gestreuten Lichtes $J_1$ hinschreiben

$$\frac{J(\vartheta)}{J_0} = V \cdot N_{\mathrm{cm}^3} \cdot \frac{16\,\pi^4}{\lambda'^4\,R^2} \cdot f(\vartheta)\,. \tag{VI, 4}$$

Beim Bestehen fester Beziehungen zwischen den Phasen des an einzelnen Teilchen gestreuten Lichtes hat man nicht die Intensitäten, sondern die Amplituden zu summieren, die gesamte Streuintensität wird dem Quadrate der Zahl der streuenden Teilchen proportional. Dieser Fall tritt bei der Streuung der Röntgenstrahlen an Kristallen in seiner reinsten Form auf, doch findet man Andeutungen auch bei der Streuung von sichtbarem Licht an festen Körpern und Flüssigkeiten[1].

Sucht man nach der allgemeinsten Beziehung zwischen dem einfallenden und gestreuten Licht am Volumelement $\Delta V$, so hat man in der Regel die Polarisationsverhältnisse des Lichtes zu berücksichtigen. Nach STOKES wird der Polarisationszustand der Lichtwelle durch folgende vier Parameter charakterisiert

$$P_1 = \sum_j (p^2 + q^2)_j$$
$$P_2 = \sum_j (p^2 - q^2)_j$$
$$P_3 = \sum_j 2\,p_j\,q_j \cos \delta_j \tag{VI, 5}$$
$$P_4 = \sum_j 2\,p_j\,q_j \sin \delta_j$$

---

[1] Für die Fälle, wo die Streustrahlung merklich dem Quadrate der Streuzentrenzahl proportional ist, verliert die Trübung $\tau$ ihren Sinn, der einfallende Strahl nimmt nicht mehr nach einer Exponentialfunktion mit der Eindringtiefe, sondern wesentlich rascher, nämlich exponentiell mit dem Quadrat der Eindringtiefe ab.

Man kann nämlich jeden Strahl als Summe von sehr vielen elliptischen Schwingungen mit verschiedenen Schwingungsrichtungen auffassen. Die Amplituden der Projektionen der $j$-ten Teilschwingung auf zwei beliebige zur Fortpflanzungsrichtung senkrechte Achsen seien $p_j$ und $q_j$, der Phasenwinkel zwischen ihnen $\delta_j$. Insbesondere mißt $P_1$ die Gesamtintensität. Bei natürlichem, unpolarisiertem Licht verschwinden alle $P$ bis auf $P_1$, und bei linear polarisiertem gilt $P_1^2 = P_2^2 + P_3^2$, $P_4 = 0$.

Zwischen den $P$ des einfallenden Lichtes und denen des gestreuten $P'$ bestehen wegen der Linearität der elektromagnetischen Grundgleichungen vier lineare Beziehungen

$$P'_j = \sum_k A_{jk} P_k \qquad \text{(VI, 6)}$$

mit 16 Koeffizienten $A_{jk}$, die bei gegebenem Versuchskörper nur vom Winkel $\vartheta$ abhängen. Das Reziprozitätsgesetz reduziert die Zahl der unabhängigen $A_{jk}$ auf 10

$$\begin{matrix}
A_{11} & A_{12} & -A_{31} & A_{41} \\
A_{12} & A_{22} & -A_{32} & A_{42} \\
A_{31} & A_{32} & A_{33} & A_{34} \\
A_{41} & A_{42} & -A_{34} & A_{44}
\end{matrix}$$

und weiter auf 6

$$\begin{matrix}
A_{11} & A_{12} & 0 & 0 \\
A_{12} & A_{22} & 0 & 0 \\
0 & 0 & A_{33} & A_{34} \\
0 & 0 & -A_{34} & A_{44}
\end{matrix} \qquad \text{(VI, 7)}$$

falls keine optische Aktivität des Mediums vorhanden ist[1]. Bei der üblichen Beobachtungsweise, wo man nur mit horizontal bzw. vertikal linear polarisiertem oder auch mit natürlichem Licht arbeitet (horizontale Einfallsrichtung, Indices $h$, $v$, $u$), also kein zirkular oder elliptisch polarisiertes Licht anwendet, und nur die horizontale ($H$) oder vertikale ($V$) Komponente des unter 90° gestreuten Lichtes mißt, treten nur die ersten drei Parameter $A_{11}$, $A_{12}$, $A_{22}$ auf, die man aus der Messung von $H_h$, $H_v$, $V_h$ und $V_v$ bestimmen kann[2].

Solange die gestreute Lichtintensität verschwindend klein gegenüber der Intensität des einfallenden Lichtes ist[3], kann man das Streuproblem sehr einfach behandeln, in dem man Gl. (VI, 4) für das Volumelement auf ein endliches Volumen anwendet. Dieses Verfahren verliert seine Berechtigung im Falle fester Phasenbeziehungen zwischen den einzelnen Streuwellen. Aus einem Röntgenstrahl wird im Kristall schon in außerordentlich dünner Schicht beim BRAGGschen Glanzwinkel so viel Energie abgebeugt, daß man nur durch genaue Betrachtung der Wechselwirkung zwischen dem Primär- und Sekundärstrahl (dynamische Theorie der Röntgenstrahlinterferenzen) die Verhältnisse richtig wiedergeben kann. In den

---

[1] PERRIN, F.: J. Chim. phys. **36**, 234 (1939).
[2] Vgl. Abb. 125 in Bd. 1, S. 391.
[3] Ein Maß dafür findet man in der Trübung des Probekörpers. Es muß die Summe aller Weglängen des Lichtes im Probekörper $S_d$ so klein sein, daß $S_d \cdot \tau \ll 1$ gilt.

Fällen dagegen, wo die einzelnen Streuwellen inkohärent sind, kann man die Schwächung des Primär- und Sekundärstrahles durch Streuung in erster Näherung in der Weise berücksichtigen, daß man den Ausdruck für die Streuintensität mit dem Faktor $e^{-S_d \cdot \tau}$ erweitert

$$\frac{J(\vartheta)}{J_0} = V \cdot N_{cm^3} \cdot \frac{16\,\pi^4}{\lambda_0^4\,R^2}\, e^{-S_d \cdot \tau} \cdot f(\vartheta)\,, \qquad (VI, 8)$$

wo $S_d$ die Summe der Weglänge des Lichtes im Probekörper (als Primär- und Sekundärstrahl) bedeutet.

Doch wird dieses Verfahren bald unzulässig, denn es wird bei dickeren Schichten nicht nur das Primär- und Sekundärlicht nach allen Richtungen gestreut, was zu einer Abnahme der Intensität in der Beobachtungsrichtung führt, sondern es wird auch aus allen Richtungen ein merkbarer Anteil in die Beobachtungsrichtung gestreut. Man hat in voller Allgemeinheit die Streuung der Lichtwellen aller Richtungen an allen Streuzentren zu berücksichtigen *(Mehrfachstreuung)*.

## § 54. Mehrfachstreuung.

Die mathematische Formulierung des allgemeinen Problems der Mehrfachstreuung ist wegen der Transversalität des Lichtes, wo man bei jeder Welle 4 Parameter zur Beschreibung der Intensität und des Polarisationszustandes nötig hat, äußerst kompliziert. Dementsprechend gibt es auch keine allgemeine Lösung des Problems. Um weiter zu kommen, vereinfacht man die Aufgabe dadurch, daß man nur die Ausbreitung einer skalaren Welle untersucht, also die Polarisation der Welle ganz unberücksichtigt läßt, und nur die Intensität betrachtet, was den Verhältnissen bei longitudinalen Wellen, also z. B. bei der Schallausbreitung entspricht[1].

Auch da ist im Falle eines wohlgeordneten Gitters das Problem der Streuung der Röntgenstrahlen durch die „dynamische" Theorie exakt gelöst worden. Diese führt zum Ergebnis, daß im idealen Kristallgitter eine Streustrahlung nur dann entsteht, wenn die Braggsche Beziehung

$$2\,d \sin \frac{\vartheta}{2} = m \cdot \lambda \qquad (VI, 9)$$

erfüllt ist. Wird nun die Wellenlänge größer als das Doppelte des größten Netzebenenabstandes, dann gibt es keine Streuung mehr, denn es heben sich durch Interferenz alle Strahlen bis auf die Verlängerung des Primärstrahles auf.

Besonders wichtig ist die Streuung an ungeordneten Streuzentren, ein Fall, der bei der Ausbreitung des Lichtes· durch ausgedehnte trübe Medien, z. B. Nebelschichten, Milchglas, konzentrierte trübe Sole, Sternatmosphären usw. vorkommt[2]. Im einfachsten Falle einer in der $x$-Richtung einfallenden ebenen Welle, bei der die Wellenfront sich in

---

[1] Siehe z. B. M. Lax: Multiple Scattering of Waves. Rev. Mod. Phys. **23**, 287 (1951).

[2] Das Problem ist weitgehend identisch mit der Frage der Diffusion von Korpuskularstrahlen in der Materie, z. B. von Neutronen im Uranmeiler.

der $y$- und $z$-Richtung ins Unendliche ausdehnt, wird die Intensität in einem makroskopisch isotropen trüben Medium nur eine Funktion der Eindringtiefe $x$ und des Winkels $\vartheta$ zwischen der Ausbreitungsrichtung und der $x$-Achse: $J(x, \vartheta)$. Auf einer kurzen Strecke $ds = dx/\cos\vartheta$, auf der allerdings die Welle an einer beträchtlichen Zahl von Streuzentren gestreut wird, verkleinert sich die Intensität des in dieser Richtung fortschreitenden Lichtes wegen der Streuung und einer evtl. vorhandenen wahren Absorption, die Energie aus dem Strahl wegnehmen, und vergrößert sich wegen Streuung des Lichtes anderer Ausbreitungsrichtungen an den gleichen Streuzentren, die Energie in die $\vartheta$-Richtung zuführen. Man erhält so die folgende „Transportgleichung"

$$\cos\vartheta \, \frac{\partial J(x, \vartheta)}{\partial x} = -N(\sigma_s + \sigma_a) \cdot J(x, \vartheta) + N \int J(x, \vartheta') f(\delta) \, d\Omega' \qquad (VI, 10)$$

mit

$$\delta = \text{Winkel zwischen den Richtungen } \vartheta \text{ und } \vartheta',$$
$$f(\delta) = \text{Streufunktion des einzelnen Teilchens,}$$
$$\sigma_s = \int f(\delta) \, d\Omega \text{ Streuquerschnitt des Teilchens,}$$
$$N = \text{Zahl der Streuzentren in der Volumeneinheit,}$$
$$N \cdot \sigma_a = a = \text{Absorptionskoeffizient des Mittels,}$$
$$N(\sigma_s + \sigma_a) = \text{Extinktionskoeffizient des Mittels.}$$

Die Lösung dieser Integro-Differentialgleichung, die besonders im Zusammenhange mit dem Energietransport durch Strahlung im Sterninnern und bei ähnlichen Diffusionsproblemen viel untersucht worden ist[1], läßt sich nur für sehr spezielle Fälle angeben. Strenge Lösungen sind eigentlich nur für isotrope Streuung im Falle eines unendlich ausgedehnten Mediums bzw. eines Halbraumes gefunden worden[2]. Letzteres Problem tritt bei der Berechnung der Helligkeit der Sonnenscheibe oder des Reflexionsvermögens der Graphitwand des Uranmeilers auf. Numerische Näherungslösungen sind auch für Schichten von endlicher Dicke angegeben worden[3].

Oft versucht man eine Vereinfachung durch die an und für sich unzulässige Zerlegung des Lichtflusses in eine einfallende und reflektierte Welle, die auf ein System von zwei simultanen linearen Differentialgleichungen führt[4]. Die Lösungen scheinen den Anforderungen der praktischen Meßtechnik zur Beschreibung der Verhältnisse in dünnen, trüben Schichten, z. B. in den Milchglasschichten der Leuchtkörper zu genügen, insbesondere lassen sie die Berechnung der Transparenz und des

---

[1] Siehe z. B. M. LAX: Multiple Scattering of Waves. Rev. Mod. Phys. **23**, 287 (1951).

[2] Siehe z. B. S. CHANDRASEKHAR: Astrophysic. J. (18 Abhandlungen über das Strahlungsgleichgewicht in der Sternatmosphäre) **99** (1944) bis **105** (1947); B. AMBARSUMIAN: J. Phys. USSR 8, 65 (1944); G. PLACZEK: Physic. Rev. **72**, 556 (1947).

[3] KUZNECOV, E. S.: Ber. Akad. USSR, Geogr.-geophys. Serie 7, 247 (1943). — FABRIKANT, W. A., W. L. GINSBURG u. W. L. PULVER: Z. Phys. 81, 795 (1933). — BARTELS, H., u. H. NOACK: Z. Phys. **64**, 465 (1930).

[4] RYDE, J. W.: Proc. Roy. Soc. (Lond.) A **131**, 451 (1931). — RYDE, J. W., u. B. S. COOPER: Proc. Roy. Soc. (Lond.) A **131**, 464 (1931).

Reflexionsvermögens zu[1]. Die Richtungsverteilung des Lichtes in der Schicht und beim Austritt aus derselben läßt sich jedoch auf diese Art nicht berechnen.

Einen nicht unwichtigen Fall der Mehrfachstreuung stellt die Ausbreitung des Lichtes in biologischen Substanzen (Geweben) und in einigen künstlichen Systemen (z. B. CHRISTIANSEN-Filtern) dar, die infolge ihres speziellen Aufbaues (Zellen, Fasern, Faserbündel, Glaskugeln) zu sehr starker Streuung Anlaß geben. Die Abmessungen der Inhomogenitäten sind dabei in der Regel so groß, daß man zur Beschreibung der Streuung am Einzelteilchen mit Vorteil neben der Beugung auch die Reflexion und Brechung einführt. Im allgemeinen können die Phasenbeziehungen zwischen den Streuwellen in diesen Fällen ganz außer acht gelassen werden, so daß die Voraussetzungen für die Behandlung nach der oben erwähnten Methode der Mehrfachstreuung einigermaßen erfüllt sind. Die Streufunktion $f(\vartheta)$ und der Streuquerschnitt können noch sehr stark von der Richtung und dem Polarisationszustand des einfallenden Lichtes abhängen, da die Unhomogenitäten nicht kugelförmig und die biologischen Strukturen stark doppelbrechend sind: neben der Änderung der Dichte und der chemischen Zusammensetzung vom Teilchen zum Teilchen kommt noch die Änderung der Struktur, des Orientierungsgrades (kristallin-amorph) und der Orientierungsrichtung als Ursache für die optische Inhomogenität in Frage[2]. Sogar in einem hochmolekularen Festkörper, der chemisch homogen ist, wechseln gutgeordnete, kristalline Bereiche mit fast ganz amorphen Gebieten ab: die ersteren sind in der Regel doppelbrechend, die zweiten optisch isotrop — falls keine Kettenorientierung vorliegt. An der nie scharfen Grenze zwischen beiden Ordnungszuständen oder zwischen verschiedenen Orientierungsrichtungen wird das Licht gebrochen und teilweise reflektiert. Ganz große Kristallite bzw. kristallisierte Bereiche, die man sogar im Mikroskop sehen kann, wie z. B. die Sphärolite bei den Polyamiden und anderen kristallinen Hochpolymeren (vgl. Bd. III), führen wegen der starken Lichtablenkung schon in sehr dünnen Schichten zur Undurchsichtigkeit, das durchgelassene Licht ist in seiner Richtungs- und Intensitätsverteilung bald fast ganz unabhängig von derjenigen im einfallenden Licht.

Eine quantitative Fassung der Verhältnisse und insbesondere die Erschließung der Struktur und Berechnung der mittleren Streufunktion $f(\vartheta)$ aus der am Probekörper gemessenen Lichtintensität und ihrer Richtungsverteilung verbieten sich in der Regel. Eine allgemeine Lösung des Problems gibt es nicht, und die numerischen Lösungen können wegen der zu heterogenen Struktur solcher Objekte nicht gut angewandt werden. Sehr oft lohnt ein größerer Aufwand bei solchen Untersuchungen schon aus dem Grunde nicht, weil die Versuchskörper

---

[1] Internat. Illum. Congress, Scheveningen 1939; vgl. z. B. G. LOVERA: Nuovo Cimento **3**, 1 (1946). — DUNTLEY, S. Q.: J. Opt. Soc. Amer. **32**, 61 (1942); **33**, 252 (1943). — HEWSON, E. W.: Quart. J. Roy. Met. Soc. **69**, 47 (1943). — HULBURT, E. O.: J. Opt. Soc. Amer. **33**, 42 (1943). — GIVENS, M. P., W. L. NYBORG u. H. K. SCHILLING: J. Acoust. Soc. Amer. **18**, 284 (1946).

[2] Siehe z. B. H. A. STUART: Kolloid-Z. **120**, 57 (1951).

— z. B. die biologischen Objekte — in ihrer Struktur zu sehr untereinander schwanken, als daß man typische, allgemeingültige Ergebnisse erzielen könnte.

Bei der Mehrfachstreuung gehen manche Beziehungen der Einfachstreuung verloren. Insbesondere wird die Intensität des gestreuten Lichtes ziemlich bald von Richtung und Polarisationszustand des einfallenden Lichtes unabhängig, also auch $V_v = V_h = H_v = H_h$[1]. Dieses gleichsinnige Verhalten ohne Rücksicht auf die spezielle Struktur verbietet offenbar jeden Schluß auf dieselbe aus der Streuung, sobald die Schicht so dick ist, daß die isotrope Verteilung des Streulichtes erreicht ist. Man könnte also höchstens die erforderliche Schichtdicke zur Erreichung einer solchen Verteilung als charakteristische Größe des Materials einführen.

Die starke Schwächung des Primärstrahles, der schließlich ganz vom Streulicht überdeckt wird, und die immer steigende Intensität des Streulichtes bei großen $\vartheta$, die endlich zur isotropen Intensitätsverteilung führt, veranlaßte PLOTNIKOW[2] zu der Vermutung, daß man es hier mit einer neuen Art der Lichtstreuung zu tun hat *(Longitudinalstreuung)*. Der Effekt zeigte sich am stärksten in biologischen Objekten[3] und anderen mangelhaft gereinigten Substanzen, z. B. Meerwasser, und zwar desto ausgeprägter, je mehr Verunreinigungen vorhanden waren[4]. Genaue Messungen an peinlichst gereinigten Flüssigkeiten von KATALINIĆ[5], KRISHNAN[6], MITRA[7] und VRKLJAN[8] haben nur die normale Streuung und keine Spur eines besonderen „longitudinalen" Effektes ergeben. Die abweichenden Befunde von PLOTNIKOW und Mitarbeitern konnten auf ganz grobe Verunreinigungen (Staubteilchen) zurückgeführt werden. Bei biologischen Objekten, hochpolymeren Festkörpern, Schmelzen und Lösungen kann jedoch der ganze Effekt als Mehrfachstreuung gedeutet werden, wenn nicht noch ganz triviale Störungen durch eingeschlossene Verunreinigungen mitspielen. Wegen der starken optischen Anisotropie vieler Hochpolymere im Ultraroten[9] tritt die Mehrfachstreuung oft besonders intensiv gerade in diesem Spektralbereich auf, ohne jedoch eine für das Ultrarote spezifische Eigenschaft zu sein.

---

[1] Selbstverständlich gilt das nur im Falle, daß die Schicht im ganzen isotrop ist, also keine ausgesprochene Anisotropie der Struktur aufweist.

[2] PLOTNIKOW, J., u. L. ŠPLAIT: Phys. Z. **31**, 369 (1930). — PLOTNIKOW, J., u. S. NISHIGISHI: Phys. Z. **32**, 434 (1931). — PLOTNIKOW, J., u. MIBAYASHI: Strahlentherapie **40**, 546 (1931). — PLOTNIKOW, J.: Photogr. Korresp. **73**, 1 (1937); **74**, 54 (1938); **79**, 40 (1943). — ŠPLAIT, L. S.: Acta phys. Pol. **2**, 458 (1934); **4**, 329 (1935); Z. Phys. **98**, 396 (1935).

[3] JAKŠEKOVIĆ, S.: Diss. Zagreb 1932. — JURIŠIĆ, P. J.: Protoplasma **24**, 272 (1935); Kolloid-Z. **78**, 148 (1938). — KARSCHULIN, W.: Strahlenther. **49**, 343 (1934).

[4] Vgl. die Kritik von KATALINIĆ (Anm. 5) und VRKLJAN (Anm. 8).

[5] KATALINIĆ, M.: Kolloid-Z. **74**, 288 (1936); **77**, 295 (1936); Z. Phys. **106**, 439 (1937).

[6] KRISHNAN, R. S.: Proc. Ind. Acad. A **1**, 44 (1934).

[7] MITRA, S. M.: Z. Phys. **96**, 34 (1935).

[8] VRKLJAN, V. S.: Acta phys. Pol. **4**, 325 (1935).

[9] ELLIOT, A., A. J. AMBROSE u. R. B. TEMPLE: J. Chem. Phys. **16**, 878 (1948); Nature (Lond.) **163**, 567 (1949); Proc. Roy. Soc. (Lond.) A **199**, 183 (1949).

PLOTNIKOW und seine Mitarbeiter[1] deuteten die „Longitudinal-streuung" als eine besondere Art der Wechselwirkung zwischen dem Licht und den großen Molekülen, die desto mehr Energie und zu um so größeren Winkeln abbeugen, je größer sie sind. Die letztere Aussage widerspricht der Theorie und Erfahrung an größeren Teilchen, die ja desto mehr in die Umgebung des Primärstrahles streuen, je ausgedehnter sie sind. Trotzdem hat LEPESCHKIN[2] auf dieser Vorstellung eine Methode zur Bestimmung des Molekulargewichtes entwickelt. Er setzt die photographische Platte dicht an den ungefähr 1 cm dicken Meßkörper, blendet den Primärstrahl durch einen Blechstreifen ab und mißt die Fläche $F$ des geschwärzten Kreissegmentes oberhalb des Streifens. Es sollte gelten

$$M = A \cdot F^3 , \qquad\qquad (VI, 11)$$

wo $A$ eine empirisch zu bestimmende Apparatekonstante bedeutet. Die Methode soll sich in verdünnten und konzentrierten Lösungen und im festen Körper für Molekulargewichte von 34 000 (Eialbumin) bis 17 000 000 (Tabakmosaikvirus) bewährt haben. Bei dem unter Umständen zwar ziemlich steilen, doch immer stetigen Abfall der Streuintensität ist die Begrenzung des Lichthofes recht schlecht definiert. Die Versuchsanordnung ist ebenso primitiv wie undefiniert, die Methode selbst theoretisch so unbegründet, daß man unseres Erachtens auf dieser Grundlage keine Molekulargewichte bestimmen kann.

## § 55. Einfachstreuung im Mehrkomponentensystem.

### a) Allgemeines.

Für die Fragen der Strukturforschung sind die Fälle, wo man es nur mit der Einfachstreuung zu tun hat, wo also die Mehrfachstreuung wegen der relativ geringen Intensität des primär gestreuten Lichtes noch keinen merklichen Beitrag liefert, ganz besonders wichtig. Dabei stellt sich heraus, daß die grundlegende Streufunktion des Einzelteilchens nur bei genügender Verdünnung der Messung zugänglich wird. In der Regel sind die Meßwerte bei endlichen Konzentrationen auf unendliche Verdünnung zu extrapolieren. Um diese Extrapolation wirklich ausführen zu können, ist eine genauere Kenntnis der Wechselwirkung des Lösungsmittels und des Gelösten und die Auswirkung derselben auf die Lichtstreuung erforderlich. Da die Hochpolymeren immer polymolekular sind, stellt eine jede Lösung ein System mit unendlich vielen gelösten Komponenten dar. Es soll daher dieser Fall vieler Komponenten genauer behandelt werden.

---

[1] Siehe besonders die Arbeiten von PLOTNIKOW in Phys. Z. (die beiden ersten Arbeiten s. Anm. 2 S. 339), ferner TH. NEUGEBAUER: Phys. Z. 41, 55 (1940); Z. wiss. Photogr. 42, 80 (1943).

[2] LEPESCHKIN, W. W.: Protoplasma 33, 50 (1939); 34, 161 (1940); 35, 95 (1940); 36, 52, 414 (1941); 37, 25 (1942); Biochem. Z. 309, 254 (1941); 314, 135 (1943); Phys. Z. 43, 489 (1942); Kolloid-Z. 105, 141, 144, 205 (1943); J. Phys. Colloid Chem. 51, 868, 875 (1947).

Die Grundlagen für die Berechnung der Lichtstreuung im System mit vielen Komponenten sind schon von ZERNICKE[1] in seiner Dissertation gegeben worden. Sind die Abmessungen aller Moleküle so klein, daß eine merkliche Unsymmetrie der Streustrahlung noch nicht auftritt, und gibt es keine merkliche Schwankungskorrelation in den einzelnen Volumelementen, dann kann man die Streuintensität in der Richtung $\vartheta$ einfach proportional der Trübung annehmen, und es genügt, nur diese letztere zu behandeln. Sie ist in einem System mit $N$ Komponenten gleich dem Verhältnis zweier Determinanten

$$\tau = - A \cdot V \cdot D/\Delta , \qquad \text{(VI, 12)}$$

wobei $V$ das Volumen des Systems,

$$A = \frac{32\,\pi^2\,\mathrm{k}T\,n^2}{3\,\lambda_0{}^4} , \qquad \text{(VI, 12a)}$$

$n =$ Brechungsindex des Systems,

$$D = \begin{vmatrix} 0 & n_1 & n_2 \dots & n_N \\ n_1 & F_{11} & F_{12} \dots & F_{1N} \\ n_2 & F_{21} & F_{22} \dots & F_{2N} \\ \dots & \dots & \dots & \dots \\ n_N & F_{N1} & F_{N2} \dots & F_{NN} \end{vmatrix} = \begin{vmatrix} 0 & n_j \\ n_j & \Delta \end{vmatrix} \qquad \text{(VI, 13)}$$

$$n_j = \left(\frac{\partial n}{\partial m_j}\right)_V$$
$$F_{ij} = \left(\frac{\partial^2 F}{\partial m_i\,\partial m_j}\right)_V \qquad \text{(VI, 14)}$$

und

die zweiten Ableitungen der freien Energie und $m_j$ die Zahl der Mole[2] der $j$-ten Komponente im Volumen $V$ bedeutet. Um die Rolle der einzelnen Glieder in den Determinanten besser zu übersehen und insbesondere die Schwankungsanteile der Dichte und der Temperatur[3] von denen der Konzentration zu trennen, führen BRINKMAN und HERMANS[4] die GIBBSsche freie Enthalpie $G$

$$F_{ij} = G_{ij} + V_i\,V_j/\beta\,V \qquad \text{(VI, 15)}$$

mit den Molvolumina $V_j$ der einzelnen Komponenten und der Kompressibilität $\beta$ ein und eliminieren $G_{1j}$ mit Hilfe der GIBBS-DUHEMschen Beziehung (s. § 7). Sie erhalten dann

$$\frac{\tau}{A} = \left(V\frac{\partial n}{\partial V}\right)_p^2 \cdot \beta - \frac{V}{\Delta_G} \cdot \begin{vmatrix} 0 & n_j \\ n_j & \Delta_G \end{vmatrix} \qquad \text{(VI, 16)}$$

---

[1] ZERNICKE, F.: Diss. Amsterdam 1915.

[2] Um Verwechslung zu vermeiden, ist im folgenden ausnahmsweise die Zahl der Mole mit $m$ anstatt mit $n$ bezeichnet.

[3] Der Temperaturanteil ist in der Regel zu vernachlässigen, wenn man es nicht gerade mit der kritischen Opaleszenz zu tun hat.

[4] BRINKMAN, H. C., u. J. J. HERMANS: J. Chem. Phys. 17, 574 (1949).

mit

$$\Delta_G = \begin{vmatrix} G_{22} & G_{23} \ldots & G_{2N} \\ G_{32} & G_{33} \ldots & G_{3N} \\ \cdots\cdots\cdots & & \cdots \\ G_{N2} & G_{N3} \ldots & G_{NN} \end{vmatrix},$$

wo nun die Ableitungen nach den Molanteilen selbstverständlich bei konstantem Druck auszuführen sind. Der erste Summand ergibt den Dichteanteil der Trübung[1]. Der Konzentrationsanteil dagegen läßt sich nicht in die Beiträge der einzelnen Komponenten zerlegen. Für die praktische Anwendung von Gl. (VI, 16) ist besonders wichtig, daß darin die Summation nur über $N - 1$ Komponenten auszuführen ist. Gewöhnlich läßt man das Lösungsmittel aus, ordnet also diesem den Index 1 zu[2,3].

## b) Zweikomponentensystem.

Führt man das chemische Potential $\mu_2$ bzw. die Aktivität $a_2$ und den Aktivitätskoeffizienten $\gamma_2$ ein

$$G_{22} = \frac{\partial \mu_2}{\partial m_2} = RT \frac{\partial \ln a_2}{\partial m_2} = RT \left( \frac{1}{m_2} + \frac{\partial \ln \gamma_2}{\partial m_2} \right) = RT \left( \frac{1}{m_2} + \beta_{22} \right),$$

so erhält man aus

$$\frac{\tau_c}{A} = V \left( \frac{\partial n}{\partial m_2} \right)^2 \Big/ G_{22} \tag{VI, 17}$$

unter Einführung der gemischten Konzentration

$$c_{g2} = \frac{m_2 M_2}{V}$$

(Gramm des Gelösten im Kubikzentimeter der Lösung) den bekannten Ausdruck

$$\frac{c_{g2} \cdot H_2}{\tau_c} = \frac{1}{M_2} \left( 1 + \frac{\partial \ln \gamma_2}{\partial \ln c_{g2}} \right) \tag{VI, 18}$$

mit

$$H_2 = \frac{32 \pi^3 n^2}{3 N_L \lambda_0^4} \left( \frac{\partial n}{\partial c_{g2}} \right)^2_{p,\,T}.$$

Bei kleinen Konzentrationen kann Gl. (VI, 18) durch die lineare Abschätzung

$$\frac{c_{g2} H_2}{\tau_c} = \frac{1}{M_2} + 2 B c_{g2} \tag{VI, 19}$$

mit dem zweiten Virialkoeffizienten

$$B = \frac{1}{2 M_2} \left( \frac{\partial \ln \gamma_2}{\partial c_{g2}} \right)_{c_{g2}\,=\,0} \tag{VI, 20}$$

ersetzt werden.

---

[1] In den folgenden Ausführungen wird nur vom Konzentrationsanteil der Lichtstreuung die Rede sein. Man muß also von den Meßwerten den Beitrag der Dichteschwankungen abziehen, um sie mit den theoretischen Werten vergleichen zu können.

[2] KIRKWOOD, J. G., u. R. J. GOLDBERG: J. Chem. Phys. 18, 54 (1950).

[3] STOCKMAYER, W. H.: J. Chem. Phys. 18, 58 (1950).

### c) Hochpolymere Lösung im binären Lösungsmittel.

Bezeichnet man die Komponenten des Lösungsmittels mit 1 und 2 und den hochpolymeren Anteil mit 3, so erhält man für den Unterschied der Trübung der Lösung und des binären Lösungsmittels nach Gl. (VI, 16)

$$\frac{\varDelta\tau}{VA} = \frac{\left(\frac{\partial n}{\partial m_2}\right)^2 G_{33} + \left(\frac{\partial n}{\partial m_3}\right)^2 G_{22} - 2\left(\frac{\partial n}{\partial m_2}\right)\left(\frac{\partial n}{\partial m_3}\right) G_{23}}{G_{22}\,G_{33} - G_{23}^2} - \frac{\left(\frac{\partial n}{\partial m_2}\right)^2}{G_{22}^0} =$$

$$= \frac{\left[\left(\frac{\partial n}{\partial m_2}\right) - \left(\frac{\partial n}{\partial m_3}\right)\cdot\frac{G_{23}}{G_{22}}\right]^2}{G_{33} - G_{23}^2/G_{22}} + \left(\frac{\partial n}{\partial m_2}\right)^2\left(\frac{1}{G_{22}} - \frac{1}{G_{22}^0}\right), \qquad (\mathrm{VI},\,21)$$

wo der obere Index 0 im letzten Gliede das System ohne den hochpolymeren Anteil bedeutet. Bei wachsender Verdünnung, $m_3 \to 0$, nähern sich $G_{22}$ und $G_{23}$ festen Grenzwerten, während $G_{33}$ proportional zu $1/m_3$ wird. Mit den üblichen Bezeichnungen

$$c_{g3} = \frac{m_3\,M_3}{V}$$

und

$$H_3 = \frac{32\,\pi^3\,n^2}{3\,N_L\,\lambda_0^4}\left(\frac{\partial n}{\partial c_{g3}}\right)^2_{p,\,T}$$

erhält man zunächst

$$\frac{\varDelta\tau}{c_{g3}\,H_3} = M_3\,\frac{\left(1 - \frac{M_2}{M_3}\,\frac{\partial n/\partial c_{g2}}{\partial n/\partial c_{g3}}\cdot\frac{G_{23}}{G_{22}}\right)^2}{1 + \frac{\partial\ln\gamma_3}{\partial\ln c_{g3}} - \frac{m_3}{RT}\cdot\frac{G_{23}^2}{G_{22}}} + \frac{RT\,M_2^2}{m_3'\,M_3}\left(\frac{\partial n/\partial c_{g2}}{\partial n/\partial c_{g3}}\right)^2\cdot\left(\frac{1}{G_{22}} - \frac{1}{G_{22}^0}\right)\cdot$$

$$(\mathrm{VI},\,22)$$

Der zweite Summand ist in der Regel klein und kann deshalb vernachlässigt werden. Im Zähler des ersten Summanden mißt

$$\frac{G_{23}}{G_{22}} = \frac{\partial\mu_2/\partial m_3}{\partial\mu_2/\partial m_2} = -\left(\frac{\partial m_2}{\partial m_3}\right)_{T,\,p,\,\mu_2}$$

die Stärke der Adsorption der Lösungsmittelmoleküle an der hochpolymeren Komponente.

Aus Gl. (VI, 22) ist zu entnehmen, daß die Trübungsänderung $(\varDelta\tau_c/c_{g3}\,H_3)_{c_{g3}=0}$ zwar dem Molekulargewicht $M_3$ proportional bleibt, doch kann der Proportionalitätsfaktor bei starker Adsorption beträchtlich vom Werte 1, den man in reinen Lösungsmitteln vorfindet, abweichen. Das entspricht gerade den experimentellen Ergebnissen von EWART, ROE, DEBYE und McCARTNEY[1] an Polystyrollösungen in verschiedenen Lösungsmittelgemischen, insbesondere im Falle, daß eine Komponente als Fällungsmittel diente. Man hat es in diesen Fällen mit einer stark verschiedenen Adsorption beider Komponenten an den gelösten Makromolekülen zu tun, die sich in einer entsprechenden Änderung des scheinbaren Molekulargewichtes kundtut. Mit wachsendem Zusatz von

---

[1] EWART, R. H., C. P. ROE, P. DEBYE u. J. R. McCARTNEY: J. Chem. Phys. 14, 687 (1946).

Methanol zu einer Polystyrollösung in Benzol wird z. B. der Grenzwert $c_{g3}H_3/\Delta\tau_c$ zu immer kleineren Werten verschoben, was bei oberflächlicher Betrachtung als Vergrößerung des effektiven Molekulargewichtes durch einsetzende Koagulation gedeutet werden könnte.

Die Autoren deuten den Effekt durch selektive Adsorption des guten Lösungsmittels an den gelösten Makromolekülen. Das binäre Lösungsmittel hat in der unmittelbaren Umgebung der letzteren eine andere Zusammensetzung, als es dem eigentlichen Mischungsverhältnis entspricht. Infolgedessen ist auch sein Brechungsindex $n'$ hier verschieden von dem Brechungsindex $n_e$ des ungestörten Lösungsmittels in großer Entfernung von den gelösten Makromolekülen. Man hat deshalb bei der Berechnung des Konzentrationsanteiles $\Delta\tau_c$ des Systems den Ausdruck

$$\frac{\partial n}{\partial c} = \lim \left( \frac{n - n_l}{c} \right)_{c \to 0}$$

durch

$$\lim \frac{n - n'}{c} = \lim \left( \frac{n - n_l}{c} - \frac{n' - n_l}{c} \right) = \frac{\partial n}{\partial c} + \alpha \frac{\partial n}{\partial \varphi}$$

zu ersetzen, wo $\alpha = - \partial \varphi'/\partial c$ und $\varphi'$, $\varphi$ den Volumenanteil der besser adsorbierten Lösungsmittelkomponente an der Oberfläche des Makromoleküls und in der ungestörten Lösung bedeuten. Man hat dann

$$\lim \left( \frac{\Delta\tau_c}{c} \right)_{c = 0} = M_3 \cdot \frac{32\,\pi^3 n^2}{3\,N_L\,\lambda_0{}^4} \left( \frac{\partial n}{\partial c} + \alpha \frac{\partial n}{\partial \varphi} \right)^2. \qquad \text{(VI, 23)}$$

Haben beide Komponenten 1 und 2 den gleichen Brechungsindex, dann verschwindet $\partial n/\partial\varphi$, und man erhält $(\Delta\tau_c/cH)_{c=0} = M_3$. Dieser Fall tritt z.B. im System Butanon—Isopropanol—Polystyrol auf, wo $\partial n/\partial\varphi = 0{,}0004$ sehr klein im Vergleich zu $\partial n/\partial c = 0{,}219$ ist. Im System Benzol—Methanol—Polystyrol dagegen ist $\partial n/\partial c = 0{,}108 + 0{,}1447\,(1 - \varphi)$ und $\partial n/\partial\varphi = 0{,}16$. Die Experimente werden befriedigend wiedergegeben, wenn man $\alpha \sim 1$ setzt. Man hat in solchen Fällen die Möglichkeit, aus der Lichtzerstreuung auf die Stärke der selektiven Adsorption zu schließen, indem man $\alpha$ aus der Beziehung

$$\left( 1 + \alpha \frac{\partial n/\partial\varphi}{\partial n/\partial c} \right)^2 = \frac{(cH/\Delta\tau)_0 \ \text{im guten Lösungsmittel (1)}}{(cH/\Delta\tau)_0 \ \text{im binären Lösungsmittel (1 + 2)}} \qquad \text{(VI, 24)}$$

berechnet. Im Falle Brombenzol—Methanol—Polymethylmethacrylat ist sogar $\partial n/\partial c = -0{,}054 + (1{,}568 - n_e) \cdot 1{,}06$ sehr klein gegenüber $\partial n/\partial\varphi = 0{,}232$. Es bedeutet $n_e$ den Brechungsindex des binären Lösungsmittels. Durch geeignete Wahl des Mischungsverhältnisses 12 kann man $\partial n/\partial c$ nahe zum Verschwinden bringen. Der endliche Wert von $(cH/\Delta\tau_c)_0$ ist dann nur eine Folge der selektiven Adsorption.

Im Lichte der oben entwickelten allgemeinen Theorie der Lichtstreuung in Vielkomponentensystemen kann man nach KIRKWOOD und GOLDBERG[1] aus der Neigung und dem Ordinatenabschnitt der Geraden

---

[1] KIRKWOOD, J. G., u. R. J. GOLDBERG: J. Chem. Phys. **18**, 54 (1950).

$c_g H/\Delta\tau_c$ über $c_g$ die Aktivitätskoeffizienten der einzelnen Komponenten berechnen. Setzt man für dieselben eine Reihenentwicklung

$$\ln \gamma_i = \sum_j A_{ij}\, c_{gj} + \sum_j \sum_k A_{ijk}\, c_{gj}\, c_{gk} + \cdots$$

an und analog für das unmittelbar zu messende Verhältnis der Brechungsindices

$$\frac{\partial n/\partial c_{g2}}{\partial n/\partial c_{g3}} = \omega + \omega_2\, c_{g2} + \omega_3\, c_{g3}\,,$$

dann hat man bis auf Glieder dritter Ordnung

$$\frac{H_3 c_{g3}}{\Delta\tau_c} = \frac{1}{M_3}\left[1 + B_2\, c_{g2} + B_{22}\, c_{g2}^{\,2} + (B_3 + B_{23}\, c_{g2})\, c_{g3} + B_{33}\, c_{g3}^{\,2} + \cdots\right]$$

$$\text{(VI, 25)}$$

mit

$$B_2 = 2\,\omega \cdot A_{23}$$
$$B_{22} = 4\,\omega A_{223} - 2\,\omega A_{22} A_{23} + 2\,\omega_2 A_{23} + 3\,\omega^2 A_{23}^{\,2}$$
$$B_3 = A_{23}$$
$$B_{23} = 2\left(1 + 2\,\omega\,\frac{M_2}{M_3}\right) A_{323} - \frac{M_3}{M_2} A_{23}^{\,2} + 2\,\omega A_{23} A_{33} + 2\,\omega_3 A_{23}$$
$$B_{33} = 2\,A_{333}\,.$$

Die experimentellen Ergebnisse von EWART, ROE, DEBYE und McCARTNEY am System Benzol—Methanol—Polystyrol lassen sich sehr gut durch folgende Werte der Koeffizienten wiedergeben[1]

$$A_{23} = 1{,}1$$
$$A_{33} = 340 \qquad A_{323} = 5100 \qquad A_{333} = 0{,}0\,.$$

PALIT, COLOMBO und MARK[2] finden bei Polystyrollösungen mit $M_N = 500\,000$ und $1\,000\,000$ im Aceton-Methylcyclohexangemisch (13 bis 77 Vol.-% Aceton) ein Minimum der Streuung und maximale Unsymmetrie nahe bei 40 Vol.-% Aceton, wo gerade die Viscositätszahl ihr Maximum hat. Sie nehmen an, daß bei diesem Mischungsverhältnis die Lösung optimal ist und dementsprechend das gelöste Molekül die größte Ausdehnung besitzt. Es ist bezeichnend, daß Polystyrol von so hohem Molekulargewicht in keiner Komponente allein löslich ist.

### d) Polymolekulare Lösung im einheitlichen Lösungsmittel[3].

Alle hochmolekularen Stoffe sind polymolekular, ihre Lösungen sind also als Vielkomponentensysteme zu behandeln: Lösungsmittel und die Moleküle verschiedener Länge. Ist der Volumenanteil der letzteren

zusammen $\varphi = \sum\limits_{2}^{N} m_j\, V_j/V = \sum\limits_{2}^{N} \varphi_j$, so nimmt das Lösungsmittel den

---

[1] KIRKWOOD und GOLDBERG geben die Konzentrationen in Gramm der Komponente je Gramm der ersten Komponente. Die Koeffizienten $A_{ijk}$ beziehen sich alle auf diese Art der Konzentrationsangabe.

[2] PALIT, S. R., G. COLOMBO u. H. MARK: J. Polymer Sci. **6**, 295 (1951).

[3] BRINKMAN, H. C., u. J. J. HERMANS: J. Chem. Phys. **17**, 574 (1949).

Bruchteil $\varphi_1 = 1 - \varphi = m_1 \, V_1/V$ ein. Wegen des gleichen Baues der hochmolekularen Komponenten ist der Brechungsindex ziemlich genau nur vom Gesamtanteil $c_g = \Sigma m_j \, M_j/V$ und nicht von den einzelnen $m_j$ abhängig. Man hat dann aus Gl. (VI, 13) unter Einführung des FLORY-schen Ausdruckes für $G$

$$G = \mathrm{R}T \left[ \sum_2^N m_j \ln \varphi_j + \chi \, V \, \varphi \, \varphi_1/V_1 \right] , \qquad \text{(VI, 26)}$$

wo $\chi$ die Konstante in der VAN LAARschen Beziehung für die Mischungs-wärme bedeutet, für den Konzentrationsanteil der Trübung

$$\frac{\tau_c}{c_g \cdot H} = \frac{M_w}{1 + \dfrac{V_w}{V_1} \dfrac{\varphi}{\varphi_1} (1 - 2 \, \chi \, \varphi_1)} \qquad \text{(VI, 27)}$$

wo $M_w$ und $V_w$ den Gewichtsmittelwert des Molekulargewichtes und des Molekularvolumens des hochmolekularen Anteiles bedeuten. Für kleine Konzentrationen kann man den Ausdruck Gl. (VI, 27) nach Potenzen des Teilvolumens $\varphi$ entwickeln[1]

$$\frac{c_g \cdot H}{\tau_c} = \frac{1}{M_w} + \frac{(1 - 2 \, \chi) \, \varphi + \varphi^2 + \varphi^3 + \cdots}{\alpha \, V_1} . \qquad \text{(VI, 28)}$$

Man sieht, daß die Konzentrationsabhängigkeit keinen Aufschluß über die Polymolekularität erlaubt, denn es tritt nur das Teilvolumen $\varphi$ bzw. die Gesamtkonzentration auf, die von der speziellen Zusammen-setzung des hochmolekularen Anteiles aus den einzelnen Molekular-gewichten unabhängig sind. Vergleicht man Gl. (VI, 28) mit dem Aus-druck für den osmotischen Druck

$$\Pi = - \frac{1}{V_1} \frac{\partial G_1}{\partial m_1} = - \frac{1}{V_1} G_{11} , \qquad \text{(VI, 29)}$$

so erhält man

$$\frac{1}{\mathrm{R}T} \frac{\partial \Pi}{\partial c_g} \; \frac{c_g \cdot H}{\tau_c} = \frac{1}{M_n} - \frac{1}{M_w} \qquad \text{(VI, 30)}$$

mit $M_n = $ Zahlenmittelwert des Molekulargewichtes. Je größer der Unterschied, desto ausgeprägter ist die Polymolekularität.

Die hier gewonnenen Resultate sind nicht an die spezielle Wahl des GIBBSschen thermodynamischen Potentials Gl. (VI, 26) gebunden, sie bleiben auch für andere Formen desselben erhalten, wenn nur die Molekulargewichte des hochmolekularen Anteiles genügend groß sind und wenn die Mischungswärme mit dem Lösungsmittel so klein ist, daß man sie als Differenz der Enthalpieänderung und der mit $T$ multiplizier-ten Entropieänderung beim athermalen Mischen hinschreiben kann.

---

[1] Es ist dabei angenommen worden, daß die Molvolumina den Molekular-gewichten proportional sind

$$V_j = M_j/\alpha ,$$

was in jeder polymeren Reihe um so besser zutrifft, je mehr man den Einfluß der Endgruppen vernachlässigen kann und je einheitlicher der Bau der Moleküle. Verzweigungen können diese Voraussetzungen ziemlich stark in Frage stellen.

Den Ausdruck Gl. (VI, 27) kann man nach DEBYE und BUECHE[1] zur Molekulargewichtsbestimmung in stark konzentrierten Lösungen heranziehen, allerdings unter der Voraussetzung, daß die Konstante $\chi$ konzentrationsunabhängig ist. Trägt man die Trübungszahl

$$\tau_c = \frac{c_g\, H\, M_w}{1 + \dfrac{V_w}{V_1}\, \varphi \left( \dfrac{1}{1-\varphi} - 2\,\chi \right)} \qquad (VI, 31)$$

gegen die Volumenkonzentration $\varphi$ des hochmolekularen Anteiles auf, so entspricht die Steigung bei der verdünnten ($\varphi \to 0$) bzw. konzentrierten Lösung ($\varphi \to 1$) den Molekulargewichten des hochpolymeren Gelösten und des niedermolekularen Lösungsmittels. Das Maximum der Kurve

$$\tau_{c,\,max} = \frac{\varrho_2\, H\, M_w}{1 + 2\sqrt{\dfrac{V_w}{V_1}} + (1 - 2\,\chi)\,\dfrac{V_w}{V_1}} \qquad (VI, 32)$$

tritt bei der Volumenkonzentration

$$\varphi_m = \frac{1}{1 + \sqrt{V_w/V_1}} \qquad (VI, 33)$$

auf. Kann man dieses experimentell bestimmen, so errechnet sich daraus das Verhältnis der Molvolumina

$$V_w/V_1 = (1/\varphi_m - 1)^2 \qquad (VI, 34)$$

und bei bekannter Dichte bzw. spezifischem Volumen auch der Gewichtsmittelwert des Molekulargewichtes

$$M_w = M_1\, \frac{V_w \cdot \varrho_2}{V_1 \cdot \varrho_1}\,. \qquad (VI, 35)$$

Die Anwendbarkeit der Methode hängt von der Ausgeprägtheit des Maximums ab. Dieses ist um so besser, je näher $\chi$ an 0,5 liegt. Der Grenzwert 0,5 führt bei der Konzentration $\varphi_m$ des Maximums gerade zur Ausfällung der hochmolekularen Komponente. Eine wesentliche Unsicherheit der Methode liegt in dem nur ungefähr bekannten abzuziehenden Dichteschwankungsanteil der Trübung bei nichtverschwindenden Konzentrationen $\varphi$, welcher sicher nicht dem Werte im reinen Lösungsmittel gleichzusetzen ist.

### e) Polyelektrolyte[2].

Einen besonders wichtigen Spezialfall der Vielkomponentensysteme bilden die Lösungen hochmolekularer Elektrolyte. Hierzu gehören die eigentlichen Elektrolyte, d. h. hochmolekulare Salze, Säuren und Basen, z. B. die meisten Proteine, und auch alle kolloidalen Suspensionen und Emulsionen mit geladenen Teilchen, deren Ladung in der Regel auch für die Stabilität verantwortlich ist. Doch soll im folgenden nur die erste Gruppe behandelt werden, und zwar in der Form, wie sie von EDSALL,

[1] DEBYE, P., u. A. M. BUECHE: J. Chem. Phys. 18, 1423 (1950).
[2] Vgl. dazu auch § 106.

EDELHOCH, LONTIE, MORRISON[1] und von EDSALL, DANDLIKER[2] angegeben wurde.

Die Benennung und Definition der einzelnen Komponenten und ihrer Bestandteile wählen sie nach SCATCHARD[3] folgendermaßen: das Lösungsmittel (1), der hochmolekulare Elektrolyt (2), die niedermolekularen Salze ($K = 3, 4, 5 \ldots$). Die niedermolekularen Ionen ($i$) beiden Vorzeichens sind Bestandteile einer oder mehrerer Komponenten (2, 3 . . .), und zwar entfallen je $n_{2i}$ bzw. $n_{Ki}$ Mole derselben auf je 1 Mol der Komponente 2 bzw. $K$.

Alle Komponenten seien elektrisch neutral. Man hat beim $v_2$-wertigen Polyelektrolyt[4] je Mol noch $n'_{2k}$ Mole der $v$-wertigen niedermolekularen Kationen abzuziehen und gleichviel $n'_{2k} = -n'_{2a}$ Mole Anionen beizufügen, um die Neutralität zu erzielen[5]

$$n'_{2k} \cdot v_k + n'_{2a} v_a = -v_2 \qquad \text{(VI, 36)}$$
$$n'_{2k} = -n'_{2a} = \frac{-v_2}{v_k - v_a} = \frac{-v_2}{v_k + |v_a|} \,.$$

Ist die gesamte Molkonzentration des niedermolekularen Kations in der Lösung gleich $m_k$ und des Anions $m_a$, dann berechnet sich die Molkonzentration der Komponente 3 — es seien der Einfachheit halber keine weiteren Komponenten mit den gleichen Anionen und Kationen da — zu

$$m_3 = \frac{1}{n'_{3k}} (m_k - n'_{2k} \cdot m_2) = \frac{1}{n'_{3a}} (m_a - n'_{2a} m_2) = \frac{1}{n'_{3a}} (m_a + n'_{2k} m_2) \,.$$
$$\text{(VI, 37)}$$

Mit diesen Definitionen hat man für die Aktivitäten der einzelnen Komponenten

$$\ln a_2 = \ln m_2 + \ln \gamma_2 + \sum_i n'_{2i} \ln m_i =$$
$$= \ln m_2 + \beta_2 + \sum_i n'_{2i} \ln \left( n'_{2i} m_2 + \sum_y n'_{yi} m_y \right)$$
$$\ln a_K = \sum_i n'_{Ki} \ln \gamma_K + \sum_i n'_{Ki} \ln m_i = \qquad \text{(VI, 38)}$$
$$= \beta_K + \sum_i n'_{Ki} \ln \left( n'_{2i} m_2 + \sum_y n'_{yi} m_y \right)$$

und für die zweiten Ableitungen des GIBBSschen Potentials

$$G_{22} = RT \frac{\partial \ln a_2}{\partial m_2} = RT \left( \frac{1}{m_2} + \frac{\partial \ln \gamma_2}{\partial m_2} + \sum_i \frac{n^2_{2i}}{m_i} \right)$$
$$G_{2K} = RT \frac{\partial \ln a_2}{\partial m_K} = RT \left( \frac{\partial \ln \gamma_2}{\partial m_K} + \sum_i \frac{n'_{2i} n'_{Ki}}{m_i} \right) \qquad \text{(VI, 39)}$$
$$G_{KJ} = RT \frac{\partial \ln a_K}{\partial m_y} = RT \left( \frac{\partial \ln \gamma_K}{\partial m_y} + \sum_i \frac{n'_{Ki} n'_{yi}}{m_i} \right) \,.$$

---

[1] EDSALL, J. T., H. EDELHOCH, R. LONTIE u. P. R. MORRISON: J. Amer. Chem. Soc. **72**, 4641 (1950).

[2] EDSALL, J. T., u. W. B. DANDLIKER: Fortschr. chem. Forsch. **2**, 1 (1951).

[3] SCATCHARD, G.: J. Amer. Chem. Soc. **68**, 2320 (1946).

[4] $v_2$ ist positiv oder negativ je nach dem basischen oder sauren Charakter des hochpolymeren Anteils.

[5] Es können auch mehrere Ionensorten auftreten, dann sind die Ausdrücke Gl. (VI, 36) und (VI, 37) entsprechend abzuändern.

Bei nur einer niedermolekularen Komponente (3) mit zwei Ionensorten werden die Ausdrücke in Gl. (VI, 38) und (VI, 39) wesentlich übersichtlicher. Sind noch beide Ionen einwertig, dann hat man

$$G_{22} = \mathrm{R}T \left( \frac{1}{m_2} + \beta_{22} + \frac{v_2^2}{2\,m_3 \cdot \varepsilon} \right)$$

$$G_{23} = \mathrm{R}T \left( \beta_{23} - \frac{v_2^2\,m_2}{2\,m_3^2\,\varepsilon} \right) \qquad (VI, 40)$$

$$G_{33} = \mathrm{R}T \left( \beta_{33} + \frac{2}{m_3\,\varepsilon} \right),$$

wobei der Faktor $\varepsilon$ als

$$\varepsilon = 1 - \left( \frac{v_2\,m_2}{2\,m_3} \right)^2 \qquad (VI, 41)$$

definiert ist. Sein Wert variiert zwischen 0 und 1, wenn die Konzentration der dritten Komponente vom Mindestwert, der zur Neutralisierung der hochmolekularen Komponente gerade ausreicht, bis zum großen Überschuß erhöht wird.

Man hat nun die Werte Gl. (VI, 40) in Gl. (VI, 16) bzw. (VI, 21) einzusetzen. In der Regel ist die Änderung des Brechungsindex beim Zusatz der Makromoleküle wesentlich größer als beim Zusatz der niedermolekularen Komponente — das gilt insbesondere bei den Proteinen[1] — so daß man im Zähler nur das Glied mit $(\partial n/\partial m_2)^2 \cdot G_{22}$ beizubehalten hat. Ist weiter $\varepsilon$ sehr nahe gleich 1, also die Komponente 3 im genügenden Überschuß vorhanden, dann lautet die reziproke Trübung

$$\frac{c_{g2}H_2}{\tau_c} = \frac{1}{M_2} + \frac{1}{M_2^2} \left( \frac{v_2^2}{2\,m_3} + \beta_{22} - \frac{\beta_{23}^2\,m_3}{2 + \beta_{33}\,m_3} \right) c_{g2} . \qquad (VI, 42)$$

Trägt man diese Werte gegen die Konzentration $c_{g2}$ auf, so wird die Steigung $2\,B$ der Tangente bei $c_{g2} = 0$ genau das Doppelte des zweiten Virialkoeffizienten, also gleich der Anfangsneigung der Kurve des osmotischen Druckes über $c_{g2}$, wie das auch bei Lösungen von Nichtelektrolyten der Fall ist.

Gl. (VI, 42) vermag sehr gut die Verhältnisse bei vielen Proteinlösungen wiederzugeben. EDSALL, EDELHOCH, LONTIE und MORRISON[2] finden beim Serumalbumin mit $M_2 = 69\,000$ und $v_2 = 25$ unter Zusatz von 0,0001 bis 0,15 Mol NaCl aus der Trübung einen konstanten Wert $M_2$ und einen desto steileren Anstieg von $c_{g2}H_2/\tau_c$ mit der Konzentration, je geringer $m_3$, wie es Gl. (VI, 42) entspricht. Die Parallelität mit den osmotischen Messungen ist befriedigend. Bei kleineren Ionenkonzentrationen — unterhalb 0,001 — werden jedoch die elektrostatischen Kräfte zwischen den Ionen so groß, daß man mit der einfachen Schwankungstheorie, die keine Koppelung zwischen verschiedenen Raumelementen berücksichtigt, die Verhältnisse nicht mehr befriedigend beschreiben

---

[1] So berechnen EDSALL und DANDLIKER (l. c.) für eine Serumalbuminlösung ($M_2 = 69\,000$) mit NaCl-Zusatz aus den Literaturwerten $(\partial n/\partial m_2) = 12{,}9$ l/Mol gegenüber $(\partial n/\partial m_3) = 9{,}5 \cdot 10^{-3}$ l/Mol für $\lambda = 5893$ Å.

[2] EDSALL, J. T., H. EDELHOCH, R. LONTIE u. P. R. MORRISON: J. Amer. Chem. Soc. **72**, 4641 (1950).

kann. Insbesondere tritt eine negative Unsymmetrie der Streuung auf, es wird mehr Licht nach hinten als nach vorne gestreut. Man hat in solchen Fällen die Streuintensität in der Weise zu berechnen, wie das weiter unten im Falle des festen Körpers angegeben wird.

Man kann also die Lichtstreuung zur Molekulargewichtsbestimmung in Polyelektrolyten nur dann heranziehen, wenn durch genügenden Überschuß an niedermolekularen Ionen die Voraussetzungen bei der Ableitung der Gl. (VI, 42) erfüllt sind. So bestimmen KATCHALSKY und EISENBERG[1] das Molekulargewicht der Polyacryl- und Polymethacrylsäure aus der Trübung unter Zusatz von so großen Mengen Salzsäure, daß die $c_{g2}H_2/\tau_c$-Werte für $c_{g2} = 0$ einem festen Grenzwert zustreben.

Die Verhältnisse im Vielkomponentensystem werden viel verwickelter, wenn die einzelnen Moleküle so groß sind, daß die Winkelverteilung der Streuung nicht mehr isotrop ist. Die Ergebnisse für die Trübung, wie sie in diesem Kapitel entwickelt wurden, geben nach Multiplikation mit $3R^2/4\pi V$ gerade den richtigen Wert für die Lichtstreuung in der Verlängerung des Primärstrahles ($\vartheta = 0$). Mit wachsendem $\vartheta$ fällt die Streuintensität ab, die Trübung wird geringer, als sie im Falle isotroper Winkelverteilung sein würde. Eine Berechnung der Werte $J(\vartheta)/J(0)$ und $\tau$ kann nur durch Berücksichtigung der Struktur des Einzelteilchens und deren räumlicher Verteilung (siehe: Fester Körper) durchgeführt werden.

### f) Verteilungsfunktion der Streuzentren und Winkelabhängigkeit der Streuintensität.

Da der Zusammenhang zwischen der örtlichen Verteilung der Streuzentren und dem Intensitätsverlauf der Streustrahlen mit dem Winkel vor allem beim festen Körper untersucht worden ist und dort auch viel stärker in Erscheinung tritt, betrachten wir zuerst die Verhältnisse beim festen Körper.

#### 1. Lichtzerstreuung in festen Körpern.

Eine Lichtstreuung kann im festen Körper nur als Folge des nichtidealen Aufbaues auftreten, denn es heben sich im idealen Kristall alle Streuwellen durch Interferenz auf. Nur die Störstellen tragen zur Streuintensität bei. Diese entstehen entweder durch die Temperaturbewegung[2] oder es sind eigentliche Gitterfehler, innere Spaltflächen (Mosaikstruktur), eingelagerte Fremdatome, eingefrorene Schwankungen bei der Verfestigung aus der Schmelze, bleibende Verformungen und bei hochmolekularen Substanzen insbesondere verschieden gut geordnete Bereiche, die in allen Abstufungen vom amorphen bis zum fast ideal kristallisierten Zustand auftreten. Letzteren Fall findet man auch bei den eigentlichen Gläsern vor, die nie ideal amorph sind, sondern immer

---

[1] KATCHALSKY, A., u. H. EISENBERG: J. Polymer Sci. **6**, 145 (1951).

[2] Die reine Temperaturbewegung führt zur bekannten Streuformel der Schwankungstheorie in Flüssigkeiten. Für den festen Körper ist die Kompressibilität rund zehnmal kleiner als für Flüssigkeiten. Die Lichtstreuung ist im realen festen Körper (erstarrte Schmelze) dagegen um einige Größenordnungen größer als im flüssigen Zustand. Die reine Temperaturbewegung kann daher nur etwa für ein Tausendstel der Streuintensität verantwortlich gemacht werden.

Bereiche verschieden guter Ordnung aufweisen. Je nach dem Ordnungs-
grad hat man es auch mit verschiedener Dichte und Brechungsindex,
meistens auch mit einer nicht zu vernachlässigenden Doppelbrechung
zu tun. Die Verteilung und Intensität der Störstellen ist in der Regel
noch stark temperaturabhängig.

Obwohl eine befriedigende theoretische Deutung für die Verteilung
und Stärke der Störstellen im festen Körper nicht vorliegt und man
deshalb auch nicht die Lichtstreuung im voraus berechnen kann, hat
man doch die Möglichkeit, aus der gemessenen Intensität und Winkelverteilung des Streulichtes einige Aufschlüsse über die Schwankungen
des Brechungsindex und ihre räumliche Korrelation im festen Körper zu
gewinnen. Ist der Versuchskörper optisch leer, wie das z. B. bei den
Gläsern und gut ausgebildeten Kristallen der Fall ist, dann sind alle
Abweichungen des Brechungsindex vom Mittelwert so gering, daß man
die durch sie bedingten lokalen Veränderungen des inneren elektrischen
Feldes ohne weiteres vernachlässigen darf und im ganzen Körper, also
auch in den noch ganz beliebig geformten Störbereichen, mit der gleichen
ungestörten elektrischen Feldstärke rechnen kann. Das vereinfacht ganz
wesentlich die Berechnungen.

Die Amplitude des gestreuten Lichtes in der Richtung $\vartheta$ ist dann offenbar proportional zu

$$\int\limits_V (\varDelta n) \cdot e^{iksr\cos\varphi}\, dV , \qquad\qquad\qquad \text{(VI, 43)}$$

wo $s = 2\sin\dfrac{\vartheta}{2}$ und $\varphi$ den Winkel zwischen der Richtung $\vec{s}$ und dem

Ortsvektor $\vec{r}$ bedeuten. Die Intensität berechnet sich daraus zu

$$\int\limits_V\!\!\int (\varDelta n)_1 (\varDelta n)_2\, e^{ik\vec{s}\,(\vec{r_1}-\vec{r_2})}\, dV_1\, dV_2 . \qquad\qquad \text{(VI, 44)}$$

Nun sind im allgemeinen die Schwankungen $\varDelta n$ in den verschiedenen
Teilen des festen Körpers nicht völlig voneinander unabhängig. Nach
PEKERIS[1], DEBYE und BUECHE[2] kann man das durch Einführung einer
Verteilungsfunktion $F(r)$ berücksichtigen, welche die Wahrscheinlichkeit
angibt, im Abstande $r$ von einer beliebig gewählten Stelle im Körper den
Schwankungswert $\varDelta n$ anzutreffen[3]. Nun liefert die zweimalige Inte-
gration über den ganzen Raum

$$J(\vartheta) = J_0\, \frac{\pi^2}{\lambda_0{}^4 R^2}\, \frac{1+\cos^2\vartheta}{2} \cdot \frac{(\varDelta n)^2}{n^4} \cdot V\int\limits_V F(r)\, e^{ik\vec{s}\vec{r}}\, dV =$$

$$= J(0) \cdot \frac{1+\cos^2\vartheta}{2} \int\limits_0^\infty F(r)\, \frac{\sin ksr}{ks} \cdot r\, dr \qquad\qquad \text{(VI, 45)}$$

---

[1] PEKERIS, C. L.: Physic. Rev. **71**, 268 (1947).

[2] DEBYE, P., u. A. M. BUECHE: J. Appl. Phys. **20**, 518 (1949).

[3] Gewiß ist die Verteilung der Inhomogenitäten im realen Körper viel verwickelter, als sie durch eine Funktion der Länge $r$ allein dargestellt werden kann.

PEKERIS führte deshalb auch eine Verteilungsfunktion $F(\vec{r})$ ein, von der allerdings
nach der Integration in Gl. (VI, 44) nur noch der radiale Teil explizit auftritt.
Die Definition von $F(r)$ entspricht genau der Dichteschwankungsfunktion, die man
bei der Streuung der Röntgenstrahlen an Flüssigkeiten einführt.

mit $V = $ Volumen des ganzen Körpers und $J(0) = $ Streuintensität für $\vartheta = 0$. Bei dieser Ableitung wurde vorausgesetzt, daß der Körper als Ganzes isotrop und die Verteilungsfunktion schon bei mäßigen Werten des Abstandes $r$ praktisch verschwindet.

Das Ergebnis in Gl. (VI, 45) kann man nach der FOURIERschen Theorie umkehren und so die Verteilungsfunktion unmittelbar aus der Winkelabhängigkeit der Streuintensität berechnen[1]

$$F(r) = \frac{k^2}{r} \int\limits_0^\infty \frac{J(\vartheta)}{J(0)} \cdot \frac{\sin k s r}{1 + \cos^2 \vartheta} \cdot s \, ds . \qquad (\text{VI, 46})$$

Aus dem Verhältnis $R^2 J(0)/V J_0$ erhält man dann noch das Schwankungsquadrat $\overline{(\varDelta n)^2}$.

DEBYE und BUECHE haben für Lucit (Plexiglas) und zwei Gläser (ein Flint- und ein Crown-Glas) die Lichtstreuung gemessen und daraus $F(r)$ und $\overline{(\varDelta n)^2}$ berechnet. Wenn man von einem ziemlich schwachen gleichmäßigen Hintergrund absieht, kann die Verteilungsfunktion sehr gut durch die Exponentialfunktion

$$F(r) = \frac{1}{a^2} e^{-r/a} \qquad (\text{VI, 47})$$

mit $a = 2800$ Å für Lucit wiedergegeben werden. Der gemessene Wert

$$\overline{(\varDelta n)^2} = 3 \cdot 10^{-8}$$

ist ungefähr tausendmal größer, als es den Dichteschwankungen im festen Körper nach der EINSTEINschen Theorie der Lichtstreuung entsprechen würde. Die Inhomogenitäten sind also weit größer, als es einem Idealkristall entsprechen würde. Man könnte die gemessene Länge 2800 Å mit den Abmessungen der Kristallite in Zusammenhang bringen, aus denen der reale feste Körper wegen seiner Mosaikstruktur aufgebaut ist. Allerdings sind die von DEBYE und BUECHE untersuchten Systeme keine Kristalle, sondern sehr reine Gläser, und die Inhomogenitäten vorwiegend auf verschiedene Orientierung der Vorzugsachsen in den einzelnen Bereichen zurückzuführen.

Bei zu großen Inhomogenitäten versagt die hier entwickelte Theorie, die streng nur für fast optisch leere Körper gilt, bei denen die Trübung wesentlich kleiner als 1 ist. Ist das nicht mehr der Fall, so wird die Mehrfachstreuung so stark, daß man sie nicht mehr vernachlässigen darf. Insbesondere gilt das für alle trüben Körper, die in äußerst dünnen Schichten gut durchsichtig sind und deren Trübung nur durch die vielen Trennflächen bedingt ist, wie z. B. bei den Körpern mit Sphärolithstruktur.

### 2. Verteilungsfunktion
*und innere Struktur in Lösungen. Konzentrationsabhängigkeit.*

Die eben besprochene Methode kann auch auf *Flüssigkeiten* angewandt werden. Auch bei diesen sind die Schwankungen des Brechungsindex in den einzelnen Raumelementen nicht völlig unabhängig

---

[1] Vgl. das entsprechende Problem bei der Auswertung der Elektronenstreuung an einem Molekülgas in Bd. I, § 17b, S. 124 ff.

voneinander. Insbesondere gilt das für Lösungen und Suspensionen relativ großer Teilchen und für stark geladene hochmolekulare Elektrolyte bei geringer Konzentration von niedermolekularen Ionen, wo die starken elektrostatischen Kräfte der Lösung eine gewisse innere Struktur aufzwingen. Für solche Flüssigkeiten kann man sogar versuchen, die Struktur aus den bekannten Kräften auszurechnen und daraus die zu erwartende Lichtstreuung zu bestimmen.

So stellte ZIMM[1] eine Beziehung für die Konzentrationsabhängigkeit der Lichtstreuung in Lösungen neutraler Teilchen auf

$$\frac{R^2 J(\vartheta)}{V J_0} = c_2 H_2 \{ M_2 \cdot P(\vartheta) - 2\,B_2 M_2^2 P^2(\vartheta) \cdot c_2 + \\ + [4\,B_2^2 M_2^3 P^4(\vartheta) + 3\,B_3 M_2^2 P^2(\vartheta) \cdot Q(\vartheta)]\, c_2^2 + \cdots \}, \qquad (\text{VI, 48})$$

bei der $B_2$, $B_3$ ... die Koeffizienten in der Entwicklung des osmotischen Druckes nach Potenzen der Konzentration darstellen, während $P(\vartheta)$ und $Q(\vartheta)$ von der Form und Größe der einzelnen hochmolekularen Teilchen abhängen. Für genügend kleine Teilchen wird $P = Q = 1$, das ZIMMsche Ergebnis stimmt mit der Gl. (VI, 18) aus der Schwankungstheorie überein. Aus Gl. (VI, 48) entwickelt ZIMM auch sein Extrapolationsverfahren zur Bestimmung des Molekulargewichtes aus Messungen der Lichtstreuung bei endlichen Konzentrationen durch Auftragen von $c_{g2} H_2/I$ über $c_{g2}$ und $\sin^2 \vartheta/2$ (vergl. S. 508 sowie Bd. I, § 56).

FLORY[2], FLORY und KRIEGBAUM[3] bekommen aus ihrem Modell der verdünnten Lösung folgende Beziehung für die Trübung

$$\frac{c_{g2} H_2}{\varDelta \tau_c} = \frac{1}{M_2} + 2\,\frac{B}{RT}\,c_{g2} + \frac{15}{8}\,\frac{B^2 M_2}{R^2 T^2}\,c_{g2}^2 . \qquad (\text{VI, 49})$$

Die Prüfung[4] derselben an Benzollösungen von fraktioniertem Polystyrol ($M = 290\,000$) ergibt eine befriedigende Übereinstimmung bis zu einer Konzentration, wo $cH/\varDelta\tau_c$ bis ungefähr auf das Fünffache des Anfangswertes ansteigt.

Bei höheren Konzentrationen versagen natürlich solche Reihenentwicklungen wie Gl. (VI, 48) und (VI, 49). Die Experimente ergeben in der Regel eine Abnahme der Intensität und besonders der Unsymmetrie der Winkelverteilung des Streulichtes, wie das z. B. am Tabakmosaikvirus OSTER, DOTY und ZIMM[5] gefunden haben. In Polyelektrolyten geht die Abnahme der Intensität mit steigender Konzentration mitunter bis an den Wert des reinen Lösungsmittels[6].

[1] ZIMM, B. H.: J. Chem. Phys. 14, 164 (1946); 16, 1093 (1948); J. Phys. Colloid Chem. 52, 260 (1948).

[2] FLORY, P. J.: J. Chem. Phys. 17, 1347 (1949).

[3] FLORY, P. J., u. W. R. KRIEGBAUM: J. Chem. Phys. 18, 1086 (1950).

[4] FOX, T. G., P. J. FLORY u. A. M. BUECHE: J. Amer. Chem. Soc. 73, 285 (1951).

[5] OSTER, G., P. M. DOTY u. B. H. ZIMM: J. Amer. Chem. Soc. 69, 1193 (1947). — OSTER, G.: Proc. Int. Coll. Macromol. Amsterdam 1949, 224; Rec. Trav. chim. Pays-Bas 68, 1123 (1949). Vgl. auch die Messungen von P. DOTY: J. Chim. phys. 44, 76 (1947), an Polystyrol in Toluol, Methyl-Äthyl-Keton und Dichloräthylen, wo die Unsymmetrie bei steigender Konzentration $J_{45}/J_{135}$ beträchtlich kleiner als 1 wird.

[6] GUINAND, S., F. BOYER-KAWENOKI, A. DOBRY u. J. TOUNELAT: C. r. Acad. Sci. (Paris) 229, 143 (1949). — KATCHALSKY, A., u. H. EISENBERG: J. Polymer. Sci. 6, 145 (1951).

Besonders wichtig wird diese Art der Behandlung des Streuproblems bei elektrolytischen Lösungen. Die einzelnen Volumelemente, klein gegenüber der Lichtwellenlänge, enthalten besonders in verdünnten Lösungen nicht mehr genügend viele hochmolekulare Ionen, um eine befriedigende Beschreibung ihres Zustandes durch thermodynamische Funktionen zu erlauben, denn diese stellen ja nur Mittelwerte über eine sehr große Zahl von Individuen dar. Man ist darum genötigt, modellmäßig vorzugehen und die Streuamplitude als Summe der Beiträge der einzelnen Volumelemente nach Gl. (VI, 43) zu berechnen.

Aus Messungen an Proteinen und Polyelektrolyten hoher Ladung in Lösungen kleiner Ionenkonzentration schließen DOTY und STEINER[1] — sie untersuchten z. B. Serumalbumin mit $v_2 = 50$ mit nur so viel niedermolekularen Ionen, wie es der Ladung der Proteinmoleküle entspricht —, daß wegen starker Abstoßungskräfte eine Annäherung zweier geladenen Makromoleküle unter einen gewissen Mindestabstand $d$, der wesentlich größer als der Durchmesser des Teilchens ist, nicht möglich ist. In voller Analogie mit der von DEBYE[2] aufgestellten Gleichung für die Streuung von Röntgenstrahlen in Gasen benützen sie den Ansatz

$$J(\vartheta)\, R^2 / J_0 V = c_{g2}\, H_2\, M_2\, P(\vartheta)\, [1 - \varphi(x)] \qquad \text{(VI, 49)}$$

mit $\varphi =$ Verhältnis des verbotenen Volumens zum $V$ der Lösung, $P(\vartheta) =$ reduzierte Streufunktion des Einzelteilchens — $P(0) = 1$ — und

$$\varphi(x) = \frac{3\,(\sin x - x \cos x)}{x^3}$$
$$x = \frac{4\,\pi\,n\,d}{\lambda_0} \cdot \sin \frac{\vartheta}{2}\,. \qquad \text{(VI, 50)}$$

Die Experimente ergeben für $d$ Werte von 590 Å bei $c_{g2} = 0{,}00016$ g/cm³ bis 160 Å bei $c_{g2} = 0{,}003$ g/cm³. Der Effekt verschwindet bei weiterem Salzzusatz (ungefähr 0,002 n) und bei verringerter Ladung $v_2$.

Weitere Berechnungen der Lichtstreuung in Lösungen von Polyelektrolyten unter Berücksichtigung der inneren Struktur der Lösung stammen von HERMANS[3], der einerseits die Ionenverteilung nach der DEBYE-HÜCKELschen Theorie der starken Elektrolyte einführt und dann die Abnahme des Streuvermögens des Einzelteilchens durch die umgebenden Ionen berechnet.

## Zusammenfassende Berichte zu Kapitel VI.

DOTY, P., u. J. T. EDSALL: Light scattering in Protein Solutions. Advances in Protein Chemistry, G (1950).

EDSALL, J. T., u. W. B. DANDLIKER: Light Scattering in Solutions of Proteins and other Large Molecules. Its Relation to Molecular Size and Shape and Molecular Interactions. Fortschr. chem. Forsch. 2, 1 (1951).

LAX, M.: Multiple Scattering of Waves. Rev. Mod. Phys. 23, 287 (1951).

MARK, H.: Light scattering in Polymer Solutions. Frontiers in Chemistry, Bd. V. New York 1948.

OSTER, G.: The Scattering of Light and its Applications to Chemistry. Chem. Rev. 43, 319 (1948).

---

[1] DOTY, P. M., u. R. F. STEINER: J. Chem. Phys. 17, 743 (1949).
[2] DEBYE, P.: Phys. Z. 28, 135 (1927).
[3] HERMANS, J. J.: Rec. Trav. chim. Pays-Bas 68, 859 (1949).

Zweiter Teil.

# Besondere Methoden
## zur Bestimmung der Konstitution
## von Makromolekülen und Kolloidteilchen
## in Lösungen und Suspensionen.

### Einleitung.

Von

H. A. STUART.

Mit 4 Textabbildungen.

## § 56. Polymolekularität, Verteilungsfunktion und Mittelwerte.

Bekanntlich haben wir es bei allen synthetischen makromolekularen Stoffen und bei allen Naturstoffen, die bei der Gewinnung mehr oder weniger abgebaut werden, praktisch nie mit Molekülen einheitlicher Größe, sondern mit einem Gemisch von Molekülen der verschiedensten Molekulargewichte zu tun. Da diese Uneinheitlichkeit nicht auf dem Zerteilungsgrad der Substanz, sondern auf dem Unterschied der Molekülgröße selbst beruht, also eine Stoffeigenschaft darstellt, wollen wir diese Uneinheitlichkeit des Polymerisationsgrades zum Unterschied von der den Zerteilungsgrad im Sinne der Kolloidchemie kennzeichnenden *Polydispersität* als *Polymolekularität* bezeichnen und von einem *polymolekularen System*[1] sprechen. Eine solche Unterscheidung ist schon deshalb notwendig, weil wir im Falle von Assoziation einen vom Lösungsmittel, der Konzentration und der Temperatur abhängigen Dispersionszustand erhalten, dessen Verteilungsfunktion nicht mehr mit demjenigen der Polymolekularität übereinstimmt.

Auch die schärfste und wiederholte Fraktionierung liefert nie Produkte von einem wirklichen einheitlichen Polymerisationsgrade (vgl. auch Kap. XVII). Solche Substanzen sind nur durch eine stufenweise Synthese niedermolekularer Stoffe zugänglich. Das einzige Beispiel sind die von FORDYCE und HIBBERT[2] synthetisierten 90- und 196-gliedrigen Polyoxyäthylenglykole $HO(CH_2CH_2O)_xH$. Es wäre sehr zu wünschen, daß derartige Synthesen wieder aufgenommen und die Lösungen

---

[1] Vgl. dazu auch G. V. SCHULZ: Z. El. Chemie **44**, 102 (1938).
[2] FORDYCE, R., u. H. J. HIBBERT: J. Amer. Chem. Soc. **61**, 1910, 1912 (1939).

solch einheitlicher Stoffe systematisch hinsichtlich ihrer Viscosität, Lichtzerstreuung, Sedimentation usw. untersucht würden.

Während sowohl bei der Polykondensation (Stufenreaktion) wie bei der Polymerisation (Kettenreaktion) und ebenso beim Abbau eines einheitlichen Produktes schon aus rein statistischen Gründen polymolekulare Gemische entstehen, gelingt es offenbar der Natur, im natürlichen Wachstumsvorgang (durch schrittweise Synthese?) Makromoleküle definierter Kettenlänge herzustellen. So scheinen in der Baumwolle die Celluloseketten einheitlich einen Polymerisationsgrad von weit über 3000 zu besitzen. Vor allem aber haben sich viele korpuskulare Proteine in Lösung als molekulareinheitlich erwiesen.

Man hat früher vor allem in Kreisen der Technik geglaubt, einen polymolekularen Stoff durch Angabe eines mittleren, etwa viscosimetrisch bestimmten Molekulargewichtes charakterisieren zu können. Dieses Verfahren ist unzulänglich und kann zu schwerwiegenden Fehlurteilen führen, da bei gleichem Mittelwert die Zusammensetzung aus den Anteilen von verschiedenem Molekulargewicht und damit auch die physikalischen und technologischen Eigenschaften völlig verschieden sein können. Zur ausreichenden Charakterisierung eines polymolekularen Stoffes ist also die Angabe der *Verteilungsfunktion* unerläßlich. Diese kann natürlich sowohl auf das Molekulargewicht wie auf den Polymerisationsgrad $P$ bezogen werden. Abb. E, 2 zeigt eine integrale *Massenverteilungsfunktion*, wobei die Ordinate angibt, welchen Massenanteil alle Moleküle unterhalb eines bestimmten Polymerisationsgrades bzw. Molekulargewichtes ausmachen. Man erhält diese Kurve z. B. direkt bei der üblichen Fraktionierung durch Fällung, indem man durch die dort gewonnene Treppenlinie eine glatte Kurve zieht oder noch besser aus der Fraktioniertabelle direkt die Integralkurve konstruiert. Näheres in Kap. XVII.

Differenziert man die obige integrale Kurve graphisch, trägt also ihre Steigung als Funktion von $P$ bzw. $M$ auf, so erhält man die *differentielle Massenverteilungsfunktion*, welche den Massenanteil zwischen $P$ und $P + 1$ bzw. zwischen $M$ und $M + \Delta M$ angibt, bezogen auf 1 g Gesamtmasse (s. Abb. E, 3). Dividiert man die Ordinaten dieser Kurve durch den zugehörigen Polymerisationsgrad bzw. das zugehörige Molekulargewicht, so erhält man die *Ketten-* oder *Häufigkeits*verteilungsfunktion (s. Abb. E, 4). Diese Verteilungskurve gibt den Anteil der Mole zwischen $P$ und $P + 1$ in einem Grundmol des Gemisches bzw. zwischen $M$ und $M + \Delta M$ in 1 g des Stoffes. Ihr Maximum fällt nicht mit dem der Massenverteilung zusammen. Vielfach zeigt diese Kurve überhaupt kein Maximum (s. Abb. E, 1b).

Bei der Diskussion der Verteilungskurven und ihrer Genauigkeit darf man nicht vergessen, daß in Wirklichkeit nur bestimmte diskrete Punkte der Integralkurve gegeben sind. Für die praktische Rechnung geht man natürlich von den kontinuierlichen Kurven aus und schreibt die Häufigkeitsverteilung als

$$n_P = h(P) , \qquad (E, 1)$$

wo $n_P$ die Zahl der in einem Grundmol des Gemisches vorhandenen Mole vom Polymerisationsgrad $P$ bedeutet[1]. Durch Multiplikation mit $P$ folgt die differentielle Massenverteilungsfunktion

$$m_P = P\,h(P) = H(P)\,, \qquad\qquad (E, 2)$$

wobei $m_P$ angibt, wieviel Gramm von Molekülen mit dem Polymerisationsgrad $P$ in einem Gramm des Stoffes vorhanden sind[2], und

$$d\,m_P = Ph(P)\,dP = H(P)\,dP \qquad\qquad (E, 2\,a)$$

den Massenanteil mit den Polymerisationsgraden zwischen $P$ und $P + dP$. Integrieren wir (E, 2a), so folgt wiederum die integrale Verteilungsfunktion

$$J\,(P) = \int Ph\,(P)\,dP = \int (H)\,dP\,. \qquad\qquad (E, 2\,b)$$

Die Form der Verteilungsfunktion $n_P$ hängt wesentlich vom Reaktionsmechanismus der Polymerisation bzw. Depolymerisation ab.

Die Bestimmung der Verteilungsfunktion durch Fraktionierung ist im allgemeinen so zeitraubend, daß man sich in der Mehrzahl der Fälle mit der Angabe eines mittleren Polymerisationsgrades bzw. Molekulargewichtes begnügt. Dieser Wert hängt natürlich davon ab, ob die zu seiner Bestimmung benutzte Meßgröße, wie z. B. der osmotische Druck einer Lösung, lediglich der Zahl der gelösten Moleküle proportional ist oder ob diese noch außerdem eine Funktion der Molekülgröße, z. B. wie bei der Intensität der Streustrahlung, noch der Molekülgröße proportional ist. In diesem Falle tragen die größeren Moleküle viel mehr als die kleinen zur Meßgröße und damit auch zum mittleren Molekulargewicht bei. So erhält man je nach der benutzten Meßgröße die verschiedensten Mittelwerte, die wir als *viscosimetrische, Diffusions-, Sedimentationsmittelwerte* oder auch als *Durchschnittswerte* bezeichnen. Leider sagen all diese Mittelwerte aber nichts über die Zahl der beteiligten Moleküle aus, es sei denn, daß die Verteilungsfunktion genauer bekannt ist und man einen Mittelwert auf den andern umrechnen kann. Die Molekülzahl, die bei allen chemischen und physikalischen Vorgängen eigentlich in erster Linie interessiert, ist direkt nur durch die osmotischen und die Endgruppenmethoden zugänglich. So kommt dem durch diese Methoden bestimmten sog. *Zahlenmittelwert* (number average) des Molekulargewichtes $\overline{M}_n$, der einfach gleich der Gesamtmasse $m$ der untersuchten polymeren Substanz dividiert durch die Gesamtzahl der darin enthaltenen Mole ist (s. weiter unten), eine besondere Bedeutung zu. Es ist daher berechtigt, die Zahlenmittelwerte des Molekulargewichtes und des Polymerisationsgrades $M_n$ und $\overline{P}_n$ vor den anderen Mittelwerten auszuzeichnen, indem wir mit SCHULZ kurz vom *mittleren* Molekulargewicht bzw. mittleren Polymerisationsgrad sprechen. Ein Mittelwert ohne zusätzliche Bezeichnung soll also stets den Zahlenmittelwert bedeuten.

---

[1] Würde sich $P$ stetig ändern, so würde $n_p\,dP$ die Zahl der Mole zwischen $P$ und $P + dP$ angeben.

[2] Näheres bei G. V. SCHULZ: Z. phys. Chem. B **32**, 27, 1936; **47**, 155 (1940). — Siehe ferner z. B. H. MARK u. R. RAFF: High Polymeric Reactions. New York 1941.

Führen wir nun die Molzahlen $n_i$ der Sorte $i$ mit dem Polymerisationsgrade $i$, die Massenanteile $m_{Pi}$, bezogen auf ein Gramm der Mischung, also $m_{Pi} = \dfrac{n_i M_i}{\Sigma\, n_i M_i}$ sowie die Molenbrüche $x_i$ ein, so erhalten wir die Gleichungen

$$\overline{M}_n = \frac{\Sigma\, n_i M_i}{\Sigma\, n_i} = \Sigma\, x_i M_i = \frac{1}{\Sigma\, m_{Pi}/M_i} = \frac{\Sigma\, c_{gi}}{\Sigma\, (c_{gi}/M_i)} \qquad (E,\,3)$$

mit $\Sigma\, m_{Pi} = 1$. Der Zahlenmittelwert stellt also einen linearen Mittelwert dar. Für den mittleren Polymerisationsgrad (Zahlenmittelwert) lauten die entsprechenden Gleichungen

$$\overline{P}_n = \frac{\Sigma\, n_i P_i}{\Sigma\, n_i} = \Sigma\, x_i P_i\,. \qquad (E,\,4)$$

Beziehen wir uns auf ein Grundmol untersuchter Substanz, so ergibt sich aus der Gl. (E, 1) die Gesamtzahl $\overline{n}$ der Mole polymerer Substanz[1] zu

$$\overline{n} = \sum_{P=1}^{P=\infty} n_P\,, \qquad (E,\,5)$$

woraus für das mittlere Molekulargewicht

$$\overline{M}_n = \frac{M_{gr}}{\overline{n}} = \frac{M_{gr}}{\displaystyle\sum_{P=1}^{P=\infty} n_P} \qquad (E,\,6)$$

folgt. Für den mittleren Polymerisationsgrad gilt entsprechend

$$\overline{P}_n = \frac{\overline{M}_n}{M_{gr}} = \frac{1}{\overline{n}} = \frac{1}{\displaystyle\sum_{P=1}^{P=\infty} n_P}\,. \qquad (E,\,7)$$

Aus der Häufigkeitsverteilungsfunktion erhalten wir $\overline{M}_n$ und $\overline{P}_n$ mittels der Gleichungen[2]

$$\overline{M}_n = \frac{M_{gr}}{\displaystyle\int_1^\infty h(P)\,dP} \qquad (E,\,8)$$

$$\overline{P}_n = \frac{1}{\displaystyle\int_1^\infty h(P)\,dP}\,. \qquad (E,\,9)$$

Die sonstigen Mittelwerte des Molekulargewichtes hängen, wie schon oben gesagt, von dem Gesetz ab, nach dem sich die betreffende Meßgröße mit dem Molekulargewicht ändert. Da die viscosimetrische Methode der Molekulargewichtsbestimmung ihrer Einfachheit wegen auch heute noch die in der Praxis am meisten benutzte ist, wollen wir als Beispiel einer Mittelwertsbildung den *viscosimetrischen Mittelwert* betrachten.

Die Viscositätserhöhung $\dfrac{\eta - \eta_l}{\eta_l} = \eta_r - 1$ einer Lösung, die nur Moleküle mit dem einheitlichen Molekulargewicht $M_i$ enthält, hängt bei

---

[1] Vgl. G. V. Schulz: J. makromol. Chem. 1, 131 (1943).
[2] Häufig wird das Integral von $P = 0$ aus gerechnet, was praktisch auf dasselbe hinauskommt, aber weniger schön ist.

genügend kleinen Konzentrationen von der Gewichtskonzentration $c_{gi}$ und dem Molekulargewicht nach folgender Beziehung ab

$$(\eta_r - 1)_i = K\, c_{gi}\, M_i^a , \qquad (E,\,10)$$

wo $K$ eine Konstante und $a$ in weiten Grenzen konstant ist. Daraus folgt für eine polymolekulare Lösung hinreichender Verdünnung

$$\eta_r - 1 = \Sigma\,(\eta_r - 1)_i = K\,\Sigma\,c_{gi}\,M_i^a = K\,\overline{M}_v^a\,\Sigma\,c_{gi} . \qquad (E,\,11)$$

Das *viscosimetrische Molekulargewicht* $\overline{M}_v$ ergibt sich also aus der Beziehung

$$\overline{M}_v = \left[\frac{\Sigma\,c_{gi}\,M_i^a}{\Sigma\,c_{gi}}\right]^{1/a} \qquad (E,\,12\,a)$$

oder, da $c_{gi} \sim n_i\,M_i$ ist, auch aus

$$\overline{M}_v = \left[\frac{\Sigma\,n_i\,M_i^{1+a}}{\Sigma\,n_i\,M_i}\right]^{1/a} . \qquad (E,\,12\,b)$$

Diese Definition gilt natürlich nur solange, als $a$ innerhalb einer polymerhomologen Reihe konstant ist.

In dem besonderen Falle, daß das STAUDINGER-Gesetz mit $a = 1$ gültig ist, die Meßgröße bei konstant gehaltener Gewichtskonzentration also linear mit $M$ ansteigt, wie das auch für die Intensität des Streulichtes zutrifft, wird der viscosimetrische Mittelwert mit dem sog. *Gewichts-* oder *Massenmittelwert* $\overline{M}_w$ (weight average) identisch, der durch die Gleichungen

$$\overline{M}_w = \frac{\Sigma\,n_i\,M_i^2}{\Sigma\,n_i\,M_i} = \frac{\Sigma\,c_{gi}\,M_i}{\Sigma\,c_{gi}} = \Sigma\,m_{P_i}\,M_i \qquad (E,\,13)$$

definiert ist. Für den entsprechenden Mittelwert des Polymerisationsgrades gilt

$$\overline{P}_w = \frac{\Sigma\,n_i\,P_i^2}{\Sigma\,n_i\,P_i} \equiv \frac{\Sigma\,c_{gi}\,P_i}{\Sigma\,c_{gi}} . \qquad (E,\,14)$$

Beim Massenmittelwert erscheint der Beitrag jeder Molekülsorte gegenüber dem Zahlenmittelwert also noch mit dem Molekulargewicht multipliziert, jedes Molekül wird entsprechend seiner Masse gewertet, so daß die größeren Moleküle weit mehr als die kleinen zu $\overline{M}_w$ beitragen (vgl. dazu das Beispiel des Polychloroprens in Tab. E, 1 am Schluß dieses Paragraphen).

Beziehen wir uns wie bei der Massenverteilungsfunktion (E, 2) auf 1 g untersuchter Substanz, so folgt

$$\overline{P}_w = \sum_{P=1}^{P=\infty} P\,m_P = \sum_{P=1}^{P=\infty} P^2\,n_P \qquad (E,\,15)$$

und ferner, entsprechend den Gl. (E, 7) und (E, 9)

$$\overline{P}_w = \int_1^\infty P^2\,h\,(P)\,dP . \qquad (E,\,16)$$

Bei Fadenmolekülen liegt das $a$ des Viscositätsgesetzes im allgemeinen zwischen 0,5 und 1. Man kann zeigen, daß in diesem Falle die Ungleichung

$$\overline{M}_n < \overline{M}_v < \overline{M}_w \tag{E, 17}$$

gilt. Nur im Falle einer sehr schmalen Fraktion werden alle drei Werte praktisch gleich. Ein gewisses Maß für die Uneinheitlichkeit eines hochpolymeren Stoffes stellt daher die von SCHULZ eingeführte Größe

$$U = \frac{\overline{M}_w}{\overline{M}_n} - 1$$

dar (vgl. § 117 c).

Die allgemeine Gl. (E, 12 a) liefert im Falle des osmotischen Druckes wegen $\Pi_i \sim n_i \sim c_{gi}/M_i$ oder $a = -1$ den Zahlenmittelwert $\overline{M}_n = \dfrac{\Sigma\, n_i M_i}{\Sigma\, n_i}$.

Weitere Mittelwerte[1], wie die verschiedenen Zentrifugenmittelwerte oder den Mittelwert beim Auslöschwinkel oder der Rotationsdiffusions-Konstante, werden wir in den folgenden Kapiteln kennenlernen (s. § 66, 88 bzw. § 92 b 4).

Unter bestimmten Voraussetzungen über den Reaktionsmechanismus kann man die Verteilungsfunktion berechnen[2]. So gilt z. B. für eine stufenweise Polykondensation von Molekülen mit zwei funktionellen Gruppen wie HORCOOH, falls die Reaktionsfähigkeit der funktionellen Gruppen unabhängig von der Kettenlänge ist, für die Massenverteilungsfunktion in Abhängigkeit vom Fortschreiten der Reaktion die Gleichung[3]

$$m_P = P\, p^{P-1}\, (1 - p)^2 \,, \tag{E, 18}$$

wobei $p$ den Anteil der im Verlaufe der Reaktion verbrauchten funktionellen Gruppen bedeutet[4]. In der Abb. E, 1 a und b sind für eine lineare,

---

[1] Selbstverständlich lassen sich von jeder anderen, aus Messungen an Fraktionen abgeleiteten Größe $R$, die den Massenmittelwerten u. s. w. entsprechenden Mittelwerte bilden. Dabei gelten die Gleichungen

$$\overline{R}_n = \frac{\Sigma\, n_i R_i}{\Sigma\, n_i} = \Sigma\, x_i R_i \,; \qquad \overline{R}_w = \frac{\Sigma\, n_i R_i M_i}{\Sigma\, n_i M_i} = \frac{\Sigma\, c_{gi} R_i}{\Sigma\, c_{gi}} \,;$$

$$\overline{R}_z = \frac{\Sigma\, c_{gi} M_i R_i}{\Sigma\, c_{gi} M_i}$$

wo der Index $Z$ den $Z$-*Mittelwert* bedeutet, s. § 66, und $R$ z. B. das mittlere Längenquadrat $\overline{h}^2$ eines Fadenmoleküls bedeuten kann.

[2] FLORY, P. J.: J. Amer. Chem. Soc. **65**, 372 (1943). — Näheres z. B. bei G. V. SCHULZ: Z. phys. Chem. B **30**, 379 (1935); **43**, 25 (1939); ferner P. J. FLORY: Chem. Rev. **39**, 137 (1946); R. E. BURK: High Molecular Weight Organic Compounds New York: Interscience Publ. 1949.

[3] FLORY, P. J.: J. Amer. Chem. Soc. **58**, 1877 (1936).

[4] Gehen wir z. B. von einem Diamin und einer Dicarbonsäure aus, die im Verhältnis ihrer Äquivalentgewichte vorliegen mögen, und ist $N_0$ die Zahl aller funktionellen Gruppen zu Beginn der Reaktion ($N_0$ ist also in diesem Falle gleich der doppelten Zahl aller Monomeren im Ausgangsmaterial) und $N$ ihre Zahl nach der Einstellung des Gleichgewichtes, so ist der Anteil der verbrauchten funktionellen Gruppen einfach
$$p = (N_0 - N)/N_0 \,.$$
Verläuft die Reaktion bis zum Verbrauch aller Monomeren, so wird $p = 1$.

nach Zufallsgesetzen verlaufende Polykondensation die Verteilungsfunktionen eingetragen. Für diese streng lineare Polykondensation sind das Zahlen- und Gewichtsmittel des Polymerisationsgrades durch die Gleichungen

$$\overline{P}_n = \frac{\Sigma\, N_i\, P_i}{\Sigma\, N_i} = \frac{N_0}{N} = \frac{N_0}{N_0\,(1-p)} = \frac{1}{1-p}$$

und

$$\overline{P}_w = \frac{\Sigma\, N_i\, P_i^2}{\Sigma\, N_i\, P_i} = \frac{1+p}{1-p}$$

gegeben. Über die Bedeutung von $N_0$ und $N$ s. Anmerkung 4 auf S. 360.

Diese Gleichungen gelten auch bei der Kettenpolymerisation von Vinylderivaten[1] sowie beim statistischen Abbau von Hochpolymeren[2]. Für sehr hohe Molekulargewichte geht $p$ gegen Eins und wir erhalten für das Verhältnis der beiden Mittelwerte des Polymerisationsgrades bzw. des Molekulargewichtes die schon von SCHULZ[1] angegebene Beziehung

$$\frac{\overline{P}_w}{\overline{P}_n} = \frac{\overline{M}_w}{\overline{M}_n} \approx 2\ .$$

Bei der praktischen Anwendung dieser Beziehung darf man aber nicht vergessen, daß technisch geführte Reaktionen mit ihren sehr oft unbekannten Nebenreaktionen (irreversible Spaltungen[3], Verzweigungen von der hier vorausgesetzten stufenweisen und streng linearen Kondensation sehr weit entfernt sein können und meist auch gar nicht zu Ende geführt werden.

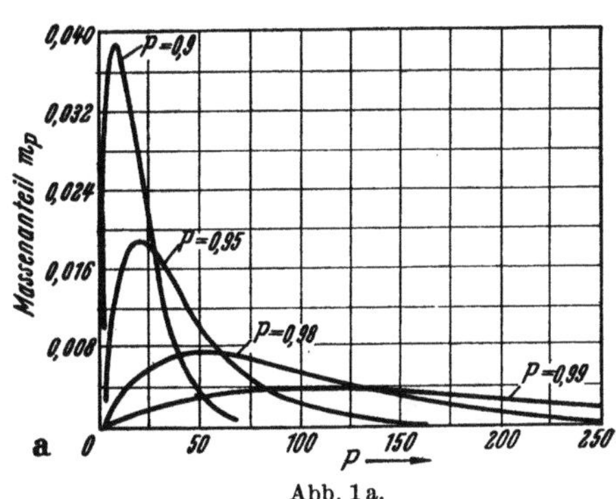



Abb. 1a.

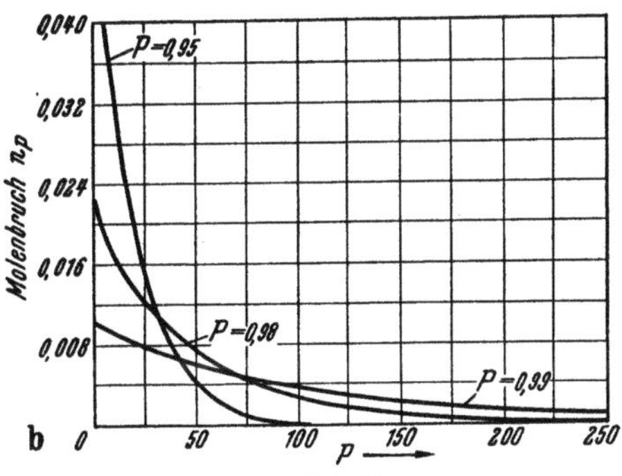



Abb. 1b.

Abb E, 1. Verteilungsfunktion für eine lineare, statistische Polykondensation in Abhängigkeit vom Polymerisationsgrad P für verschiedene $p$-Werte, s. Gl. (E, 18), nach FLORY[3]. a) Differentielle Massenverteilungsfunktion. b) Kettenverteilungsfunktion. Ein Quadrat bedeutet einen Massenanteil bzw. einen Molenbruch von 0,02.

Aus dem Verhältnis der verschiedenen Mittelwerte kann man Schlüsse auf die Verteilungsfunktion ziehen, die allerdings dadurch begrenzt sind, daß sie an eine bestimmte mathematische Form der Verteilungskurve gebunden sind. Vgl. dazu die Ausführungen in § 66 und § 73 c 7, wo neben den Methoden zur Bestimmung von


[1] SCHULZ, G. V.: Z. phys. Chem. B **30**, 379 (1935).
[2] KUHN, W.: Ber. dtsch. chem. Ges. **63**, 1503 (1930).
[3] Man denke etwa an die thermische Zersetzung von Polyamiden; s. B. ACHTHAMMER, F. REINHORT u. G. KLEINE: J. Appl. Chem. 1, 301 (1951).

Parameterfunktionen auch das Verfahren zur direkten Ableitung der Verteilungsfunktion aus der Sedimentation besprochen wird.

Zum Schluß betrachten wir als Beispiel für eine experimentell bestimmte Verteilungsfunktion und die daraus ableitbaren Mittelwerte die

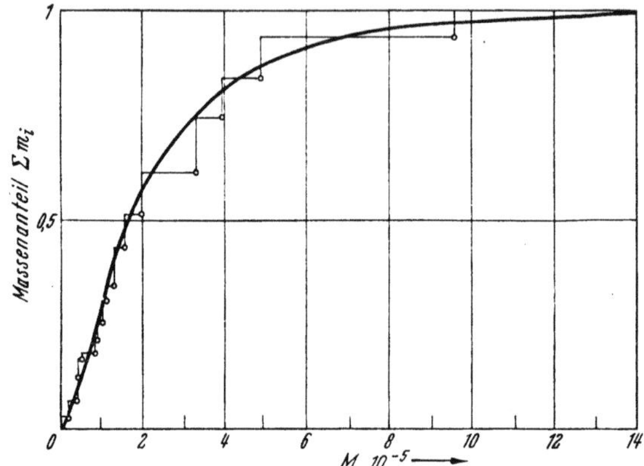

Abb. E, 2. Integrale Massenverteilungsfunktion für Polychloropren $[CH_2-C=CH-CH_2]x$, Typ GN, nach MOCHEL, NICHOLS und MIGHTON [1].

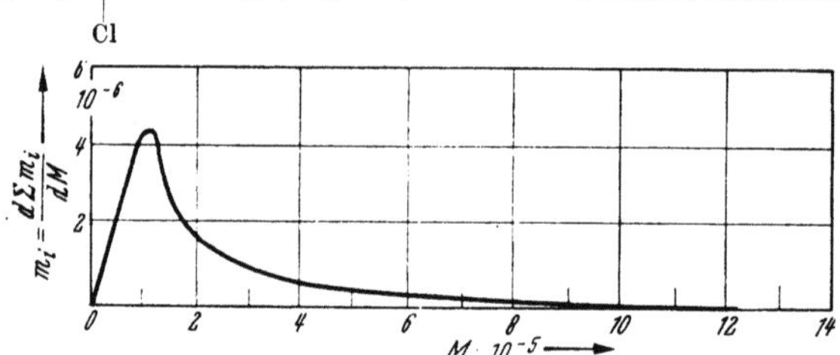

Abb. E, 3. Differentielle Massenverteilungsfunktion für Polychloropren, abgeleitet aus der in Abb. E, 2 dargestellten integralen Verteilungskurve, bezogen auf 1 g Gesamtmasse.

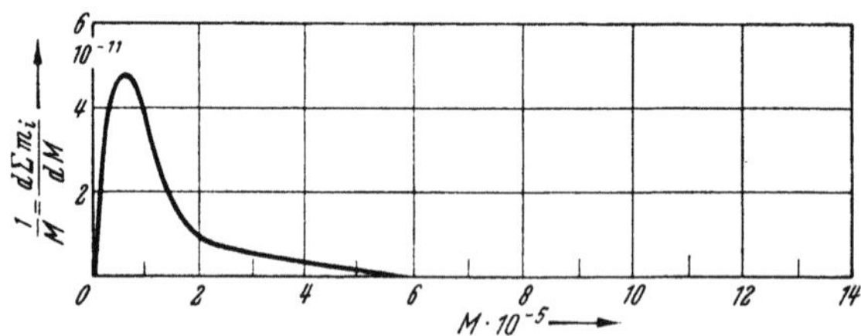

Abb. E, 4. Kettenverteilungsfunktion für Polychloropren, abgeleitet aus der in Abb. E, 3 dargestellten differentiellen Verteilungsfunktion, Molzahlen bezogen auf 1 g Gesamtmasse.
Ordinate ist der Ausdruck $\dfrac{1}{M} \cdot \dfrac{d\,\Sigma\,M_i}{d\,M}$ ; statt $=$ muß also $\cdot$ stehen.

von MOCHEL, NICHOLS und MIGHTON [1] durch Fraktionierung und osmotische Messungen experimentell bestimmten Verteilungsfunktionen von Polychloropren $-[CH_2-CCl=CH-CH_2]_x-$. Abb. E, 2 zeigt die durch

<hr>

[1] MOCHEL, W. E., J. B. NICHOLS u. C. J. MIGHTON: J. Amer. Chem. Soc. **70**, 2185 (1948).

die experimentell bestimmte Treppenlinie hindurchgezogene integrale Massenverteilungsfunktion. Die Beobachtungsdaten sind in der Tab. E, 1 zusammengestellt. Dabei bedeutet A die erste Fraktion mit dem höchsten osmotisch bestimmten Molekulargewicht, Spalte 2 enthält die Gewichtsprozente der einzelnen Fraktionen und Spalte 4 das zugehörige Molekulargewicht. Spalte 3 bringt die Summe der einzelnen Gewichtsprozente von der niederstmolekularen Fraktion angefangen, stellt also den Gewichtsanteil aller Moleküle dar, deren Molekulargewicht gleich oder kleiner als das Molekulargewicht der betreffenden Fraktion ist.

Tabelle E, 1. *Experimentelle Daten der Fraktionierung von Polychloropren nach* MOCHEL, NICHOLS *und* MIGHTON.

| Fraktion | % | $\Sigma$ % | $\overline{M}_n$ |
|---|---|---|---|
| Q | 2,2 | 2,2 | — |
| P | 4,5 | 6,7 | 20 500 |
| O | 5,7 | 12,4 | 34 500 |
| N | 3,8 | 16,2 | 42 000 |
| M | 1,5 | 17,7 | 52 000 |
| L | 3,8 | 21,5 | 83 000 |
| K | 3,6 | 25,1 | 86 400 |
| J | 4,9 | 30,0 | 100 000 |
| I | 3,6 | 33,6 | 103 000 |
| H | 4,1 | 37,7 | 121 000 |
| G | 5,5 | 43,2 | 127 000 |
| F | 7,9 | 51,1 | 152 000 |
| E | 10,1 | 61,2 | 190 000 |
| D | 13,6 | 74,8 | 322 000 |
| C | 8,95 | 83,7 | 387 000 |
| B | 9,84 | 93,5 | 488 000 |
| A | 6,52 | 100,0 | 959 000 |
| Ausgangsmaterial | 100 | — | 105 000[1] |

Mit diesen Daten ist die Treppenlinie der Abb. E, 2 gezeichnet. Die hindurchgezogene glatte Kurve stellt die integrale Massenverteilungsfunktion dar. Die durch Differentiation dieser Funktion erhaltene Kurve stellt die differentielle Massenverteilungsfunktion dar (s. Abb. E, 3). Die daraus abgeleitete Kettenverteilungsfunktion ist in Abb. E, 4 wiedergegeben, sie besitzt ein Maximum bei 72 000, fällt also nicht monoton ab.

Aus den Daten der Tab. E, 1 bzw. aus den daraus abgeleiteten Kurven ergeben sich für die Mittelwerte von $M$ sowie für die Molekulargewichte der zahlen- bzw. massenmäßig am häufigsten vorkommenden Moleküle $M^n{}_0$ und $M^w{}_0$ folgende Zahlen[2]:

Das Verhältnis $\overline{M}_w/\overline{M}_n$ ist = 2,5, also wesentlich größer als 2. Daraus würde für den LANSING-KRAEMERschen *Uneinheitlichkeitskoeffizienten* $\beta$ = 1,27 folgen (vgl. dazu die Ausführungen in Kap. VIII, § 66, S. 427).

| Molekulargewicht | ber. aus Tab. 1 | graphisch abgeleitet |
|---|---|---|
| $\overline{M}_n$ | 105 000 | 112 000 |
| $\overline{M}_w$ | 257 000 | 255 000 |
| $\overline{M}\eta$ | 233 000 | — |
| $M_{n0}$ | — | 72 000 |
| $M_{w0}$ | — | 120 000 |

[1] Aus dem Mittelwert der einzelnen Fraktionen berechnet.
[2] Vgl. auch BEAUVALET u. P. CLÉMENT: Bull. Soc. chim. France **16**, 1 (1949).

# § 57. Allgemeines über die Grundlagen zur Bestimmung der Form und Abmessungen von Fadenmolekülen.

## a) Der Einfluß der Konzentration.

Makromoleküle kann man ihres minimalen Dampfdruckes wegen nicht mehr als freie Individuen im Dampfzustande untersuchen. Aus Beobachtungen am festen Körper oder an der Schmelze kann man wegen der gegenseitigen Wechselwirkung und der Kettenverschlingung nur sehr beschränkte Aussagen über das einzelne Molekül ableiten. Man muß also Lösungen, und zwar möglichst weit verdünnte heranziehen und versuchen, aus dem Beitrag der gelösten Makromoleküle, z. B. zur Viscosität der Lösung oder zur Intensität des Streulichtes, Schlüsse auf die Größe und Form zu ziehen. Dabei stört neben den weiter unten zu besprechenden theoretischen Schwierigkeiten vor allem der Umstand, daß insbesondere bei Fadenmolekülen das Gebiet hinreichend verdünnter Lösungen meßtechnisch meist nicht mehr zugänglich ist. Um die für das einzelne gelöste Molekül charakteristische Eigenschaft abzuleiten, müßte man eigentlich bei so hoher Verdünnung arbeiten, daß jedes Makromolekül ungestört von den anderen zur Wirkung kommt. Diese Bedingung läßt sich bei Fadenmolekülen, die sehr ausgedehnte, lockere Gebilde darstellen, nicht erfüllen. Ein Zahlenbeispiel möge das klar machen. Ein Polystyrolmolekül vom Molekulargewicht 1 000 000 besitzt in Benzollösung nach Messungen der Lichtzerstreuung eine mittlere Länge (Abstand der Endpunkte) von etwa 1100 Å (s. Abb. XIV, 5). Verteilen wir die Kettensegmente im Sinne der DEBYE-BUECHEschen Theorie (vgl. § 84) einmal auf ein Kugelknäuel vom Durchmesser $d_K \approx \sqrt{\overline{h^2}}$ , so ist die mittlere Konzentration innerhalb des Knäuels durch $\dfrac{6\,M}{N_L\,\pi\,d_K^3}$ gegeben, was eine Konzentration von etwa 2,3 g/l bedeutet (vgl. auch § 99 c 1). Bei einer Lösung dieser Konzentration liegen also die Fadenmoleküle ähnlich wie kleinste gequollene Kügelchen, dicht gepackt nebeneinander[1,2]. Dazu kommt, daß bei dieser Konzentration sicher noch viele Molekülteile in den Bereich von Nachbarmolekülen hereinragen. Für die Moleküle von Cellulosederivaten oder bei anderen ebenfalls sehr steifen Molekülen, deren Knäuel also viel lockerer sind, liegen die Verhältnisse noch ungünstiger. Man muß also bei Fadenmolekülen stets alle Messungen auf $c \to 0$ extrapolieren, d. h. in einem größeren Konzentrationsbereich

---

[1] In Wirklichkeit nimmt die Dichte im Mittel von innen nach außen ab, so daß die Störung von Gruppen benachbarter Moleküle nicht ganz so groß wie bei einer gleichmäßigen Dichte ist, (über die Dichteverteilung, s. S. 187).

[2] Bei kornförmigen Gebilden, korpuskularen Proteinen oder Viren liegen die Verhältnisse natürlich viel günstiger. So lassen sich beim Tabakmosaikvirus die Doppelbrechungserscheinungen bis herab zu Konzentrationen von 0,0035% messen. Die Meßgrößen sind bis zu 0,02% der Konzentration proportional, so daß man sicher linear extrapolieren kann. Bei einer Lösung mit 0,02 Gewichtsprozent ist der mittlere Abstand der Teilchen etwa 4000 Å gegenüber einer Länge und einer Dicke der stäbchenförmigen Teilchen von 2800 bzw. 150 Å. Je kugeliger die Teilchen werden, um so größer ist natürlich der lineare Konzentrationsbereich.

arbeiten. Sind die Konzentrationen noch so hoch oder die Messungen so ungenau, daß man nicht mit Sicherheit linear extrapolieren kann, so kann man zuverlässige Daten für die Grenzwerte nur erhalten, wenn man die funktionelle Abhängigkeit der Meßgröße von der Konzentration sicher kennt. Hier vermag die Thermodynamik und die statistische Theorie von Lösungen mit Makromolekülen, die insbesondere den Einfluß des nicht-idealen Charakters einer Lösung mit Hilfe ihrer zweiten und dritten Virialkoeffizienten erfaßt[1], wertvolle Hilfe zu leisten.

Bei der Mehrzahl der älteren Untersuchungen an Lösungen mit Fadenmolekülen sind die Konzentrationsabhängigkeiten nicht genügend sicher bekannt, die Messungen also nur sehr begrenzt auswertbar.

### b) Die Definiertheit der Substanzen.

Eine weitere, fast immer unterschätzte Fehlerquelle bei der Auswertung von Messungen an Fadenmolekülen ist durch die ungenügende Definiertheit der Substanzen gegeben. Untersuchungen an polymer-homologen Reihen haben nur dann quantitativen Wert, wenn man sicher ist, daß z. B. Verzweigungen durch die Führung der chemischen Reaktion ausgeschlossen sind bzw. daß, wenn mit solchen zu rechnen ist, die Art der Verzweigung, die Zahl und Länge der Seitenketten sich dann nicht mit dem Polymerisationsgrade ändert.

*Polyvinylderivate* können sich durch die Art der Anlagerung der Monomeren an eine polymerisierende Kette unterscheiden, nämlich einmal durch die *Kopf-Schwanz-* oder *Kopf-Kopf-Schwanz-Schwanz-*Addition

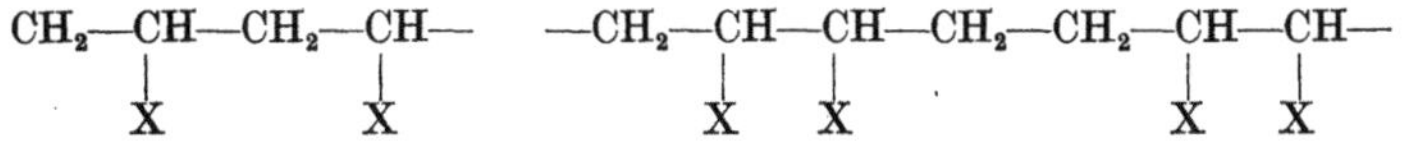

$$CH_2\text{—}CH\text{—}CH_2\text{—}CH\text{—} \qquad \text{—}CH_2\text{—}CH\text{—}CH\text{—}CH_2\text{—}CH_2\text{—}CH\text{—}CH\text{—}$$
$$\qquad\ \ |\qquad\qquad\ \ | \qquad\qquad\quad\ |\quad\ \ |\qquad\qquad\quad\ |\quad\ \ |$$
$$\qquad\ \ X\qquad\qquad X \qquad\qquad\quad X\quad\ \ X\qquad\qquad\quad X\quad\ \ X$$

und außerdem dadurch, daß die Monomeren in der d,d- bzw. l,l-Form oder in der d,l-Form angelagert werden[2] (s. Abb. XIV, 6, S. 664). Es gehören also sowohl zur Kopf-Schwanz- wie zur Kopf-Kopf-Addition je zwei weitere stereoisomere Formen, so daß wir bei einem völlig einheitlichen Bau der Kette bereits vier verschiedene Formen erhalten. Wie SCHULZ an Hand von Kalottenmodellen für Polystyrol gezeigt hat, sind sowohl bei der Kopf-Schwanz- wie bei der Kopf-Kopf-Addition Formen mit strenger Alternierung der d- und l-Anlagerung sterisch begünstigt, so daß hier die d,d-Anlagerung eine größere Aktivierungsenergie als die d,l-Addition haben dürfte. Wenn man also feststellt, daß bei verschiedenen Temperaturen polymerisierte Produkte ceteris paribus verschiedene Eigenschaften, z. B. wie bei Polystyrolen gleichen Molekulargewichts verschiedene Viscositätszahlen besitzen, so braucht man daraus nicht beim Produkt mit dem kleineren $[\eta]$ auf Verzweigungen zu schließen.

---

[1] Vgl. z. B. in Kap. VIII, § 64 c die Auswertung von Messungen des Sedimentationsgleichgewichtes unter Benutzung des zweiten Virialkoeffizienten.

[2] SCHULZ, G. V.: Makromol. Chem. 3, 147 (1949); vgl. auch W. KERN in HOUWINK, Chemie und Technologie der Kunststoffe, 2. Aufl., Bd. I, S. 28, Leipzig 1942; ferner M. L. HUGGINS: J. Amer. Chem. Soc. 66, 1892 (1944).

Es liegt viel näher und ist auch mit der Tatsache, daß bisher bei Polyvinylderivaten aus reinen Monomeren nie mit Sicherheit Verzweigungen nachgewiesen worden sind, viel besser vereinbar, diese Unterschiede auf Veränderungen im Verhältnis der d,d- und d,l-Anlagerungen und die damit verbundenen Änderungen der mittleren Moleküllänge zurückzuführen (s. a. Kap. XIV). Allerdings ist es bis heute auch noch nicht gelungen, d,l- bzw. d,d-Additionen sicher zu unterscheiden. Über die Kopf-Schwanz- und Kopf-Kopf-Addition liegen Ultrarotuntersuchungen[1] und chemische Erfahrungen[2] vor, die zugunsten der ersteren sprechen.

Bei *Cellulosederivaten* ist die Substitution nie vollständig noch gleichmäßig. Bereits in ein und demselben Molekül, z. B. einer Nitrocellulose, liegt eine Mischung von verschieden stark nitrierten Grundmolekülen vor. Da bei der Nitrierung kürzere Ketten wegen der leichteren Zugänglichkeit sowie aus Gründen des Reaktionsmechanismus bevorzugt nitriert werden, nimmt der $NO_2$-Gehalt mit zunehmender Kettenlänge ab. Auch wenn der Nitrierungsgrad der einzelnen Fraktionen besonders bestimmt wird und damit auch die Polymerisationsgrade aus dem Molekulargewicht berechnet werden können, muß, wie schon die sehr empfindlich vom Nitrierungsgrad abhängigen Löslichkeitseigenschaften zeigen, mit größeren Änderungen des Charakters der Molekülketten und ihrer Parameter, Segmentlänge, Steifheit usw. innerhalb der polymerhomologen Reihe gerechnet werden. Cellulosederivate sind daher als Modellsubstanzen bei der Prüfung von Beziehungen zwischen der Viscositätszahl, den Molekülabmessungen usw. und dem Polymerisationsgrade nur mit Vorsicht einzusetzen. Für solche grundsätzlichen Untersuchungen an polymerhomologen Reihen eignen sich nach allen bisherigen Erfahrungen besonders Polymethacrylsäuremethylester, weil man sehr große Molekulargewichtsbereiche herstellen und außerdem erwarten kann, daß diese Substanzen besonders einheitlich gebaut sind, insbesondere keine Verzweigungen von merklichem Ausmaße haben[2, 3] (s. a. § 100 b 2).

Schließlich ist darauf zu achten, daß die bei fraktionierten Produkten noch zurückbleibende Uneinheitlichkeit einmal viel größer ist, als früher gemeinhin angenommen wurde, und daß außerdem diese Uneinheitlichkeit, gemessen etwa durch $U = \overline{M}_w/\overline{M}_n - 1$, in einer Reihe keineswegs konstant ist. Bei synthetischen Hochpolymeren steigt im allgemeinen die Uneinheitlichkeit mit dem Polymerisationsgrade an.

### c) Die Kontinuumstheorie, ihre Voraussetzungen und Grenzen.

Bei der Anwendung der verschiedenen Theorien treten einige Schwierigkeiten grundsätzlicher Art auf, über deren Bedeutung noch vielfach

---

[1] Nach Ultrarotuntersuchungen an Polystyrolen scheint die Kopf-Schwanz-Addition die häufigere zu sein [s. THOMPSON u. TORKINGTON: Trans. Faraday Soc. **41**, 246 (1945)].

[2] Beim Polymethacrylsäuremethylester erscheint wegen der $\alpha,\alpha$-Stellung der Methyl- und Carboxylgruppe sowohl aus sterischen Gründen wie auch nach sonstigen Erfahrungen eine Kopf-Kopf-Addition und ebenso eine Verzweigung unwahrscheinlich.

[3] Siehe z. B. B. G. MEYERHOFF u. G. V. SCHULZ: Makromol. Chem. **7**, 294 (1952).

große Unklarheiten und Meinungsverschiedenheiten bestehen. Es sei daher etwas näher auf diese Fragen eingegangen.

Für Gase besitzen wir fast stets quantitative und experimentell gut bestätigte molekulare Theorien, die eine quantitative Bestimmung der interessierenden Molekülkonstanten gestatten. Bei der Übertragung dieser Theorien auf Fadenmoleküle in Flüssigkeiten und Lösungen treten nun vor allem bei den elektrischen und optischen Methoden die bekannten und schon in Band I in den Paragraphen 37 und 58 besprochenen Unsicherheiten bei dem von der Nahordnung abhängigen *inneren* Felde auf. Dazu kommt bei Fadenmolekülen die grundsätzliche Schwierigkeit, daß die Anwendung der Hydrodynamik, also einer Kontinuumstheorie auf Messungen der Viscosität, der Strömungsdoppelbrechung, Sedimentation usw. eigentlich voraussetzt, daß die Abmessungen der Moleküle groß gegenüber der molekularen Struktur des Lösungsmittels sind, was bei Fadenmolekülen eben in zwei Dimensionen nicht der Fall ist, und daß ferner die anliegenden Moleküle eine festhaftende Grenzschicht am Fadenmolekül bilden. Diese Voraussetzung ist bei langen Fadenmolekülen mit größeren Seitengruppen, so vermutlich bei den Ketten der Thymonucleinsäure, oder auch bei sehr stark solvatisierten Molekülen, also in sehr guten Lösungsmitteln erfüllt. Dann aber ist bei der Angabe der Querdimension eines solchen Gebildes noch die Solvathülle mitzurechnen. Erhält man also bei Anwendung der Kontinuumstheorie ohne Berücksichtigung der Solvathülle gelegentlich recht vernünftige Daten für die Dicke des Fadenmoleküls, so zeigt das nur die Grenzen dieses Verfahrens und sollte nicht über die Tatsache hinwegtäuschen, daß die Anwendung der Kontinuumstheorie bei Gebilden mit niedermolekularen Dimensionen nie eine quantitative Unterlage darstellen kann. Es ist zwar überraschend, wie oft man trotzdem ganz vernünftige Werte erhält, doch bleibt das ebenso häufige Versagen der Theorie[1] eine Warnung.

Bei Molekülen, deren Abmessungen in allen Richtungen groß, sagen wir mindestens 10 Å betragen und die außerdem genügend starr sind, also bei allen korpuskularen Proteinen und Viren, bei kürzeren[2] und genügend gestreckten und hinreichend solvatisierten Fadenmolekülen, liefert die Hydrodynamik sowie die Kontinuumstheorie für das innere Feld eine solide theoretische Grundlage für die Bestimmung von Teilchenkonstanten. Zur Vermeidung übermäßiger mathematischer Schwierigkeiten arbeitet die Kontinuumstheorie mit stäbchen- oder ellipsoidförmigen Teilchen, die außerdem als rotationssymmetrisch angenommen werden. Man darf also bei kurzen Ketten oder bei Proteinen nicht vergessen, daß die wirkliche Gestalt von den Modellformen ziemlich

---

[1] Vgl. z. B. die Ausführungen von H. A. Stuart über die Auswertung der Viscositätszahl bei blättchenförmigen Molekülen in Z. Naturforsch. 3a, 196 (1948).

[2] Bei längeren geknäuelten Ketten wird das Ellipsoidmodell unbrauchbar. So liefert z. B. die Auswertung von Diffusions- und Ultrazentrifugenmessungen bei Acetylcellulosen mit $P = 1000$ Werte für die Moleküllänge, die mit den direkt aus der Lichtzerstreuung erhaltenen Zahlen völlig unvereinbar sind (vgl. § 73, c6, sowie Bd. I, S. 409).

abweichen kann. Außerdem ist zu prüfen, wie weit die übliche Voraussetzung starrer, homogener, nicht leitender und ungeladener Teilchen erfüllt ist. Proteine wird man also möglichst am isoelektrischen Punkt untersuchen. Zusätzliche Komplikationen können Quellungs- und Hydratationserscheinungen bewirken, dagegen wird eine Solvatation infolge der bei kornförmigen Gebilden vergleichsweise geringen Volumenänderung ohne wesentlichen Einfluß bleiben. Bei den Erscheinungen der Doppelbrechung (s. Kap. XII) erhält man einfache Beziehungen nur solange, als die Teilchenabmessungen klein gegenüber der Wellenlänge des benutzten Lichtes sind.

Selbstverständlich ist die Kontinuumstheorie auch die ideale Grundlage zur Auswertung von Beobachtungen an kolloidal gelösten Teilchen, wobei bei leitenden oder geladenen Teilchen die Theorien entsprechend erweitert werden müssen.

Abgesehen von Proteinen hat man es meistens mit polydispersen bzw. polymolekularen Systemen zu tun. Die Herstellung kolloidaler Teilchen einheitlicher Größe ist bisher nur ausnahmsweise, so bei *Schwefel*[1]- und *Latexpartikelchen*[2], gelungen.

Bei Fadenmolekülen ist nicht nur ihre statistische Form zu beachten, sondern ferner, daß je nach der Stärke der Knäuelung das hydrodynamische Verhalten, die Reaktion auf äußere Drehmomente, z. B. in einem laminaren Strömungsfelde ganz verschieden sind. Je nachdem, ob das Knäuel frei von den Lösungsmittelmolekülen durchspült wird (*frei durchspültes* Knäuel nach KUHN), oder ob es diese in sich festhält („immobilisiert"), *undurchspültes* oder *Schwammknäuel*, oder ob wir es mit dem dazwischen liegenden Falle eines teilweise durchspülten Knäuels zu tun haben, erhalten wir ganz verschiedene funktionelle Abhängigkeiten der Viscositätszahl, der Doppelbrechung und anderer Erscheinungen vom Polymerisationsgrade. Es ist daher unmöglich, aus einer einzigen Erscheinung oder ohne weitere Kenntnisse über den hydrodynamischen Charakter des Fadenknäuels Molekülkonstanten genauer zu bestimmen.

Will man bei der Berechnung irgendeiner Größe, z. B. der Viscositätszahl in Abhängigkeit vom Polymerisationsgrade den Übergang vom freidurchspülten zum völlig undurchspülten Knäuel erfassen, so gibt es zwei Möglichkeiten. Man geht von der statistischen Formenmannigfaltigkeit aus und mittelt über die Beiträge aller Formen oder man legt von vornherein eine mittlere Form, ein *äquivalentes Molekül* zugrunde. Der erste Weg ist der physikalisch befriedigendere, leider läßt er sich bei hydrodynamischen Effekten nicht in Strenge durchführen.

**Das statistische Modell.** Hier berechnet man für irgendeine Form die gesuchte Meßgröße, etwa die Viscositätszahl oder die unsymmetrische Intensitätsverteilung des Streulichtes und mittelt dann über alle Formen unter Berücksichtigung deren Häufigkeit. Dieses bei der Lichtzerstreuung und einigen älteren Theorien der Viscosität und Strömungsdoppel-

---

[1] Vgl. dazu die Arbeiten von LA MER u. Mitarb.; Literatur s. § 74.
[2] Dow-Latex 580 G vom Durchmesser 2780 Å + 1%, s. C. BACKUS u. R. C. WILLIAMS: J. Appl. Phys. **19**, 1186 (1948); **20**, 224 (1949); K. L. YUDOWITCH: J. Appl. Phys. **22**, 214 (1951).

brechung angewandte Verfahren setzt natürlich voraus, daß die Formenmannigfaltigkeit in der Lösung wirklich eine rein zufällig bestimmte ist, also nicht durch die Wirkung ausgeprägter innermolekularer Kräfte wesentlich modifiziert wird. Soweit Kontinuumsbetrachtungen angewandt werden müssen, ist, wie bereits weiter oben ausgeführt, schon die Berechnung der Konstanten mit einer gewissen Unsicherheit behaftet. Bei allen hydrodynamischen Effekten kommt aber als entscheidende Komplikation die *hydrodynamische Wechselwirkung* hinzu. In den älteren Theorien hatte man den Reibungswiderstand so berechnet, als ob jedes Segment allein in der Lösung wäre, also nicht beachtet, daß durch die Wirkung der übrigen Segmente die Strömung am Ort des betrachteten Segments gestört wird. Diese hydrodynamische Wechselwirkung ist im Gegensatz zu derjenigen von induzierten Dipolen (s. Bd. I, § 50) sehr beträchtlich. Fadenelemente sind also zwar hinsichtlich ihres elektrischen und optischen, aber nicht mehr hinsichtlich ihres hydrodynamischen Verhaltens wirklich voneinander unabhängig. Wie zuerst J. J. HERMANS[1] bemerkt hat, ist daher der Grenzfall des völlig frei durchspülten Knäuels nur bei ganz kurzen, aus wenigen Elementen bestehenden, praktisch noch gestreckten Molekülen verwirklicht[2].

Gewisse Vereinfachungen der Theorie sind praktisch unvermeidlich[3], und der dadurch entstehende Fehler ist schwer abzuschätzen. Grundsätzlich kann man auf diese Weise vom Grenzfall des frei durchspülten Knäuels ausgehend auch den Fall des völlig undurchspülten Knäuels erfassen[4]. In diesem anderen Grenzfall des mit immobilisierten Lösungsmittelmolekülen vollgesaugten Knäuels bewegt sich dieses wie ein einheitlicher, kompakter Körper, so daß wir auf dieses Teilchen unbedenklich die Gesetze der Kontinuumstheorie anwenden können[5].

**Das äquivalente Teilchen.** Da die Fadenmoleküle sich mit steigendem Polymerisationsgrade immer mehr und mehr einknäueln und dabei im Mittel immer isotroper und kugeliger werden, liegt es nahe, an Stelle der Vielzahl der statistischen Knäuel bzw. Teilchen von variabler Form von vornherein eine *mittlere Form*, d. h. eine *äquivalente Kugel* einzuführen und für eine Lösung aus Makromolekülen dieser einheitlichen und äquivalenten Form die verschiedenen Effekte zu berechnen. Eine exakte hydrodynamische Berechnung wird möglich, sobald man die statistische

---

[1] HERMANS, J. J.: Rec. Trav. chim. Pays-Bas **63**, 219 (1944).

[2] Die selbstverständlich stets vorhandene Wechselwirkung benachbarter Grundmoleküle ist, wenn man dem Segment einen charakteristischen Widerstand zuordnet, in diesem bereits enthalten. Es hat also nur formale Bedeutung, wenn man dem einzelnen Grundmolekül einen charakteristischen Widerstandskoeffizienten zuordnet (vgl. dazu auch Kap. XI und XII).

[3] So wird z. B. bei der Berechnung der Viscositätszahl nach KIRKWOOD-RISEMAN, s. § 84, zuerst über alle Konfigurationen gemittelt und dann für diese mittlere Form die hydrodynamische Wechselwirkung berechnet, während man eigentlich erst nach Berücksichtigung der Wechselwirkung mitteln dürfte.

[4] KUHN, W., u. H. KUHN: Vgl. z. B. Erg. exakt. Naturwiss. **25**, 1 (1951).

[5] Natürlich kann man aus den Beobachtungen dann nur noch die Abmessungen des als kugelig angenommenen Teilchens bestimmen. Eine Aussage über die Dicke des Fadenmoleküls selbst ist natürlich um so sinnloser, je undurchspülter das Knäuel ist.

Verteilung der Segmente in der äquivalenten Kugel vernachlässigt und einfach voraussetzt, daß diese das Kugelvolumen gleichmäßig ausfüllen[1]. Der Kugeldurchmesser $d_K$ erweist sich dabei genähert gleich der Wurzel aus dem mittleren Abstandsquadrat der Endpunkte des wirklichen Fadenmoleküls $\sqrt{\overline{h^2}}$ . Der Grenzfall des undurchspülten Knäuels wird dann durch eine feste, undurchdringliche Kugel dargestellt. Will man auch das teilweise durchspülte Knäuel miterfassen, so führt man noch eine gewisse *Porosität* bzw. *Eindringtiefe*[2] ein. Dabei ist die letztere durch die mittlere Dichte in der äquivalenten Kugel und den hydrodynamischen Widerstand der einzelnen monomeren Reste, d. h. durch die Porosität und den Durchmesser bestimmt[3, 4]. Näheres in den Paragraphen 84 und 92b 3. Das dem teilweise durchspülten Knäuel äquivalente Teilchen ist also durch zwei Größen charakterisiert, die aus zwei unabhängigen Beobachtungen, z. B. aus der Viscosität und der Sedimentation, bestimmt werden können.

Eine weitere Möglichkeit, das hydrodynamische Verhalten von Makromolekülen zu studieren, bieten Modellversuche an makroskopischen Modellen. Hier sind vor allem die Versuche von KUHN[5, 6] zu nennen, der die translatorischen und rotatorischen Reibungswiderstände von statistisch geformten Drahtknäueln in einer zähen Flüssigkeit bestimmt und dabei insbesondere die Abhängigkeit von der Länge des Modells, d. h. den Übergang vom durchspülten zum undurchspülten Knäuel untersucht hat.

Eine Übertragung von Versuchsergebnissen an makroskopischen Modellen mit Hilfe des hydrodynamischen Ähnlichkeitsprinzips auf Moleküle ist natürlich nur im Rahmen der Gültigkeit der Kontinuumstheorie sinnvoll und daher nur bei sehr gut solvatisierten Fadenmolekülen oder bei wenig bzw. gar nicht durchspülten Knäueln anwendbar (vgl. § 84 u. 92b 3).

Zum Abschluß dieses Abschnittes sei noch der Hinweis erlaubt, daß jedes Experiment nur im Sinne eines bestimmten Modells gedeutet werden kann und man sich stets noch fragen muß, wie weit das meist aus mathematischen Gründen gewählte Modell den wirklichen Verhältnissen entspricht, also auch physikalisch sinnvoll ist. Wer sich dieser Selbstverständlichkeit bewußt bleibt, wird sich über die Unstimmigkeiten und Grenzen unserer Modelltheorien, z. B. bei der Bestimmung der Größe von Fadenelementen, weniger wundern.

---

[1] Das entspricht natürlich nicht der Wirklichkeit, indem die Dichte *exponentiell* nach außen abfällt. Dieser Umstand bedingt schwer übersehbare Fehler.

[2] Die hydrodynamische Wechselwirkung äußert sich darin, daß die inneren Segmente durch die äußeren abgeschirmt werden, also einen geringeren Strömungswiderstand besitzen. Man kann daher auch sagen, die strömende Flüssigkeit kann nur noch begrenzt in das Innere des Knäuels eindringen.

[3] DEBYE, P., u. A. M. BUECHE: J. Chem. Phys. **16**, 565 (1948).

[4] BRINKMANN, H. C.: Proc. Acad. Amsterdam **50**, Nr. 6 (1947).

[5] KUHN, H.: Habilitationsarbeit Basel 1946; J. Colloid Sci. **5**, 331 (1950); Proc. Internat. Congress on Rheology, Holland, 1949.

[6] Modellversuche über die Viscosität von Suspensionen haben schon früher F. EIRICH, M. BUNZL u. H. MARGARETHA: Kolloid-Z. **74**, 276 (1936), sowie F. EIRICH u. J. SVERAK: Trans. Faraday Soc. **42**, 57 (1946), angestellt. Bei diesen Versuchen störten jedoch die Trägheitskräfte bzw. die Randeffekte entscheidend.

### d) Zur Klassifizierung von Makromolekülen.

Zum Schluß dieses Paragraphen sei noch auf das Bauprinzip und die Gestaltsmöglichkeiten bei Makromolekülen sowie auf die entsprechende Nomenklatur eingegangen.

Makromoleküle können hauptvalenzmäßig streng linear gebaut sein. Sind Nebenreaktionen wirksam, so treten entsprechende Verzweigungen auf. Enthalten die Grundmoleküle mehr als zwei funktionelle Gruppen, so entstehen zunächst stark verzweigte Moleküle, die allmählich in dreidimensionale, statistisch vernetzte Moleküle übergehen. Ist die Reaktion begrenzt, so können wie bei Latexteilchen Makromoleküle von recht gut definierter Größe, häufig als *Mikrogele* bezeichnet, auftreten. Geht die Reaktion ungehemmt weiter, so bildet schließlich die ganze Substanz ein einziges durchvernetztes Riesenmolekül (vgl. Kap. XIV, § 101). Zu diesen größeren räumlichen Netzsystemen, denen sich natürlich kein definiertes Molekulargewicht zuschreiben läßt, können wir auch den durch nachträgliche Hauptvalenzvernetzung entstandenen vulkanisierten Kautschuk oder das aus vernetzten fadenförmigen Proteinen bestehende Wollkeratin rechnen.

Insofern Proteine mit ihren kovalenten Bindungen fadenförmig gebaut sind, sich aber durch innere Ionenkräfte (heteropolare Bindungen) zu dreidimensionalen Gebilden — als *korpuskulare* oder *Blockproteine* bezeichnet — zusammenschließen, können wir sie ebenfalls als Fadenmoleküle mit räumlicher Netzstruktur auffassen, wobei aber die Vernetzung nicht mehr eine statistische, sondern eine besonders regelmäßige zu sein scheint.

Bei organischen Polymeren sind streng zweidimensionale Gebilde wegen der Drehbarkeit der Kettenstücke und dem meist räumlichen Bau des Valenzwinkelgerüstes nicht möglich. Eine Ausnahme wären Polymere aus kondensierten aromatischen Ringen wie Graphit. Dagegen findet man unter den anorganischen Polymeren viele Beispiele einer ebenen Struktur, Bornitrid, viele Silicate wie Glimmer, Tone usw.

| Typus | Beispiele |
|---|---|
| *Fadenmoleküle* | |
|   unverzweigt . . . . . | Cellulosen, Polymethacrylsäurederivate, Fadenschwefel, lineare Proteine |
|   schwach verzweigt . . | Polyäthylene |
|   stark verzweigt . . . . | Stärke, Glykogen, lösliche Alkydharze, Graphit |
| *Blättchenmoleküle* | Bornitrid, viele Silicate |
| *Moleküle mit räumlicher Netzstruktur, Korn- oder korpuskulare Moleküle* | |
|   statistisch . . . . . . | Unlösliche Phenolformaldehydharze, Alkydharze[1], Latexteilchen (Mikrogele) |
|   regelmäßig . . . . . . | korpuskulare Proteine |

[1] Die erste Stufe der räumlichen Polymerisation liefert lösliche, hochverzweigte Moleküle mit relativ niedrigem Molekulargewicht. Beim völlig durchgehärteten Harz stellt jedes unlösliche Körnchen gewissermaßen ein einziges Riesenmolekül dar.

Entsprechend dem hauptvalenzmäßigen Aufbau können wir also vorstehende Typen unterscheiden (siehe Tabelle).

Die Gestalt eines Makromoleküls in Lösung oder im festen Zustande ist keineswegs immer eindeutig mit dem hauptvalenzmäßigen Aufbau verknüpft. So können in schlechten Lösungsmitteln unter dem Einfluß der VAN DER WAALSschen Kräfte bei Fadenmolekülen in sich „assoziierte" mehr oder weniger lösungsmittelhaltige Gebilde, also gelartige Teilchen oder Körner entstehen, Fadenmoleküle in der Nähe des Ausfällpunktes[1]. Bei verzweigten Molekülen können je nach der Art der Verzweigung und des Lösungsmittels alle Übergänge von einem fadenförmigen zu einem kompakten kornförmigen Gebilde auftreten. Fadenmoleküle mit ionisierbaren Gruppen zeigen in geeigneten Lösungsmitteln alle Übergänge vom Knäuel zum langgestreckten Stäbchen (s. Kap. XV).

Bei Proteinen sind die Verhältnisse nicht endgültig geklärt (siehe Kap. XVI). Möglicherweise sind alle Proteine, kovalenzmäßig betrachtet, linear gebaut, stellen also in diesem Sinne Fadenmoleküle dar. Unter der Wirkung von H-Brücken und vor allem der inneren Ionenkräfte (heteropolare Bindungen) bilden sich vielfach sehr feste dreidimensionale Gebilde (für die sich die Bezeichnung „korpuskular" eingebürgert hat). In geeigneten Lösungsmitteln mag aus einem dreidimensionalen Gebilde ein eindimensionales, also ein fadenförmiges Molekül werden. Bei synthetischen Proteinen sind ferner Fälle bekannt geworden, wo unter der Wirkung von innermolekularen Wasserstoffbrücken die Molekülkette zu einem offenbar recht stabilen, aber biegsamen Bande in sich gefaltet wird, vgl. Bd. I, § 70.

Ihrer Gestalt nach unterscheidet man Makromoleküle am treffendsten als *Faden-*, *Blättchen-* und *Kornmoleküle*. Das Wort „Korn" sagt nichts über die nähere Form, Kugel, Stäbchen, Ellipsoid usw. aus, was ein weiterer Vorteil ist, während die bei Proteinen vielfach übliche Bezeichnung „globulär" direkt irreführend ist, da diese sehr häufig sicher keine kugeligen Gebilde sind. Auch das Wort „korpuskular" ist insofern nicht ganz befriedigend, als jedes Molekül eine Korpuskel darstellt und erst Begriffe wie „Korn" oder „Block" die dreidimensionale Ausdehnung im Gegensatz zum Faden kennzeichnen. Da sich aber die Bezeichnung „korpuskular" bei Proteinen schon weitgehend eingebürgert hat, werden wir in diesem Werke Makromoleküle ihrer Gestalt nach, also nicht ihrem hauptvalenzmäßigen Aufbau nach, in *Faden-*, *Blättchen-* und *Kornmoleküle* und daneben auch in *lineare*, *planare* und *korpuskulare Moleküle* einteilen.

---

[1] Soweit es sich um das hydrodynamische Verhalten handelt, gehört hierher auch das „undurchspülte Knäuel".

### Siebentes Kapitel

# Osmotischer Druck.

Von

G. V. Schulz.

Mit 21 Textabbildungen.

## § 58. Theoretische Grundlagen.

### a) Vorbemerkung.

Bei der Erforschung der niedermolekularen Lösungen hat der osmotische Druck eine mehr theoretische als praktische Bedeutung gehabt. Sie beruhte auf der von van t'Hoff entdeckten Analogie im Verhalten der verdünnten Lösungen und der verdünnten Gase. Die praktische Bedeutung des osmotischen Drucks war gering, weil die Herstellung halbdurchlässiger Membranen für niedermolekulare Lösungen schwierig ist und weil wegen des engen Zusammenhanges der sog. kolligativen Größen die osmotischen Messungen durch die leichter ausführbaren kryoskopischen oder ebullioskopischen Bestimmungen ersetzt werden können. In der Theorie der Lösungen verlor der osmotische Druck seine dominierende Stellung dadurch, daß die kinetische Deutung der van t'Hoffschen Theorie unerwartet große Schwierigkeiten machte, so daß man sich einer rein thermodynamischen Betrachtungsweise zuwandte, bei der andere Größen wie z. B. das chemische Potential bzw. die Aktivitätskoeffizienten in den Vordergrund traten.

Für die Erforschung der *makromolekularen* Lösungen hat sich der osmotische Druck jedoch wieder als außerordentlich nützlich erwiesen; einmal deshalb, weil es offenbar um so einfacher ist, eine gegenüber einer Lösung streng halbdurchlässige Membran herzustellen, je größer die gelösten Moleküle sind, und ferner, weil der osmotische Druck in enger und übersichtlicher Beziehung zu den grundlegenden thermodynamischen Größen steht. Die Messung des osmotischen Drucks ist daher heute zu einer fundamentalen Methode für die Bestimmung hoher Molekulargewichte ausgearbeitet worden. Darüber hinaus dient sie zur Erforschung der Thermodynamik hochmolekularer Lösungen, und zwar besonders in denjenigen Konzentrationsbereichen, bei welchen die Abweichungen von der Theorie der idealen Lösungen erheblich sind, direkte Bestimmungen der Dampfdruckerniedrigung, der Verdünnungswärme usw. aber wegen der Geringfügigkeit dieser Effekte nur schwer exakt durchführbar sind.

### b) Die osmotischen Virialkoeffizienten.

Für den osmotischen Druck $\Pi$ einer idealen Lösung gilt die Gleichung
von VAN T'HOFF

$$\Pi = \frac{RT\,c_g}{M} \, . \qquad\qquad (\text{VII, 1})$$

Man kann diese Gleichung[1] auch als Definitionsgleichung der idealen
Lösungen ansehen. Bei hochpolymeren Lösungen ist meistens Gl. (VII, 1)
schon in verdünnten Lösungen ungültig; man kann sie dann durch die
Potenzreihe

$$\Pi = \frac{RT}{M}\,c_g + B^*c_g^{\,2} + C^*c_g^{\,3} + \cdots \qquad\qquad (\text{VII, 2})$$

bzw.

$$\frac{\Pi}{c} = \frac{RT}{M} + B^*c_g + C^*c_g^{\,2} + \cdots \qquad\qquad (\text{VII, 3})$$

ersetzen. Der „erste Virialkoeffizient" $RT/M$ hängt hierbei (außer von
der Temperatur) nur vom gelösten Stoff ab. Er erlaubt es, eine seiner
wichtigsten molekularen Konstanten, das Molekulargewicht $M$ zu bestimmen. Die höheren Virialkoeffizienten $B^*, C^* \ldots$ hängen hauptsächlich
von der Wechselwirkung der Lösungskomponenten ab.

Bei niedermolekularen Lösungen sind oft auch in erheblichen Konzentrationen die höheren Virialkoeffizienten verhältnismäßig kleine
Größen. Bei Lösungen von Stoffen mit Fadenmolekülen kann man zwar
oft im Bereich geringer Konzentrationen (bis zu 3%) den 3. Virialkoeffizienten, jedoch praktisch nie den 2. Virialkoeffizienten $B^*$ vernachlässigen (vgl. die Beispiele in § 61a). Daraus folgt, daß man aus *einem*
bei einer endlichen Konzentration gemessenen osmotischen Druck grundsätzlich nicht das Molekulargewicht nach (VII, 1) berechnen kann.
Um den 1. Virialkoeffizienten und damit das Molekulargewicht zu erhalten, muß man den Grenzwert des reduzierten osmotischen Druckes $\Pi/c_g$
für unendliche Verdünnung ($c_g = 0$) aus den Versuchen bestimmen.
Ist $C^*$ vernachlässigbar, so kann das sehr einfach durchgeführt werden,
indem man für eine Meßreihe $\Pi/c_g$ gegen $c_g$ aufträgt. Im Falle, daß $C = 0$
ist, ergibt sich dann eine Gerade mit $RT/M$ als Ordinatenabschnitt und
$B^*$ als Neigung. Eine Abweichung von der Linearität deutet auf einen
nicht zu vernachlässigenden Wert von $C^*$ hin.

Die Zulässigkeit dieses Verfahrens ergibt sich daraus, daß, wenn man
den zu untersuchenden Stoff in verschiedenen Lösungsmitteln mißt, zwar
die höheren Virialkoeffizienten $B^*$ und $C^*$ in der Regel erheblich voneinander abweichen, jedoch der 1. Virialkoeffizient, in welchen als
Stoffkonstante nur das Molekulargewicht des gelösten Stoffes eingeht,
wie zu erwarten unabhängig vom Lösungsmittel ist[2]. Bei graphischer
Auftragung erhält man daher einen Fächer von Kurven, welche alle den
gleichen Anfangspunkt haben (vgl. Abb. VII, 1).

---

[1] Man mißt hierbei zweckmäßig den osmotischen Druck $\Pi$ in Atm., die Konzentration $C_g$ in g/l. Dann ist $RT$ in Literatmosphären einzusetzen.

[2] Bei einigen Proteinen findet man Abweichungen von dieser Regel (vgl. § 61).

Es liegt nun nahe, die höheren Virialkoeffizienten, besonders $B*$, als Maß für die Wechselwirkung des gelösten Stoffes mit dem Lösungsmittel zu verwenden. Ein Lösungsmittel ist für einen bestimmten hochpolymeren Stoff um so „besser", je höher der $B*$-Wert ist[1]. Will man jedoch noch eingehender die strukturellen und energetischen Wechselwirkungen zwischen dem gelösten Stoff und dem Lösungsmittel erforschen, so ist eine genauere thermodynamische Untersuchung notwendig. Da allein die Thermodynamik, besonders in Verbindung mit ihrer Grundlegung durch die statistische Mechanik, ein volles Verständnis der in den Gl. (VII, 1) bis (VII, 3) mehr provisorisch formulierten Zusammenhänge ermöglicht, sollen deren Grundlagen im folgenden kurz dargestellt werden. Dabei können wir uns mit einer kurzen, mehr tabellarischen Zusammenstellung begnügen, da in den Kap. I bis III dieses Werkes eine ausführliche Würdigung der Thermodynamik und Statistik hochpolymerer Lösungen gegeben wird.

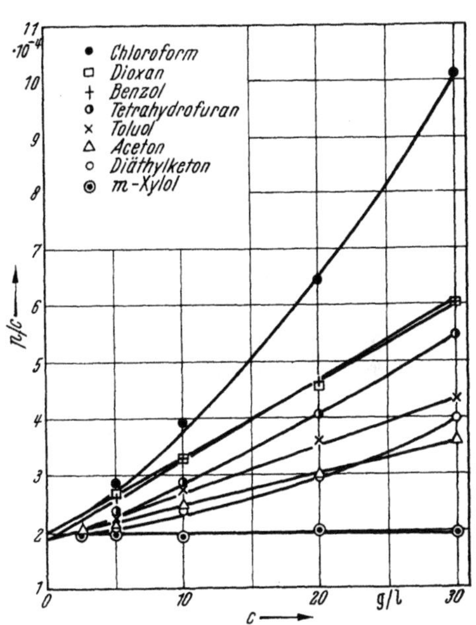



Abb. VII, 1. Reduzierter osmotischer Druck von Polymethacrylsäuremethylester ($M = 128\,000$) in verschiedenen Lösungsmitteln. [SCHULZ, G V.. u. H. DOLL: Z. Elektrochemie 56, 248 (1952).]

### c) Thermodynamische Beziehungen.

Der osmotische Druck hängt unmittelbar mit dem chemischen Potential des Lösungsmittels (LM) in der Lösung zusammen. Bezeichnen wir die Veränderung des chemischen Potentials, die das LM beim Übergang von der reinen Phase in die Lösung erfährt, mit $\Delta\mu_1$, so gilt

$$\Delta\mu_1 = - \Pi\,\overline{V}_1 \qquad\qquad (VII, 4)$$

($\overline{V}_1$ = partielles Molvolumen des LM in der Lösung).

Die Thermodynamik erlaubt es, das chemische Potential in zwei Anteile, die differentiale Verdünnungswärme $\Delta H_1$ und die differentiale Verdünnungsentropie $\Delta S_1$, zu zerlegen. Für die 3 Größen gilt die GIBBS-HELMHOLTZsche Gleichung

$$\Delta\mu_1 = \Delta H_1 - T\Delta S_1\,. \qquad\qquad (VII, 5)$$

Die Aufteilung läßt sich durch osmotische Messungen vornehmen, indem man die Temperaturabhängigkeit des osmotischen Druckes mißt. Durch

---

[1] Über gute und schlechte Lösungsmittel vgl. G. V. SCHULZ, Angew. Chem. 64 553 (1952).

Anwendung der Hauptsätze erhält man nämlich die Gleichungen

$$\frac{d\,(\varDelta\,\mu_1/T)}{d\,(1/T)} = \varDelta H_1 \qquad\qquad (\text{VII, 6})$$

und

$$\frac{d\,\varDelta\,\mu_1}{d\,T} = -\,\varDelta S_1\,. \qquad\qquad (\text{VII, 7})$$

Je nachdem, wie sich eine Lösung gegenüber einer solchen Aufteilung verhält, lassen sich einige typische Spezialfälle unterscheiden, die für die Theorie der Lösungen von Bedeutung sind:

1. *Die ideale Lösung.* Für sie gilt

$$\varDelta H_1 = 0\;;\quad \overline{V}_1 = V_1 \qquad\qquad (\text{VII, 7a, b})$$

$$\varDelta S_1 = -\,\text{R}\,\ln x_1 \qquad\qquad (\text{VII, 8})$$

($V_1 =$ Molvolumen des reinen LM, $x_1$ dessen Molenbruch in der Lösung). Aus (VII, 5), (VII, 7) und (VII, 8) folgt

$$\varDelta\,\mu_1 = \text{R}T\,\ln x_1 = \text{R}T\,\ln\,(1 - x_2)\,.$$

Setzen wir darin (VII, 4) ein und brechen die logarithmische Reihe nach dem 1. Glied ab, so ergibt sich für kleine Konzentrationen

$$\varPi = \text{R}T\,\frac{x_2}{\overline{V}_1}\,, \qquad\qquad (\text{VII, 9})$$

woraus man durch eine einfache Umformung die VAN T'HOFFsche Gleichung erhält. Die Vernachlässigung der höheren Glieder der logarithmischen Reihe ist dadurch gerechtfertigt, daß der Molenbruch der hochpolymeren Substanz auch bei erheblichen Konzentrationen eine sehr kleine Größe ist (Größenordnung $10^{-3}$ bis $10^{-5}$).

2. *Die athermische Lösung.* Für sie gilt

$$\varDelta H_1 = 0\,, \qquad\qquad (\text{VII, 10})$$

somit

$$\varDelta\,\mu_1 = -\,T\varDelta S_1\,. \qquad\qquad (\text{VII, 11})$$

Das Zutreffen der Bedingung[1] (VII, 10) läßt sich in der oben beschriebenen Weise [Messungen der Temperaturabhängigkeit des osmotischen Druckes s. Gl. (VII, 6) und (VII, 37)] jederzeit nachprüfen. Athermische Lösungen haben ein erhebliches theoretisches Interesse, weil man — wenn auch mit einiger Vorsicht — annehmen kann, daß die Abweichungen vom idealen Verhalten bei ihnen allein auf einer räumlichen (nicht energetischen) Wechselwirkung der gelösten Moleküle untereinander zustandekommen. Darauf fußend kann man mit Hilfe statistischer Methoden Schlüsse auf die Raumform der Makromoleküle in der Lösung ziehen.

---

[1] Genähert entspricht das System Polymethacrylsäureester—Benzol diesen Bedingungen.

3. *Die reguläre Lösung.* Für sie gilt

$$\Delta H_1 \neq 0 \qquad\qquad \text{(VII, 12)}$$

$$\Delta \mu_1 = \Delta H_1 - RT \ln x_2 . \qquad\qquad \text{(VII, 13)}$$

In solchen Lösungen wäre trotz von 0 verschiedener Verdünnungswärme die Verdünnungsentropie ideal. Es scheint indessen, daß dieser von I. A. HILDEBRAND[1] postulierte Lösungstyp nur selten vorkommt.

Ein Überblick über das bisher Gesagte zeigt, daß die Virialkoeffizienten $B$, $C$ usw. zusammengesetzte Größen sind. Daher ist beispielsweise der 2. Virialkoeffizient für eine eingehendere Charakterisierung der Wechselwirkung zwischen den Lösungskomponenten nicht zureichend. Zwei LM mit gleichem $B^*$ können ihrer tatsächlichen Wirkung nach fundamental verschieden sein, denn ein positiver $B$-Wert kann von einer negativen (exothermen) Verdünnungswärme oder einem zusätzlichen Entropieterm herrühren. Es können sich sogar diese beiden Effekte derart überlagern, daß $B^* = 0$ wird, wir also eine scheinbar ideale Lösung erhalten, da dann die in Gl. (VII, 1) geforderte Proportionalität zwischen $\Pi$ und $c$ gültig ist. Tatsächlich zeigt sich, daß im hochpolymeren Gebiet gerade derartige Lösungen alles andere als ideal sind. Das erkennt man u. a. daran, daß die in derselben Gleichung geforderte Proportionalität von $\Pi$ und $T$ in solchen Fällen nicht zuzutreffen pflegt (vergl. die Beispiele in § 62).

Das Ziel einer thermodynamischen Analyse ist eine schärfere Erfassung des inneren Zustandes der Lösungen. Um eine solche Analyse voll auswerten zu können, bedarf es des Rückganges auf die statistische Mechanik, deren für unsere Zwecke wichtigsten Ergebnisse daher im nächsten Abschnitt kurz zusammengestellt sind.

### d) Zur statistischen Theorie des osmotischen Drucks.

Bekanntlich hat PLANCK versucht, auf einem rein thermodynamischen Weg das Gesetz der idealen verdünnten Lösungen, insbesondere die Fundamentalgleichung (VII, 8) abzuleiten[2]. Die neuere Entwicklung hat jedoch gezeigt, daß dieser Weg nicht zu einer vollständigen Klärung führen kann. Insbesondere ergibt sich, daß die räumliche Größe und Gestalt der gelösten Moleküle in stärkerer Weise auf die thermodynamischen Lösungseigenschaften einwirken, als es eine rein thermodynamische Betrachtungsweise voraussehen läßt[3, 4, 5].

Da im Kap. II die statistische Mechanik hochpolymerer Systeme ausführlich behandelt wird, können wir uns hier mit einer kurzen Zusammenstellung der für den osmotischen Druck wichtigsten Formeln begnügen. Wir beschränken uns ferner auf die athermische Lösung, bei welcher

---

[1] HILDEBRAND, I. A.: Solubility of Nonelectrolytes. 3. Edit. New York 1950.
[2] PLANCK, M.: Thermodynamik, 9. Aufl., S. 224 ff. 1930; vgl. auch SCHOTTKY, VLICH u. WAGNER: Thermodynamik, S. 287. Berlin 1929.
[3] GUGGENHEIM, E. A.: Trans. Faraday Soc. **33**, 151 (1936).
[4] FOWLER, R. H., u. G. S. RUSHBROOK: Trans. Faraday Soc. **34**, 1272 (1937).
[5] HAASE, R., u. A. MÜNSTER: Z. physik. Chem. **194**, 253 (1950).

angenommen werden kann, daß die Abweichungen von der Idealgleichung (wenigstens in erster Näherung) durch die Raumform der gelösten Moleküle bestimmt werden.

Ausgangspunkt ist die BOLTZMANNsche Gleichung

$$S = \mathrm{k} \ln W \,,$$

wobei k die BOLTZMANNsche Konstante und $W$ die „thermodynamische Wahrscheinlichkeit" des Systems ist. Bei der Mischung zweier Stoffe erhöht sich die Entropie um den Betrag $\Delta S$. Ist $W_1$ die Wahrscheinlichkeit der beiden reinen Ausgangsstoffe, $W_2$ die Wahrscheinlichkeit ihrer Mischung, dann ist also

$$\Delta S = \mathrm{k} \ln (W_2 / W_1) \,. \tag{VII, 14}$$

Wie FOWLER und RUSHBROOK (loc. cit.) wahrscheinlich machen konnten, ist bei Zutreffen der Bedingungen (VII, 7) bzw. (VII, 10) $W_2/W_1$ gleich der Anzahl der räumlichen Anordnungsmöglichkeiten der gelösten Moleküle im System der Lösung. Um $\Delta S$ zu berechnen, hat man eine Abzählung dieser Möglichkeiten vorzunehmen. Die Verdünnungsentropie ist dann gemäß ihrer Definition

$$\Delta S_1 = d \Delta S / d n_1 \,. \tag{VII, 15}$$

Bei der Abzählung der Anordnungsmöglichkeiten wird meist das sog. Gittermodell der Lösung verwendet. Man faßt die Lösung wie einen Kristall auf, dessen Gitterplätze entweder mit einem LM-Molekül oder einem Grundmolekül des Polymeren besetzt sind. Diese Rechenweise ist für die mathematische Behandlung sehr übersichtlich, besitzt jedoch einige Härten bei der Übertragung auf reale Systeme. Tatsächlich ist, wie G. V. SCHULZ[1] zeigte, die Annahme einer Gitterstruktur der Lösung keine notwendige Voraussetzung der Ableitung. Die Rechnung wird nur wenig komplizierter, jedoch physikalisch einwandfreier und besser anpassungsfähig, wenn man den Raum der Lösung als Kontinuum auffaßt und ihn nach dem Vorgang BOLTZMANNs in Zellen beliebiger Größe aufteilt. Das Ergebnis beider Rechnungen zeigt keine grundsätzlichen Unterschiede, nur daß die Zahlenwerte einiger Konstanten etwas voneinander abweichen.

Wir geben im folgenden keine Ableitungen, sondern stellen nur einige der später verwendeten Endformeln zusammen.

Sind die gelösten Moleküle und die des LM gleich groß, so erhält man für die verdünnte athermische Lösung

$$\Delta S_1 = \mathrm{R}\, x_2 \approx \mathrm{R}\, \frac{n_2}{n_1} \,, \tag{VII, 16}$$

also den Wert der idealen verdünnten Lösung. Schon GUGGENHEIM (loc. cit.) wies darauf hin, daß die Ableitung daran gebunden ist, daß die Moleküle beider Komponenten gleich groß sind. Wie ungefähr gleichzeitig G. V. SCHULZ[1] und HUGGINS[2] zeigten, gilt, wenn $\overline{V}_1 \ll \overline{V}_2$ ist

$$\Delta S_1 = \mathrm{R}\, \frac{n_2}{n_1} (1 + 3\, \varphi + \cdots) \,, \tag{VII, 17}$$

wobei $\varphi = n_2 \overline{V}_2 / (V - n_2 \overline{V}_2)$ ist. $V$ ist hierbei das Gesamtvolumen der Lösung. $\varphi$ ist also das Volumenverhältnis.

[1] SCHULZ, G. V.: Z. Naturforsch. 2a, 411 (1947).
[2] HUGGINS, M. L.: J. Phys. Colloid. Chem. 52, 248 (1948).

Die Gittertheorie liefert den nur wenig abweichenden Wert[1]

$$\Delta S_1 = \mathrm{R}\,\frac{n_2}{n_1}\,(1 + 3,5\,\varphi)\,. \qquad\qquad \text{(VII, 18)}$$

Interessant ist, daß sich hiernach für Lösungen gegenüber dem Idealwert eine Korrekturgröße ergibt, welche gleich ·der VAN DER WAALSschen Volumenkorrektur bei Gasen ist. Zur Erklärung der Abweichungen von der VAN T'HOFFschen Gleichung, die bei kugelförmigen Proteinen auftreten, ist also, wie G. V. SCHULZ[2] zeigte, keine besondere Hydratation der „dispersen Phase" anzunehmen.

Für starre Stäbchenmoleküle, bei denen $q$ das Verhältnis der Länge zum Durchmesser ist, ergibt sich nach G. V. SCHULZ[3]

$$\Delta S_1 = \mathrm{R}\,\frac{n_2}{n_1}\,(1 + \varphi\,f(q))\,, \qquad\qquad \text{(VII, 19)}$$

wobei

$$f(q) = \frac{\pi}{4}\,\frac{(q-1)^2}{q-1/3} + 2\,\frac{q+1/3}{q-1/3} - 1 \qquad\qquad \text{(VII, 19a)}$$

ist. Ist $q \gg 1$, dann geht Gl. (VII, 19) in die einfache Form

$$\Delta S_1 = \mathrm{R}\,\frac{n_2}{n_1}\left(1 + \frac{\pi}{4}\,\varphi\,q\right) \qquad\qquad \text{(VII, 20)}$$

über. HUGGINS (loc. cit.) leitet auf Grund einer ebenfalls kontinuierlichen Betrachtung für lange Stäbchen die Gleichung

$$\Delta S_1 = \mathrm{R}\,\frac{n_2}{n_1}\,(1 + \varphi\,q) \qquad\qquad \text{(VII, 21)}$$

ab, während die Gittermethode nach verschiedenen Autoren[4, 5, 6] übereinstimmend den Wert

$$\Delta S_1 = \mathrm{R}\,\frac{n_2}{n_1 + n\,n_2}\left(1 + \frac{Z-2}{2Z}\,n\,\varphi\right), \qquad\qquad \text{(VII, 22)}$$

besitzt, die sich nur im Wert der Konstanten etwas unterscheidet. Hierbei ist $n$ die Anzahl der Gitterpunkte, die ein polymeres Molekül beansprucht, und $Z$ die Zahl der nächsten Nachbarn eines Gitterpunktes.

Für Fadenmoleküle mit innerer Beweglichkeit liefert die kontinuierliche Rechnung nach einer Ableitung von G. V. SCHULZ[2], an welcher VAN DER WAALS[7] noch eine Korrektur vornahm, die gleiche Formel wie für starre Stäbe. Der Rechnung wurde hierbei das Modell von W. KUHN zugrundegelegt, das den beweglichen Faden durch eine Kette in sich starrer, aber gegeneinander beliebig beweglicher „statistischer Fadenelemente" (Segmente) ersetzt. Die Gittertheorie liefert nach Ansätzen

---

[1] MÜNSTER, A.: Makromol. Chem. **2**, 227 (1948).

[2] SCHULZ, G. V.: Z. Naturforsch. **2a**, 411 (1947).

[3] SCHULZ, G. V.: Z. Naturforsch. **2a**, 348 (1947); hierin ist $\varphi$ die Volumenkonzentration in Kubikzentimeter gelöster Substanz pro Kubikzentimeter Lösung.

[4] HUGGINS, M. L.: Ann. N.Y. Acad. Sci. **43**, 1 (1942).

[5] MILLER, A. R.: Proc. Cambridge Phil. Soc. **39**, 54 (1943).

[6] GUGGENHEIM, E. A.: Proc. Roy. Soc. (Lond.) A **183**, 203 (1944). — MÜNSTER, A.: loc. cit.

[7] VAN DER WAALS, J. H.: Makromol. Chem. **4**, 105 (1949). — SCHULZ, G. V.: Makromol. Chem. **4**, 117 (1949).

von Flory, Huggins und Münster Werte, in denen die Länge der Segmente $x$ eine Rolle spielt. Münster[1] leitet die Gleichung

$$\varDelta S_1 = R \frac{n_2}{n_1 + n\, n_2} \left\{ 1 + \left[ 1 + \frac{Z-2}{2Z} \left( x \frac{1 - \left( \frac{Z-1}{Z} \right)^{n/x}}{1 - \frac{Z-1}{Z}} - 1 \right) \right] \right\} \quad \text{(VII, 23)}$$

ab. Gl. (VII, 23) würde den sehr häufig auftretenden Befund erklären, daß der $B^*$-Wert innerhalb einer polymerhomologen Reihe mit steigendem Polymerisationsgrad abnimmt. Nach (VII, 19) bis (VII, 22) würde dagegen $B^*$ unabhängig vom Polymerisationsgrad sein, was mit den meisten Versuchsergebnissen im Widerspruch steht. Da $\varDelta S_1$ und damit $B^*$ sehr stark von der Molekülform abhängen, kann man aus $B^*$ auf die Form der gelösten Moleküle schließen, vergl. dazu § 29 d bis f.

Bei der Nachprüfung der oben abgeleiteten Gleichungen ist allerdings zu berücksichtigen, daß sie streng nur für athermische Lösungen gelten. Die Lösungen, an welchen bisher ausführliche osmotische Messungen durchgeführt worden sind, haben aber zweifellos endliche, negative oder positive Verdünnungswärmen. Die bisherigen Prüfungen der statistischen Theorie haben diesen Sachverhalt fast durchgängig vernachlässigt, so daß ihr Ergebnis noch nicht als endgültig angesehen werden kann[2].

## § 59. Versuchsmethodik.

### a) Die halbdurchlässige Membran.

Als Membranmaterial wird vorwiegend Cellulose oder für wäßrige Lösungen Kollodium benutzt. Je nach dem zu verwendenden Osmometertyp werden flache oder säckchenförmige Membranen angewandt. Kollodiummembranen stellt man her, indem man Kollodiumlösung auf einer gut gereinigten, glatten, horizontal liegenden Fläche langsam eintrocknen läßt und vor der vollständigen Eintrocknung in destilliertes Wasser bringt, das man mehrfach wechselt. Nachdem der restliche Alkohol herausdiffundiert ist, läßt sich die Membran leicht von der Unterlage ablösen. Die Membran wird um so dichter, je länger man vor dem Einlegen in Wasser getrocknet hat. Kollodiummembranen sind besonders für Wasser, aber nach neueren Versuchen von H. Hellfritz[3] auch für eine Reihe von Kohlenwasserstoffen als Lösungsmittel geeignet. Genauere Angaben über die Herstellung finden sich bei Bjerrum und Manegold[4] sowie G. Schmid[4a].

Kollodiummembranen in Form eines Säckchens kann man nach Sörensen[5] herstellen, indem man auf ein in horizontaler Lage langsam


[1] Münster, A.: Makromol. Chem. **2**, 227 (1948).

[2] Vergl. Schulz, G. V., u. H. Doll: Z. f. Elektrochem. **56**, 248 (1952); A. Münster, ebenda S. 525; G. V. Schulz u. G. Meyerhoff, ebenda S. 545.

[3] Hellfritz, H., unveröffentlichte Versuche.

[4] Bjerrum u. Manegold: Kolloid-Z. **42**, 97 (1927); **43**, 5 (1927).

[4a] Schmid, G.: Z. Elektrochem. **39**, 384, 453 (1933).

[5] Sörensen, S. P. L.: Z. physiol. Chem. **106**, 1 (1918).

rotierendes, sorgfältig gereinigtes Reagensglas Kollodiumlösung in dünner Schicht aufträgt und fast vollständig eintrocknen läßt. Dieses wiederholt man drei- bis viermal und stellt das Glas, bevor die Lösung vollständig eingetrocknet ist, in destilliertes Wasser. Die Weiterverarbeitung geschieht wie bei flachen Membranen. Eine andere Vorschrift geben WEBER und PORTZEHL[1]. Man kann auf diese Weise nicht so gleichmäßige und definierte Membranen erhalten, wie wenn man die Lösung flach ausbreitet, jedoch spielt das bei den osmotischen Messungen solange keine Rolle, als die Membran die Bedingung erfüllt, durchlässig für das Lösungsmittel, dagegen undurchlässig für den gelösten Stoff zu sein.

Vielseitiger anwendbar sind Membranen aus reiner Cellulose, die man durch vorsichtiges Denitrieren von Kollodiummembranen (MONTONNA und JILK[2]) herstellen kann. Die Membranfiltergesellschaft stellt Cellulosemembranen auf dem Weg über die Celluloseacetate her und bringt sie unter dem Namen „Ultracellafilter" mit verschiedenen Durchlässigkeitsstufen in den Handel. MELVILLE, MASSON, MENZIES und CRAICKSHANK[3] verwenden Membranen aus Bakteriencellulose mit recht gutem Erfolg. Von verschiedenen Autoren werden ferner Cellophanmembranen empfohlen (S. R. CARTER und B. R. RECORD[4]).

Die Durchlässigkeitseigenschaften einer Membran für ein bestimmtes LM können zuweilen sehr verbessert werden, wenn sie mit einem anderen LM vorbehandelt wird. So sind Ultracellafilter für Benzol so schwer durchlässig, daß man sehr lange Einstellzeiten bekommt. Eine Vorbehandlung mit Dioxan setzt die Einstellzeit stark herab. CARTER und RECORD[5] erhielten Membranen abgestufter Durchlässigkeit, indem sie Cellophanmembranen mit verschieden konzentriertem Alkali behandelten.

Für osmotische Messungen bei höherer Temperatur (Polyäthylene bei 70°) verwendet K. ÜBERREITER Membranen aus Polyurethan von 0,025 mm Dicke[5].

Selbstverständlich sind osmotische Messungen nur brauchbar, wenn die verwendete Membran in zuverlässiger Weise streng halbdurchlässig ist. Die einfachste Kontrolle besteht darin, daß man die Konzentration der Lösung nach der Messung prüft; doch ist dieses Kriterium nur dann brauchbar, wenn man hierbei eine empfindliche Methode verwendet, da ein geringer Diffusionsverlust bereits sehr erhebliche Fehler der osmotischen Steighöhe bedingen kann.

Eine weitere wichtige Kontrolle besteht darin, daß man die Einstellung von tieferen und höheren Werten her vornimmt. Die Endeinstellung muß in beiden Fällen übereinstimmen, da sonst kein echtes Gleichgewicht vorliegt. Da die Gefahr der Diffusion grundsätzlich immer besteht, empfiehlt es sich ferner, die Versuche nicht zu rasch abzubrechen, sondern die Konstanz des Meniskus mindestens so lange zu beobachten,

---

[1] WEBER, H. H., u. H. PORTZEHL: Makromol. Chem. **3**, 132 (1949).
[2] MONTONNA u. JILK: J. Physic. Chem. **45**, 1374 (1941).
[3] MELVILLE, H. W., C. R. MASSON, R. T. MENZIES u. J. CRAICKSHANK: Nature (Lond.) **157**, 74 (1946).
[4] CARTER, S. R., u. B. R. RECORD: J. Chem. Soc. **1939**, 660.
[5] ÜBERREITER, K., u. H.-J. ORTHMANN: Makromol. Chem. **8**, 21 (1952).

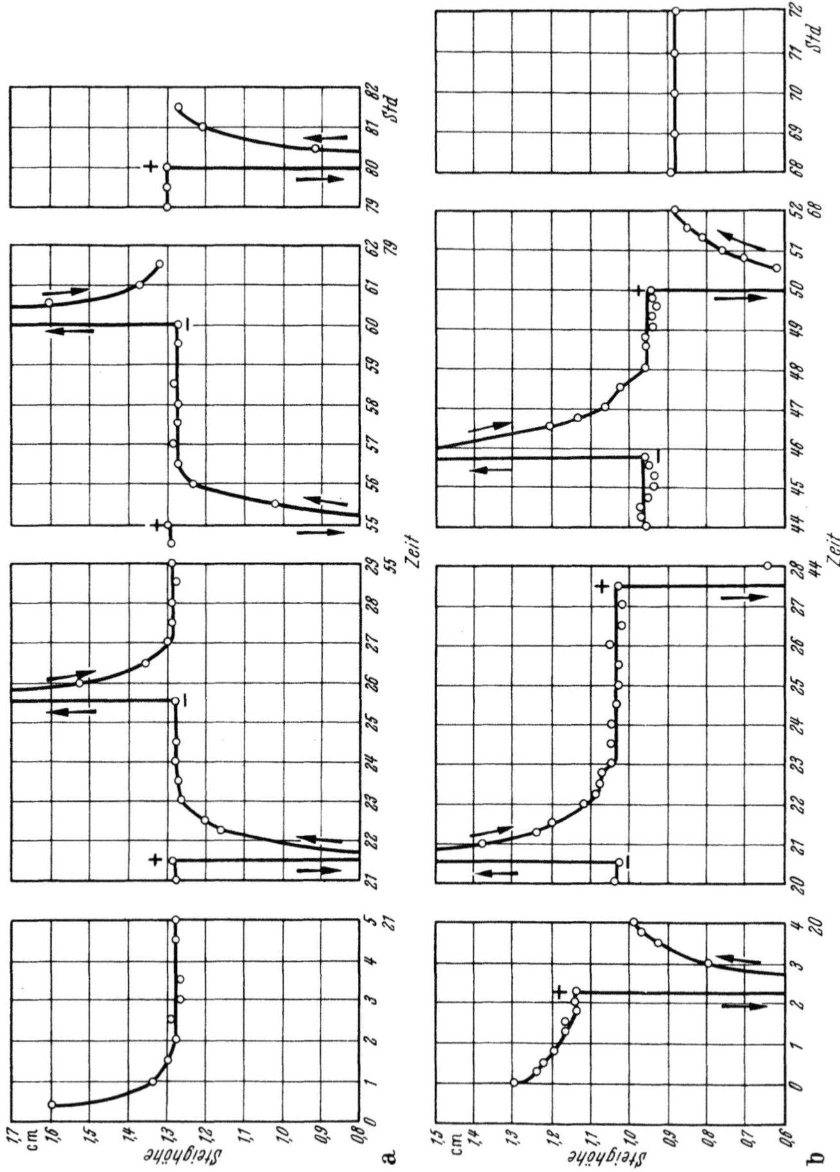

Abb. VII, 2. Osmotische Einstellkurven. a) Einwandfreie Membran  b) Fehlerhafte Membran.
[HELLFRITZ, H.: Unveröffentlichte Messungen.]

wie die Einstellung selbst gedauert hat.  In Abb. VII, 2 ist eine einwandfreie Messung einer fehlerhaften gegenübergestellt (Versuche von
Dr. HELLFRITZ in unserem Institut).  Abb. VII, 2A zeigt, wie bei einer
gut funktionierenden Membran die Steighöhe nach einer Störung immer

wieder auf denselben Wert zurückgeht. Abb. VII, 2B zeigt eine Reihe von Einstellungen, deren jede für sich gut aussieht. Die ganze Serie von Einstellungen zeigt jedoch einen abfallenden Gang, der deutlich eine Undichtigkeit der Membran oder des Osmometers anzeigt. Versucht man diesen Gang zur 0-ten Einstellung zurückzuextrapolieren, so erhält man übrigens einen Wert, der tiefer liegt als der bei der einwandfreien Messung erhaltene, ein Hinweis darauf, daß man Messungen, bei welchen auch nur eine schwache Diffusion des gelösten Stoffes durch die Membran aufgetreten ist, verwerfen sollte.

### b) Osmometer.

In der Literatur sind schon viele Formen von Osmometern beschrieben worden, so daß wir hier nur eine geringe Auswahl bewährter Typen beschreiben können[1].

In der Proteinchemie verwendet man gerne säckchenförmige Membranen aus Kollodium. Diese sind leicht aus Kollodiumlösung herstellbar und können in einfacher Weise mit Glasteilen verbunden werden. SÖRENSEN[2] benutzt z. B. Zellen, deren wichtigste Teile Abb. VII, 3 im Längsschnitt zeigt. Das Kollodiumsäckchen wird über den Teil A gezogen, den es fest umschließt. Dann zieht man darüber ein Stück gut passenden Gummischlauch 0 und über diesen wieder einen Glasring N, der den Schlauch und damit die Membran fest anpreßt. Am oberen Ende des Glasteils A befindet sich ein Mantelschliff P, in den eine mit Millimeterteilung versehene Capillare Q eingeschliffen ist. Diese osmotische Zelle wird nach der Füllung in einen Glaszylinder, der reines LM enthält, hineingehängt. Vielfach wird nach dem Vorgang von SÖRENSEN[2] bzw. Pufferlösung an das Steigrohr eine Gegendruckapparatur angeschlossen (Abb. VII, 3b), mit welcher die Zeit der Gleichgewichtseinstellung erheblich abgekürzt werden kann. Eine neuere derartige Anordnung beschreiben SCATCHARD, BATCHELDER und BROWN[3].

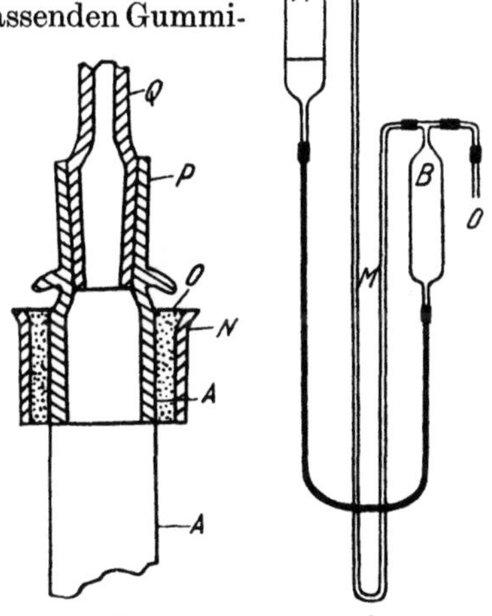

Abb. VII, 3.  Osmometer nach SÖRENSEN
[Z. physiol. Chem. **106** 1 (1918)]
a) Glasteil mit Kollodiumsäckchen.
b) Gegendruckapparatur.

Da zur Ausrechnung des osmotischen Druckes von der Gesamtsteighöhe die capillare Steighöhe abgezogen werden muß, ist besonders bei

---

[1] Eine ausführliche Zusammenstellung findet man in dem Artikel von R. H. WAGNER in WEISSBERGER: Physical Methods in Organic Chemistry Bd. I, S. 487 ff, 1949.

[2] SÖRENSEN, S. P. L.: Z. physiol. Chem. **106**, 1 (1918).

[3] SCATCHARD, G., A. C. BATCHELDER u. A. BROWN: J. Amer. Chem. Soc. **68**, 2320 (1946).

wäßrigen Lösungen eine gute Benetzung der Capillarenwand notwendig, die zuweilen etwas Schwierigkeiten macht. Diese können in die Messung sehr kleiner osmotischer Drucke erhebliche Ungenauigkeiten hinein-bringen. Eine interessante Anordnung zur Vermeidung dieses Fehlers beschreiben WEBER und PORTZEHL[1], bei welcher der Capillareffekt durch ein sehr weites Steigrohr reduziert wird. Die Anordnung ist aus Abb. VII, 4 zu ersehen. Mit ihr können osmotische Drucke von wenigen Millimeter Wassersäule recht genau gemessen werden.

Für Messungen mit organischen Lösungsmitteln verwendet man heute meist flache Cellulosemembranen, die in eine osmotische Zelle aus Metall oder auch Kunststoff[2] eingepreßt sind. Eine einfache Anordnung, die von G. V. SCHULZ[3, 4] beschrieben wurde, ist in Abb. VII, 5 dargestellt. Die Membran befindet sich auf einer etwa 4 mm dicken, rostartig durchbrochenen Platte. Um eine möglichst große wirksame Oberfläche zu erzielen, bringt man auf ihr zweckmäßig Schlitze von etwa 3 mm Breite an, die zwischen sich nur schmale Metallteile (etwa 1 mm) übriglassen. In die Platte sind 6 mit Schraubenwindung versehene Stifte genietet. Auf die Platte wird ein rundes Metallstück in Form einer Flasche ohne Boden durch 6 Schraubenmuttern aufgepreßt. Die Höhe des Innenraumes soll möglichst gering

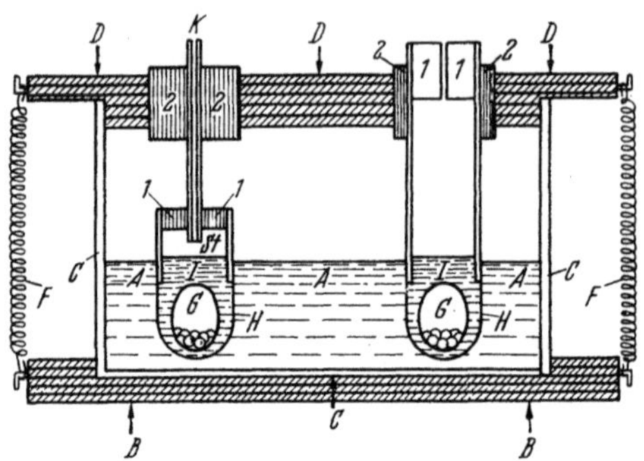

Abb. VII, 4. Osmometer nach PORTZEHL [WEBER, H. H., u. H. PORTZEHL: Makromol. Chem. **3**, 13 (1949)].

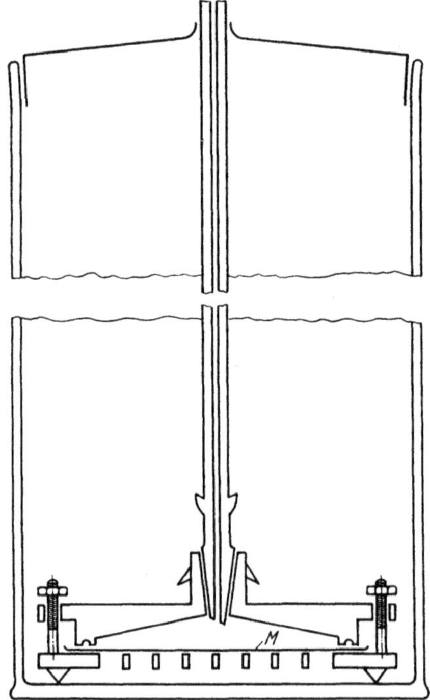

Abb. VII, 5. Osmometer nach G. V. SCHULZ [Z. physik. Chem. A **176**, 317 (1936)]. $M$ = Membran.


[1] WEBER, H. H., u. H. PORTZEHL: Makromol. Chem. **3**, 132 (1949).
[2] KERN, W.: Ber. dtsch. chem. Ges. **68**, 1439 (1935).
[3] SCHULZ, G. V.: Z. physik. Chem. A **176**, 317 (1936).
[4] Vgl. auch R. H. WAGNER: Ind. Engng. Chem. Anal. Ed. **16**, 520 (1944).

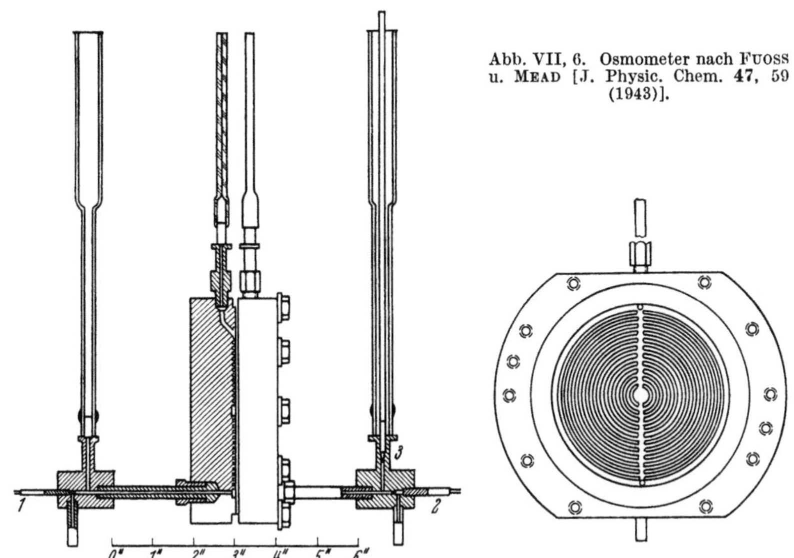

Abb. VII, 6. Osmometer nach Fuoss u. Mead [J. Physic. Chem. **47**, 59 (1943)].

(2—3 mm) sein, da dann der Konzentrationsausgleich und damit die Einstellung rascher vonstatten geht. Eine Dichtung ist nicht nötig, da die Membran selbst, die zwischen der Bodenplatte und dem flachen unterenRand des Oberteils eingepreßt ist, den Austritt der Lösung vollständig verhindert. In den Hals ist eine Capillare mit Millimeterteilung eingeschliffen.

Vielfach werden heute Osmometer eines Bautyps benutzt, die auf eine Konstruktion vonHerzog und Spurlin[1]

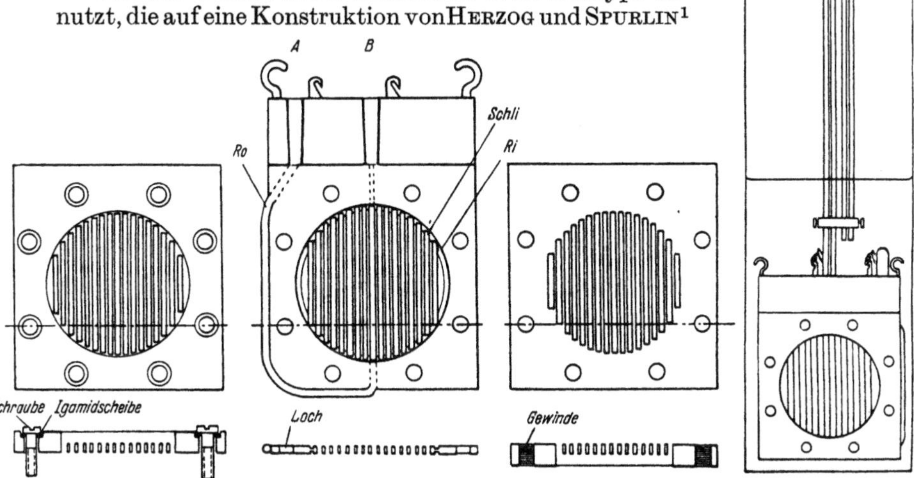


Abb. VII, 7. Osmometer nach H. Hellfritz [Makromol. Chem. **7**, 184 (1951)].

[1] Herzog, R. O., u. H. M. Spurlin: Z. physik. Chem., Bodenstein-Festband **1931**, 239.

zurückgeht. In ihnen sind zwei flache Räume durch eine senkrecht stehende Membran getrennt. Beide Räume sind mit je einem Steigrohr versehen und dienen zur Aufnahme der Lösung bzw. des Lösungsmittels. Dieses Gerät ist von FUOSS und MEAD[1] zu hoher Vollkommenheit entwickelt worden (Abb. VII, 6). Wichtig ist, daß die Membran dem

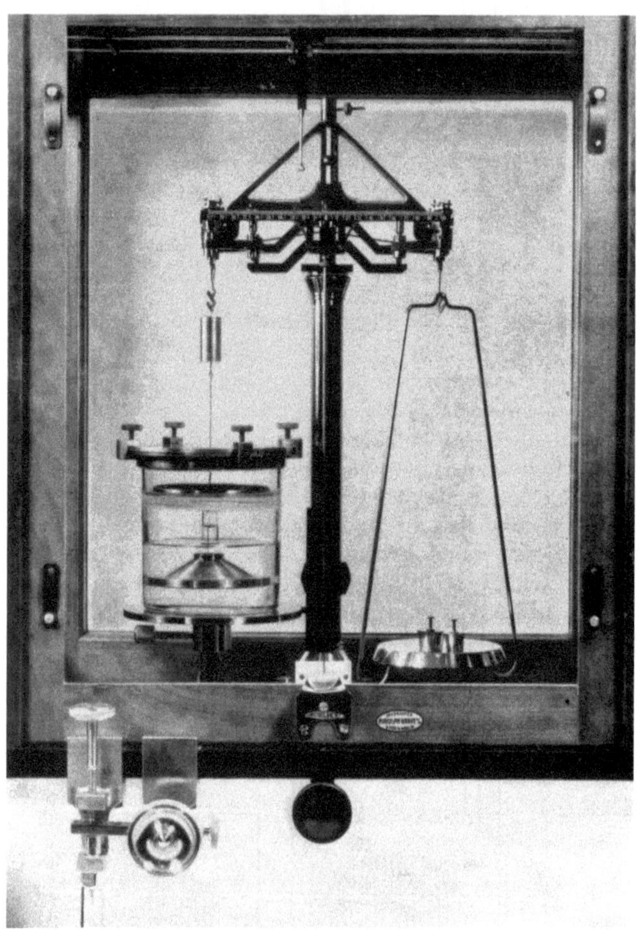

Abb. VII, 8. Osmotische Waage nach JULLANDER [Arch. Kemi **21 A**, Nr. 8 (1945)].

Druck nicht nachgeben kann (Balloneffekt). Das wird dadurch erreicht, daß die zur Flüssigkeitsaufnahme bestimmten Räume die Form eines Systems schmaler Rillen haben. J. HENGSTENBERG[2] hat einige wesentliche Verbesserungen an diesem Gerät angebracht. Die Temperaturregulierung geschieht dadurch, daß die Metallteile vom Thermostatenwasser durchspült werden.

---

[1] FUOSS, R. M., u. D. J. MEAD: J. Physic. Chem. **47**, 59 (1943).
[2] HENGSTENBERG, J.: BASF (Ludwigshafen).

Das Fuoss- und Meadsche Osmometer hat gegenüber dem von G. V. Schulz den Vorteil, daß es sich sehr viel rascher einstellt. Ein Nachteil ist demgegenüber die komplizierte Form und der Umstand, daß leicht Fehler durch Dichtungsschwierigkeiten bei den Ventilen auftreten. Die Vorteile beider Typen vereinigt eine Konstruktion von H. Hellfritz[1] (vgl. Abb. VII, 7). Die beiden äußeren Metallteile (A und B) pressen 2 Membranen (M) gegen den Mittelteil (P), der aus einem System von untereinander verbundenen Schlitzen besteht. Zwischen den beiden Membranen befindet sich die Lösung, die nach oben in ein Steigrohr Eintritt hat. Die Zelle wird in eine Küvette mit Lösungsmittel gestellt. Neben der Steigrohrcapillare befindet sich eine Vergleichscapillare, die in das LM eintaucht und so direkt die capillare Steighöhe abzulesen erlaubt[2]. Die Höhe der Glasküvette ist so bemessen, daß sie die Capillaren noch überragt, so daß das gesamte System in einen Wasserthermostaten gestellt werden kann. Die Temperaturregulierung wird dadurch einfacher und übersichtlicher als bei der Anordnung von Fuoss und Mead. Die Einstellzeit ist die gleiche (etwa 3—5 Std.).

Eine interessante Anordnung zur Messung sehr kleiner osmotischer Drucke ist die osmotische Waage von Jullander[3], die in Abb. VII, 8 dargestellt ist. Die osmotische Zelle, welche ähnlich gebaut ist wie bei G. V. Schulz, ist auf der einen Seite des Waagebalkens aufgehängt und genau austariert. Die Bewegungen im Steigrohr werden von der Waage angezeigt, die durch Anbringung einer optischen Vorrichtung sehr genau verfolgt werden können. Man kann hiermit sehr geringe osmotische Drucke noch exakt messen. Allerdings ist eine besonders hohe Temperaturkonstanz (innerhalb 0,01° für das ganze Gerät) erforderlich.

## § 60. Das Osmometergleichgewicht und seine Einstellung.

### a) Die Einstellgeschwindigkeit.

Die Geschwindigkeit, mit der sich das Osmometer einstellt, hängt von der Durchlässigkeit der Membran und den geometrischen Daten des Osmometers ab. Die Durchlässigkeit kann man etwa durch die Größe $\alpha$ messen, die folgendermaßen definiert ist

$$\alpha = \frac{dv/dt}{F\,\Delta P}\,. \tag{VII, 24}$$

Hierin ist $dv/dt$ die in der Zeiteinheit die Membran passierende Menge LM in Kubikzentimeter, $F$ die freie Fläche der Membran und $\Delta P$ der Überdruck. Trennt die Membran eine Lösung von reinem LM, so ist von $\Delta P$ noch der osmotische Druck abzuziehen und man erhält für die Durchtrittsgeschwindigkeit

$$\frac{dv}{dt} = \alpha \cdot F\,(\Delta P - \Pi)\,.$$

---

[1] Hellfritz, H.: Makromol. Chem. 7, 184 (1951).

[2] Es muß aber besonders bei kleinen osmotischen Drucken beachtet werden, daß die Lösung eine gegenüber dem reinen LM etwas veränderte capillare Steighöhe haben kann.

[3] Jullander: Ark. Kemi 21 A, Nr. 8 (1945); einige Verbesserungen finden sich bei Enokson.

Die Bewegung des Meniscus $dh/dt$ in der Capillare ergibt sich durch Division mit dem Capillarenquerschnitt $\pi r^2$

$$\frac{dh}{dt} = \frac{\alpha F (\Delta P - \Pi)}{\pi r^2} \, . \qquad \text{(VII, 25)}$$

Wegen der Proportionalität der Meniscushöhe mit dem Druck geht die Einstellung nach (VII, 25) gemäß einer $e$-Funktion vor sich (analog einer Reaktion 1. Ordnung).

Versuche in unserem Institut zeigten jedoch, daß sich diese Erwartung nicht erfüllt. Erstens ist die $e$-Funktion im allgemeinen nur sehr schlecht erfüllt, zweitens ist der $\alpha$-Wert verschieden, je nachdem, ob er mit reinem LM oder mit einer Lösung bestimmt wird, und drittens ist die Einstellgeschwindigkeit um mehr als eine Größenordnung verschieden, je nachdem, ob ein Osmometer mit horizontaler oder senkrechter Membran benutzt wird. Das liegt daran, daß durch den Ein- oder Austritt des LM die Konzentrationsverteilung im Osmometer gestört wird, und daß erst dann Gleichgewicht herrscht, wenn sich die Konzentration durch Diffusion oder Konvektion ausgeglichen hat.

In einem Osmometer mit horizontaler Membran wird im allgemeinen der Ausgleich der Konzentration durch Diffusion eintreten; daher wird dieser Vorgang geschwindigkeitsbestimmend. Offenbar wird die Einstellzeit um so kürzer sein, je kleiner der Durchmesser $\delta$ der osmotischen Zelle senkrecht zur Membran ist. Eine genaue Berechnung dieses Effektes ist ziemlich umständlich[1], jedoch kann eine Abschätzung auf folgendem Wege vorgenommen werden. Zwischen dem mittleren Verschiebungsquadrat $\overline{\xi^2}$ und der Diffusionskonstante $D$ der gelösten Substanz gilt die Beziehung

$$\overline{\xi^2} = 2\,D\,t\,.$$

Nehmen wir an, daß die Halbwertszeit der Einstellung $t_{1/2}$ dem halben Zellendurchmesser $\delta/2$ entspricht, so erhalten wir daraus

$$t_{1/2} = \frac{\delta^2}{8\,D}\,,$$

und die gesamte Einstellzeit $\tau$ dürfte ungefähr der Gleichung

$$\tau \approx \delta^2/D \qquad \text{(VII, 26)}$$

gehorchen. Daraus ergeben sich folgende Einstellzeiten in Abhängigkeit vom Zellendurchmesser und der Diffusionskonstanten:

Tabelle VII, 1. *Einstellzeiten bei Osmometern mit horizontaler Membran bei hoher LM-Durchlässigkeit der Membran.*

| $D \cdot 10^{-7}$ | $\delta = 1,0$ cm | $\delta = 0,2$ cm | $M$ (Poly-methacrylat) |
| --- | --- | --- | --- |
| 1,0 | 100 Tage | 4 Tage | 7 000 000 |
| 3,0 | 33 ,, | 1,3 ,, | 800 000 |
| 10,0 | 11 ,, | 10 Std. | 120 000 |
| 30,0 | 3,3 ,, | 3,3 ,, | 15 000 |

---

[1] Ansätze dazu bei R. Fürth in Auerbach-Hort, Handbuch der physikalischen und technischen Mechanik, Band VII (Leipzig 1928).

Bei schlechter Durchlässigkeit der Membran werden die Zeiten erhöht; andererseits werden sie herabgesetzt, wenn auch nur kleine Konvektionsstörungen in der Zelle (etwa infolge kleiner Temperaturschwankungen der Thermostaten) eintreten. Letzteres wird besonders dann vorkommen, wenn das Molekulargewicht des gelösten Stoffes klein und daher die Viscosität der Lösung niedrig ist. Qualitativ werden diese Überlegungen durch Versuche in unserem Institut bestätigt[1].

Bei Osmometern mit senkrechter Membran spielt die Diffusion keine entscheidende Rolle. Der durch Ein- oder Austritt von LM bedingte Konzentrationsgradient bedingt hier einen Dichtegradienten, der horizontal liegt und daher zu Konvektionsströmungen führt, die den Osmometerinhalt fortlaufend durchmischen. Die Einstellgeschwindigkeit wird daher überwiegend von der Durchlässigkeit der Membran bestimmt und kann mit einiger Annäherung nach Gl. (VII, 25) berechnet werden[1].

### b) Das Osmometergleichgewicht und die Berechnung des osmotischen Druckes.

Den osmotischen Druck berechnet man im allgemeinen aus der Differenz der Menisken im Steigrohr und einer in die Lösung eintauchenden Vergleichscapillare. Man erhält, wenn man $h$ (vgl. Abb. VII, 9) in Zentimeter mißt, den osmotischen Druck nach der Gleichung

$$\Pi = h\varrho_L \text{ in g/cm}^2$$
$$\text{(VII, 27a)}$$

bzw.

$$\Pi = \frac{h \cdot \varrho_L}{1{,}033} \cdot 10^{-3} \text{ Atm. ,}$$
$$\text{(VII, 27b)}$$

wobei $\varrho_L$ die Dichte der Lösung ist. Hierbei ist noch zu berücksichtigen, daß die capillare Steighöhe in der Lösung um einen allerdings i. a. sehr geringen Betrag niedriger ist als im LM.

Bei dieser Rechnungsweise macht man noch eine Vernachlässigung, die, wie LANG[2] kürzlich zeigte, bei

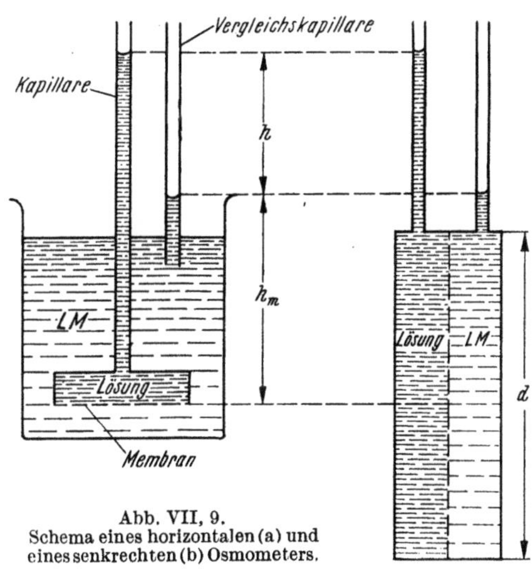


Abb. VII, 9.
Schema eines horizontalen (a) und eines senkrechten (b) Osmometers.

Messungen an sehr hochmolekularen Stoffen zu erheblichen Fehlern führen kann. Längs der Strecke $h_m$ tritt eine zusätzliche hydrostatische Druckdifferenz auf, die von dem Dichteunterschied zwischen Lösung und LM herrührt. Die vollständige Formel lautet daher

$$\Pi = h\varrho_L + h_m(\varrho_L - \varrho_{LM}) \quad [\text{g/cm}^2] \text{ .}$$

---

[1] Unveröffentlichte Messungen von Dr. HELLFRITZ und Dr. DOLL (Mainz).
[2] LANG, H.: Kolloid-Z. 122, 165 (1951); 128, 7 (1952); Z. f. Naturforsch. 7a, 299 (1952).

Bezeichnen wir den Dichteunterschied der Lösung mit der Konzentration $c_g = 1$ mit $\Delta_1 \varrho$, so können wir annehmen, daß $\varrho_L - \varrho_{LM} = c_g \Delta_1 \varrho$ ist. Somit erhalten wir statt (VII, 27)

$$\Pi = h \varrho_L + h_m c_g \Delta_1 \varrho \quad [\text{g/cm}^2]\,. \tag{VII, 28}$$

Bilden wir den Grenzwert des reduzierten osmotischen Druckes nach (VII, 3), so erhalten wir

$$\frac{\mathrm{R}T}{M} = \lim_{c \to 0} \frac{h \varrho_L}{c} + h_m \Delta_1 \varrho \quad [\text{g/cm}^2]\,. \tag{VII, 29}$$

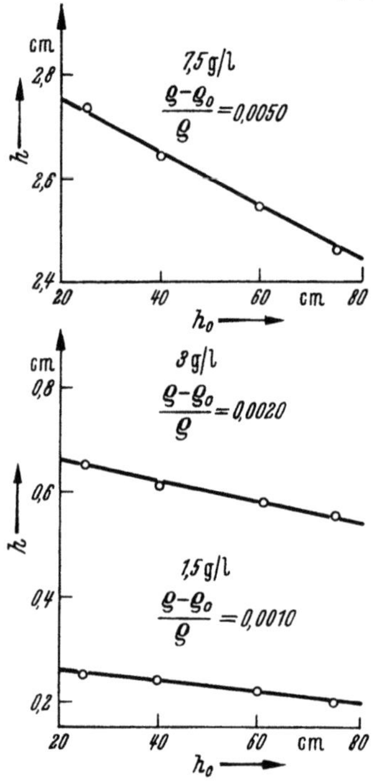


Abb. VII, 10. Osmotische Steighöhe in Abhängigkeit von der Höhe $h_m$ (vgl. Abb. VII, 9) nach H. Lang Kolloid-Z. **122**, 165 (1951)].

Man sieht, daß der durch den Dichteunterschied bedingte Term auch bei der Grenzwertbildung nicht verschwindet. Er muß immer berücksichtigt werden, wenn er nicht mehr klein gegen den 1. Term in (VII, 29) ist. Abb. VII, 10 zeigt nach Messungen von Lang[1] den Fehler, der durch Vernachlässigung dieses Effektes entsteht.

Bei senkrechten Membranen tritt nun die Schwierigkeit auf, daß von vornherein nicht ganz klar ist, von welcher Höhe ab die Strecke $h_m$ zu rechnen ist. Wie nachfolgend gezeigt wird, begeht man im allgemeinen keinen wesentlichen Fehler, wenn man $h_m$ von der Mitte der Membran ab rechnet. Eine genauere Überlegung zeigt, daß in einer senkrechten Zelle (gemäß Abb. VII, 9 B) eine Konzentrationsverschiebung eintritt derart, daß sich ein Sedimentationsgleichgewicht einstellt. Wegen der verschiedenen Dichten der Flüssigkeiten rechts und links der Membran stellt sich ein Gradient des hydrostatischen Druckes in senkrechter Richtung ein, der durch einen Gradienten des osmotischen Druckes kompensiert werden muß. Dieser führt zu einem Konzentrationsgradienten.

Man kann das in einfacher Weise folgendermaßen quantitativ erfassen. Wir betrachten das chemische Potential des LM an den beiden Seiten der senkrecht stehenden Membran, welche die Lösung von reinem LM trennt. Auf der Seite des reinen LM hängt dessen chemisches Potential $\mu_1$ von der Höhe ab. Für eine kleine Höhendifferenz $dh$ gilt

$$d\mu_1 = \frac{\partial \mu_1}{\partial h}\, dh = \frac{\partial \mu_1}{\partial P} \cdot \frac{\partial P}{\partial h}\, dh\,,$$

wo $P$ der hydrostatische Druck ist. Da nun

$$\frac{\partial \mu_1}{\partial P} = V_1 \quad \text{und} \quad \frac{\partial P}{\partial h} = \varrho_1 \cdot g$$

ist ($V_1$ bzw. $\varrho_1$ Molvolumen bzw. Dichte des LM, $g =$ Schwerebeschleunigung), ist

$$d\,\mu_1 = V_1 \cdot \varrho_1\, dh\,. \qquad \text{(VII, 30a)}$$

Auf der Seite der Lösung hängt das chemische Potential $\mu_1$ des LM außer von der Höhe noch vom Molenbruch $x_2$ ab. Wir erhalten also

$$d\,\mu_1' = \frac{\partial\,\mu_1}{\partial\,h}\,dh + \frac{\partial\,\mu_1'}{\partial\,x_2}\,dx_2\,.$$

Hieraus ergibt sich analog dem oben Gesagten und unter Berücksichtigung, daß in einer idealen Lösung

$$\frac{\partial\,\mu_1'}{\partial\,x_2} = \mathrm{R}T \qquad \text{(VII, 30b)}$$

ist,

$$d\,\mu_1' = \overline{V}_1\,\varrho_L\,g \cdot dh + \mathrm{R}T\,dx_2\,.$$

Im Gleichgewicht hat das *LM* auf beiden Seiten der Membran den gleichen Wert des chemischen Potentials; es folgt also aus (VII, 30a) und (VII, 30b)

$$g\,V_1\varrho_1\,dh - g\,\overline{V}_1\,\varrho_L\,dh = \mathrm{R}T\,dx_2$$

bzw.

$$dx_2 = \frac{g\,(V_1\varrho_1 - \overline{V}_1\varrho_L)}{\mathrm{R}T}\,dh\,. \qquad \text{(VII, 31)}$$

Wir nehmen ferner an, daß $V_1 = \overline{V}_1$ und daß es sich um Lösungen geringer Konzentration handelt. In letzterem kann man setzen

$$\varrho_1 - \varrho_L = c\,(1 - \overline{V}_2\,\varrho_L)\,,$$

wobei die Konzentration $c_g$ in g/cm³ zu rechnen ist. Wir erhalten dann

$$d\,x_2 = \frac{g\,V_1}{\mathrm{R}T}\,(1 - \overline{V}_2\,\varrho_L)\,c_g dh\,.$$

Da ferner in verdünnten Lösungen

$$x_2 = \frac{n_2\,V_1}{n_1\,V_1} = \frac{c_g\,V_1}{M_2}$$

ist, erhalten wir schließlich

$$d\ln c_g = -\,\frac{g\,M_2}{\mathrm{R}T}\,(1 - \overline{V}_2\,\varrho_L)\,dh$$

bzw. wenn $c_1$ bzw. $c_2$ die Konzentrationen in den Höhen $h_1$ bzw. $h_2$ sind,

$$\frac{c_{2g}}{c_{1g}} = e^{-\,\frac{\varrho\,M_2}{\mathrm{R}T}\,(1 - \overline{V}_2\varrho_L)\,(h_2 - h_1)}\,. \qquad \text{(VII, 32)}$$

Man kann aus den in § 60a beschriebenen Gründen annehmen, daß sich das durch Gl. (VII, 32) bestimmte Sedimentationsgleichgewicht längs der Membran verhältnismäßig rasch einstellt, während innerhalb der Capillare in meßbaren Zeiten keine Konzentrationsverschiebungen auftreten. Legt man für die Gesamthöhe der Membran ($d$ in Abb. VII, 9) $h_2 - h_1$ eine Abmessung von 10 cm zugrunde, so erhält man für das Verhältnis der Konzentrationen am oberen und unteren Ende der Zelle die in Tab. VII, 2 angegebenen Zahlen.

Tabelle VII, 2.

*Konzentrationsverhältnis $c_1/c_2$ am oberen und unteren Ende einer 10 cm hohen Zelle.*

| $\dfrac{M =}{1-\overline{V}_2\varrho_L}$ | $10^5$ | $10^6$ | $10^7$ |
|---|---|---|---|
| 0,1 | 1,004 | 1,04 | 1,48 |
| 0,2 | 1,008 | 1,08 | 2,20 |
| 0,3 | 1,012 | 1,13 | 3,26 |
| 0,4 | 1,016 | 1,17 | 4,82 |
| 0,5 | 1,020 | 1,22 | 7,16 |

Der Effekt ist, wie man sieht, besonders bei höheren Molekulargewichten recht beträchtlich. Es ergibt sich daraus die Aufgabe, den Fußpunkt der Höhe $h_m$ in Abb. VII, 9 zu bestimmen.

Dieser ist offenbar an der Stelle, wo im Sedimentationsgleichgewicht die ursprüngliche Konzentration erhalten bleibt. Das ist bei kleinen Konzentrationsverschiebungen mit ausreichender Näherung die Mitte der Membran. Bei größeren Konzentrationsverschiebungen wird dieser Punkt jedoch etwas nach unten hin verlagert. Er liege (vgl. Abb. VII, 9B) um den Betrag $h_g$ über dem Zellenboden, während die Höhe der Membran $d$ sei. Dann zeigt eine einfache Rechnung, auf deren Wiedergabe wir hier verzichten, daß

$$h\varrho = \frac{1}{\beta}\ln\frac{\beta d}{1 - e^{-\beta d}} \qquad\qquad \text{(VII, 34)}$$

ist, wobei

$$\beta = \frac{g M_2}{RT}(1 - \overline{V}_2\varrho_L). \qquad\qquad \text{(VII, 35)}$$

Entwickeln wir die logarithmische $e$-Reihe bis zum zweiten Glied, so erhalten wir

$$h_g = \frac{1}{\beta}\ln\frac{1}{1 - \frac{1}{2}\beta d \cdots},$$

welches für kleine Werte von $\beta d$

$$h_g = d/2 \qquad\qquad \text{(VII, 36)}$$

ergibt, also die halbe Zellenhöhe. Für größere Werte von $\beta$, wie sie besonders bei hohen Molekulargewichten und größeren Dichteunterschieden zwischen gelöstem Stoff und LM auftreten, wird die Verschiebung dieses Punktes merklich, so daß sie bei der Bestimmung sehr hoher Molekulargewichte unter Umständen berücksichtigt werden muß.

Bei obigen Berechnungen wurde angenommen, daß die Lösung dem Idealgesetz gehorcht. Berücksichtigt man die Virialkoeffizienten, so wird die Rechnung sehr umständlich. Es ist dann evtl. vorteilhafter, Osmometer mit horizontaler Membran zu benutzen und die längeren Einstellzeiten in Kauf zu nehmen.

### c) Berechnung von $\Delta H_1$, und $\Delta S_1$, aus osmotischen Daten.

Unter Verwendung der Gl. (VII, 5) bis (VII, 7) kann man aus Messungen des osmotischen Drucks bei zwei Temperaturen die differentiale Verdünnungswärme bzw. Verdünnungsentropie berechnen. Wir erhalten, indem wir die Differentiale durch Differenzen ersetzen,

$$\Delta H_1 = \left[ \frac{\overline{V}_1'' \, \Pi''/T'' - \overline{V}_1' \, \Pi'/T'}{1/T'' - 1/T'} \right]_{x_2 \,=\, \text{const}} \qquad (VII, 37)$$

und

$$\Delta S_1 = \left[ \frac{\overline{V}_1'' \, \Pi'' - \overline{V}_1' \, \Pi'}{T'' - T'} \right]_{x_2 \,=\, \text{const}} \qquad (VII, 38)$$

Hierbei gehören die einfach gestrichenen Größen zur niederen, die doppelt gestrichenen zur höheren Temperatur.

Die Gültigkeit dieser Gleichungen ist daran gebunden, daß die Konzentration bei beiden Temperaturen übereinstimmt. Das ist bei Osmometern vom FUOSS-Typ weitgehend der Fall, jedoch nicht bei Osmometern nach G. V. SCHULZ oder HELLFRITZ. Daher muß bei letzteren noch eine Korrektur angebracht werden. Diese ergibt sich aus folgender Überlegung[1]. Beim Übergang zur höheren Temperatur dehnt sich die Lösung aus und steigt zunächst in der Capillare um ein entsprechendes Stück hoch. Der hierbei entstehende hodrystatische Überdruck treibt dann durch die Membran das LM aus der Lösung aus, bis wieder Gleichgewicht mit dem osmotischen Druck herrscht. Hierdurch tritt eine Erhöhung des Molenbruches ein. Bei Temperaturerniedrigung erhält man den entgegengesetzten Effekt. Vernachlässigt man diesen „Austrittseffekt", so erscheint der durch die Temperaturerhöhung bedingte Druckanstieg zu hoch und man erhält einen Fehler, der bis zu 50 % in $\Delta H_1$ betragen kann. Wir müssen daher, wenn die eingewogene Konzentration für $T'$ gilt, den bei $T''$ gemessenen osmotischen Druck korrigieren, was in folgender Weise zu geschehen hat.

Bezeichnen wir den korrigierten osmotischen Druck mit $\Pi''_{korr}$, so erhalten wir an Stelle von (VII, 37) und (VII, 38)

$$\Delta H_1 = \frac{\overline{V}_1' \, \Pi'/T' - \overline{V}_1'' \, \Pi''_{korr}/T''}{1/T' - 1/T''} \qquad (VII, 37a)$$

$$\Delta S_1 = \frac{\overline{V}_1' \, \Pi' - \overline{V}_1'' \, \Pi''_{korr}}{T'' - T'} \, . \qquad (VII, 38a)$$

Offenbar ist

$$\Pi''_{korr} = \Pi'' - \frac{d\,\Pi''}{d\,x_2} \, \Delta x_2 \, . \qquad (VII, 39)$$

Die Lösung dehnt sich um das Volumen $\Delta V$ aus. Somit ist

$$\frac{\Delta x_2}{x_2} = \frac{\Delta V}{V} = \alpha \, (T'' - T') = \alpha \, \Delta T \, ,$$

wobei wir in mäßig konzentrierten Lösungen den Ausdehnungskoeffizienten $\alpha$ des reinen LM verwenden können. Berücksichtigen wir noch die Ausdehnung der osmotischen Zelle, so haben wir statt $\alpha$ die Differenz $\alpha'$ der kubischen Ausdehnungskoeffizienten des LM und des Osmometermaterials zu setzen und erhalten

$$\Delta x_2 = x_2 \, \alpha' \, \Delta T \, .$$

---

[1] SCHULZ, G. V.: Z. physik. Chem. B **40**, 319 (1938); SCHULZ, G. V., und H. DOLL: Z. f. Elektrochem. **56**, 248 (1952).

In (VII, 39) eingesetzt, ergibt sich

$$\Pi''_{korr} = \Pi'' \left( 1 - \alpha' \, \Delta \, T \, \frac{d \, \Pi'' / \Pi''}{d \, x_2 / x_2} \right) .$$

Bei kleinen Konzentrationen ist

$$d \, x_2 / x_2 = d \, c / c .$$

Ferner ist

$$\overline{V''_1} = \overline{V'_1} \, (1 + \alpha \, \Delta \, T) .$$

Wir erhalten somit

$$\Delta \, H_1 = \frac{\overline{V'_1} \, (\Pi'/T' - k \, \Pi''/T'')}{1/T' - 1/T''}$$

bzw. nach einer einfachen Umformung

$$\Delta \, H_1 = \frac{1}{T'' - T'} \, (k \, \Pi'' \, T' - \Pi' \, T'') . \tag{VII, 40}$$

Für die Verdünnungsentropie erhält man

$$\Delta \, S_1 = \frac{\overline{V'_1} \, (\Pi' - k \, \Pi'')}{T' - T''} , \tag{VII, 41}$$

wobei

$$k = (1 + \alpha \, \Delta \, T) \left( 1 - \alpha' \, \Delta \, T \, \frac{d \ln \Pi}{d \ln c} \right) . \tag{VII, 42}$$

Bei Molekulargewichten von etwa 100000 ist beispielsweise für Nitrocellulose in Aceton $k = 0{,}979$ und für Polystyrol in Toluol $k = 0{,}987$.

## § 61. Bestimmung des Molekulargewichtes durch Messung des osmotischen Druckes.

### a) Unmittelbare Auswertung und graphische Extrapolation.

Wie schon in § 58 erwähnt wurde, kann man sich bei Lösungen makromolekularer Stoffe nicht auf die Gültigkeit der VAN T' HOFFschen Gleichung verlassen; es ist daher grundsätzlich unzulässig, aus einer osmotischen Messung bei einer einzigen Konzentration nach Gl. (VII, 1) Molekulargewichte auszurechnen.

Man hat vielmehr die osmotischen Drucke, die zu einer Reihe von Konzentrationen gehören, zu bestimmen und dann die $\Pi/c_g$-Werte nach der Konzentration 0 zurückzuextrapolieren. Die Größe $\Pi/c_g$ wird nach einem Vorschlag von KRATKY als *reduzierter osmotischer* Druck bezeichnet.

Tabelle VII, 3. *Osmotischer Druck von Serumalbumin in isoelektrischer Pufferlösung*[1]

| $c_g$ [g/l LM] | $\Pi$ [cm $H_2O$] | $\Pi/c_g$ |
|---|---|---|
| 7,8 | 2,39 | 0,306 |
| 12,5 | 4,01 | 0,320 |
| 27,9 | 8,53 | 0,306 |
| 28,2 | 8,68 | 0,308 |
| 33,8 | 10,80 | 0,319 |
| 34,9 | 10,91 | 0,313 |
| 41,8 | 13,1 | 0,311 |
| 89,8 | 27,84 | 0,310 |
| 124,5 | 37,69 | 0,302 |

Allerdings gibt es makromolekulare Stoffe, bei welchen $\Pi/c_g$ in größeren Bereichen unabhängig von der Konzentration ist, doch ist dieser Fall verhältnismäßig selten. Tab. VII, 3 zeigt eine solche Meßreihe an Serumalbumin, die bis zu recht hohen Konzentrationen Proportionalität

---

[1] BURK, N. F.: J. of Biol. Chem. **98**, 353 (1932).

zwischen $\Pi$ und $c_g$ aufweist. In einem solchen Fall ist die Auswertung des Molekulargewichtes nach Gl. (VII, 1) durchführbar. Die in der folgenden Tab. VII, 4 angeführten Messungen an Excelsin in zwei verschiedenen Lösungsmitteln zeigen bereits einen schwachen Gang der $\Pi/c$-Werte mit der Konzentration. Hier ist daher das Molekulargewicht aus dem extrapolierten $\Pi/c_g$-Wert nach der Gleichung

$$M = \frac{RT}{\lim\limits_{c_g \to 0} \Pi/c_g} \qquad \text{(VII, 44)}$$

auszurechnen. Auf die beim Excelsin auftretende Abhängigkeit des Molekulargewichts von LM kommen wir weiter unten zurück.

Annähernde Proportionalität des osmotischen Druckes mit der Konzentration kommt vorwiegend bei Stoffen mit kugelförmigen Molekülen (Sphärokolloiden) vor, wie bei einigen Proteinen und z. B. auch beim Glykogen und seinen Derivaten (vgl. Tabelle VII, 5).

Stoffe mit Fadenmolekülen zeigen nur in sehr schlechten Lösungsmitteln annähernde Gültigkeit des VAN T'HOFFschen Gesetzes. Im allgemeinen steigt der reduzierte osmotische Druck mit der Konzentration an. Besonders leicht ist die Extrapolation dann, wenn die $\Pi/c_g - (c_g)$-Kurven linear sind (wenn man also den 3. Virialkoeffizienten vernachlässigen kann). Zwei Beispiele zeigen dies (Abb. VII, 11 und VII, 12) für Polyvinylpyrrolidone in Wasser (HENGSTENBERG[3]) und Stärkenitrate in Aceton (STAUDINGER und HUSEMANN[4]).

Tabelle VII, 4.
*Osmotischer Druck von Excelsin* (BURK[1]).

| $c_g$ [g/100 cm³ LM] | $\Pi$ [cm H₂O] | $\Pi/c_g$ |
|---|---|---|
| 50 Vol.-% Glycerin + 0,2 m Phosphatpuffer (25° C) | | |
| 1,97 | 2,24 | 1,14 $\lim \Pi/c = 1{,}20$ |
| 3,49 | 3,69 | 1,06 $M = 214\,000$ |
| 6,43 | 6,42 | 1,00 |
| 0,05 m Acetatpuffer + 6,66 m Harnstoff, pH = 6,3 (0° C) | | |
| 1,02 | 6,99 | 6,85 |
| 1,04 | 6,81 | 6,56 |
| 1,16 | 7,71 | 6,65 $\lim \Pi/c = 6{,}5$ |
| 1,42 | 9,55 | 6,72 $M = 35\,700$ |
| 2,73 | 18,90 | 6,70 |
| 3,15 | 22,01 | 7,00 |
| 3,87 | 27,40 | 7,10 |

Tabelle VII, 5.
*Osmotischer Druck von zwei Glykogenen in Formamid*
(STAUDINGER *und* HUSEMANN[2]).

| $c_g$ [g/l Lösung] | $\Pi \cdot 10^3$ [Atm.] | $\dfrac{\Pi}{c_g} \cdot 10^3$; $M$ | |
|---|---|---|---|
| 2,5 | 0,93 | 0,37 | |
| 5 | 1,85 | 0,37 | |
| 10 | 3,80 | 0,38 | 66 000 |
| 20 | 7,60 | 0,38 | |
| 30 | 11,1 | 0,37 | |
| 5 | 0,44 | 0,088 | |
| 10 | 0,85 | 0,085 | |
| 20 | 1,80 | 0,090 | 280 000 |
| 30 | 2,70 | 0,090 | |

---

[1] BURK, N. F.: J. of Biol. Chem. 120, 63 (1937).
[2] STAUDINGER, H., u. E. HUSEMANN: Liebigs Ann. 530, 1 (1937).
[3] HENGSTENBERG, J.: Makromol. Chem. 7, 572 (1951).
[4] STAUDINGER, H., u. E. HUSEMANN: Liebigs Ann. 572, 195 (1937)

Im ersten Fall sind die Kurven nur schwach geneigt und bei den verschiedenen Vertretern der polymeren Reihe annähernd parallel, im zweiten Fall werden die Kurven mit höherem Molekulargewicht flacher[1]; dort nimmt also der 2. Virialkoeffizient mit steigendem Molekulargewicht ab. Es sei darauf hingewiesen, daß der letztere Fall bei weitem häufiger als der erstere ist. Es muß daher vor dem Fehler gewarnt werden, aus

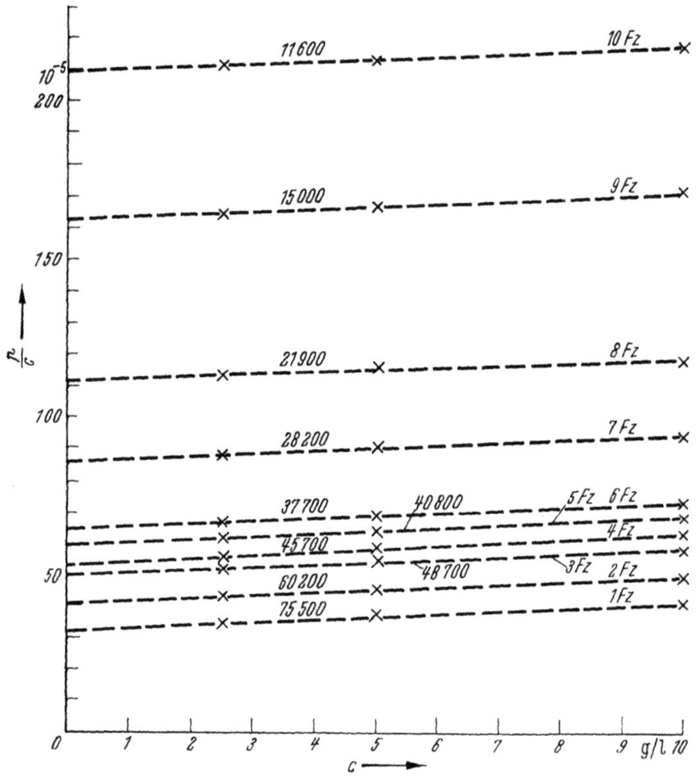


Abb. VII, 11. Osmotische Drucke für Polypyrrolidone in Wasser. [HENGSTENBERG, J.: Makromol. Chem. 7, 572 (1951).]

einem Meßpunkt mit Hilfe eines $B^{*}$-Wertes zu extrapolieren, der an niederen Polymeren der gleichen Reihe ermittelt wurde. Man kann hierbei Molekulargewichte erhalten, die um mehr als 100% falsch (im allgemeinen zu hoch) sind.

Die nächsten Abbildungen zeigen Kurven, die einen Begriff von der Mannigfaltigkeit der osmotischen Erscheinungen geben. Polyisobutylen in Cyclohexan ergibt aufwärts gekrümmte $\Pi/c_g$ $(c_g)$-Kurven; hier hat der 2. und der 3. Virialkoeffizient also positives Vorzeichen (Abb. 13). Dieselben Präparate in Benzollösung gehen annähernd nach dem VAN

---

[1] Vgl. auch G. V. SCHULZ: Z. physik. Chem. A **176**, 317 (1936); H. STAUDINGER u. G. V. SCHULZ: Ber. dtsch. chem. Ges. **68**. 2336 (1936).

t'HOFFschen Gesetz (FLORY[1]). Wir werden später sehen, daß derartige Lösungen trotzdem nicht als ideal anzusprechen sind. — Die von STAUDINGER und HUSEMANN[2] an Stärketriacetat in Chloroform erhaltenen Kurven (Abb. 14) sind konkav zur $c$-Achse, der 2. und der 3. Virialkoeffizient haben also entgegengesetztes Vorzeichen. Außerdem hängen Größe und Vorzeichen der Virialkoeffizienten deutlich vom Molekulargewicht ab. — In Abbildung VII, 15 sind Messungen von verschiedenen Autoren (G. V. SCHULZ[3], A. DOBRY[4]) an Nitrocellulosen von JULLANDER[5] zu-

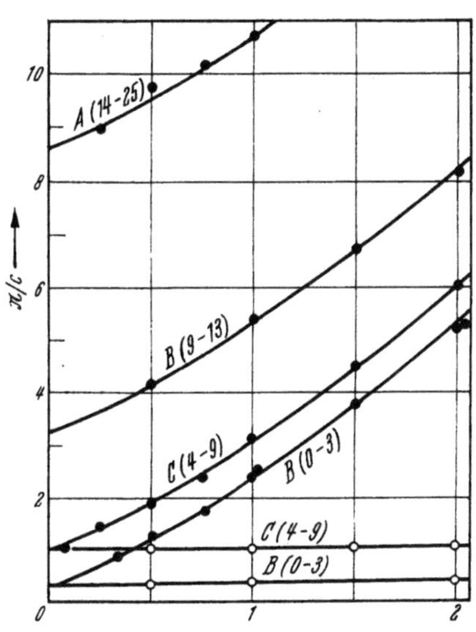


Abb. VII, 13.
Osmotische Drucke von Polyisobutylenen
in Cyclohexan (●) und Benzol (○).

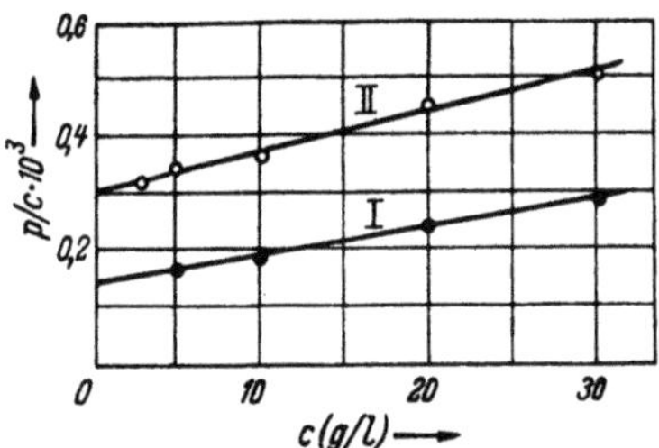


Abb. VII, 12. Osmotische Drucke für zwei Nitrostärken in Aceton. Molekulargewichte 82 000 und 165 000. [STAUDINGER, H., u. E. HUSEMANN: Liebigs Ann. **572**, 195 (1937).]

sammengestellt. Die Messungen von JULLANDER selbst bei sehr kleinen Konzentrationen sind mit der osmotischen Waage ausgeführt. Man sieht auch an diesen Messungen, daß die Neigung der Kurven des reduzierten osmotischen Druckes mit wachsendem Molekulargewicht abnimmt und daß die Kurven eine schwache Krümmung zur $c$-Achse (negativer 3. Virialkoeffizient) haben.

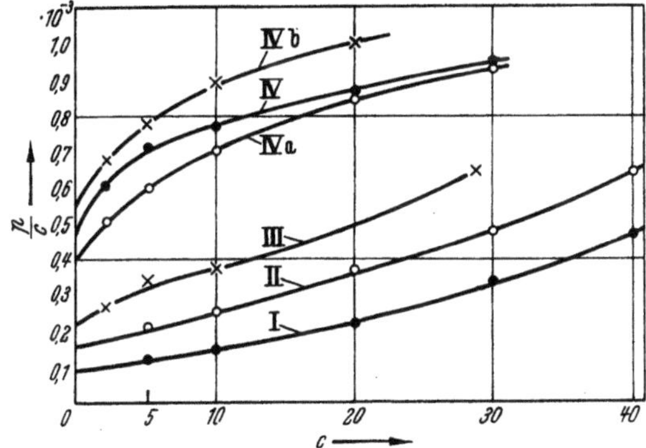


Abb. VII, 14. Osmotische Drucke von Stärketriacetaten in Chloroform. Molekulargewicht in der Reihenfolge der Nummern 275 000, 155 000, 110 000, 60 000, 53 000, 45 000.


[1] FLORY, P. J.: J. Amer. Chem. Soc. **65**, 317 (1943).
[2] STAUDINGER, H., u. E. HUSEMANN: Liebigs Ann. **572**, 195 (1937).
[3] Vgl. auch G. V. SCHULZ: Z. physik. Chem. A **176**, 317 (1936); H. STAUDINGER u. G. V. SCHULZ: Ber. dtsch. chem. Ges. **68**, 2336 (1935).
[4] DOBRY, A.: J. Chim. phys. A **180**, 1 (1937).
[5] JULLANDER, J.: Ark. Kemi **21** A, Nr. 8 (1945).

In Abb. VII, 16 ist schließlich ein Kurventyp dargestellt, bei welchem die Extrapolation des $\Pi/c_g$-Wertes auf $c_g = 0$ etwas erschwert ist. Man kann annehmen, daß das Minimum durch Assoziationsvorgänge hervor-

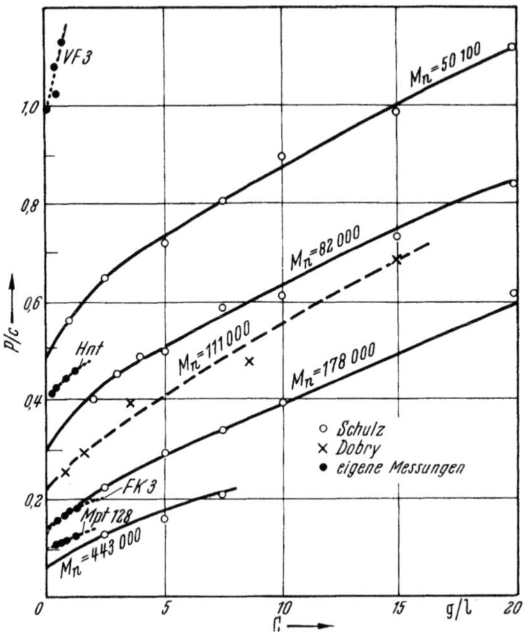


Abb. VII, 15. Osmotische Drucke von Nitrocellulosen von verschiedenen Autoren, zusammengestellt von JULLANDER [Ark. Kemi **21 A**, Nr. 8 (1945)].

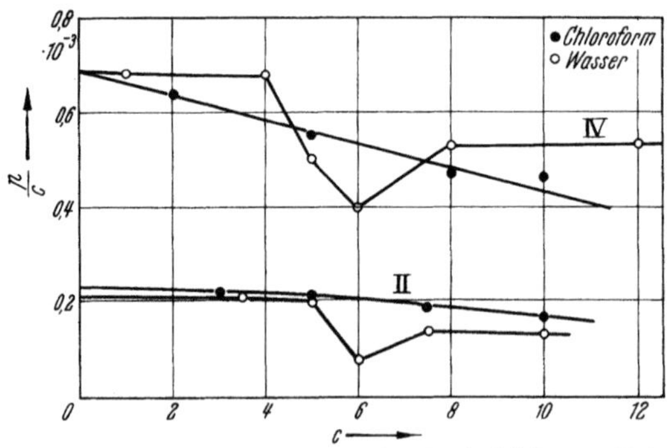


Abb. VII, 16. Osmotische Drucke von Methylstärken in 2 Lösungsmitteln. Molekulargewichte: 36000, 110000; nach H. STAUDINGER und E. HUSEMANN, [Lieb. Ann. Chem. **530**, 1 (1937)].

gerufen wird, was auch durch die thermodynamische Untersuchung nahegelegt wird. In solchen Fällen ist es zweckmäßig, eine Messung in einem zweiten LM vorzunehmen. Ähnliche Effekte fand früher G. V. SCHULZ[1] an Methylcellulosen in Wasser und KUNZE[2] an Acetylcellulosen in Dioxan.


[1] SCHULZ, G. V.: Z. physik. Chem. A **177**, 453 (1936).
[2] KUNZE: Z. physik. Chem. A **177**, 453 (1936).

Allgemein kann man sagen, daß osmotische Molekulargewichtsbestimmungen sehr an Sicherheit gewinnen, wenn man Lösungen der gleichen Substanz in verschiedenen Lösungsmitteln durchmißt. Der bei nichtlinearen Kurven nie ganz willkürfreie Extrapolationswert für $RT/M$ wird dadurch in wesentlich schärferer Weise festgelegt als durch eine einzige Kurve. Als erste führte A. Dobry[1] einen solchen Versuch an Nitrocellulose durch, der in Abb. VII, 17 dargestellt ist. Man sieht, daß

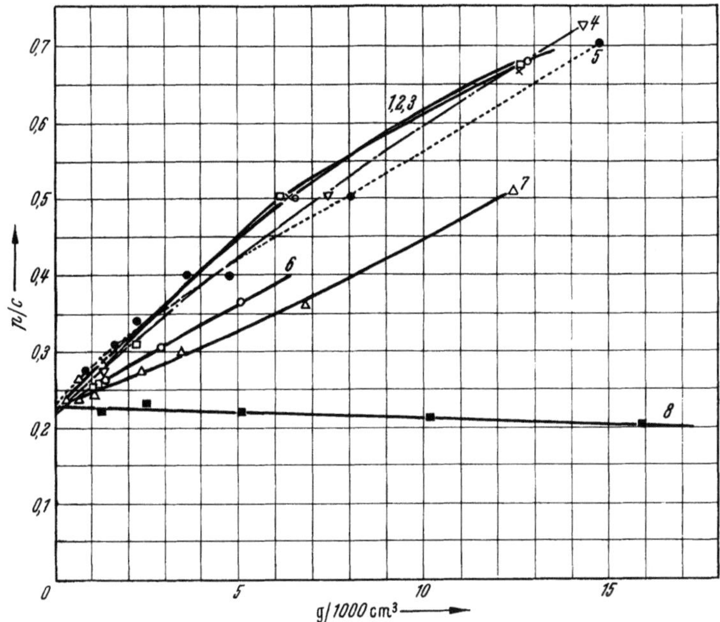


Abb. VII, 17. Osmotische Drucke einer Nitrocellulose in verschiedenen Lösungsmitteln nach Dobry [J. Chim. phys. 32, 51 (1935)]. 1. Äthylbenzoat + 11% Äthanol; 2. Methylsalicylat + 20% Methanol; 3. Acetophenon + 3% Äthanol; 4. Cyclohexanon + 5,8% Äthanol; 5. Aceton; 6. Eisessig; 7. Methanol; 8. Nitrobenzol.

jedes LM eine andere Kurve ergibt, die jedoch für $c = 0$ einen gemeinsamen Anfangswert besitzen. Mit Recht sieht Dobry hierin einen Beweis dafür, daß die gelösten Teilchen mit den chemischen Molekülen identisch sind. Andererseits beweist der oben erwähnte Befund von Burk (Tab. VII, 4), daß die osmotisch gemessenen Teilchengewichte einiger Proteine durch Zusatz von Harnstoff oder Thioharnstoff stark erniedrigt werden, daß in den größeren Teilchen keine durchgängige Hauptvalenzbindung vorliegt. Die durch Harnstoff aufgelösten Bindungen dürften Wasserstoffbindungen sein.

Betrachtet man das fächerartige Bild von Abb. VII, 1 und VII, 17, so zeigt sich eine sehr große Mannigfaltigkeit der LM-Wirkungen. Aus den vom LM unabhängigen Extrapolationswerten erkennt man, daß das Molekulargewicht des gelösten Stoffes eine für ihn selbst charakteristische

[1] Dobry, A.: J. Chim. phys. 32, 51 (1935).

Größe ist, welche sich im 1. Virialkoeffizienten ausdrückt. Die höheren Virialkoeffizienten sind offenbar Wechselwirkungskonstanten zwischen den Lösungskomponenten. Um deren Natur aufzuklären, ist eine eingehende thermodynamische Untersuchung notwendig, worüber im Kap. V noch einiges gesagt wird.

### b) Rechnerische Extrapolation.

Die rein graphische Methode der Extrapolation ist in mancher Hinsicht unbefriedigend, und daher hat es nicht an Versuchen gefehlt, sie durch rechnerische Methoden zu ersetzen, wobei bestimmte theoretische Vorstellungen den Ansatzpunkt lieferten. So kann man etwa annehmen, daß (ähnlich wie bei der VAN DER WAALSschen Volumenkorrektur) das Eigenvolumen der gelösten Moleküle, vermehrt um das durch Solvatation gebundene LM, vom Gesamtvolumen abzuziehen ist. Bezeichnet man mit $\sigma$ das Volumen, welches 1 g gelöster Substanz plus dem von ihr gebundenen LM beansprucht, so erhält man eine korrigierte VAN T'HOFF-sche Gleichung von folgender Form:

$$\Pi = \frac{RT\,c_g}{M}\,\frac{1}{1-c_g\,\sigma}\,,\qquad\qquad \text{(VII, 45a)}$$

mit deren Hilfe das Molekulargewicht nach der Umformung

$$M = \frac{RT\,c}{\Pi}\,\frac{1}{1-c_g\,\sigma}\qquad\qquad \text{(VII, 45b)}$$

berechnet werden kann, wenn $\sigma$ bekannt ist. Der Wert für $\sigma$ ist aus dem Anstieg der $\Pi/c_g - (c_g)$-Kurve zu entnehmen. So findet man beispielsweise für Hämoglobin Werte für $\sigma$ zwischen 2,5 und 2,8[1,2] und für Myogen $\sigma = 1,98$ cm$^3$/g Protein[3]. Bezgl. der genaueren Interpretation von $\sigma$ vergl. § 62.

Bei hochpolymeren Nichtelektrolyten werden die so berechneten $\sigma$-Werte sehr hoch. WO. OSTWALD[4] interpretierte daher die Versuchsresultate in dem Sinne, daß sich dem VAN T'HOFFschen osmotischen Druck additiv ein „*Quellungsdruck*" überlagert, der einer früher von FREUNDLICH und POSUJAK[5] aufgestellten Gleichung gehorcht; demnach gilt für den osmotischen Druck

$$\Pi = \frac{RT}{M}\,c_g + b\,c_g{}^n\,,\qquad\qquad \text{(VII, 46)}$$

wobei der Exponent $n$ eine beliebige Zahl in der Nähe von 2 ist. Dadurch, daß $n$ auch eine gebrochene Zahl sein kann, ist die OSTWALDsche Gleichung sehr anpassungsfähig. Die Interpretation des zweiten Terms als Quellungsdruck stößt jedoch auf Bedenken; man interpretiert ihn wohl besser als einen rein rechnerischen zusammenfassenden Ausdruck für die Summe des 2. und 3. Virialkoeffizienten.

---

[1] ADAIR u. ROBINSON: Biochemic. J. **24**, 1864 (1930).
[2] BURK u. GREENBERG: J. of Biol. Chem. **87**, 197 (1930).
[3] WEBER, H. H., u. R. STÖVER: Biochem. Z. **259**, 269 (1933).
[4] OSTWALD, WO.: Kolloid-Z. **23**, 68 (1918); **49**, 60 (1929).
[5] FREUNDLICH, H., u. POSUJAK: Kolloid-Beih. **3**, 442 (1912).

Im Gegensatz zu Ostwald war G. V. Schulz [1, 2] der Auffassung, daß man die hohen Werte von $\sigma$, welche Gl. (VII, 45) liefert, wenn man sie auf den osmotischen Druck der Lösungen von homöopolaren Hochpolymeren anwendet, als wirkliche Volumenwerte der gelösten Substanz angesehen werden können. Empirisch ergibt sich, daß $\sigma$ nicht wie bei den Proteinen für eine Meßreihe konstant ist, sondern mit wachsender Konzentration abnimmt. Dies wurde dadurch erklärt, daß die Quellung der gelösten Teilchen bei höherer Konzentration durch die Wirkung des osmotischen Druckes bzw. durch die Herabsetzung des chemischen

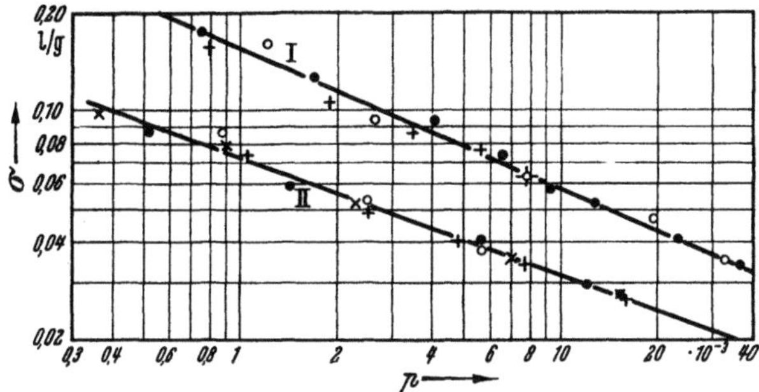

Abb. VII, 18. Beziehung zwischen dem „spezifischen Wirkungsvolumen" ($\sigma$) und osmotischem Druck bei Polyäthylenoxyden in Wasser [Kurve I: Molekulargewichte 23 200 (o), 39 500 (o), 88 500 (+)] und Polystyrolen in Toluol [Kurve II: Molekulargewichte 68 500 (o), 192 000 (o), 222 000 (x), 422 000 (+)].

Potentials des LM vermindert wird. Für diese Verminderung wurde wieder die Freundlich-Posnjaksche Quellungsgleichung in der Form

$$\Pi = K\,\sigma^{-n} \quad \text{bzw.} \quad \sigma = \sqrt[n]{K/\Pi} \qquad \text{(VII, 47)}$$

verwendet.

Rechnet man nun für eine Meßreihe $\sigma$ nach der aus (VII, 45) folgenden Gleichung

$$\sigma = \frac{1}{c_g} - \frac{\mathrm{R}T}{\Pi\,M} \qquad \text{(VII, 48)}$$

aus und trägt so die erhaltenen $\sigma$-Werte gegen $\Pi$ im logarithmischen Netz auf, so erhält man entsprechend (VII, 47) eine Gerade mit der Neigung $n$. Bemerkenswert dabei ist, daß die verschiedenen Vertreter einer polymeren Reihe auf dieselbe Kurve fallen. Abb. VII, 18 zeigt das am Beispiel der Polystyrole in Toluol[2] und Polyäthylenoxyde in Wasser. Die Abweichungen vom van t'Hoffschen Gesetz kann man somit für eine polymere Reihe mit zwei vom Molekulargewicht unabhängigen Konstanten $K$ und $n$ erfassen, wobei automatisch mit auffallend guter Näherung die Verflachung der Kurven des reduzierten osmotischen Druckes mit wachsendem Molekulargewicht herauskommt. In Abbildung VII, 19 sind die so berechneten Kurven mit eingezeichneten Meßpunkten wiedergegeben. Das Molekulargewicht berechnet man dann nach (VII, 45b), indem man $\sigma$ aus der Kurve nach Abb. VII, 18 durch

[1] Schulz, G. V.: Z. physik. Chem. A **158**, 237 (1932).
[2] Schulz, G. V.: Z. physik. Chem. A **176**, 317 (1936).

Abgreifen bei dem gemessenen osmotischen Druck entnimmt. Tab.VII, 6 zeigt, daß man so Molekulargewichte erhält, die unabhängig von der Konzentration sind.

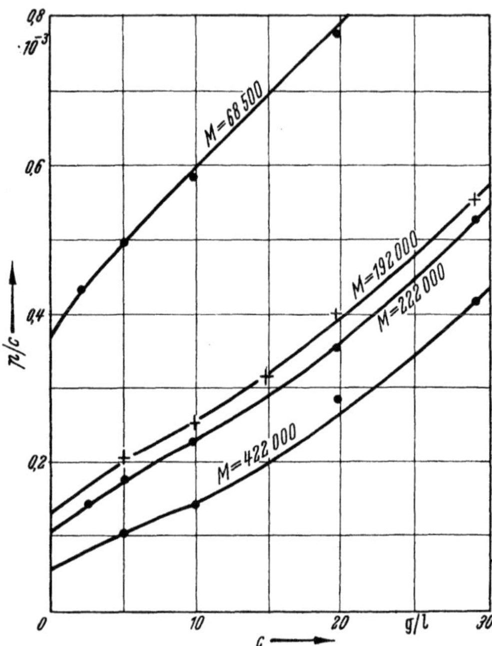



Abb. VII, 19. Osmotische Drucke von Polystyrol in Toluol. Punkte gemessen, Kurven berechnet nach Gl. (VII, 45) und (VII, 47).

Die Deutung der Größe $\sigma$ als *„spezifisches Kovolumen"* ist an folgende Voraussetzung gebunden.

1. Die Molekülknäuel können sich gegenseitig nicht durchdringen.

2. Ihr Volumen ist annähernd kugelförmig; das Knäuelvolumen wäre dann entsprechend Gl. (III, 17, 18) $\sigma/4$ bis $\sigma/3$ pro Gramm gelöster Substanz.

3. Es findet keine energetische Wechselwirkung zwischen den Einzelmolekülen statt ($\Delta h_1 = 0$).

Die 3. Voraussetzung kann man eliminieren, indem man den energetischen Anteil des osmotischen Druckes ($\Delta h_1 \bar{v}_1$) in Abzug bringt und zur Berechnung von $\sigma$ bzw. dem „Durchmesser der äquivalenten Kugel" den dann allein übrigbleibenden Entropieanteil von $B$ verwendet. Dieses von Benoit[1] vorgeschlagene Verfahren ist aber noch auf das Zutreffen der Voraussetzung 1 angewiesen, was nicht sehr wahrscheinlich ist.

Die neuere Entwicklung der statistischen Theorie zeigt, daß die theoretischen Grundlagen aller soeben geschilderten Verfahren unzureichend sind, wenn sie auch oft empirisch sehr brauchbare Ergebnisse liefern (vgl. § 62). Man könnte daher versuchen, unter Fortlassung aller theoretischen Erwägungen aus den Meßpunkten nach der Fehlerquadratmethode die Virialkoeffizienten zu berechnen. Aus dem 1.Virialkoeffizienten ergibt sich dann das Molekulargewicht. Ein solcher Versuch wurde von G. V. Schulz und H. Doll[2] gemacht. Auf die Meßserie an einem Polymethacrylsäureester in 8 LM, die in Abb. VII, 1 dargestellt ist, wurde dieses Verfahren angewandt. Dabei mußte für Chloroform, Tetrahydrofuran und Diäthylketon (gekrümmte Kurven) bis zum 3., für die anderen LM bis zum 2. Virialkoeffizienten gerechnet werden. Das Ergebnis ist in Tab. VII, 7 dargestellt. Der 1. Virialkoeffizient und somit das Molekulargewicht ergeben sich hierbei mit einer Streuung von maximal $\pm 4\%$, ein Beweis für die Anwendbarkeit dieses Verfahrens. Die ausgezogenen Linien in Abb. VII, 1 sind mit den Werten der Virialkoeffizienten aus Tab. VII, 7 berechnet.

---

[1] Benoit, Anne-Marie: J. Chim. Phys. **47**, 655 (1950).
[2] Schulz, G. V., und H. Doll: Z. Elektrochem. **56**, 248 (1952).

Tabelle VII, 6. *Ausrechnung der Molekulargewichte nach Gl. (VII, 45) an Poly-styrolen in Toluol* (G. V. SCHULZ[1]).

| $c$ [g/l] | $\Pi \cdot 10^3$ [Atm.] | $\Pi/c \cdot 10^3$ | $\sigma$ [l/g] Abb. VII, 18 | $M$ Gl. (VII, 45) |
|---|---|---|---|---|
| | Polystyrol 200° Fr. II; $M$ (mittel) = 68 500 | | | |
| 2,0 | 0,87 | 0,43 | 0,087 | 66 800 |
| 5,0 | 2,46 | 0,495 | 0,045 | 67 500 |
| 9,9 | 5,65 | 0,57 | 0,037 | 70 100 |
| 19,6 | 15,1 | 0,77 | 0,027 | 70 000 |
| | Polystyrol 135° Fr. II; $M$ (mittel) = 222 000 | | | |
| 2,5 | 0,35 | 0,145 | 0,098 | 229 000 |
| 5,0 | 0,90 | 0,18 | 0,079 | 210 000 |
| 9,9 | 2,28 | 0,23 | 0,057 | 223 000 |
| 19,6 | 7,0 | 0,357 | 0,0355 | 231 000 |
| 29,0 | 15,2 | 0,525 | 0,0273 | 218 000 |
| | Polystyrol 20° Fr. IV; $M$ (mittel) = 192 000 | | | |
| 5,0 | 1,03 | 0,205 | 0,074 | 181 000 |
| 9,9 | 2,50 | 0,25 | 0,049 | 201 000 |
| 14,8 | 4,75 | 0,315 | 0,0405 | 200 000 |
| 19,6 | 7,8 | 0,40 | 0,034 | 182 000 |
| 29 | 16,8 | 0,55 | 0,0265 | 195 000 |
| | Polystyrol 20° Fr. III; $M$ (mittel) = 422 000 | | | |
| 5,0 | 0,52 | 0,104 | 0,086 | 410 000 |
| 9,9 | 1,4 | 0,141 | 0,059 | 445 000 |
| 19,6 | 5,6 | 0.285 | 0,0405 | (340 000) |
| 29,0 | 12,0 | 0,415 | 0,0295 | 410 000 |

Tabelle VII, 7. *Berechnung des Molekulargewichts mit Hilfe der Virialkoeffizienten für Polymethacrylsäuremethylester* (SCHULZ und DOLL[2]).

| Lösungsmittel | $\dfrac{RT}{M} \cdot 10^4$ | $B^* \cdot 10^5$ [Atm $l^2 g^{-2}$] | $C^* \cdot 10^7$ [Atm $l^3 g^{-3}$] | $M$ | $\overline{M}_n$ |
|---|---|---|---|---|---|
| Chloroform . . | 2,03 | 1,39 | 4,32 | 122 000 | |
| Dioxan . . . . | 1,93 | 1,36 | — | 128 000 | |
| Tetrahydrofuran | 1,88 | 0,89 | 0,99 | 131 000 | |
| Benzol . . . . | 1,86 | 1,40 | — | 132 500 | 128 000 ± 5000 |
| Toluol . . . . | 1,91 | 0,81 | — | 129 000 | |
| Diäthylketon . | 1,93 | 0,24 | 1,47 | 128 000 | |
| Aceton . . . . | 1,91 | 0,56 | — | 129 000 | |
| m-Xylol . . . | 1,99 | —0,02 | — | 124 000 | |

Man darf indessen die Bedeutung dieses rechnerischen Verfahrens nicht überschätzen. Es führt nicht wesentlich weiter als die graphische Extrapolation, deren nie ganz vermeidbare Willkür es einschränkt. Man würde weiterkommen, wenn der Gang der Virialkoeffizienten mit dem Molekulargewicht genauer bekannt wäre. Eine Untersuchung von SCHULZ und MEYERHOFF[3] behandelt die Abhängigkeit des 2. Virial-

---

[1] SCHULZ, G. V.: Z. physik. Chem. A **176**, 317 (1936).

[2] SCHULZ, G. V., u. H. DOLL: Z. f. Elektrochem. **56**, 248 (1952).

[3] MEYERHOFF, G., u. G. V. SCHULZ: Z. Elektrochem. **56**, 545 (1952). Vgl. auch BAWN, C. E. H., R. F. J. FREEMAN u. A. R. KAMALIDDIN, Trans. Faraday Soc. **46**, 862 (1950); Polystrole in verschiedenen Lösungsmitteln.

koeffizienten $B$ vom Molekulargewicht bei Polymethacrylsäureestern in Acetonlösung. In diesem System ist, wie Tab. VII, 7 zeigt, der 3. Virialkoeffizient zu vernachlässigen, so daß man allein auf Grund der Kenntnis von $B$ Molekulargewichte aus osmotischen Messungen ausrechnen könnte. In Abb. VII, 20 sind die Ergebnisse zusammengestellt, die nach drei verschiedenen Methoden (osmotischer Druck[1,2], Lichtzerstreuung[3] und Ultrazentrifuge kombiniert mit Diffusion) erhalten wurden. Die Streu-

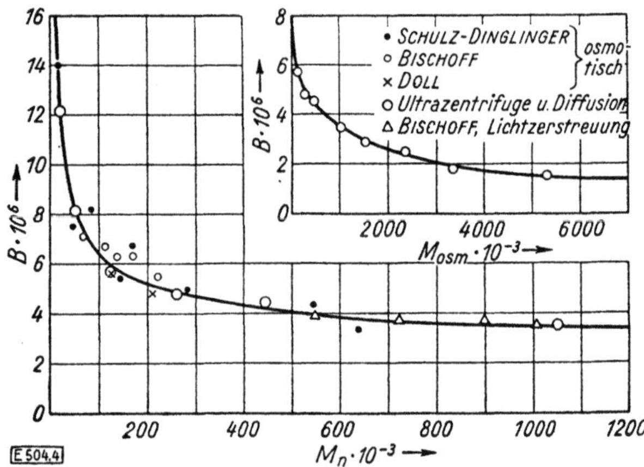


Abb. VII, 20. 2. Virialkoeffizient $B$ von Polymethacrylsäureesterlösungen und Aceton nach verschiedenen Verfahren ermittelt; nach G. V. SCHULZ und G. MEYERHOFF [Z. Elektrochem. **56**, 545 (1952)].

ung der verschiedenen Meßreihen ist zwar ziemlich groß, jedoch sind die Ergebnisse innerhalb der Streugrenzen gut übereinstimmend. Auf Grund der Kurve in Abb. VII, 20 wäre eine Ausrechnung von Molekulargewichten aus osmotischen Messungen grundsätzlich auch noch bis zu recht hochmolekularen Vertretern dieser Reihe möglich.

### c) Vergleich der verschiedenen Methoden zur Molekulargewichtsbestimmung.

Um einen Überblick darüber zu geben, wie weit die nach der osmotischen Methode bestimmten Molekulargewichte gesichert sind, ist in Tab. VII, 8 eine Zusammenstellung der nach verschiedenen Methoden bestimmten Molekulargewichte vorgenommen. Wie man sieht, ist die Übereinstimmung allgemein sehr gut. Bei einigen höhermolekularen Proteinen, die nicht in die Tabelle aufgenommen wurden, differieren die nach verschiedenen Methoden bestimmten Molekulargewichte, jedoch liefert bei diesen auch dieselbe Methode bei verschiedenen Bearbeitern wechselnde Werte. Daher kann man annehmen, daß die betreffenden Proteine von der präparativen Seite her nicht genügend definiert waren.

Bei den synthetischen Polymeren liegen die Werte allgemein bei der Lichtzerstreuung und Ultrazentrifuge etwas höher als bei der osmotischen


[1] SCHULZ, G. V., u. A. DINGLINGER: J. prakt. Chem. **158**, 136 (1941).
[2] BISCHOFF: Diss. Lüttich 1951.
[3] DESREUX u. BISCHOFF: Bull. Soc. Chim. Belg. **59**, 536 (1950).

Tabelle VII, 8. *Vergleich der osmotisch bestimmten Molekulargewichte mit den nach anderen absolut messenden Methoden bestimmten.*

| Stoff | osmotisch | UZ. u. Diffusion | Licht-zerstreuung |
|---|---|---|---|
| **Proteine[1]:** | | | |
| Ovalbumin | 40000—46000 | 44000 | 37000[2] |
| Pepsin | 36000 | 35000 | — |
| Zein | 39000 | 40000 | — |
| Hämoglobin | 67000 | 68000 | — |
| Serumalbumin | 73000 | 70000 | — |
| Serumglobulin (Englobulin) | 174000 | 167000 | — |
| l-Myosin | 840000[3] | 858000[3] | 850000[4] |
| **Glykogene[5]:** | 450000 | — | 440000 |
| | 700000 | — | 665000 |
| | 1400000 | — | 1350000 |
| | 2200000 | — | 2100000 |
| **Polystyrole[6]:** | 100000 | — | 95000 |
| | 91000 | — | 107000 |
| | 172000 | — | 178000 |
| | 200000 | — | 190000 |
| | 400000 | — | 445000 |
| **Polystyrole[7]:** | 75000 | 103000 | — |
| | 178000 | 196000 | — |
| | 192000 | 218000 | — |
| | 385000 | 370000 | — |
| | 1000000 | 1200000 | — |
| **Polymethacrylsäuremethylester[8]:** | 68000 | — | 83000 |
| | 115000 | — | 114000 |
| | 172000 | — | 191000 |
| | 223000 | — | 256000 |
| **Polymethacrylsäuremethylester[9]:** | 61000 | 77000 | — |
| | 128000 | 148000 | — |
| | 201000 | 306000 | — |

Bestimmung. Das liegt daran, daß die 3 Methoden bei polymolekularen Stoffen verschiedene Durchschnittswerte liefern. Der bei der osmotischen Messung erhaltene Zahlendurchschnitt liegt niedriger als der Durchschnitt der beiden anderen Methoden, der nahe beim Gewichtsdurchschnitt liegt. Das reichhaltigste Material über diese Frage liegt beim Polymethacrylsäuremethylester vor. Für diesen sind sämtliche bekannten Messungen in Abb. VII, 21 zusammengestellt. Als Parameter

---

[1] Nach Cohn-Edsall: Proteins, Aminoacids and Peptids. New York 1943.

[2] Bier, M., u. F. F. Nord: Proc. Nat. Acad. Sci. USA **35**, 17 (1949).

[3] Porzehl, H., u. H. H. Weber: Z. Naturforsch. **5b**, 75 (1950).

[4] Mommaerks, W. F., u. R. S. Parrish: J. of Biol. Chem. **1951** (im Druck).

[5] Schulz, G. V.: Z. physik. Chem. **194**, 1 (1944). — Staudinger, H. J.: J. makromol. Chem. **1**, 185 (1943).

[6] Doty, P. M., P. H. Zimm u. H. Mark: J. Chem. Phys. **13**, 159 (1945).

[7] Hengstenberg, J., u. G. V. Schulz: J. makromol. Chem. **2**, 41 (1945); Makromol. Chem. **2**, 5 (1948).

[8] Bischoff, J.: Diss. Lüttich 1950.

[9] Meyerhoff, G., u. G. V. Schulz: Makromol. Chem. **7**, 294 (1951).

dient die Viscositätszahl. Damit die Meßpunkte der verschiedenen Methoden und Bearbeiter nicht ineinanderstreuen, enthält Abb. VII, 21A nur die osmotischen, Abb. VII, 21 B nur die Messungen nach der Lichtzerstreuungs- und der UZ-Methode. Wie man sieht, streuen die Meßpunkte der osmotischen Messungen stärker als die der beiden anderen Methoden, vgl. auch S. 22, Kap. XIV.

Das dürfte außer an den Meßfehlern auch daran liegen, daß der osmotische Durchschnittswert vom viscosimetrischen je nach der wechselnden Uneinheitlichkeit der Präparate mehr oder weniger stark abweicht. Bei den Lichtzerstreuungs- und UZ-Molekulargewichten liegen die Meßpunkte besser auf der Kurve, da die Durchschnittswertbildung bei diesen beiden Methoden annähernd mit dem viscosimetrischen Durchschnitt übereinstimmt.

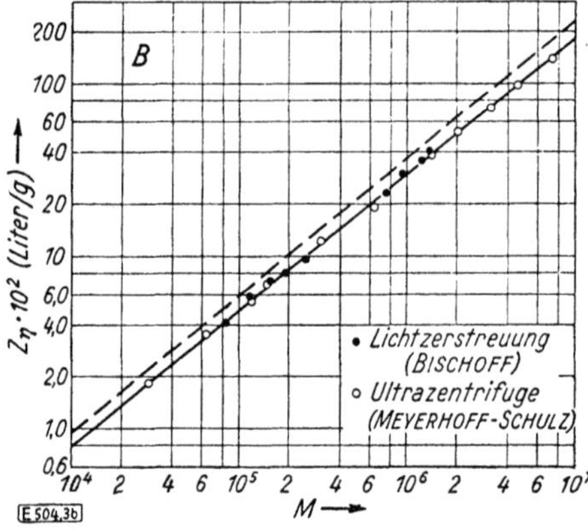


Abb. VII, 21. Viscositätszahl $Z_\eta$ in Abhängigkeit vom osmotisch bestimmten Molekulargewicht (A) und dem durch Lichtzerstreuung bzw. Ultrazentrifuge und Diffusion berechneten Molekulargewicht (B), nach G. V. Schulz und G. Meyerhoff [Z. Elektrochemie 56, 545 (1952)].

Zum Abschluß dieses Abschnittes stellen wir noch einige neuere osmotische Molekulargewichtsbestimmungen zusammen.

Polyäthylene: Harris, I.: J. Polymer Sci. 8, 353 (1952); osmotisch und ebullioskopisch $M = 1300 - 76000$.

Ueberreiter, K., und H. J. Orthmann: Makromol. Chemie 8, 21 (1952) $M = 4000{-}40000$.

Morawetz, H.: J. Polymer Sci. 6, 117 (1951), ebullioskopisch $M \sim 9000$.

Polyvinylchlorid: Staudinger, H., und M. Häberle: Makromol. Chemie 9, 35 (1952), osmotisch; $M \sim 60000{-}200000$.

Polymethacrylsäuremethylester: Schulz, G. V., und G. Meyerhoff: Z. Elektrochem. 56, 545 (1952), $M = 23000 - 5300000$. Schulz, Carter u. Meyerhoff: J. Polymer Sci. 10, 79 (1953).

## § 62. Thermodynamische und molekularstatistische Auswertung osmotischer Messungen.

Da die freie Energie der Verdünnung gemäß der Gl. (VII, 4)

$$\Delta \mu_1 = - \Pi \overline{V}_1$$

eng mit dem osmotischen Druck zusammenhängt, kann man sie ganz analog in Summanden aufspalten. Man erhält dann

$$- \Delta \mu_1 = \frac{R T \overline{V_1}}{M} c_g + B^* \overline{V_1} c_g^2 + \cdots . \qquad (VII, 49)$$

Der 1. Term rechts entspricht der differentiellen Verdünnungsarbeit einer idealen Lösung; die höheren Terme rühren von zusätzlichen Effekten her, welche mit der Gestalt der gelösten Moleküle und ihrer Wechselwirkung mit dem LM zusammenhängen. In erster Näherung können wir diese Wechselwirkung als quadratisch von $c$ abhängend ansehen und erhalten dann die Gleichung

$$- \Delta \mu_1 = \frac{R T \overline{V_1}}{M} c_g + \overline{B}^* \overline{V_1} c_g^2 . \qquad (VII, 50)$$

Tabelle VII, 9. 2. *Virialkoeffizient* $(B^*$ *bzw.* $\overline{B}^*)$, *Viscositätszahl* $[\eta]$, HUGGINS*scher* $\chi$-*Wert und Verdünnungswärme* $(\Delta H_1)$ *für Lösungen von Polymethacrylsäuremethylester in verschiedenen Lösungsmitteln* (SCHULZ *und* DOLL[1]).

| Lösungsmittel | $B^*$ bzw. $\overline{B}^* \cdot 10^5$ [Atm $l^2\,g^{-2}$] | $[\eta] \cdot 10^2$ [L.t./g] | $\Delta H_1 \cdot 10^4$ [cal/cm³] | $\chi$ |
|---|---|---|---|---|
| Chloroform . . . . . | 2,87 | 1,87 | — 3,18 | 0,33 |
| Dioxan . . . . . . . | 1,36 | 1,51 | + 1,66 | 0,425 |
| Tetrahydrofuran . . . | 1,22 | 1,43 | + 1,09 | 0,44 |
| Benzol . . . . . . . | 1,40 | 1,39 | — 0,66 | 0,42 |
| Toluol . . . . . . . | 0,81 | 1,25 | + 0,88 | 0,445 |
| Diäthylketon . . . . | 0,73 | 1,11 | + 1,76 | 0,45 |
| Aceton . . . . . . . | 0,56 | 1,04 | + 1,21 | 0,47 |
| m-Xylol . . . . . . | —0,02 | 0,96 | + 5,39 | 0,50 |

Eine sinnvolle Interpretation der Gl. (VII, 49) und (VII, 50) ist natürlich daran gebunden, daß der 1. Term völlig gesichert ist. Das ist dann der Fall, wenn $M$ eine von LM unabhängige Konstante des gelösten Stoffes ist. Aus den im vorigen Abschnitt beschriebenen Messungen geht hervor, daß diese Voraussetzung in der Tat gegeben ist (vgl. Tab. VII, 8), wie es die statistische thermodynamische Theorie erwarten läßt[2].

Andererseits hängt die Konstante $B^*$ bzw. $\overline{B}^*$ sehr stark vom LM ab, sie kann daher als ein thermodynamisches Maß für die Wechselwirkung zwischen den Lösungskomponenten verwendet werden[3]. In Tab. VII, 9 (2. Spalte) sind die $B^*$-Werte für Lösungen von Polymethacrylsäureester in 8 LM zusammengestellt[4]. Es zeigt sich, daß die $\overline{B}$-Werte ungefähr, jedoch nicht ganz exakt mit anderen LM-Einwirkungen symbat gehen, beispielsweise mit der Viscositätszahl, wie die 3. Spalte von Tab. VII, 9 zeigt.

Im Gegensatz zu dieser mehr empirischen Behandlung schlug HUGGINS als Wechselwirkungskonstante die vom LM abhängige Konstante $\chi$ vor[5], die durch folgende Gleichung definiert ist:

---

[1] SCHULZ, G. V., u. H. DOLL: Z. f. Elektrochem. **56**, 248 (1952).

[2] Im Gegensatz zu einer Bemerkung von A. MÜNSTER [Z. Elektrochem. **56**, 540 (1952)] halten wir die experimentelle Kontrolle auch einer gut fundierten Theorie für durchaus notwendig.

[3] Vgl. G. V. SCHULZ: Angew. Chem. **64**, Oktoberheft (1952).

[4] Zum Vergleich verschiedener LM ist der Wert $\overline{B}$ geeigneter als die eigentlichen Virialkoeffizienten, da man mit seiner Hilfe auch gekrümmte LM-Kurven mit linearen — annähernd — vergleichen kann.

[5] Vgl. § 30.

$$\ln a_1 = \ln x_1^* + \left(1 - \frac{\overline{V}_1}{\overline{V}_2}\right) x_2^* + \chi\, x_2^{*2} \qquad \text{(VII, 51)}$$

vor. Hierin ist $a_1$ die Aktivität des LM und $x_1^*$ bzw. $x_2^*$ der Volumenbruch des LM bzw. des Gelösten. In dieser Gleichung stecken gewisse statistische Annahmen, die nicht genügend gesichert sind, um der Konstante $\chi$ eine völlig durchsichtige theoretische Bedeutung zu geben. Sie charakterisiert empirisch ein gegebenes System aus einem Polymeren mit einem LM[1] und erlaubt es, für dasselbe den Gang der freien Energie mit der Konzentration zahlenmäßig darzustellen. Ihre theoretische Bedeutung ist jedoch kaum höher einzuschätzen als die der Virialkoeffizienten, welche etwas unmittelbarer aus den experimentellen Daten hervorgehen. In Tab. VII, 9 Spalte 4 sind zur Orientierung auch die $\chi$-Werte der betreffenden Systeme eingetragen.

Aus dem Gesagten geht hervor, daß im allgemeinen Fall weder $\chi$ noch die höheren Virialkoeffizienten $B$, $C$ usw. in einfacher Weise von molekularen Konstanten abhängen. Nur bei athermischen Lösungen kann man — falls die $\Pi/c\,(c)$-Kurven linear sind — den 2. Virialkoeffizienten mit der Form der gelösten Teilchen verknüpfen, falls die weitere Voraussetzung erfüllt ist, daß diese als starre Kugeln oder Zylinder aufgefaßt werden können. Diese Voraussetzungen treffen mit einiger Wahrscheinlichkeit für Proteinlösungen zu. G. V. SCHULZ[2] berechnete aus einer Kombination von (VII, 11) und (VII, 17), daß für Lösungen von Sphäroproteinen ein „spezifisches Kovolumen" $\sigma$ von etwa $2{-}2{,}5$ cm³/g Protein herauskommen muß, was in guter Übereinstimmung mit den Experimenten steht.

Bei Serumglobulin und noch mehr bei Myosin ergeben sich höhere Werte für $B^*$ bzw. $\sigma$, als dem Kugelmodell entspricht. Unter Verwendung des Zylindermodells findet SCHULZ[3] für diese beiden Teilchenarten ein Achsenverhältnis von 5,5 bzw. 158. Aus Sedimentationsmessungen ergibt sich 5,5 bzw. 185. Auf Grund späterer genauerer Messungen findet PORZEHL[4] für das Myosin aus osmotischen Messungen 128, aus Sedimentationsmessungen 100. In Anbetracht dessen, daß bei der statistischen Rechnung ein Zylindermodell, dagegen bei der hydrodynamischen Ableitung für die Sedimentation ein Ellipsoidmodell verwendet wurde, ist die Übereinstimmung beider Methoden befriedigend, vgl. dann anl. S. 139 ff.

Aus diesem Ergebnis kann man den Schluß ziehen, daß Proteinlösungen annähernd athermisch sind, was wohl mit dem gedrungenen Bau ihrer Moleküle zusammenhängt. Bei Stoffen mit Fadenmolekülen besteht in fast allen bisher untersuchten Fällen eine erhebliche energetische Wechselwirkung zwischen den Lösungskomponenten, die sich im Auftreten einer positiven oder negativen Verdünnungswärme äußert. Mißt man die Temperaturabhängigkeit des osmotischen Drucks, so kann man nach (VII, 6) bzw. (VII, 46) die Verdünnungswärme ausrechnen.

---

[1] Über den Zusammenhang zwischen $\chi$ und $B$ vgl. Kap. XVII, § 116, S. 8.
[2] SCHULZ, G. V.: Z. Naturforsch. 2a, 27 (1940).
[3] SCHULZ, G. V.: Z. Naturforsch. 2a, 348 (1947).
[4] PORZEHL, H.: Z. Naturforsch. 5b, 75 (1950).

Aus solchen Bestimmungen erkennt man dann, in welcher Weise sich die freie Verdünnungsenergie (Verdünnungsarbeit) $\Delta \mu_1$ aus dem Energie- und Entropieanteil gemäß der GIBBS-HELMHOLTZschen Gleichung

$$\Delta \mu_1 = \Delta H_1 - T \Delta S_1 \qquad (\text{VII}, 52)$$

zusammensetzt. Tab. VII, 10 zeigt das Ergebnis solcher Bestimmungen an Kautschuk in Benzol und Nitrocellulose in Aceton.

Tabelle VII, 10. *Bestimmung der thermodynamischen Größen an 2 Systemen* (Energiegrößen in cal/Mol $LM \cdot 10^2$).

| System | g/l LM | $\Delta \mu_1$ | $\Delta H_1$ | $T \Delta S_1$ |
|---|---|---|---|---|
| Kautschuk . . . . . | 13 | —0,75 | +1,2 | +2,0 |
| in Benzol . . . . . | 18 | —1,5 | +1,8 | +3,3 |
| GEE u. TRELOAR[1] . | 25 | —3,05 | +3,1 | +6,2 |
| Nitrocellulose . . . . | 10 | —1,08 | —0,45 | +0,63 |
| in Aceton . . . . . | 20 | —3,07 | —2,06 | +1,01 |
| G. V. SCHULZ[2] . . . | 30 | —5,45 | —3,95 | +1,52 |

Aus der Tabelle geht hervor, daß diese Lösungen alles andere als athermisch sind. Es ist deshalb nicht zulässig, die Verdünnungs- arbeit $\Delta \mu_1$ dem Entropieglied $- T \Delta S_1$ gleichzusetzen und auf dieser zweifelhaften Grundlage die statistisch abgeleiteten Beziehungen (VII, 19) oder (VII, 22) für athermische Lösungen zu prüfen. Eher scheint es sinnvoll, zu untersuchen, ob die in diesen nichtathermischen Lösungen gefundenen experimentellen $\Delta S_1$-Werte den statistischen Gleichungen genügen. Es zeigt sich dabei, daß $\Delta S_1$ durchweg niedriger ist, als nach (VII, 19) zu erwarten wäre. Aus dem experimentellen Entropiewert, der in Tab. VII, 10 aufgeführten Kautschuklösungen ergäbe sich z. B. ein Achsenverhältnis der Kautschukmoleküle von etwa 170, während man aus dem Molekulargewicht 2300 anzunehmen hätte. SCHULZ[3] vermutet daher, daß die Verdünnungsentropie in diesen Lö- sungen aus mindestens 2 Summanden zusammengesetzt ist, deren erster mit der Konfigurationsstatistik der Fadenmoleküle und deren zweiter mit Ordnungsvorgängen in der dem Fadenmolekül anliegenden LM-Schicht zusammenhängt. Diese beiden Terme haben entgegengesetztes Vor- zeichen[4].

Um für derartige Überlegungen eine solide experimentelle Grundlage zu gewinnen, ist es notwendig, an möglichst vielen Systemen thermo- dynamische Messungen vorzunehmen. Hierbei müßte der makro- molekulare Stoff und das LM variiert werden. Besonders wichtig wäre es, Systeme zu finden, die streng oder wenigstens annähernd athermisch sind. Eine zu diesem Zweck unternommene Versuchsserie von G. V. SCHULZ

---

[1] GEE, G., u. L. R. G. TRELOAR: Trans. Faraday Soc. **38**, 147 (1942).

[2] SCHULZ, G. V.: Z. Elektrochem. **45**, 783 (1939).

[3] SCHULZ, G. V.: Makromol. Chem. **4**, 119 (1949); Angew. Chem. **64**, 553 (1952). Vgl. auch A. MÜNSTER: Makromol. Chem. **4**, 113 (1949); Naturwiss. **35**, 343 (1948); Z. physik. Chem. **196**, 106 (1951).

[4] Vgl. hierzu auch A. MÜNSTER: Trans. Faraday Soc. **46**, 165 (1950); Z. Elek- trochem. **56**, 525 (1952).

und H. Doll[1] ist in Tab. VII, 11 wiedergegeben. Hier sind für 8 LM bei der Konzentration $c = 30$ g/l die Verdünnungsarbeit, die Verdünnungsentropie und die Verdünnungswärme aus osmotischen Messungen bestimmt worden[2].

Tabelle VII, 11. *Thermodynamische Daten für die Lösungen eines Polymethacrylsäuremethylesters in 8 Lösungsmitteln* ($M_2 = 128000$; $c = 30$ g/l; Temp. $= 31°$ C).

| Lösungsmittel | cal/Mol $\cdot 10^2$ | | | $\dfrac{\text{cal}}{\text{Mol} \cdot \text{Grad}} \cdot 10^4$ | cal/cm$^3 \cdot 10^4$ | | | $\dfrac{\text{cal}}{\text{cm}^3 \cdot \text{Grad}} \cdot 10^6$ |
|---|---|---|---|---|---|---|---|---|
| | $\Delta \mu_1$ | $\Delta H_1$ | $T \Delta S_1$ | $\Delta S_1$ | $\Delta \mu_1$ | $\Delta H_1$ | $T \Delta S_1$ | $\Delta S_1$ |
| Chloroform . . . | —6,05 | —2,60 | +3,45 | +1,13 | —7,41 | —3,18 | +4,23 | +1,38 |
| Dioxan . . . . . | —3,89 | +1,43 | +5,32 | +1,74 | —4,50 | +1,66 | +6,15 | +2,03 |
| Tetrahydrofuran . | —3,31 | +0,90 | +4,21 | +1,38 | —4,02 | +1,09 | +5,12 | +1,68 |
| Benzol . . . . . | —4,03 | —0,59 | +3,44 | +1,13 | —4,48 | —0,66 | +3,83 | +1,26 |
| Toluol. . . . . . | —3,48 | +0,95 | +4,43 | +1,46 | —3,24 | +0,88 | +4,12 | +1,36 |
| Diäthylketon. . . | —3,13 | +1,87 | +5,00 | +1,64 | —2,95 | +1,76 | +4,70 | +1,54 |
| Äthylacetat . . . | —2,84 | +0,18 | +3,02 | +0,99 | —2,90 | +0,18 | +3,08 | +1,01 |
| Aceton . . . . . | —1,99 | +0,90 | +2,89 | +0,95 | —2,67 | +1,21 | +3,88 | +1,28 |
| Butylacetat . . . | —2,52 | +5,61 | +8,13 | +2,67 | —1,91 | +4,26 | +6,17 | +2,03 |
| m-Xylol . . . . | —1,84 | +6,68 | +8,52 | +2,80 | —1,49 | +5,39 | +6,88 | +2,26 |

Aus der Tabelle ist ersichtlich, daß die großen Unterschiede der Verdünnungsarbeit (2. und 6. Spalte), die schon in Abb. VII, 1 auffielen, hauptsächlich durch die energetische Wechselwirkung bedingt sind, die sich in der Verdünnungswärme (3. und 7. Spalte) zeigt. Dagegen ist die Verdünnungsentropie, besonders wenn man sie pro Kubikzentimeter LM rechnet, auffallend wenig veränderlich und bei der stark exothermen Chloroformlösung kaum wesentlich anders als bei den annähernd athermischen Lösungen in Benzol und Toluol. Inwieweit diese am Polymethacrylsäureester gefundenen Ergebnisse allgemeinere Bedeutung haben, darüber kann z. Z. noch nichts ausgesagt werden. Auf jeden Fall ist es notwendig, die experimentelle Basis wesentlich zu verbreitern, bevor eine abschließende thermodynamische und statistische Theorie der makromolekularen Lösungen aufgestellt werden kann. Es wäre zu wünschen, daß solche Messungen jetzt in größerem Umfang durchgeführt würden, zumal die experimentellen Methoden hierfür durchaus gegeben sind.

### Zusammenfassende Darstellungen zu Kapitel VII.

Cohn, E. J., u. J. T. Edsall: Proteins, Amino Acids and Peptides. New York: Reinhold 1943.
Davson, H., u. J. F. Danielli: Permeability of Natural Membranes. New York: Macmillan 1943.
Hildebrand, I. A.: Solubility or Nonelectrolytes, 3 rd Ed. New York 1950.
Wagner, R. H. in Weissenberger: Physical Methods of in Organic Chemistry, Bd. I, Kapitel XI, Intersc. Publ. New York 1949.

---

[1] Schulz, G. V., u. H. Doll: Z. f. Elektrochem. **56**, 248 (1952).
[2] Es sind dieselben LM, für welche in Abb. VII, 1 die osmotischen Kurven dargestellt sind.

Achtes Kapitel.

# Sedimentation und Diffusion von Makromolekülen.

Von

J. Hengstenberg.

Mit 52 Textabbildungen.

## § 63. Anwendungsbereich der Ultrazentrifugen- und Diffusionsmethode.

Die Untersuchung der Makromoleküle in Lösung mittels der Ultrazentrifuge hat besonders bei Proteinen in den letzten drei Jahrzehnten grundsätzlich neue Erkenntnisse gebracht. Für diese Körperklasse ließ sich außer dem Molekulargewicht zumindest angenähert auch die Molekülform bestimmen und auch der Einfluß der äußeren Bedingungen auf die Spaltkomponenten und deren Einheitlichkeit erkennen. Die Ultrazentrifugenmethode ist daher heute ein unentbehrliches Hilfsmittel zur Erforschung der Proteine geworden. Die Untersuchung der hochpolymeren Stoffe, die in Lösung mehr oder weniger bewegliche Fadenmoleküle bilden, z. B. der Cellulosederivate und der Polyvinylverbindungen, hat erst 10 Jahre später als bei den Proteinen begonnen und nur langsam an Umfang und Bedeutung gewonnen. Der Grund hierfür liegt z. T. darin, daß lange Jahre hindurch nur im Svedbergschen Institut eine leistungsfähige Ultrazentrifuge zur Verfügung stand. Zudem stellte sich im Laufe der Zeit heraus, daß die Ultrazentrifugenuntersuchung von Fadenmolekülen in Verbindung mit Diffusionsmessungen wesentlich mehr Arbeitsaufwand als bei den Proteinen erfordert. Außerdem bereitete die Deutung der Ergebnisse von der theoretischen Seite her mehr Schwierigkeiten, als man ursprünglich angenommen hatte.

Für die einfache Molekulargewichtsbestimmung leisten die Messungen des osmotischen Druckes, für die Ermittlung von Form und Größe des Moleküls die Methoden der Lichtstreuung und Strömungsdoppelbrechung mit einfacheren experimentellen Mitteln häufig das gleiche. Wenn trotzdem die Ultrazentrifuge und Diffusionsverfahren immer wieder auch bei der Untersuchung von Fadenmolekülen herangezogen werden, hat dies hauptsächlich zwei Gründe. Die Bewegung des Fadenmoleküls in Lösung ist bei der Sedimentation und Diffusion wesentlich einfacher als bei den üblichen Viscositätsmessungen. Durch den experimentell bestimmbaren Reibungsfaktor ist sein hydrodynamisches Verhalten weitgehend gekennzeichnet. Es ist auch möglich, für verschiedene Molekülmodelle den Reibungsfaktor für Sedimentation bzw. Diffusion theoretisch zu berechnen und aus dem Vergleich mit der Erfahrung Aussagen über die Molekülform zu treffen, die sich aus der Viscosität nicht so sicher ableiten lassen. Ein zweiter besonderer Vorteil der Ultrazentrifuge besteht in der Möglichkeit, etwas über die polymolekulare Verteilung der untersuchten Substanz zu erfahren. Außer der bei Proteinen häufigen Einheitlichkeit der Komponenten läßt sich die Form der polymolekularen Verteilungskurven sowohl mit einem als auch mehreren Maxima im allgemeinen im Sedimentationsdiagramm unmittelbar erkennen und in günstigen Fällen auch quantitativ erfassen. Hierbei ist der große Molekulargewichtsbereich der Ultrazentrifugenmethode, der sich, wenn man die Gleichgewichtsmethode mit berücksichtigt, von einigen Hundert bis zu praktisch beliebig großen Werten erstreckt, von besonderer Bedeutung.

Aus Diffusionsmessungen hingegen lassen sich nur schwierig Anhaltspunkte über die Verteilungsfunktion gewinnen. Dagegen ist die Methode besonders genau bei makromolekularen Stoffen mit kleinerem Polymerisationsgrad und gestattet z. B. bei Kugelmolekülen verhältnismäßig sichere Angaben für das Molekulargewicht.

Eine ausführliche und vollständige Darstellung der Ultrazentrifugen- und Diffusionsmethoden und ihrer Ergebnisse ist im Rahmen des vorliegenden Handbuchs nicht möglich. Da die apparative Entwicklung dieses Gebiets in einigen zusammenfassenden Artikeln (siehe Literaturangaben zu B) und vielen Einzelveröffentlichungen ausführlich dargestellt ist, wurde die Beschreibung von experimentellen Anordnungen auf das notwendigste und auf neuere Fortschritte beschränkt. Dagegen wurde auf eine kurze und zusammenfassende Darstellung des derzeitigen Standes der Theorie der Sedimentation und Diffusion und vor allem auf eine möglichst vollständige Übersicht des gesamten experimentellen Materials besonderer Wert gelegt.

## A. Theorien der Sedimentation und Diffusion.

### § 64. Theorie der Sedimentation.

#### a) Sedimentation kugelförmiger Teilchen.

Werden Teilchen in einer Lösung oder einer Emulsion einem starken Zentrifugalfeld ausgesetzt, so erfolgt eine Wanderung in Richtung des Zentrifugalfeldes. Die dadurch bedingten Konzentrationsänderungen und ihr zeitlicher Ablauf können z. B. durch Messung der Absorption oder des Brechungsexponenten der Lösung bestimmt werden. In Abb. VIII, 1a ist der Verlauf der Konzentration in einem sedimentierenden System zu verschiedenen Zeiten dargestellt. Bei $x = x_0$ befindet sich der Meniskus der in eine Zelle eingebrachten Lösung, bei $x_n$ der Boden der Zelle.

Abb. VIII, 1 b gibt die aus diesem Konzentrationsverlauf abgeleiteten Konzentrationsgradienten an[1].

Die Wanderungsgeschwindigkeit dieser Maxima, die Sedimentationsgeschwindigkeit $\dfrac{dx}{dt}$ , wird nach SVEDBERG[2] durch eine Sedimentationskonstante $s$ charakterisiert, die definiert ist durch den Ausdruck:

$$s = \frac{\dfrac{dx}{dt}}{\omega^2 x} .$$

(VIII, 1)

Hier bedeutet $\omega$ die Winkelgeschwindigkeit des rotierenden Systems und $x$ den Abstand vom Rotationszentrum. Die Integration von Gl. (VIII, 1) ergibt:

$$s = \frac{\ln \dfrac{x_1}{x_0}}{\omega^2 (t_1 - t_0)}$$

(VIII, 2)

oder näherungsweise:

$$s = \frac{2 (x_1 - x_0)}{(x_1 + x_0)\, \omega^2 (t_1 - t_0)}$$

(VIII, 3)

($x_0$ = Abstand des Meniskus vom Rotationszentrum, $t_0$ = Zeit zu Versuchsbeginn).

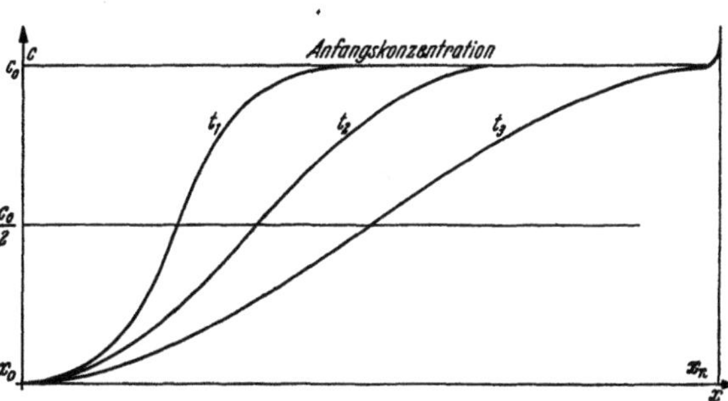


Abb. VIII, 1a. Konzentrationsverlauf bei der Sedimentation.

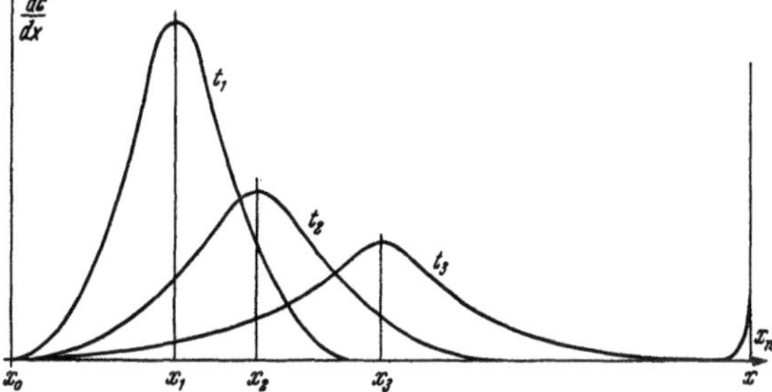


Abb. VIII, 1 b. Konzentrationsgradient bei der Sedimentation.

Die Berechnung von $s$ erfolgt mittels der Gl. (VIII, 2) oder (VIII, 3) z. B. aus den Maxima der Konzentrationsgradienten mit den Abszissen $x_1$, $x_2$, $x_3$ (Abb. VIII, 1 b). Bei der Auswertung sind außerdem noch Korrektionen wegen der sektorförmigen Form der Zelle sowie wegen der Inhomogenität des Zentrifugalfeldes anzubringen.

Ein Teilchen vom Volumen $v$ und der Dichte $\varrho_1$, das in einem Medium von der Dichte $\varrho$ unter dem Einfluß des Zentrifugalfeldes $\omega^2 x$ sedimentiert, hat einen Reibungswiderstand $F \dfrac{dx}{dt}$ zu überwinden, wo $F$ einen

---

[1] Die abnehmende Neigung der Konzentrationskurve in Abb. VIII, 1a und die entsprechende Verbreiterung der Konzentrationsgradientenkurve (Abb. VIII, 1 b) ist auf den Einfluß der Diffusion zurückzuführen, die bestrebt ist, die durch die Sedimentation auftretenden Konzentrationsunterschiede auszugleichen. Die gleiche Wirkung hat eine etwa vorhandene Polymolekularität wegen der verschiedenen Wanderungsgeschwindigkeit der Teilchen.

[2] SVEDBERG, T.: a) Kolloid-Z., Erg.-Bd. **36**, 53 (1925); b) Z. phys. Chem. **127**, 51 (1927). — SVEDBERG, T., u. K. O. PEDERSEN: Die Ultrazentrifuge. Zusammenfassende Monographie. Dresden-Leipzig: Th. Steinkopff 1940. Im folgenden stets als UZ zitiert.

Reibungsfaktor bedeutet, der von der Gestalt des Teilchens und von der Wechselwirkung mit dem umgebenden Medium abhängt. Im stationären Zustand gilt dann

$$v\,(\varrho_1 - \varrho)\,\omega^2 x = F\,\frac{d\,x}{d\,t} \qquad\qquad \text{(VIII, 4)}$$

bzw.

$$v\,(\varrho_1 - \varrho)\quad = F\,s\,. \qquad\qquad \text{(VIII, 5)}$$

Für kugelförmige Teilchen ist aber nach STOKES

$$F = 6\,\pi\,\eta\,r \qquad\qquad \text{(VIII, 6)}$$

($r = $ Teilchenradius, $\eta = $ Viscosität des Mediums). Da $v = \tfrac{4}{3}\,\pi\,r^3$, ergibt die Berechnung des Teilchenradius aus $s$

$$r = \left(\frac{9\,\eta\,s}{2\,(\varrho_1 - \varrho)}\right)^{1/2}\,. \qquad\qquad \text{(VIII, 7)}.$$

Diese Gleichung gilt mit großer Genauigkeit für Teilchen, die größer als einige Millimikron sind.

Für Partikel vom Molekulargewicht $M$ wird an Stelle von $v$ das Molvolumen $M V$ eingesetzt $\left(V = \dfrac{1}{\varrho_1}\right.$ ist das partielle spezifische Volumen in Lösung). Dann ist

$$M\,(1 - V\varrho) = f s\,. \qquad\qquad \text{(VIII, 8)}$$

Hier ist $f$ ein molarer Reibungskoeffizient. Für kugelförmige kompakte Moleküle gilt dann entsprechend (VIII, 6):

$$f_K{}^1 = 6\,\pi\,\eta\,r\,N_L = 6\,\pi\,\eta\,N_L\left(\frac{3\,M\,V}{4\,\pi\,N_L}\right)^{1/3} \qquad\qquad \text{(VIII, 9)}$$

und wegen (VIII, 8):

$$M = \frac{4\,\pi\,N_L}{3\,V}\left(\frac{9}{2}\,\frac{\eta\,s\cdot V}{(1 - V\varrho)}\right)^{3/2} \quad (N_L = \text{LOSCHMIDTsche Zahl}). \qquad \text{(VIII, 10)}$$

(VIII, 10) dient zur Bestimmung des Molekulargewichts kugelförmiger, nicht solvatisierter Teilchen. Hierzu genügt also die Messung einer Sedimentationskonstanten.

In den meisten Lösungen makromolekularer Substanzen ist $s$ für ein bestimmtes Molekulargewicht jedoch keine Konstante, sondern hängt sowohl von der Form des Moleküls als auch von der Konzentration der Lösung ab. Außerdem ist hier der Reibungsfaktor nicht aus (VIII, 9) zu berechnen, sondern durch eine zusätzliche Messung des Diffusionskoeffizienten zu bestimmen.

---

[1] Um Verwechslungen mit dem für die Konzentration $c = 0$ gültigen Reibungsfaktor $f_0$ zu vermeiden, verwenden wir hier das Symbol $f_K$ anstelle des sonst gebräuchlichen $f_0$.

### b) Allgemeine Differentialgleichung der Sedimentation.

LAMM[1] hat für den allgemeinen Fall der Sedimentation bei gleichzeitiger Diffusion eine allgemeine Differentialgleichung aufgestellt[2], deren Lösung für verschiedene Zeiten in Abb. VIII, 2 schematisch dargestellt ist. Die anfänglich zwischen 0 und $\dfrac{c_g}{c_0} = 1$ verlaufenden $s$-förmigen Konzentrationskurven wandern im Laufe der Zeit nach größeren $x$-Werten gegen den Boden der Küvette hin. Die dort anstoßenden Teilchen diffundieren zurück, bis sich schließlich zur Zeit $t_4$ ein Gleichgewicht zwischen Sedimentation und Diffusion einstellt. Der Anfangszustand der Sedimentation für die Zeiten $t_1$, $t_2$, $t_3$ entspricht den Bedingungen bei der Bestimmung der Sedimentationsgeschwindigkeit, während der Endzustand zur Zeit $t_4$ als Sedimentationsgleichgewicht bezeichnet wird. Eine exakte Lösung der Differentialgleichung, die alle Vorgänge gleichzeitig beschreibt, haben FAXÉN[3] und ARCHIBALD[4a] angegeben. Die numerische Auswertung ist jedoch außerordentlich umständlich. Neuerdings wurde von ARCHIBALD[4b] eine Näherungslösung mitgeteilt, die es erlaubt, die Sedimentationskurven auch schon vor Erreichung des endgültigen Gleichgewichts zu berechnen. Diese Methode hat bis jetzt jedoch noch keine praktische Bedeutung gewonnen. Bei den bisherigen Arbeiten mit der Ultrazentrifuge wird lediglich der Endzustand des Sedimentationsgleichgewichts bestimmt oder während der Anfangsperiode gemessen, in der die Teilchen mit nahezu konstanter, durch eine Sedimentationskonstante gegebenen Geschwindigkeit absinken.

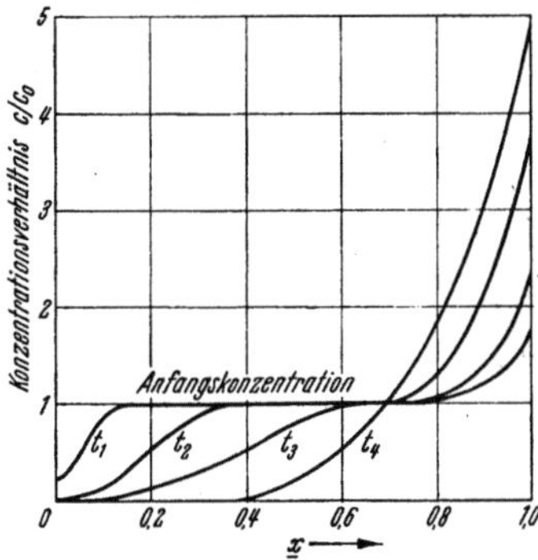



Abb. VIII, 2. Lösungen der allgemeinen Differentialgleichung der Sedimentation.

### c) Sedimentationsgleichgewicht.

Für den Grenzfall des Sedimentationsgleichgewichts ist die Integration der Gl. (VIII, 11) für lange Zentrifugierzeiten mit der Randbedingung $\dfrac{\partial c_g}{\partial t} = 0$ durchzuführen. Sie führt unter Benutzung von VIII,8

---

[1] LAMM, O.: Ark. Math. Astr. Fys. **21** B, 2, 1 (1929).

[2] Sie lautet:

$$\frac{\partial c_g}{\partial t} = \frac{1}{x}\frac{\partial}{\partial x}\left[\left(D\,\frac{\partial c_g}{\partial x} - \omega^2\,x\,s\,c_g\right)x\right].\qquad\text{(VIII, 11)}$$

$D$ ist die Diffusionskonstante (Definition Gl. VIII, 17) und $c_g$ die Konzentration der Lösung. Der erste Klammerausdruck enthält den auf die Diffusion entfallenden Anteil der zeitlichen Konzentrationsänderung. Für $s = 0$ reduziert sich nämlich die Gl. (VIII, 11) auf das 2. FICKsche Diffusionsgesetz (§ 65, VIII, 26). Der zweite Ausdruck berücksichtigt den Sedimentationseinfluß.

[3] FAXÉN, O. H.: Ark. Math. Astr. Fys. **21** B, 1 (1929); **25** B, 1 (1936).

[4] ARCHIBALD, W. J.: a) Phys. Rev. **53**, 746 (1938); b) Phys. Rev. **54**, 371 (1938).

und der Beziehung von $fD = \mathrm{R}T$ zu folgendem Ausdruck für das Sedimentationsgleichgewicht, der sich auch aus dem chemischen Potential ableiten läßt:

$$\omega^2 x \, (1 - V\varrho) \, c_g = \frac{\mathrm{R}T}{M} \frac{d\,c_g}{d\,x} \qquad\qquad \text{(VIII, 12)}$$

($\mathrm{R}$ = allgemeine Gaskonstante, $T$ = absolute Temperatur). Die Integration und Auflösung nach $M$ ergibt

$$M = \frac{2\,\mathrm{R}T \ln\,(c_2/c_1)}{\omega^2 \, (1 - V\varrho) \, (x_2^2 - x_1^2)} \qquad\qquad \text{(VIII, 13)}$$

$c_2$ und $c_1$ sind die an den Stellen $x_2$ und $x_1$ herrschenden Konzentrationen.

Diese Gleichung gilt nur für ideale Lösungen mit ungeladenen Teilchen. Bei geladenen Teilchen ist die Rückwirkung der bei der Wanderung entgegengesetzt geladener Schichten entstehenden Doppelschicht zu berücksichtigen. Der Gl. (VIII, 13) entsprechende Beziehungen für geladene Partikel sind von SVEDBERG[1] angegeben worden.

Von SCHULZ[2] und später von WALES[3a] wurde darauf hingewiesen, daß auch für nichtideale Lösungen Gl. (VIII, 13) modifiziert werden muß. Hier ist der Wert $\dfrac{\mathrm{R}T}{M}$ in Gl. (VIII, 13), der in idealen Lösungen gleich dem reduzierten osmotischen Druck $\dfrac{\Pi}{c_g}$ ist, zu ersetzen durch $\dfrac{d\,\Pi}{d\,c_g}$. Für $\dfrac{d\,\Pi}{d\,c_g}$ folgt aus der Gleichung für den osmotischen Druck nichtidealer Lösungen unter Vernachlässigung der höheren Glieder in $c$:

$$\Pi = \frac{\mathrm{R}T}{M} c_g + B^* c_g^2 \qquad\qquad \text{(VIII, 14)}$$

$$\frac{d\,\Pi}{d\,c_g} = \frac{\mathrm{R}T}{M} + 2\,B^* c_g \, . \qquad\qquad \text{(VIII, 15)}$$

Für das Molekulargewicht gilt dann die Beziehung

$$M = \frac{\mathrm{R}T}{Z\,(x) - 2\,B^* c_g} \, , \qquad\qquad \text{(VIII, 16)}$$

wo

$$Z\,(x) = \frac{\omega^2 x \, (1 - V\varrho) \, c_g}{d\,c_g/d\,x} \, . \qquad\qquad \text{(VIII, 16\,a)}$$

Falls für eine Substanz osmotische Messungen vorliegen und $\dfrac{d\,\Pi}{d\,c_g}$ bzw. $B^*$ bekannt ist, kann daher auch für nichtideale Lösungen das Molekulargewicht aus Gleichgewichtsmessungen bestimmt werden. Neuerdings hat WALES[3b] gezeigt, daß $B^*$ auch aus den Messungen des Sedimentationsgleichgewichts selbst berechnet werden kann. Die von SCHULZ[2] unter Benutzung von (VIII, 16) durchgeführte Auswertung der Gleichgewichtsmessungen von MOSIMANN[4] an Nitrocellulose hat ergeben, daß

[1] SVEDBERG, T.: UZ, S. 21 u. S. 44.
[2] SCHULZ, G. V.: Z. phys. Chem. **193**, 168 (1944).
[3] WALES, M.: a) J. Phys. Colloid Chem. **52**, 235 (1948). — WALES u. Mitarb.: b) J. Phys. Colloid Chem. **55**, 145 (1951).
[4] MOSIMANN, H.: Helvet. chim. Acta **26**, 369 (1943).

eine wesentlich bessere innere Übereinstimmung der Resultate erhalten wird, als dies bei „idealer" Berechnung der Fall ist, und eine Reihe von Unklarheiten bei der ursprünglichen MOSIMANNschen Erklärung seiner Messungen beseitigt werden kann.

Bei den älteren Messungen des Sedimentationsgleichgewichts sind die oben erwähnten Korrekturen wegen des nichtidealen Verhaltens der Lösungen noch nicht berücksichtigt. Die Fehlergrenzen der angegebenen Molekulargewichtswerte sind daher erheblich.

Wegen der langen Versuchszeiten von mindestens einigen Tagen bis zu mehreren Wochen ist die Gleichgewichtsmethode auf Substanzen bis zu Molekulargewichten bis $10^5$ beschränkt, für besonders günstige Bedingungen gibt WALES[1] als obere Grenze $10^6$ an.

In dem „nichtidealen Verhalten" ist der Solvatationseffekt inbegriffen. LANSING und KRAEMER[2] haben gezeigt, daß in reinen Lösungsmitteln bei unendlicher Verdünnung der Solvatationseffekt nicht zu berücksichtigen ist. In Systemen, die aus dem gelösten Stoff und einem Lösungsmittelgemisch bestehen, kann jedoch eine bevorzugte Solvatation durch ein Lösungsmittel des Gemischs erfolgen. In diesem Falle verschwinden die Abweichungen von dem idealen Verhalten bei der Konzentration 0 nicht. Man kann sie jedoch unter der Annahme berechnen, daß eine stöchiometrische Verbindung des gelösten Stoffes mit einem der Lösungsmittel besteht. WALES und WILLIAMS[3] kommen mit thermodynamischen Methoden zu dem Resultat, daß der Unterschied zwischen dem „trockenen" und dem scheinbaren Molekulargewicht durch eine Solvatationszahl beschrieben werden kann, die die bevorzugte Wechselwirkung mit einem der Lösungsmittel des Gemischs mißt.

Bei polymolekularen Stoffen liefert die Formel (VIII, 13) bei Verwendung refraktometrischer Konzentrationsbestimmungen je nach der Auswertungsmethode verschiedene Mittelwerte des Molekulargewichts, deren Unterschiede einen Hinweis auf die Breite der Verteilungskurve geben. Im § 66 wird auf diese vor allem von LANSING und KRAEMER entwickelten Methoden näher eingegangen.

### d) Sedimentationsgeschwindigkeit beliebig geformter Teilchen.

Bei den meisten Ultrazentrifugenversuchen wird die Geschwindigkeit des sedimentierenden Teilchens im stationären Zustand gemessen und sein Reibungswiderstand durch den Diffusionskoeffizienten ausgedrückt. Die für diesen Vorgang gültige Beziehung wurde von OKA[4] aus der allgemeinen Differentialgleichung VIII 11 abgeleitet. SVEDBERG[5] hat sie auf Grund einfacher kinetischer Überlegungen aufgestellt. Er setzt voraus, daß die Reibungskonstante für die Sedimentation $f_s$ in Gl. (VIII, 8)

---


[1] WALES, M.: J. Phys. Coll. Chem. **55**, 282 (1951).
[2] LANSING, W. D., u. E. O. KRAEMER: J. Amer. Chem. Soc. **58**, 1471 (1936).
[3] WALES, M., u. J. W. WILLIAMS: J. Polymer Science **8**, 449 (1952).
[4] OKA, S.: Proc. Phys. Math. Soc. Japan (3) **18**, 519 (1936).
[5] SVEDBERG, T.: Kolloid-Z., Erg.-Bd. **36**, 53 (1925).

gleich der Reibungskonstante der Diffusion $f_D$ ist. Nach SINGER[1] ist der Quotient $f_s/f_D$ bei den üblichen experimentellen Anordnungen tatsächlich nur um höchstens 1% größer als 1. Für $f = f_s = f_D$ gilt dann die Beziehung

$$f = \frac{RT}{D} \qquad \text{(VIII, 17)}$$

($D$ = Diffusionskonstante, s. § 65). In Gl. (VIII, 8) eingesetzt, ergibt dies die „SVEDBERGsche Gleichung" für die Berechnung des Molekulargewichts aus Sedimentations- und Diffusionskonstante:

$$M = \frac{RTs}{D\,(1 - V\varrho)} . \qquad \text{(VIII, 18)}$$

Es ist bemerkenswert, daß diese Gleichung unabhängig von der Molekülform gilt, während die in Gl. (VIII, 10) angegebene Beziehung sich ausdrücklich nur auf kugelförmige Teilchen beschränkt. Andererseits gilt jedoch auch Gl. (VIII, 18) nur für ideale Lösungen bzw. als Grenzgesetz für $c_g = 0$, da $s$ und $D$ von der Konzentration abhängen.

Gewöhnlich wird $s$ auf eine Temperatur von 20° C und auf die Einheit der Viscosität bezogen. Für theoretische Überlegungen ist es zweckmäßig, eine „Sedimentationszahl" (intrinsic sedimentation constant) $[s]_0$ anzugeben (KRAEMER und NICHOLS)[2], die auf die Konzentration 0 extrapoliert ist und aus der bei der Temperatur $T$ gemessenen Sedimentationskonstante $s_T$ nach folgender Gleichung berechnet werden kann:

$$[s]_0 = \lim_{c_g \to 0} [s] = \lim_{c_g \to 0} \left( \frac{\eta_T \, V_T \, s_T}{(1 - V_T \, \varrho_T)} \right) . \qquad \text{(VIII, 19)}$$

### e) Konzentrationsabhängigkeit der Sedimentationskonstante.

Die Konzentrationsabhängigkeit der Sedimentationskonstante $s$ ist von BURGERS[3] für verdünnte Lösungen kugelförmiger Moleküle berechnet worden. Für den Reibungsfaktor der Sedimentation erhält er:

$$f_c = f_0 \, (1 + K_s \, c_v) , \qquad \text{(VIII, 20)}$$

wo $K_s$ unabhängig vom Molekulargewicht den Wert 6,875 hat, wenn $c_v$ in Volumenprozenten angegeben ist. Für $s_c$ gilt dann:

$$s_c = \frac{s_0}{1 + K_s \, c_g} . \qquad \text{(VIII, 21)}$$

BECKMANN und ROSENBERG[4] sowie NEWMAN und EIRICH[5] haben die gleiche Beziehung für Fadenmoleküle angegeben. Ihr $K_s$ ist jedoch vom Molekulargewicht abhängig und für stark geknäuelte Fadenmoleküle etwa proportional $\sqrt{M}$ .

[1] Siehe P. O. KINELL u. B. G. RÅNBY: Advances of Colloid Science III, S. 182. Interscience: New York 1950.
[2] KRAEMER, E. O., u. J. B. NICHOLS: In UZ, S. 388.
[3] BURGERS, J. M.: Proc. Akad. Amsterdam 44, 1045, 1177 (1941); 45, 9, 126 (1942).
[4] BECKMANN, C. O., u. J. ROSENBERG: Ann. N.Y. Acad. Sci. 46, 209 (1945).
[5] NEWMAN, S., u. F. EIRICH: J. Colloid Sci. 5, 6, 544 (1950).

Neuerdings hat BUECHE (nach einer privaten Mitteilung an BECK-MANN und ROSENBERG) berechnet, daß in sehr verdünnten Lösungen $\frac{1}{s}$ proportional zu $\sqrt{c_g}$ ist und erst bei höheren Konzentrationen proportional zu $c_g$ wird. Als Stütze für die Richtigkeit der BUECHESCHEN Theorie können die Messungen von SCHOLTAN[1] an Polyvinylpyrrolidon in Wasser betrachtet werden. Jedoch genügt hier die Genauigkeit noch nicht zu einer sicheren Unterscheidung.

Trotz großer Fortschritte in der theoretischen Behandlung der Konzentrationsabhängigkeit von $s$ ist es daher immer noch wünschenswert, möglichst bis zu kleinen Konzentrationen herunterzumessen und nicht über große Konzentrationsbereiche zu extrapolieren.

Für konzentriertere Lösungen wird $s$ häufig unabhängig von $c_g$ und $M$. Aus Experimenten an Modellen durch Anwendung des hydrodynamischen Ähnlichkeitsprinzips erhält H. KUHN[2] für diesen Fall folgenden Ausdruck:

$$s = \frac{a\,(1 - V\varrho)}{\eta\,V\,(\alpha + \beta\,\varphi)} \qquad \text{(VIII, 21a)}$$

($a$ = Querschnitt des Fadenmoleküls; $\varphi$ = Volumenfraktion des Hochpolymeren; $\alpha$ und $\beta$ Konstanten [bei H. KUHN $\alpha = 6{,}5$ und $\beta = 515$]). Aus dieser Gleichung läßt sich, wenn $s$ bei höheren Konzentrationen gemessen wird, der Molekülquerschnitt abschätzen. Von H. KUHN ist diese Beziehung experimentell bestätigt worden. Eine ähnliche Betrachtung stellte SIGNER[3] an. Unter Annahme eines einfachen Stäbchenmodells leitet er aus seinen Messungen an Polystyrol plausible Werte für die Moleküldicke ab.

### f) Sedimentation in polymolekularen Systemen.
#### (Mittelwerte von $s$.)

In einem polymolekularen System ist jeder Teilchengröße eine Sedimentationskonstante zuzuordnen. Berechnet man aus den Abszissen $x$ der Abb. VIII, 1b die zugehörigen $s$ und aus den $\frac{d\,c_g}{d\,x}$ die $\frac{d\,c_g}{d\,s}$-Werte, so gibt die Kurve $\frac{d\,c_g}{d\,s} = f(s)$ ein Abbild der molekularen Verteilungskurve. In nichtidealen Lösungen tritt eine Verzerrung der $\frac{d\,c_g}{d\,x}$- bzw. $\frac{d\,c_g}{d\,s}$-Kurven auf, die sich an Hand der Abb. VIII, 3 leicht veranschaulichen läßt. Da die schweren Teilchen rascher als das Maximum der Konzentrationsgradientenkurve wandern, gelangen sie dadurch in ein Gebiet

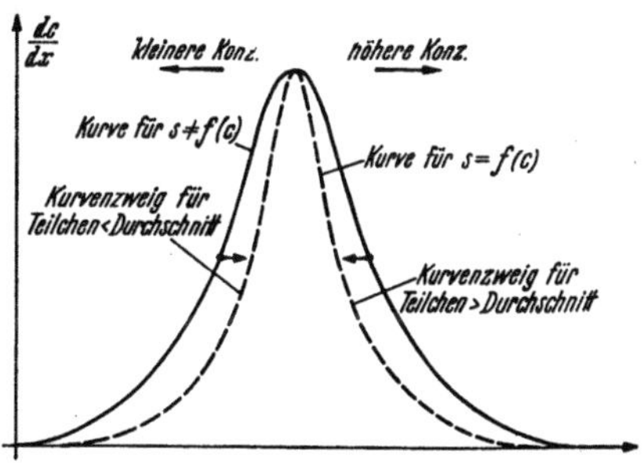


Abb. VIII, 3. Einfluß der Konzentrationsabhängigkeit von $s$ auf das Sedimentationsdiagramm.

---

[1] SCHOLTAN, W.: Makromol. Chem. 7, 209 (1952).
[2] KUHN, H.: Experientia (Basel) 2, 64 (1946).
[3] SIGNER, R.: Vortrag b. Makromol. Kolloquium, Freiburg, 1./2. 6. 1951.

höherer Konzentration, in dem sie einen größeren Reibungswiderstand erfahren, wobei ihre Geschwindigkeit heruntergesetzt wird. Die leichteren Teilchen bleiben zurück und gelangen in ein verdünnteres Medium, werden sich also schneller als ein Durchschnittsmolekül bewegen. Dieser Effekt führt zu einer Verschmälerung der Konzentrationsgradientenkurve.

Bei höheren Konzentrationen kann diese Verschmälerung sehr ausgeprägt werden. Ein Beispiel für diesen Effekt zeigt Abb. VIII, 4, in welcher die Sedimentationskurven einer Nitrocellulose für vier verschiedene Konzentrationen aufgetragen sind. Es geht daraus hervor, daß bei allen Diskussionen über Verteilungskurven in nichtidealen Lösungen die Konzentrationsabhängigkeit von $s$ sehr genau berücksichtigt werden muß.

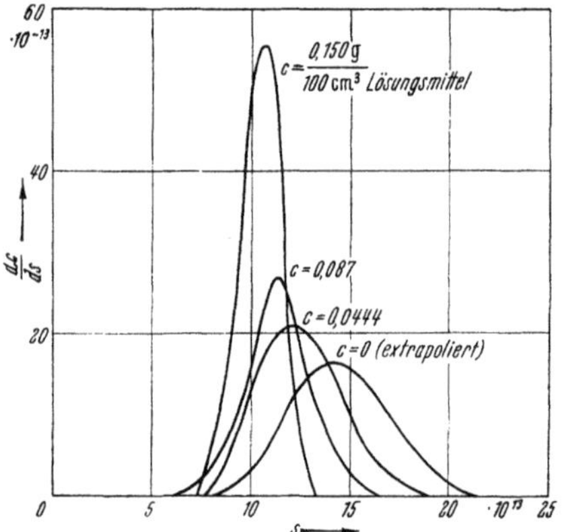


Abb. VIII, 4. Verbreiterung des Sedimentationsdiagramms mit abnehmender Konzentration.

Bei einem genaueren Studium des Verlaufs der Konzentrationsgradientenkurve ist auch die Diffusion und ihre Konzentrationsabhängigkeit zu beachten. Beide Effekte haben zur Folge, daß eine Verschiebung des Maximums meistens nach größeren Sedimentationskonstanten hineintritt. Eine Bestimmung der Verteilungskurve aus dem Sedimentationsdiagramm ist daher nur dann einfach, wenn, wie bei Emulsionen oder Lösungen großer nichtsolvatisierter Kugelmoleküle, die Sedimentationskonstante unabhängig von der Konzentration ist und die Diffusion vernachlässigt werden kann.

Bei unsymmetrischen Sedimentationskurven ergibt die Berechnung von $s$ aus der Abszisse im Maximum eine Sedimentationskonstante $s_t$, die zunächst keinen definierten Mittelwert darstellt. In diesem Fall ist die Berechnung eines Gewichtsmittels

$$s_w = \frac{\int\limits_0^{c_0} s\,dc_g}{\int\limits_0^{c_0} dc_g} \qquad\qquad (VIII, 22)$$

nach einer von YULE und KENDALL[1] angegebenen Näherungsformel möglich:

$$s_w = \frac{3\,s_m - s_t}{2}. \qquad\qquad (VIII, 23)$$

Hierin haben $s_t$ und $s_w$ die angegebene Bedeutung, während $s_m$ die Abszisse ist, für welche die Sedimentationskurve in zwei gleiche Flächen geteilt wird.

Die Abhängigkeit der $s_m$-Werte von der Polymolekularität ist auch von KINELL[2] diskutiert worden.

---

[1] YULE, G. U., u. M. G. KENDALL: Theory of Statistics. London 1940.
[2] KINELL, P. O., u. B. G. RÅNBY: Advances in Colloid Science III, S. 182. Interscience New York: 1950.

# § 65. Theorie der Diffusion.

## a) Diffusion in idealen und nichtidealen Lösungen.

Wird die Lösung eines makromolekularen Stoffes mit einer Lösung geringerer Konzentration oder mit einem Lösungsmittel überschichtet, so erfolgt unter dem Einfluß der thermischen Bewegung und der Zusammenstöße der gelösten Moleküle eine Teilchenwanderung in der Richtung des Konzentrationsgefälles. Diese Erscheinung heißt Translationsdiffusion.

Für den einfachsten Fall, daß die Teilchenwanderung im Mittel nur in einer Richtung erfolgt und die Geschwindigkeit der Wanderung von der Konzentration nicht abhängt, läßt sich eine Diffusionskonstante $D$ durch folgende Gleichung definieren:

$$Q = - D \frac{\partial c_g}{\partial x}. \quad \text{(1. Ficksches Gesetz)} \quad \text{(VIII, 24)}$$

Hier bedeutet $Q$ die Menge, die durch eine ebene Fläche von 1 cm² in der Zeiteinheit in der Richtung $x$ hindurchtritt. Gl. (VIII, 24) gilt nur für konstantes $D$, also für ideale Lösungen mit ungeladenen Teilchen, kann jedoch auch als Grenzgesetz für kleine Konzentrationen und Konzentrationsdifferenzen für nichtideale Lösungen benutzt werden.

Da bei den Diffusionsexperimenten meistens nicht die Größe $Q$, sondern die Konzentration gemessen wird, kann man unter Zuhilfenahme der hydrodynamischen Kontinuitätsgleichung

$$\frac{\partial c_g}{dt} = - \frac{\partial Q}{\partial x} \quad \text{(VIII, 25)}$$

aus (VIII, 24) die allgemeinere Beziehung ableiten:

$$\frac{\partial c_g}{\partial t} = \frac{\partial}{\partial x} \left( D \frac{\partial c_g}{\partial x} \right). \quad \text{(2. Ficksches Gesetz)} \quad \text{(VIII, 26)}$$

Für ideale Lösungen bzw. kleine Konzentrationen und kleine Konzentrationsgradienten kann $D$ als konstant angenommen werden. Aus (VIII, 26) ergibt sich dann:

$$\frac{\partial c_g}{\partial t} = D \frac{\partial^2 c_g}{\partial x^2}. \quad \text{(VIII, 27)}$$

Diese Differentialgleichung der Diffusion kann für die bei den verschiedenen experimentellen Anordnungen gültigen Randbedingungen integriert werden. In der am häufigsten gewählten Anordnung[1] ist ursprüng-

---

[1] Eine bei der Messung von Farbstoffen und Proteinen häufig benutzte Diffusionsmethode arbeitet mit anderen Randbedingungen. Hier sind die Lösungen bzw. das Lösungsmittel und die Lösung durch ein poröses Diaphragma getrennt. Oberhalb und unterhalb dieses Diaphragmas werden durch Wahl entsprechend großer Volumina, evtl. auch durch Rühren, konstante Konzentrationen $c_2$ bzw. $c_1$ aufrechterhalten, die durch die Teilchen, die in das Gebiet kleinerer Konzentrationen hineinwandern, nur wenig geändert werden. Auch für diese Bedingungen ist die Integration der Diffusionsgleichung (VIII, 26) leicht durchzuführen. Die Methode hat sich vor allem für Diffusionsmessungen an Proteinen [J. H. NORTHROP u. M. L. ANSON: J. Gen. Physiol. 12, 543 (1929)] und in der BASF, Ludwigshafen (Rhein) auch bei der Untersuchung der Teilchengrößen von Farbstofflösungen [E. VALKO: a) Betriebsbericht BASF 1932; b) Trans. Faraday Soc. 31, 230 (1935)] bewährt.

lich eine Grenzfläche für $x = 0$ vorhanden, die eine Lösung von der Konzentration $c_0$ vom Lösungsmittel trennt. Die Integration von (VIII, 27) für diesen Fall ergibt für die Konzentration $c_g$ an der Stelle $x$ die Beziehung:

$$c_g = \frac{c_0}{2}\left(1 - \frac{2}{\sqrt{\pi}}\int_0^y e^{-y^2}\,dy\right). \qquad\text{(VIII, 28)}$$

$$\text{wo } y = \frac{x}{2\sqrt{Dt}}$$

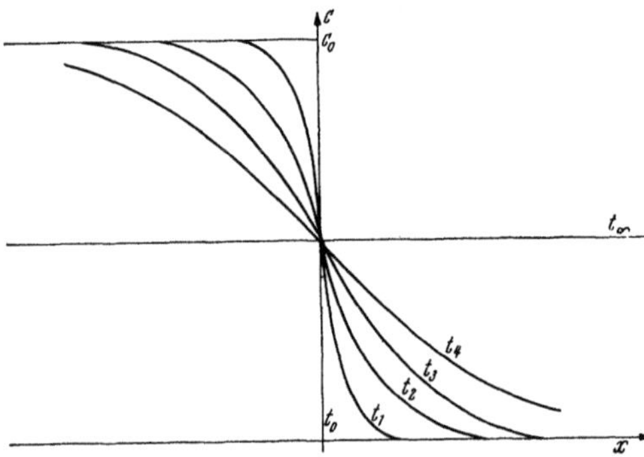

Abb. VIII, 5a. Konzentrationsverlauf bei der Diffusion.

Der zweite Ausdruck in der Klammer ist das Wahrscheinlichkeitsintegral. Dieser Konzentrationsverlauf ist für verschiedene Zeiten durch die Kurven der Abb. VIII, 5a schematisch dargestellt.

Bei den meisten Methoden zur Bestimmung des Konzentrationsverlaufs in Lösungen, z. B. der LAMMschen Skalenmethode (s. § 70 b), wird nicht die Konzentration, sondern der Konzentrationsgradient $\frac{\partial c_g}{\partial x}$ experimentell bestimmt. Aus Gl. (VIII, 28) erhält man durch Differentiation:

$$\frac{\partial c_g}{\partial x} = -\frac{c_0}{2\sqrt{\pi D t}}\cdot e^{-\frac{x^2}{4Dt}}. \qquad\text{(VIII, 29)}$$

In Abb. VIII, 5b ist diese Funktion $\frac{\partial c_g}{\partial x}$ in Abhängigkeit von $x$ für verschiedene Zeiten aufgezeichnet. Löst man Gl. (VIII, 29) nach $D$ auf, so ergibt sich:

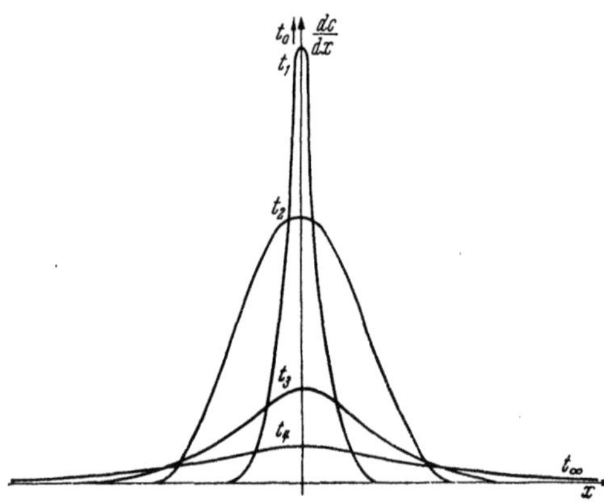

Abb. VIII, 5b. Konzentrationsgradient bei der Diffusion.

$$D = \frac{x^2}{4t\left|\ln\left[\left(\frac{\partial c_g}{\partial x}\right)_{max}\middle/\left(\frac{\partial c_g}{\partial x}\right)\right]\right|}. \qquad\text{(VIII, 29 a)}$$

$\left(\frac{\partial c_g}{\partial x}\right)_{max}$ ist die Ordinate an der Stelle $x = 0$. Über die Methoden, um $D$ aus Gl. (VIII, 29 a) numerisch zu berechnen, wird in Abschnitt c berichtet.

Hängt die Diffusionskonstante von der Konzentration ab, so ist das 2. FICKSCHE Gesetz nicht gültig. Eine exakte Lösung für diesen Fall ist von BOLTZMANN[1] angegeben worden. Danach ist:

$$D = \frac{-1}{2\,t} \cdot \frac{d\,x}{d\,c_g} \int\limits_{-\infty}^{x} x\, \frac{\partial c_g}{\partial x}\, d\,x\,.\qquad\text{(VIII, 30)}$$

Diese Gleichung gilt unabhängig von der Form der Konzentrationskurve und ist immer anzuwenden, wenn die Diffusionskurve unsymmetrisch ist. Mit ihrer Hilfe lassen sich Diffusionskurven auch für solche Systeme auswerten, bei denen außer der Abweichung vom idealen Verhalten auch noch mit Polymolekularität zu rechnen ist (GRALÉN[2]).

**b) Konzentrationsabhängigkeit der Diffusionskonstante.**

Anders als bei der Sedimentationskonstante $s$ ist die Abhängigkeit der Diffusionskonstante von der Konzentration im allgemeinen gering. Jedoch ist ihre Kenntnis besonders auch wegen der großen Fehlergrenzen der experimentellen Messungen sehr erwünscht. Bei zahlreichen Diffusionsversuchen wurde eine lineare Konzentrationsfunktion gefunden. So schlug GRALÉN[2] auf Grund zahlreicher Beobachtungen an Nitrocellulose als Konzentrationsformel

$$D_c = D_0\,(1 + K_D\,c_g)\qquad\text{(VIII, 31)}$$

vor. POLSON[3] und SCHULZ[4] haben dann eine thermodynamische Ableitung der Konzentrationsfunktion der Diffusion gegeben, in die Konstanten der Gleichung für den osmotischen Druck eingehen. Es ist dies die „osmotische Steigungskonstante" $B^*$ (vgl. § 58 VII, 2) und das osmotisch gemessene Molekulargewicht $M$. Auf diese Weise kommt man zu der Gleichung:

$$D_c = D_0\left(1 + \frac{2\,B^*\,M}{R\,T} \cdot c_g\right),\qquad\text{(VIII, 32)}$$

die den thermodynamischen Anteil der Konzentrationsabhängigkeit erfaßt. Da $B^*$ fast immer eine positive Zahl ist, ist nach Gl. (VIII, 32) eine Zunahme der Diffusionskonstante mit wachsender Konzentration zu erwarten. Bei Messungen von JULLANDER[5] an Nitrocellulose in Aceton, von NEURATH und SAUM[6] an Lösungen von Tabakmosaikvirus und von HENGSTENBERG und SCHULZ[7] an Polystyrol in Methylisopropylketon sind jedoch z. T. sehr große negative Werte von $K_D$ beobachtet worden. Es ist daher anzunehmen, daß außer dem in Gl. (VIII, 32) berücksichtigten thermodynamischen Faktor noch ein hydrodynamischer

[1] BOLTZMANN, L.: Ann. Physik **53**, 959 (1894).
[2] GRALÉN, N.: Diss. Upsala 1944, S. 59 - 63.
[3] POLSON, A.: Kolloid-Z. **83**, 172 (1938).
[4] SCHULZ, G. V.: Z. physik. Chem. **193**, 168 (1944).
[5] JULLANDER, I.: Ark. Kemi **21 A**, 8 (1945).
[6] NEURATH, H., u. A. M. SAUM: J. of Biol. Chem. **126**, 438 (1938).
[7] HENGSTENBERG, J., u. G. V. SCHULZ: a) J. makromol. Chem. **2**, 41 (1945); b) J. makromol. Chem. **2**, 5 (1948).

Faktor einzuführen ist, der eine Abnahme der Diffusionskonstante mit zunehmender Konzentration verursacht. Von HENGSTENBERG und SCHULZ ist vorgeschlagen worden, hierfür die relative Viscosität zu wählen, nachdem sich bei ihren Sedimentationsversuchen ergeben hatte, daß sich die Konzentrationsabhängigkeit von $s$ durch die Gleichung

$$s = s_0 \cdot \frac{1}{\eta_r} \qquad \text{(VIII, 33)}$$

darstellen ließ.

ROSENBERG und BECKMANN[1] setzen voraus, daß der molare Reibungsfaktor für Sedimentation und Diffusion der gleiche ist. Setzt man in Gl. (VIII, 17) den Reibungsfaktor $f_c$ aus Gl. (VIII, 20) ein und berücksichtigt den thermodynamischen Faktor von Gl. (VIII, 32), so erhält man schließlich für die Konzentrationsabhängigkeit der Diffusionskonstante die Beziehung:

$$D_c = \frac{RT}{f_c} \cdot \left(1 + \frac{2\,B^{*}\,M}{RT} \cdot c_g\right) = \frac{RT}{f_0} \cdot \frac{\left(1 + \frac{2\,B^{*}\,M}{RT}\,c_g\right)}{(1 + K_s\,c_g)}\,, \qquad \text{(VIII, 34)}$$

näherungsweise gilt

$$D_c = D_0\left[1 + \left(\frac{2\,B^{*}\,M}{RT} - K_s\right)c_g\right] \qquad \text{(VIII, 35)}$$

$$K_D = \frac{2\,B^{*}\,M}{RT} - K_s\,. \qquad \text{(VIII, 35a)}$$

Es geht daraus hervor, daß je nach Größe des thermodynamischen und des Reibungsfaktors der Koeffizient von $c_g$ positiv oder negativ wird, die Diffusionskonstante $D$ mit der Konzentration also sowohl ab- als auch zunehmen kann. Beide Fälle sind auch innerhalb einer polymerhomologen Reihe experimentell beobachtet worden (§ 73c, 3).

### c) Diffusion in polymolekularen Systemen.
#### (Mittelwerte von $D$).

Die Berechnung der Diffusionskonstanten aus den GAUSSschen Fehlerkurven, als die sich die Funktionen $\frac{\partial c_g}{\partial x} = f(x)$ gewöhnlich darstellen, kann nach mehreren Methoden geschehen.

Die einfachste beruht auf der Messung der Halbwertsbreite $x_H$. Aus dieser Größe errechnet sich mit (VIII, 29a) die Diffusionskonstante:

$$D_H = \frac{x_H^2}{4\,t\ln 2} = \frac{x_H^2}{2,77 \cdot t}\,. \qquad \text{(VIII, 36)}$$

Hier bedeutet $t$ die Zeit vom Versuchsbeginn an gerechnet.

Ist $A$ die von der Gradientenkurve eingeschlossene Fläche, $H$ ihre maximale Höhe, so gilt auch:

$$D_A = \frac{A^2}{4\,\pi\,t\,H^2} \qquad \text{(Flächenmethode).} \qquad \text{(VIII, 37)}$$

---

[1] ROSENBERG, J., u. C. O. BECKMANN: J. Ann. N.Y. Acad. Sci. **46**, 209 (1945).

(VIII, 36) und (VIII, 37) geben nur bei symmetrischen Diffusionskurven richtige Resultate.

Für den allgemeinsten Fall ist die sog. Momentenmethode anzuwenden (GRALÉN[1]). Bei dieser wird das Moment

$$m_2 = \int\limits_{-\infty}^{+\infty} x^2 \, \frac{\partial c_g}{\partial x} \, dx \qquad \text{(VIII, 38)}$$

aus der Diffusionskurve bestimmt. Für die Berechnung von $D$ gilt dann:

$$D_m = \frac{m_2}{2 \, t \, A} \, . \qquad \text{(VIII, 39)}$$

Bisher wurde unterstellt, daß die diffundierende Substanz aus einheitlichen Molekülen besteht. Dies ist jedoch nur bei ganz wenigen Systemen, z. B. bei einigen Proteinen der Fall. Bei der Diffusion von Gemischen verschiedenen Molekulargewichts ist zu prüfen, welcher Mittelwert bei den verschiedenen Auswertungsverfahren bestimmt wird. GRALÉN hat nachgewiesen, daß das nach der Momentenmethode berechnete $D_m$ bei polymolekularen Substanzen genau den Gewichtsmittelwert liefert, also:

$$D_m = \frac{\int\limits_0^{c_0} D \, d c_g}{\int\limits_0^{c_0} d c_g} = D_w \qquad \text{(VIII, 40)}$$

ist. Der Mittelwert der Diffusionskonstante $D_A$ hat bei polydispersen Systemen keine unmittelbare physikalische Bedeutung. Es gilt jedoch immer:

$$D_A < D_m \equiv D_w \, . \qquad \text{(VIII, 41)}$$

Das Verhältnis von $\dfrac{D_A}{D_m}$ kann daher als ein Maß für die Einheitlichkeit angesehen werden.

## § 66. Mittelwerte des Molekulargewichts und molekulare Verteilungskurve in polymolekularen Systemen.

Es wurde schon in der Einleitung zu diesem Kapitel darauf hingewiesen, daß die Ultrazentrifugenmethode besonders wertvolle Aufschlüsse über die molekulare Verteilungskurve liefern kann. Die Untersuchung polymolekularer Systeme setzt aber voraus, daß man sich über die bei den Messungen erhaltenen Mittelwerte und ihre Beziehung untereinander im klaren ist. Je nach der Auswertungsmethode ergeben sich wie für die Sedimentations- und Diffusionskonstante auch für die Molekulargewichte aus den Messungen verschiedene Mittelwerte, deren physikalischer Sinn von Fall zu Fall festzulegen ist. Die größte Bedeutung hat der *Zahlenmittelwert* des Molekulargewichts, der durch folgende Gleichung definiert ist:

---

[1] GRALÉN, N.: a) Kolloid-Z. **95**, 188 (1941); b) Diss. Upsala 1944.

$$M_n = \frac{\int\limits_0^{c_0} d\,c_g}{\int\limits_0^{c_0} \frac{1}{M}\,d\,c_g} = \frac{\int\limits_0^{N} M\,d\,n}{\int\limits_0^{N} d\,n} \ . \qquad\qquad \text{(VIII, 42)}$$

Diese Größe wird z. B. bei der Bestimmung des osmotischen Molekulargewichts sowie nach der Endgruppenmethode erhalten. Daneben ist der *Gewichtsmittelwert* von besonderer Bedeutung, der z. B. aus Lichtstreuungsmessungen bestimmt werden kann und sich auch aus Verteilungskurven, die durch Fraktionierung erhalten worden sind und in denen als Ordinate die Masse der Teilchen gewählt wird, einfach errechnen läßt. Dieser Gewichtsmittelwert wird durch die Gleichung:

$$M_w = \frac{\int\limits_0^{c_0} M\,d\,c_g}{\int\limits_0^{c_0} d\,c_g} \qquad\qquad \text{(VIII, 43)}$$

dargestellt. Aus Sedimentationsgleichgewichtsmessungen ergibt sich bei Anwendung der in § 70b beschriebenen Skalenmethode ein von Lansing und Kraemer[1] eingeführtes $Z$-Mittel:

$$M_Z = \frac{\int\limits_0^{c_0} M^2\,d\,c_g}{\int\limits_0^{c_0} M\,d\,c_g} \ . \qquad\qquad \text{(VIII, 44)}$$

Für einheitliche Substanzen sind diese Mittelwerte natürlich gleich, für uneinheitliche gilt die Beziehung:

$$M_n < M_w < M_Z \ . \qquad\qquad \text{(VIII, 45)}$$

Die Unterschiede von $M_n$, $M_w$ und $M_Z$ sind bei Verteilungskurven, die man häufig bei synthetischen Polymeren experimentell findet, sehr erheblich. So wurde z. B. von Wales[2] bei Polystyrol $M_n : M_w : M_Z = 1 : 2 : 3$ festgestellt.

Es wurde bereits darauf hingewiesen, daß sich bei Molekulargewichtsbestimmungen unter Benutzung der Svedbergschen Formel auch für $s$ und $D$ analog den obigen Gleichungen Mittelwerte $s_n$, $s_w$, $s_Z$ und $D_n$, $D_w$, $D_Z$ definieren lassen. Hieraus ergeben sich grundsätzlich neun mögliche Mittelwerte für das Molekulargewicht. Bezeichnet der erste Index jeweils das verwendete $s$-Mittel, der zweite Index das verwendete $D$-Mittel, so ist beispielsweise:

$$M_{ik} = \frac{RT \cdot s_i}{D_k\,(1 - V\varrho)} \ . \qquad\qquad \text{(VIII, 46)}$$

Die $M_{ik}$ sind im allgemeinen nicht mit einem der durch die Gl. (VIII, 42), (VIII, 43) und (VIII, 44) definierten Mittelwerte identisch, so ist

---

[1] Kraemer, E. O., u. W. D. Lansing: J. Amer. Chem. Soc. **57**, 1369 (1935).

[2] Wales, M.: J. Phys. Colloid Chem. **52**, 983 (1948). — Wales, M., F. T. Adler u. K. E. van Holde: J. Phys. Coll. Chem. **55**, 145 (1951).

z. B. $M_{ww} \neq M_w$. Um einen Begriff von den Unterschieden der verschiedenen $M_{ik}$-Werte zu geben, sind in Abb. VIII, 6 die von JULLANDER für einen bestimmten Typ einer molekularen Verteilungskurve berechneten Verhältnisse der $\dfrac{M_{ik}}{M_w}$-Werte dargestellt. Als Abszisse ist die Uneinheitlichkeit $\gamma_s$ angegeben (s. S. 428)[1].

Aus dem Verhältnis der verschiedenen Mittelwerte kann nun kein bestimmter Verlauf der molekularen Verteilungskurven abgeleitet werden. Dies ist nur dann möglich, wenn eine bestimmte Form der Verteilungskurve etwa auf Grund reaktionskinetischer Überlegungen angenommen werden kann. Solche theoretischen Verteilungskurven wurden z. B. von SCHULZ, KRAEMER und JULLANDER vorgeschlagen. So verwendet KRAEMER[2] die Beziehung:

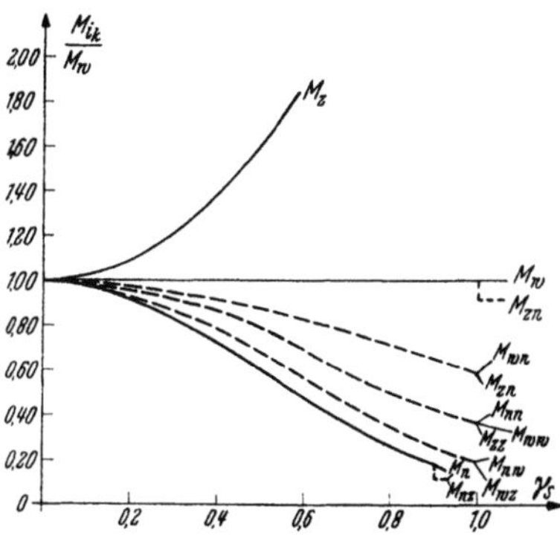

Abb. VIII, 6. Durchschnittswert des Molekulargewichts bei verschiedener Uneinheitlichkeit.

$$\frac{d\,c_y}{d\,M} = \frac{c_y \cdot e^{-y^2}}{M_n\,\beta\,\sqrt{\pi}}\;, \qquad\qquad \text{(VIII, 47)}$$

wo

$$y = \frac{1}{\beta}\log\frac{M}{M_0}\;.$$

Diese Kurve hat den in Abb. VIII, 7 dargestellten Verlauf. Die Größe $\beta$ bedeutet einen Parameter, der die Breite der Verteilung bestimmt (Uneinheitlichkeitskoeffizient). $M_0$ ist das Molekulargewicht im Maximum der Kurve, $M_n$, $M_w$ und $M_z$ jeweils das Zahlen- bzw. Gewichts- bzw. Z-Mittel. Man kann nachweisen, daß für polymolekulare Systeme mit obiger Verteilungskurve gilt:

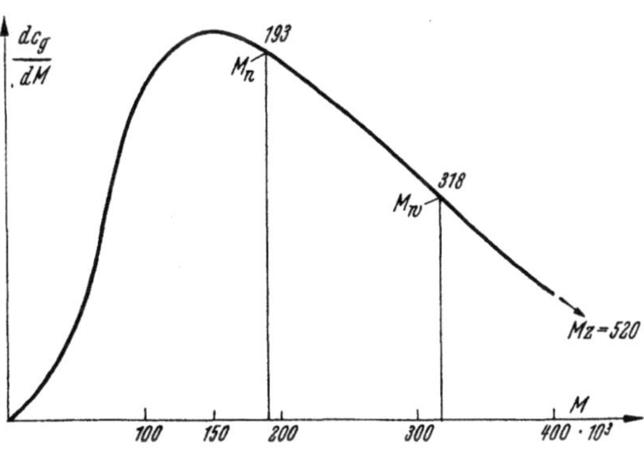

Abb. VIII, 7. Verteilungskurven nach KRAEMER und LANSING [nach SINGER: J. Polymer Sci. 1, 6 (1946), Abb. 1].

$$\frac{M_z}{M_w} = \frac{M_w}{M_n} = e^{\frac{\beta^2}{2}}\;. \qquad\qquad \text{(VIII, 48)}$$

---

[1] Technische Polymerisate haben ein $\gamma_s$ von etwa 0,6.
[2] KRAEMER, E. O., u. W. D. LANSING: J. Amer. Chem. Soc. 57, 1369 (1935) a. a. O.

Da $M_Z$ und $M_w$ z. B. aus Gleichgewichtsmessungen bestimmt werden können, ist es möglich, $\beta$ zu berechnen und damit eine entsprechende Verteilungskurve anzugeben.

Eine ähnliche, unmittelbar unter Benutzung reaktionskinetischer Größen aufgebaute Verteilungskurve stammt von SCHULZ[1]. Verteilungskurven dieses Typs hat WALES[2] bei seinen Gleichgewichtsmessungen benutzt.

JULLANDER[3] hat eine *Verteilungskurve* mit 3 *Parametern* angegeben, bei der auch die Unsymmetrie der Kurve durch einen Parameter dargestellt wird. Bezüglich der Verwendung dieser Funktionen für die Bestimmung der Polymolekularität muß wegen ihres speziellen Charakters auf die Originalliteratur verwiesen werden.

GRALÉN[4] hat den Vorschlag gemacht, zur Bestimmung der Verteilungskurve aus Sedimentationsgeschwindigkeitsmessungen die Halbwertsbreiten $B$ der Sedimentationskurven heranzuziehen: $B = \dfrac{A}{H}$. $A$ ist die von der Sedimentationskurve eingeschlossene Fläche, $H$ ihre maximale Höhe. Da $B$ proportional $x$ ist, wo $x$ die Abszisse der maximalen Höhe bezeichnet, wird im allgemeinen als Maß für die Polymolekularität zweckmäßig die Größe $\dfrac{dB}{dx}$ gewählt. Da auch diese von der Konzentration abhängt, ist auf die Konzentration 0 zu extrapolieren. GRALÉN und LAGERMALM[5] haben gezeigt, daß für symmetrische $\dfrac{dc_g}{ds}$-Kurven angenähert folgende Beziehung gilt:

$$\left(\frac{dB}{dx}\right)_{c_g \,=\, 0} = \frac{dB}{dx} + K\,c_g\,s\,, \qquad (\text{VIII, 49})$$

wo $K$ eine vom Molekulargewicht unabhängige Konstante ist.

In Analogie zur KRAEMERschen Verteilungsfunktion für das Molekulargewicht (VIII, 47) setzt GRALÉN eine Verteilungsfunktion für die Sedimentationskonstante nun in folgender Form an:

$$\frac{dc_g}{ds_0} = \text{const} \cdot e^{-y^2}\,, \qquad (\text{VIII, 50})$$

wo

$$y = \frac{1}{\gamma_s}\,\log\frac{s_0}{s_1}\,.$$

$s_0$ ist die Sedimentationskonstante für $c_g = 0$, für $s_1$ hat $\dfrac{dc_g}{ds_0}$ ein Maximum.

Aus der Definition von $B = \dfrac{A}{H}$ läßt sich dann die folgende Beziehung ableiten:

[1] SCHULZ, G. V.: Z. physik. Chem. **43** B, 25 (1939); **47** B, 155 (1940).
[2] WALES, M. u. Mitarb.: J. Chem. Phys. **14**, 353 (1946).
[3] JULLANDER, I.: Ark. Kemi **21** A, 8 (1945).
[4] GRALÉN, N.: Diss. Upsala 1944.
[5] GRALÉN, N., u. G. LAGERMALM: a. a. O. 1948; Festskrift tillägnad J. ARVID HEDVALL, Göteborg.

$$\left(\frac{dB}{dx}\right)_{c_g=0} = \frac{\int_0^\infty \frac{dc_g}{ds_0}\,ds_0}{\left(\frac{u\,c_g}{ds_0}\right)_{max} \cdot s_1} = \gamma_s \cdot e^{\frac{\gamma_s^2}{4}} \cdot \sqrt{\pi}\,, \qquad \text{(VIII, 49a)}$$

womit $\gamma_s$ berechnet werden kann.

Um dann $\gamma_s$, das die Breite der Verteilungskurve der Sedimentationskonstante bestimmt, auf $\beta$ umzurechnen, das die molekulare Verteilungskurve charakterisiert, muß die Beziehung zwischen $s$ und $M$ (oder $D$ und $M$) bekannt sein (§ 73, c 4 und 5). Benutzt man die für zahlreiche hochmolekulare Systeme gültige Gleichung

$$M = \text{const} \cdot s^2\,,$$

so ergibt sich $\gamma_s = \frac{\beta}{2}$. Im § 73 werden einige Verteilungskurven, die nach dieser Methode erhalten sind, diskutiert.

Die Anwendung der oben beschriebenen Verfahren ist aus verschiedenen Gründen begrenzt. So ist darauf hinzuweisen, daß die $M_Z$- und $M_w$-Werte aus Gleichgewichtsmessungen sowie auch die $M_{ik}$-Werte nur bei bekannter Konzentrationsabhängigkeit zu berechnen sind. Auch die Bestimmung von Parametern (z. B. $\gamma_s$, $\beta$) enthält gewisse grundsätzliche Mängel, da sie eine Verteilungskurve von bestimmter mathematischer Form voraussetzt. Die oben angegebenen Bestimmungsverfahren der Polymolekularität müssen also immer versagen, wenn Abweichungen von der angenommenen Normalform der Verteilungskurve vorliegen oder sich infolge von Abbauprodukten oder Assoziationserscheinungen Verteilungskurven mit mehreren Maxima ergeben. Es ist daher häufig vorzuziehen, die Uneinheitlichkeit durch direkt gemessene experimentelle Größen auszudrücken. Als zweckmäßige Definition eines Uneinheitlichkeitskoeffizienten ist nach Schulz[1] das Verhältnis

$$\frac{M_w}{M_n} - 1 \qquad\qquad \text{(VIII, 51)}$$

(evtl. auch $\frac{M_Z}{M_w} - 1$) zu wählen.

Auch die aus Sedimentationsdiagrammen direkt erhaltenen $\left(\frac{dB}{dx}\right)_0$-Werte sind für vergleichende Untersuchungen der Einheitlichkeit sehr nützlich. Die zuverlässigsten Resultate sind jedoch trotz verschiedener noch auftretender Schwierigkeiten durch unmittelbare Umrechnung der Sedimentationskurven in Verteilungskurven zu erwarten.

## § 67. Beziehungen zwischen Sedimentationskonstante, Diffusionskonstante und Molekulargewicht. Molares Reibungsverhältnis.

In den vorhergehenden Abschnitten sind die theoretischen Voraussetzungen für eine einwandfreie Messung von $s$ und $D$ auch in nichtidealen Lösungen und polymolekularen Systemen angegeben worden.

---

[1] Schulz, G. V.: Z. physik. Chem. **43** B, 25 (1939).

Da das Ziel der Sedimentations- und Diffusionskonstantenmessungen meistens die Molekulargewichtsbestimmung ist, sollen in diesem Abschnitt die für verschiedene Molekülmodelle abgeleiteten Beziehungen zwischen $s$, $D$ und $M$ zusammengestellt werden. Es ist außerdem zu diskutieren, welche Aussagen sich auf Grund der Modellvorstellungen über die Form und absolute Größe der Moleküle treffen lassen.

Für den einfachsten Fall eines kugelförmigen Teilchens vom Radius $r$, von der Dichte $\varrho_1$, das in einem Medium der Viscosität $\eta$ und der Dichte $\varrho$ absinkt, sind die wichtigsten Zusammenhänge zwischen $s$, $D$, $f$ und $M$ aus den Gl. (VIII, 8), (VIII, 9) und (VIII, 10) bereits zu entnehmen. Für das Molekulargewicht nicht solvatisierter Kugelmoleküle war dort angegeben:

$$M = \frac{4\,\pi\,N_L}{3\,V} \cdot \left( \frac{9\,\eta\,s \cdot V}{2\,(1 - V\varrho)} \right)^{3/2} . \qquad \text{(VIII, 10)}$$

Für kugelförmige Teilchen gilt also allgemein

$$s \sim M^{2/3} . \qquad \text{(VIII, 10a)}$$

Wird in Gl. (VIII, 10) nach (VIII, 8) $\dfrac{s}{1 - V\varrho}$ durch $\dfrac{M}{f}$ ersetzt und die Diffusionskonstante durch $f = \dfrac{R\,T}{D}$ eingeführt, kann eine entsprechende Beziehung auch zwischen $M$ und $D$ aufgestellt werden. Sie lautet:

$$M = \frac{4\,\pi\,N_L}{3\,V} \left( \frac{R\,T}{D\,6\,\pi\,\eta\,N_L} \right)^3 , \qquad \text{(VIII, 52)}$$

demnach

$$D \sim M^{-\frac{1}{3}} . \qquad \text{(VIII, 52a)[1]}$$

Für nichtkugelförmige Moleküle weichen die aus den Gleichungen

$$f = \frac{R\,T}{D} \qquad \text{(VIII, 17)}$$

bzw.

$$f = \frac{M\,(1 - V\varrho)}{s} \qquad \text{(VIII, 8)}$$

ermittelten Reibungskonstanten erheblich von dem für kugelförmige Teilchen gültigen Reibungsfaktor $f_K$ ab. Der Quotient $f/f_K$ wird gewöhnlich als molares Reibungsverhältnis bezeichnet. In diesem Fall berechnet man $f/f_K$ zweckmäßig aus $M$ und $s$:

$$\frac{f}{f_K} = \frac{(1 - V\varrho)}{\eta\,s} \cdot \left( \frac{M^2}{162\,\pi^2\,V\,N_L{}^2} \right)^{1/3} \qquad \text{(VIII, 53)}$$

bzw. aus $M$ und $D$:

$$\frac{f}{f_K} = \left( \frac{R\,T}{6\,\pi\,\eta\,D\,N_L} \right) \cdot \left( \frac{4\,\pi\,N_L}{3\,V\,M} \right)^{1/3} \qquad \text{(VIII, 54)}$$

---

[1] Die Gl. (VIII, 10) bzw. (VIII, 52) gelten bei Größenbestimmungen makroskopischer Teilchen in Emulsionen auch bei Abweichung von der Kugelform. Bei Ellipsoiden bis zu einem Achsenverhältnis 1:10 müssen dann lediglich, wie H. RINDE (Diss. Upsala 1928) zeigte, die den Kugeln hydrodynamisch äquivalenten Volumina der Ellipsoide eingesetzt werden.

oder aus $s$ und $D$:

$$\frac{f}{f_K} = \frac{1}{\eta} \cdot \left( \frac{R^2\,T^2}{N_L^2\,D^2} \cdot \frac{(1-V\varrho)}{162\,V\varrho} \right)^{1/3} . \qquad \text{(VIII, 55)}$$

Von PERRIN[1] sowie von HERZOG, ILLIG und KUDAR[2] ist die Diffusion und Sedimentation elliptischer Teilchen berechnet worden, Tabellen, in denen das Achsenverhältnis abgeplatteter und langgestreckter Rotationsellipsoide in Abhängigkeit vom $f/f_K$-Wert zusammengestellt sind, finden sich bei SVEDBERG und PEDERSEN[3]. Aus Abb. VIII, 8 sind für gegebene $f/f_K$-Werte die Achsenverhältnisse der Ellipsoide zu entnehmen.

Die Abweichung des Reibungsverhältnisses von dem Wert 1 kann außer durch Asymmetrie auch durch die Solvatation bzw. bei wäßrigen Lösungen durch die Hydratation des Moleküls bedingt sein. Nach EDSALL[4] läßt sich dann das Reibungsverhältnis eines solvatisierten asymmetrischen Moleküls durch das Produkt zweier Reibungsfaktoren darstellen, von denen der eine von der Hydratation, der zweite von der Asymmetrie abhängt:

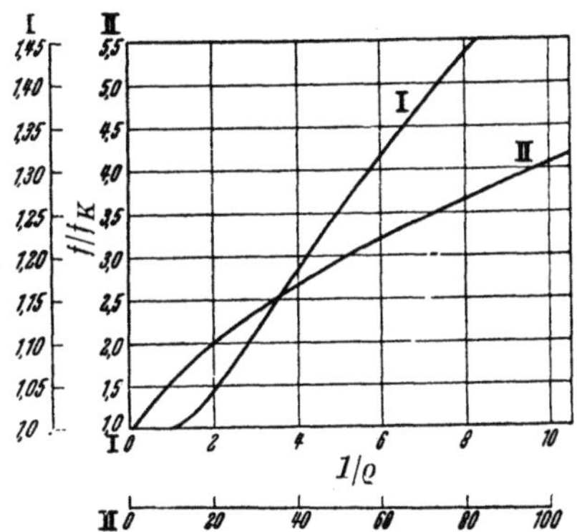

Abb. VIII, 8. $f/f_K$-Werte in Abhängigkeit vom Achsenverhältnis für gestreckte Rotations-Ellipsoide (UZ, S. 38, Abb. 7A); Achsenverhältnis $a_1/a_2$ hier mit $1/\varrho$ bezeichnet.

$$\left( \frac{f}{f_K} \right)_{beob} = \left( \frac{f}{f_K} \right)_{hyd} \cdot \left( \frac{f}{f_K} \right)_{asym} . \qquad \text{(VIII, 56)}$$

Aus dem von ONCLEY[5] angegebenen Diagramm Abb. VIII, 9 (nur gültig für $V$ etwa 0,75) ist zu entnehmen, wie sich ein bestimmtes Reibungsverhältnis aus dem Reibungsverhältnis für Asymmetrie und Hydratation zusammensetzt. Die Entscheidung darüber, welcher Anteil auf die Hydratation und welcher auf Asymmetrie zurückzuführen ist, kann nur unter Zuhilfenahme anderer Methoden getroffen werden.

Bei Proteinen und Viruskörpern sind die Voraussetzungen für die Berechnung der Form und der absoluten Dimensionen im allgemeinen gegeben, da ihre Moleküle mit guter Annäherung als undurchlässige Kugeln oder starre Ellipsoide betrachtet werden können. Auch bei stark verzweigten Hochpolymeren (Stärke, Amylose) ist noch mit einem Kugelmodell zu rechnen. Dagegen erscheint es nicht angebracht, eine nichtdurchlässige Kugel oder ein starres Stäbchen als Modell für die

[1] PERRIN, F.: J. Phys. et Radium 7, 1 (1936).
[2] HERZOG, O., R. ILLIG u. H. KUDAR: Z. physik. Chem. 167 A, 329 (1933).
[3] SVEDBERG, T., u. K. O. PEDERSEN: UZ, S. 39.
[4] EDSALL, J. T.: Fortschr. chem. Forsch. 1, 119 (1949/50).
[5] ONCLEY, J. L., u. R. SIMHA: a) Science (Lancaster, Pa.) 92, 132 (1948); b) in: Proteins Aminoacids and Peptides, von J. COHN u. J. T. EDSALL. New York 1943.

Moleküle der übrigen hochpolymeren Substanzen, z. B. der Cellulosederivate, der Polyvinylverbindungen und linearer Polykondensations-
produkte anzunehmen. Bei diesen handelt es sich nach den heute als
gesichert anzunehmenden Kenntnissen vielfach um Fadenmoleküle, die
eine gewisse von Fall zu Fall verschiedene innere Beweglichkeit bzw.

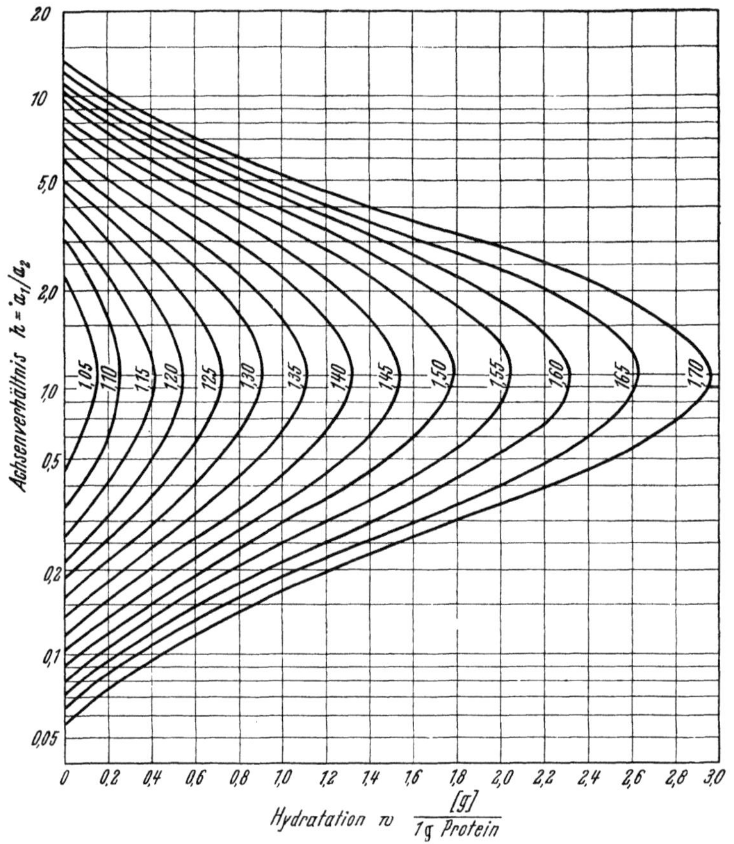



Abb. VIII, 9.   Achsenverhältnis und Hydratation für verschiedene $f/f_K$-Werte nach ONCLEY.

Gestrecktheit besitzen. Als Maß für diese Gestrecktheit hat W. KUHN[1]
das statistische Fadenelement $A_m$ eingeführt (vgl. dazu Bd. I, § 32
und § 33). Diese Größe bzw. der manchmal an ihrer Stelle benutzte
statistische Abstand der Molekülenden

$$\sqrt{\overline{h^2}} = \sqrt{A_m L_{max}} = \sqrt{l_R A_m P} \qquad (VIII, 57)$$

($l_R$ die auf die Richtung der gestreckten Zickzackkette des Moleküls
projizierte Monomerenlänge, Röntgenlänge) sowie die hydrodynamisch
wirksame Dicke des Moleküls $d_h$ genügen, um das Fadenmolekül und

---

[1] KUHN, W.: Kolloid-Z. 68, 2 (1934).

sein Verhalten in Lösung vollständig zu beschreiben. Diese Berechnungen, insbesondere der dynamischen Wechselwirkung der einzelnen Molekülteile mit dem Lösungsmittel, sind jedoch schwierig und nur unter vereinfachenden Annahmen möglich, in denen sich die neueren Theorien der Sedimentation und Diffusion in der Hauptsache unterscheiden. So rechnet z. B. SADRON[1] mit einem Kugelmodell, in das das Lösungsmittel nicht eindringt. Diese Vorstellung hat trotz ihrer Einfachheit eine Reihe von Erfolgen, besonders bei der Erklärung der Viscosität gehabt. KUHN geht von der Vorstellung aus, daß bei der Bewegung eines Fadenmoleküls ein Teil des Lösungsmittels in dem gelösten Molekül mehr oder minder immobilisiert sein kann und unterscheidet danach durchspülte und undurchspülte Knäuel. Es ist wahrscheinlich, daß bei Fadenmolekülen mit niederem Polymerisationsgrad die Durchspülung gut ist und erst beim Übergang zu höheren Polymerisationsgraden das undurchspülte Knäuel vorliegt. Eine ausführliche Darstellung der KUHNschen Theorie findet sich im Kap. XI und XII.

In seiner ersten Arbeit hat W. KUHN[2] bereits die Beziehung zwischen Molekulargewicht einerseits und Sedimentations- und Diffusionskonstante andererseits für die Grenzfälle anzugeben versucht. Für völlig durchspülte Knäuel ist die Sedimentationsgeschwindigkeit vom Molekulargewicht unabhängig, weil bei der Vergrößerung des Fadenelementes eine gleiche Vergrößerung der Reibungskraft auftreten muß. Bei nichtdurchspülten Knäueln tritt dagegen eine Sedimentationskonstante auf, die $\sim \sqrt{M}$ ansteigt. Andererseits ist die Diffusionskonstante bei durchspülten Fadenmolekülen umgekehrt proportional $M$, bei nichtdurchspülten umgekehrt proportional $\sqrt{M}$. Diese Beziehungen sind, nach STUART[3] für das durchspülte Knäuel jedoch nur angenähert richtig, da man die hydrodynamische Wechselwirkung zweier Segmente nie vernachlässigen kann. Dadurch wird der Reibungswiderstand bei einer Verdoppelung der Moleküllänge weniger als doppelt so groß. Die Sedimentationskonstante wächst daher mit $M$ und zwar entsprechend der Beziehung $s = A + B \sqrt{M}$.

In späteren Arbeiten werden diese Gesetzmäßigkeiten auf Grund von Modellversuchen abgeleitet. H. KUHN[4] findet

$$s_0 = a_1 + b_1 \sqrt{P} \qquad \text{(VIII, 58)[5]}$$

---

[1] SADRON, CH.: a) Cah. Phys. **12**, 26, 2 (1942); b) J. Polymer Sci. **3**, 812 (1948).
[2] KUHN, W.: Kolloid, Z. **68**, 2 (1934).
[3] STUART, H. A.: Die makromolekulare Chemie, B III, 176, 1949.
[4] KUHN, H.: J. Colloid Sci. **5**, 4, 331 (1950).
[5] Im einzelnen bedeuten die Konstanten:

$$a_1 = \frac{m}{N_L\,b} \cdot \frac{(1 - V\varrho)}{\eta} \cdot \left( 0{,}02 + 0{,}16 \log \frac{A_m}{d_h} \right) \qquad \text{(VIII, 58a)}$$

$$b_1 = \frac{m}{N_L\,b} \cdot \frac{(1 - V\varrho)}{\eta} \cdot 0{,}1 \cdot \sqrt{\frac{l_R}{A_m}} \qquad \text{(VIII, 58b)}$$

$N_L$ = LOSCHMIDTsche Zahl, $\eta$ = Viscosität des Lösungsmittels).

bzw.

$$D = \mathrm{R}T \cdot \frac{(a_2 + b_2 \sqrt{P})}{P} \qquad \text{(VIII, 59)}[1]$$

($P = \dfrac{M}{m}$, $m$ Molekulargewicht des monomeren Bausteins). Die gleiche Beziehung für $s$ hatte bereits J. J. Hermans[2] angegeben.

H. Kuhn und W. Kuhn[3] konnten weiter zeigen, daß auch bei verzweigten Molekülen die Gleichungen, die für das unverzweigte Molekül abgeleitet wurden, zu verwenden sind, wenn an Stelle des Volumens $V$ des unverzweigten Moleküls ein äquivalenter Wert $V' < V$ des verzweigten Moleküls eingeführt wird. An Stelle des $A_m$ für unverzweigte Moleküle tritt ein kleinerer Wert $A'_m$ für das verzweigte Molekül, wobei

$$\frac{A'_m}{A_m} = \left(\frac{V'}{V}\right)^{2/3} \qquad \text{(VIII, 60)}$$

ist. Nach Gl. (VIII, 58), (VIII, 58a) und (VIII, 58b) ist also für verzweigte Moleküle ein kleinerer Wert für $a_1$ und ein größerer für $b_1$ zu erwarten.

Die von Kuhn[3] und Huggins[4] stammende Theorie wurde später von Kirkwood[5] und Debye und Bueche[6] ausgebaut. Diese Autoren berücksichtigen auch die Wechselwirkung der monomeren Einheiten des beweglichen Fadenmoleküls miteinander, also die Tatsache, daß die Kettenelemente unter dem Einfluß ihrer Nachbarelemente dem Lösungsmittel einen verschiedenen Widerstand entgegensetzen. Die äußeren Elemente beeinflussen die Wechselwirkung der weiter innen liegenden Elemente mit dem Lösungsmittel, so daß diese gegen das Lösungsmittel z. T. abgeschirmt sind. Dieser Einfluß ist bei hohen Molekulargewichten besonders groß. Debye benutzt bei seinen Berechnungen ein sehr einfaches Modell, nämlich eine für das Lösungsmittel durchlässige Kugel, die aus $P$ gleichmäßig verteilten monomeren Einheiten aufgebaut ist. Der oben erwähnte Wechselwirkungseinfluß wird dabei als Parameter durch ein Abschirmungsverhältnis $\sigma$ beschrieben, das mit dem Molekulargewicht wächst. $\sigma \to \infty$ entspricht dem Kuhnschen Grenzfall des undurchspülten Knäuels, $\sigma \to 0$ dem des durchspülten Knäuels. Kirkwood legt seinen Berechnungen das wesentlich kompliziertere Modell eines aus $P$ Einheiten aufgebauten Fadenmoleküls zugrunde. Er ordnet dabei jeder Einheit dieser Perlenkette einen bestimmten hydrodynamischen Wirkungsradius zu. Während bei dem einfachen Modell von

---

[1] Im einzelnen bedeuten die Konstanten:

$$a_2 = \frac{1}{N_L\,\eta\,b} \cdot \left(0{,}02 + 0{,}16 \cdot \log \frac{A_m}{d_h}\right) \qquad \text{(VIII, 59a)}$$

$$b_2 = \frac{1}{N_L\,\eta\,b} \cdot 0{,}1 \cdot \sqrt{\frac{l_R}{A_m}} \qquad \text{(VIII, 59b)}$$

($N_L =$ Loschmidtsche Zahl, $\eta =$ Viscosität des Lösungsmittels).

[2] Hermans, J. J.: Rec. Trav. chim. Pays-Bas (Amsterd.) **63**, 219 (1944).
[3] Kuhn, W., u. H. Kuhn: Helvet. chim. Acta **30**, 159 (1947).
[4] Huggins, M. L.: J. Phys. Chem. **43**, 439 (1939).
[5] Kirkwood, J. G., u. J. Riseman: J. Chem. Phys. **16**, 565 (1948).
[6] Debye, P.: Phys. Rev. **71**, 486 (1947).

DEBYE[1] die mathematische Berechnung exakt erfolgen kann, muß
KIRKWOOD bei seinem besser der Wirklichkeit entsprechenden Modell
sich mit Annäherungen begnügen. In beiden Fällen erhält man für
$s$ und $D$ den gleichen funktionellen Zusammenhang wie die Gl. (VIII, 58)
und (VIII, 59). Die Ergebnisse[2,3] unterscheiden sich aber in den Werten
der Konstanten und der Wahl der in ihnen auftretenden Parameter.

PETERLIN[4] hat darauf hingewiesen, daß die Berechnungsverfahren
von KUHN, KIRKWOOD und DEBYE eine unendlich große Zahl von
statistischen Fadenelementen im Molekül voraussetzen. Diese Annahme
ist z. B. bei Nitrocellulosen mit kleinem Polymerisationsgrad sicher nicht
gerechtfertigt.

So ist z. B. aus den Viscositätszahlen und ihrer Beziehung zum
Molekulargewicht zu schließen, daß bei solchen Nitrocellulosen praktisch
keine hydrodynamische Wechselwirkung zwischen den Segmenten der
Kette auftritt. Im Gegensatz dazu weist die Proportionalität der
Sedimentationskonstante mit der Wurzel aus dem Molekulargewicht
darauf hin, daß ein undurchspültes Knäuel, also eine sehr erhebliche
Wechselwirkung vorliegt. PETERLIN führt diesen Widerspruch darauf
zurück, daß diese Moleküle mit kurzer Kette bzw. mit großem $A_m$
wenig flexibel, sondern nahezu steif und stäbchenähnlich sind, ohne
jedoch die Voraussetzung für die Berechnung als starres Ellipsoid zu
erfüllen. Er diskutiert ein Modell, das der KIRKWOODschen Perlenkette
ähnelt, wobei jeder monomeren Einheit ein bestimmter hydrodynamischer Wirkungsradius zugeordnet wird, der kleiner als der Abstand der

---

[1] DEBYE, P., u. A. M. BUECHE: J. Chem. Phys. **16**, 573 (1948).

[2] DEBYE und BUECHE finden im einzelnen für den Reibungskoeffizienten:

$$f = K \cdot P^{\varepsilon(\sigma)} \tag{VIII, 61}$$

($K =$ Konstante); $\varepsilon(\sigma)$ folgt aus

$$\varepsilon(\sigma) = \frac{1}{2} + \frac{1}{5} \frac{\sigma}{\psi} \cdot \frac{d\psi}{d\sigma}, \tag{VIII, 62}$$

wobei

$$\psi(\sigma) = \frac{1 - (1/\sigma)\,\mathfrak{Tang}\,\sigma}{1 + (3/\sigma^2)\,[1 - (1/\sigma)\,\mathfrak{Tang}\,\sigma]} \tag{VIII, 63}$$

ist.

[3] So finden z. B. KIRKWOOD und RISEMAN:

$$s_0 = \left(1 + \frac{8\,\lambda_0}{3} \cdot \sqrt{P}\right) \cdot \frac{(1 - V\varrho)}{P\,\zeta} \tag{VIII, 64}$$

und

$$D = \frac{\mathrm{R}T}{P\,\zeta} \cdot \left(1 + \frac{8\,\lambda_0}{3} \cdot \sqrt{P}\right). \tag{VIII, 65}$$

Hierbei ist

$$\lambda_0 = \frac{\zeta}{\sqrt{6\,\pi^3}\,\eta\,l'}. \tag{VIII, 66}$$

$\zeta$ stellt als Reibungskonstante der monomeren Einheit einen Parameter dar;
$l'$ ist die sog. "effective bond length" und hängt mit $A_m$ nach

$$A_m\,l_R = l'^2 \tag{VIII, 67}$$

zusammen, wo $l_R$ die röntgenografische Bindungslänge bezeichnet.

[4] PETERLIN, A.: a) J. Chim. phys. **47**, 669 (1950); b) J. Chim. phys. **48**, 13 (1951).

Einheiten voneinander ist. Für die Sedimentation findet PETERLIN eine Beziehung, die Gl. (VIII, 58) als Grenzfall für $P \to \infty$ bzw. kleine $A_m$ enthält. Ein wesentlicher Unterschied gegenüber den Theorien von KUHN, DEBYE und KIRKWOOD besteht jedoch darin, daß bei einer bestimmten Wahl des hydrodynamischen Wirkungsradius auch negative Werte für $a_1$ auftreten können.

In Tab. XII, 2 (S. 609) sind noch einmal die für die verschiedenen Modelle zu erwartenden Abhängigkeiten zwischen $s$, $D$ und $M$ zusammengestellt.

Eine zuverlässige und auch theoretisch begründete Formel für den Zusammenhang zwischen $s$ und $D$ hat nicht nur rein theoretisches Interesse. Bei allen Untersuchungen über die molekulare Verteilungskurve muß zur Auswertung der experimentellen Messung diese Abhängigkeit bekannt sein. Aus diesem Grund sei noch auf eine empirische Gleichung für den Zusammenhang zwischen $D$, $s$ und $M$ hingewiesen, die von JULLANDER[1] benutzt worden ist. Sie lautet:

$$D = \frac{\text{const}}{s^{b-1}}, \qquad \qquad \text{(VIII, 68)}$$

woraus nach VIII, 18 folgt

$$M = \frac{\mathrm{R}T}{\text{const}\,(1 - V\varrho)}\, s^b. \qquad \qquad \text{(VIII, 69)}$$

Aus der Tab. XII, 2 (S. 609) geht hervor, daß das Molekülmodell die Größe des Exponenten $b$ bestimmt. So ist z. B. $b = 1{,}5$ für kugelförmige Teilchen. Für undurchspülte Knäuel ist ein Wert von 2 zu erwarten. Mit dem Grad der Durchspülung sollte $b$ zunehmen und für durchspülte Knäuel ins Unendliche wachsen.

# B. Apparative Methoden und Auswertungsverfahren.

## § 68. Ultrazentrifugen.

Die Untersuchung hochmolekularer Substanzen mittels der Ultrazentrifuge nahm ihren Ausgang von den Arbeiten über hochdisperse Sole von SVEDBERG und NICHOLS[2], bei welchem erstmals eine Zentrifuge mit einer Beschleunigung von ungefähr $1000\,g$ ($g = $ Gravitationsbeschleunigung) zur Bestimmung der Teilchengrößenverteilungskurve benutzt wurde. In den darauffolgenden 10 Jahren ist die apparative Entwicklung der Ultrazentrifuge ausschließlich im SVEDBERGschen Institut, hauptsächlich in zwei Richtungen weitergeführt worden. Die erste führte zu einer relativ einfachen Standardausführung einer Zentrifuge mit einer Zentrifugalbeschleunigung von etwa $10^4\,g$, welche sich besonders bei der Bestimmung der Teilchengrößen von Emulsionen, von Pigmenten und Füllstoffen bewährte und auch zur Messung des Sedimentationsgleichgewichts verwendet werden konnte. Dieser Zentrifugentyp war vor der Erfindung des Elektronenmikroskops das zuverlässigste

[1] JULLANDER, I.: Ark. Kemi 21 A, 20 (1945).
[2] SVEDBERG, T., u. J. B. NICHOLS: J. Amer. Chem. Soc. 45, 2910 (1923).

Hilfsmittel bei Teilchengrößenbestimmungen in dem technisch wichtigen Gebiet von 10 m$\mu$ bis 1 $\mu$ und fand daher auch in mehreren Industrielaboratorien Eingang.

Die andere Entwicklung führte zur Konstruktion der hochtourigen Ölturbinenultrazentrifuge, mit der Molekulargewichtsbestimmungen nach der Sedimentationsgeschwindigkeitsmethode ausgeführt wurden. Wegen des erheblichen apparativen Aufwands ist die Verwendung der großen Ölturbinenzentrifuge allerdings auf das SVEDBERGsche Institut beschränkt geblieben. Es war daher sehr begrüßenswert, daß 1933 BEAMS und PICKELS[1] eine luftangetriebene Ultrazentrifuge entwickelten, deren Anschaffung und Betrieb auch für größere Hochschulen und Industrielaboratorien möglich war und die auch in Deutschland durch die Konstruktion der PHYWE Eingang fand.

Die Nachteile, die dem Luftantrieb zweifellos anhaften, waren die Veranlassung, das Prinzip des elektrischen Antriebs, das sich besonders bei der langsamlaufenden Zentrifuge bewährt hatte, aufzugreifen und eine elektrisch angetriebene Zentrifuge für hohe Tourenzahlen zu bauen. Diese Arbeiten führten in jüngster Zeit zu einer weitgehend vereinfachten und automatisierten elektrischen Ultrazentrifuge, die serienmäßig hergestellt werden kann. Im folgenden sind die wichtigsten Ultrazentrifugen kurz beschrieben. Wegen der Einzelheiten kann besonders bei der Ultrazentrifuge von SVEDBERG auf die zahlreichen Beschreibungen in der Spezialliteratur verwiesen werden.

### a) Langsam laufende Zentrifuge.

Für die langsamlaufende Zentrifuge von SVEDBERG und SJÖGREN[2] wurde nach einer Reihe von Vorversuchen mit verschiedenen Antriebsarten ein direkter elektrischer Antrieb verwendet, der sich durch seine Betriebssicherheit ausgezeichnet bewährt hat und in dieser Beziehung sich den früher verwendeten Gas- oder Wasserzentrifugen als überlegen erwies.

Die gleiche Zentrifugenkonstruktion wird in einigen Laboratorien der Farben- und Kunststoffindustrie benutzt. Im folgenden sei die Ausführungsform beschrieben, die bei der BASF, Ludwigshafen/Rhein seit 1932 in Betrieb ist. Hier wird als Antrieb ein Spinn-Zentrifugenmotor der Firma Siemens & Schuckert verwendet (Type RS 6,7-2). Der Motor M ist ein Kurzschlußläufer mit einer vertikalen Stahlachse A, die an ihrem unteren Ende gehaltert ist und auf deren oberem Ende der Zentrifugenrotor R auf einen Konus aufgesetzt werden kann. Die Achse ist dadurch etwas beweglich und die Anordnung selbststabilisierend. Der Antrieb dieses Motors erfolgt durch ein Aggregat, das Wechselstrom einer Frequenz liefert, die von 50—200 Hz entsprechend einer Tourenzahl von 3000—12 000 U/min variabel ist. Die Kugellager des Motors sind ölgespült. Das ganze Antriebsaggregat benötigt praktisch keine Wartung. Der Rotor (Abb. VIII, 10) ist aus Duralumin oder Chromnickelstahl (Durchmesser 160 mm, Dicke 35 mm), er hat 2 Bohrungen für eine Blindzelle und eine Meßzelle, in die die Suspension bzw. Lösung eingefüllt wird. Die Zellen selbst sind sektorförmig (Länge 16 mm, Tiefe 2,5 mm) und bestehen ganz aus Glas. Die gesamte Anordnung der Zentrifuge, aus der auch der

---

[1] BEAMS, J. W., u. E. G. PICKELS: Science (Lancaster, Pa.) **78**, 338 (1933).
[2] SVEDBERG, T., u. B. SJÖGREN: J. Amer. Chem. Soc. **51**, 3594 (1929).

Strahlengang hervorgeht, ist in Abb. VIII, 11 schematisch dargestellt. Während der Rotation erfolgt die Aufnahme durch die Küvette hindurch. Die Konzentration in der Zelle wird durch eine photographische Absorptionsmessung ermittelt. Als Lichtquelle dient eine Quecksilberhochdrucklampe, zur Aufnahme eine langbrennweitige Kamera.

Für präparative Zwecke kann auf die gleiche Motorachse auch ein Winkelrotor, der 4 Einsätze enthält, aufgesetzt werden. Bei der SVEDBERGschen Anordnung ist noch eine Wasserkühlung und eine gasdichte Kammer für Gleichgewichtsmessung vorgesehen. KEGELES[1] beschreibt eine Neukonstruktion speziell für Gleichgewichtsmessung an polydispersen Systemen.

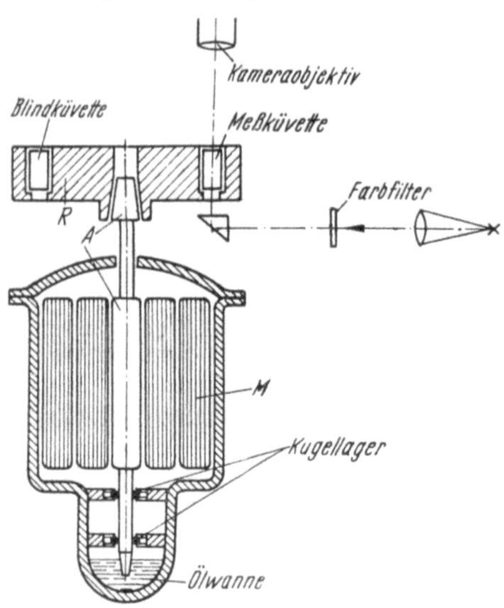

Abb. VIII, 10. Rotor für Zentrifugalfelder bis zum 15000fachen Betrag der Schwerkraft nach SVEDBERG.

Abb. VIII, 11.
Schema der langsam laufenden Zentrifuge
($U = 3000-12000$ $T$/min).

## b) Hochtourige Ultrazentrifugen.

### 1. Ölturbinenultrazentrifuge.

Auf eine eingehende Beschreibung der Ölturbinenzentrifuge kann hier verzichtet werden, da darüber mehrere ausführliche Veröffentlichungen vorliegen. Der horizontal gelagerte Rotor (Abb. VIII, 12) besteht aus weichem Chromnickelstahl. Dieses Material ist hartem Stahl mit höherer Festigkeit vorzuziehen. Der Antrieb des Rotors erfolgt mit Drucköl bis zu 12 atü durch 2 Ölturbinen von 8 mm, die auf der Rotorachse sitzen und mit ihm eine Einheit bilden. Die noch betriebssichere höchste Tourenzahl liegt z. Z. bei etwa 100000 U/min, die Zentrifugalbeschleunigung bei $10^6 g$. Damit ist der

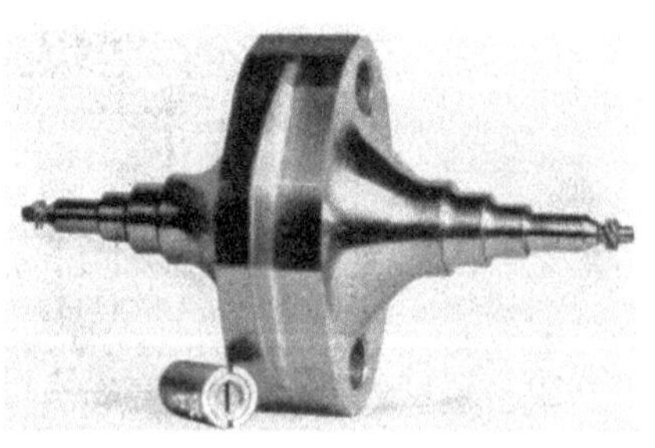

Abb. VIII, 12. Rotor und Zelle der Ölturbinenzentrifuge.

Rotor bereits bis an die Grenze seiner Leistungsfähigkeit beansprucht.

Auf die Zellenkonstruktion muß besonderer Wert gelegt werden. Hier treten besondere Schwierigkeiten bei der Abdichtung auf. Als einzig

---

[1] KEGELES, G.: J. Amer. Chem. Soc. **69**, 1302 (1947).

brauchbares Fenstermaterial erweist sich kristalliner Quarz. Als Dichtungsmaterial werden für Wasser Cellophan und Kautschuk, für organische Flüssigkeiten neuere Kunststoffe wie Polyäthylen und Teflon, das gegen alle organischen Lösungsmittel beständig ist, empfohlen. Um die Quarzscheiben wird ein Kragen aus Kunststoff gelegt, der die Scheiben vor Bruch bei hoher Geschwindigkeit schützt. Die Einzelheiten der Zellenkonstruktion sind aus Abb. VIII, 13 zu ersehen. Wenn einwandfreie Sedimentationsaufnahmen erhalten werden sollen, muß der Sedimentationszelleninhalt absolut frei von Konvektionsströmungen sein. Dazu ist es nötig, daß die Temperaturerhöhung während des oft vielstündigen Versuches einige Grad nicht übersteigt. Diese Bedingung ist trotz Evakuierens des Raumes, in dem der Rotor läuft, auf weniger als $^1/_{100}$ mm Hg oder durch eine Füllung mit 20 mm $H_2$ schwer zu erfüllen, so daß besonders bei niedrigen Konzentrationen der zu zentrifugierenden Lösung, bei denen nur kleine Konzentrationsunterschiede auftreten, Konvektionen nicht ganz vermeidbar sind. JULLANDER hält daher die Überschreitung einer Tourenzahl von 50—60000 U/min nicht für zweckmäßig.

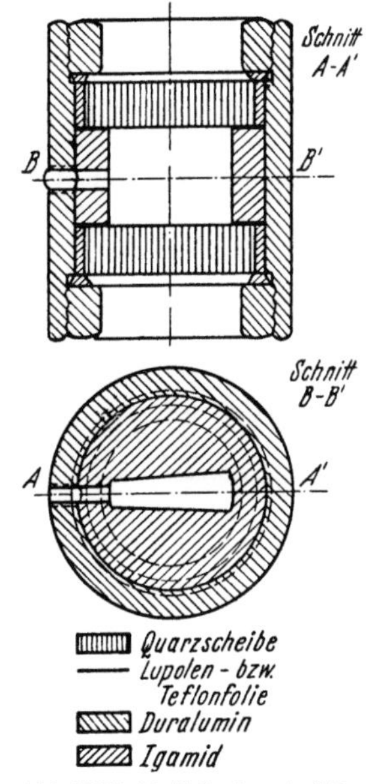


Abb. VIII, 13. Zellenkonstruktion der hochtourigen Zentrifuge.

### 2. Luftangetriebene Ultrazentrifuge.

Die luftangetriebene Ultrazentrifuge geht auf die Arbeiten von HENRIOT und HUGUENARD[1] zurück, die mit auf Luft gelagerten und durch Luft angetriebenen kleinen kegelförmigen Rotoren Umdrehungszahlen bis zu 1000000 U/min erreichen. Eine entsprechende Ultrazentrifuge wurde 1935 in der BASF entwickelt und wegen ihrer Einfachheit zu Teilchengrößenanalysen von Ruß benutzt. Sie besteht aus einem kleinen 5 cm-Rotor (Abb. VIII, 14), auf dessen Grundfläche ein Spiegel S aufgebracht ist. Durch eine Dichtung D und eine daraufgepreßte Sekuritglasplatte G wird ein zylinderförmiger Raum R geschaffen, in den durch die Rotorachse von unten die zu zentrifugierende Flüssigkeit eingefüllt werden kann. Die Aufnahme des Flüssigkeitsringes erfolgt von oben im Reflexionsverfahren. Mit diesem Rotor lassen sich bei Antrieb mit Wasserstoff Tourenzahlen von 160000 U/min ohne Schwierigkeiten erreichen. Die Absinkzeiten liegen für Rußsuspensionen in der Größenordnung von

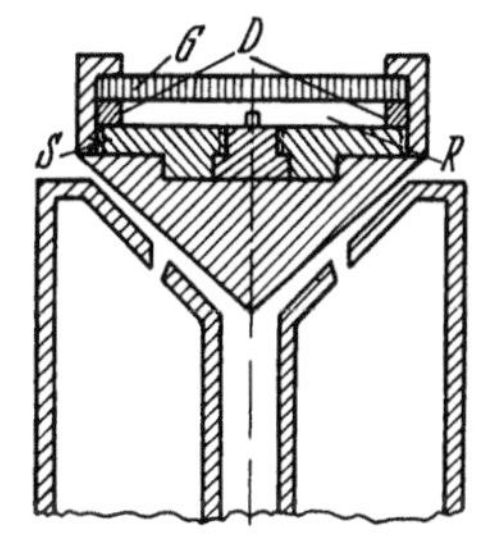


Abb. VIII, 14. Einfache luftgetriebene Zentrifuge für Teilchengrößenbestimmung.

---

[1] HENRIOT, L., u. H. HUGUENARD: C. r. Acad. Sci. (Paris) 180, 1389 (1925).

einigen Sekunden. Da bei dem direkten Antrieb mit Luft die Temperatur des rotierenden Systems jedoch nicht konstant zu halten ist, läßt sich nach diesem Prinzip eine Sedimentation von Lösungen nicht reproduzierbar ausführen.

Zur Vermeidung dieser Schwierigkeiten haben BEAMS und PICKELS[1] in ihrer Zentrifugenkonstruktion eine kleine HENRIOTsche Luftturbine als Antrieb verwendet, jedoch den schweren Rotor, der die Zentrifugenzelle trägt, in eine Vakuumkammer gehängt. Die Achse, die den Zentrifugenrotor mit der Antriebsturbine verbindet, ist durch ein Öllager ins Vakuum geführt. Mit dieser Anordnung gelang es schließlich, Rotoren von demselben Durchmesser wie die SVEDBERG-Rotoren zu betreiben und Tourenzahlen von 60 000 U/min zu erreichen. Da in Deutschland die BEAMS- und PICKELS-Konstruktion von der PHYWE nachgebaut wurde und in zahlreichen Instituten verwendet wird, seien hier einige Einzelheiten der Anordnung beschrieben.

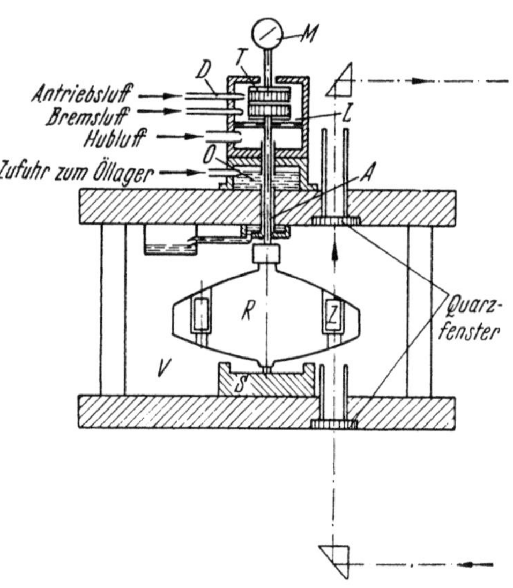


Abb. VIII, 15. Schema der luftgetriebenen Zentrifuge, System BEAMS und PICKELS und PHYWE.

In der schematischen Abbildung VIII, 15 erkennt man die wesentlichsten Konstruktionsmerkmale. Der Rotor R befindet sich in einer Vakuumkammer V aus 38 mm starkem Duralumin. Die Verbindungsachse A ist 3 mm stark. Die kleine Antriebsturbine T wird durch einen Düsensatz D mit Preßluft von durchschnittlich 4 atü angetrieben. Sie schwimmt auf einem Luftpolster L, das durch die „Hubluft" erzeugt wird. Diese strömt gegen die untere Fläche der Turbine. Durch das Öllager O wird ständig etwas Öl aus einem Vorratsbehälter in die Vakuumkammer durchgesaugt, von einem kleinen Ölfänger oberhalb des Rotors durch Zentrifugalkraft abgeschleudert und in einer Ölkammer gesammelt. Ein Schlepplager S am unteren Ende des Rotors nimmt die bei Anlaufen auftretenden Präzessionsbewegungen und Erschütterungen auf und dämpft sie. Zur Beobachtung der Geschwindigkeit ist mit der Achse ein Tachometer M verbunden. Die photographische Beobachtung des Sedimentationsvorgangs durch Absorptions- oder Refraktionsmessungen erfolgt wie bei der langsam laufenden Zentrifuge durch die rotierende Zelle Z, deren Konstruktion weitgehend der SVEDBERGschen entspricht. Der Strahlengang ist praktisch der gleiche wie bei der langsamlaufenden Zentrifuge, wird jedoch noch einmal über ein Prisma umgelenkt, um den Aufbau sehr hoher vertikaler Kameras zu vermeiden.

Die Nachteile des Luftantriebs sind zweifellos die lange Anlaufzeit, die günstigstenfalls bis zu einer Tourenzahl von 40 000 U/min 20 Min. betägt, der Hauptvorteil die relativ billige Konstruktion, die trotzdem nahezu die gleiche Zentrifugalbeschleunigung zu erreichen gestattet wie die SVEDBERGsche Ölzentrifuge.

[1] BEAMS. J. W., u. E. G. PICKELS: Science (Lancaster, Pa.) 78, 338 (1933).

Auch bezüglich der Temperaturstörung liegt die Luftzentrifuge nicht ungünstiger als jene. Es wird angegeben, daß bei einem Vakuum von $10^{-4}$ mm Hg eine Temperatursteigerung von mehr als 1°/Std. vermieden werden kann. Durch Einbau einer Kühlvorrichtung in die Vakuumkammer läßt sich die Temperaturerhöhung nahezu vollständig unterdrücken. In Abb. VIII, 16 ist das Ergebnis einer Temperaturmessung des Rotors mit und ohne Kühlung der Vakuumkammer nach MEYERHOFF[1] angegeben. Nach der Anlaufzeit von 20 min liegen die Temperaturschwankungen innerhalb von $\pm\,0{,}1°$ C.

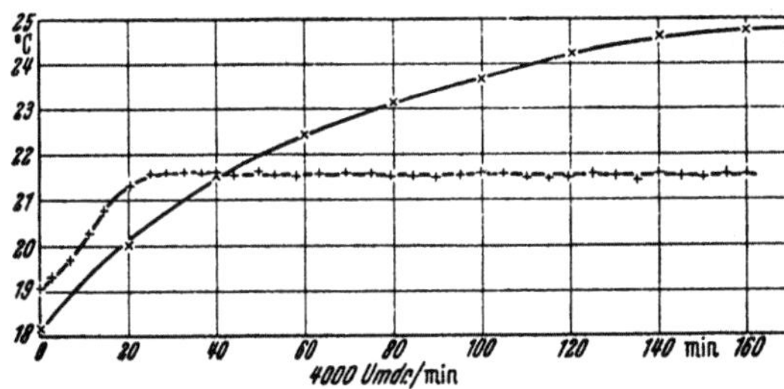


Abb. VIII, 16. Temperatur der Rotorzelle mit (1) und ohne (2) Kühlung der Vakuumkammer nach MEYERHOFF.

Abb. VIII, 17 gibt noch einmal den gesamten Aufbau der Phywe-Zentrifuge einschließlich Kamera wieder. Sowohl die amerikanische als auch die deutsche Konstruktion der Ultrazentrifuge können mit Rotoren mit Einsätzen für präparative Zwecke

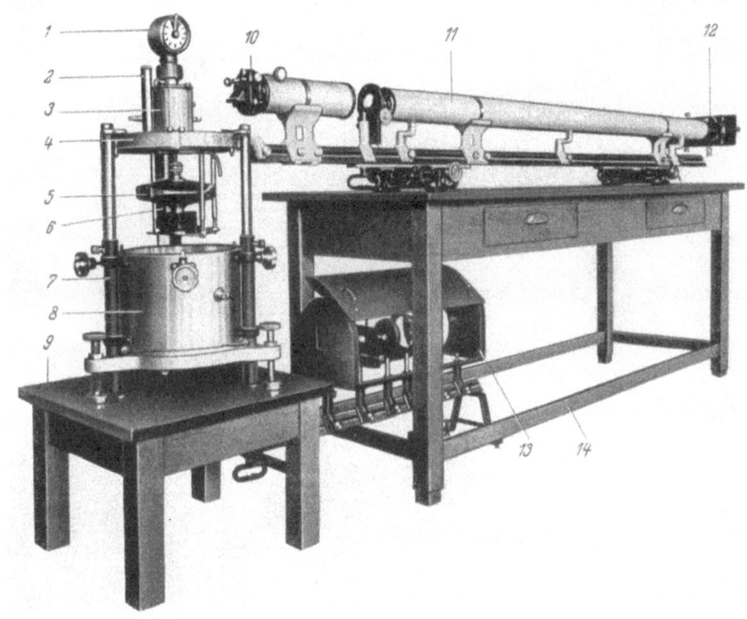


Abb. VIII, 17. Ultrazentrifuge für analytische Zwecke.

Erklärung: 1 Tachometer, 3 Turbinengehäuse. 5 Rotor (hochgezogen), 11 Kamera, 12 Kassette, 13 Beleuchtung.

betrieben werden. Eine ausführliche Beschreibung der amerikanischen Konstruktion ist bei SVEDBERG und PEDERSEN zu finden (UZ, S. 167).

---

[1] MEYERHOFF, G.: Diss. Mainz 1951.

Tabelle VIII, 1. *Physikalisch-technische Kennzeichnung verschiedener Ultrazentrifugen.* (Nach K. BEYERLE[1].)

| Zentrifugen von | TH. SVEDBERG | PHYWE AG. | Specialized Instruments Corporation | |
|---|---|---|---|---|
| Analytischer Läufer, Type | VII | — | Anal. A | Anal. B |
| Abstand Rotorachse—Zellenmittelpunkt in [cm] | 6,5 | 6,5 | 6,5 | 6,5 |
| Zellendurchmesser in [cm] | 1,5 | 1,5 | 1,5 | 1,5 |
| Zellenhöhe [cm] | 1,2 bis 2,4 | 0,7 bis 1,2 | 0,2 bis 1,2 | 1,8 bis 3,0 |
| Maximal zulässige Umdrehungszahl U/min | 55000 | 50000 | 60000 | 48000 |
| Auflösungsvermögen $\mathrm{m\ddot{o}gen}\left[\dfrac{cm^2}{s^2}\right]$ | $320 \cdot 10^6$ | $267 \cdot 10^6$ | $384 \cdot 10^6$ | $246 \cdot 10^6$ |
| Rotorwerkstoff | Cr-Ni-Stahl LLL49 der Wikmanshyttan | Al-Cu-Mg-Legierung geschmiedet | Al-Legier. 14 S-T der ALCOA | Al-Legier. 14 S-T der ALCOA |
| Bauart | 1 Körper | 2 Körper | 2 Körper | |
| Lage der Drehachse | waagerecht | senkrecht | senkrecht | |
| Lagerung der Drehachse | Öl-Gleitlager | Öl-Gleitlager Aufnahme der Vertikallast durch Luftspurlager | Öl-Gleitlager | |
| Antrieb | Öl-Turbine | Luftturbine — Freistrahlbauart | Elektromotor, Übersetzungsgetriebe | |
| Antriebsmittel | Drucköl 12 Atm. | Druckluft 4 Atm. | Wechselstrom 220 V, 50 oder 60 Hz | |
| Temperaturkonstanthaltung | Übertemperaturverfahren; Füllung der Rotorkammer mit $H_2$ (5—10 Torr); Kühlung der Rotorkammer mit Öl oder $H_2O$ von außen. | Übertemperaturverfahren; Füllung der Rotorkammer mit $H_2$ (5—10 Torr); evtl. Einbau einer Kühlschlange. | Evakuierung der Vakuumkammer auf $1 \cdot 10^{-3}$ Torr mit Öldiffusionspumpen; Wärmeträgheitsverfahren; evtl. Einbau eines auf niederer Temperatur gehaltenen Kühlkörpers. | |

[1] BEYERLE, K.: VDI **93**, 22, 740 (1951).

### 3. *Elektrisch angetriebene Ultrazentrifuge.*

Bei der luftangetriebenen Ultrazentrifuge lassen sich gelegentliche Störungen, vor allen Dingen durch Beschädigungen der Achse, oder durch zu große Erschütterungen beim Anlaufen nicht immer vermeiden. Außerdem hat die Verwendung eines Luftpolsters zur Lagerung des Zentrifugensystems schwerwiegende Nachteile, da beim Ausfallen der Hubluft das rotierende System plötzlich aufsitzt, gebremst wird und damit Achsenbrüche unvermeidlich werden. Bei manchen Versuchen stört auch die lange Anlaufzeit des luftgetriebenen Systems. Es sind daher seit mehreren Jahren Versuche unternommen worden, auch für die schnellaufende Zentrifuge den elektrischen Antrieb einzuführen. Eine solche Zentrifuge ist neuerdings von PICKELS[1] konstruiert und von der *Specialized Instruments Corp.* serienmäßig hergestellt worden. Die Ausführung der Zelle des Rotors sowie das optische System entsprechen weitgehend den oben beschriebenen Anordnungen. Der Motor ist ein 110 V-Bürstenmotor von $1^1/_2$ PS, der über ein Spezialschneckengetriebe den Zentrifugenkopf antreibt. Der Duraluminiumrotor von 180 mm Durchmesser kann bis zu einer Tourenzahl von 60 000 U/min betrieben werden. Er ist mit dem Antriebsmechanismus durch eine nur 2,5 mm starke Welle verbunden und stabilisiert sich selbst. Geschwindigkeitsregelungen, photographische Registrierungen sind vollautomatisch. Auch bei dieser Konstruktion ist die Verwendung eines „präparativen" Rotors vorgesehen. Über Erfahrungen mit dieser aussichtsreichen Konstruktion ist in der Literatur noch nichts mitgeteilt.

Eine Übersicht über die Leistungsfähigkeit der verschiedenen Zentrifugentypen gibt die Tab. VIII, 1, in der die wichtigsten Konstruktionen und ihre Antriebsart zusammengestellt sind.

## § 69. Diffusionsapparaturen.

Obwohl die Messung des Diffusionskoeffizienten zu den klassischen experimentellen Aufgaben der physikalischen Chemie gehört, ist auch heute die Meßtechnik noch nicht so weit entwickelt, daß Diffusionskonstanten mit großer Genauigkeit (1—2%) gemessen werden können. Die Gründe hierfür liegen in der Schwierigkeit, zu Versuchsbeginn die zu einer freien Diffusion notwendige störungsfreie Grenzfläche herzustellen und dann während des Versuchs sehr kleine Konzentrationen und Konzentrationsunterschiede mit großer Genauigkeit zu messen. Das zweite Problem wird in § 70 behandelt.

Die Lösung der ersten Aufgabe ist in zahlreichen Konstruktionen von Diffusionszellen versucht worden, in denen die Herstellung der Grenzfläche hauptsächlich nach drei verschiedenen Prinzipien durchgeführt wird. Im ersten Fall wird die Grenzfläche zwischen Lösungsmittel und Lösung, z. B. durch Öffnen eines weiten Hahns, gebildet und durch eine langsame, etwa durch leichten Überdruck erzeugte Flüssigkeitsströmung an die Stelle gebracht, bei der die Messung der Konzentrationsunterschiede erfolgen soll. Bei einem anderen Zellentyp wird das von SCHUH-

---

[1] Beschrieben bei J. W. BEAMS u. Mitarb.: Phys. Rev. **53**, Ser. II, 924 (1938).

MEISTER[1] angegebene Prinzip verwendet, in welchem zwei in je einem Glasblock eingeschlossene Flüssigkeitssäulen durch Verschieben längs einer aufeinander eingeschliffenen Fläche überschichtet werden (Scherzelle). Bei einer dritten Ausführung wird schließlich ein Schieber, der vor dem Versuch Lösungsmittel und Lösung trennt, herausgezogen und dadurch die Grenzfläche gebildet. Im folgenden sei eine für jeden Zellentyp charakteristische neuere Ausführung beschrieben. Für die Auswahl der Konstruktionen war maßgebend, daß in der BASF. Ludwigshafen/Rhein gerade mit diesen Zellentypen spezielle Erfahrungen vorlagen.

### a) Zellen mit Grenzflächenverschiebung.

Als Beispiel dieses bei zahlreichen Diffusionsversuchen verwendeten Zellentyps ist in Abb. VIII, 18 eine bewährte Glaszellenkonstruktion von LAMM[2] abgebildet. Der zylindrische Zellenteil B ist mit der leichteren Flüssigkeit, im allgemeinen also mit dem Lösungsmittel gefüllt und der Hahn geschlossen. Die Lösung wird in A eingefüllt und ist von der Berührung mit der Flüssigkeit in B zunächst durch eine Luftblase unter der Glasfritte D getrennt. Sowie sich das thermische Gleichgewicht eingestellt hat, wird der Hahn C geöffnet, wobei die Luftblase austritt. An der Glasfritte bildet sich dann die Grenzfläche. Nach Öffnen des Hahnes bei A und nach Schließen des Hahnes bei C wird durch weiteres Nachströmenlassen der Lösung die Grenzfläche langsam gehoben bis etwa zur Mitte von B, wo die Messung der Konzentration vorgenommen wird. (Bei einer früheren Konstruktion wurde die Herstellung der Grenzfläche durch Öffnen eines an Stelle der Glasfritte angebrachten Hahnes hergestellt.)

Die Zelle hat mehrere Vorteile. Sie ist außerordentlich leicht herstellbar, vermeidet Dichtungsmittel und ist wegen der ausschließlichen Verwendung von Glas praktisch für alle Lösungsmittel brauchbar. Als Nachteil ist die sowohl bei Verwendung eines Hahns als auch einer Fritte im allgemeinen sehr verwaschene Grenzfläche anzusehen. Die für die refraktometrischen Bestimmungsmethoden ungünstige zylindrische

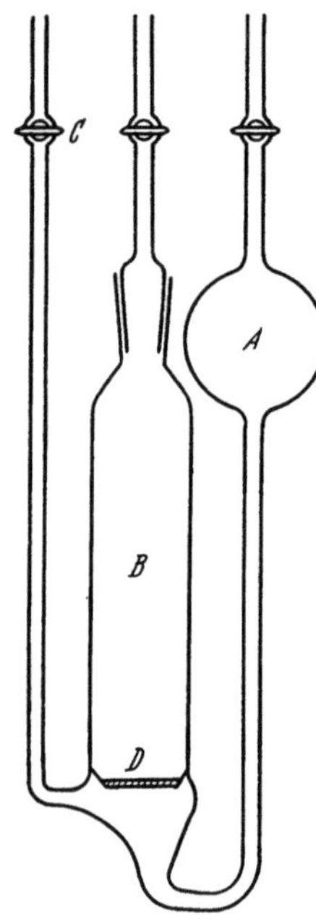

Abb. VIII, 18. Diffusionszelle aus Glas nach LAMM.

Form der Küvette wurde bei eigenen Versuchen dadurch umgangen, daß über das zylindrische Rohr der Zelle ein Mantel mit planparallelen Fenstern geschoben wurde. Der freie Raum zwischen den planparallelen Fenstern und der Zelle wurde mit dem gleichen Lösungsmittel gefüllt, das sich in der Zelle selbst befand. Mit dieser Anordnung lassen

---

[1] SCHUHMEISTER, J.: Sitzgsber. Akad. Wiss. Wien **79**, 603 (1879).
[2] LAMM, O.: Kolloid-Z. **98**, 45 (1942).

sich die refraktometrischen Bestimmungsmethoden genau wie bei einer rechteckigen oder quadratischen Küvettenform anwenden. In einer neuerdings beschriebenen Zelle des gleichen Typs von STERN, SINGER und DAVIS[1] hat das Meßrohr einen rechteckigen Querschnitt.

Eine Methode, um die Grenzfläche zu verbessern, wurde von KAHN und POLSON[2] angegeben. Bei dieser Anordnung wird von der gebildeten Grenzfläche durch eine von außen einzuführende Capillarpipette die Störungszone abgesaugt. Der Erfolg dieser einfachen Maßnahme ist bei geschickter Ausführung überraschend.

Die beschriebene Ausführung der Glaszelle wird wegen ihrer Einfachheit immer dann mit Vorteil Verwendung finden, wenn größere Mengen von Lösungen zur Verfügung stehen (etwa 30 cm³) oder besondere Ansprüche an die Korrosionsbeständigkeit der Apparatur gestellt werden müssen.

### b) Scherzelle.

Eine typische Ausführungsform einer Scherzelle ist die CLAESSONsche[3] Diffusionszelle, die in Abb. VIII, 19 abgebildet ist. Sie ist sowohl für organische Flüssigkeiten als auch für wäßrige Lösungen verwendbar.

Auf beiden Seiten des 10 mm starken hufeisenförmigen Zellenkörpers C sind zwei Glasplatten aufgepreßt oder gekittet. Ein Einschnitt G in der unteren Hälfte dient zur Aufnahme der Lösung. Ein beweglicher Gleitkörper aus Glas A besitzt einen entsprechenden Einschnitt F für das Lösungsmittel. Er kann mit geringem Spiel zwischen den Glasplatten auf der gut eingeschliffenen Berührungsfläche zwischen A und C bewegt werden. Die Bewegung erfolgt bei der abgebildeten Zelle durch einen Exzenter B, der von oben her bewegt werden kann, wobei eine Feder S den Gleitkörper nach unten drückt. Der Exzenter kann zweckmäßiger durch eine oberhalb der Zelle angebrachte Schlittenführung er-

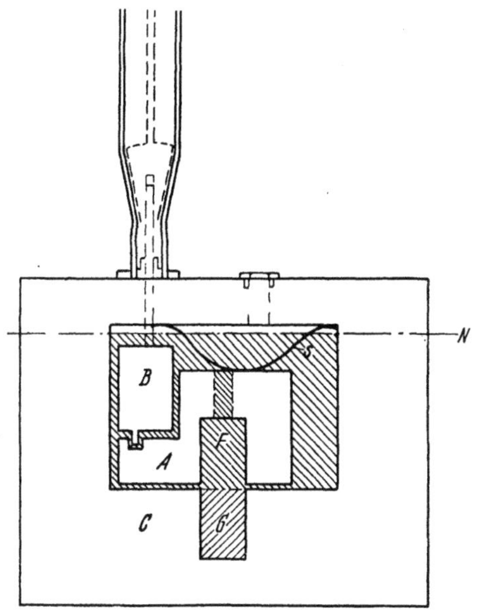

Abb. VIII, 19. Scherzelle nach CLAESSON.

setzt werden, die durch einen nach unten gehenden Stift den Gleitkörper mitnimmt. Für die Messung wird zunächst der Raum G z. B. durch eine Serumspritze von oben her mit Lösung gefüllt, sodann

[1] STERN, K. G., S. SINGER u. S. DAVIS: J. of Biol. Chem. **167**, 321 (1947).
[2] KAHN, D. S., u. A. POLSON: J. Phys. Colloid Chem. **51**, 816 (1947).
[3] CLAESSON, S.: Nature (Lond.) **158**, 824 (1946).

der Teil A nach rechts verschoben, bis der Raum G abgeschlossen ist. Dann wird die überstehende Lösung abgesaugt, der obere Raum sorgfältig von Lösung gereinigt und Lösungsmittel bis zum Niveau N eingefüllt. Zur Herstellung der Grenzfläche wird dann der Glaskörper A langsam zurückgeführt, bis F genau über G steht.

Diese Ausführung, bei der ebenfalls kein Dichtungsmittel verwendet wird, zeichnet sich dadurch aus, daß wegen der vollständigen Füllung der oberen Zellenhälfte mit Lösungsmittel keine Undichtigkeiten auftreten, während bei anderen ähnlichen Konstruktionen weniger an den Berührungsflächen von A und C als an den Flächen zwischen dem gleitenden Glasteil und den Verschlußscheiben die Flüssigkeit nach außen entweichen kann. Weitere Scherzellen sind in der Arbeit von GEDDES[1] angeführt.

### c) Schieberzelle.

Bei Scherzellen sind wegen des Übereinanderschiebens der beiden Flüssigkeitssäulen von vornherein größere Störungen der Grenzfläche zu erwarten als bei der Schiebermethode. Bei dieser werden die durch einen sehr dünnen Schieber getrennten Flüssigkeitssäulen dadurch miteinander in Berührung gebracht, daß ein Schieber sehr langsam aus der Trennungsebene herausgezogen wird. Eine der ersten Zellen nach diesem Prinzip wurde von FÜRTH[2] gebaut und später auch weiterentwickelt. Eine vielfach benutzte Konstruktion stammt von LAMM[3], die später von BERGOLD[4] aufgegriffen und als Mikrozelle ausgeführt wurde[5]. Die wesentlichen Merkmale der LAMM-BERGOLD-Zelle sind der schematischen Abbildung des Zellenmittelteils (Abb. VIII, 20) zu entnehmen.

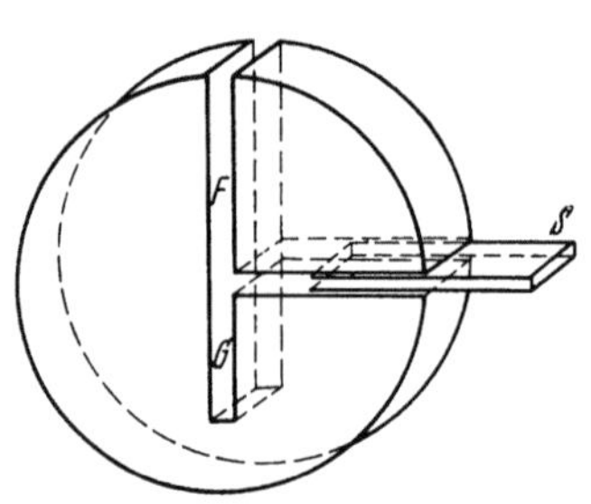

Abb. VIII, 20. Mittelteil der Schieberzelle nach LAMM-BERGOLD.

Die Lösung wird zunächst bei zurückgezogenem Schieber in den unteren Teil G der Zelle eingefüllt, sodann der Schieber S mittels einer feinen Gewindespindel vorgeschoben. Danach wird die überstehende Lösung entfernt, das Lösungsmittel in F eingefüllt und schließlich die Grenzfläche durch vorsichtiges Zurückziehen des Schiebers gebildet. Die Zelle selbst, deren Tiefe 10 mm und Gesamthöhe 16 mm beträgt, ist in eine Thermostatendose aus Mipolam eingebaut, die vorn und hinten mit Glasplatten verschlossen ist. Für wäßrige Lösungen hat

[1] GEDDES, A. L.: Determination of Diffusivity. In: A. WEISSBERGER, Physical Methods in Organic Chemistry, Bd. 1. Interscience New York 1949.
[2] FÜRTH, R.: a) Phys. Z. **26**, 719 (1925); b) J. Sci. Instr. **22**, 61 (1945).
[3] LAMM, O.: a) Nova Acta Reg. Soc. Sci. Upsala **10**, 6, 20 (1937); b) Ark. Kemi B **17**, 13 (1943).
[4] BERGOLD, G.: Z. Naturforsch. **1**, 100 (1946).
[5] Die Zelle wird in der beschriebenen Ausführungsform in der Werkstätte des Physikalischen Betriebes der BASF, Ludwigshafen/Rhein hergestellt.

sich ein 1 mm starker Schieber aus Kunststoff bewährt, für nicht-wäßrige Lösungen werden Schieber aus Silber und V2A verwendet.

Bei dem praktischen Gebrauch dieser Zellen haben sich besonders mit organischen Lösungsmitteln gewisse Nachteile herausgestellt. Zunächst ist die Abdichtung der Schieberspindel mit Öl bei Verwendung von wäßrigen Lösungen oder z. B. mit Glycerin bei organischen Flüssigkeiten nicht immer zufriedenstellend. Auch die von LAMM angebrachte Einführung eines Schleusenraumes, der mit Quecksilber gefüllt ist, bringt gewisse Schwierigkeiten mit sich. Vom Schieber wird Dichtungssubstanz gegen die Grenzfläche vorgeschoben und bedingt dort optische Störungen. Bei Metallschiebern lassen sich leichte Kratzer an den Deckplatten bei häufiger Benutzung nicht immer vermeiden.

Um diese Schwierigkeiten zu beheben, hat MEYERHOFF[1] eine andere Konstruktion einer Schieberzelle mitgeteilt, die er auf Grund der Erfahrungen mit der BERGOLDschen Zelle entwickelte und die speziell für die Verwendung organischer Lösungsmittel gedacht ist.

Die Zelle ist in Abb. VIII, 21 dargestellt. Der Schieber S wird von oben angetrieben und durch Drehung der Spindel A in der Ebene der Trennfläche bewegt. Die Dichtungsschwierigkeiten sind dadurch umgangen, daß über der Lösung und in dem ganzen Raum, in dem sich der Antriebsmechanismus befindet, Lösungsmittel bis zum Niveau N steht. MEYERHOFF dichtet außerdem die Glasscheiben, die zur Beobachtung des Diffusionsvorganges auf dem Zellenkörper angebracht sind, mit Hilfe eines Quecksilberfadens Q ab, der in der Abbildung schraffiert eingezeichnet ist.

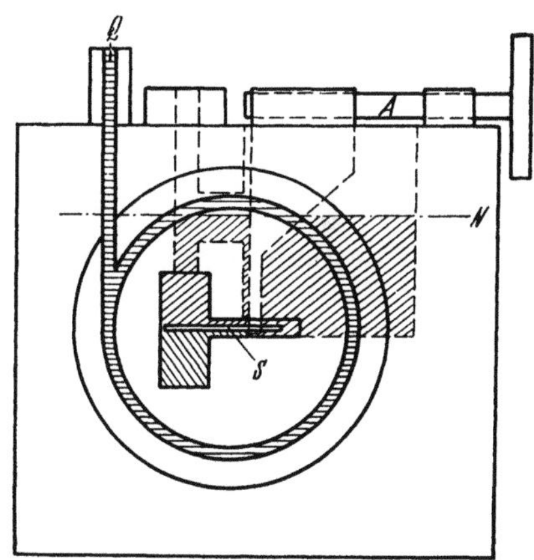

Abb. VIII, 21.  Schieberzelle nach MEYERHOFF.

MEYERHOFF gibt an, daß in seiner Apparatur die Grenzfläche wesentlich störungsfreier ist als bei den LAMMschen Glaszellen und der BERGOLD-Zelle, so daß schon wenige Minuten nach Versuchsanfang mit der Messung begonnen werden kann. Bei der Bestimmung von Diffusionskonstanten hochmolekularer Substanzen, bei denen mit verschiedenen Lösungsmitteln gearbeitet werden muß und häufig Diffusionskonstanten kleiner als $10^{-7}$ gemessen werden sollen, bietet die Verwendung einer rasch arbeitenden Mikrozelle naturgemäß besondere Vorteile. Während bei der Glaszelle z. T. erst nach mehreren Tagen die Versuche auswertbar sind und die gesamte Versuchszeit bis zu 10 Tagen beträgt, kann bei der CLAESSON-Zelle und bei den Mikrozellen von BERGOLD und MEYERHOFF eine Diffusionskonstante im allgemeinen innerhalb eines Tages gemessen werden. Nimmt man als Maß für die Qualität der erzielbaren Grenzfläche das Produkt $D \cdot t_1$, wo $t_1$ diejenige Zeit in Sekunden bedeutet, bei welcher sich die erste gut reproduzierbare Diffusionskurve erhalten läßt, so schätzt MEYERHOFF für die verschiedenen Zellentypen folgende Werte:

Glaszelle von LAMM . . . . . . . . . . . $D \cdot t_1 = 3 \cdot 10^{-2}$
Scherzelle von CLAESSON . . . . . . . . $3 \cdot 10^{-3}$
Mikrozelle von LAMM-BERGOLD . . . . . $3 \cdot 10^{-3}$
Mikro-Schieberzelle von MEYERHOFF . . $3 \cdot 10^{-4}$

Aus diesen Zahlen geht der Vorteil der kleineren Zellendimensionen sowie der MEYERHOFFschen Schieberkonstruktion hervor.

---

[1] MEYERHOFF, G.: J. makromol. Chem. **6**, 197 (1951).

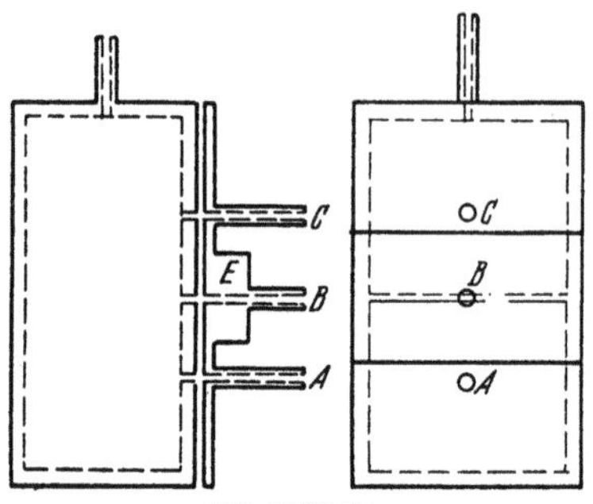


Abb. VIII, 22.
Diffusionszelle nach Cox und Ogston.

Eine neuartige Methode, sehr scharfe Grenzflächen herzustellen, haben Cox und Ogston[1] angegeben. In die Zelle (Abb. VIII, 22) fließt von unten bei A Lösung, bei C Lösungsmittel zu. In der Mitte fließen beide Komponenten bei B langsam ab. Wenn eine einwandfreie Grenzfläche entstanden ist, werden die Zuflüsse und der Abfluß durch ein Schlittenventil E gleichzeitig unterbrochen.

## § 70. Optische Auswerteverfahren für Sedimentations- und Diffusionsmessungen.

Die Bestimmung des Konzentrationsverlaufs in der Diffusions- oder Sedimentationszelle verlangt sehr empfindliche Meßmethoden, da Konzentrationsunterschiede von weniger als $1/_{10}\,^0/_{00}$ noch genau gemessen werden sollen. Hierfür kommen hauptsächlich Absorptions- sowie refraktometrische und interferometrische Meßverfahren in Frage. Grundsätzlich sind sämtliche Methoden sowohl bei Diffusions- wie Sedimentationsmessungen in gleicher Weise brauchbar.

### a) Absorptionsmethode.

Die Absorption des gelösten oder suspendierten Teilchens kann zur Bestimmung des Konzentrationsverlaufs benutzt werden, wenn mindestens in einem bestimmten Wellenlängenbereich die gelösten oder suspendierten Stoffe erheblich mehr absorbieren als das Lösungs- bzw. Suspensionsmedium. Dies trifft bei Farbstofflösungen und Pigmentsuspensionen sowie bei zahlreichen Proteinen, die häufig im nahen UV starke Absorptionsbanden haben, zu. Auch bei einigen synthetischen Hochpolymeren, wie z. B. bei Polystyrol, das unterhalb von 290 m$\mu$ sehr stark absorbiert, ist die Konzentrationsbestimmung durch Absorptionsmessung im UV möglich. Emulsionen und Suspensionen, deren Teilchen im Bereich von einigen Millimikron bis zu einigen Mikron liegen, sind gewöhnlich so trüb, daß die Absorptionsmethode ohne weiteres anwendbar ist.

Abb. VIII, 23 zeigt als Beispiel dafür 10 aufeinanderfolgende Sedimentationsaufnahmen von Limulus-Hämocyanin sowie die zugehörigen Photometerkurven; hier sind die drei Komponenten des Proteins an den Helligkeitssprüngen deutlich zu erkennen.

Die quantitative Auswertung derartiger Absorptionsaufnahmen erfordert einen erheblichen Arbeitsaufwand. Die Aufnahme muß photometriert werden, außerdem ist in einer besonderen Versuchsserie der Zusammenhang zwischen Schwärzung und Konzentration zu ermitteln. Bei Suspensionen kommt als besondere Schwierigkeit hinzu, daß die

---

[1] Cox, J. T., u. A. G. Ogston u. a.: Proc. Roy. Soc. (Lond.) A **192**, 382 (1948).

Absorption von der Teilchengröße abhängt und wegen des Absorptionsmaximums bei einer bestimmten Teilchengröße unter Umständen sogar keine eindeutige Funktion der Teilchengröße ist.

Abb. VIII, 23a.

Wird diese Abhängigkeit von der Teilchengröße nicht berücksichtigt, können gerade im Gebiet von 10 m$\mu$ bis 1 $\mu$ erhebliche Fehler bei der Aufnahme der Verteilungskurve entstehen. Von BAILEY[1] wurde sowohl ein Verfahren als auch eine Rechenmaschine (Produktintegrator) angegeben, in welchem die Abhängigkeit der Absorption von der Teilchengröße bei der Auswertung berücksichtigt werden kann.

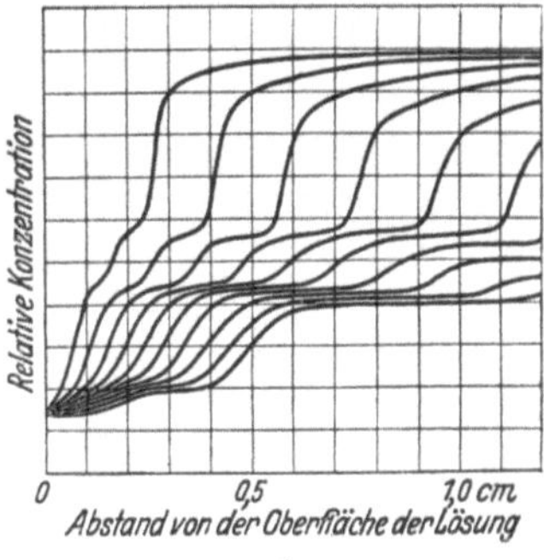



b

Abb. VIII, 23 a u. b.  Sedimentationsanalysen mittels Lichtabsorption von Limulus-Hämocyanin. (J. B. ERIKSSON-QUENSEL.)

Wegen dieser Nachteile ist die Anwendung des Absorptionsverfahrens zur Konzentrationsbestimmung auf solche Fälle beschränkt, bei denen die im folgenden Abschnitt beschriebene Refraktionsmethode schlecht anwendbar ist, wie z. B. bei Kunststoffemulsionen oder Farbstoffsuspensionen.

## b) Refraktionsmethoden.

Bereits bei den ersten Untersuchungen von SVEDBERG wurden Refraktionsmethoden zum Nachweis der Konzentrationsgradienten in den Sedimentationszellen benutzt. Eine solche Schlierenaufnahme, die nach der TOEPLERschen Methode mit der gleichen Substanz wie bei der Absorptionsaufnahme von Abb. VIII, 23 erhalten wurde, zeigt Abb. VIII, 24. Hier sind an die Stelle der Helligkeitssprünge in der Absorptionsaufnahme Schlieren getreten, die wegen der Einheitlichkeit der Komponenten

Abb. VIII, 24.  Sedimentationsanalyse mittels Schlierenverfahren von Limulus-Hämocyanin (SVEDBERG).

---

[1] BAILEY, E. D.: Ind. Engng. Chem. Anal. Ed. **18**, 365 (1946).

besonders scharf sind. Die Schlierenmethode ist seit diesen Versuchen verschiedentlich abgewandelt worden, vor allem um auch kleinere Konzentrationsgradienten besser messen zu können.

Das genaueste Refraktionsverfahren ist auch heute noch die LAMM-sche[1] Skalenmethode. Ihr Strahlengang ist in der Abb. VIII, 25 schematisch dargestellt. Beim Durchgang durch die mit einem homogenen Medium gefüllte Zelle wird ein Lichtstrahl, der von einem Punkt P der Skala S ausgeht, gebrochen, parallel verschoben und durch die Linse O auf dem Schirm in $P_1$ abgebildet. Wenn jedoch ein Konzentrationsgradient längs der Zellenhöhe vorhanden ist, wird der Lichtstrahl in dem optisch inhomogenen Medium nach der Richtung wachsender Brechungsexponenten hin gekrümmt und den Schirm in einem Punkt $P_2$ treffen, der gegenüber $P_1$ um die Strecke $Z$ verschoben ist. LAMM[2] hat auf Grund der WIENER-schen[3] Arbeiten diese Strichver-

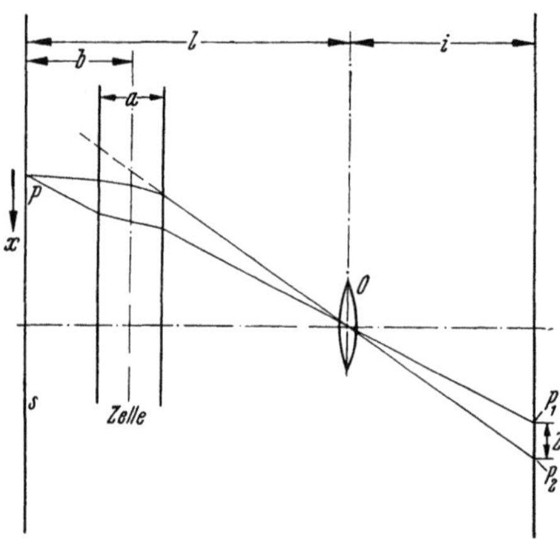

Abb. VIII, 25.
Schema des Strahlengangs bei der Skalenmethode.

schiebungen $Z$ berechnet. Wenn man voraussetzt, daß der Brechungs-exponent in den horizontalen Ebenen jeweils gleich ist, folgt für nicht zu große Ablenkungen:

$$Z = Gab\,\frac{dn}{dx} = Gab\,\frac{dn}{dc_g}\cdot\frac{dc_g}{dx}, \qquad (VIII, 70)$$

$$G = \frac{i}{l}. \qquad (VIII, 70a)$$

$Z$ ist also proportional $\dfrac{dc_g}{dx}$ und außerdem von den geometrischen und optischen Konstanten der Apparatur abhängig ($G$ = Vergrößerungs-faktor, $a$ = Zellendicke, $b$ = Abstand der Skala von der Zellenmitte), die sich direkt messen lassen. Bei der praktischen Ausführung werden als abzubildendes Objekt P gewöhnlich Skalen mit $^1/_{10}$ bis $^2/_{10}$ mm Strich-abstand und je nach der Zellengröße in Längen bis zu 5 cm verwendet.

In Abb. VIII, 26a ist die Skalenaufnahme eines Diffusionsversuchs zusammen mit der Bezugsskala wiedergegeben. Man erkennt eine starke Verschiebung ein-zelner Skalenteile in der Umgebung der Grenzfläche. Zur quantitativen Aus-wertung muß die Skala im Komparator ausgemessen und mit der Bezugsskala ver-glichen werden. Dieses Verfahren ist sehr mühsam und zeitraubend. Trotzdem empfiehlt sich seine Anwendung, da bei guten Skalen eine Auswertegenauigkeit von

[1] LAMM, O.: Nova Acta Reg. Soc. Sci. Upsala **10**, 6 (1937).
[2] LAMM, O.: Z. physik. Chem. A **138**, 313 (1928); A **143**, 177 (1929).
[3] WIENER, O.: Ann. Physik **49**, 105 (1893).

0,005 mm ohne weiteres erreichbar ist und auch noch sehr kleine Konzentrationsunterschiede erfaßt werden können. Abb. VIII, 26b gibt die aus der obigen
Skalenaufnahme erhaltene Diffusionskurve wieder. Wegen der langwierigen Auswertung der Skalenaufnahmen sind neuerdings wesentlich raschere refraktometrische Meßverfahren ent-
wickelt worden.

Das Prinzip der von
PHILPOT[1] und SVENSON[2]
entwickelten Methode ist
in der Abb. VIII, 27 angegeben. Die Lösung befin-
det sich in der Zelle, von
der nur die Mittelebene C
dargestellt ist, und soll
starke Konzentrationsun-
terschiede in der Richtung
von x aufweisen. Der Kon-
zentrationsgradient möge
an der Stelle $X_0$ Null sein,
bei $X_m$ sein Maximum
haben. Die Schlierenlinse
L direkt vor der Zelle bildet einen horizontalen
Spalt A in die Ebene Y
ab. Wäre die Zelle mit einem homogenen Medium

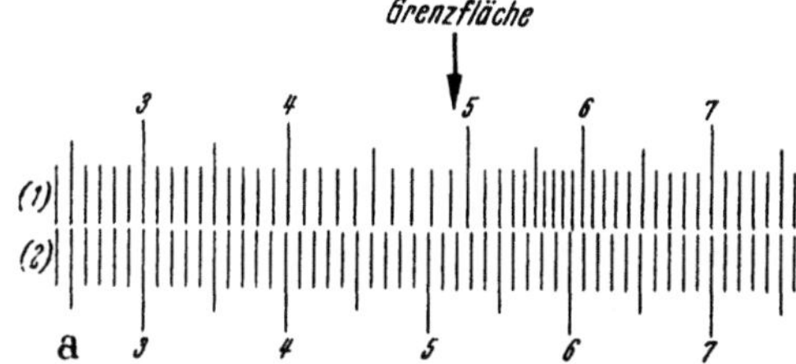


Abb. VIII. 26a. (1) Skala zu Beginn der Diffusion,
(2) Bezugsskala. (MEYERHOFF Diss. Mainz 1951.)

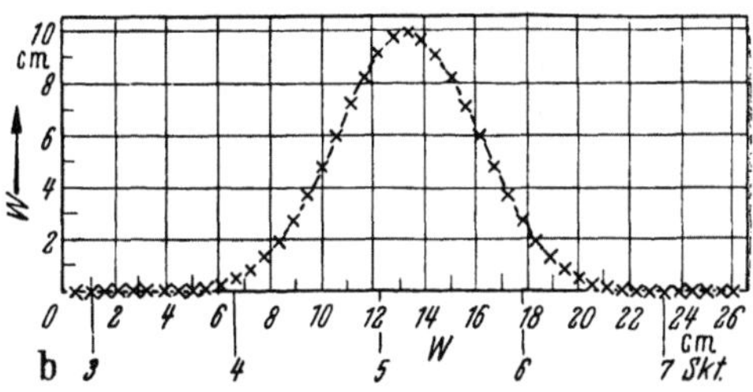


Abb. VIII, 26b.
Diffusionskurve, berechnet nach Abb. VIII, 26a.

gefüllt, würde das Spaltbild an der Stelle $Y_0$ entstehen. In inhomogenen
Bereichen erleiden aber wie bei der Skalenmethode die Strahlen eine Ablenkung, die am größten für das Gebiet $X_m$ sein wird, wodurch das

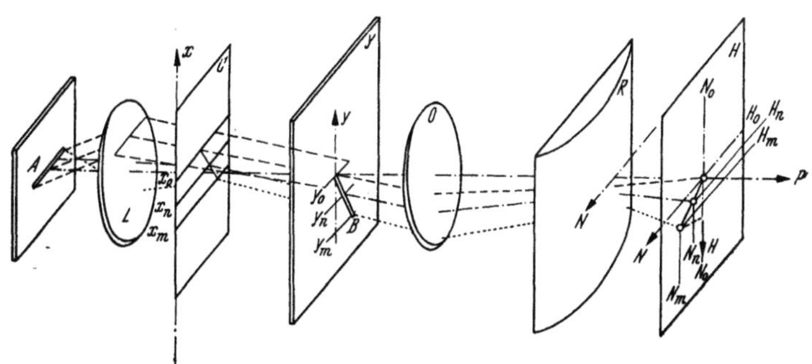

Abb. VIII, 27. Strahlengang bei der PHILPOT-SVENSON-Methode.

Spaltbild in $Y_m$ entsteht. Die Kameralinse O entwirft ein Bild der Zelle
in die Ebene der photographischen Platte H. In der Ebene Y ist nun ein
schiefliegender Spalt B eingebaut. Die zwischen der Kameralinse O und
der Ebene H befindliche Zylinderlinse R ändert den Gang der vom


[1] PHILPOT, J. ST.: Nature (Lond.) **141**, 283 (1938).
[2] SVENSON, H.: Kolloid-Z. **90**, 141 (1940).

Spalt B durchgelassenen Strahlen in vertikaler Richtung nur wenig, bricht sie aber stark in der Richtung N. Ihre Ablenkung ist abhängig vom Niveau y, in dem das Licht den geneigten Spalt B passiert. Ein Lichtstrahl, der beispielsweise aus dem homogenen Bezirk $X_0$ kommt

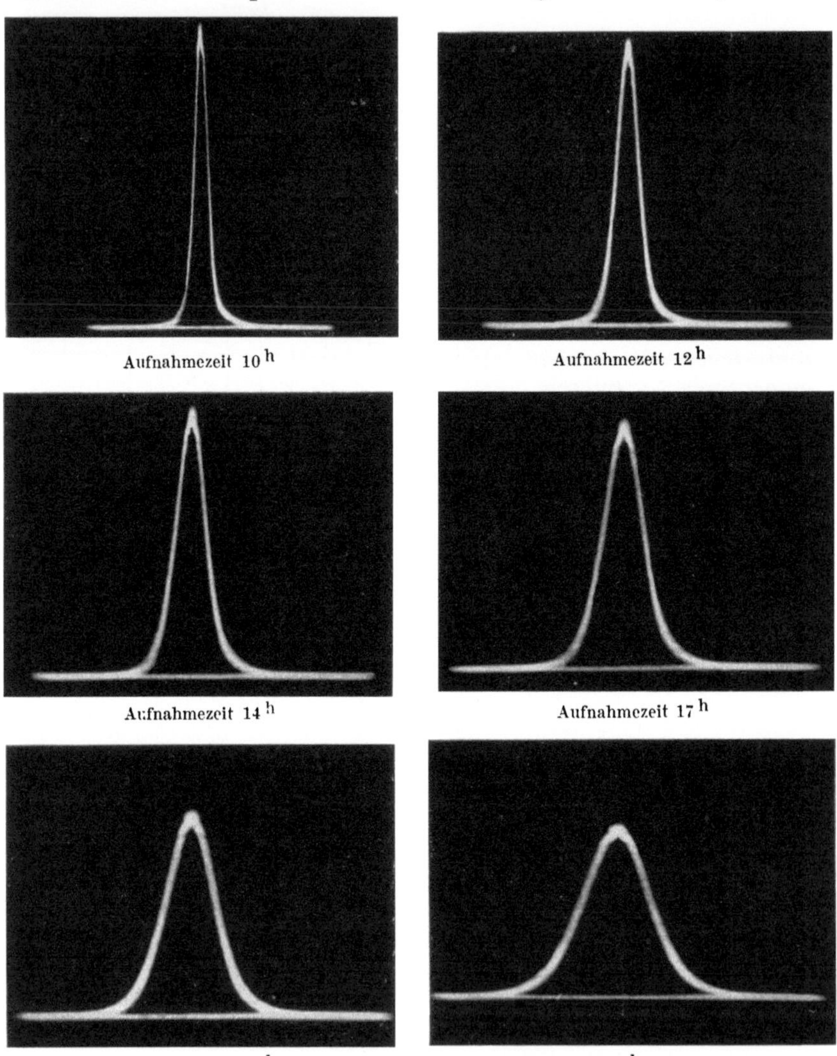

Aufnahmezeit $10^h$    Aufnahmezeit $12^h$

Aufnahmezeit $14^h$    Aufnahmezeit $17^h$

Aufnahmezeit $20^h$    Aufnahmezeit $8^h$ nächster Tag

Abb. VIII, 28. PHILPOT-SVENSSON-Aufnahmen der Diffusion einer 1%igen wäßrigen Polyvinylpyrrolidonlösung nach SCHOLTAN (s. S. 449[1]).

und in $Y_0$ abgebildet wird, geht durch den Spalt B in der Nähe der optischen Achse P, ist also ein achsennaher Strahl, wird durch die Zylinderlinse wenig abgelenkt, so daß er die Ebene H bei $H_0$ trifft und einen Punkt auf der Basislinie $N_0$ markiert. Ähnlich wird der gestrichelte

Strahl von der Stelle $X_n$ den Spalt B bei $Y_n$ passieren und an einer Stelle ($N_n$; $H_n$) den Schirm treffen; Entsprechendes gilt für den Strahl von $X_m$, der Stelle des größten Konzentrationsgradienten.

Man erhält auf diese Weise einen Kurvenzug, der den Verlauf des Konzentrationsgradienten direkt wiedergibt. Eine derartige Aufnahme, die mit einer von der Firma Strübin, Basel, gelieferten Apparatur erhalten wurde, gibt Abb. VIII, 28 wieder. Das Philpot-Svenson-Verfahren erlaubt zweifellos den raschesten Überblick über die Gestalt von Diffusions- und Sedimentationskurven bzw. über den Verlauf der Konzentrationsgradientenkurve; es reicht für Sedimentationsaufnahmen vollständig aus. Bei genaueren Diffusionsmessungen und besonders bei Untersuchungen über die Polymolekularität, wo Einzelheiten des Verlaufs der Sedimentationskurve erfaßt werden sollen, ist aber das ältere Verfahren von Lamm vorzuziehen.

### c) Interferenzmethode.

Noch empfindlicher als die Skalenmethode sind Interferenzverfahren, deren Anwendung auf Diffusionsuntersuchungen beschränkt ist, da bei der Sedimentation die optischen Verhältnisse zu unexakt sind.

Eine brauchbare, praktische Ausführung ist von Gouy[1] angegeben und von Longsworth[2] weiter entwickelt worden. Eine sehr empfind-

liche Interferenzmethode haben neuerdings auch Antweiler[3] und Scheibling[4] ausgearbeitet. Beide verwenden ein Jaminsches Interferometer, Antweiler benutzt weißes, Scheibling dagegen monochromatisches Licht. In Abb. VIII, 29 ist der Strahlengang der Scheiblingschen Apparatur schematisch angegeben.

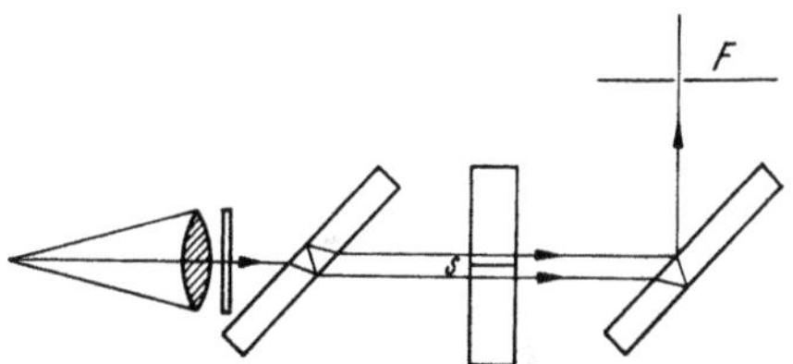

Abb. VIII, 29. Strahlengang der Interferenzmethode nach Scheibling.

Von der Hg-Lampe geht ein Teil des durch ein Filter monochromatisierten Lichts ohne Reflexion durch die erste Platte des Interferometers und durchsetzt die Diffusionszelle unterhalb der Grenzfläche S. Dieser Strahl interferiert mit einem zweiten in der ersten Platte reflektierten Strahl, der die Diffusionszelle an einer symmetrisch zu S gelegenen Stelle durchläuft. Der Gangunterschied der nach der zweiten Platte wieder vereinigten Strahlen hängt vom Konzentrationsverlauf in der Zelle ab. Während Antweiler durch Drehung der einen Platte des Interferometers die Gangunterschiede ausgleicht, arbeitet Scheibling mit einer festen Blende F, an welcher abwechselnd entsprechend der Wanderung der Interferenzstreifen eine Helligkeitsänderung eintritt, die mit einem Elektronenvervielfacher registriert werden kann. Die Konzentrationsunterschiede werden durch

[1] Gouy, G. L.: C. r. Acad. Sci. (Paris) 90, 307 (1880).
[2] Longsworth, L. G.: J. Amer. Chem. Soc. 69, 2510 (1947).
[3] Antweiler, H. J.: a) Kolloid-Z. 115, 1/3, 132 (1949); b) Mikrochemie. u. Mikrochim. Acta (Wien) 36/37, 561 (1951).
[4] Scheibling, G.: J. Chim. phys. 47, 688 (1950).

diese Methode mit sehr hoher Genauigkeit erfaßt. Die zahlenmäßige Auswertung hängt jedoch von der Symmetrie der Diffusionskurve ab. Eine Korrektur für nichtsymmetrische Diffusionskurven wurde noch nicht angegeben.

# C. Ergebnisse.

## § 71. Suspensionen und Emulsionen.

Mit der langsamlaufenden Zentrifuge sind vor allem polydisperse Systeme mit Teilchen im Bereich von einigen Millimikron und Mikron untersucht worden. In dieses Gebiet gehören ihrer Teilchengröße nach viele Farbstoffe, aktive Füllstoffe (Ruße) sowie die meisten natürlichen und künstlichen Emulsionen, z. B. die Latices von Kautschuk und synthetischen hochmolekularen Substanzen. Für kolloidale Goldsole fanden SVEDBERG[1] und RINDE[1, 2] Teilchenradien von 3 bis 15 m$\mu$. In einer ausgedehnten Untersuchungsreihe bestimmten im DU-PONT-Labor BAILEY, NICHOLS und KRAEMER[3] systematisch die Teilchengrößen von Eisenoxydfarben und ermittelten an Fraktionen von Bariumsulfat die Abhängigkeit der optischen Durchlässigkeit der

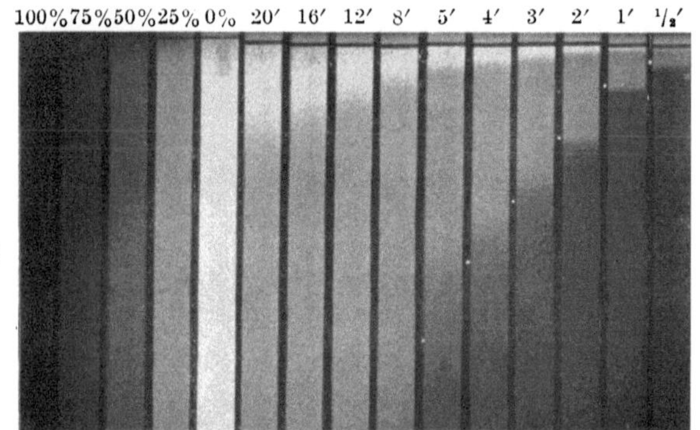


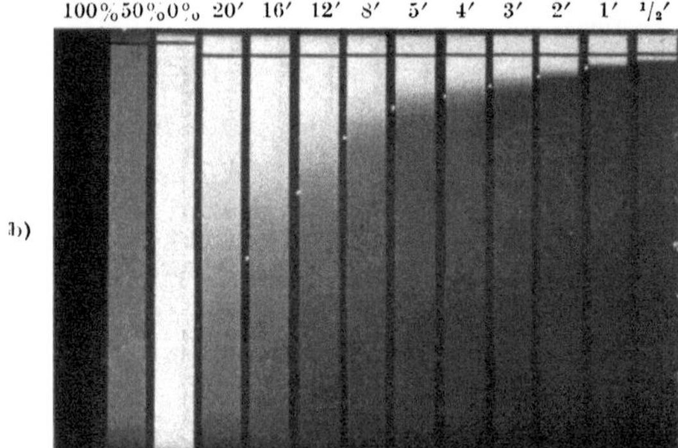


Abb. VIII, 30. Sedimentations- und Konzentrationsaufnahmen
a) Polyvinylchloridemulsion $d_1 = 0{,}51\,\mu$  $d_2 = 19\,\mu$
b) Kunststoffemulsion $d = 0{,}37\,\mu$

Suspensionen von der Teilchengröße. Entsprechende Versuche wurden im Physikalischen Labor der BASF, Ludwigshafen/Rhein seit 1932 an Pigmenten, besonders an Zinkweiß, Titanweiß, Eisenoxydrot, Phthalocyanin-

---


[1] SVEDBERG, T., u. H. RINDE: a) J. Amer. Chem. Soc. **45**, 943 (1923); b) J. Amer. Chem. Soc. **46**, 2677 (1924).

[2] RINDE, H.: Diss. Upsala 1928.

[3] BAILEY, E. D., J. B. NICHOLS u. E. O. KRAEMER: a) J. Phys. Chem. **36**, 326, 505 (1932); b) Vortrag beim 84. Kongr. d. Amer. Chem. Soc. (Denver 1932); c) J. Phys. Chem. **40**, 1149 (1936).

und Indanthrenfarbstoffen sowie an Kunststoffemulsionen vorgenommen. Zur Berechnung von Verteilungskurven wird ausschließlich die Absorptionsmethode angewandt. Für viele praktische Zwecke genügt jedoch häufig die Kenntnis einer mittleren Teilchengröße. Hierbei ermittelt man im Sedimentationsdiagramm photometrisch diejenigen Stellen, bei welchen die Schwärzung einer Konzentration von 50% der Ausgangskonzentration entspricht. Die zu 50% der Ausgangskonzentration gehörige Vergleichsaufnahme muß hierbei zusammen mit dem Sedimentationsdiagramm aufgenommen werden. Die Abb. VIII, 30a und VIII, 30b zeigen bei 3000

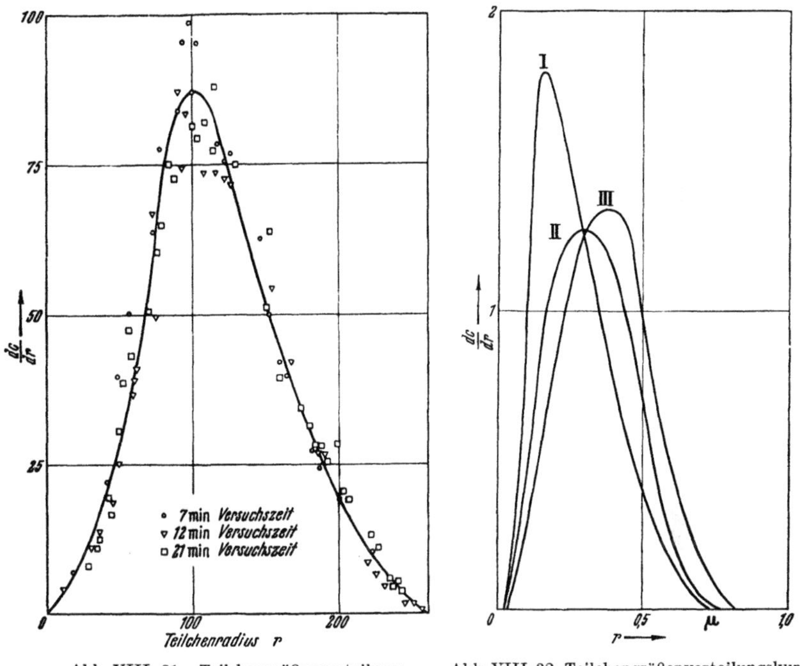

Abb. VIII, 31. Teilchengrößenverteilung von Nujol-Emulsion NE-2 B in 65% Glycerin (nach NICHOLS und BAILEY).

Abb. VIII, 32. Teilchengrößenverteilungskurven von Kunststoffemulsionen
$r_I = 0{,}16\,\mu$ $\qquad r_{II} = 0.29\,\mu$ $\qquad r_{III} = 0.38\,\mu$

U/min erhaltene Sedimentationsdiagramme. In diesen wurde die erste Aufnahme rechts $^1/_2$ min nach Versuchsbeginn erhalten, während die übrigen zu den angegebenen Zeiten aufgenommen wurden. Die letzten Aufnahmen links sind mit verschiedenen Konzentrationen erhalten, wobei die Anfangskonzentration in der Zelle gleich 100 gesetzt wird. Sie dienen zur Aufstellung der Beziehung zwischen Schwärzung und Konzentration. In der Aufnahmeserie a sind zwei verschiedene Gruppen von Teilchengrößen zu erkennen, die sich deutlich durch ihre verschiedene Sedimentationsgeschwindigkeit unterscheiden. In der Reihe b ist eine Suspension mit einer gleichmäßigen Verteilungskurve wiedergegeben.

Das Ergebnis einer vollständigen Bestimmung eines polydispersen Systems ist in den Abb. VIII, 31 und VIII, 32 abgebildet. Die Kurve

Abb. VIII, 31 zeigt eine Nujolemulsion mit einer mittleren Teilchengröße von 114 m$\mu$. Die gleich markierten Meßpunkte entstammen jeweils der gleichen Sedimentationsaufnahme. In Abb. VIII, 32 sind die auf Grund photometrischer Messungen ermittelten Verteilungskurven dreier Emulsionspolymerisate dargestellt.

Beinahe in allen durch die üblichen Dispergiermethoden hergestellten Suspensionen und Emulsionen hat die Verteilungskurve den Charakter einer MAXWELLschen Verteilung, d. h. der Anstieg bei kleinen Teilchengrößen ist steiler als der Abfall bei größeren. Abweichungen von dieser Gesetzmäßigkeit können bei solchen Emulsionen auftreten, die durch Polymerisation erhalten werden. Hier gelingt es, durch den Emulgatorgehalt die Teilchengröße während der Polymerisation zu ändern, so daß je nach den Versuchsbedingungen, z. B. durch Änderung des Emulgatorgehaltes während der Polymerisation, auch Systeme mit stufenweiser Teilchengrößenverteilung erhalten werden können (Abb. VIII, 30a).

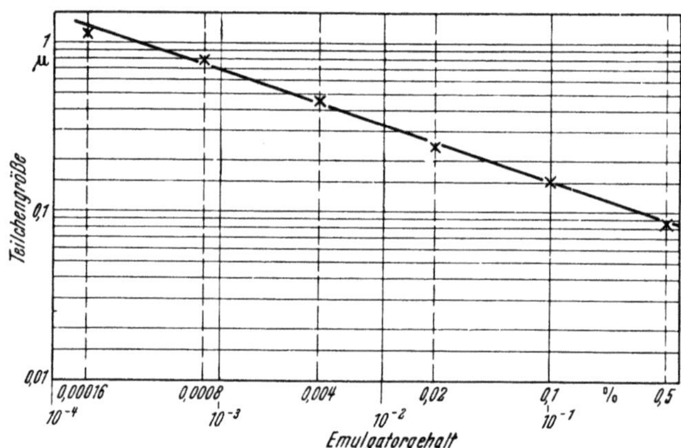

Abb. VIII, 33. Abhängigkeit der Teilchengröße einer Kunststoffemulsion vom Emulgatorgehalt bei der Polymerisation.

Zur Aufklärung dieser Zusammenhänge wurde in einer Versuchsreihe der quantitative Zusammenhang von Emulgatorgehalt und Teilchengröße an einer Kunststoffemulsion über einen großen Konzentrationsbereich des Emulgators festgestellt. Trägt man die so gefundenen Teilchendurchmesser im doppellogarithmischen Maßstab gegen die Emulgatorkonzentration auf (Abb. VIII, 33), so ist die Neigung der sich dabei ergebenden Geraden gleich ein Drittel. Daraus ergibt sich, daß nicht die Oberfläche, sondern die Teilchen*zahl* dem Emulgatorgehalt direkt proportional ist. Dieses Ergebnis steht mit den von FIKENTSCHER[1], HARKINS[2] und WINTGEN[3] entwickelten Vorstellungen über die Lösungs-

---

[1] FIKENTSCHER, H.: Z. angew. Chem. **51**, 433 (1938).

[2] HARKINS, W. D.: a) J. Amer. Chem. Soc. **69**, 1428 (1947); b) J. Polymer. Sci. **5**, 217 (1950).

[3] a) WINTGEN, R., u. L. JÜRGEN-LOHMANN: Kolloid-Z. **122**, 144, 148 (1951); **123**, 11 (1951); b) G. SINN: Kolloid-Z. **122**, 103 (1951).

und Emulsionspolymerisation und über die Mitwirkung der Emulgatormizellen bei letzterer in Einklang.

Der Vergleich von direkt an elektronenmikroskopischen Aufnahmen
ausgemessenen Teilchengrößen einer monodispersen Polystyrolemulsion
mit den aus der Ultrazentrifuge für die gleiche Emulsion bestimmten
Werten hat eine ausgezeichnete Übereinstimmung beider Methoden ergeben. Bei der elektronenmikroskopischen Untersuchung wurde von
verschiedenen Beobachtern[1] der Mittelwert von 2590 Å gefunden,
während sich bei der Zentrifuge ca. 2600 Å ergab. Die Teilchengrößenbestimmung mit der Ultrazentrifuge ist also der Messung im Elektronenmikroskop in bezug auf ihre Genauigkeit für solche Objekte gleichwertig.
Da sie keine Trocknung dieser oft mechanisch empfindlichen Präparate
verlangt, ist sie sogar häufig in der Anwendung einfacher. Bei der Aufnahme von Verteilungskurven polydisperser Systeme ist die Ultrazentrifugenmethode erfahrungsgemäß vorteilhafter, da die Auswahl des
Bildausschnittes bei mikroskopischen Untersuchungen häufig willkürlich ist und damit eine verschiedene Verteilungskurve beim gleichen
Präparat vorgetäuscht wird. Über die Form der Teilchen gibt die
Zentrifugenuntersuchung allerdings keinen Aufschluß. Bei Teilchen, für
die man eine starke Formanisotropie erwartet, ist die Ergänzung der
Sedimentationsmessungen durch elektronenmikroskopische Aufnahmen
daher immer wünschenswert.

## § 72. Kornmoleküle (korpuskulare Proteine).

Bei der Untersuchung der Proteine hat die Ultrazentrifugenmethode
die meisten Erfolge zu verzeichnen, so daß heute eine Proteinforschung
ohne Ultrazentrifuge nicht denkbar erscheint. Die weitaus größte Zahl
von Untersuchungen wurde in der Gruppe der „korpuskularen“ Proteine
ausgeführt, deren Moleküle im Gegensatz zu den „linearen“ Proteinen
nahezu Kugel- bzw. Ellipsoidgestalt haben und in erster Näherung als
kompakte Teilchen zu betrachten sind. Hier genügte bei der Auswertung der Messungen also die einfache Theorie der Sedimentation von
Kugelmolekülen. Es erwies sich weiterhin, daß fast alle korpuskularen
Proteine nicht, wie ursprünglich vor Beginn der Ultrazentrifugenuntersuchungen angenommen wurde, sehr polydispers, sondern mono- oder
paucidispers sind, also nur aus einer oder wenigen einheitlichen Komponenten bestehen[2]. Infolgedessen bietet die Untersuchung der korpuskularen Proteine mittels der Ultrazentrifuge weniger methodische
Schwierigkeiten als bei den linearen Proteinen und den hochmolekularen
synthetischen Substanzen. Diesen Vorteilen steht jedoch ein entscheidender präparativer Nachteil entgegen: Die Größe vieler Proteinmoleküle hängt außerordentlich stark von den äußeren Bedingungen ab.
So ändert sich das Partikel- bzw. Molekulargewicht mit der Konzentration der Lösung, mit ihrer Temperatur, dem Salzgehalt und besonders

---

[1] DANDLIKER, W. B.: J. Amer. Chem. Soc. 72, 5110 (1950).

[2] Daher kann z. B. oft die einfache TOEPLERsche Schlierenmethode zu
Bestimmungen der Sedimentationskonstanten benutzt werden.

bei verschiedenem $p_H$. Trotz dieser Schwierigkeiten liegen heute zahlreiche zuverlässige Messungen des Molekulargewichts in Abhängigkeit von diesen Faktoren vor. Dagegen sind bis jetzt noch wenig quantitative Daten über die Form und molekulare Struktur der Proteine bekannt. Zur Deutung der gefundenen Reibungsverhältnisse werden durchweg einfache Modelle angenommen. So werden z. B. die absoluten Dimensionen von Proteinmolekülen mit $f/f_K > 1$ häufig unter der Annahme von Rotationsellipsoiden berechnet, obwohl (s. § 67) bekannt ist, daß auch bei einem hydratisierten Kugelmolekül ebenfalls $f/f_K$-Werte $> 1$ auftreten können. Hierauf hat besonders EDSALL[1] hingewiesen. Es ist klar, daß das einfache Kugel- oder Ellipsoidmodell nur zu einer sehr rohen Beschreibung eines Proteinmoleküls ausreichen kann. Daher sind für die Strukturaufklärung neben der Sedimentation und Diffusion elektronenmikroskopische und Röntgenuntersuchungen sowie elektrische Dispersionsmessungen heranzuziehen, die im Kap. XIII behandelt werden.

Die Resultate der Molekulargewichtsbestimmungen waren dagegen von vornherein leichter zu deuten. So stellte sich bei den ersten Untersuchungen heraus, daß das Molekulargewicht vieler Proteine ein ganzzahliges Vielfaches einer Grundeinheit von etwa 17 000 ist. Über diese Gesetzmäßigkeit ist sehr viel diskutiert worden, da bei manchen Stoffen z. T. erhebliche Abweichungen von dieser Regel außerhalb der Versuchsfehler auftraten. Man kann jedoch sicher aus der an vielen Beispielen gefundenen Regel auf ein bestimmtes Aufbauprinzip schließen und annehmen, daß die einzelnen Moleküle durch eine gesetzmäßige Aggregation aufgebaut werden, die jeweils zu typischen Individuen führt. Die Kräfte, durch die diese Aggregate gebildet werden, häufig Wasserstoffbindungen, sind aber nicht so groß, daß die assoziierten Teilchen auch unter stärkeren äußeren Beanspruchungen zusammenhalten. Wie erwähnt, können solche Spaltungen bereits durch große Verdünnungen, Erhöhung der Temperatur, Veränderung des Salzgehalts und des $p_H$ auftreten. Diese Änderungen des Assoziationszustandes sind großenteils reversibel. Die Untersuchung von Proteinen mittels der Ultrazentrifuge und durch Diffusionsmessungen beschränkt sich daher nicht nur auf die Bestimmung des Molekulargewichts und des Reibungsverhältnisses. Von besonderem Interesse für den Biologen ist vielmehr das Stabilitätsdiagramm, das den Verlauf der Sedimentationskonstante von äußeren Bedingungen, z. B. vom $p_H$ darstellt. Ein Beispiel hierfür zeigt Abb. VIII, 34, bei der die Sedimentationskonstante von Limulus-Hämocyanin (s. a. Abb. VIII, 23 und VIII, 24) und Helix-Hämocyanin in Abhängigkeit vom $p_H$ aufgetragen ist. Bei der erstgenannten Substanz existieren im Bereich $p_H = 4-10$ vier verschiedene Komponenten nebeneinander, von denen die beiden mit den höchsten Sedimentationskonstanten bei Unterschreitung dieses Bereichs verschwinden und z. T. in zwei bereits vorher vorhandene niedrigermolekulare Komponenten und eine neu auftretende zerfallen. Bei Über-

---

[1] EDSALL, J. T.: Fortschr. chem. Forsch. **1**, 119 (1949/50).

schreitung vom $p_H = 10{,}2$ ist nur noch die Komponente mit dem kleinsten Molekulargewicht stabil. Bei Helix pomatia sind an den Grenzen des Stabilitätsbereichs der höchstmolekularen Komponente schmale Intervalle, in denen mehrere Gruppen mit verschiedenen Sedimentationskonstanten nebeneinander existieren. Solche Stabilitätskurven wurden für sehr viele Proteine aufgenommen. Ihre Wiedergabe ist im Rahmen dieser Darstellung nicht möglich.

Dagegen sind in der folgenden Tab. VIII, 2 die wichtigsten Resultate unter Benutzung einer von PEDERSEN[1] früher aufgestellten und nun ergänzten Liste zusammengestellt worden. In ihr sind für die verschie-

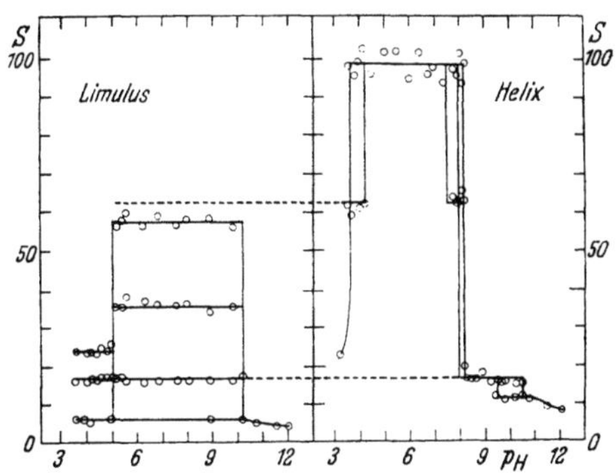



Abb. VIII, 34.
Die $p_H$-Stabilitätskurven der Hämocyanine von Limulus und Helix
(J. B. ERIKSSON-QUENSEL).

denen Substanzen die partiellen spezifischen Volumina, die Sedimentations- und Diffusionskonstanten, die Molekulargewichte, die Reibungsverhältnisse sowie die dazugehörige Literatur aufgeführt. Im Gegensatz zur PEDERSENschen Tabelle wurden chemisch zusammengehörige Gruppen zusammengefaßt. In Tab. VIII, 3 sind außerdem für einige Beispiele nach Abb. VIII, 8 die auf Grund der Reibungsverhältnisse für starre Ellipsoide abgeleiteten angenäherten Moleküldimensionen angegeben. Allerdings muß hier bemerkt werden, daß z. B. Gelatine sich in Lösung eher wie die Fadenmoleküle der Cellulosederivate oder Polyvinylverbindungen verhält und daher die Auswertung nicht für ein Ellipsoidmodell, sondern für ein statistisches Knäuel vorgenommen werden sollte.

Die in den Tab. VIII, 2 und VIII, 3 aufgeführten Resultate werden in dem Beitrag von SCHRAMM im Kap. XVI, § 114 dieses Bandes besprochen. Außerdem sei auf die Zusammenstellung von PEDERSEN (UZ, S. 119ff.) verwiesen, in der auch die Stabilitätsdiagramme zahlreicher Proteine zu finden sind.

---

[1] PEDERSEN, K. O.: UZ, S. 119. 1940.

Tabelle VIII, 2.

*Charakteristische Konstanten von korpuskularen Proteinmolekülen.*

Wenn nicht anders vermerkt, stammen die Werte aus Experimenten bei 20
in Acetat- oder Phosphatpuffer bei 0,02 Ionenstärke. Die mit * bezeichneten
Bestimmungen waren unter anderen Bedingungen ausgeführt.
Die $V_{20}$-Werte in Klammern sind Werte aus Versuchen an ähnlichen Proteinen.

| Name | $V_{20}$ | $s_{20}\cdot 10^{13}$ | $D_{20}\cdot 10^7$ | $M\cdot 10^{-3}$ | $f/f_K$ | Nummer des Lit.-Verz. |
|---|---|---|---|---|---|---|
| **1. Tierische Proteine.** | | | | | | |
| **a) Respiratorische Proteine.** | | | | | | |
| Erythrocruorin (Lampetra) | 0,751 | 1,87 | 10,7 | 17,1 | 1,16 | 65, 46, 61, 40 |
| (Planorbis) | (0,745) | 33,7 | 1,96 | 1630 | 1,30 | 29, 37, 65, 68 |
| (Lumbricus) | 0,740 | 60,9 | 1,81 | 3150 | 1,21 | 40, 46, 61, 64 |
| Myoglobin (Rinderherz) . . | 0,741 | 2,04 | 11,3 | 16,9 | 1,11 | 46, 61, 72 |
| Metmyoglobin (Mensch) . . | 0,741 | 2,0 | 11,4 | 16,4 | 1,11 | 41 |
| Hämoglobin (Pferd) . . . | (0,749) | 4,41 | 6,3 | 68 | 1,24 | 40, 42, 67, 78 |
| (Mensch) . . . | (0,749) | 4,48 | 6,9 | 63 | 1,16 | 29, 40 |
| Hämocyanin (Palinurus) . | (0,740) | 16,4 | 3,4 | 450 | 1,23 | 13, 46, 66 |
| (Homarus) . . | (0,740) | 22,6 | 2,78 | 760 | 1,27 | 13, 40, 46 |
| (Nephrops) . | (0,740) | 24,5 | 2,79 | 820 | 1,23 | 13, 40, 46, 61 |
| (Eledone) . . | (0,740) | 49,1 | 1,64 | 2800 | 1,39 | 13, 40, 46, 66 |
| (Octopus) . . | 0,740 | 49,3 | 1,65 | 2800 | 1,38 | 13, 45, 63 |
| (Rossia) . . . | (0,740) | 56,2 | 1,58 | 3300 | 1,36 | 46, 66 |
| (Paludina vivipara) . . | (0,738) | 102,5 | 1,09 | 8700 | 1,43 | 6, 36 |
| (Helix pomatia) | 0,738 | 103,0 | 1,07 | 8900 | 1,45 | 2, 5, 36, 77 |
| **b) Serumproteine.** | | | | | | |
| Fetuin (aus Rinderembryo)* | $0,69_2$ | $3,0_9$ | 5,0 | 48,5 | 1,80 | 39 |
| (Kalb) . . . . . . | $0 71_4$ | $3,2_8$ | 5,5 | 51 | 1,60 | 39 |
| Serumalbumin (Pferd) . . | 0,748 | 4,46 | 6,1 | 70 | 1,27 | 24, 40, 69 |
| (Mensch) . . | $0,73_6$ | $4,6_7$ | 5,9 | 72 | 1,30 | 38 |
| Eisenbindendes Protein* (Schweineserum) . | (0,725) | 5,8 | 5,8 | 88 | 1,25 | 27 |
| Serumglobulin (Mensch) . . | $0,71_8$ | $7,1_2$ | 4,0 | 153 | 1,51 | 38 |
| Antipneumococcus-Serum- globulin (Kaninchen)* . . | (0,745) | 6,5 | 3,9 | 158 | 1,52 | 20, 79 |
| (Mensch) . . . | (0,745) | 7,4 | 3,60 | 195 | 1,53 | 20 |
| (Rind)* . . . . | (0,715) | 18,1 | 1,69 | 910 | 1,98 | 20, 22, 79 |
| (Pferd)* . | 0,715 | 19,3 | 1,80 | 910 | 1,86 | 20, 79 |
| (Schwein)* . . | (0,715) | 18,0 | 1,64 | 930 | 2,02 | 20, 79 |
| Diphtheritis-Antitoxin* (aus Pferdeplasma, mit Trypsin gereinigt) . . . | (0,749) | 5,5 | 5,8 | 92 | 1,22 | 51 |
| Serumglobulin (Lampetra) . | (0,745) | 12 | 3,2 | 360 | 1,4 | 62 |
| **c) Verschiedene tierische Proteine.** | | | | | | |
| Myosin (Mensch) . . . . . | | 7,2 | 0,3 | 5000 | | |
| Aktin (Mensch) . . . . . | | 2,5 | | 70 | | |
| Myogen A (Kaninchenmuskel) | 0,735) | 7,86 | 4,78 | 150 | 1,26 | 15 |
| Myosin L (Kaninchenmuskel) | (0,749) | 6,67 | 0,45 | 1450 | 6,3 | 2 |
| S (Kaninchenmuskel) | (0,749) | 93 | 0,52 | 17200 | 2,3 | 2 |
| Wollkeratin* (in Harnstoff) | 0,703 | 1,93 | 1,92 | 84 | 3,8 | 32 |
| Lactalbumin . . . . . . . | (0,751) | 1,9 | 10,6 | 17,4 | 1,16 | 40, 46, 61, 65 |
| Lactoglobulin . . . . . . | 0,751 | 3,12 | 7,3 | 41,5 | 1,26 | 37, 46 |
| Lysozym (Eigelb) . . . . | (0,75) | 1,9 | 11,2 | 16,4 | 1,12 | 1 |

*Tabelle VIII, 2.* (Fortsetzung.)

| Name | $V_{20}$ | $s_{20} \cdot 10^{13}$ | $D_{20} \cdot 10^7$ | $M \cdot 10^{-3}$ | $f/f_K$ | Nummer des Lit.-Verz. |
|---|---|---|---|---|---|---|
| Gelatine A . . . . . . . . | 0,68 | — | — | 73,6** | — | 53 |
| B . . . . . . . | 0,68 | — | — | 62,2** | — | |
| C . . . . . . . | 0,68 | — | — | 54,3** | — | 53 |
| D . . . . . . . | 0,68 | — | — | 36,5** | — | 53 |
| E . . . . . . . | 0,68 | — | — | 29,4** | — | 53 |
| Eastman* . . . . | 0,68 | 2,96 | 1,37 | 163 | 4,4 | 27 |
| Eastman* . . . . | 0,68 | 3,42 | 1,45 | 178 | 4,0 | 27 |
| Eastman* . . . . | 0,68 | 3,13 | 1,68 | 140 | 3,8 | 27 |
| Eastman* . . . . | 0,68 | 2,85 | 1,46 | 147 | 4,3 | 27 |
| Eastman . . . . | 0,68 | 2,58 | 1,80 | 108 | 3,9 | 27 |
| Atlantic . . . . . | 0,68 | 2,46 | 2,00 | 93 | 3,6 | 27 |
| Plaquealbumin (aus Eiklar) | (0,749) | 3,44 | 7,6 | 43,5 | 1,19 | 41 |
| Ovalbumin . . . . . . | 0,749 | 3,55 | 7,8 | 44 | 1,16 | 29, 40, 77 |
| Apoferritin (Pferd) . . . . | 0,747 | 17,6 | 3,61 | 465 | 1,14 | 52 |
| Nucleohiston (Kalbsthymus) | 0,658 | 31 | 0,93 | 2370 | 2,7 | 8 |

** Aus Sedimentationsgleichgewichtsmessungen bestimmt ($M_w$).

### 2. Pflanzenproteine.

#### a) Algenproteine.

| Name | $V_{20}$ | $s_{20} \cdot 10^{13}$ | $D_{20} \cdot 10^7$ | $M \cdot 10^{-3}$ | $f/f_K$ | Nummer des Lit.-Verz. |
|---|---|---|---|---|---|---|
| Phyocyan (Ceramium) . . | (0,746) | 11,4 | 4,05 | 270 | 1,22 | 12, 40, 60, 78 |
| Phycoerythrin (Ceramium) | 0,746 | 12,0 | 4,00 | 290 | 1,21 | 12, 66, 77, 78 |

#### b) Samenproteine.

| Name | $V_{20}$ | $s_{20} \cdot 10^{13}$ | $D_{20} \cdot 10^7$ | $M \cdot 10^{-3}$ | $f/f_K$ | Nummer des Lit.-Verz. |
|---|---|---|---|---|---|---|
| Excelsin . . . . . . . . | 0,743 | 13,3 | 4,26 | 295 | 1,13 | 46, 66, 70 |
| Amandin . . . . . . . | 0,746 | 12,5 | 3,45 | 346 | 1,32 | 4, 70 |
| Edestin . . . . . . . . | 0,744 | 12,8 | 3,18 | 381 | 1,39 | 4, 71 |
| Vicilin . . . . . . . . | 0,752 | $8,1_0$ | 4,3 | 186 | 1,31 | 10 |
| Legumin . . . . . . . | $0,73_5$ | 12,6 | 3,5 | 330 | 1,33 | 10 |
| Gerstenglobulin α . . . . | 0,72 | 2,5 | 7,4 | 29 | 1,28 | 10, 48 |
| γ . . . . | 0,72 | 8,7 | 3,6 | 210 | 1,51 | 2, 10, 48 |
| Gliadin . . . . . . . . | 0,724 | 2,1 | 6,72 | 27,5 | 1,59 | 14, 28, 29 |
| Hordein . . . . . . . . | (0,729) | 2,0 | 6,5 | 27,5 | 1,64 | 49 |
| Zein . . . . . . . . | 0,776 | 1,9 | 4,0 | 51 | 2,1 | 14, 81 |
| Canavalin . . . . . . . | 0,73 | 6,4 | 5,1 | 113 | 1,31 | 59 |
| Concanavalin A . . . . . | 0,73 | 6,0 | 5,6 | 96 | 1,26 | 59 |
| B . . . . . . | 0,73 | 3,5 | 7,4 | 42 | 1,25 | 59 |

### 3. Fermente und Hormone.

| Name | $V_{20}$ | $s_{20} \cdot 10^{13}$ | $D_{20} \cdot 10^7$ | $M \cdot 10^{-3}$ | $f/f_K$ | Nummer des Lit.-Verz. |
|---|---|---|---|---|---|---|
| Urease (Jack-Bohne) . . . | 0,73 | 18,6 | 3,46 | 480 | 1,19 | 58 |
| Pepsin (Schwein) . . . . . | (0,750) | 3,3 | 9,0 | 35,5 | 1,08 | 44 |
| Trypsin (Schwein) . . . . | (0,751) | 1,69 | 10,95 | 15 | 1,2 | 2 |
| Chymotrypsin (Schwein). . | (0,751) | $2,7_4$ | $4,1_4$ | 64 | 1,9 | 2 |
| Ribonuclease (Schwein)*. . | 0,707 | 2,00 | 13,1 | 12,6 | 1,07 | 50 |
| α-Amylase (Schweine-pankreas) . . . . . . . | 0,70 | 4,5 | 8,0 | 45 | 1,14 | 9 |
| Malzamylase (α + β) . . . | 0,69 | 4,52 | 6,53 | 54 | 1,33 | 11 |
| Phosphorylase (Kaninchen-muskel)* . . . . . . . | (0,74) | 13,7 | 3,3 | 385 | 1,33 | 17, 35 |
| Lipoxydase (Sojabohne) . . | 0,750 | 5,62 | 5,59 | 97 | 1,24 | 41, 74 |
| Gelbes Enzym (Hefe) . . . | 0,731 | 5,76 | 6,3 | 82 | 1,17 | 26 |
| Enolase (Hefe) . . . . . . | 0,735 | 5,6 | 8,1 | 64 | 1,00 | 2 |
| Cytochrom c (Kalbsherz) . | 0,702 | 1,83 | 12,0 | 12,4 | 1,17 | 43 |

*Tabelle VIII, 2.* (Fortsetzung.)

| Name | $V_{20}$ | $s_{20} \cdot 10^{13}$ | $D_{20} \cdot 10^7$ | $M \cdot 10^{-3}$ | $f/f_K$ | Nummer des Lit.-Verz. |
|---|---|---|---|---|---|---|
| Peroxydase (Rettich) . . . | 0,69 | 3,85 | 6,8 | 44,5 | 1,36 | 73 |
| Lactoperoxydase* . . . . | 0 764 | 5,3₇ | 5,95 | 93 | 1,18 | 75, 76 |
| Katalase (Rindsleber) . . . | 0,73 | 11,3 | 4,1 | 250 | 1,25 | 57 |
| Insulin (Rind) . . . . . | (0,749) | 3,58 | 7,53 | 46 | 1,18 | 2, 33 |
| Protein aus dem Hinter-lappen der Rindshypo-physe* . . . . . . . | (0,749) | 2,7 | 8,5 | 30,5 | 1,20 | 80 |
| Luteinisierendes Hormon (ICSH) . . . . . . . | (0,749) | 5,4 | 5,9 | 88 | 1,2 | 55 |
| Thyreoglobulin (Schwein) . | 0,72 | 19,2 | 2,65 | 630 | 1,43 | 19 |
| Adrenocorticotropes Hormon (Schaf) . . . . | (0,75) | 2,08 | 10,4 | 20 | 1,1 | 7 |

*4. Toxine, Bakterien, Viren.*

| Name | $V_{20}$ | $s_{20} \cdot 10^{13}$ | $D_{20} \cdot 10^7$ | $M \cdot 10^{-3}$ | $f/f_K$ | Nummer des Lit.-Verz. |
|---|---|---|---|---|---|---|
| Sehpurpur (Frosch) . . . . | (0,752) | 11,1 | 4 | 270 | 1,2 | 18 |
| Crotoxin. . . . . . . . | 0,704 | 3,14 | 8,6 | 30 | 1,22 | 16 |
| Ricin* . . . . . . . . | (0,75) | 4,8 | (6,0) | 77 | 1,2 | 21 |
| Botulismustoxin A . . . . | 0,75₅ | 17,3 | 2,10 | 810 | 1,6 | 23, 47 |
| LS-Vaccineantigen (Kaninchen)* . . . . . | 0,728 | 6,3 | 2,48 | 220 | 2,1 | 56 |
| Bacillus Phlei-Protein . . . | 0,748 | 1,8 | 10,2 | 17 | 1,22 | 54 |
| Protein aus menschlichem Tuberkelbacillus* . . . | 0,70 | 3,3 | 8,2 | 32 | 1,25 | 54 |
| Tabakmosaikvirus . . . . | 0,73 | 185 | 0,53 | 31400 | 1,93 | 30 |
| Virusprotein des Kaninchen- | 0,739 | 198 | 0,44 | 40700 | 2,03 | 53a |
| papilloms . . . . . . . | 0,754 | 280 | 0,59 | 47000 | 1,5 | 34 |
| Bushy-stunt-virus . . . . | 0,739 | 132 | 1,15 | 10650 | 1,27 | 34a |
| Southern bean mosaik virus | 0,696 | 115 | 1,34 | 6630 | 1,25 | 33a |
| Polyedervirus Seidenraupe | 0,770 | 1871 | 0,215 | 916000 | 1,51 | 2a |
| Nonne . . . | 0,740 | 2810 | 0,231 | 1136000 | 1,33 | 2a |
| Schwamm-spinner . . . | 0,740 | 4021 | 0,175 | 2146000 | 1,42 | 2a |

# Literaturverzeichnis.


*1.* ALDERTON, G., W. H. WARD u. H. L. FEVOLD: J. of Biol. Chem. **157**, 43 (1945).

*2.* BERGOLD, G.: Z. Naturforsch. **1**, 100 (1946).

*2a.* BERGOLD, G.: Z. Naturforsch. **2**b, 122 (1947).

*3.* BERGOLD, G., u. J. HENGSTENBERG: Kolloid-Z. **98**, 3 (1942).

*4.* BEVILACQUA, E. M., E. B. BEVILACQUA, M. M. BENDER u. J. W. WILLIAMS: Ann. N.Y. Acad. Sci. **46**, 309 (1945).

*5.* BROHULT, S.: Nova Acta Reg. Soc. Sci. Upsala IV, **12** (1940).

*6.* BROHULT, S.: J. Phys. Colloid Chem. **51**, 206 (1947).

*7.* BURTNER, E.: J. Amer. Chem. Soc. **65**, 1238 (1943).

*8.* CARTER, R. O.: J. Amer. Chem. Soc. **63**, 1960 (1941).

*9.* DANIELSSON, C. E.: Nature (Lond.) **160**, 899 (1947).

*10.* DANIELSSON, C. E.: Unveröffentlichte Bestimmungen.

*11.* DANIELSSON, C. E., u. E. SANDREGEN: Acta chem. scand. (Copenh.) **1**, 917 (1947) und unveröffentlichte Bestimmungen.

*12.* ERIKSSON-QUENSEL, I. B.: Biochemic. J. **32**, 585 (1938).

*13.* ERIKSSON-QUENSEL, I. B., u. T. SVEDBERG: Biol. Bull. **71**, 498 (1936).

*14.* FOSTER, J. F., u. D. FRENCH: J. Amer. Chem. Soc. **67**, 687 (1945).

*15.* GRALÉN, N.: Biochemic. J. **33**, 1342 (1939).

*16.* GRALÉN, N., u. T. SVEDBERG: Biochemic. J. **32**, 1375 (1938).

*17.* GREEN, A. A.: J. of Biol. Chem. **158**, 315 (1945).
*18.* HECHT, S., u. E. G. PICKELS: Proc. Nat. Acad. Sci. USA **24**, 172 (1938).
*19.* HEIDELBERGER, M., u. K. O. PEDERSEN: J. Gen. Physiol. **19**, 95 (1935).
*20.* KABAT, E. A.: J. of Exper. Med. **69**, 103 (1939).
*21.* KABAT, E. A., M. HEIDELBERGER u. A. E. BEZER: J. of Biol. Chem. **168**, 629 (1947).
*22.* KABAT, E. A., u. K. O. PEDERSEN: Science (Lancaster, Pa.) **87**, 372 (1938).
*23.* KEGELES, G.: J. Amer. Chem. Soc. **68**, 1670 (1946).
*24.* KEKWICK, R. A.: Biochemic. J. **32**, 552 (1938). — KEKWICK, R. A., u. A. S. McFARLANE: Biochemic. J. **32**, 1607 (1938).
*25.* KEKWICK, R. A.: s. SVEDBERG u. PEDERSEN, UZ, S. 341 ff. 1940.
*26.* KEKWICK, R. A., u. K. O. PEDERSEN: Biochemic. J. **30**, 2201 (1936).
*27.* KRAEMER, E. O.: J. Phys. Chem. **46**, 177 (1942).
*28.* KREJCI, L., u. T. SVEDBERG: J. Amer. Chem. Soc. **57**, 946 (1935).
*29.* LAMM, O., u. A. POLSON: Biochemic. J. **30**, 528 (1936).
*30.* LAUFFER, M. A.: J. Amer. Chem. Soc. **66**, 1188 (1944).
*31.* LAURELL, C. B., u. B. INGELMANN: Acta chem. scand. (Copenh.) **1**, 770 (1947).
*32.* MERCER, E. H.: J. Polymer. Sci. **6**, 671 (1951).
*33.* MILLER, G. L., u. K. J. I. ANDERSSON: J. of Biol. Chem. **144**, 459 (1942).
*33a.* MILLER, G. L., u. W. C. PRICE: Arch. of Biochem. **10**, 467 (1946).
*34.* NEURATH, H., G. R. COOPER, D. G. SHARP, A. R. TAYLOR, D. BEARD u. J. W. BEARD: J. of Biol. Chem. **140**, 293 (1941).
*34a.* NEURATH, H., u. G. R. COOPER: J. of Biol. Chem. **135**, 455 (1940).
*35.* ONCLEY, J. L.: J. of Biol. Chem. **151**, 27 (1943).
*36.* PEDERSEN, K. O.: Kolloid-Z. **63**, 268 (1933).
*37.* PEDERSEN, K. O.: Biochemic. J. **30**, 961 (1936).
*38.* PEDERSEN, K. O.: Ultracentrifugal Studies on Serum and Serum Fractions. Upsala 1945.
*39.* PEDERSEN, K. O.: J. Phys. Colloid Chem. **51**, 164 (1947).
*40.* PEDERSEN, K. O.: s. SVEDBERG u. PEDERSEN, UZ, S. 320 ff. 1940.
*41.* PEDERSEN, K. O.: Unveröffentlichte Bestimmungen. — LINDERSTRÖM-LANG, K., u. M. OTTESEN: Nature (Lond.) **159**, 807 (1947).
*42.* PEDERSEN, K. O., u. K. J. I. ANDERSSON: s. SVEDBERG u. PEDERSEN, UZ, S. 320. 1940.
*43.* PEDERSEN, K. O., u. K. J. I. ANDERSSON: Unveröffentlichte Bestimmungen.
*44.* PHILPOT, J. ST. L.: Biochemic. J. **29**, 2458 (1935). — PHILPOT, J. ST. L., u. I. B. ERIKSSON-QUENSEL: Nature (Lond.) **132**, 932 (1933). — ERIKSSON-QUENSEL, I. B.: Unveröffentlichte Bestimmungen, s. SVEDBERG u. PEDERSEN, UZ, S. 351. 1940.
*45.* POLSON, A.: Nature (Lond.) **137**, 740 (1936).
*46.* POLSON, A.: Kolloid-Z. **87**, 149 (1939).
*47.* PUTNAM, F. W., C. LAMANNA u. D. G. SHARP: J. of Biol. Chem. **165**, 735 (1946).
*48.* QUENSEL, O.: Untersuchungen über die Gerstenglobuline. Upsala 1942.
*49.* QUENSEL, O., u. T. SVEDBERG: C. r. Labor. Trav. Carlsberg **22**, 441 (1938).
*50.* ROTHEN, A.: J. Gen. Physiol. **24**, 213 (1940/41).
*51.* ROTHEN, A.: J. Gen. Physiol. **25**, 487 (1942).
*52.* ROTHEN, A.: J. of Biol. Chem. **152**, 679 (1944).
*53.* SCATCHARD, G., J. L. ONCLEY, J. W. WILLIAMS u. A. BROWN: J. Amer. Chem. Soc. **66**, 1980 (1944).
*53a.* SCHRAMM, G., u. G. BERGOLD: Z. Naturforsch. **2b**, 108 (1947).
*54.* SEIBERT, F. B., K. O. PEDERSEN u. A. TISELIUS: J. of Exper. Med. **68**, 413 (1938).
*55.* SHEDLOVSKY, T., A. ROTHEN, R. O. GREEP, H. B. VAN DYKE u. B. F. CHOW: Science (Lancaster, Pa.) **92**, 178 (1940).
*56.* SHEDLOVSKY, T., A. ROTHEN u. J. E. SMADEL: J. of Exper. Med. **77**, 155 (1943).
*57.* SUMNER, J. B., u. N. GRALÉN: J. of Biol. Chem. **125**, 33 (1938).
*58.* SUMNER, J. B., N. GRALÉN u. I.-B. ERIKSSON-QUENSEL: J. of Biol. Chem. **125**, 37 (1938).
*59.* SUMNER, J. B., N. GRALÉN u. I.-B. ERIKSSON-QUENSEL: J. of Biol. Chem. **125**, 45 (1938).

*60.* Svedberg, T.: Chem. Rev. **20**, 81 (1937).
*61.* Svedberg, T.: Nature (Lond.) **139**, 1051 (1937).
*62.* Svedberg, T., u. K. J. I. Anderson: Nature (Lond.) **142**, 147 (1938) und unveröffentlichte Bestimmungen.
*63.* Svedberg, T., u. I.-B. Eriksson: J. Amer. Chem. Soc. **54**, 4730 (1932).
*64.* Svedberg, T., u. I.-B. Eriksson: J. Amer. Chem. Soc. **55**, 2834 (1933).
*65.* Svedberg, T., u. I.-B. Eriksson-Quensel: J. Amer. Chem. Soc. **56**, 1700 (1934).
*66.* Svedberg, T., u. I.-B. Eriksson-Quensel: Tabulae Biologicae **11**. 351 (1935/36).
*67.* Svedberg, T., u. R. Fåhraeus: J. Amer. Chem. Soc. **48**, 430 (1926).
*68.* Svedberg, T., u. A. Hedenius: Biol. Bull. **66**, 191 (1934).
*69.* Svedberg, T., u. B. Sjögren: J. Amer. Chem. Soc. **50**, 3318 (1928).
*70.* Svedberg, T., u. B. Sjögren: J. Amer. Chem. Soc. **52**, 279 (1930).
*71.* Svedberg, T., u. A. J. Stamm: J. Amer. Chem. Soc. **51**, 2170 (1929).
*72.* Theorell, H.: Biochem. Z. **252**, 1 (1932).
*73.* Theorell, H.: Ark. Kemi **15** B, 24 (1942).
*74.* Theorell, H., R. T. Holman u. A. Akeson: Acta chem. scand. (Copenh.) **1**, 575 (1947).
*75.* Theorell, H., u. K. G. Paul: Ark. Kemi **18** A, 12 (1944).
*76.* Theorell, H., u. K. O. Pedersen: In „Svedberg 1884—1944", Upsala S. 523 (1944).
*77.* Tiselius, A.: Nova Acta Reg. Soc. Sci. Upsala IV **7**, 4 (1930).
*78.* Tiselius, A., u. D. Gross: Kolloid-Z. **66**, 11 (1934).
*79.* Tiselius, A., u. E. A. Kabat: J. of Exper. Med. **69**. 119 (1939).
*80.* Van Dyke, H. B., B. F. Chow, R. O. Greep u. A. Rothen: J. of Pharmacol. **74**, 190 (1942).
*81.* Watson, C. C., S. Arrhenius u. J. W. Williams: Nature (Lond.) **137**, 322 (1936) und unveröffentlichte Bestimmungen.

Tabelle VIII, 3. *Ungefähre Abmessungen von Proteinmolekülen* (nach Stanley und Edsall). Weitere Angaben s. Tab. XVI, 3 und XVI, 4.

| Protein | Durchmesser oder Dicke mal Länge in Å | Protein | Durchmesser oder Dicke mal Länge in Å |
|---|---|---|---|
| Hämoglobin mol. . . . | $30 \times 150$ | Gelatine . . . . . . | $15 \times 800$ |
| | $40 \times 65$ | Edestin . . . . . . . | $50 \times 300$ |
| Hämocyanin | $140 \times 1130$ | Zein . . . . . . . . | $20 \times 320$ |
| (Helix pomatia) | $110 \times 820$ | Erythrocyten . . . . | 7500 |
| | $55 \times 820$ | Vaccineantigen . . . | $2100 \times 2600$ |
| Serumalbumin (Mensch) | $40 \times 150$ | Tabakmosaikvirus . . | $150 \times 2700$ |
| Serumglobulin $\gamma$ (Mensch | $45 \times 235$ | Kaninchenpapillomvirus | 440 |
| Antikörperglobulin(Pferd) | $50 \times 960$ | Tomatenvirus | |
| Menschliches Fibrinogen | $40 \times 700$ | „Bushy stunt" . | 260 |
| Ovalbumin mol. . . . . | $25 \times 100$ | Poliomyelitis . . . . | 250 |

## § 73. Fadenmoleküle.

(Cellulosederivate und synthetische hochpolymere Stoffe.)

### a) Allgemeine Übersicht.

Die Moleküle der Cellulosederivate und synthetischen Hochpolymeren haben fadenförmige Gestalt. Sie sind jedoch nicht, wie ursprünglich angenommen wurde, gestreckt und starr, sondern haben eine von ihrer Struktur abhängige innere Beweglichkeit, sie können also unter der Einwirkung ihrer Umgebung, d. h. der Lösungsmittel- und Nachbarmoleküle, die verschiedensten Konfigurationen annehmen. Die Mannigfaltigkeit der sich dabei ergebenden Formen läßt sich nur mit den Mitteln der Statistik beschreiben. Hierdurch ist es häufig nicht möglich, die Besonderheiten der chemischen Struktur eines Fadenmoleküls, das Auftreten von Verzweigungen und Vernetzungen, scharf von der durch physikalische Einflüsse bedingten Molekülgestalt zu trennen.

**b) Tabelle der**
**$[\eta]$, $s$, $D$, $M$ und $f/f_K$-Werte von Cellulosederivaten und synthetischen Hochpolymeren.**

Um eine Übersicht über das bisher vorliegende experimentelle Material zu erhalten und einen Vergleich der im Abschn. A besprochenen Theorien mit der Erfahrung zu ermöglichen, sind nun in der folgenden Tab. VIII, 4 die Resultate der Ultrazentrifugen- und Diffusionsmessungen an Cellulosederivaten und synthetischen Hochpolymeren zusammengestellt. Darin ist nach Möglichkeit die gesamte Literatur bis zum Jahre 1950 berücksichtigt. Es wurde Wert darauf gelegt, die in Originalarbeiten angegebenen Größen auf die gleichen Bedingungen umzurechnen. Dies war z. T. nur unter Benutzung von aus anderen Arbeiten stammenden Daten möglich. Trotzdem wird die Vergleichbarkeit der Zahlen für die meisten Zwecke ausreichend sein.

Die Substanzbezeichnungen in der 1. und 2. Spalte sind die der Autoren, unfraktionierte Produkte sind mit einem „u" gekennzeichnet. Teilweise sind keine Angaben über Fraktionierung aufzufinden (Kennzeichen „ ?"). Die Angaben für das partielle spezifische Volumen (4. Spalte) schwanken in den verschiedenen Arbeiten erheblich. Hier sind, soweit nicht neuere genauere Messungen vorliegen, die Werte nur auf zwei Dezimalen genau angegeben. Die Viscositätszahlen $[\eta]$ wurden z. T. aus den reduzierten spezifischen Viscositäten $\dfrac{\eta_{sp}}{c_g}$, z. T. aus den $K$-Werten nach FIKENTSCHER[1] berechnet (s. Anmerkung 18 zur Tab.). Die Sedimentationskonstanten beziehen sich meistens auf das Gewichtsmittel. Die reduzierten Sedimentationszahlen sind nach Gl. (VIII, 19) berechnet. Für $D$ ist nach Möglichkeit das Gewichtsmittel eingesetzt. Bei den Molekulargewichten wurde auf die Angabe von $M_n$ verzichtet, das nur in wenigen Fällen aus direkten osmotischen Messungen an Fraktionen bekannt war, und nur die aus Ultrazentrifugen- und Diffusionsmessungen bzw. Gleichgewichtsbestimmungen direkt erhaltenen Zahlen verwertet. Die Zahlen $f/f_K$ stammen durchweg aus den Originalarbeiten.

Die Resultate der Tabelle sowie die aus ihnen abzuleitenden Gesetzmäßigkeiten sollen im folgenden besonders im Hinblick auf die neueren Theorien besprochen werden.

---

[1] FIKENTSCHER, H.: Cellulosechem. **13**, 58 (1932).

Tabelle VIII, 4. *Charakteristische Konstanten von Lösungen mit Fadenmolekülen.*

*Zeichenerklärung:* Substanzen, über deren Fraktionierung in der Literatur nichts angegeben ist, sind mit „ ?", unfraktionierte mit „u" bezeichnet. $M_w$, $M_z$ aus Gleichgewichtsmessungen, $M_{w,w}$ aus Geschwindigkeitsmessungen sind in der Tabelle mit $10^{-3}$ multipliziert. $V$ = partielles spezifisches Volumen, $[\eta]$ = Viscositätszahl, $s_w$ = Sedimentationskonstante in $10^{-13}$ [s] = Svedberg, $D$ = Diffusionskonstante in $10^{-7}$ [cm² s⁻¹], $[s]$ = Sedimentationszahl in $10^{-15}$ [cm²], $f/f_K$ = Reibungsverhältnis. Wenn nicht anders vermerkt, beziehen sich die Werte von $V$, $[\eta]$, $s$, $D$ und $[s]$ auf 20° C, und die Konzentration in $g$ Substanz/100 cm³ Lösungsmittel.

| Substanz | Bezeichnung | Lösungsmittel | $V$ | $[\eta]$ | $s$ | $D$ | $[s]$ | $M_w$ | $M_z$ | $M_{w,w}$ | $f/f_K$ | Nr. des Lit.-Verz. |
|---|---|---|---|---|---|---|---|---|---|---|---|---|
| Cellulose | Gereinigte Baumwolle-Linters  u | Cuprammonium | 0,64<br>0,64<br>0,64 | 5,05<br>4,20<br>3,40 | — | — | — | 300[1]<br>270[1]<br>200[1] | — | — | — | 1 |
| | Regenerierte Cellulose  u | Cuprammonium | 0,64<br>0,64 | 1,83<br>1,20 | — | — | — | 110<br>90 | — | — | — | 1 |
| Cellulose | $\beta$-Cellulose | Cuprammonium | 0,51[2]<br>0,66 | 0,20 | 1,6 | $1{,}9_7$ | $2{,}1_1$[2] | — | — | 38[2]<br>27 | 4,0 | 5 |
| | Überreife Alkalicellulose | Cuprammonium | 0,51<br>0,66 | 0,6 | 1,9 | 1,44 | $2{,}5_0$ | — | — | 62<br>44 | 4,6 | 5 |
| | BR von Sulfitcellulose (Fichte) | Cuprammonium | 0,51<br>0,66 | 0,95 | 2,6 | 1,16 | $3{,}9_2$ | — | — | 105<br>75 | 4,8 | 5 |
| | Gereifte Alkalicellulose | Cuprammonium | 0,51<br>0,66 | 2,3 | 3,8 | $0{,}8_4$ | 5,0 | 135[3]<br>95 | — | 210<br>150 | 5,3 | 5 |
| | BR von Sulfatcellulose (Kiefer) | Cuprammonium | 0,51<br>0,66 | 2,1 | 4,1 | $0{,}6_0$ | 5,4 | 240<br>120 | — | 320<br>230 | 6,4 | 5 |
| | Gefällte Sulfitcellulose | Cuprammonium | 0,51<br>0,66 | 4,5 | 6,3 | $0{,}6_6$ | 8,3 | — | — | 450<br>320 | 5,2 | 5 |
| | Holocellulose von Fichte | Cuprammonium | 0,51<br>0,66 | 5,0 | 7,2 | $0{,}7_2$ | $9{,}4_8$ | — | — | 470<br>340 | 4,7 | 5 |
| | Sulfatcellulose | Cuprammonium | 0,51<br>0,66 | 4,7 | 6,5 | 0,54 | $8{,}5_6$ | — | — | 560<br>400 | 5,9 | 5 |
| | Gebleichte Amerik. Linters | Cuprammonium | 0,51<br>0,66 | 4,6 | 7,2 | 0,49 | $9{,}4_8$ | — | — | 690<br>490 | 6,1 | 5 |
| | Sulfitcellulose | Cuprammonium | 0,51<br>0,66 | 5,5 | 6,3 | 0,42 | 8,3 | — | — | 700<br>500 | 7,1 | 5 |

Tabelle VIII, 4. (Fortsetzung.)

| Substanz | Bezeichnung | | Lösungsmittel | $V$ | $[\eta]$ | $s$ | $D$ | $[s]$ | $\overline{M}_w$ | $\overline{M}_z$ | $\overline{M}_{w,w}$ | $f/f_K$ | Nr. des Lit.-Verz. |
|---|---|---|---|---|---|---|---|---|---|---|---|---|---|
| Cellulose | Acetylierte Sulfitcellulose | | Cuprammonium | 0,51[2] / 0,66 | 5,1 | 6,3 | 0,37 | 8,3[2] | — | — | 800[2] / 570 | 7,7 | 5 |
| | α-Cellulose von Holocellulose | | Cuprammonium | 0,51 / 0,66 | 5,1 | 6,5 | 0,32 | $8{,}5_6$ | — | — | 950 / 680 | 8,4 | 5 |
| | Chloritgebleichte Linters | | Cuprammonium | 0,51 / 0,66 | 7,7 | 9,2 | 0,26 | $12{,}1$ | — | — | 1700 / 1200 | 8,6 | 5 |
| | Ungebleichte amerik. Linters | | Cuprammonium | 0,51 / 0,66 | $13{,}5$ | $10{,}3$ | 0,23 | 13,6 | — | — | 2100 / 1500 | 9,0 | 5 |
| | Georgia-Baumwolle | u | Cuprammonium | 0,51 / 0,66 | $12{,}6$ | $10{,}4$ | 0,20 | $13{,}7$ | — | — | 2400 / 1750 | 9,8 | 5 |
| | Nesselfaser | u | Cuprammonium | 0,51 / 0,66 | $13{,}5$ | $14{,}0$ | 0,25 | $18{,}4$ | — | — | 2600 / 1900 | 7,7 | 5 |
| | Ramiefaser | u | Cuprammonium | 0,51 / 0,66 | $10{,}6$ | $10{,}8$ | 0,18 | $14{,}2$ | — | — | 2800 / 2000 | 10,4 | 5 |
| | Flachsfaser | u | Cuprammonium | 0,51 / 0,66 | $16{,}8$ | 17,5 | 0,10 | $23{,}1$ | — | — | 8200 / 5900 | 13,1 | 5 |
| Nitro-cellulose | I | ? | Aceton | 0,57[4] | 1,40 | — | — | — | — | 102 | — | — | 1 |
| | II | ? | Aceton | 0,57 | 2,00 | — | — | — | — | 140 | — | — | 1 |
| | III | ? | Aceton | 0,57 | 2,20 | — | — | — | — | 160 | — | — | 1 |
| Nitro-cellulose | V/3 | | Aceton | 0,51 | 0,11[5] | 5,2 | 35 | $1{,}3_5$ | — | — | 6,2 | 1,7 | 11 |
| | I/2 $c_{1+2}$ | | Aceton | 0,51 | 6,6 | 18 | 3,7 | $4{,}6_7$ | — | — | 199 | 5,4 | 11 |
| | II | u | Aceton | 0,51 | 19,9 | 30 | 2,0 | $7{,}7_8$ | — | — | 613 | 6,9 | 11 |
| Nitro-cellulose | I/7 | | Aceton | 0,51 | 0,89[5] | 8,7 | — | $2{,}2_6$ | 30 | 48 | 30 | 3,2 | 11, 12 |
| | I/6 | | Aceton | 0,51 | 2,05 | 12,0 | — | 3,11 | 69,7 | — | 80 | 4,6 | 11, 12 |

*Tabelle VIII, 4.* (Fortsetzung.)

| Substanz | Bezeichnung | Lösungsmittel | $V$ | $[\eta]$ | $s$ | $D$ | $[s]$ | $\bar M_w$ | $\bar M_z$ | $\bar M_{w,w}$ | $f/f_K$ | Nr. des Lit.-Verz. |
|---|---|---|---|---|---|---|---|---|---|---|---|---|
| Nitro-cellulose | IV/6 | Amylacetat | 0,55[4] | | | | | 10 | 10,4 | | | *12* |
| | IV/5 | Amylacetat | 0,55 | | | | | 18,3 | 35,2 | | | *12* |
| | IV    u | Amylacetat | 0,55 | | | | | 20,7 | 31,1 | | | *12* |
| | IV/3/3 | Aceton | 0,51 | | | | | 28,7 | 38 | | | *12* |
| | | Amylacetat | 0,55 | | | | | 30,8 | 37,1 | | | *12* |
| | IV/3/1 | Amylacetat | 0,55 | | | | | 37,2 | 94,8 | | | *12* |
| | III/6 | Amylacetat | 0,55 | | | | | 65,4 | 182 | | | *12* |
| Nitro-cellulose u | α-Cellulose von Holocellulose | Aceton | 0,51 | | 13,4 | 2,4 | 3,7 | — | — | 230 | 7,7 | *5* |
| | Rayon-pulp 4 | Aceton | 0,51 | | 17,6 | 3,0 | 4,9 | — | — | 240 | 6,0 | *5* |
| | 5 | Aceton | 0,51 | | 16,8 | $2{,}3_5$ | $4{,}6_5$ | — | — | 290 | 7,3 | *5* |
| | 3 | Aceton | 0,51 | | 15,5 | $2{,}1_5$ | 4,3 | — | — | 300 | 7,9 | *5* |
| | Holocellulose von Fichte | Aceton | 0,51 | | 21,6 | $2{,}5_7$ | $5{,}9_7$ | — | — | 340 | 6,3 | *5* |
| | Rayon-pulp 1 | Aceton | 0,51 | | 16,7 | 1,94 | $4{,}6_2$ | — | — | 350 | 8,2 | *5* |
| | Gebleichte amerik. Linters | Aceton | 0,51 | | 14 | 1,44 | $3{.}8_7$ | — | — | 400 | 10,6 | *5* |
| | Sulfatcellulose | Aceton | 0,51[4] | | 16,2 | 1,56 | $4{,}4_8$ | — | — | 420 | 9,6 | *5* |
| | Sulfitcellulose | Aceton | 0,51 | | 16,4 | 1,56 | $4{,}5_3$ | 455[3]<br>210 | — | 430 | 9,6 | *5* |
| | Rayon-pulp 2 | Aceton | 0,51 | | 18,3 | 1,48 | $5{,}0_5$ | — | — | 510 | 9,6 | *5* |
| | 6 | Aceton | 0,51 | | 23,3 | 1,66 | $6{,}4_5$ | — | — | 570 | 8,2 | *5* |
| | Chloritgebleichte Linters | Aceton | 0,51 | | 18,5 | 1,11 | 5,1 | — | — | 680 | 11,5 | *5* |
| | Amerik. ungebleichte Linters | Aceton | 0,51<br>0,51 | | 19,0 | 1,00 | $5{,}2_5$ | 620<br>300 | — | 780 | 12,2 | *5* |
| Nitro-cellulose u | VF ½ | Aceton | 0,57 | 0,38[6] | 6,5 | 21 | $1{,}7_8$ | 17,9 | 22 | 13,8 | 2,2 | *7* |
| | AF 1 | Aceton | 0,57 | 0,40 | 7,1 | 19 | $1{,}9_5$ | 22,5 | 43 | 16,3 | 2,2 | *7* |
| | VF 3 | Aceton | 0,57 | 0,65 | 8,3 | 13,5 | 2,3 | 19 | 48 | 28 | 2,7 | *7* |
| | VF 120 | Amylacetat | 0,55 | 1,6 | 12 | 5,8 | 3,3 | ? | ? | 91 | 4,2 | *7* |
| | Hnt | Amylacetat | 0,55 | 2,5 | 12,5 | 5,6 | $3{,}4_5$ | — | — | 100 | 4,2 | *7* |

*Tabelle VIII, 4.* (Fortsetzung.)

| Substanz | Bezeichnung | | Lösungsmittel | $V$ | $[\eta]$ | $s$ | $D$ | $[s]$ | $\bar{M}_w$ | $\bar{M}_z$ | $\bar{M}_{w,w}$ | $f/f_K$ | Nr. des Lit.-Verz. |
|---|---|---|---|---|---|---|---|---|---|---|---|---|---|
| Nitrocellu-lose    u | Lnt | | Amylacetat | 0,55 | 2,9 | $15{,}_5$ | 4,5 | 4,2 | — | — | 153 | 4,6 | *7* |
| | FK 6 | | Amylacetat | 0,55 | 5,4 | $14{,}_5$ | 3,5 | $3{,}9_5$ | — | — | 185 | 5,5 | *7* |
| | e. h. | | Aceton | 0,57 | 4,8 | 17 | 2,8 | 4,6 | — | — | 265 | 6,1 | *7* |
| | FK 2 | | Aceton | 0,57 | 4,2 | 18 | $3{,}_0$ | 5,0 | — | — | 268 | 5,6 | *7* |
| | FK 2a | | | | 4,4 | | | | | | | | |
| | FK 3 | | Aceton | 0,57 | 4,2 | 18 | 2,9 | 5,0 | — | — | 282 | 5,8 | *7* |
| | FK 3a | | Amylacetat | 0,55 | 4,4 | | | | | | | | |
| | Mpt 128 | | Aceton | 0,57 | 7,7 | 25 | 2,3 | 7,0 | — | — | 495 | 6,1 | *7* |
| | FK 9 | | Aceton | 0,57 | 16 | 26 | 1,0 | $7{,}_2$ | — | — | 1180 | 10,4 | *7* |
| Acetyl-cellulose | A | ? | Aceton | 0,68 | 0,74 | | | | 50 | — | — | | *1* |
| | B | ? | Aceton | 0,68 | 1,23 | | | | 68 | — | — | | *1* |
| | C | ? | Aceton | 0,68 | 1,52 | | | | 90 | — | — | | *1* |
| | D | ? | Aceton | 0,68 | 1,64 | | | | 95 | — | — | | *1* |
| | E | ? | Aceton | 0,68 | 3,70 | | | | 250 | — | — | | *1* |
| Acetyl-cellulose | CA 38 | u | Aceton | 0,68 | — | — | — | — | 86 | 165 | — | — | *3a* |
| Acetyl-cellu-lose    ? | ohne Bezeichnung | | Aceton | 0,68 | $1{,}9_5{}^7$ | $6{,}1^8$ | | $2{,}9^8$ | 55 | — | | 4,7 | *3b* |
| | ohne Bezeichnung | | Aceton | 0,68 | 2,8 | 6,8 | | $3{,}_2$ | 79 | — | | 5,4 | *3b* |
| | ohne Bezeichnung | | Aceton | 0,68 | 3,1 | 7,2 | | 3,4 | 88 | — | | 5,5 | *3b* |
| | ohne Bezeichnung | | Aceton | 0,68 | 3,5 | 7,4 | | 3,5 | 97 | — | | 5,6 | *3b* |
| | ohne Bezeichnung | | Aceton | 0,68 | 6,0 | 9,1 | | 4,3 | 170 | — | | 7,0 | *3b* |
| | ohne Bezeichnung | | Aceton | 0,68 | 7,9 | 10,2 | | 4,8 | 220 | — | | 7,7 | *3b* |
| Acetyl-cellulose | 15 | | Aceton | 0,68 | 0,23 | 4,1 | $21{,}_0$ | $1{,}9_2$ | — | — | 10,4 | — | *16* |
| | 9 | | Aceton | 0,68 | 1,37 | 7,5 | 7,7 | $3{,}5_5$ | — | — | 51 | — | *16* |
| | 2 | | Aceton | 0,68 | 2,75 | 10,9 | 4,0 | $5{,}0_7$ | — | — | 143 | — | *16* |
| | 2c | | Aceton | 0,68 | 3,05 | 12,5 | 3,4 | 5,9 | — | — | 194 | — | *16* |

*Tabelle VIII, 4.* (Fortsetzung.)

| Substanz | Bezeichnung | | Lösungsmittel | $V$ | $[\eta]$ | $s$ | $D$ | $[s]$ | $\bar M_w$ | $\bar M_z$ | $\bar M_{w,w}$ | $1/f_K$ | Nr. des Lit.-Verz. |
|---|---|---|---|---|---|---|---|---|---|---|---|---|---|
| Natrium-cellulose-xantho-genat u | Viscose Nr. 1 | | Wasser | 0,53 | | 2,3 | 3,4 | 2,6 | — | — | 35 | 3,6 | 5 |
| | Xanthogenat 8 | | Wasser | 0,53 | | 2,4 | 3,4 | 2,71 | — | — | 37 | 3,4 | 5 |
| | Viscose Nr. 12 | | Wasser | 0,53 | | 2,8 | 3,0 | 3,17 | 95³<br>86 | — | 48 | 3,5 | 5 |
| | Nr. 15 | | Wasser | 0,53 | | 2,8 | 2,8 | 3,17 | 87<br>75 | — | 52 | 3,7 | 5 |
| | Xanthogenat 9 | | Wasser | 0,53 | | 2,7 | 2,5 | 3,05 | — | — | 61 | 4,3 | 5 |
| | Viscose Nr. 2 | | Wasser | 0,53 | | 4,4 | 1,8 | 4,97 | — | — | 126 | 4,3 | 5 |
| Äthyl-cellulose ? | ohne Bezeichnung | | Dioxan | ? | 1,83 | — | — | — | — | 125 | — | — | 1 |
| Methyl-cellulose (sehr un-einheitliche Fraktion.) | IV | | Wasser | 0,68 | 0,81 | 0,71 | — | 1,53 | 14,1 | 18,3 | — | 3,1 | 4 |
| | III | | Wasser | 0,72 | 1,49 | 0,75 | — | 1,93 | 24,3 | 35 | — | 3,8 | 4 |
| | II | | Wasser | 0.73 | 2,26 | 0,86 | — | 2,33 | 38 | 64 | — | 4,1 | 4 |
| | I | | Wasser | 0,73 | 5,06 | 1,0 | — | 2,75 | 90 | — | — | — | 4 |
| Kautschuk u | Sol A | | Äther, Benzol | ? | 1,68⁹<br>2,36 | | | | 400<br>— | — | — | — | 1 |
| | B | | Äther, Benzol | ? | 1,86<br>3,40 | | | | 435<br>— | — | — | — | 1 |
| | Niedrigviscos | | Äther, Chloroform | ? | 0,31<br>0,46 | | | | 69<br>64 | 150<br>95 | — | —<br>4,0 | 3b |
| Polychloro-pren | ohne Bezeichnung | u | n-Butylchlorid, Benzol | 0,77 | 0,76⁷<br>1,02 | —<br>— | — | — | 180<br>— | — | — | — | 1 |
| | ohne Bezeichnung | u | n-Butylchlorid, Benzol | 0,77 | 1,37<br>1,83 | —<br>— | — | — | 333<br>— | — | — | — | 1 |
| | ohne Bezeichnung | u | Chloroform | 0,77 | 0,54 | — | — | — | 103 | — | — | — | 1 |
| | ohne Bezeichnung | u | Chloroform | 0,77 | 0,89<br>1,02<br>1,31 | 3,2<br>2,76<br>2,76 | — | 9,6<br>8,3<br>8,3 | 153<br>174<br>225 | — | — | 3,0<br>3,7<br>4,5 | 3b |

Tabelle VIII, 4. (Fortsetzung.)

| Substanz | Bezeichnung | Lösungsmittel | $V$ | $[\eta]$ | $s$ | $D$ | $[s]$ | $\bar{M}_w$ | $\bar{M}_z$ | $\bar{M}_{w,w}$ | $f/f_K$ | Nr. des Lit.-Verz. |
|---|---|---|---|---|---|---|---|---|---|---|---|---|
| Polychloro- pren       u A-Poly- merisate (Emul- sions- polymeri- sate) | Ep 264 | Chloroform | 0,795 | | 3,0 | 9,8 | 11,5 | — | — | 40,5 | 1,7 | 9 |
| | Ep 11 | Chloroform | 0,795 | | 2,3 | 4,2 | 8,8 | — | — | 72,5 | 3,2 | 9 |
| | Ep 102 (15)[10] | Chloroform | 0,795 | | 3,5 | 4,8[11] | 13,4 | — | — | 96 | 2,5 | 9 |
| | Ep 97 (46)[10] | Chloroform | 0,795 | | 3,0 | 3,8[11] | 11,5 | — | — | 106 | 3,1 | 9 |
| | Ep 266 | Chloroform | 0,795 | | 2,8 | 3,4 | 10,7 | — | — | 108 | 3,4 | 9 |
| | Ep 94 | Chloroform | 0,795 | | 3,1 | 3,5 | 11,9 | — | — | 117 | 3,3 | 9 |
| | Ep 260 | Chloroform | 0,795 | | 4,4 | 4,9 | 16,9 | — | — | 120 | 2,3 | 9 |
| | Ep 79:1 | Chloroform | 0 795 | | 2,8 | 2,7 | 10,7 | — | — | 136 | 4,0 | 9 |
| | E 8 (10)[10] | Chloroform | 0,795 | | 4,0 | 3,4 | 15,3 | — | — | 157 | 3,0 | 9 |
| | Ep 263 | Chloroform | 0,795 | | 5,0 | 4,1 | 19,2 | — | — | 164 | 2,5 | 9 |
| | Ep 253 | Chloroform | 0,795 | | 4,1 | 3,0 | 15,7 | — | — | 185 | 3,3 | 9 |
| | Ep 254 | Chloroform | 0,795 | | 4,0 | 2,7 | 15,3 | — | — | 198 | 3,5 | 9 |
| | E 15 | Chloroform | 0,795 | | 5,5 | 3,3 | 21,1 | — | — | 223 | 2,8 | 9 |
| | Ep 79:2 | Chloroform | 0,795 | | 4,8 | 2,7[11] | 18,4 | — | — | 235 | 3,3 | 9 |
| | E 9 (39)[10] | Chloroform | 0,795 | | 4,2 | 2,3 | 16,1 | — | — | 242 | 3,9 | 9 |
| | Ep 261 | Chloroform | 0,795 | | 4,7 | 2,4 | 18,0 | — | — | 261 | 3,6 | 9 |
| | Ep 258 | Chloroform | 0,795 | | 4,1 | 2,0 | 15,7 | — | — | 274 | 4,3 | 9 |
| | Ep 120 | Chloroform | 0,795 | | 3,3 | 1,4 | 12,6 | — | — | 313 | 5,8 | 9 |
| | Ep 262 | Chloroform | 0,795 | | 2,8 | 0,6 | 10,7 | — | — | 657 | 11,4 | 9 |
| Polychloro- pren       u B-Poly- merisate (Block- polymeri- sate) | Exp 15b | Chloroform | 0,795 | | 2,3 | 4,8 | 8,8 | — | — | 62 | 2,9 | 9 |
| | Fp 4 | Chloroform | 0,795 | | 2,5 | 3,8 | 9,6 | — | — | 87 | 3,3 | 9 |
| | Exp 15a | Chloroform | 0,795 | | 3,3 | 4,6 | 12,6 | — | — | 94 | 2,6 | 9 |
| | Bö 1 | Chloroform | 0,795 | | 4,0 | 4,7[11] | 15,3 | — | — | 115 | 2,4 | 9 |
| | TPO 3 | Chloroform | 0,795 | | 3,2 | 3,4[11] | 12,3 | — | — | 125 | 3,2 | 9 |
| | Fp 7 (91)[10] | Chloroform | 0,795 | | 2,8 | 2,7 | 10,7 | — | — | 135 | 4,0 | 9 |
| | Bö 20 (86)[10] | Chloroform | 0,795 | | 2,8 | 2,7 | 10,7 | — | — | 137 | 4,0 | 9 |
| | Bö 7 | Chloroform | 0,795 | | 3,1 | 3,0 | 11,9 | — | — | 139 | 3,5 | 9 |
| | BLjr:n | Chloroform | 0,795 | | 5,2 | 4,7 | 19,9 | — | — | 148 | 2,2 | 9 |
| | Bö 9 | Chloroform | 0,795 | | 3,3 | 2,7 | 12,6 | — | — | 164 | 3,8 | 9 |
| | Bö 6 | Chloroform | 0,795 | | 3,3 | 2,7[11] | 12,6 | — | — | 166 | 3,8 | 9 |

*Tabelle VIII, 4.* (Fortsetzung.)

| Substanz | Bezeichnung | | Lösungsmittel | $V$ | $[\eta]$ | $s$ | $D$ | $[s]$ | $\bar{M}_w$ | $\bar{M}_z$ | $\bar{M}_{w,w}$ | $f/f_K$ | Nr. des Lit.-Verz. |
|---|---|---|---|---|---|---|---|---|---|---|---|---|---|
| Polychloro- pren   u B-Poly- merisate (Block- polymeri- sate) | TPO 4 | | Chloroform | 0,795 | | 3,4 | 2,7 | 13,0 | — | — | 170 | 3,7 | 9 |
| | B 26a | | Chloroform | 0,795 | | 3,6 | 2,6 | 13,8 | — | — | 186 | 3,8 | 9 |
| | B 27 | | Chloroform | 0,795 | | 3,3 | 2,3 | 12,6 | — | — | 190 | 4,2 | 9 |
| | ANE | | Chloroform | 0,795 | | 3,3 | 2,2 | 12,6 | — | — | 204 | 4,4 | 9 |
| | B 18a | | Chloroform | 0,795 | | 3,5 | 2,3 | 13,4 | — | — | 208 | 4,2 | 9 |
| | B 48a | | Chloroform | 0,795 | | 3,1 | 2,0 | 11,9 | — | — | 213 | 4,8 | 9 |
| | Bö 3 | | Chloroform | 0,795 | | 3,3 | 1,9 | 12,6 | — | — | 234 | 4,8 | 9 |
| | BLjr:h | | Chloroform | 0,795 | | 4,0 | 1,8 | 15,3 | — | — | 294 | 4,6 | 9 |
| | Bö 10 | | Chloroform | 0,795 | | 5,0 | 1,9 | 19,2 | — | — | 353 | 4,1 | 9 |
| | B 48b | | Chloroform | 0,795 | | 3,4 | 1,1 | 13,0 | — | — | 415 | 6,9 | 9 |
| | B 17 | | Chloroform | 0,795 | | 4,4 | 1,2 | 16,9 | — | — | 508 | 6,0 | 9 |
| | Bö 26 | | Chloroform | 0,795 | | 4,3 | $0{,}5^{[11]}$ | 16,5 | — | — | 1260 | 11,2 | 9 |
| Polystyrol | ohne Bezeichnung | | Chloroform | 0,91 | 0,26 | 2,9 | ? | $4{,}2_5$ | — | — | 30 | 1,9 | 2 |
| | ohne Bezeichnung | | Chloroform | 0,91 | 0,54 | 4,6 | ? | $6{,}7_5$ | — | — | 80 | 2,1 | 2 |
| | ohne Bezeichnung | | Chloroform | 0,91 | 2,30 | 7,0 | ? | 10,3 | — | — | 270 | 1,9 | 2 |
| Polystyrol | 800 (Ro) | u | Methyliso- propylketon | 0,91 | 0,31 | 7,2 | $6{,}9_5$ | 11,8 | — | — | 94 | 2,38 | 6 |
| | PI (Lu) | u | Methyliso- propylketon | 0,91 | — | 7,4 | 6,4 | 12,1 | — | — | 103 | $2{,}4_5$ | 6 |
| | 1280 (Ro) | u | Methyliso- propylketon | 0,91 | 0,44 | 9,6 | $5{,}3_5$ | 15,7 | — | — | 161 | — | 6 |
| | P III (Lu) | u | Methyliso- propylketon | 0,91 | 0,54 | 10,3 | 4,7 | 16,9 | — | — | 196 | — | 6 |
| | 20° IV (Ro)[12] | | Methyliso- propylketon | 0,91 | — | 8,4 | $3{,}4_5$ | 13,7 | — | — | 218 | — | 6 |
| | P IV (Lu) | u | Methyliso- propylketon | 0,91 | 0,91 | 14,5 | 3,5 | 23,7 | — | — | 370 | 2,26 | 6 |

*Tabelle VIII, 4.* (Fortsetzung.)

| Substanz | Bezeichnung | | Lösungsmittel | $V$ | [$\eta$] | $s$ | $D$ | [$s$] | $\bar{M}_w$ | $\bar{M}_z$ | $\bar{M}_{w,w}$ | $f/f_K$ | Nr. des Lit.-Verz. |
|---|---|---|---|---|---|---|---|---|---|---|---|---|---|
| Polystyrol | 80° II (Ro) | | Methyliso-propylketon | 0,91 | 1,07 | 14,4 | 3,1$_3$ | 23,6 | — | — | 410 | — | *6* |
| | EF (Lu)[13] | u | Methyliso-propylketon | 0,91 | 1,79 | 34,0 | 2,4$_8$ | 55,6 | — | — | 1200 | 2,21 | *6* |
| Polystyrol | 23 | u | Tetrachlor-kohlenstoff | 0,91 | ? | | | | 97 | 95[14] 153 | | | *17* |
| | 24 | u | Tetrachlor-kohlenstoff | 0,91 | ? | | | | 107 | 86 141 | | | *17* |
| | 25 | u | Tetrachlor-kohlenstoff | 0,91 | ? | | | | 108 | 120 150 | | | *17* |
| Poly-styrol | D 8 | | Methyläthyl-keton | 0,90 | 0,29[15] | 9,11[16] | 8,54[16] | 12,1 | — | — | 95 | | *14* |
| | | | Toluol | 0,91 | 0,45 | — | — | — | | | — | | |
| | | | Tetrachlor-kohlenstoff | 0,91 | — | — | 3,90 | — | | | — | | |
| | D 2 | | Methyläthyl-keton | 0,90 | 0,44 | 12,5 | 4,67 | 16,6 | — | — | 240 | | *14* |
| | | | Toluol | 0,91 | 0,74 | — | — | — | | | — | | |
| | | | Tetrachlor-kohlenstoff | 0,91 | — | — | 2,01 | — | | | — | | |
| | B 72—18 | | Methyläthyl-keton | 0,90 | 0,80 | 18,6 | 3,03 | 24,7 | — | — | 560 | | *14* |
| | | | Toluol | 0,91 | 1,46 | — | — | — | | | — | | |
| | | | Tetrachlor-kohlenstoff | 0,91 | — | — | 1,25 | — | | | — | | |
| | B 72—9 | | Methyläthyl-keton | 0,90 | 1,09 | 23,3 | 2,40 | 31,0 | — | — | 910 | | *14* |
| | | | Toluol | 0,91 | 2,07 | — | — | — | | | — | | |
| | | | Tetrachlor-kohlenstoff | 0,91 | — | — | 0,94 | — | | | — | | |

*Tabelle VIII, 4.* (Fortsetzung.)

| Substanz | Bezeichnung | Lösungsmittel | $V$ | $[\eta]$ | $s$ | $D$ | $[s]$ | $\bar{M}_w$ | $\bar{M}_z$ | $\bar{M}_{w,w}$ | $f/f_K$ | Nr. des Lit.-Verz. |
|---|---|---|---|---|---|---|---|---|---|---|---|---|
| Poly-styrol | PSAF | Methyläthyl-keton | 0,90 | 1,22 | — | 2,28 | — | — | — | — | | *14* |
| | | Toluol | 0,91 | 2,25 | — | 1,06 | — | | | — | | |
| | | Äthylbenzol | | 2,10 | 8,6$_5$ | 0,91 | 24,9 | | | 1140 | | |
| | | Tetrachlor-kohlenstoff | | 2,20 | — | 0,99 | — | | | — | | |
| | | Äthylacetat | | — | — | 2,41 | — | | | — | | |
| | | Dekalin | | 0,87 | 2,50 | 0,46 | 28,7 | | | 680 | | |
| Polystyrol | 28 | Chloroform | 0,91 | — | 9,2 | ? | 13,5 | — | — | — | | *13* |
| | | Toluol | | — | 5,9 | | 15,1 | | | — | | |
| | | Methyläthyl-keton | 0,90 | 0,54 | 12,6 | | 16,7 | | | 250[17] | | |
| | 19 | Chloroform | 0,91 | — | 13,1 | ? | 19,3 | — | — | — | | *13* |
| | | Toluol | | — | 7,6 | | 19,5 | | | — | | |
| | | Methyläthyl-keton | 0,90 | 0,83 | 18,2 | | 24,2 | | | 540[17] | | |
| | 7 | Chloroform | 0,91 | — | 15,4 | ? | 23,6 | — | — | — | | *13* |
| | | Toluol | | — | 9,3 | | 23,9 | | | — | | |
| | | Methyläthyl-keton | 0,90 | 1,1 | 21,3 | | 28,3 | | | 750[17] | | |
| | 1 | Chloroform | 0,91 | 3,2 | 9,2 | ? | 26,2 | — | — | — | | *13* |
| | | Toluol | | 2,8 | 5,9 | | 25,7 | | | — | | |
| | | Methyläthyl-keton | 0,90 | 1,4 | 12,6 | | 34,5 | | | 1150[17] | | |
| Polyiso-butylen u | ohne Bezeichnung | 2,2,4-Tri-methylpentan | 1,059 | 0,853 | — | — | — | 474 | 670 | — | — | *18* |
| Polyvinyl-pyrrolidon [11, 18, 19] | Ia | Wasser | 0,78 | 0,9[18] | 1,00 | 9,15[11] | 3,5$_5$ | — | — | 12,1[19] | 1,41 | *15* |
| | II | Wasser | 0,78 | 1,46 | 1,43 | 6,2 | 5,0$_5$ | — | — | 25,5 | — | *15* |
| | III | u | Wasser | 0,78 | 2,04 | 1,76 | 6,0 | 6,2$_5$ | — | — | 32,5 | — | *15* |

*Tabelle VIII, 4.* (Fortsetzung.)

| Substanz | Bezeichnung | | Lösungsmittel | $V$ | $[\eta]$ | $s$ | $D$ | $[s]$ | $\overline{M}_w$ | $\overline{M}_z$ | $\overline{M}_{w,w}$ | $f/f_K$ | Nr. des Lit.-Verz. |
|---|---|---|---|---|---|---|---|---|---|---|---|---|---|
| Polyvinyl-pyrrolidon | IIIa | | Wasser | 0,78 | 2,57 | $1,5_9$ | $4,5$ | $5,6_5$ | — | — | 39,2 | 1,96 | 15 |
| | IVa | | Wasser | 0,78 | $3,17^{18}$ | $1,7_6$ | $3,5^{11}$ | $6,2_5$ | — | — | 56[19] | 2,24 | 15 |
| | VII 18a | | Wasser | 0,78 | 9,5 | 4,8 | 1,7 | 17 | — | — | 310 | — | 15 |
| | VII | u | Wasser | 0,78 | 15,6 | 7,1 | $1,3_5$ | 25 | — | — | 585 | 3,08 | 15 |
| | VIII | u | Wasser | 0,78 | 20,4 | 7,1 | 0,70 | 25 | — | — | 1130 | 4,57 | 15 |
| | VII 12a | | Wasser | 0,78 | 20,3 | 12,5 | 0,68 | 44 | — | — | 2030 | — | 15 |
| | H IIa | | Wasser | 0,78 | $1,7_6{}^{18}$ | 1,7 | $6,3^{11}$ | 6,05 | — | — | 29[19] | — | 15 |
| | H IIIa | | Wasser | 0,78 | $2,6_4$ | $2,0_5$ | 4,8 | $7,2_5$ | — | — | 46 | — | 15 |
| | H IVa | | Wasser | 0,78 | $3,5_8$ | 2,6 | 3,8 | 9,20 | — | — | 74 | — | $1_5$ |
| Polymeth-acrylsäure-methyl-ester | B | | Aceton | 0,798 | ? | 37,2 | 4,31 | 25,9 | — | — | 570 | — | 8 |
| | E | | Aceton | 0,798 | ? | 58,2 | $3,3_1$ | 40,6 | — | — | 1170 | — | 8 |
| Polymeth-acrylsäure-methyl-ester | K | | Aceton | 0,798 | $0,36_6$ | 14,1 | $12,0_5$ | 9,8 | — | — | 77 | | 10 |
| | I | | Aceton | 0,798 | $0,69_5$ | 18,8 | 8,3 | 13,1 | — | — | 148 | | 10 |
| | H | | Aceton | 0,798 | 1,28 | 25,2 | $5,4_5$ | 17,6 | — | — | 306 | | 10 |
| | G | | Aceton | 0,798 | 1,91 | 36,5 | $3,9_5$ | 25,4 | — | — | 610 | | 10 |
| | F | | Aceton | 0,798 | 2,76 | 50 | $2\,7_5$ | 34,8 | — | — | 1200 | | 10 |
| | E | | Aceton | 0,798 | 3,99 | 48,5 | $2,2_5$ | 33,8 | — | — | 1420 | | 10 |
| | D | | Aceton | 0,798 | 5,57 | 59,5 | $1,9_5$ | $41,5$ | — | — | 2020 | | 10 |
| | C | | Aceton | 0,798 | 7,23 | 69 | $1,4_2$ | $48,1$ | — | — | 3210 | | 10 |
| | B | | Aceton | 0,798 | 10,2 | 82 | 1,18 | $57,2$ | — | — | 4590 | | 10 |
| | A | | Aceton | 0,798 | $13,9_6$ | 107 | 0,95 | $74,5$ | — | — | 7450 | | 10 |
| Poly-$\omega$-hydroxy-decylsäure | ohne Bezeichnung | u | Tetrabrom-äthan | ? | $1,77^{9}$ | ? | — | 6,4 | 27 | — | — | 1,6 | 1 |

## Anmerkungen zur Tabelle VIII, 4.

[1] Molekulargewicht des Cellulose-Cu-Komplexes. Annahme: $V$ von reiner Cellulose $= V$ des Cellulose-Cu-Komplexes; s. dazu aber GRALÉN (Literaturverzeichnis Nr. 5), S. 84 ff.

[2] $V$ des Cellulose-Cu-Komplex-Anions $= 0{,}51$, $V$ der reinen Cellulose $= 0{,}66$; Molekulargewicht $M_{w,w}$ für beide $V$ angegeben; $s$ wurde mit $V = 0{,}51$ berechnet, da in Lösung der Cellulose Cu-Komplex vorliegt.

[3] Erster Zahlenwert von $M_w$ nach einer von GRALÉN (S. 76) unter Berücksichtigung der Konzentrationsabhängigkeit von $s$ und $D$ verbesserten Formel für das Sedimentationsgleichgewicht berechnet, zweiter Wert von $M_w$ nach Gl. (VIII, 13) ermittelt.

[4] $V$-Werte für Nitrocellulose der Literatur schwanken zwischen 0,51 und 0,60, s. JULLANDER (Literaturverzeichnis Nr. 7), S. 42.

[5] $[\eta]$ aus den MOSIMANNschen Viscositätszahlen $VZ$ für Butylacetat berechnet;

$$VZ = \lim_{c \to 0} \frac{\eta_{sp}}{c} \left( C\text{-Konzentration in } \frac{\text{Grundmol des Monomeren}}{1000 \text{ cm}^3 \text{ Lösungsmittel}} \right).$$

[6] $[\eta]$ nicht auf $c = 0$ bezogen, sondern bei kleinen Konzentrationen von $c = 0{,}014\,\mathrm{g/cm^3}$ bis $c = 0{,}045\,\mathrm{g/cm^3}$ bestimmt.

[7] Die in der Literatur angegebene Volumen-Viscositätszahl $[\eta]_V = \dfrac{[\eta]}{V}$ wurde auf $[\eta]$ umgerechnet.

[8] Wie Literaturangabe hier nur $[s]_0$, Umrechnung auf $s_0$ nach Gl. (VIII, 19).

[9] Wie Literaturangabe nicht $[\eta]$, sondern $[\eta]_V$, da $V$ unbekannt.

[10] Polymerisat nur unvollständig in Chloroform löslich; Zahl in Klammer $=$ prozentuale Löslichkeit; Molekulargewicht nur für lösliche Komponente bestimmt.

[11] $D_A$, nicht $D_w$!

[12] Tiefe Polymerisationstemperatur (20° C).

[13] Mischpolymerisat mit Maleinsäureester.

[14] Zahlenwert von $M_Z$ nach Gl. (VIII, 13), zweiter nach Gl. (VIII, 16) und (VIII, 16a) für nichtideale Lösungen berechnet (WALES).

[15] $[\eta]$ bei 27° C bestimmt.

[16] Literaturangabe: $s$ und $D$ bei 27° C; $s_{27}$ und $D_{27}$ auf Tabellenwerte $s_{20}$ und $D_{20}$ nach den Formeln:

$$s_{20} = s_T \cdot \frac{\eta_T}{\eta_{20}} \cdot \frac{1 - V_{20}\,\varrho_{20}}{1 - V_T\,\varrho_T} \approx s_T \cdot \frac{\eta_T}{\eta_{20}} \ (T = \text{Versuchstemperatur } °\mathrm{C}) \text{ bzw. } D_{20} = D_T \cdot \frac{293}{273 + T} \cdot \frac{\eta_T}{\eta_{20}} \text{ umgerechnet; s. UZ, S. 31 ff. u. 247.}$$

[17] $M_{w,w}$ wurde aus $s_w$ graphisch nach der von SCHICK und SINGER (Literaturverzeichnis Nr. 14) gefundenen Beziehung zwischen $M_{w,w}$ und $s_w$ für Polystyrol in Methyläthylketon bestimmt.

[18] $[\eta]$ aus den $K$-Werten von FIKENTSCHER ermittelt.

[19] Tabellenangabe nicht $M_{w,w}$, da $D_A$ benutzt.

## Literaturverzeichnis.


*1.* Cellulosederivate (ausgenommen Methylcellulose), Kautschuk und Polychloropren, Poly-$\omega$-hydroxydecylsäure: s. UZ, S. 380—392 (Tab. S. 392).
(E. O. KRAEMER, W. D. LANSING u. J. B. NICHOLS.)

*2.* Polystyrol: s. UZ, S. 400—402 (R. SIGNER u. H. GROSS).

*3.* Acetylcellulose:

*a)* Siehe A. WEISSBERGER: Physical Methods in Organic Chemistry, Bd. 1,
S. 687—689 (J. B. NICHOLS u. A. D. BAILEY).

*b)* Siehe A. WEISSBERGER, l. c., S. 728, und UZ, S. 392 (E. O. KRAEMER, W. D.
LANSING, F. J. v. NATTA u. W. H. CAROTHERS).

*4.* Kautschuk und Polychloropren: s. A. WEISSBERGER, S. 728, und UZ, S. 397
bis 399 (R. SIGNER u. P. v. TAVEL).

*5.* GRALÉN, N.: Diss. Upsala 1944.

*6.* HENGSTENBERG, J., u. G. V. SCHULZ: Makromol. Chem. 2, 5 (1948).

*7.* JULLANDER, I.: Ark. Kemi 21 A, 8 (1945).

*8.* KINELL, P. O., u. B. G. RÅNBY: Advances in Colloid Science, Bd. III, S. 182 ff.
New York 1950.

*9.* KINELL, P. O., u. J. SVEDBERG: Festschrift zum 60. Geburtstag von H. NORDEN-
SON. 1951.

*10.* MEYERHOFF, G.: Diss. Mainz 1951.

*11.* MOSIMANN, H.: Helvet. chim. Acta 26, 61 (1943).

*12.* MOSIMANN, H.: Helvet. chim. Acta 26, 369 (1943).

*13.* NEWMAN, S., u. F. EIRICH: J. Colloid Sci. 5, 6, 544 (1950).

*14.* SCHICK, A. F., u. S. J. SINGER: J. Phys. Colloid Chem. 54, 7, 1028 (1950).

*15.* SCHOLTAN, W.: Makromol. Chem. 7, 209 (1952). — HENGSTENBERG, J., u.
E. SCHUCH: Makromol. Chem. 7, 236 (1952).

*16.* SINGER, S. J.: J. Chem. Phys. 15, 6, 346 (1947).

*17.* WALES, M.: J. Phys. Colloid Chem. 52, 983 (1948).

*18.* WALES, M., F. T. ADLER, K. E. v. NOLDE: J. Phys. Colloid Chem. 55, 145
(1951).


### c) Diskussion der Resultate und Vergleich mit der Theorie.

#### *1. Absolutwerte des Molekulargewichts.*

Die Zahlenwerte $M_w$ und $M_Z$ der Tabelle stammen großenteils aus
älteren Messungen des Sedimentationsgleichgewichts. Es ist schon oft
darauf hingewiesen worden, daß diese für ideale Lösungen ohne Berücksichtigung der Konzentrationsabhängigkeit berechneten Molekulargewichte z. T. mit erheblichen Fehlern behaftet sind und deswegen nicht
einer quantitativen Betrachtung über die Polymolekularität, über den
Zusammenhang von Sedimentation, Diffusion und Molekulargewicht
zugrundegelegt werden sollten. Sie sind trotzdem angegeben, weil durch
die Arbeiten von SCHULZ und WALES die Voraussetzungen für die Umrechnung auf wahre Molekulargewichte geliefert werden, falls für das
untersuchte System Messungen der osmotischen Konstanten vorliegen.
Wie WALES[1] in einer neueren Arbeit an Polystyrol in Methyläthylketon
gezeigt hat, können die zur Korrektion notwendigen Konstanten auch
aus dem Gleichgewichtsversuch direkt erhalten werden. Der hierbei
bestimmte zweite Virialkoeffizient $B$ steht in ausgezeichneter Übereinstimmung mit den direkt aus osmotischen Messungen gewonnenen
Werten.

Die Molekulargewichte $M_{w,w}$ sind, soweit möglich, aus den Gewichts-
mittelwerten der Sedimentations- und Diffusionskonstanten errechnet

---

[1] WALES, M.: J. Phys. Colloid Chem. 55, 282 (1951).

worden. Die Fehlergrenze von etwa 10% wird wohl nur bei den neuesten Messungen unterschritten, genügt aber für die Aufstellung der für die Praxis wichtigen Beziehung zwischen Molekulargewicht und Viscositätszahlen. Wie auf S. 426 erwähnt, steht bei nichtfraktionierten Produkten mit normaler Verteilungskurve das Molekulargewicht $\overline{M}_w$ zu $\overline{M}_Z$ im Verhältnis 2:3. Dies geht sehr deutlich aus der Versuchsreihe von WALES (Tab. VIII, 4, Lit.-Verz. Nr. 17) hervor, in der die korrigierten $\overline{M}_w$- und $M_Z$-Werte die erwarteten Unterschiede zeigen.

## 2. Konzentrationsabhängigkeit der Sedimentationskonstante.

Für die Genauigkeit der Molekulargewichtsbestimmungen ist die zuverlässige Extrapolation der Sedimentations- und Diffusionskonstante auf die Konzentration 0 und damit die Kenntnis der Konzentrationsfunktion von besonderer Bedeutung.

Die Formel

$$s_{c_g} = \frac{s_0}{1 + K_s c_g} \qquad (VIII, 21)$$

wird zur Extrapolation von $s$ auf die Konzentration 0 gewöhnlich benutzt, indem man $\frac{1}{s_{c_g}}$ gegen $c_g$ aufträgt.

Außer den Untersuchungen von LAUFFER[1] an Tabakmosaikvirus und GRALÉN[2] an Nitrocellulose bestätigen vor allem neuere Arbeiten von NEWMAN[3] an Polystyrolen und MEYERHOFF[4] an Polymethacrylsäuremethylester die Gültigkeit von (VIII, 21). Die Abbildungen VIII, 35 und VIII, 36 zeigen, wie gut die Beziehung für niedrige Konzentrationen bis zu ungefähr 1% erfüllt ist. Der Zusammenhang von $K_s$ mit dem Molekulargewicht geht aus Abb. VIII, 37 hervor; danach ist für Polystyrole $K_s$ etwa der Wurzel aus dem Molekulargewicht proportional. Es wird vorgeschlagen, für den Zusammenhang von $K_s$ und Molekulargewicht die allgemeine Formel $K_s \sim M^b$ zu

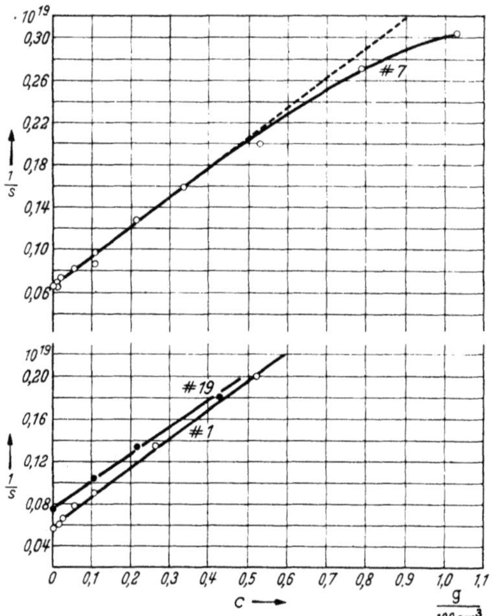

Abb. VIII. 35. Konzentrationsabhängigkeit von $1/s$ für 3 Polystyrolfraktionen ($M_1 = 13 \cdot 10^5$, $M_{19} = 5{,}5 \cdot 10^5$, $M_7 = 8 \cdot 10^5$) in Choroform nach NEWMAN und EIRICH.


[1] LAUFFER, M. A.: Science (Lancaster, Pa.) 87, 469 (1938).
[2] GRALÉN, N.: Diss. Upsala 1944.
[3] NEWMAN, S., u. F. EIRICH: J. Colloid Sci. 5, 6, 544 (1950).
[4] MEYERHOFF, G.: Diss. Mainz 1951.

verwenden, wobei $b$ je nach der Molekülform verschiedene Werte annehmen kann. Bei Polystyrol in Methyläthylketon wurde $b = 0{,}5$ gefunden, während SCHICK[1] den Wert 0,6 angibt. Der Wert des Exponenten steht in enger Beziehung mit dem Exponenten $a$ in der Viscositätsgleichung:

$$[\eta] \sim M^a \,.$$

Der Vorschlag von POWELL und EYRING[2], die gemessene Sedimentationskonstante mit der relativen Viscosität der Lösung zu multiplizieren und so eine von der Konzentration unabhängige Größe $s_0$ zu erhalten, ist zwar theoretisch weniger begründet als (VIII, 21), erlaubt aber bei manchen Systemen nach Versuchen von LAUFFER, HENGSTENBERG und SCHULZ[3] und JULLANDER[4] eine bessere Extrapolation als (VIII, 21).

### 3. Konzentrationsabhängigkeit der Diffusionskonstante.

Die Konzentrationsabhängigkeit von $D$ ist durch die Gleichung

$$D = D_0 \left[ 1 + \left( \frac{2\,B\,M}{\mathrm{R}T} - K_s \right) c_g \right] =$$
$$= D_0 \,(1 + K_D\, c_g) \,. \quad \text{(VIII, 35)}$$

gegeben. Man erkennt hieraus, daß wegen der verschiedenen Molekulargewichtsabhängigkeit von $B$ und $K_s$ innerhalb einer polymerhomologen Reihe eine Umkehr des Vorzeichens

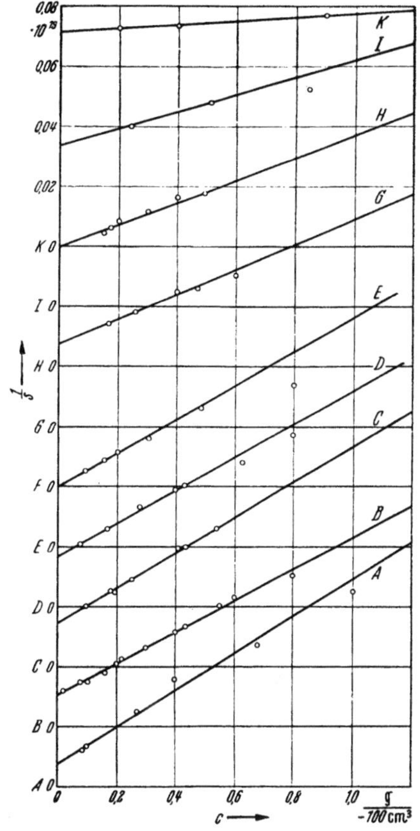

Abb. VIII 136. Konzentrationsabhängigkeit von $1/s$ für Polymethacrylsäuremethylester in Aceton nach MEYERHOFF.

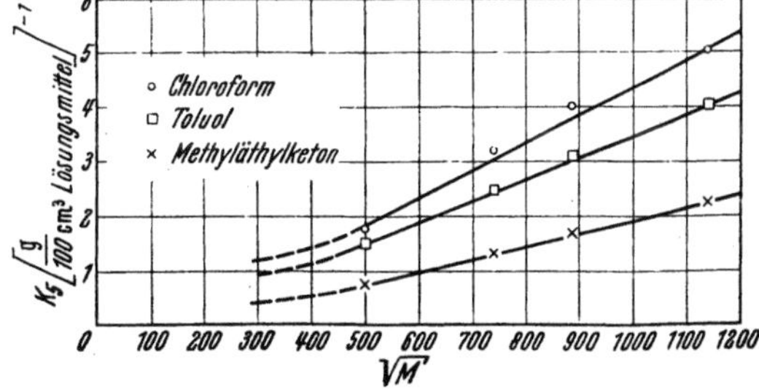


Abb. VIII, 37. $K_s$ in Abhängigkeit vom Molekulargewicht nach NEWMAN und EIRICH.

[1] SCHICK, A. F., u. S. J. SINGER: J. Phys. Colloid Chem. **54**, 1028 (1950).
[2] POWELL, R. E., u. H. EYRING: Advances Colloid Science I, S. 183. Interscience New York 1942.
[3] HENGSTENBERG, J., u. G. V. SCHULZ: J. makromol. Chem. **2**, 5 (1948).
[4] JULLANDER, J.: Ark. Kemi **21 A**, 8 (1945).

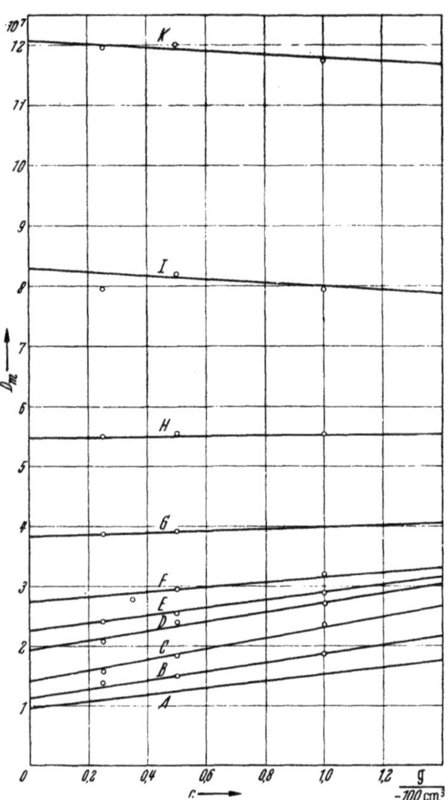



Abb. VIII, 38. Konzentrationsabhängigkeit von $D_m$ für Polymethacrylsäuremethylester in Aceton nach MEYERHOFF.

bei einem bestimmten Molekulargewicht eintreten kann. In der Arbeit von HENGSTENBERG und SCHULZ über Polystyrol in Methylisopropylketon wurde bereits eine Abnahme der Diffusionskonstante mit steigender Konzentration gefunden, die z. T. darauf zurückzuführen ist, daß der Wert von $B$ in Methylisopropylketon nahezu gleich Null ist. Eine Umkehr des Vorzeichens wurde dann von SCHICK und SINGER bei Polystyrol in Methyläthylketon, von SCHOLTAN[1] bei Polyvinylpyrrolidon in Wasser und von MEYERHOFF bei Polymethacrylsäuremethylester in Aceton festgestellt. Die MEYERHOFFschen Ergebnisse sind in Abb. VIII, 38 dargestellt. In der Arbeit von MEYERHOFF wird aus der Konzentrationsabhängigkeit auch der $B$-Wert ermittelt. Er stimmt mit den aus osmotischen Daten gefundenen befriedigend überein. Durch die Theorie wird offensichtlich der Gang und die Neigung der Geraden richtig wiedergegeben.

### 4. Zusammenhang zwischen s und M.

Die in § 67 zusammengestellten theoretischen Beziehungen für $s$ in Abhängigkeit von $M$ können an Hand der Tabelle nunmehr mit der Erfahrung verglichen werden.

In der Abb. VIII, 39 sind die Sedimentationszahlen der Cellulosederivate in Abhängigkeit von dem Molekulargewicht zusammengestellt. Die Beziehung $s = a_1 + b_1 \sqrt{M}$ ist bei nicht zu hohen Molekulargewichten mit guter Genauigkeit erfüllt. Ein besonderes Merkmal aller Geraden ist der positive Ordinatenabschnitt für $M = 0$, der für Moleküle mit geringer innerer Beweglichkeit charakteristisch ist. Die molekularen Konstanten des Knäuels, die aus diesen Kurven nach den Theorien von KUHN bzw. KIRKWOOD und RISEMAN berechnet werden können, zeigen allerdings erhebliche Unterschiede. In Tab. VIII, 5 sind die $A_m$-Werte für einige Cellulosederivate nach beiden Theorien angegeben, die sich

---

[1] SCHOLTAN, W.: Makromol. Chem. 7, 209 (1952).

durchschnittlich um den Faktor 4 unterscheiden. (Die aus der DEBYE-schen Theorie abgeleiteten Werte stimmen besser mit denen von KUHN überein.) Nach Lichtstreuungsmessungen von BLAKER und BADGER[1] an Nitrocellulose würde sich ein $A_m$ von etwa 270 Å ergeben. Die bei

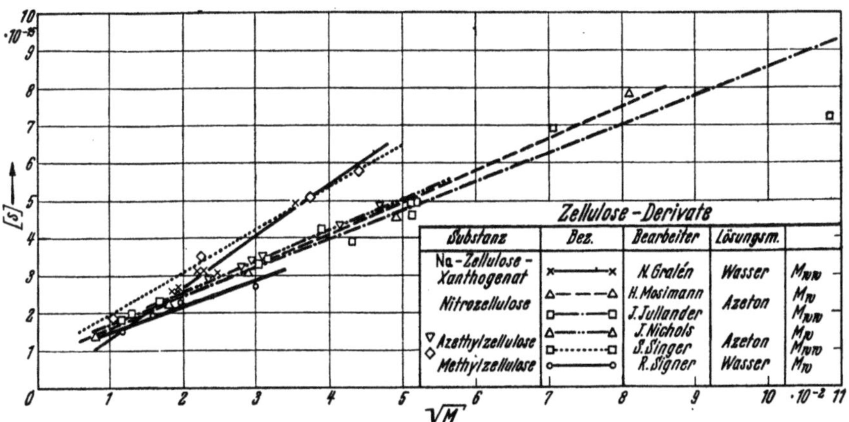



Abb. VIII, 39. $s = f(M)$ für Cellulosederivate.

Acetylcellulose vorliegenden Streumessungen erlauben keine $A_m$-Bestimmung, da sie an kurzen, noch nicht statistisch geknäuelten Ketten durchgeführt sind. Weiteres Beobachtungsmaterial findet sich in den Tab. XIV, 3 und XIV, 4. Über die Ursachen dieser Diskrepanzen, die in Anbetracht der Unsicherheiten der verschiedenen Modellannahmen nicht sehr überraschend sind, vgl. auch die Ausführungen in § 99.

Tabelle VIII, 5. *Statistische Fadenelemente von Cellulosen*
nach den Theorien von W. u. H. KUHN und KIRKWOOD u. RISEMAN
($l_R = 5{,}15$ Å. Lösungsmittel: Aceton.)

| Substanz | Bearbeiter | Molekular-gewichtsbereich $\cdot 10^3$ | $l'$ [Å] | $A_m$ nach KUHN [Å] | $A_m$ nach RISEMAN [Å] |
|---|---|---|---|---|---|
| Nitrocellulose | JULLANDER | 20—1200 | 41 | 83 | 320 |
| Acetylcellulose | NICHOLS | 50—225 | 43 | 94 | 360 |
| | SINGER | 10—200 | 33 | 54 | 210 |
| | KRAEMER | 50—250 | — | 110 (von H. KUHN berechnet) | — |

Die zahlreichen $s$-Messungen an Polystyrolen und an Polyvinyl-pyrrolidon sind in Abb. VIII, 40 ebenfalls gegen die Wurzel aus dem Molekulargewicht aufgetragen. Besonders die Kurven, die neueren Arbeiten entstammen, schneiden die Ordinate bei kleinen Werten bzw. die meisten laufen durch den Nullpunkt[2]. Eine der Tab. VIII, 6

---

[1] BLAKER, R. H., u. R. M. BADGER: J. Phys. Colloid Chem. **53**, 1046 (1949).
[2] Ein negativer Achsenabschnitt, den PETERLIN [J. Chim. phys. 48, 13 (1951)] an Hand älterer Messungen glaubt annehmen zu dürfen, ist auf Grund dieser Resultate wohl auszuschließen.

entsprechende Zusammenstellung der $A_m$-Werte bzw. der mittleren statistischen Abstände der Molekülenden auf Grund dieser Messungen ist in Tab. VIII, 8 gegeben.

Abweichungen von Beziehung (VIII, 58) treten vor allem bei Polymethacrylsäuremethylester auf, hier fand MEYERHOFF (Abb. VIII, 41)

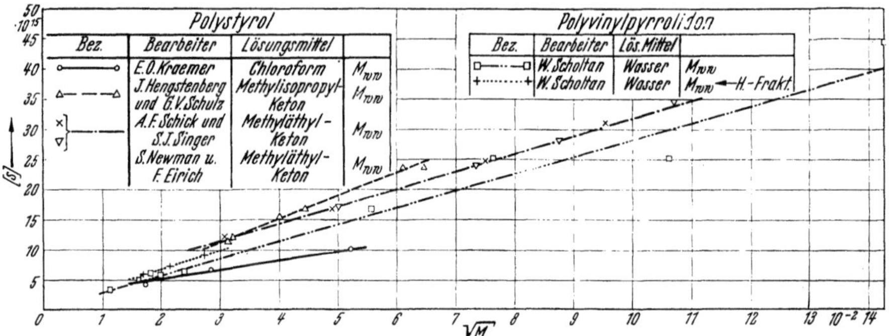

Abb. VIII, 40. $s = f(M)$ für Polyvinylverbindungen.

bei hohen Molekulargewichten eine deutliche Krümmung der $s = f\left(\sqrt{M}\right)$-Kurve. Diese Erscheinung kann nach den bisherigen Theorien nicht gedeutet werden.

Häufig wird an Stelle der theoretisch begründeten Gl. (VIII, 58) wie in den Gl. (VIII, 68) und (VIII, 69) auch eine Potenzfunktion zur Darstellung der Beziehung zwischen $s$ und $M$ gewählt: $s = M^{\varkappa}$. Hier liegt

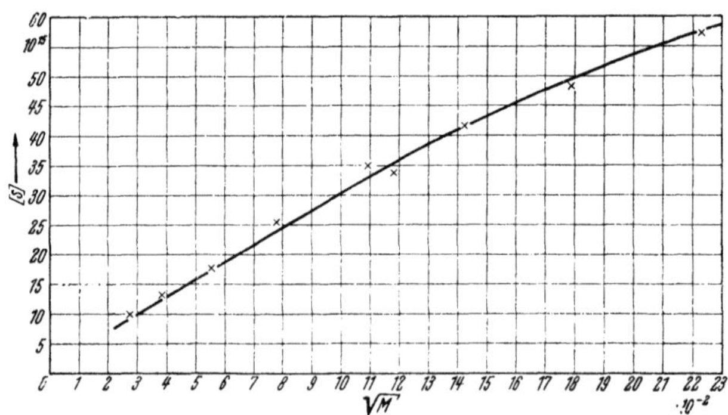

Abb. VIII, 41. $s = f(M)$ für Polymethacrylsäuremethylester.

der Exponent zwischen 0 und $^1/_2$. Das entspricht den beiden Grenzfällen des durchspülten und undurchspülten Knäuels, die sich aus Gl. (VIII, 58) für $a_1 \gg b_1$ und $b_1 \gg a_1$ ergeben. Der Exponent $\alpha$ liegt meistens in der Nähe von 0,5 (undurchspültes Knäuel). Der Grenzfall des vollständig durchspülten Knäuels $\alpha = 0$ wurde dagegen noch nicht beobachtet, obwohl er z. B. bei Nitrocellulose niedrigen Molekulargewichts in guten Lösungsmitteln realisiert sein sollte.

### 5. Zusammenhang von D und M.

Aus den Gl. (VIII, 59), (VIII, 59a), (VIII, 59b) und (VIII, 65) geht hervor, daß für die Molekulargewichtsabhängigkeit der Diffusionskonstanten die gleichen molekularen Konstanten maßgebend sind wie für $s$. Im allgemeinen ist daher der Zusammenhang zwischen $D$ und $M$ nach Gl. (VIII, 68) und (VIII, 69) zwangsläufig gegeben, wenn $s = f(M)$ ist. Welche Funktion $D(M)$ für die verschiedenen Modelle zu erwarten ist, läßt sich daraus entnehmen.

Polson[1] hat gefunden, daß für kugelförmige Moleküle mit $M > 1000$ die Beziehung $D = C \cdot M^{-\frac{1}{3}}$ ($C = 2{,}74 \cdot 10^{-5}$) mit guter Annäherung gilt. In der Gleichung $D \sim M^\beta$ sollte nach den Theorien von Kuhn, Debye und Bueche, Kirkwood und Riseman $\beta$ für Fadenmoleküle zwischen

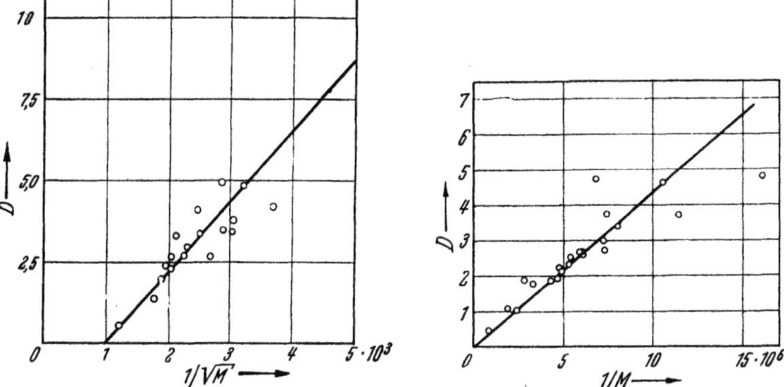

Abb. VIII, 42. Diffusionskonstante von Polychloropren nach P. O. Kinell und J. Svedberg.

a) für A-Polymere als Funktion von $\dfrac{1}{\sqrt{M}}$      b) für B-Polymere als Funktion von $\dfrac{1}{\sqrt{M}}$

$- 0{,}5$ und $- 1$ liegen. Hierbei entsprechen die Grenzwerte wieder dem undurchspülten bzw. durchspülten Knäuel, die ebenfalls aus der Gl. (VIII, 59) für das allgemeine Knäuel für $b_2 \gg a_2$ und $a_2 \gg b_2$ abzuleiten sind. Für Polystyrole in Methylisopropylketon fanden Hengstenberg und Schulz $\beta = - 0{,}5$. In Methyläthylketon bzw. Tetrachlorkohlenstoff wurden von Schick und Singer $- 0{,}53$ bzw. $- 0{,}59$, bei Polyvinylpyrrolidon in Wasser $- 0{,}56$ von Scholtan bestimmt. Diffusionsmessungen an Polychloroprenen von Kinell[2] ergaben, daß für in Emulsion hergestellte Polymere (A) $D$ eine lineare Funktion von $\dfrac{1}{\sqrt{M}}$ ist, während bei den in Block polymerisierten B-Polychloroprenen $D \sim \dfrac{1}{M}$ erfüllt ist (Abb. VIII, 42a und VIII, 42b). Er nimmt daher an, daß die Moleküle des Emulsionspolymerisates undurchspülte, die des Blockpolymerisats durchspülte offene Knäuel sind.

[1] Polson, A.: J. Phys. Colloid Chem. 54, 649 (1950).

[2] Kinell, P. O., u. J. Svedberg: Festschrift zum 60. Geburtstag von Harald Nordenson. 1951.

### 6. Form und Dimensionen der Moleküle.

Für die Bestimmung der Form und der absoluten Dimensionen der Moleküle können folgende experimentell ermittelten Größen herangezogen werden:

1. das Reibungsverhältnis $f/f_K$,

2. die Konstanten in der Beziehung zwischen $s$ und $M$ auf Grund der neueren Theorien über das Fadenmolekül in Lösung,

3. die Exponenten in den Gleichungen $s \sim M^\alpha$ und $D \sim M^\beta$ bzw. $b$ in den Gl. (VIII, 68) und (VIII, 69).

Je nach dem gewählten Modell gelangt man bei der Auswertung der Ultrazentrifugen- und Diffusionsmessungen natürlich zu verschiedenen Aussagen über die Form und Dimensionen der Moleküle. Bei der Annahme eines starren Ellipsoids lassen sich, wie in § 67 dargelegt wurde, aus dem Reibungsverhältnis $f/f_K$ ein Achsenverhältnis $l/d$ und unter Berücksichtigung des Molekulargewichts auch die absoluten Dimensionen $l$ und $d$ bestimmen. Diese Betrachtungsweise hat sich bei den Proteinen als fruchtbar erwiesen. Sie ist bei Fadenmolekülen mit geringer Beweglichkeit, z. B. für Cellulosederivate bei genügend kleinen Molekulargewichten wohl noch zulässig. In den Untersuchungen von GRALÉN und JULLANDER über Nitrocellulose ist daher ein Ellipsoidmodell angenommen worden. Die Ergebnisse der GRALÉNschen Bestimmungen von $f/f_K$, $l/d$, $l$ und $d$ an Nitrocellulose sind in der Tab. VIII, 6 angegeben.

Tabelle VIII, 6. *Molekülgestalt von Nitrocellulosen in Aceton nach* GRALÉN.

| Nitrat von | $f/f_K$ | $l/d$ | $d$ [Å] | $l$ [Å] |
|---|---|---|---|---|
| Ungebleichte amerik. Linters . . . | 12,2 | 870 | 11,3 | 9800 |
| Gebleichte amerik. Linters . . . . | 10,6 | 670 | 9,8 | 6600 |
| Chloritgebleichte Amerik. Linters . | 11,5 | 780 | 11,2 | 8800 |
| Sulfatcellulose . . . . . . . . . | 9,6 | 550 | 10,7 | 5900 |
| Sulfitcellulose . . . . . . . . . | 9,6 | 550 | 10,8 | 5900 |
| Holocellulose von Fichtenholz . . . | 6,3 | 250 | 13,1 | 3200 |
| α-Cellulose von Holocellulose . . . | 7,7 | 360 | 10,1 | 3600 |
| Rayon-pulp Nr. 1 . . . . . . . . | 8,2 | 410 | 11,1 | 4600 |
| Nr. 2 . . . . . . . . | 9,6 | 550 | 11,4 | 6300 |
| Nr. 3 . . . . . . . . | 7,9 | 380 | 10,8 | 4100 |
| Nr. 4 . . . . . . . . | 6,0 | 220 | 12,0 | 2700 |
| Nr. 5 . . . . . . . . | 7,3 | 320 | 11,4 | 3700 |
| Nr. 6 . . . . . . . . | 8,2 | 400 | 13,2 | 5300 |

Obwohl feststeht, daß die Annahmen, auf denen diese Berechnungen beruhen, nicht absolut gültig sind, interessieren die Resultate doch wegen der Vergleichsmöglichkeit untereinander. Im Gegensatz zu anderen Cellulosederivaten ist für Nitrocellulose $d$ vom Molekulargewicht praktisch unabhängig, außerdem stimmt der Wert mit dem am röntgenographischen Cellulosemodell zu erwartenden bis auf einen Faktor 2 überein. Berücksichtigt man die bestimmt vorhandene Solvatation, so spricht diese Übereinstimmung dafür, daß Einzelmoleküle in der Lösung vorliegen.

H. Kuhn[1] hat Messungen von Kraemer an Acetylcellulose auf Grund der von ihm aus Modellversuchen abgeleiteten Theorie ausgewertet. Er berechnet für diese Substanz eine hydrodynamische Dicke des Moleküls von 11 Å und für die Länge des statistischen Fadenelements $A_m = 110$ Å. Die hydrodynamische Dicke ist genau so groß wie die von Gralén für Nitrocellulose bestimmte. Der Wert von $A_m$ führt jedoch zu einer wesentlich anderen Moleküldimension. Für einen Polymerisationsgrad von 1000 ergibt sich ein mittlerer statistischer Abstand der Enden des Acetylcellulosemoleküls von 700 Å. Bei der Auswertung nach dem Ellipsoidmodell wurde aber eine Länge von etwa 4000 Å errechnet; die Länge des völlig gestreckten Moleküls würde 5200 Å betragen[2]. Außer diesem erheblichen Unterschied in der Größe ist natürlich auch die Form je nach den Modellvorstellungen grundsätzlich verschieden: Das Knäuel ist im Gegensatz zum anisotropen Ellipsoid statistisch als kugelsymmetrisches Gebilde aufzufassen. Über die genaue Form und Größe der Moleküle von Cellulosederivaten besteht jedoch noch keine endgültige Klarheit.

Bei den Polyvinylverbindungen kommt das Knäuelmodell der Wirklichkeit am nächsten. Besonders beim Polystyrol, aber auch bei Polyvinylpyrrolidon und Polychloropren lassen sich alle beobachteten Erscheinungen, wie Viscosität, Winkel- und Wellenlängenabhängigkeit der Lichtstreuung, Sedimentation und Diffusion widerspruchslos mit der Knäuelvorstellung erklären, wobei für die noch freien Parameter in den theoretischen Beziehungen, besonders für die mittleren statistischen Abstände der Molekülenden plausible und für alle Methoden gleiche Werte einzusetzen sind. So hat Riseman[3] auf Grund der Kirkwood-Risemanschen Theorie unter Benutzung neuerer Messungen an Polystyrol in drei Lösungsmitteln aus den Sedimentationskonstanten bei unendlicher Verdünnung die mittleren statistischen Abstände der Molekülenden errechnet. Seine Resultate sind in der folgenden Tab. VIII, 7 zusammengestellt. Der Absolutwert der Knäueldurchmesser hängt vom Lösungsmittel ab, wobei bei „schlechten" Lösungsmitteln (poor solvents) die kleinsten Werte erhalten werden. Die $A_m$-Werte sind wegen der großen inneren Beweglichkeit erheblich kleiner als bei Cellulosederivaten. Es ist zu bemerken, daß die Risemanschen Zahlen vernünftig mit den aus der Lichtstreuung bestimmten Werten übereinstimmen. So wurde z. B. für Polystyrol in Toluol bei einem Molekulargewicht von $10^6$ aus Lichtstreuungsmessungen[4] der Wert $\sqrt{\overline{h^2}} = 1280$ Å bestimmt, der gut zwischen den zu den Molekulargewichten $8 \cdot 10^5$ und $13 \cdot 10^5$ gehörigen $\sqrt{\overline{h^2}}$-Werten von 1100 und 1400 Å liegt. Dem entspricht ein $A_m$-Wert

---

[1] Kuhn, H.: J. Colloid Sci. **5**, 4, 331 (1950).

[2] Daß die Moleküle der Cellulosederivate ziemlich gestreckt sind, geht auch aus den Lichtstreuungsmessungen von Badger und Blaker an Nitrocellulose hervor, vgl. Bd. I, S. 409.

[3] Newman, S., J. Riseman u. F. Eirich: Rec. Trav. chim. Pays-Bas **68**, 921 (1949).

[4] Hengstenberg, J.: Makromol. Chem. **6**, 127 (1951); J. Chim. phys. **47**, 659 (1950).

von 44 Å (s. Tab. XIV, 7). Im Gegensatz dazu folgt aus den Messungen der Sedimentation von HENGSTENBERG und SCHULZ in Methylisopropylketon nach der Berechnungsweise von KUHN ein $A_m$-Wert von 6,5 Å und von 24,6 Å nach RISEMAN. Der nach KUHN aus der Sedimentationskonstante berechnete Wert ist also erheblich kleiner als der früher von ihm aus der Viscosität bestimmte von 35 Å, der besser mit dem optisch bestimmten Wert bzw. der nach RISEMAN ermittelten Zahl übereinstimmt. Da H. KUHN seine an makroskopischen Modellen erhaltenen Resultate mittels des hydrodynamischen Ähnlichkeitsprinzips auf molekulare Dimensionen überträgt, ist diese Diskrepanz verständlich.

Tabelle VIII, 7.

*Mittlere statistische Molekülenden-Abstände und statistische Fadenelemente von Polystyrolen in drei verschiedenen Lösungsmitteln, berechnet von* NEWMAN, RISEMAN *und* EIRICH *aus den Sedimentationskonstanten.* ($l_R = 2{,}54$ Å).

| Molekulargewicht | Lösungsmittel | $\sqrt{\overline{h^2}}$ [Å] | $A_m$ [Å] |
|---|---|---|---|
| 1) $13{,}0 \cdot 10^5$ (Fraktion 1) | Chloroform | 1700 | 45 |
| | Toluol | 1400 | 31 |
| | Methyläthylketon | 1000 | 15,5 |
| 2) $8{,}0 \cdot 10^5$ (Fraktion 7) | Chloroform | 1300 | 42,5 |
| | Toluol | 1100 | 30,5 |
| | Methyläthylketon | 780 | 15,5 |
| 3) $5{,}5 \cdot 10^5$ (Fraktion 19) | Chloroform | 1200 | 53 |
| | Toluol | 970 | 34,5 |
| | Methyläthylketon | 670 | 16,5 |
| 4) $2{,}5 \cdot 10^5$ (Fraktion 28) | Chloroform | 760 | 46,5 |
| | Toluol | 640 | 33 |
| | Methyläthylketon | 440 | 15,5 |

Bei Polyvinylpyrrolidon hat SCHOLTAN aus dem Reibungsverhältnis $f/f_K$ ebenfalls unter der Annahme von Ellipsoiden Moleküllängen und -dicken versuchsweise errechnet. Auch hier muß nach dem Ergebnis von Lichtstreuungsmessungen von HENGSTENBERG und SCHUCH[1] jedoch ein Knäuelmodell angenommen werden, das wesentlich kleinere Werte für den statistischen Molekülabstand ergibt.

Die mehr qualitativen Schlüsse über die Molekülform bzw. den hydrodynamischen Zustand des Molekülknäuels, die aus den Exponenten der Gl. (VIII, 68) und (VIII, 69) bzw. $s \sim M^\alpha$ und $D \sim M^\beta$ gezogen werden können, wurden im vorhergehenden Abschnitt z. T. schon erwähnt. Es sei hier außerdem noch eine ursprünglich von JULLANDER[2] aufgestellte Tab. VIII, 8 angegeben, die durch neuere Daten ergänzt wurde. Aus ihr geht hervor, daß $b$ nur bei einigen Nitrocellulosen Werte von 2—6 annimmt, während es bei den meisten Polymeren, z. B. auch bei Polystyrol etwa den für das undurchspülte Knäuel charakteristischen Wert 2 hat.

---

[1] HENGSTENBERG, J., u. E. SCHUCH: Makromol. Chem. **7**, 236 (1952).

[2] JULLANDER, J.: Ark. Kemi **21** A, 8, 20 (1945).

Tabelle VIII, 8. *b-Werte aus der Gleichung* $D = \dfrac{P}{s^{b-1}}$ *(VIII, 68) nach* JULLANDER.

| Substanz | Bearbeiter | Molekular-gewichts-bereich $\cdot 10^{-3}$ | $b$ |
|---|---|---|---|
| Nitrocellulose | GRALÉN (1941) | — | 6 ( ?) |
| | MOSIMANN (1943) | 200—600 | $2,2_8$ |
| | | 10—80 | $3,0_8$ |
| | GRALÉN (1944) | 200—800 | $3,1_7$ |
| | JULLANDER (1945) | 15—100 | 2,6 |
| | | ~200 | 2,2 |
| Cellulose in Cuprammonium | GRALÉN (1944) | 20—6000 | $2,2_1$ |
| Na-Cellulose-Xanthogenat | GRALÉN (1944) | 30—130 | $2,0_7$ |
| Polystyrol | HENGSTENBERG u. SCHULZ (1948) | 90—1200 | ~2,0 |
| | SCHICK u. SINGER (1950) | 90—1150 | $2,1_2$ |
| Polyvinylpyrrolidon | SCHOLTAN (1951) | 10—2000 | 2,2 |

Zusammenfassend ergibt sich, daß die Berechnung der Moleküldimensionen mit Hilfe der BURGERSschen Beziehung $f/f_K = f\,(l/d)$ nur bei gestreckten Molekülen sinnvoll ist. Bei Cellulosederivaten von nicht zu hohem Molekulargewicht kann man diese Berechnungsmethode zu vergleichsweisen Bestimmungen ebenfalls verwenden, obwohl hier ihre Grenzen erkennbar sind. Bei Polyvinylverbindungen und anderen Molekülen mit großer innerer Beweglichkeit ist die Anwendung der Theorie des statistisch geknäuelten Fadens gerechtfertigt. Zur Beschreibung der hydrodynamischen Eigenschaften des gelösten geknäuelten Moleküls, insbesondere seiner Wechselwirkung mit dem Lösungsmittel ist die Beziehung zwischen $s$ und $M$ bzw. $D$ und $M$ notwendig. Insbesondere läßt sich daraus qualitativ ableiten, ob das Molekül stark geknäuelt und wieweit das Lösungsmittel im Molekülinnern immobilisiert ist. Zur quantitativen Bestimmung charakteristischer Molekülkonstanten wie des statistischen Fadenelements oder der statistischen Moleküllänge können die neueren Theorien von H. KUHN sowie von KIRKWOOD und RISEMAN herangezogen werden, deren Resultate jedoch stark voneinander abweichen.

### 7. Bestimmung der Polymolekularität.

#### α) Mit Parameterfunktionen.

Die in § 66 skizzierten Methoden sind vor allem von KRAEMER, MOSIMANN, GRALÉN, JULLANDER und WALES zur Aufstellung von Verteilungskurven benutzt worden. Dabei werden die 1—3 Parameter dieser Kurven z. T. aus den Gleichgewichtsmessungen und dem Verhältnis $\dfrac{\overline{M}_z}{\overline{M}_w}$ oder aus der Breite der Sedimentationskurven erhalten. Wie bereits erwähnt, ist die absolute Genauigkeit der so erhaltenen Verteilungskurven gering. Sie geben aber häufig ein ausgezeichnetes Bild über die relativen Unterschiede der Polymolekularität, vor allem wenn die $\overline{M}_w$- und $\overline{M}_z$-Werte unter Benutzung der Korrekturformeln (VIII, 16) und (VIII, 16a) für nichtideale Lösungen ermittelt werden. In diesem

Zusammenhang ist besonders eine Arbeit von WALES[1] erwähnenswert, in der er nachgewiesen hat, daß bei Mischungen von Polystyrolfraktionen die theoretisch errechneten $\bar{M}_w$- und $\bar{M}_Z$-Werte bis auf 5% mit den experimentell gemessenen übereinstimmen. WALES ist auf Grund dieser Untersuchungen der Ansicht, daß sich Verteilungskurven, die unter Benutzung des neuesten Standes der Theorie mittels Sedimentationsgleichgewicht erhalten sind, rascher und genauer aufnehmen lassen als Bestimmungen durch fraktionierte Fällung. Dem steht allerdings im Wege, daß die Dauer der Versuche für Gleichgewichtsmessungen 5 Tage bis 2 Wochen beträgt und als alleräußerste Grenze für das absolute Molekulargewicht $10^6$ angegeben wird.

Als Beispiel für die Berechnung von Verteilungskurven mit Hilfe von Parameterfunktionen ist in der Abbildung VIII, 43 die molekulare Verteilung für Nitrocellulose nach JULLANDER dargestellt. Die Kurven wurden aus Sedimentationsaufnahmen bei drei verschiedenen Konzentrationen berechnet, und zwar direkt aus der Sedimentationsaufnahme

a) ohne Berücksichtigung der Konzentrationsabhängigkeit;

b) mit Konzentrationsabhängigkeit;

c) wurde unter Benutzung einer 3-Parameter-Funktion nach JULLANDER aus $\left(\dfrac{dB}{dx}\right)_0$-Werten ermittelt.

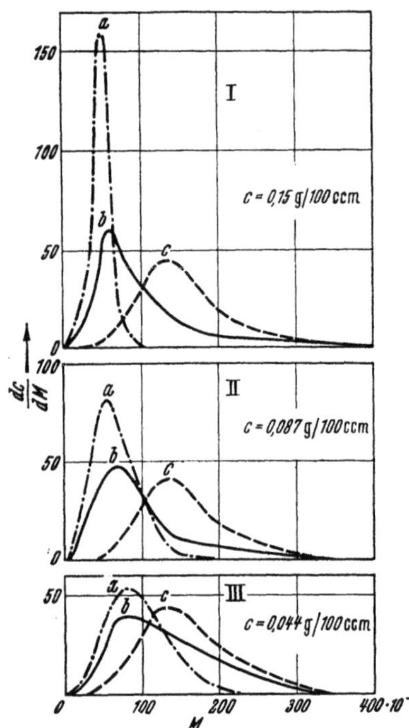

Abb. VIII, 43. Verteilungsfunktion von Nitrocellulose FK 6 nach JULLANDER.

Die Übereinstimmung für die drei Konzentrationen ist befriedigend, während die Unterschiede der Berechnungsverfahren sich sehr deutlich bemerkbar machen. Die Methode ist also nur für relative Bestimmungen brauchbar.

### $\beta$) Aus dem Sedimentationsdiagramm.

$\alpha\alpha$) *durch die Breite der Sedimentationskurven:* Die Benutzung von Parameterfunktionen zur Darstellung von Verteilungskurven ist immer nur in den Fällen möglich, wo der ungestörte Ablauf einer Polymerisationsreaktion eine „reaktionskinetische Normalkurve" erwarten läßt. Wo dies nicht der Fall ist, genügt häufig auch die Messung der Breite der Sedimentationskurve und die Angabe der daraus abgeleiteten $\left(\dfrac{dB}{dx}\right)_0$-Werte nach GRALÉN. Dieses Maß für die Uneinheitlichkeit wurde besonders

<hr>

[1] WALES, M.: J. Phys. Colloid Chem. **55**, 282 (1951).

von KINELL und RÅNBY[1] häufig mit Erfolg zur Kennzeichnung fraktionierter Produkte benutzt. Abb. VIII, 44 zeigt die Abhängigkeit der $\left(\dfrac{d\,B}{d\,x}\right)_0$-Werte von der Konzentration für fraktionierte und unfraktionierte Nitrocellulose. Hier fällt $\left(\dfrac{d\,B}{d\,x}\right)_0$ durch die Fraktionierung von 0,9 auf 0,35.

Abb. VIII, 45 gibt die $\left(\dfrac{d\,B}{d\,x}\right)_0$-Werte für Nitrocellulosefraktionen mit verschiedenen Viscositätszahlen wieder. Die Kurven A, B und C sind aus verschieden konzentrierten Ausgangslösungen gefällt. Die Serie C zeigt

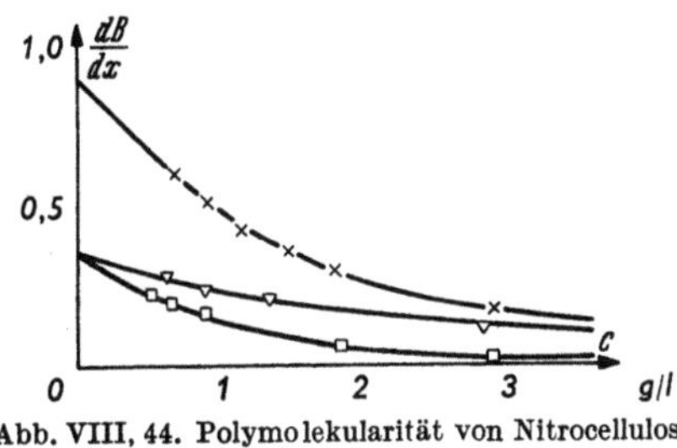

Abb. VIII, 44. Polymolekularität von Nitrocellulose.

× unfraktioniert  ▽ Fraktion 10  ☐ Fraktion 2

besonders deutlich, daß die Schärfe der Fraktionierung für die Mittelfraktionen besser als für die Randfraktionen ist. Der erreichte Minimalwert von $\left(\dfrac{d\,B}{d\,x}\right)_0$ = 0,2 konnte bei den bisherigen Fraktionierungen noch nicht unterschritten werden und scheint allgemein für die schmälste Verteilungskurve charakteristisch zu sein.

$\beta\beta$) *durch Umrechnung der* $\dfrac{d\,c_g}{d\,s}$-*Kurven in „wahre" Verteilungskurven.* Der naheliegende Versuch, aus den Sedimentationskurven direkt Verteilungskurven zu ermitteln, stößt auf erhebliche praktische Schwierigkeiten, da aus der $\dfrac{d\,c_g}{d\,s}$-Kurve zunächst die $\dfrac{d\,c_g}{d\,s_0}$

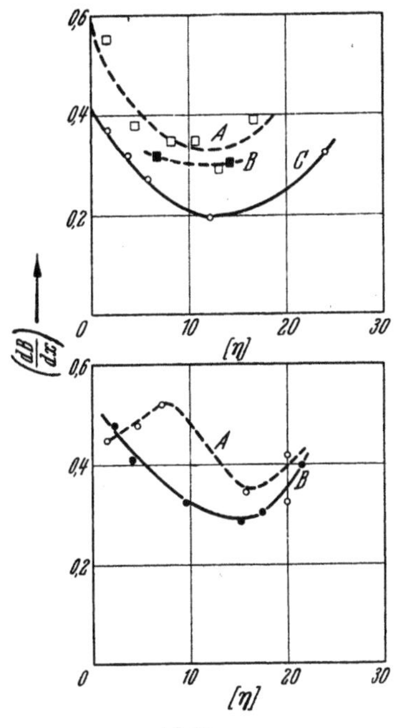

Abb. VIII, 45. $\left(\dfrac{d\,B}{d\,x}\right)_0$-Werte von Nitrocellulosefraktionen als Funktion von $[\eta]$ nach KINELL und RÅNBY).

-Kurve und aus dieser die $\dfrac{d\,c_g}{d\,M}$-Kurve konstruiert werden muß. Die früheren ohne Berücksichtigung der Konzentrationsabhängigkeit von $s$ bestimmten Verteilungskurven von Polystyrol stimmten daher nicht mit den nach anderen Methoden erhaltenen überein. Wie erheblich der Konzentrationseinfluß sich auswirkt, läßt bereits Abb. VIII, 4 erkennen. Wie aus Abb. VIII, 46 hervorgeht, nimmt die Dispersion der Sedimentationskurve

<hr>

[1] KINELL, P. O., u. B. G. RÅNBY: Advances in Colloid Science III, S. 182. New York: Interscience 1950.

mit abnehmender Konzentration erheblich zu und gibt erst bei Extrapolation auf $c_y = 0$ eine evtl. vorhandene Feinstruktur richtig wieder. Die Polystyrolproben der Abb. VIII, 46 haben nun GRALÉN und LAGERMALM[1] in 7 Fraktionen zerlegt; sie nehmen für die Verteilungskurve der

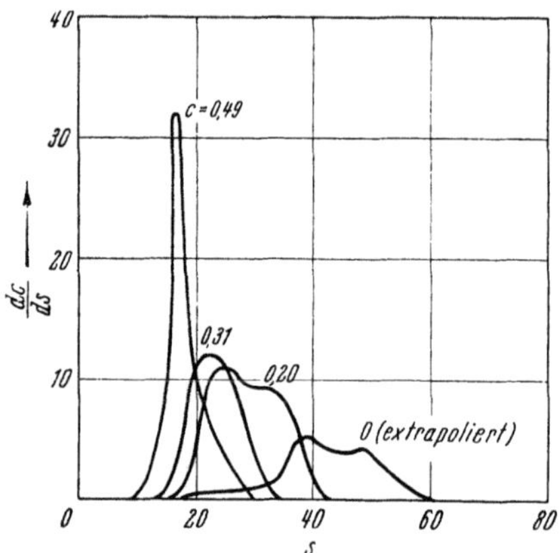

Einzelfraktionen die Gestalt eines gleichschenkligen Dreiecks an, dessen Grundlinie gleich $2 \cdot s_0 \cdot \dfrac{dB}{dx}$ gesetzt wird. Die aus den Dreiecken der 7 Fraktionen zusammengesetzte Verteilungskurve der Sedimentationskonstanten des Ausgangsprodukts ist in Abb. VIII, 47 abgebildet. In der Abb. VIII, 48 ist diese Kurve mit der aus Abbildung VIII, 46 übertragenen, direkt aus dem Sedimentationsdiagramm erhaltenen verglichen. Die Übereinstimmung ist im Hinblick auf die Unsicherheiten beider Verfahren befriedigend. Ähnliche Vergleiche sind mit fraktionierten Polymethylmethacrylaten und Cel-

Abb. VIII , 46. Sedimentationsdiagramme von Polystyrol bei verschiedenen Konzentrationen und auf $c = 0$ extrapoliert (nach GRALÉN und LAGERMALM).

lulosenitraten von KINELL und RÅNBY beschrieben worden. Besonders bei der Nitrocellulose sind sowohl nach der Fraktionierung als auch nach dem aus $c_y = 0$ extrapolierten Sedimentationsdiagrammen zahlreiche Maxima der Verteilungskurve aufgefunden worden.

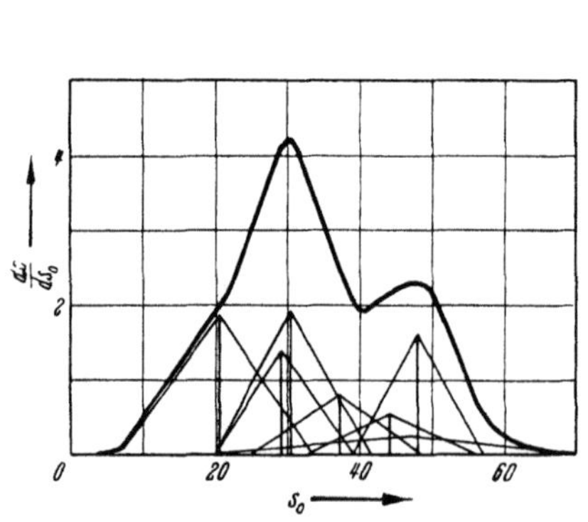

Abb. VIII, 47. Verteilungskurve der Sedimentationskonstante von Polystyrolfraktionen durch Addition der Fraktionen (nach GRALÉN und LAGERMALM).

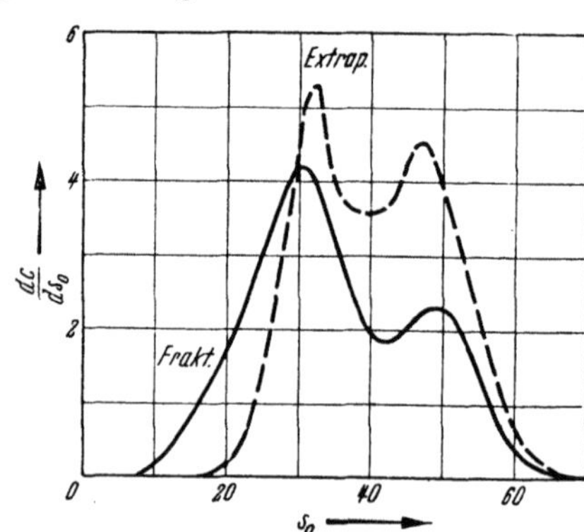

Abb. VIII, 48. Verteilungskurve von Polystyrol durch Extrapolation und Addition der Fraktionen (nach GRALÉN und LAGERMALM).

Bei ihren Untersuchungen haben GRALÉN und LAGERMALM vorausgesetzt, daß die Diffusion keine merkbare Verbreiterung der Sedimen-

[1] GRALÉN, N., u. G. LAGERMALM: Festskrift tillägnad J. ARVID HEDVALL. Göteborg 1948.

tationskurven verursacht. Bei Nitrocellulose trifft diese Annahme weitgehend zu. Dagegen ist bei Polystyrol die Vernachlässigung der Diffusion nicht ohne weiteres zulässig und wohl auch der Grund für die in Abb. VIII, 48 noch vorhandenen Unterschiede. Daher wurde von HENGSTENBERG und SCHULZ[1] geprüft, ob sich aus einer durch Fraktionierung bestimmten Verteilungskurve das Sedimentationsdiagramm $\dfrac{d\,c_g}{d\,s}$ unter Berücksichti-

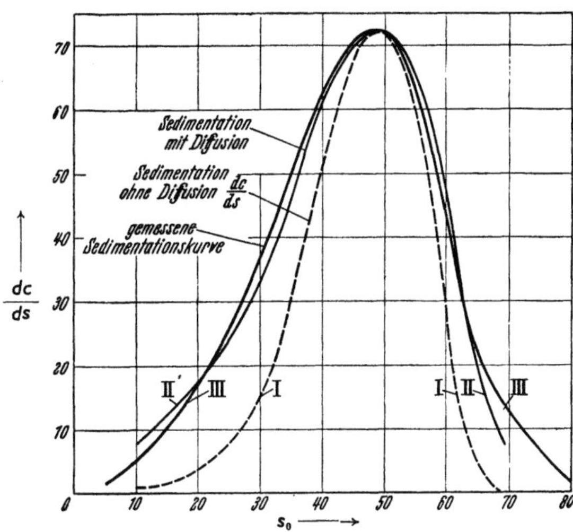


Abb. VIII, 49. Vergleich des experimentellen Sedimentationsdiagramms von Polystyrol 800 mit dem aus einer gegebenen Verteilungskurve berechneten.

gung der Diffusion konstruieren läßt. Diese Berechnungen setzen voraus, daß die Beziehungen zwischen $s$ und $M$, $D$ und $M$ sowie die Konzentrationsabhängigkeit für $s$ und $D$ bekannt sind. Abb. VIII, 49 zeigt das Ergebnis einer solchen Berechnung. Die gestrichelte Kurve I enthält die aus einer bekannten Verteilungskurve unter Benutzung der oben erwähnten Gesetzmäßigkeiten ohne den Diffusionsanteil konstruierte Sedimentationskurve $\dfrac{d\,c_g}{d\,s} = f(s_c)$. Für diese Sedimentationskurven kann man nun näherungsweise den Diffusionseinfluß ermitteln, indem zu jedem $s_c$ über $s_0$ und $M$ das zugehörige $D_0$ und $D_c$ errechnet und die daraus resultierende Verbreiterung für jeden Punkt der $\dfrac{d\,c_g}{d\,s}$-Kurve berücksichtigt wird[2]. Die endgültig erhaltene Kurve II ist offenbar in guter Übereinstimmung mit dem direkt gemessenen Sedimentationsdiagramm III. Dies bedeutet, daß man grundsätzlich auch umgekehrt aus Sedimentationsdiagrammen richtige Verteilungskurven erhalten

---

[1] HENGSTENBERG, J., u. G. V. SCHULZ: unveröffentlicht.

[2] Hierbei wird ein „Halbwertsbreitensatz" benutzt, wie er aus der Optik für die Überlagerung der natürlichen Linienbreite mit der Verbreiterung der Linien durch fehlerhafte Abbildung im Spektrographen bekannt ist.

kann. Dieser Weg setzt jedoch die Anwendung von umständlichen Näherungsverfahren voraus. Man wird sich daher für praktische Untersuchungen mit dem Verfahren von GRALÉN und LAGERMALM begnügen müssen, zumal die andere Methode sehr mühsam und nur für nicht zu große Diffusionskoeffizienten genügend genau anwendbar ist.

Das Auftreten mehrerer diskreter Maxima der Verteilungskurven kann häufig auch schon aus dem Sedimentationsdiagramm bei höherer Konzentration erkannt werden. So treten bei einer großen Zahl polymerhomologer Reihen in gewissen Lösungsmitteln durch die Behandlung mit vernetzenden Substanzen größere Aggregate auf

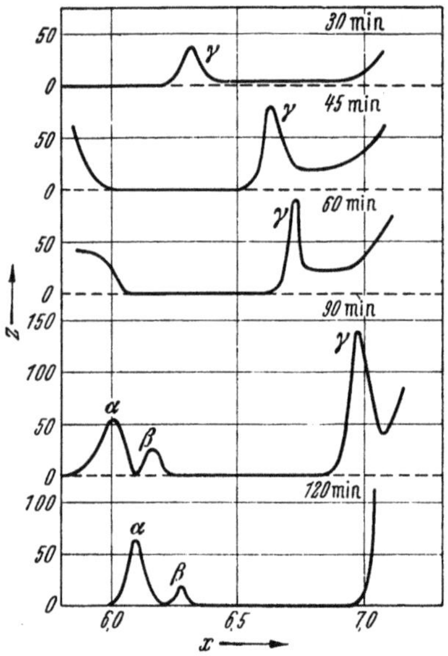

Abb. VIII, 50. Wirkung der Vernetzung auf das Sedimentationsdiagramm von Nitrocellulose Lnt in Butylacetat (nach JULLANDER).

Abb. VIII, 51. Sedimentationsdiagramm von Cuprammonauszug aus Fichtenholz (nach GRALÉN).

(Mikrogele). Bei Nitrocellulose beobachtet z. B. JULLANDER die Entstehung von rasch wandernden Sedimentationsspitzen (gel peaks) bei Zugabe kleiner Mengen von Titantetrachlorid (Abb. VIII, 50), deren Wanderungsgeschwindigkeit gegen den Boden der Zelle abnimmt, deren Höhe aber ansteigt. Dieses Verhalten ist typisch für sedimentierende Gelpartikel. Über eine ähnliche Erscheinung berichtet WALES[1], der darauf hinweist, daß kleinste Zusätze von Ca-Ionen in Anwesenheit geringer Mengen von Schwefelsäurehalbestern in Celluloseacetatlösung in Aceton starke Aggregationen verursachen und vermutlich der Grund für fehlerhafte

---

[1] WALES, M., u. D. L. SWANSON: J. Phys. Colloid Chem. **55**, 203 (1951).

Bestimmungen von Molekulargewichtsmittelwerten mit der Gleichgewichtszentrifuge sein können.

Besonders häufig findet man zusätzliche Maxima der Verteilungskurve bei natürlichen Cellulosen. Als Beispiel gibt Abb. VIII, 51 Sedimentationsdiagramme eines Extraktes von Fichtenholz. Hier gehören die verschiedenen Maxima zu den Cellulosen und Hemicellulosen.

Außer den bisher beschriebenen Sedimentationsdiagrammen mit mehreren Maxima, die verschiedenen Komponenten oder irreversiblen

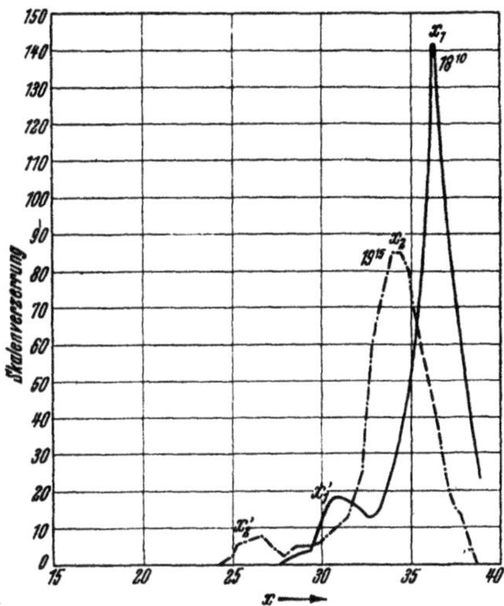



Abb. VIII, 52. Sedimentationsaufnahmen von 0,5% Polyvinylchlorid ($M = 86000$) in Tetrahydrofuran (HENGSTENBERG, unveröff. Vers.)[1].

Mikrogelen zuzuordnen sind, können in manchen Lösungen hochmolekularer Stoffe auch Assoziationen auftreten, deren Größe von der Wechselwirkung des gelösten Stoffes mit dem Lösungsmittel und von der Temperatur abhängt. So gibt z. B. die Abb. VIII, 52 ein Sedimentationsdiagramm von Polyvinylchlorid in Tetrahydrofuran, in dem neben der Hauptkomponente mit $M = 86000$ eine Komponente mit mindestens dem vierfachen Molekulargewicht vorhanden ist. Diese Erscheinung ist insofern bemerkenswert, als es sich hier um ein sorgfältig fraktioniertes Polyvinylchlorid handelt. Entsprechende Beobachtungen machten DOTY[2] und Mitarbeiter bei Polyvinylchlorid in Dioxan, wobei Partikelgewichte von mehreren Millionen gefunden wurden. Dieser Fall ist ein Beispiel für eine vom Lösungsmittel abhängige Assoziation, da die gleichen Produkte in Cyclohexanon normale Molekulargewichte haben.

In allen Fällen, wo Verteilungskurven mit mehreren Maxima oder Assoziationen auftreten, gibt das Sedimentationsdiagramm relativ rasch wertvolle Aufschlüsse über die Polydispersität, die mit anderen Methoden nur mit erheblichem Aufwand erhalten werden können.

---

[1] Die Sedimentation erfolgt von rechts nach links!
[2] DOTY, P., H. WAGNER u. S. SINGER: J. Phys. Colloid Chem. **51**, 32 (1947).

## Zusammenfassende Darstellung zu Kapitel VIII.

DAMERELL, V. R.: Sedimentation, in Frontiers in Colloid Chemistry, Bd. VIII. Interscience New York 1950.

EDSALL, J. T.: Size and Shape of Protein Molecules, in Fortschr. chem. Forsch. 1, 119 (1949/50).

GEDDES, A. L.: Determination of Diffusivity, in A. WEISSBERGER, Physical Methods of Organic Chemistry. Interscience New York 1949.

KINELL, P. O., u. B. G. RÅNBY: Ultracentrifugal Sedimentation of Polymolecular Substances, in Advances in Colloid Science, Bd. III. Interscience New York 1950.

KRAEMER, E. O.: The Ultracentrifuge and Its Application to the Study of Organic Macromolecules, in Frontiers in Chemistry, Bd. I. Interscience New York 1943.

NICHOLS, J. B., u. ED. BAILEY: Determinations with the Ultrazentrifuge, in A. WEISSBERGER, Physical Methods of Organic Chemistry. Interscience New York 1949.

PICKELS, E. G.: High Speed Centrifugation, in Colloid Chemistry, Bd. V. New York: Reinhold 1944.

SVEDBERG, T, u. K. O. PEDERSEN: Die Ultrazentrifuge. Leipzig: Steinkopff 1940.

Neuntes Kapitel.

# Lichtzerstreuung an Lösungen mit Kornmolekülen und Kolloidteilchen.

Von

H. A. Stuart.

Mit 7 Textabbildungen.

## Vorbemerkung.

Die Theorie der Lichtzerstreuung ist, soweit sie für die Untersuchung von Fadenmolekülen von Bedeutung ist, zusammen mit dem Beobachtungsmaterial bereits eingehend in Band I, Kap. VI „Lichtzerstreuung, Polarisierbarkeit und Molekülstruktur", §§ 54—56 behandelt worden, so daß wir uns hier mit einigen Hinweisen auf die neueste Literatur beschränken können (s. weiter unten). Die Theorie für massive, kornförmige Partikelchen, deren Abmessungen die Wellenlänge des Lichtes erreichen oder übersteigen, ist in Band I dagegen nur gestreift worden. Wir werden daher im folgenden Paragraphen die Miesche Theorie der Lichtzerstreuung an massiven Teilchen näher besprechen. Die Verfeinerungen der Theorie für den Fall, daß die streuenden Teilchen miteinander in Wechselwirkung stehen, der Einfluß der Ordnung bzw. der Verteilungsfunktion der Teilchenschwerpunkte in Lösung, der vor allem bei Polyelektrolyten entscheidend wichtig ist, sind im Kap. VI „Lichtzerstreuung in Mischungen und Lösungen von Makromolekülen" § 55d, sowie im Kap. XV „Polyelectrolytes", § 106 näher besprochen. Unsere Betrachtungen beziehen sich also auf den Grenzfall unendlicher Verdünnung, wo jedes Teilchen unabhängig von den anderen zur Streuung beiträgt.

Das Beobachtungsmaterial an Proteinen und Viren wird teils im § 75b1, teils im Kap. XVI „Größe und Form von Proteinmolekülen" besprochen. Aus dem sehr umfangreichen Beobachtungsmaterial an Kolloidteilchen können im Rahmen dieses Werkes nur einige typische und grundsätzlich wichtige Ergebnisse besprochen werden (s. § 75b2, wo auch die bisher nur spärlichen Beobachtungen an Mikrogelen und Micellen kurz behandelt werden).

Über Fadenmoleküle sind eine Reihe von wichtigen, neuen Arbeiten erschienen, die in Band I nicht mehr berücksichtigt werden konnten. Die wichtigsten Ergebnisse seien, soweit sie nicht an anderen Stellen dieses Buches besprochen werden, hier kurz zusammengestellt.

## Neuere Untersuchungen an Fadenmolekülen.

*Theoretische Grundlagen.* Der Fall, daß ein Fadenmolekül nur wenige statistische Elemente enthält, $\sqrt{\overline{h^2}}/L_{max}$ also noch nicht so klein ist, daß das Molekül wie ein statistisches Knäuel streut, ist von PETERLIN[1] behandelt worden. Die Streufunktion dieses *unvollkommenen Knäuels* liegt zwischen der eines Stäbchens und eines statistischen Knäuels und zeigt als Charakteristikum, daß die reduzierte Streufunktion $c/J_{red}$ bzw. $1/P(\vartheta)$ gegen $\sin^2 \vartheta/2$ aufgetragen konkav gegen die $\sin^2 \vartheta$-Achse verläuft. Dieser Fall eines unvollkommenen Knäuels kann bei Polyelektrolyten auftreten und ist offenbar bei der Thymonucleinsäure verwirklicht.

*Auswertung der Beobachtungen.* Hier hat sich mehr und mehr die von ZIMM[2] eingeführte, schon in Band I, § 56 erwähnte *Extrapolationsmethode* durchgesetzt, die zwar Messungen über einen größeren Winkelbereich voraussetzt, dafür aber unabhängig von jeder Annahme über die Form, also auch für kugelige Teilchen direkt das Molekulargewicht liefert. Über die Auswertung der Beobachtungen vgl. S. 508.

Die Unterlagen zur Auswertung direkter Extinktionsmessungen, auch bei größeren Molekülen, haben DOTY und STEINER[3] diskutiert. In ihrer Arbeit finden sich auch tabellierte Werte für die Streufunktion $P(\vartheta)$, die Unsymmetriezahl und andere für die Auswertung wichtige Funktionen[4].

Mit den Fehlerquellen bei der Bestimmung von absoluten Intensitäten haben sich neuerdings vor allem CARR[5], sowie BRICE, HALWER und SPEISER[6] beschäftigt. Bei beiden finden sich auch Angaben über die reduzierten Streuintensitäten von niedermolekularen Flüssigkeiten (vgl. Tab. IX, 1).

Von OTH[7] wurde darauf hingewiesen, daß durch die Rückspiegelung des Primärstrahles die Unsymmetrie etwas zu klein gemessen wird. Dieser Fehler kann leicht 10% und mehr erreichen.

Ist $R$ das Verhältnis der zurückgeworfenen zur einfallenden Intensität und sind die unter den Winkeln $\vartheta_1$ und $\vartheta_2$ gemessenen Intensitäten $J'_{\vartheta_1}$ und $J'_{\vartheta_2}$, so berechnen sich die gesuchten Intensitäten, wie sie ohne Rückspiegelung beobachtet würden, zu:

$$J_{\vartheta_1} = \frac{J'_{\vartheta_1} - J'_{\vartheta_2}\,R}{1 - R^2} \; ; \quad J_{\vartheta_2} = \frac{J'_{\vartheta_2} - J'_{\vartheta_1}\,R}{1 - R^2} .$$

Für $J'_{\vartheta_1}/J'_{\vartheta_2} = 2$ und $R = 0{,}06$ wird die gesuchte Unsymmetriezahl $J_{\vartheta_1}/J_{\vartheta_2} = 2{,}20$, also um 10% größer.

[1] PETERLIN, A.: Le Rayonnement et les Macromolécules. Vortrag auf dem Internationalen Colloquium in Straßburg, 9. bis 12. Juni 1952 [s. J. Polymer Sci. **9** (1953)].

[2] Vgl. B. H. ZIMM: J. Chem. Phys. **16**, 1093 (1948); J. Phys. Colloid Chem. **52**, 260 (1948); vgl. dazu auch P. OUTER: Makromol. Chem. **7**, 111 (1951).

[3] DOTY, P., u. R. STEINER: J. Chem. Phys. **18**, 1211 (1950); **17**, 743 (1949).

[4] Über die Auswertung von Messungen bei verschiedenen Wellenlängen vgl. G. V. SCHULZ, H. J. CANTOW u. G. MEYERHOFF: J. Polymer Sci. (im Druck).

[5] CARR, C. I., u. B. ZIMM: J. Chem. Phys. **18**, 1616 (1950).

[6] BRICE, B. A., M. HALWER u. R. SPEISER: J. Opt. Soc. Amer. **40**, 768 (1950).

[7] OTH, A.: Le Rayonnement et les Macromolécules. Vortrag auf dem Internationalen Colloquium in Straßburg vom 9. bis 12. Juni 1952 [s. J. Polymer Sci. (im Druck)].

Tabelle IX, 1. *Reduzierte Streuintensitäten[1] bei 90° (Rayleighs ratio) und Depolarisationsgrade bei niedermolekularen Flüssigkeiten, bezogen auf unpolarisiertes Einfallslicht.*

| Stoff | Wellenlänge in Å | Temp. °C | $J_{red} \cdot 10^6$ (90°) | $\Delta_u \cdot 10^{2}$ [2] | Autor |
|---|---|---|---|---|---|
| Benzol | 4358 | 24 | $34,8 \pm 2,3$ | 47 | Peyrot [3,4] |
| | 4358 | 25 | 48,5 | — | Carr u. Zimm [5] |
| | 5461 | 25 | 16,3 | — | Carr u. Zimm |
| | 4358 | — | 48,4 | — | Brice, Halwer, Speiser [6] |
| | 4370 | — | 48,2 | — | Doty u. Steiner [7], aus |
| | 5401 | — | 16,3 | — | Extinktionsmessungen |
| Toluol | 4358 | 20 | 37,8 | 52,5 | Peyrot [4] |
| m-Xylol | 4358 | 20 | 43,9 | 56,0 | Peyrot [4] |
| Tetrachlorkohlenstoff | 4358 | 30 | 15,8 | 4,8 | Carr u. Zimm [5] |
| | 5461 | 30 | 5,9 | — | Carr u. Zimm [5] |
| Schwefelkohlenstoff | 4358 | 25 | 151 | 68,5 | Blaker u. Badger [8] |
| | 5461 | 25 | 47,8 | — | Blaker u. Badger [8] |
| | 5461 | 15 | (44,2) | — | Cabannes [9] |

Da auch die unter 90° beobachtete Intensität um den Faktor $(1 + R)$ zu groß ist, muß sie entsprechend korrigiert werden. Die meisten bisher mitgeteilten Molekulargewichte werden dadurch um den Faktor $(1 + R)$ kleiner.

Apparaturbeschreibungen mit mehr oder weniger eingehenden Fehlerdiskussionen sind auch in letzter Zeit verschiedentlich veröffentlicht worden [10]. Eine Apparatur zur weitgehendsten staubfreien Filtrierung der Lösungen hat Thurmond [11] angegeben. Ein besonders empfindliches Differentialrefraktometer, bis zu $\Delta n = 3 \cdot 10^{-7}$, in dem die Mitte der

---

[1] Die *reduzierte Intensität* ist definiert als $J_{red} = J_\vartheta \cdot R^2/J_0$, wobei $J_0$ die Intensität der einfallenden Strahlung und $J_\vartheta$ die Intensität der Streustrahlung pro Volumeneinheit in der Richtung $\vartheta$ und im Abstand $R$ bedeutet (vgl. dazu Band I, S. 405). Für $\vartheta = 90°$ wird die reduzierte Streuintensität auch als *Rayleighs ratio* bezeichnet. $J_{red}$ hängt natürlich noch vom Polarisationszustande des einfallenden Lichtes ab (s. S. 508, 10).

[2] Mittelwerte aus der Literatur.

[3] Peyrot, P.: C. r. Acad. Sci. (Paris) **203**, 1512 (1936). — Ann. Physique **9**, 335 (1938.)

[4] Bei Peyrot ist die Brechung des Streulichtes beim Übergang von der Küvette in Luft nicht berücksichtigt.

[5] Carr, C. I. jr., u. B. H. Zimm: J. Chem. Phys. **18**, 1616 (1950).

[6] Brice, B. A., M. Halwer u. R. Speiser: J. Opt. Soc. Amer. **40**, 777 (1950).

[7] Doty, P., u. R. F. Steiner: J. Chem. Phys. **18**, 1211 (1950).

[8] Blaker, R. H., R. H. Badger u. T. S. Gilman: J. Phys. Colloid Chem. **53**, 794 (1949).

[9] Cabannes, J.: La diffusion de la lumière, S. 197. Paris: Presses Universitaires de France 1929.

[10] Vgl. die in Band I, S. 395/396 genannten Arbeiten, sowie H. J. Cantow: Z. Elektrochem. **57**, 1953 (im Druck). — Bischoff, J., u. V. Desreux: Bull. Soc. chim. Belg. **59**, 536 (1950), ebenda **61**, 10 (1952). — Mommaerts, W. F. H. M.: J. Colloid Sci. **7**, 71 (1952). — Husmann, W., u. H. A. Stuart: Erscheint in Ann. Phys. 1953.

[11] Thurmond, C. D.: J. Polymer Sci. **8**, 607 (1952).

durch Beugung unscharfen Spaltbilder photometrisch bestimmt wird, haben SCHULZ, BODMANN und CANTOW[1] angegeben.

*Beobachtungsergebnisse.* Molekulargewichte und Abmessungen von Polyvinylpyrrolidon $[CH_2{-}CH \cdot C_4NH_9]_x$ sind in wäßriger Lösung von HENGSTENBERG und SCHUCH[2] bestimmt worden.

Über Polymethacrylsäuremethylester in verschiedenen Lösungsmitteln liegen eine Reihe von exakten Messungen vor, die wir in § 100 b näher besprechen.

Assoziationserscheinungen bei Polyvinylalkohol und seinen Mischpolymerisaten sind von TIMASHEFF, BIER und NORD[3] untersucht worden (vgl. dazu auch Bd. I, S. 400).

TREMENTOZZI, STEINER und DOTY[4] berichten über anomale Assoziationserscheinungen bei Polystyrol in unpolaren Lösungsmitteln, die wahrscheinlich durch wenige, bei der Emulsionspolymerisation eingeführte OH-Gruppen bedingt sind. Diese Assoziation ist offenbar von einem ganz anderen Charakter als die bei polaren Hochpolymeren in schlechten Lösungsmitteln gelegentlich beobachtete. So darf man bei der Assoziation von Polyvinylchlorid in Dioxan[5] annehmen, daß sich kleinste kristalline Bereiche bilden, die zu einer Vernetzung der ganzen Lösung führen. Dafür spricht die in einem sehr kleinen Temperaturintervall vor sich gehende Dissoziation (Aufschmelzen der kristallinen Bereiche). Im Gegensatz dazu ist bei den Polystyrolen der Temperaturkoeffizient sehr klein, was ebenfalls auf eine Wasserstoffbrückenbildung hinweist.

## § 74. Theorie der Lichtzerstreuung an massiven Teilchen (MIEsche Theorie).

### a) Die Intensität der Streustrahlung.

Wenn eine elektromagnetische Welle (primäres Feld) ein Teilchen durchdringt, so geraten die Elektronen im Innern in erzwungene Schwingungen von der Frequenz des erregenden Lichtes. Ist das Partikelchen sehr klein gegen dessen Wellenlänge, so kann, wie schon in Band I, § 45 ausgeführt wurde, die Elektronenbewegung als Quelle der Streustrahlung durch einen einzigen schwingenden Dipol dargestellt werden, dessen Amplitude von den optischen Konstanten des Teilchens und seiner Umgebung abhängt. Bei größeren Teilchen ist das nicht mehr möglich, da die Elektronen in den verschiedenen Gebieten mit verschiedener Phase erregt werden und die von ihnen ausgehenden, kohärenten, miteinander interferierenden Wellenzüge sich mehr oder weniger auslöschen. Dadurch wächst die Streuintensität langsamer als mit dem Quadrat des Teilchen-

[1] SCHULZ, G. V., O. BODMANN u. H. J. CANTOW: Z. Naturforsch. **7a**, 760 (1952); ferner J. Polymer Sci. **10**, 73 (1953).

[2] HENGSTENBERG, J., u. E. SCHUCH: Makromol. Chem. **7**, 236 (1952).

[3] TIMASHEFF, S. N., M. BIER u. F. F. NORD: Proc. Nat. Acad. Sci. USA **35**, 17, 364 (1949); J. Phys. Colloid Chem. **53**, 1134 (1949).

[4] TREMENTOZZI, Q. A., R. F. STEINER u. P. DOTY: J. Amer. Chem. Soc. **74**, 2070 (1952).

[5] DOTY, P., H. WAGNER u. J. SINGER: J. Phys. Colloid Chem. **51**, 31 (1947).

volumens, ihre Richtungsabhängigkeit wird sehr kompliziert und unübersichtlich. Wir haben bereits in Band I, § 54 die DEBYEsche Näherungslösung des Problems für Teilchen besprochen, deren Abmessungen etwa eine halbe Wellenlänge nicht übersteigen und deren Brechungsindex nur sehr wenig von dem des umgebenden Mediums abweicht. Durch die letztere Einschränkung vermeidet man die Schwierigkeit, daß das erregende Feld durch die an der Oberfläche auftretenden scheinbaren Ladungen gestört wird.

Neuerdings haben DEBYE und ANNACKER[1] auch die Streufunktion für *Scheibchen* angegeben, deren Dicke gegenüber der Wellenlänge vernachlässigbar ist und deren Brechungsindex nur wenig von dem der Umgebung abweicht.

Diese Näherungsbeziehung sei hier angegeben:

$$\bar{J}_r = J\left[1 - \frac{Z}{6} + \frac{Z^4}{72} - \frac{Z^6}{1440} + \frac{Z^8}{43200}\right], \qquad (\text{IX}, 1)$$

wo $J$ die mit $(1 + \cos^2 \vartheta)$ veränderliche Streuintensität für dasselbe Teilchen ist, wenn es klein gegen die Wellenlänge wäre (vgl. Bd. I, § 45). $Z = \frac{2\pi d}{\lambda} \sin \vartheta/2$, $d$ der Durchmesser des Scheibchens.

Die Streufunktion für *optisch anisotrope Stäbchen*, deren Brechungsindex nur wenig von dem der Umgebung abweicht, ist von BENOIT, HORN und OSTER[2] berechnet worden. Es zeigt sich, daß diese ganz erheblich von der einfachen DEBYE-NEUGEBAUERschen Beziehung für isotrope Stäbchen abweicht. Glücklicherweise spielt der Einfluß der endlichen Anisotropie bei Knäuelmolekülen nur eine untergeordnete Rolle, da diese sehr genähert optisch isotrop sind (vgl. Bd. I, § 56 c 1).

MIE[3] hat das Problem für kugelige, und zwar sowohl dielektrische wie auch leitende Teilchen mit beliebigem Brechungsindex in strenger Weise durchgerechnet. Ergänzende Betrachtungen haben DEBYE[4] und RAYLEIGH[5] mitgeteilt. In der MIEschen Lösung sind die gesuchte Intensität und Polarisation der Streustrahlung durch die Summe der Strahlungen einer Reihe von elektrischen und magnetischen Multipolen bestimmt, die alle im Mittelpunkt des Teilchens sitzen. Die Amplituden und Phasen der zugehörigen Partialwellen ergeben sich aus der Integration der MAXWELLschen Gleichungen[6] und sind nur noch Funktionen des Beobachtungswinkels $\vartheta'$, des relativen Brechungsindex $m = n_T/n$,

---

[1] DEBYE, P., u. E. W. ANNACKER: J. Colloid Sci. **5**, 644 (1950).

[2] BENOIT, H., P. HORN u. OSTER: J. Chim. phys. **48**, 1 (1951).

[3] MIE, G.: Ann. Physik **25**, 377 (1908). Vgl. ferner die Darstellungen bei J. A. STRATTON: Electromagnetic Theory. New York: McGraw-Hill 1941; H. C. VAN DE HULST: Optics of Spherical Particles. Amsterdam 1946; M. BORN: Optik. Berlin 1933; G. OSTER: Chem. Rev. **43**, 319 (1948); D. SINCLAIR: Lightscattering of Spherical Particles. J. Opt. Soc.Amer. **37**, 475 (1947).

[4] DEBYE, P.: Ann. Physik **30**, 57 (1909); J. Phys. Colloid Chem. **51**, 18 (1947).

[5] LORD RAYLEIGH: Proc. Roy. Soc. (Lond.) A **84**, 25 (1910); **90**, 219 (1914).

[6] Die Integrale der MAXWELLschen Feldgleichungen lassen sich in eine Reihe von partikulären Integralen zerlegen, die als die einzelnen elektrischen und magnetischen Partialwellen aufgefaßt werden können. Je größer die Teilchen sind, desto mehr Partialwellen tragen zur resultierenden Welle bei.

der Parametergröße $x = 2\,\pi\,r/\lambda$, $r$ Teilchenradius, $\lambda$ die Wellenlänge des Lichtes im umgebenden Medium, $n_{T'}$ und $n$ die Brechungsindices der Teilchenmaterie bzw. des Mediums.

Führen wir die Intensitäten $J_1$ und $J_2$ der Komponenten des Streulichtes, bei denen der elektrische Vektor senkrecht zu der durch die Einfalls- und Beobachtungsrichtung bestimmten Beobachtungsebene und parallel zu dieser schwingt, so können wir diese durch folgende Reihen darstellen:

$$J_1 = \frac{\lambda^2}{8\,\pi^2\,R^2} \left\{ \sum_{n=1}^{\infty} \left( \frac{a_n}{n\,(n+1)}\,\pi_n + \frac{p_n}{n\,(n+1)}\,[v\,\pi_n - (1-v^2)\,\pi'_n] \right) \right\}^2$$

$$J_2 = \frac{\lambda^2}{8\,\pi^2\,R^2} \left\{ \sum_{n=1}^{\infty} \left( \frac{a_n}{n\,(n+1)}\,[v\,\pi_n - (1-v^2)\,\pi'_n] + \frac{p_n}{n\,(n+1)}\,\pi_n \right) \right\}^2. \quad \text{(IX, 2)}$$

$R$ ist der Abstand vom Streuzentrum, $a_n$ und $p_n$ sind komplexe Funktionen von $x$ und $m$, deren Glieder die elektrischen und magnetischen Partialwellen darstellen, $\pi$ und $\pi'$ sind Kugelfunktionen bzw. deren Ableitungen, $v = \cos\vartheta'$, wobei $\vartheta'$ zum Unterschied von der sonst üblichen Definition des Beobachtungswinkels nicht den Winkel $\vartheta$ zwischen der Beobachtungsrichtung und Vorwärtsrichtung des einfallenden Lichtes, sondern der rückwärtigen Richtung bedeutet, also $\vartheta' = 180 - \vartheta$. Bei leitenden Teilchen sind $m$ bzw. $n_T$ komplexe Größen, $\mathfrak{n}_T = n_T\,(1 - i\varkappa)$, $\varkappa$ der Absorptionsindex.

Sind die Teilchen ziemlich klein und $m$ nicht zu groß, sagen wir $x < 1$ und $m < 1{,}5$, so kann man sich mit den Beiträgen der elektrischen Dipol- und Quadrupolmomente und der magnetischen Dipolstrahlung begnügen und erhält dann für die Intensitäten die Näherungsgleichungen

$$J_1 = \frac{\lambda^2}{8\,\pi^2\,R^2} \left[ \frac{a_1}{2} + \frac{a_2+p_1}{2}\,\cos\vartheta' \right]^2$$

$$J_2 = \frac{\lambda^2}{8\,\pi^2\,R^2} \left[ \frac{a_1}{2}\,\cos\vartheta' + a_2\,\cos^2\vartheta' - \frac{a_2}{2} + \frac{p_1}{2} \right]^2, \quad \text{(IX, 3)}$$

wobei die elektrischen Dipol- und Quadrupolglieder $a_1$ und $a_2$ und das magnetische Glied durch die Ausdrücke

$$a_1 = 2\,x^3\,\frac{m^2-1}{m^2+2}\;;\quad a_2 = -\,\frac{x^5}{6}\,\frac{m^2-1}{m^2+3/2}\;;\quad p_1 \approx -\,\frac{x^5}{15}\,(m^2-1) \quad \text{(IX, 3a)}$$

gegeben sind. Alle Gleichungen gelten für unpolarisiertes Einfallslicht der Intensität Eins. Durch die Beiträge $a_1$ und $a_2$ wird die Streustrahlung unsymmetrisch, wobei die Rückwärtsstreuung $\vartheta' = 0$ gegenüber der Vorwärtsstreuung geschwächt wird (MIE-*Effekt*). Eine anschauliche Erklärung dieser auf den innermolekularen Interferenzen beruhenden Erscheinung findet sich in Bd. I, S. 387.

Erst wenn der Kugelradius sehr klein gegen die Wellenlänge wird, $r \leqq \lambda/20$, kann man die Glieder mit $x^5$ gegen das mit $x^3$ vernachlässigen, und wir erhalten die reine Dipolstrahlung, die völlig symmetrisch zur 90°-Richtung verteilt ist, nämlich

$$J_1 + J_2 = \frac{\lambda^2}{8\,\pi^2\,R^2}\;x^6 \left(\frac{m^2 - 1}{m^2 + 2}\right)^2 [1 + \cos^2 \vartheta'] \,. \qquad (IX, 4)$$

Durch Integration über alle Richtungen erhält man für die in der Sekunde von einem Teilchen insgesamt ausgestrahlte Intensität den Ausdruck

$$J = \frac{24\,\pi^3}{\lambda^4} \cdot \left(\frac{n_T^2 - n^2}{n_T^2 + 2\,n^2}\right) v^2 \,, \qquad (IX, 5)$$

der mit der von RAYLEIGH abgeleiteten und bereits in Band I, § 51 aufgeführten Beziehung (VI, 47) übereinstimmt, wenn wir dort $J_0 = 1$ setzen. Die RAYLEIGHsche Streuung stellt also den Grenzfall für ganz kleine Teilchen dar, wo nur noch die reine Dipolstrahlung wirksam ist.

Die Gl. (IX, 2—5) beziehen sich zunächst auf ein einzelnes Teilchen und lassen sich auf Lösungen mit vielen Teilchen nur übertragen, falls diese so weit voneinander entfernt sind, daß sie sich nicht wechselseitig beeinflussen.

Wie schon in Band I, § 54 und § 56 ausgeführt, erhält man für Kügelchen mit $2\,r \lesssim \lambda/2$ in Abhängigkeit vom Winkel einen monotonen Intensitätsabfall. Die dort aufgeführten, von RAYLEIGH und DEBYE abgeleiteten Näherungsgleichungen gelten allerdings nur für kleine relative Brechungsindices. Vergl. die Abb. IX, 1. welche die Abweichungen der nach der DEBYEschen Näherungstheorie bezw. der RAYLEIGschen Theorie für massive kleine Teilchen, s. Band I, § 51, berechneten spezifischen Trübung $\lim\limits_{c_g \to 0} \tau/c_g$ von der nach MIE berechneten zeigt[1]. Für größere $x$-Werte wird das Strahlungsdiagramm infolge der innermolekularen Interferenzen und der Rückwirkung der Oberflächenladungen auf das erregende Feld im Innern des Teilchens im allgemeinen sehr

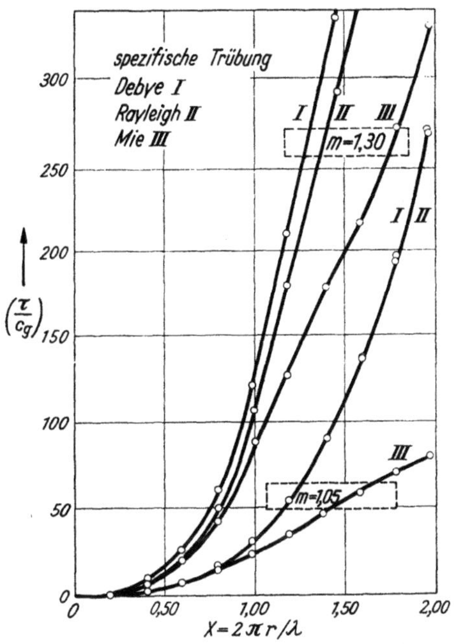


Abb. IX. 1. Verlauf der spezifischen Trübung $\lim\limits_{c_g \to 0} \dfrac{\tau}{c_g}$ in Abhängigkeit von $x = 2\,\pi r/\lambda$.

I DEBYEsche Theorie; II RAYLEIGsche Theorie; III MIEsche Theorie; nach HELLER.

---

[1] HELLER, W.: Vortrag auf dem Internationalen Kolloquium „Le Raypnnement et les Macromolecules", Straßburg, 9.—12. Juni 1952, s. J. Polymer Sci. **10**, 1953 (im Druck); ferner W. J. PAGONIS: Thesis. Wayne University, Detroit 1952.

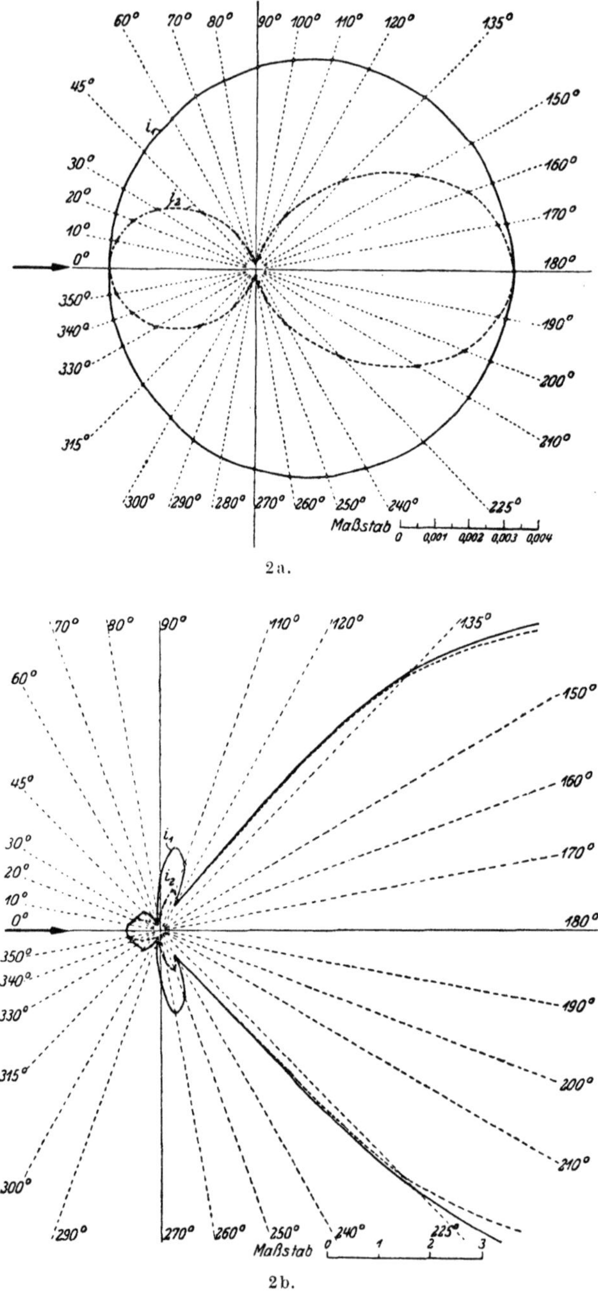



Abb. IX, 2 a und b. Strahlungsdiagramme nach BLUMER für dielektrische Kügelchen mit $m = 1{,}25$. Die ausgezogene Kurve gibt die Intensität $J_1$ der Vertikalkomponente, die gestrichelte diejenige der Horizontalkomponente $J_2$ wieder. a) $x = 0{,}8$; b) $x = 4$.

kompliziert, es treten Maxima und Minima auf (vgl. dazu auch die Abb. IX, 2a und IX, 2b). Die Lage des ersten Minimums läßt sich gut zur Bestimmung des Teilchendurchmessers heranziehen (vgl. § 75a). Da bei konstantem Radius die Lagen der Maxima noch von $\lambda$, $m$ und $n$ abhängen, erhalten wir bei der Streuung von weißem Licht ein Spektrum, dessen einzelne Ordnungen um so schärfer werden, je einheitlicher die Teilchengröße ist (vgl. auch § 75a). Wird $x$ sehr groß gegen $\lambda$, so gehen die Streudiagramme in diejenigen der KIRCHHOFFschen Beugungstheorie über, wobei wir uns mehr und mehr dem Gültigkeitsbereich der geometrischen Optik nähern.

Die numerische Berechnung der Funktionen (IX, 2) ist vor allem wegen der schlechten Konvergenz der partikulären Integrale äußerst mühsam. Numerische Berechnungen der einzelnen Glieder von (IX, 2) für verschiedene Werte von $m$ und $x$ haben zuerst BLUMER[1], dann CASPERSON[2] und andere[3] in größerem Umfange durchgeführt. Die vollständigste Berechnung und Tabellierung stammt von LOWAN und Mitarbeitern[4] und erstreckt sich auf $m$-Werte von $m = 1,33$; $1,44$; $1,55$ und $2,0$ und für Winkel zwischen $0°$ und $180°$ in Abständen von $10°$ und $x$-Werten zwischen $0,5$ und $6$.

Die Integration über alle Richtungen, die nur für kleinste Teilchen (RAYLEIGH-Fall) einfach durchzuführen ist, liefert die gesamte Streuintensität pro Teilchen. Der Extinktionskoeffizient oder Trübungskoeffizient des Systems $\tau$ ist dann durch $\tau = N_{cm^3} J/J_0$ gegeben. Für manche Zwecke ist es nützlich, den *Extinktions*- oder *Streuungskoeffizienten* pro Querschnitts*einheit* des streuenden Teilchens (scattering area coefficient[5]) einzuführen, der durch

$$E_s = \frac{J}{J_0 f} \sim \frac{J}{f} \qquad (IX, 6)$$

definiert ist, $f = r^2 \pi$. Der Streukoeffizient pro Volumeneinheit, die *Trübung* $\tau$ ist dann

$$\tau = E_s \cdot f \cdot N_{cm^3} = E_s r^2 \pi N_{cm^3} . \qquad (IX, 7)$$

$N_{cm^3}$ die Zahl der Teilchen pro $cm^3$, $E_s$ ist dimensionslos, $\tau$ hat die Dimension $cm^{-1}$. Der Streukoeffizient, der eine Funktion des relativen Brechungsindex und der Größe $x$ ist, läßt sich durch

$$E_s = f(m)\, x^y \qquad (IX, 8)$$

[1] BLUMER, H.: Z. Physik **32**, 119 (1925); **38**, 304 (1926) für $x = 0,4$ — $8$, $m = 1,25$.

[2] CASPERSON, T.: Kolloid-Z. **60**, 151 (1932); **65**, 162 (1933).

[3] Siehe ferner W. SHOULEJKIN: Philosophic. Mag. **48**, 307 (1924) für $m = 1,33$ und $x = 1,3$ und $\infty$; H. ENGELHARD u. H. FRIESS: Kolloid-Z. **81**, 129 (1937) für $m = 1,44$, $x = 0,4$—8; G. R. PARANJPE, G. Y. NAIK u. P. B. VAIDYA: Proc. Indian Acad. Sci. A 9, 333, 352 (1939); R. RUEDY: Canad. J. Res. A **21**, 79, 99 (1943); A **22**, 53 (1944), große $x$-Werte. GUMPRECHT: Lightscattering. Functions for Spherical Particles. Ann. Arbour, University of Michigan Press 1952.

[4] Tabelliert im OSRD-Report Nr. 1857, September 1943, US Dept. of Commerce Office of Publication Board Nr. 944, Washington, D.C. by LA MER and SINCLAIR.

[5] Siehe J. A. STRATTON u. H. G. HOUGHTON: Phys. Rev. **38**, 159 (1931) sowie V. K. LA MER, l. c.

darstellen. Für sehr kleine Teilchen ist $J \sim r^6$ oder $y = 4$, in einem Zwischengebiet, wo $x$ von der Größe der Wellenlänge wird, ist $J \sim r^4$ und umgekehrt proportional $\lambda^2$, so daß $y = 2$ wird. Für sehr große Werte von $x$ geht $y$ schließlich gegen Null. La Mer[1] hat für dielektrische Kügelchen mit $m = 1{,}5$ den Verlauf von $E_s$ und $y$ mit $x$ nach der Mieschen Theorie berechnet. Die Abbildung IX, 3 zeigt das Ergebnis in Form von geglätteten Kurven. Man sieht, daß $y$ sogar negativ werden kann. $E_s$ steigt zunächst nach dem Rayleighschen Gesetz mit $x^4$ an, durchläuft ein Maximum[2] und oszilliert dann mit wachsendem $x$ für große Werte von $x$ mit abnehmender Amplitude um den Wert Zwei. In Wirklichkeit zeigt die $E_s$-Kurve in der Gegend von $x = 4$ mehrere sekundäre Maxima[3]. Der oszillatorische Abfall der $y$-Kurve ist ebenfalls weggelassen. Er ist ebenso wie die sekundären Maxima praktisch ohne Bedeutung, da in keinem realen System die Teilchen von so einheitlicher Größe sind, daß die Maxima aufgelöst werden[4].

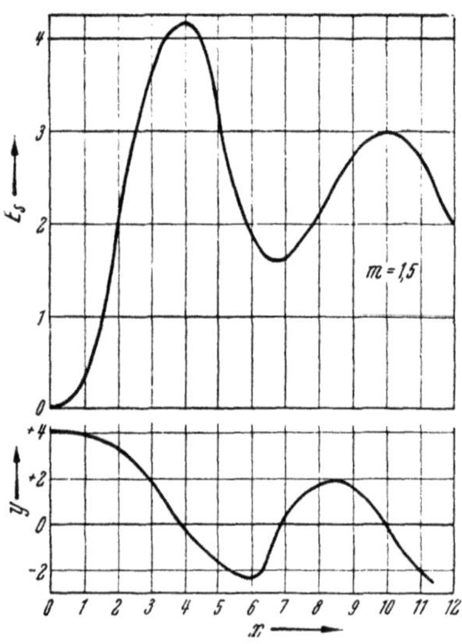


Abb. IX, 3.
Streukoeffizient pro Querschnittseinheit $E_s$ und Exponent $y$ in Abhängigkeit von $x$ für dielektrische Kügelchen (nach La Mer).

Bei absorbierenden Teilchen wird das durchgehende Licht sowohl durch *Streuung*, also *konservative Absorption* (apparent oder conservative absorption) wie auch durch *wahre*, also *konsumptive Absorption* geschwächt[5]. Dementsprechend unterscheiden wir den Extinktionskoeffizienten durch Streuung $E_s$ und die beide Beiträge umfassende Gesamtextinktion $E_t$.

Interessant ist noch der Verlauf der Trübung $\tau = \dfrac{J\, N_{\text{cm}^3}}{J_0}$ bei Lösungen gleicher Gewichtskonzentration in Abhängigkeit vom Teilchenradius.

[1] La Mer, V. K.: J. Phys. Colloid Chem. **52**, 65 (1948).

[2] $E_s$ besitzt ein Maximum von $4{,}2$ bei $x = 4$. Das bedeutet, daß ein Tröpfchen mit $r = 0{,}33\ \mu$ $4{,}2$mal soviel Licht zerstreut, wie nach der geometrischen Optik für ein Scheibchen der Fläche $0{,}33^2\ \pi\ \mu^2$ zu erwarten wäre. Für $r = \infty$ wird $E_s$ nicht, wie zu erwarten 1, sondern 2. Dieses überraschende Ergebnis erklärt sich daraus, daß zu der geometrischen Reflexion infolge der Beugung an den Rändern ein zusätzlicher, gleich großer Energiebetrag hinzukommt, der aber in einen so engen Winkelbereich gestreut wird, daß er nur bei entsprechend großen Entfernungen beobachtet werden kann und bei den gewöhnlichen Versuchen der geometrischen Optik unerkannt bleibt (vgl. La Mer, l. c.).

[3] Vgl. M. D. Barnes u. V. K. La Mer: J. Colloid Sci. **1**, 79 (1946).

[4] Weitere Kurven bei J. T. Edsall u. W. B. Dandliker: Fortschr. chem. Forsch. **2**, 1 (1951).

[5] Über die praktische Trennung von konservativer und konsumptiver Lichtabsorption vgl. auch E. Treiber u. E. Schauenstein: Z. Naturforsch. 4b, 252 (1949).

Da in diesem Falle $N_{cm^3} \cdot r^3$ konstant ist, wächst im RAYLEIGHschen Gebiete $\tau$ mit $r^3$. Werden die Teilchenabmessungen mit $\lambda$ vergleichbar, so steigt die Trübung nur noch linear mit dem Radius. Für noch größere Teilchen wird $J$ proportional $r^2$, so daß $\tau$ mit $1/r$ verläuft, also wieder abnimmt. So kommt es, daß die Trübung in Abhängigkeit von der Teilchengröße ein Maximum durchläuft, das nach CASPERSON etwa bei $\lambda/n$ liegt[1, 2].

**b) Die Polarisation der Streustrahlung.**

Für kleine, sowohl dielektrische wie absorbierende Kügelchen wird, wie man schon anschaulich einsieht (vgl. Bd. I, § 46) und wie auch aus der Gl. (IX, 3) folgt, die Intensität der Horizontalkomponente bei Beobachtung unter 90° Null, das Streulicht also linear polarisiert. Sobald aber die Quadrupolstrahlung merklich wird, tritt eine entsprechende Horizontalkomponente auf[3]. Über eine anschauliche Erklärung dieser Wirkung der Quadrupolstrahlung vgl. Bd. I, S. 392. Trotzdem gibt es bei Teilchen, deren Ausstrahlung noch durch (IX, 3) beschrieben werden kann, eine Richtung, für die völlige Polarisation eintritt und die immer nahe bei 90° liegt, z. B. für $x = 0{,}5$ bei 89° 13′[4, 5].

Erregt man mit linear polarisiertem Licht, dessen elektrisches Feld senkrecht zur Beobachtungsebene schwingt, so ist für alle Beobachtungswinkel und unabhängig von der Größe des Kügelchens das Streulicht linear polarisiert, vorausgesetzt natürlich, daß das Kügelchen auch optisch isotrop ist.

Führt man den *Polarisationsgrad P* ein, der nicht mit dem in Band I, § 46 eingeführten Depolarisationsgrad zu verwechseln und der durch

$$P = \frac{J_1 - J_2}{J_1 + J_2} \qquad\qquad (IX, 9)$$

definiert ist, so gilt für die Winkelabhängigkeit bei ganz kleinen Kügelchen die bereits von RAYLEIGH angegebene Beziehung

$$P(\vartheta') = \frac{\sin^2 \vartheta'}{1 + \cos^2 \vartheta'} \; . \qquad\qquad (IX, 10)$$

Werden die Teilchen größer (bis zu $r = \lambda/\pi$), so verschiebt sich zunächst das Maximum bei dielektrischen Teilchen nach kleinen Winkeln. Bei noch größeren Teilchen treten ganz unregelmäßig Maxima und

---

[1] Diesbezügliche Beobachtungen z. B. bei C. E. BARNETT: J. Phys. Chem. **46**, 69 (1942); E. D. BAILEY: Ind. Engng. Chem., Anal. Ed. 18, 365 (1946); D. H. CLEWELL: J. Opt. Soc. Amer. **31**, 521 (1941); J. R. DE VORE u. A. J. PFUND: J. Opt. Soc. Amer. **37**, 826 (1947).

[2] Bekanntlich durchläuft das Streuvermögen einer weißen Oberfläche in Abhängigkeit von der Korngröße $d$ ebenfalls ein Maximum, das etwa bei $d = \lambda/n$ liegt.

[3] In diesem Bereich steigt also der Depolarisationsgrad mit abnehmender Wellenlänge an; vgl. die Beobachtungen von R. LONTI: Meded. Kon. Vlaam. Acad. Wetensch., Belg. Kl. Wetensch. **6**, 5 (1944) an Hämocyanin (Helix pomatia).

[4] Siehe I. JOHNSON u. V. K. LA MER: J. Amer. Chem. Soc. **69**, 1184 (1947).

[5] Weitere Angaben über den Depolarisationsgrad in Abhängigkeit vom Beobachtungswinkel für kugelige und auch für kleine Ellipsoidteilchen finden sich bei R. S. KRISHNAN: Proc. Indian Acad. Sci. **7**, 21 (1938).

Minima der Polarisation auf (s. Abb. IX, 4). Betrachtet man insbesondere den Polarisationsgrad für $\vartheta' = \vartheta = 90°$, so ist dieser bis zu etwa $x = 1$ fast Eins[1]. Er sinkt dann mit wachsendem $x$ ab und wird schließlich ganz unregelmäßig. Der Umstand, daß bis zu $x = 2,5$ und für Winkel in der Nähe von 90° das Intensitätsverhältnis $J_1/J_2$ eine eindeutige Funktion von $x$ bleibt, ermöglicht es, wie LA MER und Mitarbeiter[2]

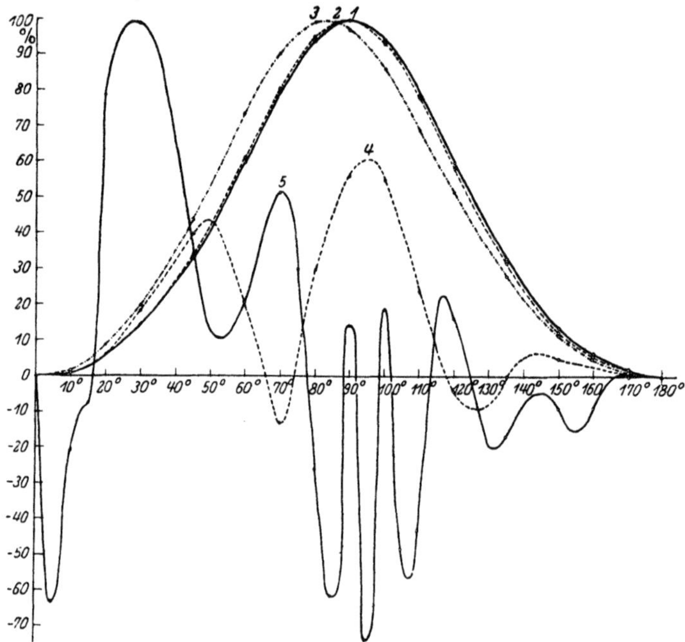


Abb. IX, 4. Polarisationsgrad in Prozent für dielektrische Kügelchen in Abhängigkeit von $x$ und vom Beobachtungswinkel (nach BLUMER) $x = 1. 2, 3, 4, 5$.

gezeigt haben, die Teilchengröße auch aus dem Verhältnis $J_1/J_2$ zu bestimmen. Auch mit weißem Lichte gemessene Depolarisationsgrade lassen sich, wie KERKER[3] gezeigt hat, praktisch verwerten.

Alle bisherigen Betrachtungen gelten für kugelige und auch optisch isotrope Teilchen, eine Voraussetzung, die sehr häufig nicht zutrifft. Die Erweiterung der Theorie der Lichtzerstreuung auf elliptische Teilchen ist, soweit es sich um sehr kleine Teilchen mit reiner Formanisotropie handelt, von GANS[4] durchgeführt und bereits in Band I, § 51 besprochen worden. Der Fall kleiner elliptischer Teilchen mit Eigenanisotropie und Absorption ist von CLARK-JONES[5] untersucht worden.

[1] Für $x = 0,8$ und $m = 1,25$ ist der Depolarisationsgrad $\Delta_n$ noch unter 0,001; s. LOTMAR: Helvet. chim. Acta **21**, 792 (1938).

[2] SINCLAIR, D., u. V. K. LA MER: Chem. Rev. **44**, 245 (1949); M. KERKER u. V. K. LA MER: J. Amer. Chem. Soc. **72**, 3516 (1950).

[3] KERKER, M.: J. Colloid Sci. **5**, 165 (1950).

[4] GANS, R.: Ann. Physik **37**, 881 (1912); **47**, 270 (1915); **62**, 331 (1920).

[5] CLARK-JONES, R.: Phys. Rev. **68**, 93 (1945).

Eine Erweiterung der MIEschen Theorie auf beliebige dreiachsige Ellipsoide, die allerdings in geschlossener Form undurchführbar ist, hat MÖGLICH[1] angegeben.

## § 75. Bestimmung der Teilchenform und Größe mit Ergebnissen.

Hier liegt ein sehr großes Beobachtungsmaterial[2,3] vor, dessen Besprechung nicht im Rahmen dieses Werkes liegt. Wir beschränken uns auf einige grundsätzliche, für die Bestimmung der Größe, Form und Verteilungsfunktion wichtige Arbeiten. Dabei sind besonders die quantitativen Untersuchungen von LA MER und Mitarbeitern zu nennen, die durch ihre Untersuchungen an monodispersen Schwefelsolen[4] sowie Aerosolen[5] nicht nur die MIEsche Theorie bestätigen, sondern auch wertvolle Unterlagen für die Bestimmung der Form, Größe und Einheitlichkeit von Kolloidteilchen beigebracht haben.

### a) Bestimmungsmethoden.

Nach den Ausführungen des vorhergehenden Paragraphen sowie des § 56 in Band I stehen für die Größenbestimmung von Teilchen mit Hilfe der Lichtzerstreuung, je nach der Größe, die in der Tab. IX, 2 aufgeführten Methoden zur Verfügung.

Tabelle IX, 2. *Methoden zur Größenbestimmung von Teilchen*[6].

| Größe $r/\lambda$ | Methode |
| --- | --- |
| $< 1/20$ [7] | Intensität des Streulichtes nach RAYLEIGH; $J \sim r^6/\lambda^4$ |
| $1/20$—$2/3$ | Winkelabhängigkeit bzw. Unsymmetrie der Intensität nach der DEBYEschen Näherungstheorie (s. Band I, § 54 und § 56); |
| $1/5$—$1/3$ | Abhängigkeit der Intensität von der Wellenlänge, Polarisation |
| $1/10$—$1,4$ | Durchlässigkeit, Gesamtextinktion durch Streuung und wahre Absorption |
| $1/3$—$1,3$ | Lage der Maxima und Minima im TYNDALL-Spektrum |
| $r \gg \lambda$ | Beugungserscheinungen nach der KIRCHHOFFschen Theorie |

[1] MÖGLICH, F.: Ann. Physik **83**, 609 (1927).

[2] Literatur findet man vor allem bei H. FREUNDLICH: Capillarchemie, 4. Aufl. Leipzig 1930; R. GANS: Handbuch der Experimentalphysik, Bd. 19, S. 363. Leipzig 1928; H. A. STUART: Hand- und Jahrbuch der Chemischen Physik, Bd. 8 II, S. 1 ff. Leipzig 1936; S. BHAGAVANTHAM: Scattering of Light and the RAMAN-Effect. New York: Chem. Publ. Comp. 1942, wo auch die zahlreichen Untersuchungen indischer Autoren besprochen sind.

[3] Die erste wirkliche Teilchengrößenbestimmung haben wohl SENFTLEBEN und BENEDICT an den leuchtenden Kohlenstoffteilchen der BUNSEN-Flamme durchgeführt [Ann. Physik **60**, 297 (1919)].

[4] Über die Herstellung monodisperser Schwefelsolen vgl. V. K. LA MER u. M. D. BARNES: J. Colloid Sci. 1, 71, 79 (1946); V. K. LA MER u. A. S. KENYON: J. Colloid Sci. 2, 257 (1947); E. M. ZAISER u. V. K. LA MER: J. Colloid Sci. 3, 571 (1948).

[5] Über monodisperse Aerosole s. D. SINCLAIR u. V. K. LA MER: Chem. Rev. **44**, 245 (1949).

[6] Näheres über die Meßmethoden findet sich in Band I, § 55. Vgl. ferner die Arbeiten von JOHNSON u. LA MER: J. Amer. Chem. Soc. **69**, 1184 (1947); KENYON u. LA MER: J. Colloid Sci. 4, 163 (1949). Über ein Präzisionsphotometer s. a. B. A. BRICE, M. HALWER u. R. SPEISER: J. Opt. Soc. Amer. 40, 768 (1950).

[7] Beobachtet man mit grüngelbem Licht in einem Medium mit $n = 1,4$, $\lambda \sim 4000$ Å, so darf $r$ nicht größer als 200 Å sein.

Die Methode, den Durchmesser aus der *Winkelabhängigkeit* der *Intensität* zu bestimmen, ist bereits in Band I, § 56 besprochen worden. Mit Hilfe der dort aufgeführten Beziehung für die reduzierte Intensität $J_{red}$ für senkrecht polarisiertes Einfallslicht

$$\left[\frac{J_{red}}{c_g}\right]_{c_g \to 0} = \frac{J_\vartheta\, R^2/J_0}{c_g} = K\, M\, P(\vartheta)\,, \qquad \text{(IX, 11)}$$

$K = 4\,\pi^2\, n_l^2 \left(\dfrac{\partial n}{\partial c_g}\right)^2 \Big/ \lambda_0^4\, N_L,\, \lambda_0$ [1] die Wellenlänge im Vakuum, folgt aus dem Intensitätsverlauf der Durchmesser und aus der absoluten Intensität für $\vartheta = 0$ [2] das Molekulargewicht. Gl. (IX, 11) gilt nur für kleinere Teilchen, $P(\vartheta)$ nur wenig kleiner als Eins, oder für größere Teilchen, solange der relative Brechungsindex $m$ nur sehr wenig von Eins abweicht[3]. Genauer ist die Gültigkeitsgrenze für (IX, 11) nach VAN DE HULST[4] durch

$$2\,x\,(m-1) \ll 1 \qquad \text{(IX, 12)}$$

bestimmt.

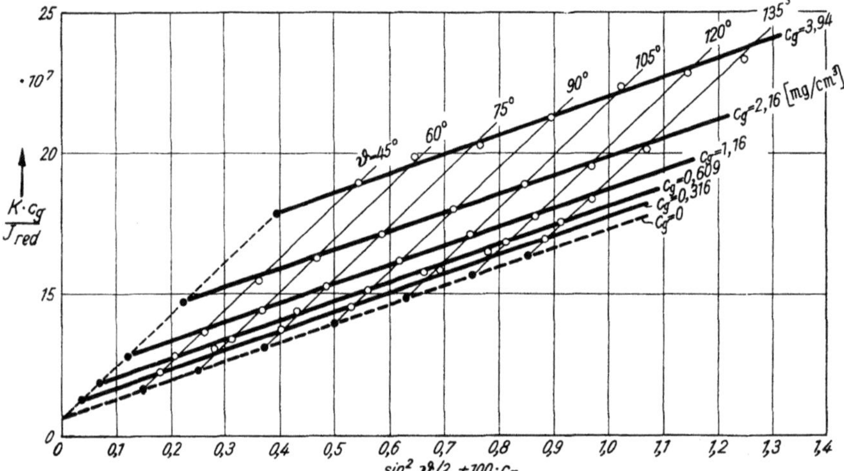


Abb. IX. 5. Diagramm zur Bestimmung von $M$ und $B$; Messungen von HUSMANN und STUART an Polystyrol in Methyläthylketon.

---

[1] Für unpolarisiertes Einfallslicht gilt

$$K = 4\,\pi^2\, n_l^2 \left(\frac{\partial n}{\partial c_g}\right)^2 \Big/ \lambda_0^4\, N_L \cdot \frac{1 + \cos^2\vartheta}{2}$$

oder

$$J_{red}(90°,\, \text{n}) = \frac{1}{2}\, J_{red}(90\ \text{v})$$

[2] $\vartheta = 180 - \vartheta'$ ist der Winkel zwischen der Beobachtungsrichtung und der Vorwärtsrichtung des einfallenden Lichtes.

[3] Bestimmt man den Durchmesser nach dem DEBYEschen Näherungsverfahren aus der Unsymmetrie, etwa aus Messungen unter 45° und 135°, so weichen die Durchmesser bis zu $x = 2,00$ und $m = 1,25$ um weniger als 10% von den nach der strengen Theorie bestimmten ab, s. W. HELLER a. a. O.

[4] VAN DE HULST: Optics of Spherical Particles. Amsterdam 1946.

Zur Auswertung der Gl. (IX, 11) trägt man $c_g/J$ bzw. $c_g/J_{red}$ als Funktion von $\sin^2 \vartheta/2 + 100\,c_g$ auf (s. Abb. IX, 5). In diesem Diagramm geben die stark ausgezogenen Kurven die Winkelabhängigkeit der Streuintensität bei konstanten $c_g$ und die schwach ausgezogenen Kurven die für bestimmte Beobachtungswinkel gemessenen Konzentrationsabhängigkeiten wieder. Verlängern wir die letzteren bis zum Abszissenwert $c_g = 0$, so erhalten wir die durch ● angedeuteten Punkte, die also die auf $c_g \to 0$ extrapolierten Werte für den betreffenden Winkel darstellen. Verlängern wir die durch ● gezogene stark gestrichelte Kurve bis zum Schnitt mit der Ordinatenachse, so liefert der Ordinatenabschnitt den auf $\vartheta \to 0$ und $c_g \to 0$ extrapolierten Wert und damit mit Hilfe von (IX, 11) das Molekulargewicht. Dieses Verfahren setzt Winkelmessungen über einen größeren Bereich voraus, wobei sehr auf systematische Fehler zu achten ist. Eine gewisse Kontrolle ist dadurch gegeben, daß man auch die stark ausgezogenen Kurven jeweils bis zum Abszissenwert $\vartheta = 0$ extrapolieren kann. Die so erhaltene schwach gestrichelte Kurve liefert die Konzentrationsabhängigkeit für $\vartheta \to 0$. Verlängert man sie bis zum Schnitt mit der Ordinatenachse, so muß man wieder denselben Ordinatenabschnitt erhalten, wie bei der stark gestrichelten Kurve.

Im Gültigkeitsbereich der DEBYEschen Näherungstheorie erhält man aus der Anfangssteigung der gestrichelten Kurve direkt den Durchmesser der Kügelchen bzw. bei Fadenmolekülen die Größe $\bar{h}^2$, und zwar unabhängig von einem Fehler in $M$. Die Anfangssteigung der punktierten Geraden liefert die Größe $MB$.

Ist $P(\vartheta)$ aus Messungen oder durch Rechnung bekannt, so kann man die Gesamtstreuung bzw. die Trübung $\tau$ (nichtabsorbierende Teilchen vorausgesetzt) durch Integration der Gleichung

$$\left[\frac{\tau}{c_g}\right]_{c_g \to 0} = \pi\,K\,M \int\limits_0^\pi (1 + \cos^2 \vartheta) \sin \vartheta\, P(\vartheta)\, d\vartheta \qquad (IX, 13)$$

erhalten. Mißt man die Intensität $J_\vartheta$ und bestimmt die Vorwärtsstreuung durch Extrapolation der Winkelabhängigkeit von $J_{c_g \to 0}$ auf $\vartheta \to 0$, so kann man das Molekulargewicht nach DANDLIKER[1] für Teilchen beliebiger Größe und beliebigem Brechungsindex mittels folgender Gleichung bestimmen

$$J_{red\ \vartheta \to 0 \atop c_g \to 0} = \frac{n_l^2\,c_g\,M}{\lambda_0^4\,N_L}\left[4\,\pi^2 \left(\frac{\partial n}{\partial c_g}\right)^2 + \frac{\lambda_0^2}{4}\left(\frac{\tau}{c_g}\right)^2\right], \qquad (IX, 14)$$

solange nur $J_{10v}/J_{20v} = 0$ ist. $J_{10v}$ und $J_{20v}$ die Horizontal- und Vertikalkomponente für $\vartheta = 0$ und vertikal schwingendes erregendes Licht.

In vielen Fällen, so bei allen korpuskularen Proteinen, kann man das zweite Glied in der Klammer vernachlässigen, womit Gl. (IX, 14) in (IX, 11) übergeht.

Die obigen Gleichungen gelten für streng linear polarisiertes Streulicht. Ist eine Depolarisation vorhanden, so ist der CABANNESsche Korrektionsfaktor anzubringen, bei größeren Teilchen allerdings nicht in voller Größe (vgl. Band I, § 54d).

Die Abhängigkeit der *Streuintensität* von der *Wellenlänge* ist vor allem von HELLER und Mitarbeitern[2] untersucht worden. Unter anderem

---

[1] DANDLIKER, W. B.: J. Amer. Chem. Soc. **72**, 5110 (1950). — EDSALL, J. T., u. W. DANDLIKER: l. c.

[2] HELLER, W., H. B. KLEVENS u. H. OPPENHEIMER: J. Chem. Phys. **14**, 566 (1946). — HELLER, W., u. H. B. KLEVENS: Physic. Rev. **67**, 61 (1945).

wurde bei wäßrigen Emulsionen von Polystyrolen, Polyisoprenen, die sich im Ultramikroskop als kugelig erwiesen, die Abhängigkeit des Exponenten von der Wellenlänge im Bereiche zwischen 1000 und 2500 Å, wo das $\lambda^{-4}$-Gesetz stetig in ein $\lambda^{-2}$-Gesetz übergeht, untersucht. Bei Proteinen, wie Actomyosin, F- und G-Actin haben TREIBER und SCHAUENSTEIN[1] einen Exponenten von etwa 2 nachgewiesen.

Die Methode der *Ordnungen* im TYNDALL-*Spektrum* ist von LA MER und Mitarbeitern[2] entwickelt worden, sie setzt allerdings voraus, daß die Teilchengröße besonders einheitlich ist, was nur in Ausnahmefällen zutrifft. Wie scharf bei monodispersen Systemen die einzelnen Ordnungen getrennt werden können, möge die Abb. IX, 6 zeigen, in der das Verhältnis des roten zum grünen Streulicht bei Schwefelteilchen mit $r = 0,41\ \mu$ als Funktion des Winkels aufgetragen ist. Die Lage und Höhe der Maxima hängt außerordentlich stark von der Einheitlichkeit ab. So ist bei einer Mischung von zwei Komponenten mit $r = 0,467\ \mu$ und $r = 0,476\ \mu$ ein Anteil von 10% gegenüber den reinen Komponenten bereits deutlich erkennbar[3]. Damit versteht man, daß bei allen früheren Untersuchungen kolloidaler Lösungen die einzelnen Ordnungen im TYNDALL-Spektrum mangels ausreichender Einheitlichkeit nie getrennt beobachtet wurden[4].

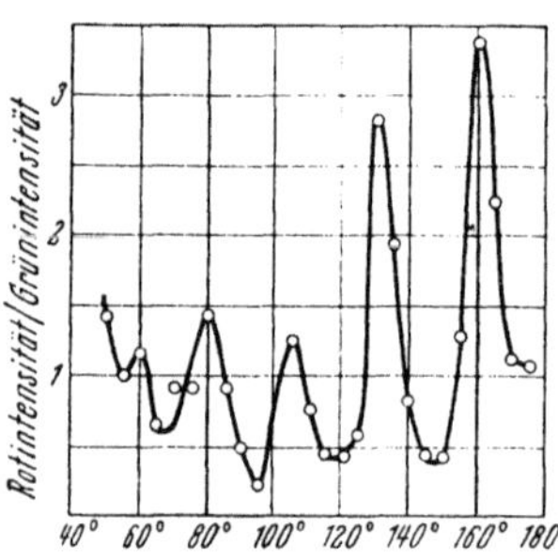

Abb. IX, 6. Rot- und Grün-Intensität im TYNDALL-Spektrum bei Schwefelteilchen mit $r = 0,41\ \mu$ in Abhängigkeit vom Winkel (nach JOHNSON und LA MER).

Für Teilchen, deren $m$ sehr nahe bei Eins liegt, hat DANDLIKER[5] den Einfluß der Polydispersität auf die Winkelabhängigkeit der Streuintensität untersucht. Es zeigt sich, daß in diesem besonderen Falle für Teilchen mit $x \leqq 3$ die Lage des ersten Minimums nur wenig von der *Verteilungsfunktion* abhängt und einen mittleren Durchmesser liefert, der zwischen dem Zahlen- und Gewichtsmittelwert liegt. Für größere $m$-Werte werden die Verhältnisse komplizierter. Durch Benutzung von UV-Licht kann man die Reichweite dieser Methode zu kleineren Teilchen hin erweitern[6].

Im Anschluß an Überlegungen von DANDLIKER hat neuerdings BUECHE[7] ein einfaches Verfahren angegeben, um bei einem polydispersen System die untere und obere Teilchengröße (rechteckige Radienverteilung vorausgesetzt) zu bestimmen. Es beruht darauf, daß man bei der Bestimmung der Teilchengröße aus der Lage des ersten

[1] TREIBER, E., u. E. SCHAUENSTEIN: Z. Naturforsch. **4**b, 252 (1949).

[2] JOHNSON, I., u. V. K. LA MER: J. Amer. Chem. Soc. **69**, 1184 (1947).

[3] Über die Schärfe der Ordnungen als Maß für die Uneinheitlichkeit der Teilchen vgl. auch M. KERKER u. V. K. LA MER: J. Amer. Chem. Soc. **72**, 3516 (1950).

[4] Das Auftreten farbiger Banden hat zuerst wohl B. RAY an Schwefelsuspensionen beobachtet und gedeutet [Proc. Indian Assoc. Cult. Sci. **7**, 1 (1921)].

[5] DANDLIKER, W. B.: J. Amer. Chem. Soc. **72**, 5110 (1950).

[6] Über die Meßmethode im UV s. A. S. KENYON u. V. K. LA MER: J. Colloid Sci. **4**, 163 (1949).

[7] BUECHE, P.: J. Amer. Chem. Soc. **74**, 2373 (1952).

Intensitätsminimums bei einem polydispersen System verschiedene Werte für den Durchmesser erhält, wenn man die Wellenlänge variiert.

Die *Durchlässigkeit*, d. h. die Gesamtextinktion durch Streuung sowie durch wahre Absorption ist wiederum von LA MER und Mitarbeitern[1] in Abhängigkeit von $x$ bzw. $\lambda$ speziell für Schwefelteilchen theoretisch und experimentell untersucht worden. Aus der Schwächung des durchgehenden Lichtes berechnet sich nach der Beziehung

$$J = J_0\, e^{-E_t\, r^2\, \pi\, N_{\mathrm{cm}^3}\, l}$$

der Extinktionskoeffizient $E_t$ pro Querschnittseinheit der streuenden Teilchen, wobei $E_t$ eine Funktion von $x$, $m$ und des Absorptionsindex $\varkappa$ ist. Die Ergebnisse liefern wieder eine gute Bestätigung der MIEschen Theorie und ermöglichen die Bestimmung der Zahl und Größe der streuenden Teilchen.

### b) Weitere Beobachtungsergebnisse.

#### 1. Proteine und Viren.

*Molekulargewichtsbestimmungen*[2]. Es liegen für eine größere Zahl von Proteinen und Viren aus der Lichtzerstreuung bestimmte Molekulargewichte vor, die zum Teil in den Tabellen VII, 8 und XVI, 2, aufgeführt sind. Meistens handelt es sich um relative Messungen. So beziehen PUTZEYS und BROSTEAUX[3] ihre ganzen Beobachtungen auf Amandin, für das ein Molekulargewicht von 300000 zugrunde gelegt wurde. Vereinzelte Beobachtungen sind auf Schwefelkohlenstoff oder Benzol bezogen. Die zuverlässigsten auf einer absoluten Kalibrierung der Apparatur beruhenden Messungen[4] sind wohl die von HALWER, NUTTING und BRICE[5] (Zahlenangaben in Tab. XVI, 2). Bei ganz extrem großen Molekulargewichten wie beim Tabakmosaikvirus, wo die Abmessungen mit der Wellenlänge des Lichtes vergleichbar werden, müssen die Messungen hinsichtlich der Unsymmetrie der Streuintensität korrigiert werden.

Ferner muß bei allen Substanzen die Konzentrationsabhängigkeit berücksichtigt werden, die sich in vielen Fällen nach PUTZEYS und BROSTEAUX durch die Gleichung

$$\frac{\tau}{H c_g} = \left(\frac{\tau}{H c_g}\right)_{c_g \to 0} \left[1 - b\,\sqrt{c_g}\,\right] = M\left(1 - b\,\sqrt{c_g}\right)$$

darstellen läßt.

---

[1] BARNES, M. D., u. V. K. LA MER: J. Colloid Sci. 1, 79 (1946).

[2] Eine kritische Zusammenstellung findet sich bei J. T. EDSALL u. W. B. DANDLIKER: Fortschr. chem. Forsch. 2, 1 (1951), sowie bei D. M. GREENBERG: Amino Acids and Proteins Springfield III, 1951.

[3] PUTZEYS, P., u. J. BROSTEAUX: Trans. Faraday Soc. 31, 1314 (1935); Meded. Kon. Vlaam. Acad. Wetensch., Belg. Kl. Wetensch. 3, 3 (1941).

[4] Über die Einzelheiten der Apparatur und der Kalibrierung vgl. B. A. BRICE, M. HALWER u. R. SPEISER: J. Opt. Soc. Amer. 40, 768 (1950).

[5] HALWER, M., G. C. NUTTING u. B. A. BRICE: J. Amer. Chem. Soc. 73, 2786 (1951).

*Molekülabmessungen*[1]. Wie sich schon aus früheren Ausführungen (Band I, Kap. VI und Band II, § 74) ergibt, lassen sich aus der Lichtzerstreuung im Gegensatz zu anderen Methoden nur bei solchen Molekülen die Abmessungen angeben, deren Ausdehnung, Länge oder Durchmesser $0,1\ \lambda$ übersteigt. Bemerkenswert sind hier vor allem die Untersuchungen von DOTY und STEINER[2] am Tabakmosaikvirus. Aus der Unsymmetrie der Streuintensität folgt für die als stäbchenförmig angenommenen Moleküle in guter Übereinstimmung mit elektronenmikroskopischen und viscosimetrischen Untersuchungen eine Länge von $2650 \pm 100\ \text{Å}$[3] (Näheres im Kap. XVI, S. 722 ff).

Bei pathologischem menschlichem Serumglobulin haben EDSALL und DANDLIKER[4] die Länge des als stäbchenförmig angenommenen Moleküls zu etwa 560 Å bestimmt. Der Fall eines kugeligen Gebildes kann ausgeschlossen werden, da der für dieses Modell aus der Winkelabhängigkeit zu 410 Å berechnete Durchmesser ein Molekulargewicht ergeben würde, das gegenüber dem aus der Lichtzerstreuung bestimmten um einen Faktor $\sim 28$ zu groß wäre. Für Myosin hat MOMMAERTS[5] aus der Unsymmetrie der Streustrahlung die Länge zu 1500 Å bestimmt, während PORTZEHL[6] aus der Sedimentation und Diffusion eine Länge zwischen 2 und 4000 Å erhält.

Bei Actomyosin (L-Myosin) haben PORTZEHL, SCHRAMM und WEBER[7] sowie MOMMAERTS nachgewiesen, daß das Molekulargewicht weit größer als das des Myosins sein muß, auch die Unsymmetrie ist stärker[7a].

*Depolarisationsgrade.* Die bei Proteinen gemessenen Werte sind, wenn man sie auf $c_y \to 0$ extrapoliert, sehr niedrig, z. B. 0,0095 für Amandin[8] und 0,004 für Helix pomatia[9]. Diese Zahlen zeigen, daß diese Teilchen keine größere, von der inneren Struktur herrührende Eigenanisotropie besitzen können (vgl. dazu auch die Ausführungen in Band I, § 51 und § 54). Für Tabakmosaikvirus in Wasser finden DOTY und STEIN[10] bei einer Konzentration von 0,03 g/Liter $\Delta_u = 0{,}0077$.

---

[1] Vgl. dazu auch die Ausführungen in § 113.

[2] DOTY, P., u. R. F. STEINER: J. Chem. Phys. **18**, 1211 (1950); s. auch G. OSTER, P. M. DOTY u. B. H. ZIMM: J. Amer. Chem. Soc. **69**, 1193 (1947).

[3] Unter Berücksichtigung der optischen Anisotropie der Teilchen findet P. HORN [C. r. Acad. Sci. (Paris) **234**, 1870 (1952)] den Wert $2300 \pm 200$ A. Dieser Unterschied beruht mindestens zum Teil auf Unterschieden in den Präparaten, die sehr verschiedene Längenverteilungen aufweisen können (briefliche Mitteilung von Herrn Dr. DONNET). Für die optische Anisotropie findet HORN $\delta^2 = 0{,}092$. Dieser Wert ist überraschend groß und mit den Beobachtungen bei der Strömungsdoppelbrechung, wo übereinstimmend M. LAUFFER [J. Amer. Chem. Soc. **66**, 1188 (1944)] und J. B. DONNET (These Straßburg 1952) eine sehr geringe Anisotropie gefunden haben, schwer zu vereinen.

[4] EDSALL, J. T., u. W. B. DANDLIKER: Fortschr. Chem. Forsch. **2**, 1 (1951).

[5] MOMMAERTS, W. F. H.: Federat. Proc. **9**, 207 (1950).

[6] PORTZEHL, H.: Z. Naturforsch. **5 b**, 75 (1950).

[7] PORTZEHL, H., G. SCHRAMM u. H. H. WEBER: Z. Naturforsch. **5 b**, 61 (1950).

[7a] Über G- u. F-Aktin vgl. auch R. F. STEINER, K. LAKI u. S. SPICER: J. Polymer Sci. **8**, 23 (1952).

[8] PUTZEYS, P., u. J. BROSTEAUX: Trans. Faraday Soc. **31**, 1314 (1935).

[9] LONTIE, R.: Meded. Kon. Vlaam. Acad. Wetensch., Belg. Kl. Wetensch. **6**, 5 (1944).

[10] DOTY, P., u. S. J. STEIN: J. Polymer Sci. **3**, 763 (1948).

## 2. Kolloidteilchen.

*Metallische Teilchen.* Kolloidale Metallösungen haben charakteristische Farberscheinungen, die durch die wahre Absorption und Lichtzerstreuung bestimmt sind. So besitzt Gold ein Absorptionsmaximum im Grünen und für die Streuung ein Maximum im Rotgelben. Sehr kleine Teilchen, die also schwach streuen und stark absorbieren, geben rubinrote Lösungen. Große Teilchen absorbieren relativ weniger, streuen aber stark, so daß die Lösungen blau werden. Kennt man die optischen Konstanten des Materials, also den gewöhnlichen Brechungsindex und den Absorptionsindex $\varkappa$, so kann man den komplexen Brechungsindex $\mathfrak{n} = n\,(1 - i\varkappa)$ angeben und im Rahmen der MIEschen Theorie die Streustrahlung in Abhängigkeit von der Wellenlänge und dem Beobachtungswinkel, sowie die Polarisationsverhältnisse berechnen. Da eine nähere Betrachtung dieser Erscheinungen den Rahmen dieses Buches weit überschreiten würde, sei auf die zusammenfassenden Darstellungen verwiesen[1].

*Größe und Form von Micellen.* Lichtzerstreuungsmessungen an Micellen haben DEBYE und ANNACKER[2] durchgeführt. Es zeigt sich u. a., daß die Micellen von n-Hexadecyltrimethylammoniumbromid in relativ konzentrierten KBr-Lösungen genügend groß werden, um eine gut meßbare Unsymmetrie zu liefern. Die Beobachtungen sind nur mit stäbchenförmigen, aber nicht kugeligen oder scheibenförmigen Micellen vereinbar. Die Molekulargewichte lassen sich, vor allem wegen der nicht sicher bekannten Dichte, nur schätzen, sie liegen bei etwa $1 \cdot 10^6$.

*Polystyrol-Latexteilchen* (Dow Latex 580-G, Lot 3584) sind nach Untersuchungen im Elektronenmikroskop Kügelchen[3], deren Größenverteilung in einem außerordentlich schmalen Bereich liegt. Der mittlere Durchmesser beträgt 2590 Å. Polystyrol-Latex kann daher praktisch als monodispers angesehen und als Eichsubstanz für absolute Längenmessungen im Elektronenmikroskop benutzt werden. Außerdem sind die Teilchen ein sehr geeignetes Objekt, um die MIEsche Theorie als Grundlage für Größenbestimmungen weiter auszubauen. So hat DANDLIKER[4] aus der Lage des ersten Intensitätsminimums den Durchmesser zu 2720 Å bestimmt (vgl. dazu die Abb. IX, 7), während aus der Winkelabhängigkeit der reduzierten Intensität[5] für $c_g \to 0$ der Wert 2720 bis 2740 Å folgt. Die Übereinstimmung mit dem obengenannten Werte liegt innerhalb der Fehlergrenzen der Lichtzerstreuungsmethode. Daß die Teilchen auch optisch isotrop sind, folgt aus dem sehr geringen Depolarisationsgrade von 0,003, ein Wert, der sich zwanglos durch die Konvergenz des einfallenden Lichtbündels und durch die sekundäre Streuung erklärt. Aus der Winkelabhängigkeit der Streustrahlung ergibt

---

[1] Siehe die Zusammenstellungen am Schluß dieses Kapitels.
[2] DEBYE, P.: J. Phys. Colloid Chem. **53**, 1 (1949). — DEBYE, P., u. E. W. ANNACKER: J. Colloid Sci. **5**, 644 (1950).
[3] Über vergleichende Angaben des Durchmessers von Dow-Latex-Teilchen s. a. Ch. H. GEROULD: J. Appl. Phys. **21**, 183 (1950).
[4] DANDLIKER, W. B.: J. Amer. Chem. Soc. **72**, 5110 (1950).
[5] Über die Definition der reduzierten Intensität s. S. 497, Anm. 1.

sich auch das Molekulargewicht der Teilchen, und zwar zu $6,84 \cdot 10^9$, die Dichte ist dabei die des massiven Materials, nämlich $1,05^1$.

*Mikrogele.* Bei der Emulsionspolymerisation von gewöhnlichem GR-S-Kautschuk lassen sich gut definierte, hochverzweigte bzw. in sich vernetzte Gebilde submikroskopischer Größe nachweisen, für die BAKER[2] die Bezeichnung „*Mikrogel*" vorgeschlagen hat. Die Durchmesser der Teilchen liegen bei etwa 2000 Å[3], die Molekulargewichte bei etwa $20 \cdot 10^6$.[4] Die Teilchen sind also viel geballter als unverzweigte Fadenmoleküle vom gleichen Molekulargewicht, was auch in ihrer Viscositätszahl zum Ausdruck kommt.

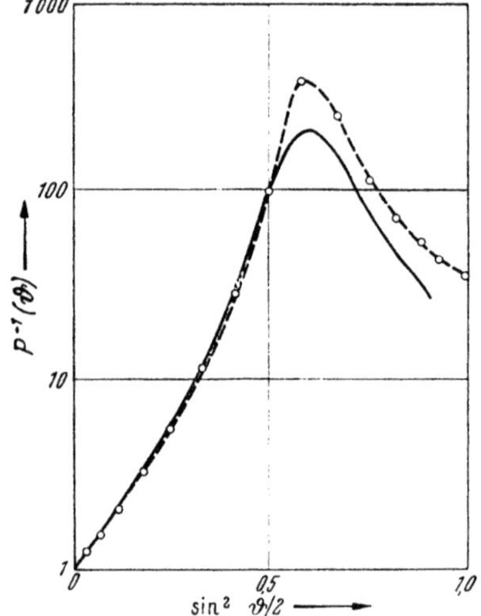


Abb. IX, 7. Die Winkelabhängigkeit der Streuintensität für $cg \to 0$ von Polystyrol-Latex; ausgezogene Kurve beobachtet, gestrichelte Kurve berechnet nach der MIEschen Theorie für $x = 2,5$ und $m = 1,33$ (nach DANDLIKER). Dem Maximum der reduzierten Streufunktion $\dfrac{1}{KMP}$ entspricht das Intensitätsmaximum.

## Zusammenfassende Darstellungen zu Kapitel IX.


BHAGAVANTHAM, S.: Scattering of Light and the RAMAN-Effect. New York: Chem. Publ. Co. 1942.

EDSALL, JOHN T., u. W. B. DANDLIKER: Light Scattering in Solutions of Proteins and other Large Molecules. Its Relation to Molecular Size and Shape and Molecular interactions. Fortschr. Chem. Forsch. 2, 1 (1951.

FREUNDLICH, H.: Kapillarchemie, 4. Aufl. Leipzig 1930.

GANS, R.: Lichtzerstreuung, Handbuch der Experimentalphysik, Bd. 19, S. 363. Leipzig 1928.

VAN DE HULST, H. C.: Optics of Spherical Particles. Amsterdam 1946.

LA MER, V. K., u. D. SINCLAIR: Verification of Mie Theory. OSRD Report No. 1857 and Report No. 944. Office of Publications Board, U.S.-Department of Commerce, 1943.

OSTER, G.: The Scattering of Light and its Application to Chemistry. Chem. Reviews 43, 319 (1948).

STUART, H.A.: Lichtzerstreuung im Gebiete des sichtbaren Spektrums, Hand- und Jahrbuch der Chemischen Physik. Bd. 8 II, S. 1. Leipzig 1936.


---

[1] Über weitere Beobachtungen an Dow Latex und Vergleich mit der Theorie vgl. W. J. PAGONIS: Thesis, Wayne University, Detroit, 1952; ferner den Vortrag von W. HELLER auf dem Internationalen Kolloquium in Straßburg: Le Rayonnement et les Macromolécules. 9.—12. Juni 1952; s. J. Polymer Sci. X, 1953 (im Druck).

[2] BAKER, W. O.: Ind. Engng. Chem. 41, 511 (1949).

[3] BRICE, B. A., M. HALWER u. R. SPEISER: J. Opt. Soc. Amer. 40, 768 (1950).

[4] Mikrogele entstehen nur, wenn, wie bei der Emulsionspolymerisation, das Wachstum der verzweigten Moleküle durch Erschöpfung des Monomerengehaltes begrenzt ist. Da die hier entstehenden Latexteilchen von kolloider Größe sind und die Mikrogelbildung innerhalb derselben vor sich geht, müssen auch die Mikrogelteilchen entsprechend klein bleiben. Über Mikrogele in GR-S-Kautschuk s. a. A. I. MEDALIA: J. Polymer. Sci. 6, 423, 433 (1951).

Zehntes Kapitel.

# Röntgenkleinwinkelstreuung von makromolekularen Lösungen.

Von

O. Kratky und G. Porod.

Mit 9 Textabbildungen.

Neben den schon länger bekannten Hilfsmitteln und Methoden zur Untersuchung von hochmolekularen Stoffen in Lösung hat in letzter Zeit die Anwendung der Röntgenkleinwinkelstreuung (KWS) immer mehr steigende Bedeutung gewonnen. Eine diffuse Streuung in unmittelbarer Nähe des Primärstrahls haben vor etwa 20 Jahren verschiedene Forscher[1] fast gleichzeitig und anscheinend unabhängig voneinander beobachtet und bei der qualitativen Interpretation in zutreffender Weise auf Inhomogenitäten des durchstrahlten Präparates in kolloiden Dimensionen zurückgeführt. Die etwa gleichzeitig von A. Guinier[2] und dem einen von uns[3] begonnene quantitative Interpretation der KWS ergab, daß es grundsätzlich möglich ist, daraus Aufschluß über die Größe und zu einem gewissen Grad auch über die Form kolloider Teilchen zu erhalten. Da der Streuwinkelbereich den Teilchendimensionen umgekehrt proportional ist, ist es notwendig, bei sehr kleinen Winkeln zu messen, was gegenüber der Kristallstrukturanalyse eine eigene Aufnahmetechnik erfordert. Die apparativen Schwierigkeiten, um zu einer Auflösung größer als etwa 500 Å zu gelangen, sind allerdings beträchtlich. Wir wollen im folgenden ganz kurz die wichtigsten Methoden besprechen und im Anschluß daran die Theorie der KWS für gelöste Partikel in kolloiden Dimensionen sowie die bisher erzielten Ergebnisse skizzieren.

## § 76. Technik der Kleinwinkelaufnahmen.

Die älteste und wohl auch noch am meisten benutzte Anordnung ist ein Schlitzsystem, bei dem der Primärstrahl durch zwei in einem Abstand von mehreren Zentimetern angeordnete enge parallele Spalte aus-

---

[1] Krischnamurti, P.: Indian J. Phys. 5, 473 (1930). — Hengstenberg, J., u. H. Mark: s. H. Mark, Physik und Chemie der Cellulose, S. 139. Berlin: J. Springer 1932. — Hendricks, S. B.: Z. Kristallogr. 83, 503 (1932). — Warren, B. E.: J. Chem. Phys. 2, 551 (1934); Phys. Rev. 49, 885 (1936).

[2] Guinier, A.: Thèses, Série A, Paris, Nr. 1854 (1939); C. r. Acad. Sci. (Paris) 204, 1115 (1937).

[3] Kratky, O.: Naturwiss. 26, 94 (1938); 30, 542 (1942).

geblendet wird[1]. Um die von den Schneiden herrührende diffuse Strahlung abzublenden, ist meist noch eine dritte Schneide zwischen dem zweiten Spalt und dem Präparat erforderlich. Der Primärstrahl muß vor dem Film durch einen Primärstrahlfänger aufgehalten werden. Mit einer solchen Anordnung kann bei hinreichender Präzision der Ausführung eine Auflösung von 500 Å und mehr erreicht werden. Für eine genauere Auswertung der Kleinwinkeldiagramme ist in den meisten Fällen monochromatische Strahlung erforderlich. Diese kann erreicht werden entweder durch passende Filterung der polychromatischen Strahlung (z. B. Filterdifferenzverfahren nach ROSS[2]) oder durch Verwendung eines Monochromators zwischen Röntgenröhre und Kamera. Die Wirkungsweise des Monochromators besteht in der Reflexion der charakteristischen Strahlung an einem geeigneten Kristall (meist Steinsalz oder Calcit). Die Registrierung der Röntgenstrahlen geschieht entweder auf photographischem Wege oder mittels eines GEIGER-MÜLLER-Zählrohrs.

Die beiden Forderungen an eine Kleinwinkelkamera, nämlich Monochromasie und möglichst fein abgeblendeter Primärstrahl, werden gleichzeitig erfüllt durch die Verwendung von Kristallkollimatoren nach JOHANNSON[3]. Eine passend angeschliffene und gebogene Kristallplatte wirkt wie eine Sammellinse für Röntgenstrahlen, so daß man auch unter Ausnutzung eines weiten Strahlenbündels (d. h. große Energie) einen engen Focus erhält. Die Strahlung ist gleichzeitig durch die Reflexion an der Kristalloberfläche monochromatisch. Die Praxis hat allerdings gezeigt, daß sich auf diese Weise die Fokussierung nicht unbegrenzt weit treiben läßt und man daher gezwungen ist, das Primärstrahlbündel doch wieder zu begrenzen. Eine Variante dieses Verfahrens hat GUINIER[4] angegeben, der unter Verwendung von zwei geschliffenen und gebogenen Kristallen nach JOHANNSON eine zweimalige Reflexion durchführt. Zwar wird dadurch die Intensität weiter herabgesetzt, doch läßt sich andererseits ein Gewinn an Fokussierungsschärfe erzielen. Neuestens hat W. EHRENBERG[5] gezeigt, daß man durch Totalreflexion an einer schwach gebogenen Glasplatte zu einem Strahlenbündel geringer Divergenz und hoher Intensität gelangen kann, das sich für die Herstellung von Kleinwinkelaufnahmen gut eignet.

Eine weitere Methode wurde von FANKUCHEN und JELLINEK[6] eingeführt und in der Folge besonders durch KAESBERG, RITLAND und

---

[1] Neuere leistungsfähige Anordnungen werden z. B. beschrieben bei: R. HOSEMANN: Z. Physik **114**, 133 (1939); O. KRATKY, A. SEKORA u. R. TREER: Z. Elektrochem. **48**, 587 (1942); H. KIESSIG: Kolloid-Z. **98**, 213 (1942); R. S. BEAR: J. Amer. Chem. Soc. **66**, 1297, 2643 (1944); **67**, 1925 (1945).

[2] Ross, P. A.: J. Opt. Soc. Amer. **16**, 433 (1928). — WOLLAN, E. O.: Physic. Rev. **43**, 955 (1933). — HOFFMANN, K.: Physik. Z. **39**, 695 (1938). — KRATKY, O.: Naturwiss. **31**, 325 (1943).

[3] JOHANNSON, T.: Z. Physik **82**, 587 (1933). — GUINIER, A.: C. r. Acad. Sci. (Paris) **223**, 31 (1946).

[4] GUINIER, A., u. G. FOURNET: C. r. Acad. Sci. (Paris) **226**, 656 (1948); Bull. Soc. chem. Belgique **57**, 286 (1948).

[5] EHRENBERG, W.: J. Opt. Soc. Amer. **39**, 741 (1949).

[6] FANKUCHEN, I., u. M. H. JELLINEK: Physic. Rev. **67**, 201 (1945).

BEEMAN[1] ausgebaut. Sie benutzt zwei ebene Kristalle (meist Calcit) und ein Zählrohr. Der erste Kristall wirkt als Monochromator, der zweite, mit dem festverbundenen Zählrohr schwenkbar angeordnet, als Analysator. Das Präparat befindet sich zwischen beiden Kristallen und in der Drehachse für den Analysator und das Zählrohr. Es verursacht gemäß seiner Kleinwinkelstreuung eine Ablenkung eines Teiles des vom Analysator herkommenden parallelen Lichtes, wodurch am Analysator auch eine Reflexion in nicht paralleler Lage zum Polarisator erfolgt. Die Messung findet statt, während der Analysator langsam durch den Reflexionsbereich durchgedreht wird. Dieses Zweikristallspektrometer liefert günstige Intensität und zugleich hohe Auflösung. Diese ist allerdings durch die natürliche Reflexionsbreite der verwendeten Kristalle begrenzt.

Bei der Auswertung von KWS-Diagrammen tritt ein Umstand störend hervor, der bei Weitwinkelaufnahmen eine weit geringere Rolle spielt. Es ist die Verschmierung des Diagramms durch die endliche Ausdehnung des Primärstrahlquerschnittes. Arbeitet man mit sehr dünnem und langem Spalt, dann läßt sich die Verschmierung exakt berücksichtigen. Die dadurch erfolgende Modifikation der Streukurve (Spaltverschmierung) wurde von dem einen von uns[2] untersucht. Es ist für die Auswertung günstig, daß gerade im besonders wichtigen Fall einer Streukurve vom Typ einer GAUSSschen Glockenkurve diese durch die Spaltverschmierung nicht geändert wird[3]. Eine strenge Lösung des umgekehrten Problems, aus der verschmierten Kurve die unverschmierte zurückzurechnen, wurde von DU MOND[4] sowie in Zusammenarbeit mit GUINIER[4] von BOUZITAT und GERMAIN gegeben. Diese Methode konnte von uns[5] auch auf den Fall von Primärstrahlen endlicher Länge und Breite erweitert werden. Trotzdem muß man sich infolge der Umständlichkeit des Verfahrens im allgemeinen mit einer halbquantitativen Diskussion des Kollimationsfehlers begnügen, wie sie vor allem von YUDOWITCH[6] durchgeführt wurde.

## § 77. Zur Theorie der Röntgenkleinwinkelstreuung von Lösungen korpuskularer Teilchen.

Die theoretische Interpretation des KWS-Diagramms ist besonders einfach im Falle von verdünnten Lösungen. Sind die Abstände zwischen den gelösten Teilchen hinreichend groß und unregelmäßig, dann besteht die Streukurve praktisch nur aus der Superposition der Streuungen der einzelnen Partikel. A. GUINIER[7] konnte in seiner für die

---

[1] KAESBERG, P., H. N. RITLAND u. W. W. BEEMAN: Physic. Rev. **74**, 71 (1948).

[2] KRATKY, O., u. A. SEKORA: Naturwiss. **31**, 46 (1943). — KRATKY, O.: Mh. Chem. **76**, 325 (1947).

[3] HOSEMANN, R.: Z. Physik **113**, 751 (1939).

[4] DU MOND, J. W. M.: Physic. Rev. **72**, 83 (1947). — GUINIER, A., u. G. FOURNET: J. Phys. Radium **8**, 345 (1947).

[5] KRATKY, O., G. POROD u. L. KAHOVEC: Z. Elektrochem. **55**, 53 (1951).

[6] YUDOWITCH, K. L.: J. Appl. Phys. **20**, 174 (1949); **22**, 215 (1951).

[7] GUINIER, A.: Thèses, Série A, Paris, Nr. 1854 (1939). C. r. Acad. Sci. (Paris) **204**, 1115 (1937).

Kleinwinkelforschung grundlegenden Untersuchung zeigen, daß sich die von korpuskularen Teilchen gestreute Intensität $J$ in Abhängigkeit vom Streuwinkel $\vartheta$ in guter Näherung durch eine GAUSSsche Glockenkurve darstellen läßt:

$$J \sim e^{-\frac{1}{3}\left(\frac{2\pi R\vartheta}{\lambda}\right)^2}. \qquad (\mathrm{X},1)$$

$\lambda =$ Wellenlänge, $\vartheta =$ Streuwinkel. Hierin bedeutet $R$ den „Streumassenradius". Er ist analog dem Trägheitsradius in der Mechanik so definiert, daß $R^2$ den Mittelwert der Quadrate aller vom Schwerpunkt aus gerechneten Abstände innerhalb der Partikel darstellt. Speziell für eine Kugel vom Radius $r$ gilt: $R = \frac{3}{5} \cdot r$.

Die Streufunktion der Kugel läßt sich aber auch exakt angeben. Man erhält leicht:

$$J \sim f^2 = \left\{3\,\frac{\sin sr - sr\cos sr}{(sr)^3}\right\}^2; \quad s = \frac{2\pi}{\lambda}. \qquad (\mathrm{X},2)$$

Die durch diese Funktion dargestellte Kurve fällt im inneren Teil praktisch mit der GUINIERschen Näherung (X, 1) zusammen, unterscheidet sich aber von ihr bei größeren Winkeln ($sr > \pi$) durch das Auftreten von Nullstellen und Maxima, aus deren Lage der Kugelradius bestimmt werden kann. Eine Auswertung dieses Kurventeils ist allerdings nur möglich, wenn fast gleich große Teilchen von exakter Kugelgestalt vorliegen. So konnten LEONARD, ANDEREGG, KAESBERG, SHULMAN und BEEMAN[1] an verdünnten wäßrigen Lösungen von Southern Bean Mosaic Virus und Tobacco Necrosis Virus die ersten fünf bzw. drei Nebenmaxima beobachten und daraus in beiden Fällen einen Radius von etwa 150 Å bestimmen, in guter Übereinstimmung mit der Auswertung nach GUINIER und anderen Messungen. YUDOWITCH[2] konnte an einem Standardlatex sogar bis zu zwölf Maxima feststellen und daraus einen Radius von 1400 Å berechnen. Da es sich in diesem Fall nicht um eine verdünnte Lösung handelte, wäre noch die Frage zu prüfen, ob Interferenzeffekte mit Sicherheit ausgeschlossen werden können und die gefundenen Effekte mithin tatsächlich als die Nebenmaxima der exakten Kugelstreufunktion aufgefaßt werden dürfen.

Der Streumassenradius ist nach obigem ein Maß für die Teilchengröße. Wenn man den Logarithmus der Intensität gegen das Quadrat des Streuwinkels aufträgt, muß sich bei Gültigkeit der GUINIERschen Näherung eine Gerade ergeben, aus deren Neigungstangente der Streumassenradius berechnet werden kann. Die Teilchengestalt gibt sich erst in der Abweichung von der Geraden bei größeren Winkeln zu erkennen. Durch Vergleich mit theoretisch berechneten Kurven für verschiedene geometrische Körper besteht also auch die Möglichkeit — allerdings mit weit geringerer Genauigkeit — die Form der Teilchen zu bestimmen. Für zahlreiche einfache Formen wurden bereits exakte Streukurven

---

[1] LEONARD, B. R. JR., J. W. ANDEREGG, P. KAESBERG, S. SHULMAN u. W. W. BEEMAN: J. Chem. Phys. **19**, 793 (1951).
[2] YUDOWITCH, K. L.: J. Appl. Phys. **20**, 174 (1949); **22**, 215 (1951).

berechnet. So hat der eine von uns[1] Formeln für verschiedene Kugel-agglomerate angegeben, die einerseits zur Diskussion von Assoziationen globularer Teilchen und andererseits als Approximation für längliche und abgeplattete Körper dienen können. Für Rotationsellipsoide verschiedener Achsenverhältnisse wurde die strenge Berechnung von SHULL und ROESS[2] sowie von dem anderen von uns[3] durchgeführt, von letzterem auch für prismatische und zylindrische Körper.

Die Berechnung der Streukurven von Kugelagglomeraten[1] kann nach der DEBYEschen[4] Theorie der Streuung des Molekülgases erfolgen. Für Gebilde bestehend aus $n$ gleichgroßen Kugeln gilt die Formel[1a]:

$$J \sim f^2 \sum_i \sum_k \frac{\sin s\, x_{ik}}{s\, x_{ik}}, \qquad (\text{X, 3})$$

worin $f$ den Kugelformfaktor bedeutet, der ebenso wie die Größe $s$ in (X, 2) angegeben ist. $x_{ik}$ ist dabei der Abstand zwischen der $i$-ten und $k$-ten Kugel. Mit Hilfe von (X, 3) konnte die Streukurve von verschiedenen Gebilden berechnet werden, die als Approximation für Stäbchen, Blättchen usw. dienen können. Die Annäherung wird um so besser, in je kleinere Kugeln man sich einen Körper zerlegt denkt. Durch den Übergang zu unendlich kleinen Volumelementen gelangt man zur exakten Formel[3]:

$$J \sim \int_0^\infty \psi\,(x)\, \frac{\sin s\, x}{s\, x}\, d\,x, \qquad (\text{X, 4})$$

worin die Abstandsfunktion $\psi$ die Häufigkeit eines Abstandes $x$ innerhalb des Körpers bedeutet. Da $\psi$ im allgemeinen nicht leicht zu berechnen ist, erweist es sich in manchen Fällen als zweckmäßig, eine andere Formel zu verwenden, die aus (X, 4) durch Reihenentwicklung hervorgeht:

$$J \sim 1 - \overline{x^2}\, \frac{s^2}{3!} + \overline{x^4}\, \frac{s^4}{5!} \ldots \overline{x^n}\, \frac{s^n}{(n+1)!}. \qquad (\text{X, 5})$$

Die Reihenformel (X, 5) gilt universell und benötigt nur die Mittelwerte der geraden Potenzen von $x$ (Momente $n$-ten Grades). Diese können besonders bei Zylindern und Prismen rein geometrisch ohne Kenntnis der Abstandsfunktion $\psi$ abgeleitet werden[3]. Bei Ellipsoiden hat sich ein dritter Weg als der einfachste herausgestellt. Wie HOSEMANN[5] bemerkt hat, liefert ein Ellipsoid in bestimmter Orientierung dieselbe Streukurve wie eine affine Kugel von bestimmtem Radius. Die Rechnung läuft daher bei unorientierten Ellipsoiden auf eine Integration über alle Lagen im Raum hinaus. Die resultierenden Kurven sind loc. cit.[2, 3] angegeben.

Es muß allerdings in diesem Zusammenhang betont werden, daß sich ähnliche Formen, z. B. Ellipsoide und Zylinder gleichen Achsenverhältnisses, nur sehr wenig in ihrer Streukurve unterscheiden. Es ist daher beim Vergleich der experimentellen mit den theoretischen Streukurven derzeit kaum möglich, zwischen beiden eine genauere Unterscheidung zu treffen. Dagegen wird die Streukurve erheblich modifiziert, wenn eine

---

[1] KRATKY, O., u. A. SEKORA: Naturwiss. **31**, 46 (1943). — KRATKY, O.: Mh. Chem. **76**, 325 (1947).

[1a] Vgl. Bd. I, § 15.

[2] SHULL, C. G., u. L. C. ROESS: J. Appl. Phys. **18**, 308 (1947).

[3] POROD, G.: Acta physica Austriaca **2**, 255 (1948); Z. Naturforsch. **4a**, 401 (1948).

[4] DEBYE, P.: Ann. Physik **46**, 809 (1915); Physik. Z. **31**, 348 (1930).

[5] HOSEMANN, R.: Z. Physik **113**, 751 (1939).

oder zwei Dimensionen sehr groß werden. Stäbchen zeigen gegenüber der Streukurve vom korpuskularen Typ einen zusätzlichen Faktor von $1/\vartheta$, Blättchen von $1/\vartheta^2$. Dieses Verhalten gilt in guter Näherung bis zu um so kleineren Abbeugungswinkeln, je größer die Stäbchen- bzw. Blättchenausdehnung ist. Die maximalen Unterschiede werden durch Abb. X, 1 illustriert, in der die Streukurven von drei Extremfällen dargestellt sind, nämlich für eine Kugel, eine unendlich dünne Kreisscheibe und ein unendlich dünnes Stäbchen.

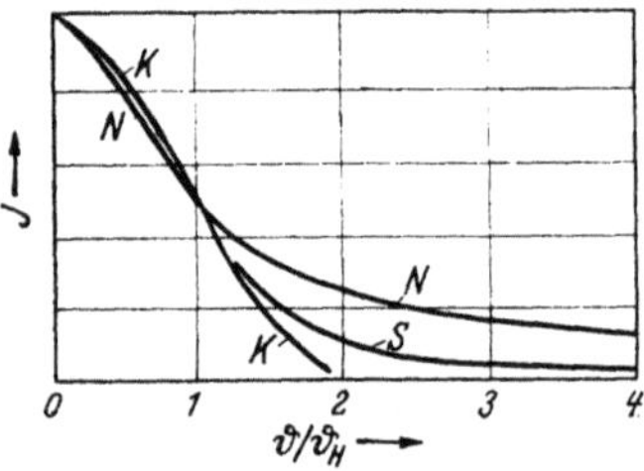


Abb. X, 1. Streukurven von: $K$ = Kugel, $S$ = unendlich dünne Scheibe, $N$ = unendlich dünnes Stäbchen (Nadel). Die Halbwertspunkte sind durch Abszissentransformation zur Deckung gebracht (Porod).

Eine weitere Möglichkeit zur Auswertung des KWS-Diagramms besteht in der Bestimmung der absoluten Streuintensität. Ganz allgemein läßt sich für verdünnte Systeme zeigen, daß der Grenzwert der Streuintensität beim Winkel 0 cet. par. dem Teilchenvolumen proportional ist. Diese Beziehung, auf die zuerst A. Guinier hingewiesen hat, gestattet die Bestimmung eines weiteren wichtigen Parameters neben dem Streumassenradius, wenn verschiedene experimentelle Daten wie Konzentration der Lösung und Elektronendichtendifferenz zwischen Dispersionsmittel und disperser Phase bekannt sind. Bei Verwendung von spaltförmigen Primärstrahlen endlicher Breite sind die Zusammenhänge komplizierter, doch konnten wir einen Weg angeben, der auch hier stets die Volumenbestimmung ermöglicht. Aus der gleichzeitigen Kenntnis des Streumassenradius und des Volumens lassen sich indirekt Rückschlüsse auf die Form der Teilchen ziehen. Betrachtet man, wie es meist geschieht, die Partikel in erster Näherung als Rotationsellipsoid, dann gibt es bei gegebenem Volumen jeweils nur ein gestrecktes und ein abgeplattetes Ellipsoid für einen bestimmten Streumassenradius. Allgemein gilt, daß bei gleichem Volumen der Streumassenradius um so größer ist, je mehr die Teilchengestalt von der Kugel abweicht.

Das bis jetzt Gesagte bezog sich auf homodisperse verdünnte Systeme. Bei Vorliegen von Polydispersität werden die Verhältnisse insofern komplizierter, als die Überlagerung der verschiedenen Streukurven stärker von der Guinierschen Näherung abweicht. Immerhin läßt sich auch hier noch aus dem innersten Kurventeil ein Streumassenradius bestimmen, der ein gewogenes Mittel über alle Partikel darstellt, derart, daß die großen Teilchen vermöge ihrer bedeutenderen Streukraft bevorzugt zur Geltung kommen. Wir wollen jedoch in diesem Zusammenhang auf die Diskussion polydisperser Systeme nicht näher eingehen, da sich fast alle Untersuchungen über korpuskulare Makromoleküle in Lösung auf homodisperse Proteine beziehen. Bei den später zu besprechenden Fadenmolekülen spielt die stets vorhandene Polydispersität röntgenographisch nur eine untergeordnete Rolle.

Bereits in verdünnten Lösungen von Proteinen können Assoziationen vorkommen, wie sie z. B. von dem einen von uns gemeinsam mit

A. SEKORA und H. FRIEDRICH-FREKSA für Hämocyanin[1] (vgl. Abb. X, 3) nachgewiesen und für Insulin[2] wahrscheinlich gemacht werden konnte. Eine solche Aneinanderlagerung von zwei oder mehr korpuskularen Teilchen gibt sich in einem Buckel der sonst monoton fallenden Streukurve zu erkennen.

In konzentrierten Lösungen darf man nicht mehr mit einer reinen Partikelstreuung rechnen; vielmehr tritt bei wachsender Annäherung der Teilchen ein zwischenmolekularer Interferenzeffekt auf, kenntlich an einer Schwächung der Intensität bei kleinen Winkeln, die bis zur Ausbildung eines amorphen Ringes analog einem Flüssigkeitsdiagramm führen kann. Die theoretischen Grundlagen zur Beherrschung dieser Streuphänomene sind noch wenig ausgebaut. Die Verhältnisse werden erst wieder übersichtlich in sehr konzentrierten Lösungen, wo das Streudiagramm hauptsächlich durch zwischenmolekulare Interferenzeffekte beherrscht wird. Sobald verhältnismäßig scharfe Interferenzringe auftreten, kann man wohl diesen nach dem BRAGGschen Gesetz Netzebenenabstände $d$ zuordnen. Dies hat auch dann noch einen Sinn, wenn keine strenge gittermäßige Ordnung, sondern nur eine Art Flüssigkeitsstruktur mit Ordnung in kleinen Bereichen vorhanden ist. Dieser BRAGGsche Abstand $d$ kann nach RILEY[3] in eine einfache Beziehung zu dem mittleren Abstand $s$ zwischen benachbarten Molekülen gesetzt werden

$$s = kd. \tag{X, 6}$$

Für hexagonal und kubisch-dichteste Packung (12-Koordination) oder raumzentrierte Packung (8-Koordination) ergibt sich als Faktor $k = \sqrt{3/2} = 1{,}23$; eine analoge geometrische Betrachtung führt im Falle von dichtgepackten Zylindern (6-Koordination) in Richtung der Durchmesser zu einem Korrekturfaktor $k = 2/\sqrt{3} = 1{,}15$.

## § 78. Anwendungen der KWS-Methode auf korpuskulare Proteine in Lösung.

Die bisher vorliegenden verläßlichen Untersuchungen von Proteinen in Lösung mit Hilfe der KWS sind nicht sehr zahlreich. Die folgende Tab. X, 1 zeigt zunächst die wichtigsten bisherigen Ergebnisse. Die ersten Untersuchungen von GUINIER[4, 5] sowie dem einen von uns[6, 7, 8] hatten mehr den Zweck, die Brauchbarkeit der Kleinwinkelmethode zu

[1] KRATKY, O., A. SEKORA u. H. FRIEDRICH-FREKSA: Anz. Akad. Wiss. Wien, Math.-naturwiss. Kl. v. 7. 3. 1946.

[2] KRATKY, O.: Mh. Chem. 77, 224 (1947).

[3] RILEY, D. P.: Brit. Sci. News 3, 7 (1950). — RILEY, D. P., u. D. HERBERT: Biochim. et Biophysica Acta (Wien) 4, 374 (1950).

[4] GUINIER, A.: Thèses, Série A, Nr. 1854 (1939); C. r. Acad. Sci. (Paris) 204, 1115 (1937).

[5] GUINIER, A.: Ann. Physique 12, 161 (1939).

[6] KRATKY, O., u. A. SEKORA: Naturwiss. 31, 46 (1943). — KRATKY, O.: Mh. Chem. 76, 325 (1947).

[7] KRATKY, O.: Mh. Chem. 77, 224 (1947).

[8] KRATKY, O.: J. Polymer Sci. 3, 195 (1948).

erweisen. So konnte z. B. die Streukurve von Chymotrypsin zwanglos durch die Annahme einer kugelförmigen Gestalt der Moleküle mit einem Radius von 23 Å gedeutet werden, was mit dem Molekulargewicht von etwa einer SVEDBERG-Einheit befriedigend in Einklang steht. Ebenso ergab die Streukurve von Edestin unter Annahme von kugelförmigen Molekülen praktisch exakte Übereinstimmung mit dem von SVEDBERG bestimmten Molekulargewicht von 309000. Abb. X, 2 zeigt, wie

Tabelle X, 1.

*Molekulargewichte und Achsenverhältnisse aus der Röntgenkleinwinkelstreuung.*

$M$ = Molekulargewicht, bestimmt mittels Ultrazentrifuge; $R$ = Streumassenradius in Å bzw. Kugelradius in Klammer; $p$ = Achsenverhältnis bei Annahme von Rotationsellipsoiden; nicht in Klammer: gestreckt, in Klammer: abgeplattet.

| Protein | $M$ | $R$ | $p$ | Autor |
|---|---|---|---|---|
| Ovalbumin | 34000 | 20,3 | 2,4 | GUINIER[1] |
|  |  | 24,0 | { 2,9<br>{ (5,5) | { RITLAND, KAES-<br>{ BERG, BEEMAN[2] |
|  |  | 20,5 | (2,8) | RILEY-HERBERT[3] |
| Hämoglobin (Pferd) | 86000 | (23,0) |  | GUINIER-FOURNET[4] |
| Chymotrypsin | 42000 | (23,0) | 1 | KRATKY-SEKORA[5] |
| Edestin | 300000 | (48,0) | 1 | KRATKY[6] |
| Hämocyanin (Weinberg-<br>schnecke) | 8900000 | (130) | 1 | KRATKY, SEKORA,<br>FRIEDRICH-<br>FREKSA[8] |
| Insulin | 41000 | assoziiert |  | KRATKY[7] |
| Tabakmosaikvirus | lange Stäbchen, sechseckiger<br>Querschnitt 75 |  |  | KRATKY[7] |
| Lysocym | 18000 | 16,0 | { 2,3<br>{ (2,8) | RITLAND, KAES-<br>BERG, BEEMAN[2] |
| $\beta$-Lactoglobulin | 35400 | 24,6 | { 3,6<br>{ (5,5) | RITLAND, KAES-<br>BERG, BEEMAN[2] |
| Hämoglobin (Rind) | 66700 | 23,9 | { 2,1<br>{ (2,4) | RITLAND, KAES-<br>BERG, BEEMAN[2] |
| Serumalbumin (Rind) | 69000 | 26,6 | { 2,7<br>{ (3,4) | RITLAND, KAES-<br>BERG, BEEMAN[2] |
| Hämoglobin | 66700 | Zylinder 57,34 |  | RILEY-HERBERT[3] |
|  |  | (29,5) | 1,0 |  |

[1] GUINIER, A.: Thèses, Série A, Paris, Nr. 1854 (1939); C. r. Acad. Sci. (Paris) **204**, 1115 (1937).

[2] RITLAND, H. N., P. KAESBERG u. W. W. BEEMAN: J. Chem. Phys. 18, 1237 (1950).

[3] RILEY, D. P.: Brit. Sci. News **3**, 7 (1950). — RILEY, D. P., u. D. HERBERT: Biochim. et Biophysica Acta **4**, 374 (1950).

[4] GUINIER, A., u. G. FOURNET: C. r. Acad. Sci. (Paris) **226**, 656 (1948); Bull· Soc. chem. Belgique **57**, 286 (1948).

[5] KRATKY, O., u. A. SEKORA: Naturwiss. **31**, 46 (1943). — KRATKY, O.: Mh. Chem. **76**, 325 (1947).

[6] KRATKY, O.: Mh. Chem. **77**, 224 (1947).

[7] KRATKY, O.: J. Polymer. Sci. **3**, 195 (1948).

[8] KRATKY, O., A. SEKORA u. H. FRIEDRICH-FREKSA: Anz. Akad. Wiss. Wien, Math.-naturwiss. Kl. v. 7. 3. 1946.

gut sich die Meßpunkte durch die theoretische Kugelstreufunktion darstellen lassen. Besonderes Interesse dürfte die Untersuchung des Hämocyanins der Weinbergschnecke (Helix pomatia) beanspruchen. Die Streukurve zeigte ein deutliches Maximum, das nach der BRAGGschen Beziehung einer Periode von 260 Å entspricht (Abb. X, 3). Dieser Befund konnte zwanglos durch die Annahme

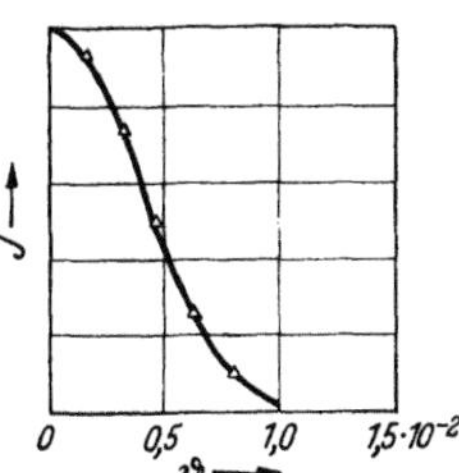

Abb. X, 2. Kleinwinkelstreuung von Edestinlösung (KRATKY und SEKORA). Δ Δ Δ Experiment. ——— Theorie: unter Zugrundelegung des SVEDBERGschen Molekulargewichtes 309 000 und bei Annahme von Kugelgestalt.

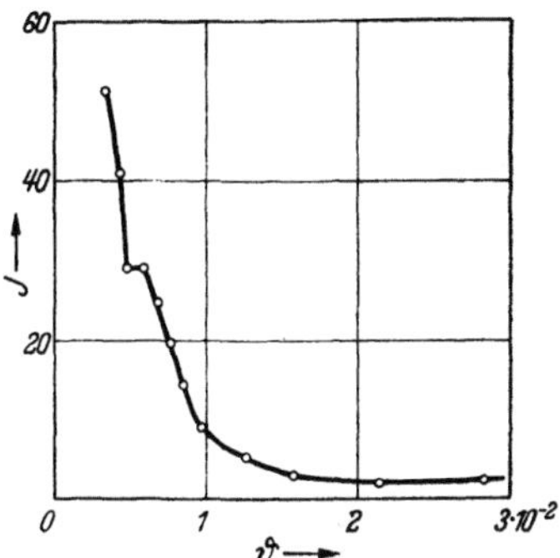

Abb. X, 3.
Streukurve von Hämocyanin (Differenz der Streukurve von Lösung und Lösungsmittel) (KRATKY, SEKORA, FRIEDRICH-FREKSA).

von perlschnurartigen Aggregationen kugelförmiger Moleküle von diesem Durchmesser gedeutet werden. Damit steht auch das Molekulargewicht von 8 900 000 in Einklang. Die Kugelgestalt der Moleküle ist ferner durch elektronenmikroskopische Aufnahmen sichergestellt. Andererseits ist aus Strömungsdoppelbrechungsmessungen von BJÖRNSTAHL und SNELMANN bekannt, daß den Hämocyaninmolekülen in Lösung eine langgestreckte Gestalt zukommen muß. Der scheinbare Widerspruch mit dem Befund der Ultrazentrifuge konnte somit durch die KWS-Messung aufgeklärt werden. Ein ähnlicher Fall von Assoziation scheint nach vorläufigen Messungen, vgl. auch § 113 h, beim Insulin vorzuliegen. Der ferner untersuchte Tabakmosaikvirus[1] besitzt nach den Feststellungen von BERNAL und FANKUCHEN[2] die Gestalt eines sehr langen sechsseitigen Prismas mit der kurzen Kante 75 Å. Vorläufige KWS-Messungen ergaben befriedigende Übereinstimmung.

Eine sehr eingehende Untersuchung wurde in letzter Zeit von RITLAND, KAESBERG und BEEMAN[3] an verdünnten Lösungen von fünf monodispersen Proteinen, nämlich Lysocym, $\beta$-Lactoglobulin, Ovalbumin, Rinderhämoglobin und Rinderserumalbumin durchgeführt. Die genannten Autoren verwendeten eine Kleinwinkelkamera mit Schlitzsystem und Zählrohranzeige. Die Monochromatisierung auf Cu-$K_\alpha$-Strahlung erfolgte durch Nickel-Kobaltfilterung. Um den Einfluß der Konzentration zu untersuchen, wurde zunächst mit Rinderserumalbumin eine Aufnahmeserie hergestellt. Es ergab sich bis zur Konzentration von

---


[1] KRATKY, O.: J. Polymer. Sci. **3**, 195 (1948).

[2] BERNAL, J. D., u. J. FANKUCHEN: Nature (Lond.) **139**, 923 (1937).

[3] RITLAND, H. N., P. KAESBERG u. W. W. BEEMAN: J. Chem. Phys. 18, 1237 (1950).

15% keine, bei 30% jedoch schon eine beträchtliche Abweichung. Alle Auswertungen wurden daher mit verdünnteren Lösungen als 15% vorgenommen. Abb. X, 4 gibt die Streukurven in der GUINIERschen Auftragung (log $J/\vartheta^2$) wieder. Man erkennt die ausgezeichnete Gültigkeit der GUINIERschen Näherung im inneren Winkelbereich (die Abweichungen

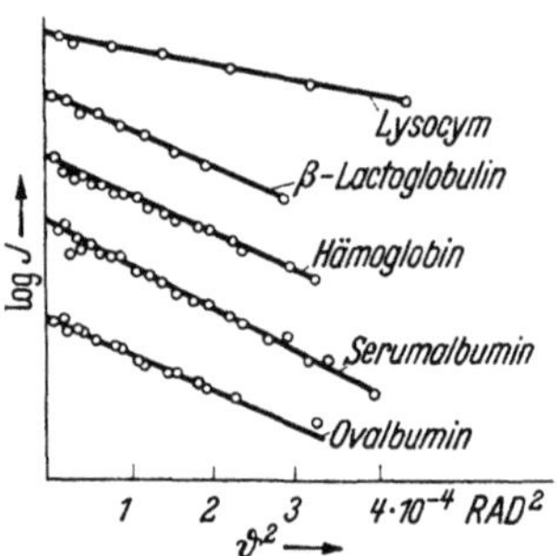


Abb. X, 4. Die geradlinigen Teile der Streukurven von 5 Proteinen. Die experimentellen Punkte umfassen einen Intensitätsbereich zwischen 1:2 und 1:3 (RITLAND, KAESBERG, BEEMAN)

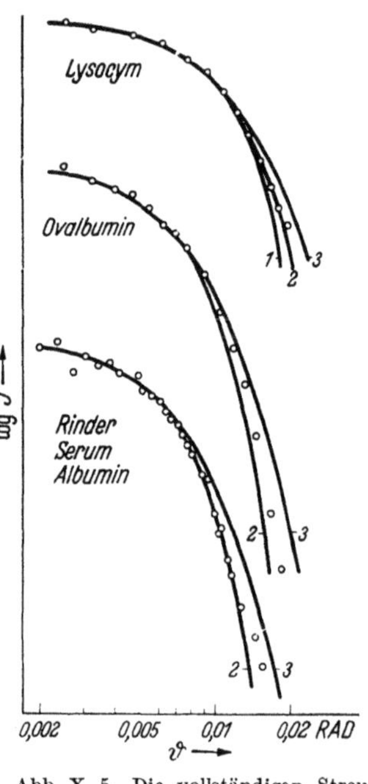


Abb. X, 5. Die vollständigen Streukurven von drei Proteinen. Die ausgezogenen Linien sind theoretische Kurven für gestreckte Ellipsoide der angegebenen Achsenverhältnisse. Die experimentellen Punkte umfassen einen Intensitätsbereich von etwa 1:6 für Lysocym 1:35 für Ovalbumin und 1:17 für Rinderserumalbumin (RITLAND, KAESBERG, BEEMAN).

im äußeren Teil sind in der Abbildung nicht eingezeichnet). Die so bestimmten Streumassenradien (s. Tab. X, 1) ergaben durch Vergleich mit dem bekannten Molekulargewicht und unter Annahme ellipsoidischer Gestalt der Moleküle je zwei mögliche Achsenverhältnisse (s. Tab. X, 1).

Die Autoren waren nun in der Lage, daraus noch weitere Schlüsse zu ziehen, indem sie die in der Ultrazentrifuge bestimmten Dissymmetriefaktoren zur Auswertung heranzogen. Diese können bekanntlich sowohl auf einer Abweichung von der Kugelgestalt als auch auf einer Hydratisierung beruhen. Unter Benutzung von Kurven von ONCLEY[1] war es möglich, jene äußere Hydratschicht zu bestimmen, die zusammen mit der röntgenographisch ermittelten Ellipsoidform gerade ausreicht, um den richtigen Dissymmetriefaktor zu liefern. Es ergab sich auf diesem Wege im Durchschnitt eine etwa monomolekulare Hydratschicht. Die zweite Auswertungsmethode von RITLAND, KAESBERG und BEEMAN bestand in der Analyse der KWS bei größeren Winkeln. Abb. X, 5 zeigt die Streukurven von Lysocym, Ovalbumin und Rinderserumalbumin in logarithmischer Auftragung und gleichzeitig zum Vergleich die von dem einen von uns[2] angegebenen

---

[1] ONCLEY, J. L.: Ann. N.Y. Acad. Sci. 41, 121 (1941).
[2] POROD, G.: Acta physica Austriaca 2, 255 (1948); Z. Naturforsch. 4a, 401 (1948).

Kurven für gestreckte Ellipsoide verschiedener Achsenverhältnisse. Die Übereinstimmung zwischen Theorie und Experiment kann als befriedigend bezeichnet werden. Die so erhaltenen Werte der Achsenverhältnisse, Lysocym 2,0, Ovalbumin 2,5 und Rinderserumalbumin 2,2, sind durchwegs etwas kleiner als die aus dem Streumassenradius und Volumen berechneten, 2,3; 2,9; 2,7. Der Unterschied kann einer inneren Hydratation zugeschrieben werden, falls er nicht innerhalb der Fehlergrenze liegt. Nach den genannten Autoren würde ein innerer Wassergehalt der Proteinmoleküle von etwa 0,15 bis 0,20 g Wasser pro Gramm Protein anzunehmen sein.

Die Untersuchungen von RITLAND, KAESBERG und BEEMAN illustrieren sehr schön die Verwendbarkeit der KWS, vor allem wenn sie mit anderen Ergebnissen kombiniert werden kann. Im Falle des Ovalbumins besteht eine annehmbare Übereinstimmung mit einer der ersten Messungen von GUINIER[1], der einen Streumassenradius von 20,3 Å fand. Ebenfalls von GUINIER[2] stammt eine Messung an Pferdehämoglobin in verdünnter Lösung ($R = 23,0$ Å) in sehr guter Übereinstimmung mit den kristallographischen Messungen von PERUTZ[3] und Mitarbeitern an demselben Protein, die als wahrscheinlichste Form des Moleküls einen flachen Zylinder von 57 Å Durchmesser und 34 Å Höhe ergaben ($R = 22,4$ Å). Auch die Messungen von RITLAND, KAESBERG und BEEMAN[4] an Rind-Hämoglobin sind damit verträglich, so daß es wahrscheinlich ist, daß sich die Hämoglobinmoleküle von Pferd und Rind nicht sehr wesentlich unterscheiden. RILEY und HERBERT[5] gingen bei der Untersuchung von Ovalbumin und Hämoglobin (Mensch) andere Wege. Diese Autoren stellten möglichst konzentrierte Lösungen her, wo die KWS hauptsächlich durch die intermolekulare Interferenz bestimmt ist. Eine 58%ige Lösung von Hämoglobin gab zwei deutlich getrennte Beugungsringe mit den BRAGGschen Abständen von 54,5 und 32,5 Å. Die grundlegende Annahme von RILEY und HERBERT ist nun die, daß sich die monomolekular hydratisierten Proteinmoleküle dicht aneinander lagern und so eine Art von verwackeltem Gitter bilden, so daß in der Lösung Bereiche derartiger Assoziate und Bereiche reinen Lösungsmittels vorhanden sind. Dann kann der mittlere Abstand zwischen den nächsten Nachbarn mit Hilfe der eingangs erwähnten Beziehung (X, 6) berechnet werden. Nimmt man mit RILEY und HERBERT dieselbe Molekülgestalt wie für Pferdehämoglobin an, dann lassen sich beide BRAGGschen Abstände mit dem Zylinderdurchmesser und der Zylinderhöhe in Verbindung setzen. Tatsächlich ergab sich ausgezeichnete Übereinstimmung. In verdünnteren Lösungen von 25,6%

---

[1] GUINIER, A.: Thèses, Série A, Paris, Nr. 1854 (1939); C. r. Acad. Sci. (Paris) **204**, 1115 (1937).

[2] GUINIER, A.: Ann. Physique **12**, 161 (1939).

[3] BOYES-WATSON, J., E. DAVIDSON u. M. F. PERUTZ: Proc. Roy. Soc. (Lond.) A **191**, 83 (1947).

[4] RITLAND, H. N., P. KAESBERG u. W. W. BEEMAN: J. Chem. Phys. **18**, 1237 (1950).

[5] RILEY, D. P.: Brit. Sci. News **3**, 7 (1950). — RILEY, D. P., u. D. HERBERT: Biochim. et Biophysica Acta **4**, 374 (1950).

wurde nun nur eine breite Bande entsprechend $d = 77$ Å erhalten, was einem mittleren Abstand von 95 Å entspricht. In diesem Falle ist offenbar die geordnete Packung aufgelöst, und die Moleküle können frei in der Lösung rotieren. PERUTZ[1] weist in diesem Zusammenhang darauf hin, daß auch ein ähnliches Ergebnis von GUINIER[2] und Mitarbeitern an roten Blutzellen (Pferd) gerade durch eine freie Rotation der hydratisierten Moleküle gedeutet werden kann. In verdünnteren Lösungen erscheint nur die reine Partikelstreuung. RILEY und HERBERT[3] geben als zweite mögliche Deutung ihrer Experimente ein kugelförmiges Hämoglobinmolekül vom Durchmesser 59 Å an, während aus dem Molekulargewicht von 66700 ein Durchmesser von 54 Å folgen würde. Die von denselben Autoren durchgeführte Untersuchung von Ovalbumin in 42,4%iger Lösung ergab ein komplizierteres KWS-Diagramm, das teils inter-, teils intramolekularen Interferenzen zugeschrieben werden konnte. Danach scheint Ovalbumin eine starke Assoziationstendenz selbst in verdünnten Lösungen zu besitzen. Zwei mögliche Modelle sind a) ein flaches Ellipsoid vom Durchmesser 63 Å und der Höhe 22,5 Å, sowie b) ein Doppelmolekül, bestehend aus zwei hydratisierten Zylindern vom Durchmesser 20,5 Å und der Höhe 68 Å. Beide Modelle würden mit einem Streumassenradius von 20,5 Å bzw. 20,7 Å sehr gut mit dem oben erwähnten Ergebnis von GUINIER[4] ($R = 20,3$ Å) und immer noch recht befriedigend mit den Befunden von RITLAND, KAESBERG und BEEMAN[5] ($R = 24$ Å) übereinstimmen.

## § 79. Kleinwinkelstreuung von Lösungen fadenförmiger Moleküle.

### a) Theorie.

Die Streuung von Röntgenstrahlen an Lösungen von Fadenmolekülen hat formal sehr große Ähnlichkeit mit der Streuung von sichtbarem Licht am gleichen Objekt.

Die Streuung von Röntgenstrahlen und von sichtbarem Licht an Lösungen von Fadenmolekülen liefert im Prinzip eine formal gleiche Winkelabhängigkeit, nur mit dem Unterschied, daß die Streuung von Röntgenstrahlen wegen der um fast vier Größenordnungen kürzeren Wellenlänge auch auf einen um den Faktor $10^4$ kleineren Winkelbereich zusammengedrängt ist. So kommt es, daß nur der innerste Teil der KWS mit der Lichtstreuung in Parallele zu setzen ist, während dem äußeren Teil der KWS kein entsprechender Effekt in der Lichtstreuung zuzuordnen ist. Die Lichtstreuung besitzt hinsichtlich der Ausmessung des

---

[1] PERUTZ, M. F.: Nature (Lond.) **161**, 204 (1948).

[2] DERVICHIAN, D. K., G. FOURNET u. A. GUINIER: C. r. Acad. Sci. (Paris) **224**, 1848 (1947).

[3] RILEY, D. P.: Brit. Sci. News **3**, 7 (1950). — RILEY, D. P., u. D. HERBERT: Biochim. et Biophysica Acta (Wien) **4**, 374 (1950).

[4] GUINIER, A.: Thèses, Série A, Paris, Nr. 1854 (1939); C. r. Acad. Sci. (Paris) **204**, 1115 (1937).

[5] RITLAND, H. N., P. KAESBERG u. W. W. BEEMAN: J. Chem. Phys. **18**, 1237 (1950).

dem inneren Teil der KWS entsprechenden Gebietes wegen der bequemeren Zugänglichkeit unbestreitbare Vorteile; andererseits liefert die Auswertung des äußeren Teiles der KWS zusätzliche Informationen.

Die für uns wichtigsten und in Band I, § 54 und § 56 dargestellten Ergebnisse der Untersuchungen von DEBYE[1], DOTY, ZIMM, MARK, OSTER[2] u. a. über die Lichtstreuung von gelösten Fadenmolekülen lassen sich kurz wie folgt zusammenfassen:

1. Bei kleinen Winkeln erfolgt die Streuung etwa nach einer GAUSSschen Kurve. Ihre *Halbwertsbreite* $\vartheta_H$ ergibt den mittleren Abstand $\sqrt{h^2}$ der Molekülenden:

$$\vartheta_H \sim \frac{1}{\sqrt{r^2}} \approx \frac{1}{\sqrt{h^2}} \ . \tag{X, 7}$$

2. Anschließend erfolgt ein Verlauf etwa gemäß: $\frac{1}{\vartheta^2}$ .

Der mittlere Abstand der Molekülenden $\sqrt{h^2}$ hängt im Sinne von W. KUHN[3] mit der Länge des statistischen Fadenelementes $A_m$ und der Anzahl $Z$ der statistischen Fadenelemente im Molekül nach der Beziehung (vgl. auch Band I, § 32, 33) zusammen:

$$\sqrt{h^2} = A_m \sqrt{Z} \ . \quad \text{(Irrflugprinzip)} \tag{X, 8}$$

Der Sinn dieser Beziehung wird durch Abb. X, 6 veranschaulicht. Man betrachtet an Stelle des tatsächlichen Moleküls einen Ersatzkörper aus geradlinigen Strecken $A_m$, wobei die folgenden drei Bedingungen erfüllt sind:

a) Die Länge des Moleküls im gestreckten Zustand (sog. hydrodynamische Länge) ist gleich der Länge des ebenfalls ausgestreckten Ersatzkörpers.

b) Der Endpunktsabstand von Molekül und Ersatzkörper ist gleich.

c) Die Aneinanderfügung der Strecken $A_m$ erfolgt hinsichtlich der Richtung nach dem Zufall, also irrflugartig. Durch diese drei Bedingungen ist eine ganz bestimmte Länge der geradlinigen Stücke $A_m$

---

[1] DEBYE, P.: J. Appl. Phys. **17**, 392 (1946); J. Phys. Colloid Chem. **51**, 18 (1947).

[2] OSTER, G.: Rec. Trav. chim. Pays-Bas **68**, 826 (1949). — OUTER, P., C. J. CARR u. B. H. ZIMM: Chem. Phys. **6**, 830 (1950). — BRINKMAN, H. C., u. J. HERMANS: J. Chem. Phys. **17**, 574 (1949). — ZIMM, B. H., R. S. STEIN u. P. DOTY: Polymer Bull. **1**, 90 (1945). — BADGER, R. M., u. R. H. BLACKER: J. Phys. Colloid Chem. **53**, 1057 (1949). — DOTY, P. M., B. H. ZIMM u. H. MARK: J. Chem. Phys. **13**, 159 (1945). — STEIN, R. S., u. P. DOTY: J. Amer. Chem. Soc. **68**, 159 (1946).

[3] KUHN, W.: Kolloid-Z. **68**, 2 (1934). Eine statistische Behandlung des verknäuelten Fadenmoleküls, die im Prinzip zu ähnlichen Ergebnissen geführt hat, ist praktisch gleichzeitig von W. KUHN und — unabhängig — von E. GUTH u. H. MARK [Mh. Chem. **65**, 93 (1934)] gegeben worden. Weitere Arbeiten der KUHNschen Schule: W. KUHN u. H. KUHN: Helvet. chim. Acta **26**, 1394 (1943); **28**, 97, 153 (1945); **29**, 71, 609, 830, 1095 (1946); **30**, 1233 (1947); Chimia **2**, 173 (1948); eine leicht verständliche Zusammenfassung: W. KUHN: Experientia (Basel) **1**, 1 (1945). Weitere wichtige Untersuchungen auf diesem Gebiet stammen insbesondere von J. J. HERMANS: z. B. Rec. Trav. chim. Pays-Bas **63**, 25 (1944); Kolloid-Z. **106**, 22 (1944); Physica **10**, 777 (1943).

festgelegt (Abb. X, 6a). Wählt man die geradlinigen Stücke kürzer (Abb. X, 6b), so darf man, um bei gleicher hydrodynamischer Länge den gleichen Endpunktsabstand zu erreichen, die Aneinanderfügung nicht mehr irrflugartig machen, sondern muß die stumpfen Winkel zwischen zwei aufeinanderfolgenden Stücken im Mittel bevorzugen (positive *Persistenz*). Umgekehrt zwingt die Wahl zu langer geradliniger Strecken im Ersatzkörper zu einer Bevorzugung der spitzen Winkel (negative Persistenz) (Abb. X, 6c). Wenn so ein Molekül von bestimmtem Verknäuelungsgrad

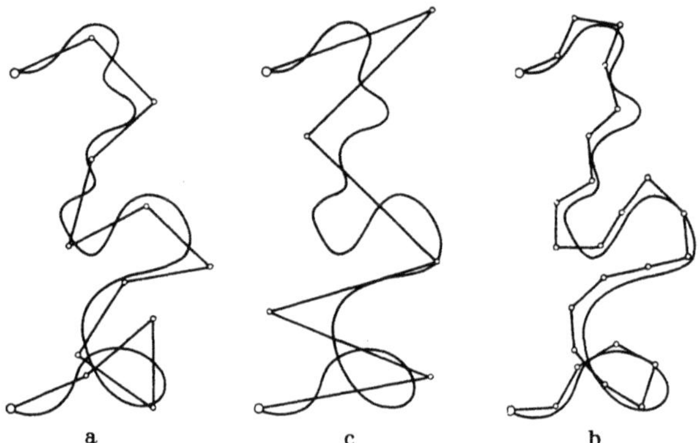

Abb. X, 6. Ersatz eines verknäuelten Fadenmoleküls durch Aneinanderfügung geradliniger Strecken, welche die folgende Länge haben: a) gleich $A_m$, b) kürzer als $A_m$, c) länger als $A_m$.

eine ganz bestimmte Größe ihres statistischen Fadenelementes bedingt, so ist umgekehrt durch die Angabe des statistischen Fadenelementes die mittlere Gestalt charakterisiert.

Wir wollen jetzt der Beziehung (X, 8) noch eine andere Form geben, indem wir die hydrodynamische Länge $L$ einführen. Es gilt natürlich: $L = A_m Z$, so daß wir erhalten:

$$\sqrt{\overline{h^2}} = A_m \sqrt{\frac{L}{A_m}} = \sqrt{A_m L} \; ; \qquad (X, 9)$$

bei Kenntnis von $L$ (aus der chemischen Struktur und dem Molekulargewicht) und $\sqrt{\overline{h^2}}$ ist also das statistische Fadenelement $A_m$ und damit eine typische Maßzahl für die mittlere Gestalt des Moleküls gegeben.

Bei der Ableitung der Beziehung (X, 8) war die Annahme unterstellt worden, daß der mittlere Abstand $\sqrt{\overline{h^2}}$ zweier Punkte des Fadenmoleküls bei einer hydrodynamischen Entfernung $L$ proportional ist zu $\sqrt{L}$. Diese Annahme ist im Grenzfall genügend entfernter Punkte richtig, wird aber grundfalsch für einander naheliegende Stellen der Kette. Man erkennt dies sofort, wenn man den *Kontraktionsgrad q* ausrechnet, d. i. das Verhältnis des Abstandes zweier Punkte im verknäuelten Zustand zum Abstand in gestrecktem Zustand. Im Sinne der Annahme, daß der Abstand im verknäuelten Zustand $\sim \sqrt{L}$ sei, können wir diesen auch in der Ausdrucksweise von W. Kuhn[1] mit $A_m \sqrt{Z}$ bezeichnen. Die gestreckte Länge ist dann $A_m Z$, unser Kontraktionsgrad daher:

$$q = \frac{A_m \sqrt{Z}}{A_m Z} = \frac{1}{\sqrt{Z}}. \tag{X, 10}$$

Kurve 1 in Abb. X, 7, die diesen Zusammenhang veranschaulicht, läßt erkennen, daß bei einer hydrodynamischen Länge $L < A_m$ die Kontraktion größer als 1 ist, d. h. die Kette über ihre gestreckte Länge hinaus gedehnt erscheint. In Wahrheit wird bei sehr kleinen Längen $L \ll A_m$ die Kontraktion gleich 1 sein, d. h. eine Entfernung sehr naher Punkte der Kette wird, wie man sich an den verknäuelten Fäden in Abb. X, 6 ohne weiteres klar macht, durch die Verknäuelung noch nicht wesentlich verkleinert. Mit wachsendem $L$ wird die Kontraktion allmählich in die von der Irrflugstatistik geforderte übergehen, wie dies Kurve 2 in Abb. X, 7 andeutet. Wie dieser Übergang von der praktisch völligen Streckung eines sehr kurzen Stückes in die Irrflugstatistik einer längeren Kette erfolgt, ist in den statistischen

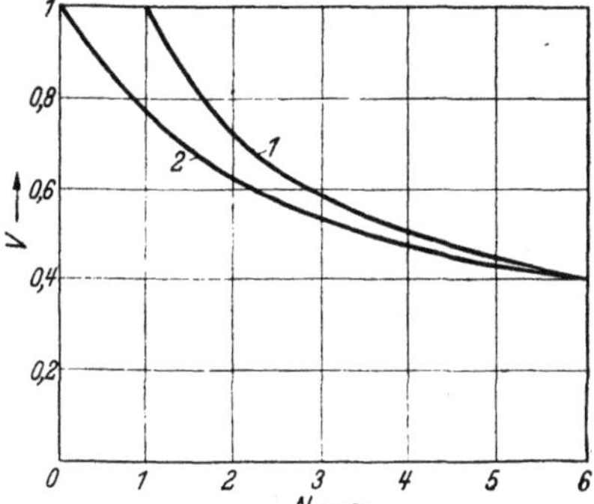

Abb. X, 7. Endpunktsabstand bei verknäuelten Molekülen, die nur eine kleine Anzahl $N$ von statistischen Fadenelementen enthalten. Kurve 1: nach dem bisher üblichen Ansatz, Kurve 2: nach der neuen Theorie.

Theorien von Smoluchowsky und Einstein nicht behandelt worden. Es mußte erst eine neue Statistik geschaffen werden, um diese Lücke auszufüllen. Wir können hier nur das Ergebnis der von dem einen von uns[2] durchgeführten Rechnung bringen (Näheres in Band I, § 35). Danach ist ohne Einschränkung hinsichtlich der *Länge* einer verknäuelten Kette das mittlere Quadrat ihres Endpunktsabstandes gegeben durch:

$$\overline{h^2} = 2a^* (L - a^* + a^* e^{-L/a^*}), \tag{X, 11}$$

darin ist $a^*$ eine neu eingeführte Größe, die „*Persistenzlänge*". Sie ist ein Maß für den mittleren Streckungsgrad einer Kette und kann folgendermaßen definiert werden. Eine Kette beginne im Ursprung eines Koordinatensystems und verlaufe zunächst in der $z$-Richtung. Lassen wir einen Punkt auf der Kette entlang wandern, und betrachten wir dessen $z$-Koordinate, so wird diese zunächst rasch anwachsen, in dem Maße aber wie die Kette die Ausgangsrichtung verliert, immer langsamer und schließlich statistisch zu- und abnehmen.

Immerhin läßt sich zeigen, daß die mittlere $z$-Koordinate eines unendlich fernen Punktes einen endlichen Wert hat, nämlich den, der in der

---

[1] Siehe Anm. 3, S. 527.
[2] Porod, G.: Mh. Chem. **80**, 251 (1949).

obigen Formel als Persistenzlänge bezeichnet wurde. Fragen wir nun, wie sich der mittlere Richtungscosinus beim Fortschreiten entlang der Kette ändert, so ergibt sich dieser zu:

$$\overline{\cos \alpha} = e^{-L/a^*} . \qquad (X, 12)$$

An der Stelle $L = a^*$, d. h. nach Durchschreiten der Persistenzlänge ist also der Richtungscosinus auf den Wert $\frac{1}{e}$ abgesunken. Die Persistenzlänge hat also hinsichtlich des Abklingens der Richtung eine formal gleiche Bedeutung wie der reziproke Absorptionskoeffizient hinsichtlich des Abklingens etwa der Lichtintensität. Ihre Beziehung zum KUHNschen statistischen Fadenelement, das ja ebenfalls den Streckungsgrad einer Kette mißt, ist, wie sich ebenfalls leicht zeigen läßt, gegeben gemäß:

$$A_m = 2 a^* . \qquad (X, 13)$$

Längs eines KUHNschen statistischen Fadenelementes klingt also der Richtungscosinus auf den Bruchteil $\frac{1}{e^2}$ ab.

Unsere Aufgabe wird es nun sein, für die in der Statistik der innermolekularen Abstände durch (X, 11) richtig beschriebene Kette das Verhalten bei der Streuung von Licht (Röntgenlicht) neu zu berechnen. Zunächst erkennen wir leicht, daß die Beziehung in den Grenzen sehr kurzer und sehr langer Ketten unseren Erwartungen entspricht. Für $L \ll a^*$ erhalten wir leicht $\sqrt{\overline{h^2}} = L$, also vollständige Streckung, während für $L \gg a^*$ sofort folgt:

$$\overline{h^2} = 2 a^* L = A_m L , \qquad (X, 14)$$

also die Irrflugstatistik. Da sich vor allem die kleinen innermolekularen Abstände von dem von DEBYE verwendeten Ansatz unterscheiden, ist also zu erwarten, daß die resultierende Streufunktion insbesondere bei größeren Ablenkungswinkeln Unterschiede gegenüber der von DEBYE angegebenen Funktion zeigen wird. Das ist auch tatsächlich der Fall. Die Funktion[1,2], auf deren vollständige Wiedergabe hier verzichtet werden soll, zeigt folgendes Verhalten:

1. Bei kleinsten Winkeln liefert sie in Übereinstimmung mit DEBYE einen GAUSSschen Verlauf. Die Halbwertsbreite ergibt wieder den mittleren Endpunktsabstand.

2. Daran schließt sich wieder ein etwa gemäß $1/\vartheta^2$ verlaufender Ast. Wäre der Faden unendlich lang, so würde die Streukurve gegen kleinere Winkel zu gemäß $1/\vartheta^2$ unbegrenzt ansteigen. Die tatsächlich endliche Länge bewirkt aber, daß dieser Anstieg schließlich in Form einer GAUSSschen Kurve umbiegt.

3. An den $1/\vartheta^2$-Verlauf schließt sich nach einem Übergangsgebiet ein Verlauf gemäß $1/\vartheta$ an. Diese Form der Streuung ist charakteristisch für ein Gas von „Nadeln“. Das Auftreten dieser Kurvenform bei größeren Winkeln ist ein Ausdruck dafür, daß hinsichtlich kleiner innerer Abstände das Molekül in erster Näherung als gestreckt betrachtet werden

---

[1] POROD, G.: Z. Naturforsch. 4a, 401 (1949).
[2] KRATKY, O., u. G. POROD: Rec. Trav. chim. Pays-Bas 68, 1106 (1949).

darf[1]. Multipliziert man die Streukurve mit $\vartheta^2$, so geht der $1/\vartheta^2$-Ast in eine Horizontale, der $1/\vartheta$-Ast in eine durch den Ursprung gehende ansteigende Gerade über (Abb. X, 8).

Die Extrapolation des geradlinigen Verlaufes von großen und kleinen Winkeln her ergibt einen Punkt, dessen Lage in exakt angebbarer Weise mit der Persistenzlänge zusammenhängt. Bezeichnen wir mit $\mu^*$ die der Persistenzlänge $a^*$ entsprechende Phasendifferenz:

$$\mu^* = 2\,\pi\,\frac{a^*}{\lambda}\,\vartheta^*, \quad (X, 15)$$

so läßt sich beweisen, daß der Schnittpunkt der beiden extrapolierten Geraden bei $\mu^* = 0{,}66$ liegt. Setzen wir z. B. für $\lambda = 1{,}54$ Å (Cu-$K_\alpha$-Strahlung), so wird: $a^* = \dfrac{0{,}162}{\vartheta^*}$, d. h. aus dem $\vartheta^*$-Wert des charakteristischen Punktes kann die Persistenzlänge berechnet werden.

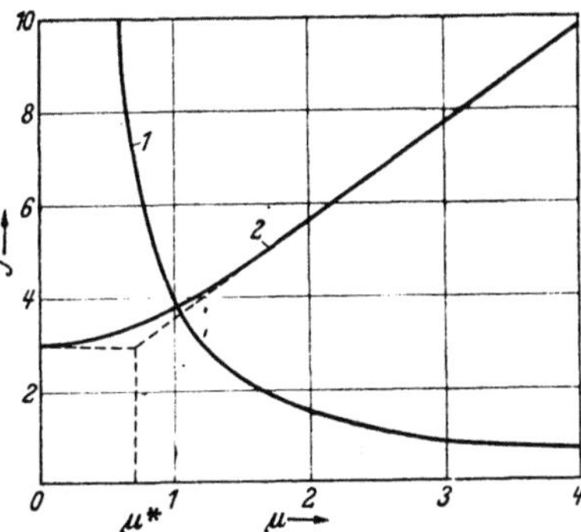

Abb. X, 8. Kurve 1 gibt die theoretische Streukurve für verknäuelte Fadenmoleküle; nach Multiplikation mit $\mu^2$ wird Kurve 2 erhalten.

Nunmehr verstehen wir die eingangs gemachte Bemerkung, daß der äußere Teil der Streukurven Aussagen liefert, welche die Lichtstreuung (oder $\vartheta^2$) nicht direkt zu liefern vermag: nämlich die Berechnung der Persistenzlänge (bzw. des statistischen Fadenelementes) aus der Lage des charakteristischen Punktes, d. h. aus dem Einsetzen des Verlaufes gemäß $1/\vartheta$. Wenn auch aus der Halbwertsbreite des innersten Teiles der Streukurve der Endpunktsabstand und damit indirekt bei bekannter hydrodynamischer Länge auch die Persistenzlänge berechnet werden kann [Gl. (X, 14)] so ist diese Berechnung doch an die Bedingung geknüpft, daß das Molekül unverzweigt ist. Andernfalls steht der Endpunktsabstand nicht mehr in so einfacher Beziehung zum statistischen Fadenelement. Der äußere Teil des Röntgenbildes dagegen liefert unmittelbar die Persistenzlänge ohne Kenntnis der Gesamtlänge und ohne Rücksicht auf eventuelle gelegentliche Verzweigungen.

Wir können dem Problem auch den Aspekt geben, daß wir aus der Persistenzlänge (äußerer Teil des Kleinwinkeldiagramms) und dem Endpunktsabstand (innerster Teil des Kleinwinkeldiagramms oder genauer: Verlauf der Lichtstreuung) ein Maß für die *Verzweigung* abzuleiten suchen, vergleiche dazu die Ausführungen in § 101 über Methoden zur Bestimmung von Verzweigungen. Aus der Persistenzlänge und dem Molekulargewicht ist das Maximum des Endpunktabstandes durch (X, 14) gegeben, während jede Verzweigung diesen Wert herabdrückt. Tatsächlich liegen solche Ergebnisse noch nicht vor, doch ist kaum daran zu zweifeln, daß bei dem starken Interesse, das von vielen Seiten der Röntgen-

---

[1] Anm. d. Herausg. Über eine Kritik dieses Kurvenverlaufes vergl. A. Peterlin, J. Polymer Sci. **10** (1953). Im Druck.

Kleinwinkeluntersuchung einerseits, den Fragen von Gestalt und Verzweigung von Fadenmolekülen andererseits entgegengebracht wird, derartige Fragen in naher Zukunft in Angriff genommen werden.

Die eben besprochene Messung der Kurvenform kann eine wertvolle Ergänzung durch Messung der *Absolutintensität* erfahren. Wir verstehen darunter das Verhältnis der abgebeugten Intensität zur Intensität des Primärstrahls. Eine solche Messung vermag die Frage zu entscheiden, ob Einzelmoleküle oder Aggregate vorliegen.

Wie sich zeigen ließ[1], gilt für den äußeren proportional $1/\vartheta$ verlaufenden Teil der Streukurve die folgende Beziehung:

$$x\,J(x) = \text{const} = 7{,}9 \cdot 10^{-26} \cdot \frac{\lambda N}{R \cdot 2L}\, l\,Q\,D\,n^2 p \ . \qquad (X, 16)$$

Darin bedeuten:

$x$ die Abstände von der Mittellinie des Beugungsbildes am Film gemessen in Zentimetern (dieses Maß hat bei Erfassung der Absolutintensität Vorteile vor dem Winkelmaß $\vartheta$),

$J(x)$ die zugehörige Intensität, gemessen in einem beliebigen Maß,

$L$ Länge einer beliebigen strukturellen Einheit des Moleküls, etwa des Grundbausteins,

$N$ die Zahl dieser Einheiten pro Kubikzentimeter Lösung,

$R$ Abstand des Präparates vom Film in cm,

$D$ Dicke des Präparates,

$l$ Länge des Primärstrahles am Film in cm,

$Q$ Fläche des Primärstrahlquerschnittes, umgerechnet auf die gleiche Belichtungszeit, die bei der Herstellung des Beugungsbildes angewendet wurde, wobei die Messung der Intensität in gleicher Weise erfolgen muß wie bei $J(x)$,

$n$ Zahl der Überschußelektronen pro Teilchenlänge $L$.

$p$ Assoziationsgrad = Zahl der Fadenmoleküle, die zu einem Bündel vereinigt sind.

Die Überschußelektronen sind die Zahl der Elektronen in einem Teilchen minus der Zahl der Elektronen, die das Teilchenvolumen, gefüllt mit dem Lösungsmittel, enthalten würde. Diese Festsetzung berücksichtigt die Tatsache, daß für die Intensität der KWS die Elektronendichtendifferenz zwischen streuenden Teilchen und Lösungsmittel maßgebend ist.

Wir erkennen, daß diese Größe $n$ aus rein experimentellen Daten berechnet werden kann. Hierzu ist nur die Bestimmung des partiellen molaren Volumens $\bar{v}$ eines Grundbausteines in der Lösung und die Kenntnis der Elektronendichte $d$ des Lösungsmittels notwendig. Es gilt dann

$$n = z - \bar{v}\,d \qquad (X, 17)$$

wobei $z$ die Zahl der Elektronen in einem Grundbaustein bedeutet. Die Formel läßt erkennen, daß von dieser Gesamtzahl sozusagen der „Auftrieb", nämlich die Zahl von Elektronen subtrahiert werden muß, welche im gleichen Volumen des Lösungsmittels vorhanden ist.

---

[1] KRATKY, O., G. POROD u. L. KAHOVEC: Z. Elektrochem. **55**, 53 (1951).

### b) Einige experimentelle Ergebnisse [1].

Bei der oben kurz skizzierten Theorie wurde nur die Streuung des verknäuelten Makromoleküls für sich betrachtet, während in Wahrheit die Moleküle von Lösungsmittel umgeben sind. Es läßt sich zeigen, daß dieser Komplikation am besten dadurch Rechnung getragen wird, daß eine unter gleichen Bedingungen hergestellte Röntgenaufnahme des Lösungsmittels von der eigentlichen Aufnahme subtrahiert wird. Bei einem solchen Vorgehen fallen außerdem verschiedene Störeffekte, insbesondere die Luftstreuung, Streuung der Capillare, in welcher das Präparat exponiert wird, und die Blendenstreuung weg.

Besonders klare Ergebnisse waren bei Substanzen zu erwarten, bei welchen jeder Grundbaustein ein schweres Atom enthält. Es wurde daher als erste Substanz Polyvinylbromid untersucht. Kurve 1 in Abb. X, 9 ist die Streukurve einer 5,6%igen Lösung in Methylnaphthalin, Kurve 2 wird nach Multiplikation mit $\vartheta^2$ erhalten. Daß die geradlinigen Äste nicht horizontal sind bzw. die geneigten Äste nicht durch den Ursprung gehen, hat u. a. seinen Grund in der Verwendung einer schlitzförmigen Blende von endlicher Breite, welche die Verhältnisse modifiziert und kompliziert. Die Lage des charakteristischen Punktes wird dadurch allerdings nicht wesentlich geändert.

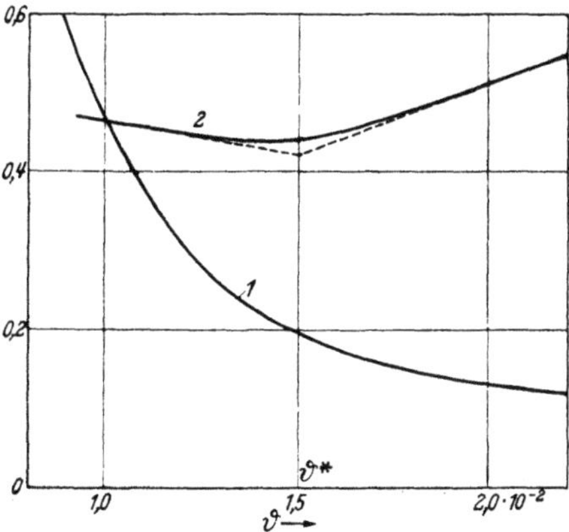

Abb. X, 9. Experimentelle Streukurve einer 5,6%igen Lösung von Polyvinylbromid in Methylnaphthalin Kurve 1). Die Multiplikation mit $\vartheta^2$ ergibt Kurve 2.

Aus dem aus der Abbildung ablesbaren $\vartheta^* = 1,5 \cdot 10^{-2}$ erhalten wir:

$$a^* = \frac{0,162}{1,5} \cdot 10^2 = 10,8 \text{ Å}; \quad A_m \sim 22 \text{ Å} .$$

Zum Vergleich sei angegeben, daß KUHN und KUHN [2] für Polyvinylchlorid in Dioxan aus der Viscosität den Wert $A_m = 22$ Å berechnen (s. Tab. XIV, 3).

Zur Bestimmung der Absolutintensität wurde eine Serie von Dichtemessungen vorgenommen und daraus nach der Tangentenmethode das partielle Volumen $\bar{v}$ bestimmt. Es ergab sich für die Zahl der Überschußelektronen der Wert $n = 21$. Entschmiert man die Streukurve unter Berücksichtigung der endlichen Länge des Primärstrahls und legt der Rechnung die Intensität in einem vom Knickpunkt genügend weit entfernten und befriedigend gemäß $\frac{1}{\vartheta}$ verlaufenden Kurventeil zu Grunde, so findet man gemäß Beziehung (X, 16) für den

---

[1] KRATKY, O., u. G. POROD: Rec. Trav. chim. Pays-Bas **68**, 1106 (1949).
[2] KUHN, W., u. H. KUHN: Helvet. chim. Acta **26**, 1394 (1943).

Assoziationsgrad den Wert $p = 0,83$. Dies bedeutet, daß innerhalb der Versuchsgenauigkeit Einzelmoleküle als nachgewiesen gelten können. Die tatsächlich gegenüber $p = 1$ auftretende Abweichung von 17% ist in Anbetracht der großen experimentellen Schwierigkeiten (Schwankung der Röntgenintensität, durch den photographischen Prozeß bedingte Fehler, Fehler im partiellen molaren Volumen, das sehr stark auf Fehler in der Dichte reagiert u. a. m.) als innerhalb der Fehlergrenzen liegend zu bezeichnen.

Einige weitere Messungen wurden an Nitrocelluloselösungen in Aceton vorgenommen. Sie erstreckten sich bis zu Abständen von 300 Å und zeigten bis in diese Gegend einen Verlauf annähernd gemäß $1/\vartheta$. Daraus ergibt sich, daß $A_m$ sicher größer als 150 Å sein muß. Diese Feststellung steht durchaus in Übereinstimmung mit den Beobachtungen der Streuung von sichtbarem Licht, die $A_m = 270$ Å ergeben (s. Tab. XIV, 3).

Zur Messung der Absolutintensität wurden Lösungen von 4, 8 und 10% verwendet. Die für die Berechnung des Assoziationsgrades notwendigen Daten sind:

$M = 297$
$z = 152$
$L = 5,15$ Å
$v = 120$ Å$^3$
$d = 0,262/$Å$^3$

Sowie ferner:

| | 4 % | 8 % | 10 % |
|---|---|---|---|
| $D$ . . . . . . | 1,39 mm | 1,41 mm | 1,41 mm |
| $Q$ . . . . . . | $1,77 \cdot 10^4$ | $1,76 \cdot 10^4$ | $1,43 \cdot 10^4$ |
| $N$ . . . . . | $0,81 \cdot 10^{20}$ | $1,62 \cdot 10^{20}$ | $2,03 \cdot 10^{20}$ |
| $x \cdot J(x)$ . . | 7,16 | 13,9 | 15,2 |

Die Werte von $x \cdot J(x)$ sind dem nach Multiplikation der $J(x)$-Kurve mit $x$ erhaltenen horizontalen Teil entnommen, also jenem Teil der Streukurve, der einen Verlauf annähernd gemäß $1/x$ bzw. $1/\vartheta$ zeigt.

Aus obigen Werten ergibt sich durch Anwendung der Beziehungen (X, 16) und (X, 17) der Wert $p = 2$ und zwar praktisch vollkommen übereinstimmend für alle drei Konzentrationen. Es muß späteren Untersuchungen vorbehalten bleiben, ob es sich hier um eine echte Bimolekularität oder einen durch die statistische Verteilung vorgetäuschten Effekt handelt.

Wir sehen hiermit, daß die Röntgenkleinwinkelstreuung gelöster Fadenmoleküle ein sehr hoffnungsvolles Hilfsmittel darstellt, um Molekülgestalt und Lösungszustand einer weitgehend hypothesenfreien Bearbeitung zugänglich zu machen.

## Zusammenfassende Artikel über Röntgenkleinwinkelstreuung.

COHN, E. J., I. FANKUCHEN, J. ONCLEY, H. B. VIKEREY u. B. E. WARREN: Ann. N.Y. Acad. Sci. **41**, 77 (1941).
FANKUCHEN, I.: Cold Spring Harbor Symp. Quant. Biol. **9**, 198 (1941).
GUINIER, A.: J. Chim. phys. **40**, 133 (1943).
DONNAY, J. H. D., u. C. G. SHULL: Asxred Bibliography **1**, 111 (1946).
NOWACKI, W.: Schweiz. chem. Z. u. techn. Ind. **24** (1946).
HOSEMANN, R.: Erg. exakt. Naturwiss. **24**, 142 (1951).
YUDOWITCH, K. L.: American Crystallographic Association, Bibliography of Small Angle X-Ray Scattering (1952).

### Elftes Kapitel

# Viscosität und Form.

### Von

### A. PETERLIN.

### Mit 16 Textabbildungen.

In diesem Kapitel beschäftigen wir uns vor allem mit der Frage, wie man aus dem umfangreichen Beobachtungsmaterial, das z. T. im Kapitel V „Viscosität" wiedergegeben ist, Schlüsse auf die Größe und Form von Makromolekülen ziehen kann.

## A. Die Viscositätszahl bei Kornmolekülen.

### § 80. Kugelsuspensionen.

Die Viscositätszahl von verdünnten Lösungen und Suspensionen pflegt man nach der von EINSTEIN[1] eingeführten hydrodynamischen Betrachtungsweise zu berechnen, bei der die molekulare Struktur völlig außer acht gelassen und das Lösungsmittel als Kontinuum behandelt wird. Durch das fremde Teilchen wird die Strömung gestört, somit die dissipierte Leistung und die Viscosität erhöht. Die Viscositätszunahme ist desto größer, je größer die Störung. Allerdings ist dieses Verfahren nur dann zulässig, wenn die gelösten Teilchen oder Moleküle wirklich so groß gegenüber den Lösungsmittelmolekülen sind, daß man die Feinstruktur in der unmittelbaren Umgebung bzw. auf der Oberfläche der ersteren vernachlässigen darf. Das gilt bei den echten kolloidalen Lösungen und Suspensionen, bei Lösungen von großen Kornmolekülen und in günstigen Fällen auch bei Fadenmolekülen, jedoch offensichtlich nicht bei den niedermolekularen Lösungen und Mischungen. Tatsächlich sind hier die Aussagen der hydrodynamischen Theorie im krassen Widerspruch mit der Erfahrung[2].

Die laminare Strömung kann in drei Anteile zerlegt werden, die Translation, die Rotation und die Dilatation. Da das suspendierte Teilchen die Translation mitmacht, kann man seinen Mittelpunkt zum Koordinatenursprung so wählen, daß die ungestörte Strömung um das Teilchen als

$$\vec{v} = (0,\, q \cdot x,\, 0)\,, \qquad\qquad (XI, 1)$$

---

[1] EINSTEIN, A.: Ann. Physik **19**, 289 (1906); **34**, 598 (1911).
[2] Vgl. Kap. V, S. 292 ff.

$q$ das Geschwindigkeitsgefälle, geschrieben werden kann (s. Abb. XII, 3). Dieses lineare Strömungsfeld läßt sich als Summe einer reinen Drehung und einer Dilatationsströmung auffassen. Das Volumenelement dreht sich um die positive $Z$-Achse mit der konstanten Winkelgeschwindigkeit $q/2$ und wird dabei in der 45°-Richtung um $q/2$ gedehnt, in der 135°-Richtung um $q/2$ gestaucht.

Eine suspendierte *Kugel* mit dem Volumen $v_k$ macht die Drehung mit, doch nicht die Deformation. Dadurch wird der Dilatationsanteil der Strömung verändert. Korrigiert man die Strömung durch Zusatzglieder in der Weise, daß sich im Unendlichen wieder die ursprüngliche Strömung einstellt, dann berechnet sich die dissipierte Leistung im beliebig gewählten großen Volumen $V$ um die suspendierte Kugel zu

$$V q^2 \, \eta_l \, (1 + 2{,}5 \cdot v_k/V) \,.$$

Ohne die Strömungskorrektur im Unendlichen erhält man 1,0 anstatt 2,5. Da man makroskopisch nur die Stromwerte im Unendlichen mißt, ohne die Mikrostörungen wahrzunehmen, schließt man aus der so errechneten dissipierten Leistung auf eine Viscosität der Lösung.

$$\eta = \eta_l \cdot (1 + 2{,}5\, c_v) \,, \quad [\eta]_r = 2{,}5 \qquad (XI,\ 2)$$

wo $c_v$ die Volumenkonzentration bedeutet.

Beim Übergang von einem Teilchen zur endlichen Konzentration $c_v$ dürfen sich die Wirkungsbereiche der gelösten Teilchen nicht gegenseitig überschneiden. Aus Messungen an Kugelsuspensionen kann man schließen, daß derartige Störungen erst oberhalb $c_v = 0{,}02$ merklich werden, wo die spezifische Viscosität ungefähr den Wert von 5% erreicht hat.

Experimente an Schwefelsolen[1], Mastix[2], Pilzsporen, Hefe, Glaskügelchen[3, 4] haben den Wert 2,5 ausreichend bewiesen[5]. An kugeligen Proteinen findet POLSON[6] dagegen 4,1, was entweder auf eine beträchtliche Quellung bzw. Solvatation oder auf das Versagen der hydrodynamischen Theorie bei diesen Molekülen hinweist. Zuckerlösungen in Wasser, die ursprünglich zur Prüfung des EINSTEINschen Viscositätsgesetzes herangezogen wurden, sind keine geeigneten Systeme, da wegen

---

[1] ODEN, S.: Nova Acta Reg. Soc. Sci. Upsala **3** (1913).

[2] BANCELIN, M.: C. r. Acad. Sci. (Paris) **152**, 1582 (1911).

[3] EIRICH, F., M. BUNZL u. H. MARGARETHA: Kolloid-Z. **74**, 276 (1936).

[4] EIRICH, F., u. J. SVERAK: Trans. Faraday Soc. **42** B, 57 (1946). — ROBINSON, J. V.: J. Phys. Colloid Chem. **53**, 1042 (1949).

[5] Bei Modellversuchen, wo man mit größeren Teilchen arbeitet, deren Durchmesser ($\sim 10^{-3}$ cm) nicht mehr verschwindend klein gegenüber den Apparatedimensionen ist, tritt der sog. $\Sigma$-*Effekt* auf [A. DIX, C. W. SCOTT BLAIR: J. Appl. Phys. **11**, 574 (1940); H. DE BRUJIN: Vortrag im Brit. Rheol. Club, Mai 1949; V. VAND: J. Phys. Colloid Chem. **52**, 277 (1948)], der die Messungen empfindlich stören kann. Besonders unangenehm macht sich der Effekt bei Messungen in der Capillare bemerkbar, wo das Strömungsfeld stark mit dem Radius variiert. Mit fallendem Durchmesser nimmt nämlich die Viscosität der Suspension ab, was nach der Theorie des Effektes auf die Verhältnisse in der dünnen haftenden Flüssigkeitsschicht an den Kugeloberflächen zurückzuführen ist.

[6] POLSON, A.: Kolloid Z. **88**, 51 (1939).

der kleinen Unterschiede in den molekularen Abmessungen (Zucker-molekül $d = 5$ Å, Wasser $d = 3$ Å) die Voraussetzungen der hydro-dynamischen Betrachtungsweise sicher nicht erfüllt sind. Die Meßwerte schwanken bei Rohrzucker je nach der Temperatur zwischen 2,3 und 4,1[1]. Aus der rein hydrodynamischen Ableitung ist ein Temperatureinfluß bei kugeligen Teilchen überhaupt nicht zu erklären, vgl. § 48.

Bei Suspensionen von kugeligen Teilchen kann man auch noch die *hydrodynamische Wechselwirkung der Teilchen* einigermaßen befriedigend berechnen und somit die Konzentrationsabhängigkeit der Viscosität über das lineare Gebiet hinaus bestimmen. Die sehr umständlichen Rech-nungen von GUTH, SIMHA und GOLD[2] geben

$$\eta_{sp} = 2{,}5\,c + 14{,}1\,c^2 + \cdots, \qquad (XI, 3)$$

während EIRICH und RISEMAN[3] durch sinngemäße Anwendung der Wechsel-wirkungstheorie, wie man sie zur Berechnung der Viscositätszahl von Fa-denmolekülen heranzieht[4],

$$\eta_{sp} = 2{,}5\,c + 9{,}6\,c^2 + \cdots \qquad (XI, 3a)$$

bekommen. Dieses Ergebnis stimmt besser mit neueren Experimenten an Modellen[5] überein, die Werte zwischen 7 und 10 für den Koeffi-zienten bei $c^2$ liefern.

Ohne hydrodynamische Rechnungen gelingt es BRINKMAN[6] die Kon-zentrationsabhängigkeit zu erfassen. In Anlehnung an ONSAGER[7] berechnet er die Viscositätserhöhung einer Suspension von $n$-Kugeln bei Zugabe einer neuen in gleicher Weise, wie das bei der Zugabe der ersten Kugel zum reinen Lösungsmittel üblich ist, und erhält

$$\eta_{sp} = (1 - c_v)^{-2,5} - 1 = 2{,}5\,c_v + 4{,}38\,c_v^2 + 6{,}56\,c_v^3 + \cdots \qquad (XI, 3b)$$

eine Formel, die mit der empirischen von EILERS[8]

$$\eta_{sp} = \left(1 + \frac{1{,}25\,c_v}{1 - c_v/0{,}78}\right)^2 - 1 = 2{,}5\,c_v + 4{,}77\,c_v + 8{,}12\,c_v + \cdots \qquad (XI, 3c)$$

für Asphaltsuspensionen ziemlich gut übereinstimmt.

## § 81. Nichtkugelige Teilchen.

### a) Ellipsoide.

Der Übergang zu einer Suspension nichtkugeliger Teilchen erfolgt in zwei Schritten. Erstens ist die Drehbewegung in der Strömung und der entsprechende Viscositätsbeitrag zu berechnen, zweitens ist die Teilchen-verteilung im Gleichgewicht zwischen der ordnenden Drehung und der BROWNschen Bewegung zu ermitteln.

---

[1] BINGHAM, E.C., u. R.F.JACKSON, Bull.Bur.Standards,Washington,**14**,83(1917).

[2] GUTH, E., u. R. SIMHA: Kolloid-Z. **74**, 266 (1936). — GUTH, E., u. O. GOLD: Physic. Rev. **53**, 322 (1938).

[3] EIRICH, F., u. J. RISEMAN: J. Polymer Sci. **4**, 417 (1949). — RISEMAN, J., u. R. ULLMAN: J. Chem. Phys. **19**, 578 (1951).

[4] Vgl. Abschnitt B.

[5] EIRICH, F., u. J. SVERAK: Trans. Faraday Soc. **42** B, 57 (1946). — ROBINSON, J. V.: J. Phys. Colloid Chem. **53**, 1042 (1949).

[6] BRINKMAN, H.: J. Chem. Phys. **20**, 571 (1952).

[7] ONSAGER, L.: J. Amer. Chem. Soc. **58**, 1986 (1936).

[8] EILERS, H.: Kolloid-Z. **97**, 313 (1941).

Für *ellipsoidförmige* Teilchen, die als einzige noch eine strenge Behandlung zulassen, ist die Bewegung in der laminaren Strömung von JEFFERY[1] berechnet worden. Die Teilchen machen weder die Rotation noch die Dilatation mit. Je nach der Anfangsorientierung im Raume wird eine andere Drehbewegung um die $Z$-Achse ausgeführt. Für rotationssymmetrische Ellipsoide mit dem Achsenverhältnis $p$ lauten die Drehgeschwindigkeiten im linearen Strömungsfelde Gl. (XI, 1) (vgl. auch Abb. XII, 3 )

$$\dot{\varphi} = \frac{q}{2}\ (1 + b \cos 2\,\varphi)$$
$$\dot{\vartheta} = \frac{q}{4}\ b \sin 2\,\vartheta\ \sin 2\,\varphi \tag{XI, 4}$$

mit $b = (p^2 - 1) / (p^2 + 1)$. $\varphi$ bedeutet den Winkel zwischen der Ebene $ZX$ und der durch die Symmetrieachse $a_1$ und die zur Strömungsebene senkrechte $Z$-Achse gelegten Ebene. $\varphi$ beschreibt also die Projektion der Drehbewegung auf die Strömungsebene $XY$. $\vartheta$ ist der Winkel zwischen der $Z$- und der Teilchenachse.

Jedem Punkte der Bahn entspricht eine bestimmte dissipierte Leistung. Das Maximum liegt für längliche Teilchen in der 45°-Richtung. Bei einem einzigen Ellipsoid hätte man es bei dieser Bewegung mit einem Pendeln der Viscosität zu tun. Da die Periode für alle Bahnen die gleiche ist, müßte ein solches Pendeln auch bei einer realen Suspension aus vielen Teilchen mit genau gleichem $p$ auftreten.

Je nach der Temperatur, Größe der Teilchen und Viscosität des Lösungsmittels hat man es mit einer mehr oder weniger starken BROWNschen Bewegung zu tun, die die Richtungsverteilung der Teilchenachsen beeinflußt. Ein Maß für die BROWNsche Drehbewegung der Teilchen ist die *Rotationsdiffusionskonstante* $D_r$. Wir definieren sie in Analogie zur translatorischen Diffusion $D$ durch

$$D_r = \frac{\overline{\varDelta\,\vartheta^2}}{2\,\varDelta\,t} = \frac{\overline{\vartheta^2}}{2\,t}\ [\mathrm{sec}^{-1}]\,, \tag{XI, 5}$$

wo $\overline{\vartheta^2}$ der quadratische Mittelwert des in der Zeit $t$ zurückgelegten Drehwinkels $\vartheta$ ist[2]. $D_r$ wächst mit der Energie der Temperaturbewegung $\mathrm{k}T$ und nimmt mit dem *Widerstandsmoment* $\zeta$ des Teilchens nach der Gleichung

$$D_r = \frac{kT}{\zeta} \tag{XI, 6}$$

ab. $\zeta$, das Widerstandsmoment bei einer Drehung mit der Winkelgeschwindigkeit Eins, hängt natürlich noch von der Größe und Form des Teilchens sowie von der inneren Reibung des Suspensionsmittels $\eta_l$ ab.

Für ein Kugelteilchen gilt nach STOKES

$$\zeta = 8\,\pi\,\eta_l\,r^3$$

oder

$$D_r = \frac{kT}{8\,\pi\,\eta_l\,r^3}\ . \tag{XI, 7}$$

<hr>

[1] JEFFERY, G. B.: Proc. Roy. Soc. (Lond.) A **102**, 161 (1922).
[2] Die Definition Gl. (XI, 5) hat einen Sinn nur bei genügend kleinen Winkeln $\vartheta$, wo noch eine lineare Summierung der Ablenkungen zulässig ist.

Im Falle eines dreiachsigen Ellipsoides gibt es drei verschiedene Widerstandsmomente bzw. drei verschiedene Rotationsdiffusionskonstanten, entsprechend den Drehungen um die drei Hauptachsen

$$D_{r_1} = \frac{kT}{\zeta a_1} \; ; \quad D_{r_2} = \frac{kT}{\zeta a_2} \; ; \quad D_{r_3} = \frac{kT}{\zeta a_3} \, .$$

Bei Rotationssymmetrie, wo durch die Lagenangabe der Figurenachse allein schon die Orientierung des Teilchens gegeben ist, kommt es für das Viscositätsproblem nur auf die Rotationen um die Querachsen, also auf $D_2 = D_3 = D_r$ an. Es soll hier nur dieser Fall weiter behandelt werden.

Der hydrodynamisch bedingten Drehbewegung superponiert sich die durch $D_r$ charakterisierte Drehdiffusion. Die Teilchenachsen werden durch die BROWNschen Stöße in alle möglichen Richtungen gedreht, die hydrodynamisch bedingten Bahnen treten um so mehr in den Hintergrund, je stärker die Wärmebewegung ist. Im Gleichgewicht zwischen der ordnenden Drehung nach Gl. (XI, 4) und der ungeordneten BROWNschen Bewegung (B.B.) ergibt sich eine stationäre Teilchenachsenverteilung, die man aus der entsprechenden Diffusionsgleichung ermitteln kann. Doch stehen die Teilchen im stationären Zustand nicht still, sondern drehen sich im Mittel um die $Z$-Achse. Der mittlere Teilchenstrom gibt gerade an, wie die Teilchenachsen unter dem Einfluß der Strömung und der B.B. wandern. Bei totaler B.B. ist der Teilchenstrom gerade durch die Rotation des Volumelementes bestimmt. Alle Teilchen drehen sich im Mittel mit der Winkelgeschwindigkeit $q/2$ um die $Z$-Achse. Mit wachsendem Einfluß der Strömung nähert sich jedoch die Teilchenbewegung den hydrodynamisch bedingten Bahnen nach Gl. (XI, 4). Mit dieser Vorstellung konnten W. und H. KUHN[1] die Viscositätszahl von Ellipsoidsuspensionen für den Fall totaler B.B.[2] und auch für den Fall einsetzender Orientierung durch die Strömung berechnen. Die Anfangswerte (totale B.B.) sind aus der Abb. XI, 1 zu entnehmen. Bei sehr langgestreckten Teilchen gilt die Näherung

$$[\eta]_v = 1{,}6 + \frac{p^2}{5} \left( \frac{1}{3\,(-3/2 + \ln 2\,p)} + \frac{1}{-1/2 + \ln 2\,p} \right) \quad p \gg 1 \qquad \text{(XI, 8a)}$$

und bei sehr stark abgeplatteten

$$[\eta]_v = \frac{4}{9} + \frac{32}{15\,\pi \cdot p} \quad p \ll 1 \, . \qquad \text{(XI, 8b)}$$

---

[1] KUHN, W., u. H. KUHN: Helvet. chim. Acta **28**, 97 (1944). Vergl. auch N. SAITO: J. Phys. Soc. Japan **4**, 85 (1949); **6**, 297 (1951).

[2] R. SIMHA [J. Phys. Chem. **44**, 25 (1940)] hat das Problem der Viscositätszahl bei total überwiegender B.B. so zu berechnen versucht, daß er annimmt, die Teilchen sollen wegen der B.B., die die Teilchen gleich häufig nach allen Richtungen dreht, im Mittel in der Flüssigkeit ruhen. Merkwürdigerweise deckt sich sein Ergebnis praktisch vollkommen mit dem KUHNschen, was darauf zurückzuführen ist, daß er eigentlich, ohne es zu sagen, nicht für ruhende, sondern für gleichmäßig mit der Winkelgeschwindigkeit $q/2$ rotierende Teilchen gerechnet hat. Ruhende Teilchen ergeben nach unveröffentlichten Berechnungen von A. PETERLIN eine viel größere Eigenviscosität und insbesondere 4,0 für Kugeln, also gerade den Wert, den A. POLSON [Kolloid-Z. **88**, 51 (1939)] an kugeligem Pentaerythrit und an Sucrose gemessen hat.

Die Prüfung der Gl. XI, 8 ist öfters durchgeführt worden. MEHL, ONCLEY und SIMHA[1] berechnen aus den von POLSON[2] gemessenen Viscositätszahlen an verschiedenen Proteinen, deren Abmessungen aus der Sedimentation bekannt waren[3], die Achsenverhältnisse und finden unter der Annahme, daß es sich um gestreckte Teilchen handelt, eine im allgemeinen befriedigende Übereinstimmung der Viscositäts- und Sedimentationswerte $p_\eta$ und $p_s$ (Tab. XI, 1). An *Virus*lösungen[4] findet man aus Experimenten $[\eta] = 28$ cm³/g und berechnet aus den Molekülabmessungen 25 cm³/g.

Wird der Einfluß der Strömung merklich, so sinkt die Viscositätszahl proportional zu $\sigma^2$ ab, wo $\sigma$ das Verhältnis zwischen dem Gefälle $q$ und der Rotationsdiffusionskonstante $D_r$ der Teilchen

$$\sigma = q/D_r$$

bedeutet. Dieses Absinken entspricht der *Strukturviscosität einer unendlich verdünnten Lösung*, die

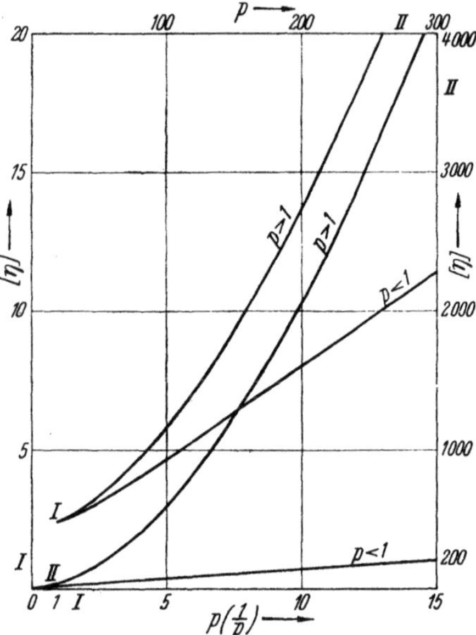


Abb. XI, 1. Eigenviscosität für Ellipsoide im Falle totaler BROWNscher Bewegung nach SIMHA [J. Phys. Chem. 44, 25 (1940); Science (Lancaster, Pa.) 92, 132 (1940)]. Kurven I: linke und untere Skalen, Kurven II: rechte und obere Skalen; $p > 1$ Stäbchen, $p < 1$ Scheibchen.

Tabelle XI, 1.
*Achsenverhältnis bei korpuskularen Proteinen aus Viscosität und Sedimentation.*

| | $[\eta]_v$ | $p_\eta$ | $p_s$ |
|---|---|---|---|
| Eialbumin . . . . . . . . . . . | 5,7 | 5,0 | 3,8 |
| Serumalbumin . . . . . . . . . | 6,5 | 5,6 | 5,0 |
| Hämoglobin. . . . . . . . . . . | 5,3 | 4,6 | 3,7 |
| Amandin . . . . . . . . . . . . | 7,0 | 6,0 | 5,4 |
| Octopus Hämocyanin . . . . . . | 9,0 | 7,3 | 7,2 |
| Gliadin. . . . . . . . . . . . . | 14,6 | 10,5 | 10,9 |
| Homarus Hämocyanin . . . . . . | 6,4 | 5,5 | 5,2 |
| Helix pomatia Hämocyanin . . . . | 6,4 | 5,5 | 4,8 |
| Serumglobulin. . . . . . . . . . | 9,0 | 7,3 | 7,6 |
| Thyroglobulin . . . . . . . . . | 9,9 | 7,9 | 7,8 |
| Lactoglobulin . . . . . . . . . | 6,0 | 5,1 | 5,2 |
| Pepsin . . . . . . . . . . . . . | 5,2 | 4,5 | 2,5 |
| Helix Hämocyanin, $p_H = 8{,}6$ . . . . | 18,0 | 12,0 | 16,6 |


[1] MEHL, J. W., J. L. ONCLEY u. R. SIMHA: Science (Lancaster, Pa.) 92, 132 (1940).
[2] POLSON, A.: Kolloid-Z. 88, 51 (1939).
[3] Vgl. Abb. V, 8.
[4] SCHACHMAN, H. R., u. W. J. KAUZMAN: J. Phys. Colloid Chem. 53, 150 (1949); LAUFFER, M. A.: J. of Biol. Chem. 52, 248 (1948).

auf der Erniedrigung des Viscositätsbeitrages des einzelnen Teilchens bei einsetzender Orientierung beruht. Bei sehr langgestreckten Teilchen gilt nach W. und H. Kuhn

$$[\eta]_\sigma = [\eta]_0 \, (1 - 0{,}034 \, \sigma^2 \cdots) \, . \qquad (XI, 9)$$

Das Fehlen eines linearen Gliedes bedeutet horizontale Tangente am Anfang (s. Abb. XI, 2). Man hat einen endlichen Bereich mit konstanter Anfangsviscositätszahl $[\eta]_0$. Dieses Verhalten ist bisher noch nicht experimentell bestätigt worden, denn bei genügend verdünnten Lösungen von starren Teilchen ist eine Strukturviscosität nie gefunden worden.

Bei Viruslösungen wäre es nicht ganz aussichtslos, nach einem solchen Effekt zu suchen. Wie aus Abb. XI, 3[1] zu entnehmen ist, hat ein Virusmolekül mit $a_1 = 140$ Å, $a_2 = 7{,}5$ Å, $p = 19$ im Lösungsmittel mit der Zähigkeit 0,01 Poise eine Rotationsdiffusionskonstante von ungefähr 100 sec$^{-1}$, so daß man schon bei mäßigem Gefälle zu beträchtlichen Werten von $\sigma$ kommt. Bei $q = 100$ sec$^{-1}$ ist $\sigma = 1$ und der zu erwartende Abfall in $[\eta]$ gleich 3,4 % bzw. bei $q = 200$ sec$^{-1}$ gleich 14 %, was bequem zu messen wäre[2].

Die ganze Fließkurve kann aus der von Peterlin[3] gegebenen Verteilungsfunktion der Teilchenachsen für beliebiges $\sigma$ berechnet werden oder, wie es W. und H. Kuhn getan haben, durch Zeichnen einer glatten Kurve, die am Anfang der bis zum Anfang

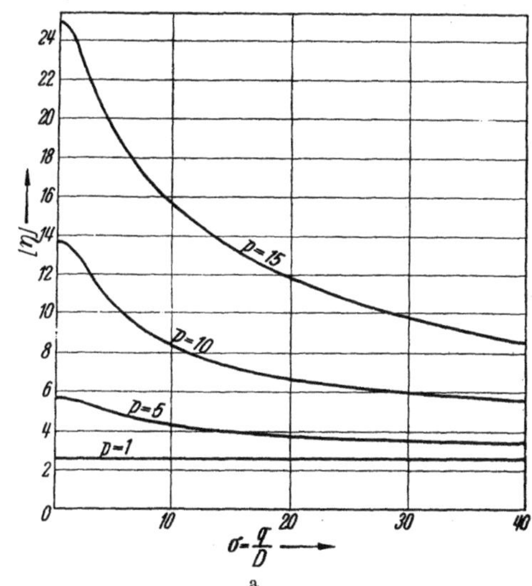


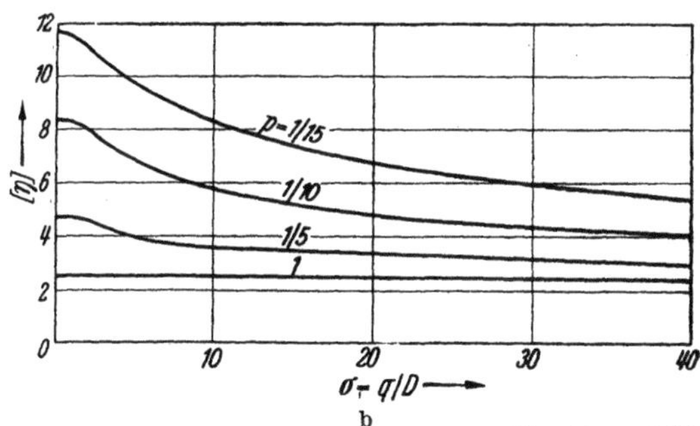


Abb. XI, 2a und b. Strukturviscosität für Ellipsoide nach W. und H. Kuhn [Helvet. chim. Acta 28, 97 (1944)]: (a) Stäbchen, (b) Scheibchen, $p = 1$ Kugeln.

---

[1] Peterlin, A.: Kolloid-Z. 86, 230 (1939).

[2] Um im linearen Bereich der Viscositätserhöhung zu bleiben, muß die relative Viscosität in der Regel unterhalb 0,06 sein. Eine 14%ige Abnahme der Eigenviscosität bedeutet eine Erniedrigung von $\eta_r$ auf 0,052, müßte also bei mäßiger Genauigkeit ($10^{-3}$) gut meßbar sein.

[3] Peterlin, A.: Z. Phys. 111, 232 (1938).

quadratischen Glied berechneten Reihenentwicklung folgt und sich dann asymptotisch der von PETERLIN angegebenen Strukturviscositätskurve anschmiegt, die nur die hydrodynamischen Bahnen berücksichtigt[1]. In der Abb. XI, 2 sind einige auf diese Art gewonnenen Kurven für verschiedene Achsenverhältnisse eingetragen. Wegen der äußerst schlechten Konvergenz der zugrundegelegten Reihenentwicklung für die Verteilungsfunktion sind die Ergebnisse für großes $\sigma$ mit einer ziemlich hohen Unsicherheit behaftet.

Die Strukturviscosität ist für Suspensionen von starren Ellipsoiden nur von dem Achsenverhältnis $p$ und nicht von der Teilchengröße abhängig. Letztere bedingt nur den Maßstab auf der Abszisse, da die Rotationsdiffusionskonstante dem Volumen umgekehrt proportional ist [vgl. auch Gl. (XII, 19)]. Je größer also die Teilchen, desto größere Teile der Strukturviscositätskurve werden durchlaufen. In der Abb. XI, 3 umfaßt I die Teilchen, bei denen man auch mit dem enormen Gefälle

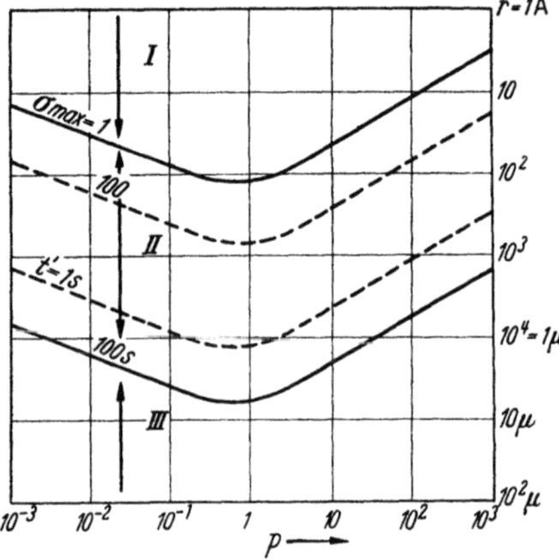


Abb. XI, 3. Zuordnung ellipsoidförmiger Teilchen [vgl. A. PETERLIN: Kolloid-Z. **86**, 230 (1939)] auf die Gebiete I totale BROWNsche Bewegung, II Strukturviscosität, III reine Hydrodynamik bei $\eta_l$ = 0,01 Poise, $T$ = 20°, $q_{max}$ = $10^5$ sec$^{-1}$. Abszisse: Achsenverhältnis $p$, Ordinate $r$ = Radius der inhaltsgleichen Kugel. $t$ = Einstellzeit der stationären Verteilung.

von $10^5$ sec$^{-1}$ noch nicht aus dem Anfangsgebiet mit $[\eta]_0$ herauskommt, II diejenige, wo allmählich die ganze Kurve von $[\eta]_0$ bis $[\eta]_\infty$ der Messung zugänglich wird, und III das Gebiet, wo man nur noch $[\eta]_\infty$ erfassen kann. Modellversuche an starren Stäbchen[2,3], fallen alle in dieses Gebiet. Die dabei gemessenen Viscositätszahlen $[\eta]_{exp}$ (Tabelle XI, 2) lassen sich jedoch nur schlecht in das theoretische Bild einfügen. Zwar sind die Werte beträchtlich kleiner als $[\eta]_0$, doch auch größer als die zwar nicht besonders sicheren $[\eta]_\infty$-Zahlen. Allerdings ist bei diesen Modellversuchen mit ziemlich

*Tabelle XI, 2.*

| $p$ | $[\eta]$ exp | $[\eta]_0$ | $[\eta]_\infty$ |
|---|---|---|---|
| 5 | 4,5 | 5,2 | 3,4 |
| 17 | 6,5 | 30 | 4,2 |
| 23 | 8,5 | 45 | 4,6 |

großen Teilchen der Wandeffekt nie ganz auszuschließen, der die Teilchenachsen orientiert und dadurch die Viscosität wesentlich beeinflußt.

Das verschiedene Einsetzen der Strukturviscosität ist ein Maß für die absolute Größe der Teilchen und der allgemeine Charakter des

---

[1] Für den Grenzwert $\sigma = \infty$ vgl. auch R. EISENSCHITZ: Z. phys. Chem. A **158**, 78 (1931).

[2] EIRICH, F., H. MARGARETHA u. M. BUNZL: Kolloid-Z. **75**, 20 (1936).

[3] EIRICH, F., u. J. SVERAK: Trans. Faraday Soc. **42** B, 57 (1946). — ROBINSON, J. V.: J. Phys. Colloid Chem. **53**, 1042 (1949).

Viscositätsverlaufes, insbesondere der Quotient $[\eta]_0/[\eta]_\infty$ ein Maß für die Form derselben. Aus einer gemessenen Fließkurve könnte man also bei einheitlichen Teilchen im Prinzip sowohl die Form wie die Größe derselben bestimmen. Leider liegen bisher keine derartigen Messungen vor.

### b) Perlschnurmodell.

Noch vor der ziemlich umständlichen Berechnung für ellipsoidförmige Teilchen gab es viele recht elementare Betrachtungen an verschiedenen einfachen Modellen, mit denen man die Verhältnisse in molekularen Lösungen theoretisch zu erfassen bemüht war. Von diesen soll nur ein Beispiel gebracht werden, weil es die schon erwähnte Meßreihe von POLSON[1] an ziemlich massigen Proteinen gut wiedergibt und weil dieses Modell in sinngemäßer Anpassung als Vorbild zum Perlschnurmodell der Fadenmoleküle gedient hat. Es handelt sich um das Modell von KUHN[2], wo $n$ Kugeln vom Radius $a$ auf einer Geraden im gegenseitigen Abstand $4a$ angeordnet sind. Die Länge des Modells ist

$$L = 4a\,(n-1) \sim 4\,n\,a$$

und das Achsenverhältnis

$$p = \frac{L}{2a} \sim 2\,n \ . \tag{XI, 10}$$

Betrachtet man nur die Bewegung in der Strömungsebene $XY$ und vernachlässigt jede hydrodynamische Wechselwirkung der Kugeln, so ist die Winkelgeschwindigkeit des Stäbchens

$$\varphi' = q \cdot \cos^2 \varphi$$

und die Relativgeschwindigkeit der Kugel mit dem Abstande $r$ vom Drehpunkt gegenüber der ungestörten Strömung

$$v_{rel} = \frac{q\,r}{2} \cdot \sin 2\,\varphi \ .$$

Die Flüssigkeit strömt am Stäbchen in radialer Richtung, d.h. das Stäbchen macht die Drehung des Volumelements so weit mit, daß nur noch tangentielle Kräfte übrigbleiben, die sich in ihrer Wirkung am ganzen Stäbchen gerade aufheben.

Der Relativbewegung $v_{rel}$ entspricht eine Reibungskraft an der Kugel

$$K = 6\,\pi\,\eta_l\,a \cdot v_{rel}$$

mit der Leistung

$$K \cdot v_{rel} = \frac{3}{2}\,\pi\,\eta_l\,a\,q^2\,r^2 \cdot \sin^2 2\,\varphi \ . \tag{XI, 11}$$

Im Falle totaler B. B. dreht sich jedoch das Stäbchen mit der konstanten Winkelgeschwindigkeit $\varphi = q/2$, so daß die Relativgeschwindigkeit

$$v_{rel} = q\,r/2$$

(s. Abb. XI, 4) und die dissipierte Leistung

$$K \cdot v_{rel} = \frac{3}{2}\,\pi\,\eta_l\,a \cdot q^2\,r^2 \tag{XI, 11a}$$

wird. Im Mittel ist dieser Wert gerade das Doppelte vom Mittelwert nach Gl. (XI, 11), den man ursprünglich als den Beitrag zur Viscosität bei totaler B.B. betrachtet hat[3].

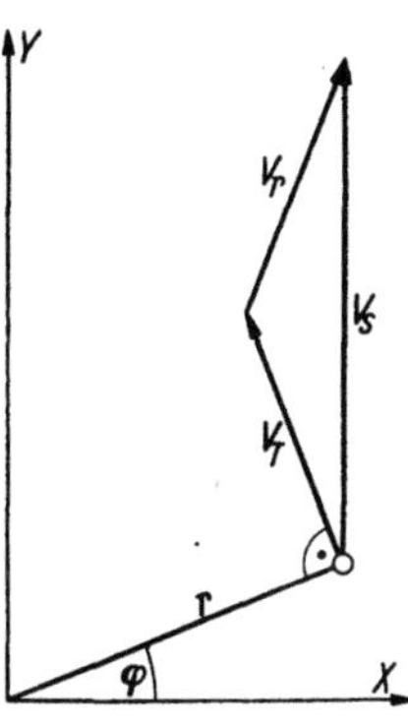



Abb. XI, 4. Bewegung der Kugel mit dem Mittelpunktabstand $r$ in der Strömung bei totaler BROWNscher Bewegung: $v_s =$ Strömungsgeschwindigkeit der Flüssigkeit am Ort der Kugel, $v_T =$ Geschwindigkeit der Kugel wegen der gleichmäßigen Drehung des Modells mit der Winkelgeschwindigkeit $q/2$, $v_r =$ Relativgeschwindigkeit der Flüssigkeit gegenüber der Kugel. Es gilt $v_r = v_T$.


[1] POLSON, A.: Kolloid-Z. 88, 51 (1939).
[2] KUHN, W.: Z. phys. Chem. A 161, 1 (1932).
[3] KUHN, W., u. H. KUHN: Helvet. chim. Acta 28, 97 (1944).

Die Leistung der Reibungskräfte am ganzen Modell gibt die Viscositätserhöhung gegenüber dem reinen Lösungsmittel. Führt man noch, wie es richtig ist, die räumliche Bewegung ein, dann erhält man

$$[\eta]_v = \frac{\pi a}{V} \, \Sigma \, r^2 \,, \qquad (XI, 12)$$

was für jede beliebige Anordnung von Kugeln gilt. Fügt man nach KUHN[1] zur Viscosität noch das Glied 2,5 zu, um auch für den Grenzfall einer einzigen Kugel Anschluß an die EINSTEINsche Beziehung Gl. (XI, 1) zu erhalten, dann erhält man für das Modell unter der Voraussetzung eines sehr großen $n$

$$[\eta]_v = 2{,}5 + \frac{p^2}{8} \,. \qquad (XI, 13)$$

Dieser Ausdruck ist überraschend ähnlich der von POLSON erhaltenen empirischen Formel $[\eta]_v = 4{,}0 + 0{,}098 \, p^2$ für verhältnismäßig kleine $p$, die direkt zur Bestimmung des Achsenverhältnisses von kompakten Proteinen aus der Eigenviscosität dienen kann. Dieser Übereinstimmung kann aber wegen des willkürlichen Gliedes 2,5 und der Vernachlässigungen in $p$ kein besonderer Wert beigelegt werden.

Unter Berücksichtigung der hydrodynamischen Wechselwirkung, auf die im nächsten Kapitel näher eingegangen wird, finden KIRKWOOD und AUER[2] die asymptotische Formel

$$[\eta] = \frac{2 \pi L^2 b}{45 M_0 \ln (L/b)} \,, \qquad (XI, 13a)$$

wo $b$ den Abstand der Kugeln und $M_0$ die Masse derselben bedeutet. Für das eben beschriebene Modell ergibt sich so

$$[\eta]_v = \frac{4 \, p^2}{15 \ln 2 \, p} \,, \qquad (XI, 13b)$$

also ein etwas langsamerer Anstieg mit $p$ als nach Gl. (XI, 13).

Tabelle XI, 3. *Viscositätszahl der Polyacrylsäure bei* $\alpha = 0{,}76$.

| $P$ | $[\eta]$ | $P^2/[\eta]$ |
|---|---|---|
| 1100 | 838 | $14.10^2$ |
| 600 | 302 | 12 |
| 150 | 16,4 | 14 |

Das stabartige Perlschnurmodell entspricht sehr gut den Molekülen der Polyelektrolyte bei hohem Dissoziationsgrad $\alpha$, wo die Moleküle bei genügender Verdünnung und kleiner Fremdionenkonzentration wegen der starken abstoßenden Kräfte zwischen den elektrischen Ladungen weitgehend gestreckt sind und sich fast wie gerade Stäbchen verhalten. So z. B. findet KUHN[3] für drei Polyacrylsäuren bei $\alpha = 0{,}76$ sehr gute Proportionalität zwischen $P^2$ und $[\eta]$, wie es Gl. (XI, 13) und ungefähr auch Gl. (XI, 13a, b) entspricht (Tab. XI, 3).

# B. Die Viscositätszahl bei Fadenmolekülen.

## § 82. Der frei durchspülte Knäuel.

Für Fadenmoleküle nimmt man ganz allgemein das *Perlschnurmodell* an. Das Grundmolekül oder auch, wenn dieses wie bei den Polyestern, Polyvinylderivaten, Kautschuk usw. aus mehreren Gruppen besteht, jede Gruppe wird durch eine hydrodynamisch äquivalente Kugel vom Radius $a$ ersetzt und die Kugeln durch Gelenke der Länge $l$ verbunden. Der Einfachheit halber soll nur der Fall einer einzigen Gruppe

---

[1] KUHN (s. Anm. 2, S. 543) findet $[\eta]_v = 2{,}5 + p^2/16$, da er die dissipierte Leistung nach Gl. (XI, 11) berechnet und nur die ebene Bewegung betrachtet.

[2] KIRKWOOD, J. G., u. P. L. AUER: J. Chem. Phys. **19**, 281 (1951).

[3] KUHN, W.: Z. angew. Phys. **4**, 108 (1952).

im Grundmolekül behandelt werden, was ungefähr den Cellulosen oder den Polythenen entsprechen würde. Für kompliziertere Grundmoleküle müßte man jeder Gruppe eine besondere Ersatzkugel $a_j$ und ein entsprechendes Gelenk $l_j$ mit verschiedenen Einschränkungen der gegenseitigen Orientierung zuordnen. Die allgemeinen Betrachtungen würden dadurch sehr viel unhandlicher werden, ohne daß dabei etwas wesentlich Neues und Allgemeineres gegenüber der gewählten Darstellung gewonnen wäre. Die freie Verfügung über die gegenseitige Lage der Gelenke wird durch den Valenzwinkel $180 - \vartheta$ und die evtl. vorhandene sterische oder energetische Rotationsbehinderung eingeschränkt. Unter der Annahme einer sehr großen Zahl $P$ der Kettenglieder erhält man für die mittlere Länge $\sqrt{\overline{h^2}}$ des freien Modells (vgl. Band I, § 34)

$$\overline{h^2} = l^2 \frac{1 + \cos \vartheta}{1 - \cos \vartheta} \cdot \frac{1 + \eta}{1 - \eta} P = l'^2 P \,. \tag{XI, 14}$$

Dabei bedeutet die *effektive* Länge $l'$ jene scheinbare Länge, die das Grundmolekül haben müßte, um bei völlig freier, auch durch keinen Valenzwinkel eingeschränkter Drehbarkeit gerade die Abmessungen des realen Moleküls zu ergeben; ferner ist im Falle sterischer Rotationsbehinderung

$$\eta = \frac{\sin \varphi}{\varphi} \,,$$

wo $2\,\varphi$ den erlaubten Winkel bedeutet, bzw.

$$\eta = \overline{\cos \varphi} = \frac{\int\limits_{-\pi}^{+\pi} \cos \varphi \, e^{-u(\varphi)/kT} \, d\varphi}{\int\limits_{-\pi}^{+\pi} e^{-u(\varphi)/kT} \, d\varphi}$$

bei energetisch behinderter Drehbarkeit. Bei der Ableitung ist weder der Platzbedarf der Kettenglieder noch die spezifische Wechselwirkung mit dem Lösungsmittel berücksichtigt worden. Doch geht die Solvatation teilweise schon in die Rotationsbehinderung ein.

Die scheinbare Länge $l'$ ist in der Regel wesentlich größer als die wahre Länge $l$ und auch größer als die auf ein Grundmolekül entfallende Röntgenlänge

$$l_R = L/P = l \cos \frac{\vartheta}{2} \,, \tag{XI, 15}$$

$L$ die Länge des gestreckten Moleküls. Sie dürfte folgerichtig nur bei sehr großem $P$ für die Berechnung der effektiven Länge in Anwendung kommen, genau genommen erst bei $P = \infty$. Für Fadenmoleküle mit kleinem Polymerisationsgrad hat man für $\overline{h^2}$ die genaueren Werte einzusetzen. Ohne Rotationsbehinderung gilt (s. Band I, § 33)

$$\overline{h^2} = l^2 \frac{(P-1)(1 - \cos^2 \vartheta) - 2 \cos \vartheta (1 - \cos^{P-1} \vartheta)}{(1 - \cos \vartheta)^2} \,; \tag{XI, 16}$$

ähnliche Ausdrücke gelten bei behinderter Drehbarkeit[1].

---

[1] EYRING, H.: Physic. Rev. **39**, 746 (1932). — BENOIT, H.: J. Polymer Sci. **3**, 376 (1948). — SADRON, CH.: J. Polymer Sci. **3**, 812 (1948).

Im Falle totaler B.B. kann man die Deformation des Moleküls in der Strömung völlig vernachlässigen, das Molekül bewegt sich, als wäre es starr. Unter dem Einfluß der Strömung und B.B. ergibt sich ein gleichmäßiger Diffusionsstrom der Fadenmoleküle, die um die $Z$-Achse mit der Winkelgeschwindigkeit $q/2$ rotieren.

Die Viscositätserhöhung ergibt sich aus dem Mittelwert der dissipierten Zusatzleistung am ganzen Molekül nach Gl. (XI, 12) zu

$$[\eta] = \frac{\pi\, a\, N_L}{M} \sum_1^P h_j^2 = \frac{\Lambda\, N_L}{6\, M} \sum_1^P h_j^2 \,, \tag{XI, 17}$$

wo $\Lambda = 6\,\pi\,a$ den Widerstandskoeffizienten der einzelnen Gruppe und $h_j$ den effektiven Abstand der $j$-ten Gruppe von dem im Koordinatenursprung liegenden Molekülschwerpunkt bedeutet. Der Vektor $h_j$ läßt sich durch die Vektoren der einzelnen Kettenglieder $l$ folgendermaßen ausdrücken:

$$\vec{h_j} = \frac{1}{P}\,(\vec{l_1} + 2\,\vec{l_2} + \cdots + (j-1)\,\vec{l_{j-1}} - (P-j)\,\vec{l_j} + \cdots - \vec{l_{P-1}})\,.$$

Damit berechnet man den benötigten Mittelwert der Summe über die Abstandsquadrate als

$$\Sigma\,\overline{h_j^2} = \frac{l^2}{6\,P} \sum_{j=0}^{P-2} A_j\,\overline{\cos\alpha_j}\,,$$

wo

$$A_0 = (P-1)\,P\,(P+1) \quad \text{und}$$
$$A_j = 2\,(P-j-1)\,(P-j)\,(P-j+1)$$

ist und $\alpha_j$ den Winkel zwischen den Grundvektoren $l_1$ und $l_{j+1}$ bedeutet. Unter der Annahme, daß $j$ in den ersten Gliedern recht klein gegenüber $P$ ist und daß bei den höheren Gliedern der Mittelwert $\overline{\cos\alpha_j}$ ziemlich schnell dem Werte Null zustrebt, wird der Summenausdruck angenähert gleich $P\,\overline{h^2}/6$ und die Viscositätszahl für genügend großes $P$

$$[\eta] = \frac{\Lambda\,N_L}{36\,M_{gr}}\,\overline{h_P^2} = \frac{\Lambda\,N_L\,l'^2}{36\,M_{gr}}\,P = \frac{\Lambda\,N_L\,l'^2}{36\,M_{gr}^2}\,M = K M\,. \tag{XI, 18}$$

$[\eta]$ ist dabei in cm³/g ausgedrückt.

Das Modell des frei durchspülten statistischen Knäuels mit hohem Polymerisationsgrad ergibt das lineare STAUDINGERsche Gesetz, wie das zuerst HUGGINS[1] für den starren Knäuel zeigen konnte. Sein Resultat ist insofern allgemein gültig, als die B.B. noch keine Deformation des Knäuels und somit auch keine Änderung der Abstandsstatistik in der Strömung bewirkt. Das lineare Gesetz wurde später noch von KUHN[2], HERMANS[3], KRAMERS[4], DEBYE[5] unter immer allgemeineren Voraus-

---

[1] HUGGINS, M. L.: J. Phys. Chem. **42**, 911 (1938); **43**, 439 (1939); J. Appl. Phys. **10**, 700 (1939).
[2] KUHN, W., u. H. KUHN: Helvet. chim. Acta **26**, 1394 (1943).
[3] HERMANS, J. J.: Physica **10**, 777 (1943); Kolloid-Z. **106**, 22 (1944).
[4] KRAMERS, H. A.: Physica **11**, 1 (1944); J. Chem. Phys. **14**, 415 (1946).
[5] DEBYE, P.: J. Chem. Phys. **14**, 636 (1946).

setzungen abgeleitet, wobei die Werte für die Konstante $K$ entsprechend den verschiedenen Modellannahmen etwas verschieden ausfielen. Die hier gewählte Ableitung berücksichtigt richtig die B.B. und läßt die Grenzen des Verfahrens und die gemachten Vernachlässigungen besonders klar erkennen. Das Molekül muß sehr viele Kettenglieder, genau genommen ein unendlich großes $P$ besitzen, und die Steifheit der Kette muß so klein sein, daß bei einem gegenüber $P$ nicht mehr zu vernachlässigenden $j$ jede Verknüpfung in der Orientierung der Kettenglieder, die durch $j - 1$ Kettenglieder getrennt sind, verschwindet. Das bedeutet mit anderen Worten, daß die Knäuelung des Fadenmoleküls sehr beträchtlich bzw. daß die Zahl der statistischen Fadenelemente sehr groß sein muß. Sind die Ketten zu kurz bzw. die Rotationsbehinderung zu groß, die innere Beweglichkeit also zu gering, so genügen sie nicht mehr den Voraussetzungen unseres Modells.

Eine Vorausberechnung der Konstante $K$ ist wegen des unbekannten Widerstandskoeffizienten natürlich nicht möglich. Der Ersatz des Grundmoleküls durch eine Kugel vom Radius $a$ ermöglicht zwar die Anwendung der Hydrodynamik, doch sind $a$ bzw. $\Lambda$ von vornherein unbekannte Modellgrößen, die man höchstens rückwärts aus einem Vergleich mit den beobachteten Viscositätszahlen bestimmen könnte, vorausgesetzt, daß die mittlere Länge $\overline{h^2}$ etwa aus Lichtzerstreuungsmessungen bekannt ist.

## § 83. Der undurchspülte Knäuel.

Beim frei durchspülten Knäuel wird die Annahme gemacht, daß die Strömung innerhalb des Knäuels durch die Kettenglieder nicht gestört wird, was jedoch nicht zulässig ist, und zwar um so weniger, je stärker die Knäuelung, d. h. je größer die Dichte der Kettenglieder im Innern des Knäuels ist. Die Kettenglieder *immobilisieren* das Lösungsmittel, die äußeren Gebiete des Knäuels schirmen das Innere ab, die freie Strömung kann nur noch teilweise in den Knäuel eindringen. Um die Verhältnisse abzuschätzen, ist es angebracht, den Extremfall der völligen Abschirmung durchzurechnen. Das Fadenknäuel stellt dann, hydrodynamisch betrachtet, genähert eine undurchdringliche Kugel vom Durchmesser $d_K$, ein *Schwammknäuel* dar[1]. Wie wir in § 84 sehen werden, kann man dieser dem Fadenmolekül *äquivalenten Kugel* einen *effektiven Durchmesser*

$$d_K \approx \sqrt{\overline{h^2}}$$ zuordnen.

Die mittlere Dichte innerhalb der Kugel berechnet sich zu

$$\varrho = \frac{6\,M}{\pi\,d_K{}^3\,N_L} \tag{XI, 19}$$

bzw. wegen $d_K \approx \sqrt{\overline{h^2}} = l'\,\sqrt{P}$ zu

$$\varrho \approx \frac{6\,M_{gr}}{\pi\,N_L\,l'^3\,P^{1/2}}.$$

Sie fällt also mit der Wurzel aus dem Polymerisationsgrade ab. Für ein

---

[1] Trotzdem ist die Kugel mit dem immobilisierten Lösungsmittel nur recht lose mit den Grundeinheiten des Fadenmoleküls ausgefüllt.

Polystyrolmolekül mit $M = 10^6$ ist $\sqrt{\overline{h^2}} \approx 10^3$ Å, so daß ein Grundmolekül auf $50000$ Å$^3$ kommt, die Kugel mit dem immobilisierten Lösungsmittel ist also praktisch leer (vgl. § 99c).

Im Falle totaler B.B. verschwinden die Deformationen der Kugel in der Strömung; die Viscositätserhöhung ist durch das EINSTEINsche Gesetz gegeben:

$$[\eta] = 2{,}5 \frac{N_L}{M} \cdot \frac{\pi \, d_K^3}{6} = 2{,}5 \cdot \frac{\pi \, N_L \, l'^3}{6 \, M_{gr}} \cdot P^{1/2} = 2{,}5 \frac{\pi \, N_L \, l'^3}{6 \, M_{gr}^{3/2}} \cdot M^{1/2} \, . \quad \text{(XI,20)}$$

Die Viscositätszahl wächst proportional zur Wurzel aus dem Molekulargewicht. Der Proportionalitätsfaktor hängt noch wesentlich davon ab, wie man die Abmessungen der Kugel wählt. Völlig herausgefallen ist der hydrodynamische Widerstandswert $\Lambda$ des Grundmoleküls.

Durch die beiden Gesetze Gl. (XI, 18) und (XI, 20) sind die Grenzen gegeben, innerhalb deren sich die Viscositätszahl des Fadenmoleküls bewegen muß. Tatsächlich ist experimentell gefunden worden, daß sich auch in größeren Molekulargewichtsbereichen die Viscositätszahl leidlich gut durch das von MARK[1] vorgeschlagene Potenzgesetz der Form

$$[\eta] = K \cdot M^a \qquad \text{(XI, 21)}$$

darstellen läßt, mit dem Exponenten $a$ in den Grenzen zwischen 0,5 und 1,0[2].

Unter Umständen könnte man auch Exponenten, die ein wenig oberhalb Eins liegen, verstehen[3]. Berücksichtigt man nämlich den Platzbedarf der Kettenglieder und die Wechselwirkung mit dem Lösungsmittel, so wird besonders in guten Lösungsmitteln der Knäuel aufgeweitet, der effektive Durchmesser wächst etwas schneller wie proportional zur Quadratwurzel aus $M$. Den Einfluß des Eigenvolumens und der energetischen Wechselwirkung mißt der zweite Virialkoeffizient $B = B' + B''/T$. Führt man also bei der Statistik des Fadenmoleküls den osmotischen Druck der einzelnen Fadenelemente ein, so erhält man für das mittlere Längenquadrat[4]

$$\overline{h^2} = P \, l'^2 \left(1 + \frac{2{,}16 \, M_{gr}}{N_L \cdot l^3} \cdot \frac{B}{\sqrt{P}} + \cdots \right) = P \, l'^2 \left(1 + \frac{E}{\sqrt{P}} + \cdots \right) \qquad \text{(XI, 22)}$$

Die Streckung des Knäuels wird nur bei verhältnismäßig kurzen Molekülen merklich. Ist nun die Solvathülle recht beträchtlich, so könnte man evtl. die etwas ungenaue Kontinuumsbetrachtung, wie sie die Einführung des osmotischen Druckes darstellt und die eigentlich nur die unmittelbare Umgebung eines jeden Elementes befriedigend berücksichtigt, in der Weise verbessern, daß man das eben skizzierte Verfahren wiederholt, und zwar an immer größeren Kettenstücken. Man kommt so zu

$$\overline{h^2} = l'^2 \, P^{1+\varepsilon} \qquad \text{(XI, 23)}$$

mit dem kleinen Zusatzexponenten

$$\varepsilon = \frac{\overline{E}}{\overline{n} \ln \overline{n}} = C \left(B' + \frac{B''}{T}\right),$$

---

[1] MARK, H.: Der feste Körper, S. 103. Leipzig 1938.

[2] Vgl. Tab. V, 6.

[3] PETERLIN, A.: Internat. Kongress „Les grosses molécules en solution", Paris 1948, p. 70.

[4] Den gleichen Ausdruck fand später J. J. HERMANS, Rec. Trav. chim. Pays-Bas **69**, 220 (1950) aus rein statistischen Betrachtungen unter Berücksichtigung der Raumbeanspruchung der Fadenelemente. Selbstverständlich fehlt bei ihm das Glied $B''$.

wo $\bar{n}$ die Anzahl der Glieder bedeutet, für die die Methode des osmotischen Druckes noch ausreichend ist. Es kann $\varepsilon$ sowohl positiv wie negativ sein, je nach dem Charakter des untersuchten Systems.

Wenn diese Betrachtung sinnvoll ist, würde man für den Exponenten $a$ Werte in den Grenzen

$$\frac{1 + 3\varepsilon}{2} < a < 1 + \varepsilon$$

erwarten. Allerdings scheinen die Exponenten 1,34 für Pektinsäure und 1,5 für Amylose und Amyloseacetat (Tab. V, 6) zu groß, um auf diese Weise erklärt zu werden.

In diesem Zusammenhange ist es interessant zu bemerken, daß KUHN[1] in der ersten Mitteilung über die statistische Form des Fadenmoleküls das STAUDINGER-sche Gesetz durch Einführung des Exponenten $\varepsilon = 1/3$, der die Aufweitung des Knäuels wegen des Platzbedarfes der Kettenglieder berücksichtigen sollte, mit der Vorstellung des undurchdringlichen Knäuels erklären konnte.

Die Vorstellung des äquivalenten Teilchens, das entweder eine Kugel oder ein Ellipsoid sein könnte, welches den undurchdringlichen Knäuel in der Strömung ersetzen soll, ist besonders von SADRON und seinen Mitarbeitern[2] viel angewandt und theoretisch behandelt worden.

Bei verhältnismäßig kurzen Ketten ähnelt das äquivalente Teilchen einem Stäbchen oder Ellipsoid. Mit wachsendem Polymerisationsgrad wird es jedoch immer mehr kugelförmig. Die Viscosität als Funktion des Molekulargewichtes wird durch eine S-förmige Kurve[3] wiedergegeben, wie sie von OSTWALD[4] und SADRON[2] gefordert wurde. Tatsächlich hat sich aus dieser Vorstellung im Falle einzelner Polystyrolfraktionen[5] eine gewisse Übereinstimmung der aus der Diffusion, Viscosität und der Konzentrationsabhängigkeit des osmotischen Druckes bestimmten Teilchendimensionen ergeben (s. Tab. XI, 4).

Tabelle XI, 4. *Durchmesser des Äquivalentteilchens von Polystyrolmolekülen, bestimmt aus Diffusion $d_D$, Viscosität $d_\eta$ und osmotischem Druck $d_K$.*

|  | *LM* | *M* | $d_K$ | $d_D$ | $d_\eta$ |
|---|---|---|---|---|---|
| Polystyrol PH 235 . . . | Toluol | 270000 | 218 Å | 352 Å | 356 Å |
| Polystyrol P III . . . . | Toluol | 130000 | 300 Å | 238 Å | 270 Å |

Aus der Lichtzerstreuung ergeben sich allerdings wesentlich größere Werte für $d_K$, nämlich über 500 Å für $M = 270000$ (vgl. Abb. XIV, 5 u. Tab. XIV, 1).

Viel weiter geht FLORY[6]. Er nimmt an, daß durch den Valenzwinkel und die Rotationsbehinderung, die eine Folge der Solvatation, der

[1] KUHN, W.: Kolloid-Z. **68**, 2 (1934).

[2] SADRON, CH.: Mém. Serv. Chim. d'Etat **92** (1943); Proc. Internat. Congr. Rheology, Scheveningen **1**, 62 (1948); J. Polymer Sci. **3**, 812 (1948); J. Chim. phys. **44**, 22 (1949). — CERF, R.: Thèses, Strasbourg 1951.

[3] Vgl. Abb. V, 13, XI, 11.

[4] OSTWALD, WO.: Kolloid-Z. **106**, 1 (1944).

[5] VALLET, G.: J. Chim. phys. **47**, 649 (1950). — BENOIT, A. M.: J. Chim. phys. **47**, 22 (1947).

[6] FLORY, P. J.: J. Chem. Phys. **17**, 303 (1949). — FLORY, P. J., u. T. G. FOX: J. Amer. Chem. Soc. **73**, 1904 (1951); J. Polymer Sci. **5**, 745 (1950).

Raumbeanspruchung und der Wechselwirkung entfernterer Kettenglieder ist, die linearen Dimensionen des Fadenmoleküls um einen Faktor $\alpha$ vergrößert werden, so daß man für die mittlere Länge

$$\sqrt{\overline{h^2}} = l' \, P^{1/2} \, \alpha \qquad\qquad \text{(XI, 24)}$$

setzen müßte. Der Faktor $\alpha$ berechnet sich aus der Verteilungswahrscheinlichkeit der einzelnen Glieder des Fadenmoleküls und des Lösungsmittels, also aus der Mischungs- bzw. Verdünnungsentropie, die dem Betrage nach der Verdünnungswärme vergleichbar ist, zu [1]

$$\alpha^5 - \alpha^3 = C' \, (1 - \Theta/T) \, M^{1/2} \qquad\qquad \text{(XI, 25)}$$

mit der halbempirischen Konstante $C'$ und der kritischen Temperatur $\Theta$, bei der im gegebenen System Lösungsmittel-Gelöstes für unendlich lange Moleküle des letzteren gerade unbeschränkte Mischbarkeit auftritt. Bei dieser Temperatur verschwindet der zweite Virialkoeffizient. Mit dieser Vorstellung ergibt die undurchdringliche äquivalente Kugel das Viscositätsgesetz

$$[\eta] = K' \cdot M^{1/2} \, \alpha^3 , \qquad\qquad \text{(XI, 26)}$$

wo

$$K' = \frac{5\,\pi}{12} \, \frac{N_L \cdot l'^3}{M_{gr}^3} \qquad\qquad \text{(XI, 27)}$$

die charakteristische, noch temperaturabhängige Konstante des polymeren Stoffes im gegebenen Lösungsmittel bedeutet. Die Viscositätszahl steigt rascher als proportional zu $M^{1/2}$ an.

Die einzelnen Konstanten $K'$, $\Theta$ und $C'$ können aus Experimenten bestimmt werden, wie das Fox und Flory an Polyisobutylen[2] und Polystyrol[2] in verschiedenen Lösungsmitteln gezeigt haben. In einem schlechten Lösungsmittel bestimmt man die kritische Entmischungstemperatur $T_c$ für verschiedene $M$ und extrapoliert auf Grund der linearen Beziehung zwischen $T_c$ und $1/M^{1/2}$ auf unendliches $M$. Bei $T = \Theta$ ist $\alpha = 1$, also gibt $[\eta]$ bei dieser Temperatur die Konstante $K'$, die unabhängig vom Lösungsmittel ist und nur sehr wenig von der Temperatur abhängt, wie das aus dem ziemlich konstanten Wert der Viscositätszahl beim Ausfällen folgt. Die Temperaturabhängigkeit von $K'$ ermittelt man durch Wahl von Lösungsmitteln mit hinreichend verschiedenen $\Theta$. Nun kann man für jedes Lösungsmittel $\alpha$ aus der Temperaturabhängigkeit der Viscositätszahl als $([\eta]/K'M^{1/2})^{1/3}$ berechnen. Nach Gl. (XI, 25) erhält man dann bequem $C'$, das ähnlich wie $K'$ von der Temperatur abhängt. Tatsächlich bekommen Fox und Flory aus den Experimenten an Polyisobutylen mit $M = 180\,000$ bis $1\,880\,000$ und Polystyrol mit $M = 70\,000$ bis $1\,270\,000$ in sehr verschiedenen Lösungsmitteln gut mit der Theorie übereinstimmende Werte (s. Abb. XI, 5).

Die mittlere Länge der Moleküle berechnet sich nach Gl. (XI, 24, 26, 27) zu

$$\sqrt{\overline{h^2}} = \sqrt[3]{\frac{12 \, M \, [\eta]}{5 \, \pi \, N_L}} \qquad\qquad \text{(XI, 28)}$$

---

[1] Fox, T. G., u. P. J. Flory: J. Phys. Colloid Chem. **53**, 197 (1949).
[2] Fox, T. G., u. P. J. Flory: J. Amer. Chem. Soc. **73**, 1909 (1951).

bzw. aus Gl. (XI, 20, 21) zu

$$\sqrt{\overline{h^2}} = \sqrt[3]{\frac{12\,K}{5\,\pi\,N_L}} \cdot M^{\frac{1+a}{3}}. \tag{XI, 29}$$

Somit erhält FLORY für ein Polyisobutylen mit $M = 10^6$ im guten Lösungsmittel Cyclohexan $\alpha = 1{,}54$ und $R = 1220$ Å bei 25° C, während im Benzol mit $\alpha = 1$ die effektive Länge nur 795 Å wird. Für Polystyrol im Benzol berechnet sich mit $\alpha = 1{,}5$ die Länge zu 1100 Å, was mit den Beobachtungen der Lichtzerstreuung vernünftig übereinstimmt (s. § 100). Beim Polyisobutylen sind die FLORYschen Werte aber zu klein.

Bemerkenswert bei der FLORYschen Theorie ist die Annahme, daß das mittlere Abstandsquadrat zwischen Anfang und Ende des Fadenmoleküls nicht proportional zu $P$, sondern rascher ansteigt und als Folge davon sich ein Potenzgesetz für die Viscositätszahl ergibt. Die Experimente an Polyisobutylenen, Polystyrolen, Polyisoprenen und Kautschuk, die in einem wirklich weiten Molekulargewichtsbereich sehr genau ein solches Gesetz befolgen, könnten eine Stütze für diese Auffassung sein. Es würden dann bei diesen Polymeren in guten Lösungsmitteln die effektiven Durchmesser ungefähr proportional mit $M^{0,55}$ bis $M^{0,6}$ ansteigen und nur in einem schlechten Lösungsmittel würde der Exponent gleich 0,5 werden.

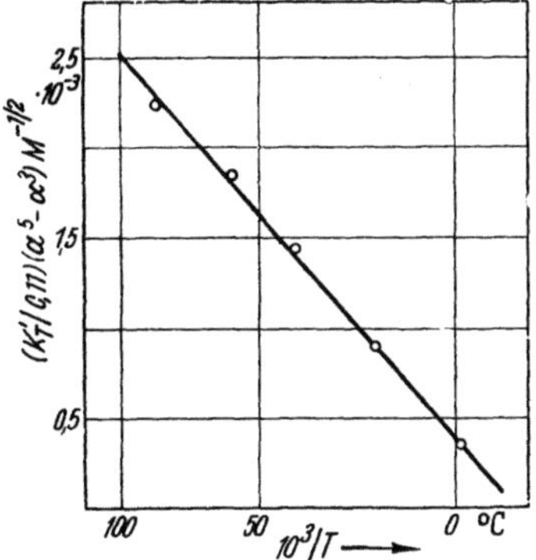

Abb. XI, 5. $(K'_T/K'_{T_0})\,(\alpha^5 - \alpha^3)\,/\,M^{1/2}$ über $1/T$ für Polyisobutylen mit $M = 1\,460\,000$ in Toluol [vgl. T. G. FOX u. P. J. FLORY: J. Amer. Chem. Soc. **73**, 1909 (1951) mit $K'_{T_0} = 0{,}11$], Nach der Theorie von FLORY müssen sich gerade Linien ergeben [Gl. (XI, 25)].

## § 84. Der teilweise durchspülte Knäuel.

Die Frage der gestörten Strömung im Inneren des geknäuelten Fadenmoleküls kann man von den beiden Grenzfällen her in Angiff nehmen: Entweder man berücksichtigt beim frei durchströmten Knäuel die hydrodynamische Wechselwirkung der einzelnen Kettenglieder oder man läßt bei der äquivalenten Kugel eine gewisse Durchlässigkeit zu. In beiden Fällen hat man es mit einem kontinuierlichen Übergang von der freien Strömung außerhalb des Knäuels zu dem völlig immobilisierten Lösungsmittel in den inneren Gebieten desselben zu tun. Dementsprechend sind auch die Ergebnisse beider Betrachtungsarten bis auf die Zahlenfaktoren identisch.

Die hydrodynamische Wechselwirkung wird nach einem von BURGERS[1] modifizierten Verfahren von OSEEN berücksichtigt. Eine in der $Y$-Richtung mit der Geschwindigkeit $v'_A$ bewegte Kugel in $A$ nimmt die umgebende Flüssigkeit mit und erteilt auch der Kugel in $B$ (Abb. XI, 6) eine Geschwindigkeit, deren Komponente in der $Y$-Richtung gleich

---

[1] BURGERS, J. M.: Proc. Acad. Amsterdam **44**, 1045 (1941).

$$v''_B = v'_A \cdot \frac{3a}{4} \left( \frac{1 + \cos^2 \Theta}{r} + \frac{2a^2(1 - 3\cos^2 \Theta)}{3\,r^3} \right) + \cdots = v'\, \Psi\,(r, \Theta) \quad \text{(XI, 30)}$$

ist, wo durch Punkte die Glieder höherer Ordnung in $a/r$ angedeutet sind. Die angeschriebene Näherung ergibt selbst im Falle, daß sich die Kugeln berühren, noch brauchbare Resultate. Bewegen sich nun beide Kugeln in $A$ und $B$ unter dem Einfluß von parallelen Kräften $F_A$ und $F_B$, die ihnen die Geschwindigkeiten $v'_A$ und $v'_B$ erteilen würden, so nehmen sie wegen der hydrodynamischen Wechselwirkung die Geschwindigkeiten

$$v_A = v'_A + v'_B\, \Psi\,(r, \Theta)$$
$$v_B = v'_B + v'_A\, \Psi\,(r, \Theta) \quad \text{(XI, 31)}$$

Abb. XI, 6.
Hydrodynamische
Wechselwirkung
zwischen zwei Kugeln.

an, die größer als die ursprünglichen ungestörten Werte sind falls nur die Kräfte gleichgerichtet sind. Die Mitnahme des Lösungsmittels und der eingebetteten Kettenglieder führt so zu erhöhter Geschwindigkeit bei Einwirkung gleichgerichteter äußerer Kräfte, also zu einer Verminderung des Strömungswiderstandes und zur steigenden Undurchdringlichkeit des Knäuelinneren mit wachsenden Abmessungen desselben und steigender Zahl der Kettenglieder.

Für das Fadenmolekül mit $P$ Grundmolekülen hat man ein System von $3\,P$ linearen Gleichungen für die Geschwindigkeitskomponenten in der Strömung, das die wirklich auftretenden $v_j$ mit den durch äußere Reibungskräfte $F_j$ ohne hydrodynamische Wechselwirkung bedingten $v'_j$ verbindet. Im Falle totaler B.B. sind die $v_j$ durch die gleichmäßige Rotation des Knäuels mit der Winkelgeschwindigkeit $q/2$ gegeben und es entsteht das Problem der Berechnung der $v'_j$, die in den Ausdruck für die dissipierte Leistung

$$\sum \vec{F_j} \cdot \vec{v_j} = \eta_l \cdot \varLambda \sum v'_j \cdot v_j \quad \text{(XI, 32)}$$

eingehen. KIRKWOOD und RISEMAN[1] haben unter der Annahme, daß der in $\Psi$ im Nenner vorkommende Abstand $r_j$ zwischen zwei Kettengliedern ganz allgemein durch den Mittelwert $l'\sqrt{j}$ ersetzt werden kann[2], das algebraische Problem auf eine Integrodifferentialgleichung reduziert, die sich durch Reihenentwicklung lösen läßt. Sie finden für die Viscositätszahl

$$[\eta] = \frac{\pi}{6} \cdot \frac{N_L \cdot a\, l'^2}{M_{gr}} \cdot P \cdot F\left( \sqrt{\frac{6}{\pi}} \cdot \frac{a}{l'} \sqrt{P} \right) = \left( \frac{\pi}{6} \right)^2 \frac{N_L\, l'^4}{M_{gr}\, a} \cdot x^2\, F(x)$$
$$\text{(XI, 33)}$$

mit $x = (a/l')\sqrt{6\,P/\pi}$. Die Abhängigkeit vom Polymerisationsgrad ist aus der Abb. XI, 7 zu ersehen, wo $[\eta]_{rel}$ über $\sqrt{P}$ aufgetragen ist. Dabei ist $a/l' = 1/4$ gewählt worden[3]. Den Charakter der Funktion entnimmt man noch besser der Abb. XI, 8, wo $\log\,[\eta]$ über $\log\,P$ aufgetragen ist. Es ergibt sich keine Gerade, das Potenzgesetz der Gl. (XI, 21) kann durch das Modell des teilweise durchspülten Knäuels nicht wiedergegeben werden. Im Gegenteil, nach dem anfänglichen linearen Anstieg müßte man mit wachsendem $P$ immer kleinere Exponenten bis zum

---

[1] KIRKWOOD, J. G., u. J. RISEMAN: J. Chem. Phys. **16**, 565 (1948).

[2] Es gilt für eine GAUSSsche Verteilung $\overline{1/r} = \sqrt{6/\pi}\,/\,\bar{r}$.

[3] Dieser Wert entspricht gerade dem Perlschnurmodell § 81 b.

Grenzwert 1/2 wählen. Das entspricht dem allgemeinen Verlauf der Meßwerte von BADGER und BLAKER[1], FIVIAN und MOSIMANN[2], MÜNSTER[3] an Nitrocellulose, von BADGLEY und MARK[4] an Acetylcellulose, von WILSON[5] an Polymethacrylonitril in Aceton, von J. HENGSTENBERG[6] an Polyvinylchloriden in Cyclohexanon, von EWART und TINGEY[7] an Polystyrol und von BATZER[8] an den Polyestern der $\omega$-Hydroxyundekansäure in Benzol und Chloroform, obwohl in den Einzelheiten ziemliche Unterschiede auftreten, auf die noch später eingegangen wird.

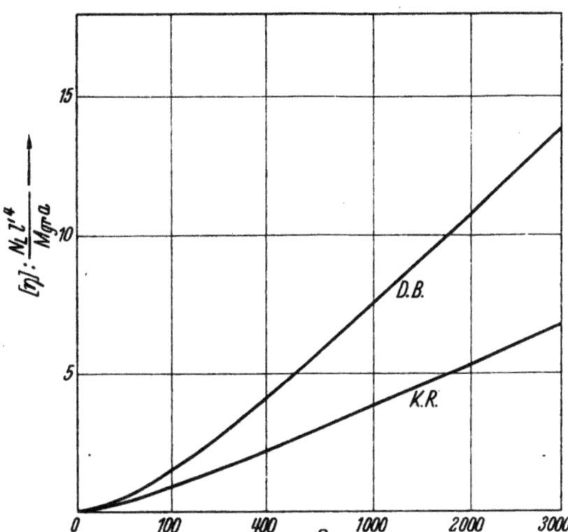


Abb. XI, 7. Relative Werte der Viscositätszahl nach KIRKWOOD-RISEMAN (K.R.) und nach DEBYE-BUECHE (D.B.) über der Quadratwurzel aus dem Polymerisationsgrad. Dabei ist $l'/a = 1/4$ gewählt worden.

Begnügt man sich mit der nicht ganz zutreffenden Näherung, daß die hydrodynamische Wechselwirkung alle Geschwindigkeiten um den gleichen Faktor $1/\gamma$ verändert,

$$\vec{v}' = \gamma \, \vec{v},$$

dann läßt sich die Viscositätszahl mit den gleichen Annahmen wie oben elementar berechnen. So findet PETERLIN[9]

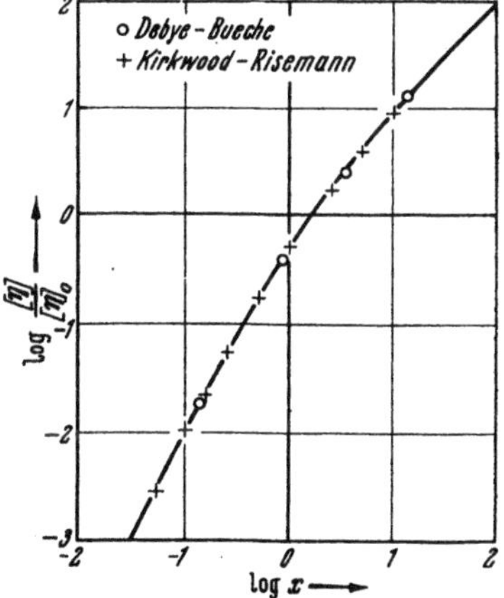


Abb. XI, 8. Relative Viscositätszahl über $x = (a/l')(6P/\pi)^{1/2}$ nach KIRKWOOD-RISEMAN (+), DEBYE-BUECHE (o) und PETERLIN (ausgezogene Kurve) im doppeltlogarithmischen Maß.


[1] BADGER, R. M., u. R. H. BLAKER: J. Phys. Colloid Chem. 53, 1056 (1949).

[2] FIVIAN, W.: Diss. Bern 1939; H. MOSIMANN: Helv. chim. Acta 26, 369 (1943) korrigierte die Molekulargewichte bei FIVIAN durch Messungen mit der Ultrazentrifuge. Die Viscositätskurve ist in Abb. XI, 11 wiedergegeben.

[3] MÜNSTER, A.: Z. phys. Chem. 197, 17 (1951).

[4] BADGLEY, W. J., u. H. MARK: J. Phys. Colloid Chem. 51, 58 (1947).

[5] WILSON, J. N.: J. Chem. Phys. 17, 219 (1949).

[6] HENGSTENBERG, J.: Angew. Chem. 62, 26 (1950).

[7] EWART, R. H., u. H. C. TINGEY: Angegeben bei KIRKWOOD u. RISEMAN, s. Anm. 1, S. 552.

[8] BATZER, H.: Makromol.Chem. 5, 5 (1950).

[9] PETERLIN, A.: Internat. Kongress „Les grosses molécules en solution", Paris 1948, S. 70. Diss. Akad. Ljubljana (3A) 1, 48 (1950).

$$[\eta] = \frac{\pi}{6} \cdot \frac{N_L\,a\,l'^2}{M_{gr}} \cdot \frac{P}{1 + 1{,}2\,\sqrt{\dfrac{6}{\pi}\cdot\dfrac{a}{l'}\,\sqrt{P}}} \qquad (XI, 34)$$

mit ziemlicher Unsicherheit im Faktor 1,2 wegen der Vereinfachung der Mittelwertsbildung. Der genaue Wert desselben müßte entweder aus Experimenten oder aus Vergleich mit Gl. (XI, 33) bestimmt werden. Der Verlauf der Viscositätsfunktion stimmt weitgehend mit der von KIRKWOOD-RISEMAN überein, wie das aus der doppeltlogarithmischen Auftragung in Abb. XI, 8 hervorgeht. Besonders einfache Verhältnisse ergeben sich beim Auftragen von $M/[\eta]$ gegen $\sqrt{M}$ bzw. $\sqrt{P}$ (s. Abb. XI, 9)[1]. Aus Gl. (XI, 34) erhält man

$$\frac{M}{[\eta]} = \frac{6}{\pi}\,\frac{M_{gr}^2}{N_L\,a\,l'^2}\left(1 + 1{,}2\,\sqrt{\frac{6}{\pi}\,\frac{a}{l'}\,\sqrt{P}}\right)\cdots, \qquad (XI, 35)$$

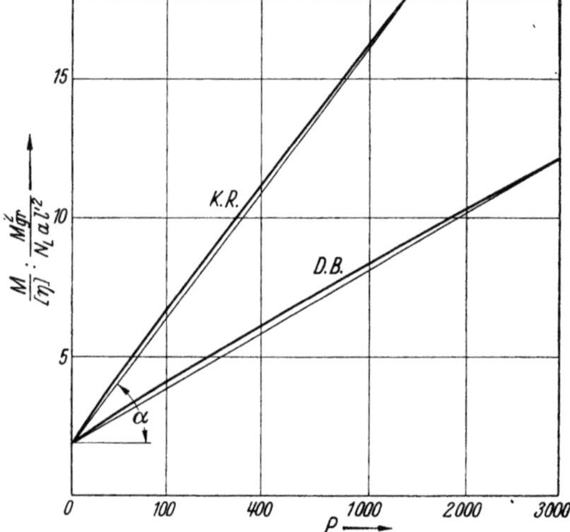


also eine Gerade und auch die Werte nach KIRKWOOD-RISEMAN Gl. (XI, 33) weichen nur unwesentlich davon ab, so daß bei der praktisch zu erzielenden Meßgenauigkeit eine experimentelle Entscheidung zugunsten der einen oder der anderen Viscositätsgleichung kaum zu erwarten ist. Die Neigung der Geraden hängt noch vom Wert des etwas unsicheren Faktors 1,2 ab. Die eingezeichnete Gerade gibt den Wert 0,69, der also in Gl. (XI, 34) und (XI, 35) einzusetzen wäre, wenn die KIRKWOOD-RISEMANsche Gl. (XI, 33) die richtige Viscositätskurve darstellen würde. WILSON, der nur den Anfangsteil der Kurven nach

Abb. XI, 9, $M/[\eta]_{rel}$ über $P^{1/2}$ nach KIRKWOOD-RISEMAN (K.R.) und DEBYE-BUECHE (D.B.). für $a/l' = {}^1/_4$. Die Kurven sind fast Gerade. Die bei K.R. eingezeichnete Gerade entspricht der Gl. (XI, 34) nach PETERLIN, mit dem Faktor 0,69, die bei D.B. dagegen mit 0,28.

Abb. XI, 9 betrachtet, bekommt gute Übereinstimmung mit KIRKWOOD-RISEMAN beim Einsetzen des Wertes 0,76[2].

Aus der Neigung der Geraden (tg $\alpha$) bei Auftragung von $M/[\eta]$ über $\sqrt{M}$ kann die mittlere Länge des Fadenmoleküls in der Lösung bestimmt werden[3]

---

[1] WILSON, J. N.: J. Chem. Phys. **17**, 219 (1949) hat aus rein empirischen Gründen eine solche Auftragung zur übersichtlichen Darstellung der Meßwerte vorgeschlagen.

[2] Sein Bereich mit $P = 100000$ umfaßt wegen des recht kleinen Wertes $a/l' = 9 \cdot 10^{-3}$ auf der Abb. XI, 9 nur den Teil der Kurve bis $P = 130$. Der größeren Steilheit in diesem Teile entspricht auch ein größerer Faktor (0,76 > 0,69).

[3] PETERLIN, A.: J. Polymer Sci. **5**, 473 (1950).

$$\sqrt{\overline{h^2}} = \left(\frac{6}{\pi}\right)^{1/2} \left(\frac{1,2 \, \mathrm{cotg} \, \alpha}{N_L}\right)^{1/3} \cdot M^{1/2} = 1,70 \cdot 10^{-8} \, (\mathrm{cotg} \, \alpha)^{1/3} \, M^{1/2} \,,$$

$$\text{(XI, 36)}$$

bzw. $1,41 \cdot 10^{-8}$ wenn man mit dem Faktor 0,69 rechnet[1]. Der Abschnitt auf der Ordinatenachse $(M/[\eta])_0$ liefert mit $\sqrt{\overline{h^2}} = l' \sqrt{P}$ den hydrodynamischen Radius $a$

$$a = \frac{6 \, M_{gr}^2}{\pi \, N_L \, l'^2} \cdot \left(\frac{[\eta]}{M}\right)_0 .$$

Die Bestimmung dieser Parameter nach der KIRKWOOD-RISEMANschen Gl. (XI, 33) ist etwas umständlicher. Man versucht aus der doppeltlogarithmischen Auftragung der Viscosität den Exponenten $a$ im Potenzgesetz Gl. (XI, 21) für einen geeigneten Abschnitt der Kurve zu gewinnen und entnimmt aus der Tabelle bei KIRKWOOD-RISEMAN den entsprechenden $x$-Wert. Der Absolutwert der Viscosität ergibt sodann die zweite Bestimmungsgleichung für die scheinbare Länge $l'$ und den hydrodynamischen Radius $a$.

Beide Ableitungen haben den ziemlich schwerwiegenden Fehler in der Abstandsstatistik gemeinsam, der um so mehr zum Vorschein tritt, je kürzere Abschnitte der Kette man bei der hydrodynamischen Wechselwirkung zu berücksichtigen hat. Diese ist in der Weise gleichmäßig auf die Nachbarn verteilt, daß die Fadenelemente in jedem Intervall $dR$ des effektiven Abstandes den gleichen Beitrag liefern. Nun verschwindet bei den inneren Fadenelementen der Beitrag der äußeren Elemente wegen der entgegengesetzten Bewegungsrichtung und es bleibt somit nur der hydrodynamische Einfluß der unmittelbaren Nachbarn übrig, der wegen der fehlerhaften Berechnung der kleinen Abstände nicht richtig beschrieben wird.

H. und W. KUHN[2] haben die umständliche Rechnung durch Messung des Drehwiderstandes an Molekülmodellen aus Eisendraht umgangen. Beim Hantelmodell besteht nämlich zwischen dem Widerstandsmoment bei der Drehung, $\zeta$ (s. § 81 a) bei der Drehung mit der Winkelgeschwindigkeit Eins und der Viscositätszahl die Beziehung

$$[\eta] = \frac{N_L}{4,5 \, M} \cdot \frac{\zeta}{\eta_l} . \qquad \text{(XI, 37)}$$

Erweitert man das auch auf Fadenmoleküle[3], so ergibt sich aus den gemessenen $\zeta$ bei verschiedener Segmentzahl und verschiedenem Verhältnis zwischen Drahtdicke $d_h$ und Segmentlänge $A_m$

---

[1] Nach der KUHNschen Gl. (XI,30) ergibt sich für $R$ der Zahlenfaktor $1,43 \cdot 10^{-8}$, der praktisch mit dem oben angegebenen $1,41 \cdot 10^{-8}$ übereinstimmt.

[2] KUHN, H.: Habilitationsschrift, Basel 1946; J. Colloid Sci. 5, 331 (1950). — KUHN, H., u. W. KUHN: Helvet. chim. Acta 30, 1233 (1947); J. Chem. Phys. 16, 838 (1948); J. Polymer Sci. 5, 519 (1950). Die Genauigkeit der Versuche ist wegen der Notwendigkeit, die ganze Mannigfaltigkeit der Molekülformen zu erfassen, recht gering. Der ganze, ungefähr parabolische Anfangsteil (s. S. 561—562) der Viscositätskurve ist deshalb unbemerkt geblieben.

[3] KIRKWOOD und RISEMAN [J. Chem. Phys. 17, 442 (1949)] erhalten für den teilweise durchspülten Knäuel die gleiche Beziehung zwischen Eigenviscosität und $\zeta$ bzw. der Rotationsdiffusionskonstante, nur mit dem Zahlenfaktor 2 anstatt 4,5

$$[\eta] = \frac{N_L A_m l_R^2}{48 M_{gr}} \cdot \frac{P}{-0,05 + 0,12 \log A_m/d_h + 0,037 \sqrt{L/A_m}}, \qquad (XI, 38)$$

wobei $L = P l_R$ die Länge des gestreckten Moleküls mit $L/A_m$ Segmenten bedeutet. Die halbempirisch gewonnene Gl. (XI, 38) und die theoretisch abgeleitete Gl. (XI, 34) stimmen bis auf Zahlenfaktoren weitgehend überein, insbesondere ergeben beide Geraden beim Auftragen von $M/[\eta]$ gegen $\sqrt{M}$ als Abszisse.

Es sei besonders hervorgehoben, daß die von KUHN eingeführten statistischen Vorzugselemente $A_m$ nur eine modellmäßige Deutung zulassen (s. Abb. X, 6). Sie stellen die Länge des völlig frei einstellbaren Gelenkes eines Ersatzmodelles dar, das bei gleicher Gesamtlänge $L = Z A_m$ auch die gleiche mittlere Länge $\overline{h^2} = Z A_m^2$ wie das vorliegende Molekül besitzt. Die erste Forderung ergibt die benötigte Zusatzgleichung, um aus der gemessenen mittleren Länge die Größe $A_m$ zu bestimmen: $A_m = \overline{h^2}/L$. Jedes Vorzugselement enthält $s = P/Z$ Grundmoleküle. Ein Fadenmolekül mit $P = s$ hat allerdings eine mittlere Länge $\sqrt{\overline{h_s^2}}$, die kleiner als $A_m$ ist (vgl. dazu die Ausführungen in Band I, § 32 und § 33). Die Tabelle XI, 5 gibt einen kleinen Überblick über die KUHNschen Molekülparameter[1] $A_m$, $s$, $M_A = s \cdot M_{gr}$ und die röntgenographische Länge $l_R$ für einige ausgewählte Systeme.

Tabelle XI, 5. *Einige Molekülkonstanten nach* KUHN.

| | Lösungsmittel | $l_R$ | $A_m$ | $s$ | $M_A$ |
|---|---|---|---|---|---|
| Cellulose . . . . . . . . | Kuprammonium | 5,15 | 50 | 9,7 | 1600 |
| Methylcellulose . . . . . | Wasser | 5,15 | 130 | 25 | 4300 |
| Paraffin . . . . . . . . | Benzol | 1,26 | 16 | 12 | 170 |
| Polyacrylsäure . . . . . | Wasser | 2,52 | 25 | 10 | 840 |
| Polystyrol . . . . . . | Toluol | 2,52 | 35 | 14 | 1400 |
| Polyvinylchlorid . . . . | Dioxan | 2,52 | 22 | 9 | 560 |

BRINKMAN[2], DEBYE und BUECHE[3] gehen von der äquivalenten Kugel mit dem Durchmesser $d_K$ aus, in der die Fadenelemente gleichmäßig mit der Dichte $N_{cm^3} = 6 P/\pi d_K^3$ verteilt sein sollen. Die Kugel hat eine gewisse Permeabilität[4] $k$, die durch den Widerstand der Volumeinheit mit $N_{cm^3}$ ruhenden Fadenelementen in der zähen, mit der Geschwindigkeit $v$ strömenden Flüssigkeit

$$\frac{K}{V} = \frac{\eta_l v}{k} = N_{cm^3} \Lambda \eta_l v$$

$$k = L^2 = \frac{1}{N_{cm^3} \Lambda} = \frac{\pi d_K^3}{6 P \Lambda} \qquad (XI, 39)$$

bestimmt ist. Für ein solches Modell berechnet sich die Viscositätszahl zu

---

[1] KUHN, W.: Z. angew. Phys. **4**, 108 (1952).

[2] BRINKMAN, H. C.: Physica **13**, 447 (1947); Proc. Int. Rheol. Congress, Scheveningen 1948, S. 58; Appl. Sci. Res. **2**, 190 (1949).

[3] DEBYE, P., u. A. M. BUECHE: J. Chem. Phys. **16**, 573 (1948).

[4] DEBYE-BUECHE führen die Eindringtiefe $L = \sqrt{k}$ ein.

$$[\eta] = \frac{N_L\,\pi\,d_K^3}{6\,M} \cdot \frac{2{,}5}{1/(1 - 3\coth\sigma/\sigma + 3/\sigma^2) + 10/\sigma^2} =$$

$$= \frac{5\,N_L\,\pi\,d_K^3}{12\,M}\,\Phi\,(\sigma) \qquad\qquad (XI, 40)$$

mit dem Parameter

$$\sigma = \frac{d_K}{2\,\sqrt{k}}\,. \qquad\qquad (XI, 41)$$

Das Ergebnis ist sehr allgemein und läßt noch volle Freiheit der Wahl des Durchmessers $d_K$ und der Permeabilität $k$ zu.

DEBYE und BUECHE nehmen an, daß der hydrodynamische Widerstandskoeffizient für jedes System konstant ist, unabhängig vom Polymerisationsgrade, und setzen den Durchmesser $d_K$ proportional dem mittleren Durchmesser[1] des Moleküls, für den sie die einfache Gl. (XI, 14) anwenden

$$d_K = 1{,}054\,l'\,\sqrt{P} \qquad\qquad (XI, 42)$$

so daß sie mit

$$\sigma^2 = \frac{3\,\Lambda\,P}{2\,\pi\,d_K} = 8{,}53\,\frac{a}{l'}\,\sqrt{P} \qquad\qquad (XI, 42a)$$

für die Viscositätszahl

$$[\eta] = 1{,}52\,\frac{N_L}{M_{gr}}\,l'^3\,\sqrt{P}\,\Phi\,(\sigma) \qquad\qquad (XI, 43)$$

erhalten. Der Verlauf von $[\eta]$ ist in Abb. XI, 7 und XI, 8 eingezeichnet.

BRINKMAN dagegen berücksichtigt die gegenseitige hydrodynamische Störung der Fadenelemente und erhält für die Permeabilität

$$k = \frac{a^2}{18}\left(3 + \frac{4}{\varphi} - 3\,\sqrt{\frac{8}{\varphi} - 3}\,\right) \qquad\qquad (XI, 44)$$

mit der Volumenkonzentration $\varphi$ der Fadenelemente[2]

$$\varphi = N_{\mathrm{cm^3}}\,V_a = P\left(\frac{2\,a}{d_K}\right)^3 = 10{,}3\left(\frac{a}{l'}\right)^3\!\Big/\sqrt{P}$$

wenn man für den Durchmesser

$$d_K = \sqrt{\frac{8\,\overline{h^2}}{3\,\pi}} = 0{,}92\,l'\,\sqrt{P} \qquad\qquad (XI, 45)$$

setzt. Die Permeabilität verschwindet für $\varphi = 2/3$. Hier wird $\sigma = \infty$. Die Singularität liegt bei $P \ll 1$, entspricht also keinem realen Molekül. Da mit wachsendem $P$ die Konzentration $\varphi$ abfällt, steigt $k$ wieder an und $\sigma$ wächst nach dem ersten schroffen Abfall gleich nach der Singularität wieder ganz normal. Doch sind seine Werte bei gleichem $P$ immer größer als nach DEBYE-BUECHE. Es fehlt der Anfangsteil mit $\sigma = 0$ und

---

[1] Der Faktor 1,054 wurde so gewählt, daß für Polystyrol mit $M = 10^6$ der mittlere Durchmesser aus Viscosität mit dem aus der Lichtstreuung übereinstimmt.

[2] BRINKMAN rechnet mit dem KUHNschen Modell und setzt den Durchmesser $2a$ des Fadenelementes gleich $A_m$, der Länge des KUHNschen statistischen Elementes. Es wird dann $\varphi = 10{,}3/8\,\sqrt{Z} = 1{,}29/\sqrt{Z}$ mit $Z = $ Zahl der statistischen Fadenelemente im Molekül.

es bleibt nur ein weit engerer Bereich in $\sigma$ übrig. Das hat zur Folge, daß der Exponent $a$ in Gl. (XI, 21) viel weniger mit $P$ variiert, als das bei den übrigen Viscositätsformeln der Fall ist. In einem von BRINKMAN durchgerechneten Beispiel geht $a$ von 0,71 auf 0,63 in einem Bereich, wo er nach DEBYE-BUECHE von 0,84 auf 0,68 abfällt. In der Tat entspricht das besser den Experimenten, die über ausgedehnte Bereiche von $M$ ein konstantes $a$ verlangen (vgl. Tab. V, 6).

Die Berechnung der Molekülabmessungen aus der Viscositätszahl erfolgt in der gleichen Weise wie bei KIRKWOOD und RISEMAN. Man bestimmt zuerst den Exponenten $a$ und entnimmt aus der Tabelle bei DEBYE-BUECHE den entsprechenden Wert des Parameters $\sigma$. Das gibt bei bekanntem $P$ den Quotienten $a/l'$ (Gl. XI, 42a). Der Absolutwert von $[\eta]$ liefert nach Gl. (XI, 43) die Länge $l'$.

Der allgemeine Verlauf der Viscositätszahl mit dem Polymerisationsgrad ist nach allen Modellen sehr ähnlich, wie man aus der logarithmischen Darstellung in Abb. XI, 8 entnehmen kann, wo durch paralleles Verschieben die Kurven nach Gl. (XI, 33), (XI, 34) und (XI, 43) zur praktisch vollkommenen Deckung gebracht wurden. Die logarithmische Darstellung ist selbstverständlich immer etwas zu günstig, da sie in einzelnen Gebieten ziemlich große absolute Unterschiede stark unterdrückt, wenn nur die Absolutwerte der aufgetragenen Funktionen genügend groß sind.

Nach der Theorie des teilweise durchspülten Knäuels könnte man das Potenzgesetz Gl. (XI, 21) nur als Näherungsgleichung in eng begrenzten Molekulargewichtsintervallen gelten lassen und es wäre dem Exponenten keine besondere Bedeutung beizulegen. Dagegen sollte man den schon oben erwähnten linearen Zusammenhang zwischen $M/[\eta]$ und $\sqrt{M}$ erwarten, der an Einfachheit nichts zu wünschen übrig läßt.

Im Gegensatz zur Übereinstimmung des allgemeinen Verlaufes sind die numerischen Werte stark verschieden und entsprechend unterscheiden sich auch die aus Viscositätsmessungen berechneten Molekülabmessungen nach den einzelnen Modellen. So ergibt sich für unendlich großes $P$ Proportionalität mit $N_L l'^3 P^{1/2}/M_{gr}$ mit den Zahlenfaktoren 0,60 (K.R.), 0,55 (P.), 0,53 (K.K.), 1,52 (D.B.). Bei endlich großem $P$ liegt der wesentliche Unterschied zwischen der KUHNschen Gl. (XI, 38) und den drei anderen Viscositätsformeln in der Abhängigkeit vom hydrodynamischen Radius $a$ bzw. $d_h$, wie man besonders klar aus dem Vergleich von Gl. (XI, 34) und (XI, 38) entnimmt. Bei KUHN tritt die Fadendicke nur im Logarithmus im Nenner auf, die Viscosität ist kaum von $d_h$ abhängig. Dementsprechend ist die Bestimmung der Fadendicke aus der Viscosität recht ungenau und die etwa gefundene Übereinstimmung mit den geometrischen Abmessungen des Moleküls sagt nicht viel über die Richtigkeit des Modells aus. Bei den anderen Viscositätsformeln tritt dagegen $a$ als Faktor $a/l'$ beim Wurzelausdruck im Nenner und als Faktor im Zähler auf. Hier entspricht der Ausdruck $A_m l_R^2$ in Gl. (XI, 38) dem Produkt $a \cdot l'^2$ in Gl. (XI, 34). Wegen der Größe von $l'$ sind die berechneten

$a$ viel zu klein, etwa 0,1 Å[1], während nach der KUHNschen Gleichung wegen des kleinen $l_R$ normale Werte für $A_m$ erhalten werden[2].

Vergleicht man die Meßwerte mit der Theorie, so hat man viele Fälle, wo eine befriedigende Übereinstimmung vorhanden ist, so z. B. Nitrocellulose[3-5], Polyvinylchlorid[6], Polystyrol[7], Polyester[8]. An Celluloseacetat in Aceton findet H. KUHN[9], daß die Viscositätsmessungen von SOOKNE und HARRIS[10] sehr gut durch die Gl. (XI, 38) wiedergegeben werden können (Abb. XI, 10), wenn man die Parameter $A_m = 110$ Å, $d_h = 11$ Å aus den Sedimentationsmessungen von KRAEMER und NICHOLS[11] bestimmt und die Werte $M_{gr} = 240$, $l_R = 5,15$ Å benutzt. Die Gl. (XI, 33) und (XI, 43) nach KIRKWOOD-RISEMAN und DEBYE-BUECHE geben dagegen ziemlich abweichende Kurven.

MAGAT und KUNST[12] finden bei Polystyrol in verschiedenen

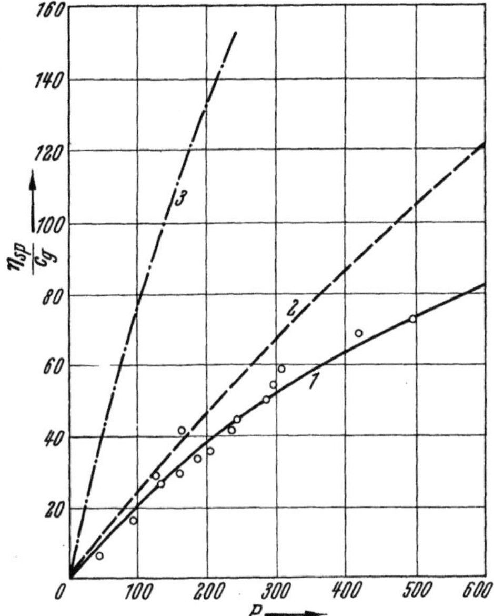

Abb. XI, 10. Viscositätszahl der Acetylcellulose in Aceton: (0) Experimente von SOOKNE u. HARRIS [Ind. Engng. Chem. **37**, 475 (1945)], (1) Theorie von W. und H. KUHN, (2) nach DEBYE-BUECHE, (3) nach KIRKWOOD-RISEMAN. Parameter $a$, $l'$ bzw. $A_m$, $d_h$, $l_R$ aus Sedimentationsmessungen von KRAEMER und NICHOLS. [In SVEDBERG, PEDDERSEN: Die Ultrazentrifuge, S. 392. Dresden-Leipzig 1940.] Der große Unterschied zwischen der Viscositätskurve von KIRKWOOD-RISEMAN und der von KUHN hat seinen Grund in den Sedimentationsgleichungen, aus denen die Parameter berechnet wurden. Die von K.R. liefert fast viermal so große Werte als die von K.K.

---

[1] NEWMAN, S., J. RISEMAN u. F. EIRICH: Proc. Internat. Coll. Macromol. Amsterdam 1949, 161. WILSON, J. N.: J. Chem. Phys. **17**, 219 (1949) findet bei Polymethacrylonitril sogar den Wert $9 \cdot 10^{-3}$ Å.

[2] Der Faktor $l'^2$ ist gewiß falsch. Es darf $l'$ in dem Ausdruck für den effektiven Radius erst im Grenzfalle sehr langer Kette angewandt werden und nicht schon bei den nächsten Nachbarn, die allerdings einen beträchtlichen Anteil zur hydrodynamischen Wechselwirkung liefern (s. S. 562). Für die Werte $l$, $l'$, $l_R$ siehe Gl. (XI, 14) und (XI, 15).

[3] BADGER, R. M., u. R. H. BLAKER: J. Phys. Colloid Chem. **53**, 1056 (1949).

[4] MÜNSTER, A.: Z. phys. Chem. **197**, 17 (1951).

[5] BADGLEY, W. J., u. H. MARK: J. Phys. Colloid Chem. **51**, 58 (1947).

[6] HENGSTENBERG, J.: Angew. Chem. **62**, 26 (1950).

[7] EWART, R. H., u. H. C. TINGEY: Angegeben bei KIRKWOOD u. RISEMAN, s. Anm. 2, S. 16.

[8] BATZER, H.: Makromol. Chem. **5**, 5 (1950).

[9] KUHN, H.: J. Colloid Sci. **5**, 331 (1950).

[10] SOOKNE, A., u. M. HARRIS: Ind. Engng. Chem. **37**, 475 (1945).

[11] KRAEMER, E. O., u. J. B. NICHOLS: In SVEDBERG u. PEDDERSEN, Die Ultrazentrifuge, S. 392. Dresden - Leipzig: Th. STEINKOPFF 1940.

[12] GAVORET, J., E. KUNST u. M. MAGAT: Internat. Kongress „Les grosses molécules en solution" Paris 1948, S. 44. — KUNST, E. D.: J. Int. Plast. 1949, 1; Diss. Groningen 1950; Rec. Trav. chim. Pays-Bas **69**, 125 (1950).

Lösungsmitteln, daß die Viscositätszahl fast unabhängig von $M$ und überwiegend eine Funktion der mittleren Länge ist, die sie aus der Lichtstreuung bestimmen. Sie erhalten bei konstantem $M$

$$[\eta] = A \sqrt{\overline{h^2}}^{\,2,5}, \qquad (XI, 46)$$

bei konstantem Lösungsmittel

$$[\eta] = B \cdot M^{0,75}, \qquad (XI, 47)$$

also das übliche Potenzgesetz, und bei konstantem $\sqrt{\overline{h^2}}$

$$[\eta] = C \cdot M^{-0,5}. \qquad (XI, 48)$$

Für Polyisobutylen sind die entsprechenden Exponenten 2,2, 0,9 und —0,2. Diese Resultate lassen sich angesichts des verhältnismäßig engen Bereiches in $M$ einigermaßen durch das Modell des teilweise durchspülten Knäuels erklären, doch sind die berechneten hydrodynamischen Radien $a \approx 0,065$ Å viel zu klein.

Einzelne Meßreihen fallen jedoch ganz aus dem theoretischen Bilde heraus. Es sind das alle Systeme mit wirklich konstanten Exponenten in der MARKschen Viscositätsgleichung (XI, 21), die in einem genügend ausgedehntem Bereiche von $M$ gemessen wurden. Dazu gehören die Meßreihen von FIVIAN[1], HUSEMAN und SCHULZ[2] an Nitrocellulose, von FOX und FLORY[3] an Polyisobutylen, von SCOTT, CARTER und MAGAT[4] an Naturkautschuk und Polybutadien, von YANKO[5] an GRS-Kopolymer, von PEPPER[6], STAUDINGER und JÖRDER[7] an Polystyrol, von SCHULZ und MEYERHOFER[8] an Polymethylmethacrylat, von TAYLOR[9] an 6,6-Nylon usw. (s. Tab. V, 6). Da bei diesen Messungen das Molekulargewicht sehr genau bestimmt wurde, muß man die Ergebnisse als so gut begründet ansehen, daß man die Abweichung vom theoretischen Bilde nicht auf Versuchsfehler, sondern auf Unzulänglichkeit der Theorie zurückführen muß. Einen nahezu konstanten Exponenten liefert die Theorie von BRINKMAN[10], die leider nicht viel beachtet wurde. Man kann ferner die Statistik des Knäuels ändern. Die Raumbeanspruchung der Fadenelemente und die Wechselwirkung mit dem Lösungsmittel weiten in der Regel den Knäuel auf (s. § 83 und Bd. 1, Kap. IV, § 35). Man könnte sogar aus der Viscositätsfunktion den Gang des mittleren Moleküldurchmessers mit $P$ berechnen. Dazu eignet sich insbesondere Gl. XI, 40 mit dem einfachsten Ansatz eines konstanten $A$. Auch eine mit $M$ wachsende Polymolekularität könnte einen Teil des Effektes erklären.

---

[1] FIVIAN, W.: Diss. Bern 1939. Vergl. jedoch H. MOSIMANN, Helv. Chim. Acta 26, 369 (1943).

[2] HUSEMANN, E., u. G. V. SCHULZ: Z. phys. Chem. B 52, 1 (1942).

[3] FOX, T. G., u. P. J. FLORY: J. Phys. Colloid Chem. 53, 197 (1949). — FLORY, P. J.: J. Amer. Chem. Soc. 65, 372 (1943).

[4] SCOTT, R. L., W. C. CARTER u. M. MAGAT: J. Amer. Chem. Soc. 71, 220 (1949).

[5] YANKO, J. A.: J. Polymer Sci. 3, 576 (1948).

[6] PEPPER, D. C.: J. Polymer Sci. 7, 347 (1951).

[7] STAUDINGER, H., u. H. JÖRDER: J. prakt. Chem. 160, 185 (1941).

[8] SCHULZ, G. V., u. K. MEYERHOFER: Z. Elektrochem. 56, 545 (1952). — SCHULZ, G. V.: Angew. Chem. 64, 553 (1952).

[9] TAYLOR, G. B.: J. Amer. Chem. Soc. 69, 635 (1947).

[10] BRINKMAN, H. C.: Appl. Sci. Res. 2, 190 (1949).

Höchstwahrscheinlich wird man alle drei Möglichkeiten heranziehen müssen, um eine befriedigende Theorie der Viscositätsfunktion mit konstantem Exponenten aufzustellen.

Auch bei den polymeren Reihen, deren Verhalten im allgemeinen durch die Theorie des halbdurchlässigen Knäuels wiedergegeben wird[1], findet man, daß bei den niedrigsten gemessenen Fraktionen die Viscosität zu schnell, d. h. mehr als linear mit dem Molekulargewicht ansteigt, und daß ferner die Molekülabmessungen, die man aus der Viscosität ableitet, in der Regel ziemlich schlecht mit den Abmessungen aus der Sedimentation, für die das gleiche Modell zugrunde gelegt wird, übereinstimmen. Der S-förmige Verlauf der Viscositätskurve und insbesondere das parabolische Anfangsstück ist gut zu sehen in Abb. XI, 11 für Nitrocellulose in Aceton. Der zu schnelle Anstieg wird besonders deutlich, wenn man $M/[\eta]$ über $\sqrt{M}$ aufträgt. Man erhält eine Kurve, die zuerst abfällt und nach einem mehr oder weniger ausgeprägten Minimum in die Gerade übergeht. Dieses Verhalten ist besonders deutlich bei den steiferen Cellulosemolekülen (s. Abb. XI, 12 u. V, 12). Bei Celluloseacetat in Aceton, deren Viscosität SOOKNE und HARRIS[2] und die Sedimentation SINGER[3] gemessen hat, liegen die Abmessungen[4] nach der DEBYE-BUECHEschen Theorie aus der Viscosität und Sedimentation weit mehr auseinander, als man nach der Meßgenauigkeit zulassen könnte.

Das Cellulosemolekül ist verhältnismäßig steif, so daß bei einem $P =$ 100 bis 200 der Knäuel erst im Entstehen begriffen ist, man hat es da

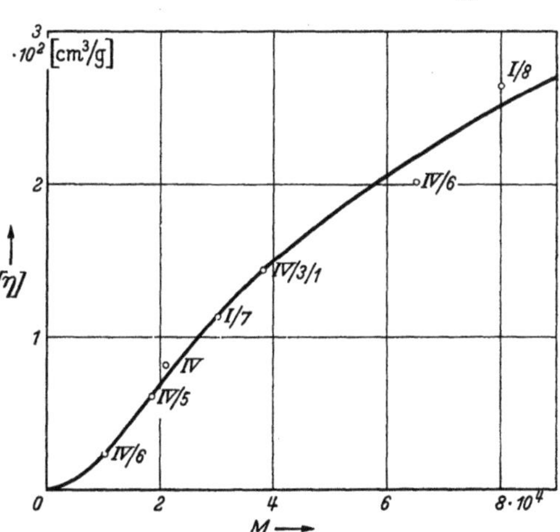


Abb. XI, 11. Viscositätszahl von Nitrocellulose nach MOSIMANN: Helvet. chim. Acta **26**, 369 (1943).

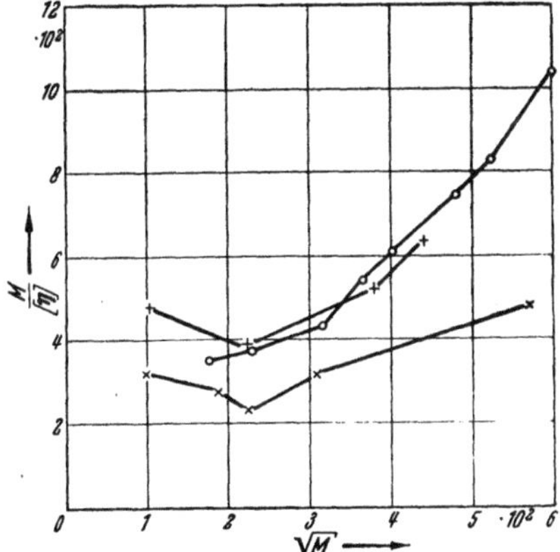


Abb. XI, 12. $M/[\eta]$ über $M^{1/2}$ für verschiedene Cellulosen: (+) Celluloseacetat in Aceton nach BADGLEY u. MARK [J. Phys. Colloid Chem. **51**, 58 (1947)], (×) nach SOOKNE u. HARRIS [Ind. Engng. Chem. **37**, 475 (1945)], (o) Nitrocellulose in Aceton nach BADGER u. BLAKER [J. Phys. Colloid Chem. **53**, 1056 (1949)].

[1] S. Anm. 3—8, S. 559.
[2] SOOKNE, A., u. M. HARRIS: Ind. Engng. Chem. **37**, 475 (1945).
[3] SINGER, S. J.: J. Chem. Phys. **15**, 341 (1947).
[4] SINGER, S. J., u. H. MARK: J. Appl. Phys. **19**, 97 (1948).

gerade mit dem Übergang von fast gestreckten, starren Stäbchen zum gekrümmten, statistischen Faden zu tun (s. a. Tab. XIV, 4). Die Länge des gestreckten Moleküls $L = l_R P$ ist nämlich kleiner als die mittlere Länge $l' \sqrt{P}$ bis zu

$$P = \left(\frac{l'}{l_R}\right)^2 = \left(\frac{50}{5,15}\right)^2 \sim 100, \qquad (XI, 49)$$

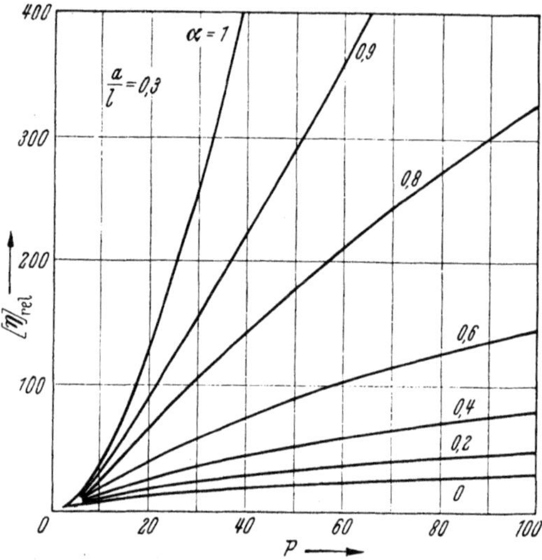

Abb. XI, 13. Relative Viscositätszahl $[\eta]_{rel}$ über der Zahl $P$ der Kettenglieder für verschieden steife Modelle ($\alpha = \cos \beta = 1$, starres, gerades Stäbchen, $\alpha = 0$, weichster Faden) für $a/l = 0,3$ nach PETERLIN [J. Polymer Sci. 8, 173 (1952)].

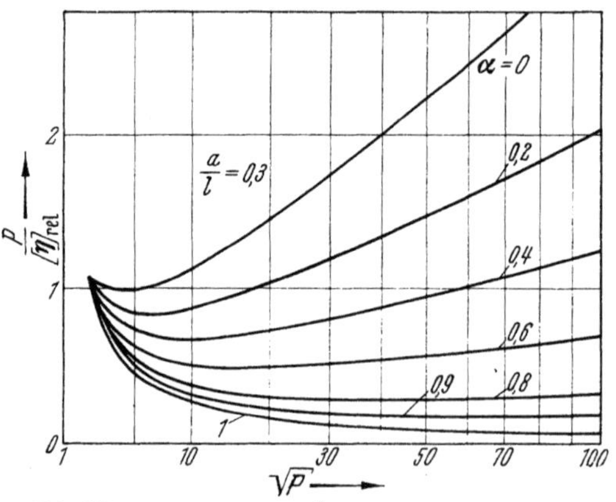

Abb. XI, 14. $P/[\eta]_{rel}$ über $\sqrt{P}$ für die gleichen Fälle wie in Abb. XI. 13.

und der Knüllungsgrad 3 wird erst bei $P = 900$ erreicht. Da starre Stäbchen nach Gl. (XI, 8a), (XI, 13, 13a, 13b) eine quadratische Abhängigkeit der Viscositätszahl vom Molekulargewicht ergeben, also einen viel steileren Anstieg mit $P$ als der halbdurchlässige Knäuel, ist das experimentell gefundene Verhalten leicht zu verstehen. Eine qualitative Beschreibung des Verhaltens aus der Vorstellung des äquivalenten Teilchens gibt SADRON[1] und eine genauere Berechnung PETERLIN[2] unter vereinfachter Berücksichtigung der hydrodynamischen Wechselwirkung nach Gl. (XI, 34), mit genauer Beachtung der gegenseitigen Abstände der einzelnen Fadenelemente. Es ergibt sich tatsächlich für die Viscosität eine S-Kurve, deren einzelne Teile desto besser zum Vorschein kommen, je steifer das Molekül, wie es eben die Experimente verlangen (Abb. XI, 13). Trägt man $P/[\eta]$ über $\sqrt{P}$, so erhält man nach

[1] SADRON, CH.: Mém. Serv. Chim. d'Etat 30, 92 (1943); Proc. Internat. Congrès Rheology, Scheveningen 1, 62 (1948); J. Polymer Sci. 3, 812 (1948); J. Chim. phys. 44, 22 (1949).

[2] PETERLIN, A.: J. Chim. phys. 47, 669 (1950); 48, 13 (1951); J. Polymer Sci. 8, 173 (1952).

der Theorie Kurven (Abb. XI, 14), die genau den experimentellen Ergebnissen (Abb. XI, 12) entsprechen.

An dieser Stelle seien noch die Modellversuche von EIRICH und SVERAK[1] an weichen Fäden und Stäbchen mit Achsenverhältnis bis zu 60 erwähnt, deren verhältnismäßig geringe Viscositätszahl darauf schließen läßt, daß man es mit einem mehr oder weniger durchspülten statistischen Knäuel zu tun hat (s. Tab. XI, 6). Allerdings ist bei den Modellen wegen ihrer Größe die Bewegung rein hydrodynamisch bedingt, während man es bei Molekülen mit totaler BROWNscher Bewegung zu tun hat, so daß eine Anwendung der Viscositätsgleichungen für das geknäuelte Molekülmodell unzulässig wird.

Tabelle XI, 6. *Viscositätszahl und Achsenverhältnis nach Modellversuchen von* EIRICH *und* SVERAK.

| $p$ | $[\eta]$ |
|----|----|
| 14 | 4,5 |
| 20 | 5,2 |
| 60 | 7,7 |

Das Modell des teilweise durchspülten Knäuels kann auch mit einigem Erfolg auf verzweigte Moleküle ausgedehnt werden. Nach W. und H. KUHN[2] hat man nur in Gl. (XI, 38) die Länge des Vorzugselementes $A_m$ des einfachen Fadens durch jene Länge $A'$ zu ersetzen, die ein unverzweigter Faden mit dem gleichen Polymerisationsgrad haben müßte, um die gleichen Abmessungen, d. h. die gleiche mittlere Länge wie das verzweigte Molekül zu besitzen. Führt man das Volumen des äquivalenten Teilchens ein, dann hat man unmittelbar

$$\left(\frac{A'}{A_m}\right)^{3/2} = \frac{V'}{V} = \frac{\text{Volumen des verzweigten Moleküls}}{\text{Volumen des unverzweigten Moleküls}}$$

und

$$[\eta] = \frac{N_L A' l_R{}^2}{48\, M_{gr}} \cdot \frac{P}{-0,05 + 0,12 \log A'/d_h + 0,037 \sqrt{l_R\, P/A'}} \qquad (XI, 50)$$

Die Prüfung dieser Beziehung ist wegen der nicht näher bekannten Verzweigungsart wesentlich erschwert. Immerhin ergibt sich qualitative Übereinstimmung für das Glykogen und Amylopektinacetat von MEYER[3] und für die methylierte degradierte Stärke von STAUDINGER und HUSEMANN[4]. Auch eine etwa vorhandene Aufweitung des Knäuels läßt sich auf ähnliche Weise durch Gl. (XI, 50) oder durch Einführung des effektiven Abstandes in die Gl. (XI, 34)

$$[\eta] = \frac{\pi}{6} \cdot \frac{N_L a}{M_{gr}} \cdot \frac{R^2}{1 + 1,2\, \sqrt{\dfrac{6}{\pi} \cdot \dfrac{a\,P}{R}}} \qquad (XI, 51)$$

berücksichtigen[5].

---

[1] EIRICH, F., u. J. SVERAK: Trans. Faraday Soc. **42** B, 57 (1946). — ROBINSON, J. V.: J. Phys. Colloid Chem. **53**, 1042 (1949).

[2] KUHN, W., u. H. KUHN: Helvet. chim. Acta **30**, 1233 (1947).

[3] MEYER, K. H., u. R. JEANLOZ: Helvet. chim. Acta **26**, 1784 (1943). — MEYER, K. H., P. BERNFELD u. W. HOHENEMSER: Helvet. chim. Acta **23**, 885 (1940).

[4] STAUDINGER, H., u. E. HUSEMANN: Liebigs Ann. **527**, 195 (1937).

[5] Wegen des Faktors 1,2 vgl. das bei Gl. (XI, 34) Gesagte [A. PETERLIN: Internat. Congrès «Les grosses molécules en solution», Paris 1948, p. 70; Diss. Akad. Ljubljana (3 A) **1**, 48 (1950)].

## § 85. Strukturviscosität.

In der Strömung werden die Fadenmoleküle orientiert und gestreckt. Als Folge dieser Änderung der Form und der Richtungsverteilung ändert sich auch die Viscosität.

Die Orientierung tritt bei nichtkugeligen Teilchen wegen der ungleichmäßigen Rotation um die $Z$-Achse ein (vgl. § 81 und § 88 mit Abb. XII, 3). Die Drehung ist bei länglichen Teilchen sehr schnell in der Nähe der $X$-Achse und erreicht den Minimalwert in der $Y$-Achse. Der Unterschied wird um so größer, je länglicher das Teilchen. Je kleiner der Einfluß der Brownschen Bewegung, die der Orientierung entgegenwirkt, desto mehr häufen sich die Teilchen in der $Y$-Richtung. Bei starren Gebilden, z. B. bei Ellipsoiden (s. § 81 a, Gl. XI, 9) verkleinert sich dabei die Störung der Strömung, es ergibt sich eine Abnahme der Viscositätszahl mit steigendem Gefälle.

Fadenmoleküle besitzen eine große Formmannigfaltigkeit; es sind alle gegenseitigen Einstellungen der Fadenelemente möglich und auch vorhanden, die mit den Einschränkungen durch den Valenzwinkel und die Rotationsbehinderung verträglich sind. So treten auch alle möglichen Abstände zwischen den Endpunkten von Null bis $L = P \cdot l_R$ auf, deren Häufigkeit sich nach statistischen Gesetzen bestimmt. Eine Übersicht über die Orientierungsverhältnisse für die verschiedenen Molekülformen erhält man, indem man die Gesamtheit der Formen mit einem gegebenen Abstand $h$ durch ein einfaches Hantelmodell der Länge $h$ mit der Hälfte der Fadenelemente in jedem Hantelende ersetzt. Eine einheitliche verdünnte Lösung von Fadenmolekülen ähnelt nach diesem Bilde einer, der Form der Teilchen nach, stark polydispersen Suspension. Die langen Teilchen orientieren sich sehr gut und leicht, die kürzeren nur wenig und verlangen dazu ein wesentlich höheres Gefälle. Da der Betrag der Strukturviscosität, d. h. das Verhältnis $[\eta]_0 / [\eta]_\infty$ mit dem Achsenverhältnis bzw. der Gestrecktheit der Teilchen ansteigt und das Einsetzen derselben vom Verhältnis zwischen dem Gefälle und der Rotationsdiffusionskonstante abhängt, wird bei Fadenmolekülen die Strukturviscosität als Überlagerung der Beiträge aller Formen weit mehr verwaschen als bei einer einheitlichen Stäbchensuspension.

Bei der Drehung in der Strömung werden die Teilchen in der Richtung $\chi = 45°$ gedehnt und senkrecht dazu gestaucht (s. Abb. XII, 3). Fadenmoleküle können den deformierenden Kräften nachgeben, sie ändern ihre Form. Dieser Übergang beansprucht wegen der Zähigkeit des Lösungsmittels und wegen der Einschränkungen der inneren Beweglichkeit durch den Valenzwinkel und die Rotationsbehinderung eine gewisse Zeit (vgl. dazu § 102), die sich um so mehr bemerkbar macht, je schneller die Drehung in der Strömung, also je größer das Gefälle $q$ ist. Wegen dieser Verzögerung der Deformation tritt die größte Dehnung der Knäuel nicht in der 45°-Richtung, sondern immer näher der $Y$-Achse, wobei ihr Betrag um so größer wird, je weicher der Faden ist. Sehr steife Moleküle mit großer „*innerer Viscosität*" nach W. und H. Kuhn[1] dagegen ändern

---

[1] Kuhn, W., u. H. Kuhn: Helvet. chim. Acta **28**, 1533 (1945); **29**, 72 (1946).

kaum ihre Form, sie verhalten sich fast als starre Gebilde. Über die Begriffe Steifheit, innere Beweglichkeit usw. vgl. auch § 102.

Die innere Viscosität kann durch den inneren Widerstand $K_2$ bei der Dehnung gemessen werden

$$K_2 = B \frac{dh}{dt} \, . \tag{XI, 52}$$

Je mehr Glieder die Kette enthält, desto leichter ist eine Formänderung durchzuführen, weil man weit mehr Möglichkeiten hat, die Verschiebung auf die einzelnen Gelenke zu verteilen und weil bei einer langen Kette jede kleine Verdrehung schon eine beträchtliche Längenänderung bewirkt. Der Koeffizient der inneren Viscosität oder die *Formzähigkeitskonstante* $B$ kann demnach, wie KUHN und KUHN gezeigt haben, dem Polymerisationsgrad $P$ umgekehrt proportional gesetzt werden[1]

$$B \sim 1/P \, . \tag{XI, 53}$$

Zu der zur Überwindung des inneren Widerstandes erforderlichen Kraft $K_2$ kommt noch die weitere Kraft $K_3$ hinzu, die zur Überwindung des hydrodynamischen Widerstandes bei der Bewegung der Fadenenden nötig ist. Diese ist proportional der Viscosität des Lösungsmittels und für unser Hantelmodell mit $\frac{P}{2}$ Fadenelementen in jedem Endpunkte durch

$$K_3 = \eta_l \cdot \Lambda \cdot \frac{P}{2} \cdot \frac{dh}{dt} \tag{XI, 54}$$

gegeben. Ihr Einfluß wächst linear mit $P$ und der Zähigkeit des Lösungsmittels. In einer polymeren Reihe überwiegt deshalb bei den niedrigen Gliedern $K_2$, um dann bei den längsten Ketten ganz in den Hintergrund zu treten. Bei den langen Ketten ist also die Einschränkung der inneren Beweglichkeit durch die Formzähigkeit um so mehr zu vernachlässigen, je zäher das Lösungsmittel. Beide Widerstände kann man durch Einführung einer radialen Diffusionskonstante

$$D_{rad} = kT/(B + \eta_l \, \Lambda \, P/2) \tag{XI, 55}$$

beschreiben, die für die Dehnungsgeschwindigkeit des Fadenmoleküls maßgebend ist. Sie ist in der Regel kleiner als die transversale Diffusionskonstante, die als

$$D_{trans} = \frac{kT}{\eta_l \, \Lambda \, P/2} \tag{XI, 56}$$

definiert wird. Nur bei verschwindender innerer Zähigkeit wird $D_{rad} = D_{trans}$.

Da die deformierenden Kräfte $K$ in der Strömung dem Widerstand der Kette proportional sind

$$K \sim \cdot \, \eta_l \, \Lambda \, \frac{P}{2} \, hq \, ,$$

hat man es in den zäheren Lösungsmitteln und bei großen $P$ nur mit der Widerstandskraft $K_3$ zu tun, das Fadenmolekül ist *weich* und folgt ziemlich gut den äußeren Kräften. Nimmt man solche weichen Fäden, so entsteht in der Strömung eine Verteilung, wie sie Abb. XI, 15a darstellt. Die Verzögerung durch $K_3$ ergibt gerade die Verschiebung der maximalen Verlängerung aus der 45°-Richtung. Bei sehr *steifen* Molekülen dagegen hat man es mit einer Orientierung zu tun, wie es einer

---

[1] KUHN, W., u. H. KUHN: Helvet. chim. Acta **29**, 609, 830 (1946).

Mischung von starren Hanteln mit verschiedenen Längen entspricht (Abb. XI, 15b). Die ganz kurzen haben sich kaum etwas orientiert, während die gestreckteren eine ausgeprägte Einstellung zeigen, die um so mehr der $Y$-Richtung zustrebt, je länger die Teilchen sind. Von einer

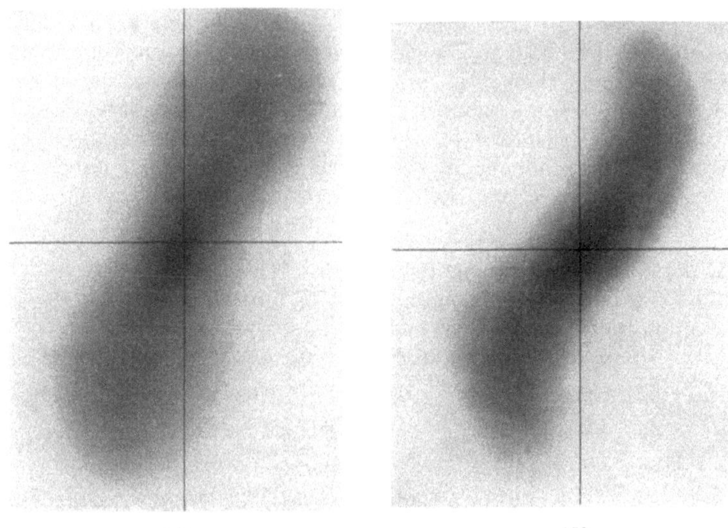

15a.         15b.

Abb. XI, 15a u. b. Verteilung der Molekülendpunkte der statistischen Knäuels in der Strömung: (a) bei einem ganz weichen Faden, (b) bei großer innerer Viscosität [KUHN u. KUHN: Helvet. chim. Acta 28, 1533 (1945)].

Dehnung ist dabei kaum die Rede. Das Verhalten aller Fadenmoleküle muß sich innerhalb dieser Grenzfälle beschreiben lassen. Als charakteristische Größe kann der Ausdruck

$$\frac{D_{trans}}{D_{rad}} - 1 = \frac{2\,B}{\eta_l\,\varLambda\,P} \qquad\qquad (\text{XI, } 57)$$

dienen, der für ganz weiche Teilchen verschwindet und für ganz starre unendlich wird.

Der Viscositätsbeitrag berechnet sich unter der Annahme einer freien Durchspülung des Knäuels[1] aus der zusätzlichen dissipierten Leistung

$$\eta_l\,\varLambda\,\frac{P}{2}\,v_{rel}^2 + B\,v_{rad}^2\,, \qquad\qquad (\text{XI, } 58)$$

die von der Lösungsmittelreibung an den Fadenelementen und von der Arbeit bei der Deformation des steifen Fadens herrührt. Im Grenzfalle totaler BROWNscher Bewegung gibt es noch keine Deformation, der zweite Beitrag verschwindet und die Anfangsviscosität

[1] KUHN, W., u. H. KUHN (s. Anm. 1, S. 564) berücksichtigen nachträglich die teilweise Immobilisierung des Lösungsmittels innerhalb des Knäuels, in dem sie für $\varLambda$ den Wert $6\,\pi\,a/(1 + b\sqrt{P})$ einsetzen. Damit bekommen sie die richtige Viscositätszahl für $q = 0$, doch nicht für große $q$, falls sich die Form des Knäuels mit $q$ verändert.

$$[\eta]_0 = \frac{N_L \, \varLambda \, l'^2}{24 \, M_{gr}} \cdot P \qquad\qquad (XI, 59)$$

wird unabhängig von der inneren Viscosität des Moleküls[1].

Bei den ganz weichen Fäden mit $B = 0$ erweist sich nun die Viscositätszahl als unabhängig vom Gefälle[2, 3, 4]. Es werden einerseits die Moleküle immer länger, was zu einer Erhöhung der dissipierten Leistung führen würde, doch häufen sie sich dabei immer mehr in der Nähe der $Y$-Achse, wo die hydrodynamisch bedingten Bahnen, auf denen sich die Teilchen bei immer kleiner werdendem Einfluß der B.B. bewegen, die Strömung am wenigsten stören. Beide Einflüsse halten sich gerade das Gleichgewicht. Noch anschaulicher ist die Vorstellung, nach der die Viscositätserhöhung eine Folge der zusätzlichen Bindungen zwischen den strömenden Schichten ist, die von den gelösten Fadenmolekülen herrühren. Bei einsetzender Orientierung fällt die Zahl der Moleküle, die parallele Stromschichten verbinden, und gleichzeitig steigt wegen ihrer Aufrollung die je Molekül übertragene Kraft, so daß die Viscositätszahl konstant bleibt.

Sehr steife Moleküle mit kleiner innerer Beweglichkeit verhalten sich fast wie starre Gebilde. Es fällt mit wachsender Orientierung die Zahl der Moleküle, die parallele Stromschichten verbinden. Wegen der fehlenden Dehnung bleibt jedoch die übertragene Kraft je Molekül ungeändert, was zu einem Absinken der Viscositätszahl führt. Nach W. und H. KUHN, die nur die ebene Bewegung berücksichtigen, hat man bei fast starren Fadenmolekülen folgende Abhängigkeit vom Gefälle

$$[\eta]_q = [\eta]_0 \left[ 1 - \frac{(\sigma \, \overline{h_0^2})^2}{128} + \right.$$
$$\left. + \frac{473}{1\,048\,576} (\sigma \, \overline{h_0^2})^4 - \cdots \right]$$
$$(XI, 60)$$

mit $\sigma = q/D_{trans}$, $\overline{h_0^2}$ das mittlere Längenquadrat des undeformierten Moleküls. Es fehlen alle ungeraden Glieder. Recht umständliche Rechnungen führen dann zu einem Verlauf der Strukturviscosität, wie er in der Abb. XI, 16 eingetragen ist. Als Abszisse ist

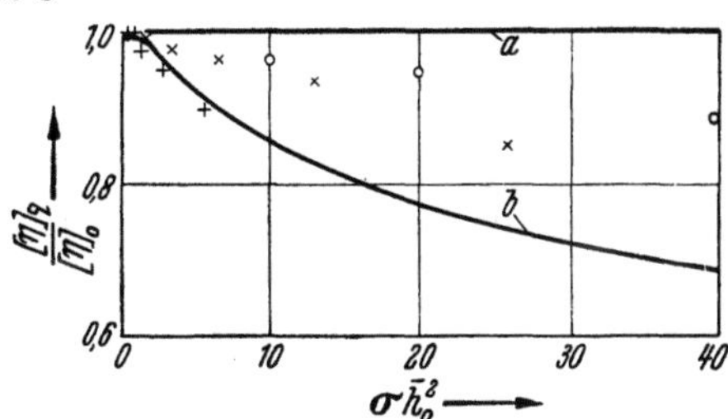


Abb. XI, 16. Strukturviscosität einer verdünnten Lösung von Fadenmolekülen: (a) weicher Faden, Eigenviscosität konstant, (b) ganz steifer Faden, maximaler Abfall. Meßwerte für Nitrocellulose in Butylacetat nach STAUDINGER u. SORKIN [Ber. dtsch. chem. Ges. 70, 1993 (1937)]: (+) für $P = 640$, (×) $P = 2300$, (o) $P = 7000$.

$$\sigma \, \overline{h_0^2} = q \, \eta_l \, \frac{\varLambda \, l'^2}{2\,kT} \cdot P^2$$

gewählt worden. Die gleiche Kurve gilt also für alle Polymerisationsgrade, nur werden um so größere Teile derselben durchlaufen, je höher $P$ ist. Bei kürzeren Ketten ist wegen des Faktors $P^2$ die Strukturviscosität verdünnter Lösungen in ein experimentell nicht erreichbares $q$-Gebiet

---

[1] Der Faktor 24 im Nenner im Gegensatz zum Faktor 36 in Gl. (XI, 18) ergibt sich als Folge des vereinfachten Modells mit je einer Hälfte der Fadenelemente in den Endpunkten.

[2] HERMANS, J. J.: Physica 10, 777 (1943).

[3] KUHN, W., u. H. KUHN: Helvet. chim. Acta 26, 1394 (1943).

[4] KUHN, W., u. H. KUHN: Helvet. chim. Acta 28, 1533 (1945); 29, 72 (1946).

verlegt, was gut der Erfahrung entspricht. Bei langen Ketten darf man dagegen nicht vergessen, daß wegen der mit $P$ wachsenden Beweglichkeit der Fall des völlig steifen Fadens kaum auftreten wird. Hat man es dann mit einem Fadenmolekül zu tun, das weder ganz weich noch ganz steif ist, so müßte nach der Theorie die Strukturviscosität weniger ausgeprägt sein und mit steigender Weichheit ganz verschwinden.

W. und K. Huhn führen die Messungen von Staudinger und Sorkin[1] an verdünnten Lösungen von Nitrocellulose in Butylacetat als Bestätigung ihrer Theorie an. Die in Abb. XI, 16 eingetragenen Meßwerte ergeben für die niedrigste Fraktion mit $P = 640$ eine gute Übereinstimmung mit der Kurve für ganz steife Teilchen, während die Werte für die höheren Fraktionen mit $P = 2300$ und 7000 eine kleinere Strukturviscosität zeigen, wie es längeren und deshalb weicheren Fäden entspricht. Die Messungen von Fox, Fox und Flory[2] an verdünnten Lösungen hochmolekularer Polyisobutylene mit $M = 460\,000$, $1\,460\,000$ und $15\,000\,000$ in verschiedenen Lösungsmitteln zeigen dagegen eine mit $q$ einsetzende Strukturviscosität, die von der dargelegten Theorie nicht erklärt werden kann[3].

Ein ähnliches Ergebnis liefern die Messungen von Akkerman, Pals und Hermans[4] an Natriumkarboxymethylzellulose.

Nach dem heutigen Stand der Theorie der Viscositätszahl müßte man auf jeden Fall die Strömungsbehinderung innerhalb des Knäuels berücksichtigen[5]. Ganz primitiv könnte das in der Form geschehen, daß man in der Viscositätsformel für den Widerstandskoeffizienten $\Lambda$ den Wert einsetzt, der sich im Mittel für den deformierten Knäuel ergeben würde. Im Grenzfall $q = 0$ hat der mittlere reziproke Abstand seinen größten Wert, die Durchströmung des Knäuels ist hier am meisten behindert. Mit wachsender Deformierung werden die Abstände größer, die mittlere hydrodynamische Wechselwirkung nimmt ab und man nähert sich dem Zustande des frei durchspülten Fadens. Der effektive mittlere Widerstand für das ganze Molekül wird dabei immer größer. Der Effekt ist am größten bei den ganz weichen und recht großen Molekülen und verschwindet bei den ganz steifen, wo sich die Form nicht ändert. Es würde somit die Kurve für völlig steife Knäuel in Abb. XI, 16 unverändert bleiben, obwohl der Absolutwert der Viscositätszahl je nach den Dimensionen des Fadens kleiner wird. Die gerade Linie für ganz weiche Moleküle müßte dagegen in eine nach oben gekrümmte Kurve übergehen, denn mit wachsender Aufrollung wird die Durchspülung besser, also wächst der mittlere Widerstand jedes Elementes. Zwischen diesen Grenzfällen wäre das Verhalten aller Fadenmoleküle eingeschlossen. Gewiß ist eine solche Behandlungsweise wenig zufriedenstellend und zu qualitativ, so daß man bei einer besseren Betrachtung mitunter auch mit einer wesentlichen Abänderung der eben gewonnenen Abschätzungen rechnen müßte.

---

[1] Staudinger, H., u. M. Sorkin: Ber. dtsch. chem. Ges. **70**, 1993 (1937).

[2] Fox, T. G., J. C. Fox u. P. J. Flory: J. Amer. Chem. Soc. **73**, 1901 (1951).

[3] Immerhin würden die Meßpunkte auch eine quadratische Abhängigkeit zulassen. Zur klaren Entscheidung fehlen Messungen bei genügend kleinem $q$.

[4] Akkerman, F., D. T. F. Pals u. J. J. Hermans: Rec. Trav. Chim. Pays-Bas **71**, 56 (1952).

[5] Peterlin, A.: J. Polymer Sci. **8**, 473 (1952).

Zwölftes Kapitel.

# Künstliche Doppelbrechung.

Von

A. PETERLIN und H. A. STUART.

Mit 10 Textabbildungen.

## § 86. Einleitende Betrachtungen.

Wir betrachten in diesem Kapitel die künstliche Doppelbrechung von Lösungen und die Methoden, um aus der Doppelbrechung die Größe und Form, sowie die optischen, elektrischen und magnetischen Konstanten von Makromolekülen und kolloidalen Teilchen zu bestimmen. Die Zusammenhänge zwischen der Doppelbrechung und den molekularen Ordnungszuständen und dem inneren Felde werden wir dagegen nur gelegentlich streifen.

Es sei schon jetzt darauf hingewiesen, daß die Kontinuumstheorie der Doppelbrechung soweit entwickelt und experimentell geprüft ist, daß sie eine quantitative und vor allem bei Proteinen bestens bewährte Methode zur Bestimmung der Größe und Form von Kornmolekülen und Kolloidteilchen liefert. Bei Fadenmolekülen liegen die Verhältnisse bei der Strömungsdoppelbrechung wegen der Deformierbarkeit der Teilchen im Strömungsfelde und der hydrodynamischen Wechselwirkung so kompliziert, daß es bis heute nicht möglich ist, aus den Messungen exakte Daten über die Molekülabmessungen, das Molekulargewicht oder die Steifheit (shape resistance) abzuleiten.

Gase, Flüssigkeiten und Suspensionen sind im ungestörten Zustande isotrop, d. h. alle Richtungen sind innerhalb des Mediums gleichwertig. In einer ruhenden, ungestörten Flüssigkeit sind also alle Moleküle bzw. suspendierten Teilchen hinsichtlich ihrer Orientierung im Mittel völlig regellos verteilt. Erzwingen wir durch eine äußere Einwirkung eine gewisse Orientierung der Teilchen, so wird, falls diese selbst optisch anisotrop sind, auch das Medium optisch anisotrop, d. h. doppelbrechend. Wir sprechen von einer *künstlichen Doppelbrechung* im Gegensatz zur *natürlichen Doppelbrechung* eines Kristalles, die auf der von vornherein vorhandenen Anisotropie der Gitterstruktur beruht[1]. Je nachdem, ob

---

[1] Die gelegentlich bei amorphen Körpern, z. B. schnell abgekühlten Gläsern oder Thermoplasten auftretende Doppelbrechung beruht auf inneren mechanischen Spannungen bzw. zusätzlich erzeugten Orientierungen und ist deshalb nicht als natürlich zu bezeichnen.

wir die Orientierung durch ein elektrisches oder magnetisches Feld oder auch durch die in einer laminaren Strömung bzw. einem Schallfelde auftretenden mechanischen Kräfte erzwingen, sprechen wir von *elektrischer* *(*Kerr-*Effekt), magnetischer (*Cotton-Mouton-*Effekt), dynamischer* oder *Strömungsdoppelbrechung (*Maxwell-*Effekt)* bzw. *akustischer Doppelbrechung.*

Der Orientierungszustand und die optischen Konstanten der Teilchen bestimmen zusammen die Art und Größe der Doppelbrechung. Damit eine Orientierung zustande kommt, müssen auf das Molekül Drehmomente ausgeübt werden. Dazu ist je nach der Art der einwirkenden Kraft eine elektrische, magnetische bzw. mechanische Anisotropie des zu orientierenden Gebildes notwendig. Man hat daher umgekehrt die Möglichkeit, aus der eingetretenen Orientierung, die durch die Doppelbrechung meßbar wird, Schlüsse auf die Anisotropie, d. h. je nach den besonderen Verhältnissen auf die Größe und Form bzw. die optischen und sonstigen Teilchenkonstanten zu ziehen. Darauf beruht die Bedeutung von Messungen der künstlichen Doppelbrechung für die Konstitutionsbestimmung von Makromolekülen und submikroskopischen Teilchen. Es ist dabei ein besonderer Vorzug der Strömungsdoppelbrechung, daß sie zwei Meßgrößen, nämlich außer der Doppelbrechung noch die Richtung der optischen Hauptachsen liefert (s. weiter unten). Da der hierfür charakteristische Winkel ausschließlich von den Teilchenabmessungen bzw. der Rotationsdiffusionskonstanten und dem Geschwindigkeitsgefälle abhängt, hat man hier in günstigen Fällen die Möglichkeit, aus dieser Meßgröße allein die Teilchenabmessungen zu ermitteln. Im Verein mit Messungen der inneren Reibung kann man, falls die Meßwerte genügend genau sind, stets ohne zusätzliche Annahmen die Größe und die Abmessungen des Teilchens bestimmen.

Alle vier Arten der Doppelbrechung haben weitgehend gemeinsame Züge. Das gilt vor allem für die elektrische und magnetische Doppelbrechung, so daß wir uns auf die Betrachtung der ersteren beschränken und die Ergebnisse ohne weiteres auf die magnetische Doppelbrechung übertragen können, wenn wir die elektrischen Molekülkonstanten durch die entsprechenden magnetischen Größen ersetzen.

Die Orientierung im elektrischen und magnetischen Felde ist durch die *potentielle Energie* des Teilchens gegeben, diejenige in der laminaren Strömung ist dagegen nur eine Folge der ungleichförmigen Drehbewegung des Teilchens, also eine *kinematische.* Diese Verschiedenheit des Mechanismus verlangt auch eine getrennte theoretische Behandlung. Bei der akustischen Doppelbrechung kann man den Orientierungsvorgang ebenfalls auf ein Potentialfeld zurückführen, so daß sich dieser Fall ähnlich wie die elektrische Doppelbrechung darstellen läßt. Selbstverständlich sind auch hier die molekularen und Kontinuumstheorien streng zu trennen. Die letztere liefert für massive Teilchen und Kornmoleküle eine strenge Grundlage, während wir für Fadenmoleküle von der molekularen Theorie auszugehen haben, die dann durch Kontinuumsbetrachtungen ergänzt werden kann, was stets eine gewisse Unsicherheit hereinbringt.

Der optische Charakter von künstlich doppelbrechend gemachten Flüssigkeiten ist in allen vier Fällen weitgehend derselbe. Bei der elektrischen, magnetischen und akustischen Doppelbrechung verhält sich das Medium wie ein optisch einachsiger Kristall, wobei die optische Hauptachse in der Richtung des angelegten elektrischen oder magnetischen Feldes bzw. in der Fortpflanzungsrichtung der akustischen Wellen liegt. Schickt man, wie üblich, durch die zu untersuchende Substanz linear polarisiertes Licht senkrecht zur Richtung der Hauptachse hindurch, so ist die Fortpflanzungsgeschwindigkeit für Licht, dessen elektrischer Vektor parallel bzw. senkrecht zur Hauptachse schwingt, durch $c/n_p$ und $c/n_s$ gegeben, wobei $n_p$ und $n_s$ die Brechungsindices für die Schwingungsrichtung parallel und senkrecht zur Hauptachse bedeuten. Nach Durchlaufen einer Wegstrecke $l$ erhalten wir daher einen Gangunterschied $\varDelta$, in Wellenlängen gemessen von der Größe

$$\varDelta = \frac{l}{\lambda}\,(n_p - n_s) = \frac{l}{\lambda} \cdot \varDelta n\ . \tag{XII, 1}$$

Je nachdem $(n_p - n_s)$ größer oder kleiner als Null ist, sprechen wir von einer *positiven* oder *negativen Doppelbrechung*.

Bei der Strömungsdoppelbrechung verhält sich die Flüssigkeit zwar wie ein optisch zweiachsiger Kristall, doch liegen bei der üblichen Beobachtung im COUETTE-Apparat, wo ein linear polarisierter Lichtstrahl sich senkrecht zur Strömungsebene durch die Flüssigkeit fortpflanzt, zwei Hauptachsen in dieser Ebene, wobei ihre Richtungen etwa in bezug auf diejenige des positiven Strömungsgefälles allerdings noch vom Geschwindigkeitsgefälle abhängen. Näheres in § 88. Es gilt daher für durchgehendes Licht ebenfalls die Beziehung (XII, 1), wenn man mit $n_p$ und $n_s$ den Brechungsindex für die Schwingung in der Auslöschrichtung und senkrecht dazu bezeichnet.

## A. Doppelbrechung von Suspensionen mit Idealkolloiden und Kornmolekülen.

Alle Betrachtungen der folgenden Paragraphen beziehen sich auf Ellipsoidteilchen, die wir, um die mathematische Darstellung zu vereinfachen, in der Regel als rotationssymmetrisch voraussetzen. Zur Charakterisierung einer eventuellen Anisotropie der Teilchenmaterie führen wir drei bzw. bei Rotationsellipsoiden zwei Hauptwerte der Dielektrizitätskonstante $\varepsilon_1$, $\varepsilon_2$, $\varepsilon_3$, des Brechungsindex $n_1$, $n_2$, $n_3$ und der Permeabilität $\mu_1$, $\mu_2$, $\mu_3$ ein, wobei die Hauptachsen für $\varepsilon$, $n$ und $\mu$ mit den geometrischen Achsen $a_1, a_2, a_3$ des Teilchens zusammenfallen sollen. Bei Rotationsellipsoiden $a_2 = a_3$ tritt als charakteristische Größe das Achsenverhältnis $p = a_1/a_2$ auf.

Ferner seien die Teilchen gegenüber der Lichtwellenlänge in der Suspension $\lambda/n$ so klein, daß das elektrische Feld am Orte des Teilchens als homogen angesehen werden kann. Das bedeutet, daß die Teilchen der Bedingung $2\,a \ll \dfrac{\lambda}{\pi\,n}$ genügen müssen, $2\,a$ größter Durchmesser.

Als praktische Grenze für $2\,a$ kann man bei grüngelbem Licht etwa 500 A ansetzen. Wir können dann das Wellenfeld als quasistatisch behandeln, die Phasenunterschiede im Teilchen vernachlässigen und das Problem auf die nach bekannten Methoden lösbare Aufgabe zurückführen, die Polarisation eines in ein homogenes isotropes Medium eingebetteten Ellipsoides im homogenen statischen Felde zu berechnen. Das optische Verhalten des Teilchens wird durch einen Ersatzdipol im Mittelpunkte des Teilchens beschrieben.

## § 87. Elektrische und magnetische Doppelbrechung.

### a) Doppelbrechung im zeitlich konstanten Felde.

Wir betrachten die Verhältnisse an Hand der von PETERLIN und STUART[1] entwickelten Kontinuumstheorie.

Im Potentialfelde orientieren sich die suspendierten Teilchen in die Richtung der minimalen potentiellen Energie. Im Gleichgewicht mit der BROWNschen Bewegung ergibt sich eine Verteilungsfunktion

$$F = A \cdot e^{-u/kT}, \qquad (\text{XII}, 2)$$

wo der Normierungsfaktor $A$ der Zahl $N_{\mathrm{cm^3}}$ der Teilchen in der Volumeinheit proportional ist.

Die Energie $u$ in einem äußeren elektrischen Felde setzt sich aus zwei Teilen zusammen, nämlich aus dem Polarisations- und dem Dipolbeitrag. Der letztere ist bei wirklich dreidimensionalen Teilchen in der Regel zu vernachlässigen. Es bleibt also nur der Anteil der in den drei Hauptachsen induzierten Teilmomente $\mu_{ij}$ zu berücksichtigen. Sind $E_1$, $E_2$, $E_3$ die Komponenten des äußeren Feldes in diesen drei Richtungen, so gilt

$$u = -\frac{1}{2}\,(E_1\,\mu_{i1} + E_2\,\mu_{i2} + E_3\,\mu_{i3}) \qquad (\text{XII}, 3)$$

mit

$$\mu_{ij} = v\,\bar{g}_j\,E_j = v\,\frac{\varepsilon_j - \varepsilon_l}{4\,\pi + \dfrac{\varepsilon_j - \varepsilon_l}{\varepsilon_l}\,L_j}\,E_j, \qquad (\text{XII}, 4)$$

$v$ das Teilchenvolumen, $\bar{g}_j$ das vom *äußeren* Felde induzierte Moment[2], pro Volumeneinheit. Die Größen $v\,\bar{g}_j$ können wir als die *elektrostatischen Polarisierbarkeiten* des Teilchens, bezogen auf das *äußere* Feld bezeichnen. $\varepsilon_l$ ist die Dielektrizitätskonstante des Lösungsmittels; die $\varepsilon_j$ sind die Hauptdielektrizitätskonstanten des Teilchens, die nur bei isotroper Teilchenmaterie unter sich gleich sind. Die Formfaktoren $L_j$ hängen nur

---

[1] PETERLIN, A., u. H. A. STUART: Z. Physik **112**, 129 (1939), ferner Hand- und Jahrbuch der Chemischen Physik, Bd. 8, I B, S. 1. Leipzig: Akademische Verlagsgesellschaft 1943.

[2] Diese Größe $\bar{g}$ ist von der in Band I, § 53 bei der Schwankungstheorie der Lichtzerstreuung eingeführten Größe $g^*$ zu unterscheiden, die das vom *inneren* Felde 1 pro Volumeneinheit induzierte Moment bedeutet und sich daher als die Polarisierbarkeit der Volumeneinheit bezogen auf das innere Feld darstellt.

vom Verhältnis der Hauptachsen $a_1$, $a_2$, $a_3$ ab. Für kugelförmige Teilchen gilt $L_1 = L_2 = L_3 = 4\pi/3$. Für Rotationsellipsoide $a_2 = a_3$ sind die Werte in Abb. XII, 1 eingetragen.

Liegt das äußere Feld in der $Z$-Richtung, $E = E_Z$, dann sind die Komponenten

$$E_j = E \cdot \cos(j\,z)$$

und die Energie

$$u = -\frac{1}{2}\, v\, E^2 \left[ \bar{g}_1 \cos^2(1z) + \bar{g}_2 \cos^2(2z) + \bar{g}_3 \cos^2(3z) \right].$$

Die Verteilungsfunktion berechnet sich daraus für kleine Werte $u/kT$ zu

$$F = \frac{N\mathrm{cm}^3}{8\pi^2} \left\{ 1 + \frac{v\,E^2}{2\,kT} \left[ \bar{g}_1 \left( \cos^2(1z) - \frac{1}{3} \right) + \bar{g}_2 \left( \cos^2(2z) - \frac{1}{3} \right) + \right.\right.$$
$$\left.\left. + \bar{g}_3 \left( \cos^2(3z) - \frac{1}{3} \right) \right] + \cdots \right\}, \tag{XII, 5}$$

die für fast alle praktisch vorkommenden Fälle genügt[1].

Bei der Beobachtung der in der $Y$-Richtung fortschreitenden Lichtwelle mißt man den Gangunterschied der $X$- und $Z$-Komponente.

$$\Delta n = n_z - n_x .$$

Sind alle Abmessungen der Teilchen genügend klein gegenüber der Lichtwellenlänge in der Suspension, dann kann man das Wellenfeld quasistatisch behandeln, d.h. man berechnet die in den Teilchen induzierten elektrischen Momente, als ob im ganzen umgebenden Lösungsmittel die

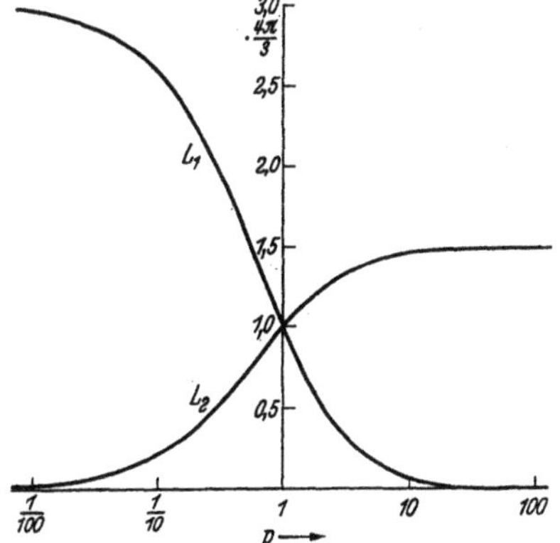

Abb. XII, 1. Die Anisotropiefaktoren des elektrischen Feldes $L_1$, $L_2 = L_3$ für Rotationsellipsoide in Abhängigkeit vom Achsenverhältnis $p = a_1/a_2$. Es gilt $L_1 + L_2 + L_3 = 4\pi$.

ungestörte Feldstärke den gleichen Wert hätte, wie es dem Mittelpunkt des Teilchens entspricht. Bei dieser Vernachlässigung der Phasenunterschiede im Teilchen und in seiner Umgebung und bei Anwendung der Näherungsgleichung (XII, 5), also für kleine Orientierungen, erhält man für die Doppelbrechung bzw. für die auf die Volumenkonzentration $c_v = 1$ bezogene *spezifische* KERR-*Konstante*

$$K_{sp} = \frac{\Delta n}{c_v\, n\, E^2} = \frac{\pi}{15\, n^2} \frac{v}{kT} \left[ (g_1 - g_2)(\bar{g}_1 - \bar{g}_2) + \right.$$
$$\left. + (g_2 - g_3)(\bar{g}_2 - \bar{g}_3) + (g_3 - g_1)(\bar{g}_3 - \bar{g}_1) \right], \tag{XII, 6}$$

die sich für rotationssymmetrische Teilchen zu

$$K_{sp} = \frac{2\pi}{15\, n^2} \frac{v}{kT} (g_1 - g_2)(\bar{g}_1 - \bar{g}_2) \tag{XII, 6a}$$

---

[1] Von ganz extremen Fällen ausgenommen ist $u/kT$ so klein, daß die Entwicklung nach Gl. (XII, 5) zulässig ist. Nur bei der Betrachtung der Sättigungserscheinungen hat man noch weitere Glieder in der Reihe heranzuziehen.

reduziert. Dabei bedeuten $vg_j$ die *optischen* und $v\bar{g}_j$ die *elektrostatischen Polarisierbarkeiten* der Teilchen.

Führt man an Stelle von $\varepsilon_j$ die Permeabilitäten $\mu_j$ bzw. die magnetischen Polarisierbarkeiten des Teilchens $vg_{mj}$ ein, so erhält man die *spezifische* COTTON-MOUTON-*Konstante* $C_{sp}$ für die magnetische Doppelbrechung.

Nach der skizzierten Ableitung gelten die Ergebnisse nur für genügend verdünnte Suspensionen und so kleine Teilchen und Feldstärken, daß man sich mit dem hingeschriebenen ersten Glied der Reihenentwicklung Gl. (XII, 5) begnügen kann. Bei größeren Werten $u/kT$ treten Sättigungserscheinungen auf, die Doppelbrechung wächst langsamer als proportional mit $E^2$ und nähert sich dem Grenzwert

$$\frac{\Delta n_\infty}{c_v \cdot n} = \frac{2\pi}{n^2}\left(g_1 - \frac{g_2 + g_\varrho}{2}\right), \qquad \text{(XII, 7)}$$

falls die Achse 1 in die Feldrichtung gedreht wird. Bei rotationssymmetrischen Teilchen erhält man für kleine $u/kT$ die Entwicklung

$$K_{sp} = K_{sp,o}\left[1 + \frac{1}{21}\cdot\frac{vE^2}{kT}\cdot(\bar{g}_1 - \bar{g}_2) - \right.$$
$$\left. - \frac{1}{315}\left(\frac{vE^2}{kT}\right)^2(\bar{g}_1 - \bar{g}_2)^2 + \cdots\right], \qquad \text{(XII, 8)}$$

d. h. die Doppelbrechung wächst zunächst schneller als proportional mit $E$ und beginnt erst später abzusinken.

Die Gl. (XII, 6), die ganz der Beziehung für die elektrische Doppelbrechung in Gasen entspricht (s. Band I, § 57), zeigt, daß der Betrag der Doppelbrechung durch das Produkt zweier Faktoren bestimmt ist, von denen der eine, $\bar{g}_1 - \bar{g}_2$, die elektrostatische, der andere, $g_1 - g_2$, die optische Anisotropie der Teilchen mißt. Für den Aufbau eines solchen *Anisotropiefaktors*, etwa des optischen, gilt

$$g_1 - g_2 = \frac{4\pi(n_1^2 - n_2^2) - \dfrac{(n_1^2 - n_l^2)(n_2^2 - n_l^2)}{n_l^2}(L_1 - L_2)}{\left(4\pi + \dfrac{n_1^2 - n_l^2}{n_l^2}L_1\right)\left(4\pi + \dfrac{n_2^2 - n_l^2}{n_l^2}L_2\right)}. \qquad \text{(XII, 9)}$$

Von den zwei Summanden mißt der erste die *Eigenanisotropie* der Teilchenmaterie und verschwindet für isotropes Material, $n_1 = n_2 = n_3$, der zweite gibt die *Formanisotropie* des Teilchens und verschwindet nur für kugelförmige Teilchen $L_1 = L_2 = L_3$, bzw. im Falle, daß ein Hauptwert des Brechungsindex des Teilchens dem des Lösungsmittels gleich wird. Durch Änderung des letzteren kann man sogar das Vorzeichen des Beitrages der Formanisotropie umkehren [1].

Da die Doppelbrechung dem Produkt der *optischen* und *elektrischen* bzw. *magnetischen Anisotropiefaktoren* proportional ist, ergibt sich im

---

[1] Vgl. dazu die graphische Darstellung des Anisotropiefaktors für verschiedene Eigenanisotropien, Achsenverhältnisse und $n^2$ für rotationssymmetrische Teilchen bei PETERLIN u. STUART: Z. Physik **112**, 14 (Abb. 7) (1939).

allgemeinen eine verwickelte Abhängigkeit derselben vom Lösungsmittel. Die $K_{sp}$ bzw. $C_{sp}$ sind also keine Konstanten der Teilchen allein, sondern des ganzen Systems Teilchen–Suspensionsmittel.

Im magnetischen Falle werden die Anisotropiefaktoren $\bar{g}_{m1} - \bar{g}_{m2}$ etwas einfacher, weil in der Regel wegen der Kleinheit von $\mu - 1 \sim 10^{-6}$ die Produkte $(\mu_1 - \mu_l)(\mu_2 - \mu_l)$ vernachlässigt werden können. Hat man es nicht mit extrem großen Teilchen zu tun, so verschwindet der Beitrag der *magnetischen Formanisotropie* gegenüber dem der magnetischen Anisotropie des Teilchenmaterials[1].

### b) Doppelbrechung im Wechselfelde.

Schließlich gehen wir noch kurz auf die Theorie der Doppelbrechung in Wechselfeldern bzw. auf das Einsetzen und Abklingen der Doppelbrechung beim Ein- und Ausschalten des äußeren Feldes ein[2]. Aus den hier meßbaren Relaxationserscheinungen kann man direkt die *Rotationsdiffusionskonstante* $D_r$ bestimmen und daher wie bei der Strömungsdoppelbrechung direkt auf die Größe und Form der Teilchen schließen. Experimentell ist diese Methode wegen der meßtechnischen Schwierigkeiten, vor allem infolge der Leitfähigkeit der Lösungen bisher allerdings nur sehr wenig ausgenutzt worden (s. § 90b).

Der in einem äußeren Felde sich einstellende Orientierungszustand ist durch die an den Teilchen angreifenden Drehmomente und die störende, ungeordnete Wärmebewegung, also durch die Rotationsdiffusionskonstante, bestimmt. Da bei einer Drehbewegung der Teilchen ein gewisser Reibungswiderstand zu überwinden ist, dauert es eine gewisse Zeit, bis beim Einschalten eines Feldes der Gleichgewichtszustand erreicht wird. Schalten wir umgekehrt das elektrische Feld ab, so verschwindet die Doppelbrechung erst nach einer endlichen Zeit (Ausschaltvorgang). Wir haben also eine gewisse *Trägheit* der *Doppelbrechung*. Diese äußert sich auch beim Einwirken eines periodischen Feldes, in dem die den Ordnungszustand beschreibende Verteilungsfunktion und damit auch die Doppelbrechung gegenüber dem äußeren Felde zeitlich verzögert und ihr Betrag verkleinert ist (*Relaxation* der

---

[1] Das in $C_{sp}$ als Faktor auftretende Teilchenvolumen $v$ bringt es nämlich mit sich, daß bei fehlender Eigenanisotropie $\mu_1 = \mu_2 = \mu_3$ mit wachsenden Teilchendimensionen doch die Formanisotropie allein zu meßbaren Effekten Anlaß geben kann. Das Produkt $v \cdot (\bar{g}_{m1} - \bar{g}_{m2})$ hat bei den kleinsten Teilchen ($2a \sim 10\,\text{Å}$, daher auch $2r \sim 10\,\text{Å}$) und vorhandener Eigenanisotropie einen Wert von der Größenordnung $10^{-27}$, während man bei vorhandener Formanisotropie allein $10^{-33}$ erhalten würde. Bei den größten noch quasistatisch zu behandelnden Teilchen ($r \sim 500\,\text{Å}$) wird aber der letzte Ausdruck ungefähr gleich $10^{-28}$, die magnetische Formanisotropie der Teilchen müßte allein zu einer beobachtbaren Doppelbrechung führen. Es wäre dann zu schreiben:
$$\bar{g}_{m1} - \bar{g}_{m2} = \frac{(\mu_1 - \mu_l)^2}{16\,\pi^2\,\mu_l} \cdot (L_2 - L_1).$$
Beide Arten der Anisotropie werden jedoch nie gleichzeitig zu berücksichtigen sein, da zwischen beiden Beiträgen immer das oben erwähnte Verhältnis von etwa $10^6$ bestehen bleibt.

[2] Peterlin, A., u. H. A. Stuart: Hand- und Jahrbuch der Chemischen Physik, Bd. 8/I B, S. 24 ff. Leipzig: Akad. Verlagsges. 1943.

Doppelbrechung). Es ist allgemein üblich, die *Relaxationszeit* $\tau$ aus der Frequenzabhängigkeit der Meßgröße $A$ bzw. der Phasenverschiebung $\varphi$ gegenüber der äußeren Kraft zu bestimmen und sie mit Hilfe der allgemein gültigen Gleichungen

$$A = \frac{A_0}{1 + i\,\omega\,\tau} = \frac{A_0}{\sqrt{1 + (\omega\,\tau)^2}} \cdot e^{-i\,q}$$

und

$$\operatorname{tg} \varphi = \omega\,\tau = 2\,\pi\,\nu\,\tau \qquad \text{(XII, 10)}$$

zu definieren[1]. $\tau$ ist also eine charakteristische Konstante, die für das betreffende System das Verhalten der Meßgröße $A$ im Wechselfelde beschreibt.

Man definiert die Relaxationszeit auch gerne als diejenige Zeit, in welcher beim Abschalten der äußeren Kraft die betreffende Meßgröße auf den $e$-ten Teil, d. h. auf 0,37, absinkt. Beide Definitionen sind allerdings nur dann sinnvoll und liefern den gleichen Wert $\tau$, wenn es sich um einen einzigen Einstellmechanismus handelt. Da speziell für die dielektrische Dispersion auch Beziehungen zwischen den Relaxationszeiten und der Rotationsdiffusionskonstanten abgeleitet worden sind, die wir im Kap. XIII, § 96 kennenlernen werden, ist es zweckmäßig, alle Angaben über Relaxationszeiten möglichst auf den dielektrischen Fall zu beziehen (*dielektrische Relaxationszeit*, siehe § 95). Die bei der Doppelbrechung und anderen Erscheinungen auftretenden Abklingzeiten und Phasenverschiebungen zeigen, soweit die Einstellmechanismen verschieden sind, auch eine andere Abhängigkeit von der Rotationsdiffusionskonstanten (s. weiter unten). Soweit wir hier von Relaxationszeiten sprechen, werden wir diese stets besonders bezeichnen.

Wir betrachten hier nur die Erscheinungen bei Rotationsellipsoiden, bei denen, soweit sie polar sind, auch das elektrische Moment in die Rotationsachse fallen möge. Es kommt dann nur auf die Rotationsdiffusionskonstante um eine Querachse an, da Drehungen um die Symmetrieachse sich in der Orientierung und Doppelbrechung nicht bemerkbar machen. Ist das elektrische Moment gegen die Symmetrieachse geneigt, so werden die Verhältnisse komplizierter (vgl. die Ausführungen über Relaxationserscheinungen bei der dielektrischen Dispersion in Kap. XIII, § 96).

Wie wir hier nicht näher ausführen können, ist bei dipollosen Molekülen die aus der Phasenverschiebung der Doppelbrechung gegenüber der elektrischen Feldstärke mittels der Beziehung[2] $\operatorname{tg} \varphi_1 = \omega\tau_1 = 2\,\omega\,\tau_1'$ folgende Relaxationszeit $\tau_1'$ durch

$$\tau_1' = \frac{1}{6\,D_{r\,2}} = \frac{1}{6\,D_r} \, , \qquad \text{(XII, 11)}$$

---

[1] Diese Beziehungen gelten für jede Art von äußerer periodischer Einwirkung, gleichgültig, ob sie elektrischer, mechanischer oder sonstiger Natur ist. Aus dem Vergleich der bei verschiedenen Einwirkungen und Meßgrößen auftretenden Relaxationszeiten erhält man wichtiges Material zu der Frage, welche molekularen Mechanismen an den einzelnen Vorgängen beteiligt sind (vgl. z. B. § 102). Solche Betrachtungen sind vor allem bei festen Körpern wichtig. Näheres in Band III und IV.

[2] Die Doppelbrechung schwingt mit der doppelten Frequenz des angelegten Feldes, also mit $2\,\omega$.

$\tau_1' =$ Relaxationszeit der Doppelbrechung für dipollose Moleküle, gegeben, wo $D_{r\,2} = D_r$ die Rotationsdiffusionskonstante bei einer Drehung um die Querachse des Rotationsellipsoides bedeutet (s. § 96).

Die Doppelbrechung selbst setzt sich aus einem konstanten Anteil $K_{1sp}$, der den zeitlichen Mittelwert der Doppelbrechung darstellt, und einem Wechselanteil

$$\widetilde{K}_{1sp} = K_{1sp} \left( 1 + \frac{\cos(2\,\omega\,t - \varphi_1)}{\sqrt{1 + (2\,\omega\,\tau_1')^2}} \right) \qquad \text{(XII, 12a)}$$

zusammen. Der Mittelwert ist von der Frequenz unabhängig, da ja die Teilchen immer in dieselbe Richtung gedreht werden, also eine dem Effektivwert des angelegten Feldes entsprechende Orientierung übrigbleibt, auch wenn die Teilchen den Feldänderungen nicht mehr zu folgen vermögen[1,2]. Das gilt natürlich nur für dipollose Teilchen. Den Verlauf des Mittelwertes und der Amplitude von $K_{1sp}$ sowie des Phasenwinkels $\varphi$ zeigt die Abb. XII, 2. Die wesentlich komplizierteren Verhältnisse bei Teilchen mit elektrischen Momenten sind ebenfalls von PETERLIN und STUART[3] untersucht worden. Es sei hier nur erwähnt, daß die für den Mittelwert des Dipolanteiles maßgebende Relaxationszeit $\tau_2$ jetzt durch

$$\tau_2 = \frac{1}{2\,D_r}, \qquad \text{(XII, 12)}$$

$\tau_2 =$ Relaxationszeit des Dipolanteils, gegeben ist. Dieses $\tau_2$ stimmt mit der dielektrischen Relaxationszeit überein (vgl. § 95a).

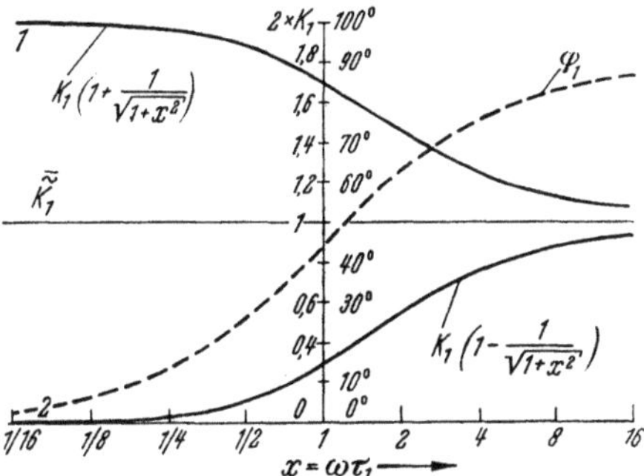


Abb. XII, 2. Elektrische Doppelbrechung dipolloser Teilchen im Wechselfeld: (1) Maximalwert, (2) Minimalwert, $\widetilde{K}_{1sp} =$ Mittelwert der Doppelbrechung, $\varphi_1 =$ = Phasenverschiebung, $\tau_1' = \tau_1/2 =$ Relaxationszeit für dipollose Teilchen. (Nach PETERLIN und STUART.)

Neuerdings hat BENOIT[4] den zeitlichen Verlauf der Doppelbrechung bei einem elektrischen Impuls von rechteckiger Form genauer untersucht[5] und daraus Rotationsdiffusionskonstanten berechnet (vgl. auch § 90b).

Der Vorgang beim plötzlichen Verschwinden des Feldes ist besonders einfach, da der ursprüngliche Orientierungszustand, ganz gleichgültig,

---

[1] Erst wenn die Frequenzen so hoch würden, daß die Deformation der Elektronenwolke nicht mehr dem Felde zu folgen vermag, würde auch der Mittelwert allmählich absinken. Diese Frequenzen liegen aber schon im optischen Gebiet, werden also bei Messungen der künstlichen Doppelbrechung nicht mehr erreicht.

[2] Das ist bei der Dipolorientierung anders, wo die Richtungen parallel und antiparallel zum Felde nicht mehr gleichwertig sind, die Teilchen beim Richtungswechsel des Feldes also umklappen, so daß bei wachsender Frequenz jede Orientierung schließlich verschwinden muß.

[3] Siehe A. PETERLIN u. H. A. STUART: l. c.

[4] BENOIT, H.: Thèses, Paris 1950; Ann. Physique **6**, 591 (1951).

[5] Vor kurzem hat BENOIT auch die Phasenverschiebung zwischen der Doppelbrechung und der Spannung in einem sinusförmigen Wechselfelde gemessen. J. Chim. physique **49**, 517 (1952).

wie er entstanden ist, nur durch die ungeordnete Wärmebewegung abgebaut wird. Der zeitliche Abfall der Verteilungsfunktion hängt also ausschließlich von der Rotationsdiffusionskonstanten ab und ist daher für Dipol- und dipollose kugelförmige Moleküle derselbe. Wie BENOIT gezeigt hat, sinkt dabei die Doppelbrechung nach der Gleichung

$$\Delta n = \Delta n_0 \, e^{-6 D_r t} \qquad\qquad\text{(XII, 13)}$$

ab, wo $\Delta n_0$ die Doppelbrechung zur Zeit $t = 0$ bedeutet. Die für diesen Vorgang charakteristische Relaxationszeit $\tau_a$ wäre also durch $\tau_a = 1/6\,D_r$ gegeben[1], stimmt also mit der Relaxationszeit $\tau_1'$ des Verschiebungsanteils der Doppelbrechung Gl. (XII, 11) überein. Ihre Messung liefert eine besonders direkte Methode zur Bestimmung der Rotationsdiffusionskonstante.

Der Einschaltvorgang verläuft unübersichtlicher, insofern als der zeitliche Verlauf der Verteilungsfunktion und der Doppelbrechung für Dipol- und dipollose Teilchen verschieden ist. Für nicht zu starke Felder gilt, wie ohne Ableitung angegeben sei, die Näherungsgleichung

$$\frac{\Delta n}{\Delta n_\infty} = 1 - \frac{3\,\alpha}{2\,(\alpha + 1)}\, e^{-2 D_r t} + \frac{\alpha - 2}{2\,(\alpha + 1)}\, e^{-6 D_r t}, \qquad \text{(XII, 13a)}$$

wo $\Delta n_\infty$ den Endwert und $\alpha = P/Q$ das Verhältnis des Dipolgliedes zum Anisotropieglied der KERR-Konstanten bedeutet, $P = \dfrac{\mu^2}{k^2 T^2}$, $Q = \dfrac{\bar{g}_1 - \bar{g}_2}{kT}$ (vgl. auch Band I, § 57).

Besitzen die Teilchen kein festes Moment, so gilt $\alpha = 0$ oder $\dfrac{\Delta n}{\Delta n_\infty} = 1 - e^{-6 D_r t}$, d. h. die Kurve verläuft symmetrisch zur Abklingkurve (XII, 13). So kann man bereits qualitativ entscheiden, ob die Teilchen polar sind oder nicht. Weitere Einzelheiten bei BENOIT.

## § 88. Strömungsdoppelbrechung (Kontinuumstheorie).

Im Gegensatz zur Doppelbrechung im elektrischen Felde haben wir es hier nicht mit einer Orientierung in einem Potentialfelde, sondern mit einer ungleichförmigen, aber gleichsinnigen Drehbewegung der Teilchen zu tun. Wir betrachten den vereinfachten Fall der ebenen Drehbewegung eines länglichen Teilchens in einem linearen Strömungsfelde[2], das durch folgende Gleichungen charakterisiert sei (s. Abb. XII, 3):

$$v_r = v_z = 0 \,; \quad v_y = q\,x \,; \quad q = \frac{d v_y}{d x} = \text{const} \qquad \text{(XII, 14)}$$

$q$ das Geschwindigkeitsgefälle. Liegt die Symmetrieachse $a_1$ des Teilchens gerade parallel zur $X$-Achse, d. h. senkrecht zur Strömungsrichtung, so ist das Drehmoment für ein längliches Teilchen[3] am größten, und

---

[1] Das gilt auch für eine hydrodynamische Orientierung; s. A. PETERLIN: Z. Physik **111**, 232 (1938).

[2] Das Teilchen wird von der Strömung mitgenommen, es kann also das Strömungsfeld so gewählt werden, daß der Teilchenmittelpunkt ruht.

[3] Bei abgeplatteten Teilchen vertauschen die $X$- und $Y$-Achse ihre Rolle.

es erreicht seinen Minimalwert, wenn das Teilchen gerade parallel zur Strömungsrichtung steht. Die Drehgeschwindigkeit des mitgeführten Teilchens ändert sich daher periodisch. Es verweilt am längsten in der $y$-Richtung, hier treffen wir es am häufigsten an, seine Orientierung ist also eine *kinematische*. Die für die wirkliche räumliche Drehbewegung gültigen Bewegungsgleichungen sind von JEFFEREY[1] angegeben worden und bereits in Kap. XI [s. Gl. (XI, 4)] aufgeführt.

Bei Stäbchen ($p > 1$) muß also die Verteilungsfunktion eines von der Strömung einfach mitgeführten Teilchens in der $YZ$-Ebene ihr Maximum zeigen, die Vorzugsrichtung I in die $Y$-Richtung fallen. Durch die BROWNsche Rotationsbewegung, die diese Orientierung auszugleichen strebt, wird dieses Bild aber wesentlich verändert, indem die Teilchen aus den Richtungen größter Besetzung in weniger besetzte Winkelgebiete diffundieren. Der Diffusionsstrom ist daher im ersten und dritten Quadranten der hydrodynamischen Drehbewegung entgegengesetzt,

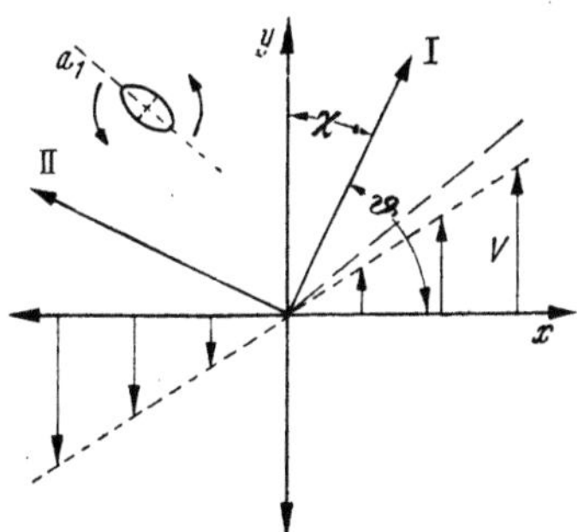


Abb. XII, 3. Lage der Auslöschrichtung in der Strömungsebene. $\chi$ Auslöschwinkel; $\vartheta$ Orientierungswinkel; $I$ Auslöschrichtung.

im zweiten und vierten aber gleichgerichtet. Dadurch wird die Vorzugsrichtung gedreht, und zwar bei überwiegender BROWNscher Bewegung um 45°. Mit steigendem Geschwindigkeitsgefälle $q$ wird dieser Winkel wieder kleiner, um im Grenzfalle völlig überwiegender Strömung in die $Y$-Achse zu fallen. Man versteht, daß der *Auslöschwinkel* $\chi$ zwischen der $Y$- und der Vorzugsrichtung vom Verhältnis des Geschwindigkeitsgefälles zur Rotationsdiffusionskonstante[2], also von $\sigma = q/D_r$ abhängt. Je kleiner $\chi$ wird, um so ausgeprägter wird das Orientierungsmaximum. Immer mehr Teilchenachsen weisen in die Vorzugsrichtung. Doch entfällt auch im Grenzfalle der größtmöglichen Orientierung noch eine beträchtliche Teilchenzahl auf andere Richtungen. Das Verhältnis der Teilchendichte in der $Y$- und $X$-Richtung ist durch die entsprechenden Drehgeschwindigkeiten $\dot{\varphi}$ gegeben

$$\frac{\varrho y}{\varrho x} = \frac{\dot{\varphi}_x}{\dot{\varphi}_y} = \frac{1+b}{1-b} = p^2 \qquad \text{(XII, 15)}$$

mit

$$b = (p^2 - 1)/(p^2 + 1)$$

und nähert sich erst bei sehr langen Stäbchen ($p \to \infty$) bzw. sehr flachen Scheibchen ($p \to 0$) dem Grenzwert $\infty$ bzw. 0, wo alle Teilchen, die sich in der Strömungsebene bewegen, in die Vorzugsrichtung weisen.

Die quantitative Durchrechnung[3] ergibt für kleine Werte des Verhältnisses $\sigma = q/D_r$ für den Betrag der Doppelbrechung die Reihenentwicklung

---


[1] JEFFEREY, G. B.: Proc. Roy. Soc. (Lond.) A **102**, 161 (1922).

[2] $D_r$ bezieht sich natürlich auf Drehungen um eine Querachse, es ist also genauer $D_r = D_{r_2}$ [s. § 87 (S. 577)].

[3] Vgl. A. PETERLIN u. H. A. STUART: Z. Physik **112**, 1 (1937).

$$\Delta n = \frac{2\,\pi}{15}\,N_{\mathrm{cm^3}}\,\frac{v\,(g_1 - g_2)\,b\,\sigma}{n}\left[1 - \frac{\sigma}{72}\left(1 + \frac{6\,b^2}{35}\right) + \cdots\right] \qquad \text{(XII, 16)}$$

und für den Auslöschwinkel

$$\frac{\pi}{4} - \chi = \frac{\sigma}{12}\left[1 - \frac{\sigma^2}{108}\left(1 + \frac{24\,b^2}{35}\right) + \cdots\right]. \qquad \text{(XII, 16a)}$$

Die Doppelbrechung ist also das Produkt eines *optischen Faktors* $(g_1 - g_2)$ und eines von der Rotationsdiffusionskonstante, d. h. wie wir weiter unten sehen werden, nur noch von den Molekülabmessungen abhängigen *Orientierungsfaktors*. Der Auslöschwinkel ist von den optischen Konstanten völlig unabhängig. Aus (XII, 16) berechnet sich für kleines $\sigma$, also im Bereich der linearen Näherung, die *spezifische* Maxwell*sche Konstante* zu[1]

$$M_{sp} = \frac{\Delta n}{c_v\,n\,q\,\eta_l} = \frac{2\,\pi}{15}\,\frac{g_1 - g_2}{n^2}\cdot\frac{b}{\eta_l D_r} \qquad \text{(XII, 17)}$$

und die sog. *Orientierungszahl* $(\omega)$ zu

$$\omega = \frac{\dfrac{\pi}{4} - \chi}{q\,\eta_l} = \frac{1}{12\,\eta_l D_r}. \qquad \text{(XII, 17a)}$$

Wegen der Abweichungen vom linearen Verlauf mit $q$ und wegen der Konzentrationsabhängigkeit bei realen Lösungen ist aber erst die auf $q \to 0$ und $c \to 0$ extrapolierte *Grenzorientierungszahl* $[\omega]$

$$[\omega] = \left(\frac{\pi/4 - \chi}{q\,\eta_l}\right)_{\substack{c \to 0 \\ q \to 0}}$$

eine charakteristische Konstante des Fadenmoleküls in der betreffenden Lösung.

Man kann auch den Orientierungswinkel $\vartheta = 90 - \chi$ einführen und die Anfangssteigerung von $\vartheta$ bzw. $\chi$,

$$\operatorname{tg}\alpha \equiv \left(\frac{d\,\vartheta}{d\,q}\right)_{\substack{c \to 0 \\ q \to 0}} \equiv -\left(\frac{d\,\chi}{d\,q}\right)_{\substack{c \to 0 \\ q \to 0}} = \frac{1}{12\,D_r} = [\omega]\,\eta_l \qquad \text{(XII, 18)}$$

als charakteristische Konstante benutzen. Die Winkel sind natürlich im Bogenmaß zu messen.

Mißt man die Abhängigkeit des Auslöschwinkels vom Gefälle, so erhält man daraus unmittelbar die Rotationsdiffusionskonstante der Teilchen. Aus $M_{sp}$ ist dann die optische Anisotropie $(g_1 - g_2)$ verhältnismäßig leicht zu berechnen, da für alle nicht zu kugelähnliche Teilchen $b$ den Wert $\pm 1$ besitzt. Mißt man den Effekt in verschiedenen Lösungsmitteln, so ist es auch möglich, den Anteil der Eigenanisotropie von der Formanisotropie zu trennen (s. § 90).

Der Verlauf von $\Delta n$ und $\chi$ bei größerem Gefälle berechnet sich aus der Verteilungsfunktion[2, 3]. Mit großer Genauigkeit sind die entsprechenden

---

[1] Der Ausdruck $\eta_l D_r$ ist unabhängig von speziellen Eigenschaften des Lösungsmittels, eine Funktion der Form und Größe des suspendierten Teilchens allein.

[2] Peterlin, A., u. H. A. Stuart: Z. Physik 112, 1, 129 (1939).

[3] Peterlin, A.: Z. Physik 111, 232 (1938).

numerischen Werte von SHERAGA, EDSALL und ORTEN[1] ausgerechnet und tabelliert worden (vgl. die Kurven in den Abb. XII, 4 und XII, 5). Der Verlauf der einzelnen Kurven hängt noch vom Parameter $b$ ab, und zwar $\Delta n^2$ weit mehr als $\chi$. Welcher Teil der Kurven experimentell zu erfassen ist, wird durch $D_r$ bestimmt. Die Abb. XI, 3 auf S. 542 gibt eine gute Übersicht über die Teilchengrößen und die zu erwartenden Effekte. Im Gebiet I mit $\sigma < 1$ wird man nur den linearen Teil der Doppelbrechungskurve und höchstens eine Andeutung einer Verschiebung der Auslöschrichtung aus der 45°-Lage erfassen. Im Gebiet II wird die ganze Kurve experimentell zugänglich, während im Bereich III die Teilchen so groß werden, daß die Voraussetzungen für die quasistatische Behandlung des Lichtfeldes in der Regel nicht mehr erfüllt sind.

Die Rotationsdiffusionskonstante $D_r = D_{r2}$ für Drehungen um eine zur Symmetrieachse senkrechte Achse $a_2$ — diejenige für Drehungen um $a_1$ ist hier uninteressant — hängt nach GANS[3] und PERRIN[4] in folgender Weise mit den Molekülabmessungen zusammen (vgl. auch Abb. XI, 3):

$$D_r = D_{r2} = \frac{kT}{4\,\eta_l\,v} \cdot f(p);$$

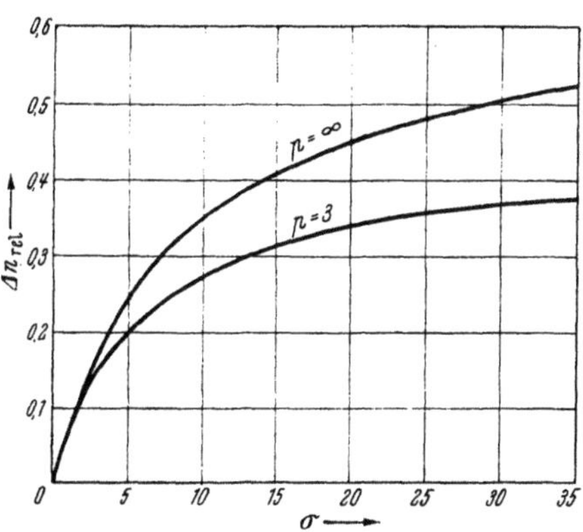

Abb. XII, 4. Betrag der Strömungsdoppelbrechung $\Delta n \Big/ \dfrac{2\pi}{15} N_{cm^3} b \dfrac{v\,(g_1 - g_2)}{n}$ als Funktion von $\sigma$ für starre ellipsoidförmige Teilchen. (Nach SHERAGA, EDSALL, ORTEN GADD.)

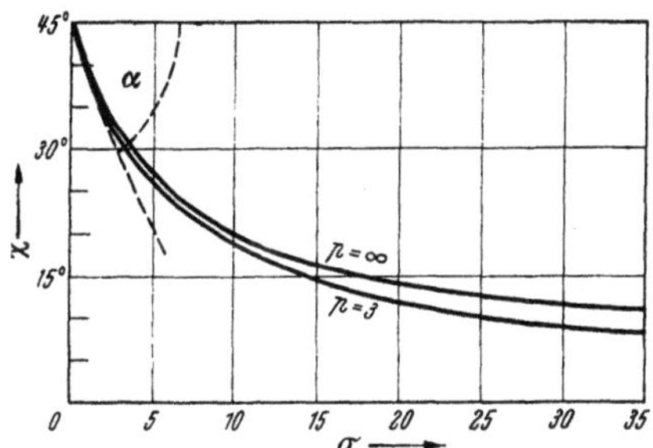

Abb. XII, 5. Auslöschwinkel der Doppelbrechung. (Nach SHERAGA, EDSALL, ORTEN GADD.)

$$f(p) = \frac{p^2}{p^4 - 1}\left[-1 + \frac{2p^2 - 1}{2p\sqrt{p^2 - 1}}\ln\frac{p + \sqrt{p^2 - 1}}{p - \sqrt{p^2 - 1}}\right]\quad p \gtreqless 1$$

$$= \frac{p^2}{1 - p^4}\left[1 + \frac{1 - 2p^2}{2p\sqrt{1 - p^2}}\operatorname{arctg}\frac{\sqrt{1 - p^2}}{p}\right]\quad p \lesseqgtr 1 \;.$$

(XII, 19)

---

[1] SHERAGA, H. A., J. T. EDSALL u. J. ORTEN GADD: Comp. Labor. Harvard Univ. Cambridge (Mass.) Sept. 1949.

[2] Insbesondere ist der Grenzwert $\Delta n_\infty$ wesentlich durch das Achsenverhältnis bestimmt, wie das aus Gl. (XII, 16) unmittelbar zu ersehen ist.

[3] GANS, R.: Ann. Physik 86, 628 (1928).

[4] PERRIN, F.: J. Physique et Radium 5, 497 (1934).

Für $p > 5$ genügt schon die Näherungsgleichung

$$D_r = \frac{kT}{4\,\eta_l\,v\,p^2}\,[2\ln 2\,p - 1] = \frac{3\,kT}{16\,\pi\,\eta_l\,a_1^3}\,[2\ln 2\,p - 1]\,. \qquad \text{(XII, 19a)}$$

Für andere Teilchenformen läßt sich die Rotationsdiffusionskonstante nur angenähert angeben. So gilt nach Burgers[1] für sehr lange, schlanke Kreiszylinder

$$D_r = \frac{3\,kT}{4\,\eta_l}\,\frac{\left[\ln\dfrac{l}{d} - 0{,}11\right]}{l^3} \qquad \text{(XII, 19b)}$$

$l$ die Länge und $d$ die Dicke des Zylinders.

Will man aus der Rotationsdiffusionskonstanten die Teilchenabmessungen bestimmen, so muß man entweder das Volumen oder das Achsenverhältnis kennen. Wir werden jedoch in § 90b sehen, daß man für eine Längenbestimmung den Querdurchmesser nur ungefähr zu kennen braucht.

Da sich der Brechungsindex in der $Z$-Richtung anders ändert als in den Vorzugsrichtungen der $XY$-Ebene, hat man es bei der Strömungsdoppelbrechung mit einem optisch zweiachsigen Körper zu tun und nicht mit einem einachsigen, wie bei der Doppelbrechung in Potentialfeldern. Die optischen Achsen I und II liegen in der Strömungsebene $XY$.

Für den Fall, daß die Teilchen das Licht absorbieren, und sie, wie auch das Suspensionsmittel, noch optisch aktiv sind, haben Snellman und Björnståhl[2] die entsprechenden Formeln für das optische Verhalten im Strömungsfelde ausgerechnet. Die Ergebnisse sind sehr unübersichtlich und können hier nicht wiedergegeben werden. Bei wenig absorbierenden Teilchen wird $\Delta n$ immer positiv und von der Absorption unabhängig. Absorbieren die Teilchen stark und anisotrop, z. B. nur den Lichtvektor in der Figurenachse, so ergibt sich bei Stäbchen (Scheibchen) eine negative (positive) Doppelbrechung und eine starke Veränderung der Amplitudenverhältnisse der in der Vorzugsrichtung und senkrecht dazu schwingenden Lichtwelle. Die strömende Lösung wirkt deshalb wie ein unvollkommenes Polarisationsfilter mit starker Frequenzabhängigkeit. Solche Verhältnisse sollen in Herapathit-Solen[3] verwirklicht sein[4].

Eine Erweiterung der Theorie in das Gebiet größerer Konzentrationen, wo der Betrag der Doppelbrechung mehr als proportional mit der Teilchenzahl ansteigt und der Auslöschwinkel konzentrationsabhängig wird, ist bisher noch nicht gelungen. Man kann zunächst versuchen, in den Ableitungen die Viscosität des Lösungsmittels durch die der Lösung zu ersetzen, was gerade die richtige Größenordnung der Effekte liefert. Eine quantitative, befriedigende Übereinstimmung mit den

---

[1] Burgers, J. M.: Second Report on Viscosity. Versl. Akad. Amsterdam **16**, 4 (1938).

[2] Snellman, O., u. Y. Björnståhl: Kolloid-Z. Beih. **52**, 403 (1941).

[3] Da die Durchmesser der Plättchen zwischen 20 und 500 $\mu$ liegen, so gelten hier die quasistatisch abgeleiteten Formen für das Lichtfeld nicht mehr und können nur als eine sehr grobe Näherung angesehen werden.

[4] Pfeiffer, H. H.: Kolloid-Z. **92**, 182 (1940).

Experimenten kann jedoch so nicht erzielt werden, JOLY[1] führt eine Wechselwirkungsenergie der suspendierten länglichen Teilchen ein, die eine Parallelstellung begünstigen soll. Als Folge davon verkleinert sich die Rotationsdiffusionskonstante zu

$$D' = D_0\,(1 - 2{,}25\,F\,(\psi)) \qquad\text{(XII, 20)}$$

mit $\psi =$ Wechselwirkungsenergie$/\mathrm{k}T$ und $F$ eine Funktion, die bei $\psi = 0$ verschwindet und bei $\psi = \infty$ zu $D = 0$ führt. Leider kann $\psi$ nicht im voraus angegeben, sondern erst aus den gemessenen Orientierungszahlen berechnet werden. Da die Korrekturen im Betrage der Doppelbrechung und im Auslöschwinkel nicht parallel gehen — man erhält nicht übereinstimmende Kurven, wenn man z. B. $\Delta n/c$ über cotg $2\,\chi$ für verschiedene Konzentrationen aufträgt —, so kann auch der Versuch von JOLY nicht die Verhältnisse befriedigend beschreiben.

*Kombinierte elektrische* und *Strömungsdoppelbrechung:* Läßt man parallel zum Geschwindigkeitsgradienten auf eine Lösung mit dipollosen Teilchen ein elektrisches Feld einwirken, so erhält man, wie TOLSTOI[2] aus der Theorie von PETERLIN und STUART abgeleitet und auch experimentell verifiziert hat, eine Abweichung $\varphi$ vom Auslöschwinkel der reinen Strömungsdoppelbrechung, der für $q \to 0$ gegen 45° geht. Dabei ist tg $2\,\varphi \sim E^2/q$.

*Rotationsdoppelbrechung:* Versetzt man einen mit einer Lösung von nicht kugeligen Teilchen gefüllten Zylinder in gleichförmige Rotation, so daß überall die gleiche Winkelgeschwindigkeit $\omega$ herrscht, so kann man nach LÖSCHE[3] ebenfalls eine Doppelbrechung beobachten. Diese Rotationsdoppelbrechung beruht darauf, daß die Teilchen sich so einzustellen suchen, daß sie um die Achse ihres größten Trägheitsmomentes rotieren, d. h. längliche Teilchen stellen sich mit der Hauptachse in den Radius des Zylinders. Die durch diese Orientierung bewirkte Doppelbrechung ist nicht mit der gewöhnlichen Strömungsdoppelbrechung zu verwechseln. Sie hängt von den Differenzen der Hauptträgheitsmomente der Teilchen ab. Nach LÖSCHE[4] gilt, wenn ein Lichtstrahl den Zylinder senkrecht zur Drehachse durchläuft, für die Doppelbrechung genähert

$$\Delta n = \frac{3\,\pi}{n}\,N_{\mathrm{cm}^3}\,\Theta\,l\,\omega^2 \qquad\text{(XII, 21)}$$

$$\Theta = \frac{v}{45\,kT}\,[\,(I_1 - I_2)\,(g_1 - g_2) + (I_2 - I_3)\,(g_2 - g_3) + (I_3 - I_1)\,(g_3 - g_1)\,]$$

$I_1$, $I_2$ und $I_3$ die Hauptträgheitsmomente, $l$ die Lichtweglänge in der Zelle.

Die Doppelbrechung steigt also mit dem Quadrat der Winkelgeschwindigkeit an.

Der Effekt ist bisher an einigen Eiweißkörpern, wie Fibrinogen aus Rinderplasma und Casein beobachtet. In Kombination mit Messungen des Depolarisationsgrades und der gewöhnlichen Strömungsdoppelbrechung liefert er eine Möglichkeit, Form und Abmessungen von größeren starren Teilchen zu bestimmen.

---

[1] JOLY, M.: Kolloid Z **126**, 77 (1952); Trans. Faraday Soc. **48**, 279 (1952).

[2] TOLSTOI, N. A.: Doklady Akad. Nauk S.S.S.R. **59**, 1563 (1948), vgl. den Bericht von CERF und SCHEVAGA: Chem. Rev. **51**, 185 (1952).

[3] LÖSCHE, A.: Kolloid-Z. **122**, 94 (1951).

[4] LÖSCHE, A.: Ann. Physik **5**, 381 (1950).

## § 89. Akustische Doppelbrechung.

In einem starken Schallfelde wird eine Suspension von anisotropen Teilchen doppelbrechend[1], weil sich einerseits die ganz kleinen Teilchen in der Dilatationsströmung orientieren[2] und andererseits bei größeren Teilchen der Schalldruck der Welle eine Orientierung[3] erzwingt. Der Mechanismus ist in beiden Fällen wesentlich verschieden.

Im Felde der fortschreitenden Welle

$$v = v_z = A \cos \omega \left( t - \frac{z}{u} \right) \qquad (XII, 22)$$

bewirkt die Dilatationsströmung mit dem Geschwindigkeitsgefälle

$$q = \frac{\partial v_z}{\partial z} = \frac{\omega A}{u} \sin \omega \left( t - \frac{z}{u} \right) \qquad (XII, 23)$$

eine Drehung der Figurenachse der Teilchen mit der Winkelgeschwindigkeit

$$\dot\vartheta = - \frac{q\,b}{2} \sin 2\,\vartheta \,, \qquad (XII, 24)$$

die bis auf das Vorzeichen mit dem winkelabhängigen Anteil der ungleichmäßigen Rotation der Teilchen um die $Z$-Achse in der laminaren Strömung übereinstimmt. Die spezifische akustische Doppelbrechung wird somit bis auf den Relaxationsfaktor gleich der spezifischen Strömungsdoppelbrechung. Man erhält für die *spezifische* LUCAS*sche Konstante* für die Amplitude der Doppelbrechung

$$L_{sp} = \frac{\Delta n}{c_v \, n \, \eta_l \, \sqrt{I}} = M_{sp} \cdot \sqrt{\frac{2}{\varrho\,u^3}} \; \frac{\omega}{\sqrt{1 + (\omega/6\,D_r)^2}} \,, \qquad (XII, 25)$$

wo

$$I = \frac{1}{2} \varrho \, A^2 \, u$$

die Intensität der Welle in erg sec$^{-1}$ cm$^{-2}$ bedeutet, und für die Phasenverschiebung

$$\operatorname{tg} \varphi = \omega/6\,D_r \,. \qquad (XII, 25a)$$

Die Doppelbrechung ist proportional der Wurzel aus der Schallintensität und wächst auch linear mit der Frequenz, solange der Relaxationsnenner noch zu vernachlässigen ist. Der Effekt gibt die gleichen Aussagen über das Teilchen wie die Strömungsdoppelbrechung.

Die höchsten erzielbaren Intensitäten betragen ungefähr 10 W/cm$^2$. Also gilt für $\varrho = 1$ und $u = 1500$ m/sec

$$q \leq \omega \cdot 2,4 \cdot 10^{-4} \,, \qquad (XII, 26)$$

d. h. bei $\nu = 10^6$ sec$^{-1}$ ist $q$ höchstens gleich 1500 sec$^{-1}$. Damit der Relaxationsnenner noch nicht zu groß wird, muß $D_r > \omega/6 \sim 10^6$ sec$^{-1}$

[1] LUCAS, R.: C. r. Acad. Sci. (Paris) **206**, 827 (1938); J. Physique et Radium **10**, 151 (1939).

[2] PETERLIN, A.: Zbornik prir. dr. Ljubljana **2**, 24 (1941); J. Physique et Radium **11**, 45 (1950). — PETERLIN, A., u. H. A. STUART: Hand- und Jahrbuch der Chemischen Physik, Bd. 8, I B, S. 1. Leipzig: Akadem. Verlagsges. 1943.

[3] OKA, S.: Kolloid-Z. **87**, 37 (1939); Z. Physik **116**, 632 (1940).

sein, also der Radius der inhaltsgleichen Kugel ungefähr 10 Å bei $p = 40$ bzw. 35 Å bei $p = 4$. Bei solchen Teilchen müßte die Doppelbrechung noch gut zu beobachten sein, falls der optische Anisotropiefaktor $(g_1 - g_2)$ nicht zu klein ist. Mit wachsenden Dimensionen ist jedoch im Gegensatz zur Strömungsdoppelbrechung wegen des Relaxationsnenners kein entsprechender Anstieg der akustischen Doppelbrechung zu erzielen, man nähert sich schnell dem Grenzwert

$$L_{sp, \infty} = \frac{4\pi}{5} \cdot \frac{g_1 - g_2}{n^2} \cdot \frac{b}{\eta_l} \sqrt{\frac{2}{\varrho u^3}}, \qquad \text{(XII, 27)}$$

der wegen des großen Nenners mit $u^{3.2}$ immer sehr klein ist.

Werden nun die Teilchen größer, einige $\mu$ und mehr, so macht sich bald die orientierende Wirkung des Schalldruckes bemerkbar. Dieser ist proportional der Schallintensität und dem Dichteunterschied zwischen dem Teilchen und dem Suspensionsmittel. Der zeitliche Mittelwert der spezifischen Lucasschen Konstante wird nach Oka[1]

$$L_{sp} = \frac{\Delta n}{c_v \cdot n \cdot I} = \frac{16\pi}{45\,kT} \cdot \frac{g_1 - g_2}{n^2} \cdot \frac{r^3}{u} \cdot \frac{m - m_l}{m - m_l + m_1}, \qquad \text{(XII, 28)}$$

wo $m$ und $m_l$ die Masse des Teilchens und der verdrängten Flüssigkeit, $m_1 = 8\pi r^3 \varrho_l/3$ und $r$ den Halbmesser des scheibchenförmigen Teilchens bedeuten. Bei großen Abmessungen wird der optische Faktor nicht mehr richtig. Der Effekt wächst sehr schnell mit dem Volumen des Teilchens und der Intensität der Schallwelle.

Es fehlt an Messungen der Doppelbrechung an eigentlichen Suspensionen, die zur Prüfung der Theorien herangezogen werden könnten. Bei Teilchen, die noch eine quasistatische Behandlung des Lichtfeldes zulassen, ist der Effekt nach Gl. (XII, 25) wie (XII, 28) bei den erreichbaren Konzentrationen meist unmeßbar klein und bei größeren Teilchen, wie sie z. B. in Nickelhydroxyd- und Virus-Solen zu finden sind, durch die Lichtzerstreuung völlig überdeckt. Bei ganz großen Teilchen sind dagegen die leicht zu erreichenden Orientierungen nach Gl. (XII, 28) in der Regel durch ganz grobe Effekte, z. B. durch die Änderung der Lichtdurchlässigkeit oder der Spiegelwirkung der Teilchen nachgewiesen und auch gemessen worden[2].

# § 90. Bestimmung der Konstanten submikroskopischer Teilchen aus der künstlichen Doppelbrechung und der inneren Reibung.

### a) Auswertung der theoretischen Beziehungen.

Die in den vorhergehenden Paragraphen gewonnenen Beziehungen geben uns eine Möglichkeit, nicht nur die Größe und Form von massiven Teilchen, sondern auch ihre elektrische, optische und magnetische

---

[1] Oka, S.: Kolloid-Z. **87**, 37 (1939); Z. Physik **116**, 632 (1940).
[2] Pohlmann, R.: Z. Physik **107**, 497 (1937); **113**, 697 (1939). — Burger, F. J., u. K. Söllner: Trans. Faraday Soc. **32**, 1598 (1936). — Hermans, J. J.: Rec. Trav. chim. Pays-Bas **57**, 1359 (1938).

Anisotropie zu bestimmen. Sie gelten natürlich nur für Teilchen, deren Abmessungen groß gegenüber der molekularen Struktur des Lösungsmittels sind und die von der Strömung nicht merklich deformiert werden. Auf den besonderen Einfluß von Quellung und Hydratation, der besonders bei Proteinen zu beachten ist, kommen wir weiter unten bzw. im Kap. XVI zurück.

Auf Fadenmoleküle lassen sich die Beziehungen der Kontinuumstheorie nur mit erheblichen Einschränkungen übertragen (vgl. die Ausführungen im § 57 c der Einleitung.

Beschränken wir uns auf rotationssymmetrische Teilchen, so haben wir insgesamt 8 unbekannte Größen, nämlich $a_1$, $a_2$, $n_1$, $n_2$, $\varepsilon_1$, $\varepsilon_2$, $\mu_1$, $\mu_2$, die bestimmt werden müssen. Sind die Orientierungseffekte so klein, daß wir uns mit den linearen Näherungen (XII, 6a) und (XII, 17) begnügen können, so stehen uns zunächst die drei spezifischen Konstanten der Doppelbrechung zur Verfügung, die sich so schreiben lassen:

$$K_{sp} = \frac{\Delta n}{c_v\, n\, E^2} = v\, f_1\,(n_1, n_2, a_1/a_2) \cdot f_2\,(\varepsilon_1, \varepsilon_2, a_1/a_2) \qquad \text{(XII, 29)}$$

$$C_{sp} = \frac{\Delta n}{c_v\, n\, H^2} = v\, f_1\,(n_1, n_2, a_1/a_2) \cdot f_2\,(\mu_1, \mu_2) \qquad \text{(XII, 30)}$$

$$M_{sp} = \frac{\Delta n}{c_v\, n\, q\, \eta_l} = v\, f_1\,(n_1, n_2, a_1/a_2) \cdot f_3\,(a_1/a_2). \qquad \text{(XII, 31)}$$

Zusammen mit der Beziehung für den Auslöschwinkel

$$\frac{\pi/4 - \chi}{q\, \eta_l} = v\, f_4\,(a_1/a_2) \qquad \text{(XII, 32)}$$

haben wir also vier Gleichungen.

Nehmen wir die Mittelwerte

$$\overline{n}^2 = \frac{n_1^2 + 2\,n_2^2}{3}\,; \quad \overline{\varepsilon} + \frac{\varepsilon_1 + 2\,\varepsilon_2}{3}\,; \quad \overline{\mu} = \frac{\mu_1 + 2\,\mu_2}{3} \quad \text{(XII, 33a-c)}$$

hinzu und setzen für diese die Werte der massiven Substanz ein, so haben wir drei weitere Gleichungen. Eine achte Beziehung liefert die Näherungsgleichung

$$\frac{n_1^2 - 1}{\varepsilon_1 - 1} = \frac{n_2^2 - 1}{\varepsilon_2 - 1} = \frac{\overline{n}^2 - 1}{\overline{\varepsilon} - 1}\,, \qquad \text{(XII, 34)}$$

aus welcher die weiteren und im allgemeinen zutreffenden Beziehungen[1]

$$(\overline{g}_1 - \overline{g}_2) = \frac{\overline{\varepsilon} - 1}{\overline{n}^2 - 1}\,(g_1 - g_2) \quad \text{und} \quad f_2 = \frac{\overline{\varepsilon} - 1}{\overline{n}^2 - 1}\, f_1 \qquad \text{(XII, 34a)}$$

folgen. Bei kleinen Teilchen wird die Abweichung des Auslöschwinkels vom 45°-Wert unmeßbar klein. Die dann fehlende Gleichung ersetzt man am besten[2] durch die Beziehung (XI, 8a) und (XI, 8b) für die Viscositätszahl $[\eta]$

$$[\eta] = f_5\,(p), \qquad \text{(XII, 35)}$$

[1] Diese Gleichung setzt voraus, daß auch $n_l^2$ und $\varepsilon_l$ der Beziehung (XII, 34) gehorchen und ferner, daß $\varepsilon_1 - \varepsilon_l$ oder $\varepsilon_2 - \varepsilon_l$ nicht zu nahe an Null liegen.

[2] Gelegentlich wird man auch durch Auszählen im Ultramikroskop die Zahl $N_{cm^3}$ der Teilchen und damit aus $N_{cm^3} \cdot v = c_v$, s. Gl. (XII, 36), das Volumen direkt bestimmen können, allerdings unter Vernachlässigung von Quellung und Solvatation.

aus der ja unmittelbar das Achsenverhältnis $p = a_1/a_2$ folgt. Damit erhält man aus der Strömungsdoppelbrechung direkt den Ausdruck $v \cdot f_1$, der mit dem aus (XII, 29) und (XII, 34a) folgenden $v f_1^2$ direkt das Volumen $v$ ergibt. Aus (XII, 31) und (XII, 33a) erhält man dann weiter $n_1$ und $n_2$ und aus (XII, 29 und 30) und (XII, 33b—c) die Hauptdielektrizitätskonstanten bzw. Permeabilitäten.

Im Falle reiner Formanisotropie *(reine Formdoppelbrechung)* werden die Verhältnisse besonders einfach. Die bei einer stärkeren Quellung ohnehin unsicheren Werte von $\bar{n}$, $\bar{\varepsilon}$ und $\bar{\mu}$ (s. weiter unten) braucht man gar nicht zu kennen. Zur Bestimmung der vier Unbekannten $a_1$, $a_2$, $n$ und $\varepsilon$ genügen die Gl. (XII, 29), (XII, 31), (XII, 32) und (XII, 34), wobei die Strömungsdoppelbrechung allein zur Bestimmung der Größe und Form, d. h. der Größen $a_1$ und $a_2$ sowie zur Berechnung von $n$ ausreicht. Bestimmt man das Achsenverhältnis außerdem noch aus der inneren Reibung, so kann man aus der Übereinstimmung bzw. der Nichtübereinstimmung der beiden unabhängig voneinander bestimmten $p$-Werte entscheiden, ob eine reine Formanisotropie vorliegt oder nicht. Das läßt sich unabhängig davon auch durch eine Messung der magnetischen Doppelbrechung entscheiden, die im Falle reiner Formanisotropie, falls die Teilchen nicht größer als etwa 500 Å sind, überhaupt keine meßbare Doppelbrechung liefert (vgl. § 87a).

Sehr wichtig ist immer die Kombination von Messungen der inneren Reibung und des Auslöschwinkels, da beide Größen zusammen stets eindeutig das Achsenverhältnis und das Volumen ergeben. Aus dem Betrage der Doppelbrechung ergibt sich dann der optische Anisotropiefaktor. Mißt man noch in verschiedenen Lösungsmitteln, so kann man auch die Hauptwerte des Brechungsindex bestimmen, ohne den mittleren Brechungsindex der massiven Teilchenmaterie kennen zu müssen.

*Einfluß von Quellung und Hydratation.* Unsere bisherigen Betrachtungen setzen voraus, daß die Dichte der Teilchen $\varrho_T$ gleich derjenigen der festen Substanz $\varrho_{fest}$ fest ist. Das ist infolge von Quellung bzw. Hydratation sehr häufig nicht der Fall. (Bei sehr kleinen Teilchen kann auch bereits die Solvatation stören.) Da wir unmittelbar aber nur die Gewichtskonzentration kennen, ist die in den Gleichungen vorkommende Volumenkonzentration

$$c_v = c_g \frac{\varrho}{\varrho_T}, \qquad (\text{XII, 36})$$

$\varrho$ die Dichte der Lösung bzw. der Suspension, mit einer entsprechenden Unsicherheit behaftet. Ferner werden die Gl. (XII, 33) und (XII, 34) unbrauchbar. Dadurch sind, solange man nicht auf anderem Wege die Dichte ermitteln kann, alle Angaben über die Größe, Form usw. mit entsprechenden Unsicherheiten behaftet (vgl. dazu die Ausführungen über Hydratation, Größe und Achsenverhältnis bei Proteinen in Kap. XVI, § 112c).

Gelingt es noch, die Abweichungen vom linearen Verlauf der Doppelbrechung zu verfolgen, so hat man folgende Bestimmungsgleichungen [Erweiterungen von Gl. (XII, 5) und (XII, 16)]:

$$K_{sp} = K_{sp,0} \left[ 1 + \frac{1}{21} \frac{v\,E^2}{kT} (\bar{g}_1 - \bar{g}^2) + \cdots \right] \qquad \text{(XII, 37)}$$

$$C_{sp} = C_{sp,0} \left[ 1 + \frac{1}{21} \cdot \frac{v\,H^2}{kT} (\bar{g}_{m1} - \bar{g}_{m2}) + \cdots \right] \qquad \text{(XII, 38)}$$

$$M_{sp} = M_{sp,0} \left[ 1 - \frac{q^2}{72\,D_r^2} \left( 1 + \frac{6\,b^2}{35} \right) + \cdots \right] \qquad \text{(XII, 39)}$$

$$\pi/4 - X = \frac{q}{12\,D_r} \left[ 1 - \frac{q^2}{108\,D_r^2} \left( 1 + \frac{24\,b^2}{35} \right) + \cdots , \right. \qquad \text{(XII, 40)}$$

so daß man z. B. aus der Strömungsdoppelbrechung allein alle optischen und geometrischen Konstanten ermitteln kann bzw. die eben besprochene noch fehlende Gleichung zur unabhängigen Bestimmung von $c_v$ und dadurch der Teilchendichte erhält.

Bei sehr großen Teilchen, bei denen die Phasenunterschiede des erregenden Feldes merklich werden, müssen die optischen Faktoren $f_1\,(n_1, n_2, a_1/a_2)$ in den Gl. (XII, 29—31) durch kompliziertere Ausdrücke ersetzt werden. Dagegen bleiben bei Messungen in statischen Feldern die Orientierungsfaktoren dieselben, so daß die Gleichungen für $K/M$, $C/M$ und $K/C$ unverändert bleiben. Die Sättigungseffekte werden gut meßbar.

Die Quotienten

$$\frac{K_{sp}}{M_{sp}} = F_1(\varepsilon_1, \varepsilon_2, p); \; \frac{C_{sp}}{M_{sp}} = F_2(\mu_1, \mu_2, p); \; \frac{K_{sp}}{C_{sp}} = F_3(\varepsilon_1, \varepsilon_2, \mu_1, \mu_2, p) \quad \text{(XII, 41)}$$

liefern in Verbindung mit (XII, 32), (XII, 33), (XII, 35), (XII, 37—40) genügend Gleichungen zur Bestimmung von $\varepsilon_1$, $\varepsilon_2$, $\mu_1$, $\mu_2$, $a_1$ und $a_2$.

Bei der Anwendung der obigen Beziehungen auf reale Kolloide ist zu beachten, daß die Polydispersität der Größe und Form, die Abweichungen von der Ellipsoidgestalt, mangelnde Starrheit und vor allem die Quellbarkeit und die zur Stabilität der Suspension erforderlichen Teilchenaufladungen mehr oder weniger große Fehlerquellen verursachen können. Die Polydispersität stört vor allem beim Auslöschwinkel und bei den Beträgen der Doppelbrechung außerhalb der linearen Bereiche. Die Anfangswerte wird man jedenfalls noch zur Bestimmung der Konstanten eines „mittleren" Teilchens anwenden können.

### b) Auswertung von Messungen der Rotationsdiffusionskonstanten.

Die im vorhergehenden Abschnitt besprochenen Möglichkeiten, durch Kombination von Beobachtungen der verschiedenen Arten der Doppelbrechung und der inneren Reibung die Abmessungen und weiteren Konstanten von Teilchen zu bestimmen, sind vor allem mangels Messungen der elektrischen und magnetischen Doppelbrechung bisher kaum systematisch ausgenutzt worden. Dagegen beschäftigen sich eine Reihe von Arbeiten mit den Möglichkeiten, aus den Relaxationserscheinungen bei der elektrischen Doppelbrechung bzw. vor allem aus dem Auslöschwinkel bei der Strömungsdoppelbrechung die Rotationsdiffusionskonstanten zu bestimmen. Aus diesen kann man dann, falls die Querabmessungen ungefähr bekannt sind, bei gestreckten Teilchen deren Länge, wenigstens genähert bestimmen[1]. Es zeigt sich nämlich, daß in der Gleichung

$$D_{r2} = \frac{3\,kT}{16\,\pi\,\eta\,a_1^3}\,[2\ln 2\,p - 1]\qquad\qquad\text{(XII, 20a)}$$

wegen des Faktors $(2\ln 2\,p - 1)$ eine Änderung von $a_2$ den Wert $a_1$ nur wenig beeinflußt.

So hat BENOIT[2] aus dem Abfall der elektrischen Doppelbrechung beim Abschalten des Feldes Rotationsdiffusionskonstanten bestimmt (s. weiter unten). Messungen der Strömungsdoppelbrechung sind häufiger durchgeführt und ausgewertet worden. Doch ist es in Anbetracht der großen experimentellen Schwierigkeiten und der geringen Effekte bei niedrigen Konzentrationen und Geschwindigkeitsgefällen bisher nur selten gelungen, einwandfreie extrapolierte Werte der Orientierungszahl für $q \to 0$ und $c \to 0$ zu erhalten, um $D_r$ mittels (XII, 18) sicher bestimmen zu können. Dazu kommt häufig die Schwierigkeit, genügend einheitliche Präparate zu erhalten.

Mit die zuverlässigsten Untersuchungen dürften diejenigen von WISSLER[3] und SCHWANDER und CERF[4] an *Natriumthymonucleinatlösungen* sein. Untersuchungen in Lösungen von $H_2O$-Glycerin-NaCl verschiedener Zusammensetzung, also mit sehr verschiedener Viscosität zeigen, daß $\mathrm{tg}\,\alpha = \dfrac{1}{12\,D_r}$ proportional zu $\eta_l$ ist, wie das für starre längliche Teilchen im Gegensatz zu Knäuelmolekülen statistischer Form [Gl. (XII, 74) (s. § 92b 2)] zu erwarten ist. Erst bei höheren Viscositäten treten Abweichungen auf, die vorläufig nicht erklärt werden können. Der zunächst erstaunliche Befund, daß diese langen Fadenmoleküle sich starr verhalten, kann bei dem hohen Neutralsalzgehalt der untersuchten Lösungen (10% NaCl) nicht durch einen elektrostatischen Streckungseffekt erklärt werden, da bei einer Variation der Fremdionenkonzentration (NaCl-Gehalt von $1-10000$ mg in 100 cm³) der Gang des Orientierungswinkels mit dem Geschwindigkeitsgefälle unverändert bleibt[5] im Gegensatz zum Verhalten von beweglichen polyvalenten Fadenmolekülen. Die Autoren führen die Starrheit vielmehr auf die eigentümliche Struktur der *Thymonucleinat*-Moleküle zurück. Die Ketten sind nämlich aus abwechselnden Phosphorsäure- und Pentoseresten aufgebaut, wobei die letzteren seitlich Purin- und Pyrimidinbasen tragen, deren Ebenen senkrecht zur Kette stehen und durch ihre scheibenartige Packung das Molekül versteifen[6], zumal im

---

[1] Eine Diskussion der Ergebnisse bei Proteinmolekülen findet sich bei R. CERF und H. A. SHERAGA: Chem. Rev. **51**, 186 (1952) sowie bei J. T. EDSALL: Fortschr. chem. Forsch. **1**, 119 (1949).

[2] BENOIT, H.: Thèses, Paris 1950; Ann. Physique **6**, 591 (1951).

[3] WISSLER, A.: Diss. Bern 1940.

[4] SCHWANDER, H., u. R. CERF: Helvet. chim. Acta **34**, 436 (1951).

[5] SCHWANDER, H., u. R. CERF: Helvet. chim. Acta **32**, 2356 (1949); Chimia **5**, 105 (1951).

[6] Vgl. dazu ASTBURY u. BELL: Quant. Biol. **6**, 109 (1938); GULLAND, JORDAN u. TAYLOR: Chem. Soc. London **1947**, 1131.

Gegensatz zu einer Polystyrolkette hier zwischen den Seitenringen noch sehr starke Kräfte in Form von Wasserstoffbrücken zwischen den $NH_2$- und OH-Gruppen wirksam sind. Durch die stark anisotrop polarisierbaren Seitengruppen kommt die Achse größter Polarisierbarkeit wie beim Polystyrol senkrecht zur Molekülachse zu liegen, die Doppelbrechung wird, wie schon SIGNER[1] festgestellt hat, negativ.

Da die Teilchen wegen der Ausdehnung der Seitenringe auch im Vergleich zu den Lösungsmittelmolekülen große Querabmessungen besitzen, haben wir hier offenbar den seltenen Fall vor uns, daß auch auf Fadenmoleküle die Kontinuumstheorie angewandt werden darf und diese als Kornmoleküle behandelt werden können. Auch Untersuchungen der Strukturviscosität des gleichen Präparates, wonach die Viscosität in demjenigen Bereich, in welchem der Orientierungswinkel $\vartheta$ von 45° auf etwa 80° ansteigt, den stärksten Abfall zeigt, sprechen für das Vorliegen starrer Teilchen[2].

Die aus der Anfangssteigung berechenbare Rotationsdiffusionskonstante liefert mit einem Moleküldurchmesser von $2\,a_2 = 10$ Å für die Länge $L = 2\,a_1 \approx 8000$ Å. Da die Faserperiode 3,3 Å und das mittlere Molekulargewicht des Nucleoidrestes 330 betragen, folgt — Starrheit des Moleküls vorausgesetzt — für das Molekulargewicht $M \approx 800\,000$, ein Wert, der mit neueren Ultrazentrifugenwerten nur mäßig übereinstimmt[3].

Ob die Teilchen mit den einzelnen, hauptvalenzmäßig abgesättigten Molekülen identisch sind oder einen stabilen Komplex aus solchen darstellen, ist allerdings eine noch unentschiedene Frage. BENOIT hat aus der zeitlichen Abnahme der elektrischen Doppelbrechung einer wäßrigen Lösung beim Abschalten eines elektrischen Feldes (vgl. dazu § 87 b) zeigen können, daß man die Beobachtungen nicht mit einer einzigen Rotationsdiffusionskonstante wiedergeben kann und daß mindestens zwei Stäbchensorten vorliegen, deren Längen sich bei als gleich angenommenem Querschnitt von 100 $A^2$ um die Werte von 3800 und 2700 Å als Mittelwerte gruppieren würden. Aus dem Umstande, daß die Kurven beim Ein- und Abschalten des Feldes zur Deckung gebracht werden können, folgt, daß die Teilchen keine festen elektrischen Momente von meßbarer Größe besitzen (vgl. § 87 b, Gl. XII, 13 und 13 a).

*Zein.* Aus dem Auslöschwinkel von Lösungen in Propylenglykol haben FOSTER und EDSALL[4] bei einem angenommenen Achsenverhältnis

[1] SIGNER, R., T. CASPERSSON u. E. HAMMARSTEN: Nature (Lond.) **141**, 122 (1938).

[2] VALLET, G., u. H. SCHWANDER: Helvet. chim. Acta **32**, 2508, 2510 (1949).

[3] Aus Diffusions- und Sedimentationsmessungen findet H. KAHLER [J. Phys. a. Colloid Chem. **52**, 676 (1948)] ziemlich abweichende Werte, nämlich für das Molekulargewicht etwa 1 500 000 und für die Abmessungen $2\,a_1 = 5226$ und $2\,a_1 = 18{,}9$ Å. Lichtstreuungsmessungen von B. H. BUNCE, Diss. Cambridge, Mass. 1951, ergeben $M$ bis 6 700 000. Die Streukurven lassen sich befriedigend deuten unter der Annahme, daß die Molekülform ein ziemlich gestreckter Knäuel ist [PETERLIN, A: J. Polymer Sci. **10** (1953) (im Druck)] mit $L = 40000$ Å und $\sqrt{\overline{h^2}} = 5000$ Å.

[4] FOSTER, J. F., u. J. T. EDSALL: J. Amer. Chem. Soc. **67**, 617 (1945).

von etwa 20 [1] die Länge des Moleküls zu 300 bis 400 Å bestimmt. Diese Zahlen stimmen in Anbetracht der Heterogenität der Präparate recht gut mit den aus der Sedimentation und Diffusion folgenden Werten überein (s. Tab. VIII, 3); dagegen gar nicht mit den von Elliott und Williams [2] bei der dielektrischen Dispersion beobachteten Relaxationszeiten (s. § 97).

*Fibrinogen*, menschliches, wurde in Glycerin-Wasser-Salz-Lösungen von Edsall und Mitarbeitern [3] untersucht. Die Beobachtungen sprechen für ein verlängertes Ellipsoid der Länge von 700 Å und einem Achsenverhältnis von 18. Ein scheibchenförmiges Molekül von 350 Å Durchmesser und einer Dicke von etwa 10 Å ist ebenfalls mit den Beobachtungen vereinbar, aber nach elektronenmikroskopischen Beobachtungen [4] wohl auszuschließen. Über den Vergleich mit den nach anderen Methoden gewonnenen Ergebnissen s. Kap. XVI. Schließlich seien noch die Beobachtungen von Snellman und Björnstahl an Hämocyaninen und einem Pferdeantikörperglobulin, sowie die von Edsall und Foster an menschlichem Serumalbumin und -globulin genannt, die in den Tab. XVI, 4 und XVI, 5 des Kapitels „Größe und Form von Proteinen", § 113, mitaufgeführt und diskutiert sind.

*Tabakmosaikvirus.* Viruslösungen sind insofern ein ideales Untersuchungsobjekt, als man hier bei außerordentlich kleinen Konzentrationen noch gut meßbare Effekte bekommt. So lassen sich beim Tabakmosaikvirus noch Lösungen bis herab zu wenigen mg im Liter messen. Die Wechselwirkung der gelösten Teilchen kann daher praktisch vernachlässigt, die Lösung also als ideal behandelt werden.

Wissler [5, 6] hat zuerst beim Tabakmosaikvirus versucht, aus dem Auslöschwinkel die Rotationsdiffusionskonstante und im Verein mit der aus elektronenmikroskopischen bzw. Röntgenuntersuchungen zu 150 Å bekannten Dicke das Achsenverhältnis und das Molekulargewicht der Teilchen zu bestimmen. Später hat Donnet [7] aus der Strömungsdoppelbrechung für die durchschnittliche Rotationsdiffusionskonstante $D_r = 280\ \text{sec}^{-1} \pm 10\%$ erhalten. Die gleichzeitige Bestimmung der Längenverteilung im Elektronenmikroskop und Berechnung von $D_r$ mit Hilfe der Beziehung (XII, 20a) und der Gleichung für Zylinder (XII, 20b) ergab für $D_r$ 303 sec$^{-1}$ $\pm$ 20%, also eine sehr befriedigende Übereinstimmung. Dieses Ergebnis stellt eine unmittelbare experimentelle Bestätigung der Theorie der Strömungsdoppelbrechung dar.

---

[1] Dieser Wert folgt schon aus der Viscosität von Zeinlösungen. Eine Änderung des Achsenverhältnisses zwischen 15 und 35 würde die gesuchte Länge um nicht mehr als 5% beändern.

[2] Elliott, M. A., u. J. U. Williams: J. Amer. Chem. Soc. **61**, 718 (1939).

[3] Edsall, J. T., J. F. Foster u. E. H. Scheinberg: J. Amer. Chem. Soc. **69**, 2731 (1947).

[4] Hall, C. E.: J. of Biol. Chem. **179**, 857 (1949).

[5] Wissler, A.: Diss. Bern 1940.

[6] Vgl. auch G. A. Kausche, H. Guggisberg u. A. Wissler: Naturwiss. **27**, 303 (1939), ferner M. A. Lauffer u. W. M. Stanley: J. of Biol. Chem. **123**, 507 (1938).

[7] Donnet, J. B.: C. r. Acad. Sci. (Paris) **229**, 189 (1949); **47**, 698 (1950); Diss. Straßburg 1952.

Der zeitliche Verlauf der elektrischen Doppelbrechung bei Spannungsimpulsen ist von BENOIT[1] sowie von ZIMM und Mitarbeitern untersucht worden, wobei sich für die Rotationsdiffusionskonstante der zu erwartende Wert ergab[2]. Insbesondere findet ZIMM[3] für die Relaxationszeit $\tau = 0{,}6 \cdot 10^{-3}$ sec, woraus sich die Rotationsdiffusionskonstante $D_r = 1/6\,\tau$ nachGl. (XII, 13) zu 280 sec$^{-1}$ und die Länge der Teilchen für $p = 19$ zu 3660 Å errechnet, während aus der Lichtzerstreuung $l = 2650 \pm 100$ Å folgt[4], s. S. 512. Über die Schwierigkeiten bei der Bestimmung der Abmessungen vgl. auch die weiteren Ausführungen über das Tabakmosaikvirus im § 114. Im übrigen erweist sich auch bei diesen elektrooptischen Versuchen das Molekül des Tabakmosaikvirus nach BENOIT als unpolar.

*Vanadiumpentoxyd.* Dessen Strömungsdoppelbrechung wurde ebenfalls von DONNET[5] untersucht. Es ist wegen seiner Polydispersität und der allmählichen Flokulation als Prüfsubstanz weniger geeignet, doch kann man umgekehrt aus dem zeitlichen Verlauf des Auslöschwinkels das Wachsen der Teilchen verfolgen. Auch die aus dem Abklingen der elektrischen Doppelbrechung beim Abschalten des Feldes berechneten Relaxationszeiten und $D_r$-Werte lassen sich nicht mit den aus elektronenmikroskopischen Beobachtungen folgenden Daten vereinen, was sich durch die oben genannten Eigenschaften erklärt. Aus dem verschiedenen zeitlichen Verlauf von $\Delta n$ beim Ein- und Abschalten eines rechteckigen Spannungsstoßes folgt, daß die $V_2O_5$-Teilchen größere elektrische Momente besitzen. Wegen der Größe der Teilchen treten bei der Strömungs- wie bei der elektrischen Doppelbrechung ausgeprägte Sättigungserscheinungen auf, die aber wegen der im Vergleich zur Lichtwellenlänge nicht mehr genügend kleinen Abmessungen nicht ohne weiteres ausgewertet werden können.

## B. Doppelbrechung von Lösungen mit Fadenmolekülen.

Wir ordnen jedem als rotationssymmetrisch angenommenen Fadenelement die optischen und elektrischen Hauptpolarisierbarkeiten $\alpha_{01}$ und $\alpha_{02}$ bzw. $\bar{\alpha}_{01}$ und $\bar{\alpha}_{02}$ sowie die mittlere Polarisierbarkeit

$$\alpha_0 = (\alpha_{01} + \alpha_{02} + \alpha_{03})/3$$


[1] BENOIT, H.: Ann. Physique **6**, 561 (1951).

[2] Über Messungen in einem elektrischen Wechselfeld s. H. BENOIT: J. Chim. Phys. **49**, 517 (1952).

[3] CHESTER, T., O'KONSKI u. B. H. ZIMM: Science (Lancaster, Pa.) **111**, 136 (1950).

[4] Etwas kleinere Längen findet HORN, C. r. Acad. Sci. (Paris) **234**, 1870 (1952), bei der Lichtzerstreuung (vgl. S. 512, Anm. 3), doch handelt es sich dabei offenbar um verschiedene Präparate; vgl. dazu auch die Bemerkungen von BAUDET, CROISSANT und DERVICHIAN, JOLLY und MOSSÉ über die Abhängigkeit der Größe und Größenverteilung von der Herstellungsart in den „Discussions of the Faraday Soc. **11**, 37 (1951).

[5] DONNET, J. B.: J. Chim. phys. **47**, 698 (1950); Diss. Straßburg 1952; ferner J. B. DONNET, H. ZNINDEN, H. BENOIT, M. DAUNE, N. DUBOIS, J. POUYET, G. SCHEIBLING u. G. VALLET: J. Chim. phys. **47**, 52 (1950).

zu. Diese Hauptpolarisierbarkeiten bzw. die optische Anisotropie des Fadenelements

$$\delta_0^2 = \frac{2\,(\alpha_{01} - \alpha_{02})^2}{(\alpha_{01} + 2\,\alpha_{02})^2} \qquad \text{(XII, 42)}$$

(vgl. dazu Band I, § 56c) sind, was häufig nicht beachtet wird, bei einem Fadenmolekül in Lösung bzw. im flüssigen oder festen Zustand wegen der Anisotropie des inneren Feldes nicht gleich den entsprechenden Werten für das freie Molekül im Dampfzustande und grundsätzlich vom Lösungsmittel sowie von der Ordnung und Dichte der Lösungsmittelmoleküle um das gelöste Molekül *(orientierte Solvatation)*, d. h. also auch von der Temperatur abhängig.

Schon aus diesem Grunde ist bei Fadenmolekülen in Lösung genau so wie bei niedermolekularen Flüssigkeiten eine Vorausberechnung der Doppelbrechung aus dem Modell nicht möglich. Wohl kann man die Abhängigkeit vom Polymerisationsgrade angeben, allerdings auch nur mit Hilfe von gewissen Modellannahmen, so daß hier infolge der nicht genau bekannten statistischen Form bzw. der Unsicherheit der hydrodynamischen Berechnungsweise ähnliche Unsicherheiten wie früher bei der Viscositätszahl entstehen, die erst durch ein umfangreiches und zuverlässiges Beobachtungsmaterial an homologen Reihen geklärt werden müßten.

Die ganzen Betrachtungen gelten natürlich auch nur für den Fall, daß die mittleren Molekülabmessungen genügend klein gegen $\lambda$ sind.

## § 91. Theorie der elektrischen und magnetischen Doppelbrechung.

Für die spezifische elektrische Doppelbrechung $K_{sp}$ können wir im Anschluß an frühere Arbeiten[1] schreiben:

$$K_{sp} = \frac{\Delta n}{c_g\,n\,E^2} = \left(\frac{\varepsilon + 2}{3}\right)^2 \left(\frac{n^2 + 2}{3\,n}\right)^2 N_L\,\frac{2\,\pi}{M}\,\frac{\overline{\Delta\,\alpha}}{F^2} \qquad \text{(XII, 43)}$$

$\overline{\Delta\alpha}$ die mittlere Differenz der optischen Polarisierbarkeiten $\alpha_{\parallel}$ und $\alpha_{\perp}$ des Einzelmoleküls parallel und senkrecht zur Feldrichtung, oder

$$\overline{\Delta\alpha} = \bar{\alpha}_{\parallel} - \bar{\alpha}_{\perp} = \overline{(\Delta\alpha)_1} + \overline{(\Delta\alpha)_2}\,. \qquad \text{(XII, 44)}$$

wo $\overline{(\Delta\alpha)_1}$ den Verschiebungs- und $\overline{(\Delta\alpha)_2}$ den Dipolanteil bedeutet.

Setzen wir das innere Feld $F$ als isotrop und gleich $\dfrac{(\varepsilon + 2)}{3}\,E$ an und nehmen wir für die Polarisierbarkeiten des Fadenelements der Einfachheit halber wiederum Rotationssymmetrie an, so ergibt die Durchrechnung nach PETERLIN[2]

---

[1] Vgl. dazu den Artikel von H. A. STUART im Hand- und Jahrbuch der Chem. Physik, Bd. 10, III. Leipzig 1939.

[2] Vgl. dazu A. PETERLIN: Verh. Akad. Ljubljana, Math.-phys. Kl. **3**, 79 (1947), eingereicht Mai 1944; H. A. STUART u. A. PETERLIN: J. Polymer Sci. **5**, 551 (1950).

$$\overline{(\varDelta \alpha)}_1 = \frac{F^2}{kT} \; \frac{(\alpha_{01} - \alpha_{02})\,\overline{(\alpha_{01} - \alpha_{02})}}{15} \; Z$$

$$\overline{(\varDelta \alpha)}_2 = \frac{F^2}{k^2 T^2} \; \frac{(\alpha_{01} - \alpha_{02})}{15} \; \mu_0^2 Z,$$

(XII, 45)

$\mu_0$ das elektrische Moment des Fadenelements. Wir erkennen daraus, daß die Beiträge zur Doppelbrechung pro Molekül linear mit der Segmentzahl $Z$ ansteigen. Die spezifische Doppelbrechung wird dagegen von $P$ unabhängig, nämlich

$$K_{sp} = \frac{\varDelta n}{c_g\, n\, E^2} = \left( \frac{\varepsilon + 2}{3} \right)^2 \left( \frac{n^2 + 2}{3\,n} \right)^2 \frac{3\,\pi}{M} N_L Z (\Theta_{01} + \Theta_{02}) \quad \text{(XII, 46)}$$

oder mit $v = Z v_0$

$$K_{sp} = \left( \frac{\varepsilon + 2}{3} \right)^2 \left( \frac{n^2 + 2}{3\,n} \right)^2 \frac{3\,\pi}{M_0} N_L (\Theta_{01} + \Theta_{02}), \qquad \text{(XII, 47)}$$

wo $\Theta_{01}$ und $\Theta_{02}$ die Doppelbrechungsfaktoren der einzelnen Fadenelemente[1]

$$\Theta_{01} = \frac{2\,(\alpha_{01} - \alpha_{02})\,\overline{(\alpha_{01} - \alpha_{02})}}{45\,kT}; \quad \Theta_{02} = \frac{2\,(\alpha_{01} - \alpha_{02})}{45\,k^2\,T^2}\,\mu_0^2 \quad \text{(XII, 48)}$$

und $M_0$ das Molekulargewicht des Fadenelements bedeuten.

Entsprechende Formeln gelten für die magnetische Doppelbrechung, wobei nur die elektrostatischen Polarisierbarkeiten $\bar\alpha_0$ durch die magnetischen $\alpha_m$, und das elektrische Moment $\mu_0$ durch das magnetische $\mu_m$ zu ersetzen ist.

Die Unabhängigkeit der spezifischen Doppelbrechung vom Polymerisationsgrade kann man bereits ohne jede Rechnung einsehen. Da sich jedes Fadenelement unabhängig von anderen im Felde einstellt und somit unabhängig seinen Beitrag zur Doppelbrechung des Mediums liefert, wird die Doppelbrechung der Gesamtzahl der Fadenelemente direkt proportional, unabhängig davon, ob sich diese auf einige wenige, ganz lange oder auf sehr viele, kurze Moleküle verteilen.

Wären die Fadenmoleküle starr und gestreckt, so würden nicht nur das elektrische Moment, sondern bei längeren Ketten, sobald die Formanisotropie ihren Grenzwert erreicht hat (vgl. Abb. XII, 1 und Band I, § 52), auch die Differenz der Polarisierbarkeiten längs und quer zur Kette linear mit $Z$ ansteigen. Es würde also in diesem Falle eines *starren Stäbchens* der Dipolanteil der spezifischen Doppelbrechung quadratisch, der Anisotropieanteil dagegen linear mit dem Polymerisationsgrade verlaufen.

Da zwischen der elektrischen Doppelbrechung und der optischen Anisotropie bei dipollosen Molekülen $\overline{\delta^2}$ allgemein die Beziehung

$$\varDelta n \sim N_{cm^3}\,\overline{\delta^2}\,\alpha^2 \tag{XII, 49}$$

besteht (vgl. Band I, § 57), so folgt für statistisch geknäuelte Moleküle aus der Konstanz von $\varDelta n$ bei festgehaltener Konzentration, $N_{cm^3} \cdot Z = \text{const}$,

---

[1] Diese Ausdrücke entsprechen völlig denen der Doppelbrechung für kleine Moleküle. Ist das Fadenelement optisch und elektrisch nicht mehr rotationssymmetrisch, so sind die Ausdrücke $\Theta_1$ und $\Theta_2$ durch die allgemeineren, aus der Theorie des KERR-Effektes für kleine Moleküle bekannten Beziehungen zu ersetzen (s. Band I, § 57).

die schon in Band I, S. 411 abgeleitete Abnahme der optischen Anisotropie mit dem Polymerisationsgrade[1], nämlich

$$\overline{\delta^2} = \frac{2\,(\alpha_{01} - \alpha_{02})^2}{Z\,(\alpha_{01} + 2\,\alpha_{02})^2} = \frac{\delta_0^2}{Z} = \frac{s\,\delta_0^2}{P}\,. \qquad \text{(XII, 50)}$$

Für die gestreckte starre Form würde wegen des mit $P$ linearen Anstieges des Anisotropiebeitrages zu $\varDelta n$ die optische Anisotropie $\overline{\delta^2}$ proportional $P^2/\alpha^2$ verlaufen, also konstant bleiben.

## § 92. Strömungsdoppelbrechung.

### a) Einfache Theorie für den frei durchspülten Knäuel[1].

Das Verhalten eines in der Strömung frei durchspülten Knäuels können wir mit KUHN[2] am einfachsten durch folgendes, die hydrodynamische Wechselwirkung allerdings vernachlässigende Modell beschreiben: Die auf das Knäuel in der Strömung einwirkenden Kräfte mögen sich nicht über das ganze Molekül verteilen, sondern an den Fadenenden angreifen. Wir erhalten dabei für die wirkliche, deformierende Kraft eine gute Näherung, wenn wir uns je ein Viertel der Fadenelemente des Moleküls in den beiden Endpunkten vereinigt denken. Verlegen wir das eine Ende in den Koordinatenursprung, so wird das freie Ende von der Strömung mit der Geschwindigkeit

$$v_y = q\,x$$

mitgenommen (s. Abb. XII, 3), es entsteht ein Teilchenstrom

$$\overrightarrow{j_s} = F \cdot \overrightarrow{v}\,, \qquad \text{(XII, 51)}$$

wobei $F$ die Verteilungsfunktion der freien Enden bedeutet Infolge der BROWNschen Bewegung sucht sich der Endpunkt vom Ursprung zu entfernen, es entsteht ein Diffusionsstrom entgegen dem Dichtegradienten der Verteilungsfunktion

$$\overrightarrow{j_D} = -\,D\,\operatorname{grad} F\,, \qquad \text{(XII, 52)}$$

wobei $D$ die *Diffusionskonstante*[3]

$$D = \frac{kT}{\eta_l\,\lambda} = \mu\,kT \qquad \text{(XII, 52a)}$$

---

[1] Das ist im Einklang mit den zwar nicht sehr genauen Beobachtungen an Cellulosederivaten und Polystyrolen. Näheres in Band I, S. 413.

[2] Vgl. dazu W. u. H. KUHN: Helvet. chim. Acta **26**, 1394 (1943); J. J. HERMANS: Physica **10**, 777 (1942).

[3] In diese Modellbetrachtung geht also die *translatorische* Diffusionskonstante ein. Würden wir ein starres Modell voraussetzen, d. h. uns auf so kleine Geschwindigkeitsgefälle beschränken, daß die dehnend und stauchend wirkenden hydrodynamischen Kräfte vernachlässigt werden können, so würde die Rotationsdiffusionskonstante in die Formeln eingehen. Vgl. H. A. STUART u. A. PETERLIN: J. Polymer Sci. **5**, 551 (1950).

Bei undurchspülten Schwammknäueln geht natürlich nur die Rotationsdiffusionskonstante des ganzen Moleküls ein.

des mit einem Fadenviertel belegten freien Endes bedeutet. $\lambda$ ist der *hydrodynamische Widerstandskoeffizient* pro Fadenviertel[1], $\mu$ die *Beweglichkeit* des Fadenendes, d. h. seine Geschwindigkeit beim Einwirken einer Kraft von 1 dyn. Der Diffusion entgegen wirkt der Zusammenhaltmechanismus des Moleküls mit einer fiktiven, *statistischen Rückstellkraft*

$$\vec{K} = -\,2\,\beta^2\,\mathrm{k}T\,\vec{h}\,, \qquad\qquad \text{(XII, 53)}$$

$h$ Abstand der Endpunkte, die einen dem hydrodynamischen Widerstand entgegengesetzten Strom (Bewegung der Endpunkte auf den Koordinatenursprung zu)

$$\vec{j}_K = \frac{-\,2\,\beta^2\,\mathrm{k}T}{\eta_l\,\lambda}\,F\,\vec{h} = -\,2\,\beta^2\,DF\,\vec{h} \qquad \text{(XII, 53a)}$$

verursacht,

$$\beta^2 = \frac{3}{2\,Z\,A_m^2}\,.$$

Ohne Strömung ergeben die Diffusion und die Kraft $K$ gerade die stationäre Verteilung der Endpunkte.

$$F_0 = \left(\frac{\beta^2}{\pi}\right)^{3/2} e^{-\beta^2 h^2} \qquad\qquad \text{(XII, 54)}$$

mit der mittleren Länge oder dem mittleren Abstand des einen Endpunktes vom Koordinatenursprung

$$\overline{h^2} = \frac{3}{2\,\beta^2} = Z\,A_m^2\,, \qquad\qquad \text{(XII, 55)}$$

$A_m$ die Vorzugslänge des Fadenelements (vgl. Band I, § 32 und § 33).

In der Strömung muß das Zusammenwirken der Diffusion, der Rückstellkraft und der Mitnahme durch die Strömung eine stationäre Verteilung liefern

$$\operatorname{div}\left(\vec{v}\,F - \frac{2\,\beta^2\,D}{\lambda}\,F\,\vec{h} - D\,\operatorname{grad} F\right) = 0\,. \qquad \text{(XII, 56)}$$

Bestimmt man daraus die Verteilungsfunktion $F$, so kann man sowohl die spezifische Viscosität wie das optische Verhalten der Lösung berechnen.

Jedes Molekül ist wegen der optischen Anisotropie der Grundmoleküle auch selbst optisch anisotrop. Bei einem Fadenmolekül mit einer großen Zahl von Segmenten gilt nach KUHN und GRÜN[2] für die mittlere Polarisierbarkeit des Moleküls in der Verbindungslinie der Endpunkte, d. h. in der Richtung $\vec{h}$

$$\gamma_1 = \frac{Z}{3}\,(\alpha_{01} + 2\,\alpha_{02}) + \frac{4\,\beta^2}{15}\,h^2\,(\alpha_{01} - \alpha_{02}) \qquad \text{(XII, 57)}$$

und senkrecht dazu[3]

---

[1] Die Reibungskraft ist dann $R = \lambda\eta_l v$.

[2] KUHN, W., u. F. GRÜN: Kolloid-Z. **101**, 248 (1942).

[3] Diese Polarisierbarkeiten sind von den Hauptpolarisierbarkeiten des Moleküls $\alpha_1,\,\alpha_2,\,\alpha_3$ wohl zu unterscheiden. Natürlich gilt

$$\frac{\gamma_1 + 2\,\gamma_2}{3} = \frac{\alpha_1 + \alpha_2 + \alpha_3}{3}\,.$$

$$\gamma_2 = \gamma_3 = \frac{Z}{3}\,(\alpha_{01} + 2\,\alpha_{02}) - \frac{2\,\beta^2}{15}\,h^2\,(\alpha_{01} - \alpha_{02})*. \quad \text{(XII, 57a)}$$

Für die in der $Z$-Richtung (s. Abb. XII, 3) einfallende Welle ergibt sich das mittlere im Molekül induzierte elektrische Moment in der $X$- und $Y$-Richtung für $\mathfrak{E} = \mathfrak{E}_x$ zu

$$\mu_{ix} = \alpha_{xx}\,\mathfrak{F}_x = \mathfrak{F}_x \int \left(\frac{x^2}{h^2}\,\gamma_1 + \frac{y^2 + z^2}{h^2}\,\gamma_2\right) F \cdot dx\,dy\,dz$$

$$\mu_{iy} = \alpha_{xy}\,\mathfrak{F}_x = \mathfrak{F}_x \int \frac{x\,y}{h^2}\,(\gamma_1 - \gamma_2)\,F\,dx\,dy\,dz \qquad \text{(XII, 58a)}$$

mit dem inneren Feld

$$\mathfrak{F} = \frac{n^2 + 2}{3}\,\mathfrak{E}$$

und für $\mathfrak{E} = \mathfrak{E}_y$

$$\mu_{ix} = \alpha_{xy}\,\mathfrak{F}_y = \mathfrak{F}_y \int \frac{x\,y}{h^2}\,(\gamma_1 - \gamma_2)\,F\,dx\,dy\,dz \qquad \text{(XII, 58b)}$$

$$\mu_{iy} = \alpha_{yy}\,\mathfrak{F}_y = \mathfrak{F}_y \int \left(\frac{y^2}{h^2}\,\gamma_1 + \frac{x^2 + z^2}{h^2}\,\gamma_2\right) F\,dx\,dy\,dz\,.$$

Die benötigten Mittelwerte erhält man aus der Diffusionsgl. (XII, 56) und berechnet daraus den Polarisierbarkeitstensor

$$\left|\begin{array}{ccc}
Z\,\dfrac{\alpha_{01} + 2\,\alpha_{02}}{3} - \dfrac{\alpha_{01} - \alpha_{02}}{120\,\beta^4}\cdot\dfrac{q^2}{D^2}, & \dfrac{\alpha_{01} - \alpha_{02}}{20\,\beta}\cdot\dfrac{q}{D}, & 0 \\[2ex]
\dfrac{\alpha_{01} - \alpha_{02}}{20\,\beta^2}\cdot\dfrac{q}{D}, & Z\,\dfrac{\alpha_{01} + 2\,\alpha_{02}}{3} + \dfrac{\alpha_{01} - \alpha_{02}}{60\,\beta^4}\cdot\dfrac{q^2}{D^2}, & 0 \\[2ex]
0, & 0, & Z\,\dfrac{\alpha_{01} + 2\,\alpha_{02}}{3} - \dfrac{(\alpha_{01} - \alpha_{02})}{120\,\beta^4}\dfrac{q^2}{D^2}
\end{array}\right| \quad \text{(XII, 59)}$$

Durch Drehung in der $X\,Y$-Ebene um den Winkel $\left(\dfrac{\pi}{2} - \chi\right)$ (Abb. XII, 3), der durch

$$\operatorname{cotg} 2\,\chi = \frac{2\,\alpha_{xy}}{\alpha_{yy} - \alpha_{xx}} = \frac{1}{4\,\beta^2}\,\frac{q}{D} \qquad \text{(XII, 60)}$$

gegeben ist, transformiert man den Tensor auf Hauptachsen mit den Hauptwerten $\alpha_\mathrm{I}$ und $\alpha_\mathrm{II}$. Die Differenz derselben

$$\alpha_\mathrm{I} - \alpha_\mathrm{II} = \sqrt{(\alpha_{yy} - \alpha_{xx})^2 + 4\,\alpha_{xy}^2} =$$

$$= \frac{\alpha_1 - \alpha_2}{10\,\beta^2}\,\frac{q}{D}\,\sqrt{1 + \frac{1}{16\,\beta^4}\left(\frac{q}{D}\right)^2} \qquad \text{(XII, 61)}$$

steigt mehr als linear mit dem Gefälle an und wird bald proportional dem Quadrat desselben.

---

* Die einfachen Beziehungen Gl. (XII, 57) und (XII, 57a) gelten für kleine Streckungsgrade, d. h. für $h \ll L$. Nähert sich jedoch $h$ der Länge $L$ des gestreckten Moleküls, so gibt die genaue Durchrechnung von Kuhn und Grün die Reihenentwicklung

$$\gamma_1 - \gamma_2 = \frac{2\,\beta^2}{5}\,(\alpha_{01} - \alpha_{02})\,h^2\left[1 + \frac{8\,\beta^2\,h^2}{35\,P} + \cdots\right]$$

die optische Anisotropie wächst mehr als proportional zu $h^2$.

Da man die Orientierung des Lösungsmittels in der Regel vernachlässigen darf, erhält man aus dem Ausdruck für die Molekularrefraktion die Doppelbrechung als

$$\Delta n = n_{\mathrm{I}} - n_{\mathrm{II}} = 2\,\pi \left(\frac{n^2+2}{3}\right)^2 \frac{N_{\mathrm{cm}^3}}{n} \cdot (\alpha_{\mathrm{I}} - \alpha_{\mathrm{II}}) =$$

$$= \frac{2\,\pi}{15} \left(\frac{n^2+2}{3}\right)^2 N_{\mathrm{cm}^3} \frac{\alpha_{01} - \alpha_{02}}{n} \overline{h^2} \frac{q}{D} \sqrt{1 + \left(\frac{\overline{h^2}\,q}{6\,D}\right)^2} \qquad (\text{XII}, 62)$$

und im Grenzfalle $q \to 0$ die spezifische MAXWELLsche Konstante

$$M_{sp} = \frac{\Delta n}{c_g\,q\,n\,\eta_l} = \frac{2\,\pi}{15} \frac{N_L}{M} \left(\frac{n^2+2}{3\,n}\right)^2 (\alpha_{01} - \alpha_{02}) \frac{\overline{h^2}}{\eta_l\,D} \cdot \qquad (\text{XII}, 63)$$

Der Auslöschwinkel $\chi$ wird aus Gl. (XII, 60) durch Einsetzen des Wertes für $\beta$ gleich

$$\cot 2\,\chi = \frac{\overline{h^2}}{6} \frac{q}{D}, \qquad (\text{XII}, 64)$$

er geht vom Anfangswert $45°$ bei $q = 0$ zu $0°$ bei $q = \infty$.

Für kleine Abweichungen von $45°$ gilt die Näherungsgleichung

$$\left(\frac{\pi/4 - \chi}{q\,\eta_l}\right)_{\substack{c \to 0 \\ q \to 0}} = \frac{\overline{h^2}}{12\,\eta_l\,D} = [\omega]. \qquad (\text{XII}, 65)$$

Das Produkt $q \cdot \mathrm{tg}\,2\,\chi$ sollte nach der Theorie konstant sein, was einigermaßen den Messungen an Polysachariden[1], Nitrocellulosen und Polystyrol[2] entspricht[3]. Beim Vergleich mit den Experimenten stört aber die immer vorhandene Polymolekularität der Lösungen. Auch der Verlauf der Doppelbrechung als Funktion des Gefälles (Abb. XII, 6) ist im Einklang mit Messungen an Polystyrol[2], wo man einen mehr als linearen Anstieg mit $q$ gefunden hat[4]. In der Regel biegen jedoch die Kurven für die Doppelbrechung mit steigendem Gefälle nach unten ab, wie es einem Sättigungseffekt entspricht, so z. B. bei den meisten Cellulosen[2]. Immerhin finden PHILIPPOFF und BUCHHEIM[5] an Nitrocellulose in Cyclohexanon nur den linearen Anstieg der Doppelbrechung mit dem Gefälle in einem Bereiche, in dem nach dem Verlaufe des Orientierungswinkels schon längst eine Krümmung der Kurve zu erwarten wäre[6].

Der überlineare Anstieg kann sehr einfach verstanden werden. Die Fäden werden in der Strömung gedehnt, wobei ihre optische Anisotropie $(\gamma_1 - \gamma_2)$ proportional der Dehnung zunimmt, aber auch die

[1] SNELLMAN, O., u. Y. BJÖRNSTAHL: Kolloid-chem. Beih. **52**, 403 (1941).

[2] SIGNER, R., u. H. GROSS: Z. phys. Chem. A **165**, 161 (1933).

[3] HERMANS, J. J.: Rec. Trav. chim. Pays-Bas **63**, 25, 205 (1944).

[4] Der von SIGNER u. SADRON [Helvet. chim. Acta **19**, 1324 (1936)] an Polystyrol in Tetralin und Cyclohexan gefundene Knick, der in der Orientierungs- und Doppelbrechungskurve beim gleichen Gefälle auftritt, deutet eher auf eine durch die Isomerie des Polystyrols bedingte Formänderung in der Strömung. Vgl. G. V. SCHULZ: Makromol. Chem. **3**, 146 (1949) sowie S. 664, Kap. XIV.

[5] PHILIPPOFF, W., u. W. BUCHHEIM: Naturwiss. **26**, 694 (1938).

[6] Die untersuchten Lösungen zeigten auch eine sehr ausgeprägte Strukturviscosität. Da diese in der Regel eine Folge der gegenseitigen Verknüpfung der Fadenmoleküle ist und im linearen Konzentrationsgebiet verschwindet, scheinen die Messungen bei zu hohen Konzentrationen ausgeführt gewesen zu sein, wo man es nicht mehr mit dem freien Molekül zu tun hat.

Orientierung gefördert wird, so daß als Folge von beiden Effekten ein überlinearer Anstieg resultiert. Es hat allerdings keinen Sinn, die Doppelbrechung bis zu $q = \infty$ nach Gl. (XII, 62) zu berechnen, denn diese [insbesondere die Verteilungsfunktion Gl. (XII, 56) und die optische Anisotropie Gl. (XII, 57)] wurde unter der Voraussetzung abgeleitet, daß die Abmessungen des Knäuels klein gegenüber der Röntgenlänge $L = P \cdot l_R$ des Fadenmoleküls sind. Mit stark fortgeschrittener Entknäuelung in der Strömung verliert die einfache Theorie ihren Sinn, und zwar um so eher, je kleiner $P$ ist[1].

Für die Abhängigkeit vom Polymerisationsgrad $P$ erhält man, wenn man für $\overline{h^2}$ und $D$ die Werte $l'^2\,P$ bzw. $4\,\mathrm{k}T/\eta_l\Lambda P$ einsetzt, $l'$ die effektive Länge des Grundmoleküls und $\Lambda = \dfrac{4\,\lambda}{P}$ der hydrodynamische Widerstandskoeffizient pro Grundmolekül,

$$M_{sp} = \frac{\pi}{30}\left(\frac{n^2 + 2}{3\,n}\right)^2 N_L\,(\alpha_{01} - \alpha_{02})\,\frac{l'^2\,\Lambda}{\mathrm{k}T\,M_{gr}}\,P \qquad \text{(XII, 66)}$$

und

$$[\omega] = \frac{l'^2\,\Lambda}{48\,\mathrm{k}T}\,P^2 . \qquad \text{(XII, 67)}$$

Die Doppelbrechung verläuft also linear und die Grenzorientierungszahl quadratisch mit dem Polymerisationsgrade.

In $M_{sp}$ und $[\omega]$ tritt die gleiche Kombination der Molekülparameter auf wie bei der Viscositätszahl, so daß beide Effekte einander proportional sind[2]. Mit Hilfe von (XI, 18) folgt

$$M_{sp} = \frac{4\,\pi}{5}\left(\frac{n^2 + 2}{3\,n}\right)^2 (\alpha_{01} - \alpha_{02}) \cdot \frac{[\eta]}{\mathrm{k}T} \qquad \text{(XII, 68)}$$

und

$$[\omega] = \frac{[\eta]}{2\,R\,T}\,M \qquad \text{(XII, 68a)}$$

mit $R =$ abs. Gaskonstante.

Da das optische Glied $\alpha_{01} - \alpha_{02}$ mit dem Lösungsmittel und der Temperatur variiert, ändert sich auch der Proportionalitätsfaktor in (XII, 68) entsprechend und bleibt nur innerhalb einer homologen Reihe derselbe.

Während Gl. (XII, 66) und (XII, 67) nur für den frei durchspülten Faden ohne innere Steifheit gelten, scheinen Gl. (XII, 68) und (XII, 68a) allgemeinere Gültigkeit zu besitzen[3]. Betrachtet man nämlich den Knäuel als ein starres Gebilde, was im Grenzfalle totaler BROWNscher

---

[1] Eine genauere Durchrechnung s. bei W. ü. H. KUHN: Helvet. chim. Acta **26**, 1394 (1943).

[2] Man muß selbstverständlich auch für $[\eta]$ vom gleichen Modell ausgehen. In der hier gewählten Näherung ergibt sich in Gl. (XI, 18) der Faktor 24 anstatt 36. Gl. (XII, 68) und (XII, 68a) sollten dagegen von den Besonderheiten des Modells unabhängig sein.

[3] Sie gelten genähert auch für Ellipsoidteilchen (s. § 88).

Bewegung zulässig ist, dann kann man die Formeln der Kontinuumstheorie Gl. (XII, 17) und (XII, 17a), S. 580, mit der Rotationsdiffusionskonstante

$$D_r = \frac{\mathrm{k}\,T}{\zeta}$$

und $b = 1$ übernehmen, $\zeta$ das Drehwiderstandsmoment bei der Drehung (s. S. 538, Kap. XI). Durch Vergleich mit Gl. (XII, 68) und (XII, 68a) erhält man dann die wichtige Beziehung

$$\zeta = \frac{6\,M}{N_L}\,[\eta]\,, \qquad\qquad (\text{XII, 69})$$

die wir schon im § 84, Gl. (XI, 37) kennengelernt haben.

W. und H. Kuhn[1] finden für ihr Molekülmodell statt 6 den Faktor 4,5 und Riseman und Kirkwood[2] für den teilweise durchspülten Knäuel den Wert 2.

### b) Verfeinerungen der Theorie.

#### 1. *Einfluß der Steifheit.*

Bei der Ableitung der Verteilungsfunktion nach Gl. (XII, 56) ist angenommen worden, daß bei der Bewegung der Endpunkte der Fadenmoleküle nur der Reibungswiderstand $v\,\eta_l\,\lambda = v\,\eta_l\,\dfrac{P\,\Lambda}{4}$ zu überwinden ist. Das gilt wohl bei einer Verdrehung, wo der Endpunkt transversal zur Verbindungslinie bewegt wird ($\lambda_{trans}$), doch in der Regel nicht bei einer Längenänderung ($\lambda_{rad}$), die immer mit einer Veränderung der Molekülform verbunden ist. Wegen der Rotationsbehinderung um die Valenzbindungen erfolgt letztere ziemlich langsam, besonders bei verhältnismäßig kurzen Ketten. Diese *Steifheit* des Moleküls wird nach W. und H. Kuhn[3] durch den zusätzlichen inneren Widerstand

$$K_2 = B\,\frac{d\,h}{d\,t} = \frac{\beta}{P}\,\frac{d\,h}{d\,t} \qquad\qquad (\text{XII, 70})$$

bei der Dehnung gemessen, $B$ die Formzähigkeitskonstante (vgl. dazu die Ausführungen in § 85 und § 102). Im Falle großer *innerer Viscosität,* wie Kuhn diesen Effekt nennt, also kleiner innerer Beweglichkeit

$$D_{rad} \ll D_{trans}$$

wird der Verlauf der Strömungsdoppelbrechung und des Auslöschwinkels mit dem Gefälle wesentlich anders als im Falle ganz weicher Moleküle mit $D_{rad} = D_{trans}$. Aus Abb. XII, 6 und XII, 7 sind die Hauptunterschiede klar zu sehen. Die Doppelbrechung beginnt mit dem gleichen Wert wie bei weichen Molekülen und wächst dann langsamer als proportional mit dem Gefälle, der Auslöschwinkel dagegen fällt schon gleich am Anfang schneller ab. Die Grenzorientierungszahl wird

---

[1] Kuhn, W., u. H. Kuhn: J. Colloid Sci. **5**, 331 (1950).
[2] Riseman, J., u. J. G. Kirkwood: J. Chem. Phys. **17**, 442 (1949).
[3] Kuhn, W., u. H. Kuhn: Helvet. chim. Acta **28**, 1533 (1945); **29**, 71, 609, 830 (1946); J. Colloid Sci. **3**, 11 (1948).

$$[\omega] = \frac{[\eta]}{2\,R\,T}\,M \quad D_{rad} = D_{trans}\,,\ \text{weiches Molekül}$$

$$= \frac{3\,[\eta]}{2\,R\,T}\,M \quad D_{rad} \ll D_{trans}\,,\ \text{steifes Molekül} \tag{XII, 71}$$

Je nach der Größe der gemessenen Orientierungszahl kann man sich ein Urteil über die Steifheit des vorliegenden Moleküls bilden. Ähnlich liegen die Doppelbrechungskurven für beliebige Fadenmoleküle zwischen den in Abb. XII, 6 eingezeichneten Linien für die beiden Grenzfälle.

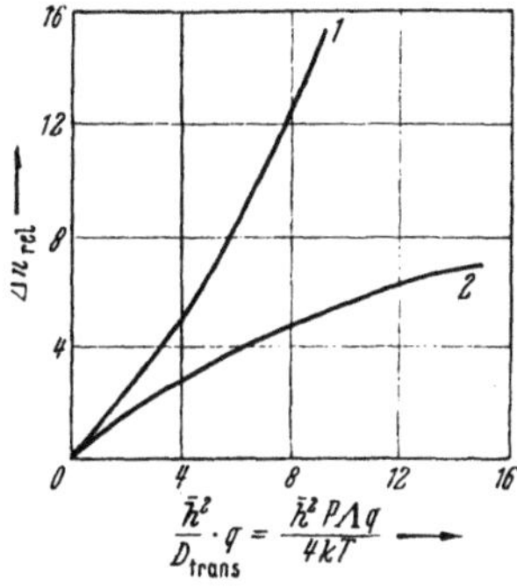

Abb. XII, 6. Abhängigkeit des Betrages der Strömungsdoppelbrechung $(\Delta n)_{rel} = \dfrac{\Delta n}{n}\Big/\dfrac{2\,\pi}{15}\Big(\dfrac{n^2+2}{3\,n}\Big)^2$ $N_{\mathrm{cm^3}}\,(\alpha_{01} - \alpha_{02})$ vom Gefälle:.1 für weiche Moleküle, 2 für steife Moleküle. (Nach W. und H. KUHN.)

Abb. XII, 7. Die Auslöschrichtung als Funktion des Gefälles: 1 weiches, 2 steifes Molekül (Nach W. und H. KUHN.)

Insbesondere weist ein langer linearer Anstieg für $\Delta n$ auf eine mittlere Steifheit des Moleküls hin. W. und H. KUHN berechnen auch die Zeit zu einer vollständigen Gestaltsänderung, genauer die Zeit, die der Fadenendpunkt zu einer radialen Diffusionsstrecke von der Größe $\sqrt{\overline{h^2}}$ im Mittel benötigt, zu

$$\bar{t}_{rad} = \frac{\overline{h^2}}{2\,D_{rad}} = \Theta\left(1 + \frac{\eta_l\,\Lambda\,P}{2\,B}\right)\ \text{mit}\ \Theta = \frac{\overline{h^2}\,B}{2\,\mathrm{k}\,T}\,. \tag{XII, 72}$$

$\Theta$ ist also die zu einer völligen Gestaltsänderung erforderliche Mindestzeit, d. h. die für ein Medium mit verschwindender Viscosität charakteristische *Makrokonstellationswechselzeit* (KUHN).

Aus dem Vergleich der Meßwerte von SIGNER und GROSS[1] an Nitrocellulosen und Polystyrolen und von WISSLER[2] an Nitro- und Methylcellulosen mit den beiden Grenzkurven erhalten KUHN und KUHN für die charakteristischen Konstanten $\beta$ und $\Theta$ die in der Tab. XII, 1 eingetragenen Zahlenwerte. Man sieht, daß bei jeder Formänderung und somit bei der Strömungsdoppelbrechung der Einfluß der inneren Viscosität solange überwiegt, als der zweite Summand in Gl. (XII, 72) kleiner als 1 ist. Bei einem bestimmten Polymerisationsgrade $P_1$, der auch in der Tabelle eingetragen ist, werden die Einflüsse der inneren und der äußeren

---

[1] SIGNER, R., u. GROSS: Z. phys. Chem. A **165**, 161 (1933).

[2] WISSLER, A.: Diss. Bern 1941.

Viscosität übereinstimmen, es gilt dann $D_{rad} = D_{trans}$[1]. Oberhalb von $P_1$ kann das Molekül schon als sehr weich betrachtet werden. Man sieht die außerordentlich große Steifheit der Polystyrole im Gegensatz zu den sehr weichen Cellulosen in Wasser und Cyclohexanon. Es ist wohl zu beachten, daß diese Steifheit nicht unmittelbar mit der Gestrecktheit des Moleküls zusammenhängt (vgl. dazu auch § 102).

Tabelle XII, 1. *Die für die Steifheit von Fadenmolekülen charakteristischen Konstanten.*

| | Lösungsmittel | $\beta$ in $\dfrac{\text{dyn} \cdot \text{sec}}{\text{cm}}$ | $\Theta$ in sec | $P_1$ |
|---|---|---|---|---|
| Nitrocellulose . . | Butylacetat | $2{,}3 \cdot 10^{-4}$ | $1{,}3 \cdot 10^{-3}$ | 1830 |
| Nitrocellulose . . | Cyclohexanon | $10^{-5}$ | $4{,}7 \cdot 10^{-5}$ | 111 |
| Methylcellulose . . | Wasser | $2 \cdot 10^{-6}$ | $6{,}4 \cdot 10^{-6}$ | 127 |
| Polystyrol . . . . | Cyclohexanon | $10^{-3}$ | $1{,}6 \cdot 10^{-4}$ | 2700 |

### 2. Der undurchspülte Knäuel.

In diesem Falle kann man auch die elastische, undurchdringliche Kugel als Modell einführen. Im laminaren Strömungsfelde wird diese Kugel ähnlich wie ein Flüssigkeitstropfen deformiert, ein Umstand, von dem man bei Messungen der Viscositätszahl, aber nicht mehr bei der Strömungsdoppelbrechung mit ihren großen Geschwindigkeitsgefällen absehen kann. Dadurch wird die Theorie der Strömungsdoppelbrechung komplizierter. Wie beim KUHNschen Fadenmolekül mit innerer Viscosität (vgl. Kap. XI, § 85) ist auch hier der der Deformationsgeschwindigkeit proportionale innere Widerstand zu beachten, den wir durch eine *innere Viscosität*, die aber nicht mit der KUHNschen zu verwechseln ist[2], beschreiben (s. weiter unten). CERF[3], der sich mit diesem Problem näher beschäftigt hat[4], findet, daß die äquivalente Kugel in der Strömung in ein Ellipsoid deformiert wird (die Kugel erfährt unter 45° zur Strömungsrichtung einen Zug und senkrecht dazu einen Druck). Im Gegensatz zum starren Knäuel rotiert zwar die Substanz im Innern des Tropfens, seine äußere Kontur aber nicht. Wir erhalten also eine reine Deformationsdoppelbrechung. Für kleine Geschwindigkeitsgradienten liegt die große Achse

---

[1] W. u. H. KUHN berücksichtigen im Widerstandskoeffizienten auch schon die hydrodynamische Wechselwirkung der Fadenelemente, indem sie setzen

$$\Lambda = \frac{\Lambda_0}{1 + b \sqrt{P}} \, .$$

Da dieser Wert mit konstantem $\beta$ der Formänderung bei wachsendem Gefälle nicht Rechnung trägt, kann damit nicht die Strömungsdoppelbrechung befriedigend dargestellt werden. Richtig sind dagegen die Anfangswerte $M_{sp}$ und $[\omega]$.

[2] Im Gegensatz zum KUHNschen Modell ist hier die innere Viscosität nicht direkt mit charakteristischen Molekülkonstanten wie Behinderungsenergie verknüpfbar (vgl. § 102).

[3] CERF, R.: C. R. **226**, 1586 (1948), **227**, 221 (1948), **230**, 81 (1950). — J. Chim. phys. 48, 6, 59, 85 (1951). — Thèses, Strasbourg 1951. Siehe auch R. CERF und H. A. SCHERAGA: Chem. Rev. **51**, 185 (1952).

[4] Vgl. auch W. HALLER: Kolloid-Z. **61**, 26 (1932).

des Ellipsoides genau unter 45° zur Strömungsrichtung, um sich mit wachsendem $q$ mehr und mehr der Strömungsrichtung zu nähern.

KUHN und Mitarbeiter[1] haben gezeigt, daß bei kleinem Strömungsgefälle die Deformation der undurchlässigen Kugel dieselbe Doppelbrechung wie die sich orientierenden undurchspülten Knäuelmoleküle liefert. Dieses zunächst überraschende Ergebnis beruht darauf, daß man bei kleinem $q$ die zur Doppelbrechung führende anisotrope Richtungsverteilung der Fadenelemente sowohl durch eine ungleichförmige Rotation der als starr angenommenen Fadenknäuel wie auch durch eine Vergrößerung des Mittelwertes von $h$ in der 45°-Richtung bei konstant bleibender Achsenverteilung der Teilchen (die Verbindungslinien der Endpunkte aller Fäden bleiben auch in der Strömung gleichmäßig über alle Raumrichtungen verteilt) darstellen kann. Bei kleinem Strömungsgefälle ist es also unmöglich, zwischen statistischen Knäueln und undurchdringlichen Kugeln zu unterscheiden. Das wird anders bei größeren $q$-Werten, wo im ersteren Falle noch ein typischer Orientierungseffekt hinzukommen kann. Von KUHN ist weiter gezeigt worden, daß es in der Theorie der deformierbaren Kugel entscheidend auf das Verhältnis der *Deformationsrelaxationszeit* $\tau_{Def}$ zur *Orientierungsrelaxationszeit* $\tau_{Or}$ ankommt. Die erstere stellt die Zeit dar, in welcher eine zu einer bestimmten Zeit vorhandene Deformation des Teilchens ohne äußere Einwirkung auf den $e$-ten Teil absinkt. Dabei gilt für $\tau_{Def}$ die Näherungsgleichung

$$\tau_{Def} = \frac{2\,\eta_i + 6\,\eta_l}{\varepsilon}, \qquad\qquad \text{(XII, 73)}$$

$\varepsilon$ der Elastizitätsmodul der Kugelsubstanz (Fadenknäuel samt der immobilisierten Flüssigkeit). $\tau_{Or}$ ist andererseits die Zeit, welche die Kugel braucht, um auf Grund der BROWNschen Bewegung in der Lösung eine Viertelumdrehung auszuführen.

CERF hat für die Beantwortung der Frage „anisotrop sich orientierendes Knäuel oder undurchdringliche Kugel" die sehr wichtige Beziehung

$$\frac{\pi/4 - \chi}{q} = \operatorname{tg}\alpha = \frac{1{,}25}{\varepsilon}\,T\,(\eta_l + 0{,}4\,\eta_i) \qquad\qquad \text{(XII, 74)}$$

abgeleitet, wo $\eta_i$ die innere Viscosität der Kugelsubstanz (Fadenknäuel samt der immobilisierten Flüssigkeit) bedeutet[2]. Setzt man $\varepsilon$ proportional der absoluten Temperatur, was nicht direkt als richtig nachgewiesen ist, so hat man, solange die Molekülabmessungen von $T$ unabhängig sind, einen linearen Zusammenhang zwischen $\operatorname{tg}\alpha$ und der durch Temperaturvariation veränderlichen Viscosität der Lösung. Die Orientierungszahl bzw. $\operatorname{tg}\alpha$ sind also dann nicht mehr proportional der Viscosität, im Gegensatz zu allen sonstigen Theorien. CERF hat nun für zwei Polystyrole mit $M = 130\,000$ und $202\,000$ in Cyclohexanon die Temperatur von 0° bis 60° C variiert, wobei sich $\eta_l$ von 1 bis 3,5 cP ändert und tatsächlich eine der Gl. (XII, 74) entspre-

---

[1] KUHN, W., H. KUHN u. P. BUCHNER: Erg. exakt. Naturwiss. **25**, 1 (1951).

[2] KUHN u. Mitarb. (l. c.) erhalten dieselbe Beziehung, falls $\tau_{Or} \gg \tau_{Def}$ ist.

chende Abhängigkeit[1] gefunden (Abb. XII, 8), die in völligem Widerspruch mit der Theorie des freien und des teilweise durchspülten Knäuels steht[2]. Der Betrag der Doppelbrechung dagegen wird proportional dem Gradienten, wie es auch der Erfahrung entspricht. Den Zusammenhang der Größen $\eta_i$ und $\varepsilon$ mit den Molekülabmessungen modellmäßig zu deuten, versucht CERF nicht. Doch ist sein Befund an und für sich sehr weitreichend und würde bei allgemeiner Gültigkeit unser Bild über das Verhalten der Fadenmoleküle in der Lösung wesentlich beeinflussen.

Im übrigen ist schließlich nicht ohne weiteres verständlich, weshalb tg $\alpha$ für $q \to 0$ bei einer deformierbaren Kugel und einem statistischen, deformierbaren, undurchspülten Knäuel mit genügend großer Formzähigkeit derartige Unterschiede aufweist. Ein klarer Widerspruch besteht nur zwischen der Theorie der deformierbaren Kugel und der des undurchspülten Knäuels.

Eine nähere theoretische Bearbeitung dieser Fragen sowie eine Wiederholung der Versuche unter besonderer Berücksichtigung der sehr schwierigen Extrapolation der Messungen auf $q = 0$ sind dringend nötig.

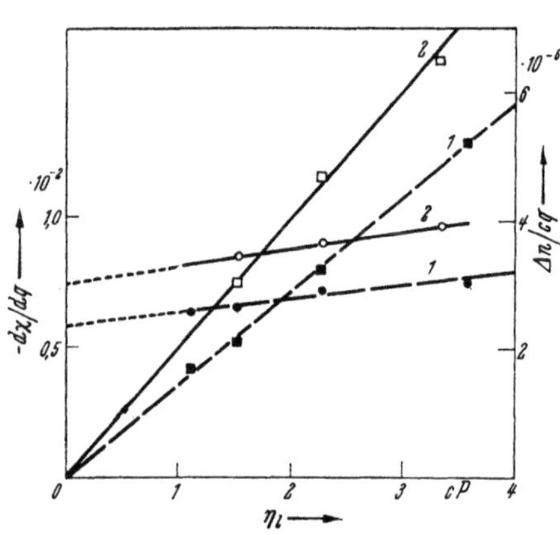

Abb. XII, 8. Der anfängliche Abfall des Auslöschwinkels mit dem Gefälle und die spezifische Doppelbrechung für zwei Polystyrole mit $M = 130\,000$ (1)und 202 000 (2) in Cyclohexanon als Funktion der Viscosität des Lösungsmittels. (Nach CERF.)

### 3. Der teilweise durchspülte Knäuel.

Dieser Fall kann sehr einfach behandelt werden, solange man die Deformation des Knäuels in der Strömung vernachlässigen kann, d. h. wenn man sich nur für die Anfangswerte der Doppelbrechung $M_{sp}$ und

---

[1] Die Punkte liegen nur dann auf einer Geraden, wenn $\varepsilon$ und $\eta_i$ unabhängig von Temperatur und Viscosität des Lösungsmittels sind, was man nicht gut verstehen kann, da beide Größen Konstanten der gesamten Kugelsubstanz (Fadenmolekül und Lösungsmittel) sind.

[2] Die Meßpunkte in Abb. XII, 8 liegen alle innerhalb des Bereiches, der nach KUHN und KUHN (s. Anm. 3, S. 600) durch die Grenzfälle des ganz weichen und des ganz steifen Moleküls eingeschlossen wird. Man könnte sie also im Sinne der KUHNschen Theorie als den Übergang von einem Grenzfalle zum anderen deuten. Bei kleiner Viscosität des Lösungsmittels ist das Molekül noch sehr steif, die Orientierungszahl sehr groß (Gl. (XII, 71). Mit wachsendem $\eta_l$ überwiegen nach Gl. (XI, 55, 57) die Reibungskräfte über die innere Viscosität, das Molekül wird immer weicher, die Orientierungszahl kann bis auf ein Drittel des Wertes für das ganz steife Molekül herabsinken. Immerhin ist es überraschend, daß der Übergang so schön auf einer Geraden liegt, genau wie es Gl. (XII, 74) entspricht. Eine Entscheidung darüber, ob die KUHNsche Auffassung der inneren Viscosität oder die CERFsche Theorie der elastischen undurchspülten Kugel das Richtige trifft, könnte erst durch Messungen in einem größeren Bereich von $\eta_l$ erhalten werden. Im ersteren Falle müßten die weiteren Meßpunkte auf Geraden durch den Ursprung, im zweiten auf der gestrichelten Geraden liegen.

die Grenzorientierungszahl $[\omega]$ interessiert. Es besteht nämlich zwischen der Rotationsdiffusionskonstante $D_r$ und der Viscositätszahl $[\eta]$ die einfache Beziehung Gl. (XII, 69), so daß man die entsprechenden Gleichungen für die spezifische MAXWELLsche Konstante[1, 2]

$$M_{sp} = \frac{4\,\pi}{5}\left(\frac{n^2+2}{3\,n}\right)^2 (\alpha_{01} - \alpha_{02})\,\frac{[\eta]}{k\,T} \qquad (XII, 75)$$

und die Orientierungszahl

$$[\omega] = \frac{[\eta]}{2\,R\,T}\,M \qquad \text{weiches Molekül}$$
$$= \frac{3\,[\eta]}{2\,R\,T}\,M \qquad \text{steifes Molekül} \qquad (XII, 76)$$

gleich hinschreiben kann. Das sind genau die Gl. (XII, 68, 68a) mit der Erweiterung Gl. (XII, 71) für den Fall der inneren Viscosität. Nur ist überall für $[\eta]$ der Wert für den teilweise durchspülten Knäuel einzusetzen, s. Gl. (XI, 33, 34, 38, 40, 43).

Da sich der optische Faktor mit dem Polymerisationsgrad nicht ändert, hat man im Betrag der Doppelbrechung genau den gleichen Gang mit $P$ wie bei der Viscosität, $M/M_{sp}$ über $\sqrt{M}$ müßte also auch gerade Linien geben (s. § 84). Die Messung des Betrages der Strömungsdoppelbrechung bringt daher, wenn man von der Bestimmung des optischen Faktors absieht, keine neue Einsicht in die Struktur des Fadenmoleküls, die man nicht schon aus den viel einfacheren Viscositätsmessungen gewinnen könnte. Die Orientierungszahl dagegen kann zur Bestimmung der inneren Viscosität mit Erfolg herangezogen werden. Trägt man nämlich $M^2/[\omega]$ über $\sqrt{M}$, so sollte man nach der Theorie nur dann gerade Linien erhalten, wenn sich die Steifheit, d.h. der Quotient $D_{trans}/D_{rad}$ mit dem Molekulargewicht nicht ändert. Weil dagegen nach Gl. (XI, 55) das Molekül um so weicher wird, je höher der Polymerisationsgrad ist, so wird man erwarten, daß die Punkte bei der gewählten Auftragung zwischen den beiden Geraden

$$\frac{M^2}{[\omega]} = \frac{M}{[\eta]} \cdot \frac{2\,R\,T}{3} \qquad \text{steifes Molekül, kleines } P$$
$$= \frac{M}{[\eta]} \cdot 2\,R\,T \qquad \text{weiches Molekül, großes } P \qquad (XII, 77)$$

zu liegen kommen, wobei die beiden Grenzfälle bei sehr kurzen bzw. sehr langen Ketten erreicht werden.

Die Verhältnisse bei größeren Gradienten, wo das Molekül merklich orientiert und deformiert wird, sind wesentlich komplizierter und wurden bisher noch nicht theoretisch untersucht. Rein qualitativ kann man feststellen, daß wegen der größeren Ausdehnung des Knäuels die

---

[1] PETERLIN, A.: Les grosses molécules en solution, S. 70, Internat. Congrès Paris 1948; Diss. Akad. Ljubljana (3) 1, 48 (1950). Es wurde nur der Fall eines weichen Moleküls behandelt.

[2] KUHN, W., u. H. KUHN: Helv. chim. Acta 28, 1533 (1945); 29, 71 (1946) berücksichtigen den Fall des teilweise durchspülten Knäuels in der Weise, daß sie für den Widerstandskoeffizienten $\Lambda$ des einzelnen statistisch bevorzugten Fadenelementes mit der Länge $A_m$ den Ausdruck $\Lambda = \Lambda_0/(1 + b\sqrt{P})$ einführen.

hydrodynamische Wechselwirkung geringer wird, so daß man sich im Grenzfalle eines völlig aufgerollten Moleküls den Verhältnissen beim frei durchspülten Knäuel nähert, bei dem nach Gl. (XII, 62) und (XII, 64) der Betrag der Doppelbrechung und die Auslöschrichtung bestimmt werden können. Bei einem ganz steifen Molekül dagegen werden die Knäuel überhaupt nicht aufgerollt, ihre hydrodynamischen Eigenschaften ändern sich nicht mit dem Gefälle. Man hat in gleicher Weise, wie das KUHN und KUHN[1] im Falle der Strukturviscosität getan haben, für jede mögliche Molekülform die Strömungsdoppelbrechung nach der für starre Teilchen gültigen Theorie auszurechnen, s. Gl. (XII, 16, 16a), und diese Beträge zu addieren, wie das im Falle einer polymolekularen Lösung nötig ist.

### 4. Einfluß der Polymolekularität.

Die bisherigen Betrachtungen bezogen sich auf molekulareinheitliche Systeme. Im Falle einer polymolekularen Lösung addieren sich die Beiträge der einzelnen Moleküle zum Polarisierbarkeitstensor

$$\alpha_{mn} = \sum_j N_j \, \alpha_{jmn} \,, \tag{XII, 78}$$

wenn es $N_j$ Moleküle der Art $j$ im Kubikzentimeter der Lösung gibt. Man erhält so[2]

$$(\Delta n)^2 = (\Sigma \, N_j \, \Delta n_j \cos 2 \, \chi_j )^2 + (\Sigma \, N_j \, \Delta n_j \sin 2 \, \chi_j )^2$$

$$\cot g \, 2 \, \chi = \frac{\Sigma \, N_j \, \Delta n_j \cos 2 \, \chi_j}{\Sigma \, N_j \, \Delta n_j \sin 2 \, \chi_j} \,. \tag{XII, 79}$$

Durch diese Gleichungen kann auch die etwa vorhandene Doppelbrechung des Lösungsmittels berücksichtigt werden. Mischt man Komponenten mit sehr verschiedenen Molekulargewichten, so kann man ganz ungewöhnliche Kurven für $\Delta n$ und $\chi$ als Funktion von $q$ erhalten[3]. Insbesondere wird durch die normale Polymolekularität einer hochmolekularen Lösung der Verlauf des Auslöschwinkels gestört, indem die Kurve für den Auslöschwinkel nicht monoton abfällt, sondern dazwischen wieder ansteigt, wie das von SIGNER und LIECHTI[4] an Nitrocellulosen beobachtet worden ist[5]. Die größeren Moleküle bewirken einen steileren

---

[1] KUHN, W., u. H. KUHN: Helv. chim. Acta **28**, 1533 (1945), **29**, 71 (1946) berücksichtigen den Fall des teilweise durchspülten Knäuels in der Weise, daß sie für den Widerstandskoeffizienten $\Lambda$ des einzelnen statistisch bevorzugten Fadenelementes mit der Länge $A_m$ den Ausdruck $\Lambda = \Lambda_0/(1 + b \sqrt{P})$ einführen.

[2] SADRON, CH.: J. Physique et Radium **9**, 381 (1938). Vgl. ferner J. B. DONNET: C. R. **229**, 189 (1949).

[3] SADRON, CH., u. H. MOSIMANN: J. Physique et Radium **9**, 384 (1938).

[4] SIGNER, R., u. H. W. LIECHTI: Makromol Chem. **2**, 267 (1948). — LIECHTI, H. W.: Diss. Bern 1946.

[5] Man sieht unmittelbar ein, daß die großen Moleküle schon bei sehr kleinem $q$ nahe bis zur Sättigung orientiert sein können mit einem Auslöschwinkel $\chi = 0$, während die kleinen noch kaum orientiert sind, also nur ganz wenig zu $\Delta n$ und $\chi$ beitragen. Erhöht man $q$, so kann die Orientierung der großen Moleküle nur noch wenig verbessert werden, der entsprechende Zuwachs zu $\Delta n$ ist kaum merklich. Dagegen liefern die kleineren Moleküle jetzt einen zu $q$ proportionalen Beitrag zu $\Delta n$ und einen Auslöschwinkel, der noch in der Nähe von $45°$ liegt. Man beobachtet also im ganzen einen Anstieg von $\Delta n$ und einen Auslöschwinkel mit einem von Null verschiedenen Wert. Bei genügend großem $q$ geht natürlich $\chi$ schließlich wieder gegen Null.

Abfall am Anfang und die kleineren ein langsameres Absinken zu 0 bei großem Gradienten, als es dem Mittelwert $M_w$ entspricht. Die größere Orientierungszahl könnte nach KUHN auch als Folge einer nicht mehr zu vernachlässigenden Steifheit der Moleküle gedeutet werden. Man muß deshalb immer genau nachprüfen, ob der Effekt durch die Polymolekularität oder durch die Steifheit der Fadenmoleküle verursacht ist.

In Anbetracht der großen Empfindlichkeit des Auslöschwinkels gegenüber Änderungen in der Polymolekularität überhaupt der Polydispersität eines Systems hat man hier ein noch kaum benutztes und auch technisch auswertbares Verfahren, die Einheitlichkeit hochpolymerer Stoffe zu prüfen[1].

### 5. Lösungsmitteleinfluß.

Bei einer Änderung des Lösungsmittels ändert sich in der Regel die Gestalt des Moleküls, d. h. seine mittlere Länge. Ferner wird sich infolge des veränderten Brechungsindexes im Einbettungsmittel sowie bei Änderungen im Aufbau der Solvathülle das innere Feld und seine Anisotropie ändern. Der erste Effekt macht sich im Orientierungswinkel und dem Betrag der Doppelbrechung, der zweite nur in der Doppelbrechung bemerkbar. Besondere Aufmerksamkeit ist dem letzteren Einfluß geschenkt worden. Nach SADRON[2] bewirkt die Anisotropie des inneren Feldes, die durch den Parameter $e$ gemessen[3] wird, folgende Änderung der spezifischen MAXWELLschen Konstante

$$M_{sp} = \frac{\pi}{30}\left(\frac{n^2 + 2}{3\,n}\right)^2 N_L \frac{l'^2\,\Lambda}{\mathrm{k}T M_{gr}}$$
$$P\left[(\alpha_1 - \alpha_2) - \frac{n^2 - 1}{n^2 + 2}\cdot e\,(2\,\alpha_1 + \alpha_2)\right]. \tag{XII, 80}$$

Trägt man also $M_{sp}\cdot 9\,n^2/(n^2 + 2)^2$ über $(n^2 - 1)/(n^2 + 2)$ auf, so sollten sich bei unveränderter Form der Moleküle in verschiedenen Lösungsmitteln Gerade ergeben. Tatsächlich findet das SADRON für zwei Polystyrole in 8 Lösungsmitteln, die von SIGNER gemessen wurden. Insbesondere wird durch diese Theorie das verschiedene Vorzeichen der Doppelbrechung und selbst das Verschwinden derselben bei Änderung des Brechungsindex des Lösungsmittels erklärt.

Spätere Messungen in einem größeren Intervall des Brechungsindexes, die ZWETKOFF und FRISMAN[4] an Polystyrol und Polyisobutylen ausgeführt haben, widersprechen der SADRONschen Theorie und verlangen eher eine Abhängigkeit der optischen Anisotropie, wie sie PETERLIN und STUART[5] bei den ellipsoidförmigen starren Teilchen eingeführt haben.

---

[1] Vgl. dazu auch die Untersuchungen von SIGNER, AEBY, OPTERBECK u. STUDER [Mh. Chem. **81**, 232 (1950)] an Celluloseestern, die in Lösung neben einzelnen Fadenmolekülen noch gröbere leicht orientierbare Teilchen enthalten.

[2] SADRON, CH.: J. Physique et Radium **8**, 481 (1937).

[3] Es gilt
$$L_1 = \frac{4\,\pi}{3}\,(1 - 2\,e), \quad L_2 = L_3 = \frac{4\,\pi}{3}\,(1 + e).$$
Vgl. dazu Abb. XII, 1.

[4] ZWETKOFF, W., u. E. FRISMAN: Acta physico-chim. USSR **20**, 61, 363 (1946).

[5] PETERLIN, A., u. H. A. STUART: Z. Physik **112**, 1 (1939).

Für Fadenmoleküle könnte diese Beziehung in ungeänderter Form nur dann übernommen werden, wenn man den Knäuel als ein kompaktes Gebilde betrachtet, wie es etwa der Vorstellung der äquivalenten Kugel entspricht.

Weder SADRON noch ZWETKOFF und FRISMAN haben den Einfluß der Gestaltsänderung des Fadenmoleküls beim Übergang von einem Lösungsmittel zum andern berücksichtigt. Diese kann sehr beträchtlich sein, wie das die Viscositätsmessungen zur Genüge gezeigt haben (s. Tab. V, 7 auf S. 314). Den Einfluß auf den Orientierungsfaktor kann man einfach durch Division von $M_{sp}$ durch die Viscositätszahl ausschalten, da ja beide Größen einander proportional sind, s. Gl. (XII, 68). Doch bleibt noch immer ein direkter Einfluß der Form im optischen Faktor $\alpha_{01} - \alpha_{02}$, der in der Theorie von SADRON nicht berücksichtigt wird und den man im Falle eines ellipsoidförmigen Gebildes nach PETERLIN und STUART ausrechnen könnte.

### 6. Zur Unterscheidung von Korn- und Fadenmolekülen.

In der Tab. XII, 2 sind die wichtigsten Methoden zur Bestimmung der Größe und Form von Makromolekülen und die funktionellen Abhängigkeiten der betreffenden Meßgrößen vom Molekulargewicht für die verschiedenen Formmöglichkeiten zusammengestellt, und zwar bezogen auf Lösungen konstanter Konzentration. Ergänzende Hinweise auf einige besondere Untersuchungsmethoden für Proteine finden sich im § 113. Bei den Absolutmethoden zur Bestimmung des Molekulargewichtes sind die Bezeichnungen $M_n$, $M_w$ usw. fett gedruckt.

Bei der Anwendung der hydrodynamischen Methoden sind einige Punkte zu beachten. Bei Kornmolekülen kann man aus der Sedimentations- und Diffusionskonstante nur dann absolute Molekulargewichte ableiten, wenn die Form von vornherein bekannt ist. Nur das Sedimentationsgleichgewicht liefert unabhängig von der Form — auch bei Fadenmolekülen — direkt das Molekulargewicht. Ist dieses bekannt, so kann man bei Kornmolekülen aus $s$ oder $D$ direkt die Form bestimmen, s. § 67.

Die *Hydration* bringt überall da, wo sie die Volumenkonzentration in unbekannter Weise beeinflußt, eine entsprechende Unsicherheit in die Bestimmung der Molekülabmessungen herein, also bei der Auswertung von Viscositäts-Doppelbrechungs- sowie Sedimentations- oder Diffusionsmessungen (vgl. dazu die Ausführungen in § 112 c). Nur die Relaxationserscheinungen bei der elektrischen Doppelbrechung oder bei der dielektrischen Polarisation sind von diesem Fehler frei und geben unmittelbar eine Aussage über das Molekulargewicht und die Abmessungen des Teilchens einschließlich seiner Hydratschicht (s. a. § 97).

Bei Fadenmolekülen geben alle hydrodynamischen Methoden[1] sowohl für das Molekulargewicht wie für die Molekülabmessungen nur qualitative Werte. Die in der Tab. XII, 2 angegebenen Abhängigkeiten vom

---

[1] Das Sedimentationsgleichgewicht ist insofern keine hydrodynamische Methode, als hier kein Strömungswiderstand eingeht, dessen Berechnung bei Fadenmolekülen auf die bekannten Schwierigkeiten stößt.

Tabelle XII,2. *Methoden zur Bestimmung der Größe und Form von Makromolekülen und die Abhängigkeit der Meßgrößen vom Molekulargewicht.*

| Methode | Meßgröße | Molekular-gewicht | Molekular-gewichts-bereich, ungefähr | Abhängigkeit der Meßgröße vom Molekulargewicht[1] | | | | | Direkt bestimmbare Molekülkonstanten | |
| | | | | Kugel | Ellipsoid[2] bzw. Stäbchen | Ideales statistisches Knäuel | | | Ellipsoid bzw. Stäbchen[2] | Knäuel-molekül |
| | | | | | | frei durchspült | undurch-spült | Knäuel teilweise durchspült | | |
|---|---|---|---|---|---|---|---|---|---|---|
| End-gruppen-bestimmung | Endgrup-penzahl | $\bar{M}_n$ | $M<5\cdot10^4$ | $1/M$ | $1/M$ | $1/M$ | $1/M$ | $1/M$ | — | — |
| Elektronen-mikroskop | Teilchen-zahl u. Form | $\bar{M}_n$ | $M>10^6$ | — | — | — | — | — | $l$ | $(\bar{h}^2)$ |
| Osmotischer Druck | $\Pi$ | $\bar{M}_n$ | $M<10^6$ | $1/M$ | $1/M$ | $1/M$ | $1/M$ | $1/M$ | $(l$ bzw. $p)^3$ s. § 29e | — |
| Ebullioskopie[4], Kryoskopie[5] | $\Delta t$ <br> $\Delta t$ | $\bar{M}_n$ | $M<10^3$ <br> $—10^4$ | $1/M$ | $1/M$ | $1/M$ | $1/M$ | $1/M$ | — | — |
| Licht-zerstreuung | $J_{90°}$ bzw. $J(\vartheta)$ | $\bar{M}_w$ | $M>10^4$ | $M$ | $M$ | $M$ | $M$ | $M$ | $l$ | $\bar{h}^2$ |
| Röntgenklein-winkel-streuung | $J(\vartheta)$ | $\bar{M}_w$ | — | — | — | — | — | — | $l$ | $\bar{h}^2$ |
| Sedimentation | $s$ | $\bar{M}_z, \bar{M}_w$ ⎱s. § 66 | $M>10^5$ | $M^{2/3}$ | $B+\lambda n M^6$ | $A_1'+B_1'\sqrt{M}$ [7] | $M^{1/2}$ | $A_1+B_1\sqrt{M}$ | $p$ | $(\bar{h}^2)$ |
| Diffusion | $D$ | $\bar{M}_w$ | $M>10^5$ | $M^{-1/3}$ | $\dfrac{B+\lambda n M^6}{M}$ | $\dfrac{A_1'+B_1'\sqrt{M}\,[7]}{M}$ | $M^{-1/2}$ | $\dfrac{A_1+B_1\sqrt{M}}{M}$ | $p$ | $(\bar{h}^2)$ |

[1] Bezogen auf Lösungen konstanter Gewichtskonzentration.
[2] Falls Länge und Achsenverhältnis proportional $M$ sind.
[3] Aus dem temperaturunabhängigen Teil von $B^*$, s.z.B. G.VALLET: J. Chim. physique, **47**, 649 (1950). In athermische Lösungen kann man bei Zylindermolekülen aus $B^*$ das Achsenverhältnis bestimmen, vgl. S. 137 ff. u. S. 408.
[4] Literatur s. z. B. bei N. H. RAY: Trans. Faraday Soc. **48**, 809 (1952); I. HARRIS: J. Polymer Sci. **8**, 353 (1952). G. SCHÖN: Diplomarbeit Universität Mainz 1951.

[5] Vgl. J. LANGE: Z. phys. Chem. A **186**, 291 (1940); H. MARZOLPH: Diplomarbeit Universität Mainz 1951.
[6] Vgl. z. B. KUHN, W., H. KUHN, u. P. BUCHNER: Erg. exakt. Naturwiss. **25**, 1 (1951).
[7] Da man die hydrodynamische Wechselwirkung nie vernachlässigen kann, ist die von KUHN und KUHN angegebene Abhängigkeit $s \sim M^0$ bzw. $D \sim M^{-1}$ unzutreffend; vgl. S. 433.

*Tabelle XII, 2.* (Fortsetzung.)

| Methode | Meßgröße | Molekulargewicht | Molekulargewichtsbereich, ungefähr | Abhängigkeit der Meßgröße vom Molekulargewicht[1] | | | | | Direkt bestimmbare Molekülkonstanten | |
| | | | | Kugel | Ellipsoid[2] bzw. Stäbchen | Ideales statistisches Knäuel | | | Ellipsoid bzw. Stäbchen[2] | Knäuelmolekül |
| | | | | | | frei durchspült | undurchspült | Knäuel teilweise durchspült | | |
| Sedimentationsgleichgewicht | | $M_z$ | $M > 10^5$ | — | — | — | — | — | — | — |
| Viscosität einer Lösung | $[\eta]$ | $M_\eta$ | keine Grenze | $M^0$ | $\sim M^2$ | $M^1$ | $M^{0,5}$ | $\dfrac{M}{A + B\sqrt{\bar M}}$ | $p$ | $d_K;\ \S\,84$ |
| Strömungsdoppelbrechg. | $M_{sp}$ $[\omega]\ (\S\,88$ u. 90 b) | — | — | 0 0 | $\sim M^3$ $\sim M^3$ | $M^1$ $M^2$ | $M^{0,5}$ $M^{1,5}$ | $M^2/(A + B\sqrt{\bar M})$ | $D_r\,(l)$ $(\S\,88,\ 90\,b)$ | — |
| Elektrische Doppelbrechung Dipolglied Anisotropieglied | $K_{sp}$ $K_{sp}$ $\tau\ (\S\,87)$ | — — — | — — — | 0 0 | $M^2$ $M^1$ $(\sim M^3)$ $(\S\,87b)$ | $M^0$ $M^0$ — | $M^0$ $M^0$ — | $M^0$ $M^0$ — | — — $D_r(l)\ \ \S\,87$ | — — — |
| Orientierungspolarisation | $\mu$ $P_0$ | — — | — — | — — | $\mu_0 Z$ $M^1$ | $\overline{\mu^2} = \mu_0^2\, Z$ $M^0$ | $\mu_0^2\, Z$ $M^0$ | $\mu_0^2\, Z$ $M^0$ | — — | — — |
| Dielektrische Dispersion | $\tau\ (\S\,96)$ | — | — | — | $(\sim M^3)$ | — | — | — | $D_r,\ p$ | Dielektrisches Fadenelement |
| Schmelzviscosität | $\eta$ | $M_\omega$ | — | — | — | — | — | $A + B/T + C\sqrt{\overline{M_w}}$ (s. $\S\,49$) | — | — |

[1] Bezogen auf Lösungen konstanter Konzentration.

[2] Falls Länge proportional $M$ ist.

Molekulargewicht beziehen sich auf die praktisch fast nie verwirklichten Grenzfälle des ideal statistischen, freidurchspülten bzw. völlig undurchspülten Knäuels. Die vor allem für die Viscosität und Diffusion entwickelten verfeinerten Theorien von BUECHE, BRINKMAN, DEBYE, KIRKWOOD, KUHN, PETERLIN und RISEMAN, welche die hydrodynamische Wechselwirkung und die Volumenaufweitung der Knäuel berücksichtigen, geben in ihrer derzeitigen Form noch keine zuverlässigen quantitativen Werte.

Eine Unterscheidung zwischen einer gestreckten Stäbchen- oder Knäuelform ist bei höheren Molekulargewichten stets möglich. So kann man bereits aus den absoluten Werten der Strömungsdoppelbrechung oder der Viscositätszahl eine Entscheidung treffen. Weitere Kriterien liefern die Kombinationen geeigneter Größen[1]. So ist z. B. das Verhältnis $[\omega]/M_{sp}$ bei langgestreckten, starren Molekülen vom Molekulargewicht unabhängig[2], während es bei Knäuelmolekülen linear mit $M$ ansteigt. Das dürfte unabhängig vom Grad der Durchspülung zutreffen. Das Verhältnis $M_{sp}/[\eta]$ ist umgekehrt bei Fadenmolekülen konstant und verläuft bei Stäbchen etwa proportional mit $M$.

Dagegen verläuft die Größe $[\omega]/[\eta]$ unabhängig von der Form stets proportional mit $M$ (s. Gl. XII, 68a, S. 599).

## § 93. Meßmethoden und Ergebnisse bei der Strömungsdoppelbrechung.

### a) Meßmethoden[3].

Wegen der verhältnismäßig einfachen Handhabung sind viele Beobachtungen in Capillaren von rundem oder eckigem Querschnitt durchgeführt worden. Doch eignet sich diese Methode wegen des variablen Geschwindigkeitsgefälles in der Capillare nur für orientierende Untersuchungen. Eine Messung des Auslöschwinkels ist überhaupt unmöglich. Einwandfreie quantitative Beobachtungen sind nur mit Hilfe einer Rotationsapparatur möglich, die schon MAXWELL bekannt war und die von KUNDT in die Meßmethodik der Strömungsdoppelbrechung eingeführt wurde. Der Apparat besteht aus zwei ineinandergeschobenen koaxialen Zylindern, von denen der eine, aus technischen Gründen meist der innere, in Rotation versetzt wird, so daß sich in der zwischen den Zylindern befindlichen Flüssigkeit eine Strömung ausbildet, die für Meßzwecke laminar bleiben muß. Die Geschwindigkeitsverteilung in der

---

[1] Vgl. auch H. A. STUART: Makromolekulare Chem. **3**, 176 (1949).

[2] Ist die Länge der Stäbchen proportional $M$, so steigen $M_{sp}$ und $[\omega]$ mit der dritten Potenz von $M$ an, bei Kornmolekülen mit vom Molekulargewicht unabhängigem Achsenverhältnis dagegen linear mit $M$.

[3] Vgl. dazu auch A. PETERLIN u. H. A. STUART: Doppelbrechung, insbesondere künstliche Doppelbrechung. Hand- und Jahrbuch der Chemischen Physik, Bd. 8, I B, S. 1 ff. Leipzig 1943; ferner J. T. EDSALL: Streaming Birefringence and its Relation to Particles Size and Shape. Adv. in Colloid Sci. **1**, 269 (1942). In diesen Berichten auch ältere Literatur.

Strömungsebene (Ebene senkrecht zur Zylinderachse) ist dann bei rotierendem Innenzylinder und feststehendem Außenzylinder durch

$$v = \frac{\omega\, r_i^2}{r_i^2 - r_a^2}\,\frac{r^2 - r_a^2}{r} \qquad\qquad \text{(XII, 81)}$$

gegeben, $r_i$ und $r_a$ die Radien des Innen- bzw. des äußeren Zylinders,

$$\omega = \frac{\pi\, v'}{30},$$

$v'$ die Umdrehungszahl pro Minute. Der für die Doppelbrechung maßgebende Geschwindigkeitsgradient $q$ berechnet sich aus (XII, 81) zu

$$q = \frac{d\,v}{d\,r} = \frac{\omega\, r_i^2}{r_i^2 - r_a^2}\left(1 + \frac{r_a^2}{r^2}\right).$$

Ist nun der Abstand $d = r_a - r_i$ klein gegenüber dem mittleren Radius $\dfrac{r_i + r_a}{2}$, so ist $q$ nahezu konstant und genähert durch

$$\bar{q} = \frac{\omega\, r_i}{d} \approx \frac{\omega\, r_a}{d} \approx \frac{\pi\, v'\, r_a}{30\,d}$$

gegeben.

Das Geschwindigkeitsgefälle läßt sich bei rotierendem Innenzylinder durch Erhöhung der Drehzahl nur bis zur Turbulenzgrenze steigern, die nach TAYLOR[1] durch die Näherungsgleichung

$$v'_{kr} = \frac{30\,\pi\,\eta}{\varrho}\sqrt{\frac{r_i + r_a}{0{,}114\,r_i^2(r_a - r_i)^3}}$$

bestimmt ist.

Diese Begrenzung läßt sich vermeiden, wenn man statt des inneren den äußeren Zylinder, COUETTE-Apparat[2], rotieren läßt. In diesem Falle tritt nämlich, wie TAYLOR theoretisch und experimentell nachgewiesen hat, die Turbulenz erst viel später auf[3]. Die Erklärung ist die, daß die rotierenden Flüssigkeitsschichten jetzt stabil angeordnet sind, da die äußerste Schicht der stärksten Zentrifugalkraft, jede innere Schicht einer kleineren Kraft als die nach außen anschließende unterliegt. Leider ist der Bau derartiger Apparate mit zusätzlichen Schwierigkeiten verbunden.

Wird die Turbulenzgrenze überschritten, so treten in den Randschichten der strömenden Flüssigkeit besonders große Geschwindigkeitsgradienten auf. Man erhält daher in der Nähe der Zylinderwandungen eine besonders große Doppelbrechung, während die Mittelzone eine nur ganz geringe, meist unmeßbar kleine Doppelbrechung liefert. Dieses von BUCHHEIM, STUART und MENZ[4] beobachtete Auftreten einer doppelbrechungsfreien Zone ermöglicht es, den Einsatz der Turbulenz zu bestimmen.

---

[1] TAYLOR, J. G.: Philosophic. Trans. Roy. Soc. Lond. A **223**, 289 (1923); Proc. Roy. Soc. (Lond.) A **157**, 546, 565 (1936); **146**, 501 (1939).

[2] Häufig wird allgemeiner jeder Rotationsapparat als „COUETTE-Apparat" bezeichnet.

[3] In dem von TAYLOR untersuchten Geschwindigkeitsbereich trat Turbulenz überhaupt nicht auf.

[4] BUCHHEIM, W., u. H. A. STUART: Z. Physik **112**, 407 (1939); vgl. dazu auch H. G. JERRARD: J. Appl. Phys. **21**, 1007 (1950).

Die grundsätzliche Anordnung zur Messung der Strömungsdoppelbrechung in der von BUCHHEIM, STUART und MENZ[1] angegebenen Ausführung für besonders empfindliche und genaue Messungen ist in der Abb. XII, 9 wiedergegeben[2]. Das linear polarisierte, möglichst parallele Strahlenbündel durchsetzt die Flüssigkeit parallel zur Zylinderachse. Die Messung der Doppelbrechung erfolgt mit einem der üblichen Kompensatoren. Über die Messung sehr kleiner Doppelbrechungen, wie sie

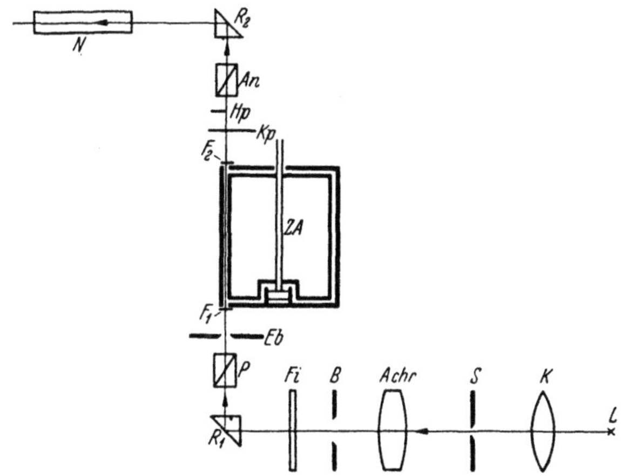


Abb. XII, 9. Anordnung zur Messung der Strömungsdoppelbrechung.

vor allem von STUART und Mitarbeitern entwickelt wurden, vgl. man die Ausführungen in Band I, § 59. Der Mehraufwand an verfeinerter Optik lohnt sich insofern stets, als man dann bei niedrigeren $q$-Werten beobachten und die Störungen durch Erwärmung der Flüssigkeit vermeiden kann (s. weiter unten). Den Auslöschwinkel bestimmt man entweder durch eine exakt synchrone Rotation des Polarisatorensystems oder mit Hilfe einer BRAVAIS- oder NAKAMURA-Platte[3].

Eine speziell für die Untersuchung von Proteinen geeignete Apparatur ist von EDSALL und Mitarbeitern[4] gebaut und im einzelnen beschrieben worden.

---

[1] BUCHHEIM, W., u. H. A. STUART: Z. Physik 112, 407 (1939).

[2] Weitere Ausführungsformen bei R. SIGNER u. H. GROSS: Z. phys. Chem. A 165, 161 (1933); CH. SADRON: J. Physique 7, 263 (1936); Schweiz. Arch. angew. wiss. Techn. 3, 8 (1937); CH. SADRON u. H. MOSIMANN: J. Physique et Radium 9, 384 (1938); NITSCHMANN u. GUGGISBERG: Helvet. chim. Acta 24, 434, 574 (1941); A. J. DE ROSSET: J. Chem. Phys. 9, 766 (1941); O. SNELLMAN u. Y. BJÖRNSTÅHL: Kolloid-Beih. 52, 403 (1941). FREDERICQ, E., u. V. DESREUX: Bull. Soc. Chim. Belg. 56, 223 (1947); TSVETKOV, V. N., u. A. PETROWA: J. techn. Phys. U.R.S.S. 12, 423 (1942). Eine außerdem für die Messung der Viscosität geeignete Apparatur haben A. S. C. LAWRENCE, J. NEEDHAM u. S. C. SHEN: J. Gen. Physiol. 27, 201 (1944) sowie V. R. GRAY u. A. E. ALEXANDER: J. Phys. Colloid Chem. 53, 9 (1949) veröffentlicht.

[3] CERF, R.: J. Chim. phys. 48, 7 (1951); Rev. optique 29, 200 (1950).

[4] MEHL, J. W.: Biol. Bull. 79, 488 (1940). — EDSALL, J. T.: Fortschr. chem. Forsch. 1, 119 (1949). — EDSALL, GORDON, MEHL, SCHEINBERG u. MANN: Rev. Sci. Instr. 15, 243 (1944).

Apparaturen mit rotierendem Außenzylinder sind von verschiedener Seite entwickelt worden,[1,2,3]. Eine von KRUTZSCH, STUART und FLORESCU[4] entwickelte Konstruktion ist in der Abb. XII, 10 wiedergegeben. Der Rotor befindet sich zwischen zwei feststehenden Zylindern, die beide einzeln gekühlt werden. Um das Licht durchzulassen, ist der Rotor oben mit einem Kranz von Schlitzen versehen. Auf diese Weise vermeidet man die Schwierigkeit mit einem Glasring, der mechanisch stark belastet werden muß und so zu unerwünschten Doppelbrechungen führt.

Bei sehr kleinem Zylinderabstand sowie bei hohen Geschwindigkeitsgefällen stört die durch die Ableitung der Reibungswärme bewirkte ungleichmäßige Temperaturverteilung. Durch diesen Effekt, auf den zuerst BJÖRNSTÅHL[5] aufmerksam gemacht hat, wird der Lichtstrahl fächerartig auseinandergezogen, so daß nur der innerste Teil die Flüssigkeit unbehindert durchqueren kann. Dadurch entsteht

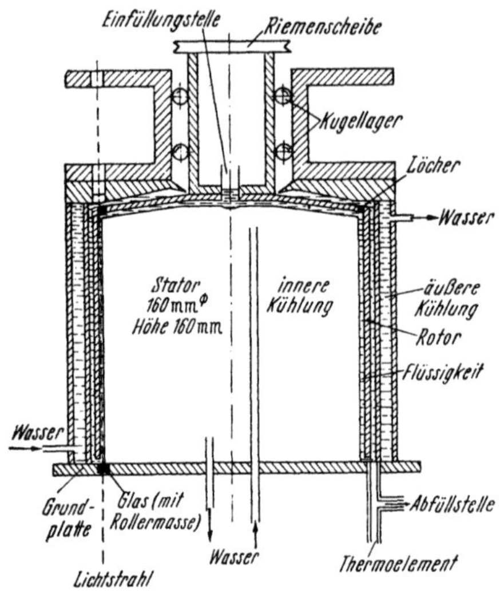


Abb. XII, 10. Strömungsdoppelbrechungsapparatur mit rotierendem Außenzylinder. (Nach KRUTZSCH. STUART und FLORESCU.)

ein wesentlicher Lichtverlust und es kann ein Teil des Lichtes ein- oder mehrmalige Reflexion an den Zylinderwänden erfahren, so daß die bei der Reflexion am Metall auftretenden Phasendifferenzen, vor allem bei Lösungen mit größeren Teilchen, wo $\chi < 45°$ wird, das Meßergebnis wesentlich fälschen können. Auf diesen Störeffekt, der manche Anomalien in älteren Arbeiten erklärt, ist peinlichst zu achten.

Ebenso erforderlich ist auch die sorgfältige Entstaubung der Apparatur und der untersuchten Lösungen.

### b) Zur Auswertung von Messungen der Strömungsdoppelbrechung bei Fadenmolekülen; Ergebnisse.

Das Beobachtungsmaterial ist vorläufig nur sehr beschränkt auswertbar. Einmal ist die Theorie der Strömungsdoppelbrechung für

[1] WINKLER, E., u. W. KAST: Naturwiss. 29, 288 (1941). — WINKLER, E.: Z. Physik 118, 232 (1941).

[2] VON MURALT, A., u. J. T. EDSALL: J. of Biol. Chem. 89, 315, 351 (1930).

[3] EDSALL, J. T., A. RICH u. M. GOLDSTEIN: Rev. Scient. Instr. (im Druck); ferner R. GRAZ u. A. E. ALEXANDER: J. Phys. Colloid Chem. 53, 9 (1949).

[4] KRUTZSCH, K. H., H. A. STUART u. W. FLORESCU: Unveröffentlicht. Die fertige Apparatur wurde, ehe die eigentlichen Messungen beginnen konnten, in Dresden durch Kriegseinwirkung vernichtet.

[5] BJÖRNSTÅHL, Y.: Z. Phys. 119, 245 (1942).

teilweise und völlig undurchspülte Knäuel noch lange nicht so weit entwickelt wie die Viscositätstheorien. Daher sind alle aus der Strömungsdoppelbrechung über Molekülabmessungen, Segmentlängen und Steifheit abgeleiteten Angaben noch viel unsicherer als die entsprechenden Schlüsse aus der Viscosität. Ferner fehlen Meßreihen an gut fraktionierten Proben über einen größeren Polymerisationsbereich, wie sie für die Viscositätszahl jetzt verschiedentlich vorliegen und hier eine solide experimentelle Diskussionsbasis bieten. An derartigen Meßreihen könnte man wenigstens die allgemeineren Beziehungen, wie die Proportionalität zwischen $M_{sp}$ und $[\eta]$ [Gl. (XII, 68)] bzw. diejenige zwischen $\pi/4 - \chi$ und $[\eta]\, P$ [Gl. (XII, 68a)] einwandfrei prüfen[1]. Ferner wäre es wichtig, festzustellen, ob die bei Kornmolekülen sowie bei frei und teilweise durchspülten Knäueln zu erwartende Proportionalität zwischen der Anfangssteigung und der Viscosität des Lösungsmittels [Gl. (XII, 18), (XII, 20a) und (XII, 68a)] bei völlig undurchspülten Knäueln, für die also $[\eta] = K \cdot M^{0,5}$ sein müßte, wie von CERF vermutet, Gl. (XII, 74) wirklich nicht mehr zutrifft.

Wir nennen unter anderem die Messungen von ROSSET[2] an mäßig fraktionierten Proben von Polymethylmethaycrylat in Dioxan, die dieser allerdings nach der Kontinuumstheorie ausgewertet hat. Sein Befund, daß $\Delta n$ umgekehrt proportional zur Rotationsdiffusionskonstanten bzw. proportional $\pi/4 - \chi$ verläuft, sowie der Umstand, daß $\Delta n$ schneller als proportional mit $[\eta]$ ansteigt, zeigt nach den Ausführungen in § 92 b 6, daß die Moleküle, deren Molekulargewichte nicht besonders bestimmt wurden[3], aber offenbar unter 100000 lagen, noch keine statistischen Knäuel bilden, also noch ziemlich gestreckt waren.

ARLMAN, BOOG und COUMOU[4] haben die Strömungsdoppelbrechung von Polyvinylchlorid (handelsübliches Produkt Geon 101) in Cyclohexanon untersucht und dabei die überraschende Beobachtung gemacht, daß der Auslöschwinkel mit $q$ um so langsamer absinkt, je höher die Konzentration ist, im Gegensatz zu dem sonst, z. B. bei Polystyrolen beobachteten Verhalten. Diese Anomalie beruht wohl auf einer Assoziation wie sie in Dioxanlösungen schon länger bekannt ist[5]. Hier können sich offenbar durch Dipolkräfte stabilisierte kristalline Bereiche bilden, die bei niedrigen Molekulargewichten jeweils nur eine geringe Zahl von Molekülen verknüpfen werden. Mit wachsender Kettenlänge und steigender Konzentration kann sich eine Netzstruktur ausbilden, in welcher ein großer Teil der Ketten eingebaut ist. Sehr aufschlußreich sind die Beobachtungen der Lichtzerstreuung und des osmotischen Druckes, wonach sich beim Erwärmen das Gleichgewicht sofort einstellt,

---

[1] Nach den ersten Untersuchungen von SIGNER u. GROSS: Z. phys. Chem. A **165**, 161 (1933) ist bei Polystyrolen in Cyclohexanen $M_{sp}$ ungefähr proportional $[\eta]$, während bei Nitrocellulose im gleichen Lösungsmittel große systematische Abweichungen auftreten, die vermutlich auf Polymolekularität zurückzuführen sind.

[2] DE ROSSET, A. J.: J. Chem. Phys. **9**, 766 (1941).

[3] Im Bereich der 5 untersuchten Proben änderte sich $\Delta n$ und $[\eta]$ im Verhältnis 1:14,7 bzw. 1:8,5.

[4] ARLMAN, E. J., W. BOOG u. D. J. COUMOU: J. Polymer Sci. (im Druck).

[5] DOTY, P., S. WAGNER u. S. SINGER: J. Phys. Colloid Chem. **51**, 32 (1947).

während beim Abkühlen Wochen erforderlich sein können. Die Ausbildung der Netzstruktur setzt also einen Diffusionsvorgang voraus. DOTY und Mitarbeiter haben in Cyclohexanon keine ausgeprägten Assoziationserscheinungen festgestellt, allerdings auch bei viel niedrigen Konzentrationen gearbeitet. Es wäre sehr interessant, die Strömungsdoppelbrechung von Fraktionen in Abhängigkeit von der Temperatur, zum mindesten aber an vorher erwärmten Lösungen zu messen.

Die Strömungsdoppelbrechung von fraktionierten Amylosen ist von FOSTER und ZUCKER[1], diejenige von Viscoselösungen von CONNER und DONELLY[2] untersucht worden. Diese Autoren haben insbesondere die Relaxation der Doppelbrechung in einer zylindrischen Glasröhre beim plötzlichen Abbremsen der Strömung photoelektrisch untersucht.

TSVETKOV und FRISMAN[3] haben den Polymerisationsverlauf von Polystyrol mit Hilfe der Strömungsdoppelbrechung verfolgt. Diese Methode eignet sich besonders für niedrige Konzentrationen des polymeren Anteils, quantitative Ergebnisse vermag sie allerdings nicht zu liefern.

Der Reifeprozeß von Cellulosexanthat ist von SIGNER und MEYER[4] mittels Messungen des Auslöschwinkels verfolgt worden.

## § 94. Akustische Doppelbrechung.

Mit den gleichen Voraussetzungen wie bei der Strömungsdoppelbrechung erhält man für die *spezifische* LUCAS*sche Konstante*[5], die die Amplitude der Doppelbrechung mißt,

$$L_{sp} = \frac{\Delta n}{nc\sqrt{I}} = \frac{4\,\pi}{5}\left(\frac{n^2+2}{3\,n}\right)^2 N_L \frac{\alpha_1-\alpha_2}{M}\sqrt{\frac{2}{\varrho\,u^3}} \cdot \frac{\omega\,\tau}{\sqrt{1+(\omega\,\tau)^2}}$$

$$= \eta_l\,M_{sp} \cdot \sqrt{\frac{2}{\varrho\,u^3}} \cdot \frac{\omega}{\sqrt{1+(\omega\,\tau)^2}}, \qquad\qquad \text{(XII, 82)}$$

$$\tau = 1/4\,\mu D = 3\,R^2/8\,D = (3\,\eta_l\,\Lambda\,l'^2/32\,\mathrm{k}T) \cdot P^2$$

und den Phasenwinkel

$$\mathrm{tg}\,\delta = 1/\omega\,\tau$$

mit den gleichen Bezeichnungen wie in Gl. (XII, 25, in § 89). Berücksichtigt man, daß die Einstellzeiten viel geringer sind als die Relaxationszeiten $t_{rad}$ der Fadenmoleküle für Gestaltsänderung[6], so kommt für die akustische Doppelbrechung nur die Orientierung und nicht die Deformation der Moleküle in Betracht, der Betrag von $L_{sp}$ muß noch halbiert werden, wie das KUHN[7] hervorgehoben hat.

[1] FOSTER, J. F., u. D. ZUCKER: J. Phys. Chem. **56**, 170, 174 (1952); s. ferner J. F. FOSTER u. I. H. LEPTOW: J. Amer. Chem. Soc. **70**, 4169 (1948).

[2] CONNER, W. P., u. P. I. DONELLY: Ind. Eng. Chem. **43**, 1136 (1951).

[3] TSVETKOV, V. N., u. E. FRISMAN: Acta Physicochim. U.R.S.S. **21**, 978 (1946); J. Phys. Chem. U.R.S.S. **21**, 261 (1947).

[4] SIGNER, R., u. V. MEYER: Helvet. chim. Acta **28**, 325 (1945).

[5] PETERLIN, A.: Rec. Trav. chim. Pays-Bas **69**, 14 (1950).

[6] Vgl. Gl. (XII, 72) und Tab. XII, 1.

[7] Diskussionsbemerkung zu Vortrag PETERLIN, vgl. Anm. 5; Proc. Int. Macromol. Coll. Amsterdam 1949, S. 396.

In der Regel ist der Effekt viel zu klein, um an verdünnten Lösungen beobachtet zu werden. Bei konzentrierten Lösungen spielt jedoch die Vernetzung der Moleküle die Hauptrolle, die Doppelbrechung wird eine Folge der Deformation des viscoelastischen Molekülgitters und der damit verbundenen Orientation der Ketten im deformierten Volumelement. Die Messungen an Polystyrol mit $M = 70000$ in 5- und 10%iger Lösung[1] ergeben Proportionalität des Effektes mit der Konzentration und weitgehende Unabhängigkeit von der starken Änderung der Viscosität der Lösung beim Übergang von einer Konzentration zur anderen, was als Stütze für diese Auffassung des Orientierungsmechanismus angesehen werden kann.

### Zusammenfassende Darstellungen zu Kapitel XII.

CERF, R., u. H. A. SCHERAGA: Chem. Rev. **51**, 186 (1952).

EDSALL, J. T.: Streaming Birefringence and its Relation to Particles Size and Shape, Adv. in Colloid Sci. **1**, 269 (1942).

— The Size and Shape of Protein Molecules. Fortschr. chem. Forsch. **1**, 119 (1949).

KUHN, W., H. KUHN u. P. BUCHNER: Hydrodynamisches Verhalten von Makromolekülen in Lösung. Erg. exakt. Naturwiss. **25**, 1 (1951).

PETERLIN, A., u. H. A. STUART: Doppelbrechung, insbesondere künstliche Doppelbrechung. Hand- und Jahrbuch der Chemischen Physik, Bd. 8, IB, S. 1 ff. Leipzig 1943.

---

[1] PETERLIN l. c.

Dreizehntes Kapitel.

# Dielektrische Dispersion und Relaxation bei Lösungen mit Makromolekülen.

Von

H. A. STUART und J. JUILFS.

Mit 7 Textabbildungen.

Die dielektrische Dispersion interessiert uns in diesem Bande nur insoweit, als man aus ihrem Verlauf auf die Größe und Form der Moleküle und bei Fadenmolekülen auch auf ihre Beweglichkeit schließen kann.

Wir werden daher in diesem Kapitel hauptsächlich die Dispersionserscheinungen bei starren Ellipsoidteilchen und ihre Anwendung auf die Größen- und Formbestimmung von Proteinmolekülen besprechen. Eine Erweiterung dieser Betrachtungen auf Fadenmoleküle scheint nicht möglich zu sein, wohl aber eröffnet die Platzwechseltheorie der dielektrischen Relaxation auch bei Fadenmolekülen gewisse Möglichkeiten einer molekularen Deutung von Relaxationszeiten (§ 95b). Schließlich gehen wir noch kurz auf den allgemeinen Charakter der dielektrischen Relaxation bei Lösungen mit Fadenmolekülen ein. Die Zusammenhänge zwischen der dielektrischen Dispersion, der mikro-BROWNschen Bewegung und der Einfriertemperatur in Festkörpern, auch weichgemachten, werden erst in Band III besprochen.

## § 95. Allgemeines über dielektrische Dispersion und Relaxation.

### a) Die Frequenzabhängigkeit der Dielektrizitätskonstante in Lösungen mit polaren Molekülen.

Nachdem wir in Band I, § 38b die dielektrische Dispersion infolge von Relaxation näher besprochen haben, können wir uns hier kurz fassen.

Bei dichter Packung der Moleküle, also in Flüssigkeiten und Lösungen, streben alle Moleküle wie in einem zähen Medium ihren jeweiligen Gleichgewichtslagen zu, es ist also eine gewisse Zeit erforderlich, bis das durch die ungeordnete Temperaturbewegung und ein statisches Feld bestimmte Gleichgewicht erreicht ist. Im statischen Falle gilt für die Molekularpolarisation die bekannte Gleichung

$$P = \frac{\varepsilon - 1}{\varepsilon + 2} \frac{M}{\varrho} = \frac{4\pi}{3} N_L \left( \overline{\alpha} + \frac{\mu^2}{3kT} \right), \qquad \text{(XIII, 1)}$$

$\overline{\alpha}$ die elektrostatische Polarisierbarkeit, $\mu$ das feste elektrische Moment des Moleküls.

Für Wechselfelder so hoher Frequenz, daß die Dipole dem Felde nicht mehr ganz zu folgen vermögen, das statistische Gleichgewicht also nicht mehr erreicht wird, muß der obige Ansatz erweitert werden. Durch die BROWNsche Bewegung werden nun einerseits die Dipole in ihrer Richtung verändert, andererseits ändert auch das angelegte Feld die Orientierung stetig. Ist nun $\zeta \frac{d\vartheta}{dt}$ das Reibungsmoment des Moleküls ($\zeta$ ist dabei das Widerstandsmoment bei der Winkelgeschwindigkeit 1), das bei stationärer Bewegung mit dem äußeren, durch das Feld erzeugten Drehmoment $\mathfrak{M}$ im Gleichgewicht steht, so wird die Differentialgleichung für die Verteilung $f$ der Dipolachsen nach DEBYE[1]

$$\zeta \frac{df}{dt} = \frac{1}{\sin\vartheta} \cdot \frac{\partial}{\partial\vartheta} \left[ \sin\vartheta \left( \mathrm{k}T \frac{\partial f}{\partial\vartheta} - \mathfrak{M} f \right) \right]. \qquad \text{(XIII, 2)}$$

Die Lösung der Differentialgleichung für die Verteilungsfunktion im speziellen Fall des elektrischen Wechselfeldes $F = F_0\, e^{i\omega t}$ lautet

$$f = A \left( 1 + \frac{1}{1 + i\frac{\zeta\omega}{2\mathrm{k}T}} \cdot \frac{\mu}{\mathrm{k}T} F_0\, e^{i\omega t} \cos\vartheta \right). \qquad \text{(XIII, 3)}$$

Die Wirkung des Wechselfeldes steckt also in dem Glied $\left( 1 + i\frac{\zeta\omega}{2\mathrm{k}T} \right)$, wobei die Kreisfrequenz $\omega_0 = \frac{2\mathrm{k}T}{\zeta}$ einen charakteristischen Wert für die Substanz darstellt.

Die reziproke Größe

$$\tau = \frac{1}{\omega_0} = \frac{1}{2\pi v_0} \qquad \text{(XIII, 4)}$$

wird die *Relaxationszeit* genannt.

Die Relaxationszeit stellt auch diejenige Zeit dar, in welcher die durch das Feld erzeugte Polarisation nach plötzlichem Abschalten desselben auf den $e$-ten Teil absinkt. Das erkennt man leicht daran, daß die Lösung der Differentialgleichung für den Fall eines statischen Feldes $F_0$ lautet:

$$f = A \left( 1 + e^{-\frac{2\mathrm{k}T}{\zeta}t} \cdot \frac{\mu F_0}{\mathrm{k}T} \cos\vartheta \right). \qquad \text{(XIII, 5)}$$

Für $t = \frac{\zeta}{2\mathrm{k}T}$ nimmt der Orientierungsanteil um den Faktor $1/e$ ab.

Für ein angelegtes Wechselfeld wird das mittlere Moment und damit auch die Polarisation komplex:

$$P = \frac{\varepsilon - 1}{\varepsilon + 2} \frac{M}{\varrho} = \frac{4\pi}{3} N_L \left( \overline{\alpha} + \frac{1}{1 + i\omega\tau} \frac{\mu^2}{3\mathrm{k}T} \right) \qquad \text{(XIII, 6)}$$

mit

$$\varepsilon = \varepsilon' - i\varepsilon''. \qquad \text{(XIII, 7)}$$

Aus der komplexen Darstellung der Dielektrizitätskonstanten ergibt sich als Folge der Phasenverschiebung zwischen Feld und mittlerem Moment

---

[1] Vgl. z. B. P. DEBYE: Polare Molekeln. Leipzig: Hirzel 1929; sowie H. MÜLLER: Erg. exakt. Naturwiss. **17**, 164 (1938).

ein dielektrischer Verlust. Die Phasenverschiebung $\varphi$ wird durch den Verlustwinkel $\delta = \varphi - \pi/2$ beschrieben[1], der durch

$$\operatorname{tg} \delta = \frac{\varepsilon''}{\varepsilon'} \qquad (XIII, 8)$$

gegeben ist und ebenso wie die Dielektrizitätskonstante selbst mit der Brückenmethode gemessen werden kann. Die reale Dielektrizitätskonstante $\varepsilon'$ läßt sich nach DEBYE durch die Beziehung

$$\varepsilon' = \varepsilon_\infty + \frac{\varepsilon_0 - \varepsilon_\infty}{1 + \left( \dfrac{\varepsilon_0 + 2}{\varepsilon_\infty + 2} \cdot \dfrac{\nu}{\nu_0} \right)^2} \approx \varepsilon_\infty + \frac{(\varepsilon_0 - \varepsilon_\infty)\, \nu_0^2}{\nu_0^2 + \nu^2} \qquad (XIII, 9)$$

darstellen, wo $\varepsilon_0$ die Dielektrizitätskonstante für die Frequenz $\nu = 0$ und $\varepsilon_\infty$[2] diejenige für eine so hohe Frequenz bedeutet, daß die Orientierungspolarisation völlig verschwunden ist.

Aus der komplexen Darstellung der Dielektrizitätskonstante einerseits und dem Vergleich der Verhältnisse bei einem realen Kondensator, bei welchem der Tangens des Verlustwinkels durch das Verhältnis zwischen dem OHMschen und dem kapazitiven Strom gegeben ist, andererseits ersieht man eine Äquivalenz der Leitfähigkeit (OHMscher Strom) zur Absorption, die durch

$$\varepsilon'' = \frac{\varepsilon_0 - \varepsilon_\infty}{1 + \left( \dfrac{\varepsilon_0 + 2}{\varepsilon_\infty + 2} \dfrac{\nu}{\nu_0} \right)^2} \left( \frac{\varepsilon_0 + 2}{\varepsilon_\infty + 2} \cdot \frac{\nu}{\nu_0} \right) \approx \frac{(\varepsilon_0 - \varepsilon_\infty)\, \nu_0\, \nu}{\nu_0^2 + \nu_2} \qquad (XIII, 10)$$

gegeben ist. Das Maximum des dielektrischen Verlustes tritt bei der kritischen Frequenz $\nu_0 = \dfrac{\omega_0}{2\pi} = \dfrac{1}{2\,\pi\,\tau}$ ein.

Das dielektrische Verhalten einer Lösung mit Makromolekülen wird besonders durchsichtig am Beispiel einer Lösung von Proteinmolekülen in einem niedermolekularen Lösungsmittel, wie z. B. Wasser[3]. Die großen Proteinmoleküle besitzen eine Relaxationszeit in der Größenordnung von etwa $10^{-7}$ sec, die Wassermoleküle eine solche von etwa $10^{-11}$ sec.

Beim Anlegen eines elektrischen Wechselfeldes wird mit zunehmender Frequenz (s. Abb. XIII, 1) die Dielektrizitätskonstante bis nahe an die derRelaxationszeit der großen Moleküle entsprechenden Frequenz $\nu_0 = \dfrac{\omega_0}{2\pi}$ praktisch konstant bleiben, Bereich A. Das kommt daher, daß alle Reibungskräfte infolge der relativ niedrigen Frequenz überwunden werden. In der Nähe der der Relaxationszeit entsprechenden kritischen Frequenz wird die Orientierung der Proteinmoleküle durch die Reibung in zunehmendem Maße mit steigender Frequenz verhindert, Bereich B,

---

[1] Im verlustfreien Dielektrikum ist die dielektrische Verschiebungspolarisation um 90° gegen die erregende Feldstärke phasenverschoben, es wird also der Verlust $\delta = \operatorname{tg} \delta = 0$, und $\varepsilon'' = 0$.

[2] In Band I steht an Stelle von „$\varepsilon_\infty$" $\varepsilon_1 = n_\infty^2$.

[3] Vgl. dazu z. B. J. L. ONCLEY, J. D. FERRY u. J. SHACK: N.Y. Acad. Sci. **40**, 371 (1940); J. L. ONCLEY: Chem. Rev. **30**, 433 (1942).

bis schließlich die Orientierungspolarisation der großen Moleküle verschwindet, und wieder ein konstanter Bereich C der Dielektrizitätskonstante folgt. Bei weiterer Steigerung der Frequenz wird schließlich im Gebiet, das in seiner Frequenz der kritischen Frequenz des Wassers nahekommt, die Dielektrizitätskonstante nochmals absinken, Bereich D,

wo die Reibung auch die Orientierung der Wassermoleküle verhindert, bis schließlich überhaupt keine Orientierungspolarisation mehr eintritt und die Dielektrizitätskonstante dem Quadrat des optischen Brechungsindexes $n_\infty^2$ entspricht, Bereich E.

Der erste konstante Bereich der Dielektrizitätskonstanten wird der Dielektrizitätskonstanten für sehr niedrige Frequenzen $\varepsilon_0$ entsprechen. Der mittlere konstante Bereich C entspricht der Dielektrizitätskonstanten für relativ hohe Frequenzen $\varepsilon_\infty$, die jedoch noch so nieder sind, daß die

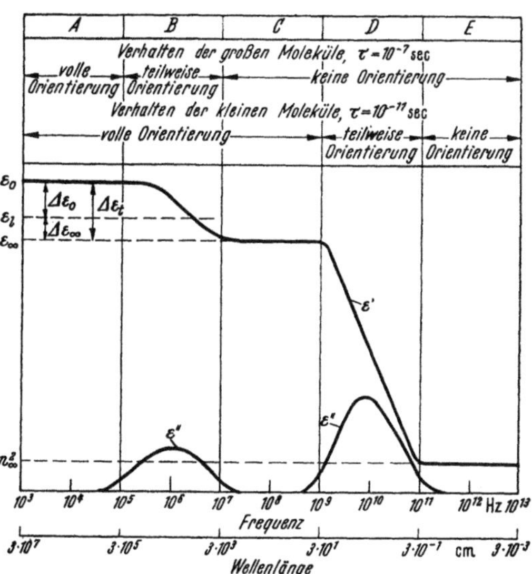


Abb. XIII, 1. Frequenzabhängigkeit der Dielektrizitätskonstanten $\varepsilon'$ und der dielektrischen Absorption $\varepsilon''$ für zwei weit getrennte Relaxationszeiten (Proteine in einem niedermolekularen Lösungsmittel). (Nach ONCLEY, FERRY und SHACK.)

Orientierung der Lösungsmittelmoleküle voll zur Geltung kommt.

Die Differenz zwischen der Dielektrizitätskonstanten $\varepsilon'$ der Lösung und derjenigen des reinen Lösungsmittels $\varepsilon_l$ bezeichnet man als das *dielektrische Inkrement* $\Delta\varepsilon$

$$\Delta\varepsilon = \varepsilon' - \varepsilon_l . \tag{XIII, 11}$$

In hinreichend verdünnten Lösungen ist das Inkrement der Konzentration proportional oder

$$\Delta\varepsilon = \gamma c , \tag{XIII, 12}$$

wo $c$ die Konzentration des gelösten Stoffes in Mol/Liter und $\gamma$ das Inkrement pro Mol im Liter bedeutet. Das Inkrement pro Gramm/Liter ist durch $\dfrac{\Delta\varepsilon}{c_g} = \dfrac{\gamma}{M}$ gegeben, $c_g$ = Gramm/Liter.

Die Differenz zwischen der Dielektrizitätskonstante der Lösung für niedrige Frequenzen, Bereich A, und derjenigen des reinen Lösungsmittels

$$\Delta\varepsilon_0 = \varepsilon_0 - \varepsilon_l$$

wird das *Niederfrequenz-Inkrement*, die Differenz zwischen der Dielektrizitätskonstanten des reinen Lösungsmittels und derjenigen der Lösung für höhere Frequenzen, Bereich C, wird das *Hochfrequenz-Inkrement*

$$\Delta\varepsilon_\infty = \varepsilon_l - \varepsilon_\infty$$

genannt. Das Auftreten eines Hochfrequenz-Inkrementes erklärt sich dadurch, daß zwar die kleinen Moleküle des Lösungsmittels dem elektrischen Feld folgen, die großen gelösten Moleküle aber keinen Beitrag zur Orientierungspolarisation liefern, jedoch ein Volumen beanspruchen, das nun nicht mehr die große Dielektrizitätskonstante des Lösungsmittels besitzt.

Die Summe aus dem Niederfrequenz- und Hochfrequenz-Inkrement oder das totale Inkrement

$$\Delta \varepsilon_t = \Delta \varepsilon_0 + \Delta \varepsilon_\infty = \varepsilon_0 - \varepsilon_\infty \qquad \text{(XIII, 12a)}$$

ist für alle Lösungen eindeutig bestimmbar, auch wenn die Anteile des Nieder- und Hochfrequenz-Inkrementes, wie manchmal bei Lösungsmittelgemischen, nicht genau definiert sind.

In gleicher Weise, wie die Inkremente für die Dielektrizitätskonstante definiert wurden, kann man auch für die Leitfähigkeit Inkremente einführen.

Der Verlauf der Dielektrizitätskonstante im Dispersionsgebiet wird am einfachsten durch die Gl. (XIII, 9), in der wir $\dfrac{\varepsilon_0 + 2}{\varepsilon_\infty + 2} = 1$ setzen[1], also durch

$$\varepsilon' = \varepsilon_\infty + \Delta \varepsilon_t \Big/ \left(1 + \frac{v^2}{v_0^2}\right) \qquad \text{(XIII, 13)}$$

beschrieben.

Diese Formel kann verallgemeinert werden für mehrere Relaxationszeiten (wie sie z. B. bei Rotationsellipsoiden auftreten, s. § 96) und lautet dann

$$\varepsilon' = \varepsilon_\infty + \Sigma \, \Delta \varepsilon_i \Big/ \left(1 + \frac{v^2}{v_i^2}\right), \qquad \text{(XIII, 14)}$$

wobei die $\Delta \varepsilon_i$ die totalen dielektrischen Inkremente für die kritischen Frequenzen $v_i$ entsprechend den Relaxationszeiten $\tau_i$ sind.

### b) Dielektrische Relaxation als Platzwechselerscheinung.

Die alte DEBYEsche Theorie mit ihren Erweiterungen verbindet bei starren größeren Teilchen, auf welche die Kontinuumstheorie angewandt werden kann, die Relaxationszeiten quantitativ mit den Molekülabmessungen und der makroskopischen Viscosität. Bei kleinen Molekülen ist das trotz aller Verfeinerungen des Modelles (Berücksichtigung von Drehbarkeiten usw.) nicht möglich. Man erkennt auch hier wieder die Problematik der Übertragung von Kontinuumsvorstellungen auf kleine Moleküle. Immerhin besteht noch eine sehr weitgehende Verknüpfung der Relaxationszeit mit der makroskopischen Viscosität, insofern als beide Größen in gleichen Systemen dieselbe Temperaturabhängigkeit besitzen[2]. Stellt man also die Temperaturabhängigkeit beider Größen durch eine ARRHENIUS-Gleichung

$$\tau = \tau_0 \, e^{U_\tau / RT} \quad \text{bzw.} \quad \eta = \eta_0 \, e^{U_\eta / RT} \qquad \text{(XIII, 15)}$$

---

[1] Der Unterschied zwischen $\varepsilon_0$ und $\varepsilon_\infty$ ist im allgemeinen klein gegen $\varepsilon_0$.

[2] So ist nach Beobachtungen von KOBEKO, KUVSHINSKY u. SHISKIN: Techn. Phys. USSR **5**, 413 (1938) beim Isobutylalkohol diese Gleichheit der Temperaturkoeffizienten in einem Bereiche von 200° erfüllt.

dar, so sind die beiden Aktivierungsenergien einander gleich. Bei Kettenmolekülen ist aber auch diese Gleichheit der Temperaturkoeffizienten nicht mehr vorhanden[1]. Es ist daher viel vernünftiger, vor allem bei Fadenmolekülen, auf eine direkte Verknüpfung der Molekülabmessungen mit $\tau$ ganz zu verzichten und nach dem Vorgange von FRANK[2] die dielektrische Relaxation so wie die Viscosität, Diffusion usw. als einen *Platzwechselvorgang* aufzufassen, zumal die oben besprochenen Gleichungen für die Frequenzabhängigkeit der Dielektrizitätskonstanten auch für diese gänzlich andere Deutung der Relaxation unverändert gültig bleiben.

Im Gegensatz zur gewöhnlichen Diffusion kommt es hier nicht auf einen translatorischen Platzwechsel (Schwerpunktsverschiebung), sondern auf einen *Orientierungswechsel* an. Die Häufigkeit eines solchen Richtungswechsels kann nach den Ausführungen im Kap. IV durch eine ARRHENIUS-Gleichung der Form

$$K = K_0 \, e^{-\,\Delta G^*/RT} \qquad \text{(XIII, 16)}$$

dargestellt werden. Der BOLTZMANN-Faktor $e^{-\,\Delta G^*/RT}$ besagt, daß ein Übergang des Moleküls bzw.-bei Fadenmolekülen der kinetischen Einheit, d. h. des Segmentes in eine neue Lage nur stattfinden kann, wenn durch die thermischen Schwankungen um den Gleichgewichtszustand ein die *freie Energie der Aktivierung* (GIBBssche freie Energie) übersteigender Betrag angehäuft wird. Ein bestimmter Orientierungszustand wird also um so schneller auf den $e$-Teil abfallen, je größer die Zahl der Sprünge, d. h. je größer $K_0$ und je kleiner die freie *Aktivierungsenthalpie* $\Delta G^*$ ist. Wie KAUZMANN[3] gezeigt hat, ist unter der Annahme, daß die dielektrische Relaxation wirklich auf solchen statistischen Sprüngen beruht, genähert[4].

$$\frac{1}{\tau} = K \,, \text{ also } \tau = \tau_0 \, e^{\Delta G^*/RT} \qquad \text{(XIII, 17)}$$

Zerlegt man die freie Energie der Aktivierung entsprechend der Gleichung

$$\Delta G^* = \Delta H^* - T\Delta S^* \qquad \text{(XIII, 18)}$$

in die Aktivierungsenthalpie $\Delta H^*$ und -entropie $\Delta S^*$[5], so folgt

$$K = K_0 \, e^{-\,\Delta H^*/RT} \cdot e^{+\,\Delta S^*/R} \quad \text{bzw.} \quad \tau = \tau_0 \, e^{\Delta H^*/RT} \cdot e^{-\,\Delta S^*/R}. \qquad \text{(XIII, 19)}$$

---

[1] SCHALLAMACH, A.: Trans. Faraday Soc. **42**, 495 (1946).

[2] FRANK, F. C.: Trans. Faraday Soc. **37**, 1634 (1936). Vgl. dazu auch H. FRÖHLICH: Theory of Dielectrics. Oxford 1949; GLASSTONE, LAIDLER u. EYRING: The Theory of Rate Processes. New York 1941; F. H. MÜLLER u. CHR. SCHMELZER: Erg. exakt. Naturwiss. **25**, 359 (1951).

[3] KAUZMANN: Rev. Mod. Phys. **14**, 1 (1942).

[4] $K$ bedeutet die Zahl der vollständigen Umdrehungen des Moleküls pro Sekunde. Die für eine einzige Umdrehung erforderliche Zeit ist also im Durchschnitt $1/K$. Setzt man diese der Relaxationszeit gleich, so folgt

$$\frac{1}{\tau} = K = K_0 \, e^{-\,\Delta G^*/RT}$$

[5] Bezieht man statt auf konstanten Druck auf konstantes Volumen, so lauten die Gl. (XIII, 18) und (XIII, 19)

$$\Delta F^* = \Delta U^* - T\Delta S^* \quad \text{bzw.} \quad K = K_0 \, e^{-\,\Delta U^*/RT + \Delta S^*/R},$$

wo $\Delta F^*$ die freie Energie nach HELMHOLTZ und $\Delta U^*$ die Aktivierungsenergie bedeuten.

Die Aktivierungsentropie ist ein Maß für die Zahl der möglichen Orientierungen, genauer für die Zahl der Orientierungsfreiheitsgrade, auf die sich die Aktivierungsenthalpie verteilt[1]. Je größer die Zahl der Orientierungsmöglichkeiten ist, um so häufiger werden die Übergänge[2]. So kann entsprechend der Gl. (XIII, 19) eine große Aktivierungsentropie eine große Aktivierungsenthalpie soweit kompensieren, daß die Sprünge sehr oft erfolgen, $\tau$ also entsprechend klein wird.

Im allgemeinen gehen große Aktivierungsenthalpien und -entropien parallel. Das kann in einem etwas abgewandelten Bilde auch dahin gedeutet werden, daß das Molekül mit sehr vielen Nachbarn in Wechselwirkung steht, also beim Sprung viele Bindungen gelöst werden müssen, großes $\Delta H^*$, und daß dadurch bei den vielen beteiligten Nachbarn eine große Unordnung entsteht[3].

Zeigt die Dispersionskurve ein wohldefiniertes Maximum, ist also $\tau$ eindeutig bestimmbar, so kann man aus der Temperaturabhängigkeit von $\tau$ mittels der Beziehung

$$\Delta H = R \frac{d \ln \tau}{d \, 1/T} \qquad\qquad \text{(XIII, 20)}$$

direkt die Aktivierungsenthalpie bestimmen. Insoweit die Konstante $\tau_0$ bzw. $K_0$ von vornherein bekannt ist, kann man auch die Aktivierungsentropie bestimmen. Unter gewissen Voraussetzungen gilt[4] nach der Theorie der absoluten Reaktionsgeschwindigkeiten

$$\frac{1}{\tau_0} = K_0 = \frac{kT}{h}, \qquad\qquad \text{(XIII, 21)}$$

$h$ die PLANCKsche Konstante.

Solche Zerlegungen können bei der Untersuchung der Strukturen und gegenseitigen Molekülkoppelungen in Flüssigkeiten und festen Körpern, vor allem bei Kettenmolekülen sehr aufschlußreich sein. Ebenso können sie grundsätzlich über die Art der Molekülrotationen Auskunft geben[3]. Näheres in Band III.

Auf einzelne Beispiele möchten wir hier nicht näher eingehen, zumal es, abgesehen von sonstigen offenen Fragen, durchaus ungeklärt ist, wie weit man Aktivierungsgrößen, die ja nur Mittelwerte sind, zur Deutung von Einzelprozessen heranziehen darf[5].

---

[1] FRANK, F. C.: l. c.; s. a. H. FRÖHLICH: Theory of Dielectrics. Oxford 1949.

[2] Ist die Zahl der Freiheitsgrade unendlich, so heißt das, daß jede beliebige Orientierung möglich ist, ein Fall, der der Dipolkugel der älteren Theorie entsprechen würde. Ein Beispiel für besonders wenige Orientierungsmöglichkeiten liefern die Wasserdipole im Eis. Vgl. das Buch von GLASSTONE, LAIDLER u. EYRING: l. c.

[3] Vgl. dazu die Untersuchungen von FRANCK (l. c.) an Permitol (Gemisch aus chlorierten Diphenylen); weitere Beispiele in den Büchern von FRÖHLICH (l. c.), GLASSTONE, LAIDLER u. EYRING (l. c.) und im Bericht von MÜLLER u. SCHMELZER (l. c.).

[4] Vgl. Kap. IV, sowie das Buch von GLASSTONE, LAIDLER u. EYRING (l. c.).

[5] Vgl. dazu auch F. H. MÜLLER u. CHR. SCHMELZER (l. c.).

### c) Meßmethoden.

Die Methoden zur Dielektrizitätskonstantenmessung richten sich nach dem in Frage kommenden Dispersionsgebiet. Bei korpuskularen Proteinen liegt dieses entsprechend den Relaxationszeiten von $10^{-8}$ bis $10^{-6}$ sec in dem bequem zugänglichen Frequenzbereich von 0,1 bis 10 MHz. Bei Fadenmolekülen, wo sich einzelne polare Gruppen oder höchstens die statistischen Fadenelemente einstellen, haben wir bei verdünnten Lösungen Relaxationszeiten von der bei kleinen Molekülen auftretenden Größe, also zwischen $10^{-12}$ und $10^{-11}$ sec, bei Aminosäuren und bei Peptiden von $10^{-11}$ bis $10^{-9}$ sec, so daß das Dispersionsgebiet hier z. T. schon in den Zentimeter-Wellenbereich fällt. Für dieses Gebiet liefert die moderne Mikrowellentechnik eine Reihe erprobter Methoden, auf die wir hier aber nicht näher eingehen können[1].

Die Dielektrizitätskonstante kann auf verschiedene Weise gemessen werden. Brückenmethoden sind für Frequenzen bis herauf zu 30 MHz entwickelt worden[2]. Das bei Proteinlösungen mit ihrer großen Leitfähigkeit auftretende Problem regelbarer rein Ohmscher Widerstände ist heute gelöst[3, 4]. Die besonders für höhere Frequenzen in Frage kommende Resonanzmethode ist verschiedentlich den Verhältnissen bei Proteinlösungen angepaßt worden[5].

Die dielektrischen Verluste erfaßt man direkt mit der Calorimetermethode, bei der die im Hochfrequenzfelde entwickelte Wärmemenge direkt gemessen wird, am besten, indem man das Meßgerät selbst als Flüssigkeitsthermometer ausbildet (MALSCH[6] u. a.[7, 8]). Dieses Verfahren eignet sich vor allem auch für den höheren Frequenzbereich bei relativ kleinen Proteinen. Seine Anwendung auf Proteinlösungen ist von SHACK[9] beschrieben worden[10].

<hr>

[1] Ein kurzer Überblick findet sich bei F. H. MÜLLER u. CHR. SCHMELZER: Erg. exakt. Naturwiss. 25, 359 ff. (1951); s. ferner C. G. MONTGOMERY: Technique of Microwave Measurements. New York 1947; F. KOCH: Erg. exakt. Naturwiss. 24, 248 (1951).

[2] SINCLAIR, D. B.: Proc. Inst. Radio-Eng. 28, 310 (1940).

[3] Über eine Brückenmethode für für alle in Frage kommenden Frequenzen bis zu 5 MHz und Leitfähigkeiten bis $10^{-4}$ Ohm$^{-1}$ s. J. L. ONCLEY: J. Amer. Chem. Soc. 60, 1115 (1938); Chem. Rev. 30, 433 (1942); J. Phys. Chem. 44, 1103 (1940).

[4] CONNER, W. P., R. P. CLARKE u. C. P. SMYTH: J. Amer. Chem. Soc. 64, 1379, 1870 (1942).

[5] Zum Beispiel M. A. ELLIOTT u. J. W. WILLIAMS: J. Amer. Chem. Soc. 61, 718 (1939). Vgl. auch den Bericht von J. WYMAN JR.: Chem. Rev. 19, 213 (1936).

[6] MALSCH, J.: Physik. Z. 33, 19 (1932); Ann. Physik 12, 865 (1932).

[7] Zum Beispiel C. SCHMELZER: Phys. Z. 37, 162 (1936).

[8] Über die Weiterentwicklung der Calorimetermethode s. A. H. SHARBAUGH, CH. SCHMELZER, C. ECKSTROM u. C. A. KRAUS: J. Chem. Phys. 15, 47 (1947).

[9] SHACK, J.: Ph. D. Diss. Dielectric Absorption of Protein Solutions. Harvard Univ. 1939; vgl. auch J. L. ONCLEY, J. D. FERRY u. J. SHACK: N.Y. Acad. Sci. 40, 371 (1940).

[10] Weitere Meßmethoden bei H. O. MARCY u. J. WYMAN JR.: J. Amer. Chem. Soc. 63, 3388 (1941); 64, 638 (1942) (Oszillographische Messungen der Phase und Impedanz im Vergleich zu einem Standard); W. P. CONNER u. C. P. SMYTH: J. Amer. Chem. Soc. 64, 1379 (1942); 65, 382 (1943) (Erste DRUDEsche Methode für Aminosäuren und Peptide im Frequenzbereich zwischen 20 und 100 MHz).

## § 96. Dielektrische Relaxationszeiten bei Ellipsoidmolekülen.

Für die Einstellung der Dipolmoleküle ist im allgemeinen nur dann eine einzige Relaxationszeit maßgebend, wenn — wie z. B. beim kugelförmigen Molekül — die Einstellung um alle Drehachsen in gleicher Weise geschehen kann. Das ist aber bei Kolloidteilchen und bei Makromolekülen, vor allem solchen mit statistischer Gestalt im allgemeinen nicht der Fall. Bei den letzteren kann ein ganzes Relaxationsspektrum wirksam werden (s. § 98), aus dessen Einzelheiten dann — auf rechnerisch im allgemeinen gar nicht einfache Weise — Rückschlüsse auf die Struktur und Beweglichkeit der Moleküle gezogen werden können. Einfach und übersichtlich sind die Verhältnisse bei starren Ellipsoidmolekülen, die wir jetzt betrachten werden.

Aus den Berechnungen der BROWNschen Bewegung von Ellipsoidmolekülen hat PERRIN[1] das mittlere Moment erhalten zu

$$\overline{m} = \frac{1}{3\,\mathrm{k}T} \left( \frac{\mu_1^2}{1 + i\,\omega\,\tau_1} + \frac{\mu_2^2}{1 + i\,\omega\,\tau_2} + \frac{\mu_3^2}{1 + i\,\omega\,\tau_3} \right) F_0\, e^{i\omega t}, \quad \text{(XIII, 22)}$$

wobei $\mu_1$, $\mu_2$, $\mu_3$ die Dipolmomentkomponenten in Richtung der Halbachsen $a_1, a_2, a_3$ des Ellipsoids sind. Die $\tau_i$ sind nun in sehr viel komplizierterer Weise als beim Kugelmolekül von dem Volumen, dem Achsenverhältnis sowie von der inneren Reibung des Suspensionsmittels abhängig (vgl. § 81a). In Erweiterung der für kugelige Teilchen gültigen Beziehungen

$$\tau = \frac{4\,\pi\,\eta_l\,r^3}{\mathrm{k}T} = \frac{\zeta}{2\,\mathrm{k}T} = \frac{1}{2\,D_r}\,, \quad \text{(XIII, 23)}$$

$r$ der Teilchenradius, $\eta_l$ die innere Reibung des Suspensionsmittels, $\zeta$ der Reibungswiderstand bei der Drehung, $D_r$ die Rotationsdiffusionskonstante, gelten bei Rotationsellipsoiden für die Drehungen der $a_1$- und $a_2$-Achse die Gleichungen

$$\tau_1 = \frac{1}{2\,D_{r2}} \; ; \quad \tau_2 = \tau_3 = \frac{1}{D_{r1} + D_{r2}}\,.$$

Die sich auf die Drehungen um die $a_2$- bzw. $a_1$-Achse beziehenden Rotationsdiffusionskonstanten $D_{r2}$ und $D_{r1}$ sind, wie schon in § 81a erwähnt, mit den zugehörigen Reibungswiderständen durch die Gleichung

$$D_{ri} = \frac{\mathrm{k}T}{\zeta_i}$$

verknüpft, wobei die $\zeta_i$ eindeutige Funktionen des Teilchenvolumens $v$, des Achsenverhältnisses $p = a_1/a_2$ und der inneren Reibung des Suspensionsmittels sind. Auf die von GANS[2] und PERRIN abgeleiteten Gleichungen für die Rotationsdiffusionskonstanten gehen wir nicht näher ein (vgl. dazu S. 581) und begnügen uns mit der Wiedergabe einiger Näherungsgleichungen und Abbildungen.

---

[1] PERRIN, F.: J. Physique et Radium **5**, 497 (1934).
[2] GANS, R.: Ann. Physik (4) **86**, 628 (1928).

Für verlängerte Rotationsellipsoide[1] mit $a_1/a_2 > 5$ gilt mit stets hinreichender Genauigkeit

$$D_{r2} = \frac{1}{2\,\tau_1} = \frac{3\,\mathrm{k}T}{16\,\pi\,\eta_l\,a_1^3}\,[2\ln 2\,p - 1]\,. \qquad \text{(XIII, 24)}$$

Es ist also die Relaxationszeit für eine Drehung der Symmetrieachse um eine Querachse bei konstant gehaltenem Achsenverhältnis proportional der dritten Potenz der Länge der großen Halbachse. Für das Verhältnis der Relaxationszeit $\tau_0$ der Kugel von gleich großen Volumen zu $\tau_1$ gilt für $a_1 \gg a_2$

$$\frac{\tau_0}{\tau_1} = \frac{D_{r2}}{D_{r0}} = \frac{3\,a_2^2}{2\,a_1^2}\,[2\ln 2\,p - 1]\,. \qquad \text{(XIII, 25)}$$

Die entsprechende Gleichung für $\tau_2$ lautet bei $a_1 \gg a_2$

$$\frac{\tau_2}{\tau_0} = \frac{2\,D_{r0}}{D_{r1} + D_{r2}} = \frac{4}{3\left(1 - \dfrac{1}{p^2}\ln 2\,p\right)}\,. \qquad \text{(XIII, 26)}$$

Für abgeplattete Rotationsellipsoide $a_1 < a_2$ ergibt die Diskussion der PERRINschen Formeln, daß für $a_1 \ll a_2$ $\tau_1$ und $\tau_2$ praktisch gleich werden, wobei die Näherungsgleichung

$$\tau_1 \approx \frac{1}{2\,D_{r2}} \approx \tau_2 \approx \frac{16\,\eta_l\,a_2^3}{3\,\mathrm{k}T} = \frac{1}{2\,D_{r1}} \qquad \text{(XIII, 27)}$$

gilt. Die Relaxationszeiten hängen also nur noch von $a_2$ ab und steigen mit der dritten Potenz von $a_2$ an. Im übrigen unterscheiden sich die beiden Relaxationszeiten nie um mehr als 10% und werden sowohl für $a_2/a_1 = 1$ sowie für $a_2/a_1 = \infty$, also für Kugeln und für sehr flache Scheiben gleich. Beobachtet man also zwei gut getrennte Relaxationszeiten, so hat man es sicher mit stark asymmetrischen, verlängerten Rotationsellipsoiden zu tun.

Wir geben nun in der Abb. XIII, 2 das Verhältnis der Relaxationszeiten von Rotationsellipsoiden zu denen des Kugelteilchens von gleichem Volumen

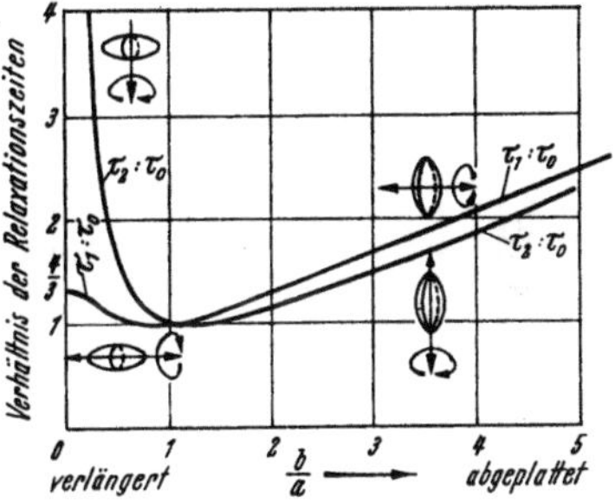

Abb. XIII, 2. Das Verhältnis der dielektrischen Relaxationszeiten von Rotationsellipsoiden zu denen des Kugelteilchens von gleichem Volumen in Abhängigkeit vom Achsenverhältnis $1/p = a_2/a_1. = b/a.$ (Nach MÜLLER.)[2]

in Abhängigkeit vom Achsenverhältnis wieder. Die folgende Abbildung XIII, 3 zeigt das Verhältnis der beiden Relaxationszeiten eines verlängerten bzw. abgeplatteten Rotationsellipsoides in Abhängigkeit vom Achsenverhältnis.

Es sei abschließend nochmals darauf hingewiesen, daß die obigen Beziehungen und Abbildungen nur für die bei der dielektrischen Dispersion auftretenden Relaxationszeiten gelten und daß die aus anderen

---

[1] Für Zylinderstäbchen hat J. M. BURGERS die Rotationsdiffusionskonstanten berechnet. Verh. Akad. Amsterdam D **16**, Nr. 4 (1938).
[2] MÜLLER, F. H.: Erg. exakt. Naturwiss. **17**, 180 (1938).

Erscheinungen abgeleiteten $\tau$-Werte mit den Rotationsdiffusionskonstanten in anderer Weise verknüpft sind (vgl. § 87 b).

Das Auftreten mehrerer Relaxationszeiten macht sich, wie schon in § 95 ausgeführt, in der Dispersionskurve Gl. (XIII, 14) in charakteristischer Weise bemerkbar. Für eine Lösung mit rotationssymmetrischen Ellipsoidmolekülen einheitlicher Größe vereinfacht sich Gl. (XIII, 14) zu

$$\varepsilon' = \varepsilon_\infty + \frac{\Delta\varepsilon_1}{1 + v^2/v_1^2} + \frac{\Delta\varepsilon_2}{1 + v^2/v_2^2}, \qquad \text{(XIII, 14a)}$$

wo $\Delta\varepsilon_1$ und $\Delta\varepsilon_2$ die zu den kritischen Frequenzen $v_1 = 1/2\,\pi\,\tau_1$ und $v_2 = 1/2\,\pi\,\tau_2$ gehörenden dielektrischen Inkremente sind, und

$$\Delta\varepsilon_1 + \Delta\varepsilon_2 = \Delta\varepsilon_t = \varepsilon_0 - \varepsilon_\infty$$

ist. $\Delta\varepsilon_1$ und $\Delta\varepsilon_2$ sind durch die Größe des elektrischen Momentes und seine Neigung gegen die Symmetrieachse bestimmt, wobei das Verhältnis $\Delta\varepsilon_1/\Delta\varepsilon_2$ nur noch von der Richtung des Momentes abhängt. Fällt diese genau in die Richtung einer der Hauptachsen, etwa in die von $a_1$, so bleibt bei einer Drehung der $a_2$-Achse um $a_1$ die räumliche Verteilung der Dipolachsen ungeändert, d. h. daß die zugehörige Relaxationszeit $\tau_2$ sich dielektrisch nicht bemerkbar macht, der entsprechende Beitrag $\Delta\varepsilon_2$ also Null wird.

Zwei verschiedene Relaxationszeiten beobachten wir also nur, wenn das Moment um einen größeren Winkel $\varphi$ gegen die Symmetrieachse geneigt ist (vgl. dazu § 97 b).

Wir erkennen aus diesen Ausführungen, daß die dielektrische Dispersion im allgemeinen eine recht komplizierte Funktion von $a_1/a_2$, $v$ und $\varphi$ ist. Um die Beobachtungen auszuwerten, betrachten wir zunächst den Verlauf des Faktors $q = \dfrac{1}{1 + v^2/v_i^2}$. Wir erkennen, daß für $v < v_i/10$ der Wert von $q$ praktisch gleich 1 ist, für $v = v_i/10$ erhalten wir den Wert 0,99, für $v = v_i$ den Wert 0,5 und schließlich für $v > 10\,v_i$ praktisch den Wert 0. Hieraus ergibt sich, daß im Kurvenverlauf der Dielektrizitätskonstanten der Sprung um jedes dielektrische Inkrement innerhalb von zwei Größenordnungen der Frequenz vor sich geht. Damit läßt sich die Lage der einzelnen kritischen Frequenzen bereits abschätzen.

Wir betrachten nun die Verhältnisse an dem von Elliot und Williams[2] gegebenen Beispiel der Dispersionskurve des Zein.

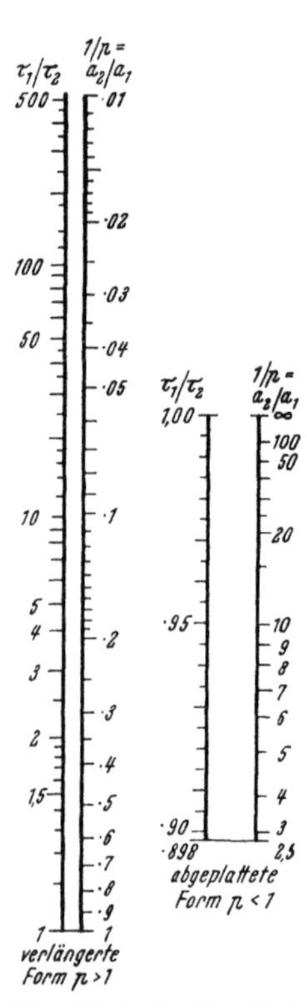



Abb. XIII, 3. Das Verhältnis der beiden dielektrischen Relaxationszeiten eines verlängerten und abgeplatteten Rotationsellipsoides in Abhängigkeit vom Achsenverhältnis $p = a_1/a_2$. (Nach Wyman und Ingalls[1].)


[1] Wyman jr., J., u. E. N. Ingalls: J. of Biol. Chem. **147**, 297 (1943).
[2] Elliott, M. A., u. J. W. Williams: J. Amer. Chem. Soc. **61**, 718 (1939).

Aus Abb. XIII, 4 ist klar ersichtlich, daß die Dispersionskurve in zwei „DEBYE-Kurven" zerlegt werden kann, wobei die zugehörigen dielektrischen Inkremente durch die Abstände der Horizontaltangenten an die Teilkurven bestimmt sind. Die kritischen Frequenzen $\nu_1$, $\nu_2$ und $\nu_0$ sind durch die Wendepunkte der DEBYE-Kurven gegeben.

Die Auswertung der experimentellen Dispersionskurve wird sehr erleichtert, wenn man diese mit den nach den PERRINschen Formeln berechneten und in den Abbildungen XIII, 5 und XIII, 6 wiedergegebenen Kurvenscharen nach ONCLEY[1] vergleicht. Diese zeigen die Frequenzabhängigkeit des relativen Beitrages zur Dielektrizitätskonstante $(\varepsilon' - \varepsilon_\infty)/(\varepsilon_0 - \varepsilon_\infty)$ einmal für verschiedene Achsenverhältnisse eines verlängerten Rotationsellipsoides bei einem konstanten Dipolwinkel von 45° und dann die entsprechenden Dispersionskurven für verschiedene Dipolwinkel bei einem Achsenverhältnis $a_1/a_2 = 9$. Man erkennt, daß sowohl bei kugeligen Molekülen wie für solche, bei denen das Moment genau in die Richtung einer der Halbachsen fällt, nur eine einzige Relaxationszeit auftritt.

Abschließend sei bemerkt, daß die Auswertung der Dielektrizitätskonstanten-Dispersion in Anbetracht der erreichbaren Meßgenauigkeiten und der Unsicherheiten hinsichtlich der Hydratation, Momentrichtung usw. im allgemeinen nur eine sehr rohe Bestimmung des Achsenverhältnisses ermöglicht.

<hr>

[1] ONCLEY, J.: Chem. Rev. **30**, 433 (1942).

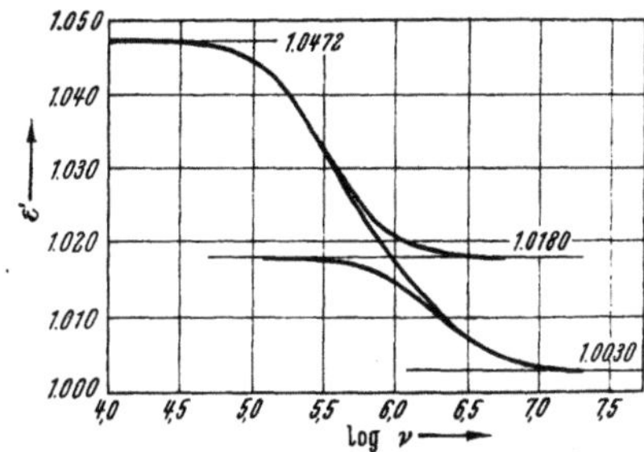

Abb. XIII, 4. Dispersionskurve der Dielektrizitätskonstante des Zein. Ordinate: Verhältnis der Dielektrizitätskonstante von Lösung und Lösungsmittel. (Nach ELLIOT und WILLIAMS.)

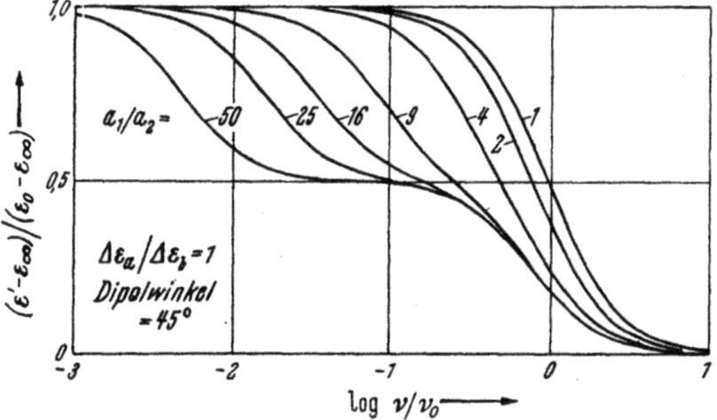

Abb. XIII, 5. Dielektrische Dispersionskurven für verlängerte Rotationsellipsoide, berechnet nach PERRIN in Abhängigkeit vom Achsenverhältnis bei konstantem Dipolwinkel von 45°. (Nach ONCLEY.) (Statt $\Delta\varepsilon_a/\Delta\varepsilon_b$ muß es $\Delta\varepsilon_{a_1}/\Delta\varepsilon_{a_2}$ heißen, vgl. Gl. XIII, 30).

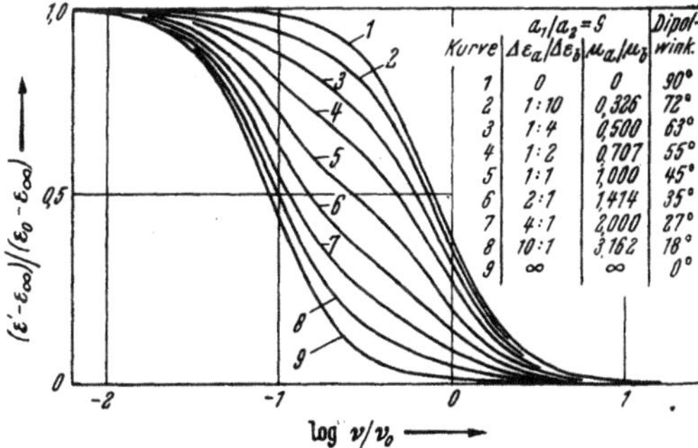

Abb. XIII, 6. Dielektrische Dispersionskurven für verlängerte Rotationsellipsoide, berechnet nach PERRIN für verschiedene Richtungen des Momentes bei konstantem Achsenverhältnis. (Nach ONCLEY.( (Statt $\Delta\varepsilon_a/\Delta\varepsilon_b$ und $\mu_a/\mu_b$ muß es $\Delta\varepsilon_{a_1}/\Delta\varepsilon_{a_2}$ bzw. $\mu_{a_1}/\mu_{a_2}$ heißen, vgl. Gl. XIII, 30).

## § 97. Ergebnisse bei korpuskularen Proteinen[1].

Die Relaxationszeiten liegen bei Proteinen bei $10^{-6}$ bis $10^{-8}$ sec, sind also sehr weit von denen des Wassers mit etwa $10^{-11}$ sec getrennt. In einem solchen Fall zeigt die Dispersionskurve, wie wir in § 95 besprochen haben, zwei völlig getrennte Dispersionsstufen (s. Abb. XIII, 1), von denen das niedrigerfrequente und meßtechnisch leicht faßbare Gebiet B ausschließlich die Wirkung der großen Proteinmoleküle darstellt.

Die Messungen im Bereich A bis C erlauben die Bestimmung zweier charakteristischer Größen. Einmal kann man aus der Höhe der Stufe $\varepsilon_0 - \varepsilon_\infty$ das elektrische Moment der Proteinmoleküle bestimmen (s. Abschnitt b). Außerdem hat man hier, insoweit man Proteinen die Form eines Rotationsellipsoides zuschreiben darf, nach den Ausführungen des vorhergehenden Paragraphen eine direkte Methode zur Bestimmung des Achsenverhältnisses.

### a) Bestimmung der Größe und Form.

Ist das Molekül kugelig, so tritt nur eine einzige Relaxationszeit auf und die Dielektrizitätskonstante verläuft nach der Gl. (XIII, 13). Der Abfall der Dielektrizitätskonstante erstreckt sich dabei über zwei Zehnerpotenzen.

Fällt bei einem Ellipsoidteilchen das elektrische Moment in die Richtung einer der Hauptachsen, so erhalten wir ebenfalls nur eine einzige Relaxationszeit, die aber von der des Kugelteilchens stark abweichen kann. In diesem Falle kann man das Achsenverhältnis also nur bestimmen, wenn außer dem Molekulargewicht des Teilchens noch seine Dichte und die Hydratation bekannt sind. Nur wenn man aus der Dispersionskurve direkt alle drei Relaxationszeiten einwandfrei entnehmen kann, kann man das Achsenverhältnis und mittels der Gleichung

$$\nu_0 = \frac{1}{2\,\pi\,\tau_0} = \frac{kT}{8\,\pi^2\,\eta_l\,a_1\,a_2^2} = \frac{RT}{6\,\pi\,\eta_l\,V} \qquad \text{(XIII, 23a)}$$

direkt aus der Dispersion auch das Molvolumen $V$ bestimmen. Kennt man aus anderen Beobachtungen das Molekulargewicht und die Dichte der wasserfreien Substanz, so gewinnt man eine weitere Aussage über die Hydratation.

Die Abb. XIII, 7 zeigt für eine Reihe von Proteinen in einem vergleichbaren Maßstabe die beobachteten Dispersionskurven[2]. Man erkennt, daß z. B. die Kurve des *Pferde-Carboxyhämoglobins* gut durch eine einzige Relaxationszeit wiedergegeben werden kann. Die beobachtete kritische Frequenz ist allerdings etwas größer, als bei einem kugeligen Teilchen vom Molekulargewicht 66700 und einem Molvolumen von $66700 \cdot 0{,}749$ zu erwarten wäre. Die plausibelste Erklärung ist nach EDSALL[3] die, daß man entsprechend den Ergebnissen der Röntgen-

---

[1] Vgl. dazu auch § 114; ferner E. J. COHN u. J. T. EDSALL: Proteins, Aminoacides and Peptides. New York: Reinhold Publ. Comp. 1943; sowie J. T. EDSALL: Fortschr. chem. Forsch. **1**, 119 (1949).

[2] Vgl. J. L. ONCLEY: Chem. Rev. **30**, 433 (1942). — COHN, FERRY, LIVINGOOD u. BLANCHARD: Science (Lancaster, Pa.) **90**, 183 (1939).

[3] EDSALL: l. c., s. Anm. 1.

interferenzen[1] ein nur wenig abgeplattetes Rotationsellipsoid annimmt. Wie wir in § 95 besprochen haben, lassen sich bei einer abgeplatteten Form die beiden Relaxationszeiten praktisch nicht mehr trennen[2].

Das in Wasser beim isoelektrischen Punkt fast unlösliche *Insulin* ist in einer Mischung von Wasser und Propylenglykol untersucht worden. Die Dispersion zeigt wieder nur eine einzige Relaxationszeit, doch ist diese kleiner, als für ein wasserfreies, kugeliges Gebilde vom Molekulargewicht 36000 zu erwarten wäre. Die Erklärung ist offenbar die, daß das Insulinmolekül unter bestimmten Bedingungen in kleinere Einheiten vom Molekulargewicht 12000 zerfällt (vgl. EDSALL Anm. 1, S. 630).

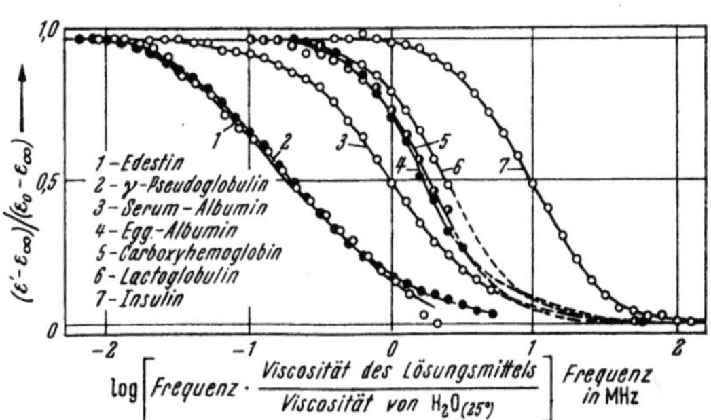


Abb. XIII. 7. Dispersionskurven von Proteinen. Nach ONCLEY.

Die Dispersionskurven von *Edestin* und *Pferdeserum-Pseudoglobulin* zeigen klar zwei Relaxationszeiten. Der Verlauf und die Lage der Kurven lassen sich mit einem Achsenverhältnis $a/b \approx 9$ und einer Hydratation von 0,5 g Wasser auf 1 g Protein beim Pseudoglobulin bzw. einer recht geringen Hydratation beim Edestin wiedergeben[3].

Beim *Eialbumin* sprechen die Daten für ein Ellipsoid mit dem Achsenverhältnis $a/b = 4$ und einem Molekularvolumen von 34000 cm³. Mit einem wirklichen Molekulargewicht von 42000 bedeutet das eine Hydratation von 0,1 g Wasser pro 1 g Protein (s. auch S. 717).

Beim *Zein*[4] sprechen vorläufige Messungen für ein Achsenverhältnis von etwa 9:1 und eine beträchtliche Hydratation. Die untersuchten Präparate sind offenbar noch heterogen (paucidispers), so daß eine genauere Auswertung vorläufig unmöglich ist.

Faßt man die bis heute bekannt gewordenen Ergebnisse bei der Dispersion zusammen, so kann man sagen, daß die Relaxationszeiten durchweg von der Größe sind, wie sie nach unseren Kenntnissen vom Molekulargewicht, der Form und der Hydratation zu erwarten sind. Die Dispersion hat gegenüber der Viscosität, der Diffusion und der Sedimentation den wesentlichen Vorzug, daß sie grundsätzlich sowohl

---

[1] EDSALL: l. c. Über die Röntgenanalyse von Pferde-Methämoglobin s. PERUTZ: Proc. Roy. Soc. (Lond.) A **195**, 474 (1949); PERUTZ u. Mitarb.: Proc. Roy. Soc. (Lond.) A **191**, 83 (1947). Danach kann die allgemeine Form des Moleküls durch einen Zylinder von 34 Å Höhe und 57 Å Durchmesser dargestellt werden.

[2] Natürlich kann man die Beobachtungen auch mit einem kugeligen bzw. mäßig gestreckten Rotationsellipsoid und einer größeren Hydratation wiedergeben.

[3] Da die Kurven beider Proteine ziemlich zusammenfallen, müssen diese ungefähr das gleiche Volumen besitzen, was beim Pseudoglobulin mit seinem geringeren Molekulargewicht eine stärkere Hydratation bedeutet.

[4] WYMAN: J. of Biol. Chem. **90**, 443 (1931). — ELLIOT, H. A., u. J. W. WILLIAMS: J. Amer. Chem. Soc. **61**, 718 (1939). — ONCLEY, J. L., C. C. JENSEN u. P. M. GROSS JR.: J. Phys. Colloid Chem. **53**, 162 (1949).

das Achsenverhältnis wie das Volumen liefert und daher bei bekanntem Molekulargewicht unabhängig voneinander das Achsenverhältnis und die Hydratation ergibt.

Zum Schluß stellen wir in der Tab. XIII, 1 die dielektrischen Inkremente $\Delta\varepsilon_t$ pro Gramm Protein im Liter, die aus der Dispersionskurve bestimmten Relaxationszeiten und elektrischen Momente sowie die unter Vernachlässigung der Hydratation berechneten Achsenverhältnisse und Molekulargewichte zusammen. Außerdem sind einige Werte für Aminosäuren und Peptide aufgenommen.

Tabelle XIII, 1. *Dielektrische Inkremente, Relaxationszeiten, Momente und Achsenverhältnisse von Proteinen und Aminosäuren (Zusammenstellung nach* ONCLEY, EDSALL[1, 2, 3]*).*

| Protein | $\Delta\varepsilon_t/c_g$ | Relaxationszeiten in Wasser in $10^{-8}$ sec | | | $\mu \cdot 10^{18}$ | $a/b$ | Molekulargewicht | $\Delta\varepsilon_{a_1}/\Delta\varepsilon_{a_2}$ | Lösungsmittel |
|---|---|---|---|---|---|---|---|---|---|
| | | $\tau_0$ | $\tau_1$ | $\tau_2$ | | | | | |
| Eialbumin . | 0,17 | 3,7 | 18 | 4,7 | 250 | 5 | 45 000 | 1,5 | Wasser |
| Pferdeserum-albumin,frei von Carbohydrat . . | 0,24 | 6,0 | 36 | 7,5 | 380 | 6 | 70 000 | 1,0 | Wasser |
| Pferde-Carboxyhämoglobin . . | 0,42 | — | 8,4 | — | 480 | — | 67 000 | — | Wasser |
| Pferdeserum-Pseudoglobulin (Globin) . | 1,14 | 22 | 250 | 28 | 1100 | 9 | 142 000 | 1,0 | Wasser |
| Insulin . . | 0,38 | — | 1,6 | — | 360 | — | 40 000 | — | 4 |
| $\beta$-Lactoglobulin. . | 1,58 | 4,3 | 15 | 5 | 730 | 4 | 40 000 | 0,25 | 5 |
| Edestin . . | 0,8 | 21 | 240 | 27 | 1400 | 9 | 310 000 | 1,0 | 6 |
| Gliadin . . | 0,10 | 3,1 | 27 | 3,8 | 190 | 8 | 42 000 | 1,6 | |
| Secalin . . | 1,0 | 2,1 | 29 | 2,7 | 440 | 10 | 24 000 | 1,5 | 7 |
| Zein . . . | 0,45 | 3,3 | 24 | 4,2 | 380 | 7 | 40 000 | 2,0 | 8 |
| Myoglobin . | 0,15 | 1,45 | 2,9 | — | 170 | — | 17 000 | — | — |
| $\alpha$-Alanin . . | 0,26 | 6,4* | | | 15,5 | | 89 | | |
| $\varepsilon$-Aminocapronsäure | 0,59 | 6,7* | | | 28,9 | | 131 | | |
| Diglycin . . | 0,54 | 12,9* | | | 27,6 | | | | |
| Triglycin . | 0,60 | 18,1* | | | 35,1 | | | | |
| Glykokoll . | 0,30 | 4,9* | | | 15,5 | | 75 | | |

* in $10^{-11}$ sec

## b) Das elektrische Moment von Proteinmolekülen.

Vernünftige Messungen des elektrischen Momentes sind natürlich nur bei ungeladenen Proteinen, also am isoelektrischen Punkte möglich.

[1] EDSALL, J. T.: Fortschr. chem. Forsch. 1, 119 (1949).
[2] ONCLEY, J. L.: Chem. Rev. 30, 433 (1942).
[3] COHN, E. J., u. J. T. EDSALL: Proteins, Aminoacids and Peptides. New York 1943.
[4] 80%ige wäßrige Propylenglykollösung.
[5] Halbmolare Lösung von Glycin in Wasser.
[6] Zweimolare Lösung von Glycin in Wasser.
[7] Wasser-Äthanol mit 54% Äthanol.
[8] Wasser-Äthanol mit 72% Äthanol.

Sobald die Teilchen eine Überschußladung tragen und diese nicht genau im Schwerpunkt sitzt, treten zusätzliche Drehungen im Felde auf, die ein zu hohes, „scheinbares" Moment vortäuschen. Auch wenn keine Überschußladungen vorhanden sind, ist es fraglich, ob man Proteinmolekülen wirklich feste Ladungen und definierte Momente zuschreiben darf oder ob nicht der Grad der Ionisation der sauren und basischen Gruppen von anderen Faktoren mitbestimmt wird.

Die Berechnung des elektrischen Momentes ist eine etwas unsichere Angelegenheit. Die Bestimmung mit Hilfe der ONSAGER[1]-KIRKWOODschen Theorie[2] der Dielektrizitätskonstante von Dipolmolekülen in einem polaren Lösungsmittel haben wir schon in Band I, § 37 besprochen. Mit Hilfe von Dispersionsmessungen läßt sich dieses Verfahren noch etwas sicherer gestalten. In der Dispersionskurve einer Lösung von Proteinen in einem polaren Lösungsmittel (s. Abb. XIII, 1) rührt die erste Stufe von dem Beitrag der großen Moleküle zur Orientierungspolarisation her. Man kann ihn bei hinreichender Verdünnung genähert proportional $\mu^2$ setzen und erhält damit eine Methode, um das elektrische Moment aus den dielektrischen Inkrementen $\Delta\varepsilon_0 + \Delta\varepsilon_\infty = \Delta\varepsilon_t$, also aus Messungen bei sehr niederen Frequenzen und im Frequenzbereich C, wo zwar die kleinen Moleküle des Lösungsmittels (Wasser) dem Felde noch folgen können, die großen aber keinen Beitrag mehr zur Orientierungspolarisation liefern, näherungsweise zu bestimmen.

Dabei gilt nach ONCLEY[3] die Beziehung

$$\mu = \alpha \sqrt{M\,(\Delta\varepsilon_0/c_g + \Delta\varepsilon_\infty/c_g)} = \alpha \sqrt{M\,(\Delta\varepsilon_t)/c_g}\,,$$

in der $M$ das Molekulargewicht, $c_g$ die Konzentration in Gramm pro Liter und $\alpha$ eine noch unbekannte Parametergröße bedeuten. $\alpha$ läßt sich nicht mit Hilfe der DEBYEschen Theorie berechnen, da diese bei einem polaren Lösungsmittel versagt.

Die Berechnung nach KIRKWOOD (s. weiter unten) liefert bei kleinen Molekülen den Wert $\alpha = 3{,}3 \cdot 10^{-18}$, bezogen auf 25°. Einen halbempirischen Wert hat WYMAN[4] mitgeteilt: $\alpha = 2{,}36 \cdot 10^{-18}$ bei 20° C. Einige nach diesem Verfahren abgeschätzte Momente von Proteinen finden sich in der Tab. XIII, 1 des vorhergehenden Abschnittes.

Einen etwas anderen Weg zur Berechnung der Momente hat KIRKWOOD[5] eingeschlagen. Für eine Flüssigkeit mit zwei Dipolkomponenten (1) und (2) liefert die ONSAGER-KIRKWOODsche Theorie (s. Band I, § 37) die Beziehung

---

[1] ONSAGER: J. Amer. Chem. Soc. **58**, 1168 (1936).

[2] KIRKWOOD: J. Chem. Phys. **2**, 351 (1934); s. a. dessen Beitrag zu COHN u. EDSALL: Proteins, Aminoacids and Peptides. New York: Reinhold Publ. Comp. 1943.

[3] Siehe ONCLEY in COHN u. EDSALL: Proteins, Aminoacids and Peptides, S. 546ff. New York: Reinhold Publ. Comp. 1943; ferner Ann. N.Y. Acad. Sci. **41**, 121 (1941); Chem. Rev. **30**, 433 (1942).

[4] WYMAN: J. Amer. Chem. Soc. **58**, 1482 (1936); Chem. Rev. **19**, 213 (1936).

[5] Siehe den Artikel von J. S. KIRKWOOD in COHN u. EDSALL: Proteins, Aminoacids and Peptides. New York: Reinhold Publ. Comp. 1949; vgl. auch W. P. CONNER, R. P. CLARKE u. C. P. SMYTH: J. Amer. Chem. Soc. **64**, 1379 (1942).

$$\varepsilon - 1 = \frac{9\,\varepsilon}{2\,(\varepsilon + 1)}\; V\,[c_1\,P_1 + c_2\,P_2] \qquad\qquad (\text{XIII, 28})$$

mit

$$P_1 = \frac{4\,\pi}{3}\,N_L\left[\bar{\alpha}_1 + \frac{\mu_1\,\bar{\mu}_1\cos\vartheta_1}{3\,\mathrm{k}T}\right]\;;\qquad P_2 = \frac{4\,\pi}{3}\,N_L\left[\bar{\alpha}_2 + \frac{\mu_2\,\bar{\mu}_2\cos\vartheta_2}{3\,\mathrm{k}T}\right],$$

wo $\mu_2$ das gesuchte Moment des Proteinmoleküls in der Flüssigkeit, $\bar{\mu}_2$ die Vektorsumme aus diesem Moment zuzüglich der in den Nachbarmolekülen durch deren behinderte Orientierung entstandenen Momente und $\vartheta$ den Winkel zwischen $\mu$ und $\bar{\mu}$ bedeutet. Nur wenn die umgebenden Dipolmoleküle völlig ungeordnet verteilt sind, also keine Rotationsbehinderung vorliegt, wird $\vartheta = 0$ und $\bar{\mu} = \mu$. Im allgemeinen werden aber $\mu_2$ und $\bar{\mu}_2$ nach Größe und Richtung etwas voneinander abweichen. Vernachlässigt man nun in einer verdünnten wäßrigen Lösung die Abnahme der Dielektrizitätskonstante des Wassers infolge der herausgenommenen Wassermoleküle gegenüber dem weit größeren Beitrag der zugefügten Proteinmoleküle, so kann man die Größe $\mu_2\,\bar{\mu}_2$ direkt dem dielektrischen Inkrement $\Delta\varepsilon_l = \varepsilon_0 - \varepsilon_\infty$ proportional setzen und erhält dann die Näherungsgleichung

$$\mu_2\,\bar{\mu}_2 = 10{,}9 \cdot 10^{-36}\,\gamma\,, \qquad\qquad (\text{XIII, 29})$$

wo $\gamma$ das dielektrische Inkrement pro Mol/Liter bedeutet (vgl. § 95). Unter Vernachlässigung des unbekannten Unterschiedes zwischen $\mu_2$ und $\bar{\mu}_2$ erhält man dann aus (XIII, 29) ein mittleres Moment

$$\mu_{m2} = \mu_2\,\bar{\mu}_2\cos\vartheta_2 = 3{,}3\,\sqrt{\gamma}\,.$$

Man erkennt aus dieser Betrachtung, daß man infolge der Wechselwirkung zwischen den Dipolmolekülen (1) und (2) das elektrische Moment von Proteinen nur annähernd bestimmen kann[1].

Die Berechnungen von ONSAGER-KIRKWOOD beziehen sich auf kleine Moleküle. Man könnte daran denken, das innere Feld für ein Ellipsoidteilchen nach der Kontinuumstheorie zu berechnen. Dazu müßte man aber die Hauptdielektrizitätskonstanten des dabei als homogen vorauszusetzenden Partikelchens kennen. Außerdem müßte das ONSAGERsche Reaktionsfeld und die KIRKWOODsche Rotationsbehinderung der Lösungsmittelmoleküle berücksichtigt werden, was eine genauere Kenntnis der Ladungsverteilung voraussetzt.

Aus diesem Grunde haben die in Tab. XIII, 1 angegebenen Zahlen nur orientierende Bedeutung. Die Momente sind überraschend groß, aber doch sehr viel kleiner, als sie bei einer völlig unsymmetrischen Ladungsverteilung (alle positiven Ladungen auf der einen, alle negativen auf der anderen Seite des Moleküls) sein müßten. Man darf daraus

---

[1] Es läßt sich zeigen, daß bei Aminosäuren, die wegen ihres Zwitterionencharakters (z. B. $H_3^+N(CH_2)_\lambda COO^-$) besonders große induzierte Momente erzeugen müssen, $\bar{\mu}_2$ und $\mu_2$ nur um etwa 10% voneinander abweichen. Die obige Gleichung scheint also hier einen brauchbaren Näherungswert für das Moment zu liefern. Ihre Anwendung bei großen kornförmigen Molekülen, also bei Proteinen bringt aber schwer übersehbare Unsicherheiten.

schließen, daß die negativen und positiven Ladungen ziemlich gleichmäßig über die Moleküloberfläche verteilt sind (vgl. dazu auch § 43 in Band I).

Auch über die Richtung des Momentes läßt sich eine Aussage machen. Das Verhältnis der Komponenten $\mu_{a_1}$ und $\mu_{a_2}$ bestimmt die Beiträge der Rotationen um die $a_1$- und $a_2$-Achse zu den dielektrischen Inkrementen, und zwar nach der unmittelbar einleuchtenden Beziehung[1]

$$\mathrm{tg}\ \varphi = \mu_{a_2}/\mu_{a_1} = \sqrt{\Delta \varepsilon_{a_2}/\Delta \varepsilon_{a_1}}\ , \qquad \text{(XIII, 30)}$$

$\varphi$ der Winkel zwischen $\mu$ und der $a_1$-Achse.

## § 98. Zur dielektrischen Relaxation von Fadenmolekülen in Lösung.

Die Berechnung des Relaxationsspektrums eines polymolekularen Systems von beweglichen Fadenmolekülen ist ein im allgemeinen Falle theoretisch kaum zu bewältigendes Problem. Einfach zu behandeln ist nur der Extremfall einer so stark behinderten Drehbarkeit, daß die Drehung der einzelnen Fadenelemente praktisch nicht mehr zur Einstellung bzw. zur Desorientierung beiträgt. Für ein solches, zwar statistisch geknäueltes, aber wie ein starrer Körper sich einstellendes Fadenmolekül hat KUHN gezeigt[2, 3], daß die Relaxationszeit ungefähr proportional dem Quadrate des Polymerisationsgrades ansteigt. Dabei gilt in sehr grober Näherung

$$\tau = \frac{1}{D_r} \cong \frac{\pi\ \eta}{6\ \mathrm{k}T}\ l_R^2\ A_m\ P^2\ , \qquad \text{(XIII, 31)}$$

$A_m$ die mittlere Länge des Fadenelements, $l_R$ die Länge des monomeren Restes entlang der Fadenachse. Diese Beziehung gilt unabhängig von der Orientierung des Gesamtmomentes in bezug auf die Verbindungslinie der Endpunkte.

Bei einer Lösung mit starren Fadenmolekülen von einheitlichem Polymerisationsgrade würde also nur eine einzige Relaxationszeit auftreten. Diese wäre allerdings nicht scharf, da durch die Unterschiede der statistisch schwankenden Molekülformen $\tau$ um den Faktor $2-3$ schwanken kann. Von ebenfalls untergeordnetem Einfluß ist auch die Richtung des Gesamtmomentes.

Sind die Fadenmoleküle beweglich, so gehört zu jeder der zahlreichen Drehachsen (wenn jede immer nur allein betätigt würde) gewissermaßen eine charakteristische Rotationsdiffusionskonstante bzw.

---

[1] Für $\varphi = 0$, $\mu_{a_2} = 0$ macht sich die zur Rotation der $a_2$-Achse um die $a_1$-Achse gehörige Relaxationszeit $\tau_2$ nicht bemerkbar, $\Delta \varepsilon_2$ wird Null.

[2] KUHN, W.: Helvet. chim. Acta **31**, 1259 (1948); **33**, 2057 (1950).

[3] Die Berechnung des hydrodynamischen Rotationswiderstandes eines starren, statistisch geformten Fadenmoleküls haben W. u. H. KUHN durchgeführt, s. Helvet. chim. Acta **26**, 1394 (1943); **28**, 1534 (1945). Über entsprechende Modellversuche s. W. u. H. KUHN: Helvet. chim. Acta **30**, 1233 (1947).

Relaxationszeit. Die Diffusionskonstante für eine bestimmte Bindung in der Mitte der Kette ist natürlich sehr klein und wird gegen das Kettenende hin natürlich sehr groß. Wir erhalten also bereits für das einzelne Fadenmolekül ein ganzes *Relaxationsspektrum*. Bei polymolekularen Systemen wird dieses natürlich noch zusätzlich verbreitert. Im Normalfalle beweglicher Fadenmoleküle, wo die Relaxation durch Änderungen der Molekülgestalt bewirkt wird, werden also die Verhältnisse sehr verwickelt. Mit der Berechnung von Relaxationsspektren in Systemen mit Fadenmolekülen, deren Momente wie beim $(CH_2CCl)_x$ oder Polyäthylenoxyd $(CH_2CH_2O)_x$ in bezug auf die Kettenatome festliegen, haben sich vor allem Kirkwood und Fuoss[1] sowie Kuhn[2] beschäftigt. Der letztere hat u. a. gezeigt, daß das Relaxationsspektrum unabhängig davon ist, ob das Moment des Fadenelementes parallel oder senkrecht zu dessen Richtung steht. Man kann also stets so rechnen, als ob das Segmentmoment parallel zu $A_m$ und das Gesamtmoment parallel zu $\vec{h}$ steht. Damit ist die Bestimmung des Relaxationsspektrums auf die Aufgabe zurückgeführt, die zeitlichen Änderungen der Größe und Richtung von $\vec{h}$ zu berechnen. Für eine Lösung derartiger polarer Makromoleküle einheitlicher Kettenlänge in einem unpolaren Lösungsmittel ergibt sich u. a. ferner, daß die Stelle des maximalen Verlustes $\omega_m = 1/\tau_m$ durch

$$\omega_m = \frac{1}{P\,\tau^*} \qquad\qquad (XIII, 32)$$

gegeben ist, wobei $\tau^*$ eine Relaxationszeit von einer dem isolierten monomeren Rest zukommenden Größe bedeutet. Auf Grund dieser Beziehung müßte man mindestens für verdünnte Lösungen bei bekanntem Polymerisationsgrad die Lage des Verlustmaximums roh abschätzen können. Kirkwood und Fuoss[1] haben ihre Rechnungen auch auf polydisperse und verzweigte Systeme erweitert. Ein quantitativer Vergleich der Theorie mit der Erfahrung ist nicht möglich, teils wegen der idealisierten Modellannahmen und außerdem, weil nur Messungen an konzentrierten Lösungen, z. B. weichgemachten Polyvinylchloriden[3] vorliegen, wo die einzelnen Fadenmoleküle nicht mehr als voneinander unabhängig angesehen werden können, so daß eine weitere Verbreiterung des Relaxationszeitspektrums entsteht[4], wie sie auch in weichgemachtem Polyvinylchlorid beobachtet wird[5] (vgl. dazu Band III, bzw. Band IV).

Die obengenannten Berechnungen des Relaxationsspektrums beziehen sich auf den Fall, daß die Momente in bezug auf das Kettengerüst festliegen. Sie verlieren ihren Sinn, wenn die polaren Gruppen in bezug

[1] Kirkwood, J. G., u. R. M. Fuoss: J. Chem. Phys. **9**, 329 (1941).

[2] Kuhn, W.: Helvet. chim. Acta **31**, 1259 (1948); **33**, 2057 (1950).

[3] Siehe dazu F. H. Müller u. Chr. Schmelzer: Erg. exakt. Naturwiss. **25**, 359 (1951).

[4] Im Polyvinylchlorid tritt noch eine weitere Gruppe von Relaxationszeiten auf, die mit den kristallinen Bereichen zusammenhängt und bei höheren Temperaturen verschwindet. Wir kommen darauf im Band III zurück.

[5] Fuoss, R. M.: J. Amer. Chem. Soc. **61**, 2329 (1939); **63**, 2410 (1941).

auf das Skelet der Kettenatome drehbar sind, sich also wie im $[CH_2CHOH]_x$ mehr oder weniger unabhängig von der Kette im Felde orientieren können. Je beweglicher diese polaren Gruppen gegenüber dem Kettengerüst sind, um so mehr kommt die einzelne, für die betreffende drehbare Gruppe charakteristische Relaxationszeit zum Vorschein, so daß wir im Grenzfall völlig freier Drehbarkeit nur eine einzige besonders kleine und vom Polymerisationsgrade unabhängige Relaxationszeit erhalten (s. das weiter unten genannte Beispiel des Polyester der $\omega$-Hydroxydekansäure). Bei mäßiger Rotationsbehinderung tritt nach DEBYE und RAMM[1] an Stelle der einen Relaxationszeit eine ganze Reihe von solchen auf. Außerdem wird das Dispersionsgebiet nach höheren Frequenzen verschoben.

Enthalten Fadenmoleküle zwar fest in der Kette orientierte, aber durch genügend lange bewegliche Kettenstücke voneinander getrennte polare Gruppen, so sind diese wiederum unabhängig voneinander orientierbar. Allerdings tritt nicht, wie man zunächst vermuten könnte, eine einzige Relaxationszeit, sondern ein ganz schmales Spektrum auf. Das liegt daran, daß die polaren Gruppen, z. B. in einer $[(CH_2)_9COO]_x$-Kette, bei der Drehung insofern etwas verschiedenen Bedingungen unterworfen sind, als die nach beiden Seiten anschließenden beweglichen unpolaren Kettenstücke zueinander verschieden gewinkelt und geformt sein können. Bei größeren Konzentrationen oder im reinen Stoff wird wegen der Schwankungen der Nahordnung die Drehbarkeit verschieden beeinflußt werden, die Relaxationszeiten also ein endliches, mehr oder weniger breites Intervall ausfüllen, so daß wieder ein Spektrum auftritt.

An dieser Stelle sei noch darauf hingewiesen, daß man aus der statischen Dielektrizitätskonstante bzw. der Orientierungspolarisation für unendlich lange Wellen nach PETERLIN und STUART[2] nicht entscheiden kann, ob das Molekül sich als starres Ganzes oder in Segmenten einstellt. Näheres in Band I, § 42e. Ferner sei auf den an derselben Stelle diskutierten Unterschied zwischen dem für die dielektrischen Verluste maßgebendem und dem geometrischen Fadenelement im Sinne von KUHN hingewiesen. Das dielektrische Fadenelement ist stets kleiner als das geometrische und kann bei entsprechend großer Drehbarkeit seitlicher polarer Gruppen oder bei genügender Beweglichkeit der Kette mit dem Grundmolekül zusammenfallen.

*Messungen der dielektrischen Relaxation.* An verdünnten Lösungen liegen nur wenige Messungen vor. So hat CONNER[3] an den Polyestern der $\omega$-Hydroxydekansäure vom Molekulargewicht 8600 in 4,5%iger Benzollösung in dem für kugelige Moleküle gleicher Masse zu erwartenden Dispersionsgebiet zwischen etwa $2 \cdot 10^6$ und $20 \cdot 10^6$ Hz keinerlei Andeutung eines frequenzabhängigen dielektrischen Verlustes gefunden und außerdem nachweisen können, daß die Relaxationszeiten nicht größer als einige $10^{-12}$ sec sein können. Dieser Wert entspricht ungefähr der freien

---

[1] DEBYE, P., u. W. RAMM: Ann. Physik **28**, 28 (1937).

[2] STUART, H. A.: Fiat Review **1947**, Naturforsch. u. Med. 1939—1946, Bd. 30, Physikalische Chemie, S. 183.

[3] CONNER, W. P.: J. Chem. Phys. **9**, 591 (1941).

Rotation der Estergruppen, zeigt also die große Beweglichkeit der Kette. Das ist auch in Übereinstimmung mit dem Ergebnis der Dielektrizitätskonstantenmessungen von BRIDGEMAN[1] an derselben Substanz, wonach die durch je neun $CH_2$-Gruppen getrennten polaren Gruppen sich offenbar unabhängig voneinander im Felde orientieren können (vgl. Band I, S. 331), was nur bei einer entsprechenden Biegsamkeit der Paraffinketten möglich ist.

Auch bei Polymethylmethacrylaten wurde in dem obigen Frequenzbereich keinerlei Dispersion gefunden. Dieser Befund sowie die Tatsache, daß das gemessene Dipolmoment ziemlich gleich dem mittels der EYRINGschen Gleichung für freie Drehbarkeit (vgl. Band I, § 42) berechneten ist, spricht für eine hohe Biegsamkeit der Ketten[2, 3].

---

[1] BRIDGEMAN, W. B.: J. Amer. Chem. Soc. **60**, 530 (1938).

[2] Eine völlig freie Drehbarkeit bei polaren $-\overset{\text{O}}{\overset{\|}{C}}-O-CH_3$---Gruppen ist, wovon man sich leicht an Hand von Kalottenmodellen überzeugt, natürlich unmöglich.

[3] Das Ergebnis bei den Polymethylmethacrylaten ist insofern nicht ganz eindeutig, als bei sehr langen Stäbchen, Achsenverhältnis 1:100 und mehr, die Dispersion in ein bei diesen Messungen nicht erfaßtes Frequenzgebiet fallen würde.

### Vierzehntes Kapitel

# Über die Form und innere Beweglichkeit von Fadenmolekülen in Lösung.

Von

**H. A. Stuart.**

Mit 7 Textabbildungen.

## Allgemeines.

Wir besprechen in diesem Paragraphen die nach den verschiedenen, bereits früher behandelten Methoden gewonnenen Ergebnisse über die Form und Steifheit von Fadenmolekülen sowie über Abhängigkeit vom Lösungsmittel und der Temperatur. Die Verhältnisse bei polyvalenten Fadenmolekülen werden im nächsten Kapitel XV behandelt. Ferner werden wir in besonderen Paragraphen auf die vorläufig allerdings nur spärlichen Möglichkeiten zur Bestimmung von Verzweigungen sowie der inneren Beweglichkeit von Fadenmolekülen in Lösung eingehen.

## § 99. Zur Bestimmung der Form und Abmessungen von Fadenmolekülen.

**a) Vorbemerkung über die Unterscheidung verschiedener Molekülformen.**

Wir haben in den vorhergehenden Kapiteln gesehen, daß bei den hydrodynamischen Erscheinungen der Sedimentation, Diffusion, der Viscosität und Strömungsdoppelbrechung sowie bei der elektrischen Doppelbrechung und dielektrischen Relaxation charakteristische Unterschiede, vor allem in der Abhängigkeit der entsprechenden Meßgrößen vom Polymerisationsgrade auftreten, je nachdem, ob wir es mit kugeligen massiven oder stäbchenförmigen Teilchen bzw. mit statistisch geknäuelten Gebilden zu tun haben. Soweit es sich um Knäuelmoleküle handelt, lassen sich ferner der Grad der Durchspülung des Lösungsmittels sowie die Größe der inneren Viscosität erkennen. Die wesentlichen Punkte seien kurz zusammengefaßt.

Da das Molekulargewicht unabhängig von der Form aus osmotischen oder Lichtzerstreuungsmessungen oder aus dem Sedimentationsgleichgewicht bzw. durch Endgruppenbestimmungen ermittelt werden kann, ist es im allgemeinen mindestens genähert bekannt. Man kann dann bereits aus der Größe der Viscositätszahl oder der Maxwellschen Konstante die Form der Moleküle erkennen. Ein Zahlenbeispiel möge das erläutern. Ein Polystyrol vom Molekulargewicht 1 000 000 würde als massives Kügelchen einen Radius von etwa 65 Å besitzen, als starre gestreckte Zickzackkette würde seine Länge 24 200 Å und seine mittlere Dicke $\approx$ 7,5 Å betragen. Die Viscositätszahl der Lösung wäre beim Kügelchen nach Gl. (XI, 2) unabhängig vom Molekulargewicht genau 2,5 ($[\eta]$ in cm³/g) und beim Stäbchen [Gl. (XI, 5a)] $\sim$ 1,5 · 10⁵, was also einen Unterschied von 5 Größenordnungen bedeutet. Die beobachteten Werte liegen in Toluollösung bei 195 in cm³/g. Die Strömungsdoppelbrechung würde für ein geknäueltes und gestrecktes Molekül ähnliche Unterschiede aufweisen, bei der Orientierungszahl wären sie noch größer. Bei kleineren Polymerisationsgraden können Fadenmoleküle, z. B. Cellulosederivate, noch so wenig geknäuelt sein, daß man sie besser als starre „Stäbchen" beschreibt (vgl. die Diskussionen über Celluloseacetate in § 73 c 6).

Viel interessanter, aber meist auch viel schwieriger zu beantworten sind die Fragen nach den charakteristischen Parametern von Fadenknäueln. Soweit die Moleküle nicht deformiert werden, also wie in ruhenden Lösungen oder bei genügend kleinen Strömungsgefällen als „starr" behandelt werden dürfen, können wir mit Hilfe des statistischen Knäuelmodells den Übergang vom frei durchspülten bis zum völlig undurchspülten Knäuel verfolgen (Theorien von Kuhn und Kuhn, Kirkwood-Riseman). Hier können bei der Auswertung von Messungen der Sedimentation, Diffusion und Viscosität auch Modellversuche an starren makroskopischen Modellen von großem Werte sein. Der Grenzfall des undurchspülten Knäuels läßt sich natürlich auch durch die äquivalente Kugel beschreiben (Sadron). Außerdem kann man auch von dieser Seite her das teilweise durchspülte Knäuel erfassen (Debye-Bueche).

Bei größeren Geschwindigkeitsgefällen werden die Fadenknäuel deformiert, so daß wir jetzt auch den der Geschwindigkeit der Deformation proportionalen Widerstand des Moleküls, seine innere *Viscosität* $\eta_i$ einführen müssen (Kuhn). Theoretische Ansätze für das teilweise durchspülte Knäuel einschließlich der Grenzfälle mit kleiner und großer innerer Viscosität und für kleinere und größere Geschwindigkeitsgefälle hat vor allem Kuhn entwickelt. Der Grenzfall des völlig undurchspülten Knäuels kann natürlich auch wieder mit Hilfe der äquivalenten Kugel behandelt werden, der jetzt aber noch ein Elastizitätsmodul und eine innere Viscosität der Kugelsubstanz[1] zugeschrieben werden müssen (s. § 85 und 92 b 2). Diese innere Viscosität läßt sich im Gegensatz zur Kuhnschen nicht modellmäßig interpretieren. Die wichtigste Untersuchungsmethode ist hier die Strömungsdoppelbrechung mit ihren großen Geschwindigkeitsgefällen und ihrem charakteristischen Verlauf des Auslöschwinkels mit $q$ in Abhängigkeit vom Charakter des Knäuels. Versuche an makroskopischen starren Modellen lassen sich hier natürlich nicht mehr heranziehen.

---

[1] Diese umfaßt das Fadenmolekül und die immobilisierten kleinen Moleküle.

Die hydrodynamischen Verfahren zur Abschätzung der charakteristischen Konstanten eines Knäuelmoleküls $A_m$ und $\eta_i$ werden um so unsicherer, je weniger das Knäuel durchspült wird und verlieren bei einem völlig undurchdringlichen Gebilde, das nur noch als Ganzes durch eine äquivalente, sei es starre bzw. elastisch deformierbare Kugel dargestellt werden kann, ihren Sinn.

Außerdem sei hier schon bemerkt, daß es bei dem heutigen Stande der Theorie im allgemeinen noch nicht möglich ist, überzeugend zu entscheiden, ob ein wenig durchspültes Knäuel mit kleiner innerer Viscosität oder ein elastisch deformierbares Kügelchen vorliegt (vgl. dazu die Ausführungen über Polystyrolmoleküle in § 100 b 2 und § 92 b 3).

### b) Bestimmung der Abmessungen und des Knäuelungsgrades von Fadenmolekülen.

Die theoretisch voraussetzungsfreieste Methode zur Bestimmung der mittleren Länge $\sqrt{\overline{h^2}}$ ist die unmittelbare optische Vermessung mit Hilfe der Lichtzerstreuung im Sichtbaren. Da sie auf der Wirkung der innermolekularen Interferenzen beruht, kommt sie nur bei Molekülen in Frage, deren Abmessungen etwa $1/10 \lambda$ [1] und mehr betragen. Ihr entspricht die in Kap. XI besprochene Röntgenkleinwinkelstreuung, die natürlich auch auf kleinere Moleküle angewandt werden kann, aber als Methode noch nicht soweit durchgebildet ist.

Im Gegensatz zur Lichtzerstreuung vermögen Messungen der Viscositäts- und der Orientierungszahl oder der Sedimentation und Diffusion nur mit Hilfe zusätzlicher Modellannahmen eine Aussage über die Molekülgröße zu liefern. Im Falle eines undurchdringlichen Knäuels kann man natürlich direkt aus der Viscositätszahl mit Hilfe des EINSTEINschen Gesetzes den Durchmesser der äquivalenten Kugel bestimmen. Da nun zwischen der mittleren maximalen Ausdehnung $d_{max}$ eines statistischen Knäuelmoleküls in beliebiger Richtung und dem mittleren Abstandsquadrat der Fadenendpunkte die Beziehung [2]

$$d_{max} = 0{,}92\,\sqrt{\overline{h^2}} \approx \sqrt{\overline{h^2}} \qquad\qquad \text{(XIV, 1)}$$

besteht und man diesen Maximaldurchmesser genähert dem Durchmesser $d_K$ der äquivalenten Kugel gleichsetzen darf, hat man also eine Möglichkeit, aus Viscositätsmessungen $\sqrt{\overline{h^2}}$ zu bestimmen [3], voraus-

---

[1] $\lambda$ im Medium gemessen.

[2] DANIELS, H. E.: Proc. Cambridge Philos. Soc. **37**, 244 (1941). — HOLLINGSWORTH, C. A.: J. Chem. Phys. **16**, 544 (1948); **17**, 91 (1949). — KUHN, H.: Helvet. chim. Acta **31**, 1677 (1948).

[3] Ersetzt man das undurchspülte Fadenmolekül durch die äquivalente Kugel mit $d_K = \sqrt{\overline{h^2}}$, so folgt für die Viscositätszahl (EINSTEINsches Gesetz)

$$[\eta] = \frac{2{,}5\,N_L\,v}{M} = \frac{2{,}5\,N_L}{M}\,\frac{4\,\pi}{3}\,\frac{\sqrt{(\overline{h^2})}^{\,3}}{8} = \frac{2{,}5\,\pi}{6}\,\frac{N_L}{M}\,\sqrt{(\overline{h^2})}^{\,3} = 7{,}9\cdot 10^{23}\,\frac{\sqrt{(\overline{h^2})}^{\,3}}{M}$$

und weiter mit

$$[\eta] = K\,M^{1/2}\,;\quad K = \frac{2{,}5\,\pi}{6}\,N_L\left(\frac{\overline{h^2}}{M}\right)^{3/2} = 7{,}9\cdot 10^{23}\left(\frac{\overline{h^2}}{M}\right)^{3/2},$$

bezogen auf $c_g$ in g/cm³.

gesetzt, daß die Knäuel wirklich völlig undurchspült sind. Auf dieser Grundlage ergibt sich für ein Polystyrolmolekül mit $M = 1\,000\,000$ in Benzollösung $\sqrt{\overline{h^2}} = 630\,\text{Å}$, gegenüber dem aus der Lichtzerstreuung folgenden Werte von $1100\,\text{Å}$. Das heißt also umgekehrt, daß das äquivalente Kügelchen bei Verwendung der optisch bestimmten Durchmesser viel zu große Viscositätszahlen ergeben würde. Dieser Befund spricht sehr stark dafür, daß das Knäuel auch bei diesem Molekulargewicht noch erheblich durchspült wird, im Gegensatz zur FLORYschen Annahme[1], wonach schon bei Molekulargewichten von $10\,000$ bis $50\,000$ die Knäuel völlig undurchspült sein sollen. Damit werden natürlich auch die Voraussetzungen der FLORYschen Deutung der thermodynamischen Wechselwirkung und ihre Folgerungen, die wir im Abschnitt c2 besprechen werden, etwas unsicher. Bei teilweise durchspülten Knäueln ist man auf die Theorien von KUHN und KUHN, DEBYE-BUECHE und KIRKWOOD-RISEMAN angewiesen, die jedoch keineswegs immer übereinstimmende Ergebnisse liefern (vgl. Tab. VIII, 5, XIV, 4 und die Ausführungen in § 84).

Es ist ferner möglich, aus der Viscositäts- oder der Orientierungszahl die Rotationsdiffusionskonstante und aus dieser genähert die Länge des Moleküls zu bestimmen (vgl. dazu die Paragraphen 81, 88 und 92b2).

Dieses Verfahren ist bei starren Ellipsoiden oder Stäbchen, soweit sie den Bedingungen der Kontinuumstheorie genügen, einwandfrei, bei verknäuelten Molekülen jedoch nur dann anwendbar, wenn diese so weit durchspült sind, daß man dem Fadenmolekül noch eine hydrodynamische Dicke zuordnen kann, die Moleküle in der Strömung nicht deformiert werden und schließlich auch die Orientierungszahl $[\omega]$ für $q \to 0$ und $c \to 0$ aus den Beobachtungen genügend genau bestimmt werden kann, was nur selten der Fall ist.

Sind die obigen Voraussetzungen erfüllt, so kann man auf Grund von Versuchen an makroskopischen Modellen mit Hilfe von Ähnlichkeitsbetrachtungen aus der Rotationsdiffusionskonstanten, die ja den Meßgrößen $[\eta]$ bzw. $[\omega]$ umgekehrt proportional sind (vgl. § 84 und § 92b), diese mit den Molekülgrößen $L_{max}$, $A_m$ und $d_h$ verknüpfen. Dieses Verfahren kann natürlich nur qualitative Ergebnisse liefern und setzt, wie gesagt, voraus, daß die Moleküle noch ziemlich durchspült sind. Aber gerade darüber besteht heute noch große Unklarheit (s. a. weiter oben). Manche Erfahrungen, wie die Konstanz des Exponenten $\alpha$ im Viscositätsgesetz $[\eta] = K\,M^{\alpha}$ über erstaunlich große Molekulargewichtsbereiche und die Beobachtungen über den Orientierungswinkel in Abhängigkeit von der Viscosität des Lösungsmittels (vgl. § 92b3) deuten darauf hin, daß Fadenmoleküle im allgemeinen viel weniger durchspült sind, als im allgemeinen angenommen wird.

Es ist ein besonderer Vorzug der Lichtzerstreuung, daß ihre Ergebnisse vom Grad der Durchspülung unabhängig sind und daß man ferner direkt erkennen kann, ob das einfache $\sqrt{\overline{h^2}} \sim \sqrt{M}$-Gesetz zutrifft oder

---

[1] FLORY, P. J., u. T. G. FOX JR.: J. Amer. Chem. Soc. **73**, 1904 (1951).

ob sich das Knäuel wegen der Volumenbeanspruchung der Segmente zusätzlich aufweitet.

Ist aus Messungen der Winkelabhängigkeit der Intensität des Streulichtes die mittlere Länge des Moleküls $\sqrt{\overline{h^2}}$ bekannt, so erhält man direkt den Knäuelungsgrad

$$Q = \frac{L_{max}}{\sqrt{\overline{h^2}}}, \qquad (\text{XIV}, 2)$$

wo $L_{max}$ die Länge der gestreckten Zickzackkette ist. Untersucht man die Knäuelung in Abhängigkeit vom Molekulargewicht, so zeigt sich, wie schon in Band I, § 56b am Beispiel der Nitrocellulose ausgeführt wurde, daß die Ketten anfänglich fast gestreckt sind und daß erst mit wachsender Kettenlänge eine Knäuelung einsetzt. Erst wenn die Zahl der statistischen Fadenelemente genügend groß wird, kann man erwarten, daß die mittlere Länge $\sqrt{\overline{h^2}}$ proportional mit der Wurzel aus $M$ ansteigt. Dabei muß man aber damit rechnen, daß schon sehr bald durch die räumliche Behinderung entfernter Fadenelemente innerhalb des Knäuels und durch die Wechselwirkung mit dem Lösungsmittel dieses zusätzlich aufgeweitet wird (s. Abschnitt c).

Im Bereich der statistischen Knäuelung $\sqrt{\overline{h^2}} \sim \sqrt{M}$ können wir bei unverzweigten Molekülen auch die Länge des statistischen Fadenelementes angeben, am einfachsten im Sinne des KUHNschen Modelles, das ja hinsichtlich seiner maximalen und mittleren Länge mit dem wirklichen Fadenmolekül übereinstimmt (vgl. Band I, § 33). Die Zahl $s$ der monomeren Reste pro Fadenelement bzw. dessen Vorzugslänge $A_m$ erhält man dann mittels der Gleichungen

$$\overline{h^2} = Z A_m^2 = Q^2 A_m^2 = A_m L_{max} = A_m l_R P$$
$$Q = \sqrt{Z} = \sqrt{P/s}. \qquad (\text{XIV}, 3)$$

Steigt infolge des Raumerfüllungseffektes $\sqrt{\overline{h^2}}$ stärker als proportional mit $\sqrt{M}$ an, was offenbar recht häufig der Fall ist, so erhält man für die Länge des statistischen Fadenelementes der betreffenden polymerhomologen Reihe mit dem Molekulargewicht ansteigende und zu große Werte (s. das Beispiel des Polymethacrylsäuremethylesters in § 100 und Tab. XIV, 6). Umgekehrt werden in einem schlechten Lösungsmittel, wo eine zusätzliche Einknäuelung des Moleküls erfolgt, die Werte zu klein (vgl. auch den nächsten Abschnitt).

### c) Molekülabmessungen und thermodynamische Wechselwirkung.

Die Beziehung $\sqrt{\overline{h^2}} \sim \sqrt{M} \sim \sqrt{P}$ ist ein Idealgesetz, das in Wirklichkeit durch zwei Effekte wesentlich modifiziert werden kann. Einmal können die Kräfte zwischen den Ketten- und Lösungsmittelmolekülen und diejenigen zwischen den Teilen eines Fadenmoleküls unter sich, je nachdem welche Art überwiegt, zu einer starken Solvatation und Aufweitung des Knäuels oder auch umgekehrt zu einer zusätzlichen Einknäuelung führen. Die Quellung eines Fadenmoleküls in Lösung wird

natürlich nicht nur von den Wechselwirkungskräften, sondern auch von
der statistischen Rückstellkraft bestimmt, da ja das gequollene Molekül
umgekehrt das Bestreben hat, wahrscheinlichere Formen anzunehmen.
Maßgebend für das Ausmaß der Quellung ist also die damit verbundene
Änderung der freien Energie. Ferner schränkt der Raumbedarf der einzelnen Gruppen eines Knäuelmoleküls die statistischen Konfigurations-
möglichkeiten ein — ein Segment kann nicht am Orte eines anderen sein —,
so daß das Knäuel aufgeweitet wird (sog. *Raumerfüllungseffekt*). Diese
Effekte zusammen bezeichnen wir als die *thermodynamische Wechselwirkung* des *Moleküls* mit seiner *Umgebung*. Sie läßt sich durch den
*zweiten Virialkoeffizienten* der *Lösung* erfassen. Eine weitere sehr ins
einzelne gehende, auch modellmäßig ausdeutbare Darstellung dieser
Wechselwirkung haben FLORY und FOX vorgeschlagen (s. Abschnitt 2).

### 1. Molekülabmessungen und zweiter Virialkoeffizient.

In einem guten Lösungsmittel haben wir relativ starke Kräfte
zwischen den Ketten- und Lösungsmittelmolekülen. Das bedeutet gute
Solvatation. Durch diese Anlagerung von Molekülen an die Kette wird,
gleichgültig, ob diese stöchiometrisch oder statistisch erfolgt, ob sie im
letzteren Falle dynamischer oder statischer Natur ist, schon aus
räumlichen Gründen die Drehbarkeit zusätzlich behindert werden.
Eine stöchiometrische Solvatation kann auch neue ausgezeichnete
Konfigurationen benachbarter Gruppen ergeben. Im allgemeinen, aber
nicht unter allen Umständen wird durch die Solvatation eine Benach-
teiligung von cis-Konfigurationen eintreten, die Kette also im Mittel
verlängert, das Molekül gestreckter werden. Gute Solvatation bedeutet
daher in der Regel[1] eine Vergrößerung der mittleren Länge und damit
auch eine solche des statistischen Fadenelementes. Beim osmotischen
Druck äußert sich das in einer Vergrößerung des zweiten Virialkoeffizienten $B$, d. h. in einem stärkeren Anstieg der $\Pi/c_g$-Kurve

$$\frac{\Pi}{c_g} = \mathrm{R}T\left(\frac{1}{M} + B\,c_g + \cdots\right) \qquad \text{(XIV, 4)}$$

mit der Konzentration.

In einem schlechten Lösungsmittel werden die Anziehungskräfte
zwischen den gelösten Molekülen (2) und zwischen den Gruppen ein und
desselben Moleküls im Vergleich zu denjenigen zwischen Ketten- und
Lösungsmittelmolekülen (1) größer. Das bedeutet Einknäuelung und
Neigung zur Assoziation, $\sqrt{\bar{h}^2}$ und $B$ werden kleiner[2]. Man darf nun aber
nicht genau $B = 0$ einem „indifferenten" Lösungsmittel zuordnen, in
welchem die Kräfte (1, 2) und (2, 2) soweit gleich sind, daß die statistische
Knäuelung gerade dem kräftefreien Falle entspricht. Denn der zweite
Virialkoeffizient mißt sowohl den Platzbedarf der gelösten Moleküle ($B'$),

---

[1] Da man mit gelegentlichen Abweichungen von dieser Regel rechnen muß,
kann man also umgekehrt aus einer Vergrößerung der mittleren Länge oder der
Viscositätszahl nicht mit völliger Sicherheit auf eine bessere Solvatation schließen.

[2] Über die Bedeutung des zweiten Virialkoeffizienten vgl. auch P. M. DOTY:
Vortrag am Internat. Kongreß, Les grosses molécules en solution, S. 60. Paris 1948.

wie auch die Wechselwirkung zwischen den Makromolekülen und den Lösungsmittelmolekülen ($B''$). Wir schreiben daher versuchsweise

$$B = B' + B''/T \,, \qquad\qquad\qquad \text{(XIV, 5)}$$

wobei $B$ also im allgemeinen eine Funktion von $T$ ist und auch mit dem Molekulargewicht variieren kann (vgl. Tab. XIV, 2).

Der Volumenbedarf ist bei Fadenmolekülen besonders groß, so daß die Anwesenheit eines Makromoleküls in einem bestimmten Volumenelement die Aufenthaltswahrscheinlichkeit für andere Moleküle im gleichen Element erheblich herabsetzt. Um diese Verminderung des „freien" Volumens zu kompensieren, bedarf es einer gewissen Anziehungskraft zwischen den gelösten Molekülen, so daß $B = 0$, $B''/T = -B'$ in Wirklichkeit bei vorgegebener Temperatur eine bestimmte Anziehungskraft (2, 2) bedeutet[1]. Wird diese größer, so wird $B$ negativ, allerdings nur wenig, weil ja dann sehr schnell Ausfällung und Koagulation eintritt.

PETERLIN[2] hat gezeigt, wie man den Raumerfüllungseffekt und die energetische Wechselwirkung mit dem Lösungsmittel unmittelbar in der Verteilungsfunktion der Fadenelemente innerhalb des Knäuels berücksichtigen kann und zwar durch Einführung des osmotischen Druckes der Fadenelemente (vgl. dazu auch § 83). Aus der Dichteverteilung folgt für das Abstandsquadrat $\bar{h}^2$ die Beziehung

$$\bar{h}^2 = P\,l'^2\left(1 + 2{,}16\,\frac{M_{gr}}{N_L\,l'^3}\,\frac{B}{\sqrt{P}} + \cdots\right) = P\,l'^2\left(1 + \frac{E}{\sqrt{P}} + \cdots\right). \quad \text{(XIV, 6)}$$

Diese Gleichung stellt die durch $B$ bewirkte Aufweitung des Fadenknäuels dar. Für genügend großes $P$ erhalten wir wieder das Grenzgesetz $\bar{h}^2 \sim P$, siehe weiter unten. Eine Verbesserung der Rechnung führt zu einer ständigen Abweichung vom einfachen $\bar{h}^2 \sim P$-Gesetz, nämlich zur Beziehung

$$\bar{h}^2 = P\,l'^2\,(1 + \varepsilon \ln P) \qquad\qquad \text{(XIV, 7)}$$

mit dem Mittelwert

$$\varepsilon = \frac{E}{Z\ln Z} = C\,(B' + B''/T) \,,$$

wo $Z$ die Zahl der Segmente im Molekül bedeutet. Da $\varepsilon$ immer klein sein wird, können wir auch schreiben:

$$\bar{h}^2 = l'\,P^{1+\varepsilon} \,. \qquad\qquad\qquad \text{(XIV, 8)}$$

Man hätte somit als Folge der Raumerfüllung und der Wechselwirkung mit dem Lösungsmittel eine mit dem Polymerisationsgrad wachsende Abweichung von der Proportionalität zwischen $\bar{h}^2$ und $P$ in Übereinstimmung mit den späteren kinetischen Betrachtungen von FLORY[3]

---

[1] Erst bei unendlich großen Molekülen würde $B = 0$ dem Ausfällpunkt entsprechen.

[2] PETERLIN, A.: Vortrag am Internat. Kongreß, Les grosses molécules en solution (Makromoleküle in Lösung), S. 70. Paris 1948.

[3] FLORY, P. J.: J. Chem. Phys. **17**, 303 (1949).

(s. Abschnitt 2). Ein gutes Lösungsmittel mit positivem $\varepsilon$ würde den Knäuel aufweiten, ein sehr schlechtes mit negativem $\varepsilon$ ihn dagegen zusammenziehen[1].

Die Frage nach den Ursachen der Abweichungen vom $\sqrt{\bar{h}^2} \sim \sqrt{M}$-Gesetz ist noch nicht befriedigend beantwortet. Experimentell sind die Abweichungen durch Lichtzerstreuungsmessungen, vor allem an Polymethacrylsäuremethylestern ziemlich sichergestellt (§ 100b2). Theoretisch ist es nach J. J. HERMANS[2] ziemlich sicher, daß der Volumeneffekt allein für genügend lange Ketten wieder zum Idealgesetz führt, weil nämlich die Dichte am Ort der einzelnen Segmente gegen einen Grenzwert geht, siehe weiter unten und weil die Wechselwirkung benachbarter Glieder einfach eine Vergrößerung der Segmentlänge bedeutet. Das wird erst anders, wenn Kräfte vorhanden sind, deren Reichweite sich über das ganze Molekülknäuel erstreckt, was bei nichtionisierten Fadenmolekülen nicht zutrifft[3]. Die Verhältnisse werden komplizierter, wenn sich das Molekülknäuel in einem Lösungsmittel befindet, wo es quillt und der Entropieeinfluß auf die Molekülform noch von den Lösungsmittelmolekülen abhängt. Dieser Effekt spielt keine Rolle, wenn man wie in der Rechnungsweise von HERMANS das isolierte Fadenmolekül untersucht.

*Die Dichte in einem Faden-Knäuelmolekül.* Es ist nützlich, sich von der Dichte innerhalb eines Knäuelmoleküls eine wenigstens angenäherte Vorstellung zu machen. Ein Polystyrolmolekül mit $P = 13000$, also einem Molekulargewicht von etwa 1350000 hat in Benzol eine mittlere Länge von etwa 1300 Å, was einer mittleren Dichte $\varrho$ innerhalb der äquivalenten Kugel von etwa 2 g/l* entspricht. Das Kugelvolumen wäre etwa $1 \cdot 10^{-15}$ cm³. Diese mittlere Dichte ist, soweit $\sqrt{\bar{h}^2} \sim \sqrt{M}$ ist, proportional $M^{-1/2}$, nimmt also mit steigendem $M$ ab und umgekehrt zu. Für $M = 140000$ ist $\varrho$ bereits auf 6 g/l angestiegen. Bei gestreckteren Molekülen wie Cellulosederivaten werden die Knäueldichten noch kleiner. Am Ausfällpunkte wird das Molekül zusätzlich stark eingeknäuelt (vgl. § 2b), und zwar wird für Polystyrol mit $M = 1350000$ $\sqrt{\bar{h}^2} \sim 850$ Å, die mittlere Dichte also $\sim 6$ g/l. Bei der größtmöglichen Zusammenballung müßte die Dichte im Knäuel ziemlich gleich derjenigen der massiven Substanz, nämlich gleich 1,06 bzw. wegen der dichtesten Kugelpackung noch größer werden. Der Radius wäre dann nur noch etwa 5 Å. Solche Radien sind tatsächlich elektronenmikroskopisch bei einzelnen Polystyrolmolekülen beobachtet worden[4]. Sie zeigen, daß

---

[1] Am Ausfällpunkt deuten die Viscositätswerte auf einen kompakten, hydrodynamisch fast undurchdringlichen Knäuel mit $\sqrt{\bar{h}^2} \sim P^{1/2}$ hin. In besseren Lösungsmitteln hätte man dann gerade den Fall mit positivem $\varepsilon$, worauf besonders FLORY hingewiesen hat.

[2] Vgl dazu Bd. I, § 95b.

[3] SADRON, C.: Mainzer Kolloquium über „Die Knäuelgestalt von Fadenmolekülen in Lösung", 11./12. November 1952.

* $\varrho = \dfrac{6\,M}{\pi\,N_L\,(\bar{h}^2)^{3/2}} \sim M^{-1/2}$.

[4] SIEGEL, B., D. JOHNSON u. H. MARK: J. Polymer Sci. 5, 111 (1950).

beim Eindampfen des Lösungsmittels die Fadenmoleküle sich tatsächlich möglichst dicht zusammenziehen.

In Wirklichkeit ist die Verteilung der Fadenelemente innerhalb des Knäuels keineswegs gleichmäßig. Wir haben vielmehr, bezogen auf den Schwerpunkt, d. h. den Mittelpunkt des Moleküls, eine Dichteverteilung, die im Innern einer GAUSSschen[1] entspricht, jedoch nach außen langsamer[2] abfällt als diese[3].

Wir geben hier nur für das KUHNsche Ersatzmodell die Beziehung für die maximale Dichte in der Nähe der Fadenmitte an.

$$\varrho_{max} = \frac{1000}{6,06 \cdot 10^{23}}\, 2 \left(\frac{3}{2\,\pi}\right)^{3/2} \frac{s}{A^3_m} \left[\sqrt{2} - \frac{2\,\sqrt{2}}{\sqrt{Z}}\right], \qquad \text{(XIV, 9)}$$

Man erkennt, daß die Dichte in der Fadenmitte, und das gilt am Ort eines jeden anderen Fadenelementes, mit dem Molekulargewicht zunächst zunimmt und dann allmählich gegen einen Grenzwert geht, während die mittlere Dichte ständig abnimmt. Das ist kein Widerspruch, wenn man beachtet, daß die Wahrscheinlichkeit ein weiteres Fadenelement am Orte eines anderen anzutreffen, mit wachsender Kettenlänge größer werden muß, die mittlere Dichte aber deshalb mit $M$ ständig abnimmt, weil in immer größer werdenden Gebieten des Knäuelvolumens überhaupt kein Segment anzutreffen ist.

Aus der obigen Gleichung folgt bei einem Polystyrol mit $A_m = 54$ Å und $s = 21$ für die Dichte in der Fadenmitte bei einem Polymerisationsgrad von 13000 etwa 20,5 g/l, für $P = 1300$ etwa 18 g/l, während die mittleren Dichten etwa 1,9 bzw. 6 g/l betragen[3]. In Anbetracht dieser überraschend hohen Konzentration in der Mitte kann man sich gut vorstellen, daß bei Zusatz eines Fällungsmittels der erste Schritt beim Ausfällen eine starke innermolekulare Assoziation von Kettenstücken ist[4]. Da die Dichte im Innern unabhängig von der Verdünnung der Lösung mit der Kettenlänge ansteigt, haben wir damit eine wenigstens teilweise Erklärung für die mit steigendem Molekulargewicht abnehmende Löslichkeit.

### 2. Molekülabmessungen und thermodynamische Wechselwirkung nach FLORY[5].

Die FLORYsche Theorie ist schon in den Kap. II, § 31d und XI, § 83 besprochen worden, so daß wir uns hier auf einige Hinweise und Ergänzungen beschränken können. FLORY geht davon aus, daß der Grenzfall des undurchspülten Knäuels im allgemeinen schon bei sehr niedrigen

---

[1] KUHN, W.: Helvet. chim. Acta **32**, 735 (1949); vgl. auch A. PETERLIN, l. c.

[2] DEBYE, P. u. F. BUECHE: J. Chem. Phys. **20**, 1337 (1952).

[3] Unsere Zahlen weichen von den von KUHN angegebenen um einen Faktor von etwa 0,42 ab, da wir entsprechend den Beobachtungen der Lichtzerstreuung größere Werte für $A_m$ und $s$ benutzen, also kleinere Dichten erhalten.

[4] Diese „Selbstkondensation" kann man nach KUHN mit der Bildung eines Flüssigkeitstropfens im übersättigten Dampf durch Zusammenlagerung vieler Einzelmoleküle vergleichen.

[5] FLORY, P. J.: J. Chem. Phys. **17**, 303 (1949). — FLORY, P. J., u. T. G. FOX jr.: J. Amer. Chem. Soc. **73**, 1904 (1951).

Molekulargewichten zwischen 10000 und 50000 erreicht wird, was aber, wie schon im Abschnitt b ausgeführt, keineswegs sicher ist, und daß die bekannten Abweichungen des Exponenten $a$ im Viscositätsgesetz $[\eta] = K\,M^a$ von 0,5 nicht auf eine nur teilweise Durchspülung, sondern ausschließlich auf den Raumerfüllungseffekt und die Wechselwirkung mit dem Lösungsmittel zurückzuführen sind. Das Viscositätsgesetz wird dann in der Form

$$[\eta] = K'\,M^{0,5}\,\alpha^3 \qquad\qquad (\mathrm{XIV},\,10)$$

geschrieben, wo $K'$ eine vom Lösungsmittel unabhängige, für die betreffende polymerhomologe Reihe charakteristische Konstante bedeutet. $\alpha$ ist der Faktor, um den die Lineardimensionen des Knäuels durch die thermodynamische Wechselwirkung vergrößert werden[1]. In einem *„indifferenten" Lösungsmittel*, also genähert bei der *Entmischungstemperatur* $\Theta$ für unendlich lange Moleküle, wird genähert $\alpha = 1$ und der zweite Virialkoeffizient $B = 0$ und damit

$$[\eta]_\Theta = K'\,M^{1/2} \quad \text{oder} \quad K' = [\eta]_\Theta / M^{1/2}. \qquad (\mathrm{XIV},\,11)$$

$K'$ ist daher ein Maß für die Ausdehnung der Kette, die sie ohne thermodynamische Wechselwirkung, gewissermaßen im Gaszustande besitzen würde.

Für diesen völlig ungestörten Zustand gilt, natürlich genügend lange Ketten vorausgesetzt, in aller Strenge das Gesetz

$$\sqrt{\overline{h_0^2}} \sim \sqrt{M},$$

wobei die $\sqrt{\overline{h_0^2}}$ die mittlere Länge des *ungestörten* Moleküls bedeutet. Die Größe $\overline{h_0^2}/M$ stellt also einen für jede polymerhomologe Reihe charakteristischen Parameter dar, den wir als das *Streckungsmaß* bezeichnen wollen. Wie Fox und Flory theoretisch gezeigt haben, besteht zwischen $K'$ und $\overline{h_0^2}$ die Beziehung

$$K' = \Phi\,(\overline{h_0^2}/M)^{3/2}, \qquad\qquad (\mathrm{XIV},\,12)$$

wobei $\Phi$ für alle Hochpolymeren unabhängig vom Lösungsmittel und von der Temperatur denselben Wert besitzen sollte[2]. Nach dem bisherigen Beobachtungsmaterial[3] ist $\Phi = 2,1 \pm 0,5 \cdot 10^{21}$, falls die Konzentration in g/100 cm³ angegeben wird. Aus Viscositätsmessungen bei der kritischen Entmischungstemperatur (über deren Bestimmung vgl. § 83) kann man also direkt das Streckungsmaß der ungestörten Kette bestimmen und weiterhin die Größe $\sqrt{\overline{h_0^2}}$ mit der aus Lichtzerstreuungsmessungen in verschiedenen Lösungsmitteln direkt gemessenen mittleren Länge $\sqrt{\overline{h}}$ vergleichen (s. die Beispiele in § 100 b).

---

[1] Da $[\eta]$ mit dem Volumen der äquivalenten Kugel ansteigt, wird die Viscositätszahl proportional $\alpha^3$.

[2] Das entspricht der Beobachtung, daß für ein und dieselbe Substanz beim Ausfällpunkt die Viscositätszahl ziemlich unabhängig vom Lösungsmittel bleibt und daß weiter die Größe $K = [\eta]/M^a$ bei der dem Fall $a = 0,5$ entsprechenden äquivalenten Kugel proportional $(h^2/M)^{3/2}$ ist. Die äquivalente Kugel mit $d_K = \sqrt{h^2}$ gibt allerdings für die Proportionalitätskonstante nicht den Wert 2,3, sondern 7,9 · 10²³ (vgl. Anm. 3 auf S. 641 in § 99 b).

[3] Vgl. T. G. Fox jr. u. P. J. Flory: J. Amer. Chem. Soc. **73**, 1909, 1915 (1951)·

# § 100. Beobachtungsmaterial über unverzweigte Fadenmoleküle.

### a) Die Abhängigkeit der Molekülabmessungen vom Lösungsmittel und von der Temperatur.

In der Tab. XIV, 1 sind die bis heute vorliegenden wichtigsten Beobachtungen über die Abhängigkeit der mittleren Moleküllength vom Lösungsmittel und von der Temperatur zusammengestellt. Man erkennt, wie die mittlere Länge eines Polystyrolmoleküls vom Molekulargewicht 1 600 000 vom niedersten Wert 850 Å im schlechten Lösungsmittel Cyclohexan auf den Wert 1335 Å in einem guten Lösungsmittel wie Dichloräthan ansteigt. Das Lösungsmittelgemisch 65% $C_2H_4Cl_2$ und 35% Cyclohexan ergibt noch eine weitere Streckung des Moleküls, stellt also offenbar ein noch besseres Lösungsmittel dar. Die Längen ändern sich also fast im Verhältnis von fast 1:2. Eine noch größere Veränderlichkeit zeigt der zweite Virialkoeffizient der Lösung $B$, der unmittelbar die Wechselwirkung mit dem Lösungsmittel erfaßt, in die Gl. (XIV, 6) für die mittlere Länge jedoch nur als Korrekturglied eingeht. Einiges Material über den Zusammenhang zwischen $\sqrt{\overline{h^2}}$ und $B$ ist in den Abb. XIV, 1 und XIV, 2 zusammengestellt. Wie man sieht, streuen beim Polystyrol die Beobachtungspunkte[1] stark um die durchgezogene Kurve. Über den

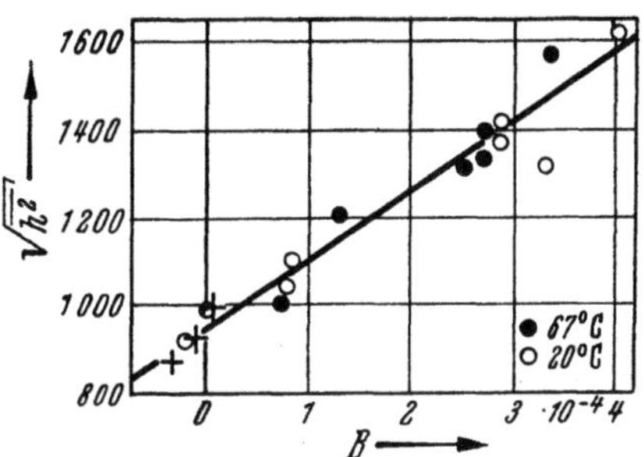



Abb. XIV, 1. Die mittlere Länge eines Polystyrolmoleküls in Abhängigkeit vom zweiten Virialkoeffizienten, Beobachtungen von OUTER, CARR und ZIMM an Polystyrol mit $M = 1\,600\,000$ in verschiedenen Lösungsmitteln bei 22° und 67° C. ● 67°; ○ 20° C; + Cyclohexan.

Einfluß der Temperatur kann man hier nichts Endgültiges aussagen, im Gegensatz zu den in der Abb. XIV, 2 wiedergegebenen Messungen am Polyisobutylen (s. weiter unten).

Man erkennt also klar, wie mit steigendem $B$, d. h. besserer Löslichkeit das Molekül gestreckter wird, was natürlich auch in einer Zunahme der Länge des statistischen Fadenelementes zum Ausdruck kommt.

Der Fall $B = 0$, der einem schlechten Lösungsmittel wie Cyclohexan bei etwa 30° bis 35° oder einer Mischung wie Butanon und 2-Propanol bei ebenfalls etwas erhöhter Temperatur entspricht, ergibt bei $M = 1\,600\,000$ für $\sqrt{\overline{h^2}}$ einen Wert von etwa 900 Å, und weiter für $s$ einen solchen zwischen 8 und 9, der kleiner ist, als man ihn nach einer Betrachtung an einem Kalottenmodell erwarten muß. Das ist in Übereinstimmung mit der Vorstellung, daß $B = 0$ bereits dem Fall stärkerer Anziehungskräfte entspricht, die eine zusätzliche Knäuelung ergeben. Auch bei den stärkst eingeknäuelten Molekülen ist die mittlere

---

[1] OUTER, P., C. CARR u. B. ZIMM: J. Chem. Phys. **18**, 830 (1950).

Länge immer noch weit größer als die für völlig freie Drehbarkeit zu erwartende, z. B. ist $\sqrt{\bar{h}^2} = 770$ Å bei $M = 1\,000\,000$ gegenüber einem Wert von 300 Å für völlig freie Drehbarkeit.

Tabelle XIV, 1. *Abhängigkeit der mittleren Länge von Fadenmolekülen und des zweiten Virialkoeffizienten B vom Lösungsmittel.*

| Lösungsmittel | $\sqrt{\bar{h}^2}$ in Å | | $B \cdot 10^4$ [cm³ g⁻²] | | $[\eta]$ cm³/g |
|---|---|---|---|---|---|
| | 22° | 67° | 22° | 67° | |
| Polystyrol, $M = 1\,600\,000$; OUTER, CARR und ZIMM. | | | | | |
| Toluol . . . . . . . . . | 1290 | 1280 | 3,12 | 2,48 | 345 |
| Methyläthylketon . . . . | 1015 | 980 | 0,81 | 0,70 | 161 |
| Butanon      87% . . . .⎱ | 885 | 965 | —0,2 | 0 | — |
| 2-Propanol  13% . . . .⎰ | | | | | |
| Dichloräthan . . . . . . | 1335 | 1295 | 2,88 | 2,70 | 278 |
| Cyclohexan . . . . . . | 850 | 995 | —0,37 | 0,258 | — |
| | (27°) | (41,5°) | | | |
| Dichloräthan—Cyclohexan | | | | | |
| 65%          35% | 1580 | 1530 | 3,98 | 3,32 | 320 |
| 35%          65% | 1380 | 1360 | 2,76 | 2,70 | 280 |
| 26%          94% | 1000 | 1170 | 0,78 | 1,27 | 130 |

| Lösungsmittel | $\sqrt{\bar{h}^2}$ in Å | | $B \cdot 10^4$ [cm³ g⁻²] | | $[\eta]$ cm³/g |
|---|---|---|---|---|---|
| | 25° | 60° | 25° | 60° | 25° |
| Polystyrol, $M = 1\,750\,000$; KUNST. | | | | | |
| Benzol . . . . . . . . | 1480 | 1360 | 3,75 | 2,3 | 273 |
| $C_6H_6 + 20\%$ $C_2H_5OH$ . | 1250 | 1240 | 1,45 | 1,55 | 197 |
| $+ 30\%$ $C_2H_5OH$ . . | 940* | 1160 | 0 | 1,1 | 100 |
| $+ 38\%$ $C_2H_5OH$ . . | — | 920* | — | —0,1 | — |
| $+ 70\%$ n-$C_6H_{14}$ . . | — | 930* | — | 0 | — |
| $+ 50\%$ n-$C_6H_{14}$ . . | 1120 | 1120 | 1,0 | 0,9 | 155 |
| Polyisobutylen, $M = 1\,900\,000$; KUNST. | | | | | |
| n-Heptan . . . . . . . | 1800 | 1700 | 2,75 | 1,75 | 450 |
| n-$C_9H_{16} + 10\%$ Propanol | 1670 | — | 1,95 | — | 401 |
| $+ 20\%$    ,, | 1530 | 1640 | 0 | 0,85 | 230 |
| $+ 28\%$    ,, | — | 1330 | — | —0,25 | — |

Aus der Tab. XIV, 1 erkennt man, daß in guten und mäßigen Lösungsmitteln $\sqrt{\bar{h}^2}$ im allgemeinen mit der Temperatur abnimmt, dementsprechend nimmt auch der zweite Virialkoeffizient mit der Temperatur ab. Anders ist es in schlechten Lösungsmitteln oder bei Mischungen in der Nähe des Ausfällpunktes. Hier stellt man einmal fest, daß beim Polystyrol in der Nähe des Ausfällpunktes die Fadenmoleküle stets die etwa gleiche Minimallänge besitzen, nämlich $\sqrt{\bar{h}^2} \sim 940$ Å bei $M = 1\,700\,000$ (s. die mit einem Stern versehenen Werte in der Tab. XIV, 1), wobei $B = 0$ bzw. schwach negativ wird. Das entspricht der bekannten Tatsache, daß die Viscositätszahl am Ausfällpunkt unabhängig vom Lösungsmittel und der Temperatur praktisch immer gleich gefunden wird[1] (S. 550 u. S. 648). Geht man vom Ausfällpunkt aus zu höheren

---

[1] Siehe z. B. B. ALFREY, BARTOVICS u. MARK: J. Amer. Chem. Soc. **64**, 1557 (1942); P. J. FLORY: J. Chem. Phys. **10**, 51 (1942).

Temperaturen über, so steigen $\sqrt{\bar{h}^2}$ und $B$ kräftig mit der Temperatur an, offensichtlich gehen hier die Knäuel mit zunehmender Temperatur stark auf. Aus der starken Zunahme von $B$ mit der Temperatur in der Nähe des Ausfällpunktes bzw. in einem schlechten Lösungsmittel wie Cyclohexan muß man schließen, daß das temperaturabhängige Glied von $B$ negativ ist, während es in guten Lösungsmitteln umgekehrt positiv sein müßte. Da bei genügend hoher Temperatur jedes Lösungsmittel „gut" wird[1], würde man weiter schließen, daß $B$ im Verlauf mit $T$ das Vorzeichen wechselt, daß also der Ansatz (XIV, 5) zu grob ist.

Während aus der $\sqrt{\bar{h}^2}$-$B$-Korrelation beim Polystyrol kein eindeutiger Temperatureffekt herausgelesen werden kann, zeigen die in der Abbildung XIV, 2 wiedergegebenen Beobachtungen von KUNST[2] an Polyisobutylenen in verschiedenen Lösungsmitteln, daß bei dem gleichen $B$-Wert die $\sqrt{\bar{h}^2}$-Werte mit der Temperatur ansteigen. Hier muß also zu der durch die Wechselwirkung mit dem Lösungsmittel direkt bedingten Aufweitung des Knäuels, wie sie etwa durch die Beziehung (XIV, 6) dargestellt wird, noch ein weiterer Effekt hinzukommen. Die Vermutung liegt nahe, daß beim Polyisobutylen, jedenfalls in den von KUNST untersuchten Lösungsmitteln,

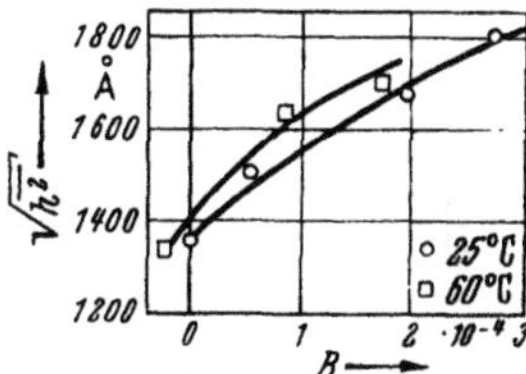

Abb. XIV, 2. Die mittlere Länge eines Polyisobutylenmoleküls in Abhängigkeit vom zweiten Virialkoeffizienten für zwei Temperaturen, nach KUNST. Kreise: 25°; Quadrate 60°C

die Rotationsbehinderung besonders temperaturabhängig ist und daß die vergrößerten Drehmöglichkeiten im Mittel zu gestreckteren Formen führen.

Man könnte daran denken, aus der Temperaturabhängigkeit der in ein und demselben Lösungsmittel beobachteten und auf gleiches $B$ umgerechneten $\sqrt{\bar{h}^2}$-Werte oder aus dem Vergleich der so bestimmten mittleren Länge mit den für freie Drehbarkeit berechneten auf den Verlauf der Behinderungsenergie, insbesondere auf die Höhe der Potentialschwellen zu schließen. Das ist aber vorläufig im allgemeinen nicht möglich. Betrachten wir die schon in Band I, § 34 besprochene allgemeine, einem Paraffin oder evtl. auch einem Polyvinylderivat[3] entsprechende Potentialfunktion

$$u(\varphi) = \frac{1}{2}\,u_0 \left[x\,(1 - \cos\,\varphi) + (1 - x)\,(1 - \cos\,3\,\varphi)\right], \quad \text{(XIV, 13)}$$

in welcher das zweite Glied die dreizählige Symmetrie um die C-C-Richtung berücksichtigt und das Glied mit $(1 - \cos\,\varphi)$ eine Konfiguration

---

[1] Die gelegentlich bei polaren Makromolekülen in polaren Lösungsmitteln mit steigender Temperatur eintretende Entmischung, z. B. von Polyvinyläther in Wasser, steht hierzu nicht im Widerspruch, da es sich um Änderungen in den Assoziationsverhältnissen handelt, die „Moleküle" der einen Komponente also gewissermaßen wechseln.

[2] KUNST, E. D.: Proc. Internat. Colloquium on Macromolecules. Amsterdam 1950.

[3] Falls die Rotationsbehinderung am substituierten C-Atom stark überwiegt.

noch besonders auszeichnet. Die mittlere Länge und deren Temperaturabhängigkeit hängt natürlich von den beiden Parametern $u_0$ und $x$ ab. Für $x = 0$ erhält man unabhängig von $u_0$ genau dieselbe und von der Temperatur unabhängige Länge wie bei völlig freier Drehbarkeit. Je nachdem, ob cis- oder trans-Stellungen bevorzugt sind, wird die mittlere Länge mit der Temperatur zu- bzw. abnehmen (vgl. Band I, § 34). Die Verhältnisse sind also recht kompliziert, so daß ohne zusätzliche Modellbetrachtungen oder anderweitig gewonnene Kenntnisse über den Verlauf der Potentialfunktion alle Schlüsse aus der mittleren Länge und deren Temperaturabhängigkeit auf die Potentialfunktion reine Spekulationen sind[1]. Außerdem fehlt die experimentelle Grundlage in Form von Messungen über größere Temperaturbereiche.

Unabhängig von diesen Einschränkungen sind aber Messungen der Temperaturabhängigkeit von $\sqrt{\overline{h^2}}$ und $B$ sehr erwünscht, vor allem, um zu einem tieferen Verständnis der Bedeutung des zweiten Virialkoeffizienten zu kommen und um die die Größe $\sqrt{\overline{h^2}}$ bestimmenden Faktoren besser trennen zu können.

Schließlich sei noch auf die starke Abhängigkeit von $B$ vom Molekulargewicht hingewiesen, vgl. dazu auch die Ausführungen in § 29d u. f. OUTER, CARR und ZIMM, sowie KUNST haben bei Polystyrol bzw. Polyisobutylen in verschiedenen Lösungsmitteln gefunden, daß vor allem bei Molekulargewichten unterhalb 1 000 000 $B$ mit abnehmendem Molekulargewicht sehr stark ansteigt (vgl. Tabelle XIV, 2). Man kann erwarten, daß dieser Effekt um so ausgeprägter ist, je schlechter das Lösungsmittel ist. Hier muß man also damit rechnen, daß im Verlauf der mittleren Länge mit dem Molekulargewicht noch ein spezifischer, von der Wechselwirkung Fadenmolekül—Lösungsmittelmolekül herrührender Effekt mitspielt, in der Richtung, daß infolge der mit wachsender Kettenlänge abnehmenden Löslichkeit die Ketten sich zusätzlich einknäueln, $\sqrt{\overline{h^2}}$ also langsamer als mit $\sqrt{M}$ ansteigt. KUNST[3] hat am Beispiel des Polyisobutylens in dem schlecht lösenden Gemisch

**Tabelle XIV, 2.** *Zur Abhängigkeit des zweiten Virialkoeffizienten vom Molekulargewicht, weitere Daten siehe Tab. II, 3 auf S. 128.*

| Molekulargewicht | $B \cdot 10^4$ [cm³ g⁻²] |
|---|---|
| Polystyrol in Benzol; nach KUNST. | |
| 260 000 | 4,5 |
| 675 000 | 4,0 |
| 1 000 000 | 3,75 |
| 1 750 000 | 3,75 |
| 2 300 000 | 3,75 |
| 3 100 000 | 3,8 |
| 4 000 000 | 3,85 |
| 5 000 000 | 3,7 |
| Polyisobutylen in n-Heptan; nach KUNST. | |
| 400 000 | 2,85 |
| 1 200 000 | 2,6 |
| 1 900 000 | 2,75 |

| Molekulargewicht $\cdot 10^{-6}$ | $BRT \cdot 10^{-6}$ $= B^* \cdot 10^{-6}$ [erg cm³ g⁻²] |
|---|---|
| Polymethacrylsäuremethylester in Aceton; nach CANTOW[2]. | |
| 7,6 | 2,9 |
| 5,7 | 3,4 |
| 3,05 | 3,5 |
| 1,88 | 3,7 |
| 1,49 | 3,7 |
| 1,27 | 3,5 |
| 1,12 | 3,8 |
| 0,57 | 5,3 |
| 0,145 | 7,0 |

---

[1] Über Betrachtungen in dieser Richtung s. P. OUTER, C. CARR u. B. ZIMM: J. Chem. Phys. 18, 830 (1950).

[2] CANTOW, H. J.: Mündl. Mitteilung.

[3] KUNST, E. D.: Proc. Internat. Colloquium on Macromolecules. Amsterdam 1950.

n-Heptan $+$ 20% Propanol gezeigt, daß man erst nach Umrechnung auf konstantes $B$ die zu erwartende Proportionalität zwischen $\sqrt{\overline{h^2}}$ und $M$ erhält. Zur experimentellen Prüfung der $\sqrt{\overline{h^2}} \sim \sqrt{M}$-Beziehung zieht man also zweckmäßigerweise nur Messungen in einem guten Lösungsmittel heran.

Besonders interessant sind auch die Beobachtungen von PALIT, COLOMBO und MARK[1] an Polystyrol im System Aceton—Methylcyclo-hexan. Während Polystyrol oberhalb $M = 100000$ in keiner der beiden Komponenten allein löslich ist, zeigt die Mischung in einem relativ großen Bereich zwischen 13 und 77 Vol.-% Aceton eine recht gute Löslichkeit. Diese Mischungen zeigen ein Maximum der Viscositäts-zahl $[\eta]$ bei einer Zusammensetzung 40% Aceton, 60% Methylcyclo-hexan, verbunden mit einem besonders kleinen $k'$-Wert, wobei $k'\,[\eta]^2$ die Anfangssteigung der HUGGINSschen $\dfrac{\eta_{cp}}{c}$, $c$-Kurve in der Darstellung

$$\eta_{sp}/c = [\eta] + [\eta]^2\, k'\, c \qquad \text{(XIV, 14)}$$

bedeutet (s. S. 316). Wie schon in § 50b aus-geführt wurde, bedeutet maximales $[\eta]$ bzw. minimales $k'$ eine besonders gute Löslichkeit. Osmotische Messungen zeigen, daß hier die Größe $\chi$ besonders klein, $B$ also besonders groß wird[2] (vgl. dazu auch § 30h). Allerdings ist dieser Effekt nur wenig ausgeprägt. In der Nähe der Entmischungsgrenzen mit 15 bzw. 75% Aceton nehmen die $\Pi/c$-Kurven mit $c$ ab, d.h. $B$ wird negativ [vgl. Gl. (XIV, 4)]. Auch in der Lichtzerstreuung macht sich die maxi-male Löslichkeit in charakteristischer Weise bemerkbar. Abb. XIV, 3 zeigt den Verlauf des auf $c \to 0$ bezogenen Unsymmetriekoeffizienten $q$ in Abhängigkeit von der Zusammensetzung des Lösungsmittels. Bei 40% Aceton geht $q$

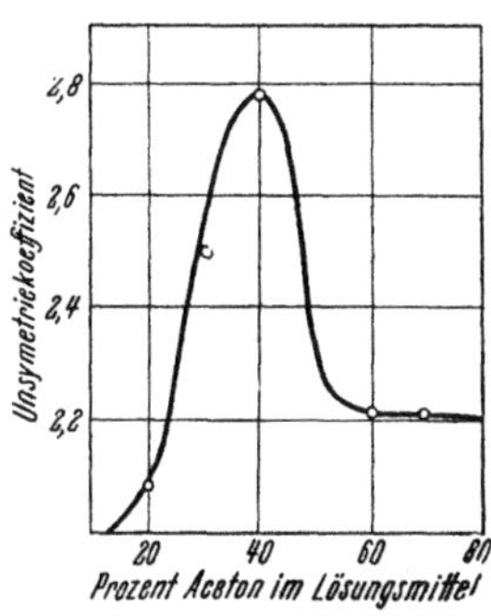


Abb. XIV, 3. Verlauf der Un-symmetrie der Streuintensität bei Polystyrolmolekülen in Ab-hängigkeit von der Zusammen-setzung des Lösungsmittels Ace-ton-Methylcyclohexan. nach PALIT, COLOMBO u. MARK.

durch ein Maximum, woraus man erkennt, daß hier die Polystyrol-moleküle besonders wenig geknäuelt sind. Es fallen also die maxi-male Wechselwirkung zwischen den gelösten und den Lösungsmittel-molekülen, d. h. maximales $B$ mit der größten Länge der Faden-moleküle, was wieder eine besonders große Viscositätserhöhung bedeutet, zusammen. Über die modellmäßige Deutung der besseren Löslichkeit in der Mischung $(CH_3)_2C{=}O$ und $C_6H_{11}CH_3$ vgl. man die Ausführungen in Kap. III, § 41.

---

[1] PALIT, S., G. COLOMBO u. H. MARK: J. Polymer Sci. 6, 295 (1951).

[2] Zwischen $\chi$ und $B$ besteht die Beziehung

$$B = \left(\frac{1}{2} - \chi\right)\, \overline{V}_1\,\overline{\varrho}_2,$$

vgl. S. 734.

## b) Geometrische Konstanten und Molekülabmessungen.

### 1. Geometrische Konstanten für statistische Fadenmoleküle.

Will man Knäuelungsgrade und Fadenelemente von Molekülen verschiedener polymerhomologer Reihen miteinander vergleichen, so ist es zweckmäßig, nicht von Molekülen mit gleichem Polymerisationsgrad, sondern von solchen mit der gleichen Zahl von Drehstellen (beweglichen Hauptkettengliedern) auszugehen, also z. B. ein Paraffin vom Polymerisationsgrad 1200 mit einem Polyvinylderivat vom Polymerisationsgrad 600 zu vergleichen. In der Tab. XIV, 3 haben wir für eine Reihe von Molekülen mit der Drehstellenzahl $kP = 1200$, $k$ die Zahl der Drehstellen im monomeren Rest, die aus der freien Drehbarkeit mittels der Beziehung $Q_{fr} = 0{,}578 \sqrt{kP}$ (s. Band I, S. 241) berechneten Knäuelungsgrade $Q_{fr}$ und die Beobachtungswerte $Q_{beob}$ und die Konstanten des Fadenelements[1] zusammengestellt. Auf die Unsicherheit von Zahlenangaben für $A_m$ und $s$ ist wiederholt hingewiesen worden, ebenso sei auch auf die Veränderlichkeit von $A_m$ mit der Temperatur sowie mit dem Polymerisationsgrad hingewiesen (s. z. B. Tab. XIV, 6 und XIV, 7). Die Werte haben also nur qualitative Bedeutung, sind aber für Vergleichszwecke gut brauchbar. Die meisten Angaben stammen von W. und H. KUHN[2]. Obwohl sie aus älteren Messungen, vor allem der Viscosität und auf Grund der elementaren Theorie des frei durchspülten Knäuels abgeleitet sind, stellen sie, wie z. B. die Tab. XIV, 4 und die Tab. VIII, 5 (s. a. § 73 c 6) zeigen, doch sehr vernünftige Durchschnittswerte dar.

Mit wachsender Rotationsbehinderung wird das Molekül weniger geknäuelt und es sind mehr Drehstellen $s'$ erforderlich, um ein statistisches Fadenelement aufzubauen. Es kann daher sowohl $s' = ks$, wie auch $1/Q_{beob}$ bzw. das Verhältnis $Q_{fr}/Q_{beob}$ als ein Maß für die Gestrecktheit und damit für die Rotationsbehinderung angesehen werden. Ähnliche Zahlen für $ks$ bzw. $Q_{beob}$ bedeuten also ähnliche Drehbarkeit. Wir erkennen, daß Cellulose, die ja im monomeren Rest auch nur eine Drehstelle besitzt, ganz ähnliche Werte wie eine Paraffinkette besitzt. Auf gleiche Drehstellenzahl bzw. hier auch auf gleichen Polymerisationsgrad bezogen, ist also ein nicht substituiertes Cellulosemolekül nicht wesentlich gestreckter als ein Paraffinmolekül. Erst wenn man auf gleiche Längen der gestreckten Kette oder gar auf gleiche Molekulargewichte bezieht, werden die Unterschiede sehr groß.

Der Einfluß der sterischen Behinderung läßt sich sehr schön an den Polyvinylderivaten verfolgen, wo die Gestrecktheit mit der Sperrigkeit der Substituenten anwächst. Daß das Polybenzylmolekül stärker geknäuelt als eine Parraffinkette ist, leuchtet ein, da durch das Zwischenschalten eines Ringes die Rotationsbehinderung zwischen zwei benachbarten $CH_2$-Gruppen wesentlich herabgesetzt sein muß. Durch Einführung eines Substituenten (Polynitrobenzyl) wird die Drehbarkeit

---

[1] Bekanntlich gilt $Q = \sqrt{Z} = \sqrt{P/s}$; $A_m = s\, l_R$.
[2] KUHN, W. u. H.: Helvet. chim. Acta **26**, 1394 (1943).

Tabelle XIV. 3.   *Geometrische Konstanten für statistische Fadenmoleküle gleicher Drehstellenzahl, $kP = 1200$.*

| Polymerhomologe Reihe | Lösungsmittel | Grundmolekül | k | P | M | $l_R$ Å | $L_{max}$ Å | $Q_{beob}$ | $Q_{fr}$ | $A_m$ Å | s | s' | Z |
|---|---|---|---|---|---|---|---|---|---|---|---|---|---|
| Paraffin | Benzol | $-CH_2-$ | 1 | 1200 | 16800 | 1,26 | 1512 | 10,4 | 20 | 14 | 11 | 11 | 108 |
| | Chloroform | | | | | | | 9,75 | 20 | 16 | 12,6 | 12,6 | 95 |
| Polyoxymethylen | Formamid (145° C) | $-CH_2-O-$ | 2 | 600 | 18000 | 2,35 | 1360 | — | 20 | (5,5) | (2) | (4) | — |
| | Chloroform | | | | | | | 10 | 20 | 16,5 | 6 | 12 | 100 |
| Polyäthylenoxyd | Wasser | $-CH_2-CH_2-O$ | 3 | 400 | 17600 | 3,63 | 1450 | 12,6 | 20 | 9,5 | 2,5 | 7,5 | 160 |
| Polystyrol | Toluol | $-CH-CH_2-$ <br> $\mid$ <br> $C_6H_5$ | 2 | 600 | 62400 | 2,52 | 1512 | 5,85 | 20 | 44[1] | 17,5[1] | 35[1] | 34[1] |
| | Dichloräthan | | | | | | | 4,8[1] | 20 | 65,5[1] | 26[1] | 52[1] | 23[1] |
| | Cyclohexan | | | | | | | 8,9[1] | 20 | 18,8[1,2] | 7,5[2] | 15[1] | 80[1,2] |
| Polyvinylchlorid | Dioxan | $-CH-CH_2-$ <br> $\mid$ <br> $Cl$ | 2 | 600 | 37500 | 2,52 | 1512 | 8,2 | 20 | 22 | 9 | 18 | 67,5 |
| Polyacrylsäure | Wasser | $-CH-CH_2-$ <br> $\mid$ <br> $COOH$ | 2 | 600 | 50400 | 2,52 | 1512 | 4,8 | 20 | 64 | 26 | 52 | 23 |
| Polyvinylacetat | Benzol | $-CH-CH_2-$ <br> $\mid$ <br> $OOCCH_3$ | 2 | 600 | 51500 | 2,52 | 1512 | 5 | 20 | 59 | 24 | 48 | 25 |
| | Butylacetat | | | | | | | 5,4 | 20 | 53 | 21 | 42 | 29 |
| Polymethacrylsäure-methylester | Aceton | $CH_3$ <br> $\mid$ <br> $-C-CH_2-$ <br> $\mid$ <br> $COOCH_3$ | 2 | 600 | 67300 | 2,52 | 1512 | 7,7 | 20 | 25,2[1,3] | 10[1] | 20[1] | 60 |

[1] Aus Lichtzerstreuungsmessungen.
[2] Dicht am Ausfällpunkt beobachtet (vgl. Tab. XIV, 1).
[3] Vgl. auch die zu Tab. XIV, 6 und XIV, 7 gehörigen Ausführungen.

*Tabelle XIV. 3.* (Fortsetzung.)

| Polymerhomologe Reihe | Lösungsmittel | Grundmolekül | $k$ | $P$ | $M$ | $l_R$ Å | $L_{max}$ Å | $Q_{beob}$ | $Q_{fr}$ | $A_m$ Å | $s$ | $\varkappa'$ | $Z$ |
|---|---|---|---|---|---|---|---|---|---|---|---|---|---|
| Polyisobutylen | n-Heptan | $-\left[-\overset{CH_3}{\underset{CH_3}{C}}-CH_2-\right]-$ | 2 | 600 | 33600 | 2,52 | 1512 | 6,5 | 20 | 35,6 | 14 | 14 | 42,5 |
| Polybenzyl | Nitrobenzol | $-CH_2-C_6H_4-$ | 1 | 1200 | 108000 | 4,82 | 5800 | 14,6 | 20 | 27 | 5,6 | 5,6 | 215 |
| Polynitrobenzyl | Nitrobenzol | $-CH_2-C_6H_3(NO_2)-$ | 1 | 1200 | 162000 | 4,82 | 5800 | 9,4 | 20 | 65 | 13,5 | 13,5 | 89 |
| Kautschuk | Benzol | $-CH_2-\overset{}{\underset{CH_3}{C}}=CH-CH_2-$ | 3 | 400 | 27200 | 4,1 | 16401 | 11,2 | 20 | 13 | 3,1 | 9,6 | 125 |
| Cellulose | Kupfer(II)-tetramin-hydroxyd | $-C_6H_7O_2(OH)_3-$ | 1 | 1200 | 195600 | 5,1 | 6120 | 11 | 20 | 50 | 9,7 | 9,7 | 122 |
| Methylcellulose | Wasser | $-C_6H_7O_2(OCH_3)_{..}(OH)_{3-x}-$ | 1 | 1200 | 226800 | 5,1 | 6120 | 6,9 | 20 | 130 | 25 | 25 | 48 |
|  | Chloroform |  |  |  |  |  |  |  | 20 | 130 | 25 | 25 | 48 |
| Äthylcellulose | Chloroform | $-C_6H_7O_2(OC_2H_5)(OH)_{3-x}-$ | 1 | 1200 | 270000 | 5,1 | 6120 | 5,8 | 20 | 180 | 35 | 35 | 34 |
|  | m-Kresol |  |  |  |  |  |  | 6,25 | 20 | 160 | 31 | 31 | 39 |
| Cellulosetriacetat | m-Kresol | $-C_6H_7O_2(OCOCH_3)_3-$ | 1 | 1200 | 288000 | 5,1 | 6120 | 8,05 | 20 | 95 | 18,5 | 18,5 | 65 |
|  | Chloroform |  |  |  |  |  |  | 8,65 | 20 | 82 | 16[1] | 16[1] | 75 |
| Nitrocellulose | Aceton | $-C_6H_7O_2(ONO_2)_3-$ | 1 | 1200 | 321600 | 5,1 | 6120 | 4,7 | 20 | 270[1,2] | 53[1] | 53[1] | 23 |
|  | Butylacetat |  |  |  |  |  |  | 5,2 | 20 | 224 | 45 | 45 | 27 |

[1] Aus Lichtzerstreuungsmessungen.
[2] Weitere Daten in Tab. XIV, 4.

wieder erheblich eingeschränkt. Auch die unsubstituierte Cellulose, wo die Drehstellen durch einen Ring auseinandergerückt sind, ist sehr stark geknäuelt.

Auch aus der Betrachtung von Kalottenmodellen (vgl. Band I, § 14) kann man Aussagen über die Drehbehinderung und damit über die Zahl der Kettenglieder pro Fadenelement ableiten. Schon im einfachsten Falle einer Paraffinkette erkennt man am Modell, daß eine freie Drehbarkeit unmöglich ist und mindestens 6 $CH_2$-Gruppen zum Aufbau eines statistischen Fadenelementes nötig sind[1]. Betrachtungen der sterischen Verhältnisse, der ausgezeichneten Formen, der Gestrecktheit und der Biegsamkeit sind an Hand von Molekülmodellen häufig angestellt worden, so z. B. von JENKEL[2] an Polyvinylderivaten, von HERMANS[3] und SIPPEL[4] an Cellulosen.

An dieser Stelle sei auch darauf hingewiesen, daß die Bezeichnung „Fadenelement" in sehr verschiedenem Sinne gebraucht werden kann. Hier bezieht es sich auf den Aufbau der Molekülkette aus $Z$ unabhängigen, wie durch Kugelgelenke miteinander verbundenen Segmenten der Länge $A_m$ (vgl. dazu die Ausführungen am Schluß des § 102).

### 2. Molekülabmessungen.

*Cellulosederivate.* Bei diesen sind die geometrischen Konstanten wie die mittlere Länge $\sqrt{\bar{h}^2}$, die Vorzugslänge des Fadenelementes $A_m$ und die effektive Länge des Grundmoleküls $l'$ nach den verschiedensten Methoden bestimmt worden, so daß ein Vergleich der Ergebnisse auch ein Urteil über die Zuverlässigkeit derartiger Zahlen gestattet. In Tab. XIV, 4 sind für Nitro- und Acetylcellulosen in Aceton die Vorzugslängen und effektiven Längen $l'$ (s. S. 545) zusammengestellt. K. u. R. bedeutet Auswertung nach der Theorie von KIRKWOOD-RISEMAN, K. u. K. nach KUHN und KUHN. Die Übereinstimmung der nach verschiedenen Methoden gewonnenen Zahlen ist recht mäßig, was in Anbetracht der Unsicherheiten in den Modellen und bei der hydrodynamischen Berechnung nicht überraschend ist. Die Werte nach KIRKWOOD-RISEMAN sind besonders hoch. Auffallend sind auch die mit Hilfe von Modellversuchen auf Grund von hydrodynamischen Ähnlichkeitsbetrachtungen gewonnenen Werte, wo der Wert für Nitrocellulose ganz herausfällt und sicher viel zu klein ist.

Das gilt auch für Methylcellulose in Wasser, wo der über den Modellversuch für $A_m$ abgeleitete Wert 42 Å beträgt gegenüber dem aus der Viscosität von W. und H. KUHN berechneten Werte von 130 Å. Bei Acetylcellulose ist die Übereinstimmung der Werte besser. Auch die

---

[1] Bei 4 C-Atomen wird die erste Valenzrichtung gegenüber der letzten gerade beliebig, aber noch nicht mit gleicher Wahrscheinlichkeit einstellbar.
[2] JENCKEL, E.: Kolloid-Z. **100**, 163 (1942).
[3] HERMANS, P. H.: Kolloid-Z. **102**, 169 (1943).
[4] SIPPEL, A.: Kolloid-Z. **122**, 20 (1951).

Tabelle XIV, 4. *Modelldimensionen von Molekülen der Nitro- und Acetylcellulose*[1].

| Methode | Effektive Länge des Grundmoleküls $l'$ nach KIRKWOOD u. RISEMAN | Vorzugslänge $A_m$ | Hydrodynamische Dicke $d_h$ |
|---|---|---|---|
| **Nitrocellulose in Aceton.** | | | |
| Sedimentation | | | |
| K. u. R. . . . . . . . . . . . . . | 41 | 320 [9] | — |
| K. u. K. . . . . . . . . . . . . . | — | 83 [9] | — |
| Modellversuche[2, 4, 5] . . . . . . . | — | 44 | 9 |
| Diffusion | | | |
| K. u. K. . . . . . . . . . . . . | 46 [7] | — | — |
| Viscosität | | | |
| K. u. R.[7] . . . . . . . . . | 34 [7] | — | — |
| K. u. K.[3] . . . . . . . . . . | — | 190 (238) [7] | — |
| Lichtzerstreuung . . . . . . . . . | — | 270 | |
| Kleinwinkelstreuung . . . . . . | — | >150 | — |
| Osmotischer Druck[7] . . . . . . . . | — | 238 | — |
| **Acetylcellulose in Aceton.** | | | |
| Sedimentation. . . . | | | |
| K. u. R. . . . . . . . . . . . . | — | 405 [6] | — |
| K. u. K. . . . . . . . . . . . . | 43 [9] | 94 | — |
| Modellversuche[2, 4, 5] . . . . . . . | — | 110 | 11 |
| Viscosität | | | |
| K. u. K. . . . . . . . . . . . . | — | 95 (in m-Kresol) | — |

Zahlen für die hydrodynamischen Dicken $d_h$, die ja die Solvathüllen miteinschließen, sind vernünftig. Leider fehlen hier Lichtzerstreuungswerte, die die zuverlässigsten sind.

MÜNSTER hat für Nitrocellulosen über einem größeren Bereich die Molekulargewichte und die Viscositätszahlen bestimmt und daraus nach den verschiedenen Theorien von DEBYE-BUECHE (D.B.), KIRKWOOD-RISEMAN (K.R.) und W. und H. KUHN (K.K.) die Moleküllängen $\sqrt{\overline{h^2}} \approx d_K$ berechnet. Wir geben seine Zahlen zusammen mit einigen Daten der Lichtzerstreuung in der Tab. XIV, 5 wieder.

Die nach KUHN und KUHN sowie KIRKWOOD-RISEMAN berechneten Werte stimmen unter sich recht gut, sowie auch mit den aus der Lichtzerstreuung bekannten Werten einigermaßen überein. Die Werte nach DEBYE-BUECHE zeigen ziemliche Abweichungen, was z..T. daran liegt, daß das Gesetz $\sqrt{\overline{h^2}} \approx d_K$ nur ein Grenzgesetz für geringe Verknäuelungen darstellt.

---

[1] Weitere Daten in Tab. VIII, 5.

[2] Ber. von H. KUHN: Habilitationsschrift Basel 1946.

[3] KUHN, W. u. H.: Helvet. chim. Acta **26**, 1394 (1943); s. a. Erg. exakt. Naturwiss. **25**, 1 (1951).

[4] KUHN, H.: J. Colloid Sci. **5**, 331 (1950).

[5] KUHN, H. u. W.: J. Polymer. Sci. **5**, 519 (1950).

[6] Ber. von H. KUHN aus Messungen von KRAEMER u. NICHOLS.

[7] Ber. von A. MÜNSTER: Z. phys. Chem. **197**, 2 (1951).

[8] NEWMAN, RISEMAN u. EIRICH: Rec. Trav. chim. Pays-Bas **68**, 921 (1949).

[9] Vgl. auch Tab. VIII, 5.

Tabelle XIV, 5. *Molekülabmessungen von Nitrocellulosen in Å aus Viscosität und Lichtzerstreuung*[1].

| Molekular-gewicht | $L_{max}$ | $\sqrt{\bar{h}^2}$ | | | Lichtzer-streuung |
|---|---|---|---|---|---|
| | | D.B. | K.R. | K.K. | |
| 31 100 | 556 | 494 | 360 | 370 | |
| 35 000 | 630 | — | — | — | 645 |
| 50 000 | 900 | — | — | — | 725 |
| 87 500 | 1600 | 645 | 600 | 615 | — |
| 93 000 | 1670 | — | — | — | 960 |
| 126 000 | 2270 | 685 | 720 | 735 | — |
| 172 000 | 3100 | 785 | 840 | 855 | — |
| 229 000 | 4160 | 810 | 970 | 995 | — |
| 271 000 | 4840 | 820 | 1050 | 1070 | — |
| 319 000 | 5700 | — | — | — | 1250 |
| 367 000 | 6640 | 935 | 1230 | 1255 | — |
| 473 000 | 9100 | 1030 | 1430 | 1460 | |
| 661 000 | 12700 | 1200 | 1700 | 1745 | |

Wie weit bei Nitrocellulosen die Beziehung $\sqrt{\bar{h}^2} \sim \sqrt{M}$ erfüllt ist, läßt sich nicht mit Sicherheit entscheiden, da die Molekulargewichtsbestimmung einen gewissen, mit $M$ ansteigenden Fehler enthält. Daß der Nitrierungsgrad etwas mit der Kettenlänge ansteigt, wodurch das Molekül zusätzlich etwas aufgeweitet werden könnte, ist hier insofern ohne Bedeutung, als ein stärkerer Anstieg von $\sqrt{h^2}$ als proportional $\sqrt{M}$ gerade nicht gefunden wurde.

Schließlich kann man einwenden[2], daß die DEBYE-BUECHEsche-bzw. die KIRKWOOD-RLSEMANsche Theorie die Gültigkeit des Wurzel-Gesetzes bereits als Voraussetzung enthalten, so daß man auf dieser Grundlage nichts über die Abweichungen von $\sqrt{h^2} \sim \sqrt{M}$-Gesetz aussagen kann.

*Polymethacrylsäuremethylester.* Bei dieser besonders einheitlichen Substanz liegen vergleichbare Messungen der Sedimentation, Diffusion, der Viscositätszahl[3, 4] des osmotischen Druckes[5] sowie der Lichtzerstreuung[6, 7, 8] vor. Berechnet man aus der Winkelabhängigkeit der Streuintensität die mittlere Länge, so erkennt man, daß diese schneller als proportional $\sqrt{M}$ ansteigt. Das äußert sich auch darin, daß die nach der KUHNschen Beziehung (XIV, 3) berechnete Zahl der monomeren Reste pro Fadenelement scheinbar größer wird (s. Tab. XIV, 6).

---

[1] Nach Messungen von BADGER u. BLAKER: J. Phys. a. Colloid Chem. **53**, 1056 (1949).

[2] PETERLIN, A.: Vortrag Mainzer Kolloquium, 11./12. November 1952.

[3] MEYERHOFF, G., u. G. V. SCHULZ: Makromol. Chem. **7**, 294 (1951).

[4] MEYERHOFF, G.: Diss. Mainz 1952.

[5] SCHULZ, G. V., u. H. DOLL: Z. El. Chem. **56**, 248 (1952).

[6] BISCHOFF, J., u. DESREUX: Diss. Bull. Soc. chim. belg. **59**, 536 (1950). **61**, 10 (1952).

[7] CANTOW, H.-J., u. G. V. SCHULZ: Z. phys. Chem., im Druck.

[8] SCHULZ, G. V., H.-J. CANTOW u. G. MEYERHOFF: J. Polymer Sci. **10**, im Druck.

Neueste Messungen von CANTOW und SCHULZ an Polymethacryl-säuremethylester in Aceton im Molekulargewichtsbereiche von 145 000 bis 7 600 000 ergeben ebenfalls eine stärkere Zunahme von $\sqrt{\overline{h^2}}$ als mit $\sqrt{M}$, nämlich $\sqrt{h^2} \sim M^{0,58}$.

Tabelle XIV, 6. *Abmessungen der Moleküle des Poly-methacrylsäuremethylesters nach Messungen der Licht-zerstreuung in Aceton* (BISCHOFF *und* DESREUX).

| Molekular-gewicht $M$ | Mittlere Länge $\sqrt{\overline{h^2}}$ in Å | Zahl der monomeren Reste pro Fadenelement $s$ | $\dfrac{\sqrt{\overline{h^2}}}{\sqrt{M}}$ |
|---|---|---|---|
| 740 000 | 645 | 8,7 | 0,74₄ |
| 950 000 | 770 | 9,8 | 0,79 |
| 1 230 000 | 880 | 9,9 | 0,79₄ |
| 1 370 000 | 970 | 10,7 | 0,83 |

Die Viscositätszahl läßt sich zwischen $M = 10^4$ bis $10^7$ in Aceton durch die Beziehung

$$[\eta] = 5,5 \cdot 10^{-3}\, M_w^{0,73}\ \text{cm}^3/\text{g}$$

darstellen[1]. Würde der Volumeneffekt sich nicht auswirken, so müßte der Exponent gegen 0,5 abfallen. Berechnet man versuchsweise aus der Viscositätszahl den Durchmesser der äquivalenten Kugel $d$ nach DEBYE-BUECHE bzw. KIRKWOOD-RISEMAN, so erhält man die in der Tab. XIV, 7 aufgeführten Werte, die ebenfalls schneller als proportional mit $\sqrt{M}$ ansteigen. Daneben sind noch die mittels der Gleichung $\overline{h^2} \approx \overline{d_K^2} = A_m L_{max}$ berechneten $A_m$- und $s$-Werte aufgeführt.

Tabelle XIV, 7. *Modelldimensionen in Å der äquivalenten Kugel bei Polymethacryl-säuremethylester in Aceton, berechnet aus* [$\eta$] *nach* DEBYE-BUECHE *bzw.* KIRKWOOD-RISEMAN, (SCHULZ — MEYERHOFF[2]).

| Molekular-gewicht | [$\eta$] [cm³/g] | DEBYE-BUECHE | | | KIRKWOOD-RISEMAN | | |
|---|---|---|---|---|---|---|---|
| | | $\sqrt{\overline{h^2}}$ | $A_m$ | $s$ | $\sqrt{\overline{h^2}}$ | $A_m$ | $s$ |
| 30 000 | 93 | 93 | 11,4 | 4,5 | 123 | 19,9 | 7,9 |
| 100 000 | 23 | 187 | 13,8 | 5,5 | 248 | 24,2 | 9,6 |
| 300 000 | 54 | 360 | 17,0 | 6,7 | 476 | 27,3 | 10,8 |
| 1 000 000 | 130 | 735 | 21,4 | 8,4 | 935 | 34,6 | 13,7 |
| 3 000 000 | 300 | 1380 | 25,1 | 9,9 | 1820 | 43,5 | 17,2 |
| 10 000 000 | 750 | 2770 | 30,4 | 12,0 | 3690 | 53,8 | 21,3 |

Da der 2. Virialkoeffizient sich mit dem Molekulargewicht ändert (s. Tab. XIV, 2), wäre es interessant festzustellen, ob bei Umrechnung der $\sqrt{\overline{h^2}}$-Werte auf gleiches $B$ die Beziehung $\sqrt{\overline{h^2}} \sim \sqrt{M}$ erfüllt ist (vgl. dazu auch den vorhergehenden Abschnitt a, S. 653).

---

[1] Nach Messungen von G. V. SCHULZ u. G. MEYERHOFF: Z. El. Chem. **56**, 545 (1952). Das Molekulargewicht wurde aus Ultrazentrifugenmessungen bestimmt.
[2] SCHULZ, G. V., u. G. MEYERHOFF: Mündl. Mitteilung, erscheint in Z. El. Chem. **56**, Heft 9 (1952).

Der aus der Diffusion folgende molekulare Reibungsfaktor $f_0 = \dfrac{RT}{D_0}$ bezogen auf unendliche Verdünnung ändert sich mit $M$ nach der Beziehung

$$f_0 \sim M^{0,57} \ .$$

Da für undurchspülte Knäuel $f_0 \sim M^{0,5}$ und für den frei durchspülten Faden $f_0 \sim M^1$ ist, kann man schließen, daß wir den Grenzfall völliger Durchspülung noch nicht erreicht haben oder besser, daß die Knäuel durch den Raumerfüllungseffekt zusätzlich aufgeweitet sind.

Aus den vorliegenden Beobachtungen folgt, daß man beim Polymethacrylsäuremethylester bei sehr verschieden hergestellten Präparaten eindeutige Beziehungen zwischen dem Molekulargewicht und der Viscositätszahl bzw. anderen Meßgrößen erhält, ganz im Gegensatz zu den Erfahrungen beim Polystyrol[1]. Das ist ein starker Hinweis darauf, daß die Moleküle des Polymethacrylsäuremethylesters recht merklichen einheitlich gebaut sind, insbesondere keine Verzweigungen besitzen[2] und daher bei systematischen Untersuchungen über die molekularen Dimensionen von Fadenmolekülen die z. Z. zuverlässigste Modellsubstanz darstellen.

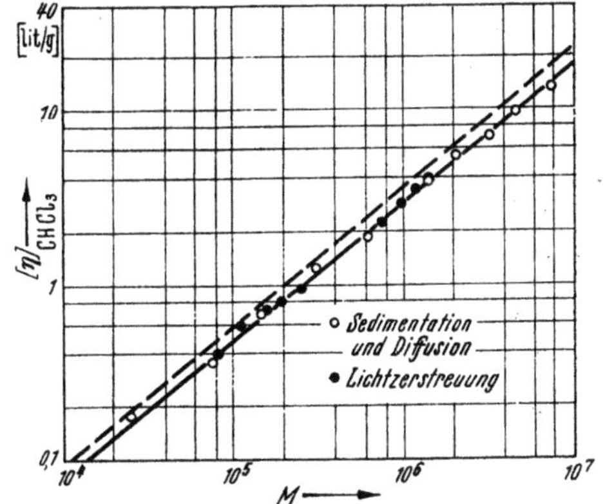


Abb. XIV, 4. Vergleich der bei Polymethacrylsäuremethylester mittels einer Ultrazentrifuge bestimmten Molekulargewichte mit den aus der Lichtzerstreuung und osmotisch bestimmten Werten, nach SCHULZ und HELRITZ. Die gestrichelte Gerade entspricht den osmotischen Messungen.

Schließlich seien noch die nach verschiedenen Methoden bestimmten Molekulargewichte verglichen. Abb. XIV, 4 zeigt den Verlauf der Viscositätszahl mit den osmotisch bzw. den mittels einer Ultrazentrifuge und aus der Lichtzerstreuung bestimmten Molekulargewichten. Aus diesen Kurven erkennen wir mit MEYERHOFF und SCHULZ folgende Tatsachen:

1. Die mit der Ultrazentrifuge und der Lichtzerstreuung bestimmten Werte liegen sehr genau auf derselben Kurve, außerdem streuen die Messungen viel weniger als die hier nicht eingetragenen osmotischen Messungen, die durch die gestrichelte, etwas verschobene Kurve wiedergegeben sind. Der Durchschnittswert ist also bei der Ultrazentrifugen- und Lichtzerstreuungsmethode offenbar praktisch derselbe, nämlich fast ein Gewichtsmittelwert. Bei der Lichtzerstreuung erhalten wir

---

[1] Vgl. etwa H. STAUDINGER u. G. V. SCHULZ: Ber. dtsch. chem. Ges. **68**, 2320 (1935); G. V. SCHULZ: Makromol. Chem. **3**, 160 (1949).

[2] Die von KINELL, Acta chem. scand. (Copenh.) **1**, 832 (1947) sowie von BISCHOFF und DESREUX diskutierten Gründe für das Vorliegen von Verzweigungen sind nicht stichhaltig. Vgl. dazu die Ausführungen bei MEYERHOFF u. SCHULZ: Makromol. Chem. **7**, 294 (1952).

allerdings nur im Gebiete kleiner Moleküle den genauen Gewichtsmittelwert, während bei größeren Molekülen, deren Abmessungen nicht mehr klein gegen die Wellenlänge sind, der Durchschnittswert sich etwas dem viscosimetrischen nähert. Bei den aus der Sedimentation und Diffusion bestimmten Werten liegen die Verhältnisse noch etwas komplizierter (s. Kap. VIII). Doch kann man aus der Übereinstimmung beider Methoden entnehmen, daß die Durchschnittswerte aller drei Methoden nahe beieinander liegen und nur wenig unterhalb des Gewichtsdurchschnittes liegen können.

2. Die Gerade der Ultrazentrifugen- bzw. Lichtzerstreuungsmessungen ist gegenüber der „osmotischen" gestrichelten Geraden nach größeren $M$-Werten hin verschoben, was auf die Uneinheitlichkeit der Präparate zurückzuführen ist. Man erkennt leicht, daß die Verschiebung im richtigen Sinne liegt, da bei uneinheitlichen Fraktionen die Ultrazentrifugenmethode und die Lichtzerstreuungsmethode ein etwas höheres Molekulargewicht liefern müssen als die osmotische, den Zahlendurchschnitt ergebende Methode. Daß die beiden Geraden nach höheren Molekulargewichten hin etwas divergieren, zeigt, daß die Uneinheitlichkeit $U = \dfrac{\overline{M}_w}{\overline{M}_n} - 1$ mit $M$ etwas zunimmt, wie nicht anders zu erwarten ist.

Da die viscosimetrischen Molekulargewichte[1] heute bei Polymethacrylsäuremethylester sehr genau zu bestimmen sind und $\overline{M}_\eta$ nicht allzu sehr von $\overline{M}_w$ abweicht, kann man mit der Genauigkeit, mit der heute die osmotischen Messungen durchführbar sind, auch die Größe $\dfrac{\overline{M}_\eta}{\overline{M}_n} - 1$ als Maß für die Uneinheitlichkeit ansehen.

*Polystyrol.* Hier liegen die meisten Untersuchungen vor, doch weiß man beim Polystyrol nicht sicher, wie weit verschiedene isomere Formen, Verzweigungen, d,l-Formen oder Kopf-Schwanz- bzw. Kopf-Kopf-Additionen (s. weiter unten) die Beobachtungswerte beeinflussen. Stellt man die von verschiedenen Autoren[2] aus der Lichtzerstreuung bestimmten mittleren Längen in Abhängigkeit vom Molekulargewicht zusammen, so zeigt sich, daß in dem gemessenen Bereich von $M = 180\,000$ und bis $M = 1\,500\,000$ $\sqrt{\overline{h^2}}$ proportional mit $\sqrt{M}$ verläuft (s. Abb. XIV, 5), daß sich also im Gegensatz zum Polymethacrylsäuremethylester die Aufweitung des Fadenknäuels durch die räumliche Störung der Segmente hier noch nicht bemerkbar macht. Das kann z. T. daran liegen, daß beim Polystyrol wegen der größeren Gestrecktheit der Moleküle die Knäuel lockerer mit Segmenten erfüllt sind als bei einem Polymethacrylsäuremethylester desselben Polymerisationsgrades. So sind bei einem

---

[1] Der viscosimetrische Mittelwert ist durch

$$\overline{M}_v = \left[ \frac{\Sigma\, c_{gi}\, M_i^a}{\Sigma\, c_{gi}} \right]^{1/a}$$

gegeben (für den Durchschnittswert der Lichtzerstreuung läßt sich kein geschlossener Ausdruck angeben).

[2] Kunst, E. D.: Diss. Groningen 1950. — Bueche, A. M.: J. Amer. Chem. Soc. **71**, 1452 (1949). — Hengstenberg, J.: Makromol. Chem. **6**, 127, 1951.

Polymerisationsgrade von 10000 die mittleren Längen bzw. die Durchmesser der äquivalenten Kugeln beim Polystyrol und Polymethacrylsäuremethylester etwa 1120 bzw. 840 Å, und die Knäuelvolumina verhalten sich wie 14:5,9. Im Gegensatz zu den Beobachtungen der Lichtzerstreuung steht allerdings die Tatsache, daß wie beim Polymethacrylsäuremethylester oder Polyisobutylen die Viscositätszahl in einem großen Molekulargewichtsbereich, nämlich von $7 \cdot 10^4$ bis $1,2 \cdot 10^6$ mit einem konstanten Exponenten $a$, nämlich in Toluollösung durch die Beziehung[1]

$$[\eta] = 3,7 \cdot 10^{-2}\ M^{0,62}\ [\text{g/cm}^3]^{-1}$$

dargestellt werden kann (s. Tabelle V, 5).

Das könnte man bei dem heutigen Stande unserer Kenntnisse so erklären, daß sich hier die thermodynamische Wechselwirkung und die abnehmende Durchspülung in ihrem Einfluß auf den Exponenten praktisch kompensieren. Es ist natürlich auch möglich, daß die Präparate verschiedener Herkunft hinsichtlich ihrer Konstitution ver-

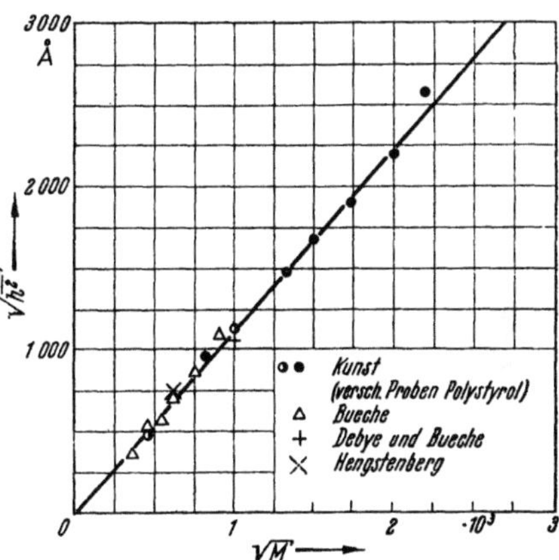


Abb. XIV, 5. Die aus der Lichtzerstreuung bestimmte mittlere Länge von Polystyrolmolekülen in Benzol in Abhängigkeit vom Molekulargewicht. Messungen von KUNST, OUTER CARR und ZIMM, HENGSTENBERG; Dreiecke nach BUECHE.

schieden waren und die Linearität zufällig herauskam. Eine Wiederholung dieser Untersuchungen an einer Reihe von Fraktionen derselben Herstellungsweise wäre wünschenswert.

Aus der Konstanz von $a$, die für Molekulargewichte bis herab zu 70000 erfüllt ist, muß man schließen, daß die Polystyrolmoleküle weit mehr undurchspülte als frei durchspülte Knäuel bilden[2].

Schließlich sei noch auf die schon in § 92 b 2 erwähnten Versuche von CERF über die Abhängigkeit des Orientierungswinkels von der Viscosität des Lösungsmittels hingewiesen, wonach die Fadenknäuel des Polystyrols schon bei niedrigen Molekulargewichten von etwa 100000 völlig undurchspült sein sollen. Es wäre dringend erwünscht, diese Annahme durch exakte Messungen der Lichtzerstreuung sowie des Auslöschwinkels der Strömungsdoppelbrechung in Abhängigkeit von $\eta$ und dem

---

[1] FLORY, P. J., u. T. G. FOX: J. Amer. Chem. Soc. **73**, 1915 (1951).

[2] FOX und FLORY nehmen an, daß bereits ab $M = 50000$ völlig undurchdringliche Knäuel vorliegen. Das scheint uns nicht bewiesen zu sein. Einmal können sich gerade nach der FLORYschen Theorie [J. Chem. Phys. **17**, 303 (1949)] bei sehr kleinen Molekulargewichten der hydrodynamische Effekt der hydrodynamischen Wechselwirkung und derjenige der räumlichen Behinderung in ihrer Abhängigkeit vom Polymerisationsgrade kompensieren und so einen konstanten Exponenten ergeben. Außerdem ist es schwer verständlich, daß ein Knäuel, das bei einem Molekulargewicht von 50000 nur etwa 40 statistische Elemente enthält, schon völlig undurchspült sein soll.

Geschwindigkeitsgefälle nachzuprüfen. Wäre sie richtig, so müßten wir unsere Vorstellungen von den Eigenschaften eines Fadenmoleküls in Lösung doch ziemlich revidieren.

Diese Unstimmigkeiten sind vielleicht auch auf die Verschiedenheit der Substanzen zurückzuführen. Sie werden sich erst endgültig klären lassen, wenn die Beobachtungen der Lichtzerstreuung, Strömungsdoppelbrechung, Viscosität usw. an ein und demselben Präparat durchgeführt werden.

Polystyrole, die bei verschiedenen Temperaturen bzw. sonst verschiedenen Bedingungen polymerisiert wurden, zeigen verschiedene Viscositätszahlen. Diese Unterschiede in der Konstanten $K$ und dem Exponenten $a$ pflegte man früher auf Verzweigungen zurückzuführen. G. V. SCHULZ[1] hat jedoch darauf hingewiesen, daß auch ohne Verzweigung, je nachdem ob die sperrigen Phenylreste in der d- oder l-Form angelagert sind, ob eine Kopf-Schwanz- oder Kopf-Kopf-Schwanz-Schwanz-Anlagerung vorliegt, die Molekülketten verschieden steif und verschieden geknäuelt sein müssen. Wie die Abb. XIV, 6 zeigt, liegen bei der normalen Kopf-Schwanz-Addition alle Phenylreste an der gleichen Seite der Kette, solange die Styrolreste in der d,d- bzw. l,l-Form angelagert werden. Eine Betrachtung an Hand von Kalottenmodellen zeigt nun, daß hier sehr große sterische Behinderungen auftreten, während eine abwechselnde d,l-Anlagerung, bei der die Ringe abwechselnd „ober- und unterhalb" der Kette liegen, sterisch viel günstiger ist. Einzelne Kopf-Kopf-Konfigurationen stören dabei nur wenig. Bei d,l-d,l-Anlagerung kann man gestreckte Zickzackformen aufbauen, bei denen die Ringe sich ungehindert mit Lösungsmittelmolekülen solvatisieren können. Bei jeder d,d- bzw. l,l-Anlagerung tritt aber aus sterischen Gründen eine Verdrehung ein, so daß die Kette einen ziemlichen Knick bekommt, sie enthält an dieser Stelle gewissermaßen ein starres Winkelstück. Ein solcher Knick wird ähnlich wie eine Verzweigung die mittleren Molekülabmessungen und die Viscositätszahl verkleinern. Man kann sich gut vorstellen, daß die d,d-Addition eine höhere Aktivierungsenergie erfordert, so daß bei tieferen Temperaturen die abwechselnde d,l-Anlagerung begünstigt ist, man also hier die gestreckteren Molekülformen erhält.

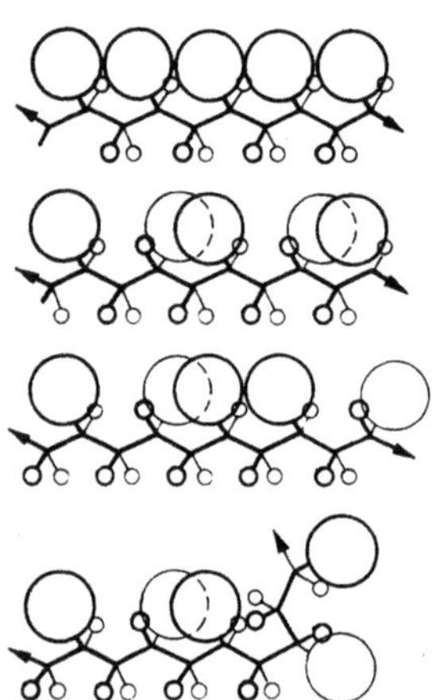

Abb. XIV, 6. Sterische Verhältnisse in einer Polystyrolkette nach G. V. SCHULZ; große Kreise Phenylreste, kleine Kreise H-Atome.

## § 101. Methoden zur Bestimmung von Verzweigungen.

Die Frage nach der Art der Verzweigung von Fadenmolekülen ist von außerordentlicher praktischer Bedeutung, da die makroskopischen, vor allem auch die technologischen Eigenschaften eines hochpolymeren

---

[1] SCHULZ, G. V.: Makromol. Chem. **3**, 160 (1949).

Stoffes sehr stark von Verzweigungen beeinflußt werden. Wir nennen hier als Beispiele nur die Beeinflussung der Kristallinität, die sich auf die Löslichkeit, Festigkeit, Sprödigkeit[1] und vor allem auch auf die textilen Eigenschaften auswirkt (vgl. dazu die Ausführungen in Band III und Band IV).

Bei dieser Sachlage ist es um so bedauerlicher, daß wir bisher fast keine praktisch brauchbaren Methoden besitzen, um die Art und das Ausmaß von Verzweigungen festzustellen und durch eine Meßgröße anzugeben.

Es besteht auch meist sehr wenig Klarheit darüber, daß die einzelnen Methoden nur ganz beschränkte und sehr verschiedene Aussagen über eine Verzweigung liefern.

### a) Allgemeines über Verzweigungen.

Eine Verzweigung kann man durch verschiedene Größen charakterisieren. Eine direkt spektroskopisch oder durch Endgruppenbestimmung meßbare Größe ist die Zahl der im Molekül vorhandenen freien Enden, die wir als die *Endgruppenzahl* $v$ bezeichnen wollen. Ferner kann man die Zahl der Verzweigungen, die *Zweigstellenzahl* $v'$ angeben und schließlich die Zahl der *Abschnitte* oder die Zahl $v_0$ der Kettenstücke zwischen den Zweigstellen zuzüglich aller freien Endstücke.

Wie man sich an Hand der Abb. XIV, 7 b leicht klarmachen kann, bestehen zwischen diesen Größen, vorausgesetzt, daß nur einfache Verzweigungen vorliegen, d. h. daß von jeder Zweigstelle nur drei Abschnitte ausgehen, folgende Beziehungen:

$$v = v' + 2 \quad \text{und} \quad v_0 = 2\,v' + 1 \quad \text{sowie} \quad v_0 = 2\,v - 3 \,. \qquad \text{(XIV, 16)}$$

Für die mittlere Zahl $\bar{x}$ der Grundmoleküle pro Abschnitt gilt dann

$$\bar{x} = P/v_0 \,. \qquad \text{(XIV, 17)}$$

Aus reaktionskinetischen Gründen wird $\bar{x}$ häufig nur sehr kleinen Schwankungen unterliegen, bei der weiter unten genannten Mischkondensation aus einer Dicarbonsäure und einem Trialkohol im Verhältnis 1:1 sogar konstant und gleich 1 werden.

Als charakteristisches Maß der Verzweigung führen wir den *Verzweigungsgrad* $V^*$ ein und definieren ihn unter Benutzung der direkt meßbaren Endgruppenzahl $v$ durch die Beziehung

$$V^* = \frac{v - 2}{P} = \frac{v'}{P} \approx \frac{v}{P} \approx \frac{v_0}{2\,P} \approx \frac{1}{2\,\bar{x}} \,, \qquad \text{(XIV, 18)}$$

so daß für ein unverzweigtes Molekül, wie es sinnvoll ist, $v' = 0$ sowie $V^* = 0$ und für ein maximal verzweigtes Molekül $v' = P/2$ oder $V^* = 0{,}5$ werden.

Tritt beim Kettenwachstum eine Verzweigung auf, so kann die entstehende Seitenkette sich ihrerseits wieder verzweigen. Als charak-

---

[1] Besonders instruktiv ist die Abhängigkeit der mechanischen Eigenschaften vom Verzweigungsgrad beim Polyäthylen, vgl. RICHARDS: J. Appl. Chem. 1, 370 (1951); s. auch K. UEBERREITER u. H. J. ORTHMANN: Kolloid-Z. 128, 125 (1952).

teristischen Parameter für den Verzweigungstypus führen wir mit
FLORY[1], der die statistische Theorie der Kondensation von Molekülen
mit tri- und mehrfunktionellen Gruppen eingehend entwickelt hat, die
Wahrscheinlichkeit $\alpha$ einer *Folgeverzweigung* ein. Darunter verstehen wir
die Wahrscheinlichkeit, daß der neue Zweig wieder zu einer Verzweigung
und nicht zu einer Endgruppe führt. Ist diese Wahrscheinlichkeit Null,
so erhalten wir eine Hauptkette mit kürzeren oder längeren, nicht weiter
verzweigten Seitenketten (s. Abb. XIV, 7a). Dieser Fall tritt z. B. bei

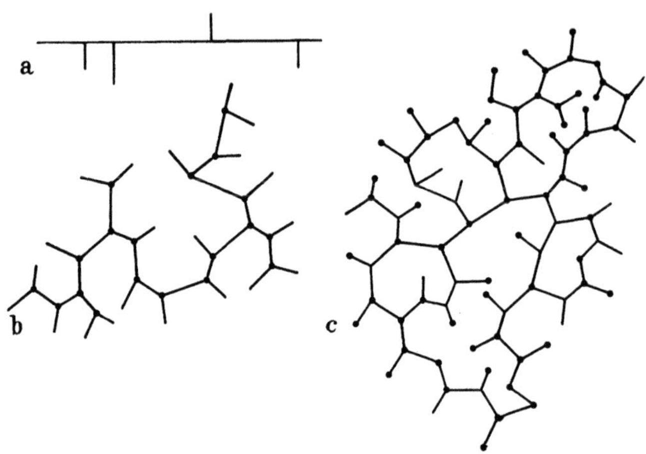

Abb. XIV, 7. Verschiedene Arten von Verzweigung. a) Hauptkette mit Seitenketten ohne Folgeverzweigung, $\alpha = 0$. — b) Fadenmolekül mit mäßiger Folgeverzweigung, $\alpha < 0,5$, Hauptkette noch
erkennbar. — c) Makromolekül mit sehr großer Folgeverzweigung, $0,5 < \alpha < 1$, und gelegentlicher
innerer Vernetzung; Beispiel Mischkondensat aus einer Dicarbonsäure und Glycerin.

der Polymerisation von Vinylverbindungen oder von Äthylen durch
meist unerwünschte Nebenreaktionen auf[2]. So ist das bei hohen Temperaturen polymerisierte Polyäthylen meist ziemlich stark verzweigt,
eine Methylgruppe auf 30 bis 100 $CH_2$-Gruppen. (Über den spektroskopischen Nachweis dieser Verzweigungen vgl. Band I, § 70.) Ob die Seitenketten einfache Methyl- oder Äthylgruppen oder längere Ketten bilden, ist
nicht sicher bekannt. Doch sprechen die Ultrarotspektren und andere
Erfahrungen dafür, daß es sich um längere Ketten handelt, die mindestens vier C-Atome enthalten[3, 4].

Bei kleinem $\alpha$ erhalten wir ein Molekül von der in der Abb. XIV, 7b
wiedergegebenen Art. Sobald aber $\alpha > 0,5$ wird, überwiegt die Folgeverzweigung die Endgruppenbildung, so daß schließlich ein einziges

[1] FLORY, P.: J. Amer. Chem. Soc. **63**, 3083, 3091, 3096 (1941). — STOCK-
MAYER, W. H.: J. Chem. Phys. **11**, 45 (1943); **12**, 125 (1944).

[2] Inwieweit noch durch Übertragungsreaktionen Folgeverzweigungen auftreten, ist nicht bekannt, vgl. auch WHEELER, ERNST u. CROZIER: J. Polymer Sci.
**8**, 409 (1952).

[3] RICHARDS, R. B.: J. Appl. Chem. **1**, 370 (1951).

[4] N. M. D. BRYANT [J. Polymer Sci. **2**, 547 (1947)] nimmt aus reaktionskinetischen Gründen an, daß die Seitenketten etwa dieselbe Länge haben, wie die
Stücke der Hauptkette zwischen je zwei Verzweigungen.

unlösliches Riesenmolekül entsteht (s. Abb. XIV, 7c). Ist die Reaktion bis zu einem bestimmten Grade, dem sog. *Gelpunkte*, fortgeschritten, so wandelt sich das System aus einer zähen Flüssigkeit in ein elastisches Gel um[1]. Das einfachste Beispiel sind Mischkondensate aus Molekülen mit bi- und trifunktionellen Gruppen, z. B. aus Adipinsäure und Glycerin[2], die unterhalb des Gelpunktes lösliche verzweigte Moleküle mit sehr niederem Molekulargewicht liefern, lösliche Polyesterharze. Die nachher entstehenden unlöslichen Riesenmoleküle enthalten zunächst noch keine inneren Ringe. Erst durch die mit wachsender Molekülgröße wahrscheinlicher werdende Kondensation von Gruppen ein und desselben Moleküls treten Vernetzungen auf, welche die übliche Bezeichnung „*unendliches Netzwerk*" rechtfertigen; man erhält durchgehärtete unlösliche Harze.

Ein unendliches Netzwerk entsteht auch, wenn lange Ketten durch besondere Zusätze vernetzt werden. Das bekannteste Beispiel ist die Polymerisation von Styrol mit Divinylbenzol. Auch hier entstehen bei ganz geringen Zusätzen lösliche „verzweigte" Produkte.

Im Falle einer statistischen Verzweigung ist die hochpolymere Substanz durch folgende Größen beschreibbar:

1. Die Kettenlängenverteilung, wobei die Kettenlänge die Summe aller Abschnitte im Molekül ist.

2. Den Verzweigungsgrad $V^*$, der, falls nur einfache Verzweigungen vorliegen, auch die mittlere Zahl der Grundmoleküle pro Abschnitt liefert und der in diesem Falle aus der Endgruppenzahl bestimmt werden kann.

3. Die Längenverteilung der Abschnitte.

4. Den Anteil der Folgeverzweigungen, gemessen durch $\alpha$.

Die Eigenschaften unter 1 und 2 sind unmittelbar aus Beobachtungen zu entnehmen, während die Längenverteilung nur durch Rechnung zugänglich ist, vorausgesetzt, daß es sich um eine rein statistische Verzweigung handelt. Die Wahrscheinlichkeitsgröße $\alpha$ läßt sich, soweit man den Reaktionsmechanismus kennt, aus dem Reaktionsgemisch vorausberechnen.

Einen wesentlich anderen Verzweigungstypus erhalten wir bei Verzweigungen, die isomere Formen des Grundmoleküls darstellen. Zum Beispiel kann Butadien sowohl in der 1,4- wie in der 1,2-Form polymerisieren.

$$-[CH_2-CH=CH-CH_2]- \quad \text{oder} \quad -[CH_2-CH]-$$
$$\text{I} \qquad\qquad\qquad\qquad \text{II} \quad |$$
$$CH=CH_2.$$

Im zweiten Falle erhalten wir also eine lineare Kette mit ganz kurzen und nicht weiter verzweigten Seitengruppen (s. a. Abschnitt b 2). Dabei

---

[1] Schreitet die Reaktion dann nur wenig fort, so entstehen sofort außerordentlich große Moleküle, die sich mehr und mehr zu einem einzigen Riesenmolekül zusammenschließen, daran erkenntlich, daß ein immer größerer Anteil des Gels unlöslich wird.

[2] Diese Mischung entspricht $\alpha = 1$. Durch Zusatz einer passenden dritten Komponente (Dialkohol) kann man sowohl die Zweigstellenzahl verkleinern wie schließlich auch $\alpha$ herabsetzen.

sind schon in ein und derselben Kette verzweigte und unverzweigte Grundmoleküle in vermutlich statistischer Verteilung nebeneinander vorhanden (s. Abb. XIV, 7).

Eine besondere Form von Verzweigung stellen die sternförmigen Moleküle nach FLORY[1] dar, bei denen mehrere (bis zu acht) Ketten von einem Zentrum ausgehen.

Der Fall von einfachen Ringschlüssen der Enden ist bei der Polymerisation zu längeren Ketten aus reaktionskinetischen Gründen von vornherein unwahrscheinlich. Er scheint auch noch nicht mit Sicherheit nachgewiesen zu sein.

### b) Methoden zur Bestimmung von Verzweigungen.

Systematische Untersuchungen des Verzweigungsgrades oder ausgearbeitete Bestimmungsmethoden fehlen fast ganz. Einer der Gründe liegt darin, daß es schwierig ist, Fraktionen mit verschiedener Verzweigung, aber gleichem Molekulargewicht herzustellen. Außerdem ist man nie sicher, wie weit in einer polymerhomologen Reihe der Verzweigungsgrad von Fraktion zu Fraktion variiert.

So gibt es zwar eine Reihe von Theorien, aber es fehlt das entsprechende Beobachtungsmaterial, um ihre Richtigkeit zu beweisen und so eine solide Basis zu schaffen. Bei niedermolekularen Stoffen liegen die Verhältnisse viel günstiger, weil man hier synthetisch Isomere mit bekannter Verzweigungsart herstellen und so direkt die Zusammenhänge zwischen Verzweigung und Meßgröße feststellen kann (s. Band I, z. B. S. 371, 453, 461.)

### 1. Direkte Methoden zur Bestimmung des Verzweigungsgrades.

Hierzu rechnen vorläufig nur die Methoden zur Bestimmung der mittleren Endgruppen- bzw. Zweigstellenzahl. Jede Endgruppenmethode setzt natürlich voraus, daß alle Enden von der chemisch gleichen Gruppe besetzt sind[2].

Auf die chemische Endgruppenbestimmung gehen wir hier nicht ein.

Die spektroskopischen, schon in Band I, § 68 und § 70 besprochenen Methoden beruhen einmal darauf, daß die Frequenzen der Kernschwingungen innerhalb der Endgruppen von denjenigen in den Grundmolekülen der Kette etwas abweichen oder daß überhaupt in den Endgruppen neue Eigenschwingungen erscheinen. Ferner treten, vor allem an Doppelbindungen, charakteristische, von der Art der Substituenten abhängige Schwingungen auf. Ein typischer Fall sind die für diese Art von Substitution charakteristischen Deformationsschwingungen des an ein $=C<$-Atom gebundenen H-Atomes, die wir in Band I, § 68 näher

---

[1] FLORY, P. J.: J. Amer. Chem. Soc. **63**, 3083, 3091 (1941). — SCHAEFGEN, J.R., u. P. J. FLORY: J. Amer. Chem. Soc. **70**, 2709 (1948).
[2] Diese Forderung ist sehr häufig nicht erfüllt. Je nach Art und Mengenverhältnis bei den Reaktionsteilnehmern einschließlich der Zusätze und Verunreinigungen können sehr verschiedene Endgruppen und schwer erkennbare Störungen auftreten.

besprochen haben. Diese Schwingungen sind bisher mehr für die Bestimmungen von Verzweigungen innerhalb des Grundmoleküls und weniger für die Folgeverzweigung in dem hier besprochenen Sinne benutzt worden, z. B. bei dem in Abschnitt a genannten und in Band I, S. 568 besprochenen Polybutadien, das in der 1,4- und in der 1,2-Form polymerisieren kann. Aus dem Intensitätsverhältnis geeigneter Ultrarotbanden ergibt sich das Verhältnis der beiden Komponenten.

Da bei der einfachen und doppelten Verzweigung am vierwertigen C-Atom ebenfalls charakteristische Frequenzen nachgewiesen sind, kann man bei Polyäthylenen aus der Intensität geeigneter Ultrarotbanden

$$
\begin{array}{ccc}
& H & C \\
& | & | \\
\text{die Zahl der Zweigstellen vom Typus } C{-}C{-}C & \text{und} & C{-}C{-}C \text{ bestimmen} \\
& | & | \\
& C & C
\end{array}
$$

(vgl. Band I, § 68). Voraussetzung aller spektroskopischen Methoden sind natürlich Intensitätsmessungen an Systemen mit bekannter Endgruppen- bzw. Zweigstellenzahl.

### 2. Methoden zur Erkennung von Verzweigungen.

Wie die Abb. XIV, 7 zeigt, muß ein verzweigtes Molekül stärker geballt sein als das unverzweigte Fadenmolekül von gleichem Polymerisationsgrade. Je stärker verzweigt das Molekül ist, um so kugeliger wird es. Parallel damit steigt auch die Immobilisierung der Lösungsmittelmoleküle, so daß wir uns mit wachsender Verzweigung immer mehr dem Typus des undurchspülten Knäuels nähern.

Im allgemeinen wird ein verzweigtes Molekül eine geringere optische Anisotropie als das unverzweigte Molekül mit gleichem Molekulargewicht besitzen, der Depolarisationsgrad beim verzweigten Produkt also kleiner sein. In Gegenwart von Doppelbindungen oder Benzolringen muß man jedoch vorsichtig sein, vgl. Band I, § 50, § 62. Mißt man bei dipollosen Molekülen die elektrische Doppelbrechung, so ist das Produkt mit der kleineren spezifischen Doppelbrechung das verzweigtere, und zwar unabhängig davon, ob die Molekulargewichte beider Stoffe, gleich oder verschieden sind (STUART)[1]. Das ist ein besonderer Vorteil von Messungen der elektrischen Doppelbrechung, der dadurch gegeben ist, daß die spezifische Doppelbrechung vom Polymerisationsgrade unabhängig wird, vgl. § 91.

Mit der Frage, wie sich mit der Zahl der Zweigstellen und der Verzweigungsart, einfach oder doppelt die Abmessungen des Moleküls ändern, haben sich W. und H. KUHN[2] sowie ZIMM und STOCKMAYER[3]

---

[1] STUART, H. A.: Makromol. Chem. B III, 176 (1949).
[2] KUHN, W., u. H. KUHN: Helvet. chim. Acta **30**, 78 (1947).
[3] ZIMM, B. H., u. W. H. STOCKMAYER: J. Chem. Phys. **17**, 1301 (1949). Wir gehen auf diese Rechnungen im einzelnen nicht ein, zumal sie den Volumeneffekt, der mit wachsender Verzweigung natürlich größer wird, vernachlässigen.

beschäftigt. Dabei zeigt sich, wie schon anschaulich einzusehen ist, daß
das mittlere Radienquadrat bei verzweigten Molekülen langsamer mit
dem Molekulargewicht ansteigt[1] als bei völlig unverzweigten[2]. Eine
Untersuchung der Ringbildung ergibt[3], daß durch einen einfachen Ring-
schluß der Enden, ohne Verzweigung, die Wurzel aus dem mittleren Radienquadrat gerade auf die Hälfte des Wertes für das offene Molekül
verringert wird.

Die mit Verzweigungen verbundenen Änderungen der Molekülabmessungen lassen sich direkt nur mit Hilfe der Lichtzerstreuung oder
der Röntgenkleinwinkelstreuung messen. Die Auswertung von Beobachtungen der Viscositätszahl oder anderer hydrodynamischer Größen ist
insofern unsicher, als sich mit der Verzweigung auch die Durchspülung
ändert, also alle Meßgrößen nicht nur von der Größe, sondern auch von
der Durchspülung abhängen, die ihrerseits ebenfalls mit wachsender Verzweigung abnimmt. Das bedeutet, daß mit steigendem Polymerisationsgrade $[\eta]$ langsamer mit $M$ zunimmt als bei unverzweigten Molekülen[4].
Stellt bereits das unverzweigte Molekül ein undurchspültes Knäuel dar,
so fällt diese Komplikation natürlich weg, und wir erhalten für $[\eta]$
dieselbe Abhängigkeit von $M$ wie für den Durchmesser bzw. für $\sqrt{\bar{r}^2}$.

Viel günstiger ist es daher, eine Kombination zweier Meßgrößen
heranzuziehen, die vom Durchspülungsgrade und möglichst auch vom
Molekulargewichte unabhängig ist. Eine solche stellt nach STUART[5]
das Verhältnis der spezifischen MAXWELLschen Konstante zur Viscositätszahl dar, das nach Gl. (XII, 68) wesentlich nur noch von der
optischen Anisotropie des Fadenelements abhängt. Mit dieser Kombination kann man also auch bei Dipolmolekülen das verzweigtere Produkt
erkennen.

Grobe Effekte werden im allgemeinen vermutlich nur bei stärkeren
Verzweigungen auftreten. So sind nach neuen Messungen von HARRIS[6]
an Polyäthylenen verschiedenster Herkunft innerhalb der Beobachtungs-
fehler die Viscositätszahl und die HUGGINSsche Konstante (Konzentrationsabhängigkeit von $[\eta]$) unabhängig vom Verzweigungsgrade.

Bei einem verzweigten Molekül gelten für die Winkelabhängigkeit der
Intensität des Streulichtes natürlich etwas andere Beziehungen als für
unverzweigte Moleküle; solche sind von ZIMM und STOCKMAYER[1] angegeben worden.

OUTER, CARR und ZIMM[7] haben bei Polystyrolen verschiedener Herstellungsweise aus der Lichtzerstreuung die Durchmesser in Abhängigkeit

<hr>

[1] ZIMM, B. H., u. W. H. STOCKMAYER: J. Chem. Phys. **17**, 1301 (1949). Wir
gehen auf diese Rechnungen im einzelnen nicht ein, zumal sie den Volumeneffekt,
der mit wachsender Verzweigung natürlich größer wird, vernachlässigen.

[2] Dabei ist Voraussetzung, daß innerhalb einer homologen Reihe, also von
Fraktion zu Fraktion, der mittlere Verzweigungsgrad $v'/P$ konstant bleibt.

[3] KUHN, W., u. H. KUHN: Helvet. chim. Acta **30**, 78 (1947).

[4] Weitere Möglichkeiten bei W. u. H. KUHN: Helvet. chim. Acta **30**, 1233
(1947).

[5] STUART, H. A.: Makromol. Chem., B III, 176 (1949).

[6] HARRIS, I.: J. Polymer Sci. **8**, 353 (1952).

[7] OUTER, O., C. I. CARR u. B. H. ZIMM: J. Chem. Phys. **18**, 830 (1950).

vom Molekulargewicht untersucht und festgestellt, daß Polystyrol in der üblichen Weise mit Peroxyd als Katalysator hergestellt nicht wesentlich verzweigt sein kann: $v'/P < 1/3000$!

Bei künstlich mit Divinylbenzol verzweigten Polystyrolen haben THURMOND und ZIMM[1] versucht, Beziehungen zwischen dem Moleküldurchmesser, dem Molekulargewicht und der Viscositätszahl in Abhängigkeit vom Verzweigungsgrade festzulegen. Es zeigt sich, daß vor allem die Viscositätszahl aufgetragen gegen den Gewichtsmittelwert des Molekulargewichtes auf Verzweigungen anspricht, insbesondere bei idealen Lösungen ($B \approx 0$). Die Neigung der $\log [\eta] - \log M_w$-Kurve beträgt bei unverzweigten Molekülen 0,5 und wird mit wachsender Verzweigung kleiner. Beim Vergleich des mittleren Radius mit dem Molekulargewicht tritt bei polymolekularen Systemen die Schwierigkeit auf, daß der Radius einen $Z$-Mittelwert darstellt. Vernünftige Beziehungen kann man nur bei fraktionierten Substanzen oder beim Vergleich von Größen mit gleicher Mittelwertsbildung erwarten.

Die Röntgenkleinwinkelstreuung scheint bis jetzt noch nicht zur Untersuchung von Verzweigungen herangezogen worden zu sein, doch dürfte diese Methode recht aussichtsreich sein (vgl. dazu Kap. X, § 79b).

KUHN und KUHN[2, 3] haben versucht, auch aus hydrodynamischen Beobachtungen, nämlich aus der Diffusion, Sedimentation und Viscosität Schlüsse auf den Verzweigungsgrad zu ziehen, die wir am Beispiel der Diffusion besprechen wollen. Das *Knäuelvolumen v*, das wir erhalten, wenn wir uns um das ganze Molekül eine dünne, gut anschließende Haut gelegt denken, ist nach KUHN und KUHN beim unverzweigten Molekül genähert durch

$$v_u \approx 0,4\, l_R^{3/2}\, A_m^{3/2}\, P^{3/2} \qquad \text{(XIV. 19)}$$

gegeben. Bei einem verzweigten Molekül wird das Volumen $v_z$ natürlich kleiner und zwar ungefähr gleich

$$v_z = v_u \cdot 10^{-0,036\,(v_0-1)^{3/2}}. \qquad \text{(XIV, 20)}$$

Damit wird sicher auch der Translationswiderstand kleiner und die Diffusionskonstante größer. Macht man nun die Annahme, daß ein verzweigtes und ein unverzweigtes Fadenmolekül von gleichem Molekulargewicht und gleicher hydrodynamischer Dicke $d_h$ denselben Translationswiderstand besitzen, falls man das unverzweigte Knäuel künstlich auf das Volumen $v_z$ des verzweigten zusammendrückt, so kann man unter Benutzung der KUHNschen Beziehungen für die Abhängigkeit der Diffusionskonstanten von $v$ und $d_h$ aus vergleichenden Messungen an Substanzen mit verschiedenem Verzweigungsgrad $V^*$, aber gleichem

---

[1] THURMOND, C. D., u. B. H. ZIMM: J. Polymer Sci. 8, 477 (1952).

[2] KUHN, W., u. H. KUHN, l. c.

[3] Vgl. auch W. KUHN, H. KUHN u. P. BUCHNER: Erg. exakt. Naturwiss. 25, 1 (1951).

Molekulargewicht das Volumen $v$ und damit den Verzweigungsgrad bestimmen. Dieses Verfahren scheint uns aber nur bei sehr kleinen Verzweigungsgraden und sehr stark durchspülten Knäueln zulässig zu sein. Denn nur unter dieser Voraussetzung kann man die hydrodynamische Dicke des verzweigten und unverzweigten Moleküls gleichsetzen. Ferner fällt die Dichte innerhalb des Knäuels von innen nach außen um so weniger ab, je stärker die Verzweigung ist. Den dadurch bedingten Unterschied in der Durchspülung und damit auch in der Diffusionskonstante bei Knäueln gleichen Volumens, aber verschiedenen $V^*$ wird man daher nur bei kleinen Verzweigungsgraden vernachlässigen dürfen. Auch hier begegnet uns also wieder die schon oben genannte Schwierigkeit, daß die hydrodynamischen Effekte im allgemeinen von zwei mit dem Verzweigungsgrade veränderlichen Größen, nämlich von den Knäuelabmessungen bzw. dem Volumen und vom Durchspülungsgrade abhängen, die sich nicht ohne zusätzliche Annahmen trennen lassen.

Die Verhältnisse liegen natürlich viel günstiger, wenn bereits das unverzweigte Molekül ein völlig undurchspültes Knäuel darstellt, so daß man das Modell der äquivalenten Kugel anwenden kann. Man erhält dann aus der Diffusion oder Viscosität direkt den Durchmesser und damit eine ziemlich eindeutige Aussage über den Verzweigungsgrad. Diesbezügliche Beobachtungen scheinen aber noch nicht durchgeführt worden zu sein.

Mit zunehmender Verzweigung ändert sich eine Reihe von charakteristischen Eigenschaften der Substanz. So nimmt das Kristallisationsvermögen und damit auch die Dichte des festen Materials ab. Ebenso wird, wie vor allem Doty[1] und Mitarbeiter begründet haben, die Löslichkeit kleiner. Der Grund ist, daß die Dichte der Segmente innerhalb des Knäuels größer wird, so daß die Kräfte zwischen den Segmenten ein und desselben Moleküls mehr zur Geltung kommen, die innermolekulare Assoziation als erste Stufe des Ausfallens aus einer Lösung also früher eintritt als beim unverzweigten Molekül gleicher Kettenlänge (vgl. dazu die Ausführungen in § 99 c 1). Dementsprechend muß die thermodynamische Wechselwirkungskonstante $\chi$ für verzweigte Moleküle größer bzw. der zweite Virialkoeffizient $B$ kleiner als für unverzweigte sein (vgl. dazu auch § 29 g). Eine geringe, dicht an der Grenze der Meßgenauigkeit liegende Zunahme von $\chi$ mit dem Verzweigungsgrade ist von Doty, Brownstein und Schlener an mit Divinylbenzol polymerisiertem Polystyrol beobachtet worden.

Eine verringerte Löslichkeit ist nur bei hochverzweigten Produkten zu erwarten. Andernfalls überwiegt der gegenläufige Effekt, wonach mit zunehmender Verzweigung und abnehmender Kristallinität gegenüber dem unverzweigten Produkt die aufzuwendende Schmelzwärme geringer, die Löslichkeit also besser wird. Das wird auch in der Mehrzahl der Fälle beobachtet. Die Löslichkeit gibt also eine Möglichkeit, große

---

[1] Doty, P. M., M. Brownstein u. W. Schlener: J. Phys. a. Colloid Chem. 53, 213 (1949).

Verzweigungsgrade zu erkennen. Besonders wünschenswert wären hier genaue Messungen an Polyäthylenen mit definiertem Verzweigungsgrade. Leider liegen in der Literatur bis jetzt keine einwandfreien Messungen über den Zusammenhang zwischen Verzweigungsgrad und Löslichkeit vor[1].

## § 102. Kenngrößen für die innere Beweglichkeit von Fadenmolekülen.

Die Grundeigenschaft der Drehbarkeit um die Richtungen einfacher Valenzen verleiht den Molekülen eine „*innere Beweglichkeit*", so daß sie ständig ihre Form ändern. Diese von der Größe der Rotationsbehinderung abhängige innere Beweglichkeit äußert sich in den verschiedensten Erscheinungen und kann dementsprechend auch durch verschiedene, weiter unten zu definierende Größen charakterisiert werden. Wir betrachten in diesem Paragraphen vor allem das mechanische Verhalten eines Fadenmoleküls gegenüber einer äußeren Kraft bzw. einer Verformung, das vor allem von W. und H. KUHN untersucht worden ist.

Unterwerfen wir ein isoliertes Molekül einer plötzlichen Verformung, indem wir z. B. die Enden plötzlich auseinanderziehen, so treten erhebliche Widerstandskräfte auf. Das Molekül erweist sich als starr, aber nur gegenüber ganz kurzzeitig einwirkenden Kräften oder solchen sehr hoher Frequenz. Diese *Starrheit (rigidity)* hat mehrere Ursachen. Einmal werden bei der Verformung die einzelnen Kettenatome gegeneinander um die Valenzrichtungen aus ihren Gleichgewichtslagen herausgedreht, wobei die Kräfte der Rotationsbehinderung überwunden werden müssen. Eine Verbiegung der Valenzwinkel ist demgegenüber von meist untergeordneter Bedeutung. Dagegen mag bei der Verformung noch die Wechselwirkung von in Kettenrichtung weiter entfernter Gruppen, die sich beim verknäuelten Molekül gegenseitig behindern, eine Rolle spielen. Daß diese Wechselwirkung ganz erheblich sein kann, ergibt sich aus dem in § 99 c und § 100 besprochenen Raumerfüllungseffekt. Bei all diesen Vorgängen wird potentielle Energie gespeichert.

Neben diesen energetisch bedingten rücktreibenden Kräften $K_2$[2] tritt nun noch eine weitere elastische Kraft, die *statistische Rückstellkraft* auf. Sie ist bei mäßigen Verformungen genähert durch

$$K_1 = \frac{-\,\mathrm{k}T\,3\,h}{Z\,A_m} \qquad\qquad (\text{XIV, 21})$$

[1] Die von MUTHANA u. MARK [Proc. Internat. Colloquium on Macromolecules, S. 344. Amsterdam 1949] mitgeteilten Messungen an Polyäthylen in Xylol sind nicht genau genug. Vgl. auch die Bemerkung von TUCKETT: Proc. Internat. Colloquium on Macromolecules, S. 407. Amsterdam 1949. Neue Messungen von J. HARRIS: J. Polymer Sci. 8, 353 (1952) lassen ebenfalls keinen Zusammenhang zwischen der empirischen Konstante $\chi$ und dem Verzweigungsgrade erkennen. Doch variieren bei ein und demselben Lösungsmittel die $\chi$-Werte beträchtlich, was auf einen anderen, noch ungeklärten Struktureinfluß hinweist.

[2] Die elastischen Kräfte sind der Verformung natürlich nur bei kleinen Verschiebungen proportional.

gegeben[1] und beruht darauf, daß das Molekül infolge der ungeordneten Wärmebewegung stets in Konfigurationen größter Wahrscheinlichkeit zurückstrebt (vgl. Band I, § 32) und daher jeder Verformung einen entsprechenden Widerstand entgegensetzt. Wir haben also neben der *Energieelastizität* noch eine *Entropie- oder Konfigurationselastizität*, die in Band IV bei der statistischen Theorie der Kautschukelastizität noch eingehend besprochen werden wird.

Halten wir die Deformation längere Zeit aufrecht, so werden einzelne Kettenglieder, so oft die zur Überwindung der Potentialschwelle erforderliche Aktivierungsenergie durch die Wärmebewegung zur Verfügung steht, aus der ursprünglichen Gleichgewichtslage in eine benachbarte übergehen. Dadurch paßt sich das Molekül allmählich der erzwungenen Form an, die inneren elastischen Spannungen werden also abgebaut. Dieser Abbau bezieht sich natürlich nur auf die Energieelastizität. Die ausschließlich durch die Molekülkonfiguration, d. h. durch den Abstand der Endpunkte $h$ bestimmte statistische Rückstellkraft bleibt dagegen konstant. Die Zeit $\tau$, in welcher die durch die innermolekularen Kräfte bestimmte elastische Kraft $K_2$ auf den $e$-ten Teil absinkt, nennen wir mit Kuhn die *Spannungsrelaxationszeit*.

$$K_2 = K_{20}\, e^{-\tau/t}. \tag{XIV, 22}$$

Unterwirft man das Molekül einer laufenden und konstanten Formänderung, die wir am einfachsten durch die Änderung der Länge $h$ pro Zeiteinheit charakterisieren, so werden die von den innermolekularen Kräften herrührenden elastischen Spannungen einerseits immer größer, andererseits aber durch die aktivierten Platzwechselvorgänge laufend herabgesetzt. Dabei stellt sich ein stationärer Zustand ein, derart, daß eine der *Verformungsgeschwindigkeit* proportionale *innere Widerstandskraft* $K_2$ auftritt. Wir können also schreiben:

$$K_2 = B\, \frac{d\,h}{d\,t}.$$

$B$ nennen wir mit Kuhn die *Formzähigkeitskonstante*. Man sieht also, daß die durch Potentialschwellen behinderte Drehbarkeit zu einer Art von *innerer Viscosität* oder zu einer *Formzähigkeit (shape resistance)* führt und daß man nicht nur homogenen Körpern, sondern bereits auch dem einzelnen Fadenmolekül sowohl elastische wie viscose Eigenschaften zuschreiben kann. $K_2$ stellt die bei der konstanten Abstandsänderung auftretende innere Reibungskraft nur insoweit dar, als sie durch die Wirkung der innermolekularen Kräfte (Rotationsbehinderung usw.) hervorgerufen wird[2]. Dazu kommt noch die zur Überwindung der statistischen Rückstellkraft erforderliche, der Verformung selbst direkt proportionale Kraft $K_1$.

---

[1] Kuhn, W., u. H. Kuhn: Helvet. chim. Acta **28**, 1533 (1945); **29**, 71, 609, 830 (1946).

[2] Natürlich werden in Lösung wegen der Wechselwirkung mit dem Lösungsmittel (Änderung der Potentialschwellen) die Größen $K_2$ und $B$ anders als im freien Molekül.

Wir haben bisher nur die inneren Kräfte $K_1$ und $K_2$ beachtet. Befindet sich das Molekül in einer Lösung oder Schmelze, so tritt zu den inneren Kräften $K_1 + K_2$ als Folge der Bewegung der Kettenglieder relativ zum umgebenden Medium noch ein *äußerer Reibungswiderstand* $K_3$ auf, der proportional der Viscosität des Mediums und der Formänderungsgeschwindigkeit ist (vgl. auch § 85).

Die vom reinen Stoff her bekannten Gesetzmäßigkeiten des elastisch-viscosen Verhaltens, die wir im Band IV noch sehr eingehend behandeln werden, lassen sich, wie vor allem KUHN und KUHN[1] gezeigt haben, auch beim einzelnen Fadenmolekül nachweisen.

Bei einer plötzlichen und kleinen Verlängerung des Fadens kann, solange die durch Torsion um die Drehachsen entstandenen Spannungen noch nicht merklich abgeklungen sind, die energieelastische Kraft $K_2$ der Längenänderung proportional gesetzt werden, also

$$K_2 = J \, \Delta h \, , \qquad\qquad \text{(XIV, 23)}$$

wo $J$ die *Starrheitskonstante*[2] des Fadens ist. Hält man eine konstante Deformationsgeschwindigkeit aufrecht, so gilt

$$\frac{d K_2}{d t} = J \cdot \dot{h} \, . \qquad\qquad \text{(XIV, 24)}$$

Gleichzeitig erfolgt wegen der Relaxation nach (XIV, 22) eine Spannungsabnahme vom Betrag

$$\frac{d K_2}{d t} = - \frac{K_2}{\tau} \, . \qquad\qquad \text{(XIV, 25)}$$

Im stationären Zustande ist die Summe von (XIV, 24) und (XIV, 25) Null oder

$$K_2 = \tau \, J \, \dot{h} \, .$$

$K_2$ stellt also die zur Überwindung des Mechanismus der Rotationsbehinderung erforderliche Kraft oder die schon oben eingeführte Widerstandskraft $K_2 = B \dot{h}$ dar, es ist also

$$B = J \tau \, , \qquad\qquad \text{(XIV, 26)}$$

oder die Formzähigkeitskonstante ist gleich dem Produkt aus Starrheitskonstante und Relaxationszeit.

Die Beziehung (XIV, 26) entspricht völlig der bekannten MAXWELLschen Beziehung für elastisch-viscose Körper[3]

$$\eta = G \cdot \tau \, , \qquad\qquad \text{(XIV, 27)}$$

$G$ der Schubmodul. Näheres in Band IV.

---

[1] Zur Theorie des viscos-elastischen Verhaltens von Fadenmolekülen in Lösung vgl. auch J. G. KIRKWOOD: Rec. Trav. chim. Pays-Bas **68**, 649 (1949); KIRKWOOD u. AUER: J. Chem. Phys. **19**, 281 (1951) sowie Bd. IV.

[2] Die Starrheitskonstante ist also die energieelastische Kraft, mit der sich die Molekülkette bei einer plötzlichen Dehnung um $\Delta h = 1$ zusammenziehen würde, sie entspricht also dem Elastizitätsmodul eines massiven Körpers.

[3] Bei der modellmäßigen Deutung von $\tau$, $J$ und $G$ ist zu beachten, daß in Wirklichkeit sowohl im makroskopischen Körper wie beim einzelnen Fadenmolekül eine ganze Reihe von Zusammenhaltsmechanismen wirksam ist.

Aus den obigen Betrachtungen folgt, daß man die von der Rotations-behinderung abhängige *innere Beweglichkeit* durch zwei, ihrer Bedeutung nach aber verschiedene Größen charakterisieren kann. Die erste ist der elastische Widerstand gegen eine plötzliche Verformung. Wir sprechen von der *Starrheit (rigidity)* des Moleküls und charakterisieren sie durch eine dem *E*-Modul makroskopischer Körper entsprechende *Starrheits-konstante*. Diese enthält genauer betrachtet natürlich nicht nur die von KUHN diskutierte, von den innermolekularen, vor allem bei der Ro-tationsbehinderung auftretenden Kräften herrührende Energieelastizität, sondern auch noch eine Konfigurationselastizität. Die Starrheit hängt sehr stark von der Frequenz der einwirkenden Kraft ab und kann, sobald man den Proportionalitätsbereich überschreitet, sehr stark mit der Größe der Verformung ansteigen.

Die zweite Kenngröße ist der Widerstand gegen eine dauernde, mit konstanter Geschwindigkeit erfolgende Verformung, die vor allem von der *Höhe* der Potentialschwellen abhängt — also nicht von der Größe der rücktreibenden elastischen Kräfte. Hier sprechen wir von einer *Form-zähigkeit* oder *inneren Viscosität* oder von der *Steifheit*, die also genau von der Starrheit zu unterscheiden ist. Die Ausdrücke *steif* und *weich* be-deuten also *große* bzw. *kleine Formzähigkeit*.

Schließlich werden wir (s. weiter unten) noch von der *Biegsamkeit* einer Kette sprechen und darunter die durch Drehbarkeit der Ketten-glieder *maximal* erreichbare *Krümmung* einer Kette verstehen. Die Bieg-samkeit hängt also vom Verlauf des Behinderungspotentials in der Um-gebung der Gleichgewichtslage (breite oder enge Mulden im Gebiet bis zu etwa 1000 cal/Mol) steht also der Starrheit ziemlich nahe. Im Gegensatz dazu hängt die durch einen Platzwechselmechanismus bedingte Steifheit von der Höhe der Potentialschwelle ab. So kann grundsätzlich ein relativ biegsames Molekül doch eine sehr große Formzähigkeit besitzen. Wir erkennen also, daß der übergeordnete Begriff „innere Beweglichkeit" noch keineswegs ausreicht, das Verhalten eines beweglichen Fadenmoleküls in allen Fällen zu charakterisieren. Dazu muß man den Gesamtverlauf des Behinderungspotentials kennen.

Schließlich sei noch darauf hingewiesen, daß Starrheit, Steifheit, Biegsamkeit nichts mit der Form eines Moleküls zu tun haben, die wir durch die *Gestrecktheit* bzw. besser durch den *Knäuelungsgrad* kenn-zeichnen[1]. Ein starres Molekül kann sowohl sehr gestreckt wie auch sehr geknäuelt sein.

Die aufgeführten Größen sind natürlich nicht ganz unabhängig von-einander. So bedeutet eine sehr große Biegsamkeit auch eine geringe Starrheit und sehr häufig auch eine geringe Steifheit. Bei ganz geringer Rotationsbehinderung wird das Molekül sehr biegsam, weich, wenig starr und stark geknäuelt.

Die innere Viscosität ist genähert dem Polymerisationsgrade um-gekehrt proportional, was sich dadurch erklärt, daß mit steigender

---

[1] Die Segmentlänge $A_m$ ist kein ausreichendes Maß für die Gestrecktheit eines Moleküls, da sie sich bei sonst gleichen Bedingungen proportional mit dem Abstande der Drehstellen ändert.

Gliederzahl die Formänderung sich auf eine immer größere Zahl von Gelenken verteilt. Es ist also

$$B = \frac{\beta}{P}. \qquad \text{(XIV, 28)}$$

Im Gegensatz dazu steigt der äußere hydrodynamische Widerstand linear mit $P$ an, so daß mit länger werdender Kette die Formzähigkeit mehr und mehr zurücktritt, d. h. daß das Molekül äußeren Kräften immer besser folgt, also immer weicher erscheint. Man kann auch denjenigen Polymerisationsgrad im Verlauf einer homologen Reihe, bei dem die innere und äußere Viscosität gleich werden, als Maß für die Steifheit ansehen (s. § 92 b 3). KUHN und KUHN haben für den Fall verschwindend kleiner äußerer Viscosität eine modellmäßige Deutung der Formzähigkeitskonstante versucht, die unter anderem natürlich auch die Rotationsbehinderungsenergie enthält. Wir gehen auf diese Betrachtungen und die vor allem aus Beobachtungen der Strömungsdoppelbrechung abgeleiteten Zahlenwerte nicht näher ein, da sie an zu viele Voraussetzungen und Vereinfachungen gebunden sind.

Die Spannungsrelaxationszeit $\tau$ steigt linear mit dem Polymerisationsgrade an, ist aber von der Viscosität des Lösungsmittels unabhängig. Das bedeutet wegen der Beziehung $J = B/\tau$, daß die Starrheitskonstante $J$ mit $P$ sehr stark abnimmt, $J \sim 1/P^2$. Beachtet man aber, daß die mit $P$ proportionale äußere Viscosität mit wachsender Kettenlänge die innere mehr und mehr überwiegt, so wird die in Wirklichkeit gemessene Starrheit eines Fadenmoleküls in Lösung (vgl. weiter unten) von der Kettenlänge genähert unabhängig werden und eine für das einzelne Fadenmolekül und seine Wechselwirkung mit dem Lösungsmittel charakteristische Konstante darstellen. Dabei ist die Starrheit um so größer, je kürzer die äußere Kraft einwirkt, sie hängt also außer von den Molekülkonstanten noch von der Frequenz der einwirkenden Kraft ab.

KUHN und KUHN haben auch die sog. *Makrokonstellationswechselzeit* $\Theta$ berechnet, d. h. die Zeit, die ein Fadenmolekül braucht, um auf Grund der Temperaturbewegung durch Diffusion der Endpunkte deren Abstand um den Betrag $2\sqrt{\overline{h^2}}$ zu ändern. $\Theta$ ist also auch ein Maß für die Zeit, die ein gegen die statistische Rückstellkraft gedehntes Fadenmolekül braucht, um in eine wahrscheinlichste Konfiguration zurückzukehren. Die Makrokonstellationswechselzeit hängt sowohl von der inneren wie äußeren Viscosität ab. Da der Beitrag der inneren Viscosität vom Polymerisationsgrad unabhängig, der andere dagegen mit dem Quadrat von $P$ ansteigt, bleibt mit wachsender Kettenlänge nur noch letzterer Anteil übrig. Zahlenwerte für $\Theta$ und $\beta$, die natürlich nur orientierende Bedeutung haben, finden sich in der Tab. XII, 1 auf S. 602.

Die KUHNschen Betrachtungen haben neuerdings durch eine sehr interessante Untersuchung von BAKER, MASON und HEISS[1] eine gewisse, direkte experimentelle Bestätigung gefunden. Die Autoren haben die beim Durchgang von Ultraschallwellen durch sehr verdünnte Lösungen

---

[1] BAKER, W. O., W. P. MASON u. J. H. HEISS: J. Polymer Sci. 8, 129 (1952).

von Polyisobutylen und anderen Fadenmolekülen auftretende Schub-
elastizität untersucht und eine frequenzabhängige Steifheit (rigidity) der
einzelnen Fadenmoleküle nachgewiesen. Die Analyse der Frequenzabhängigkeit ($10^3$ bis $10^8$ Hz) ergab, daß bei der Deformation eines
Fadenmoleküls drei verschiedene Mechanismen mit charakteristischen
Werten für die Relaxationsfrequenzen, Kraftkonstanten und Viscositäten zur „innermolekularen Steifheit" des Einzelmoleküls beitragen.
Der Mechanimus mit der niedrigsten Relaxationszeit und geringsten
Kraft entspricht der Konfigurationselastizität. Die Relaxationszeiten
liegen für Polyisobutylen mit $M \approx 4\,000\,000$ in Cyclohexan bei 550 Hz.
Der Mechanismus mit der größten Starrheit und einer Relaxationszeit
von $3,5 \cdot 10^6$ Hz entspricht der Rotationsbehinderung. Die dritte da-
zwischenliegende Relaxationszeit ($\sim 8 \cdot 10^4$ Hz) führen die Autoren auf
die gegenseitige Störung von weiter entfernten Gruppen ein und desselben Moleküls zurück, die sich bei der Verknäuelung gegenseitig behindern und zu der in § 99c eingehend besprochenen Volumenvergrößerung führen. Es ist bemerkenswert, daß die Steifheit des Einzelmoleküls
sich bis herab zu Deformationszeiten von etwa $10^{-3}$ sec bemerkbar macht
und daß sie in dem praktisch wichtigsten Kilohertzgebiet vorwiegend auf
der Konfigurationselastizität beruht.

Diese vor allem von BAKER und Mitarbeitern entwickelte Methode,
das elastisch-viscose Verhalten des Einzelmoleküls auch in Abhängigkeit
von der Temperatur und vom Lösungsmittel zu untersuchen, verspricht
insbesondere für das Verständnis der mechanischen Eigenschaften hochpolymerer Körper von großer Bedeutung zu werden. Wir werden in
Band IV dieses Werkes eingehend auf diese Fragen zurückkommen.

Die Formzähigkeit der Moleküle äußert sich vor allem auch in der
Abhängigkeit der Viscosität und der Strömungsdoppelbrechung verdünnter Lösungen vom Geschwindigkeitsgefälle. Diese Erscheinungen
und die Möglichkeit, daraus die Größe $B$ zu bestimmen, sind bereits
in den Paragraphen 85 „Strukturviscosität" und 92b „Verfeinerungen
der Theorie der Strömungsdoppelbrechung" besprochen worden.

Auskunft über die Beweglichkeit der einzelnen Kettenglieder gegeneinander oder von Seitengruppen in bezug auf die Gesamtkette können
vor allem Messungen der dielektrischen Relaxation liefern (vgl. dazu die
Ausführungen in § 98). Insbesondere kann man auch bei solchen Untersuchungen der Frequenzabhängigkeit der Dielektrizitätskonstante erkennen, ob sich das Molekül als starres Ganzes oder in *dielektrischen* Segmenten bewegt. Der Begriff Segment bedeutet hier den Koppelungs-
bereich $b$, über den hinweg sich die Drehung einer polaren Gruppe noch bemerkbar macht. Insoweit die Momente nicht einer Kettenbindung angehören, ist das dielektrische Segment stets kleiner als das Segment im Sinne
von KUHN und kann gelegentlich sogar mit der Grundeinheit zusammenfallen (s. § 98). Dieses umfaßt die mindestens erforderliche Zahl von
Kettengliedern, damit die Endvalenz von der Anfangsrichtung völlig
unabhängig wird. Dieses Segment ist also für die statistische Form der
Fadenmoleküle, die statistische Thermodynamik der Lösungen, die
kinetische Theorie der Kautschukelastizität usw. maßgebend. In der

Platzwechseltheorie der Diffusion, Viscosität und auch bei der Berechnung der hier betrachteten Relaxationszeiten für die Einstellung der Gleichgewichtskonfigurationen tritt ein weiteres Segment auf, das zu dem KUHNschen Segment keine direkte Beziehung hat. Beim festen Körper hängt, wie STUART[1] betont, die Länge des Koppelungsbereiches noch wesentlich von der Struktur der Umgebung ab. Grundsätzlich gehört also zu jeder Meßgröße bzw. zu dem ihr entsprechenden molekularem Mechanismus, eine charakteristische Segmentlänge, die außerdem noch mit dem Aggregatzustande bzw. dem Lösungsmittel variieren kann.

---

[1] STUART, H. A.: Marburger Diskussionstagung 1950 über den „Festen Zustand hochpolymerer Substanzen", s. Kolloid-Z. **120**, 102 (1951).

### Fünfzehntes Kapitel

# Polyelectrolytes[1].

By

**Ulrich P. Strauss** and **Raymond M. Fuoss.**

With 7 figures.

## Introduction.

Polyelectrolytes may be defined as macromolecules which contain ionizable groups. In the last few years polyelectrolytes have aroused widespread interest. Since they are both polymers and electrolytes, their study represents an extension and combination of both these fields. Moreover, many naturally occurring substances are polyelectrolytes[2], and in turn, synthetic polyelectrolytes may provide useful models for biological mechanisms[3, 4]. Synthetic polyelectrolytes have recently been successfully used in the separation of closely related protein fractions[5], and cross-linked polyelectrolytes are well known as ion-exchange resins.

In this chapter we shall limit ourselves for the most part to the synthetic polyelectrolytes. Their known structure facilitates the interpretation of experimental results, whereas in the study of naturally occurring substances one may always encounter some unknown structural features which complicate the interpretation of their observed behavior. It is hoped that experimental results obtained with the synthetic polyelectrolytes will furnish a standard of typical polyelectrolyte behavior by which the extent of polyelectrolyte character in biological substances may then be estimated. Confining ourselves to synthetic polyelectrolytes therefore does not impose any real limitations on our treatment. As a matter of fact, almost all naturally occurring polyelectrolytes seem to

---

[1] This chapter is based on a review presented by Raymond M. Fuoss before the Faraday Society in July 1951; see Disc. Faraday Soc. **11**, 125 (1952).

The original review has been expanded by inclusion of the literature through January 1952. We take this opportunity to thank the Faraday Society for permission to quote from the Discussions, and for Figs. XV, 1, XV, 2, XV, 3, XV, 6 and XV, 7. We also wish to thank Professor Paul Doty of Harvard for Fig. XV, 4 and Professor A. Katchalsky of the Weizmann Institute for Fig. XV, 5.

[2] Overbeek and Bungenberg de Jong: In "Colloid Science", pp. 186—188 (Edited by Kruyt), Vol. II. New York: Elsevier 1949.

[3] Kuhn, Hargitay, Katchalsky and Eisenberg: Nature (Lond.) **165**, 514 (1950).

[4] Katchalsky: J. Polymer Sci. **7**, 393 (1951).

[5] Morawetz and Hughes, jr.: J. Phys. Chem. **56**, 64 (1952).

behave much like the synthetic ones. The only known exceptions are the proteins; their molecular structure is rigid whereas most other polyelectrolytes have molecular flexibility. Therefore, while one would imagine the electrochemical behavior of proteins to resemble that of synthetic polyelectrolytes in many ways, one should not expect any similarities in those observable properties which depend on the flexibility of the polymer chain.

STAUDINGER and his school[1-7] were the first to study the physical chemistry of typical synthetic polyelectrolytes: the early literature includes data on osmotic pressure, conductance, viscosity and potentiometric titrations of polyacrylic acid and sodium polyacrylate, in a moderately high concentration range. Polyacrylic acid was found to be quite similar to other polymers (except for its potentiometric behavior), while the sodium salt exhibited many "anomalous" properties. Similar behavior was found by KERN[8] for salts of polyamines; he noted the buffering action of polyions for simple ions and concluded that electrostatic forces were responsible. Aside from technical work on viscose (sodium cellulose polyxanthate) and on ion exchange resins, little more was done on the polyelectrolyte problem until 1946, when a program of research sponsored by the Office of Naval Research was begun at Yale. At about the same time, KATCHALSKY began a systematic study of polyacrylates at the Weizmann Institute.

## § 103. Theoretical Discussion of Polyelectrolyte Model.

The apparent "anomalies" which have also been observed by everybody who has studied polyelectrolytes since then, must of course be ascribed to the presence of the ionizable groups on the polymer chain. If their effect is properly considered, the observed behavior can readily be explained. Let us start with the statistical coil model which has been so useful in the treatment of uncharged linear polymers, and attach ionizable groups at certain intervals along the chain. In a solvent of high dielectric constant the ionizable groups will dissociate and the small counter ions will begin to diffuse away from the polymer coil. However, each ion that escapes will leave an uncompensated ionic charge on the polymer coil. As a result electrostatic forces will manifest themselves in two ways which would appear neither in a solution of simple electrolyte nor in a solution of polystyrene. On the one hand, the ionic charges on the polymer coil will repel each other. But since they are tied together by covalent bonds they are constrained to remain near each other. Nevertheless, the polymer coil will expand beyond its random coil configuration

---


[1] STAUDINGER and URECH: Helvet. chim. Acta 12, 1107 (1929).
[2] STAUDINGER and KOHLSCHUTTER: Ber. dtsch. chem. Ges. 64, 2091 (1931).
[3] STAUDINGER and TROMMSDORFF: Liebigs Ann. 502, 201 (1933).
[4] STAUDINGER and VON BECKER: Ber. dtsch. chem. Ges. 70, 879 (1937).
[5] KERN: Z. physik. Chem. A 181, 249, 283 (1938).
[6] KERN: Biochem. Z. 301, 338 (1939).
[7] KERN: Z. physik. Chem. A 184, 197, 302 (1939).
[8] KERN and BRENNEISEN: J. prakt. Chem. 159, 193, 219 (1941).

and the size and shape of the polyelectrolyte molecule will become functions of its net charge. On the other hand, the increasing charge, built up on the polyion with the escape of the counter ions, will exert an increasing attractive force on the remaining counter ions which, as a result, will find it more and more difficult to escape from the polymer coil. Therefore, the polymer coil will carry associated with it a certain number of counter ions. This in turn has two consequences: first, the counter ions within the coil screen the intramolecular repulsions between the charges on the polymer and give less dilatation of the coil than one would calculate on the basis of the gross positive charge; and second, the relative number of counter ions associated with the polyion and the number in the bulk of the solvent between polyions become functions of total concentration. At low concentrations, the volume factor $4 \pi r^2 dr$ of the statistical term in the distribution function controls; in the limit of extreme dilution all counter ions will have diffused away, and if the charges on the polymer chain are spaced close enough together, the repulsion between them will become so large compared to the thermal forces that the coiling tendency is completely overcome and the polyion expands to a rod. In other words, the shape, size and net charge of a polyelectrolyte become functions of total concentration. Obviously, if we add simple electrolyte to a solution of polyelectrolyte, a redistribution of charges will take place; hence properties of polyelectrolytes will also be sensitive to the presence of other electrolytes. The limiting case of a large concentration of simple electrolyte is easy to understand: with a large reservoir of counter ions to draw on, the net charge of the polyions will become negligible and the coil will shrink to a volume considerably less than that of the statistical coil, as a consequence of intramolecular electrostatic attraction of the sort which stabilizes an ionic lattice.

A rigorous theoretical treatment of this behavior presents a mathematical problem of considerable complexity. For the limiting case where the polyion is a rigid rod, the problem has been solved independently by ALFREY, BERG and MORAWETZ[1] and by FUOSS with KATCHALSKY and LIFSON[2]. The theoretical results show that if the charge density on the rod is high enough, counter ions will tend to cluster around the rod. With increasing dilution, the counter ion density in the vicinity of the rod will decrease, but only logarithmically, so that dilutions at which highly charged polyions are completely separated from their counter ions may never be experimentally attainable. Some promising beginning has been made on the general problem which involves correlating the size and shape of the flexible polyion with the counter ion distribution by KUHN, KÜNZLE and KATCHALSKY[3-6], by HERMANS and OVERBEEK[7, 8].


[1] ALFREY, JR., BERG and MORAWETZ: J. Polymer Sci. 7, 543 (1951).
[2] FUOSS, with KATCHALSKY and LIFSON: Proc. Nat. Acad. Sci. 37, 579 (1951).
[3] KUHN, KÜNZLE and KATCHALSKY: Helvet. chim. Acta 31, 1994 (1948).
[4] KUHN, KÜNZLE and KATCHALSKY: Bull. Soc. chim. Belg. 57, 421 (1948).
[5] KÜNZLE: Rec. Trav. chim. Pays-Bas 68, 699 (1949).
[6] KATCHALSKY, KÜNZLE and KUHN: J. Polymer Sci. 5, 283 (1950).
[7] HERMANS and OVERBEEK: Rec. Trav. chim. Pays-Bas 67, 761 (1948).
[8] HERMANS and OVERBEEK: Bull. Soc. chim. Belg. 57, 154 (1948).

and by KIMBALL[1]. We shall summarize here the recent treatment by KATCHALSKY[2] which so far has allowed the most extensive comparison with experimental evidence and seems to show reasonably good agreement.

Following KUHN[3] in his choice of the model of the high polymer molecule, KATCHALSKY divides each molecule into $Z$ statistical segments of length $A_m$. Each segment consists of a small number of monomer units, enough so that the direction in space of one segment is statistically independent of the direction of any other segment. In the absence of any force fields, the probability of finding one end of the chain between the distances $h$ and $h + d\dot{h}$ from the other end, is then given by the well-known expression:

$$W(h)\,dh = \text{const} \times h^2 \exp\left(-\frac{3\,h^2}{2\,Z\,A_m^2}\right) dh \ . \qquad (XV, 1)$$

If the polymer molecule has $v$ electrical charges, a force field between these charges is set up which may be represented by the electrostatic field energy, $F(v, h)$. According to KUHN and GRÜN[4], equation (XV, 1) must then be modified, and we obtain

$$W(h)\,dh = \text{const} \times h^2 \exp\left(-\frac{3\,h^2}{2\,Z\,A_m^2} - \frac{F(v, h)}{kT}\right) dh. \qquad (XV, 2)$$

Expressions (XV, 1) and (XV, 2) may be used to calculate either the mean square or the most probable value of $h$ which may then be compared with the effective end-to-end distance obtained by viscosity or light scattering measurements.

In order to simplify the calculation of $F(v, h)$, KATCHALSKY assumes the electrical charge uniformly distributed over all segments so that each segment carries a charge of $\dfrac{v\,e}{Z}$ ($e$ being the absolute electronic charge). With the ends of the molecule held a fixed distance $h$ apart, the contribution of two arbitrary segments $i$ and $j$ to the total electrostatic energy is next calculated. In the absence of any counter ions inside the polymer coil, this contribution would be given by the COULOMB expression

$$\frac{1}{2}\,\frac{v^2\,e^2}{Z^2\,\varepsilon\,r}\ , \qquad (XV, 3)$$

where $r$ is the distance between the segments and $\varepsilon$ is the dielectric constant of the medium. However, we know that counter ions are present inside the polymer coil; account of their shielding effect is approximated by the DEBYE-HÜCKEL potential. Expression (XV, 3) is thereby modified to

$$\frac{1}{2}\,\frac{v^2\,e^2}{Z^2}\,\frac{e^{-\varkappa r}}{\varepsilon\,r}\ , \qquad (XV, 4)$$

where $\varkappa^2 = 4\,\pi\,\Sigma\,n_K\,e_K^2/\varepsilon\,kT$, $n_K$ being the number of free ions (excluding the ionized groups of the polymer) per milliliter of solution. After calculating the probability of finding segments $i$ and $j$ a distance $r$

---


[1] KIMBALL, CUTLER and SAMELSEN: J. Phys. Chem. **56**, 57 (1952).

[2] KATCHALSKY: J. Polymer Sci. **7**, 393 (1951).

[3] KUHN: Kolloid-Z. **68**, 2 (1934).

[4] KUHN and GRÜN: Kolloid-Z. **101**, 248 (1942).

apart, expression (XV, 4) is averaged over all possible distances $r$, thus obtaining the desired energy contribution of segments $i$ and $j$. By summing over all pairs of segments, the total electrostatic energy of the polyion, with its ends held a distance $h$ apart, is finally calculated. While this expression cannot be given in closed form, the following approximations are useful:

a) for infinite dilution where $\varkappa = 0$

$$F(v, h) = \frac{v^2 e^2}{\varepsilon h} \left[ 1 + \ln \left( \frac{h^2}{h_0^2} \right) \right], \qquad (XV, 5)$$

b) for solutions of medium ionic strength

$$F(v, h) = \frac{v^2 e^2}{\varepsilon h} \ln \left[ 1 + \frac{4 h}{\varkappa h_0^2} \right], \qquad (XV, 6)$$

where $h_0^2 = (2/3) Z A_m^2$, the square of the most probable value of the end-to-end distance of the uncharged polymer molecule.

The correlation of this theory with experimental results obtained by potentiometric titrations, viscosity measurements and mechanochemical processes will be deferred to the appropriate places in this chapter where these topics are discussed in detail*.

We shall now review in the following paragraphs some experimental work on polyelectrolytes and discuss the molecular parameters obtainable from such experiments. Conductance, electrophoresis, transference numbers, diffusion, osmotic pressure, light scattering, potentiometric titrations, viscosity, flow birefringence and mechanochemical effects (with cross-linked systems) have been investigated; typical examples from each field will be discussed.

## § 104. Transport Phenomena.

### a) Conductance.

The butyl bromide addition product of poly-4-vinylpyridine[1, 2] is a polyelectrolyte which carries strong electrolyte groups. It is readily soluble in water and alcohols, and the solutions are, of course, electrolytic conductors. The conductance curve (equivalent conductance, $\Lambda$, as a function of $\sqrt{c}$) in no way resembles that of the corresponding monomer, N-butylpyridinium bromide, where at low but experimentally accessible concentrations $\Lambda$ approaches linearity with $\sqrt{c}$. Instead, the conductance curves[3-7] are concave upwards, and become progressively steeper as

---

* *Note added during print:* HILL [J. Chem. Phys. **20**, 1173 (1952)] has recently shown how FLORY's treatment of the viscosity of solutions of uncharged polymers can be extended to polyelectrolytes in electrolyte solutions so that specific solvent-polyelectrolyte interactions are taken into account.

[1] FUOSS and STRAUSS: J. Polymer Sci. **3**, 246 (1948).
[2] FITZGERALD and FUOSS: Ind. Engng. Chem. **42**, 1603 (1950).
[3] FUOSS and STRAUSS: J. Polymer Sci. **3**, 246 (1948).
[4] FUOSS and CATHERS: J. Polymer Sci. **2**, 12 (1947).
[5] CATHERS and FUOSS: J. Polymer Sci. **4**, 121 (1949).
[6] EDELSON and FUOSS: J. Amer. Chem. Soc. **70**, 2832 (1948).
[7] EDELSON and FUOSS: J. Amer. Chem. Soc. **72**, 306, 1838 (1950).

concentration is decreased. The behavior is reminiscent of that of weak electrolytes, or that of strong electrolytes in solvents of low dielectric constant[1], where the *number* of ions free to carry current is a function of concentration. Our model predicts a similar dependence. At a given concentration, some of the anions are associated with the polycations, and naturally do not contribute to the negative ion current, which is carried by the free (unassociated) bromide ions. The positive current is carried by the polycations whose mobility is proportional to their *net* charge, i. e. to the difference between $n$, the total number of quaternary nitrogens per ion, and $n'$, the (average) number of gegen ions which are held within the coil of a polycation by electrostatic attraction. If the solution is diluted, the equivalent conductance will increase for two reasons. First, because more space has become available between polycations, the increased probability of escape of anions associated with polycations will lead to an increase in the number of free anions, and hence increase the negative current. Second, each anion on leaving a polycation increases the net charge on the latter by one unit, and hence increases its mobility. The latter effect will be compensated partially by the decrease in mobility arising from dilatation of the coil, which is also a consequence of the increased net charge, but since the increase in mobility is proportional to $(n - n')$ while the decrease presumably is a slower function of this variable, a net increase in the positive ion current is expected.

The best experimental test of the hypothesis that the increase of conductance with dilution is a consequence of electrostatic interaction between polycations and counter ions is to consider the same polyelectrolyte in solvents of different dielectric constants. CATHERS[2] has measured polyvinylbutylpyridinium bromide-styrene copolymer in mixtures of nitromethane and dioxane which covered the range from 16 to 39 in dielectric constant. At $10^{-3}$ N in bromide ion, we expect considerable association of anions with the polycations; to a rough approximation we may assume that most of the current is carried by free anions (i. e. that the transference number of the polycations is much smaller than that of the anions). To this approximation, the conductance will be proportional to the concentration $c'$ of free anions, which in turn will be proportional to the total (stoichiometric) bromide ion concentration $c$. The ratio $c'/c$ will be given by a BOLTZMANN factor which will be of the form $\exp{(-u/kT)}$, where $u$, the electrostatic potential energy, will be inversely proportional to the

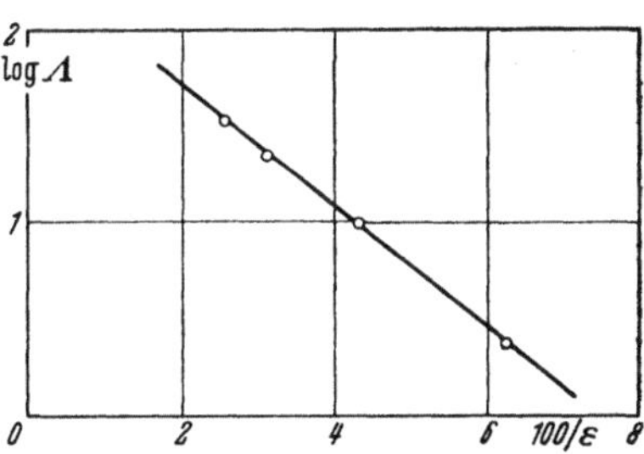



Figure XV, 1. Poly-4-vinyl-N-n-butylpyridinium bromide at $10^{-3}$ N in nitromethane-dioxane mixtures. Conductance as a function of dielectric constant of solvent.

---


[1] FUOSS: Chem. Rev. **17**, 27 (1935).
[2] CATHERS and FUOSS: J. Polymer Sci. **4**, 121 (1949).

dielectric constant of the solvent medium. We therefore would expect $\log \Lambda$ to be linear in reciprocal dielectric constant: Fig. XV, 1 shows that this is indeed the case*.

## b) Electrophoresis.

If vinylpyridine and acrylic acid are copolymerized, a polyampholyte[1,2] is obtained. Like a protein, the polymer contains both weakly basic and weakly acidic units; consequently, it should be a polyanion at high $p_H$ and a polycation at low $p_H$. Fig. XV, 2 summarizes the electrophoretic behavior of this compound: as expected, the mobility, $\mu$, reverses sign as $p_H$ is continuously varied, and the polymer has a definite isoelectric point. Similar results have been observed with a polyampholyte consisting of a copolymer of methacrylic acid and diethylaminoethyl methacrylate[3]. Because in this case the amine constituent is a stronger base, the isoelectric point occurs at a higher $p_H$.

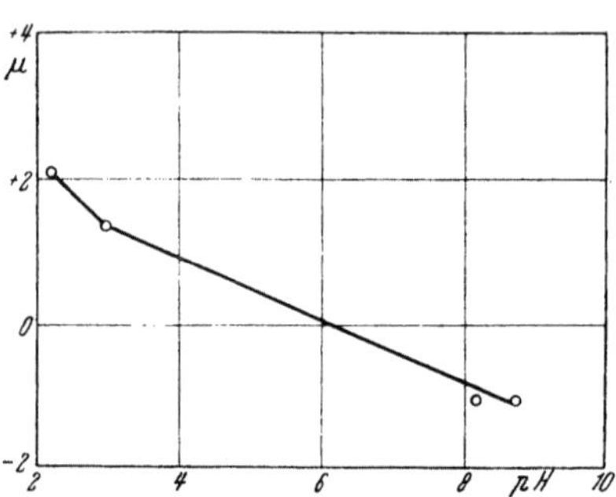
Figure XV, 2. Electrophoretic mobility of the copolymer of vinylpyridine and acrylic acid as a function of buffer $p_\mathrm{H}$.

## c) Transference Numbers.

WALL[4] and his coworkers have studied the transference phenomena in aqueous solutions of sodium polyacrylate, using radioactive sodium as a tracer[5]. Diffusion constants[6] were also determined by the same technique[7]. In polyacrylic acid, practically all the current is carried by the hydrogen ion, due to its high mobility and to the low net charge of the polyanion. As the acid is neutralized with sodium hydroxide to form sodium polyacrylate, the contribution of the polyanion to total current increases; the transference number of the latter approximates one-half in the range of 25 to 100 per cent neutralization. The experiments showed that a large fraction of the sodium ions were associated with the polyanions: from about one-fourth at 25 per cent neutralization

---

* *Note added during print:* BAILEY, PATTERSON and FUOSS [J. Amer. Chem. Soc. **74**, 1845 (1952)] have found large WIEN effects with polyvinylbutylpyridinium bromide by the pulse method developed by GLEDHILL and PATTERSON [Rev. Sci. Instruments **20**, 960 (1949)]. Such WIEN effects are to be expected if some of the bromide ions are loosely associated with the polyion. By varying the pulse length and observing the bridge balance on the oscilloscope, interesting relaxation effects of the order of 1—5 microseconds were observed.

[1] ALFREY, MORAWETZ, FITZGERALD and FUOSS: J. Amer. Chem. Soc. **72**, 1864 (1950).

[2] WAGNER and LONG: J. Phys. Colloid Chem. **55**, 1512 (1950).

[3] ALFREY, FUOSS, MORAWETZ and PINNER: J. Amer. Chem. Soc. **74**, 438 (1952).

[4] HUIZENGA, GRIEGER and WALL: J. Amer. Chem. Soc. **72**, 2636 (1950).

[5] BRADEY and SALLEY: J. Amer. Chem. Soc. **70**, 914 (1948).

[6] HUIZENGA, GRIEGER and WALL: J. Amer. Chem. Soc. **72**, 4228 (1950).

[7] DIXON, CHRISTOPHER and SALLEY: Paper Trade J., Nov. 11, 1948.

to about two-thirds at complete neutralization. WALL's experiments also serve to confirm the kinetic nature of the coil model for polyelectrolytes: he found that a finite time was required for the exchange of counter ions in the bulk of the solution with counter ions which are trapped inside the polymer coils by electrostatic forces *.

## § 105. Osmotic Pressure.

Osmotic pressure provides a convenient method of counting the number of non-diffusible[1] particles per unit volume in a test solution. As is well known, the reduced osmotic pressure ($\Pi/c$) of solutions of ordinary polymers shows considerable deviations from RAOULT's law at finite concentrations, but the ($\Pi/c$) against $c$ curve may be extrapolated to zero concentration to determine molecular weights. Such a curve for a sample of polyvinylpyridine is shown in Fig. XV, 3 (coordinates left and below). If this material is now quaternized by the addition of butyl bromide, we obtain a polyelectrolyte, which gives the top curve[2] of Fig. XV, 3 (co-ordinates right and above). We note that about 10 times the osmotic pressure, compared to the parent polymer, appears. Also, the curve is concave upwards, with indications that it will get progressively steeper as concentration is further reduced. The result is easy to interpret approximately, if we recall that the osmometer counts the number of non-diffusible particles, regardless of their size. In this case, neither the polyions nor the bromide ions can diffuse into

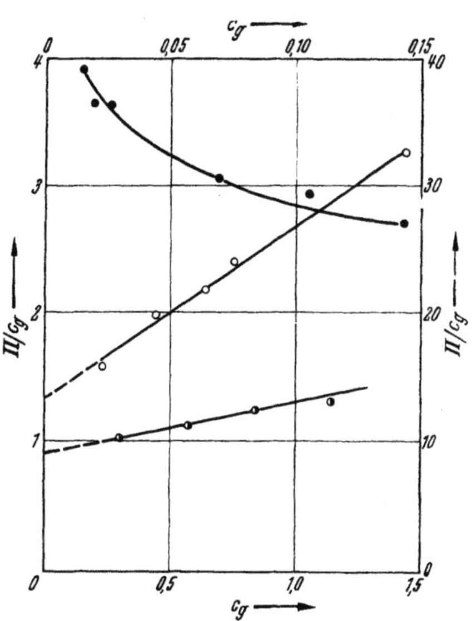

Figure XV, 3. Reduced osmotic pressure. Open circles, polyvinylpyridine in alcohol, coordinates left and below; solid circles, polyvinylbutyl-pyridinium bromide in alcohol, co-ordinates right and above; half-black circles, polyvinyl-butylpyridinium bromide in alcoholic lithium bromide solution (0.610 N), coordinates left and below. ($c_g$ in gms./100 ml).

---

* *Note added during print:* Recently WALL and coworkers [WALL and GRIEGER: J. Chem. Phys. **20**, 1200 (1952); WALL, GRIEGER, HUIZENGA and DOREMUS: J. Chem. Phys. **20**, 1206 (1952)] have measured the rate at which counter ions in the bulk of the solution exchange with associated counter ions by means of electrolytic transference experiments involving the use of radioactive tracers. Experimental results obtained for the exchange of free sodium ions with sodium ions associated with polyacrylate ions could best be correlated with theory if it was assumed that the associated sodium ions fell into two categories: those that belonged to the ionic atmosphere around the polyacrylate ion and exchanged very rapidly, and those that were trapped inside the coiled polyion and exchanged very slowly.

[1] The term "non-diffusible" in this connection denotes inability to pass through the membrane.

[2] STRAUSS and FUOSS: J. Polymer Sci. **4**, 457 (1949).

the solvent half-cell, the former because of their large size, the latter because of the necessity of maintaining electrical neutrality in the solution half-cell. Thus a single bromide ion gives the same contribution to the total osmotic pressure as does a polycation, which is heavier by orders of magnitude. Furthermore, the bromide ions which are electrostatically associated with the polycation are, from the point of view of the osmometer, merely indistinguishable constituent parts of the macromolecule and not independent kinetic units. So we may make the approximate deduction, in the range of concentration shown in Fig. XV, 3 that about 90 per cent of the bromide ions are bound to polycations, while only 10 per cent are free. As concentration is decreased, the reduced osmotic pressure will increase as more bromide ions dissociate. (Long-range interionic forces are neglected in the above estimate.)

Suppose now that instead of ethanol as solvent we use a moderately concentrated (0.61 N) solution of lithium bromide in ethanol; that is, into one half-cell, we place polyelectrolyte and lithium bromide and into the other, only lithium bromide solution. Because of the large concentration of lithium bromide, very few bromide ions will now dissociate from the polyelectrolyte. Moreover, because of the presence of diffusible positive lithium ions, the bromide ions will now be able to pass freely through the membrane. Thermodynamics tells us that the activities of lithium bromide on both sides of the membrane must be the same. Since the bromide ions dissociating from the polyelectrolyte contribute to the lithium bromide activity on the polyelectrolyte side, some lithium bromide will diffuse to the other side of the membrane until the activities are equal again. As a result, there will be an excess of lithium bromide on the side not containing the polyelectrolyte. The thermodynamic treatment of this DONNAN *equilibrium*[1] by SCATCHARD[2] shows that as we reach the limit of zero polyelectrolyte concentration the (negative) contribution to the osmotic pressure of this excess lithium bromide exactly compensates for the (positive) contribution of the bromide ions which are dissociated from the polyelectrolyte. As a result, the limiting osmotic pressure counts only the polymer ions, and can therefore be used to obtain the molecular weight. Curve 3 of Fig. XV, 3 shows the experimental result; the $(\Pi/c_g)$ against $c_g$ curve is linear as in the case of neutral polymers, and as expected, extrapolates to a molecular weight about twice that of the parent polymer.

While SCATCHARD's theory was originally directed at and experimentally verified with proteins[3], both the purely thermodynamic nature of the theory and some recent experimental results indicate that it is also applicable to the coiling polyelectrolytes. Besides establishing the validity of the osmotic pressure method for molecular weight determinations, the treatment also correlates the slope of the osmotic pressure curve with the various interactions of the polyelectrolyte molecules.

---

[1] Compare § 22c.

[2] SCATCHARD: J. Amer. Chem. Soc. **68**, 2315 (1946).

[3] SCATCHARD, BATCHELDER and BROWN: J. Amer. Chem. Soc. **68**, 2320 (1946).

Outlining SCATCHARD's general method for a particular case, let us consider a system consisting of solvent, denoted by 1, polyelectrolyte ocmponent, denoted by 2, and a 1 — 1 electrolyte, denoted by 3, having an ion in common with the polyelectrolyte. All components are taken as electrically neutral; hence we distinguish between electrolyte *components* and the ionic *species* into which the electrolyte components may dissociate. The ionic species which the polyelectrolyte and the salt have in common, we shall denote by $i$, and the other ionic species of the electrolyte by $j$.

The osmotic pressure is represented by a TAYLOR series expansion in the polyelectrolyte molality

$$\Pi = a m_2 + b m_2^2 . \qquad \text{(XV, 7)}$$

Higher terms may be neglected at low polyelectrolyte concentrations. The coefficients $a$ and $b$ are of course given by $\left(\dfrac{d\,\Pi}{d\,m_2}\right)^0$ and $\dfrac{1}{2}\left(\dfrac{d^2\,\Pi}{d\,m^2}\right)^0$. Here and below, the superscript $^0$ refers to the limit of zero polyelectrolyte concentration. By making use of the fact that at equilibrium the chemical potentials of all diffusible components as well as their derivatives with respect to the polyelectrolyte concentration are the same on both sides of the membrane, the coefficients may readily be obtained. If we convert the polyelectrolyte molality to weight concentrations, $c_{w2}$, the weight in 1000 grams of solvent, so that $c_{w2} = M_2 m_2$ where $M_2$ is the molecular weight, equation (XV, 7) becomes

$$\frac{\Pi}{c_{w2}} = \frac{RT}{V_m^0}\left[\frac{1}{M_2} + \frac{1}{2\,M_2^2}\left(\frac{v_2^2}{2\,m_3^0} + \beta_{22} - \frac{\beta_{2\,3}^{0\,2}\,m_3^0}{2 + \beta_{33}^0\,m_3^0}\right)c_{w2}\right]. \qquad \text{(XV, 8)}$$

Here $V_m$ is the volume of solution containing one kilogram of solvent, $v_2$ is the number of moles of diffusible (monovalent) ions contained in one mole of polyelectrolyte, i. e., the valence of the polyelectrolyte. $\beta_{22}$ and $\beta_{23}$ represent the interactions between polyelectrolyte and polyelectrolyte, and between polyelectrolyte and salt respectively. They are given by the expressions, $\beta_{22} = \dfrac{\partial\beta_2}{\partial\,m_2}$, $\beta_{23} = \dfrac{\partial\beta_2}{\partial\,m_3}$, where $\beta_2$ is the excess chemical potential divided by $RT$ (or the natural logarithm of the activity coefficient) of the polyelectrolyte defined by the following equation:

$$\begin{aligned}
\frac{\mu_2}{RT} &= \ln m_2 + v_2 \ln m_i + \beta_2 + \mu_2^{0\,0}/RT \\
&= \ln m_2 + v_2 \ln (m_3 + v_2 m_2) + \beta_2 + \mu_2^{0\,0}/RT .
\end{aligned} \qquad \text{(XV, 9)}$$

$\mu^{00}$ is the value of the chemical potential $\mu$ in the standard state at the same temperature and pressure. Similarly $\beta_{3\,3}^0$ represents the electrolyte-electrolyte interaction in the absence of polyelectrolyte, and is given by $\left(\dfrac{\partial\beta_3}{\partial m_3}\right)^0$ where $\beta_3$ is defined by the equation:

$$\begin{aligned}
\frac{\mu_3}{RT} &= \ln m_i + \ln m_j + \beta_3 + \frac{\mu_3^{0\,0}}{RT} \\
&= \ln (m_3 + v_2 m_2) + \ln m_3 + \beta_3 + \frac{\mu_3^{0\,0}}{RT} .
\end{aligned} \qquad \text{(XV, 10)}$$

Looking back to equation (XV, 8) we see that the slope of the $(\Pi/c_{w2})$ against $c_{w2}$ curve contains the three interaction coefficients $\beta_{22}$, $\beta_{23}$, $\beta_{33}$. Since $\beta_{33}^0$ depends only on the electrolyte system in the absence of polyelectrolyte, it can be determined by conventional methods. As SCATCHARD's treatment further shows, $\beta_{23}^0$ can be calculated from the DONNAN distribution of the electrolyte by the equation,

$$\lim_{c_{w2} \to 0} \frac{\ln (m_3'/m_3)}{c_{w2}} = \frac{1}{M_2} \frac{\dfrac{v_2}{m_3^0} + \beta_{23}^0}{2 + \beta_{33}^0 m_3^0} \qquad (XV, 11)$$

where $m_3$ is the electrolyte molality on the side of the membrane containing the polyelectrolyte, while $m_3'$ refers to the other side of the membrane. Knowing $\beta_{23}^0$ and $\beta_{33}^0$ we may then calculate $\beta_{22}^0$ from the osmotic pressure slope.

No such determinations of activity coefficients of flexible polyelectrolytes have as yet been made. However, some recent osmotic pressure data obtained by PALS and HERMANS[1] for a sodium pectinate sample and three samples of sodium carboxy methyl cellulose seem to follow the course predicted by equation (XV, 8). For each of these polyelectrolytes, the $(\Pi/c)$ against $c$ curves, determined in several sodium chloride solutions, formed a pencil of straight lines with a common intercept from which the molecular weight was determined. The slopes of these lines were found to be both of the right order of magnitude and linear in the reciprocal of the sodium chloride concentration. In all these measurements the simple electrolyte was present in excess over the polyelectrolyte on an equivalent concentration basis which is a necessary requirement for the validity of the method.

## § 106. Light Scattering.

With solutions of uncharged polymers, light scattering measurements as a function of concentration, wave-length and angle of observation furnish a means of obtaining information about the size, shape, weight and interactions of the solute molecules. With polyelectrolytes the same holds true; however, the phenomenon is complicated by the long range electrical repulsive forces which exist between the polyelectrolyte ions at low ionic strengths. These forces set up a long range order which causes destructive interference of the scattered light[2, 3] so that the intensity of the scattered light is much lower than in solutions of neutral polymers in which the instantaneous polymer concentrations in different volume elements are independent of each other. Needless to say, the light scattering formulas for neutral polymers which are based on the assumption of independent fluctuations become inapplicable to low ionic strength polyelectrolyte solutions. DOTY[2, 4, 5] and coworkers have

[1] PALS and HERMANS: Rec. Trav. chim. Pays-Bas **71**, 458 (1952).
[2] DOTY and STEINER: J. Chem. Phys. **17**, 743 (1949).
[3] HERMANS: Rec. Trav. chim. Pays-Bas **68**, 859 (1949).
[4] DOTY and STEINER: J. Chem. Phys. **20**, 85 (1952).
[5] OTH and DOTY: J. Phys. Chem. **56**, 43 (1952).

treated the problem by calculating the diminution of scattering per molecule as a result of this destructive interference using radial distribution functions analogous to similar methods of calculation applied in X-ray diffraction. Their interaction energy is represented by two approximations in which the polyions and their counter ion atmospheres are represented by hard and soft spheres respectively. The hard sphere approximation gives the expression:

$$\frac{K\,c_g}{J_{red}(\vartheta)} = \frac{1}{M\,P(\vartheta)}\left[1 + \frac{4\,\pi}{3}\,\frac{N_L}{M}\,c_g\,d^3\,\Theta\,(s\,d)\right]. \qquad (\text{XV, } 12)$$

Here $c_g$ = concentration in g./cc; $K = 4\,\pi^2\,n_l^2\left(\dfrac{d\,n}{d\,c_g}\right)^2\Big/N_L\,\lambda_0^4$ where $n_l$ and $n$ are the refractive indices of solvent and solution respectively, $N_L$ = number of molecules per mole, and $\lambda_0$ = wave length of incident light; $J_{red}$, RAYLEIGH's ratio $= \dfrac{JR^2}{J_0}$ where $J$ is the intensity of the light scattered at an angle $\vartheta$ to the vertically polarized incident light whose intensity is $J_0$, and $R$ is the distance from the scattering solution to the detector; $P(\vartheta)$ = dissymmetry correction factor for size of particles; $d$ = hard sphere diameter; $\Theta(x)$, the common scattering function $= (3/x^3)$ $(\sin x - x \cos x)$; $s = \left(\dfrac{4\,\pi}{\lambda}\right)\sin\,(\vartheta/2)$, $\lambda$ being the wave length of light in the medium.

The soft sphere model which is represented by a potential between particles of the form $\ln\,[1 - \exp\,(-\,r^2/r_0^2)]$ leads to the expression

$$\frac{K\,c_g}{J_{red}(\vartheta)} = \frac{1}{M\,P(\vartheta)}\,[1 + \pi^{3/2}\,(N_L/M)\,c_g\,r_0^3\,\exp\,(-\,s^2\,r_0^2/4)] \qquad (\text{XV, } 13)$$

where $r_0$ is the average distance of approach between centers. DOTY and STEINER[1] have found that these formulas represent the data for serum albumin very well if the sphere diameter used in formula (XV, 12) or (XV, 13) is assumed to be the sum of the concentration independent protein ion diameter and a counter ion atmosphere whose effective thickness varies as the inverse cube root of the counter ion concentration.

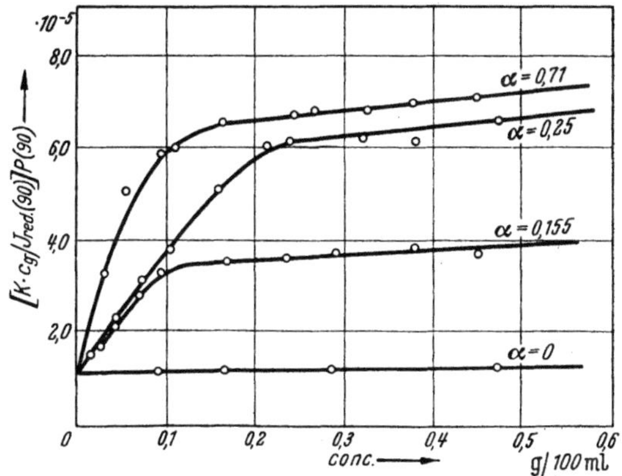


Figure XV, 4. Plot of $[Kc_g/J_{red}\,(90)]\,P(90)$ against $c$ for polymethacrylic acid at different degrees of ionization, $\alpha$.

Results for polymethacrylic acid at various degrees of neutralization, $\alpha$, obtained by OTH and DOTY[2] are given in Fig. XV, 4. It is seen that

---


[1] DOTY and STEINER: J. Chem. Phys. **20**, 85 (1952).
[2] OTH and DOTY: J. Phys. Chem. **56**, 43 (1952).

the unneutralized polymer gives a straight line characteristic of neutral polymers. The other curves are typical of polyelectrolytes, and can also be represented by equations (XV, 12) and (XV, 13). But in this case, the diameter of the polyion must not be considered constant as in the case of serum albumin, but must be assumed to increase with decreasing concentration approaching a finite limit at extreme dilutions. This is again what one would expect from our flexible coil model. OTH and DOTY have also measured the dissymmetry ratio $J$ (45°) / $J$ (135°) as a function of the concentration for several degrees of ionization. Their dissymmetry against concentration curves show a minimum as expected from the theory. At infinite dilution, equations (XV, 12) or (XV, 13) show that all contributions from the interactions vanish. Therefore the limiting dissymmetry should be a measure of the size of the polyelectrolyte molecules. This was confirmed by the experimental results. The sizes obtained from the dissymmetry at infinite dilution agreed quite well with those obtained from viscosity measurements.

The unusual effects just described disappear when the light scattering is measured in concentrated salt solutions[1-3]. The dissymmetry against concentration curves lose their minimum and become straight lines, while the 90° scattering increases by about an order of magnitude and becomes linear in concentration with the intercept determining the molecular weight. EDSALL and coworkers[4, 5] have worked out the thermodynamic theory of polyelectrolyte light scattering in salt solution by a method similar to that used by SCATCHARD[6] for osmotic pressure. While their treatment was aimed at proteins, it should also be applicable to polyelectrolytes.

Their treatment shows that for measurements taken in solutions where the equivalent polyelectrolyte concentration is much smaller than the equivalent simple electrolyte concentration the behavior of the turbidity, $\tau$, is given by the expression[7]

$$\frac{H c_2}{\tau} = \frac{1}{M_2} + \frac{1000}{M_2^2} \left[ \frac{v_2^2}{2 m_3} + \beta_{22} - \frac{\beta_{23}^{0\,2} m_3}{2 + \beta_{33}^0 m_3} \right] c_2 , \qquad \text{XV, (14)}$$

where $H = \dfrac{32}{3} \pi^3 n_l^2 \left( \dfrac{d n}{d c} \right)^2 \Big/ N_L \lambda_0^4$, $c_2$ is the polyelectrolyte concentration in g./cc., and all the other terms have the same meaning as before.

This treatment lends theoretical validity to the determination of molecular weights by the light scattering method. As in the case of neutral polymers, for polydisperse systems the weight average molecular weight is obtained from the intercept.

[1] WAGNER and LONG: J. Phys. Colloid Chem. **55**, 1512 (1950).

[2] FUOSS and EDELSON: J. Polymer Sci. **6**, 767 (1951).

[3] WALL, DRENAN, HATFIELD and PAINTER: J. Chem. Phys. **19**, 585 (1951).

[4] EDSALL, EDELHOCH, LONTIE and MORRISON: J. Amer. Chem. Soc. **72**, 4641 (1950).

[5] Compare J. T. EDSALL and N. B. DANDLIKER: Fortschr. chem. Forsch. **2**, 1 (1951).

[6] SCATCHARD: J. Amer. Chem. Soc. **68**, 2315 (1946).

[7] For details see § 55: Einfachstreuung in Mehrkomponentensystemen, Abschnitt e.

Equation (XV, 14) also shows that the slopes should decrease with increasing $m_3$. Therefore the light scattering curves obtained in solutions of increasing electrolyte content should form a pencil of lines with a common intercept. This has been observed for a sodium polymetaphosphate polyelectrolyte[1]. It is of interest that the theoretical slopes of the light scattering and the osmotic pressure curves bear the same relationship to each other as the corresponding curves for neutral polymers.

## § 107. Potentiometric Titration.

Potentiometric titrations of polymeric acids[2-6] have proved to be a fruitful source of information concerning the behavior of polyelectrolytes. If we consider polyacrylic acid, for example, we have a polymer which has only a slight charge per macromolecule: the carboxylic group is only slightly dissociated in any case, and furthermore, the presence of any negative charge in the polymer coil (due to incipient ionization) inhibits the migration of additional positive ions out of the coil. As alkali is added, however, the hydrogen ions are neutralized, and the gross charge (i. e. degree of ionization) of the polyacrylate increases. A polyelectrolyte, sodium polyacrylate, with strong electrolyte groups, is thus produced from an almost neutral polymer, polyacrylic acid. The free energy of this charging process may be calculated from the potentiometric titration curve. The derivation of the necessary relations has been worked out by various investigators[7-11]; we shall give here KATCHALSKY's recent treatment[12].

In order to derive the distribution of protons between the polyelectrolyte molecule and the solution, KATCHALSKY, following WALL and DE BUTTS[6], treats the macromolecule as if it were a separate phase. The polymer molecule is assumed to carry $P$ carboxyl groups of which $v$ are ionized and $P - v$ carry protons. Since the chemical potential of the hydrogen ion in solution and in the polymer phase must be the same, we have

$$\mu_{H^+} = \mu_{H^+}^{0\,0} + kT \ln a_{H^+} = -\frac{\partial G}{\partial v}, \qquad (XV, 15)$$

where $\mu_{H^+}^{0\,0}$ is the chemical potential in the standard state, $a_{H^+}$ is the hydrogen ion activity and $G$ is the free energy of the polymer molecule, which is given by the expression


[1] STRAUSS and SMITH: Unpublished results.
[2] KERN: Z. physik. Chem. A 181, 249, 283 (1938).
[3] OTH and DOTY: J. Phys. Chem. 56, 43 (1952).
[4] KATCHALSKY and SPITNIK: J. Polymer Sci. 2, 432 (1947).
[5] JOHANSON: Svensk kem. Tidskr. 60, 122 (1948).
[6] ARNOLD and OVERBEEK: Rec. Trav. chim. Pays-Bas 69, 192 (1950).
[7] WALL and DE BUTTS, JR.: J. Chem. Phys. 17, 1330 (1949).
[8] KATCHALSKY and GILLIS: Rec. Trav. chim. Pays-Bas 68, 879 (1949).
[9] OVERBEEK: Bull. Soc. chim. Belg. 57, 252 (1948).
[10] HERMANS and OVERBEEK: Rec. Trav. chim. Pays-Bas 67, 761 (1948).
[11] HERMANS and OVERBEEK: Bull. Soc. chim. Belg. 57, 154 (1948).
[12] KATCHALSKY: J. Polymer Sci. 7, 393 (1951).

$$G = G_0 + v\,(\mu^{00}_{COO^-} - \mu^{00}_{COOH}) +$$
$$+ F(v) + kT\left[v\ln\frac{v}{P} + (P-v)\ln\frac{P-v}{P}\right]. \qquad (XV, 16)$$

In this equation, $G_0$ contains all the contributions to the free energy which are constant with respect to the ionization state of the system; the second term is the change in the standard free energy accompanying the transition of the carboxyl groups to carboxylate groups; the third term is the electrostatic field energy for which approximate expressions are given by equations (XV, 5) and (XV, 6); and the fourth term represents the free energy of mixing $v$ ionized and $P - v$ undissociated carboxyl groups.

Differentiating with respect to $v$, substituting into equation (XV, 15), and making use of the thermodynamic relationship,

$$\mu^{00}_{COO^-} - \mu^{00}_{COOH} + \mu^{00}_{H^+} = -kT\ln K_0, \qquad (XV, 17)$$

where $K_0$ is the intrinsic equilibrium constant for the ionization of an isolated carboxyl group, we obtain

$$kT\ln a_{H^+} = kT\ln K_0 +$$
$$kT\ln\frac{P-v}{v} - \frac{\partial F(v)}{\partial v}. \qquad (XV, 18)$$

Taking into account that $v/P$ is the degree of ionization, $\alpha$, and using $p_H$ and $p_K$ notation, this becomes

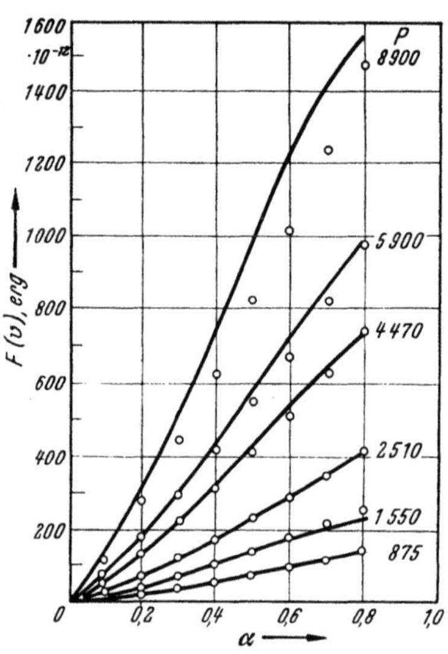



Figure XV, 5. Dependence of electrostatic field energies, $F(v)$, of 1/100 base molar polymethacrylic acid solutions on the degree of ionization, $\alpha$. The curves represent fractions of degree of polymerization $P$. (o) Experimental values of $F(v)$ obtained by numerical integration of $\partial F(v)/\partial v$. (-) Calculated values of $F(v)$ from equation XV, 6.

$$p_H = p_{K_0} - \log\frac{1-\alpha}{\alpha} + \frac{0.4343}{kT}\frac{\partial F(v)}{\partial v}. \qquad (XV, 19)$$

Since it has been shown[1] that $K_0$ is equal to the ionization constant of the corresponding monobasic acid, measurements of $p_H$ as a function of the degree of dissociation, $\alpha$, (obtained from the fraction of base added to the acid) allows us to calculate $\dfrac{\partial F(v)}{\partial v}$. The values of $F(v)$ can then be obtained by numerical integration and compared with the corresponding theoretical values calculated from equation (XV, 6). Such a comparison is shown in Fig. XV, 5. The agreement is as good as might be expected from the model, and justifies KATCHALSKY's theory of the electrostatic field energy.

[1] ARNOLD and OVERBEEK: Rec. Trav. chim. Pays-Bas **69**, 192 (1950).

# § 108. Viscosity.

One of the best indications of the size of macromolecules in solutions is the intrinsic viscosity. Viscosity measurements[1-11] therefore offer a promising means of attack on the problem of polyelectrolyte configuration in solution. Curve 1 of Fig. XV, 6 is a characteristic plot of the reduced viscosity of a polyelectrolyte in water as a function of its concentration. It is seen that such a plot is radically different from the usual straight lines obtained with uncharged polymers. Instead, the curve for polyelectrolytes is strongly concave upwards. If we interpret the reduced viscosity as a measure of the effective size[12], the observed effect is in line with the expected behavior of our model. As the concentration decreases, more and more counter ions leave the polyion, resulting

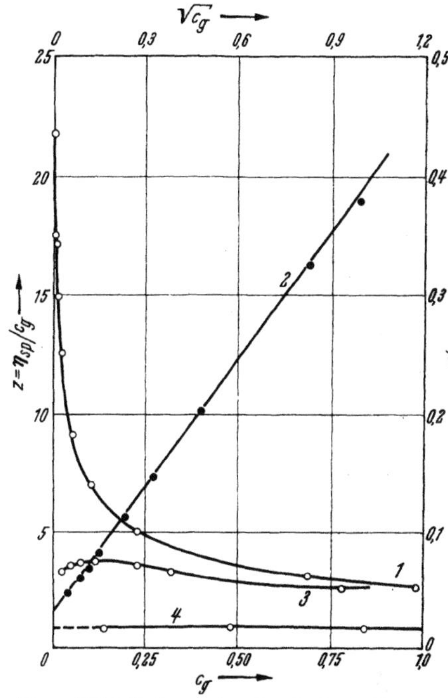

Figure XV, 6. Reduced viscosity of polyvinylbutylpyridinium bromide solutions. Curve 1, water as solvent. Curve 3, 0.001 N potassium bromide as solvent. Curve 4, 0.0335 N potassium bromide as solvent. Co-ordinates 1, 3, 4; left and below. Curve 2, test of equation 20; co-ordinates right and above. ($c_g$ in gms-/100 ml.)

[1] Fuoss and Strauss: J. Polymer Sci. **3**, 246 (1948).

[2] Fuoss and Strauss: J. Polymer Sci. **3**, 602 (1948).

[3] Fuoss and Strauss: Ann. N.Y. Acad. Sci. **51**, 836 (1949).

[4] Fuoss and Cathers: J. Polymer Sci. **4**, 97 (1949).

[5] Fuoss: Trans. N.Y. Acad. Sci. **12**, 48 (1949).

[6] Fuoss and Maclay: J. Polymer Sci. **6**, 305 (1951).

[7] Maclay and Fuoss: J. Polymer Sci. **6**, 511 (1951).

[8] Fuoss and Edelson: J. Polymer Sci. **6**, 523 (1951).

[9] Katchalsky and Eisenberg: J. Polymer Sci. **6**, 145 (1951).

[10] Markowitz and Kimball: J. Colloid Sci. **5**, 115 (1950).

[11] Tait, Vetter, Swanson and Debye: J. Polymer Sci. **7**, 261 (1951).

[12] Several interaction factors may produce an effect on the reduced viscosity. While the "tangling" interactions, characteristic of uncharged molecules, are probably negligible in solutions of low ionic strength because of the strong mutual repulsion between the polyions, the repulsion itself produces a long range order, already discussed in connection with light scattering, whose disturbance by the shearing flow should contribute to the viscosity. However, this effect for which no quantitative estimate is available as yet should not destroy the one-to-one correspondence between reduced viscosity and size. — *Note added during print:* Recently Rosen, Kamath and Eirich [Disc. Faraday Soc. **11**, 135 (1951)] investigated a sample of polyvinylbutylpyridinium bromide measuring viscosities, extinction angles, sedimentation velocities, diffusion and electrophoretic mobilities in aqueous solutions as functions of added electrolyte. From the results they concluded that at all attainable dilutions interaction effects exist which contribute to the reduced viscosity.

in an increase in intramolecular repulsion in each coil as increasingly more electrical charges on the chain become uncompensated. Thus the coil will stretch and the reduced viscosity will increase.

This stretching cannot go on indefinitely, but it is impossible to estimate the limit corresponding to zero concentration from a curve such as that shown which appears to be approaching the co-ordinate axis tangentially. Since interionic forces are involved, it seems reasonable to look for a square-root concentration term in the descriptive function: empirically[1], we find that the equation

$$\frac{\eta_{sp}}{c_g} = \frac{A}{1 + B\sqrt{c_g}} \qquad (XV, 20)$$

reproduces the data over a wide range of variables. On this scale (co-ordinates right, and above), Curve 1 of Fig. XV, 6 transforms into the straight line, curve 2. Extrapolation of reciprocal reduced viscosity on a $\sqrt{c_g}$ scale thus evaluates $A$, the limiting value of the reduced viscosity at zero concentration, which by hypothesis is a measure of the polyelectrolyte size at infinite dilution. Data obtained by many other investigators[2-5] give viscosity curves like Curve 1; on the scale of Curve 2, the data likewise give a linear plot. For two samples of polyvinylbutylpyridinium bromide prepared from polyvinylpyridine of molecular weights 77,000 and 207,000, we found $A = 7.50$ and 50 by extrapolation. These values of $A$ are in the ratio of the squares of the molecular weights. This means that in the equation

$$A = [\eta] = KM^a \qquad (XV, 21)$$

the exponent $a$ is equal to 2. OTH and DOTY[3] have found that as they neutralized polymethacrylic acid with sodium hydroxide, the coefficient $a$ increased steadily from 0,82 for the unneutralized acid ($\alpha = 0.001$) to 1.87 for the almost neutralized polymer ($\alpha = 0.7$). Similar results have been reported by KATCHALSKY[6]. These results show that for polyelectrolytes with a high density of ionizable groups along the chain the coefficient $a$ in equation (XV, 21) is close to 2. This indicates that the configuration of such polyelectrolytes at infinite dilution is an extended rod, which is what one would calculate as the limit for a highly charged flexible coil when the shielding counter ions are removed to remote distances. As the number of ionizable groups along the chain is decreased, the thermal forces will assert themselves even at infinite dilution and more or less coiled structures will result.

The constant $B$ of equation (XV, 20) also has physical significance. The denominator is a measure of electrostatic shielding within the coil; we may consider each polyion to be a small droplet of solution in which


[1] FUOSS: J. Polymer Sci. **3**, 603 (1948); correction J. Polymer Sci. **4**, 96 (1949).

[2] PALS and HERMANS: Rec. Trav. chim. Pays-Bas **71**, 433 (1952).

[3] OTH and DOTY: J. Phys. Chem. **56**, 43 (1952).

[4] HEIDELBERGER and KENDALL: J. of Biol. Chem. **95**, 127 (1932).

[5] PALS and HERMANS: J. Polymer Sci. **3**, 897 (1948).

[6] KATCHALSKY and EISENBERG: J. Polymer Sci. **6**, 145 (1951).

something analogous to the DEBYE-HÜCKEL ion atmosphere is set up with the two important differences that the net charge is in general not zero and that the charge density has a different radial distribution, if the center of gravity of the coil is taken as the origin. The coefficient $B$ then measures the efficiency of shielding within the coil and should therefore increase with decreasing dielectric constant of the solvent, corresponding to greater intensity of COULOMB forces as this parameter decreases. The viscosity of a series of polyelectrolytes has been measured in nitromethane-dioxane[1] mixtures; $B$ was found to increase approximately as the inverse second power of the dielectric constant. Thus $B \sqrt{c_g}$ seems to be established as an electrostatic term. At higher concentrations equation (XV, 20) becomes inadequate to represent the data; its range of usefulness can be extended[1] by adding a constant term.

The addition of simple electrolytes has the expected effect on the reduced viscosity. Curve 3 of Fig. XV, 6 is for the same polyelectrolyte as Curve 1, but with 0.001 N. potassium bromide solution as solvent. The peculiar nature of the curve can be explained if we remember that it is essentially the effective counter ion concentration which controls the configuration and hence the reduced viscosity of the polyion. If we could introduce polyions into a constant environment of counter ions, we would expect their viscosity behavior to resemble that of neutral polymers. However, every time we add a polyion, we also have to add the counter ions that come with it. At low polyelectrolyte concentrations, when the potassium bromide concentration is in large excess, the bromide ions of the polyelectrolyte have no effect on the total bromide ion concentration, and it is seen that in this region the curve indeed resembles that of neutral polymers with an intercept much lower than $A$, corresponding to a coiled configuration. As we add more and more polyelectrolyte, however, the bromide ions of the polyelectrolyte begin to contribute significantly to the total bromide ion concentration. Hence the curve passes through a maximum and begins to decrease, approaching the polyelectrolyte in water curve at high polyelectrolyte concentrations where practically all the bromide ions are supplied by the polyelectrolyte. Curve 4 is the one obtained using 0.033 N. potassium bromide solution as solvent; here the potassium bromide is in excess over the whole concentration range; hence the effective bromide ion concentration is constant and a curve characteristic of neutral polymers is obtained. Since the bromide ion concentration is higher than for the previous cases, the polyelectrolyte is still more curled up and the reduced viscosity still lower. If we increase the bromide ion concentration of the solvent further, we find that the intrinsic viscosities converge to a limit[2] at infinite counter ion concentration, which limit is considerably smaller than the intrinsic viscosity of the parent polymer. This indicates that intramolecular attraction between the positive quaternary nitrogens of the polymer on the one hand and the associated bromide ions on the

---

[1] FUOSS and CATHERS: J. Polymer Sci. 4, 97 (1949).
[2] FUOSS and STRAUSS: Ann. N.Y. Acad. Sci. 51, 836 (1949).

other leads to a compact, compressed structure. Finally, as might be expected, the limit in the presence of excess simple electrolyte is independent of the nature of the simple ion of the *same* sign as the polyion, but is quite sensitive to the added ion of *opposite* charge. This is, of course, a familiar principle in the physical chemistry of colloids, and forms the basis for the use of cross-linked polyelectrolytes as ion-exchange resins.

PALS and HERMANS[1-3] have shown that the maxima in curves of type 3 of Fig. XV, 6 may be avoided if, instead of keeping the *solvent* electrolyte concentration constant one adds simple electrolyte simultaneously with the removal of polyelectrolyte so as to keep the effective *solution* electrolyte content constant. They found that if $m$, the number of equivalents of a simple electrolyte necessary to replace 1 equivalent of polyelectrolyte, was chosen properly, the reduced viscosity against concentration curves became straight lines which could be extrapolated to obtain intrinsic viscosities. It was remarkable that the number $m$ was a constant for a given polyelectrolyte-salt system. With sodium chloride as the simple electrolyte, $m$ was equal to 1 for sodium carboxy methyl cellulose and equal to 1.5 for sodium pectinate. If the values of the intrinsic viscosity were plotted against the values of the sodium chloride concentration at which they were obtained, a curve similar to Curve 1 of Fig. XV, 6 resulted. With a suitable extrapolation function, the intrinsic viscosity at zero sodium chloride concentration could be obtained from which the length of the polyelectrolyte molecule was calculated by SIMHA's[4] formula for ellipsoidal particles, following the procedure employed by TAIT, VETTER, SWANSON and DEBYE[5]. The agreement with the expected extended lengths of the polymer molecules was quite reasonable, indicating that these polyelectrolytes are completely stretched at zero ionic strength*.

A neat summary of the viscosity story is given by the following experiment[6], shown in Fig. XV, 7. Successive small increments of hydrochloric acid are added to a solution of polyvinylpyridine in methanol. The parent polymer is neutral, and has a relatively low reduced viscosity, $Z$. Addition of hydrochloric acid produces an immediate sharp increase in viscosity, because protons add to some of the basic nitrogen atoms and intermolecular repulsion cause the polymer coils to dilate. Well before an equivalent of acid (marked by a vertical arrow) has been added,

---

* *Note added during print:* The viscosity of polyelectrolyte solutions is usually sensitive to the velocity gradient. Recently STRAUSS and FUOSS [J. Polymer Sci. 8, 593 (1952)] have treated this problem and shown that their data could be approximated by the simple expression $\eta_{sp}/c = z_\infty (1 - \alpha z_\infty \beta)$ where $z_\infty$ is $\eta_{sp}/c$ extrapolated to zero rate of shear, $\alpha$ is *a* constant and $\beta$ is the average velocity gradient.


[1] PALS and HERMANS: Rec. Trav. chim. Pays-Bas 71, 433 (1952).
[2] PALS and HERMANS: J. Polymer Sci. 3, 897 (1948).
[3] PALS and HERMANS: J. Polymer Sci. 5, 733 (1950).
[4] SIMHA: J. Phys. Chem. 44, 25 (1940).
[5] TAIT, VETTER, SWANSON and DEBYE: J. Polymer Sci. 7, 261 (1951).
[6] FUOSS and MACLAY: J. Polymer Sci. 6, 305 (1951).

however, the coils have accepted all the protons they can; first, because pyridine is a weak base, and secondly, because repulsions from protons already within a given coil inhibit the entrance of additional ones. (The latter process qualitatively also explains why weak polyacids and polybases behave like much weaker electrolytes than their monomers.) The rate of viscosity increase consequently falls off as saturation is

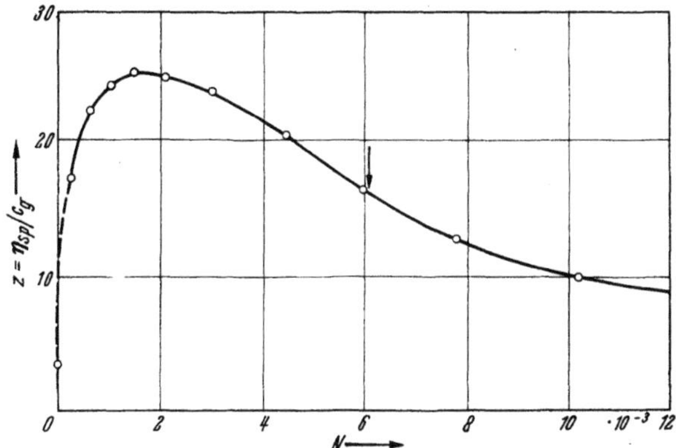


Figure XV, 7. Viscosimetric titration of polyvinylpyridine in methanol (64 mg. polymer/100 ml.). ($c_g$ in gms./100 ml.)

approached and if nothing else were involved, the viscosity would approach an upper limiting value. But as more hydrochloric acid is added, the positive field of the polyvinylpyridinium ions begins to attract into the coils chloride ions, which shield intramolecular repulsion; the viscosity therefore goes through a maximum, and eventually reaches a limiting value from above in the presence of a large excess of hydrochloric acid.

KATCHALSKY[1] has used his theory to calculate the molecular dimensions of polyelectrolytes in order to evaluate the viscosity from fundamental molecular data. From equation (XV, 2), the mean square value of $h$ can be obtained by the expression

$$\overline{h^2} = \frac{\int\limits_0^\infty h^2 \, W\,[h, F\,(v, h)]\, dh}{\int\limits_0^\infty W\,[h, F\,(v, h)]\, dh}$$

where $F(v, h)$ is given by equations (XV, 5) or (XV, 6). However, the calculated values of $\overline{h^2}$ were always somewhat larger than those obtained from viscosimetric data. KATCHALSKY ascribes the difference to VAN DER WAALS' attractive forces and to hydrogen bonding between different parts of the same molecule. It is these forces which if present in large excess account for the compact structure of such polyelectrolytes as proteins. It has recently been demonstrated[2,3] that on attaching long


[1] KATCHALSKY: J. Polymer Sci. 7, 393 (1951).
[2] STRAUSS and JACKSON: J. Polymer Sci. 6, 649 (1951).
[3] JACKSON and STRAUSS: J. Polymer Sci. 7, 473 (1951).

hydrocarbon side chains to flexible polyelectrolyte molecules derived from polyvinylpyridine, the resulting VAN DER WAALS' forces contract the polymer molecules to a size much smaller than that of the uncharged parent polymer. The effective size could be still further decreased by the solubilization of aliphatic hydrocarbons inside such "polysoap" molecules.

## § 109. Double Refraction of Flow.

Streaming birefringence is a well known phenomenon from which the shape of solute particles can be determined. Measurements performed on polyelectrolyte solutions[1-3] confirm the picture obtained by the viscosimetric method. In water solution, the butyl bromide addition compound of polyvinylpyridine exhibited considerable intensity of birefringence at all velocity gradients measured[6]. When plotted as a function of polyelectrolyte concentration, the intensity went through a maximum between 0.1 and 0.2 g./100 cc. which persisted down to the limit of zero velocity gradient. This behavior is in marked contrast to most substances for which similar plots usually give concave-up curves. The effect shows that the shape of polyelectrolyte molecules is strongly concentration dependent. The main features of the curve can be ascribed to a rod-like configuration of the polyelectrolyte at infinite dilution with increasing coiling up as the concentration becomes greater. If on the other hand measurements were made in excess potassium bromide, no trace of streaming birefringence could be detected, indicating that now the polyelectrolyte molecules had shrunk to compact, stiff spheres due to intramolecular attraction of the sort which stabilizes ionic crystals. This is, of course, exactly what we would expect from our polyelectrolyte model.

## § 110. Mechano-Chemical Effects with Cross-linked Systems.

The experimental methods which have been discussed have amply demonstrated that the shape of the polyelectrolyte molecule is extremely sensitive to its state of ionization, ranging all the way from an extended rod at high degrees of ionization to a rather compact coil at low degrees of dissociation. A more direct method of observation and final proof of this behavior is possible if the polyelectrolyte molecules are cross-linked. Experiments with cross-linked polyacrylic acid gels[4-8] and with phosphorylated cross-linked polyvinyl alcohol fibers[9] have shown that


[1] KATCHALSKY: J. Polymer Sci. 7, 393 (1951).
[2] KUHN, KÜNZLE and KATCHALSKY: Helvet. chim. Acta 31, 1994 (1948).
[3] FUOSS with SIGNER: J. Amer. Chem. Soc. 73, 5872 (1951).
[4] KUHN, HARGITAY, KATCHALSKY and EISENBERG: Nature (Lond.) 165, 514 (1950).
[5] KUHN: Experientia (Basel) 5, 318 (1949).
[6] KATCHALSKY: Experientia (Basel) 5, 319 (1949).
[7] BREITENBACH and KARLINGER: Mh. Chem. 80, 311 (1948).
[8] KUHN and HARGITAY: Experientia (Basel) 7, 1 (1951).
[9] KATCHALSKY and EISENBERG: Nature (Lond.) 166, 267 (1950).

an enormous swelling will take place if sodium hydroxide is added. On neutralization with a mineral acid, the systems contract again. This charging and discharging process with the resulting swelling and contracting of the gels could be repeated many times showing its essential reversibility.

KATCHALSKY, LIFSON and EISENBERG[1] have succeeded in developing a general theory for networks of polyelectrolytes which swell and contract by changing their state of ionization. Their formula for equilibrium swelling agrees well with the experimental data, and in the limit of zero degree of ionization reduces to FLORY's equation for networks of neutral polymers[2].

If one attaches a weight to the gel, the gel can be made to perform mechanical work on the weight by alternate ionization and neutralization[3]. Thus the gel can be used as a mechano-chemical engine. Analogous to the well-known heat engines which operate in closed cycles between two different temperatures and transform heat energy into mechanical energy, these polyelectrolyte networks can operate in closed cycles between *two different chemical potentials* to directly convert chemical energy into mechanical energy at constant temperature. The cycle may be chosen to consist of steps carried out at constant chemical potential (i. e. constant $pH$), the *isopotential* steps which correspond to the isothermal steps in the CARNOT cycle, and of *isophoric* steps, i. e. steps carried out at constant polyelectrolyte charge, corresponding to the adiabatic steps of the heat engine. The equation of state pertaining to these mechano-chemical processes are also derivable from the general equation of KATCHALSKY and coworkers[4]. To a first approximation, the gel volume increases linearly with the degree of ionization and is inversely proportional to the pressure, in satisfactory agreement with experimental data.

A three-step cycle for converting chemical into mechanical energy with polyelectrolyte gels has been suggested by KUHN and HARGITAY[5] who, moreover, emphasize the contribution of osmotic forces to the swelling of gels of high polyelectrolyte content upon ionization.

These mechano-chemical processes are very closely related to the causes of *muscle action*. This clearly demonstrates the importance of polyelectrolyte research to the understanding of biophysical phenomena.

---

[1] KATCHALSKY, LIFSON and EISENBERG: J. Polymer Sci. 7, 571 (1951).
[2] FLORY: J. Chem. Phys. 18, 108 (1950).
[3] KATCHALSKY: J. Polymer Sci. 7, 393 (1951).
[4] KATCHALSKY, LIFSON and EISENBERG: J. Polymer Sci. 7, 571 (1951).
[5] KUHN and HARGITAY: Z. El. Chem. 55, 490 (1951).

Sechzehntes Kapitel.

# Größe und Form von Proteinmolekülen.

Von

G. Schramm.

Mit 8 Textabbildungen.


## § 111. Die Struktur der Proteine.

Sind die bisher besprochenen Methoden zur Bestimmung der Größe und Form von Makromolekülen bei Eiweißstoffen anwendbar und ergeben sich in der Eiweißchemie noch zusätzliche Möglichkeiten? Um diese Frage beantworten zu können, ist es notwendig, zunächst einen allgemeinen Überblick über den Aufbau der Eiweißstoffe zu geben.

Während die meisten synthetischen und natürlichen Makromoleküle nur einen Grundbaustein enthalten, bestehen die Eiweißstoffe aus 19 verschiedenen Aminosäuren. In besonderen Fällen treten noch einige andere seltene Aminosäuren auf. Außer den Aminosäuren enthalten die Eiweißstoffe häufig noch andere Bestandteile, wie Kohlenhydrate oder sonstige prosthetische Gruppen. Die Aminosäuren sind in den Proteinen durch die Peptidbildung verknüpft. Soweit andere Bindungen in Frage kommen, treten sie an Menge hinter der Peptidbindung zurück. Durch die Vielzahl der Bausteine ergibt sich eine außerordentliche Mannigfaltigkeit im Aufbau der Proteine, die einmal durch Unterschiede in der Zusammensetzung und in der Reihenfolge der Aminosäuren in der Peptidkette bedingt wird, zum anderen aber auch auf der verschiedenartigen räumlichen Faltung der Polypeptidkette beruhen kann. Nach der Anordnung der Peptidketten unterscheiden wir zwischen den *fibrillären* und den *korpuskulären* Proteinen. Bei den ersteren sind die Ketten mehr oder weniger gestreckt, es ergibt sich eine starke zwischenmolekulare Wechselwirkung, so daß diese Proteine meist unlöslich sind. Da sich daher bei ihnen eine Molekülgröße nicht ohne weiteres angeben läßt, fallen sie nicht in den Rahmen dieser Besprechung. Die korpuskulären Eiweißstoffe sind Kornmoleküle, d. h. ihre Gestalt nähert sich der Kugel- bzw. Ellipsoidform. In ihnen muß also die Peptidkette stark gefaltet sein. Lösliche Proteine mit stark anisodiametrischer Form, wie z. B. das Myosin oder das stäbchenförmige Tabakmosaikvirus, können als Aggregate korpuskulärer Proteine aufgefaßt werden, da sie unter Bedingungen, die eine Spaltung der Peptidbindung ausschließen, in

Kornmoleküle zerfallen. In den nativen korpuskulären Proteinen ist die räumliche Anordnung der Peptidkette definiert, es sind keine statistisch geknäuelten Fadenmoleküle. Diese Sonderstellung der Eiweißstoffe ist vor allem in ihrer Fähigkeit begründet zahlreiche Wasserstoffbrücken innerhalb des Moleküls auszubilden. Hierdurch wird die Lage der Peptidkette fixiert und das gesamte Molekül erhält eine beträchtliche Starrheit. Die definierte Struktur der Proteine wird vor allem durch die Röntgenuntersuchung an Kristallen bewiesen, die eine hohe Ordnung bis zu atomaren Dimensionen (2 Å) herab ergeben. Die Strukturanalyse der korpuskulären Proteine ist bisher beim *Pferde-Hämoglobin* am weitesten getrieben worden. PERUTZ[1] konnte eine exakte FOURIER-Analyse der Röntgendiagramme durchführen. Da das Hämoglobin (Hb) alle typischen Eigenschaften der globulären Proteine aufweist, sollen die hier erzielten Ergebnisse ausführlich behandelt werden.

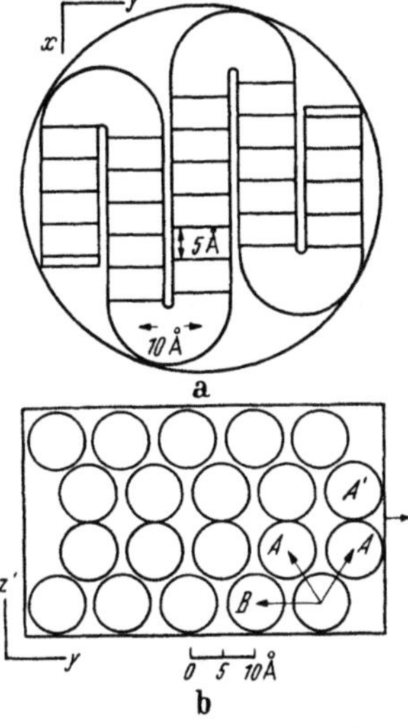


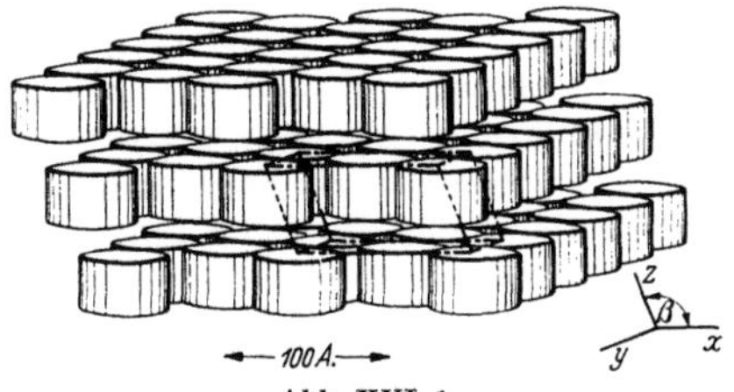


Abb. XVI, 1.
Packung der Hämoglobinmoleküle im Kristallgitter nach PERUTZ. Im Vordergrund ist der Elementarkörper eingezeichnet.

Abb. XVI, 2. Innenstruktur des Hämoglobinmoleküls. a) Horizontaler Querschnitt mit der gefalteten Peptidkette. b) Vertikaler Querschnitt. (Siehe hierzu Text.)

Die Packung der annähernd zylindrischen Moleküle im Kristallgitter ist in Abb. XVI, 1 wiedergegeben. Der Raum zwischen den Molekülen wird durch Wasser ausgefüllt. Beim langsamen Trocknen schrumpft der Kristall schrittweise. Die Abstandsänderung entspricht jeweils ein oder zwei Wasserschichten. Die Gesamtänderung des zwischenmolekularen Abstands vom gequollenen bis zum lufttrockenen Zustand beträgt 18,5 Å, also fünf Wasserschichten. Die Innenstruktur der Moleküle geht aus Abb. XVI, 2 hervor. Das Molekül ist aus mehreren Schichten aufgebaut. In der Abbildung sind entsprechend der ursprünglichen Auffassung von PERUTZ 4 Schichten angegeben. Nach neueren Analysen soll das Molekül jedoch aus 5 Schichten bestehen. Einzelheiten finden sich in der Zusammenfassung von H. ZAHN[2]. Jede Schicht besteht aus fünf zueinander parallelen Strängen, die wahrscheinlich durchlaufend untereinander verbunden sind. Der Durchmesser der Stränge

---

[1] PERUTZ, M. F.: Trans. Faraday Soc. **42**b, 187 (1946); Proc. Roy. Soc. (Lond.) **195**, 474 (1948).
[2] ZAHN, H.: Angew. Chemie **64**, 295 (1952).

ist größer als der einer expandierten Polypeptidkette. Diese muß also nochmals in sich gefaltet oder spiralisiert sein. PERUTZ[1] konnte zeigen, daß die Polypeptidkette in Form der von PAULING und COREY[2] berechneten $\alpha$-Spirale vorliegt, die sich auch in anderen Eiweißstoffen und einigen synthetischen Polypeptiden findet. Diese $\alpha$-Spirale stellt den energieärmsten Zustand bei normal zusammengesetzten Peptiden dar. Sie ist dadurch gekennzeichnet, daß auf jede Windung 3,7 Aminosäurereste fallen. Sie wird durch H-Brücken stabilisiert, die parallel zur Längsachse gerichtet sind. Wir haben also beim Hämoglobin eine zweifache Art der Faltung zu unterscheiden: erstens die Spiralisierung der Kette in sich und zweitens die Knickung dieser Spirale zu fünf parallelen Strängen gemäß Abb. XVI, 2. Je nach Art und Zusammensetzung des Proteins werden die Faltungsmöglichkeiten sehr verschieden sein. Außer bei dem Hämoglobin sind nur bei wenigen, meist fibrillären Eiweißstoffen die räumlichen Anordnungen bekannt. Die Schichtstruktur des Hb-Moleküls bewirkt, daß dieses verhältnismäßig leicht, ohne Sprengung der Peptidbindungen, in kleinere Untereinheiten dissoziiert. So findet man beim Pferde-Hb in konzentrierten Salzlösungen Moleküle halber Größe ($M = 34000$). Bei anderen Tierarten kommt ein Hb vor, dessen Molgewicht genau ein Viertel des Pferde-Hb beträgt und das demnach vielleicht aus einer einzigen Schicht besteht. Vergleicht man die roten Blutproteine verschiedener Tierarten miteinander, so zeigt sich, daß ihre Molekulargewichte recht genau ganze Vielfache von 17 200 sind (s. Tab. XVI, 1). Bei den Hämoglobinen verschiedener Molekülgröße dürfte es sich demnach um stöchiometrische Assoziate einer definierten Untereinheit handeln. Die leichte Dissoziierbarkeit beweist, daß die Untereinheiten nicht durch kovalente Hauptvalenzbindungen miteinander verknüpft sind. Ähnliche Verhältnisse liegen bei den kupferhaltigen Hämocyaninen vor, den Blutfarbstoffen verschiedener wirbelloser Tiere. Auch hier handelt es sich um Assoziate, die durch kleine $p_H$-Verschiebungen reversibel in definierte Bruchstücke zerfallen können. Bei vielen anderen Proteinen, z. B. dem Tabakmosaikvirus[3], wurden ebenfalls solche Dissoziationen beobachtet. Bei den meisten der bisher untersuchten Proteine wurde auf chemischem Wege mehr als eine Endgruppe je Molekül nachgewiesen. Wir müssen also annehmen, daß in der Regel die physikalisch-chemisch definierten Moleküle nicht aus einer durchlaufenden Peptidkette bestehen, sondern aus mehreren kürzeren Ketten, die durch nicht peptidartige Bindungen zusammengehalten werden.

Die Molekulargewichte der Proteine scheinen sich auf eine begrenzte Anzahl von Gewichtsklassen zu verteilen. SVEDBERG[4] nahm daher an, daß alle Proteine Multiple einer bestimmten Untereinheit sein könnten.

---

[1] PERUTZ, M. F.: Nature (Lond.) **168**, 653 (1950).

[2] PAULING, L., R. B. COREY u. H. R. BRANSON: Proc. Nat. Acad. Sci. USA **37**, 205, 235 (1951).

[3] SCHRAMM, G.: Z. Naturforsch. **2b**, 112, 249 (1947).

[4] SVEDBERG, T., u. K. O. PEDERSEN: Die Ultrazentrifuge. Dresden u. Leipzig: Theodor Steinkopff 1940.

Nachdem aber heute eine größere Anzahl von Molgewichten bekannt
geworden ist, scheint sich die Klasseneinteilung mehr und mehr zu ver-
wischen, so daß das Gesetz der multiplen Proportionen wohl nur bei
einer Reihe homologer Proteine, wie den Hämocyaninen oder Hämoglobinen, als bewiesen gelten kann.

Tabelle XVI, 1.
*Sedimentationskonstante und Molekulargewichte der roten Blutkörperchen.*
Nach Th. SVEDBERG u. K. O. PEDERSEN: Die Ultrazentrifuge, S. 326. Dresden:<br>Theodor Steinkopff 1940.

| Anzahl Hämingruppen pro Molekül | Sedimentationskonstante $s_{20}$ in $S$ | Molekulargewicht | |
|---|---|---|---|
| | | aus Ultrazentrifugenbestimmung | aus der Zahl der Hämingruppen pro Molekül |
| 1 | 1,9 | 18 100 | 17 150 |
| 2 | 3,5 | 34 500 | 34 500 |
| 4 | 4,4 | 68 000 | 69 000 |
| 8 | 7,1 | 150 000 | 138 000 |
| 16 | 11,6 | 290 000 | 280 000 |
| 24 | 16,3 | 400 000 | 420 000 |
| 48 | 22,4 | 780 000 | 840 000 |
| 96 | 33,7 | 1 590 000 | 1 680 000 |
| 192 | 57,4 | 3 000 000 | 3 360 000 |
| | 60,9 | 3 040 000 | |

## § 112. Einige charakteristische Merkmale von Proteinen.

### a) Die Denaturierung.

Beim Aussalzen, Kristallisieren und Lösen bleibt im allgemeinen
die starre Struktur der Proteine erhalten. Unter besonderen Umständen
werden jedoch die Eigenschaften der Proteine grundlegend verändert,
diesen Vorgang bezeichnet man als *Denaturierung*. Er kann ausgelöst
werden durch Hitze, Strahleneinwirkung, Behandlung mit Säure oder
Alkali und vor allem mit Stoffen, die zur Bildung von Wasserstoffbrücken geeignet sind, z. B. Harnstoff und Guanidin. Bei allen diesen
Reaktionen verlieren die Proteine ihre ursprüngliche Löslichkeit und
werden in der Nähe des isoelektrischen Punktes unlöslich. Der wesentliche Vorgang bei der Denaturierung ist die Zerstörung des Ordnungs-
zustandes in der Polypeptidkette, es kommt zu einer Entfaltung. Die
innermolekularen Wasserstoffbrücken werden gelöst, sie schließen sich
teilweise regellos wieder zwischen den Molekülen und führen so zur Vernetzung und Koagulation. In stark alkalischer Lösung oder durch
andere Maßnahmen können auch denaturierte Proteine wieder in Lösung
gebracht werden. Diese unterscheiden sich jedoch dann von den nativen
Proteinen durch den Verlust der Kristallisierbarkeit, der biologischen
Aktivität und der serologischen Spezifität. Physikalisch-chemische
Änderungen bestehen meist in einem Zerfall in Untereinheiten, die evtl.
sekundär wieder zu undefinierten Aggregaten zusammentreten können.
Die Moleküle sind unregelmäßig geknäuelt, ihre Form ist verändert, die
Viscosität der Lösung und das Reibungsverhältnis in der Ultrazentrifuge
sind höher als im nativen Zustand.

Die Denaturierung ist im allgemeinen irreversibel. In einzelnen Fällen, bei sehr reinen Proteinen, gelang es, sie reversibel durchzuführen. Dabei kann dann aus der Gleichgewichtskonstante die freie Energie berechnet werden. So beträgt bei dem kristallisierten Trypsininhibitor[1] die Gleichgewichtskonstante bei 50° C 4,35 und demnach die Änderung der freien Energie $\Delta F = -950$ cal/Mol. Da die Wärmetönung einen Wert von $\Delta H = 57\,300$ cal hat, ergibt sich für die Zunahme der Entropie $\Delta S = 180$ cal/Grad. Die Reaktion ist also endotherm, sie verläuft aber trotzdem bei tiefer Temperatur freiwillig, da die treibende Kraft bei der Denaturierung die starke Zunahme der Entropie beim Übergang vom geordneten zum ungeordneten Zustand ist.

Der Temperaturkoeffizient der Reaktionsgeschwindigkeit ist hoch, und daraus ergibt sich eine große Aktivierungsenergie der Denaturierung. Dies beruht darauf, daß eine große Anzahl von H-Brücken gespalten werden muß, von denen sich viele wieder schließen. Jedoch bleibt ein Teil der Brücken geöffnet und daher hat die Enthalpiedifferenz den verhältnismäßig hohen Wert von etwa 100 kcal je Mol, wenn man ein durchschnittliches Molgewicht von 100000 annimmt. Die Denaturierung ähnelt in mancher Beziehung einem Schmelzvorgang. In beiden Fällen handelt es sich um eine endotherme Reaktion, bei der eine starke Zunahme der Entropie beobachtet wird. Infolgedessen geht $\Delta F$ innerhalb eines engen Temperaturbereichs von stark positiven zu stark negativen Werten über.

### b) Der Ladungszustand der Eiweißstoffe.

Wie die Aminosäuren sind auch die Proteine Zwitterionen. Ihre Ladung wird in erster Linie durch die ionisierenden Seitengruppen der Peptidkette hervorgerufen. Es sind dies die Carboxylgruppen der Asparaginsäure ($p_K = 3,87$) und der Glutaminsäure ($p_K = 4,38$), die basische Guanidogruppe des Arginins ($p_K = 12,5$), die Aminogruppe des Lysins ($p_K = 10,5$) und die Imidazolgruppe des Histidins ($p_K = 6,1$). Einen gewissen Beitrag liefern auch die Hydroxylgruppe des Tyrosins und die Sulfhydrylgruppe des Cysteins, deren $p_K$-Werte etwa 10 betragen. Der Dissoziationsbereich dieser Gruppen spiegelt sich in der elektrometrischen Titrationskurve wieder. In Abb. XVI, 3 ist eine solche Titrationskurve für Eialbumin[2] in Wasser, Äthanol und 1%igem Formaldehyd wiedergegeben. Durch Zugabe von HCl zur isoelektrischen Lösung des Proteins kann die Menge der Protonen bestimmt werden, die an die Carboxylgruppen gebunden werden. Durch Zugabe von Alkali werden die basischen $NH_3^+$-Gruppen entladen. Die Zuordnung der einzelnen Dissoziationsstufen zu den basischen und sauren Gruppen und damit der Beweis für den Zwitterionencharakter der Proteine ergibt sich aus dem chemischen Verhalten dieser Gruppen. Es ist bekannt, daß Formaldehyd sich an die Aminogruppen anlagert, wobei ihre Basizität herabgesetzt wird. In Gegenwart von Formaldehyd wird auch tatsächlich der basische Teil der Titrationskurve zu niedrigeren $p_H$-Werten

---

[1] KUNITZ, M.: J. Gen. Physiol. **32**, 241 (1948).

[2] LICHTENSTEIN, I.: Biochem. Z. **303**, 26 (1939).

verschoben. Zusatz von Äthanol setzt die Dissoziationskonstante der Carboxylgruppen herab, während die der Ammoniumgruppen weniger beeinflußt wird. Man sieht aus der Abbildung, daß die Dissoziationskurve des Eialbumins sich entsprechend verhält.

Versuche an anderen Proteinen gaben für ein Molgewicht von rund 100 000 größenordnungsmäßig 100 positive und 100 negative Ladungen[1]. Beim *isoelektrischen Punkt* enthalten die Proteine gleiche Mengen an

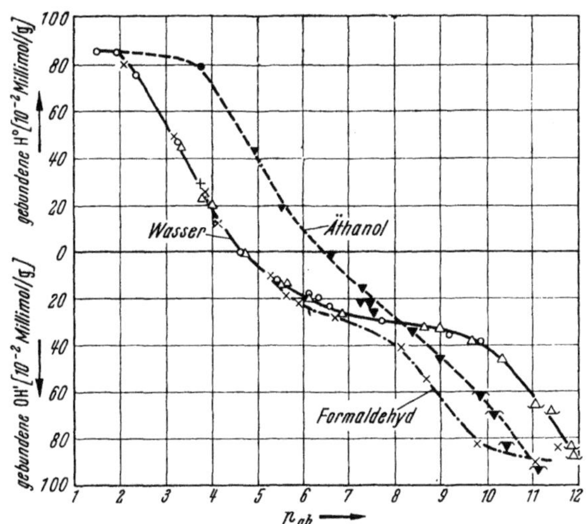


Abb. XVI, 3. Elektrometrische Titrationskurve des Eialbumins in Wasser, 80%igem Äthanol und 1%igem Formaldehyd nach LICHTENSTEIN.

positiv und negativ geladenen Gruppen. Da die Gesamtladung Null ist, findet hier keine Wanderung im elektrischen Feld statt. Die Bestimmung der Ladung eines Proteins durch Titration schließt gewisse Ungenauigkeiten ein, da sich die einzelnen Dissoziationsbereiche stark überlappen, besonders der Endpunkt im alkalischen Gebiet nicht genau zu erfassen ist und bei extremen $p_H$-Werten eine Denaturierung eintreten kann. Eine weitere Ungenauigkeit liegt darin, daß die Ladung der Proteine nicht nur durch die konstitutionell vorhandenen Gruppen bestimmt wird, sondern auch durch adsorbierte Ionen. Besonders zweiwertige Ionen, wie Ca-, Mg-, Phosphat- und Bicarbonationen gehen feste Verbindungen mit den Proteinen ein und können häufig weder durch Dialyse noch durch Elektrophorese von ihnen entfernt werden. Bei einwertigen Ionen ist die Wechselwirkung geringer und die Bindung entsprechend lockerer. Von SCATCHARD[2] wurde aber auch eine feste Bindung von Chloridionen beobachtet.

Durch die Bindung mehrwertiger Ionen wird auch der isoelektrische Punkt verschoben, so daß dieser von der jeweiligen Salzkonzentration abhängt. Dieser isoelektrische Punkt in Salzlösungen ist nicht identisch

---

[1] ADAIR, S. G., u. M. E. ADAIR: Biochemic. J. **28**, 1230 (1934).
[2] SCATCHARD, G.: J. Amer. Chem. Soc. **72**, 535, 540 (1950).

mit dem isoionischen Punkt, der sich auf das reine Protein in salzfreiem Wasser bezieht. So liegt z. B. der isoionische Punkt des CO-Hämoglobins vom Schaf bei $p_H$ 7,6, während der isoelektrische Punkt in Ammoniumphosphatpuffer zwischen 6,70 und 7,16 variiert.

Die genaueste Methode zur Bestimmung der Ladung eines Proteins beruht auf der Messung des Membranpotentials (DONNAN-*Gleichgewicht*, vgl. dazu § 22 und § 105). Wird eine Eiweißlösung durch eine für Eiweißstoffe nicht durchlässige Membran von einer Salzlösung getrennt, so werden die großen Eiweißmoleküle zurückgehalten und eine entsprechende Anzahl von Gegenionen diffundiert in die Eiweißlösung hinein. Der sich hierdurch im Gleichgewicht ergebende Konzentrationsunterschied der diffundierenden Ionen kann bei der Wahl geeigneter Elektroden bestimmt werden.

Grundsätzlich könnte die Ladung eines Proteins auch aus der elektrophoretischen Wanderungsgeschwindigkeit bestimmt werden. Diese ist der Ladung proportional und dem Reibungsfaktor umgekehrt proportional. Dieser Reibungsfaktor ist nicht mit dem in der Ultrazentrifuge gemessenen identisch, da ja die hemmende Wirkung der Gegenionen berücksichtigt werden muß. Er läßt sich aus den Moleküldimensionen nach der Theorie von DEBYE-HÜCKEL berechnen[1]. Im allgemeinen ist dies jedoch recht schwierig, so daß die Elektrophorese weniger zur Bestimmung der absoluten Ladung eines Proteins als zur Charakterisierung und Reinheitsprüfung benutzt wird. Sehr nahe verwandte Proteine zeigen oft erhebliche Unterschiede bei der Elektrophorese. Die Elektrophorese ist auch sehr geeignet. um Ladungsänderungen bei chemischen Umsetzungen an Proteinen zu verfolgen, wenn eine Formänderung ausgeschlossen werden kann.

Für das physikalisch-chemische Verhalten der Proteine ist nicht nur die Zahl, sondern auch die Verteilung der Ladungen von Bedeutung. Ein Weg zur Bestimmung der Verteilung wäre die Messung der Dipolmomente. Wie auf S. 633 ff. bereits ausgeführt, stößt dies aber auf große Schwierigkeiten. Wenn auch die quantitativen Angaben mit Vorsicht zu bewerten sind, so ist doch sicher, daß die Proteine große Dipolmomente besitzen, denn sie erhöhen die Dielektrizitätskonstante des Wassers beträchtlich (vgl. dazu die Tab. XIII, 1). Anscheinend besitzen die Proteine mit ausgesprochenem Globulincharakter besonders hohe Dipolmomente, was ihre Löslichkeitseigenschaften erklären würde.

Im allgemeinen sind die Beziehungen zwischen der Ladung eines Proteins und seiner Löslichkeit noch sehr unklar. Bei den Albuminen wird die Löslichkeit durch die Elektrolytkonzentration in geringerem Maße beeinflußt als bei den Globulinen. Es ist anzunehmen, daß sich die Ladungen auf den Albuminen wegen ihres geringen Abstandes gegenseitig abschirmen und die Gegenionen infolgedessen nur eine schwache Wirkung auf die elektrischen Felder des Gesamtions besitzen. Die Albumine sind daher auch in salzarmem Medium löslich und fallen erst bei höherer Salzkonzentration wieder aus. Die Globuline sind in reinem

---

[1] TISELIUS, A., u. H. SVENSON: Trans. Faraday Soc. **36**, 16 (1940).

Wasser häufig ganz unlöslich, durch geringe Salzzusätze wird ihre Löslichkeit stark erhöht, durch größere Salzmengen dagegen wieder erniedrigt. Es ist anzunehmen, daß bei den Globulinen der Schwerpunkt der positiven und der negativen Ladungen weiter auseinanderliegt als bei den Albuminen und daher eine starke Beeinflussung des Gesamtfeldes durch die Gegenionen ermöglicht wird.

### c) Die Hydratation der Proteine.

Alle Aussagen über die Form der Eiweißmoleküle sind insofern unsicher, weil der Einfluß der Hydratation nicht genau abgeschätzt werden kann. Es wäre daher wichtig, exakte Methoden zur Messung der Hydratation zur Verfügung zu haben. Eine Möglichkeit besteht in der Bestimmung der Adsorption von Wasserdampf an trockenen Proteinen[1]. Die Abb. XVI, 4 zeigt deutlich, daß ein bestimmter Anteil des Wassers sehr fest gebunden ist und erst bei sehr geringen Drucken abgegeben wird. Bei hohen Dampfdrucken steigt die Adsorptionsisotherme erneut an. Nach diesen Untersuchungen können maximal zwischen 20 und 60 g $H_2O$ je 100 g trockenes Protein gebunden werden. Zur Messung der Hydratation kann man auch von den gelösten Proteinen ausgehen, indem man den nichtlösenden Raum bestimmt. Man macht die Annahme, daß das Hydratwasser, das an die Proteine gebunden ist, keine weiteren Substanzen zu lösen

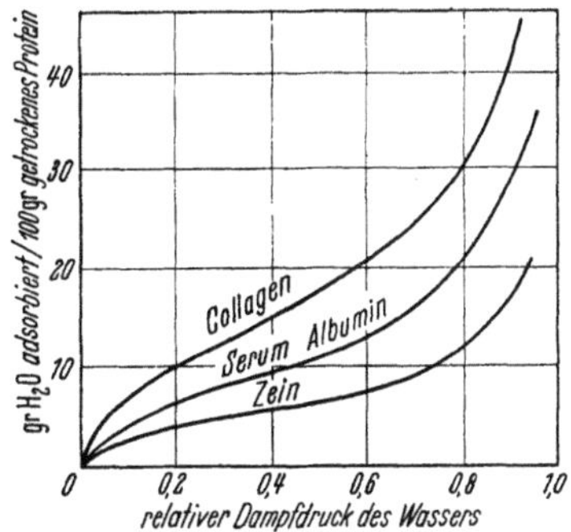


Abb. XVI, 4.
Absorption von Wasserdampf durch trockene Proteine bei 25° C nach BULL.

vermag. Wird also zu der Proteinlösung ein anderer Stoff hinzugefügt, so ergibt sich eine geringere Löslichkeit als in reinem Wasser, da ihm nur ein geringeres Wasservolumen zur Verfügung steht. Als Prüfsubstanzen werden meist Nichtelektrolyte gewählt. Ihre Konzentration wird durch chemische Analyse oder durch Dampfdruckmessungen ermittelt. Der Nachteil des Verfahrens liegt darin, daß die zugegebenen Substanzen mit dem Protein um die Wassermoleküle konkurrieren und daher den ursprünglichen Hydratationsgrad herabsetzen können. Eine weitere Fehlerquelle ist die Bindung der zugegebenen Substanzen an das Protein selbst. Hierdurch kann unter Umständen in der Proteinlösung eine höhere Löslichkeit beobachtet werden als in reinem Wasser. Für Vergleichsmessungen ist die Methode jedoch brauchbar. Der nicht lösende Raum erwies sich als unabhängig vom $p_H$[2]. Weiterhin konnte gezeigt werden, daß die erhöhte Viscosität alkalischer Lösungen denaturierter Proteine nicht auf einer

---

[1] BULL, H. B.: J. Amer. Chem. Soc. **66**, 1499 (1944).
[2] WEBER, H. H., u. D. NACHMANNSOHN: Biochem. Z. **204**, 215 (1929); WEBER, H. H., u. H. VERSMOLD: Biochem. Z. **234**, 62 (1931).

erhöhten Hydratation beruht, und daß sich der nichtlösende Raum bei der Hitzekoagulation nur wenig verkleinert[1]. Die sicherste Methode zur Untersuchung der Hydratation ist wohl die Dichtebestimmung. Hierbei wird pyknometrisch das partielle spezifische Volumen des trockenen Proteins bestimmt und nach der „Schwebemethode" die Dichte des hydratisierten Proteins. Man mißt in Lösungen verschiedener Dichte die Sedimentationsgeschwindigkeit des Proteins und extrapoliert auf den Wert Null. Wird die Dichte durch Zugabe niedermolekularer Stoffe variiert, so können auch hierbei Störungen infolge Adsorption an die Proteine eintreten. Diese lassen sich ausschließen, wenn man die Dichte durch Zugabe eines anderen Proteins, z. B. Serumalbumin, einreguliert[2]. Nach diesem Verfahren wurde vor allem bei Virusarten die Hydratation ermittelt. Es ergeben sich bis zu 100 g gebundenes Wasser je 100 g Protein. Leider ist das Verfahren nicht bei allen Eiweißstoffen anwendbar; es versagt, wenn die Sinkgeschwindigkeit des zu untersuchenden Stoffes von der gleichen Größenordnung ist wie die des Serumalbumins.

Auch die röntgenographische Untersuchung wasserhaltiger Kristalle gibt Aufschluß über die Hydratation. Man findet in Eiweißkristallen einen Wassergehalt zwischen 30 (Insulin) und 90% (Tropomyosin)[3]. Die auf S. 703 erwähnten Messungen von PERUTZ zeigen, daß die Eiweißmoleküle durch erhebliche Wasserschichten voneinander getrennt sind. Beim Entwässern ändern sich, wie verschiedene Untersuchungen zeigen, nur die zwischenmolekularen Abstände, nicht jedoch die innermolekularen. Hieraus kann geschlossen werden, daß das Hydratwasser im allgemeinen nicht in das Molekül eingebaut ist, sondern dieses als Hülle umgibt. Eine offene Frage ist jedoch noch, welche Kräfte diese ausgedehnten Wasserschichten zusammenhalten. Nach theoretischen Überlegungen[4] müßte die Bindungsfestigkeit von einer Wasserhaut zur nächsten stark abnehmen und dürfte bereits bei der zweiten Schicht kaum die Wärmebewegung überwiegen. Das gebundene Wasser ist für Ionen und sogar für große Farbstoffmoleküle durchlässig. Über den Ordnungszustand kann nichts Näheres gesagt werden; auf jeden Fall kann man annehmen, daß die äußeren Wasserschichten nicht mehr streng geordnet sind und daß wahrscheinlich keine scharfe Grenze gegenüber dem Lösungsmittel zu ziehen ist.

Durch die Hydrathülle wird die Reibung des Proteins erhöht. Nach ONCLEY[5] kann man den in der Ultrazentrifuge bestimmten Reibungsfaktor in zwei Anteile zerlegen: $f/f_0 = (f/f_e) \cdot (f_e/f_0)$, wobei der erste Faktor den Einfluß der Hydratation und der zweite den der elliptischen Form berücksichtigt. Der erste Faktor kann aus der Hydratation nach der Gleichung $f/f_e = (1 + w/V\varrho)$ berechnet werden, wo $w$ in g $H_2O$ je

<hr>

[1] HAUROWITZ, F.: Kolloid-Z. **71**, 198 (1935).

[2] SHARP, D. G., A. R. TAYLOR, I. W. McLEAN, D. BEARD u. J. W. BEARD: Science (Lancaster, Pa.) **100**, 151 (1944).

[3] PERUTZ, M. F.: Research **20**, 52 (1949).

[4] BRUNAUER, S., P. H. EMMETT u. E. TELLER: J. Amer. Chem. Soc. **60**, 309 (1938).

[5] ONCLEY, J. L.: Ann. N.Y. Acad. Sci. **41**, 121 (1941).

100 g trockenes Protein ausgedrückt wird[1]. Sind also $w$ und $f/f_0$ experimentell bestimmt, so läßt sich das Achsenverhältnis $a/b$ eindeutig ermitteln. Von ONCLEY wurde in diesem Zusammenhang ein Diagramm konstruiert[2], aus dem das Achsenverhältnis und die Hydratation abzulesen sind, die mit einem bestimmten Reibungsfaktor vereinbart werden können (Abb. XVI, 5).

Im Gegensatz zu den Messungen der Viscosität, Strömungsdoppelbrechung, Sedimentation und Diffusion liefern alle Relaxationserscheinungen bei der Doppelbrechung oder dielektrischen Polarisation (s. § 87, § 90b und § 97) direkt die Abmessungen der Teilchen einschließlich ihrer Hydratschicht.

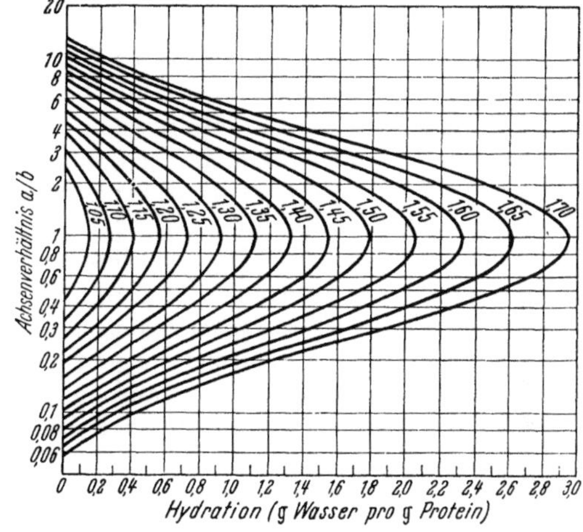



Abb. XVI, 5. Beziehung zwischen Reibungsverhältnis $f/f_0$, Achsenverhältnis $a/b$ und Hydratation nach ONCLEY. Reibungsverhältnis als Parameter.

# § 113. Die Methoden zur Bestimmung der Größe und Form der Eiweißmoleküle.

Aus dem Aufbau und den besonderen Eigenschaften der Eiweißstoffe ergibt sich, daß von den üblichen Methoden zur Molekulargewichtsbestimmung einige den vorliegenden Verhältnissen besonders gut angepaßt sind und andere schlecht geeignet sind. Das in der Eiweißchemie am häufigsten angewandte Verfahren zur Molekulargewichtsbestimmung ist die Berechnung aus $s_{20}$, $D_{20}$ und $V_0$ (s. § 67). Es bietet den Vorteil, daß hierbei gleichzeitig Aussagen über die Einheitlichkeit des vorliegenden Stoffes und auf Grund des Reibungsfaktors $f/f_0$ auch über die Form des Moleküls gemacht werden können. Da es sich bei den Eiweißstoffen meist um mono- oder paucidisperse Stoffe handelt, ist eine Mittelwertsbildung nicht notwendig. Die Sedimentation in der Ultrazentrifuge, bei der die einzelnen Gradienten in Erscheinung treten, hat sich deshalb hier besonders bewährt. Für polydisperse Stoffe stößt dagegen der Vergleich der Mittelwerte in der Ultrazentrifuge mit anderen Mittelwerten häufig auf große mathematische Schwierigkeiten. Die Extrapolation von $s_{20}$ und $D_{20}$ auf unendliche Verdünnung läßt auch bei Lösungen, die stark vom idealen Verhalten abweichen, zuverlässige Molekulargewichte angeben. Dieser Vorteil fällt bei der Bestimmung des *Sedimentations-*

---

[1] SVEDBERG, T., u. K. O. PEDERSEN: Die Ultrazentrifuge. Dresden u. Leipzig: Theodor Steinkopff 1940.

[2] COHN, E. J., u. J. T. EDSALL: Proteins, Amino Acids and Peptides, S. 425. New York: Reinhold 1943.

*gleichgewichts* fort. Hier treten am Boden der Zelle stets hohe Konzentrationen auf, wodurch die hiernach ermittelten Werte unsicher sind.

Die Bestimmung des *osmotischen Drucks* ist nur bei den kleineren Makromolekülen möglich (s. § 61). Sind die Molgewichte größer als 500000, so werden die Effekte sehr klein und ihre Messung ungenau. Durch besondere Verfeinerung[1] der Methode gelang es allerdings, auch bei Eiweißstoffen noch Molgewichte bis zu $10^6$ zu ermitteln.

Die Bestimmung des Molgewichts und der Dimensionen aus der *Intensität* und *Verteilung des gestreuten Lichts* hat sich auch in der Eiweißchemie bewährt (s. S. 511 ff.). Fehlermöglichkeiten ergeben sich dadurch, daß die Proteine leicht denaturieren und hierbei höhere Aggregate entstehen, die bei dieser Methode besonders störend ins Gewicht fallen.

Da die meisten Proteine eine annähernd kugelförmige Gestalt besitzen, kann aus *Viscositätsmessungen* (s. § 81) wenig über ihre Größe ausgesagt werden. Die Methode spielt daher in der Eiweißchemie nicht die Rolle wie bei den anderen Makromolekülen. Sie wurde nur gelegentlich zur Bestimmung der Asymmetrie bei Stäbchen- oder Fadenmolekülen herangezogen.

Für Moleküle, die nicht allzu stark von der Kugelform abweichen, wurde von POLSON[2] eine empirische Näherung für die Berechnung des scheinbaren Achsenverhältnisses aus der Viscosität angegeben, bei der die Hydratation nicht berücksichtigt ist. Auch die theoretisch abgeleitete Beziehung von SIMHA[3] stimmt mit den experimentellen Befunden häufig recht gut überein (s. Kap. XI, S. 540).

Bei der *Strömungsdoppelbrechung* sind die theoretischen Grundlagen noch unsicherer als bei der Viscosität (s. § 88). Auch ihre Messung wird vor allem bei langgestreckten Molekülen angewendet und ist für die Eiweißchemie infolgedessen von geringer Bedeutung, Beispiele s. S. 589 ff.

Wie die weiter unten angeführten Beispiele zeigen, liefert die Messung der *Streuung des Röntgenlichtes* unter kleinen Winkeln bei Eiweißstoffen häufig brauchbare Resultate (s. Kap. X und Tab. X, 1). Ein Nachteil dieser Methode besteht nur darin, daß die Messungen in verhältnismäßig konzentrierten Lösungen vorgenommen werden müssen, wobei Aggregationen erfolgen können (s. S. 521).

Neben diesen allgemein anwendbaren Methoden besteht bei den Eiweißstoffen dank ihres Zwitterionencharakters die Möglichkeit, Größe und Form durch Messung der *dielektrischen Dispersion* zu bestimmen (s. § 96 und § 97). Jedoch liefert diese Methode meist größere Achsenverhältnisse als andere Verfahren. Voraussetzung für die Brauchbarkeit der Resultate ist die Einheitlichkeit der Eiweißstoffe hinsichtlich ihrer Größe und hinsichtlich ihrer Ladung. Wie jedoch die weiter unten angeführten Beispiele zeigen, ist die zweite Voraussetzung nur in den seltensten Fällen erfüllt, so daß die gefundenen Resultate nur als erste Annäherung betrachtet werden können.

[1] PORTZEHL, H.: Makromol. Chem. **3**, 32 (1949).
[2] POLSON, A. G.: Kolloid-Z. **88**, 51 (1939).
[3] SIMHA, R. J.: J. Phys. Chem. **44**, 25 (1940).

Die Proteine sind capillaraktive Substanzen, infolgedessen reichern sie sich an der Oberfläche wäßriger Lösungen an und bilden dort häufig stabile *monomolekulare Schichten*[1]. Die stabilsten Filme erhält man gewöhnlich, wenn man die Proteine auf Lösungen spreitet, deren $p_H$ dem isoelektrischen Punkt des betreffenden Proteins entspricht. Alle Proteine bilden Filme desselben Typs. Durch 1 mg wird eine Fläche von 0,7—0,85 m² bedeckt, wobei die Dicke des Films etwa 9—10 Å beträgt, was der Dicke einer Polypeptidkette entspricht. Hieraus muß man schließen, daß die globulären Proteine sich bei der Spreitung entfalten und der Film aus einer monomolekularen Schicht von Peptidketten besteht, deren Längsachse parallel zur Oberfläche liegt. Die gespreiteten Proteinmoleküle verhalten sich wie ein zweidimensionales Gas, so daß aus dem Druckflächendiagramm die Molekülzahl bzw. auch das Molekulargewicht bestimmt werden kann. Bei dem weiter unten angeführten Beispiel des $\beta$-Lactoglobulins zeigt sich[2], daß nach dieser Methode häufig kleinere Werte gefunden werden, als dem nicht denaturierten Molekül entspricht, was wohl auf Dissoziation in die Untereinheiten zurückzuführen ist. Beim Pepsin[3] wurde dagegen ein Molgewicht gefunden, das mit dem osmotischen übereinstimmt. Proteine können auch in Form von monomolekularen Schichten an festen Oberflächen adsorbiert werden, wobei sich aus der Dicke des Films dann Rückschlüsse auf die Form des Moleküls ziehen lassen. Die Voraussetzung für diese Berechnung ist immer, daß die Oberfläche vollständig besetzt ist und der Film keine Lücken aufweist. Es ist nicht leicht zu prüfen, wieweit diese Voraussetzung erfüllt ist.

Biologisch aktive Eiweißstoffe werden durch Einwirkung von $\alpha$- oder Röntgenstrahlen leicht inaktiviert. Aus der Abhängigkeit der Inaktivierung von der Strahlendosis läßt sich ein Treffbereich berechnen, der zur Größe der biologisch wirksamen Moleküle in Beziehung gesetzt werden kann. Das Verfahren wird als *Ultramikrometrie* bezeichnet und ist in dem Werk von TIMOFEEFF[4] näher behandelt.

Der Strahleneffekt läßt sich nicht nur durch biologische, sondern auch durch chemische Veränderungen des Moleküls bestimmen. SVEDBERG und BROHULT[5] fanden bei ihren Bestrahlungsversuchen am Hämocyanin der Weinbergschnecke einen Wirkungsquerschnitt von $1{,}8 \cdot 10^{-11}$ cm², was mit den im Elektronenmikroskop festgestellten Moleküldimensionen befriedigend übereinstimmt. Das Verfahren der Ultramikrometrie hat Bedeutung bei biologisch wirksamen Eiweißstoffen, wie den Virusproteinen, die nicht in reiner Form isoliert werden können.

---

[1] Zusammenfassende Übersicht bei H. J. TRURNIT: Über monomolekulare Filme an Wassergrenzflächen und über Schichtfilme. Fortschr. Chem. organ. Naturstoffe **4**, 347 (1945).

[2] BULL, H. B.: Adv. Protein Chem. **3**, 95 (1947).

[3] DIEA, H. A., u. H. B. BULL: J. Amer. Chem. Soc. **71**, 450 (1949).

[4] TIMOFEEFF, N. W., u. K. G. ZIMMER: Biophysik I, Das Trefferprinzip in der Biologie. Leipzig: S. Hirzel 1947.

[5] SVEDBERG, T., u. S. BROHULT: Nature (Lond.) **143**, 938 (1939).

In derartigen unreinen Lösungen wird zur Abschätzung der Molekülgröße auch die *Ultrafiltration*[1] mit Filtern bekannter Porengröße herangezogen.

Da sich unter den Eiweißstoffen die größten bisher bekannten Makromoleküle befinden, kann zur Aufklärung der Struktur auch das *Elektronenmikroskop*[2,3] herangezogen werden. Auf einige Ergebnisse wird beim Hämocyanin und bei den Virusproteinen hingewiesen. Trotz der Anschaulichkeit der elektronenmikroskopischen Ergebnisse kann dieses Verfahren auch bei den großen Eiweißmolekülen die physikalischchemischen Untersuchungen im gelösten Zustand nicht ersetzen. Da die Untersuchungen ja im Vakuum und an völlig trockenen Präparaten ausgeführt werden müssen, werden viele Eiweißstrukturen durch den Wasserentzug zerstört, außerdem treten beim Eintrocknen sehr leicht unerwünschte $p_H$-Verschiebungen auf. Weiterhin ist durch den Elektronenbeschuß und die Temperaturerhöhung bis auf 300° C mit einer starken Änderung der Eiweißstoffe zu rechnen. Nähere Einzelheiten müssen der Spezialliteratur entnommen werden[2,3].

Wichtige Rückschlüsse auf die Größe und Form von Eiweißmolekülen lassen sich auch aus den *röntgenographischen Untersuchungen* der Kristalle ziehen, wie dies bereits am Beispiel des Hämoglobins ausgeführt wurde. Bei Eiweißkristallen ist es möglich, die zwischen- und die innermolekularen Abstände zu unterscheiden. Die letzteren ändern sich bei der Entwässerung nicht, wohl aber die ersteren. Da in dem vorliegenden Werk in erster Linie das gelöste Molekül behandelt wird, soll auf die Untersuchungen an Eiweißkristallen nicht näher eingegangen werden. Eine Zusammenfassung der Ergebnisse findet sich bei CROWFOOT-HODGKIN[4].

Zusammenfassend läßt sich feststellen, daß uns zur Untersuchung der Eiweißmoleküle eine ganze Reihe verschiedenartiger Methoden zur Verfügung stehen, so daß sich für fast alle Fälle die geeignete finden läßt. Selbstverständlich wird die Sicherheit von Ergebnissen wesentlich erhöht, wenn mit unabhängigen Methoden übereinstimmende Resultate erhalten werden. Um vergleichbare Ergebnisse zu erhalten, ist es aber notwendig, vor der Molekulargewichtsbestimmung die *Einheitlichkeit* des Präparats genau zu prüfen, wobei in erster Linie an eine Untersuchung in der Ultrazentrifuge zu denken ist. Die meisten in der Literatur auftretenden Diskrepanzen sind auf die Mißachtung dieser Grundregel zurückzuführen. Besonders wichtig ist auch die Prüfung auf Einheitlichkeit, wenn es gilt, die Brauchbarkeit einer neuartigen Meßmethode zu erproben. Um die Ergebnisse, die nach verschiedenen Verfahren gewonnen wurden, zu vergleichen, soll im folgenden auf einige besonders

---

[1] ELFORD, W. J.: Handbuch der Virusforschung. Wien: Springer 1939.

[2] Zusammenfassungen bei H. RUSKA: Die Elektronenmikroskopie in der Virusforschung. Handbuch der Virusforschung, 2. Ergänzungsband, S. 221. Wien: Springer 1950.

[3] WYCKOFF, R. W. G.: Electron microscopy. New York: Interscience 1949.

[4] CROWFOOT-HODGKIN, D.: Cold Spring Harbor Symp. Quant. Biol. **14**, 65 (1950).

leicht zugängliche und daher besonders gut untersuchte Eiweißstoffe näher eingegangen werden. Hierbei wird auch die Darstellung und die Einheitlichkeit kurz erwähnt, damit der Physiker beurteilen kann, welche Modellsubstanzen zur Eichung seines Meßverfahrens am besten geeignet sind.

## § 114. Beobachtungsergebnisse an einzelnen Proteinen[1].

Die nach verschiedenen Methoden ermittelten Molekulargewichte sind in Tab. XVI, 2 zusammengestellt. Die Werte sind z. T. den vorhergehenden Abschnitten dieses Werkes entnommen, z. T. der Zusammenfassung von GREENBERG[2]. Zahlenwerte für die Abmessungen finden sich in den Tab. VIII, 3, X, 1, XI, 1 sowie XVI, 3 und XVI, 4.

Tabelle XVI, 2. *Vergleich der nach verschiedenen Methoden bestimmten Molekulargewichte in 1000*[3].

Weitere Angaben s. Tab. VII, 8 und VIII, 2.

| Methode | Proteine | | | | | | Viren | | | |
|---|---|---|---|---|---|---|---|---|---|---|
| | Lysozym | Lactoglobulin | Ei-albumin | Hämoglobin | Rinder-Serum-albumin | Hämocyanin | Bushystunt | TMV | Y | Influenza |
| Osmose | 17,5 | 35—37 | 40—46 | 67 | 69—73 | | | | | |
| Sedimentat.u. Diffusion | 14—17 | 41,5 | 44 | 68 | 70 | 8910 | 10600 | 40000 | | 300000 |
| Sedimentat.-Gleichg. | | 38 | 40,5 | 68 | 68 | | 7600 | | | |
| Viscosität u. Diffusion | 12,8 | | 36 | | 69—73 | | | | | |
| Lichtstreuung | 14,8[4] | 35,7[4] | 37,47 | | >73[4] | | 9000 | 40000 | | 322000 |
| Dielektr. Dispersion | | 40 | 45,7[4] | 67 | 70 | | | | | |
| Kleinwinkelstreuung Röntgenunters.. | 13,9[5] | 40 | | 66,7 | | | 10800 | | | |
| Elektronenmikros. | | | | | | 7000 | 10800 | 40000 | 75000 | 400000 |
| Oberflächenfilm | | 44[6] | 40 | | | | | | | |
| Chem. Analyse | | 42 | 40 | 66,7[7] | 73[7] | | | | | |

[1] Vgl. dazu auch § 78.

[2] GREENBERG, D. M.: Amino Acids and Proteins. Springfield, USA: Charles C. Thomas 1951.

[3] Vgl. auch EDSALL, J. T., u. W. B. DANDLIKER: Fortschr. chem. Forsch. 2, 1 (1951); dort auch weitere Zahlen.

[4] HALWER, M., G. C. NUTTING u. B. A. BROCE: J. Amer. Chem. Soc. 73, 2786 (1951).

[5] PALMER, K. J., M. BALLANTYNE u. J. A. GALVIN: J. Amer. Chem. Soc. 70, 906 (1948).

[6] BULL, H. B.: J. Amer. Chem. Soc. 67, 8 (1945).

[7] VICKERY, H. B.: Ann. N.Y. Acad. Sci. 41, 87 (1941); weitere Literaturzitate s. im Text.

## a) Lysozym.

Dieses Enzym läßt sich besonders leicht aus Hühnereiweiß gewinnen[1], worin es zu 3% vorkommt. Lysozym spaltet saure Polysaccharide und ist wahrscheinlich identisch mit der Verbindung des Avidins mit Biotin. Es ist ein ausgesprochen basisches Glykoproteid mit einem isoelektrischen Punkt bei $p_H$ 10,5—11. Der basische Charakter beruht auf dem geringen Gehalt an sauren Aminosäuren. Lysozym verhält sich in der Ultrazentrifuge einheitlich. Elektrophoretisch läßt sich meistens eine Begleitkomponente in einer Menge von 6—20% nachweisen. Nach ALBERTY[2] soll auch die Hauptkomponente eine gewisse Uneinheitlichkeit zeigen. Die Differenzen in dem mit der Ultrazentrifuge bestimmten Molgewicht beruhen wahrscheinlich auf der Unsicherheit in dem spezifischen Volumen. Wird ein Wert von 0,75 zugrunde gelegt, so ergibt sich 17000, was mit den osmotischen Messungen gut übereinstimmt[3]. Der Reibungsfaktor in der Ultrazentrifuge beträgt 1,58; das aus der Kleinwinkelstreuung ermittelte Achsenverhältnis 2,3. Das Molekül scheint daher nur wenig von der Kugelform abzuweichen.

## b) Lactoglobulin.

Das Lactoglobulin kann aus der Molke leicht erhalten werden[4,5]. $\beta$-Lactoglobulin verhält sich in der Ultrazentrifuge einheitlich. Unter den verschärften Bedingungen bei der Elektrophorese wird eine Aufspaltung beobachtet[6]. Der beste Wert für das Molgewicht dürfte sich aus der chemischen Analyse[7] ergeben und 42020 ± 105 betragen. Das Molekül scheint nahezu kugelsymmetrisch zu sein. Aus dem Reibungsverhältnis $f/f_0$ 1,26 würde sich unter der Annahme einer Kugelform eine Hydratation von 70% ergeben, was mit den Röntgendiagrammen der Kristalle zu vereinbaren wäre[8]. Aus der Kleinwinkelstreuung wird ein Achsenverhältnis von 3,6 berechnet, s. Tab. X, 1, aus der dielektrischen Dispersion ein solches von 4, s. Tab. XIII, 1. Die Asymmetrie kann also nicht sehr ausgeprägt sein.

## c) Eialbumin.

Die Darstellung des kristallisierten Präparats erfolgt durch Ammonsulfat- oder Natriumsulfatfällung von Hühnereiweiß[9,10]. Die käuflichen Eialbumintrockenpräparate sind meistens mehr oder weniger stark denaturiert und für genaue Messungen unbrauchbar. Die kristallisierten

[1] ALDERTON, G., u. H. L. FEWOLD: J. of Biol. Chem. **164**, 1 (1940).
[2] ALBERTY, R. A., E. A. ANDERSON u. J. W. WILLIAMS: J. Phys. Colloid Chem. **52**, 217 (1948).
[3] ALDERTON, G., u. Mitarb.: J. of Biol. Chem. **157**, 43 (1945).
[4] PALMER, A. H.: J. of Biol. Chem. **104**, 359 (1934).
[5] SCHRAMM, G., u. G. BRAUNITZER: Z. Naturforsch. **5b**, 297 (1950).
[6] ALBERTY, R. A., E. A. ANDERSON u. J. W. WILLIAMS: J. Phys. Colloid Chem. **52**, 217 (1948).
[7] BRAND, E., u. Mitarb.: J. Amer. Chem. Soc. **67**, 1524 (1945).
[8] McMEEKIN u. WARNER: J. Amer. Chem. Soc. **64**, 2393 (1942).
[9] KEKWICK, R. A., u. R. K. CANNAN: Biochemic. J. **30**, 232 (1936).
[10] SÖRENSEN, S. P. L., u. M. HÖYRUP: Hoppe-Seylers Z. **103**, 15 (1918).

Präparate verhalten sich in der Ultrazentrifuge meist einheitlich. Nach Untersuchungen von CHAMPAGNE[1] verhält sich auch ein viermal umkristallisiertes Präparat bei der Diffusion nicht einheitlich. Es werden 18% Aggregate mit doppeltem Molgewicht angenommen. Aus der Kleinwinkelstreuung ergibt sich eine starke Assoziationstendenz (vgl. KRATKY). Auch elektrophoretisch verhält sich Eialbumin nicht einheitlich. Je nach Wahl des $p_H$ und der Ionenstärke werden 2—3 Komponenten festgestellt[2, 3, 4]. Die nach verschiedenen Methoden ermittelten Werte für das Molgewicht sind der Übersicht von GREENBERG[5] entnommen. Der beste Wert liegt in der Nähe von 40000. Wegen der leichten Aggregation zu Doppelmolekülen sind die höheren Werte unsicher. Das Molekül scheint kaum von der kompakten Kugelform abzuweichen. Der Reibungsfaktor von 1,16 entspricht bei Kugelform einer Hydratation von 40%. Aus der dielektrischen Dispersion ergab sich ein Achsenverhältnis von 5. Von CHAMPAGNE[6] wurde aus Diffusion und Viscosität eine Länge von 109 Å und ein Durchmesser von 28 Å berechnet, also ein Achsenverhältnis von 4. Mit der Kleinwinkelstreuung wäre ein flaches Ellipsoid mit einem Durchmesser von 63 Å und einer Höhe von 22,5 Å oder ein hydratisierter Zylinder mit einem Durchmesser von 20,5 Å und einer Höhe von 68 Å zu vereinbaren.

### d) Hämoglobin.

Kristallisiertes Hämoglobin (Hb) ist durch alkoholische Fällung von hämolysiertem Pferdeblut leicht zugänglich[7, 8, 9]. Das Hb verhält sich in der Ultrazentrifuge einheitlich und ist auch bei der Elektrophorese unter sehr strengen Bedingungen als einheitlich befunden worden[10]. Die Hämoglobine der Säugetiere, Fische und Vögel besitzen das gleiche Molgewicht, unterscheiden sich aber in ihrer chemischen Zusammensetzung, nämlich in der Reihenfolge der Aminosäuren in der Peptidkette. Wegen seiner Einheitlichkeit und leichten Zugänglichkeit ist das Pferde-Hämoglobin als Modellsubstanz für physikalisch-chemische Untersuchungen besonders geeignet. Durch Behandlung mit Säure läßt sich das hämfreie Globulin in nativem Zustand gewinnen.

Entsprechend der Einheitlichkeit des Hb zeigen die nach verschiedenen Methoden bestimmten Molgewichte untereinander eine ausgezeichnete Übereinstimmung innerhalb 2%. Die Abmessungen des Moleküls ergeben sich aus den oben genannten Röntgenuntersuchungen von


[1] CHAMPAGNE, M.: J. Chim. phys. **47**, 693 (1950).
[2] ALBERTY, R. A., E. A. ANDERSON, J. W. WILLIAMS u. J. R. CANN: J. Amer. Chem. Soc. **71**, 907 (1949).
[3] PERLMAN, G. E.: Nature (Lond.) **166**, 870 (1950).
[4] PETERS, D.: Kolloid-Z. **125**, 157 (1952).
[5] GREENBERG, D. M.: Amino Acids and Proteins, S. 394. Springfield, USA: Charles C. Thomas 1951.
[6] CHAMPAGNE, M.: J. Chim. phys. **47**, 693 (1950).
[7] HAUROWITZ, F.: Z. phys. Chem. **136**, 147 (1924).
[8] FERRY, R. M., u. A. GREEN: J. of Biol. Chem. **81**, 175 (1929).
[9] WYMAN, J.: Adv. Protein Chem. **4**, 407 (1948).
[10] HOCH, H.: Biochemic. J. **46**, 199 (1950).

PERUTZ (vgl. S. 703). Ursprünglich wurde für das Molekül ein Zylinder mit einer Höhe von 34 Å und einem Durchmesser von 57 Å angenommen. Nach neueren Untersuchungen (s. S. 703) wird die Molekülform besser durch ein Ellipsoid mit den Achsen $b = c = 47$ Å, $a = 60$ Å wiedergegeben. Nach ADAIR[1] beträgt die Hydratation 40 g $H_2O$ je 100 g trockenes Protein. Legt man das oben angegebene Achsenverhältnis $a/b = 1,3$ zugrunde, so ergibt sich aus dem Reibungsfaktor 1,24 eine Hydratation von ungefähr 50%. In der Kleinwinkelstreuung gibt sich keine Asymmetrie zu erkennen. Aus den Molekülabmessungen lassen sich zwei Relaxationszeiten $\tau' = 1,0 \cdot 10^{-7}$ und $\tau'' = 1,1 \cdot 10^{-7}$ sec berechnen. Diese sind experimentell nicht zu trennen und stimmen gut mit dem gefundenen Wert von $0,96 \cdot 10^{-7}$ überein. Im ganzen ergibt sich also eine ausgezeichnete Übereinstimmung aller Werte, wie sie bisher bei keinem anderen Eiweißstoff gefunden wurde.

### e) Die Serumproteine.

Wegen ihrer leichten Zugänglichkeit und medizinischen Bedeutung sind die Serumproteine besonders gründlich untersucht worden. Eine ausführliche Monographie stammt von PEDERSEN[2]. Im allgemeinen findet man im Serum des Menschen und der verschiedenen Säugetiere Albumin und mindestens 3 Globulinfraktionen, die als $\alpha$-, $\beta$- und $\gamma$-Globulin bezeichnet werden. Die vollständige Trennung der einzelnen Komponenten ist recht schwierig. Durch Zugabe von Ammonsulfat fällt zunächst das $\gamma$-Globulin aus, bei Erhöhung der Salzkonzentration das $\alpha$- und $\beta$-Globulin und schließlich das Albumin. Wird das Serum durch Dialyse salzfrei gemacht, so fällt eine als Euglobulin bezeichnete Fraktion aus, die aus einem Gemisch der verschiedenen Globuline, in der Hauptsache $\gamma$-Globulin besteht. Die in Wasser löslichen Globuline

Tabelle XVI, 3. *Proteinkomponenten des normalen menschlichen Plasmas.*

| Elektro-phoretische Komponente | Annähern-der Gehalt g/l | Sedimen-tations-konstante in $S$ | spe-zifisches Volumen | Reibungs-verhältnis $f/f_0$ | Molgewicht | Annähernde Dimension in Å | |
|---|---|---|---|---|---|---|---|
| | | | | | | Länge | Durch-messer |
| Albumin. . . | 32 | 4,6 | 0,733 | 1,28 | 69000 | 150 | 38 |
| $\alpha_1$-Globulin . | 2 | 5,0 | 0,841 | 1,38 | 200000 | 300 | 50 |
| $\alpha_2$-Globulin . | 1 | 9 | 0,693 | 1,58 | 300000 | | |
| $\beta_1$-Globulin . | 2 | 5,5 | 0,725 | 1,37 | 90000 | 190 | 37 |
| $\beta_1$-Globulin . | 2 | 7 | 0,74 | | 150000 | | |
| $\beta_1$-Globulin . | 1 | 20 | 0,74 | | bis 500000 1000000 | | |
| $\beta_1$-Globulin . | 2 | 2,9 | 0,950 | 1,7 | 1300000 | 185 | 185 |
| $\beta_2$-Globulin . | 2 | 7 | | | 150000 | | |
| $\gamma$-Globulin. . | 5 | 7,2 | 0,739 | 1,38 | 156000 | 235 | 44 |
| $\gamma$-Globulin. . | 1 | 10 | 0,739 | | 300000 | | |
| Fibrinogen . | 2 | 9 | | 1,98 | 400000 | 700 | 38 |

[1] ADAIR, G. S., u. M. E. ADAIR: Proc. Roy. Soc. (Lond.) B **120**, 422 (1936).
[2] PEDERSEN, K. O.: Ultracentrifugal studies on serum and serum fractions. Upsala 1945.

werden als Pseudoglobuline bezeichnet. Von Cohn und Mitarbeitern[1, 2] wurde auch ein Verfahren zur Trennung der Plasmaproteine durch Fällung mit Äthanol ausgearbeitet. Um Denaturierung zu vermeiden, wird hier bei tiefer Temperatur gearbeitet. Albumin läßt sich in kristallisierter Form erhalten, bei den Globulinen ist das noch nicht gelungen. Die Molgewichte und die ungefähren Abmessungen der einzelnen Bestandteile des menschlichen Serums sind in Tab. XVI, 3[3] zusammengefaßt. Die Abmessungen stellen nur Näherungswerte dar, bei denen eine Hydratation von 20% zugrundegelegt wurde.

## 1. Serumalbumin.

Die Albumine des Menschen, des Rindes und des Pferdes besitzen nach Untersuchungen in der Ultrazentrifuge die gleiche Größe, was auch osmotisch bestätigt wurde. Elektrophoretisch erweisen sich diese Albumine häufig durch kleine Mengen von $\alpha$- oder $\beta$-Globulin verunreinigt. Auch die Hauptkomponente des Rinderalbumins und eines menschlichen Serumalbumins war nicht einheitlich[4].

Aus der Bestimmung des nicht lösenden Raums[5] wurde beim Serumalbumin eine Hydratation von 40 g $H_2O$ je 100 g trockenes Protein gefunden. Der Wert stimmt mit der maximal vom trockenen Protein aufgenommenen Wassermenge überein. Legt man diesen Hydratationsgrad und den in der Ultrazentrifuge gemessenen Reibungsfaktor von 1,27 zugrunde, so ergibt sich ein Achsenverhältnis von rund 3:1. Dies stimmt gut mit dem durch die Kleinwinkelstreuung ermittelten Wert von 2,7 überein. Die Messungen der dielektrischen Dispersion, aus denen ein Achsenverhältnis von 6:1 folgen würde, sind als unsicher anzusehen, da die Serumalbumine bisher noch nicht elektrophoretisch einheitlich dargestellt werden konnten.

## 2. $\gamma$-Globulin.

Das $\gamma$-Globulin macht neben dem Albumin den Hauptbestandteil der Serumglobuline aus. Die $\gamma$-Globuline sind in ihrem chemischen Aufbau nicht einheitlich. In dieser Fraktion finden sich auch die Antikörper, die bekanntlich als abgewandelte $\gamma$-Proteine aufgefaßt werden. Ein reiner Antikörper kann nur auf serologischem Wege von den $\gamma$-Proteinen abgetrennt werden. Die Hauptmasse des $\gamma$-Proteins liegt als Teilchen mit einem Molgewicht von 150000 vor. Daneben finden sich auch höhere Aggregationsprodukte mit einem Teilchengewicht von 300000 und bei einzelnen Tierarten auch Fraktionen mit einem Molgewicht von 300000 und 900000. In der Ultrazentrifuge wurde für das $\gamma$-Globulin ein $f/f_0$-Wert von 1,4 bis 1,5 gefunden. Dieser hohe Wert kann durch die

---

[1] Cohn, E. J.: J. Amer. Chem. Soc. **62**, 3396 (1940).
[2] Edsall, J. T.: Adv. Protein Chem. **3**, 383 (1947).
[3] Adv. Protein Chem. **3**, 460 (1947), nach Ergebnissen von K. L. Oncley, G. Scatchard u. A. Brown: J. Phys. Chem. **51**, 184 (1947).
[4] Hoch, H.: Biochemic. J. **46**, 199 (1950).
[5] Adair, G. S., u. M. E. Adair: Proc. Roy. Soc. (Lond.) A **90**, 341 (1947).

Hydratation allein nicht erklärt werden, so daß $\gamma$-Globuline sicher von der Kugelform abweichen. Jedoch dürfte das aus der dielektrischen Dispersion ermittelte Achsenverhältnis von 9:1 zu hoch sein.

### f) Hämocyanin.

Dieses Protein ist aus der Blutflüssigkeit der Weinbergschnecke, in der kein anderes Protein vorkommt, leicht zu gewinnen. Für physikalisch-chemische Untersuchungen ist aber zu beachten, daß dieses Protein sehr leicht in Untereinheiten, halbe und Achtelmoleküle zerfällt und die Einheitlichkeit nur bei bestimmten Salz- und H-Ionenkonzentrationen erhalten bleibt. Die Abmessungen, wie sie sich aus dem Molgewicht[1], dem Reibungsfaktor und der Strömungsdoppelbrechung[2] ergeben, sind in Tab. XVI, 4 zusammengefaßt. TRURNIT und BERGOLD[3]

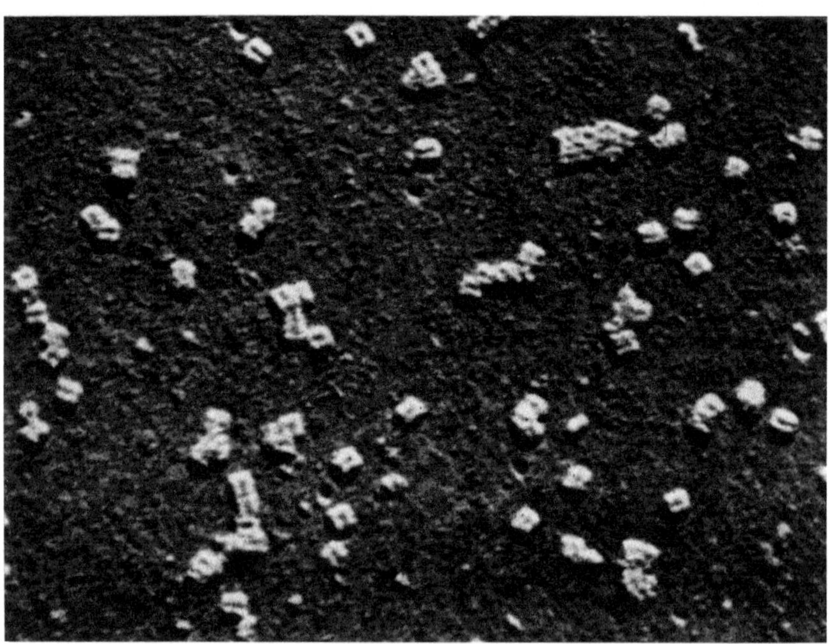

Abb. XVI, 6. Elektronenmikroskopische Abbildung der ungespaltenen Hämocyaninmoleküle. Schrägbedampfung mit Pd, Vergrößerung 1:80000. Eigene Aufnahme.

versuchten, die Form der Dissoziationsprodukte auch aus Dickenmessungen monomolekularer Schichten zu bestimmen. Die theoretischen Grundlagen für die Berechnung der Formkonstanten des Hämocyanins aus physikalisch-chemischen Messungen sind unsicher. Aus elektronen-


[1] BROHULT, S.: Nova Acta Reg. Soc. Sci. Upsala [4] 12, Nr. 4 (1940).
[2] SNELLMAN, O., u. Y. BJÖRNSTÅHL: Kolloid-Beih. 52, 403 (1941).
[3] TRURNIT, H. J., u. G. BERGOLD: Kolloid-Z. 100, 177 (1942).

Tabelle XVI, 4. *Molekulargewichte und Dimension von Hämocyanin (Helix pomatia) und seinen Dissoziationsprodukten.*

| | $M$ | $f/f_0$ | aus $f/f_0$ | | aus $Str.Br.$ | |
|---|---|---|---|---|---|---|
| | | | $L$ | $d$ | $L$ | $d$ |
| Ganze Moleküle | $8{,}91 \cdot 10^6$ | 1,45 | 113 m$\mu$ | 13,6 m$\mu$ | 89 m$\mu$ | 12,5 m$\mu$ |
| Halbe Moleküle | 4,31 | 1,40 | 82 | 11,1 | 89 | 8,7 |
| Achtelmoleküle | 1,03 | 1,79 | 82 | 5,4 | 96 | 4,1 |

$M$ = Molekulargewicht; $f/f_0$ = Reibungsverhältnis; $L$ = Länge; $d$ = Durchmesser; $Str.Br.$ = Strömungsdoppelbrechung.

optischen Untersuchungen[1] folgte für das ganze Molekül die Gestalt eines Quaders von etwa $40 \times 24 \times 12$ m$\mu$, der durch eine Längsfurche in zwei stäbchenförmige Hälften geteilt ist (s. Abb. XVI, 6). Unter Annahme eines plausiblen Wertes für die Hydratation ist diese Molekülform mit dem Reibungsverhältnis zu vereinbaren. Die höhere Asymmetrie, die sich aus der Messung der Strömungsdoppelbrechung ergibt, dürfte durch Aggregation der Moleküle zu längeren Ketten zu erklären sein. Die Röntgenkleinwinkelstreuung lieferte einen Durchmesser von 26 m$\mu$ und ein Achsenverhältnis von 1 (s. Tab. X, 1) was befriedigend zu den elektronenmikroskopischen Befunden paßt.

### g) Virusproteine.

#### 1. Bushy stunt-Virus der Tomate.

Das Bushy stunt-Virus wurde von BAWDEN und PIRIE[2] in Form isotropischer, rhombischer Dodekaeder kristallisiert erhalten. Es verhält sich in der Ultrazentrifuge und bei der Elektrophorese völlig einheitlich. Der isoelektrische Punkt liegt bei $p_H$ 4,1.[3] Im Elektronenmikroskop zeigt es Kugelform und einen Durchmesser von 25,5 bis 27 m$\mu$[4]. Aus der Sedimentations- und Diffusionskonstante[5] berechnet sich ein Molgewicht von $(10{,}6 \pm 1{,}1) \cdot 10^6$ und ein Durchmesser von 29,2 m$\mu$. Aus dem Sedimentationsgleichgewicht ergibt sich das Molgewicht zu[3] $7{,}6 \cdot 10^6$. Der höhere Wert von 10,6 erscheint wahrscheinlicher. Er stimmt auch besser mit den Röntgenuntersuchungen[6] überein, aus denen ein Molgewicht von $(10{,}8 \pm 0{,}6) \cdot 10^6$ und ein Durchmesser von 27,2 m$\mu$ ermittelt wurde. Der Reibungsfaktor $f/f_0 = 1{,}27$ entspricht einer Hydratation von 76 g Wasser je 100 g Protein. Dieser Wert erscheint recht plausibel, denn nach BAWDEN und PIRIE[2] enthält schon das Viruskristallisat 55% Kristallwasser.

---


[1] SCHRAMM, G., u. G. BERGER: Z. Naturforsch. 7b, 284 (1952).
[2] BAWDEN, F. C., u. N. W. PIRIE: Brit. J. Exper. Path. 19, 251 (1938).
[3] MacFARLANE, A. S., u. R. A. KEKWICK: Biochemic. J. 32, 1607 (1938).
[4] PRICE, W. C., R. C. WILLIAMS u. R. W. G. WYCKOFF: Arch. of Biochem. 9, 175 (1946).
[5] NEURATH, H., u. G. R. COOPER: J. of Biol. Chem. 135, 455 (1940).
[6] BERNAL, J. D., u. J. FANKUCHEN: J. Gen. Physiol. 25, 111 (1941).

## 2. Tabakmosaikvirus (TMV).

Das TMV ist von den Virusproteinen am leichtesten zugänglich.
Bis zu 90% des im Saft kranker Pflanzen gelösten Proteins können aus
Virus bestehen. Die Darstellung des reinen Proteins erfolgt durch
Fällung mit Ammonsulfat und hochtouriges Zentrifugieren. Da die
Dimensionen des TMV-Moleküls recht genau bekannt sind, wäre es als
Modellsubstanz für physikalisch-chemische Untersuchungen sehr ge-
eignet, doch ist es leider schwierig, einheitliche Präparate herzustellen.

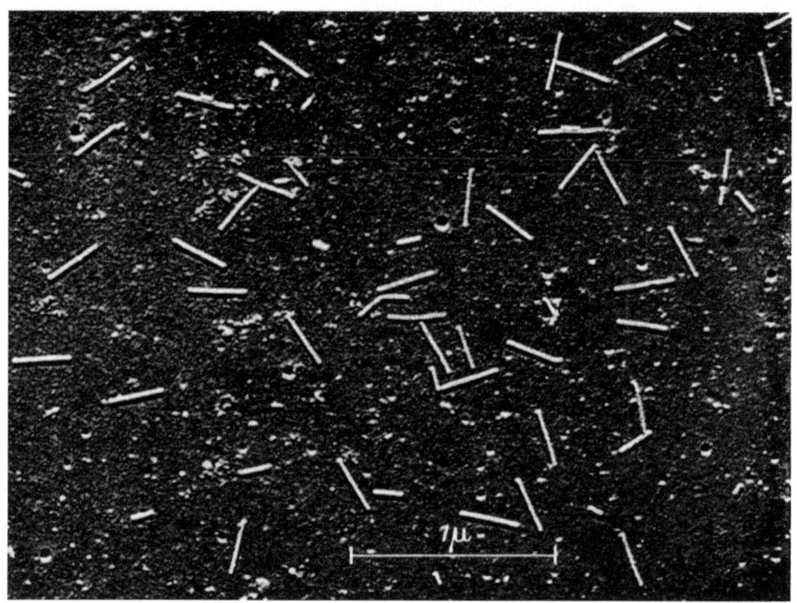


Abb. XVI, 7. Elektronenmikroskopische Abbildung des Tabakmosaikvirus. Pd-Bedampfung,
Vergrößerung 1:27000. Eigene Aufnahme.

Das Virus aggregiert nämlich bei niederem $p_H$ und zerfällt bei hohem in
kleinere Bruchstücke. Diese Tatsachen wurden bei älteren Untersuchungen nicht genügend berücksichtigt, was zu erheblichen Diskrepanzen führte. Im Elektronenmikroskop erscheint das Virus als Stäbchen
mit einer Länge von 280 m$\mu$ und einem Durchmesser von 15 m$\mu$[1]
(s. Abb. XVI, 7). Wie andere anisodiametrische Moleküle zeigt das
TMV eine ausgeprägte Abhängigkeit der Sedimentationskonstanten von
der Konzentration. Durch Extrapolation auf unendliche Verdünnung
fanden SCHRAMM und BERGOLD[2] $s_{20} = 198$ S. Dieser Wert stimmt mit
dem von LAUFFER[3] angegebenen von 193 S überein. Hieraus, aus der
Diffusionskonstante $D_{20} = 0{,}4 \cdot 10^{-7}$ cm$^2$ sec$^{-1}$ und dem spezifischen


[1] SCHRAMM, G., u. M. WIEDEMANN: Z. Naturforsch. 6b, 379 (1951).
[2] SCHRAMM, G., u. G. BERGOLD: Z. Naturforsch. 2b, 108 (1947).
[3] LAUFFER, M. A.: J. Phys. Chem. 44, 1137 (1940); J. Amer. Chem. Soc. 66,
1188 (1944).

Volumen von 0,743 berechnet sich das Molgewicht zu $(40,7 \pm 5) \cdot 10^6$ und der Reibungsfaktor zu 2,03. Wird die Hydratation nicht berücksichtigt, ergibt sich hieraus ein Achsenverhältnis von 21:1, während auf den elektronenmikroskopischen Aufnahmen 19:1 gefunden wurde. Das Molgewicht und die Länge des TMV wurden auch aus der Lichtstreuung[1] bestimmt. Hierbei wurden $40 \cdot 10^6$ und $265 \pm 10$ m$\mu$ gefunden (s. § 75 b 1). BERNAL und FANKUCHEN[2] leiteten aus Röntgenuntersuchungen einen hexagonalen Querschnitt mit einer Kantenlänge von 8,7 m$\mu$ ab, entsprechend einem Durchmesser von 15 m$\mu$. Genau genommen, ergibt sich aus diesen Messungen jedoch nur der Abstand der Molekülschwerpunkte. Die Angabe eines Durchmessers hat nur bei regelmäßig begrenzten Molekülen einen Sinn. Ob solche vorhanden sind oder ob die Moleküle ineinander verzahnt sind, erscheint nach DORNBERGER[3] zweifelhaft. DONNET[4] erhält aus der Strömungsdoppelbrechung von TMV-Lösungen eine Rotationsdiffusionskonstante von 280 c·g·s·$\pm$ 10%. Dieser Wert stimmt gut mit dem von $303 \pm 20\%$ überein, den man nach der für polydisperse Lösungen gültigen Formel erhält, wenn man die im Elektronenmikroskop ermittelte Längenverteilung zugrunde legt. Die Doppelbrechung im elektrischen Wechselfeld, die das TMV infolge seiner ausgesprochen anisodiametrischen Form aufweist, wurde von verschiedenen Seiten untersucht[5,6] (vgl. auch § 87 und § 90 b). Es wurde eine Abhängigkeit sowohl von der Feldstärke als auch von der Konzentration festgestellt und auch Relaxationseffekte[7] gefunden. Die Deutung all dieser Effekte, insbesondere die Ermittlung der Dimensionen des TMV-Moleküls aus ihnen, bereitet jedoch noch große Schwierigkeiten.

Lösungen des TMV können auch eine spontane Doppelbrechung zeigen. BAWDEN und PIRIE beobachteten als erste, daß salzfreie, wäßrige Lösungen des TMV, die mehr als 1,8% Virus enthalten, sich spontan in zwei Schichten trennen, wenn man sie einige Tage stehen läßt. Wirbelt man die Schichten durcheinander, so erhält man wieder eine isotrope Lösung, die sich aber nach einiger Zeit wieder in die beiden Phasen trennt. Die obere Schicht ist isotrop und zeigt starke Lichtstreuung, wie sie normalen TMV-Lösungen zukommt. Die untere Schicht zeigt eine permanente Doppelbrechung und nur eine geringe Lichtstreuung. Röntgenuntersuchungen[8] zeigen, daß in der Bodenschicht die Virusteilchen regelmäßig wie in einem Kristall angeordnet sind. Die Moleküle liegen streng parallel, die Abweichung vom Parallelismus beträgt in einer 36%igen kristallinen Flüssigkeit höchstens 45′. Die Abstände zwischen den Teilchen senkrecht zur Längsachse hängen in salzfreier Lösung nur von der Konzentration ab, und zwar gilt für den

[1] DOTY, P., u. R. F. STEINER: J. Chim. phys. 18, 1211 (1950).
[2] BERNAL, J. D., u. J. FANKUCHEN: J. Gen. Physiol. 25, 111, 147 (1941).
[3] DORNBERGER-SCHIFF, K.: Ann. Physik [6] 5, 16 (1949).
[4] DONNET: C. r. Acad. Sci. (Paris) 229, 189 (1949).
[5] KAUSCHE, G. A.: Z. Naturforsch. 6b, 60 (1951).
[6] LAUFFER, M. A., u. W. M. STANLEY: Chem. Rev. 24, 303 (1939). — LAUFFER, M. A.: J. Amer. Chem. Soc. 61, 2412 (1939).
[7] O'KONSKI, CH. T., u. B. H. ZIMM: Science (Lancaster, Pa.) 111, 113 (1950).
[8] BERNAL, J. D., u. J. FANKUCHEN: J. Gen. Physiol. 25, 111, 147 (1941).

Abstand zwischen den Mittellinien der Teilchen $R$ (in Å) $= 1650\,|\sqrt{N}$ mit $N = g$ trockenes Virus in 100 g Flüssigkeit. In wäßrigen Lösungen wurden Abstände von 173 bis 500 Å beobachtet. Im getrockneten gerichteten Gel sinkt der Abstand bis auf den Durchmesser der Virusteilchen 152 Å. Interessanterweise wurden Zwischenwerte zwischen 152 und 173 Å niemals beobachtet. In wäßrigen Lösungen scheint daher die Hydrathülle nicht unter einen gewissen Mindestbetrag abnehmen zu können. Aus dem Durchmesser von 172 Å für das hydratisierte Molekül berechnet sich ein Hydratationsgrad von etwa 25%, der als Mindestmaß betrachtet werden muß. Läßt man das trockene Gel in einer Salzlösung quellen, so stellt sich ein Gleichgewichtszustand ein. der von der Salzkonzentration und vom $p_H$ abhängig ist. Die Quellung ist am isoelektrischen Punkt am geringsten. Hier beträgt der zwischenmolekulare Abstand 185 Å. In stärkeren Salzlösungen sinkt er bis auf 173 Å.

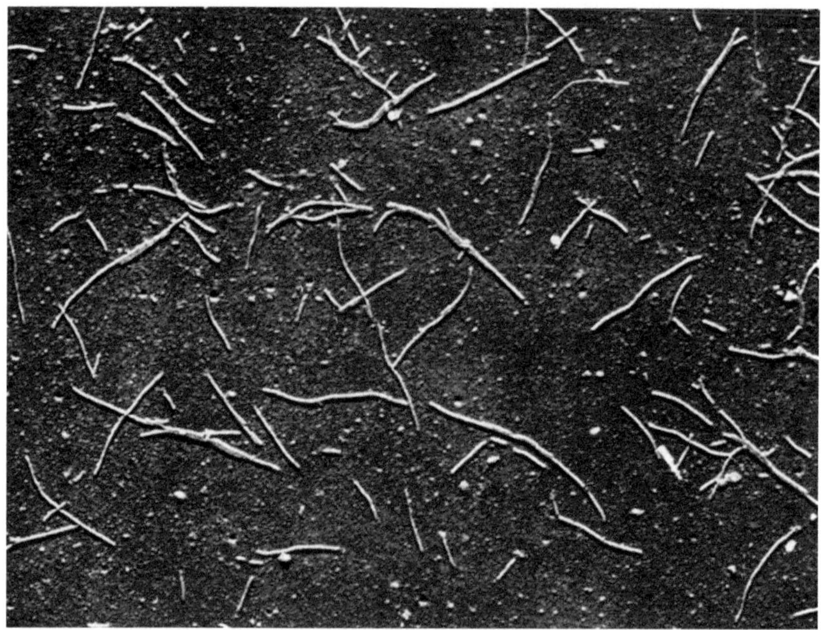

Abb. XVI, 8. Elektronenmikroskopische Abbildung des Kartoffel-Y-Virus.
Einzelne Moleküle mit einer Länge von 700 m$\mu$ neben Aggregaten und Bruchstücken. Pd-Bedampfung.
Vergrößerung 1:27000. Eigene Aufnahme.

### 3. Kartoffel-Y-Virus.

Noch stärker anisodiametrisch als das TMV ist das Kartoffel-Y-Virus. Die Darstellung eines einheitlichen Präparates bereitet hier noch größere Schwierigkeiten als beim TMV. Aus elektronenmikroskopischen Aufnahmen[1] ergibt sich für dieses Virus eine Länge von 700 m$\mu$ und ein Durchmesser von 13 m$\mu$ (Abb. XVI, 8). Hieraus und aus einem

[1] SCHRAMM, G.: Z. Naturforsch. 7b, 513 (1952).

spezifischen Volumen von 0,74 berechnet sich ein Molgewicht von $75 \cdot 10^6$. Das Achsenverhältnis beträgt 54:1. Nach den Ergebnissen am TMV ist anzunehmen, daß auch hier der Reibungsfaktor im wesentlichen durch das Achsenverhältnis und weniger durch den Hydratationsgrad beeinflußt wird. Danach ist für den Reibungsfaktor $f/f_0$ 3,05 und für die Sedimentationskonstante 201 S zu erwarten. Experimentell ist die Sedimentationskonstante beim Y-Virus sehr viel stärker von der Konzentration abhängig als beim TMV. Durch Extrapolation ergibt sich für $c = 0$ 200 S, wodurch die elektronenmikroskopischen Befunde bestätigt werden. Die Konzentrationsabhängigkeit der Sedimentationskonstante bei den stäbchenförmigen Viren entspricht den Vorstellungen von SIGNER[1]. Bei höheren Konzentrationen erreicht $s_{20}$ einen nahezu konstanten, konzentrationsunabhängigen Wert, da hier die Teilchen verfilzt sind. Erst bei großen Verdünnungen sedimentieren die einzelnen Teilchen. Nach SIGNER läßt sich aus dem konstanten Wert der Sedimentationskonstante die Dicke der Teilchen berechnen. Beim TMV ergibt sich bei einer Konzentration von 1,5% aus $s_{20} = 160$ S ein Durchmesser von 17,5 m$\mu$, beim Y-Virus bei der gleichen Konzentration aus $s_{20} = 140$ S 16 m$\mu$. Hierbei wurde von der DARCY-Konstante für Wollfäden ausgegangen.

### 4. Influenza-Virus.

Beim Influenza-Virus unterscheidet man serologisch zwei verschiedene Stämme A und B, die aber morphologisch sehr ähnlich sind. Das Influenza-Virus wird aus der Eiflüssigkeit infizierter Hühnerembryonen durch abwechselnd hoch- und niedertouriges Zentrifugieren gewonnen. Im Elektronenmikroskop erscheinen die Viren als runde oder schwach elliptische Teilchen, die als abgeflachte Kugeln aufgefaßt werden können. Es wird für das A-Virus ein mittlerer Durchmesser von etwa 100 m$\mu$ gefunden[2]. Aus der Sedimentationskonstante von etwa 740 S ergibt sich unter der Annahme kugelförmiger Teilchen und einer Dichte des hydratisierten Moleküls von 1,104 ebenfalls ein Durchmesser von etwa 100 m$\mu$. Die Hydratation des Virus wurde nach der Schwebemethode in serumalbuminhaltiger Lösung bestimmt. Das A-Virus hat im hydratisierten Zustand ein spezifisches Volumen von 0,906 und pyknometrisch ein solches von 0,822. Hieraus berechnet sich ein Hydratationsgrad von 90 g Wasser je 100 g trockenes Protein[3].

### Zusammenfassende Abhandlungen.

COHN, E. J., u. J. T. EDSALL: Proteins, Amino Acids and Peptides. New York: Reinhold 1943. — EDSALL, J. T.: The Size and Shape of Protein Molecules. Fortschr. chem. Forsch. 1, 119 (1949). — EDSALL, J. T. u. W. B. DANDLIKER: Fortschr. chem. Forsch. 2, 1 (1951). Light Scattering in Solutions of Proteins and other large Molecules. Its Relation to Molecular Size and Shape and Molecular Interactions. GREENBERG, D. M.: Amino Acids and Proteins. Springfield, Ill.: Charles C. Thomas 1951. — HAUROWITZ, F.: Chemistry and Biology of Proteins. New York: Academic Press 1950. — SVEDBERG, TH., u. K. O. PEDERSEN: Die Ultrazentrifuge. Dresden u. Leipzig: Theodor Steinkopff 1940.

---

[1] SIGNER, R., u. H. EGLI: Rec. Trav. chim. Pays-Bas **69**, 45 (1950).

[2] BEARD, J. W.: Physiol. Rev. **28**, 349 (1948).

[3] SHARP, B. G., A. R. TAYLOR, J. W. McLEAN, J. A. BEARD u. D. BEARD: J. of Biol. Chem. **159**, 29 (1945).

Siebzehntes Kapitel.

# Bestimmung
# der Molekulargewichtsverteilung
# durch Zerlegung in Fraktionen.

Von

G. V. SCHULZ.

Mit 23 Textabbildungen.

## Einleitung.

Die Molekulargewichtsverteilung in einem polymolekularen Stoff
wird im allgemeinen nicht willkürlich sein, sondern einer bestimmten
Funktion, der *Verteilungsfunktion* gehorchen[1] (Genaueres in § 56).
Durch die *Massenverteilungsfunktion H(P)* wird jedem Polymerisationsgrad $P$ ein bestimmter Massenanteil im Gemisch $m_P$ zugeordnet:

$$m_P = H(P) \, . \qquad (XVII, 1)$$

Für viele Zwecke ist es günstig, die Verteilungsfunktion differentiell
zu schreiben. Sei $dm$ der Massenanteil aller Polymerisationsgrade
zwischen $P$ und $P + dP$, dann erhält man statt (XVII, 1)

$$dm = H(P) \, dP \, , \qquad (XVII, 2)$$

wobei die Funktion $H$ in beiden Formulierungen identisch ist. Da Polymerisationsgrade nur um ganze Zahlen veränderlich sind, erscheint es
auf den ersten Blick vielleicht als widerspruchsvoll, differentielle Größen
hierfür einzuführen. Indessen ist $P$ im allgemeinen eine große Zahl,
so daß man unter $dP$ eine Serie von 10 bis 50 benachbarten Polymerisationsgraden ansehen kann. Mit anderen Worten: Ändern wir $P$ um
10 bis 50 Einheiten, so ändert sich $H$ nur wenig, und diese kleine Änderung ist dem Betrag von $dP$ proportional.

Es gibt zahlreiche Fälle, in denen man die Funktion $H$ durch einen
geschlossenen, mathematisch einfachen Ausdruck wiedergeben kann.
Jedoch ist das nicht allgemein zu erwarten. Die experimentellen Methoden haben daher zum Ziel, tabellarisch oder besser noch durch einen
Kurvenzug jedem im Gemisch vorkommenden Polymerisationsgrad
seinen Massenanteil $m_P$ bzw. $dm/dP$ eindeutig zuzuordnen.

---

[1] Vgl. auch G. V. SCHULZ: Z. physik. Chem. B **30**, 379 (1935); **32**, 27 (1936).

Als besonders erstrebenswert erscheinen solche Methoden, welche
diese Kurve unmittelbar oder nach einer durchsichtigen und exakt
begründeten Umformung liefern. Sehr aussichtsreich erscheint es beispielsweise, das mit der Ultrazentrifuge erhaltene Sedimentationsdiagramm derart auszuwerten. Im Kap. VIII ist von J. HENGSTENBERG
darauf eingegangen worden. Es zeigt sich allerdings, daß hier noch
erhebliche Schwierigkeiten zu überwinden sind. Auch die Methode von
SCHEIBLING[1], aus dem zeitlichen Verlauf der Diffusion das gewünschte
Diagramm zu erhalten, scheint dieses Ziel noch nicht in sehr vollkommener Weise erreicht zu haben. Zu erwähnen ist ferner noch die
chromatographische Methode, deren Anwendung auf Hochpolymere
aber noch erhebliche Schwierigkeiten macht[2].

Zerlegt man einen polymolekularen Stoff in eine Anzahl von Fraktionen, deren Massenanteil und mittlerer Polymerisationsgrad bestimmt
werden, so kann man hieraus die Verteilungskurve in einfacher Weise
konstruieren. Die Methode hat eine erhebliche qualitative Sicherheit,
da eine materielle Trennung der Komponenten einer Mischung durchgeführt wird. Holt man etwa aus einem Gemisch mit dem mittleren
Polymerisationsgrad 1000 eine Fraktion mit dem mittleren Polymerisationsgrad 3000 heraus, so hat man volle Sicherheit darüber, daß in
dem betreffenden Gemisch ein entsprechender Massenanteil mit Polymerisationsgraden von 3000 und darüber vorliegt. Über die quantitative
Genauigkeit der mit der Fraktioniermethode ermittelten Verteilungsfunktion erhält man Aufschluß, indem man die theoretischen Grundlagen
der Methode (besonders die Abhängigkeit der Löslichkeit vom Polymerisationsgrad und den Fraktionierbedingungen) untersucht. Ferner
ist es von großem Wert, die Ergebnisse verschiedenartiger Methoden
miteinander zu vergleichen.

## § 115. Prinzip der Methode und technische Durchführung.

### a) Fraktioniertabelle und Verteilungskurve.

Die Zerlegung eines polymolekularen Stoffes liefert eine Reihe von
Fraktionen, deren Massenanteil am Gesamtprodukt und deren mittlerer
Polymerisationsgrad bestimmt werden. In Tab. XVII, 1 ist eine solche
Fraktionierung an Polystyrol[3], in Tab. XVII, 2 an einer Nitrocellulose
(Buchenzellstoff)[4] wiedergegeben. Mit den in einer derartigen Tabelle
enthaltenen Zahlenwerten steht folgende Funktion in engem Zusammenhang.

Integrieren wir (XVII, 2) bis zu einem beliebigen Polymerisationsgrad $P$, so erhalten wir folgende als *integrale Massenverteilungsfunktion*
bezeichnete Funktion:

$$I(P) \equiv \int_1^P H(P)\,dP\,, \qquad\qquad \text{(XVII, 3)}$$

---

[1] SCHEIBLING, G.: J. Chem. Phys. **47**, 688 (1950).
[2] Vgl. S. CLAESSON: Disc. Faraday Soc. **7**, 321 (1949); dort auch weitere Lit.
[3] SCHULZ, G. V., u. A. DINGLINGER: Z. physik. Chem. B **43**, 47 (1939).
[4] HAAS, H., u. D. TEWES: Makromol. Chem. **6**, 174 (1951); ergänzt durch
persönliche Mitteilung.

Tabelle XVII, 1. *Fraktionierung eines Polystyrols vom mittleren Polymerisationsgrad 800*[1].

| Fraktion | % | $I(P)$ | $\bar{P}$ |
|---|---|---|---|
| | 1. Fraktionierung (0). | | |
| 1 | 3,4 | 1,7 | 169 |
| 2 | 3,7 | 5,25 | 363 |
| 3 | 7,3 | 10,75 | 433 |
| 4 | 16,8 | 22,8 | 680 |
| 5 | 24,9 | 43,7 | 900 |
| 6 | 9,9 | 61,6 | 1300 |
| 7 | 26,5 | 79,25 | 1470 |
| 8 | 7,5 | 96,25 | 2240 |
| | 2. Fraktionierung (+). | | |
| 1 | 2,5 | 1,25 | 153 |
| 2 | 2,0 | 3,5 | 335 |
| 3 | 8,3 | 8,65 | 400 |
| 4 | 5,6 | 15,6 | 565 |
| 5 | 5,2 | 21,0 | 620 |
| 6 | 13,3 | 30,25 | 710 |
| 7 | 7,5 | 39,65 | 910 |
| 8 | 12,8 | 50,8 | 990 |
| 9 | 13,6 | 64,0 | 1280 |
| 10 | 5,5 | 73,55 | 1390 |
| 11 | 19,6 | 86,2 | 1760 |
| 12 | 4,1 | 97,95 | 2480 |

Tabelle XVII, 2. *Fraktionierung eines Buchenzellstoffs*[2].

| Fraktion | % | $I(P) \cdot 10^2$ | $P$ |
|---|---|---|---|
| 1 | 12,0 | 6,0 | 40 |
| 2 | 3,9 | 14,0 | 120 |
| 3 | 3,6 | 17,7 | 185 |
| 4 | 4,4 | 21,7 | 275 |
| 5 | 2,1 | 25,0 | 325 |
| 6 | 8,5 | 30,3 | 390 |
| 7 | 5,7 | 37,4 | 530 |
| 8 | 7,5 | 44,0 | 705 |
| 9 | 11,0 | 53,2 | 880 |
| 10 | 9,6 | 63,5 | 1070 |
| 11 | 3,1 | 69,9 | 1420 |
| 12 | 5,5 | 74,2 | 1620 |
| 13 | 8,8 | 81,3 | 1720 |
| 14 | 4,1 | 87,8 | 1830 |
| 15 | 10,1 | 94,9 | 2120 |

deren Differentiation nach $P$ offenbar direkt die gewünschte Massenverteilungsfunktion $H(P)$ liefert.

Auf die integrale Verteilungsfunktion kommt man von der Fraktioniertabelle aus auf folgendem Wege[1, 3]. Wie weiter unten gezeigt

[1] SCHULZ, G. V., u. A. DINGLINGER: Z. physik. Chem. B **43**, 47 (1939).

[2] HAAS, H., u. D. TEWES: Makromol. Chem. **6**, 174 (1951); ergänzt durch persönliche Mitteilung.

[3] SCHULZ, G. V.: Z. physik. Chem. B **30**, 379 (1935). In dieser ersten Arbeit wurde die Integralfunktion als Treppenkurve konstruiert; das 1939 von SCHULZ und DINGLINGER [Z. physik. Chem. B **43**, 47 (1939)] angegebene und hier geschilderte Verfahren legt den Verlauf der Integralkurve wesentlich schärfer fest als das „Treppenverfahren".

wird, ist die Massenverteilung in einer Fraktion annähernd symmetrisch; man kann also, wenn wir den mittleren Polymerisationsgrad der $n$-ten Fraktion mit $\overline{P}_n$ bezeichnen, folgern, daß die Hälfte ihrer Masse kleinere, die andere Hälfte größere Polymerisationsgrade als $P_n$ enthält. Ferner enthalten die Fraktionen 1 bis $(n-1)$ kleinere Polymerisationsgrade als $P_n$. Summieren wir also die Massen aller Fraktionen 1 bis $n-1$ und zählen die halbe Masse der $n$-ten Fraktion hinzu, so erhalten wir die Massenanteile aller Polymerisationsgrade von 0 bis $P_n$. In der Form von Gl. (XVII, 3) erhalten wir also

$$I(P_n) = \int\limits_{1}^{P_n} H(P)\, dP \, ,$$

(XVII, 4)

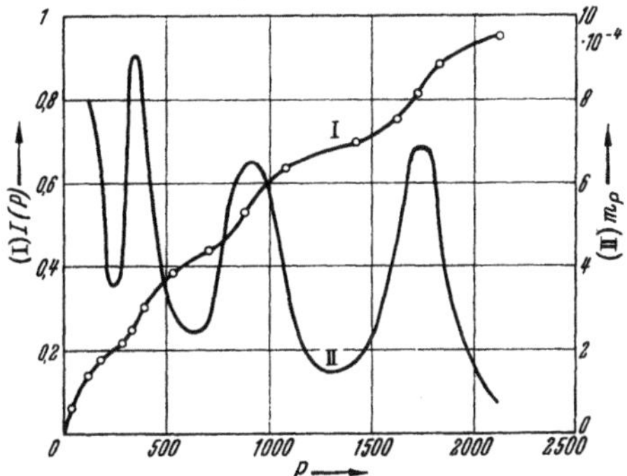

Abb. XVII, 1. Verteilungsfunktion eines Polystyrols. I Integrale Verteilungsfunktion; II Massenverteilungsfunktion; ○ 1. Fraktionierung; + 2. Fraktionierung (Tab. XVII, 1),

d. h. wir haben ein Wertepaar der Integralfunktion (XVII, 3). Da wir das Verfahren auf jede Fraktion anwenden können, liefert jede derselben einen Punkt der Integralkurve; insgesamt erhalten wir also so viele Punkte der Integralfunktion, wie wir Fraktionen hergestellt haben.

In der 3. Spalte der Tabelle XVII, 1 und XVII, 2 sind die so gewonnenen $I(P)$-Werte eingetragen. Die oberste Fraktion wird, wie aus den unten mitgeteilten Rechnungen hervorgeht, zweckmäßig etwas anders behandelt. Man gewinnt ihren $I(P)$-Wert, indem man den *ganzen* Massenanteil der obersten Fraktion (an Stelle des halben) vom Wert 1 abzieht. Das liegt daran, daß gewisse Fehler, die sich bei den mittleren Fraktionen ausgleichen, bei der obersten Fraktion unausgeglichen bleiben. Trägt man nun die $I(P_n)$-Werte der einzelnen Fraktionen gegen ihren Polymerisationsgrad $P_n$ auf, so erhält man den Kurvenzug der Integralfunktion der in Abb. XVII, 1 und XVII, 2 als Kurve I bezeichnet ist.

Wegen des engen Zusammenhanges der Gleichungen (XVII, 2) und (XVII, 3) gibt die Neigung der so erhaltenen Kurve an jedem Punkt unmittelbar die Massenverteilungsfunktion $H(P)$ und damit auch den Massenanteil jedes Polymerisationsgrades. Die Differentiation wird zweckmäßig graphisch ausgeführt, indem man an möglichst dicht liegende Punkte der Kurve ein Lineal tangential anlegt und dessen Neigung als Quotient eines Ordinatenabschnittes und des zugehörigen Abszissenabschnittes (unter Beachtung der Maßeinheiten der Koordinaten) ausrechnet. Einem Maximum der Massenverteilungsfunktion entspricht ein Wendepunkt in der Integralfunktion. Je enger die Fraktionen gelegt sind. um so feinere Einzelheiten der Verteilung kann offenbar das Verfahren liefern.

Wie die Tabellen zeigen, streuen die Massenanteile der Fraktionen ziemlich stark, und das könnte zu der Vermutung führen, daß die in der beschriebenen Weise erhaltene Verteilungsfunktion vom Gang der Fraktionierung abhängt. Dieser Einwand ist, wie im Abschnitt II c gezeigt wird, theoretisch zu widerlegen. Experimentell wird er dadurch widerlegt, daß man den gleichen Stoff zweimal fraktioniert, wobei man absichtlich den Gang der Fraktionierung möglichst stark variiert. Das in Tab. XVII, 1 behandelte Polystyrol wurde in dem beschriebenen Versuch einmal in 8, das zweite Mal in 12 Fraktionen zerlegt. Die den beiden Fraktionenreihen entsprechenden Punkte sind in Abb. XVII, 1 verschieden bezeichnet. Man erkennt, daß die beiden Punktreihen die gleiche Kurve ergeben.

## b) Technik der Fraktionierung.

Die Fraktionierung beruht darauf, daß in einer Polymerenreihe unter sonst gleichen Bedingungen die Löslichkeit mit wachsendem Polymerisationsgrad abnimmt. Behandelt man einen polymolekularen Stoff mit einer Reihe zunächst schlechter, dann besserer Lösungsmittel, so wird man daher zunächst die niederen, dann die höheren Anteile herauslösen. STAUDINGER und HEUER[1] extrahierten auf diese Weise aus hemikolloiden Polystyrolen Fraktionen verschiedenen Polymerisationsgrades heraus. Auf die eigentlichen Hochpolymeren ist diese Technik indessen nicht anwendbar, da die Löslichkeit verschiedener Polymerer sich nicht sehr stark unterscheidet, so daß man im allgemeinen keine Reihe von Lösungsmitteln mit genügend fein abgestuften Lösungseigenschaften findet. Die Abstufung wird daher in der Weise vorgenommen, daß man ein Lösungsmittel und ein Fällungsmittel in wechselnden Verhältnissen miteinander mischt.

Bei der fraktionierten Fällung wird die Aufteilung in der Weise vorgenommen, daß man der Lösung des Stoffes langsam ein Fällungsmittel (Nichtlösungsmittel) zusetzt, bis eine bleibende Trübung auftritt. Nach einiger Zeit scheidet sich der ausgefällte Anteil in Form einer zweiten flüssigen — oder stark gequollenen — Phase ab. Diese Fraktion, welche die höchstmolekularen Anteile enthält, wird durch Dekantieren oder Zentrifugieren abgetrennt. Sodann wird der überstehenden Lösung weiteres Fällungsmittel zugesetzt, bis wieder Abscheidung beginnt und so fort.

---

[1] STAUDINGER, H., u. W. HEUER: In H. STAUDINGER, Die hochmolekularen organischen Verbindungen. Berlin: Springer 1932.

Ein Nachteil dieses Verfahrens ist, daß die Restlösung hierbei immer verdünnter wird, wodurch die Abscheidung erschwert wird und ferner infolge der großen Gefäßoberflächen Verluste auftreten. Man kann das durch folgende Variante des beschriebenen Verfahrens vermeiden[1]. Siedet das Fällungsmittel schwerer als das Lösungsmittel, so wird, wenn man durch die nach Abscheidung der ersten Fraktion verbleibende Restlösung Luft bläst — unter Umständen durch Ansetzen eines leichten Vakuums —, in dieser das Fällungsmittel angereichert, so daß die weiteren Fraktionen ohne Volumenvermehrung entstehen. Grundsätzlich kann man eine solche Lösungsmittel-Fällungsmittelkombination wählen, daß die Volumenverminderung etwa der abgeschiedenen Menge proportional ist, so daß das ganze Verfahren bei konstanter Konzentration an polymerer Substanz durchgeführt wird[2].

Eine andere Variante macht sich die große Temperaturabhängigkeit der Lösungsgleichgewichte zunutze. Nach Abscheiden der ersten Fraktion kühlt man die Lösung um einige Grade ab, worauf sich eine zweite Fraktion abscheidet usw. Bei sehr hochmolekularen Stoffen genügt eine Abkühlung um wenige Grade, um jeweils eine weitere Fraktion zur Abscheidung zu bringen.

Bei der Beurteilung des Verfahrens ist folgendes zu berücksichtigen. Die Abtrennung des „Bodenkörpers" als neue flüssige Phase ist ein Vorgang, der zu einem thermodynamisch bedingten Gleichgewicht führt. In diesem teilt sich jeder Polymerisationsgrad in einem bestimmten Verhältnis zwischen den beiden Phasen auf, derart, daß die höheren Polymerisationsgrade in der „Gelphase" die niederen in der „Solphase" angereichert sind. Jede Abweichung vom Gleichgewicht durch Mitreißen von Molekülen „falscher" Polymerisationsgrade beeinträchtigt den Effekt der Methode. Die experimentelle Verteilungskurve ist dann enger als die tatsächlich vorliegende Verteilungsfunktion, d. h. der untersuchte Stoff erscheint einheitlicher, als er tatsächlich ist. Es ist daher unzweckmäßig, die Abscheidung der Fraktionen zu forcieren. Ferner ist es unbedingt notwendig, in Thermostaten zu arbeiten. Die Abscheidung einer Fraktion erfordert mehrere Stunden bis Tage, und wenn in dieser Zeit die Temperatur wechselt, erhält man Fraktionen von undefinierter Zusammensetzung.

Wie die Rechnungen des nächsten Abschnittes zeigen, ist es weiter wichtig, keine zu hohen Konzentrationen zu verwenden, da die Trennungsschärfe mit zunehmender Konzentration abnimmt.

Die Anfangskonzentration sollte nicht höher als 0,5% sein. Am besten ist eine Konzentration, die zwischen 0,1 und 0,5% liegt, und zwar um so niedriger, je höher das Molekulargewicht ist. Besondere Sorgfalt sollte immer auf die Abtrennung der ersten Fraktion (bzw. der ersten Fraktionen) gelegt werden, da diese für die Gesamtbeurteilung einer Vertei-

---

[1] BADGLEY, W.: In H. MARK, Analyt. Chem. **20**, 104 (1948). Das Verfahren hat den großen Vorteil, daß man mit einer sehr niedrigen Anfangskonzentration arbeiten kann, was für die Trennschärfe sehr wichtig ist.

[2] Vgl. auch den zusammenfassenden Bericht von GRAGG und HAMMERSCHLAG: Chem. Rev. **39**, 79 (1946).

lung besonders wichtig ist, aber andererseits größere Schwierigkeiten macht als die weiteren Fraktionen. Es erweist sich als zweckmäßig, diese in folgender Weise zweimal zu fällen: Nach Abtrennung der ersten Fällung wird diese noch einmal gelöst, und ihre höchsten Anteile noch einmal gefällt. Der Rest wird in die Masse zurückgegeben. Für die zweite Fraktion kann dieses Verfahren wiederholt werden. Für die weiteren Fraktionen ist das nicht mehr nötig, da hierdurch, wie die Rechnungen zeigen, keine wesentliche Verbesserung mehr erzielt werden kann.

Die geschilderte Methode ist ziemlich zeitraubend, da die Bildung der Gelphase nur sehr langsam erfolgt. Es sind daher Verfahren angegeben worden, welche die fraktionierte Fällung durch eine fraktionierte Lösung ersetzen. Man stellt sich hierbei eine Reihe Lösungsmittel-Fällungsmittelgemische abgestufter Zusammensetzung her, mit denen man der Reihe nach den Stoff extrahiert, wobei man mit dem schlechtest lösenden Gemisch anfängt[1]. Die Gleichgewichtsbedingungen sind hierbei dieselben wie bei der Fällungsmethode, jedoch ist es fraglich, ob sich das Verteilungsgleichgewicht zwischen den beiden Phasen in der zur Verfügung gestellten Zeit richtig einstellen kann. Bei der Fällungsmethode liegt die neugebildete Phase zunächst in einer hochdispersen Form vor; bei der Extraktionsmethode müssen dagegen die zu lösenden Moleküle relativ lange Wege durch ein zähes Gel bis zur Phasengrenzfläche zurücklegen. Von JURISCH[2] wurde durch Vergleich der beiden Methoden gezeigt, daß in der Tat die Fällungsmethode sehr viel wirksamer als die Extraktionsmethode ist.

Neuerdings hat FUCHS[3] die Mängel des Extraktionsverfahrens weitgehend beseitigt, indem er den zu untersuchenden Stoff in einer sehr dünnen Schicht auf Aluminiumfolien ausbreitete und dann der Extraktion unterwarf. Die Ergebnisse sind gegenüber den früheren Verfahren erheblich verbessert und scheinen das Fällungsverfahren in der Trennschärfe annähernd erreicht zu haben. Ein großer Vorzug der FUCHSschen Methode ist die sehr rasche Durchführbarkeit.

Erwähnt seien weiter die Arbeiten von DESREUX und Mitarbeitern[4], in welchen Apparaturen beschrieben werden, die einen polymolekularen Stoff durch Extraktion automatisch in sehr zahlreiche Fraktionen zerlegen. Das Verfahren wurde auf Polyäthylene angewandt.

Wie schon aus dem bisher Gesagten hervorgeht, ist es eine wichtige Voraussetzung aller Fraktionierverfahren, daß der „Bodenkörper" eine flüssige Phase ist. Polyäthylenoxyde, die sich, wie SCHULZ und NORDT[5] beobachteten, in Form einer festen, nur sehr wenig gequollenen Phase aus ihren Lösungen abscheiden, sind praktisch weder durch Fällung

---

[1] DOLMETSCH, H., u. F. REINECKE: Zellwolle u. Dtsch. Kunstseidenz. **5**, 1 (1939).
[2] JURISCH, T.: Chem. Ztg. **64**, 269 (1940).
[3] FUCHS, O.: Makromol. Chem. **5**, 245 (1950); **7**, 259 (1951).
[4] DESREUX, V.: Rec. Trav. chim. Pays-Bas **68**, 789 (1949). — DESREUX, V., u. C. SPIEGELS: Bull. Soc. chim. Belg. **59**, 476 (1950).
[5] SCHULZ, G. V., u. E. NORDT: J. prakt. Chem. **155**, 115 (1940).

noch durch Extraktion zu fraktionieren. Die Autoren zeigten, daß man in solchen Fällen zum Ziel kommt, wenn man ein Verteilungsgleichgewicht zwischen zwei vorgelegten flüssigen Phasen vornimmt. Als solches zweiphasiges System lassen sich z. B. Benzol-Chloroformmischungen abgestimmter Zusammensetzung gegen Wasser verwenden. Es ist dabei zu beachten, daß das Volumen der Phase, in welcher der zu fraktionierende Stoff die niedrigere potentielle Energie bzw. die niedrigere Lösungsenthalpie besitzt, klein gegen das Volumen der Gegenphase (in obigem Beispiel Wasser) sein muß. Die Ursachen hierfür sind aus den im nächsten Paragraphen dargelegten theoretischen Überlegungen ersichtlich.

## § 116. Theorie der Verteilungsgleichgewichte.

### a) Bedingung der Trennung in zwei flüssige Phasen.

Der Zerfall einer Lösung in zwei Phasen, d. h. das Auftreten einer Mischungslücke läßt sich thermodynamisch durch Abb. XVII, 3 anschaulich machen. In dieser ist das chemische Potential des Lösungsmittels $\Delta\mu_1$ gegen den Gehalt des Systems an polymerer Substanz ($x_2^* =$ Volumenbruch des Polymeren) aufgetragen[1]. Jeder Kurve entspricht ein anderes Lösungsmittel, dessen Lösungseigenschaften durch die HUGGINsche Konstante[2] $\chi$ charakterisiert sind. Ist der Differentialquotient der Kurve im ganzen Mischungsbereich negativ, so liegt vollständige Mischbarkeit vor. Zeigt die theoretische Kurve ein Maximum und Minimum, so stellt sich eine Mischungslücke ein.

Die Kurven in Abb. XVII, 3 sind von SCOTT[1] nach der HUGGINschen Gleichung[2]

$$\Delta\mu_1 = RT \ln(1 - x_2^*)$$
$$+ \left(1 - \frac{1}{P_n}\right) x_2^* + \chi x_2^{*\,2}$$
$$\text{(XVII, 5)}$$

berechnet. Die empirische Konstante $\chi$ hängt mit dem 2. Virial-

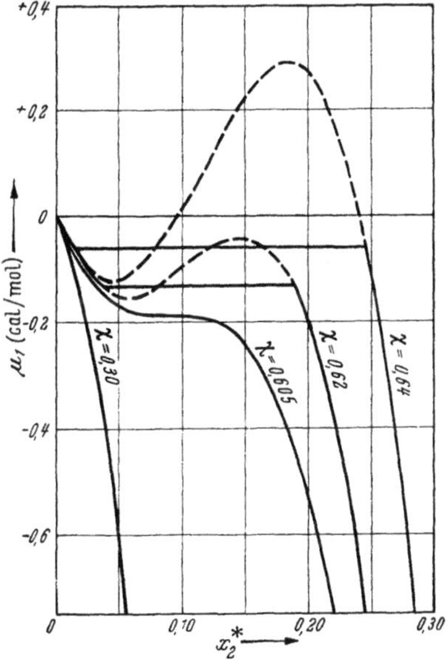



Abb. XVII, 3. Chemisches Potential $\mu_1$ des Lösungsmittels in Abhängigkeit vom Volumenbruch des Polymeren ($x_2^*$) bei verschiedenen Werten der HUGGINschen Konstante $\chi$. Nach SCOTT.

---

[1] SCOTT, R. L.: J. Chem. Phys. **13**, 178 (1945). Vgl. auch R. L. SCOTT und M. MAGAT: J. Chem. Phys. **13**, 172 (1945).

[2] HUGGINS, M. L.: J. Phys. Chem. **46**, 151 (1942); Amer. N.Y. Acad. Sci. **43**, 1 (1942). Die empirische Konstante, meist mit $\mu$ bezeichnet, darf nicht mit den chemischen Potentialen $\Delta\mu_1$, $\Delta\mu_2$ usw. verwechselt werden.

koeffizienten des osmotischen Druckes $B$ in folgender Weise zusammen. Entwickeln wir den ln bis zum 2. Glied, so erhalten wir

$$- \Delta \mu_1 = \frac{RT}{\overline{P}_n}\, x_2^* + RT \left( \frac{1}{2} - \chi \right) x_2^{*2} + \cdots \qquad \text{(XVII, 6)}$$

Aus der Beziehung zwischen dem chemischen Potential und dem osmotischen Druck: $\Pi \overline{V}_1 = - \Delta \mu_1$ und der Zerlegung des osmotischen Druckes in Virialkoeffizienten

$$\Pi = \frac{RT}{M}\, c + B^* c^2 + \cdots \qquad \text{(XVII, 7)}$$

ergibt sich bei sinngemäßem Einsetzen der entsprechenden Größen

$$\chi = \frac{1}{2} - \frac{B^*}{RT}\, \overline{V}_1 \varrho_2 \qquad \text{(XVII, 8a)}$$

bzw.

$$B^* = \frac{RT}{\overline{V}_1 \varrho_2}\, (0{,}5 - \chi) \, . \qquad \text{(XVII, 8b)}$$

Aus dem Diagramm ist zu erkennen, daß der kritische Punkt, bei welchem erstmals Phasentrennung auftritt, durch die Beziehung

$$\frac{d \Delta \mu_1}{d x_2^*} = \frac{d^2 \Delta \mu_1}{d x_2^{*2}} = 0 \qquad \text{(XVII, 9)}$$

gegeben ist. Wenden wir diese Bedingung auf (XVII, 6) an, so finden wir, daß am kritischen Punkt ein bestimmter Wert für die HUGGINS-sche Konstante $\chi$ auftritt, für welche sich die Beziehung

$$\chi = \frac{1}{2} \left( 1 - \frac{1}{\overline{P}_n} \right) \qquad \text{(XVII, 10)}$$

ergibt. Für sehr große Moleküle ist also

$$\chi = 0{,}5$$

und daher der 2. Virialkoeffizient wegen (XVII, 8,b)

$$B^* = 0 \, .$$

Für gute Lösungsmittel mit vollständiger Mischbarkeit ist demnach $\chi < 0{,}5$ und daher $B^* > 0$; für schlechte Lösungsmittel (mit Mischungslücke) ist $\chi > 0{,}5$ und $B^* < 0$.

Es hat nicht an Versuchen gefehlt, die empirischen Konstanten $\chi$ bzw. $B^*$ auf durchsichtige molekulare Größen zurückzuführen[1]. Den Ansatz hierfür gewinnt man, indem man sie in 2 Anteile zerlegt, einen von der energetischen Wechselwirkung herrührenden $\chi_H$ bzw. $B_H^*$ und einen durch die Mischungsentropie gegebenen $\chi_S$ bzw. $_S B$ derart, daß

$$\chi = \chi_H + \chi_S$$

bzw.

$$B^* = B_H^* + B_S^*$$

ist. GEE u. a.[1] versuchen den Energieanteil auf die Kohäsionsenergiedichten der beiden Komponenten zurückzuführen, ein Versuch, der indessen zu keinen quantitativ exakten Ergebnissen führt (vgl. §§ 33 u. 41). Den Entropieanteil müßte dann die statistisch-thermodynamische Theorie der makromolekularen Lösungen liefern.

---

[1] Vgl. Kapitel III und XIV.

Der Durchführung dieser theoretisch vollständigen Lösung stehen aber noch sehr erhebliche Schwierigkeiten entgegen. Am weitesten gediehen sind die unten noch zu besprechenden Ansätze von Münster, der die Anteile $\chi_H$ bzw. $B_H^*$ direkt durch die Wechselwirkungsenergie zwischen den Lösungskomponenten ersetzt. Bei allen diesen Ansätzen sind aber, um die recht komplizierten Gleichungen auswerten zu können, einschneidende Vereinfachungen zu machen, deren Berechtigung nur durch eingehendere experimentelle Bestimmung der thermodynamisch wichtigen Größen nachgeprüft werden kann[1].

Um die oben beschriebenen thermodynamischen Beziehungen auf das Problem der fraktionierten Fällung anwenden zu können, muß man von Systemen mit 2 Komponenten auf solche mit drei Komponenten übergehen. Das kann — wenigstens näherungsweise — in der Weise geschehen, daß man das Lösungsmittel-Fällungsmittelgemisch wie ein einheitliches Lösungsmittel behandelt, dessen $\chi$- bzw. $B^*$-Wert vom Fällungsmittelgehalt abhängt. Durch osmotische Messungen kann man dann z. B. untersuchen, in welcher Weise die Konstante $B^*$ vom Fällungsmittelgehalt $\gamma$ abhängt. In Abb. XVII, 4 ist eine Meßreihe

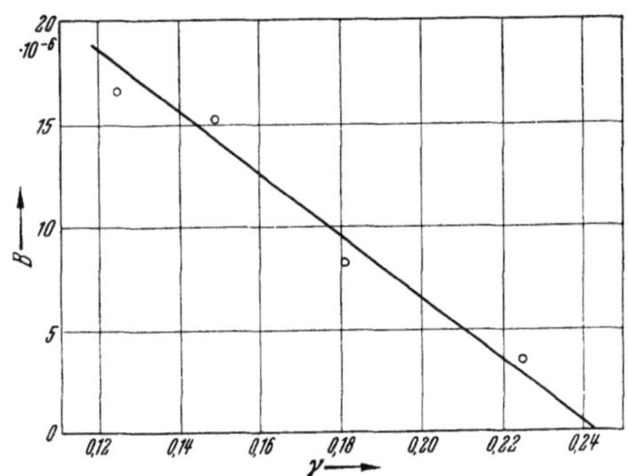

Abb. XVII, 4. 2. Virialkoeffizient des osmotischen Drucks in Abhängigkeit vom Volumenbruch Methanol. Polystyrollösungen von 2% in Gemischen von Benzol-Methanol.

von G. V. Schulz[2] dargestellt. Man sieht, daß $B^*$ mit wachsendem $\gamma$ abnimmt und etwa beim Wert $\gamma = 0{,}24$ den Wert 0 erreicht. Gleichzeitig zeigt der direkte Fällungsversuch, daß eine 1%ige Lösung bei $\gamma^* = 0{,}255$ in 2 Phasen auseinanderfällt. Gl. (XVII, 11b) ist damit erfüllt. Aus Abb. XVII, 4 ist ferner zu erkennen, daß $B^*$ und damit auch $\chi$ annähernd linear von $\gamma$ abhängt.

## b) Die Molekulargewichtsverteilung im Ausgangsstoff und in den Fraktionen.

### 1. Verteilung zwischen zwei vorgegebenen flüssigen Phasen.

Besonders einfache Verhältnisse für ein Verteilungsgleichgewicht werden offenbar dann auftreten, wenn ein hochpolymerer Stoff sich zwischen zwei nichtmischbaren Flüssigkeiten, in denen er löslich ist, verteilt. Wir wollen ferner annehmen, daß er in beiden Phasen in so großer Verdünnung vorliegt, daß noch keine ins Gewicht fallende Abweichung vom idealen Lösungsverhalten eintritt. Seine Verteilung wird dann durch den Nernstschen Verteilungssatz bestimmt:

$$\frac{c'}{c''} = K \, ,$$

---

[1] Vgl. z. B. G. V. Schulz u. H. Doll: Z. Elektrochem. **56**, 248 (1952); G. V. Schulz u. G. Meyerhoff: Z. Elektrochem. **56**, 545 (1952). A. Münster: Z. Elektrochem. **56**, 899 (1952).

[2] Schulz, G. V.: Angew. Chem. **64**, 553 (1952).

wobei, wenn man den BOLTZMANNschen Satz zugrunde legt,

$$K = e^{E/RT}$$

ist. Hierbei ist $E = E'' - E'$ die Energiedifferenz eines Moles des gelösten Stoffes in den beiden mit ′ und ″ bezeichneten Phasen.

BRÖNSTED[1] machte nun die Annahme, daß die Energiedifferenz dem Molekulargewicht bzw. dem Polymerisationsgrad des gelösten Stoffes proportional ist, also

$$E = P\varepsilon ,\qquad\text{(XVII, 11)}$$

worin $\varepsilon$ die Energiedifferenz eines Grundmols ist. Aus den Gleichungen folgt

$$\frac{c'}{c''} = e^{P\varepsilon/RT} .\qquad\text{(XVII, 12)}$$

Für unser Problem tritt nun die Frage auf, in welcher Weise das Verteilungsgleichgewicht beeinflußt wird, wenn man dem einen der beiden Lösungsmittel ein Nichtlösungsmittel (Fällungsmittel) zusetzt. Offenbar wird dieses die Übergangsenergie $\varepsilon$ beeinflussen und wir können in erster Näherung annehmen, daß $\varepsilon$ linear vom Volumenbruch $\gamma$ des Fällungsmittels abhängt[2]. Dann wäre

$$\varepsilon = a + b\gamma \qquad\text{(XVII, 13)}$$

mit den Konstanten $a$ und $b$. Aus (XVII, 12) und (XVII, 13) folgt

$$\ln \frac{c'}{c''} = \frac{P}{RT}\,(a + b\gamma) .\qquad\text{(XVII, 14)}$$

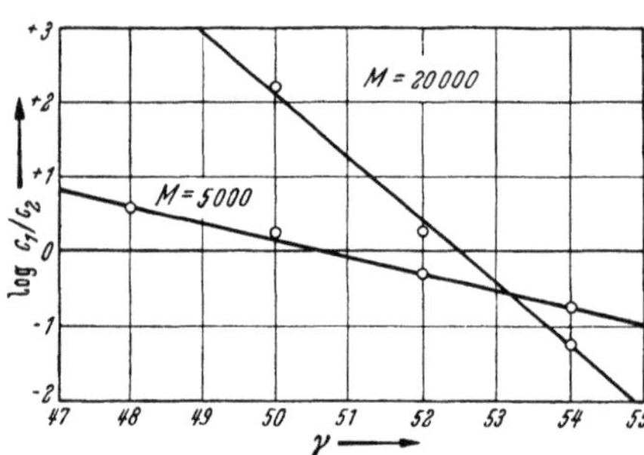


Abb. XVII, 5. Teilungsverhältnis zweier Polyäthylenoxyde zwischen Wasser und einer Mischphase von Chloroform-Benzol bei verschiedenen Benzolkonzentrationen $\gamma$ ($\gamma$ ist in Vol.-% Benzol gerechnet).

Gl. (XVII, 14) wurde von G. V. SCHULZ[2] nachgeprüft, indem er die Verteilung von Polyäthylenoxyden zwischen Wasser und einer Mischphase wechselnder Zusammensetzung aus Chloroform und Benzol untersuchte. In Abb. XVII, 5 ist das Ergebnis aufgetragen. Man erkennt erstens den linearen Zusammenhang zwischen $\ln (c'/c'')$ und $\gamma$. Ferner sieht man, daß die Neigung des höhermolekularen Präparates stärker ist. Das Verhältnis der Neigungen ist 1:3,4, während die Polymerisationsgrade sich etwa wie 1:4 verhalten. Damit ist gezeigt worden, daß Gl. (XVII, 14) eine brauchbare Näherung ist.

Von SCHULZ und NORDT[3] wurden derartige Verteilungen zur Fraktionierung eines polymolekularen Stoffes benutzt. In solchem Fall interessiert nicht so sehr das Konzentrationsverhältnis als vielmehr das

---


[1] BRÖNSTED, J. N.: Z. physik. Chem., BODENSTEIN-Festband 1931, 79.
[2] SCHULZ, G. V., Z. physik. Chem. A **179**, 321 (1937).
[3] SCHULZ, G. V.: u. E. NORDT: J. prakt. Chem. **155**, 115 (1940). — SCHULZ, G.V.: Z. physik. Chem. B **46**, 137 (1940).

Massenverhältnis $m'_P/m''_P$, mit welchem sich der Polymerisationsgrad $P$ zwischen den beiden Phasen aufteilt. Da die in einer Phase gelöste Masse der Konzentration $c$ und dem Volumen $v$ der Phase proportional ist, ist somit das „Trennungsverhältnis" $\vartheta$ eines Polymerisationsgrades

$$\vartheta \equiv \frac{m'_P}{m''_P} = \frac{v' \, c'}{v'' \, c''} = \frac{v'}{v''} \, e^{P\varepsilon/RT} \,. \qquad \text{(XVII, 15)}$$

Bezeichnen wir als *Volumenverhältnis* die Größe

$$\varphi = v''/v' \,,$$

so erhalten wir also

$$\vartheta = \frac{1}{\varphi} \, e^{P\varepsilon/RT} \,. \qquad \text{(XVII, 16)}$$

Der Massenanteil im ursprünglichen Stoff ist

$$m_P = m'_P + m''_P \,. \qquad \text{(XVII, 17)}$$

Aus (XVII, 15) und (XVII, 17) folgt

$$m'_P = m_P \, \frac{\vartheta}{1 + \vartheta} \qquad \text{(XVII, 18a)}$$

und

$$m''_P = m_P \, \frac{1}{1 + \vartheta} \,. \qquad \text{(XVII, 18b)}$$

Da $\vartheta$ vom Polymerisationsgrad und Volumenverhältnis $\varphi$ nach (XVII,16) abhängt, können wir aus den Gl. (XVII, 18) die Verteilungen in den beiden Phasen berechnen, wenn wir die Verteilung im ursprünglichen Stoff $m_P = H(P)$ kennen.

Da, wie noch gezeigt werden wird, für die Fällungsfraktionierung mit geringen Änderungen dieselben Gleichungen gültig sind wie für die hier besprochenen Verteilungen, soll nachfolgend in drei graphischen Darstellungen die Wirksamkeit der Faktoren $\varphi$ und $\varepsilon$ anschaulich gemacht werden. Der Einfachheit halber setzen wir für alle Polymerisationsgrade (im untersuchten Bereich) $m_P = 1$. In diesem Falle gilt also statt (XVII,17) und (XVII, 18)

$$m'_P + m''_P = 1; \quad m'_P = \frac{\vartheta}{1 + \vartheta}; \quad m''_P = \frac{1}{1 + \vartheta}; \quad \text{(XVII, 19)}$$

$\vartheta$ hängt von $P$, $\varphi$ und $\varepsilon$ nach Gl. (XVII, 16) ab.

In den Abb. XVII, 6 bis XVII, 8 ist als Abszisse der Polymerisationsgrad, als Ordinate von oben nach unten der Anteil in der Phase $''$, von unten nach oben der Anteil in der Phase $'$ aufgetragen. Der Polymerisationsgrad, bei welchem die Kurve

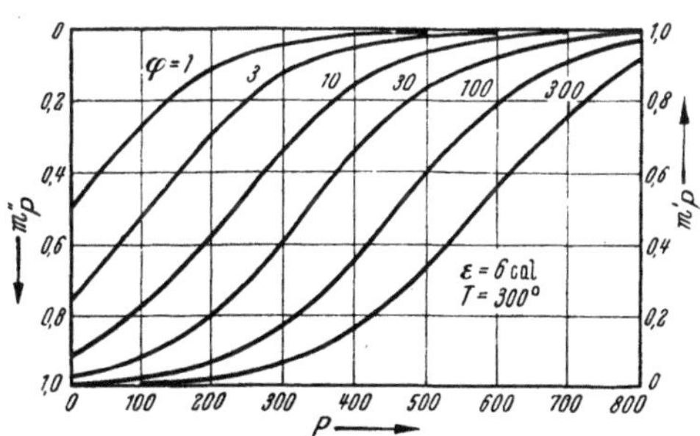


Abb. XVII, 6.   Trennungskurven bei verschiedenen Volumenverhältnissen $\varphi$.

den Ordinatenwert 0,5 hat, geht also zu gleichen Anteilen in die beiden Phasen; höhere Polymerisationsgrade reichern sich in der Phase ', die niederen in der Phase '' an. Je steiler die Kurve verläuft, um so schärfer ist der Fraktionseffekt.

Abb. XVII, 6 zeigt den Einfluß des Faktors $\varphi$, der für den Erfolg der Fraktionierung entscheidend ist. Ist $\varphi = 1$, so tritt für die niederen Polymerisationsgrade überhaupt keine Fraktionierung ein, da der Exponent in (XVII, 16) dann sehr nahe gleich I ist (vgl. die oberste Kurve in Abbildung XVII, 4). Eine Fraktionierung ergibt sich erst, wenn $\varphi \gg 1$ ist. Abb. XVII, 7 zeigt den Einfluß des Energiefaktors $\varepsilon$. Der

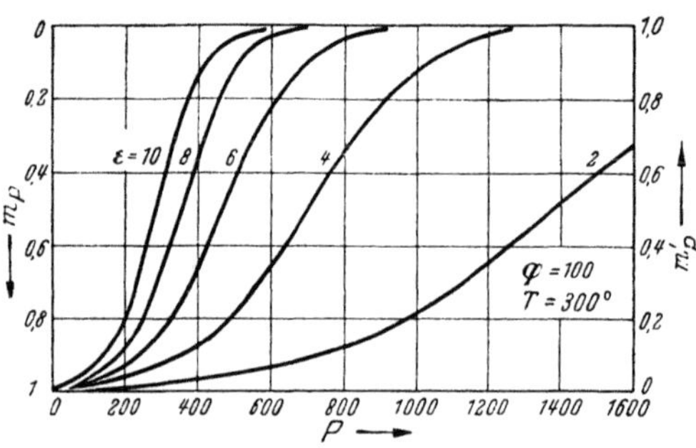



Abb. XVII, 7. Trennungskurven bei verschiedenen Werten für die Übergangsenergie $\varepsilon$.

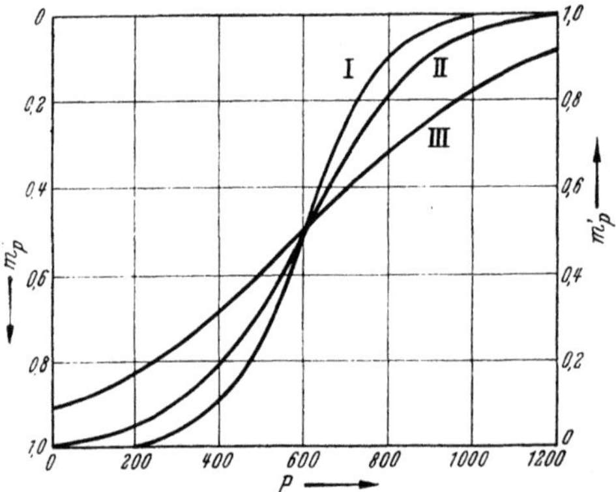



Abb. XVII, 8. Trennungskurven bei verschiedenen Werten für $\varphi$ und $\varepsilon$, derart, daß die Trennung im Mittel bei gleichem Polymerisationsgrad stattfindet. III: $\varphi = 10$, $\varepsilon = 2,3$; II: $\varphi = 100$, $\varepsilon = 4,6$; I: $\varphi = 1000$, $\varepsilon = 6,9$.

für die Fraktionierung entscheidende 50%-Punkt verschiebt sich mit fallendem $\varepsilon$ zu immer höheren Polymerisationsgraden.

Am instruktivsten ist Abbildung XVII, 8, welche die kombinierte Wirkung von $\varphi$ und $\varepsilon$ zeigt. Die Kurven sind so berechnet, daß der 50%-Punkt immer beim gleichen Polymerisationsgrad $P^* = 600$ liegt. Erhöht man $\varphi$, so muß man, damit die Trennung immer am gleichen Polymerisationsgrad auftritt, auch $\varepsilon$ erhöhen. Der 50%-Punkt ist durch die aus (XVII, 16) folgende Gleichung

$$1 = \frac{1}{\varphi}\, e^{\frac{P^* \varepsilon^*}{RT}} ;$$

$$\varepsilon^* = \frac{RT \ln \varphi}{P^*} \quad (XVII, 20)$$

gegeben. Aus dem steileren Anstieg der Kurven in Abbildung XVII, 8 erkennt man jetzt deutlich, daß die Fraktionierung mit steigendem $\varphi$ immer schärfer wird.

## 2. Verteilung zwischen „Solphase" und „Gelphase" bei der Fällungsfraktionierung (bzw. Fraktionierung durch Extraktion).

Um einen Überblick über die Volumenverhältnisse bei der Fällungsfraktionierung zu erhalten, ist in Abb. XVII, 9 der Gehalt der ausgefällten Phase („Gelphase") an polymerer Substanz dargestellt. Diese von G. V. Schulz[1] am System Polystyrol-Benzol-Methanol ausgeführten Versuche wurden von Schulz und Jirgensons[2] auf das System Nitrocellulose-Aceton-Wasser ausgedehnt, wobei ganz ähnliche Verhältnisse gefunden wurden. Der Verlauf der Kurve in Abb. XVII, 9 zeigt folgendes:

1. Die Konzentration der Gelphase an Polymeren wird bei wachsendem Gehalt des Systems an Fällungsmittel ($\gamma$ = Volumenbruch des Fällungsmittels im Gesamtsystem) heraufgesetzt.

2. Die Polymerenkonzentration in der Gelphase hängt in erster Näherung nur von $\gamma$, dagegen nicht vom Polymerisationsgrad ab. Nach Boyer[3] kann man diese Abhängigkeit durch die Gleichung

$$c_2''^a = \frac{\gamma - K_1}{K_2} \quad \text{(XVII, 21)}$$

darstellen, mit $a$, $K_1$ und $K_2$ als Konstanten.

3. Bei hohen Polymerisationsgraden ist die Polymerenkonzentration in der Gelphase zwar ziemlich gering, jedoch kann man im allgemeinen nicht annehmen, daß für sie noch ideale Lösungsgesetze gelten.

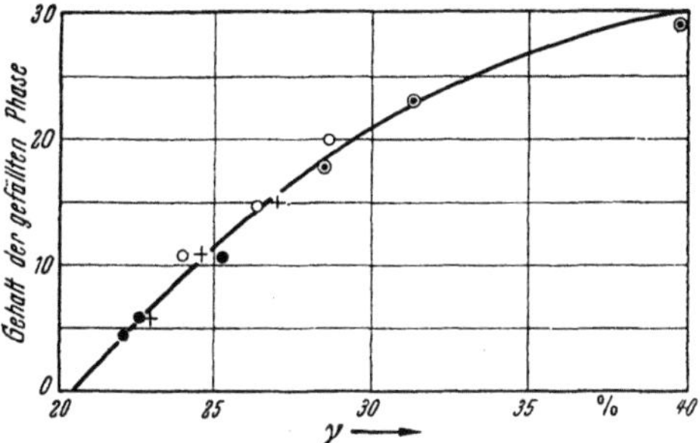


Abb. XVII, 9. Prozentgehalt der gefällten Phase an Polystyrol in Abhängigkeit von der Methanolkonzentration $\gamma$ ($\bullet$ $P = 4000$; $+$ $P = 1850$; $\bigcirc$ $P = 1120$; $\odot$ $P = 575$).

Aus diesen Versuchen geht hervor, daß man die ausgefällte Phase als eine flüssige Phase zu betrachten hat und nicht etwa in Analogie zu einem kristallisierten Bodenkörper behandeln darf.

Eine zweite Erfahrung betrifft die Temperaturabhängigkeit der Fällbarkeit. Diese gehorcht, wie Versuche von Schulz[4] sowie besonders von Schulz und Jirgensons[2] zeigten, nicht der einfachen Funktion (XVII, 16).

Um diesen beiden Erfahrungen Rechnung zu tragen, ersetzte Schulz für die Verteilung bei der Fällungsfraktionierung Gl. (XVII, 16) durch den Ausdruck

$$\vartheta = \frac{1}{\lambda \varphi} e^{P \varepsilon_t}, \quad \text{(XVII, 22a)}$$

wobei

$$\varepsilon_t = \alpha + \beta \gamma \quad \text{(XVII, 22b)}$$

gesetzt wurde, mit $\alpha$ und $\beta$ als Konstanten. $\lambda$ ist hierbei ein Aktivitätskoeffizient, der den Abweichungen vom idealen Verhalten Rechnung tragen soll. Er ist im wesentlichen durch die nichtideale partielle Entropie des Polymeren in den beiden Phasen bedingt. Die Koeffizienten $\alpha$ und $\beta$ sind als temperaturabhängig zu betrachten, wobei die spezielle Form dieser Abhängigkeit offen gelassen wurde. Die Bedeutung von $\varphi \equiv v''/v'$ ist die gleiche wie im vorigen Abschnitt.

[1] Schulz, G. V.: Z. physik. Chem. A 179, 321 (1937).
[2] Schulz, G. V., u. B. Jirgensons: Z. physik. Chem. B 46, 105 (1940).
[3] Boyer, R. F.: J. Polymer Sci. 8, 73 (1952).
[4] Schulz, G. V.: Z. physik. Chem. A 179, 321 (1937).

Eine neue Behandlung des Problems auf der Basis der statistisch-thermodynamischen Theorie wurde von SCOTT und MAGAT[1] sowie von MÜNSTER[2] vorgenommen. SCOTT kommt unter Verwendung der HUGGINSschen Formel (XVII, 5) zur Gl. (XVII, 22a) mit $\lambda = 1$, wobei

$$\varepsilon_t = 2\,\chi\,(x_1^{*\prime} - x_1^{*\prime\prime}) - \ln\frac{x_1^{*\prime}}{x_1^{*\prime\prime}} \qquad \text{(XVII, 23)}$$

ist ($x_1^{*\prime}$ bzw. $x_1^{*\prime\prime}$ = Volumenbruch des Lösungsmittels in der Sol- bzw. Gelphase). Der Koeffizient $\lambda$ kommt in Fortfall, da die „nichtidealen" Entropieterme in $\chi$ enthalten sind und somit in den Exponenten übernommen werden. Die noch eingehendere Untersuchung von MÜNSTER ergibt den gleichen Ausdruck für $\vartheta$, wobei jedoch

$$\varepsilon_t = \frac{Z-2}{Z}\left[\left(1 + \frac{E_{22}}{RT}\right)x_2^{*\prime\prime} - \frac{E_{23}}{RT}\,\gamma'\right] \qquad \text{(XVII, 24)}$$

ist. $E_{22}$ ist die Wechselwirkungsenergie zweier Grundmole des Polymeren untereinander; $E_{23}$ ist die Wechselwirkungsenergie zwischen einem Grundmol des Polymeren und einem Mol des Fällungsmittels. Die Energieterme sind auf die unendlich verdünnte Lösung normiert.

Ein Vergleich der Gl. (XVII, 22) bis (XVII, 24) zeigt zunächst, daß die von SCHULZ aufgestellte Gl. (XVII, 22a) mit $\lambda = 1$ durch die neueren theoretischen Arbeiten bestätigt wird. Interessant ist ein Vergleich von (XVII, 22b), (XVII, 23) und (XVII, 24). Der zweite Term der MÜNSTERschen Gl. (XVII, 24) entspricht formal dem 2. Term in (XVII, 22b). Der erste hingegen ist nicht als unabhängig von $\gamma$ anzusehen, da die Polymerenkonzentration in der Gelphase $x_2^{*\prime\prime}$ auch noch von $\gamma$ abhängt. Trotzdem ist zu erwarten, daß man, wenn $\gamma$ über keinen zu großen Bereich variiert, (XVII, 24) mit ausreichender Näherung durch (XVII, 22a) ersetzen kann. Die SCOTTsche Gl. (XVII, 23) ist nicht so bündig zu interpretieren, da der HUGGINSsche $\chi$-Wert in nicht sehr übersichtlicher Weise Energie- und Entropieterme enthält. In erster Näherung kann man wohl einen linearen Zusammenhang zwischen $\chi$ und $\gamma$ annehmen. Das wird durch die in Abb. XVII, 4 wiedergegebene Versuchsreihe von SCHULZ nahegelegt.

Es scheint mir übrigens nicht als sicher, ob der Faktor $\lambda$ in Gleichung (XVII, 22a) wirklich gleich 1 gesetzt werden kann. Wäre $\lambda = 1$, so müßte man, um die Versuche richtig wiederzugeben, im Exponenten noch einen additiven, vom Polymerisationsgrad unabhängigen Term einführen. SCHULZ und JIRGENSONS[3] fanden bei ihren Versuchen, daß im System Nitrocellulose in Aceton-Wasser $\lambda$ in der Größenordnung 10 bis 100 ist. Die Trennwirkung würde durch diesen Zusatzterm ganz beträchtlich gesteigert werden. Auch Fraktionierversuche an Nitrocellulosen[4], die bei Ausgangskonzentrationen von 0,5% noch recht gute

[1] SCOTT, R. L., u. M. MAGAT: J. Chem. Phys. **13**, 172, 178 (1945).
[2] MÜNSTER, A.: J. Polymer Sci. **5**, 333 (1949).
[3] SCHULZ, G. V., u. B. JIRGENSONS: Z. physik. Chem. B **46**, 105 (1940).
[4] Vgl. z. B. HAAS u. TEVES: Makromol. Chem. **6**, 174 (1951) sowie unveröffentlichte Versuche von G. V. SCHULZ und M. MARX.

Trennungen ergeben, machen es wahrscheinlich, daß $\lambda > 1$ ist; denn nach den im nächsten Abschnitt zu besprechenden Rechnungen nach Gl. (XVII, 22) mit $\lambda = 1$ dürfte die Ausgangskonzentration nur etwa 0,1 % betragen, wenn man eine ausreichende Trennwirkung erzielen will, während die Versuche zeigen, daß auch noch bei höherer Konzentration eine ausreichende Trennwirkung auftritt.

Bezeichnet man die Gelphase mit ″, so findet offenbar eine Fraktionierung nur statt, wenn $\varphi \ll 1$ und $\varepsilon_t < 0$ ist[1]. Die genaueren Verhältnisse werden im nächsten Abschnitt besprochen. Hier sei nur kurz auf den Effekt der *Umkehrfraktionierung* (reverse order precipitation) eingegangen, bei welchem die ersten Fraktionen zunächst einen Anstieg des Polymerisationsgrades zeigen, so daß erst nach Durchlaufen eines Maximums der übliche abfallende Gang der Polymerisationsgrade auftritt. In einem solchen Fall kann man aus der Fraktionentabelle keine Verteilungskurve berechnen. Derartige Effekte wurden an Celluloseacetobutyrat von MOREY und TAMBLYN[2] und an Cellulosetriacetat von MÜNSTER[3] gefunden. MÜNSTER erklärt den Effekt dadurch, daß bei den betreffenden Versuchsbedingungen $\varepsilon_t > 0$ war. Interpretiert man das im Sinne der SCOTTschen Gl. (XVII, 23), so müßte $x_1^{*\prime} < x_1^{*\prime\prime}$ sein, das hieße, daß der Niederschlag ärmer an Polymeren wäre als die Solphase. Das ist ziemlich unwahrscheinlich. MÜNSTER selbst nimmt an, daß der Effekt durch die Energieterme $E_{22}$ und $E_{23}$ in seiner Gl. (XVII, 24) zustandekommt. Doch auch dieses ist nicht sehr wahrscheinlich, da dann der Anlaß zur Bildung einer neuen Phase nicht gegeben erscheint. Mir scheint die Erklärung näherliegend, daß wegen zu hoher Ausgangskonzentration die Bedingung $v'' \ll v'$ nicht genügend erfüllt ist, so daß bei den ersten Fraktionen die Trennschärfe unzureichend war. Bei fortlaufender Fraktionierung wird die Konzentration in der Solphase erniedrigt und gleichzeitig die Gelphase ärmer an Lösungsmittel, so daß $\varphi$ günstigere Werte annimmt und jetzt erst eine stärkere Anreicherung der höheren Polymerisationsgrade in den Fraktionen auftritt (vgl. den nächsten Abschnitt). Im Fall der Cellulosetriacetate wäre es aber auch denkbar, daß die bisher gegebene Theorie der Fraktionierung versagt, da der Niederschlag nicht den Charakter einer hochgequollenen Phase hat, sondern sich in seiner Struktur mehr einem kristallisierten Bodenkörper annähert[4].

Abschließend seien noch zwei von G. V. SCHULZ aufgestellte Gleichungen erwähnt, welche einen Zusammenhang zwischen der Fällbarkeit, dem Polymerisationsgrad und der Konzentration des Polymeren herstellen. Als Fällbarkeit bezeichnet man den Volumenbruch $\gamma^*$ des Fällungsmittels, den man in einer Lösung der Konzentration $c_2$ zusetzen muß, um eben beginnende Ausfällung zu erreichen. Dieser Punkt ist (gute Thermokonstanz vorausgesetzt) sehr genau reproduzierbar, so daß man ihn direkt titrieren kann.

Indem wir wieder

$$\varepsilon_t \equiv \frac{\varepsilon}{RT} = \alpha + \beta\gamma^*$$

setzen, geht Gl. (XVII, 12) in die Form

$$\ln c_2' = \ln c_2'' + P(\alpha + \beta\gamma^*) \qquad \text{(XVII, 25)}$$

über. Bei den Fällungsgleichgewichten ist $\alpha$ eine positive und $\beta$ eine negative Zahl. Da am Fällungspunkt nur ein geringer Anteil der gelösten Substanz ausfällt. können wir statt $c_2'$ die Gesamtkonzentration

---

[1] Das heißt die partielle Enthalpie ist in der Solphase größer als in der Gelphase.

[2] MOREY, D. R., u. J. W. TAMBLYN: J. Phys. Colloid Chem. **51**, 721 (1947).

[3] MÜNSTER, A.: J. Polymer Sci. **5**, 333 (1950).

[4] Vgl. G. V. SCHULZ u. H. J. LÖHMANN: J. prakt. Chem. **157**, 238 (1940); E. HUSEMANN u. G. V. SCHULZ: Z. physik. Chem. B **52**, 23 (1942).

des Polymeren im System $c_2$ setzen. Ferner setzen wir $\ln c_2'' \approx K$. Dann erhalten wir die beiden Gleichungen

$$\ln c_2 = a_1 - a_2\, \gamma^* \quad (P = \text{const}) \qquad (\text{XVII, 26})$$

mit

$$a_1 = K + P\alpha \quad \text{und} \quad \beta = -a_2:$$

und weiter

$$\gamma^* = b_1 + \frac{b_2}{P} \quad (c_2 = \text{const}) \qquad (\text{XVII, 27})$$

mit

$$b_1 = -\alpha/\beta \quad \text{und} \quad b_2 = -\ln(c_2/K)/\beta .$$

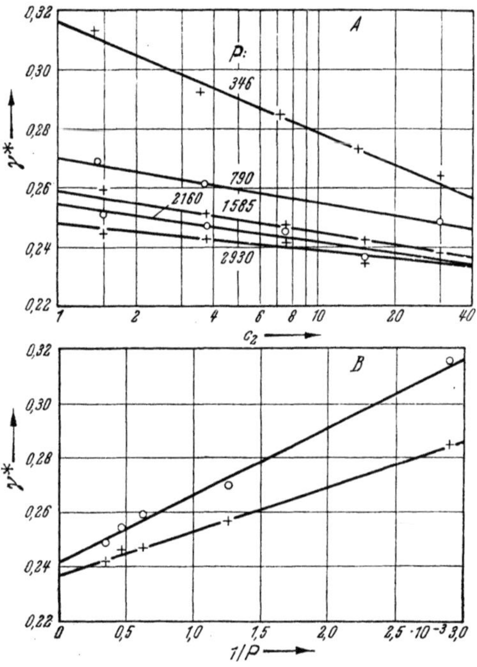


Abb. XVII, 10 A. Konzentrationsabhängigkeit der Fällbarkeit $\gamma^*$ bei verschiedenen Polymerisationsgraden ($c_2$ Konzentration des Polystyrols).

Abb. XVII, 10 B. Abhängigkeit der Fällbarkeit vom Polymerisationsgrad im System Benzol-Methanol-Polystyrol. o—o—o Kurven für die Gleichgewichtskonzentration $c_2 = 1$ g/l, x—x—x Kurven für die Anfangskonzentration $c_{02} = 10$ g/l.

Obwohl die Gl. (XVII, 26) und (XVII, 27) nur den Charakter einer ziemlich groben Näherung haben können, wie SCHULZ von vornherein feststellte, bewähren sie sich in der Praxis oft auffallend gut. Gl. (XVII, 26) wurde an älteren Messungen von STAUDINGER und HEUER[1] bestätigt und stimmt mit einer von E. J. COHN[2] für Proteine schon früher aufgestellten Beziehung überein. SCHULZ und JIRGENSONS[3] prüften die Gleichungen an Nitrocellulosen, Stärketriacetaten, Polystyrolen und Polymethacrylsäureestern nach. Das Ergebnis an Polymethacrylsäureestern ist in Abbildung XVII, 10 A und XVII, 10 B dargestellt. — Auf weitere Versuche von LOVELL und HIBBERT[4] an Polyäthylenoxyden und B. JIRGENSONS[5] an Proteinen und Polypeptiden sei hier nur

hingewiesen; ferner darauf, daß man gelegentlich eine bessere Anpassung an die Versuche erhält, wenn man in Gl. (XVII, 26) $P$ mit einem Exponenten $m < 1$ versieht[3, 6].

---


[1] STAUDINGER, H., u. W. HEUER: Z. physik. Chem. A 171, 129 (1934).
[2] COHN, E. J.: Physiol. Rev. 5, 410 (1925); Naturwiss. 20, 663 (1932).
[3] SCHULZ, G. V., u. B. JIRGENSONS: Z. physik. Chem. B 46, 105 (1940).
[4] LOVELL, E. L., u. H. HIBBERT: J. Amer. Chem. Soc. 61, 1916 (1939).
[5] JIRGENSONS, B.: J. prakt. Chem. 159, 303 (1942); 160, 21 (1942).
[6] Vgl. ferner E. HUSEMANN: J. prakt. Chem. 158, 163 (1941).

### c) Durchrechnung einiger Beispiele.

Auf Grund der oben abgeleiteten Beziehungen können wir jetzt leicht die Verteilung in Fraktionen berechnen. Wir nennen den Massenanteil des Polymerisationsgrades $P$ in der $n$-ten Fraktion $m_{P(n)}$, die ganze Verteilungsfunktion in der Fraktion $H_n^*(P)$. Wir wollen sie im Gegensatz zur Gesamtverteilung $H(P)$ so normieren, daß das Integral

$$\int_{P=0}^{\infty} H_n^*(P)\, dP = \overline{m}_n$$

nicht den Wert 1, sondern den Gewichtsbruch der $n$-ten Fraktion $\overline{m}_n$ aus der Gesamtmasse des Polymeren angibt.

Berücksichtigen wir, daß eine Fraktionierung nur eintritt, wenn die hohen Polymerisationsgrade sich in der Phase mit dem kleineren Volumen anreichern, so ergibt sich aus dem Gesagten und den Gl. (XVII, 18) und (XVII, 17) für die Fraktion I

bzw.
$$H_I^*(P) = H(P)\,\frac{\vartheta_I}{1 + \vartheta_I}\ , \qquad\qquad \text{(XVII, 28a)}$$

$$m_{P(I)} = m_P\,\frac{\vartheta_I}{1 + \vartheta_I}\ , \qquad\qquad \text{(XVII, 28b)}$$

wobei
$$\vartheta_I = \varphi_I\, e^{P\,\varepsilon_I} \qquad\qquad \text{(XVII, 29)}$$

Für den nach Abscheidung der Fraktion I in Lösung verbleibenden Rest erhält man

$$m_{P(R\,I)} = m_P\,\frac{1}{1 + \vartheta_I}\ . \qquad\qquad \text{(XVII, 30)}$$

Um eine Fraktionierung nachrechnen zu können, muß man passend zusammengehörige Werte von $\varphi$ und $\varepsilon_t$ aufsuchen. Wir bezeichnen zu diesem Zweck als Polymerisationsgrad $P^*$ denjenigen, welcher zu gleichen Anteilen in die Sol- und die Gelphase geht. Die Polymeren mit $P > P^*$ reichern sich dann in der Gelphase, solche mit $P < P^*$ in der Solphase an. Da für $P^*$ somit $\vartheta = 1$ ist, erhalten wir aus (XVII, 29)

$$\varepsilon = \frac{\ln \varphi}{P^*}\ . \qquad\qquad \text{(XVII, 31)}$$

Um die Wirksamkeit des in § 115 beschriebenen Verfahrens zu prüfen, sollen nachfolgend 2 Fraktionierungen vollständig durchgerechnet werden[1]. Man hat dabei folgendermaßen vorzugehen. Die Verteilung in der ersten Fraktion ist durch (XVII, 28a) bzw. (XVII, 28b) gegeben; die Verteilung des in der Solphase verbleibenden Anteils durch (XVII, 30). Die nächste Fraktion wird durch Zugabe weiteren Fällungsmittels erzeugt, d. h. wir setzen $\varepsilon$ um einen bestimmten Betrag herauf. Dadurch entsteht ein neuer Trennfaktor

$$\vartheta_{II} = \varphi_{II}\, e^{P\,\varepsilon_{II}}\ . \qquad\qquad \text{(XVII, 32)}$$

---

[1] Weitere derartige Rechnungen bei G. V. Schulz: Z. physik. Chem. B **47**, 155 (1940).

Die Verteilung in der Fraktion II ist somit

$$m_{P\,(\mathrm{I})} = H(P)\,\frac{1}{1+\vartheta_{\mathrm{I}}}\cdot\frac{\vartheta_{\mathrm{II}}}{1+\vartheta_{\mathrm{II}}}\,, \qquad\qquad (\mathrm{XVII},\,33)$$

die Verteilung in der verbleibenden Solphase

$$m_{P\,(\mathrm{RII})} = H(P)\,\frac{1}{1+\vartheta_{\mathrm{I}}}\cdot\frac{1}{1+\vartheta_{\mathrm{II}}}\,. \qquad\qquad (\mathrm{XVII},\,34)$$

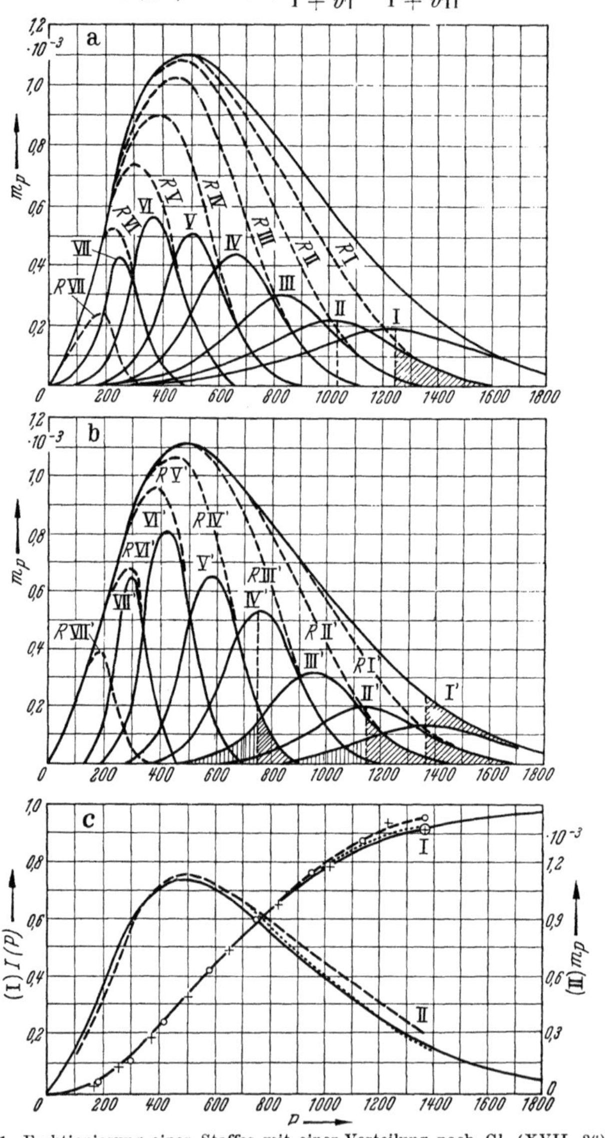



Abb. XVII, 11. Fraktionierung eines Stoffes mit einer Verteilung nach Gl. (XVII, 36). A: Jede Fraktion einmal gefällt; B: Jede Fraktion zweimal gefällt; C: Ermittlung der Verteilungsfunktion aus den Fraktionen. ——— berechnet nach Gl. (XVIII, 36), ‑‑‑‑‑‑‑‑‑‑‑ ermittelt durch zweimalige Fällung, ........ Korrektur von Fraktion I′ berücksichtigt. + einmal gefällt, ○ zweimal gefällt, ⊕ Korrektur für Fraktion I′ (vgl. Tab. XVII, 3).

Das Verfahren läßt sich beliebig oft wiederholen. Nach Abscheiden von $n$ Fraktionen verbleibt eine Restfraktion in Lösung, deren Verteilung durch die Gleichung

$$m_{P(Rn)} = H(P)\,\frac{1}{1+\vartheta_\mathrm{I}}\cdot\frac{1}{1+\vartheta_\mathrm{II}}\cdots\frac{1}{1+\vartheta_n} \qquad (XVII, 35)$$

gegeben ist.

In Abb. XVII, 11a ist die graphische Darstellung einer derart durchgerechneten Fraktionierung gezeigt. Als Ausgangsverteilung wurde die Gleichung[1]

$$H(P) = -\frac{1}{2}\,\alpha^P\,P^2\ln^3\alpha \qquad (XVII, 36)$$

zugrundegelegt, wobei der mittlere Polymerisationsgrad $P = 500$ angenommen wurde. In diesem Fall ist $\alpha = 0{,}996$ (das Minuszeichen kommt daher, daß der ln negativ ist). Die aufeinanderfolgenden $\varepsilon$-Werte wurden nach (XVII, 31) berechnet, wobei die in Tab. XVII, 3 in der 1. Spalte eingetragenen Werte für $P^*$ verwendet wurden und $\varphi$ konstant zu $10^{-3}$ angenommen wurde. Man erkennt, daß die Fraktionen sich stark überschneiden und daß sie vor allem lange „Schwänze" nach niederen Polymerisationsgraden hin haben.

Tabelle XVII, 3. *Zerlegung einer Verteilung nach Gl. (XVII, 36) in 8 Fraktionen* (vgl. Abb. XVII, 11).

| Fraktion Nr. | $P^*$ | $P_n$ | $\overline{m}_n\cdot 10^2$ korr. | $I(P)$ |
|---|---|---|---|---|
| a) Einmal gefällt. | | | | |
| 1 | — | 180 | 4,65 | 0,0235 |
| 2 | 200 | 255 | 7,45 | 0,0840 |
| 3 | 300 | 380 | 13,1 | 0,1865 |
| 4 | 450 | 510 | 14,7 | 0,3255 |
| 5 | 600 | 660 | 17,4 | 0,486 |
| 6 | 800 | 830 | 14,0 | 0,643 |
| 7 | 1000 | 1025 | 13,1 | 0,7785 |
| 8 | 1200 | 1230 | 15,6 | { 0,922 / 0,844 } |
| | | Summe | 100,0 | |
| b) Zweimal gefällt. | | | | |
| 1 | — | 190 | 6,4 | 0,032 |
| 2 | 200 | 300 | 9,0 | 0,109 |
| 3 | 300 | 420 | 17,2 | 6,240 |
| 4 | 450 | 585 | 17,6 | 0,414 |
| 5 | 600 | 755 | 18,5 | 0,5945 |
| 6 | 800 | 955 | 13,5 | 0,7545 |
| 7 | 1000 | 1140 | 9,7 | 0,8705 |
| 8 | 1200 | 1370 | 8,1 | { 0,9505 / 0,919 } |
| | | Summe | 100,0 | |

Die Auswertung von Abb. XVII, 11 wurde graphisch vorgenommen. Als mittlerer Polymerisationsgrad der $n$-ten Fraktion $P_n$ wurde der

---

[1] Über derartige Verteilungen vgl. G. V. Schulz: Z. physik. Chem. B **43**, 25 (1939); G. V. Schulz u. A. Dinglinger: Z. physik. Chem. **43**, 47 (1939).

Polymerisationsgrad des Maximums verwendet. Die Masse der Fraktion $\overline{m}_n$ ist gleich ihrem Flächeninhalt. Hierdurch erhält man die in der 3. und 4. Spalte eingetragenen Werte. Die Numerierung der Fraktionen nach steigenden Polymerisationsgraden wurde mit arabischen Ziffern vorgenommen. Nach diesem Verfahren hat man alle Daten, um nach dem in § 115a beschriebenen Verfahren die Verteilungskurve zu konstruieren. Die Integralfunktion ist in der letzten Spalte eingetragen. Die höchste Fraktion (Fraktion I) wurde nach 2 Verfahren ausgewertet: Behandelt man sie wie die anderen, so ist für sie $I(P)_I = 1 - \frac{1}{2}\,\overline{m}_I$. Aus gleich zu besprechenden Gründen ist jedoch das Ergebnis im allgemeinen besser, wenn man gemäß

$$I(P)_I = 1 - \overline{m}_I \qquad\qquad (\text{XVII. } 37)$$

auswertet. Die graphische Auswertung zeigt Abb. XVII, 11c. Man erkennt aus Abb. XVII, 11a, daß die Fraktionen sich stark überlappen. Dieser Effekt gleicht sich aber zum größten Teil aus, wie man aus der Gleichheit der senkrecht und schräg schraffierten Flächen erkennt. Nur für die Fraktion I ist dieser Ausgleich nicht gegeben. Man darf daher für diese nicht die halbe Masse zur Konzentration von $I(P)$ verwenden, sondern setzt zweckmäßig die ganze Masse entsprechend (XVII, 37) ein.

Die Überlappung wird wesentlich geringer, wenn man jede Fraktion zweimal entsprechend dem in § 115 Gesagten fällt. Löst man die erste Fraktion noch einmal auf und teilt die höheren Polymerisationsgrade von ihr ab, so gewinnt man eine wesentlich einheitlichere Fraktion I′ mit der Verteilung

$$m'_{P(I)} = H(P)\,\frac{\vartheta_1}{1+\vartheta_1} \cdot \frac{\vartheta'_1}{1+\vartheta'_1}\,.$$

Man vereinfacht sich die Rechnung, wenn man die Trennbedingungen beidemal gleichsetzt, so daß $\vartheta_I = \vartheta'_I$ und somit

$$m'_P = H(P)\left(\frac{\vartheta_I}{1+\vartheta_I}\right)^2 \qquad\qquad (\text{XVII, } 38)$$

ist. Man kann die ganze Fraktionierung in dieser Weise durchführen und erhält dann die in Tab. XVII, 3b eingetragenen Werte, welche zu der graphischen Darstellung in Abb. XVII, 11b gehören. Die Auswertung in Abb. XVII, 11c zeigt eine überraschend gute Übereinstimmung der beiden Fraktionierungen. Man kann daraus entnehmen, daß man die mittleren Fraktionen nur einmal zu fällen braucht, daß es aber bei der Spitzenfraktion zweckmäßig ist, eine zweimalige Fällung vorzunehmen.

In Abb. XVII, 12 ist die gleiche Berechnung für eine einheitlichere Verteilung durchgeführt. Man sieht auch hier, daß es für den mittleren Teil der Kurven auffallend wenig ausmacht, ob man einmal oder zweimal fällt. Allerdings empfiehlt es sich unter allen Umständen, die Fraktion I zweimal zu fällen, da der experimentell zugängliche Teil der Verteilungskurve dadurch beträchtlich erweitert wird.

Besondere Sorgfalt ist der Frage der Ausgangskonzentration zuzuwenden, da von dieser der Faktor $\varphi$ abhängt. In Tab. XVII, 4 und Abbildung XVII, 13 ist der Einfluß von $\varphi$ auf die oberste Fraktion untersucht. Es wurde so vorgegangen, daß verschiedene Werte für $\varphi$ festgelegt wurden und $\varepsilon$ dann so gewählt wurde, daß eine Fraktion von 6—7% der Gesamtmasse sich abschied. Die Ausgangsverteilung ist die gleiche wie in Abbildung XVII, 11 (gestrichelte Kurve). Aus der Abbildung ist ersichtlich, daß ein beträchtlicher Fraktioniereffekt erst auftritt, wenn $\varphi$ in die Größenordnung $10^{-3}$ kommt. Bei $\varphi = 0{,}05$ zeigt die Fraktion noch fast die Zusammensetzung des Ausgangsstoffes.

Fraktionierungen, die in der Literatur beschrieben sind, z. B. die auf S. 741 erwähnte von Morey und Tamblyn[1], dürften gelegentlich einen zu hohen $\varphi$-Wert haben, und dadurch könnte, wie bereits erwähnt, der „Umkehreffekt" erklärt werden. Die Autoren gingen von einer 5%igen Lösung aus. Wird dabei 10% des Materials in der 1. Fraktion abgeschieden und ist die Gelphase auf das Zehnfache gequollen (vgl. S. 739),

[1] Morey, D. R., u. J. W. Tamblyn: J. Phys. Colloid Chem. 51, 721 (1947).

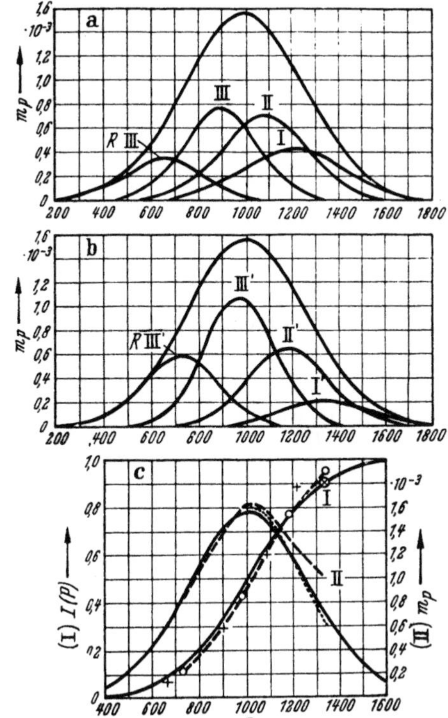

Abb. XVII, 12. Fraktionierung einer Gaussschen Verteilung mit einer Halbwertsbreite von ±30% ($\varphi = 10^{-3}$). Bezeichnungen wie in Abb. XVII, 11.

Tabelle XVII, 4. *Einfluß von $\varphi$ auf die Fraktionierung.*

| $\varphi$ | $\varepsilon_{\mathrm{I}}$ | $\overline{m}_{\mathrm{I}}$ | $\overline{P}_{\mathrm{I}}$ |
|---|---|---|---|
| 0,05 | $0{,}45 \cdot 10^{-3}$ | 6,2% | 550 |
| 0,01 | $2{,}4 \ \cdot 10^{-3}$ | 6,7% | 1100 |
| 0,001 | $4{,}6 \ \cdot 10^{-3}$ | 6,1% | 1400 |
| 0,0001 | $6{,}5 \ \cdot 10^{-3}$ | 6,6% | 1500 |

Abb. XVII, 13. Einfluß des Volumenfaktors auf die Zusammensetzung der 1. Fraktion. Ausgangsverteilung ------ wie in Abb. XVII, 11.

dann ist $\varphi = 0{,}05$, d. h. es tritt bei der ersten Fraktion keine Anreicherung der höheren Polymerisationsgrade ein. — Enthält die Solphase im Moment der Fällung 1 g im Liter und wird 10 % der Substanz in einer auf das zehnfache Volumen gequollenen Gelphase abgeschieden, so ist offenbar $\varphi \approx 10^{-3}$, d. h., man kann einen ausreichenden Fraktioniereffekt erwarten. Aus der Abbildung ist weiter ersichtlich, daß auch $\varphi = 0{,}01$ unzureichend ist, daß also eine 1 %ige Lösung für eine quantitative Fraktionierung zu konzentriert ist[1].

## § 117. Schnellmethoden.

### a) Schnellmethoden, welche die ganze Verteilungskurve erfassen.

Da die oben geschilderte Methode der quantitativen Fraktionierung verhältnismäßig zeitraubend ist[2], hat man versucht, Methoden auszuarbeiten, welche ohne Abtrennung der einzelnen Fraktionen auskommen. Sie zielen darauf hin, die integrale Verteilungsfunktion in Abhängigkeit von der Fällungsmittelkonzentration bzw. dessen Volumenbruch $\gamma$ zu erhalten. Im folgenden seien drei derartige Methoden geschildert. Wir bringen nur das Grundsätzliche der Verfahren und verweisen im übrigen auf die Originalliteratur.

In den Abb. XVII, 14 A—C sind die Prinzipien der Methoden dargestellt. Abbildung XVII, 14 A zeigt die Masse der ausgefällten Substanz in Abhängigkeit von $\gamma$. Man erhält die Kurve, indem man nach dem Vorgang von ODÉN[3] in das Gefäß, in welchem die Fällung ausgeführt wird, nahe am Boden eine Waageschale anbringt, auf der sich der Niederschlag absetzt. Das Fällungsmittel wird in Portionen zugegeben, wobei jedesmal bis zur vollständigen Klärung der überstehenden Lösung gewartet wird. Die Methode wurde in neuerer Zeit von HENGSTENBERG verwendet, allerdings mit nur halbquantitativem Ergebnis[4].

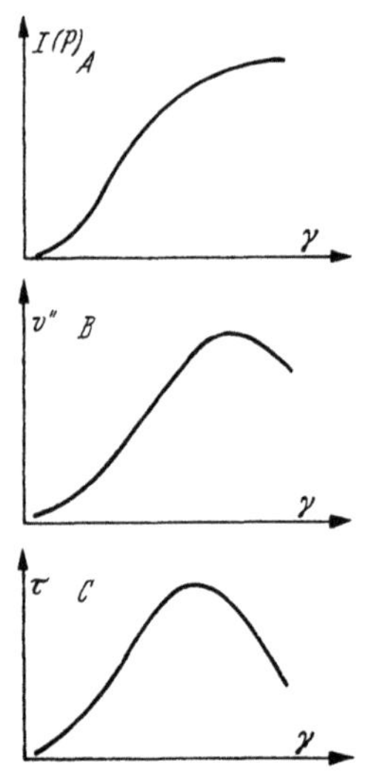

Abb. XVII, 14. Prinzipzeichnung der Schnellmethoden. A gravimetrisch; B volumetrisch; C turbidimetrisch.

Abb. XVII, 14 B zeigt das Volumen der abgesetzten Phase in Abhängigkeit von $\gamma$.

---

[1] SCOTT (loc. cit.) erörtert auch den Einfluß des Volumenfaktors, kommt aber zu dem Ergebnis, daß bereits eine 1 %ige Lösung zur Fraktionierung ausreicht. Er schätzt aber den Volumenfaktor $\varphi$ um eine Größenordnung falsch ein, da er die Quellung der Gelphase nicht berücksichtigt.

[2] Vgl. jedoch das auf S. 731 erwähnte Extraktionsverfahren von O. FUCHS.

[3] S. ODÉN bestimmte die Größenverteilung in Schwefelsolen, indem er die sich absetzende Masse in Abhängigkeit von der Zeit mit einer registrierenden Waage aufnahm und dann die Zeitkoordinate nach dem STOKESschen Gesetz in eine Größenkoordinate umrechnete. Kolloid-Z. **18**, 33 (1916); **26**, 100 (1920).

[4] HENGSTENBERG, J.: Kolloquiumsvortrag in Mainz im Jahre 1951.

Das Prinzip der Methode ist von BOYER[1] ausgearbeitet worden. — In Abb. XVII, 14 C ist das bisher wirksamste Verfahren dieser Art dargestellt, welches darauf beruht, daß man einer relativ sehr verdünnten Lösung des polymolekularen Stoffes steigende Mengen Fällungsmittel zusetzt und die durch Ausfällung bedingte Trübung des sich sehr feindispers in zwei Phasen trennenden Systems mißt.

Bei der Auswertung dieser Methoden sind die beiden Koordinaten derart umzurechnen, daß die Skala der Abszisse den Polymerisationsgrad und die Ordinatenskala den integralen Massenanteil des ausgefällten Polymeren angibt. Durch Differentiation der so gewonnenen Kurve erhält man dann die Massenverteilung. Bei der Umrechnung der $\gamma$-Skala in eine $P$-Skala ist die Schwierigkeit zu überwinden, daß $\gamma$ nicht nur vom Polymerisationsgrad, sondern auch von der Polymerenkonzentration abhängt. Glücklicherweise ist aber die Abhängigkeit von $P$ sehr viel stärker ausgeprägt, so daß man die Konzentrationsabhängigkeit von $\gamma$ in erster Näherung vernachlässigen kann. Die meisten Autoren machen von dieser Möglichkeit Gebrauch und stellen sich eine Eichkurve her, indem sie für eine Reihe von Fraktionen bekannten Molekulargewichts den zu einer bestimmten Standardkonzentration gehörenden $\gamma$-Wert bestimmen, wobei sie diese Bestimmung mit Hilfe der verwendeten Methode selbst (durch Wägung bzw. Messung des Volumens bzw. Trübungsmessung) ausführen.

Die Umrechnung des Ordinatenwertes in die integrale Verteilung ist theoretisch am einfachsten bei der Wägungsmethode. Die Waage zeigt direkt die um den Auftrieb verminderte Masse des Polymeren an. Die Berechnung des Auftriebs ist sehr einfach, wenn Lösungsmittel und Fällungsmittel von gleicher Dichte sind, die sich von der des Polymeren

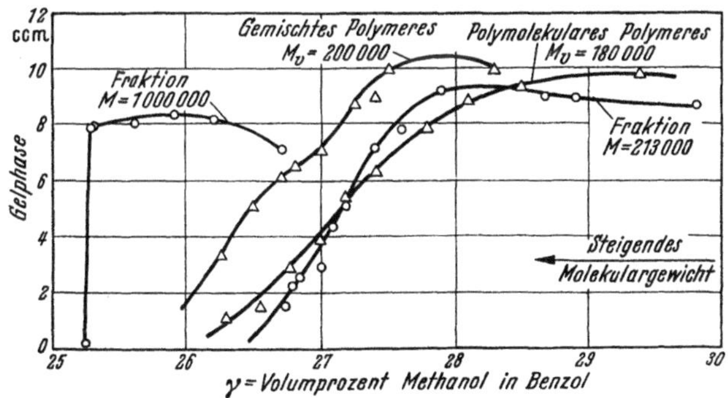


Abb. XVII, 15. Kurven, die mit der volumetrischen Methode gefunden werden [BOYER: J. Polymer Sci. 8, 73 (1952)].

möglichst stark unterscheidet. Anderenfalls sind noch zusätzliche Bestimmungen über die vom gequollenen Polymeren aufgenommenen Mengen von Fällungs- und Lösungsmittel nötig.

Die volumetrische, von BOYER[1] vorgeschlagene Methode nimmt die Ausfällung in nach unten spitz zulaufenden Gefäßen vor, welche eine

[1] BOYER, R. F.: J. Polymer Sci. 8, 73 (1952); 9, 197 (1952).

genaue Ablesung des Volumens $V''$ der Gelphase gestatten. Zur Ausrechnung der Masse des abgeschiedenen Polymeren muß der Gehalt der Gelphase an Polymeren bekannt sein. Nach den oben mitgeteilten Messungen von G. V. Schulz[1] hängt dieser in erster Näherung nur von $\gamma$, dagegen nicht von $P$ ab. Man kann ihn nach der von Boyer[2] angegebenen Gl. (XVII, 21) berechnen. Einige empirische Kurven von Boyer sind in Abbildung XVII, 15 wiedergegeben. Die Unterschiede zwischen den zu verschiedenen Polystyrolen gehörenden Kurven sind groß genug, um eine beträchtliche Empfindlichkeit der Methode erwarten zu lassen. Sie soll, wie der Verfasser ankündigt, weiter ausgebaut werden.

Am stärksten ausgebaut ist bisher die Lichtstreuungsmethode[3,4], doch sind bei dieser eine Reihe von Voraussetzungen notwendig, deren Zutreffen nicht ohne weiteres zu erwarten ist. Sie lassen sich zusammenfassen in der Forderung, daß die Trübung $\tau$ der ausgefällten Masse proportional ist[4]. Bei Cellulosederivaten scheint das mit einiger Näherung der Fall zu sein, allerdings nur, wenn die Zugabegeschwindigkeit des Fällungsmittels und die Rührgeschwindigkeit genau festgelegt sind. Nach Oth[5] ist die Ordinate (vgl. Abb. XVII, 14c) folgendermaßen in die Integralkurve umzurechnen:

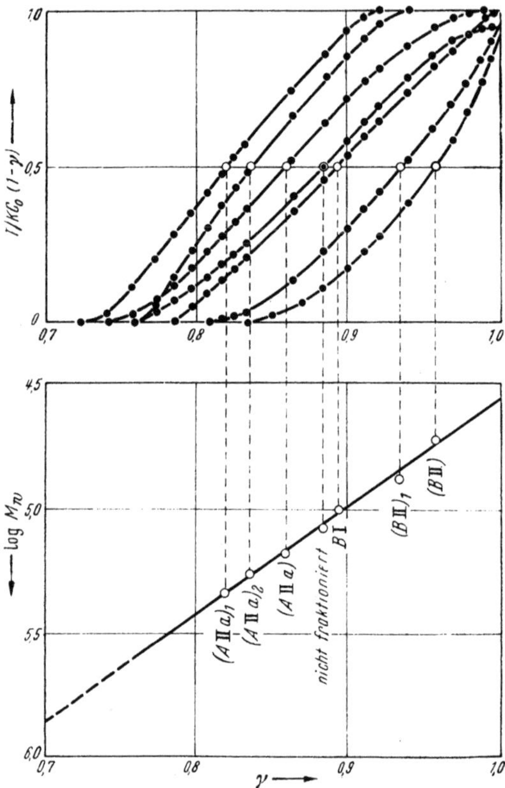


Abb. XVII, 16. Beziehung zwischen $\gamma$ und Molekulargewicht nach Oth: Bull. Soc. chim. Belg. 58, 285 (1949).

Der ausgefällte Massenanteil ist offenbar $I(P) \cdot c_0$, wo $c_0$ die angesetzte Konzentration ist. Die Trübung hängt von diesem ab und


[1] Schulz, G. V.: Z. physik. Chem. A 179, 321 (1937).
[2] Boyer, R. F.: J. Polymer Sci. 8, 73 (1952).
[3] Morey, D. R., u. J. W. Tamblyn: J. Appl. Phys. 16, 419 (1945).
[4] Über die Voraussetzungen der Methode vgl. auch J. Bischoff und V. Desreux: Bull. Soc. chim. Belg. 60, 137 (1951), sowie H. A. Stuart: Methoden der organischen Chemie (Houben-Weyl), Bd. III, Artikel Lichtzerstreuung. Stuttgart: Georg Thieme 1953.
[5] Oth, A.: Bull. Soc. chim. Belg. 58, 285 (1949).

ferner von der Menge des zugesetzten Füllungsmittels, welches ja das Gesamtsystem verdünnt. Daraus ergibt sich die Gleichung

$$\tau = K \cdot I(P)\, c_0\, (1 - \gamma)\,.$$

Die empirische Konstante $K$ hängt hauptsächlich von den Brechungsindices der 3 Komponenten ab. Man kann sie bestimmen, indem man mißt, wie groß $\tau$ und $\gamma$ am Punkt völliger Ausfällung sind. Nennen wir die für diesen Punkt, an dem $I(P) = 1$ ist, geltenden Werte $\tau_{tot}$ und $\gamma_{tot}$, so gilt

$$K = \frac{c_0}{\tau_{tot}}\,(1 - \gamma_{tot})\,. \qquad (\text{XVII. 39})$$

Wichtig ist der von OTH geführte Nachweis, daß bei der Ausfällung von Nitrocellulose aus Aceton mit wäßrigem Methanol $K$ von $c_0$ und vom Polymerisationsgrad unabhängig sind. Allerdings ist eine bestimmte Zugabegeschwindigkeit des Fällungsmittels einzuhalten.

Abb. XVII, 16 zeigt die experimentelle Bestimmung der $P(\gamma)$-Beziehung durch „Trübungstitration" einer Reihe von Fraktionen. In Abb. XVII, 17 ist die integrale Verteilungsfunktion dargestellt, wie sie

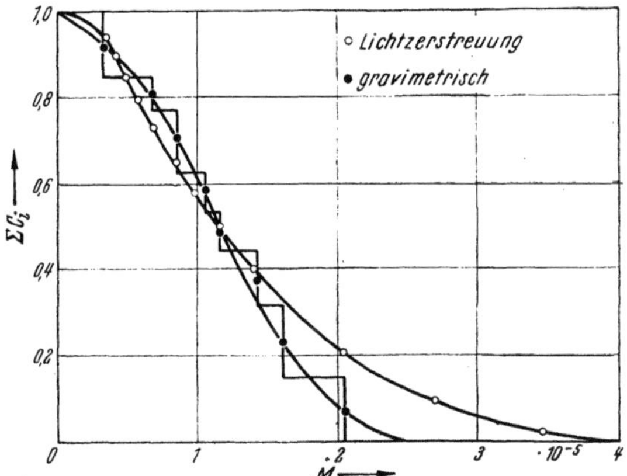


Abb. XVII, 17. Integrale Massenverteilung einer Nitrocellulose nach zwei Methoden [OTH: Bull. Soc. chim. Belg. **58**, 285 (1949)].

sich einmal aus der Fraktionierung nach der „klassischen" Methode, das andere Mal aus der neuen Methode ergibt. Worauf die zweifellos vorhandenen Diskrepanzen zurückzuführen sind, kann erst entschieden werden, wenn mehr Material vorliegt. Die sich bei der Fraktionierung ergebende geringere Uneinheitlichkeit könnte daran liegen, daß bei der Fällung eine zu hohe Ausgangskonzentration verwendet wurde.

Eine bessere Übereinstimmung zwischen den beiden Methoden erzielten MOREY und TAMBLYN[1] an Celluloseacetobutyrat, wieAbb.XVII,18 zeigt. Die Autoren berücksichtigen stärker als OTH auch die Konzentrationsabhängigkeit von $\gamma$. Die Übertragung dieser zunächst an

---

[1] MOREY, D. R., u. J. W. TAMBLYN: J. Appl. Phys. **16**, 419 (1945).

Cellulosederivaten entwickelten Methode auf andere Polymere stößt nach J. BISCHOFF[1] auf erhebliche Schwierigkeiten. Auch die sehr ausführliche und sorgfältige Arbeit über Polymethacrylsäureester von HARRIS und MILLER[2] zeigt, daß diese Schwierigkeiten noch nicht als völlig überwunden angesehen werden können[3]. Die Methode leistet sehr wertvolle Dienste, wenn man charakteristische Unterschiede in der Verteilung verschiedener Präparate aufdecken will und macht sie dadurch

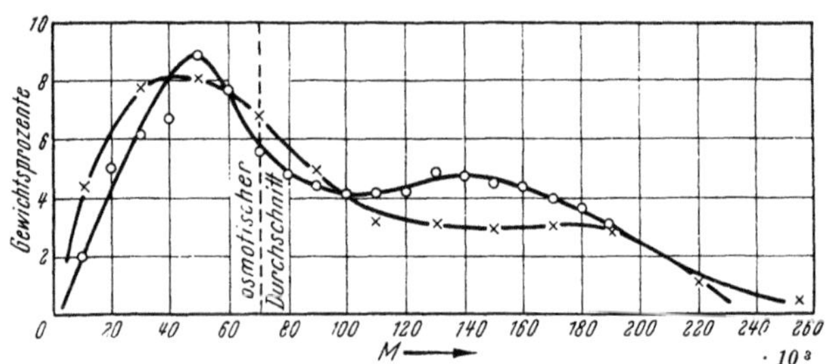



Abb. XVII. 18. Massenverteilung einer Celluloseacetobutyrat nach zwei Methoden [MOREY u. TAMBLYN: J. Appl. Phys. 16, 419 (1945)]. ○ gravimetrisch; × turbidimetrisch.

zur Betriebskontrolle recht geeignet. Jedoch wird man die mit ihrer Hilfe gewonnenen Verteilungskurven nur als halbquantitativ ansehen können, besonders wenn sie Unterschiede zu den durch Fraktionierung erhaltenen Kurven zeigen. Eine endgültige Beurteilung dieser experimentell sehr eleganten Methode kann erst gegeben werden, wenn ein größeres Versuchsmaterial vorliegt.

### b) Spitzenfraktionierung nach G. V. SCHULZ[4].

Oft interessiert nicht so sehr die Kenntnis der gesamten Verteilungskurve; es würde vielmehr genügen, wenn man einen Überblick über die Breite der Verteilung und den nur angenäherten Verlauf der Kurve hätte. Nach SCHULZ kann man das erreichen, indem man nur einen obersten und einen untersten Teil aus dem Gemisch herausfraktioniert, dessen Massenanteil und mittleren Polymerisationsgrad man bestimmt. Ferner ist die Kenntnis des mittleren Polymerisationsgrades $\overline{P}_n$ des Gesamtgemisches notwendig, den man z. B. durch eine osmotische Messung erhält.

An Daten hat man dann

1. den Massenanteil der untersten Fraktion $a_\alpha$;
2. den mittleren Polymerisationsgrad der untersten Fraktion $\overline{P}_\alpha$;
3. den Massenanteil der obersten Fraktion $a_\omega$;
4. den mittleren Polymerisationsgrad der obersten Fraktion $\overline{P}_\omega$;
5. den mittleren Polymerisationsgrad des Gesamtgemisches $\overline{P}_n$.

---


[1] BISCHOFF, J.: Diss. Lüttich 1950.
[2] HARRIS u. MILLER: J. Polymer Sci. 7, 377 (1951).
[3] Vgl. dazu auch die kritischen Ausführungen von D. R. MOREY: J. Colloid Sci. 6, 407 (1951) und die Untersuchungen von D. R. MOREY, E. W. TAYLOR und G. P. WAUGH an Polyvinylacetaten: J. Colloid Sci. 6, 470 (1951).
[4] SCHULZ, G. V.: Makromol. Chem. 5, 83 (1950).

In Abb. XVII, 19 sind diese Daten graphisch dargestellt. Gesucht sind:

1. der Massenanteil $m_{P_\alpha}$ des Polymerisationsgrades $P_\alpha$;
2. der Massenanteil $m_{P_\omega}$ des Polymerisationsgrades $P_\omega$;
3. der Massenanteil $m_{max}$ des Polymerisationsgrades $\overline{P}_n$;
4. der unterste überhaupt vorkommende Polymerisationsgrad $P_0$;
5. der oberste überhaupt vorkommende Polymerisationsgrad $P_e$.

Diese Daten sind nach folgenden Vorschriften zu erhalten, wobei wir noch breite und enge Verteilungen unterscheiden müssen. Folgende beiden Kriterien entscheiden darüber, welcher Verteilungstyp vorliegt:

Für breite Verteilungen gilt

$$2\,\overline{P}_\alpha < P_n\,, \qquad \text{(XVII, 40a)}$$

für enge Verteilungen

$$2\,\overline{P}_\alpha > P_n\,. \qquad \text{(XVII, 40b)}$$

Die fünf gesuchten Daten erhält man dann für breite Verteilungen nach den Gleichungen

$$m_{P_\alpha} = \frac{a_\alpha}{\overline{P}_\alpha} \qquad \text{(XVII, 41a)}$$

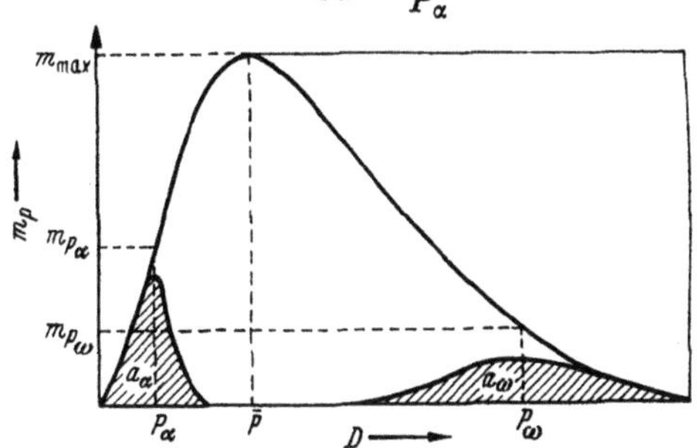



Abb. XVII, 19. Die durch „Spitzenfraktionierung" erhaltenen Versuchsdaten: Massenverteilung mit eingezeichneter oberster und unterster Fraktion. Die schraffierten Flächeninhalte sind gleich $a_\alpha$ und $a_\omega$; die gesamte Fläche ist gleich 1.

$$m_{P_\omega} = \frac{2\,a_\omega}{\overline{P}_\omega - \overline{P}_n} \qquad \text{(XVII, 42a)}$$

$$m_{max} = 2\,\frac{1 - 1{,}5\,(a_\alpha + a_\omega)}{\overline{P}_\omega - \overline{P}_\alpha} \qquad \text{(XVII, 43a)}$$

$$P_0 = 0 \qquad \text{(XVII, 44a)}$$

$$P_e = \frac{3\,P_\omega - \overline{P}_n}{2} \qquad \text{(XVII, 45a)}$$

Für enge Verteilungen ergibt sich

$$m_{P_\alpha} = \frac{2\,a_\alpha}{\overline{P}_\alpha} \qquad \text{(XVII, 42a)}$$

$$m_{P_\omega} = \frac{2\,a_\omega}{\overline{P}_\omega - \overline{P}_n} \qquad \text{(XVII, 42b)}$$

$$m_{max} = 2\,\frac{1 - 2\,(a_\alpha + a_\omega)}{\overline{P}_\omega - \overline{P}_\alpha} \qquad \text{(XVII, 43b)}$$

$$P_0 = 2\,\overline{P}_\alpha - \overline{P}_n \qquad \text{(XVII, 44b)}$$

$$P_e = 2\,\overline{P}_\omega - \overline{P}_n\,. \qquad \text{(XVII, 45b)}$$

Bezüglich der Ableitung dieser Gleichungen sei auf die Originalarbeit verwiesen. Unter Verwendung der Gl. (XVII, 41a) bis (XVII, 45a) bzw. (XVII, 41b) bis (XVII, 45b) erhält man 5 Punkte der Massenverteilungsfunktion, welche man durch gerade Strecken verbindet. In Abb. XVII, 20 und XVII, 20b ist das Ergebnis dieser Methode an 2 Polymerisaten von Styrol dargestellt. Man sieht, daß die Übereinstimmung recht gut ist; auch die Kurve mit den 2 Maxima wird ganz befriedigend erfaßt, wenn natürlich auch die Einzelheiten verwischt werden. Die in Abb. XVII, 20c dargestellte Nitrocellulose, welche eine sehr enge Verteilung aufweist, wird weniger gut erfaßt; allerdings dürfte auch die in die Abbildung mit eingezeichnete Gesamtverteilung nicht sehr genau sein.

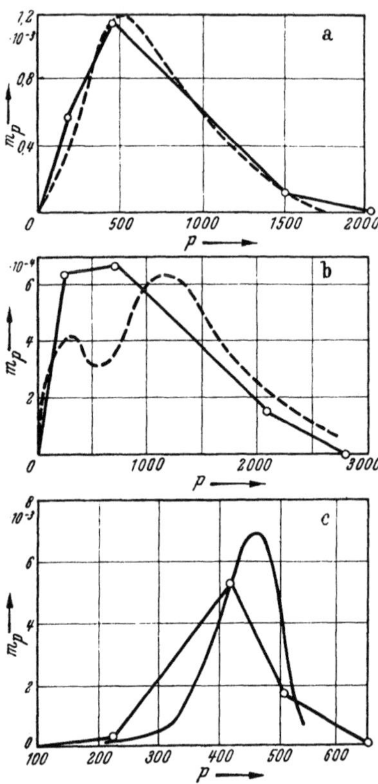

Abb. XVII, 20a, b, c. Vergleich der durch vollständige Fraktionierung erhaltenen Verteilungskurve mit der durch Spitzenfraktionierung erhaltenen. a und b Polystyrole, c eine Fraktion von Nitrocellulose.

## c) Bestimmung der Uneinheitlichkeit.

Die Bestimmung der molekularen Verteilungsfunktion ist, wie die vorangegangenen Ausführungen zeigten, auf jeden Fall mit einem gewissen Aufwand verbunden; man würde daher oft bereits zufrieden sein, wenn man eine gegebene Stoffprobe durch eine Maßzahl charakterisieren könnte, welche unmittelbar mit deren Uneinheitlichkeit zusammenhängt. Nach einem Vorschlag von G. V. Schulz[1] erhält man eine solche Maßzahl durch Vergleich des Gewichtsdurchschnitts mit dem Zahlendurchschnitt. Er definiert die Uneinheitlichkeit $U$ durch die Gleichung

$$U = \frac{\overline{P}_w}{\overline{P}_n} - 1 \qquad \text{(XVII, 46a)}$$

bzw.

$$U = \frac{\overline{M}_w}{\overline{M}_n} - 1 . \qquad \text{(XVII, 46b)}$$

Bei molekular einheitlichen Stoffen ist $\overline{P}_w = \overline{P}_n$ und daher $U = 0$. Bei polymolekularen Stoffen[2] ist $\overline{P}_w > \overline{P}_n$ und daher $U > 0$. Mit der Breite der Verteilung nimmt $U$ zu.

---

[1] Schulz, G. V.: Z. physik. Chem. B **43**, 25 (1939).

[2] Staudinger, H., u. W. Heuer: In Staudinger, Die hochmolekularen organischen Verbindungen. S. 157. Berlin: Springer 1932. — Kern, W.: Ber. dtsch. chem. Ges. **68**, 1949 (1935).

Die Gültigkeit des Gesagten und damit die Anwendbarkeit der Beziehungen (XVII, 46) ist nicht an eine spezielle Verteilungsfunktion gebunden, daher kann man aus dem jeweils für $U$ erhaltenen Zahlenwert auch keine Aussagen über die vorliegende Verteilungsfunktion machen, falls man nicht noch über weitere Anhaltspunkte verfügt. Umgekehrt ist $U$ eindeutig durch die Verteilungsfunktion festgelegt. Das läßt sich folgendermaßen zeigen.

Der Zahlendurchschnitt ist durch die Gleichung

$$\overline{P}_n = 1/\sum_{P=1}^{\infty} n_P \qquad \text{(XVII, 47)}$$

gegeben, wobei $n_P$ der Molenbruch des Polymeren mit dem Polymerisationsgrad $P$ im Gemisch ist. Die Häufigkeitsverteilungsfunktion $n_P = h(P)$ ist durch die Differentialgleichung

$$dn = h(P)\,dP$$

gegeben. Somit ist

$$\overline{P}_n = 1/\int_{P=1}^{\infty} h(P)\,dP\,. \qquad \text{(XVII, 48)}$$

Entsprechend ist der Gewichtsdurchschnitt

$$\overline{P}_w = \Sigma\, P\, m_P = \Sigma\, P^2\, n_P\,.$$

Verwenden wir die differentielle Form, so ist demnach

$$\overline{P}_w = \int_{P=0}^{\infty} P^2\, h(P)\,dP\,. \qquad \text{(XVII, 49)}$$

Aus (XVII, 46), (XVII, 47) und (XVII, 49) folgt schließlich

$$U = \int_{0}^{\infty} h(P)\,dP \int_{0}^{\infty} P^2\, h(P)\,dP - 1\,. \qquad \text{(XVII, 50)}$$

Man sieht also, daß $U$ eindeutig berechnet werden kann, wenn die Verteilungsfunktion bekannt ist.

Asymmetrische Verteilungen, wie sie bei Polymerisaten und Polykondensaten auftreten, lassen sich meist recht gut durch die Gleichung

$$h(p) = \frac{(-\ln\alpha)^{K-1}}{K!}\, P^{K-1}\, \alpha^P$$

(XVII, 51)

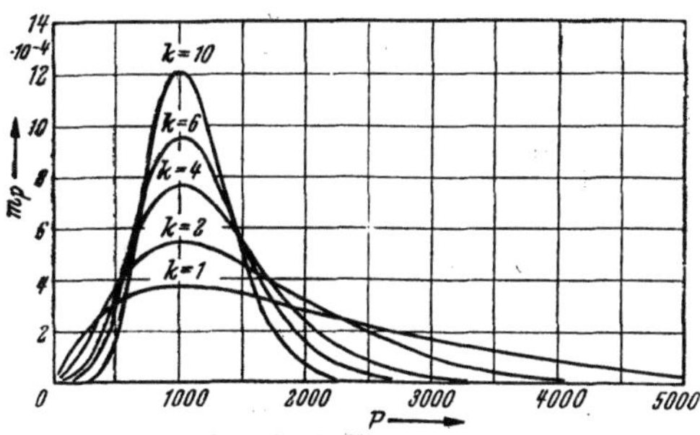



Abb. XVII, 21. Berechnete Verteilungen nach (XVII, 51), mit verschiedenen Koppelungsgraden.

wiedergeben. Solche Verteilungen sind um so einheitlicher, je höher der „Koppelungsgrad" $K$ ist[1]. In Abb. XVII, 21 ist eine Reihe solcher Verteilungskurven dargestellt. Setzt man (XVII, 51) in (XVII, 50) ein so erhält man

$$U = 1/K$$

---

[1] SCHULZ, G. V.: Z. physik. Chem. B **47**, 155 (1940).

in guter Übereinstimmung mit dem anschaulichen Befund. Symmetrische Verteilungen lassen sich zweckmäßig durch eine GAUSSsche Fehlerkurve darstellen. Deren Uneinheitlichkeit ist anschaulich durch die relative Halbwertsbreite

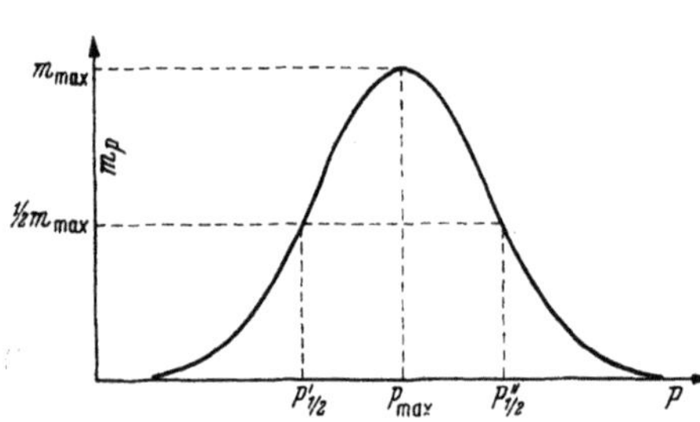

Abb. XVII, 22. Charakteristische Daten einer symmetrischen Verteilungskurve.

$$B_{1/2} = \frac{P''_{1/2} - P'_{1/2}}{P_{max}}$$

(XVII, 52)

gegeben (vergl. Abbildung XVII, 22).

Setzt man die Gleichung der GAUSSschen Glockenkurve in (XVII, 50) ein, so erhält man, wie G. V. SCHULZ zeigte[1]

$$U = 0{,}181 \, B^2_{1/2}, \quad (XVII, 53)$$

also auch hier einen sehr einfachen Ausdruck.

Die experimentelle Bestimmung von $U$ erfordert nach (XVII, 46) zwei Messungen, nämlich $\overline{P}_n$ und $\overline{P}_u$. $\overline{P}_n$ bestimmt man am besten durch eine osmotische Messung. Die Bestimmung von $\overline{P}_w$ kann sehr einfach auf viscosimetrischem Wege erfolgen, wenn die STAUDINGERsche Gleichung

$$[\eta] = K_m P \quad (XVII, 54)$$

gilt, denn die Viscositätszahl ist in diesem Fall dem Gewichtsdurchschnitt $\overline{P}_w$ proportional. Praktisch geht man in diesem Fall folgendermaßen vor. Aus einer osmotischen und einer viscosimetrischen Bestimmung ergibt sich nach der aus (XVII, 54) folgenden Glei-

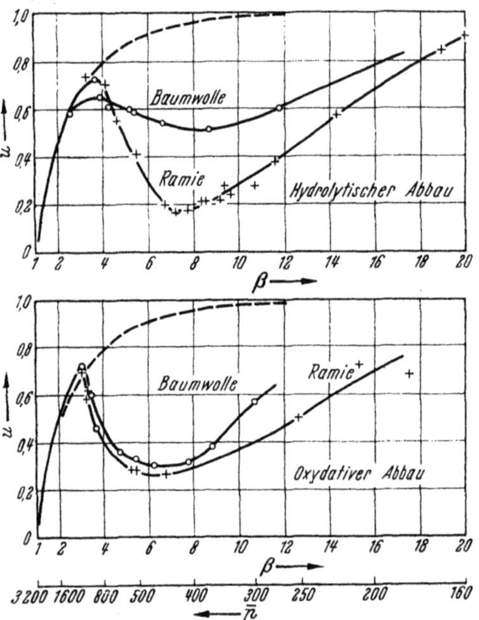


Abb. XVII, 23. Uneinheitlichkeit ($U$) in Abhängigkeit vom Abbaugrad ($\beta$) bei Cellulosen ($\beta = 3200/\overline{P}$). ------ berechnete Kurve für den Fall, daß alle Bindungen gleich sind.

chung $[\eta]/\overline{P}_n = K_m$ ein $K_m$-Wert, der um so höher ist, je uneinheitlicher der Stoff ist. Aus Messungen an sehr einheitlichen Fraktionen ergibt sich in gleicher Weise ein niedrigerer $K_m$-Wert, welcher dicht über dem $k_m$-Wert des betreffenden einheitlichen Stoffes ist. Es gilt dann

---

[1] SCHULZ, G. V.: Z. physik. Chem. B 47, 155 (1940).

$$\overline{P}_w/\overline{P}_n = K_m/k_m$$

und somit

$$U = \frac{K_m}{k_m} - 1 \, . \qquad\qquad \text{(XVII, 55)}$$

Ein interessantes Anwendungsbeispiel dieser Methode ist die von G. V. SCHULZ, E. HUSEMANN und Mitarbeitern[1] durchgeführte Untersuchung des Ganges der Uneinheitlichkeit von Cellulose bei fortschreitendem Abbau. Ein Ergebnis solcher Untersuchungen zeigt Abb. XVII, 22. Als Abszisse ist der reziproke Polymerisationsgrad aufgetragen, der im Laufe des Abbaus zunimmt; als Ordinate die gemessene Uneinheitlichkeit nach (XVII, 55). Baut man einen ursprünglich einheitlichen Stoff ab, bei welchem sämtliche Bindungen mit gleicher Geschwindigkeitskonstante gespalten werden, so muß die Uneinheitlichkeit längs der gestrichelten Kurve bis zum Wert 1 zunehmen[2]. Die gemessene Kurve zeigt ein sehr ausgeprägtes Minimum bei $P \approx 500$. Der Befund ist nur so zu erklären, daß im Abstand von etwa 500 Glucoseeinheiten in die Kette einzelne Bindungen eingebaut sind, die etwa $10^4$ mal rascher gespalten werden als die normalen $\beta$-glucosidischen.

Jörgensen[3] schlägt ein etwas anderes Maß der Uneinheitlichkeit vor, das er im Gegensatz zum SCHULZschen Maß als absolute Uneinheitlichkeit bezeichnet. Nach SCHULZ ist die Uneinheitlichkeit auf den mittleren Polymerisationsgrad bezogen, wie man z. B. leicht aus (XVII, 52) erkennt. Eine GAUSS-Verteilung, bei welcher $P'_{1/2}$ bzw. $P''_{1/2} = 50$ bzw. 100 wäre, hätte also die gleiche Uneinheitlichkeit wie eine Verteilung mit den Zahlenwerten 500 bzw. 1000. Nach JÖRGENSEN ist aber die letztere Verteilung zehnmal uneinheitlicher; gleiche Uneinheitlichkeit läge vor, wenn $P'_{1/2} : P''_{1/2}$ wie 50:100 bzw. 500:550 bzw. 1000:1050 wäre. Letztere Definition scheint jedoch dem Verfasser als sehr unnatürlich. Nach sämtlichen experimentellen Methoden wäre die erste der drei Verteilungen leicht in Fraktionen zerlegbar, die letztere praktisch überhaupt nicht. Geht man andererseits auf den Reaktionsmechanismus zurück, der bei der Entstehung eines Polymeren vorliegt, so sieht man, daß dieser die Uneinheitlichkeit nach SCHULZ in eindeutiger und einfacher Weise bestimmt. So hängt z. B. bei Polymerisationsreaktionen, deren Verteilung durch Gl. (XVII, 51) beschrieben werden kann, $U$ nur vom Koppelungsgrad $K$, dagegen nicht vom Polymerisationsgrad ab; d. h. ein bestimmter Reaktionsmechanismus liefert einen bestimmten Wert von $U$, unabhängig von den Zahlenwerten der Reaktionskonstanten. Rechnete man dagegen die Uneinheitlichkeit nach JÖRGENSEN, so käme man nicht zu so klaren und einfachen Zusammenhängen zwischen Uneinheitlichkeit, Polymerisationsgrad und Reaktionsmechanismus.

---

[1] SCHULZ, G. V., u. E. HUSEMANN: Z. physik. Chem. B **52**, 23 (1942); Z. Naturforsch. 1, 268 (1946). — SCHULZ, G. V.: Chem. Ber. 80, 335 (1947). — HUSEMANN, E.: Makromol. Chem. 1, 140 (1947); HUSEMANN, E., u. M. GÖCKE: Makromol. Chem. 4, 194 (1949); G. V. SCHULZ u. J. KÖMMERLING: Makromol. Chem. **9**, 25 (1952).

[2] SCHULZ, G. V.: Z. physik. Chem. B 51, 127 (1942).

[3] JÖRGENSEN, L.: Studies on the partial hydrolysis of cellulose. Oslo 1950.

# Namenverzeichnis.

# Sachverzeichnis.

# Mineralöle und verwandte Produkte

**Ein Handbuch für das Laboratorium.** Unter Mitwirkung von Dr. J. Altpeter, Dipl.-Ing. Dr. O. P. Amsel, Dipl.-Ing. P. Beuerlein, Dr. W. Demann, Dr. F. Evers, Dr. H. Göthel, Dr.-Ing. Th. Hammerich, Prof. Dr.-Ing. Dr.-Ing. e. h. E. Heidebroek, Dr. R. Hueter, Dr. H. Kaffer, Prof. Dr. G. Keppeler, Dr. H. Kölbel, Dr. W. Krönig, Dr.-Ing. H. Luther, Prof. Dr. H. Mallison, Dr. H. Nüssel, Dr. G. W. Oetjen, Dipl.-Ing. K. K. Rumpf, Prof. Dr. J. Scheiber, Dr.-Ing. K. W. Schneider, Prof. Dr. Gg. R. Schultze, Dr.-Ing. K. H. Schünemann, Dr. W. Seemann, Dr. G. Stalmann, Prof. Dr.-Ing. H. Steinbrecher, Dr. H. Steinle, Dr. K. Stephan, Dr. O. Süssenguth, E. Thiessen, Dipl.-Ing. H. Waldmann, Dr. R. Weller, Prof. Dr.-Ing. W. Wilke bearbeitet und herausgegeben von Professor Dr. **Carl Zerbe,** Hamburg. Mit 467 Abbildungen und einer Tafel. L, 1525 Seiten. 1952.                         Ganzleinen DM 192.—

Inhaltsübersicht: **I. Allgemeine Prüfmethoden:** Die Bestimmung physikalischer Eigenschaften (ohne Spektrographie). Von Dr. O. Amsel-Hamburg. (Molekulargewicht. Von Dr. W. Seemann-Hamburg.) Spektroskopische Prüfungen (Raman-Streuung und Ultrarot-Absorption). Von Dr.-Ing. H. Luther-Braunschweig. Chemische Prüfungen. Von Dr. W. Seemann-Hamburg. Probenahme und Vorbereitung der Proben zur Analyse. Von Prof. Dr. C. Zerbe-Hamburg. — **II. Erdöl und Erdölprodukte.** Allgemeines über Erdöl. Eigenschaften des Erdöles und ihre Prüfung. Von Dipl.-Ing. K. K. Rumpf-Hamburg. Nomenklatur und Normung von Erdölprodukten. Von Prof. Dr. C. Zerbe-Hamburg. Benzin. Von Prof. Dr. C. Zerbe-Hamburg. Petroleum (Leuchtöl, Traktorentreibstoff usw.). Von Dipl.-Ing. K. K. Rumpf-Hamburg. Putzöl. Von Dipl.-Ing. K. K. Rumpf-Hamburg. Gasöl. Von Prof. Dr. C. Zerbe-Hamburg. Heizöl. Von Dipl.-Ing. K. K. Rumpf-Hamburg. Paraffin. Von Dr. K. H. Schünemann-Hamburg. Vaseline. Von Dr. K. H. Schünemann-Hamburg. Neben- und Abfallprodukte der Erdölverarbeitung. Von Prof. Dr. C. Zerbe-Hamburg. Bitumen und Asphalt. Von Dr. H. Nüssel-Hamburg. — **III. Kraftstoffe;** Ottokraftstoffe. Von Dr.-Ing. Th. Hammerich-Bochum. Dieselkraftstoffe. Von Dr. H. Kölbel-Homberg-Niederrhein. Flüssiggase (leichtsiedende, gasförmige, verflüssigbare Kohlenwasserstoff-Gemische). Von Dr. K. W. Schneider-Hamburg. Gasförmige Kraftstoffe. Von Dipl.-Ing. H. Waldmann-Bochum. Motorische Prüfung der Kraftstoffe (Bestimmung der Octanzahl und der Cetanzahl). Von Prof. Dr.-Ing. W. Wilke-Heidelberg. — **IV. Schmierstoffe:** Allgemeines. Physikalische Prüfungen. Chemische Prüfungen. Schmierstoffe für bestimmte Zwecke. Von Prof. Dr. C. Zerbe-Hamburg. (Uhrenöle. Von A. Brändel-Hamburg-Bergedorf. Graphit-Schmiermittel. Von Dr. C. Stephan-Mühldorf/Obb. Apiezonöle und Apiezonfette. Von Dr. G. W. Oetjen-Köln-Marienburg. Öle für Kältemaschinen. Von Dr. H. Steinle-Stuttgart. Wasserturbinenöle. Von E. Thiessen-Hamburg. Dampfturbinenöle. Von E. Thiessen-Hamburg. Weißöl (Vaselinöl) und Paraffinum liquidum. Von Dr. K. H. Schünemann-Hamburg). — Mechanisch-physikalische Apparate zur Schmierstoffprüfung. Von Prof. Dr.-Ing., Dr.-Ing. e. h. E. Heidebroek-Dresden. Öle für die mechanische und thermische Bearbeitung der Metalle. Von Dipl.-Ing. P. Beuerlein, Hamburg. Öle und verwandte Produkte für Zwecke der Elektrotechnik. Von Dr. F. Evers-Hamburg. Aufbereitung und Regenerierung gebrauchter Schmieröle und verwandter Produkte. Von Prof. Dr. C. Zerbe-Hamburg. Schmierfette. Von Prof. Dr. Gg. R. Schultze-Hannover. — **V. Teer und Teerprodukte:** Braunkohlenteer und dessen Produkte. Von Prof. Dr.-Ing. H. Steinbrecher-Hildesheim. Steinkohlenteer und Zwischenprodukte. Von Prof. Dr. H. Mallison-Bochum, und Mitarbeitern. (Schwelteer [Urteer, Tieftemperaturteer]. Von Dr. W. Demann-Bochum-Gerthe.) Fertigerzeugnisse aus Steinkohlenteer. Von Prof. Dr. H. Mallison-Bochum. Hydrierte Steinkohlenteererzeugnisse. Von Dr. R. Hueter-Dessau-Roßlau. Cumaronharz. Von Dr. H. Kaffer-Duisburg-Meiderich. Phenol-Kondensationsprodukte (Phenoplaste). Von Dr. O. Süssenguth-Letmathe i. W. Benzol und seine Homologen. Von Dr. R. Weller-Bochum. Schieferöl. Von Dr. J. Altpeter-Frankfurt a. M. Torfteer. Von Prof. Dr. G. Keppeler-Hannover. — **VI. Katalytische Druckhydrierung.** Von Dr. W. Krönig-Hamburg: Allgemeines. Hydrierverfahren von Matthias Pier. Die Eigenschaften der Rohstoffe, Zwischen- und Fertigprodukte sowie der Nebenprodukte. — **VII. Fischer-Tropsch-Synthese.** Von Dr. H. Göthel-Oberhausen-Sterkrade: Entwicklung und Bedeutung. Verfahren. Primäre Fischer-Tropsch-Produkte, ihre Verwendung und Verarbeitung. — **VIII. Erdwachs (Ozokerit), Ceresin, Montanwachs.** Von Dr.-Ing. K. H. Schünemann-Hamburg unter Mitwirkung von Dr. W. Elvers: Erdwachs und Ceresin. Montanwachs. — **IX. Öle und Fette aus Pflanzen- und Tierkörpern.** Von Dr. G. Stalmann-Hamburg: Allgemeines. Prüfung. Technologie der Gewinnung und Verarbeitung. Glycerin. Türkischrotöl. Oxydierte, geblasene Öle (Blown Oils, Thickened Oils). Wollfett und Wollfettprodukte. Von Prof. Dr. C. Zerbe-Hamburg. — **X. Harze. Terpentilölprodukte und Wachse.** Von Prof. Dr. J. Scheiber-Oberstdorf: Allgemeines über Harze. Naturharze. Kunstharze. Terpentinölprodukte. Wachse. — **XI. Bleicherde.** Von Prof. Dr. C. Zerbe-Hamburg. — **Anhang.** Bearbeitet von Dr. G. Lehmann-Hamburg. Atomgewichte. Stöchiometrische Faktoren, Molekulargewichte und Neutralisationszahl gesättigter Monocarbonsäuren. Dichte und Konzentration von Säuren und Laugen bei 15° C. Mischungsregel. Umrechnung von Maßeinheiten. Spez. Gewicht, U. S. Barrels je metrische Tonne und metrische Tonnen je U. S. Barrel. — Sachverzeichnis.